AF533616

Manfred Büchele (Hrsg.)

LUCAS' ANLEITUNG ZUM OBSTBAU

O. Wilde
Magdbg.
Madame Bonnefo

Manfred Büchele (Hrsg.)

LUCAS' ANLEITUNG ZUM OBSTBAU

33., erweiterte Auflage
Überarbeitet von einem Autorenkollektiv

260 Abbildungen
107 Tabellen

Die Autoren

Martin Balmer, DLR Rheinpfalz, Kompetenzzentrum Klein-Altendorf

Sascha Buchleither, Kompetenzzentrum Obstbau-Bodensee

Dr. Manfred Büchele, Kompetenzzentrum Obstbau-Bodensee

Prof. Dr. Werner Dierend, Hochschule Osnabrück, FB Agrarwissenschaften – Obstbau

Arno Fried, Landwirtschaftsamt Karlsruhe

Peter Galli, ehem. Landesanstalt für Pflanzenschutz, Stuttgart

Gerd Götz, DLR Rheinpfalz, Institut für Weinbau und Oenologie, Neustadt-Mußbach

Dr. Walter Hartmann, ehem. Universität Hohenheim, Institut für Obst-, Gemüse- und Weinbau

Uwe Harzer, DLR Rheinpfalz, Neustadt/Weinstr.

PD Dr. Mauricio Hunsche, Universität Bonn, Institut für Obstbau und Gemüsebau

Wolfgang Jäger, POB Jäger GmbH, Lindau

Dr. Markus Kellerhals, Agroscope, Forschungsbereich Pflanzenzüchtung, Wädenswil (Schweiz)

Thomas Kininger, Kompetenzzentrum Obstbau-Bodensee

Prof. Dr. Dominikus Kittemann, Hochschule Weihenstephan-Triesdorf

Dr. Herwig Köhler, DLR Rheinhessen-Nahe-Hunsrück, Oppenheim

Dr. Gottfried Lafer, Bildungszentrum für Obst- und Weinbau, Silberberg/Steiermark (Österreich)

Prof. Dr. Fritz Lenz (em.), Universität Bonn, Institut für Obstbau und Gemüsebau

Dr. Hermann Link, ehem. Universität Hohenheim, Institut für Obstbau – Bavendorf

Dr. Ulrich Mayr, Kompetenzzentrum Obstbau-Bodensee

Monika Möhler, Lehr- und Versuchsanstalt Gartenbau, Fachbereich Obstbau, Erfurt

Gunhild Muster, Staatliche Lehr- und Versuchsanstalt für Wein und Obstbau, Weinsberg

Dr. Ingo Nikusch, Landwirtschaftsamt Offenburg

Prof. Dr. Georg Noga (em.), Universität Bonn, Institut für Obstbau und Gemüsebau

Dr. Gerd Palm, ehem. Landwirtschaftskammer Hannover, Obstbauversuchsanstalt Jork

Dr. Franz Ruess, Staatliche Lehr- und Versuchsanstalt für Wein und Obstbau, Weinsberg

Dr. Christian Scheer, Landwirtschaftsamt Bodenseekreis, Kompetenzzentrum Obstbau-Bodensee

Ursula Schockemöhle, AMI Agrarmarkt Informations-Gesellschaft mbH, Büro Hamburg

Dr. Mirko Schuster, Institut für Züchtungsforschung an Obst, Julius Kühn-Institut (JKI), Dresden-Pillnitz

Helwig Schwartau, AMI Agrarmarkt Informations-Gesellschaft mbH, Büro Hamburg

Prof. Dr. Rudolf Stösser (†), ehem. Universität Hohenheim, Institut für Obst-, Gemüse- und Weinbau

Dr. Josef Streif, Universität Hohenheim, Kompetenzzentrum Obstbau-Bodensee

Martin Trautmann, Landwirtschaftsamt Bodenseekreis, Kompetenzzentrum Obstbau-Bodensee

Dr. Peter Triloff, Marktgemeinschaft Bodensee eG, Friedrichshafen

Hans-Josef Weber, ehem. DLR Rheinpfalz

Prof. Dr. Friedrich Weller, ehem. Professor für Landschaftsökologie an der Fachhochschule Nürtingen

Prof. Dr. Jens Wünsche, Universität Hohenheim, Institut für Kulturpflanzenwissenschaften

Michael Zoth, Kompetenzzentrum Obstbau-Bodensee

Inhaltsverzeichnis

Vorwort

Wie andere Wirtschaftsbereiche unterliegt auch der mitteleuropäische Obstbau einem stetigen Wandel mit neuen Herausforderungen für die Produzenten und die anderen Beteiligten in der Obstwirtschaft. Die zunehmende Globalisierung birgt Chancen für den Absatz der Früchte auf den internationalen Märkten, aber auch Risiken durch höheren Wettbewerbsdruck sowie neue Schadorganismen. Vonseiten des Handels werden innovative Produkte und Dienstleistungen in Aufmachung und Logistik mit der Einbindung in Wertschöpfungsketten gefordert. Hohe Qualitäten und Produktsicherheit sind Erwartungen der Konsumenten – natürlich zu einem möglichst günstigen Preis und mit möglichst geringem Einsatz von Pflanzenschutzmitteln. Das gesellschaftliche Umfeld erwartet eine umweltverträgliche Erzeugung mit geringen Belastungen der natürlichen Ressourcen und hoher Biodiversität.

In diesem Rahmen richten Obstbauern ihre Erzeugung immer wieder neu aus und suchen Chancen und Wege in der laufenden Verbesserung ihres Angebots, beispielsweise mithilfe von neuen attraktiveren Sorten, besseren Qualitäten und effizienteren Produktionsweisen. Neben der Umsetzung des technisch-biologischen Fortschritts in der Produktionstechnik können einzelbetriebliches Wachstum oder die Ausrichtung auf neue Märkte alternative Entwicklungslinien darstellen.

Solche Schritte erfordern intensive Auseinandersetzung mit den neuesten Erkenntnissen aus Wissenschaft, Forschung und Beratung als fundierte Grundlage zur erfolgreichen Umsetzung der Ideen in die Praxis. Neben den klassischen Produktionsfaktoren Arbeit, Boden und Kapital hat „Wissen“ mittlerweile einen ähnlich bedeutenden Stellenwert eingenommen und wird auch als „neuer“, vierter Produktionsfaktor und wesentlicher Erfolgsfaktor gesehen.

In seiner über 150-jährigen, eng mit der Verlagsgeschichte des Hauses Ulmer verbundenen Tradition breitet das nun in der 33. Auflage vorliegende Fachbuch „Lucas’ Anleitung zum Obstbau“ die Grundlagen für erfolgreichen Obstbau aus. Wie der erste Autor Eduard Lucas mit seinem erstmals 1866 erschienenen Standardwerk sehen die Autoren ihre Aufgabe darin, die erforderlichen Kenntnisse zu den theoretischen Grundlagen und der praktischen Umsetzung in verständlicher Weise darzulegen.

Der neue „Lucas“ richtet sich an in Wissenschaft und Lehre Tätige, Studierende, aber auch an die Obstbaupraxis vom Auszubildenden bis zum Obstbaumeister sowie an den ambitionierten Hobbygartenbauer. Obstbauberatung sowie im zur Obstwirtschaft vor- und nachgelagerten Bereich tätige Personen finden Anregungen und Diskussionsgrundlagen für ihre tägliche Arbeit.

Das Autorenkollektiv aus Wissenschaft und Beratung hat die breite Fülle an obstbaulichen Sachgebieten dargestellt. Sie beginnt mit den Grundlagen zur Biologie der Obstgewächse und zu den Umwelteinflüssen, sie setzt sich fort über Züchtung und Sortenkunde, Ernährung und Bodenpflege, Anbautechniken in der Vielfalt seiner Formen und Maßnahmen, den Pflanzenschutz, die Maschinen und Geräte, über Ernte, Lagerung und Aufbereitung der Früchte bis hin zu Betriebsmanagement und Obstmarkt.

Gegenüber der vorherigen Auflage wurden die Inhalte wesentlich überarbeitet. Die Tabellen sind aktualisiert und die Abbildungen nun größtenteils farblich neu gestaltet. Fortschritte in der Anbautechnik, in der Kulturerziehung, dem geschützten Anbau, bei neuen Sorten und Pflanzenschutz werden entsprechend dem heutigen Stand des Wissens und der Erfahrung aufgeführt. Die Kapitel zu Betriebsmanagement und Qualitätssicherung sowie zu den erstmals enthaltenen Tafeltrauben sind gänzlich neu verfasst.

Nicht berücksichtigt werden konnten die vielfältigen Aspekte des früher wirtschaftlich bedeutenden Streuobstbaus. Dieser ist zunehmend unter dem Blickwinkel der Landschaftspflege im privaten und öffentlichen Engagement anzugehen, da eine ökonomische Grundlage im Sinne einer Obstwirtschaft trotz guter lokaler Ansätze kaum gegeben ist. Zur Fortbildung auf dem weiten Gebiet des aus Sicht der Umwelt, Landschaftspflege und Biodiversität sehr bedeutsamen Streuobstanbaus sei auf die zunehmend verfügbare Fachliteratur verwiesen.

Herzlicher Dank gebührt den verschiedenen Autoren für ihre fundierten Beiträge aus ihren Arbeitsbereichen sowie den Mitarbeitern am Kompetenzzentrum Obstbau-Bodensee für ihre Mithilfe bei der redaktionellen Überarbeitung.

Bavendorf, im Herbst 2017
Manfred Büchele

1 Obstbau weltweit, in Europa und in Deutschland

1.1 Standorte und Bedeutung der Hauptobstarten

Die globale Obstproduktion boomt und erreichte nach FAO (ohne Nüsse, ohne Melonen) in 2013 eine Größenordnung von 676 Mio. t. Der Zuwachs von über 200 Mio. t seit dem Jahr 2000 ist insbesondere durch Asien und Afrika geprägt, während sich in Europa eine leicht rückläufige Tendenz zeigt.

Die mit Abstand wichtigste Obstart ist die Obstbanane mit rund 107 Mio. t. Es folgen Produkte, die im gemäßigten Klima angebaut werden, u. a. der Apfel mit knapp 81 Mio. t. Der Steinobstbereich erreicht insgesamt eine Größenordnung von 41,4 Mio. t, die Produktion beim Beerenobst beträgt 11,1 Mio. t.

Mit einer jährlichen Steigerungsrate von 2,8 % wächst die Weltproduktion erheblich schneller als die Bevölkerung, was zu wachsendem Wettbewerbsdruck führt. Die weltweit wichtigste Obstart stellt die Obstbanane mit einem Produktionsanteil von 16 % dar. Es folgen Äpfel (12 %), Trauben und Apfelsinen (11 %). Zu den übrigen Obstarten, die von Mangos (6 %) angeführt werden, klafft bereits eine größere Lücke.

Interessant sind die Steigerungsraten bei den einzelnen Produkten. Hier liegen nicht die genannten „Schwergewichte" vorn, sondern der Beerenobstbereich. Seit 2000 wächst die jährliche Produktion bei Erdbeeren um knapp 8 %, gefolgt von Heidelbeeren/Cranberrys mit 4,5 %. Bei Erdbeeren ist Deutschland mit einer massiven Anbauausdehnung hervorzuheben, Heidelbeeren finden durch umfangreiche Exporte in die USA und Europa einen starken Zuspruch bei südamerikanischen Produzenten. Die nachfolgenden Plätze nehmen Obstbananen (4,4 %) und Mangos (4,1 %) ein. Äpfel zeigen durch die enorme Produktionssteigerung in China immerhin noch eine jährliche Steigerung von 2,7 %. Nach Desmond O'Rourke (World Apple Review 2014) steigt die globale Apfelproduktion bis 2025 auf 100 Mio. t. Hervorzuheben ist besonders der asiatische Apfelanbau mit Schwerpunkt China. In Europa konzentriert sich die Zuwachsrate auf Polen und Südosteuropa, während der Westen stagniert bzw. eine rückläufige Tendenz zeigt.

Die steigende Obstproduktion begünstigt zwangsläufig auch die weltweiten Exportaktivitä-

Tab. 1 Obstproduktion weltweit (Mio. t) (nach FAO 2013)*)

Obstart	2000	2005	2010	2013
Insgesamt	**466,4**	**520,0**	**620,3**	**676,7**
in kg/Kopf	**76,1**	**79,9**	**89,6**	**92,7**
Obstbananen	67,5	69,4	105,8	106,7
Trauben**)	64,0	67,7	67,5	77,2
Orangen	62,4	63,2	69,5	71,5
Äpfel	60,0	62,0	70,6	80,8
Kochbananen	29,6	34,1	36,3	37,9
Mangos	25,0	29,9	37,1	43,3
Birnen	17,0	22,7	22,6	25,2
Mandarinen u. Ä.	16,5	24,3	24,1	28,7
Ananas	13,5	18,0	21,0	24,8
Pfirsiche/ Nektarinen	13,4	17,7	20,8	21,6
Zitronen/ Limetten	10,9	12,7	15,0	15,2
Pflaumen	9,1	9,3	10,7	11,5
Papayas	5,4	6,5	11,2	12,4
Datteln	5,3	6,7	7,5	7,6
Grapefruits	5,2	4,3	7,5	8,5
Erdbeeren	3,2	3,8	6,6	7,7

*) ohne Nüsse und Melonen
**) einschließlich Weintrauben

Tab. 2 Weltapfelproduktion bis zum Jahr 2025 (Mio. t) (O'Rourke 2014/AMI verschiedene Jahrgänge)

Region	2005	2010	2025	2025 zu 2005 (%)
Europa*)	13,1	13,8	18,0	37,7
– Deutschland	1,6	1,5	1,7	6,2
– Polen	2,3	1,9	4,1	78,2
Nordamerika	5,4	5,2	7,3	35,2
Asien	32,2	44,2	65,2	102,3
– China	24,0	33,3	49,5	106,3
– Übrige	8,2	8,3	12,3	50,0
Russland	1,5	1,0	1,6	6,6
Südliche Hemisphäre	5,0	5,6	6,8	36,0
Welt	62,5	70,6	100,5	60,8
Welt ohne China	38,5	37,3	51,0	32,5

*) einschließlich Streuobst-/Ciderapfelproduktion

ten. Nach FAO hat allein das Handelsvolumen bei Äpfeln seit dem Jahr 2000 um 65 % auf über 8,5 Mio. t zugenommen, bei Obstbananen ist eine Steigerung um 35 % zu verzeichnen.

1.2 Geografische Verteilung von Obstanbau und -produktion

Internationale Statistiken, wie die der FAO, weisen nicht die für Obstkulturen genutzte Fläche, sondern nur die Produktion aus, weil aufgrund der jeweiligen Gegebenheiten (Mischkulturen, Einzelbäume) manche Länder nicht Flächen, sondern Baumzahlen erheben. Zusätzliche Unterschiede in der Anbauintensität und im Ertragspotenzial verschiedener Obstarten erschweren eine Analyse. Festzuhalten ist, dass sich die Produktionsmenge in den letzten Jahren zugunsten Asiens verschoben hat. Ende der 90er-Jahre lag der Produktionsanteil noch bei 40 %, heute erreicht dieser Kontinent rund 50 % mit eindeutig steigender Tendenz. Afrika steuert einen über Jahrzehnte konstanten Produktionsanteil von 14 % bei, präsentiert sich durch die steigende Bevölkerungszahl und den kräftigen Schub beim Bruttoinlandsprodukt (2013 = 3,5 Bill. US-Dollar, 2000 noch 750 000 Mrd. US-Dollar) als zunehmend interessanter Importmarkt. In Europa zeigte sich in den letzten 15 Jahren eine konstante Obstproduktion mit einer witterungsbedingten Schwankungsbreite zwischen 70 und 73 Mio. t Obst (2013 rund 73 Mio. t). Mit dem europaweit rückläufigen Obstkonsum nimmt der Druck auf die Preise aber zu und man sucht nach alternativen Märkten außerhalb von Europa.

Die durchschnittliche Obstproduktion weltweit beträgt knapp 93 kg pro Kopf (2013). Der Vergleichswert aus dem Jahr 2000 mit 76,1 kg pro Kopf verdeutlicht die Dynamik der steigenden Produktion. Die Produktion pro Kopf in Afrika (90 kg) entspricht fast dem Durchschnitt. Spitzenreiter sind dagegen Süd-/Mittelamerika (184 kg/Kopf) und Europa mit 100 kg/Kopf. Auf Asien entfällt der größte Anteil der Weltproduktion, aber die Produktion pro Kopf liegt mit 81 kg unter dem Durchschnitt.

1.2.1 Europa

Europa bietet sehr unterschiedliche Anbaubedingungen, die an den günstigsten südeuropäischen Standorten selbst den Anbau tropischer Früchte ermöglichen, sich nach Norden hin aber nach und nach verschlechtern und damit die Wahlmöglichkeiten einschränken bis im borealen Waldklima Nordeuropas, Weißrusslands und des nördlichen Russlands nur noch Waldbeeren gedeihen.

Rund 80 % der Produktion von 73 Mio. t entfällt auf die EU-28, Hauptproduzenten sind Italien und Spanien mit Ernten von 15 bis 18 Mio. t, Deutschland bewegt sich im Bereich von 2,5 Mio. t Obst. Darüber hinaus ist die Produktion in Russland (3,4 Mio. t) und der Ukraine (2,7 Mio.) marktrelevant. In der Grundtendenz geht die Produktion im Westen leicht zurück und wird durch den Osten kompensiert.

Insgesamt dominiert die Traubenproduktion mit 40 %. Rechnet man die nur bei der FAO, allgemein aber nicht zum Obst zählenden Weintrauben heraus, verändert sich das Obstartenverhältnis entscheidend. Von der dadurch auf

45 Mio. t verringerten Produktion entfallen 40 % auf Äpfel/Birnen, gut 20 % auf Zitrusfrüchte, knapp 20 % auf Steinobst und jeweils 6 % auf Beeren und Tafeltrauben.

Der hohe Zitrusanteil in Westeuropa von etwa einem Drittel wird ostwärts vor allem durch Kernobst ersetzt. Von knapp 40 % in Westeuropa steigt der Kernobstanteil in Mittelosteuropa auf über 60 % (Polen 70 %), wobei die Birne ostwärts zur Bedeutungslosigkeit schrumpft. Die starke Verbreitung der Pflaume im südlichen Teil Mittelosteuropas lässt den Steinobstanteil von 16 % in Westeuropa auf 30 % in Mittelosteuropa ansteigen. Der Anteil des Beerenobstes liegt zwischen 5 % (Westeuropa) und 7 % (Mittelosteuropa), wobei die Zusammensetzung sehr unterschiedlich ist. Tafeltrauben sind fast nur im Westen vertreten und machen dort 6 % der Produktion aus.

Der Apfelanteil steigt von Westen nach Osten.

1.2.2 Deutschland

Im sogenannten Marktobstbau (definiert durch Betriebe mit mindestens 50 Ar Baumobst in geschlossenen Anlagen) werden Fläche und Baumzahl beim Baumobst alle fünf Jahre ermittelt, zuletzt geschah dies 2012. Bei den vorherigen Erhebungen wurden auch Betriebe mit einer kleineren Fläche an Baumobst berücksichtigt. So lag die Untergrenze in 2002 und 2007 bei 30 Ar, bei älteren Daten lag die Schwelle nur bei 15 Ar. Bei Vereinheitlichung der langjährigen Datengrundlage (Minimum 50 Ar) zeigt sich der Strukturwandel mit einem Rückgang der Obstbaubetriebe, die aber zukunftsorientiert wachsen. Im Jahr 2002 wurden 10 200 Betriebe registriert, in 2007 rund 8700 und in 2012 nur noch 7500 Betriebe. Innerhalb von nur zehn Jahren ist ein Rückgang von fast 25 % festzustellen, wobei sich der Trend im zweiten Abschnitt der Periode nicht wesentlich verlangsamt hat. Dagegen ist die Anbaufläche beim Baumobst mit 45 600 ha relativ stabil und zeigt gegenüber 2002 nur ein Minus von 5 %.

Interessant sind die Veränderungen im Baumobstsortiment. Der Apfel zeigt seit zehn Jahren eine konstante Anbaufläche von 31 800 ha, sodass der Anteil von 66 auf 70 % steigt. Zu den Gewinnern zählt ebenfalls die Süßkirsche, während die übrigen Steinobstarten, insbesondere die Sauerkirsche, unter einer kostengünstigeren Produktion in Osteuropa leiden.

Von 45 600 ha Baumobstfläche entfielen 2012 auf Äpfel 70 %, Birnen 4 %, Süßkirschen 12 %, Sauerkirschen 4 % und Pflaumen 10 %. Auf dieser Fläche standen 81 Mio. Bäume.

Der Anbau von Strauchbeeren wird im Rahmen der Gartenbauerhebung seit dem Jahr 2012 jährlich festgestellt. Von den 7700 ha (2014) entfallen die größten Flächenanteile auf Kulturheidelbeeren (27 %), Schwarze (23 %) und Rote Johannisbeeren (9 %) sowie Himbeeren (13 %).

Für Erdbeeren werden die Zahlen im Rahmen der Gemüseanbauerhebung ebenfalls ermittelt. 2014 belief sich die im Ertrag stehende Fläche auf 19 100 ha. Die Anbaufläche bei Erdbeeren hat sich seit dem Jahr 2000 mehr als verdoppelt. Zahlreiche Landwirte, insbesondere in Niedersachsen, stellten durch die langjährige Preisschwäche bei Getreide auf gartenbauliche Produkte, wie Erdbeeren oder Spargel, um. Mittlerweile scheint die Obergrenze erreicht zu sein, wobei die sehr lohnintensive Produktion unter dem seit 2014 gesetzlich verankerten Mindestlohn leidet.

Die genannten Erhebungen bilden die Grundlage der jährlichen Ernteschätzungen. Bezogen auf die Erntemenge kommt die Dominanz des Apfels noch stärker zum Vorschein.

Von den 2014 im Marktobstbau geernteten 1,48 Mio. t entfielen auf Äpfel 75 %, Birnen 3 %, Süß- und Sauerkirschen 4 %, Pflaumen 4 % und Erdbeeren 11 %.

Den Schwerpunkt des Obstbaus in Deutschland hinsichtlich Fläche als auch Menge bildet Baden-Württemberg mit großem Abstand vor Niedersachsen.

Ähnlich wie in der Schweiz und Österreich hat auch in Deutschland der Streuobstbau und der Anbau in Hausgärten eine vergleichsweise große

Bedeutung. Eine umfassende Anbauerhebung hat letztmals 1965 stattgefunden. Seitdem wurden der Umfang und die Flächenentwicklung des Streuobstanbaus nur durch Stichprobenerhebungen ermittelt. Im Zeitraum von 1965 bis 1990 ist die Anzahl der Bäume aus dem Streuobstanbau mit Schwerpunkt Baden-Württemberg um 40 % auf 11,4 Mio. Bäume zurückgegangen. 2015 erfolgte dann eine vom Land Baden-Württemberg in Auftrag gegebene Studie, die nur noch einen Baumbestand von 9,3 Mio. aufweist. Es dominiert der Apfel mit ca. 50 % aller Streuobstbäume, gefolgt von 23 % Kirschen, 14 % Zwetschen, 11 % Birnen und 4 % Walnussbäumen. Besorgniserregend war insbesondere der Zustand der Anlagen, wobei knapp 45 % der Bäume überhaupt nicht geschnitten wurden. Die Überalterung und der schlechte Pflegezustand wurden im einem für die Region Bodensee durchgeführten Projekt zur Erhaltung alter Kernobstsorten, durchgeführt im Zeitraum 2004 bis 2008, bestätigt. Stellvertretend für die Region Bodensee wurde unter anderem die Altersstruktur der Bäume ermittelt. 70 % der Bäume sind älter als 50 Jahre, der Anteil bis 15 Jahre liegt nur bei knapp 14 %. Darüber hinaus wurde die Vitalität der Bäume unter besonderer Berücksichtigung der Schnittmaßnahmen ermittelt. Danach waren 35 % der Bäume vergreist, 38 % nur als vermindert vital und 11 % als abgängig einzustufen. Der Anteil „vitaler Bäume" ist erschreckend klein und symbolisiert den weiteren Rückgang des Streuobstanbaus in Süddeutschland.

Erntemengen für Streuobstbau und Hausgärten werden wegen der unsicheren Datenbasis seit einigen Jahren nicht mehr veröffentlicht. Auch wenn die Bedeutung des Streuobstbaus und des Obstbaus in Hausgärten abgenommen hat, bilden sie nach wie vor eine wichtige Quelle für die Versorgung der Bevölkerung mit Obst. Dem erwerbsmäßigen Erzeuger sind Streuobst- und Hausgartenbäume in guten Erntejahren eine ungeliebte Konkurrenz. Für die Fruchtsafthersteller ist der Streuobstbau jedoch immer noch eine wichtige Rohstoffquelle. Nach Schätzungen des Verbandes der Deutschen Fruchtsaftindustrie (VdF) bewegt sich die Apfelernte im Streuobstbau je nach Witterung und unter dem Einfluss einer starken Alternanz in der Bandbreite von 300 000 bis 700 000 t Äpfel, woraus ein hoher Anteil in die Verarbeitungsindustrie abfließt.

1.3 Folgen des weltweiten Wettbewerbs

Die Grenzen der Verbreitung einer bestimmten Obstart werden durch Umwelt-, insbesondere Klimafaktoren, bestimmt. In den stark durch Protektionismus und Streben nach Selbstversorgung geprägten Wirtschaftsordnungen der Vergangenheit konnte auch auf Grenzstandorten noch produziert werden. Die zunehmende Liberalisierung des Außenhandels (GATT/WTO) führt jedoch zu einer fortschreitenden Öffnung von Märkten, die damit dem Wettbewerb ausgesetzt werden, und dazu, dass künftiges Wachstum vorzugsweise dort realisiert wird, wo die günstigsten Standortbedingungen und kurze Transportwege zu den expandierenden Märkten bestehen. Produzenten an marktfernen und zusätzlich weniger günstigen Standorten geraten mehr und mehr unter Druck.

Das beste Beispiel für die Wanderung der Produktion zu den günstigsten Standorten unter

Tab. 3 Die Top 10 der Apfelexportländer (1000 t) (O'Rourke 2014/AMI verschiedene Jahrgänge)

Länder	2007	2009	2011	2013
China	1019	1171	1034	995
Italien	784	732	976	788
USA	663	816	826	882
Chile	774	678	801	800
Frankreich	685	611	726	543
Polen	434	777	532	1205
Niederlande*)	395	406	341	271
Südafrika	334	338	333	430
Neuseeland	292	302	296	324
Belgien*)	344	286	269	202
Top 10	**5728**	**6122**	**6137**	**6240**
Total	**7822**	**7915**	**8262**	**8400**

*) einschließlich Reexporte von Überseeware

„gleichen" ökonomischen und politischen Rahmenbedingungen stellen die USA dar. Dort entfällt von der Produktion der verschiedenen Obstarten ein hoher Anteil auf nur ein oder zwei Bundesstaaten. So werden mehr als 50 % der Äpfel in Washington State, 75 % der Sauerkirschen in Michigan, 80 % der Erdbeeren und 90 % der Trauben in Kalifornien produziert, um nur einige Beispiele zu nennen.

Welche Anpassungsprozesse veränderte ökonomische und politische Rahmenbedingungen auslösen, kann man am Obstbau in den ostdeutschen Bundesländern nach der Wiedervereinigung erkennen. Ein aktuelles Beispiel stellt die Erweiterung der EU nach Osten dar. So boomt unter anderem der polnische Apfelanbau durch zusätzliche finanzielle Zuschüsse aus Brüssel. Polen mit einer jahrzehntelangen Apfelproduktion von 2,3 bis 2,8 Mio. t Äpfel dürfte bis 2020 die Marke von 4,5 Mio. t Äpfel überschreiten. Im Gegensatz dazu verliert Ungarn durch ungünstige Standortbedingungen und durch eine nicht auf die freie Marktwirtschaft ausgerichtete Vermarktung an Boden. Ein Thema stellen auch die in der EU immer noch unterschiedlichen Rahmenbedingungen für die Produktion dar – teils zulasten der deutschen Produzenten (hinsichtlich Pflanzenschutz, Beihilfen Hagelversicherung), teils zu ihrem Vorteil (Verfügbarkeit von Arbeitskräften aus Drittländern). Noch stärker sind die Unterschiede in den internationalen Standortbedingungen. Entscheidend für die Wettbewerbsposition einer Region ist die totale Faktorproduktivität, die außer durch Umweltfaktoren auch durch die Infrastruktur, die Verfügbarkeit und den Preis von Betriebsmitteln, Arbeit, Kapital und besonders von Marktfaktoren beeinflusst wird.

Die Wettbewerbsfähigkeit einer Region spiegelt sich insbesondere in der Entwicklung der Produktion und der Exporte wider. Nicht zu vergessen ist auch die Marktposition im jeweiligen Inlandsmarkt mit dem Gradmesser Eigenversorgung.

Bei Betrachtung der Produktionsentwicklung gibt es allein in Europa ein weites Spektrum. In Polen expandiert die Apfelproduktion, während der Westen, allen voran Frankreich oder der Beneluxraum, durch relativ hohe Lohnkosten oder wegbrechende Exportmärkte die Anbauflächen reduziert. Die deutschen Apfelanbauregionen können auf einen starken Inlandsmarkt bauen und produzieren seit Jahren Äpfel auf einer konstanten Fläche von rund 31 000 ha. Andererseits wurde der Anbau von Sauerkirschen, geprägt durch die günstigeren Produktionskosten in Osteuropa, von 6500 ha (1992) auf 2200 ha reduziert. Der negative Trend dürfte sich in den kommenden Jahren fortsetzen. Das weltweit stärkste Produktionswachstum zeigt China. Die Grundlage dafür stellt hier ebenfalls der wachsende Inlandsmarkt dar, während die Apfelexporte bei rund 1 Mio. t relativ konstant sind. Mittlerweile liegt die offizielle Apfelproduktion bei 38 Mio. t und zeigt damit in den letzten zehn Jahren eine Steigerung von knapp 60 %. Abzüglich der Exporte und Verarbeitungsware ergibt sich ein Pro-Kopf-Verbrauch von über rund 24 kg Äpfeln. Im Vergleich zu Europa mit einem Konsum von 15 bis 17 kg/Kopf scheint diese Menge überzogen und politisch geschönt.

Auch auf der Südhalbkugel gibt es Gewinner und Verlierer. Das Schwellenland Brasilien profitierte von der positiven Wirtschaftsentwicklung im Zeitraum 2000 bis 2010 und stärkte somit auch die Kaufkraft für Obst im Inlandsmarkt. Die Apfelproduktion stieg in diesem Zeitraum von rund 800 000 t auf 1,25 Mio. t. Gleichlaufend konnte man sich durch den steigenden Konsum in Brasilien aus dem umkämpften Exportmarkt Europa zurückziehen. Ansonsten stellt die Nähe zu Märkten, insbesondere zu den expandierenden Märkten in Asien und Afrika, einen entscheidenden Vorteil für eine konstante bis steigende Produktion dar. Südafrika konzentriert seine Exporte zunehmend auf Westafrika und steigerte diese im Zeitraum 2011 bis 2014 von 65 000 auf 105 000 t Äpfel. Neuseeland profitiert von der Konsumsteigerung in Südostasien und zieht sich durch die sehr hohen Transportkosten zunehmend aus dem Apfelmarkt in Europa zurück. Mit dieser Verlagerung stabilisiert sich die neuseeländische Apfelanbaufläche in der Größenordnung von 8300 ha. Die vergleichsweise starke Anbaufläche in 2004 mit 12 600 ha basierte auf einer starken Marktposition im deutschen und englischen Markt. Die globalen Warenströme unterliegen einem ständigen Wandel und sind ein Ausdruck für Gewinner und Verlierer im Handel und letztendlich auch in der Produktion.

2 Biologische Grundlagen des Obstbaus

2.1 Zellen und Gewebe

Alle Obstbäume und -sträucher bestehen aus Zellen. Diese pflanzlichen Grundbausteine sind unterschiedlich gebaut und üben mannigfache Funktionen aus. Und dennoch verfügt jede meristematische Zelle grundsätzlich noch über die gesamte genetische Information ihrer Mutterpflanze – ein Befund, der bei der Anzucht voll funktionsfähiger Pflanzen aus einzelnen Zellen durch Gewebekultur wirtschaftlich genutzt wird.

Jede Zelle stellt ein komplexes System mit einer relativ starren Zellwand dar, welche die lebende Zellsubstanz, das Protoplasma, umschließt. Die Zellwand gibt der Zelle Form und Festigkeit. Ihr Hauptbestandteil ist Zellulose. Eine pektinreiche Schicht zwischen benachbarten Zellen, die Mittellamelle, kittet Nachbarwände zusammen. Zum Flächen- und Dickenwachstum der Zellwand muss sie einerseits dem Innendruck der Zelle nachgeben können, andererseits jedoch dem Innendruck des Protoplasmas standhalten.

> Die dynamischen Eigenschaften der Zellwand wirken sich bei den Obstpflanzen unter anderem auf die mechanischen Eigenschaften der Baumkronen, die pflanzeneigene Abwehr von Schadorganismen und auf verschiedene Merkmale der Fruchtqualität – Beispiel Fruchtfleischfestigkeit – aus.

Zellwände können durch Einlagerung/Auflagerung von Lignin verholzen, undurchlässig, hart und druckfest werden. Kutin und Suberin fungieren als Barrieren für Wasser und Nährstoffe. Kutin findet sich in der Epidermis des Sprosses und als reifartiger Belag auf Früchten zur Einschränkung der Transpiration. Es dient zum Schutz vor Ionenauswaschung durch Regen und als Schranke gegen Agrochemikalien und Schadorganismen. Suberin ist ein Bestandteil der Korkzellen. Diese treten in Wundgeweben auf, z. B. als verkorkte (berostete) Bereiche der Fruchtschale.

Die lebende Zellsubstanz, das Protoplasma, füllt bei jungen Pflanzen die ganze Zelle aus. Bei älteren bildet es einen Wandbelag oder durchzieht die Zelle mit Plasmasträngen. Weil es dem Zellwachstum nicht vollständig folgen kann, entstehen mit der Zeit flüssigkeitsgefüllte, von Plasma umschlossene Vakuolen. Diese sind mit Zellsaft gefüllt, der Zucker, Säuren, Aminosäuren, Nährstoffe und weitere Verbindungen enthält, die unter anderem für den Geschmack der Früchte, die pH-Regulierung des Zellsaftes und für Schutz- und Abwehrfunktionen wichtig sind.

Im Protoplasma befinden sich der Zellkern und weitere Bauelemente (Organellen). Deren wichtigste enthalten grüne Chlorophylle für die Photosynthese, Aminosäure- und Fettsäuresynthese. Orangerote Carotinoide und gelbe Xanthophylle sind für die Farbe der Früchte und des Herbstlaubes verantwortlich und locken Insekten an. Mitochondrien stellen für die Zellatmung Energie bereit. Im Zellkern sind sämtliche für den Bau und die Lebensfunktionen der Pflanze notwendigen Informationen (genetischer Code) enthalten. Der Zellkern ist das Kontrollzentrum für alle Zellaktivitäten.

Zellen mit gemeinsamen Funktionen schließen sich zu Zellpopulationen, Geweben, zusammen, größere Gewebeansammlungen zu noch umfangreicheren Einheiten, Gewebesystemen. Davon gibt es in Wurzel, Spross und Blättern grundsätzlich drei. Das Grundgewebesystem umfasst die Grundgewebe Parenchym, Kollenchym und Sklerenchym. Sie sind dauerhaft teilungsfähig, für die Regeneration und Wundheilung wichtig und an Photosynthese, Assimilat- und Wassertransport sowie an der Speicherung beteiligt. Kollenchym kann dicke flexible Zellwände bilden und jungen Organen als Stützgewebe dienen. Sklerenchym festigt und stützt mit dicken verholzten Zellwänden ausgewachsene Pflanzenorgane. Sklerenchymzellen liegen beispielsweise als Bastfasern in Samenschalen oder in Steinzellen von Birnen vor.

Das Leitgewebesystem besteht aus den Leitgeweben Xylem und Phloem. Im Xylem werden vor allem Wasser und Nährstoffe transportiert. Dazu speichert es Nährstoffe und nimmt Stützaufgaben wahr. In Verbindung mit dem Phloem bildet es ein über den ganzen Pflanzenkörper reichendes Leitgewebesystem. Im Phloem werden hauptsächlich Assimilate, daneben auch Aminosäuren, Spurenelemente, Proteine und Hormone in Siebröhrenelementen zu den verschiedenen Pflanzenteilen transportiert.

Das Kambium stellt ein besonderes Leitgewebe dar, von dem das sekundäre Dickenwachstum mehrjähriger Pflanzen ausgeht. Vom zweiten Wachstumsjahr der Triebe an stellt es eine ringförmige, teilungsaktive Zellschicht dar, die alljährlich nach innen den Holzteil (Xylem) und nach außen den Siebteil (Phloem) bildet.

Das Abschlussgewebe Epidermis ist die äußerste Zellschicht des Pflanzenkörpers. Sie bildet bei Wurzeln, Trieben, Blättern, Blüten, Früchten und Samen eine mechanische Schutzschicht. Die Außenwände der eng aneinander liegenden Epidermiszellen stellen außerdem einen Verdunstungsschutz in Form einer Kutikula aus Kutin und Wachs dar. Zwischen diese normalen Epidermiszellen sind spezialisierte Zellen (Schließzellen) eingestreut, die durch Öffnen oder Schließen den Gasaustausch und die Wasserverdunstung steuern.

2.2 Organe der Obstpflanzen

Alle Höheren Pflanzen sind in Wurzel und Spross (Sprossachse mit Blättern) gegliedert. Blüten stellen abgewandelte Sprosse mit einer Blütenachse und modifizierten Blättern dar.

2.2.1 Das Wurzelsystem

> Wurzeln verankern die Obstgewächse im Boden, nehmen Wasser und Nährstoffe auf, synthetisieren lebensnotwendige Verbindungen, z. B. Aminosäuren und Phytohormone, speichern sie und versorgen damit oberirdische Organe.

Die erste Wurzel einer Obstpflanze kann sich entweder generativ durch Samenkeimung oder vegetativ aus Ablegern, Stecklingen oder Meristemen einer Mutterpflanze entwickeln. Sämlingswurzeln weisen wenigstens vorübergehend eine Pfahlwurzel auf, die jedoch früher oder später ihre führende Stellung durch zunehmende Seitenwurzelbildung verliert. Vegetativ vermehrte Wurzelunterlagen (s. Kap. 6.1 „Vermehrung“) entwickeln sich von Anfang an in eine dicht verzweigte Wurzelkrone aus zahlreichen Seitenwurzeln am Wurzelhals. Ob Sämling oder vegetativ vermehrte Unterlage, Primärwurzeln verwandeln sich durch Längenwachstum und Verzweigung in ein Wurzelsystem.

Die vertikale und horizontale Ausdehnung hängt hauptsächlich von der Obstart sowie der Feuchtigkeit, Struktur und Nährkraft des Bodens ab. Die meisten Wurzeln, die Wasser und Nährstoffe aufnehmen (Nährwurzeln), sind auf die obere 20 cm starke, humusreiche Bodenschicht konzentriert.

Wurzeln besitzen eine äußere Schicht (Wurzelrinde) und eine innere (Zentralzylinder mit Leitungs- und Festigungsgewebe). Eine Kutikula fehlt. Die äußerste Zellschicht ist die Rhizodermis mit besonders dünnen Wänden, die innerste die Endodermis.

Die Wurzelspitzen sind von einer Wurzelhaube bedeckt. Diese produziert Schleim, der das Wurzelspitzenmeristem schützt und der Wurzel das Eindringen ins Erdreich erleichtert. Unmittelbar hinter dem Spitzenmeristem finden die meisten Zellteilungen statt. Man nennt diese Zone deshalb Zellteilungszone.

An sie schließt sich die Differenzierungszone mit den Wurzelhaaren an. Vor allem hier werden Wasser und Nährstoffe aufgenommen. Diese Zonen sind nicht scharf voneinander getrennt, sondern überlappen sich räumlich und zeitlich.

> Das Nährstoffaneignungsvermögen der Wurzelhaare kann durch Symbiose mit Pilzen (Mykorrhiza) wesentlich zunehmen. Die Pilzpartner verbessern insbesondere die Phosphatversorgung der Pflanzen bei niedrigem Düngungsniveau.

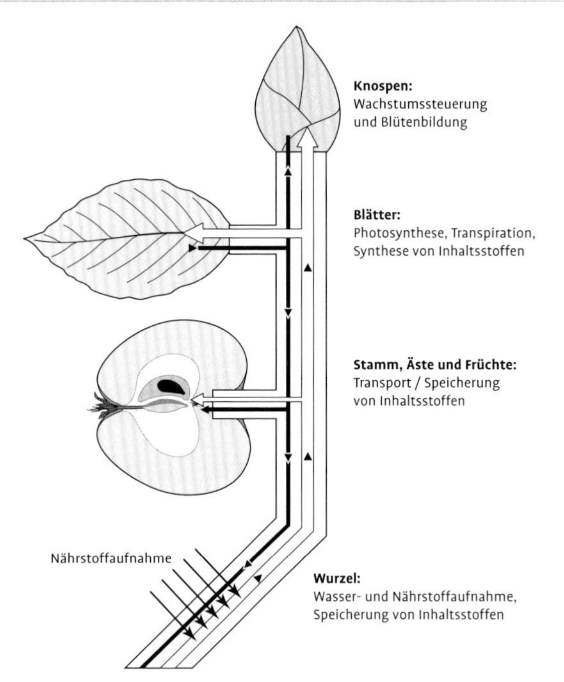

Abb. 1 Pflanzenorgane und ihre Funktionen.

In der engeren Umgebung der Wurzeln, der Rhizosphäre, kann die Pflanze durch Wurzelausscheidungen Nährstoffe mobilisieren und den pH-Wert beeinflussen sowie Veränderungen wahrnehmen und darauf reagieren. Bodentrockenheit wird an den Spross „weitergemeldet". Feuchtigkeit kann geortet werden, sodass Wurzeln zielstrebig auf Zonen mit verfügbarem Wasser zuwachsen.

Wurzeln haben keine Ruheperiode wie oberirdische Pflanzenorgane. Sobald entsprechende Temperaturen vorliegen, beginnen sie zu wachsen. Apfelwurzeln benötigen dazu 4 bis 5, Birnenwurzeln 6 bis 7 und Aprikosen- und Pfirsichwurzeln 12 °C. Das Temperaturoptimum für Wurzelwachstum liegt zwischen 16 und 24 °C.

Da Wurzeln bei tieferen Temperaturen aktiv werden als der Spross, beginnen sie etwa einen Monat früher zu wachsen. Ab Knospenaustrieb gewinnen jedoch die Triebe und jungen Früchte einen Wachstumsvorsprung. Erst mit nachlassendem Triebwachstum beginnen die Wurzeln wieder intensiver zu wachsen. Spross- und Wurzelsystem streben automatisch einen Gleichgewichtszustand zwischen ihrer Assimilatproduktion und der Wasser- und Nährstoffaufnahme an. Bei hoher Fruchtbehangdichte, gleichbedeutend einem Kohlenhydratmangel, kann das Wurzelwachstum empfindlich leiden und sich später nur schwach erholen. Bei wenig belastendem Fruchtbehang stockt dagegen die Wurzelneubildung erst wieder nach Eintritt tiefer Temperaturen.

Die Wurzel reagiert rasch auf Veränderungen in der Krone und umgekehrt. Extreme Schnitteingriffe, starker Fruchtbehang und Blattschäden bewirken Einschränkungen der Wurzelleistung; Verpflanzen oder Wurzelschnitt schwächen vorübergehend das Trieb- und Fruchtwachstum

Bei der Anzucht von Obstgehölzen verbindet man üblicherweise genetisch unterschiedliche Unterlagen (Wurzeln) mit Edelsorten. Dabei behält jeder Veredlungspartner seine physiologische Eigenständigkeit in gewissem Umfang bei. Mit stark- oder schwach wachsenden Unterlagen kann man deshalb das Wachstum der Obstbäume in weiten Grenzen variieren. Bei ungeeigneten Kombinationen stellt sich jedoch eine mehr oder weniger starke Unverträglichkeit der Veredlungspartner ein. Betroffene Bäume können kümmern, an der Veredlungsstelle abbrechen oder aus anderer Ursache absterben.

2.2.2 Die Sprossachse

Die Sprossachse der Obstgehölze setzt sich aus Stamm, Gerüstästen, Fruchtholz und einjährigen Trieben zusammen. Sie trägt Blätter, Neutriebe und Früchte, leitet dafür notwendige Wasser-, Kohlenhydrat- und Nährstoffmengen an Bedarfsorte, speichert Reservestoffe und mobilisiert sie wieder in Bedarfszeiten.

Die Sprossachse, das Bindeglied zwischen Blättern und Wurzel, leitet lebensnotwendige Verbindungen von oben nach unten und umgekehrt. Sie trägt die Blätter und Früchte. Durch alljährliche Neutrieb- und Fruchtbildung ist sie die obstbauliche Produktionsgrundlage schlechthin.

Das Längenwachstum der Obstpflanzen geht von Meristemen an den Triebspitzen (End- oder Terminalknospen) oder in Blattachseln (Seiten- oder Lateralknospen) aus. Zum Längenwachstum tragen auch die hinter den Vegetationspunkten liegenden Gewebe durch Zellstreckung bei. Im Wachstumsverlauf erscheinen in regelmäßigen Abständen an den Meristemen Blattanlagen mit aktiven Seitenmeristemen und bilden daraus Blattknoten (Nodien). Die Zwischenglieder der Nodien, die Internodien, sind bei Langtrieben bis 10 cm lang; bei Kurztrieben sind sie dagegen stark gestaucht.

Am Ende des Längenwachstums wandeln sich die zuletzt gebildeten Blattanlagen zu Knospenschuppen um. Diese umhüllen Blatt- und Blütenanlagen und das Meristem und schützen sie vor schädlichen Einwirkungen. Die Ansätze der Knospenschuppen sind nach dem Knospenaustrieb im nächsten Jahr als Narben (Astring) erkennbar.

Der Zeitpunkt der Endknospenbildung richtet sich nach den Temperatur-, Licht-, Wasser- und Nährstoffverhältnissen sowie nach der Wuchsstärke und Fruchtbehangdichte. Kurztriebe schließen ihr Wachstum meistens schon Ende Juni ab. Langtriebe können unter wüchsigen Bedingungen auch bis in den Herbst hinein wachsen.

Verholzte Triebe wachsen nicht mehr in die Länge. Weiteres Wachstum findet nur noch als Sekundäres Dickenwachstum in Form eines zylindrischen Mantels zwischen Holzteil und Rinde statt. Dafür ist das Kambium zuständig. Alljährlich bildet es nach innen Holz mit den darin enthaltenen Gefäßen zur Wasser- und Nährstoffleitung (Xylem) und nach außen Bast mit den Siebröhren (Phloem) für die Leitung der Assimilate. Diese jahresrhythmische Kambiumaktivität mit weitlumigen Holzelementen im Frühjahr und engen gegen das Vegetationsende ergibt die im Querschnitt von Stamm und Ästen erkennbaren Jahresringe. Das Dickenwachstum dehnt alle außerhalb des Kambiums gelegenen Gewebe. Als Folge davon könnten Epidermiszellen zerreißen. Dem beugt die Pflanze durch die Anlage eines Korkkambiums vor. Dieses wiederum bewirkt die Ausbildung eines Abschlussgewebes mit einer außen liegenden Korkschicht. Sie schützt vor Verletzungen und Wasserverlust. Einen Gasaustausch ermöglichen Lentizellen im Korkgewebe.

Der Holzteil ist quer zu den Jahresringen von Markstrahlen, Bändern aus lebendem Gewebe, durchzogen, die dem Quertransport von Kohlenhydraten und Nährstoffen sowie der Reservestoffspeicherung dienen. Das eigentliche Holz wird vom Festigungsgewebe der Holzfasern gebildet.

2.2.3 Das Blatt

> Blätter, die Kraftwerke der Pflanzen, überführen in den grünen Chloroplasten Sonnenenergie durch Photosynthese in chemisch gebundene Energie in Form von Kohlenhydraten, den Bau- und Betriebsstoffen der Pflanzen.

Diese Seitenorgane der Sprossachse bestehen aus Blattspreite, Blattstiel und Nebenblättchen am Blattgrund. Ihre Hauptfunktionen sind Photosynthese und Transpiration. Ein Grundgewebe mit vielen Chloroplasten und großem Interzellularvolumen stellt die Hauptmasse eines Blattes mit den zwei Schichten Palisaden- und Schwammparenchym dar. Leitbündel sind als Blattadern erkennbar. Sie verlaufen im Schwammparenchym und dienen dem Transport von Wasser, organischen Nährstoffen und Mineralsalzen.

Blattober- und -unterseite werden von der Epidermis abgeschlossen. Ihre Zellwände und der Überzug mit einer Kutikula schützen das Blatt vor Transpirationsverlusten und bilden eine Barriere gegen aufgebrachte Pflanzenschutzmittel, Blattdünger und Wachstumsregler. Zum Gasaustausch im Zuge der Photosynthese und der damit verbundenen Wasserdampfabgabe (Transpiration) befinden sich in der Epidermis Spaltöffnungen (Stomata). Sie bestehen im Wesentlichen aus zwei Schließzellen und bilden einen Öffnungs- und Schließmechanismus, der guten Gasaustausch gewährleistet sowie bei angespannter Wasserversorgung hohe Transpirationsverluste verhindert.

Blattmodifikationen ergeben sich aus der Blattstellung am Trieb, in der Baumkrone und durch ihre Funktion. Knospenschuppen schützen die Blatt- und Blütenanlagen in der Knospe vor mechanischer Beschädigung, extremer Temperatur und vor Pathogenen. Sonnenblätter sind kräftiger gebaut und dicker als Blätter, die im Schatten wachsen.

Die ersten Blätter entfalten sich im Frühjahr aus Blattknospen oder gemischten Knospen mit Blatt- und Blütenanlagen. Blätter am Fruchtholz (Primärblätter) bilden Blattrosetten, die für die erste Entwicklung der Blüten und Früchte von großer Bedeutung sind. Voll ausgebildet ist die Blattmasse im Sommer, wenn die Triebe ihr Längenwachstum weitgehend abgeschlossen haben.

2.2.4 Die Blüte

Bei einer typischen Blüte sind die äußeren Hüllblätter (Kelchblätter) grün. In der Knospe schützen sie die verschiedenen Blütenteile. Die Kronblätter bilden die innere, gefärbte Blütenhülle, die Insekten anlockt. Auf sie folgen Staub- und Fruchtblätter, die ertragsbestimmenden Blütenteile.

Jedes Staubblatt besitzt einen Stiel mit einem erweiterten Teil, der Anthere. Diese enthält die Pollensäcke mit den Pollenmutterzellen, aus denen letztendlich Pollenkörner entstehen. Die Fruchtblätter bilden den aus Narbe, Griffel und Fruchtknoten bestehenden Stempel. Im Fruchtknoten findet man eine bis viele Samenanlagen.

Obstblüten stehen entweder einzeln, paarweise oder sind in mehrblütigen Blütenständen (Infloreszenzen) zusammengefasst. Apfelinfloreszenzen entwickeln sich überwiegend an der Spitze des Fruchtholzes, jedoch auch seitlich am Langtrieb. Ihre Mittelblüte (Königsblüte) öffnet sich zuerst. Sie liefert die größte Frucht im Fruchtstand. Die ähnlich gebauten Blütenstände der Birne enthalten sieben oder acht Blüten. Als erste erblüht eine der seitlichen Blüten. Der Quittenblütenstand ist einblütig. Alle Kernobstblütenstände weisen an ihrer Basis eine Blattrosette auf.

Kirschen- und Zwetschenblüten stehen in Büscheln seitlich am Fruchtholz. Aprikose und Pfirsich besitzen einblütige Infloreszenzen seitlich an Lang- und Kurztrieben. Alle Steinobstarten weisen keine Basalblätter (Primärblätter) im Blütenstand auf.

Haselnuss, Walnuss und Edelkastanie tragen auf demselben Baum/Strauch rein männliche Blütenstände (Kätzchen) und rein weibliche. Wie bei anderen Windbestäubern fehlen Blütenblätter.

Die Blütenknospen der Erdbeere sitzen in den Blattachseln der Kronen. Die frühen Blüten sind beträchtlich größer als die späten. Blütenstände von Johannisbeere, Stachelbeere und Heidelbeere stellen Trauben – mit oft nur einer Blüte bei der Stachelbeere – dar.

Brombeeren und Himbeeren wie auch andere *Rubus*-Arten entwickeln zweijährige Ruten mit Blütenknospen an der Hauptrute und an ihren Geiztrieben. Nach dem Fruchten sterben die Ruten ab.

2.3 Blütenbildung

Mit der Blütenbildung legt Fruchtholz anstelle von vegetativen generative Knospen an. Dabei wachsen die Spitzenmeristeme im Innern von vegetativen Kurztriebknospen nach dem Knospenaustrieb in die Länge und bilden bis etwa Mitte Juni eine bestimmte Anzahl von Blattanlagen. In diesem Stadium erhalten die Knospen einen Impuls, der ihre vorher vegetative Entwicklung in die generative Richtung lenkt (Blühinduktion).

Die Spitzenmeristeme schwellen nun an, werden emporgehoben und bilden einen sogenannten Meristempflock. An ihm formen sich eine bis mehrere Blütenanlagen und Blattanlagen mit Seitenmeristemen in den Blattachseln. Mit der Meristempflockbildung werden die induzierten Blütenanlagen unter einem Mikroskop erstmals sichtbar (Initiation). Beginn und Dauer der Initiationsphase hängen hauptsächlich von der Obstart ab. Die ersten Entwicklungsstadien von Blütenanlagen zeigen sich in der Folge Beerenobst, Steinobst (Kirsche, Pflaume), Kernobst (Birne, Apfel, Quitte), Erdbeere, Walnuss.

In der Folgezeit entwickeln sich die Blütenanlagen zu vollständigen Blüten: Rasch erscheinen im September und Oktober/November Kelchblatt-, Blütenblatt-, Staubblatt- und Fruchtblattanlagen, gefolgt von einer gerade noch feststellbaren Weiterentwicklung der Blütenanlagen im Winter.

Abb. 2 Entwicklungsverlauf von Blüten- und Blattknospen (A = Anfang, M = Mitte).

Ein letzter starker Entwicklungsimpuls mit der Differenzierung der männlichen und weiblichen Geschlechtszellen (Pollen und Eizellen) setzt im Frühjahr kurz vor dem Aufblühen der Blütenknospen ein.

Blütenentwicklung: Induktion, Initiation und Differenzierung der Blütenanlagen sind die entscheidenden Entwicklungsschritte der Obstbaumblüten.

2.3.1 Voraussetzungen für die Blütenbildung

Alle Obstsorten sind streng genommen von vornherein blühreif. Dennoch durchlaufen sie als Jungpflanzen zunächst eine rein vegetative Phase („Pseudo-Jugendphase"). Erst danach legen sie Blüten an. Die beteiligten physiologischen Prozesse zur Blütenbildung sind im Einzelnen noch nicht bekannt.

Weitgehend akzeptiert ist eine negative Beziehung zwischen der Wuchsstärke und der Blütenbildung. Richten wir unser Augenmerk speziell auf die Wachstumsbedingungen der Blühinduktion und der Blüteninitiation, so erscheint ein nachlassendes, relativ schwaches Triebwachstum förderlich zu sein. Kurztriebe beginnen wohl deshalb früher mit der Blütenbildung als Langtriebe.

Aus dieser Sicht bietet sich eine Beziehung zur Stickstoffversorgung geradezu an. Noch weiter geht die Kohlenstoff-Nährsalz-Theorie von Klebs, wonach ein hohes Kohlenstoff/Stickstoff-(C/N-)Verhältnis zur Blüteninduktion führt. Ein Überschuss an Kohlenhydraten ist wahrscheinlich auch für die Blütendifferenzierung wichtig. Einen eindeutigen analytischen Beweis einer blütenbildenden Rolle des C/N-Verhältnisses liefern jedoch auch zahlreiche zielgerichtete Untersuchungen nicht.

Jedoch müssen genügend Blätter bis zum Blattfall gesund bleiben und gut belichtet sein. Ein hoher Blattbesatz des Fruchtholzes und ein früher Triebabschluss begünstigen vor allem die

Blütendifferenzierung, die Blütenqualität und die Frosthärte der Blüten. Gegenteilige Wirkungen zeigen starkes Reduzieren der Blattfläche durch Krankheits- und Schädlingsbefall, zu starker Sommerschnitt und allzu zeitiges Ernten.

Angehende Früchte reduzieren die Blütenbildung besonders effizient und sind deshalb eine wesentliche Ursache der Ertragsalternanz, nicht etwa durch ihre Konkurrenz mit jungen Knospen um Nährstoffe oder Kohlenhydrate, vielmehr durch eine hormonelle Störung vonseiten junger Samen. Samenlose Früchte beeinträchtigen die Blütenbildung nicht.

Eine besondere Bedeutung für die Entwicklung der Meristeme wird Gibberellinen zugeschrieben, weil eine Senkung des Gibberellingehaltes in Obstbäumen – hervorgerufen durch bestimmte Kulturmaßnahmen – die Blütenbildung schon verbessert hat. Samenanlagen stellen Gibberellinquellen dar und werden damit zu Störquellen der Blüteninduktion, so der Schluss aus Gibberellinversuchen. Der blühhemmende Effekt scheint in der Zeit um die Blüte besonders stark zu sein. Ihn zu minimieren bedeutet, schon während der Blütenentfaltung qualifiziert auszudünnen, um viele Fruchtsprosse ohne Blütenbesatz zu schaffen.

Die Störung der Blüteninduktion kurze Zeit vor, während und nach der Blühzeit schreibt man überwiegend dem hormonellen Einfluss von Gibberellin zu. Auch Auxin könnte dazu beitragen.

Eine weitere Klippe für die Ausbildung vieler vollwertiger Blüten besteht in der Zeit zwischen Blüteninitiation und Obstblüte. Diese lange Phase der Blütenbildung stellt besondere Ansprüche an die Versorgung mit Kohlenhydraten, in vermindertem Maße auch mit stickstoffhaltigen Verbindungen. Letztere dürften jedoch kaum Mangelprobleme aufwerfen, weil die Mineralisation der organischen Bodensubstanz um diese Zeit normalerweise genügend mineralischen Stickstoff freisetzt, sofern keine ausgesprochene Trockenheit herrscht.

Viel eher gerät die Kohlenhydratversorgung der noch unvollkommenen Blütenanlagen in einen Engpass. Die Fruchtansätze sind jetzt im Wachsen begriffen bzw. lagern wertgebende Inhaltsstoffe ein und stellen so Nahrungskonkurrenten für die Blütenanlagen dar. Diese Konkurrenz gilt es in verträglichen Grenzen zu halten – durch rechtzeitige und ausreichende Dämpfung des Triebwachstums, sachgerechtes Ausdünnen und ausgewogenen, keinesfalls übertrieben starken Sommerschnitt. Auch ein Einsatz von Wachstumshemmern könnte in dieser Phase in Betracht gezogen werden. Mitentscheidend ist, die Dominanz der Triebspitzen und Früchte zu mildern sowie Meristeme von Seitenknospen zu aktivieren, um ihnen eine ausgewogene Versorgung mit Nährstoffen und Energieträgern zugunsten einer optimalen Blütenbildung zu bieten.

2.3.2 Blütenqualität

Der Befruchtungserfolg und die frühen Stadien der Fruchtentwicklung bis hin zur reifen Frucht stehen in enger Beziehung zur Blütenqualität. Diese drückt sich im Ausbildungsgrad von Fruchtknoten und Staubblättern, der Blütenanzahl im Blütenstand und der Anzahl und Fläche der Primärblätter aus. Die Befruchtung der Blüten setzt eine Mindestanzahl an Fruchtblättern (beim Apfel fünf bis sechs) und Staubblättern voraus. Bedeutsam sind auch die Anzahl an Pollenkörnern und die Nährstoffreserven. Letztere wirken sich auf das Wachstum der Pollenschläuche aus und tragen dazu bei, dass auch unter ungünstigen Witterungsbedingungen während der Blüte noch eine Befruchtung möglich ist.

Der Befruchtungserfolg spiegelt sich unter anderem in der Anzahl der Samen wider. Die in ihnen gebildeten Phytohormone wiederum bestimmen weitgehend das Nährstoff-Aneignungsvermögen der Früchte und damit ihre Entwicklungschancen. Eine unzureichende Samenzahl kann beim Kernobst außerdem Fruchtmissbildungen verursachen und so die Marktqualität der Früchte beeinträchtigen.

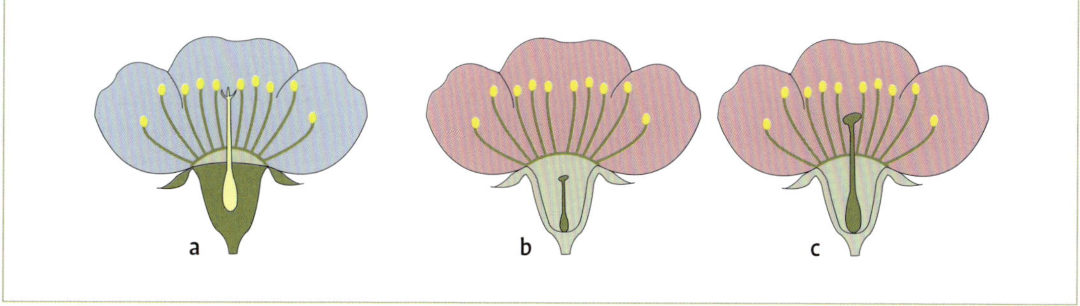

Abb. 3 Hochwertige Kernobstblüten besitzen gut ausgebildete Blütenböden (a) und haben ein hohes Fruchtungsvermögen. Steinobstfrüchte gehen aus den Fruchtknoten hervor. Sind diese ungenügend ausgebildet (b), so erfolgt ein nur schwacher Fruchtansatz und umgekehrt (c) (fruchtbildende Gewebe olivgrün).

Die Fruchtgröße resultiert aus der Anzahl und Größe der Fruchtfleischzellen. Die Zellteilung beginnt schon in der Knospe mit der Bildung von Blütenanlagen am Meristempflock. Intensive Zellteilung im Blütenboden ist beim Apfel bereits im September und Oktober im Jahr vor der Ernte zu beobachten.

Neben den Blüten selbst können auch die Primärblätter der Fruchtstände die Befruchtung und frühe Fruchtentwicklung begünstigen oder beeinträchtigen.

Die Anzahl der Primärblätter und ihre Fläche werden mit der Bildung des Meristempflocks und der Differenzierung von Blütenanlagen schon in der Knospe weitgehend festgelegt. Da sie zur Vollblüte beim Apfel mehr als 50 % der photosynthetisch aktiven Fläche bilden, sind auch sie für die Versorgung der Blüten und jungen Früchte mit Assimilaten wichtig.

Schon eine Anfang Herbst vorgenommene Knospenuntersuchung kann Aufschluss über die anstehende Zahl und Qualität der Blütenknospen und damit Hinweise geben, ob zur Verbesserung der Knospenqualität Maßnahmen wie etwa Harnstoffbehandlungen im Herbst sinnvoll erscheinen. Dabei ist festzustellen, ob die potenziellen Blütenknospen verhältnismäßig dick oder nur schwach ausgebildet sind, denn: Dicke Knospen sind immer gut. Selbst wenn sie keine Blütenanlagen aufweisen, bilden sie zumindest eine günstige Ausgangslage für gute Blütenbildung im nächsten Jahr.

Gewisse Zweifel an der gegenwärtigen Bedeutung diverser Blütenqualitätsmerkmale könnten aufkommen, wenn man berücksichtigt, wie sich die Anbautechnik seit grundlegenden Untersuchungen zur Blütenbiologie verändert hat. Die pflegeintensiven Obstbäume sind kleiner geworden, besser belichtet und weisen nicht mehr die große Variabilität der Fruchtholzvitalität früherer Jahre auf.

2.3.3 Alternanz

Unter Alternanz versteht man periodische Ertragsschwankungen der Obstbäume über einen längeren Zeitraum hinweg. Sie wird überwiegend durch zu hohe Fruchtbehangdichte verursacht, kann jedoch auch durch Spätfrost, übermäßig starkes Triebwachstum, durch extremen Schnitt oder zu hohe Stickstoffgaben ausgelöst werden. Physiologisch betrachtet sind die Samenanlagen der jungen Früchte und die Triebspitzen stark wachsender Bäume die eigentlichen Verursacher, weil sie tendenziell im Übermaß blühhemmende Pflanzenhormone produzieren.

In Ausfalljahren mit geringem Ertrag werden überwiegend zu viele Blütenknospen, in Ertragsjahren zu wenige gebildet. Zur Regulierung der Blütenbildung muss rechtzeitig und ausreichend stark ausgedünnt und die Schnitt- und Düngungsmaßnahmen auf eine ausgeglichene Triebleistung ausgerichtet werden.

Selbst scheinbar regelmäßig tragende Anlagen können Alternanzsymptome zeigen, indem jahrweise nur ein Teil der Bäume voll trägt, andere ertragsmäßig mehr oder weniger stark abfallen. Im darauf folgenden Jahr kehrt sich dieses Verhalten um. Über die Jahre betrachtet kann so zwar eine annähernd ausgeglichene Ertragsleistung vorgetäuscht werden. Die mögliche Ertragskapazität solcher Anlagen wird aber nicht völlig ausgeschöpft.

Im kleinen Maßstab kann man auch bauminterne Alternanz in Form alternierender Kronenregionen finden. Man könnte sie als natürliche Alternanz-Regulierung ansehen: Fruchtende Regionen bringen Fruchtertrag, vegetative legen Blütenknospen für das nächste Jahr an. Im Apfelanbau nutzt man diese Eigenschaft gelegentlich bei der einseitigen totalen Fruchtausdünnung.

Nicht alle Obstarten und Sorten alternieren gleich stark. Apfel und Birne neigen stark dazu, Steinobst weniger, Beerenobst fast nie. Einige Apfel- und Birnensorten tragen ziemlich regelmäßig, andere – Beispiel 'Elstar' – oft so wechselhaft, dass ihr Anbau unwirtschaftlich sein kann. Wie Beispiele aus Neuseeland zeigen, können unter lichtintensiven Bedingungen anscheinend auch „typische" Alternanzsorten ziemlich regelmäßig fruchten.

In alternierenden Anlagen variiert außer der Anzahl auch die Qualität der Blüten von Jahr zu Jahr. Fruchtansatzschwierigkeiten und Probleme für die Fruchtqualität können so schon am Vegetationsanfang programmiert sein. Das Ausmaß der Alternanz ist für die Wirtschaftlichkeit von Ertragsanlagen erfolgsbestimmend.

2.3.4 Beziehungen zwischen Wachstum und Fruchtbarkeit

Die vegetativen und generativen Organe der Obstgehölze entwickeln sich nicht unabhängig voneinander. Ihre Wuchsstärke und Verzweigung werden vielmehr von sogenannten korrelativen Hemmungen beherrscht. Benachbarte Organe können sich gegenseitig hemmen, wobei häufig ein Organ die Oberhand gewinnt.

Die Blütenbildung ist artspezifisch auf bestimmte Regionen der Baumkronen und Sträucher konzentriert. Höchste Blühwilligkeit findet man an Trieben, die mittelmäßig gehemmt sind und dadurch eine optimale Fruchtsprossstärke aufweisen. Im Übergangsbereich zu stärkerem Wachstum entstehen charakteristische „Übergangsknospen" mit vegetativem Einschlag. In Richtung stark gehemmter Bereiche werden zunehmend verkümmerte oder auch gar keine Blüten mehr gebildet.

Fruchtholzlänge: Jede Obstart bevorzugt mit ihren Sorten einen eigenen Trieblängenbereich für die Blütenbildung. Für die einzelnen Arten sind folgende Bereiche optimal: Süßkirsche 0,3 bis 25 cm, Apfel und Birne 1 bis 25 cm, Aprikose, Pflaume, Sauerkirsche 0,3 bis 50 cm und Pfirsich 20 bis 80 cm. In Niedrigertragsjahren beschränkt sich die Blütenbildung weitgehend auf den optimalen Trieblängenbereich, in Vollertragsjahren fruchten auch relativ kurze und überlange Triebe.

Johannis- und Stachelbeeren blühen bevorzugt an Kurztrieben, weniger an Langtrieben. Hingegen ist bei Schwarzen Johannisbeeren starkes Triebwachstum eine Voraussetzung für Blühreichtum.

Bei Himbeeren und Brombeeren setzen Ruten jeglicher Länge Blüten an. Die Ertragsleistung ist von der Rutenzahl/lfd. Meter und der Rutenlänge abhängig.

Erdbeeren bilden die meisten Blütenknospen bei mittlerer Wuchsstärke. Bei zu starkem Wuchs lässt die Fruchtbarkeit nach.

Blütenknospenposition: Spitzenknospen an Kernobsttrieben haben bessere Entwicklungschancen als Seitenknospen. Steinobst bildet nur Seitenknospen als Blütenknospen aus. Beide Arten blühen am besten am zweijährigen Astabschnitt. Mit zunehmendem Fruchtastalter nimmt die Blühwilligkeit ab. Bei Apfel, Birne, Pflaume und Sauerkirsche reicht die blühgeförderte Zone bis zum drei- und vierjährigen Astabschnitt. Pfirsich-Kurztriebe sind extrem kurzlebig, jene der Süßkirsche besonders lange blühfähig. Bei allen Obstarten befinden sich die meisten und am besten entwickelten Knospen in gut belichteten Kronenpartien, die schwächsten Blütenknospen im Kroneninneren.

Auch beim Strauchbeerenobst geht die Blühwilligkeit mit zunehmendem Alter der Fruchtäste zurück. Himbeeren und Brombeeren haben in dieser Hinsicht keine Probleme, weil ihre Triebe und Ranken ohnehin nur zwei Jahre alt werden.

Einfluss der Früchte: Früchte sind Konkurrenten der vegetativen Organe um Kohlenhydrate und greifen durch ihre eigene Hormonsynthese in die Regulation von Wuchsstärke, Blüten- und Fruchtbildung maßgeblich ein. Sie stellen in der Kette Spross – Frucht – Wurzel meistens die stärksten Sinks dar und können sich dadurch besser mit stickstoffhaltigen Verbindungen, Mineralstoffen und Kohlenhydraten versorgen als ihre Konkurrenten. Stark fruchtende Bäume wachsen deshalb schwächer als weniger fruchtbare und lassen für die Wurzel weniger Bau- und Betriebsstoffe „übrig".

Die Dominanz der Früchte über das Triebwachstum ist jedoch nicht absolut. Besondere Umstände können ein „Kippen" der Fruchtdominanz zugunsten des Triebwachstums bewirken. Dann entwickelt sich eine gewisse Eigendynamik nach dem Motto: „Starker Wuchs begünstigt noch stärkeren". Auf diese Weise kann die Produktionsleistung der Pflanzen zulasten der Fruchtproduktion in Holzproduktion umschlagen.

Zu starke Fruchtbarkeit vermindert vor allem die Fruchtqualität und bringt schwächeres Wachstum, geringere Nährstoffaufnahme und eingeschränkte Synthesetätigkeit der Wurzel mit sich. Potenzielle Blühorte werden dann nicht nur schlecht mit Kohlenhydraten und Nährstoffen versorgt, sondern leiden auch empfindlich unter einer hormonalen Blühhemmung vonseiten der jungen Früchte.

> Die Besatzdichte der Bäume und Sträucher mit Früchten (Fruchtbehangdichte) ist neben der optimalen Triebstärke eine weitere bedeutende Steuergröße im Regelsystem der Obstpflanzen.

2.4 Von der Blüte zur Frucht

2.4.1 Bestäubung

Die Übertragung des Blütenstaubs erfolgt durch den Wind oder Insekten. Windbestäuber bilden große Mengen flugfähiger Pollen aus. Außerdem besitzen sie großflächige Narben mit zahlreichen

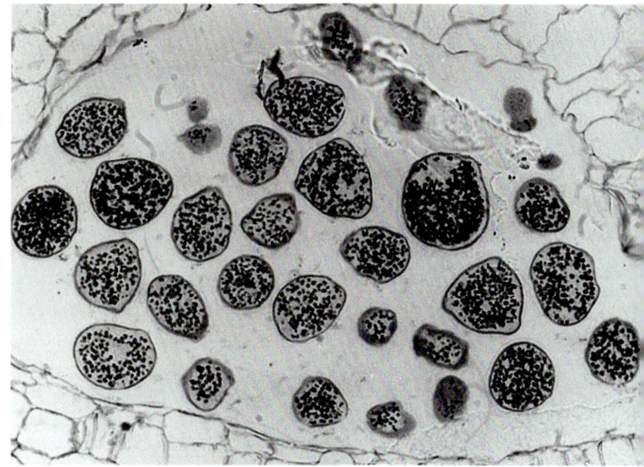

Abb. 4 Pollenkörner im Staubgefäß kurz vor dessen Platzen, mit eingelagerter Stärke als Reservesubstanz.

Verzweigungen zum Auffangen des Blütenstaubs. Zu den Windbestäubern gehören die Hasel- und Walnuss. Die meisten anderen Obstarten werden durch Insekten bestäubt. Sie bilden vergleichsweise geringe Pollenmengen aus, die Pollenkörner sind häufig verklebt und wenig flugfähig.

Insektenbestäuber locken mit auffällig gefärbten Blütenorganen Insekten an, die beim Pollen- und Nektarsammeln die Blüten bestäuben. Die Honigbiene hat die größte Bedeutung, weil sie als Volk überwintert und – anders als Solitärbienen – zur Zeit der Blüte schon in großer Zahl vorhanden ist. Auch Hummeln sind wichtige Bestäuber, weil sie auch noch bei tieferen Temperaturen, bei denen Bienen im Stock bleiben, fliegen.

Bienen und Hummeln können zwischen guten und schlechten Trachtpflanzen unterscheiden. Ein Kriterium dabei ist der Zuckergehalt des Nektars, der sehr unterschiedlich sein kann. Nektarien im Inneren der Blüten sondern den mit bloßem Auge gut erkennbaren Nektar ab, bei feuchtwarmem Wetter besonders intensiv. Nektar besteht je nach Pflanzenart zu 8 bis 76 % aus Zuckern.

Beim Apfel beträgt die Zuckerkonzentration im Durchschnitt 21 %, bei Süßkirschen 35 % und beim Raps 55 %. Je nach Sorte und Witterung schwanken die Zuckergehalte beim Apfel zwischen 20 und 55 %, beim Pfirsich von 20 bis 38 % und bei Süßkirschen zwischen 21 und 60 %. Birnen weisen mit 2 bis 37 % nur wenig Zucker im Nektar auf – eine der Ursachen für häufig schlechten Fruchtansatz, denn Bienen bevorzugen dann bei einem entsprechenden Angebot andere Trachtpflanzen mit höherem Zuckergehalt wie Raps, Löwenzahn oder andere Obstarten.

Es ist eine alte Streitfrage, ob auch Windbestäubung bei Insektenbestäubern eine Rolle spielt. Am ehesten denkbar ist Pollenübertragung durch Wind bei selbstfruchtbaren Sorten, weil bei ihnen nur geringe Entfernungen in der Blüte von den Staubgefäßen zur Narbe überwunden werden müssen. Aber auch hier konnten die Erträge durch den Einsatz von Bienen wesentlich gesteigert werden, beispielsweise bei 'Schattenmorelle' und anderen selbstfruchtbaren Sorten. Windbestäubung allein reicht nicht aus. Sobald der Blütenstaub über größere Entfernungen, etwa über mehrere Reihen, transportiert werden muss, hat Windbestäubung praktisch keine Bedeutung, weil die Blütenstaubmengen vergleichsweise gering sind und der Pollen wenig flugfähig ist.

Um auch bei ungünstiger Witterung die Bestäubung sicherzustellen, sollten pro Hektar Obstfläche zwei bis vier Bienenvölker vorhanden sein.

Zur Verbesserung der Bestäubung wurde versuchsmäßig Blütenstaub gesammelt und nach Verdünnung mit Talkum oder Farnsporen auf die Blüten gestäubt oder gespritzt. In der Regel ergaben sich jedoch keine Ertragssteigerungen. Wird jedoch Pollen am Flugloch der Bienenstöcke ausgebreitet, kommen die Bienen beim An- und Abflug damit in Kontakt und bestäuben die Blüten der Obstgehölze. Diese Methode wird vor allem im US-Staat Washington angewendet, wo die Sortengruppe 'Red Delicious' im Anbau dominiert und man deshalb an einer anderen Sorte als Bestäuber nicht interessiert ist. In England, mit starkem Anbau von 'Cox Orange', werden oft Zieräpfel als Pollenspender verwendet.

2.4.2 Befruchtung

Nach der Bestäubung, der Übertragung des Pollens auf die Narbe, keimt dieser aus und aus einer der drei Keimporen tritt ein Pollenschlauch hervor. Die Narbe scheidet ein zuckerhaltiges Sekret ab, das den Pollen festhält und für ein günstiges Keimmedium sorgt. Frische Narben erscheinen glänzend und grün. Aber auch auf älteren, bereits braun gefärbten Narben ist noch eine Keimung der Pollenkörner möglich. Der entstandene Pollenschlauch dringt zwischen den Zellen an der Oberfläche der Narbe, den sogenannten Narbenpapillen, in den Griffel ein. In diesem wächst er in einem speziellen Gewebe weiter, dem Leit- oder Transmissionsgewebe in der Mitte des Griffels, das sich zur Narbe hin trichterförmig erweitert. Die Struktur des Gewebes erleichtert das Pollenschlauchwachstum: Es besteht aus lang gestreckten Zellen mit großen Interzellularen, die mit einer pektinartigen Substanz gefüllt sind. Die Zellen enthalten dichtes Zytoplasma ohne Vakuole sowie Stärke. Die im Pollenkorn gespeicherten Reservestoffe, bei unseren Obstarten hauptsächlich Stärke, reichen nicht für das gesamte Wachstum der Pollenschläuche bis zu den Samenanlagen aus. Die Pollenschläuche müssen deshalb auch aus dem Griffelgewebe ernährt werden. Das Leitgewebe degeneriert dadurch schnell und die darin enthaltene Stärke wird für das Pollenschlauchwachstum aufgebraucht.

Die Pollenschläuche erreichen je nach Witterung und Obstart in zwei bis drei Tagen die Griffelbasis und wachsen anschließend in das Fruchtknotengewebe ein, um die Samenanlagen zu befruchten. Im Fruchtknoten ist kein dem Leitgewebe vergleichbares Gewebe vorhanden und die Wachstumsgeschwindigkeit verlangsamt sich erheblich. Das Durchwachsen der relativ kurzen Strecke im Fruchtknotenbereich dauert länger als das Durchwachsen des Griffels.

Insgesamt beträgt die Zeitspanne zwischen Bestäubung und Befruchtung bei Kirschen drei bis vier (fünf) Tage, bei Pflaumen und Zwetschen sieben bis acht und beim Apfel fünf bis sieben Tage.

Während des Wachstums in Griffel und Fruchtknoten nimmt die Anzahl der Pollenschläuche ständig ab, vor allem, wenn zunächst eine große Anzahl von Pollenschläuchen in den Griffel eingewachsen ist. Pollenkörner müssen also im Überschuss auf der Narbe vorhanden sein, damit genügend Pollenschläuche die Fruchtknoten bzw. Samenanlagen erreichen können. In jedem Pollenkorn sind bei den Obstarten meist zwei Kerne, ein vegetativer und ein generativer, enthalten. Diese wandern mit dem übrigen Inhalt des Pollenkorns in den wachsenden Pollenschlauch. Der vegetative Kern degeneriert bald, der generative teilt sich. Diese beiden Kerne wandern zur Spitze des Pollenschlauchs.

Nach dem Eindringen des Pollenschlauchs in die Samenanlage öffnet sich seine Spitze und die beiden Kerne werden in den Embryosack entlassen. Dieser entspricht bei den Obstarten meist dem achtkernigen Normaltypus (eine Eizelle, zwei sekundäre Embryosackkerne, zwei Synergiden und drei Antipoden). Es findet eine doppelte Befruchtung statt. Aus der befruchteten Eizelle entwickelt sich der Embryo und aus dem sekundären Embryosackkern das triploide Endosperm oder Nährgewebe, das für eine normale Embryo- und Samenentwicklung wichtig ist. Ohne Endosperm oder bei Störungen in der Endospermentwicklung wird auch die Fruchtentwicklung vorzeitig eingestellt.

Nach der Befruchtung wächst der Embryosack zu einem schlauchförmigen Saugfortsatz (Haustorium) aus, das den sich entwickelnden Samen ernährt. Durch fortlaufende Kernteilung und Zellwandbildung wird das Haustorium mit dem sogenannten primären Endosperm ausgefüllt, das sich anschließend verbreitert und eine ovale Form annimmt. Dabei resorbiert es das restliche Gewebe der Samenanlage. Nach der Befruchtung verharrt die Zygote (befruchtete Eizelle) zunächst in Ruhe. Erst nach einiger Zeit beginnt sie, sich zu teilen und der Embryo erreicht das Köpfchenstadium. Danach werden die beiden Keimblätter gebildet und der Embryo tritt in seine Hauptwachstumsphase ein.

Diese Phase fällt mit dem Übergang des primären zum sekundären Endosperm zusammen. Der Embryo resorbiert das Endosperm und erreicht innerhalb von 10 bis 14 Tagen volle Größe. Die Samen der rosenartigen Obstarten bestehen fast ausschließlich aus dem Embryo und es sind in reifen Samen nur noch geringe Reste von Endosperm- und Nucellusgewebe vorhanden.

2.4.3 Apomixis

Unter Apomixis versteht man die Entwicklung von Samen ohne Befruchtung. Sie wird daher auch als vegetative Samenbildung bezeichnet. Erfolgt die Embryoentwicklung aus einer diploiden, nicht reduzierten Eizelle, so spricht man von Aposporie. Diese Form kann beim Apfel und der Brombeere vorkommen. Bei der Weiterentwicklung einer Zelle des Nucellus zum Embryo liegt Adventivembryonie vor, wie sie beispielsweise bei *Citrus*-Arten und vermutlich der Walnuss anzutreffen ist.

Apomiktisch entstandene Samen sind genetisch einheitlich. Aus ihnen können muttergleiche Sämlinge erzeugt werden. Bei apomiktischen Apfel-Wildformen wurde versucht, diese zur Unterlagengewinnung zu verwenden, um so die Vorteile der vegetativen und generativen Vermehrung zu kombinieren. In den Baumschulen sind jedoch derzeit keine apomiktischen Apfelunterlagen in Vermehrung, weil zu den Edelsorten Unverträglichkeit bestehen kann oder das Wachstum zu stark ist. Viele Walnusssorten fruchten apomiktisch. Dies erklärt auch, warum isoliert stehende Bäume gute Erträge bringen können.

2.4.4 Parthenokarpie

Die Fruchtentwicklung ohne Samenbildung wird als Parthenokarpie oder Jungfernfrüchtigkeit bezeichnet. Sie ist bei vielen Obstarten und -sorten verbreitet. Parthenokarpe Früchte sind länglich. Bei den Obstarten der gemäßigten Breiten spielt Parthenokarpie jedoch nur bei der Birne eine gewisse Rolle. Weitere Obstarten, bei denen Parthenokarpie auftreten kann, sind *Citrus*, Feige, Ananas, Weinbeere und Banane.

Neben der echten Parthenokarpie gibt es noch die Scheinparthenokarpie. Bei dieser kommt es zwar zu einer Befruchtung mit anfänglicher Samenentwicklung, die Samen sterben aber in verschiedenen Stadien ab und die Früchte erscheinen zur Zeit der Reife samenlos. Diese Form der Parthenokarpie wird auch als Stenospermokarpie (insbesondere bei Weinbeeren) bezeichnet, worunter man die Bildung von rudimentären Samen (sogenannte kernlose Sorten) versteht. Bei der echten Parthenokarpie unterscheidet man noch die induktive und vegetative Form. Bei der induktiven Parthenokarpie bedarf es eines äußeren Anreizes, beispielsweise einer Bestäubung, während dies bei der vegetativen Parthenokarpie nicht notwendig ist.

Je günstiger die klimatischen Bedingungen sind, desto höher ist der Anteil parthenokarper Früchte: Die selbststerile Birnensorte 'Williams Christ' fruchtet beispielsweise bei uns kaum, in Kalifornien jedoch fast ausschließlich parthenokarp. Sortenreine Pflanzungen bringen dort über 80 % parthenokarpe Früchte, Mischpflanzungen mit Befruchtersorten etwa 25 %.

Parthenokarpie kann bei Birnen auch durch Blütenfröste ausgelöst werden, wenn nur die Samenanlagen abgetötet werden, das übrige Fruchtknotengewebe aber intakt bleibt. Unter diesen Bedingungen entfällt die sonst gegebene Konkurrenz zwischen samenhaltigen und parthenokarpen Früchten: Die parthenokarpen Fruchtansätze wachsen weiter, während bei normalen Befruchtungsverhältnissen die parthenokarpen Früchte abgestoßen werden, weil sie weniger um Nährstoffe konkurrieren können als samenhaltige Früchte.

2.4.5 Befruchtungsverhältnisse

Die meisten Obstarten bedürfen der Befruchtung, damit eine Blüte zur Frucht werden kann. Nur in den seltenen Fällen der Apomixis und Parthenokarpie ist keine Befruchtung nötig. Verhindert wird die Befruchtung bei Obstgehölzen durch eine Reihe von Sterilitätsformen. Die wichtigsten Formen im Obstbau sind die Selbststerilität, die zytologisch bedingte Sterilität bei triploiden Kernobstsorten sowie die Gruppen- oder Intersterilität.

Morphologisch bedingte Sterilität: Bei ihr kommt es zu keinem Fruchtansatz, weil die Geschlechtsorgane nicht normal ausgebildet sind. Sofern davon nur die Staubgefäße betroffen sind, kann mit entsprechenden Bestäubersorten ein normaler Fruchtansatz erfolgen. Einige männlich sterile Sorten sind bekannt, z. B. die Pfirsichsorte 'Hale', die Birnensorte 'Bristol Cross' und die Zwetschensorte 'Tuleu Gras'. Im praktischen Obstbau spielt die morphologisch bedingte Sterilität keine Rolle. Häufig anzutreffen ist sie jedoch bei Ziergehölzen, so bei den Japanischen Zierkirschen.

Zytologisch bedingte Pollensterilität: Diese tritt bei triploiden Apfel- und Birnensorten auf. Bei ihnen ist die Reduktionsteilung bei der Pollenbildung gestört: Der dritte Chromosomensatz wird nicht gleichmäßig auf die Pollenkörner verteilt, wodurch sie morphologisch sehr unterschiedlich gestaltet sind. Mehrheitlich stellen sie nicht keimfähige Schrumpfkörner dar. Außer normalen Pollenkörnern können jedoch auch Riesenpollenkörner auftreten.

Wichtig ist auch das Verhalten der Pollenschläuche von triploiden Sorten im Griffel. Selbst bei reichlicher künstlicher Bestäubung durchwachsen nur wenige Pollenschläuche das Griffelgewebe. Außerdem ist die Wachstumsgeschwindigkeit solcher Pollenschläuche geringer.

Neben der Pollenqualität ist auch die Menge des gebildeten Pollens für die Eignung einer Sorte als Bestäuber von Bedeutung.

Allgemein gilt, dass triploide Sorten wesentlich geringere Pollenmengen ausbilden als diploide. Die Keim- und Befruchtungsfähigkeit von diploiden Apfel- und Birnensorten ($2n = 34$) ist wesentlich besser als die von triploiden ($2n = 51$). Im praktischen Anbau ist eine entsprechende Sortenmischung Voraussetzung für ausreichende Befruchtung und hohen Ertrag. Wenn eine triploide Apfel- oder Birnensorte angebaut wird, müssen mindestens zwei diploide Sorten vorhanden sein, weil die triploide als Befruchtersorte ungeeignet ist.

Selbststerilität: Wenn eine Sorte mit dem eigenen Blütenstaub oder dem eines anderen Baumes derselben Sorte keine Früchte ansetzen kann, liegt Selbststerilität oder Selbstunfruchtbarkeit vor. Diese Sterilitätsform wurde vor gut 100 Jahren in den USA durch Waite entdeckt. Er fand in einer großen Birnenanlage mit einer Sorte, die nur geringe Erträge brachte, dass in der Umgebung von einigen „falschen" Bäumen der Ertrag wesentlich höher war.

Innerhalb einer Obstart können selbstfertile und -sterile Sorten – z. B. bei Pflaumen, Zwetschen und Sauerkirschen – und außerdem partiell selbststerile Sorten vorkommen. Bei Letzteren kommt es bei Selbstung zu einem Ansatz, der wesentlich unter dem der Fremdbestäubung liegt.

Zu dieser Gruppe gehören einige Pflaumen- und Zwetschensorten.

Apfel und Birne sind selbststeril. Selbstung führt zwar zu einem gewissen Fruchtansatz. Dieser ist aber für praktische Verhältnisse nicht ausreichend. Auch Süßkirschen sind, von einigen neueren Sorten abgesehen, durchgehend selbststeril.

Inter- oder Gruppensterilität: Bei dieser Sterilitätsform kommt es trotz Fremdbestäubung zu keiner Befruchtung. Sorten, die untereinander steril sind, verhalten sich wie eine selbststerile Sorte. Sie werden in Gruppen mit gleichem Verhalten eingeteilt. Zwischen den Gruppen ist eine Befruchtung in jeder beliebigen Sortenkombination möglich. Man spricht daher auch von intrasterilen, interfertilen Gruppen. Diese Sterilitätsform ist bei Süßkirschen weit verbreitet. Sie wurde um 1913 im Westen der USA im Zusammenhang mit Untersuchungen über den ständig zurückgehenden Ertrag bei Süßkirschen entdeckt. Das Sortiment war damals auf die drei intersterilen Sorten 'Bing', 'Lambert' und 'Napoleon' beschränkt.

Selbst- und Intersterilität sind durch Sterilitätsgene bedingt. Wenn im Griffelgewebe und Pollenschlauch gleiche Allele vorliegen (z. B. bei einer Selbstung), ist diese Kombination steril. Umgekehrt erfolgt bei Fremdbestäubung ein Fruchtansatz, sofern keine Intersterilität vorliegt.

Die Befruchtung wird durch die Hemmung des Pollenschlauchwachstums verhindert. Bei der Selbst- bzw. Intersterilität keimen die Pollenkörner auf der Narbe zwar aus und die Pollenschläuche dringen in das Narben- und Griffelgewebe ein, das Pollenschlauchwachstum kommt aber etwa im oberen Drittel des Griffels zum Stillstand, wobei die Pollenschlauchspitze sich krümmt und verdickt. Die Hemmreaktion zwischen Pollenschlauchspitze und Griffelgewebe wird von bestimmten Enzymen, sogenannten RNAsen, ausgelöst. Sie bauen die Eiweiße des Pollenschlauchs ab, sodass dieser sein Wachstum nicht mehr fortsetzen kann. Diese Form der Kreuzungsunverträglichkeit wird als **gametophytische Inkompatibilität** bezeichnet. Sie ist bei den meisten unserer Obstarten anzutreffen. Bei der **sporophytischen Inkompatibilität** erfolgt die Hemmreaktion bereits an der Narbenoberfläche. Die Pollenkörner keimen zwar aus, die Schläuche sind aber nicht in der Lage, die Kutikula an der Narbenoberfläche zu durchdringen. Diese Sterilitätsform liegt bei der Haselnuss vor.

Degenerative Sterilität des Eiapparats: Auch die Ausbildung der Embryosäcke zeigt bei triploiden Apfel- bzw. Birnensorten Abweichungen, da der dritte Chromosomensatz bei der Reduktionsteilung nicht gleichmäßig auf die Eizelle bzw. den sekundären Embryosackkern übertragen wird. Ein Teil der Embryosäcke ist also nicht befruchtungsfähig oder es kommt in verschiedenen Stadien der Samenentwicklung zu Störungen in der Embryo- und/oder Endospermentwicklung.

Triploide Apfel- und Birnensorten haben nur wenige voll entwickelte Samen und relativ viele, nicht keimfähige, geschrumpfte Samen. Weil die Keimfähigkeit der Samen gering ist und die Sämlinge einen ungleichmäßigen Wuchs zeigen, können triploide Sorten nicht zur Gewinnung von Sämlingsunterlagen verwendet werden.

2.4.6 Effektive Bestäubungsperiode

Dieser Begriff wurde in England geprägt (*Effective Pollination Period* = EPP). Man versteht darunter den Zeitraum nach der Aufblüte, während dem eine Bestäubung noch zu einem Fruchtansatz führt. Die EPP entspricht der Lebensdauer bzw. Befruchtungsfähigkeit der Samenanlagen nach der Aufblüte abzüglich der Dauer des Pollenschlauchwachstums. Beispiel: Wenn eine Samenanlage zehn Tage befruchtungsfähig ist und die Pollenschläuche sechs Tage benötigen, um diese zu erreichen, so beträgt die EPP vier Tage. Das bedeutet, dass bei einer Bestäubung bis zum vierten Tag nach der Aufblüte noch eine Befruchtung und damit ein Fruchtansatz zu erwarten ist.

Die Befruchtungsfähigkeit einer Samenanlage wird durch Bestäubungen in täglichen Abständen ermittelt. Aus dem Fruchtansatz und der gleichzeitig ermittelten Dauer des Pollenschlauchwachstums kann die maximale Dauer der Befruchtungsfähigkeit der Samenanlagen bestimmt

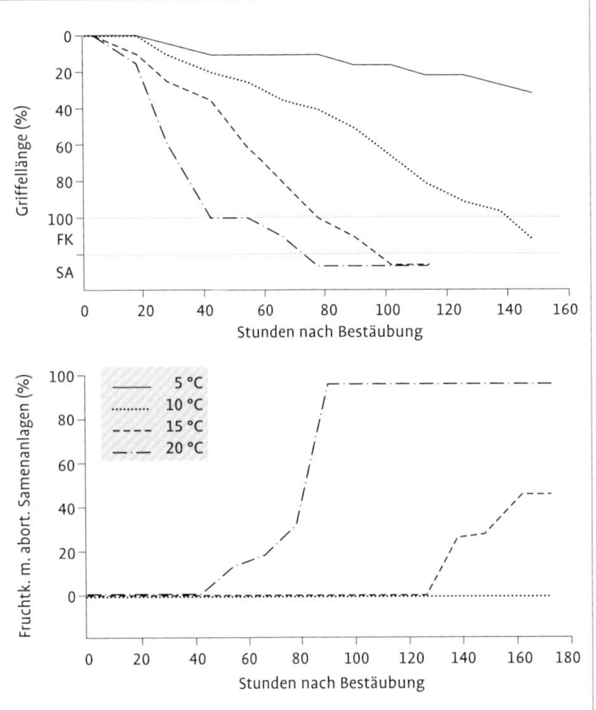

Abb. 5 Pollenschlauchwachstum (oben) und Alterung der Samenanlagen (unten) in Abhängigkeit von der Temperatur bei der Zwetschensorte 'Lützelsachser' (nach STÖSSER 2002). FK = Fruchtknoten, SA = Samenanlage

werden. Inzwischen wurde auch eine Methode entwickelt, mit deren Hilfe beim Steinobst die Lebensfähigkeit der Samenanlagen direkt bestimmt werden kann.

Die EPP beträgt nur wenige Tage: Beim Apfel wurden bei diploiden bzw. triploiden Sorten Werte von drei bzw. fünf Tagen ermittelt. Normalerweise ist der Embryosack mit der Aufblüte befruchtungsfähig. Bei triploiden Apfelsorten ist dies erst zwei bis drei Tage nach der Aufblüte der Fall, wodurch die EPP entsprechend verlängert wird. Bei Kirschen und Pflaumen wurde eine EPP von vier bis fünf Tagen ermittelt. Die Bestäubung sollte möglichst bald nach der Aufblüte erfolgen, um einen entsprechenden Fruchtansatz zu erzielen.

Pollenschlauchwachstum und Alterung der Samenanlagen sind temperaturabhängig. Mit ansteigender Temperatur werden beide Prozesse beschleunigt. Der beste Fruchtansatz wird jedoch in einem mittleren Temperaturbereich mit längerer Blütezeit und damit längerer Bestäubungsperiode erzielt. Bei hohen Temperaturen altern die Samenanlagen offensichtlich so schnell, dass das Pollenschlauchwachstum damit nicht Schritt halten kann.

Entsprechendes gilt auch für niedere Temperaturen. Die untere Grenze für das Pollenschlauchwachstum liegt je nach Obstart bei 5 bis 10 °C. Der Alterungsprozess der Samenanlagen geht jedoch bei diesen Temperaturen weiter. Längere Perioden mit kühler Witterung wirken sich auch aus diesem Grund negativ auf den Fruchtansatz aus. Wenn ungünstige Witterungsverhältnisse zu einem geringen Fruchtansatz führen, so liegt dies neben geringem Bienenflug häufig an der begrenzten Lebensfähigkeit der Samenanlagen bzw. verlangsamtem Pollenschlauchwachstum. Besonders empfindlich sind in dieser Hinsicht Pflaumen und Zwetschen. Bei ihnen findet unterhalb von 10 °C kein Pollenschlauchwachstum mehr statt.

2.4.7 Fruchtansatz

Unter Fruchtansatz versteht man den prozentualen Anteil an Blüten, der sich teilweise auch nur vorübergehend zu Früchten weiterentwickelt. Dieser Anteil bewegt sich in der Regel zwischen 10 und 30 %, je nach Jahr, Sorte, Blühdichte und Witterungsbedingungen.

Auch bei mehrmaliger Bestäubung von Hand setzen nie alle Blüten an. Angestrebt wird ein jährlich etwa gleicher, mittlerer Ertrag. Damit wirkt man der Alternanz entgegen und erhält Früchte von ausreichender Größe. Bei der Birne ist der Fruchtansatz auch bei günstigem Blühwetter häufig nicht zufriedenstellend.

Erste Einflüsse auf die Fruchtentwicklung gehen bereits von der Differenzierung der Blütenknospen aus. Nicht alle angelegten Blüten bringen gleiche Entwicklungsvoraussetzungen mit, da es Unterschiede in der „Blütenqualität" gibt. Dieser Begriff ist relativ schwierig zu definieren. Im Allgemeinen versteht man darunter die Fähigkeit einer Blüte, Frucht anzusetzen, wenn sie von Hand bestäubt wird.

Hochwertige Blüten setzen bevorzugt Früchte an. Die Qualität kommt in der Knospen- und Blütengröße zum Ausdruck. Sie schwankt von Jahr zu Jahr und ist durch Kulturmaßnahmen beeinflussbar. Dazu gehören das Herunterbinden von Trieben, der Erntezeitpunkt und Harnstoffspritzungen gleich nach der Ernte.

Für den Fruchtansatz ist besonders die Zeit zwischen Ernte und Blattfall von großer Bedeutung. Beim Apfel laufen in dieser Zeit in den angehenden Blütenknospen intensive Zellteilungsprozesse ab. Durch Harnstoffspritzungen wird der Blattfall verzögert und der Stickstoffstatus der Bäume verbessert, da ein großer Teil des verabreichten Stickstoffs in die Stickstoffreserven des Baumes eingeht. Wie wichtig der Zeitraum zwischen Ernte und Blattfall ist, zeigen die Verhältnisse in Neuseeland, wo wesentlich höhere Erträge praktisch ohne Alternanz erzielt wurden. Unter den dortigen klimatischen Bedingungen erfolgt der Blattfall erst sechs bis sieben Wochen nach der Ernte, während bei uns der Zeitraum je nach dem Auftreten der ersten Fröste wesentlich kürzer ist.

Auch die Position der Blütenknospen ist für den Fruchtansatz wichtig. So setzt beim Apfel die terminale Blüte („Königsblüte") in einem Blütenstand besser an als die lateralen Blüten, vermutlich weil sie sich zuerst entwickelt hat, größer ist, bevorzugt mit Nährstoffen versorgt wird und besser entwickelte Leitelemente besitzt.

Die Witterungsbedingungen während und kurze Zeit nach der Blüte beeinflussen den Fruchtansatz einerseits über die Pollenübertragung durch Bienen und andererseits über das Pollenschlauchwachstum und über die Lebensfähigkeit der Samenanlagen. Für den Fruchtansatz und die ersten Stadien der Fruchtentwicklung ist die Ausstattung mit Kohlenhydraten, die in der vorausgegangenen Vegetationsperiode eingelagert wurden, von Bedeutung. Diese sind wiederum ganz wesentlich vom Ertrag des Vorjahres abhängig.

Die entscheidende Frage ist nun, wodurch Fruchtknoten zur Weiterentwicklung angeregt werden. Die Fruchtknoten nehmen bis zur Blüte an Größe zu, verharren dann einige Zeit auf dem gleichen Niveau und erst nach der Befruchtung setzt bei einem Teil der Fruchtknoten intensives Wachstum ein. Bei der Anregung des Fruchtwachstums wird den Phytohormonen eine wichtige Rolle zugeschrieben, weil es bei praktisch allen Obstarten gelungen ist, durch Phytohormone bzw. synthetische Wachstumsregulatoren parthenokarpe Fruchtentwicklung zu induzieren. Hohe Phytohormongehalte junger Samen sind besonders im Embryo und im Endosperm lokalisiert. Nach der Befruchtung entwickeln sich die Samenanlagen und regen über ihre Phytohormonbildung das Fruchtwachstum an. Dabei

- wird die Trenngewebe-Ausbildung an der Stielbasis verhindert,
- werden Zellteilung und Zellstreckung angeregt (besonders durch Auxine),
- wird ein gerichteter Nährstofftransport in die Früchte entgegen einem Konzentrationsgefälle eingeleitet (Attraktionswirkung der Früchte, Sink-Source-Beziehungen).

Dieses Konzept der hormonellen Regulation der Fruchtentwicklung lässt noch viele Fragen offen. Eine klare Beziehung zwischen Fruchtentwicklung und endogenem Phytohormongehalt ist in der Regel nur am Anfang der Fruchtentwicklung herzustellen. In späteren Stadien des Fruchtwachstums gehen die Phytohormongehalte stark zurück, trotzdem zeigen die Früchte intensives Wachstum. Außerdem haben Samen nach dem Junifall keinen wesentlichen Einfluss mehr auf die Fruchtentwicklung. Sie können ihre Entwicklung einstellen und absterben, ohne das Fruchtwachstum negativ zu beeinflussen. Dies kommt häufig bei Frühsorten des Steinobstes sowie bei triploiden Kernobstsorten vor.

Bei parthenokarpen Früchten findet keine Samenentwicklung statt, sodass Embryo und Endosperm als Phytohormonquelle ausfallen. Da die Samenanlagen zu Beginn der Fruchtentwicklung stärker entwickelt sind und eine erhöhte Phytohormonproduktion aufweisen, reicht dieser Hormonstoß anscheinend aus, um die Fruchtentwicklung in Gang zu bringen.

2.4.8 Fruchtfallperioden

Auch nach ausreichender Pollenübertragung bei guten Witterungsbedingungen entwickeln sich nicht alle Blüten zur Frucht. Es erfolgt eine natürliche Blüten- bzw. Fruchtausdünnung, die aber in der Regel nicht unseren Vorstellungen vom „richtigen" Fruchtbehang entspricht. Obstgehölze streben von Natur aus eine möglichst große Anzahl von Früchten mit Samen an. Das uns interessierende Fruchtfleisch dient nur der Anlockung von Tieren, die die Samen weiterverbreiten sollen.

Das natürliche Abfallen der Früchte geschieht nicht kontinuierlich, sondern es sind bei vielen Obstarten drei Fallperioden festzustellen.

Nachblütefall: Diese Fallperiode setzt je nach Obstart ein bis vier Wochen nach der Blüte ein. Beim Kernobst werden bereits die Blüten abgestoßen, die sich nicht weiterentwickeln. Beim Steinobst kommt es noch zu einem gewissen Wachstum der Fruchtknoten bis zu einem Durchmesser von 4 bis 5 mm, um dann vier bis sechs Wochen nach der Vollblüte abgestoßen zu werden. Diese erste Fallperiode ist normalerweise die intensivste. Unbefruchtete Blüten, bei denen keine Samenentwicklung mit „Attraktionszentrum" einsetzt, werden abgestoßen.

Junifruchtfall: Die zweite Fallperiode beginnt sechs bis acht Wochen nach der Blüte; sie wird wegen ihres zeitlichen Auftretens als Junifruchtfall bezeichnet. Zwischen der ersten und zweiten Fallperiode bestehen deutliche Wechselbeziehungen. Wenn der Fruchtansatz sehr gut, die erste Fallperiode also gering ist, ist ein stärkerer Junifruchtfall die Regel und umgekehrt. Der Praktiker spricht hier vom „Putzen" der Bäume. Beim Kernobst ist diese Fallperiode meist erwünscht, da der Fruchtansatz, sofern keine Alternanz oder extremen Witterungsverhältnisse während der Blüte vorliegen, in der Regel zu groß ist. Bei anderen Obstarten kann der Junifruchtfall dagegen zu erheblichen Ertragsausfällen führen, so bei Kirschen („Röteln") und Schwarzen Johannisbeeren („Durchrieseln"). Eine Bekämpfung des Junifruchtfalls mithilfe von Wachstumsregulatoren ist bei Süßkirschen mit Einschränkungen möglich.

Ursache des Junifruchtfalls ist offensichtlich, dass Bäume mit überstarkem Fruchtansatz aus Ernährungsgründen nicht alle Früchte bis zur Reife bringen können. Dabei spielen die Samen eine wichtige Rolle. Bei mehrsamigen Früchten wie dem Kernobst und den Johannisbeeren fallen in der Regel Früchte mit einer geringen Samenzahl ab. Solche Früchte sind auch kleiner, weil sie wegen einer nicht ausreichenden Befruchtung weniger um Nährstoffe konkurrieren können.

Bei einsamigen Früchten wie dem Steinobst kann nicht zwischen guter und schlechter Befruchtung unterschieden werden. Gleichwohl ist das zeitliche Auftreten des Fruchtfalls auf das Engste mit der Embryoentwicklung im Samen verbunden. Der Junifall kündigt sich schon zu Beginn der intensiven Wachstumsphase des Embryos an. Während sich bei weiterwachsenden Früchten die Samen normal entwickeln, tritt der Embryo von später abfallenden Früchten zwar noch in die Hauptwachstumsphase ein, erreicht auch noch etwa ein Drittel seiner normalen Größe, stellt aber dann sein Wachstum ein. Da solche Embryonen grundsätzlich lebensfähig sind, können die Ursachen des Junifruchtfalls in einer lokalen Ernährungsstörung des Embryos gesehen werden, weisen doch auch andere Teile der Frucht in diesem Entwicklungsabschnitt einen erhöhten Nährstoffbedarf auf. Daneben spielen auch Witterungsfaktoren eine Rolle.

> Das „Röteln" bei Kirschen tritt hauptsächlich dann auf, wenn nach einer nasskalten Periode plötzlich warmes und trockenes Wetter einsetzt und der Fruchtbehang groß ist, wobei sich die Sorten unterschiedlich verhalten.

Vorerntefruchtfall: Die dritte Fallperiode tritt kurze Zeit vor der Ernte auf. Ihre wirtschaftlichen Schäden können groß sein, da es sich bereits um pflückreife Früchte handelt. Der Vorerntefruchtfall kann unter anderem durch Wind und Unwetter verstärkt werden. In Gebieten mit starkem Wind ist deshalb ein Kernobstanbau nur mit Windschutzpflanzungen möglich. Der Vorerntefruchtfall tritt je nach Obstart und Sorte unterschiedlich stark auf. Gefährdet sind vor allem Apfel, Birne, Pflaume, Zwetsche, Pfirsich und auch Schwarze Johannisbeere. Bei Kirschen ist er dagegen ohne Bedeutung. Beim Kernobst kann

der Vorerntefruchtfall mit synthetischen Auxinen wie Naphthylacetamid eingeschränkt werden.
Relatives Fruchtungsvermögen: Die Obstgehölze bilden normalerweise überreichlich Blüten aus (Ausnahme: Alternanz). Der prozentuale Anteil der Blüten, der zur Frucht heranwachsen sollte (= relatives Fruchtungsvermögen), ist je nach Blütenbesatz und Obstart unterschiedlich. Mit abnehmender Blütenzahl müssen sich entsprechend mehr Blüten in Früchte weiterentwickeln.

Um ausreichende Ernten mit entsprechender Fruchtgröße zu erzielen, müssen kleinfrüchtige Obstarten relativ mehr Blüten bis zur Reife weiterentwickeln als Obstarten mit großen Früchten: bei Johannisbeeren mindestens 80 %, bei Apfel und Birne 12 bis 15 %, unter Berücksichtigung von Sortenunterschieden bei Süß- und Sauerkirschen 42 bis 38 % und bei Pflaumen um 32 %.

2.4.9 Stadien der Fruchtentwicklung

Hat eine Befruchtung stattgefunden, beginnt einige Zeit nach der Blüte das Fruchtwachstum. Wenn der Fruchtknoten bei einigen Obstarten auch ohne Befruchtung anschwillt, ist das Fruchtwachstum doch wesentlich verzögert und wird nach ein bis zwei Wochen eingestellt. Früchte wachsen durch Zellteilungen und Zellstreckungen.

Die **Zellteilungsperiode** erstreckt sich bei den meisten Früchten auf etwa ein Fünftel bis zu einem Drittel der Gesamtwachstumsdauer. Danach ist die Zellzahl einer Frucht festgelegt. Ein Apfel besteht beispielsweise aus 40 bis 60 Mio. Zellen, wobei von Frucht zu Frucht erhebliche Unterschiede auftreten können.

Nach dem Abschluss der Zellteilung kann diese wieder einsetzen, wenn Früchte mechanisch beschädigt werden, z. B. durch Hagelschlag oder wenn Pilzinfektionen eine Wundreaktion auslösen, die zum Wundverschluss durch Korkbildung führt.

Während der Streckungsphase nehmen die Zellen erheblich an Größe zu. Beim Apfel ist die **Zellstreckung** im Bereich unter der Schale (Hypodermis) am niedrigsten, im Kernhausbereich in der Regel am höchsten. So nimmt das Zellvolumen von der Aufblüte bis zur Fruchtreife in der Hypodermis um den Faktor 5 bis 10, in der Rinde (Cortex), dem Hauptanteil des Fruchtfleisches, um das 270- bis 370-Fache und im Kernhausbereich um das 390- bis 560-Fache zu. Die Zellen der Früchte sind mit 200 bis 700 µm Durchmesser sehr groß.

Der Interzellularanteil, also der mit Gasen erfüllte Raum, beträgt in den angesprochenen Gewebebereichen 3 bis 5, 25 bis 30 bzw. 15 bis 20 %.

Zellzahl und Zellgröße sind beim Apfel von entscheidender Bedeutung für die Textur und Fruchtfleischfestigkeit sowie die Lagerfähigkeit. Erwünscht sind Früchte mit möglichst vielen kleinen Zellen. In der Regel besteht eine positive Relation zwischen der Zell- und Fruchtgröße. Alle Faktoren, welche die Zellstreckung begünstigen, z. B. geringer Fruchtbehang, hohe Stickstoffdüngung oder starker Baumschnitt, haben eine entsprechende Zunahme der Fruchtgröße zur Folge. Dennoch ist die Zellanzahl letztendlich für die Fruchtgröße entscheidender als die Zellgröße.
Wachstumskurven: Fruchtwachstum kann mit den Parametern Durchmesser, Umfang, Volumen oder Gewicht beschrieben werden. Welchen Parameter man auch heranzieht, das Wachstum der Obstfrüchte folgt entweder einer einfachen oder einer doppelten S-Kurve (einfach- bzw. doppelsigmoide Kurve). In beiden Fällen steigt die Wachstumskurve zunächst langsam an. Anschließend setzt das Wachstum schnell ein und hält bei den Früchten mit einfacher S-Kurve bis kurz vor der Ernte an. Zur Ernte hin flacht die Kurve deutlich ab. Zur Gruppe mit einfacher S-Wachstumskurve gehören Apfel, Birne und Erdbeere.

Beim doppelsigmoiden Kurvenverlauf erfolgt nach einiger Zeit ein weitgehender Stillstand des Fruchtwachstums, später ein erneutes Wachstum; es sind also zwei Wachstumsphasen durch eine Periode mit fehlendem oder stark reduziertem Wachstum getrennt. Bei diesen Früchten wird die Entwicklung in der Regel in drei Wachstumsabschnitte eingeteilt (Perioden I, II, III). Zur Gruppe mit ausgeprägt zyklischem Entwicklungsrhythmus, in dessen Verlauf sich die einzelnen Fruchtteile einschließlich der Samen nicht gleichzeitig entwickeln, gehört neben den Johannisbeeren, Himbeeren, Brombeeren und Blaubeeren das Steinobst.

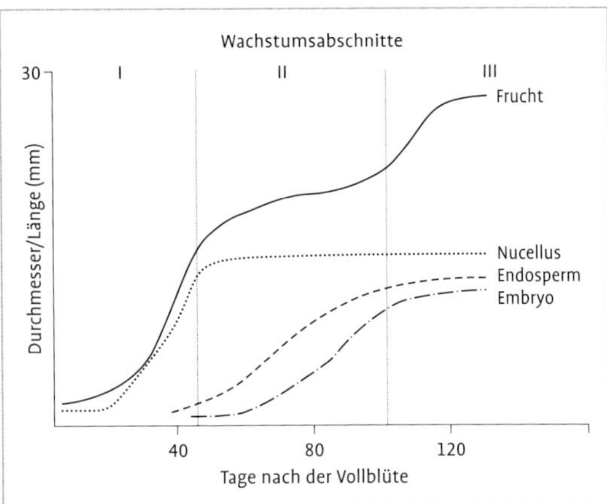

Abb. 6 Entwicklung der Frucht und der verschiedenen Teile des Samens beim Steinobst ('Hauszwetsche') während der einzelnen Wachstumsabschnitte (nach STÖSSER 2002).

- Periode I: Intensives Fruchtwachstum setzt ein, der Samen erreicht äußerlich seine volle Größe; die Entwicklung des Embryos bleibt noch stark zurück, das Köpfchenstadium wird erreicht.
- Periode II: Die Größenzunahme der Frucht wird weitgehend eingestellt; die Steinhärtung erfolgt, der Embryo wächst sehr schnell bis zum Ende der Periode zur vollen Größe heran; Junifallfrüchte sind am Beginn der Periode zu erkennen.
- Periode III: Die Früchte wachsen wieder sehr schnell und erreichen ihre Reife; in Samen werden Reservesubstanzen wie Lipide und Stärke eingelagert.

Die Dauer der einzelnen Perioden ist art- und sortenabhängig. Früh- und Spätsorten einer Obstart unterscheiden sich durch eine kürzere zweite und dritte Periode. Bei Frühsorten ist die zweite Periode für eine volle Entwicklung des Embryos oft zu kurz. Deshalb sind Samen von Frühsorten wenig keimfähig. Daraus ergeben sich auch Probleme bei der Züchtung, wenn frühreife Sorten als Mutter verwendet werden.

Im Tagesverlauf wachsen die Früchte mit unterschiedlicher Intensität. Die Wachstumsrate beim Apfel ist beispielsweise in der Nacht 25-mal höher als am Tag. Auch andere Früchte verhalten sich ähnlich. Man kann sagen, dass das Fruchtwachstum durch Zellstreckung überwiegend in der Nacht erfolgt. Die Ursache dieses von der Tageszeit abhängigen Wachstumsrhythmus liegt im Wasserdampf-Sättigungsdefizit der Luft. Wenn tagsüber die Luftfeuchtigkeit gering und die Temperatur hoch ist, verlieren die Früchte sowohl direkt als auch über die Transpiration der Blätter Wasser, sodass sie schrumpfen. In der Nacht wird das Feuchtigkeitsdefizit wieder ausgeglichen, es setzt verstärkt Fruchtwachstum ein.

2.4.10 Die Frucht im botanischen Sinn

Die meisten Obstarten der gemäßigten Zone gehören zu den Rosengewächsen, so das Kern- und Steinobst, die Erdbeeren sowie die Him- und Brombeeren. Bei dieser Familie sind je fünf Blüten- und Kelchblätter sowie eine unterschiedliche Zahl an Staubblättern vorhanden. Das Kernobst besitzt fünf Samenkammern mit je zwei Samenanlagen, während sich beim Steinobst und bei den erwähnten Beerenobstarten nur eine Samenanlage pro Fruchtknoten weiterentwickelt. Bei Johannisbeere und Erdbeere ist eine größere Anzahl von Samenanlagen vorhanden. Bei Früchten mit mehreren Samenanlagen wird in der Regel jedoch nur ein Teil befruchtet.

Die essbaren fleischigen Teile der Früchte entwickeln sich aus verschiedenen Geweben. Wird nur die Fruchtknotenwand zur Frucht, so spricht man von echten Früchten. Dazu gehören das Steinobst, die Johannis- und die Stachelbeere. Beim Steinobst verhärtet sich der innere Teil der Fruchtknotenwand und wird zum Stein (Steinfrucht). Wenn die gesamte Fruchtknotenwand steinig hart wird, entsteht eine Nuss.

Neben der Fruchtknotenwand können noch weitere Blütenteile an der Fruchtbildung beteiligt sein, beispielsweise der Blütenboden oder die Blütenachse (Perianthröhre); man spricht dann von unechten oder Scheinfrüchten. Dazu gehören das Kernobst und die Erdbeere. Bei Him- und Brombeere sowie Erdbeere ist der Blütenboden fleischig verdickt und die einzelnen Früchte sind Stein- bzw. Nussfrüchte. Man bezeichnet diese Form als Sammelstein- bzw. Sammelnussfrucht. Bei den Nüssen ist der essbare Teil der Samen.

Erst nach der Befruchtung vergrößern sich die Fruchtknoten, die übrigen Blütenteile werden ab-

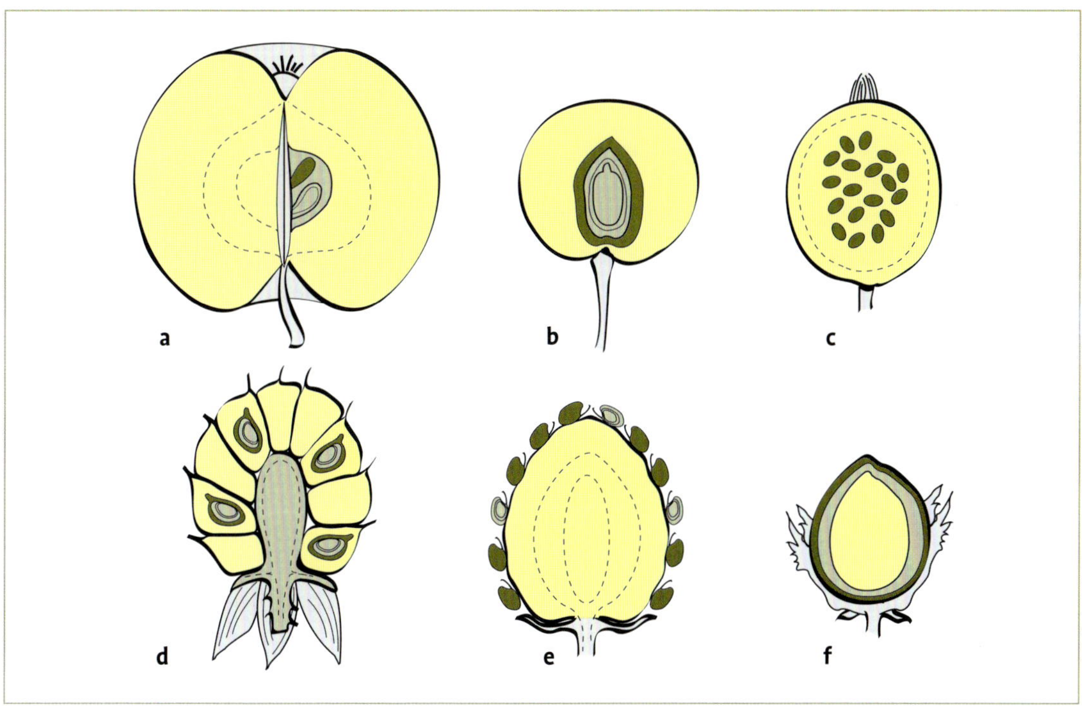

Abb. 7 Früchte (schematisch) von a = Apfel, b = Kirsche, c = Stachelbeere, d = Himbeere, e = Erdbeere und f = Haselnuss. Genießbarer Teil der Früchte gelb (bei a bis e Fruchtfleisch, bei f Samenkern), Samenschale olivgrün (a, b, d, e nach STRASBURGER 1991).

gestoßen oder vertrocknen wie beispielsweise die Kelchblätter beim Apfel. Beim Steinobst löst sich der Griffel durch ein Trenngewebe vom Fruchtknoten. Die dabei entstehende Narbe, der Stempelpunkt, ist auch bei reifen Früchten noch zu sehen und kann sortentypisch ausgebildet sein.

Es gibt lediglich zwei Möglichkeiten, die Ertragsbildung zu steigern: Zunahme der pflanzlichen Gesamttrockensubstanz und/oder Erhöhung des in die Früchte eingelagerten Anteils der gebildeten Trockensubstanz.

2.5 Begrenzende Faktoren der Produktivität einer Obstanlage

Die Ertrags- und Qualitätsbildung von Obstanlagen ist das Ergebnis vieler Maßnahmen der Bestandsführung (z. B. Baumschnitt, Fruchtausdünnung, Pflanzenschutz), von Einflüssen der Umwelt (z. B. Licht, Kohlendioxid, Wasser, Nährstoffversorgung) und physiologischen Prozessen (z. B. Blattflächenentwicklung, Lichtaufnahme, Photosynthese, Respiration).

Frost, Trockenheit, Nährstoffdefizit, Auftreten von Krankheiten und Schädlingen können die Ertragsleistung durch eine reduzierte Fruchtknospen- und Blütenbildung und Blattfunktion erheblich limitieren. Sie sind in gesunden, gut versorgten Anlagen kaum für den Ertrag und die Fruchtqualität ausschlaggebend.

Die Bildung von pflanzlicher Trockensubstanz ist eine Funktion von hauptsächlich vier Faktoren:

Trockensubstanz = (Strahlung × % Aufnahme × Photosynthese) – Respiration

Tab. 4 Einflussfaktoren auf die effiziente Nutzung der jährlichen Sonnenstrahlung (100 %) für die Ertragsbildung (< 0,5 %)

Jährliche Sonnenstrahlung (100 %) und ihre Nutzung		Produkt	Einflussfaktoren
50 %	der Gesamtstrahlung ist PAR (photosynthetisch aktive Strahlung)	50 %	Klima
75 %	der Vegetationsperiode (9 Monate) werden genutzt	37,5 %	Anbaugebiet
40 %	des einfallenden Lichtes wird durchschnittlich von den Baumkronen aufgenommen	15 %	**Pflanzsystem, Blattfläche**
5 %	sind für die Photosynthese nutzbar	0,75 %	**Photosynthese**
15 %	sind Respirationsverluste der gesamten Baumkrone	0,64 %	Klima (Temperatur)
60 %	beträgt ein typischer Ernteindex	0,38 %	**Kohlenhydratverteilung**

Fettgedruckte Begriffe deuten auf beeinflussbare Faktoren der Produktivität von Obstanlagen.

Dabei stellen Strahlung die Menge der eintreffenden photosynthetisch aktiven Strahlung (engl. *photosynthetically active radiation*, PAR) im Wellenlängenbereich von 400 bis 700 nm, % Aufnahme die prozentuale Lichtaufnahme durch den Baum/Bestand, Photosynthese die photosynthetische Umwandlung von Lichtenergie in Biomasse und Respiration den respiratorischen Kohlenstoffverlust dar.

Die Lichtverfügbarkeit bzw. die Quantität der eintreffenden Sonnenstrahlung ist ein klimaabhängiger Faktor und somit vom Breitengrad und der Dicke der Wolkenschicht abhängig.

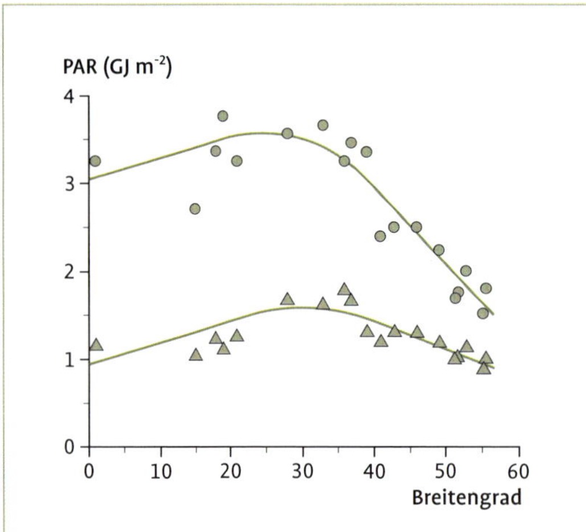

Abb. 8 Auswirkung des Breitengrades auf die einstrahlende photosynthetisch aktive Strahlung (PAR) (nach PALMER, unveröffentlicht). ● gesamte jährliche PAR, ▲ PAR in den besten vier Monaten

Eine Anbauregion mit einem hohen Lichtenergieeintrag und einer langen Vegetationsperiode hat daher gute Voraussetzungen für ein hohes Ertragspotenzial.

Innerhalb der klimatischen Grenzen ist die Lichtaufnahme einer Obstanlage von dem Pflanzsystem und der Baumkronengestaltung abhängig. Diese sind wichtige und beeinflussbare Faktoren zur Erlangung der potenziellen Produktivität. Die Umwandlung der von Blättern absorbierten Lichtenergie in Biomasse beträgt aufgrund der Ineffizienz des photosynthetischen Apparates lediglich 5 bis 10 %. Obwohl die Respiration von Kohlenhydratstoffen energetische Voraussetzung für den Aufbau des Kohlenstoffgerüstes und die Erhaltung von Biomasse ist, führt sie doch zu erheblichen Ertragseinschränkungen, die unter Feldbedingungen kaum reduzierbar sind. Allerdings scheinen Apfelbäume eine sehr effiziente Respiration zu besitzen. Die Assimilatverluste sind im Vergleich zu anderen Kulturen relativ gering.

Drei Faktoren bestimmen wesentlich den Ertrag von Obstanlagen:

- Vom Pflanzsystem aufgenommene Lichtenergie
- Energieanteil, der zur Kohlenhydratsynthese und -verteilung genutzt wird
- Für das Fruchtwachstum verfügbare Assimilatmenge

2.5.1 Lichtaufnahme und Lichtverteilung

Die Ertragsleistung vieler Obstgewächse konnte aufgrund einer erhöhten saisonalen Lichtaufnahme gesteigert werden. Dies ist vorwiegend auf verbesserte pflanzenbauliche Maßnahmen zurückzuführen, die Blattwachstum, Blattflächenwirkungsdauer und/oder Baumkronengestaltung optimieren.

Die prozentuale Lichtaufnahme von Obstanlagen ist primär von der Wahl des Anbausystems einschließlich Pflanzsystem, Baumabstand, Baumform, Baumhöhe, Fahrgassenbreite, Reihenorientierung und Blattflächenindex (Verhältnis zwischen Blattfläche und Standraumfläche pro Baum) sowie Länge der Vegetationsperiode abhängig.

> Die Lichtaufnahme der Obstgehölze wird gefördert durch:
> - Steigerung der Pflanzdichten pro Anbaufläche
> - Hohes Blattflächen-Standraum-Verhältnis des Baumes
> - Reduzierung der Abstände zwischen den Baumreihen
> - Steigerung der Baumhöhen
> - Orientierung der Baumreihen in Nord-Süd-Richtung

Frühe Beobachtungen zur Ertragsbildung ergaben, dass z. B. die Pflanzdichte, das Baumkronenvolumen, oder der Stammdurchmesser eng mit dem Ertrag korrelieren. MONTEITH (1977) entwarf und bewies das Prinzip der Abhängigkeit der pflanzlichen Trockensubstanzproduktion von der saisonal akkumulierten Lichtaufnahme der Nutzpflanzen. Dieser Grundsatz wurde auch für den Apfel bestätigt. Die Apfelerträge stehen in enger Beziehung zur Lichtaufnahme der Apfelanlage während der Vegetationsperiode.

Die in Abbildung 9 zusammengefassten Beziehungen zwischen Apfelertrag und Baumkronen-Lichtaufnahme berücksichtigen verschiedene klimatische Standorte, Lichtbedingungen, Pflanzsysteme und Sorten-Unterlagen-Kombinationen. Unterhalb einer Lichtaufnahme von etwa 50 % korreliert der Ertrag linear mit der Lichtaufnahme. Dies ist häufig in Apfelanlagen mit offenen und gut belichteten Baumkronen zu finden. Die

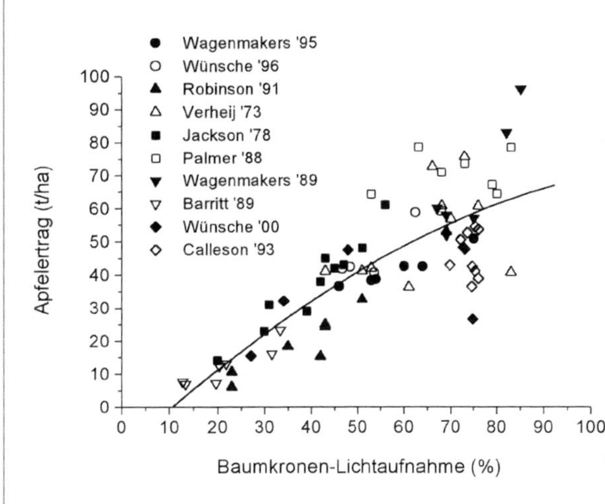

Abb. 9 Zusammengefasste Beziehung aus der Literatur zwischen dem Apfelertrag und der Baumkronen-Lichtaufnahme zur Mitte der Vegetationsperiode (nach LAKSO 1994).

oberhalb einer Lichtaufnahme von 50 % beträchtlich variierenden Erträge lassen darauf schließen, dass andere Faktoren wie beispielsweise die Lichtverteilung innerhalb der Baumkrone kritisch für die Ertragsbildung sind. Der Kurvenverlauf ist exponentiell ansteigend, was mit dem exponentiellen Anstieg des Ertrags mit der Blattfläche übereinstimmt. Übermäßig hohe Baumkronenblattflächen verringern aufgrund einer gegenseitigen Beschattung der Blätter und der unzureichenden Belichtung der Früchte im Inneren der Baumkronen die Erträge.

> Die Aufnahme von 60 bis 70 % des verfügbaren Lichtes ermöglicht optimale Apfelerträge. Höhere Lichtaufnahmen führen zu einer Ertrags- und Qualitätsreduzierung aufgrund der nachteiligen Auswirkungen von dichten, schattigen Baumkronen auf die Blüh- und Fruchtungstendenz.

Eine ausreichende Lichtverteilung im Baumkroneninneren ist weiterhin zur Erzeugung von hochwertigen Früchten notwendig. Schattenbereiche führen zu einer mangelnden Fruchtausreife, Verringerung der Schalenfärbung, des Trockengewichtes und der löslichen Inhaltsstoffe sowie zu einer hohen Fruchtfleischfestigkeit. Bei

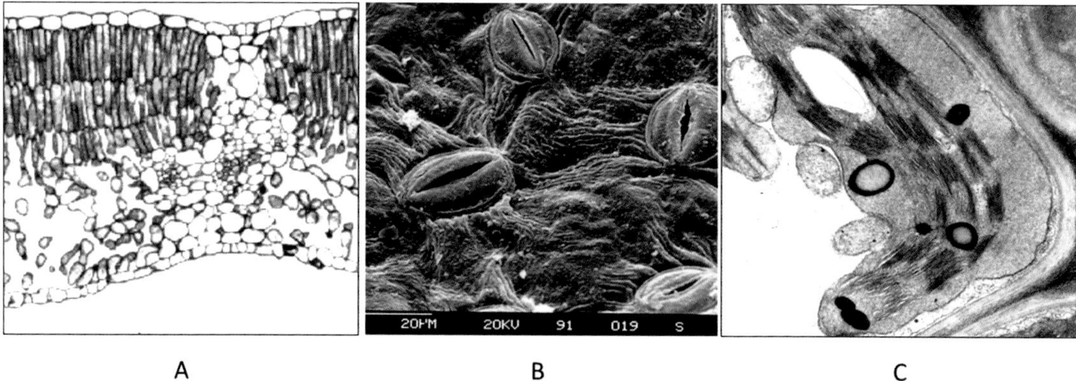

Abb. 10 Aufbau des Apfelblattes. A: Lichtmikroskopische Aufnahme (× 250) eines Apfelblattquerschnittes mit adaxialer Epidermis, Palisadenparenchym, Schwammparenchym und abaxialer Epidermis. B: Rasterelektronenmikroskopische Aufnahme der abaxialen Oberfläche von Apfelblättern mit Spaltöffnungen. C: TEM-Mikrographie (× 21 200) eines Chloroplasten in einer Palisadenparenchymzelle des Apfelblattes mit Stärkekörnern und gestapelten (Grana) und ungestapelten Thylakoidmembranbereichen.

unzureichenden Lichtverhältnissen sind Fruchtschalenbeeinträchtigungen wie Berostung und Sonnenbrand reduziert.

2.5.2 Blattaufbau

Die Blattfläche und ihre räumliche Verteilung innerhalb der Baumkrone ist die morphologische Grundlage für die Absorption von Lichtstrahlung und den Austausch von Kohlendioxid und Wasserdampf während der Photosynthese, Respiration und Transpiration. Die Blattfläche ist eine erforderliche Bezugsgröße, wenn eine exakte quantitative Analyse der Lichtaufnahme und des Gaswechsels der Obstgewächse erfolgen soll und Entwicklung, Wachstum und Produktivität der Bäume objektiviert werden sollen.

> Das Blatt besitzt einen für jede Obstart und -sorte charakteristischen Aufbau, der durch Einflüsse der Umwelt und Bestandsführung veränderlich ist.

- Die Ober- und Unterseite des Blattes werden durch eine einzellige chlorophyllfreie Epidermisschicht begrenzt. Unterhalb der oberen Epidermis befindet sich zunächst das stark mit Chlorophyll angereicherte Palisadenparenchymgewebe, das in ein locker aufgebautes, mit Interzellularen durchsetztes Schwammparenchymgewebe übergeht.
- Auf der Unterseite ist die Epidermis durch die Spaltöffnungen (Stomata) durchbrochen.

Im Blattaufbau treten deutliche Unterschiede zwischen Sonnen- und Schattenblättern auf. Sonnenblätter sind dicker, da das Palisadengewebe aus mehreren Zellschichten besteht. Sie besitzen ein größeres spezifisches Blattgewicht und weisen höhere Photosyntheseraten auf. Schattenblätter sind oft größer und dünner und zum Teil ist ihr Palisadengewebe nur aus einer kleinvolumigen Zellschicht aufgebaut.

2.5.3 Kohlenstoffgaswechsel

> Der Netto-CO_2-Austausch findet zwischen Blättern und der Umgebungsluft statt und berücksichtigt die photosynthetische CO_2-Fixierung und die CO_2-Freisetzung bei der mitochondrialen Atmung und der Photorespiration. Die Photosynthese nutzt die von den Blattchloroplasten absorbierte Strahlungsenergie zur Synthese organischer Verbindungen (z. B. Assimilationsstärke) aus einfachen anorganischen Ausgangssubstanzen (CO_2 und H_2O).

Kohlenstoff

Ein besonders wichtiges Element für die Obstgewächse ist der Kohlenstoff. Durch seine besondere Fähigkeit mit anderen Elementen – aber insbesondere mit Kohlenstoffatomen – ketten- und ringförmige Verbindungen zu formen, ist der Kohlenstoff wesentlicher Bestandteil der organischen Substanzen, die am strukturellen Aufbau der Pflanzen und an den verschiedensten Stoffwechselprozessen beteiligt sind. Dazu gehören auch solche, aus denen in Atmungsvorgängen Energie freigesetzt wird, die für die verschiedenen Lebensvorgänge der Pflanze notwendig ist.

Wie wichtig der Kohlenstoff auch für die Ertragsbildung bei Obstgewächsen ist, zeigt sich dadurch, dass mit einer Ernte von 50 t Äpfeln pro ha etwa 3000 kg Kohlenstoff aus der Anlage entfernt werden. Mit derselben Erntemenge werden dagegen nur etwa 30 kg Stickstoff entzogen. Deshalb muss es ein Hauptinteresse der Obsterzeuger sein, mit Anbau- und Pflegemaßnahmen die Aufnahme von Kohlenstoff durch die Obstgewächse zu fördern.

CO_2-Aufnahme

Für den Einbau von Kohlenstoff in organische Substanzen gelangt das CO_2 aus der das Blatt umgebenden Luft durch die Spaltöffnung und in geringem Maße auch durch die Kutikula in das Blatt. Bei den Obstarten befinden sich die Spaltöffnungen fast ausschließlich an der Unterseite der Blätter (hypostomatische Blätter).

Die Spaltöffnungen werden von Schließzellen begrenzt, die die Weite der Öffnung durch Änderungen des Turgordruckes regulieren und damit den CO_2-Eintritt, aber auch den Wasserdampfverlust der Blätter kontrollieren. Bedingungen, welche die Öffnung der Stomata fördern – adäquater Wasservorrat, hohe Lichtintensität, hohe Luftfeuchtigkeit und niedriger CO_2-Partialdruck im Inneren des Blattes – stimulieren die CO_2-Aufnahme. Hohe CO_2-Konzentrationen im Inneren des Blattes, hohe Blattstärkegehalte, hohe Abscisinsäurekonzentrationen im Xylemsaft, Dunkelheit und Wassermangel bedingen hingegen das Schließen der Stomata. Die Spaltöffnungen stellen einen Hauptkontrollpunkt für die CO_2-Aufnahme dar. Sie regeln nicht nur die CO_2-Konzentration im Gewebe, sondern auch das Gleichgewicht zwischen Wasseraufnahme und Wasserabgabe der Pflanze.

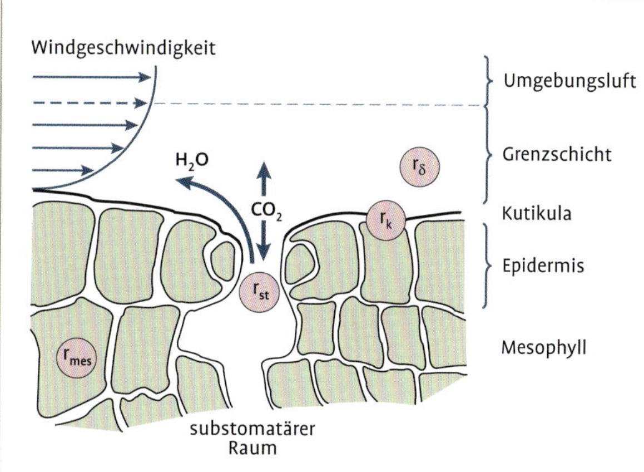

Abb. 11 Diffusionsweg von CO_2 aus der Umgebungsluft in das Blatt und der dabei auftretende Grenzschichtwiderstand (r_δ), der stomatäre Widerstand (r_{st}) und der Widerstand des Mesophylls (r_{mes}) (nach WILLERT et al. 1995).

CO_2 bewegt sich bei Licht von der relativ hohen Konzentration in der Atmosphäre zum Ort des Verbrauches, den Chloroplasten der Mesophyllzellen, in denen die CO_2-Konzentration sehr gering ist. Umgekehrt verläuft der Gradient, dem der Wasserdampf folgt. Wasser diffundiert durch die Spaltöffnungen und die Kutikula in die Atmosphäre mit einem relativ viel höheren Wasserdampfsättigungsdefizit als im Blattinneren. Die Geschwindigkeit, mit der die Diffusion von CO_2 bis zum Abnahmeort in den Chloroplasten stattfindet, hängt von der Leitfähigkeit für die CO_2-Diffusion in den gasförmigen und flüssigen Phasen im Blatt ab. CO_2, das durch die Hohlräume des Blattes gelangt ist, löst sich im Wasserfilm der Zellwand und diffundiert in der flüssigen Phase durch die Membranen und das Zytoplasma in das Chloroplastenstroma. Die Löslichkeit von CO_2 hängt von der Lösungstemperatur, dem Partialdruck des CO_2-Gases und dem pH-Wert der Lösung ab. Mit einer Zunahme des Säuregrades und der Temperatur ist eine Abnahme der Konzentration an Bicarbonationen und an gelöstem CO_2 verbunden und damit eine Verringerung des Vorrats an Substraten für die Photosynthese, die in den Chloroplasten stattfindet.

Chloroplasten

In den Chloroplasten erfolgen die Aufnahme der Lichtenergie und die Reduktion von CO_2 zu Kohlenhydrat. Chloroplasten sind kleine ovale, runde oder zeppelinförmige Organellen, die von Membranen mit unterschiedlicher Durchlässigkeit umgeben sind. Der Inhalt besteht aus dem Stroma, in das die Grana eingebettet sind. Diese sind aus Stapeln von lamellenartigen Strukturen zusammengesetzt, den Thylakoiden.

Membranen verbinden die Grana, die durch die Anreicherung mit Chlorophyll dunkelgrün erscheinen. Auch Zellen anderer Pflanzenorgane, insbesondere Blüten und Früchte, enthalten Chloroplasten. Mithilfe von Chlorophyllmolekülen und anderen Pigmenten, den Carotinoiden, die sich ebenfalls in den Thylakoidstapeln befinden, wird die im Photosyntheseprozess notwendige Lichtenergie aufgefangen.

Chlorophyll

Die Struktur des Chlorophyllmoleküls besteht aus vier Pyrrolringen mit Seitenketten und einem Magnesiumatom im Zentrum. Die Chlorophylle a und b dienen als Antennen zum Einfangen von Lichtenergie. Verschiedene Gene sind für die Chlorophyllsynthese verantwortlich. Es gibt deutliche Unterschiede im Chlorophyllgehalt der Blätter zwischen Obstarten, aber auch Sorten. Die wichtigsten Faktoren, die die Chlorophyllbildung bestimmen, sind Licht, Temperatur, Mineralstoffversorgung, Wasser und Sauerstoff.

Relativ niedrige Lichtintensitäten fördern die Chlorophyllbildung, vorausgesetzt, es sind genügend Kohlenhydrate verfügbar. Sehr hohe Lichtintensität begünstigt die Synthese, aber auch den schnellen Abbau von Chlorophyll. Schattenblätter haben gewöhnlich höhere Konzentrationen von Chlorophyll als Sonnenblätter. Die Chlorophyllsynthese erfolgt in einer weiten Temperaturspanne, niedrige und sehr hohe Temperaturen fördern den Abbau von Chlorophyll. Eine bedarfsgerechte Nährstoffversorgung ist für die Chlorophyllsynthese wichtig. Stickstoffmangel kann die Ursache für sehr wenig Chlorophyll sein, vor allem in den alten Blättern. Eisen ist für die Chlorophyllsynthese wichtig, obwohl es nicht im Chlorophyll selbst vorkommt. Magnesium ist Bestandteil des Chlorophylls. Magnesiummangel führt deshalb zu Chlorosen an den Blättern, wie auch der Mangel an anderen für die Pflanzen essentiellen Elementen. Wassermangel verringert die Chlorophyllbildung in den Blättern. Starker Wassermangel führt schließlich zur Zerstörung des Chlorophylls. Umgekehrt kann auch Staunässe den Abbau von Chlorophyll verursachen. Sauerstoff ist für die Chlorophyllbildung notwendig. Ohne O_2 oder bei sehr geringen O_2-Konzentrationen wird die Chlorophyllsynthese eingestellt.

Carotinoide

Carotinoide sind Carotine und Xanthophylle. Sie absorbieren Lichtenergie und leiten überschüssige Energie von den im Photosyntheseprozess entstandenen hochreaktiven Sauerstoffradikalen ab, die sonst Komponenten der Membranen zerstören. Das häufigste Carotin in Blättern ist das ß-Carotin. Unter den Xanthophyllen dominiert das Lutein, aber auch Zeaxanthin, Violaxanthin und Neoxanthin sind wichtig.

Im Licht wirkt Sauerstoff giftig. Da keine Reservechlorophylle in einer Zelle vorhanden sind, muss ihre Zerstörung vermieden werden. Die Carotinoide entgiften Sauerstoffradikale und übernehmen überschüssige Energie vom angeregten Chlorophyll, wodurch eine schädliche Reaktion mit Sauerstoff verhindert wird. Carotinoide sind somit ein wichtiges Sicherheitsventil, um die überschüssige Energie von angeregten Pigmenten und die Produktion aus der Reaktion mit Sauerstoff abzuleiten. Das grenzt die Gefahr der Zerstörung von Geweben bei intensivem Licht ein, wenn die Sauerstoffkonzentration hoch ist und der normale Elektronenakzeptor fehlt. Carotinoide werden auch im Dunkeln gebildet und nicht so leicht abgebaut wie Chlorophyll. Wenn Chlorophyll in den Blättern und Früchten abgebaut wird, werden die Carotinoide demaskiert und eine gelborange Farbe kommt zum Vorschein.

Die Photosyntheseraten, das sind die CO_2-Mengen, die pro Blattflächeneinheit pro Stunde aufgenommen werden (mg CO_2 dm^{-2} h^{-1}), sind starken Schwankungen unterworfen.

Lichtintensität

Im Dunkeln findet keine Photosynthese und damit keine CO_2-Aufnahme statt. Dagegen wird als Folge der Atmung CO_2 freigesetzt. Mit zunehmender Lichtintensität am Morgen ist am Lichtkompensationspunkt die CO_2-Aufnahme der Pflanzen genauso groß wie die CO_2-Abgabe. Dieser Lichtkompensationspunkt ist ein Indikator für die CO_2-Aufnahmeeffizienz, die in Abhängigkeit von Obstart, Sorte, Blattart, Blattalter, CO_2-Konzentration in der Atmosphäre und besonders auch von der Temperatur variiert. Da mit zunehmender Temperatur die CO_2-Abgabe der Pflanzen schneller steigt als die CO_2-Aufnahme, sind relativ hohe Lichtintensitäten notwendig, damit die Pflanzen mehr CO_2 aufnehmen als abgeben.

Mit zunehmender Lichtintensität steigen die Photosyntheseraten bis etwa zur Hälfte der vollen Lichtintensität eines wolkenlosen Sommertages an. Danach steigen sie kaum noch und bleiben schließlich ab einem Punkt, dem Lichtsättigungspunkt, konstant. Die Höhe des Lichtsättigungspunktes ist ein Kriterium für die Effizienz der CO_2-Aufnahme von Pflanzen. Obstgewächse, die noch hohe Lichtintensitäten für die Photosynthese nutzen können, nehmen mehr CO_2 auf als solche, die bereits bei verhältnismäßig niedrigen Lichtintensitäten keine Steigerung der Photosyntheseraten mehr aufweisen. Auch der Lichtsättigungspunkt ist von vielen Faktoren abhängig, vor allem aber von der Anpassung der Blätter an die Lichtintensität. Im Frühjahr zeigen die Photosyntheseraten niedrige Lichtsättigungspunkte im Vergleich zum Sommer. Bei Schattenblättern tritt früher als bei Sonnenblättern eine Lichtsättigung ein.

> Durch geeignete Pflanzabstände und Erziehungsmaßnahmen ist darauf zu achten, dass ein hoher Anteil der vorhandenen Blätter möglichst lange dem vollen Tageslicht ausgesetzt ist.

Die Photosyntheserate von Apfelblättern verläuft exponentiell mit zunehmender Beleuchtungsintensität und ist unter den klimatischen Bedingungen Mitteleuropas bei etwa 55 % der vollen Sonnenstrahlung lichtgesättigt. Die maximalen Photosyntheseraten der Blätter sind in gesunden, gut gepflegten Obstbeständen relativ konstant und

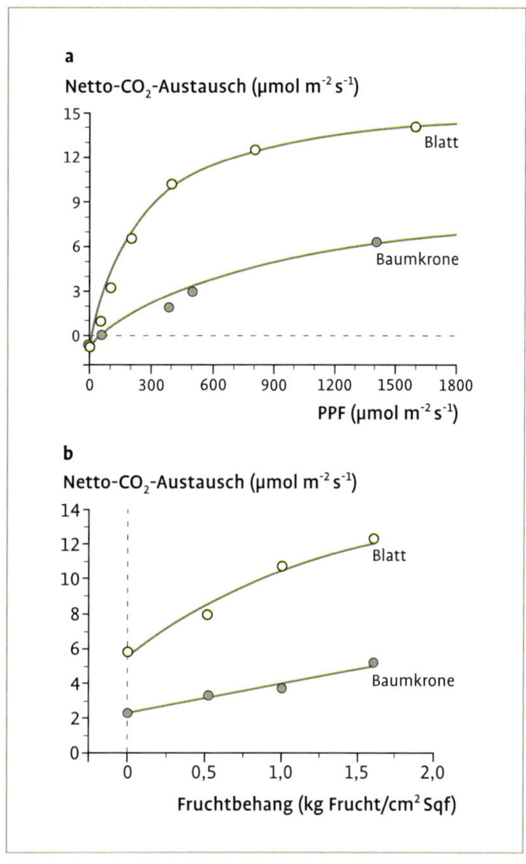

Abb. 12 Netto-CO_2-Austauschrate von Apfelbäumen zur Mitte der Vegetationsperiode in Abhängigkeit von a) der photosynthetisch aktiven Strahlung (PPF) und b) dem Fruchtbehang (kg Frucht/cm^2 Stammquerschnittsfläche [Sqf]) (nach WÜNSCHE und LAKSO 2000a).

besitzen keine ertragskontrollierende Funktion. Die Abhängigkeit des Baumkronen-Netto-CO_2-Austausches vom Licht verhält sich ähnlich wie der eines einzelnen Blattes, allerdings ist der Kurvenverlauf flacher und hat einen geringeren Minimalwert.

Der Unterschied der Kurven beruht auf einer schlechten Lichtverteilung im Inneren der Baumkrone mit einem geringen Anteil an lichtgesättigten Blättern und unter Einbeziehung von nicht photosynthetisch aktiven Baumbestandteilen (z. B. Früchte, Holz). Der Baumkronen-Netto-CO_2-Austausch kann durch diffuse Lichtbedingungen, eine einheitliche belichtete Blattfläche sowie durch Maßnahmen der Baumkronengestaltung zur Optimierung der Lichtaufnahme durch die Blätter verbessert werden.

Temperatur

> Die CO_2-Aufnahme der Blätter von Obstgewächsen erfolgt in einem weiten Temperaturbereich.

Selbst bei Temperaturen wenig über dem Gefrierpunkt können die Blätter noch CO_2 aufnehmen. Allerdings ist dann der Photosyntheseapparat wenig leistungsfähig. Optimale Photosyntheseraten werden bei 15 bis 25 °C erreicht. Bei immergrünen Obstarten liegen die optimalen Temperaturen für die CO_2-Aufnahme zwischen 28 bis 32 °C, vorausgesetzt, es herrscht eine hohe Lichtintensität vor. Bei hohen Temperaturen steigt die Atmung stark an, sodass die Netto-CO_2-Aufnahme abnimmt. Extrem hohe Temperaturen stören den CO_2-Aufnahmeprozess. Auch die Bodentemperaturen beeinflussen den Photosyntheseapparat. Beispielsweise beeinträchtigen niedrige Bodentemperaturen den Wasserhaushalt der Pflanzen und damit auch die CO_2-Aufnahme.

Wind

Starke Windbewegungen verringern die CO_2-Aufnahme der Blätter. In Regionen mit ständig vorherrschenden Winden fördern Windschutzhecken die CO_2-Aufnahme der Obstanlagen.

Kohlendioxid

Kohlenstoff wird vorwiegend von den Blättern in Form von Kohlendioxid (CO_2) aus der Atmosphäre aufgenommen. In sehr begrenztem Umfang können auch andere Pflanzenorgane CO_2 aufnehmen. Die CO_2-Konzentration in der Erdatmosphäre ändert sich von Jahr zu Jahr und auch mit der Tages- und Jahreszeit. Im Verlauf der letzten hundert Jahre stieg CO_2 von weniger als 0,028 % auf jetzt über 0,038 % als Folge vor allem des enormen fossilen Brennstoffverbrauches. Für die Obstgewächse ist dieser CO_2-Anstieg nützlich, da sie damit mehr Substrat für die Assimilation zur Verfügung haben. Auf der anderen Seite kann durch Erhöhung der CO_2-Konzentration in der Atmosphäre ein Klimawechsel eingeleitet werden mit noch unbekannten Folgen für die Obstanbaugebiete.

Mit zunehmender CO_2-Konzentration in der Atmosphäre steigen die Photosyntheseraten der Blätter, bis ab etwa 1200 ppm CO_2 keine weitere Erhöhung mehr erfolgt. Bei sinkenden CO_2-Konzentrationen in der Atmosphäre wird schließlich der CO_2-Kompensationspunkt erreicht, bei dem die CO_2-Abgabe so hoch ist wie die CO_2-Aufnahme. Beide Schwellenwerte für CO_2-Kompensation und -Sättigung können als Kriterien für das jeweilige CO_2-Aufnahmevermögen der Pflanzen dienen. Die Spaltöffnungen der Blätter schließen teilweise bei erhöhten CO_2-Konzentrationen. Besonders ausgeprägt ist dies bei Wassermangel. Das Schließen der Stomata beeinträchtigt die CO_2-Aufnahme weniger als die Transpiration der Blätter. Deshalb verbessert sich bei erhöhter CO_2-Konzentration die Wassernutzung, das heißt pro Einheit aufgenommenen CO_2 geht weniger Wasser verloren als bei niedriger CO_2-Konzentration in der Atmosphäre.

Wasser

Die Verfügbarkeit von Wasser ist Voraussetzung für die Photosynthese. Wassermangel resultiert in der Abnahme der CO_2-Aufnahme von Obstgehölzen als Folge von:

- Hemmung des Blattwachstums
- Schließen der Spaltöffnungen
- Beeinträchtigung des Photosyntheseapparates
- Abfallen von Blättern

Auch der Überschuss an Feuchtigkeit bei stauender Nässe, vor allem bei hohen Temperaturen beeinträchtigt die CO_2-Aufnahme der Obstgewächse durch:

- Hemmung des Blattwachstums
- Hemmung der Wasser- und Nährstoffaufnahme
- Schädigung des Photosyntheseapparates
- Förderung des Laubfalls

Die CO_2-Aufnahme fruchttragender Bäume wird durch Staunässe weniger beeinträchtigt als die von Bäumen ohne Fruchtbehang.

Bodenfruchtbarkeit
Sowohl Nährstoffmangel als auch starker Nährstoffüberschuss können in vielfältiger Weise die Photosynthese der Obstgewächse beeinträchtigen: Verringerung des Blattwachstums, Chlorosen, Nekrosen, Blattfall, Störungen des Wasserhaushaltes, der Spaltöffnungsbewegungen, des Energiewechsels, des Proteinstoffwechsels und des Photosyntheseapparates sind die häufigsten Ursachen für sinkende Photosyntheseraten bei unsachgemäßer Nährstoffversorgung der Obstgewächse. Auf der anderen Seite fördert die bedarfsgerechte Nährstoffversorgung die CO_2-Aufnahme.

Luftverunreinigungen
Luftverunreinigungen durch Schadgase wie Schwefeldioxid oder Ozon können sich bereits in niedrigen Konzentrationen ungünstig auf die Photosynthese auswirken. Auch Stäube verschiedener Art und Herkunft verringern durch Verstopfung der Spaltöffnungen und/oder durch Reduzierung der Lichtaufnahme die CO_2-Aufnahme der Blätter.

Krankheiten und Schädlinge
Krankheiten und Schädlinge können nicht nur die CO_2-aufnehmende Blattfläche schädigen, sondern auch das Wasser und Nährstoffe aufnehmende Wurzelsystem. Außerdem können die Transportwege für Wasser, Nährstoffe und Assimilate in Mitleidenschaft gezogen werden. Alle derartigen Schäden führen schließlich zur Einschränkung der CO_2-Aufnahme von Obstgehölzen, die allerdings teilweise durch erhöhte Aktivität der noch gesunden Blätter kompensiert wird. Einige Viruskrankheiten hemmen die Photosynthese ohne sichtbare Symptome an den Blättern. Andere schädigen die Chloroplasten sowie die Photosyntheseapparate der Blätter und beeinträchtigen dadurch die CO_2-Aufnahme.

Herbizide
Die meisten Herbizide stören direkt oder indirekt die Photosynthese und/oder die Atmungsprozesse der Pflanzen. Bei der Unkrautbekämpfung ist deshalb sorgfältig darauf zu achten, dass die Obstgehölze nicht mit Herbiziden in Kontakt kommen.

Pflanzenschutzmittel
Sowohl einige Insektizide und Fungizide als auch Ausdünnungsmittel können zumindest vorübergehend die CO_2-Aufnahme der Obstgewächse beeinflussen durch:
- Verschluss der Spaltöffnungen
- Änderung der optischen Bestandteile der Blätter und Förderung der Reflektion photosynthetisch aktiver Strahlung
- Änderung der Wärmeregulierung der Blätter
- Änderung des Blattstoffwechsels
- Änderung der Blattanatomie
- Verursachung von Nekrosen und Blattfall

Pflanzenfaktoren
Zu den wichtigsten Pflanzenfaktoren, die die CO_2-Aufnahme beeinflussen, gehören die genetischen Unterschiede zwischen Obstarten, Sorten und Sorten-Unterlagen-Kombinationen. Nicht nur die Höhe der durchschnittlichen Photosyntheseraten der Blätter kann verschieden sein, sondern auch die Größe der CO_2-aufnehmenden Einzel- und Gesamtblattfläche der Pflanzen.

> Die CO_2-Aufnahme hängt ab von der Blattstruktur, dem Blattalter, der Spaltöffnungsregulierung, dem Chlorophyllgehalt der Blätter und der Intensität des Assimilattransportes aus den Blättern in die vorrangig Assimilate verbrauchenden Organe. Eine Anreicherung von Assimilaten in den Blättern kann die CO_2-Aufnahme hemmen.

Untersuchungen über den Einfluss des Fruchtbehanges auf Photosynthese, Assimilatverteilung und Trockensubstanz haben höhere Photosyntheseleistungen in Blättern von fruchtenden als von nicht fruchtenden Apfelbäumen ergeben. Die Blatt- und Baumkronenphotosynthese von Apfelbäumen steigt exponentiell mit höheren Fruchtbehangsdichten.

Die reduzierte Photosynthese der Bäume mit geringerem Fruchtbehang tritt häufig nach Beendigung des vegetativen Wachstums in Erscheinung, wobei es zu einem signifikanten Anstieg von Triebwachstum, Blattfläche und Stammdicke im Vergleich zu stark fruchtenden Bäumen kommt. Bäume ohne oder mit einem nur geringen Fruchtbehang können relativ hohe photosynthetische Leistungen im Spätsommer wiedererlangen – zu einem Zeitpunkt, an dem der Kohlenhydratbedarf aufgrund von Knospenentwicklung und Wurzelwachstum ansteigt. Langzeitig beschattete Blätter zeigen allerdings keine photosynthetische „Wiederbelebung“, wenn sie durch Sommerschnitt oder Kronenerziehungsmaßnahmen erneut belichtet werden.

Photosynthese

Die Photosynthese wird durch Lichtenergie aus dem Lichtspektrum zwischen 400 bis 700 nm angetrieben. Das Licht besitzt die Eigenschaften sowohl einer Welle als auch eines Partikels. Die Partikel besitzen einen bestimmten Energiegehalt, ein Quant ist die Energie, die von einem Photon übertragen wird.

> Die Photosynthese ist die Reduktion von atmosphärischem CO_2 zu Kohlenhydraten in den Chloroplasten mithilfe von Lichtenergie sowie Freisetzung von Sauerstoff und Wasser als Folge:
>
> $$6\,CO_2 + 12\,H_2O \xrightarrow{\text{Lichtquanten}} 6\,(CH_2O) + 6\,H_2O + 6\,O_2$$

Die wichtigsten Schritte des Photosyntheseprozesses sind:

- Auffangen von Lichtenergie in den Chloroplasten und das Leiten von Lichtquanten bzw. Photonen mithilfe von Chlorophyll und Carotinoiden zu speziellen Chlorophyll-a-Molekülen, die aktiviert werden und energiereiche Elektronen für weitere Prozesse zur Verfügung stellen
- Spalten von Wasser sowie Freisetzen energiereicher Elektronen und Sauerstoff
- Elektronentransfer zur Bildung von chemischer Energie in Form von Energieträgern wie Adenosintriphosphat (ATP) und Nicotinadenindinucleotidphosphat ($NADPH_2$)
- Verwendung der chemischen Energie und der reduzierenden Kraft von $NADPH_2$, um CO_2 in Phosphoglycerinsäure zu binden und zu Phosphoglycerinaldehyd zu reduzieren
- Synthese komplexer Kohlenhydrate

Ribulose-1,5-biphosphat-Carboxylase (RuBPC) ist das Enzym, mit dessen Hilfe CO_2 in Phosphoglycerinsäure fixiert wird. Dieses Enzym hat Affinität zu CO_2 sowie zu Sauerstoff gleichermaßen. Bei der Anlagerung entsteht anstatt RuBP-Carboxylase eine RuBP-Oxygenase. Diese induziert einen lichtabhängigen Prozess, bei dem schließlich CO_2 freigesetzt wird und Energie verloren geht. Dieser Prozess wird Photorespiration oder Lichtatmung genannt.

Neben der Synthese von Kohlenhydraten werden große Mengen der Primärprodukte des Photosyntheseprozesses zur Synthese von Lipiden, organischen Säuren und Aminosäuren verwendet. Da die Primärprodukte des Photosyntheseprozesses aus Molekülen mit drei Kohlenstoffatomen bestehen, gehören Obstgewächse, die diese Form der Photosynthese haben, zu den C_3-Pflanzen. Fast alle Obstgewächse sind C_3-Pflanzen. Sowohl bei C_4- als auch CAM-Pflanzen wie beispielsweise Ananas wird CO_2 zunächst in organischen Säuren mit vier Kohlenstoffatomen gebunden. Das CO_2 wird dann in der Lichtphase Chloroplasten zur Verfügung gestellt, wo dann der Photosyntheseprozess wie bei C_3-Pflanzen weiter verläuft.

CO_2-Abgabe

> Die Atmung oder Respiration der Pflanzen ist die Oxidation von Assimilaten unter Freisetzung von Energie, Kohlendioxid und Wasser.

Die durch Atmung gewonnene Energie wird genutzt zur Lebenserhaltung der Gewebe, für Syntheseprozesse, für die Aufnahme und den Transport von Nährstoffen sowie von Assimilaten und für mechanische Prozesse. Ein Teil der Energie geht den Pflanzen in Form von Wärme verloren. Alle lebenden Zellen atmen. In physiologisch wenig aktiven Geweben, beispielsweise in allen Organen während der Ruhephase in Spätherbst und Winter, sind die Respirationsraten (abgegebene Menge an CO_2 pro Gewebeeinheit pro Stunde) niedrig. Die Respiration ist dagegen in allen teilungsfähigen Geweben während der Wachstumsphase sowie in reifenden Früchten hoch. Die dabei frei werdende Energie wird als Wärme abgegeben. Als Substrat für die Respiration dienen vorwiegend Glucose und andere in den Zellen verfügbaren Assimilate. Die vollständige Oxidation von Glucose ergibt sich aus der folgenden Gleichung:

$$C_6H_{12}O_6 + 6\ O_2 \rightarrow 6\ CO_2 + 6\ H_2O + 686\ kcal$$

Bei Sauerstoffmangel, der beispielsweise bei Staunässe an den Wurzeln oder auch im Obstlager auftreten kann, funktioniert die normale Dunkelatmung nicht. Durch anaerobe Atmungsprozesse bzw. Gärung wird dann beispielsweise Glucose in organische Säuren, Aldehyde, Alkohol und CO_2 umgebaut.

Unterschiede zwischen der aeroben und anaeroben Atmung:
→ aerob → $CO_2 + H_2O$ + 686 kcal Glucose → Zwischenprodukte → Pyruvat
→ anaerob → organische Säuren, Aldehyde, Alkohol, CO_2 + 15,2 kcal

Die anaerobe Atmung ist wenig effizient zur Energiegewinnung. Sie liefert nicht genügend Energie, um schnelles Wachstum zu ermöglichen. Außerdem führt die Anreicherung von unvollständig oxidierten Substanzen wie Alkohol und Aldehyden zu Schädigungen der Gewebe.

Respiratorischer Quotient
Die Zusammensetzung der veratmeten Substanzen beeinflusst das Verhältnis des dabei frei werdenden CO_2 und dem verbrauchten Sauerstoff. Dieses Verhältnis wird als respiratorischer Quotient bezeichnet (RQ). So ist der RQ bei der Veratmung von Glucose = 1,0. Bei der Oxidation von Eiweiß oder Fetten liegt der RQ unter 1,0 und bei organischen Säuren über 1,0.

Photorespiration
Die bisher beschriebene Atmung findet vorwiegend im Dunkeln statt und wird deshalb auch als Dunkelatmung bezeichnet. Daneben gibt es die Photorespiration bzw. die Lichtatmung. Die Prozesse der Photorespiration unterscheiden sich deutlich von der Dunkelatmung. Sie sind eng mit der Photosynthese verbunden und wurden deshalb bereits in Zusammenhang mit den Photosyntheseprozessen genannt. Die meisten Obstgewächse setzen durch die Lichtatmung 20 bis 50 % des im Photosyntheseprozess eingebauten CO_2 wieder frei. Dabei geht mehr Energie verloren als gewonnen wird. Die Photorespiration wird vor allem durch hohe Lichtintensität, Sauerstoffkonzentration und hohe Temperaturen gefördert. Durch Erhöhung der CO_2-Konzentration in der Atmosphäre und Absenkung der Sauerstoffkonzentration wird die Lichtatmung oder Photorespiration verringert.

Respiration verschiedener Pflanzenteile
Die Blätter der Obstgewächse veratmen etwa 10 bis 40 % des von ihnen aufgenommenen Kohlenstoffes. Lange wolkenlose Tage bei Temperaturen zwischen 20 und 25 °C und kurze kühle Nächte resultieren in geringen Assimilatverlusten im Vergleich zu den Assimilatgewinnen. Hohe Nachttemperaturen fördern die Blattatmung: Junge Blätter haben höhere Atmungsraten als alte.

Knospen atmen nur wenig während der Ruhephase. Dies ändert sich jedoch mit dem Knospenschwellen nach Ende der Ruhe im Frühjahr. Blüten und junge Früchte zeigen hohe Respirationsraten in der Phase der Zellteilung und Zellvergrößerung. Die Respiration nimmt dann mit zunehmender Entwicklung ab. Früchte wie beispielsweise der Apfel, die während ihres Wachstums Stärke einlagern, zeigen nach einem respiratorischen Minimum kurz vor der Ernte einen plötzlichen Anstieg der Atmung bei weiterer Reife.

Ein nochmaliger Anstieg der Atmung erfolgt kurz vor der Überalterung der Früchte. Aufgrund der für Gase wenig durchlässigen Fruchtschale kommt es als Folge der Atmung zur Anreicherung von CO_2 im Fruchtinneren. Solange die Frucht der Sonne ausgesetzt ist, kann ein Teil dieses CO_2 refixiert und mithilfe von Chloroplasten wieder in Kohlenhydrate eingebaut werden. Das erlaubt den Früchten sparsam mit dem einmal aufgenommenen Kohlenstoff umzugehen.

Der Stamm, die Äste und Sprosse atmen in Abhängigkeit von der Jahreszeit und vorherrschenden Temperaturen unterschiedlich stark. Die höchsten Atmungsraten sind während des intensiven Wachstums im Frühjahr und Sommer zu messen. Die Atmung von Stamm, Ästen und

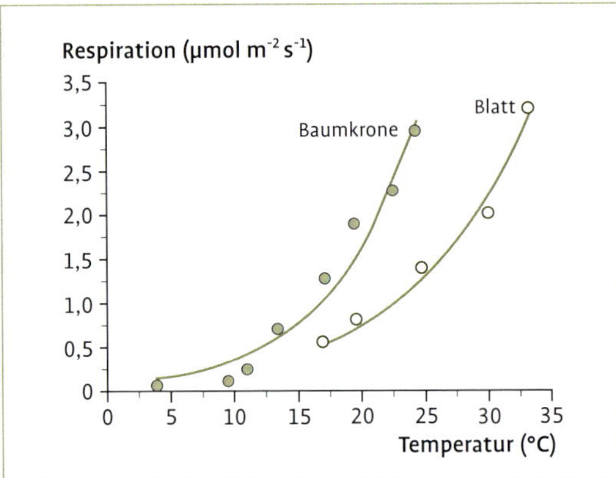

Abb. 13 Auswirkung der Lufttemperatur auf die Netto-CO_2-Austauschrate von Apfelbäumen zur Mitte der Vegetationsperiode (nach WÜNSCHE und LAKSO 2000a).

Sprossen ist am Tag niedriger als in der Nacht. Bei den Wurzeln sind es vor allem die Faserwurzeln mit hohem Anteil an meristematischem Gewebe, die stark atmen. Die höchste Wurzelatmung erfolgt in warmen Böden nach Triebabschluss der Pflanzen. Auch bei der Wurzelatmung gibt es deutliche Tagesgänge mit einem Maximum der Atmung am Spätnachmittag und einem Minimum bei Beginn der Lichtperiode. Da die Wurzelatmung abhängig ist vom Anteil der lebenden Zellen und von den Substanzen, die für die Atmung zur Verfügung stehen, atmen die Wurzeln fruchttragender Bäume weniger als solche von nichtfruchtenden.

Die Atmung beeinflussende Faktoren
Junges Gewebe mit viel Protoplasma atmet stärker als altes. Die Anreicherung von oxidierbaren Assimilaten fördert die Atmung. Dies kann beispielsweise bei reifenden Äpfeln gemessen werden. Die Umwandlung von Stärke in Zucker korrespondiert mit erhöhter Atmung. Ähnliches lässt sich an den Wurzeln beobachten.

Die Respirationsraten werden vor allem durch die Temperatur stark beeinflusst. Selbst bei Temperaturen dicht über dem Gefrierpunkt atmen die Organe der Obstgewächse, allerdings mit niedriger Intensität. Niedrige Temperaturen verlängern die Haltbarkeit der Früchte, weil die Atmung herabgesetzt wird. Mit zunehmender Temperatur steigt die Atmung und bei Temperaturen über 35 °C kann sie bei laubabwerfenden Obstgewächsen höher sein als die CO_2-Aufnahme. Blatt- und Baumkronenrespiration zeigen eine exponentielle Temperaturabhängigkeit mit einem 2,5-fachen Anstieg von 15 bis 25 °C. Die Respirationsrate der Baumkrone ist zu jedem Temperaturwert aufgrund der Einbeziehung von atmungsaktiven Frucht- und Holzteilen etwa 2-fach höher als die der Blätter. Wassermangel fördert die Atmung der Pflanzenorgane, besonders die der Blätter. Auch die Staunässe verursacht eine Steigerung der Atmung oberirdischer Pflanzenteile. Dagegen verringert eine Absenkung der Sauerstoffkonzentration in der Atmosphäre die Atmung. Dies macht man sich bei der Lagerung der Früchte zunutze.

Mechanische Einwirkungen wie das Absenken von Sprossen oder Verletzungen der Rinde, ebenso die Bewegung von Sprossen und Blättern durch Wind regen die Atmung an. Auch der Befall mit Krankheiten und Schädlingen sowie Luftverunreinigungen und der Einsatz von Pflanzenschutzmitteln können die Atmung der Obstgewächse zumindest vorübergehend erhöhen.

Es bleibt zusammenfassend die Feststellung, dass die Atmung der Pflanzen notwendig ist für die Gewinnung von Energie, die Voraussetzung aller Lebensprozesse. Ein Übermaß an Atmung aber führt zur Verschwendung von einmal aufgenommenem Kohlenstoff. Praktische Maßnahmen sollen deshalb darauf abgestellt sein, die CO_2-Aufnahme der Obstgewächse zu fördern und die Atmung so gering wie notwendig zu halten.

> Für die Biomassenproduktion und hohe gleichmäßige Erträge von Qualitätsfrüchten ist eine möglichst positive Kohlenstoffbilanz der Obstgewächse anzustreben. Diese ist nicht nur abhängig von der Höhe der Photosyntheseraten, sondern auch von der CO_2-aufnehmenden Blattfläche, von der Dauer, in der die Blätter CO_2 aufnehmen können, und von der Intensität der CO_2-Abgabe durch Atmung.

2.5.4 Assimilattransport

Die in den Chloroplasten während des Photosyntheseprozesses gebildeten Kohlenstoffverbindungen werden zum großen Teil aktiv in das Zytoplasma verlagert. Dort werden mithilfe von Enzymen die „Transportzucker" synthetisiert. Bei den Obstgehölzen spielen dabei Saccharose und der Zuckeralkohol Sorbitol die Hauptrolle. Grundsätzlich unterscheidet man zwischen dem Kurz- und Langstreckentransport von Kohlenhydraten.

Der intrazelluläre Kurzstreckentransport von Assimilaten kann im Symplasten und Apoplasten stattfinden. Der symplastische Stofftransport erfolgt innerhalb des Zytoplasmas über die Plasmodesmen, welche die Zellen miteinander verbinden. Beim apoplasmatischen Transport müssen die Stoffe dagegen durch das Plasmalemma in die interzellulären Räume gelangen, wo sie wiederum von anderen Zellen aufgenommen werden. Da die Blätter ein dichtes Netz von Transportgewebe bilden, ist dieser Kurzstreckentransport von Zuckern nicht weiter als mehrere Millimeter.

Der Langstreckentransport zwischen den Kohlenhydratquellen und Kohlenhydratspeichern folgt im Phloem den vaskularen Leitgefäßen (Siebröhren) mit geringstem Widerstand, die häufig den durch Phyllotaxi (Blattstellung) definierten Weg darstellen. Die langgestreckten Siebzellen heißen deshalb so, weil die Verbindungen mit den nächsten Transportzellen mit relativ großen Poren versehen sind. Durch diese sind die Siebzellen miteinander durch Plasmastränge verbunden. Siebzellen sind lebende Zellen, die jedoch weniger Organellen besitzen als andere Pflanzenzellen. Die Diffusion der Zucker in die Leitungsbahnen wird dadurch erschwert, dass die Zuckerkonzentrationen im Phloem höher sind als in den sie umgebenden Zellen. Außerdem ist der Druck in den Leitgefäßen höher als im Umgebungsgewebe, weil als Folge der relativ hohen Konzentration der Transportflüssigkeit in den Leitungsbahnen von diesen Wasser aus angrenzenden Zellen aufgenommen wird.

Die Zucker wandern in den Leitungsbahnen dem Konzentrationsgefälle folgend zu den Stellen mit der geringsten Konzentration. Diese finden sich in den Geweben, die viel von den Transportzuckern verbrauchen. Es sind vor allem die schnell wachsenden Fruchtgewebe, welche die Transportzucker benötigen und aufnehmen. Damit der Transport von Kohlenhydraten in die Früchte aufrechterhalten bleibt, werden nicht verbrauchte Zucker in Vakuolen gespeichert bzw. aus der Lösung genommen.

Außerdem werden Transportzucker mithilfe von Enzymen in den Früchten gespalten und die Endprodukte in eine inerte Form, nämlich Stärke, überführt. Dadurch kann langfristig ein deutliches Konzentrationsgefälle zwischen den Leitungsbahnen und der wachsenden Frucht aufrecht gehalten werden. Im Winter speichern die Obstgehölze Kohlenhydrate vorwiegend in Form von Stärke in den Wurzeln und in den Sprossen. Nach der Ruheperiode werden diese Reservekohlenhydrate mobilisiert und die Transportzucker durch den Druck in den Leitungsbahnen zu den Stellen des Verbrauchs transportiert.

Es ist von praktischem Interesse, dass möglichst viele von den in den Blättern gebildeten Photosyntheseprodukten in die Früchte gelangen. Das setzt einen guten Fruchtansatz und wohl entwickelte Leitungsbahnen voraus. Nur in bedarfsgerecht mit Wasser und Nährstoffen versorgten Pflanzen ist der optimale Assimilattransport von den Blättern in die Früchte gewährleistet. Wasser- und Nährstoffmangel, aber auch stauende Nässe beeinträchtigen diesen Transport. Außerdem kann er durch niedrige oder extrem hohe Temperaturen sowie durch Beschädigung der Blätter und Leitungsbahnen als Folge von Krankheiten und Schädlingen eingeschränkt werden. An großen, alten Bäumen ist der Langstreckentransport von Assimilaten langsamer und mit größeren Energieverlusten verbunden als bei kleinen Bäumen auf schwach wachsender Unterlage.

Vegetatives und generatives Wachstum der Obstgehölze

Vergleiche an Obstgehölzen mit und ohne Fruchtbehang zeigen, dass die Früchte in starkem Maße die Trockensubstanzbildung von Wurzeln, Sprossen, Stamm und Blättern verringern können. Die Hemmung des vegetativen Wachstums ist dann am stärksten ausgeprägt, wenn die Früchte ihre höchsten Wachstumsraten zeigen. Bei starkem Fruchtbehang können in dieser Zeit bis zu mehr als 90 % der täglich gebildeten Photosyntheseproduke der Blätter von den Früchten aufgenommen werden. Die Wachstumsminderung durch die Früchte ist bei den Wurzeln am stärksten.

Aber auch die sich bildende Blattmasse wird verringert. Trotz verminderter Blattfläche produzieren die fruchttragenden Pflanzen meist genauso viel oder sogar mehr Trockenmasse als solche, die keine Früchte tragen.
Dafür gibt es mehrere Erklärungen:

- Pflanzen ohne Früchte produzieren mehr und größere Blätter als fruchttragende. Als Folge sind die gegenseitige Beschattung und verbunden damit die Verringerung der Photosyntheseraten ausgeprägter als bei fruchttragenden Pflanzen.
- Fruchttragende Gehölze produzieren deutlich mehr Kohlenhydrate und weniger organische Stickstoffverbindungen als nichtfruchtende. Für die Synthese von Stärke und Zucker, die vor allem in tragenden Bäumen in den Früchten eingelagert werden, ist weniger Energie notwendig als für die verstärkte Eiweißsynthese in nichtfruchtenden Pflanzen.
- Blätter fruchttragender Bäume haben höhere CO_2-Aufnahmeraten als nichtfruchtende.

Mit zunehmendem Fruchtbehang sind im Vergleich mit nichttragenden Obstgehölzen – insbesondere beim Apfel – die Konzentrationen an Saccharose, Sorbitol sowie Stärke in Wurzeln, Sprossen und Blättern geringer. Dagegen sind die Konzentration und die Menge eingelagerter Stärke, Glucose, Fructose, Saccharose in den Früchten hoch. Die Früchte haben wesentlichen Einfluss auf die Kohlenhydratverteilung. Sie scheinen direkt oder indirekt Einfluss nehmen zu können auf die Aktivität einiger Schlüsselenzyme des Kohlenhydratstoffwechsels.

Die Synthese von Stickstoffverbindungen wie Aminosäuren bzw. Proteine wird durch den Fruchtbehang verringert – und damit das Wachstum von Wurzeln, Sprossen und Blättern. Das vegetative und generative Wachstum der Obstgehölze wird zum großen Teil dadurch gesteuert, dass die Früchte direkt oder indirekt Einfluss nehmen auf die Verfügbarkeit der Photosyntheseprodukte für den Kohlenhydrat- oder den N-Stoffwechsel der Pflanzen. Vom aufgenommenen Stickstoff befinden sich bei schwach wachsenden Apfelbäumen nur etwa 10 bis 12 % der Gesamtstickstoffmenge pro Pflanze in den Früchten. Die Blätter fruchttragender Obstgehölze haben häufig höhere N-Konzentrationen in den Blättern als nichtfruchtende.

Tab. 5 Abhängigkeit der Nährstoffaufnahme in mg pro g Wurzeltrockenmasse von vierjährigen 'Golden-Delicious'-Bäumen vom Fruchtbehang

Elemente	Fruchtende Bäume	Nichtfruchtende Bäume	GD 5 %
	Nährstoffaufnahme (mg g^{-1})		
N	83,8	64,5	9,2
P	15,4	10,2	3,7
K	75,2	37,8	5,4
Ca	68,1	45,2	6,8
Mg	19,2	15,1	2,6

Der Fruchtbehang hat auch Einfluss auf Pflanzeninhaltsstoffe wie Phenole, die eventuell an Abwehrreaktionen gegen Krankheiten und Schädlinge beteiligt sind. Es konnte beim Apfel nachgewiesen werden, dass die Blätter fruchttragender Pflanzen höhere Phenolgehalte, besonders aber höhere Konzentrationen an Catechin und Proanthocyanidin aufwiesen als solche von Bäumen ohne Fruchtansatz.

Fruchttragende Obstgewächse verbrauchen, besonders zur Zeit schneller Volumenzunahme der Früchte, mehr Wasser als nichtfruchtende – als Folge der bereits erwähnten höheren Transpirationsraten ihrer Blätter. Bäume mit Fruchtbehang werden deshalb durch Trockenheit früher beeinträchtigt als solche ohne Früchte.

Das Wurzelwachstum wird durch den Fruchtbehang verringert. Dennoch ist die Nährstoffaufnahme pro Wurzeleinheit höher als bei nichtfruchtenden Bäumen. Besonders Kalium, das beim Assimilattransport eine große Rolle spielt und zu einem großen Teil in die Früchte gelangt, wird verstärkt aufgenommen. Der Fruchtbehang hat außerdem Einfluss auf die Nährstoffverteilung in der Pflanze.

Saisonaler Blatt- und Fruchtwachstumsverlauf am Beispiel des Apfels

Praktische Bedeutung hat die Aufteilung der Baumtriebe nach ihrer jährlichen Wuchsintensität aufgrund ihres Einflusses auf die Blüten- und Ertragsbildung. Apfelbaumkronen bestehen aus verschiedenen Trieben, die sich im Frühjahr mit einem spezifischen Wachstumsverlauf entwickeln. Dieser ist durch einen geringen Anstieg bis zur Vollblüte, eine rasche Trieb- und Blattflächenentwicklung bis zu zwei Monate nach Knospenöffnung und einen Wachstumsabschluss zur Mitte der Vegetationsperiode geprägt.

Kurztriebe sind kurze Sprosse mit einer zur Vollblüte vollständig entfalteten Blattrosette (primäre Kurztriebblätter) und gewöhnlich einem lateralen Trieb von, abhängig von Wachstumsbedingungen, unterschiedlicher Länge (sekundäre Kurztriebblätter). Lange (> 5 cm) und kurze (< 5 cm) Triebe entstehen von terminalen und lateralen Knospen am letztjährigen Langtrieb. Die kurzen Triebe entwickeln sich in der folgenden Vegetationsperiode entweder zu Kurztrieben oder zu Langtrieben.

Apfelfrüchte entstehen aus den Blütenknospen an den letztjährigen Trieben. Die Früchte am Kurztrieb sind allerdings oftmals größer und von höherer Qualität als Früchte am Langtrieb. Das Kurztrieb-Langtrieb-Verhältnis ist hauptsächlich von der gewählten Unterlagen-Sorten-Kombination, den Schnittmaßnahmen und den Wachstumsbedingungen abhängig und hat entscheidenden Einfluss auf die Lichtverteilung innerhalb der Baumkrone sowie die Kohlenhydratverteilung.

Der Fruchtertrag ergibt sich aus der Fruchtanzahl und der durchschnittlichen Fruchtgröße. Die Entwicklung von Apfelfrüchten erfolgt allgemein in zwei Wachstumsphasen, der Zellteilungs- und Zellstreckungsphase in den ersten vier bis fünf Wochen nach Vollblüte, gefolgt von der Zellstreckungsphase in der verbleibenden Vegetationsperiode. Studien zum Fruchtwachstum von 'Empire'-Äpfeln zeigten, dass der Zeitpunkt der Fruchtausdünnung sich ganz entscheidend auf die Fruchtgröße zum Erntezeitpunkt auswirkt. Die Unterschiede in der Fruchtgröße waren stärker mit der Anzahl an Fruchtzellen im Kortex als mit dem Zellvolumen korreliert. Eine unterschiedlich starke Blütenausdünnung von 'Braeburn'-Bäumen resultierte in 50 % schwereren Früchten an gering fruchtenden Bäumen im Vergleich zu Bäumen mit einem relativ hohen Fruchtbehang.

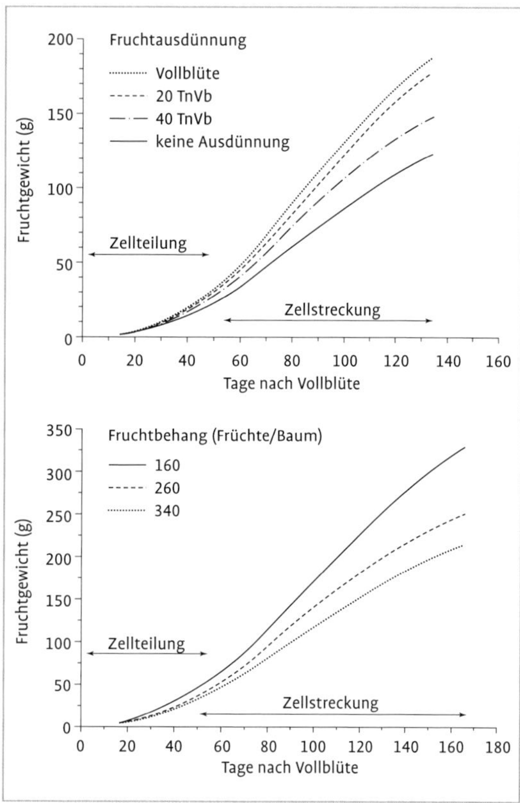

Abb. 14 Oben: Auswirkung verschiedener Ausdünnungszeiten auf das Fruchtwachstum der Sorte 'Empire' mit einem mittleren Fruchtbehang (TnVb = Tage nach Vollblüte). Unten: Auswirkung der zur Vollblüte etablierten Fruchtbehangsstufen auf das Fruchtwachstum der Sorte 'Braeburn' (nach WÜNSCHE und LAKSO 2000a).

Das Apfelfruchtwachstum ist hauptsächlich während zwei Wachstumsperioden durch die lichtabhängige Kohlenhydratversorgung limitiert:

- Während der Fruchtzellteilungs- und Fruchtansatzphase, wenn die Assimilatanforderung der Frucht die Kohlenhydratverfügbarkeit aufgrund zahlreicher gleichzeitig ablaufender und miteinander konkurrierender Wachstumsprozesse überwiegt. Eine kurzzeitige Beschattung der Baumkrone etwa drei bis fünf Wochen nach Vollblüte scheint aufgrund einer defizitären Kohlenhydratverfügbarkeit die

Fruchtentwicklung stärker als das vegetative Wachstum zu hemmen. Die ungenügende Kohlenhydratversorgung der Früchte führt zu einer reduzierten Zellteilungs- und Fruchtwachstumsrate, gefolgt von Fruchtfall oder einer verringerten endgültigen Fruchtgröße. Eine Aufrechterhaltung des potenziellen Fruchtwachstums zu diesem frühen Entwicklungsstadium durch eine verbesserte Bereitstellung an Kohlenhydraten ist ein bedeutender Aspekt der Baumkronengestaltung.

- Während des Spätsommers, wenn durch reduzierte Sonneneinstrahlung, dichte Baumkronen und niedrige Temperaturen die Photosynthese und damit die Kohlenhydratbildung relativ zum Bedarf vermindert sind. Allerdings scheint ein Kohlenhydratdefizit zu Mitte/Ende der Vegetationsperiode einen relativ geringen Einfluss auf die endgültige Fruchtgröße zu besitzen.

Der saisonale Verlauf des Fruchtwachstums zeigt, dass vom Ende der Zellteilungsphase bis zur Ernte die Fruchtwachstumsrate und damit die Kohlenhydratanforderung der Früchte (Gewichtzunahme pro Tag) konstant sind und der Anstieg der linearen Wachstumsphase von der Zellanhäufung während der exponentiellen Wachstumsphase abhängt.

Die Ergebnisse verdeutlichen, dass praktische Maßnahmen, welche die Fruchtzellteilung unmittelbar nach der Vollblüte fördern, eine wesentlich stärkere Auswirkung auf die endgültige Fruchtgröße besitzen als Maßnahmen später in der Vegetationsperiode. Die Herausforderung für den Obstanbauer besteht in der Ertragsregulierung während der frühen Zellteilungsphase, sodass eine optimale Verteilung kommerziell akzeptabler Fruchtgrößen produziert werden kann.

Kohlenstoffverteilung am Beispiel des Apfels

Erntemengen hängen von der Fähigkeit der Pflanzen ab, Licht für die Kohlenstofffixierung zu absorbieren und gebildete Kohlenhydrate in wirtschaftlich bedeutende Pflanzenorgane zu verteilen. Die vielfältigen und komplexen Beziehungen zwischen Kohlenhydratquellen (engl. *source*; Blätter) und Kohlenhydratspeichern (engl. *sink*; z. B. Früchte), d. h. das Verteilungsmuster von Kohlenstoff innerhalb der Pflanze, spielen eine maßgebliche Rolle bei Ertragsbildung, Fruchtgrößenverteilung und Fruchtqualität. Ein Vergleich von Kohlenstoffgewinnung bei der Photosynthese mit dem Kohlenstoffbedarf während des Pflanzenwachstums erlaubt die Feststellung, dass die Kohlenstoffverfügbarkeit als ertragslimitierender Faktor infrage kommt.

Studien über Source-Sink-Interaktionen haben zu der Auffassung geführt, dass Sinks um verfügbare Photosynthesestoffe konkurrieren und es dabei zu einer Prioritätsrangordnung kommt: Samen > fleischige Fruchtteile = Triebspitzen und Blätter > Kambium > Wurzeln > Lagerung von Reservestoffen.

Der Apfelertrag hängt von den Prozessen der Lichtaufnahme, der Kohlenstofffixierung und des frühen Fruchtwachstums ab, das wiederum eng an die Verteilung der verfügbaren Kohlenhydrate in generativen und vegetativen Organen gebunden ist. Der saisonale Verlauf der Kohlenhydratbereitstellung von primären und sekundären Kurztrieb- und Langtriebblättern für das Fruchtwachstum ist in Abbildung 15 gezeigt.

Zum Zeitpunkt der Vollblüte erfolgt der Wechsel der Assimilatversorgung von eingelagerten Reservestoffen zu gebildeten Photosynthesestoffen. Die primären Kurztriebblätter liefern zunächst die Kohlenhydrate für das beginnende Fruchtwachstum.

Das Fruchtwachstum während der ersten drei bis fünf Wochen nach Vollblüte ist ein für den Fruchtansatz und die Ausprägung von potenziellen Fruchtgrößen kritische Phase. In diesem Entwicklungsstadium übernehmen vorwiegend die primären und sekundären Kurztriebblätter die Kohlenhydratversorgung der Frucht während die Langtriebe die Synthesestoffe für das eigene Sprosswachstum benötigen. Ein während dieser Wachstumsphase geringer Lichteinfall in die Baumkronen aufgrund von Bewölkung oder Beschattung ergibt eine Verschiebung der Kohlenhydratverteilung zugunsten einer relativ stärkeren Assimilatretention in den vegetativen Baumorganen und einer somit reduzierten Kohlenhydratbereitstellung für das Fruchtwachstum.

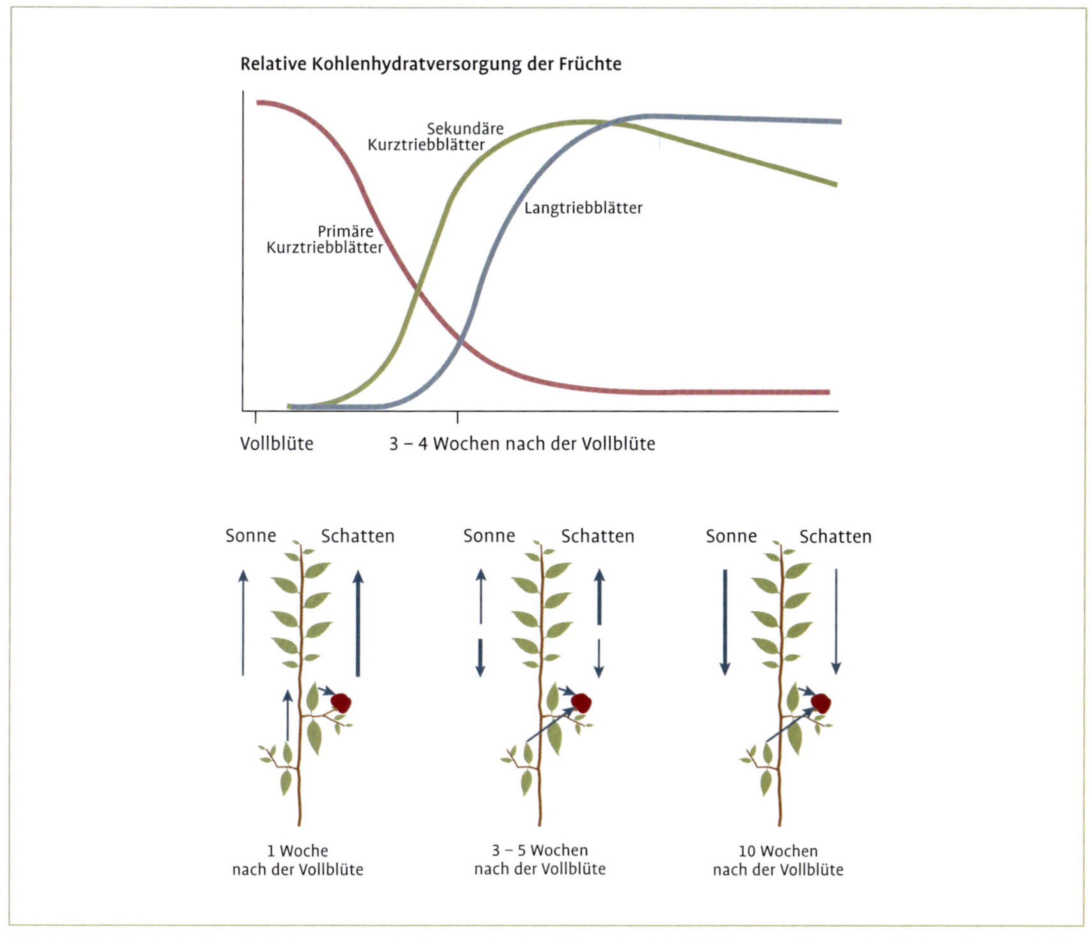

Abb. 15 Kohlenhydratbereitstellung von primären und sekundären Kurztriebblättern und Langtriebblättern für das Apfelfruchtwachstum, (oben) im saisonalen Verlauf und (unten) in Abhängigkeit von den Lichtverhältnissen (nach LAKSO et al. 1989 sowie WÜNSCHE und LAKSO 2000a).

Zudem scheint die Translokation der Assimilatstoffe aus den Kurztriebblättern in die Früchte in diesem Entwicklungsstadium lokalisiert zu sein. Wenn der Kohlenhydratbedarf der Früchte die Kohlenhydratbereitstellung durch die Kurztriebe überschreitet (z. B. hoher Fruchtbehang), ist das Fruchtwachstum aufgrund einer mangelnden Assimilatversorgung limitiert, was zu weniger Fruchtzellen und/oder verstärktem Fruchtfall führt. Somit hängt die Kohlenhydratbereitstellung für das frühe Fruchtwachstum von Anzahl, Blattfläche und Photosyntheseleistung der Kurztriebblätter ab.

Zu Mitte/Ende der Vegetationsperiode ist das Wachstum der Früchte aufgrund einer reduzierten Fruchtanzahl nach dem Junifruchtfall, einer maximalen Lichtaufnahme der geschlossenen Baumkronen, einer Kohlenhydratbereitstellung durch die Langtriebe und einer weniger lokalisierten Kohlenhydratverteilung weniger eingeschränkt.

Das Fruchtwachstum kurz vor dem Erntezeitpunkt kann in Anbaugebieten mit einer kürzeren Saison, geringen Sonneneinstrahlung und niedrigen Temperaturen sowie Maßnahmen der Kronengestaltung wie z. B. Sommerschnitt aufgrund

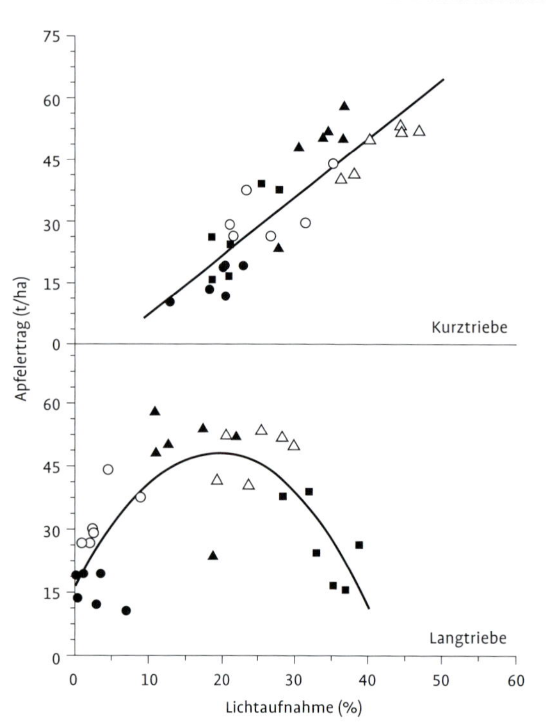

Abb. 16 Beziehung zwischen dem Apfelertrag und der durchschnittlichen saisonalen Lichtaufnahme bei Kurz- und Langtriebblättern in mehreren Pflanzsystemen (nach WÜNSCHE und LAKSO 2000b). ▲ = 'McIntosh' M 9, △ = 'Jerseymac' M 9, ■ = 'Mac Spur' M 9, ○ = 'Red Chief' MM 111 und M 9, ● = 'Red Chief' M 111

einer begrenzten Kohlenhydratproduktion der Baumkronen limitiert sein.

Geringe Ertragsleistungen bei hohen Gesamtlichtaufnahmen können mit einem exzessiven Wachstum und einer disproportionalen Lichtaufnahme der Langtriebe an der Baumkronenperipherie begründet werden. Die fruchttragenden Kurztriebe am zwei- und mehrjährigem Holz im Inneren der Baumkronen sind in dieser Situation stark beschattet und dies führt folglich zu einer verminderten Kohlenhydratversorgung der Früchte, geringeren Fruchtwachstumsraten, Fruchtfall, ungenügender Blütenknospenformierung sowie ungenügendem Fruchtansatz.

Apfelerträge sind positiv mit der Lichtaufnahme der Kurztriebblätter korreliert (Abb. 16). Dies unterstreicht die Notwendigkeit einer ausreichenden Belichtung der Kurztriebblattfläche für eine effiziente Stoffproduktion. Die Maßnahmen der Baumkronengestaltung sollten daher relativ offene Baumkronen mit einem hohen Anteil an gut belichteten Kurztrieben gewährleisten. Die Apfelerträge sind dagegen negativ mit der Lichtaufnahme der Langtriebblätter korreliert.

2.6 Ernährung der Obstgewächse

Nach ihrem Bedarf werden die Nährelemente in Haupt- und Spurenelemente eingeteilt. Hauptelemente sind Stickstoff, Phosphor, Kalium, Magnesium und Calcium. Spurenelemente sind Eisen, Mangan, Zink, Kupfer, Bor und Molybdän. Außer ihnen nehmen die Pflanzen noch Chlor, Nickel, Natrium, Silicium und Kobalt auf. Als nützliche Elemente können sie toxische Effekte anderer Elemente mildern oder andere Nährstoffe bei weniger spezifischen Funktionen ersetzen.

Für die Pflanzenentwicklung ist die Mehrzahl der genannten Elemente unentbehrlich. Fehlt nur eines von ihnen, können sich Obstpflanzen nicht normal entwickeln. Keines der lebensnotwendigen Elemente ist durch ein anderes ersetzbar.

2.6.1 Stickstoff (N)

Aufnahme und Verwendung

Die wichtigste Stickstoffquelle der Obstpflanzen ist die organische Substanz des Bodens. In ihr sind zwischen 900 und 9000 kg N/ha Obstanlage gebunden, teilweise noch erheblich größere Mengen. Durch den Abbau der organischen Substanz (Mineralisation) wird Stickstoff pflanzenverfügbar. Dabei wandeln Mikroorganismen den organisch gebundenen Stickstoff über Ammonium und Nitrit in Nitrat um. Ammonium wird an die Austauscher des Bodens gebunden, Nitrat ist im Boden frei beweglich. Hohe Niederschläge können deshalb Nitratverluste durch Auswaschung nach sich ziehen.

Pflanzen können Stickstoff grundsätzlich in Ammonium- und Nitratform aufnehmen. Unter praktischen Bedingungen ist jedoch Nitrat die bestimmende Stickstoffform, weil Ammonium im Boden mikrobiell rasch in Nitrat überführt wird.

Deshalb sind Befunde aus Gefäßversuchen, wonach Nitraternährung mehr Wachstum, Ammoniumernährung dagegen bessere Blütenbildung bewirkt, für den Praktiker kaum nutzbar.

Ammoniumernährung bewirkt in neutralen bis alkalischen Böden eine Ansäuerung der Rhizosphäre. Das kann Calciumphosphate mobilisieren und die Aufnahme von Spurenelementen fördern.

Für eine hohe Aufnahmerate von N sind erhebliche Kohlenhydratmengen erforderlich. Die entscheidenden N-Mengen werden daher von den Obstpflanzen im belaubten Zustand aufgenommen. In dieser Zeit erfolgt auch die Mineralisierung des organisch gebundenen N, deren Höhepunkt in den Sommermonaten liegt. Kohlenhydratbedarf besteht auch in der Wurzel für den Einbau von anorganischem N in organische Verbindungen.

Ammonium wird zusammen mit Kohlenhydraten unmittelbar zur Aminosäurebildung herangezogen, Nitrat muss dazu erst in Ammonium umgewandelt werden.

Stickstoff (N) ist mit Kohlenstoff (C), Sauerstoff (O_2), Wasserstoff (H_2) und Schwefel (S) ein wesentlicher Bestandteil der Eiweiße. Anders als bei einjährigen Kulturen haben speziell im Frühjahr neben anorganischen N-Formen Reserveproteine große Bedeutung. Da Nitrat und Ammonium nicht vor dem Erscheinen der Blätter in wesentlichen Mengen aufgenommen werden, müssen Neuaustrieb und Fruchtansatz aus N-Reserven des Vorjahres bestritten werden.

Von den Aminosäuren sind Asparagin- und Glutaminsäure als Speicherformen für Aminostickstoff bedeutsam. Die Aminosäuren bilden die Bausteine der Eiweiße. Diese kommen in Blättern, Trieb- und Wurzelspitzen, im Kambium und in jungen Früchten vor. Weitere eiweißhaltige Verbindungen sind die Enzyme und das Chlorophyll. Eine mangelhafte N-Ernährung beeinträchtigt die Photosyntheseleistung der Pflanzen wie kaum eine andere Kulturmaßnahme des Obstbaus: Starker N-Mangel kann die Assimilationsleistung von Apfelbäumen bis zu 60 % reduzieren.

Abb. 17 Gelbe bis bronzefarbene Blätter weisen auf starken Stickstoffmangel hin, zeigen sich jedoch auch auf vernässten, kalten Böden.

Stickstoffversorgung, Wachstum und Fruchtbarkeit

Bis zur maximal möglichen Wuchsrate verhält sich die Wuchsstärke proportional zur N-Versorgung. Im Bereich einer hohen bis zu hohen Versorgung schließen die Langtriebe spät ihr Wachstum ab. Ihre Blätter sind groß und chlorophyllreich. Unterversorgte Pflanzen wachsen hingegen nur mäßig. Ihre Triebe sind verhältnismäßig dünn, die Blätter klein und gelblich grün, die Früchte relativ klein, festfleischig und intensiv gefärbt.

Optimal mit Stickstoff versorgte Pflanzen weisen eine mittlere Trieblänge mit kurzen dicken Internodien und Blätter mit gesunder grüner Farbe auf. Das Fruchtholz ist gedrungen und besitzt gut ausgebildete Knospen.

Schnell wachsende Pflanzen mit einem hohen Anteil an jungem anfälligen Gewebe werden bevorzugt von Krankheiten und Schädlingen befallen. Die Keimung und das Wachstum von Sporen werden durch einen hohen Gehalt an Aminosäuren gefördert. Für die Widerstandsfähigkeit gegen Krankheiten sind darüber hinaus die höhere Aktivität einiger Schlüsselenzyme des Phenolhaushalts und der Gehalt an Phenolen und Lignin bei weniger starkem Wuchs günstig.

> Ausschlaggebend für hohen Schädlingsbefall ist ein hoher Gehalt an Aminosäuren, d. h. eine hohe N-Versorgung. Optimal mit N versorgte Pflanzen besitzen die höchste Widerstandskraft gegen Krankheiten und Schädlinge.

Junge Bäume wachsen von Natur aus stärker als ältere. Sie besitzen einen hohen Anteil an jungen Blättern, den Zentren der Gibberellinbildung. Stickstoff begünstigt die Gibberellinbildung so stark wie kein anderer Nährstoff. Hinzu kommt sein fördernder Einfluss auf die Cytokininbildung in den Wurzeln. In Kombination können Gibberelline und Cytokinine beim Apfel anhaltend starkes Wachstum und eine Hemmung der Blütenbildung auslösen.

Der Einfluss der N-Ernährung auf die vegetative Entwicklung tragender Bäume muss auch im Zusammenhang mit ihrem Blüten- und Fruchtbesatz gesehen werden. Bäume mit Früchten reagieren auf eine Überversorgung mit Stickstoff weniger negativ als schwach fruchtende, weil Früchte mit den Trieben um stickstoffhaltige Verbindungen konkurrieren.

> Eine obstbauliche Erfahrung besagt: 1 kg Früchte entspricht einem Triebzuwachs von 80 bis 90 cm.
>
> Mit steigender N-Versorgung nimmt bei den meisten Obstarten der Fruchtansatz in gewissem Umfang zu. Eine übermäßige Versorgung verstärkt jedoch oft im Zuge starken Triebwachstums den Fruchtfall.

Stickstoff beeinflusst den Ertrag der Obstpflanzen auf verschiedene Weise: N-Mangel ergibt Schwachwuchs und späte Standraumnutzung; Blütenbildung und Fruchtansatz können leiden, es droht Alternanz. Auch sehr starkes Wachstum infolge überhöhter Stickstoffversorgung kann geringe Blütenbildung und unbefriedigenden Fruchtansatz bewirken.

Stickstoff und Fruchtqualität

Fruchtgröße: In gut geführten Apfelanlagen nimmt die Fruchtgröße mit der N-Versorgung häufig nur um wenige Millimeter zu. Begrenzt positive Aussichten eröffnet das Bereitstellen von N im Herbst zur Verbesserung der Blütenqualität. Man unterstützt damit die Zellteilung im Blütenboden bereits vor der Blüte. Verantwortlich dafür ist weniger die Stickstoffanreicherung der Knospen als die länger anhaltende Photosynthesetätigkeit der Blätter im Herbst.

Jahrelang überhöhte N-Versorgung kann die Fruchtgröße beeinträchtigen. Es liegt nahe, dieses Verhalten mit der Konkurrenz zwischen den Trieben und Früchten um Kohlenhydrate zu erklären: Das normalerweise bessere Aneignungsvermögen der Früchte für Kohlenhydrate verschiebt sich dabei auf die Seite der Triebe. Messbare Folgen sind kleine, relativ schlecht gefärbte und fade schmeckende Früchte.

Fruchtfarbe: Mit zunehmender N-Versorgung nimmt die Intensität der grünen Grundfarbe der Früchte durch verstärkte Chlorophyllbildung während der Fruchtentwicklung und verzögerten Chlorophyllabbau in der Reifephase zu. Die rot gefärbte Fläche der Früchte und die Intensität der Farbe nehmen ab.

Auch dafür ist ein übersteigertes Trieb- und Blattwachstum durch zunehmende Beschattung der Früchte verantwortlich. Hinzu kommt eine merkliche Verringerung des Zuckergehalts der nicht ausreichend konkurrenzkräftigen Früchte. Ihnen fehlen so Bausteine für die Farbsynthese, sodass selbst unter günstigen Licht- und Temperaturverhältnissen die Farbbildung leidet.

Fruchtfleischfestigkeit: Die Fruchtfleischfestigkeit ist ein wichtiges Verkaufsargument. Höchste Festigkeitswerte weisen beim Apfel N-Mangel-Früchte auf. Mit zunehmender N-Versorgung nimmt die Fruchtfleischfestigkeit zunächst allmählich, später rascher ab.

Lagerfähigkeit der Früchte: Stickstoffbetont herangewachsene Früchte zeigen während ihrer Lagerung häufig eine höhere und früher eintretende Anfälligkeit für Fruchtfäulen, Stippigkeit, Fleischbräune und Schalenbräune. Diese verstärkte Anfälligkeit der Früchte steht in positivem Zusammenhang mit einer gleichzeitig zunehmenden Triebigkeit der Bäume.

2.6.2 Phosphor (P)

Im Boden steht einem geringen Anteil freier Phosphat-Ionen eine vergleichsweise hohe Phosphatmenge gegenüber, die von oberflächenaktiven Tonmineralen festgehalten wird. In sauren Böden wird Phosphat verstärkt an den Bodenkomplex und als unlösliches Eisen- und Aluminiumphosphat gebunden. Auf kalkreichen Böden leidet die Phosphorverfügbarkeit unter der Bildung von Calciumphosphaten. Im Bereich von pH 6 bis 7 ist die Phosphorversorgung der Pflanzen am besten.

Hohe biologische Aktivität und gute Versorgung mit organischer Substanz erhöhen die Phosphatkonzentration und -mobilität im Boden beträchtlich. Wie bei den anderen Nährstoffen sind für die Phosphoraufnahme aus dem Boden die Wurzeldichte, die Wasser- und Nährstoffverfügbarkeit sowie die Bodenstruktur entscheidend. Zur Verbesserung der Phosphorversorgung trägt eine Besiedlung der Wurzeln mit Bodenpilzen (Mykorrhiza) bei, insbesondere bei niedrigem Phosphorgehalt des Bodens.

Der **Phosphor in der Pflanze** ist gut beweglich. Er kommt als anorganisches Phosphat und in organischer Bindung vor, ist Bestandteil der Träger und Vermittler der Erbinformationen, ferner ein Baustein der Biomembranen und weitgehend für den Energietransfer in der Pflanze verantwortlich. Außerdem reguliert Phosphor die Reaktionsgeschwindigkeit zahlreicher enzymatischer Prozesse.

Größere Phosphormengen enthalten die Blütenblätter, der Pollen und die Samen. Die größte Menge entfällt auf die Blätter, eine geringere auf Rinde und Holz.

Phosphormangelsymptome an Blättern von Freilandbäumen treten so gut wie nicht auf. Man kennt sie beinahe nur aus Gefäßversuchen in Form von kleineren, rötlich verfärbten Blättern mit herabgesetzter Photosyntheseaktivität. Apfelfrüchte können bei zu niedrigem Gehalt unter unbefriedigender Fruchtfleischfestigkeit und Kältefleischbräune leiden.

Tab. 6 Jährlicher Nährstoffentzug durch 1 ha Apfelanlage bei einem Ertrag von 17,1 t/ha bzw. von einer Anlage mit sechsjährigen Johannisbeerspindeln mit 17,1 t/ha

Pflanzenteile	Nährstoffmenge (kg/ha)				
	N	P	K	Mg	Ca
Apfel					
Blätter, abgefallene Blüten und Früchte	54	5	61	17	81
Schnittholz	11	2	6	2	18
Vorübergehende Festlegung in Krone und Wurzel	15	3	12	2	37
Geerntete Früchte	18	4	43	2	2
Gesamtaufnahme*)	98	14	122	23	138
Rote Johannisbeere					
Blätter und einjährige Triebe	62	5	39	8	48
Mehrjähriges Holz und Wurzeln	19	2	12	2	15
Geerntete Früchte	43	6	56	3	7
Gesamtaufnahme	124	13	107	13	70

*) Nur die in die Früchte eingelagerten Nährstoffmengen sind als absolute Nährstoffverluste für die Anlagen anzusehen.

Als ausreichende Versorgung gelten 0,18 % P im Blatt und etwa 11 mg in 100 g Frucht.

Toxische Erscheinungen durch Überversorgung sind nicht bekannt. Eine stark überhöhte Versorgung reduziert jedoch häufig die N- und Zn-Aufnahme und verursacht typische N- und Zn-Blatt-Mangelsymptome.

Die gute P-Beweglichkeit in der Pflanze, der niedrige Gehalt und seine ökonomische Verwertung in der Pflanze sind wohl dafür verantwortlich, dass im Freiland nur selten ein positiver Einfluss der Phosphorversorgung auf Wachstum, Ertrag und Fruchtqualität festzustellen ist.

Abb. 18 Kaliummangel verursacht anfangs Aufhellungen des Blattrands, starker Mangel ausgeprägte Blattrandnekrosen, jedoch keinen Blattfall.

Auf die Bedeutung des Phosphors für die Blütenbildung wird zwar gelegentlich aufmerksam gemacht, es fehlen jedoch eindeutige Befunde über nachhaltig ertragssteigernde Auswirkungen einer intensivierten Phosphorversorgung. Am ehesten scheinen ertragsmäßig Aprikosen, Pflaumen und Zwetschen positiv zu reagieren. Eine Verbesserung der Fruchtfleischfestigkeit und weniger Kältefleischbräune ergeben sich nach eigenen Erfahrungen nur selten, weil der Gehalt der Früchte meistens über dem kritischen Bereich von 8 bis 10 mg Phosphor/100 g Frucht liegt.

2.6.3 Kalium (K)

Im Boden liegt Kalium als Ion in der Bodenlösung vor, der größere Teil ist jedoch an den Austauscherkomplex des Bodens gebunden. Dieser gebundene Anteil kann noch in eine pflanzenverfügbare und eine nicht ohne weiteres pflanzenverfügbare (fixierte) Fraktion unterteilt werden. In Mineralböden ist im Vergleich zu organischen Böden nur ein geringer Teil des Gesamtkaliums pflanzenverfügbar. Der Gesamtkaliumgehalt eines Bodens steigt mit seinem Gehalt an Tonmineralen an. Auf schweren Böden mit einer hohen K-Fixierungskapazität können die Pflanzen trotz eines hohen Gesamtkaliumgehalts unterversorgt sein.

Auf sorptionsstarken Böden ist die K-Tiefenwanderung gering, eine Auswaschung nicht zu befürchten. K-Anreicherung in tieferen Bodenhorizonten einer stehenden Obstanlage ist deshalb schwierig.

Der Wassergehalt des Bodens beeinflusst das Ausmaß der Fixierung und den Übergang von der fixierten in die austauschbare (= pflanzenverfügbare) Form maßgeblich. Anhaltend trockene Witterung schränkt die K-Aufnahme stärker ein als die Ca- und Mg-Aufnahme.

Das Kalium in der Pflanze liegt überwiegend in gelöster Form vor. Es ist in Xylem und Phloem gut beweglich. Verhältnismäßig große Mengen werden für die Aktivierung von Enzymen, bei der Steuerung der Proteinsynthese und des Wasserhaushalts sowie zur pH-Stabilisierung enzymatischer Reaktionen im Zellsaft und in den Chloroplasten benötigt.

Kalium ist für die Fruchtgröße verhältnismäßig wichtig. Eine Anreicherung in den Zellen bewirkt große Zellvakuolen. Wenn größere K-Mengen ohne begleitende Anionen in das Zytoplasma gelangen, werden zum Ladungsausgleich organische Säuren angereichert: Der Gehalt der Früchte an titrierbarer Säure steigt dann an.

Eine niedrige Fruchtbehangdichte hat einen hohen Kaliumgehalt der Früchte und Blätter zur Folge und umgekehrt. Dieser Befund ist beim Apfel für ein verstärktes Auftreten von Stippigkeit mitverantwortlich, weil gleichzeitig der Calciumgehalt der Früchte abnimmt. Im K-Aneignungsvermögen sind Früchte den Blättern überlegen. Kalium-Mangelsymptome kann man deshalb am ehesten an stark fruchtenden Bäumen feststellen.

K-Mangelsymptome verursachen zunächst gelbliche Verfärbungen des Blattrandes. Bei starkem Mangel stirbt das betroffene Gewebe ab, geschädigte Blätter bleiben jedoch am Baum haften. Ähnliche Symptome zeigen Blätter mit Mg-Mangel. Sie fallen jedoch rasch ab, insbesondere bei Wind. Kaliumarme Pflanzen sind wenig trockenheitsverträglich, rollen ihre Blätter bei Trockenheit ein und sind auch relativ frostanfällig.

Wachstum, Ertrag, Fruchtgröße und -farbe leiden, wenn der K-Gehalt im Blatt unter 1 % und in der Frucht mit 80 mg Kalium/100 g Frischsubstanz (FS) oder darunter liegt.

Abb. 19 Magnesiummangel.

2.6.4 Magnesium (Mg)

Eine geringe Menge des **Magnesiums im Boden** befindet sich in der Bodenlösung, eine größere ist an die Austauscher des Bodens gebunden oder liegt als Magnesit ($MgCO_3$) oder Dolomit ($CaCO_3 \times MgCO_3$) vor. Weil diese Carbonate besser wasserlöslich sind als Calciumcarbonat, verarmen Böden schneller an Magnesium als an Calcium. Magnesiumgehalt und -nachlieferung sind vom Bodentyp abhängig. Sie sind in podsolierten Sandböden niedrig und in Marschböden hoch. Die Aufnahme kann durch K, Ca und Mn sowie niedrigen pH-Wert eingeschränkt werden.

Das **Magnesium in der Pflanze** befindet sich hauptsächlich in den Blättern, geringere Mengen in Rinde, Holz und Früchten. Bis zu 25 % des Gesamtmagnesiums können im Chlorophyll gebunden sein. Weitere 5 bis 10 % sind an die Zellwand gebunden. Der Rest dient in der Zellvakuole der Regulierung des Kationen-Anionen-Gleichgewichts und des Turgors. Magnesium hat wichtige Funktionen bei der Eiweißbildung und bei der Photosynthese.

Magnesiummangel senkt die Photosyntheserate und hemmt den Kohlenhydrattransport vom Blatt zu Frucht und Wurzel. Die Anreicherung von Stärke und Zuckern in den Blättern und verringertes Wurzelwachstum sind für magnesiummangelkranke Pflanzen typisch.

Als normale Magnesiumversorgung gelten 0,2 bis 0,35 % im Blatt und 4 bis 6 mg/100 g Frucht.

Magnesiummangel ist in Obstanlagen stärker verbreitet als der Mangel an anderen Hauptnährstoffen. Mangelsymptome erscheinen ab Juni in Form ovaler Aufhellungen des Blattgrüns zwischen den Blattadern (fischgrätartige Blattmusterung). Bei heißem Wetter stirbt das chlorotische Gewebe oft in wenigen Stunden unter Braunfärbung ab. Die Mangelsymptome schreiten von der Triebbasis zur Triebspitze fort. Stark geschädigte Blätter fallen schon bei leichtem Wind ab, die Triebe verkahlen. Neben Apfel reagieren Süßkirsche und Schwarze Johannisbeere empfindlich.

Als eine weitere Mangelvariante sind rundliche, unregelmäßig verteilte nekrotische Blattflecken zu betrachten. Weil die Sorte 'Cox Orange' dafür besonders anfällig ist, spricht man auch von „Coxflecken". Sie treten besonders bei schwachem Fruchtbehang auf und verschwinden ohne jegliche Gegenmaßnahme in Ertragsjahren. Magnesiummangel schränkt außerdem das Dickenwachstum ein. Bei starkem Magnesiummangel erreichen die Früchte infolge verminderter Kohlenhydratversorgung nur unbefriedigende Größe sowie Farbe und schmecken fad. Sie sind teilweise weniger fest und der Ertrag kann merklich nachlassen.

2.6.5 Calcium (Ca)

Das **Calcium im Boden** liegt überwiegend als kohlensaurer Kalk ($CaCO_3$) oder als Dolomit ($CaCO_3 \times MgCO_3$) vor. Diese schwer löslichen Calciumformen werden nur allmählich durch kohlendioxidhaltiges Wasser (Regenwasser + bodenbürtiges Kohlendioxid) in lösliches Calciumbicarbonat übergeführt. Calcium wird so im Boden zwar beweglich, kann die Wurzeln aber nicht wie andere Nährstoffe in kurzer Zeit erreichen. Sein

Tab. 7 Calciumgehalte von Äpfeln in Abhängigkeit von Baumeigenschaften und Pflegemaßnahmen

Baumeigenschaft/ Pflegemaßnahme	Calciumgehalt (mg/100 g Frucht)
Junge / ältere Bäume	4,8 / 6,2
Fruchtbehangdichte niedrig / hoch	3,0 / 4,4
Wuchs stark / mäßig	4,0 / 4,4
Schnitt scharf / verhalten	2,9 / 4,0
Schnitt im Winter / im Sommer	2,9 / 3,7
N-Düngung hoch / mäßig	2,9 / 3,2
Ca-Spritzungen ohne / mit	3,5 / 5,5

Abb. 20 Calciummangel: Stippige Äpfel mit verkorkten Fruchtfleischpartien.

günstiger Einfluss auf Bodenstruktur, Krümelstabilität, Mikroorganismentätigkeit und auf die Bodenreaktion (pH) unterstreichen die Bedeutung von Ca als Bodendünger. Wer den Ca-Haushalt aus der Sicht „Bodengesundheit" in Ordnung hält, sichert auch grundsätzlich die Ca-Ernährung der Pflanzen. Trotzdem können Früchte in ernste Ca-Versorgungsschwierigkeiten geraten.

Das Calcium-Ion wird hauptsächlich von jungen Wurzelspitzen aufgenommen und im Xylemstrom in den Spross geleitet. Lange bestand die Vorstellung, Calcium werde nur passiv vom Transpirationsstrom mitgenommen. Es zeigte sich jedoch, dass die Xylemwände als Ionenaustauscher fungieren, an die Calcium-Ionen adsorbiert werden. Diese können gegen andere zweiwertige Kationen – hauptsächlich Magnesium-Ionen – ausgetauscht werden. Durch mehrfache Adsorption/Desorption gelangt Ca in den Spross.

Ein weiterer Aspekt der Ca-Verlagerung ist, dass Ca vorzugsweise zu den Triebspitzen wandert. Dieser nach oben gerichtete Calciumtransport steht in enger Beziehung zu dem in den Triebspitzen gebildeten Auxin: Calcium kann nur nach oben gelangen, wenn ein Auxinfluss von oben nach unten erfolgt.

Wenigstens 60 % des Calciums in der Pflanze befinden sich in der Zellwand. Dort wird es hauptsächlich von Pektinsäuren gebunden. Es ist auch in Zellwandproteinen und Hemizellulosen festgelegt. Da Pektine mit der Fruchtreife oder durch Infektionen mit Krankheitserregern abgebaut werden, erweichen die Früchte. Gelingt es, den Ca-Gehalt der Zellwände zu erhöhen, so können die Früchte eine begrenzte Zeit vor Fäulnis und raschem Pektinabbau geschützt werden. Calcium reguliert die Fruchthaltbarkeit im Lager auch über die Atmungsintensität der Früchte: Calciumarme Früchte atmen stark und entwickeln viel Ethylen. Calciumreiche Früchte verhalten sich umgekehrt.

Bei **Calciummangel** leiden Apfelfrüchte insbesondere unter Stippigkeit, Lentizellenflecken und Fleischbräune. Hinzurechnen muss man außerdem noch Jonathan spot, Glasigkeit und Gloeosporium-Fruchtfäule. Birnen können unter Korkflecken leiden, Pfirsiche Symptome wie die Blütenendfäule bei Tomaten entwickeln.

In den Blättern reichert sich Ca über die ganze Vegetationsperiode hinweg an. Für die vegetative Entwicklung genügen schon 0,8 bis 1 % Ca im Blatt. Sollen auch Früchte genügend Ca erhalten, so muss der Blattgehalt bei 1,8 % und höher liegen, auch wenn keine direkte Beziehung zwischen dem Ca-Gehalt von Blatt und Frucht besteht.

Früchte nehmen Ca hauptsächlich in den ersten Wochen ihrer Entwicklung auf. Sie haben nur dann eine Chance auf ausreichende Versorgung, wenn sie laufend Auxin abgeben und hierbei mit den Trieben konkurrieren können. Bei starkem Triebwachstum scheinen die Triebe die Früchte zu dominieren, sodass letztere in eine Ca-Mangelsituation geraten können.

In ihrer Hauptwachstumsphase nehmen Früchte weniger Ca auf als vorher. Je stärker sie nun wachsen und je weniger Ca sie noch aufnehmen, desto stärker sinkt die Ca-Konzentration in der Frucht ab (Verdünnungseffekt) und umso mehr haben die Früchte später unter physiologischen Störungen zu leiden.

Apfelsorten mit physiologischen Lagerproblemen sollten einen Mindestgehalt von 4,5 bis 5 mg Ca in 100 g Frischsubstanz aufweisen.

2.6.6 Eisen (Fe)

Im Boden wird Eisen aus eisenhaltigen Mineralen durch Verwitterung freigesetzt, häufig jedoch auch rasch in Form von sekundären Eisenmineralen wieder ausgefällt. Hohe Phosphorgehalte legen Eisen als schwer lösliche Eisenphosphate fest. Eine häufige Ursache von Fe-Mangel liegt in hohem Kalkgehalt des Bodens. Mehr als 80 % des Eisens in der Pflanze befinden sich in den Chloroplasten der Blätter.

Bei **Eisenmangel** leidet die Chlorophyll-Bildung infolge ungenügender Eiweißsynthese. Es kommt zur Ausbildung der Fe-Mangelchlorose, zuerst an jungen Langtriebblättern, bei starkem Mangel auch an älteren. Die Blätter färben sich gelbgrün bis gelb, bei starkem Mangel auch weiß. Nur die Blattadern bleiben grün. Das Blatt- und Triebwachstum ist eingeschränkt. Bei anhaltendem Mangel sterben Triebe und Äste von der Spitze her ab. Die Fruchtbarkeit ist erheblich gestört und Früchte sind oft stark gerötet.

Die häufigste Form von Fe-Mangel ist die kalkinduzierte Chlorose. Sie kommt meist auf Böden mit mehr als 20 % Calciumcarbonat oder Calcium-Magnesiumcarbonat vor. Probleme entstehen meist nur auf nassen Carbonat-reichen Böden, denn ausschließlich dort wird in größerer

Abb. 21 Eisenmangelsymptome.

Menge das Bicarbonat-Ion gebildet, der ausschlaggebende Faktor für Eisenmangelchlorose. Chlorotische Blätter weisen erstaunlicherweise keinen niedrigeren Eisengehalt auf als gesunde.

Die Anfälligkeit der Obstarten nimmt in der Reihenfolge Pfirsich – Süßkirsche – Pflaume – Aprikose – Apfel – Sauerkirsche ab. Unter den Apfelsorten reagiert 'Cox Orange' rasch, bei der Birne 'Williams Christ' und 'Vereinsdechantsbirne' ('Doyenné du Comice'). Birnen auf Quittenunterlage sind anfälliger als auf Sämling. Vom Beerenobst reagieren Brombeere, Himbeere und Erdbeere empfindlich.

2.6.7 Mangan (Mn)

Auf humus- und kalkreichen Böden ist die Mn-Verfügbarkeit gering, bei niedrigen pH-Werten und Übernässung dagegen so gut, dass auch Pflanzenschäden durch Überversorgung entstehen können.

Manganmangelsymptome sind: Chlorose zwischen den Blattnerven, ähnlich Fe-Mangel; jedoch bleibt auch ein Bereich um die Blattnerven grün (tannenbaumähnliche Zeichnung des Blattes). Beginn im Sommer an alten Blättern, Blattfall nur bei sehr starkem Mangel. Wachstum und Fruchtbarkeit sind meistens nicht beeinträchtigt.

Bäume mit chlorotischen Erscheinungen weisen weniger als 20 ppm Mangan im Blatt auf. Eine normale Versorgung liegt im Bereich zwischen 30 und 100 ppm vor.

Auf sauren Böden kann sehr hohe Manganverfügbarkeit Mangantoxizität verursachen. Der Apfel, und hier besonders 'Cox Orange', 'Jonathan' und 'Red Delicious', scheint vermehrt anfällig zu sein.

Symptome von Mangantoxizität sind Chlorose, früher Blattfall, Wuchsdepression und verminderte Blütenbildung sowie sehr charakteristische Rindennekrosen am zweijährigen Holz. Zuerst erscheinen auf der Rinde kleine pustelartige Erhebungen. Diese brechen später auf; es entwickeln sich aufgerissene, raue Rindenbezirke mit darunter liegenden Verbräunungen.

Weil Jungbäumen mit Toxizitätssymptomen nicht mehr zu normaler Entwicklung verholfen werden kann, muss schon vor einer Neupflanzung Abhilfe (z. B. durch pH-Korrektur, Verbesserung des Luft- und Wasserhaushalts des Bodens) geschaffen werden.

2.6.8 Zink (Zn)

Versorgungsschwierigkeiten mit Zn treten im Obstbau relativ selten auf. Sie sind allenfalls auf sandigen Böden auf zu niedrigen Zn-Gehalt im Boden zurückzuführen. Bedeutender ist die Zn-Festlegung durch hohen Kalkgehalt, überhöhte P-Versorgung und geringen Gehalt an organischer Substanz. Auch eine hohe Lichtintensität scheint zum Auftreten von Zn-Mangel beizutragen.

Zinkmangelerscheinungen stellen sich als Wachstumsdepressionen einzelner Astpartien oder ganzer Pflanzen dar, am stärksten an Triebspitzen (sehr schmale, aufgerichtete und rosettenartig angeordnete Blätter) sowie in Form gestörter Blütenbildung, mangelhaftem Fruchtansatz und abnorm geformten Früchten (Spitzfrüchtigkeit beim Pfirsich).

Die typischen Blattsymptome gehen mit einem erniedrigten Auxingehalt der Triebspitzen einher. Berichte über die Bedeutung von Zn beim Zustandekommen der Stippigkeit werden so verständlich. Ursache für den niedrigen Auxinspiegel der Zn-Mangel-Pflanzen ist ein zu geringer Gehalt an Tryptophan, einer Vorstufe von Auxin. Der induzierte Auxinmangel scheint schon vor der Ausbildung der typischen Mangelsymptome eine Hemmung der Eiweißbildung und Wachstumsdepression zu verursachen.

Von den Obstarten gelten Süßkirsche und Apfel als besonders anfällig. Blattgehalte unter 25 ppm machen schon auf eine Unterversorgung aufmerksam, bevor Mangelerscheinungen auftreten.

2.6.9 Bor (B)

Nur ein kleiner Teil des Borvorrats befindet sich in der Bodenlösung. Der größere, in Mineralen gebundene Teil bildet eine Reserve, und ein weiterer Teil ist pflanzenverfügbar an Tonteilchen gebunden. Nur bei pH-Werten über 7 ist die Borbindung an den Boden so stark, dass die Borversorgung der Pflanzen leidet. Boraufnahme und -anreicherung in Pflanze und Frucht erfolgen in der Vegetationszeit fortlaufend, sofern nicht anhaltende Trockenheit im Sommer die Reservebildung einschränkt.

Bormangel bewirkt gestörte Zellteilung, verminderte Zellwandfestigkeit, weniger Wurzelwachstum, eine Beeinträchtigung der Ligninsynthese und wie bei Calcium die Hemmung des abwärts gerichteten Auxintransports.

Eine wichtige obstbauliche Funktion von Bor betrifft den Fruchtansatz. Obstblüten sind relativ borreich. Bei Bormangel können sie welken oder absterben, bleiben jedoch trocken am Baum hängen. Borspritzungen im Herbst oder Frühjahr können den Fruchtansatz verbessern, auch wenn eine Blattanalyse noch keinen Mangel anzeigt. Dafür scheint weniger die Verbesserung von Pollenschlauchwachstum und -keimung als die Verbesserung von Zellteilung und Nukleinsäuresynthese in den Fruchtansätzen verantwortlich zu sein.

Starker Bormangel tritt beim Apfel ein, wenn die Blätter weniger als 12 ppm Bor enthalten. Mittlerer Mangel liegt bei 14 bis 20 ppm, schwacher bei 20 bis 30 ppm vor. Der normale Gehalt liegt bei 35 bis 40 ppm Bor. Mangelsymptome werden nur bei Gehalten unter 20 ppm augenscheinlich erkennbar.

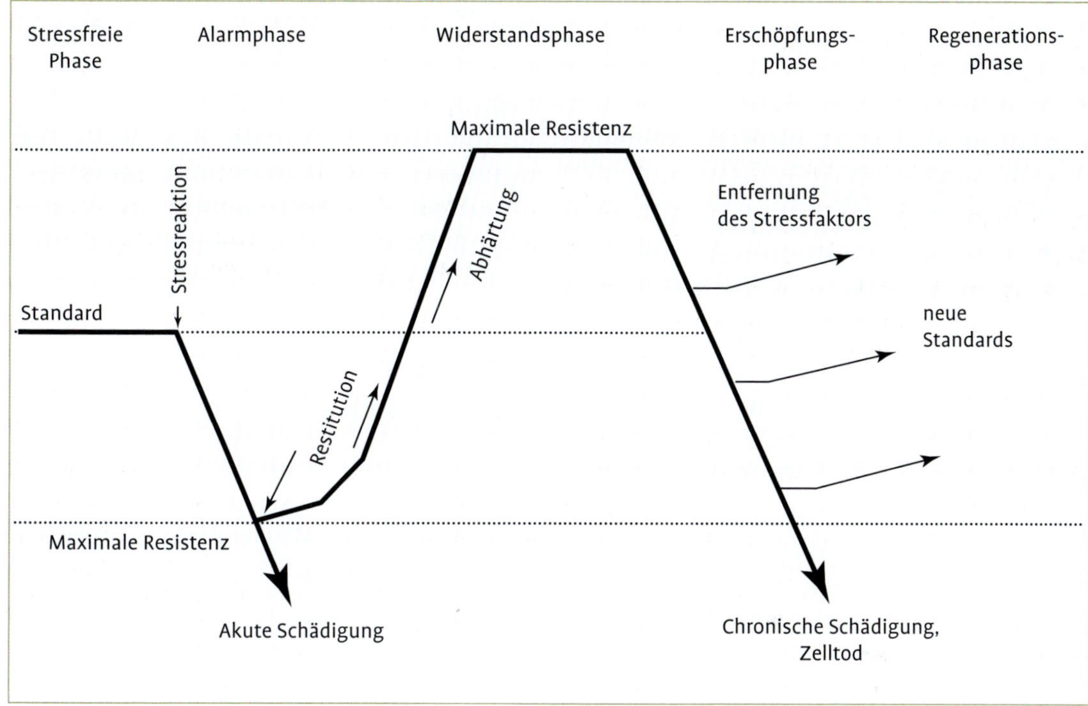

Abb. 22 Phasenmodell des Stressgeschehens (nach LICHTENTHALER 1996).

Bormangelerscheinungen: Bei starkem Mangel sterben Triebe von der Spitze her ab; geschädigt werden einzelne Triebe, Äste oder auch ganze Baumkronen. Die Blattadern der Spitzentriebe färben sich gelb oder rot. Die Blätter sind klein, löffelartig geformt und rosettenartig angeordnet. Mittlerer Mangel erfasst nur die Früchte: Sie entwickeln je nach ihrem zeitlichen Auftreten Außen-, Innen- oder diffusen Kork. Außenkork ist als Rauschaligkeit auf die Fruchtoberfläche beschränkt. Innenkork und diffuser Kork erstrecken sich auf das Fruchtfleisch. Sie verursachen Fruchtdeformationen und im Fruchtinneren ein der Stippigkeit ähnliches Schadbild.

Auf einen Zusammenhang zwischen der Borversorgung von Birnen und Verbräunungen und Kavernen im Fruchtfleisch nach CA-Lagerung machten spezielle Untersuchungen aufmerksam. Aus Untersuchungen an anderen Pflanzen ist bekannt, dass Bor für die Struktur und Funktion von Zellwänden und Zellmembranen wichtig ist. Das könnte die Erklärung für die günstigen Wirkungen von Borspritzungen auf die Gesunderhaltung von Birnen unter den Stressbedingungen im CA-Lager sein.

Wie bei keinem anderen Nährelement kann eine auch nur mäßige Überversorgung empfindliche Pflanzenschäden verursachen. Sie beginnen mit Blattrandnekrosen und reichen bis zum Absterben ganzer Pflanzen.

> Spurenelemente sichern über die Aktivierung von Enzymen den ungestörten Ablauf von Photosynthese, Atmung, Kohlenhydratstoffwechsel und Phytohormonbildung. Bor besitzt wahrscheinlich auch Aufgaben als Strukturelement.

2.7 Pflanzenstress

2.7.1 Stressdefinition

Die Entwicklung unserer im modernen Obstbau genutzten Pflanzen reicht auf eine Evolution über Jahrmillionen zurück, die von ständigen Konkurrenz- und Anpassungsvorgängen geprägt ist. In neuerer Zeit wird dieses Anpassungsvermögen im Rahmen von Selektionen und modernen Züchtungsverfahren unter Einbeziehung molekularbiologischer Techniken genutzt, um hohe Erträge und Produktqualität auch unter suboptimalen Produktionsbedingungen sicherzustellen. Die spezifischen Bedingungen, die sich als Stressfaktoren für unsere Hochleistungssorten herausstellen können, sowie die Grenzen der Expositionsdauer bis zum Auftreten von visuellen Pflanzenschäden, Ertragseinbußen oder sogar dem Absterben von Pflanzenteilen oder ganzen Pflanzen variieren allerdings erheblich von Art zu Art oder sogar von Sorte zu Sorte.

Innerhalb eines vergleichsweise weiten Bereiches der Überlebensfähigkeit der einzelnen Arten gibt es engere Bereiche, in denen sich biochemische und physiologische Prozesse in optimaler Weise vollziehen und ideale Voraussetzungen für Wachstum und Entwicklung bieten. Je nach Größe der Abweichung von diesem Optimum der Lebensbedingungen kann daraus eine Belastung (engl. *strain*) für die Pflanze resultieren, die im weiteren zeitlichen Verlauf oder bei zunehmender Intensität die Form eines Stresses annehmen kann.

> Abiotischer Stress im engeren Sinn ist eine ungewöhnliche Belastung eines Organismus durch einen oder mehrere Umweltfaktoren (Stressfaktoren) mit der Gefahr der Störung von physiologischen Prozessen. Dabei können pflanzenendogene biologische Prozesse verlangsamt, beschleunigt oder unterbrochen, andere sogar aktiviert bzw. verstärkt werden.

Das Ausmaß einer Belastung ist primär von ihrer Einwirkungsdauer abhängig und folgt dem Dosis-Gesetz: Vergleichsweise geringer Stress ist bei lang anhaltender Dauer ebenso schädlich wie eine starke Kurzzeitbelastung. Dabei können biochemische, physiologische und morphologische Anpassungen auf Pflanze- und Organebene das Ausmaß der Schäden begrenzen. Dies setzt aber voraus, dass die Reaktionsmechanismen unter den herrschenden Umweltfaktoren und unter Berücksichtigung des allgemeinen Entwicklungsstadiums der Pflanzen erfolgreich induziert und verstärkt werden.

> Stress kann sowohl aus einem Mangel als auch einem Überschuss des Stressfaktors resultieren, wie die Beispiele Licht oder Temperatur mit den jeweiligen Extremen Lichtmangel bzw. -überschuss oder Hitze bzw. Kälte dokumentieren.

Der richtige Umgang mit Stresssituationen in der Obstbaupraxis im Sinne eines Stressmanagements setzt Kenntnisse darüber voraus, wie die Pflanze oder Pflanzenteile auf Stress reagieren (Stressantwort). Weitgehende Anerkennung für den Verlauf des Stressgeschehens hat das dynamische Phasenmodell von Selye und Stocker gefunden, das von Lichtenthaler 1996 modifiziert wurde.

Danach löst eine Belastung bei lebenden Organismen eine Stressreaktion aus, die in ihrem Verlauf in vier Phasen unterteilt werden kann:

- **Alarmphase:** Der normale Ablauf physiologischer Prozesse ist gestört. Es tritt eine Destabilisierung struktureller (Membranen) und funktioneller (Stoffwechsel, biochemische Vorgänge) Komponenten ein, an die sich eine Erholung (Restitution) anschließen kann. Bei Überschreiten der Widerstandsgrenze kann eine akute Schädigung mit Zusammenbruch der betroffenen Zellen oder Gewebe erfolgen.
- **Widerstandsphase:** Es werden spezifische Abwehrreaktionen initiiert, durch die unter Umständen eine zeitlich begrenzte, gesteigerte Widerstandskraft (Abhärtung) oder Anpassung herbeigeführt werden kann.
- **Erschöpfungsphase:** Eine anhaltende Belastung kann zur chronischen Schädigung, im Extremfall zum Absterben des Organismus führen.
- **Regenerationsphase:** Erholung der Pflanze nach Entfernen oder Abklingen des Stressors. Danach ist eine Widerstandsfähigkeit auf verändertem bzw. erhöhtem Niveau (Abhärtung) möglich.

Je nach Alter, Entwicklungsstadium, physiologischem Zustand und Umweltbedingungen können die Pflanzen auf einen bestimmten Stressfaktor sehr unterschiedlich reagieren. Stressphasen sind aufgrund der Mobilisierung von Abwehrreaktionen für die Pflanze mit zusätzlichen Energieaufwendungen verbunden, die in deutlichen Beeinträchtigungen von Wachstum und Entwicklung der Pflanzen sowie der Früchte und auch in erheblichen Qualitätsminderungen resultieren können.

Das Ausbleiben von jeglichem Stress kann bei Pflanzen zu einer „Verweichlichung“ führen, die oft mit Abwehrschwächen gegenüber biotischen und abiotischen Stressfaktoren verbunden ist. Hieraus leitet sich die oft geringere Widerstandsfähigkeit von Gewächshauspflanzen gegenüber Freilandpflanzen ab.

2.7.2 Stressfaktoren

In der Natur wirken häufig mehrere Stressfaktoren gleichzeitig oder aufeinander folgend auf die Pflanzen ein, wie hohe Licht- und UV-Einstrahlung, Hitze und Wassermangel. Stresssituationen, an denen mehrere Stressoren beteiligt sind, werden als komplexer oder **multipler Stress** bezeichnet. Auf kombinierte oder sequenziell einwirkende Störfaktoren können Pflanzen sehr unterschiedlich reagieren: Es kann zu synergistischen oder antagonistischen Stressreaktionen, Überdeckungsreaktionen oder sogar zur Wirkungsumkehr kommen.

Komplexer Stress und seine Folgen haben gerade in den vergangenen Jahren aufgrund des verstärkten Auftretens anthropogener Stressfaktoren, wie hohe Ozon-, SO_2- und Stickoxidbelastung, in Kombination mit den durch den Klimawandel verstärkten Witterungsextremen, wie Trockenheit, Hitzeperioden oder Temperaturstürze, besondere Aktualität erlangt. Es konnte nachgewiesen werden, dass nicht nur die Anzahl der Stressoren, sondern auch ihre Aufeinanderfolge und die Art des Einwirkens für die Ausbildung von Stressreaktionen von Bedeutung sind. Unter natürlichen Bedingungen treten üblicherweise mehrere Stressfaktoren zeitgleich auf; so sind klassische Beispiele Wassermangel, Hitzestress, Lichtstress sowie Hitzestress und Lichtstress zusammen. Auch Phytotoxizitätserscheinungen durch bestimmte Mineralstoffe im Boden sowie verschiedene Wirkstoffe oder Bestandteile von Pflanzenschutzmitteln können Stressreaktionen auslösen bzw. verstärken.

Tab. 8 Allgemeine Symptome eines Kälteschadens

Pflanzenteile und Merkmale	Sichtbare Symptome und Veränderungen
Blätter	• Welke • Blattnekrosen • Aufhellung durch Chlorophyllabbau • Erhöhte Anfälligkeit für Pathogene
Früchte	• Schalennekrosen • Farbveränderungen/Aufhellungen der Schale • Verbräunungen des Fruchtfleisches • Gewebeabbau • Unterbindung des Reifeprozesses • Erhöhter Pathogenbefall
Physiologische Merkmale	• Abnahme der Protoplasmaströmung • Rückgang der Photosyntheserate • Verlust der Semipermeabilität der Membranen • Ionenaustritt aus Zellen • Abnahme von Enzymaktivitäten • Anstieg bestimmter Stoffwechselmetaboliten (Alanin, Ethanol, Acetaldehyd, Ketosäuren) • Minderung der Chlorophyllsynthese • Anstieg der Respirationsrate • Förderung der Ethylenproduktion bei Früchten • Unterbindung des Stärkeabbaus zu Zuckern in Früchten • Beeinträchtigung der Aromastoffproduktion in Früchten

Temperaturstress

Die Beurteilung eines Standortes hinsichtlich der Eignung für den Anbau der einzelnen Obstarten hängt neben dem Jahresmittel vor allem von den Durchschnittstemperaturen während der Vegetationsperiode (April bis Oktober) ab. Pfirsiche, Aprikosen, Birnen und Edelpflaumen erfordern vor allem zur Zeit der Reife ausreichend Wärme und Sonnenschein; der Apfel hat während der

Hauptwachstumsphase für eine gute Assimilation einen hohen Licht- und Temperaturanspruch. Ausgedehnte Hitzeperioden sind dagegen sowohl dem Wachstum der Pflanzen als auch der Fruchtentwicklung und Fruchtqualität eher abträglich.

Neben den Durchschnitts- und Extremtemperaturen während der Sommermonate sind für die Beurteilung der Standorteignung auch die Temperaturen der Winter- und Frühjahrsmonate unter dem Aspekt der Früh- und Spätfrostgefährdung von Bedeutung.

Nicht nur in der Vegetationszeit, sondern auch im Tagesgang sind Pflanzen unterschiedlichsten Licht- und Temperaturverhältnissen ausgesetzt. Dabei stellt sich jeweils ein dynamisches Gleichgewicht zwischen der auf die verschiedenen Pflanzenteile auftreffenden und abstrahlenden Energie ein. Die Pflanze muss dabei durch schnellen Energieaustausch Anpassungen an die wechselnden Umgebungsbedingungen vollziehen, um dauerhafte Temperaturschäden zu vermeiden.

In einer natürlichen Umgebung ändern sich kontinuierlich insbesondere die Lichteinstrahlung und Windgeschwindigkeit, sodass selten auf den Pflanzenteilen ein statisches Temperaturgleichgewicht erreicht wird. Die Temperatur mittelgroßer (etwa 30 bis 50 cm^2), transpirierender Apfelblätter kann im Bestand hohe Fluktuationen und zum Teil erhebliche Abweichungen von der Lufttemperatur aufweisen. Bei hoher Sonneneinstrahlung können, vor allem bei Windstille und durch Wassermangel verursachte Transpirationseinschränkung, bei den Blättern Übertemperaturen von bis zu 10 °C auftreten. Bei mäßiger Einstrahlung sowie nachts sind dagegen bei günstigen Evaporationsbedingungen Untertemperaturen zu verzeichnen. Das Ausmaß der Unter- bzw. Übertemperatur wird vorwiegend durch die Dicke des Pflanzenmaterials und den Grad der Luftbewegung bestimmt. Dünne Blätter sind nur zu geringer Wärmespeicherung fähig; aufgrund der vergleichsweise großen Oberfläche gleichen sie sich schnell der Umgebungstemperatur an und unterliegen daher starken Temperaturschwankungen. Dicke Blätter, Früchte, Triebe und Baumstämme können wegen ihrer kleinen Oberfläche und der daraus resultierenden geringen Transpiration wenig Wärme abgeben; zudem weisen dicke Gewebe eine geringe Wärmeleitfähigkeit auf. So können bei Apfelfrüchten zwischen der Sonnen- und Schattenseite Temperaturdifferenzen von bis zu 10 °C auftreten.

Hitzestress: Die Widerstandsfähigkeit von Pflanzen gegenüber hohen Temperaturen hängt sowohl von der Höhe der Temperatur als auch von der Einwirkungsdauer ab. Dabei können die verschiedenen Pflanzenorgane, auch unter Berücksichtigung des Gewebealters, unterschiedlich stark betroffen sein. Hitzestress (bei den meisten Pflanzen bei einer Gewebetemperatur höher als 37 °C) mit einer Dauer von wenigen Minuten bis zu einer Stunde kann Wachstumsdepressionen und irreversible Gewebeschäden zur Folge haben. Reflektierende Oberflächen, Blatt- und Fruchtbehaarungen sowie strukturierte Oberflächenwachse können hohe Lichteinstrahlungen mindern. Die Sicherstellung der Wasserdampfabgabe (Transpiration) durch ausreichende Wasserversorgung im Wurzelbereich kann die Oberflächentemperatur von Blättern teilweise unter der Umgebungstemperatur halten.

Viele Pflanzen reagieren auf hohe Temperaturen mit einer Änderung der Proteinsynthese. Bei Überschreiten einer kritischen Temperatur (in der Regel 35 bis 40 °C) wird die Bildung normaler Eiweiße zugunsten einer schnellen und koordinierten Synthese von sogenannten **Hitzeschockproteinen** eingestellt. Hitzeschockproteine (HSP) agieren auf zellulärer und subzellulärer Ebene und leisten einen wesentlichen Beitrag zur Stabilisierung aller biologischen Membranen zum Schutz von neu gebildeten Proteinen und zur Aufrechterhaltung der physiologischen Funktionen. Infolge von Hitzestress und der damit verbundenen Erhöhung der Membranpermeabilität auf Zellebene kann ein Austritt von Ionen und Nährstoffen zum Zelltod führen. Äußerlich sichtbar wird dies in Form von Verbräunungen und Nekrosen.

Bei Früchten können hohe Temperaturen, allein oder in Kombination mit Lichtstress, die Ausbildung von **Sonnenbrand** zur Folge haben. Dabei wird die Epidermis geschädigt und nekrotisiert, wobei auch durch Veränderungen der darunter liegenden Zellschichten Qualitätsmerkmale wie Fruchtfleischfestigkeit und Inhaltstoffkonzentration beeinträchtigt werden.

Kältestress und Frostschäden: Mit abnehmender Temperatur verlangsamen sich zentrale biochemische und physiologische Prozesse. Bei Annäherung der Temperatur an den Gefrierpunkt können Störungen von Enzymreaktionen eintreten. Kälteempfindliche Pflanzen, beispielsweise Reben, können auch schon durch Temperaturen, die über dem Gefrierpunkt liegen (0 bis 10 °C), oder durch plötzlichen Temperaturabfall (Kälteschock) irreversibel geschädigt werden.
Es lassen sich zwei Hauptformen der Kälteschädigung unterscheiden:

- **Erkältung** (engl. *chilling injury*): Bei kälteempfindlichen Pflanzen (Reben) treten bereits über dem Gefrierpunkt Entwicklungsstörungen und Schädigungen auf. Der Temperaturbereich für kälteempfindliche Pflanzenarten reicht von +15 bis +10 °C auf der oberen Skala und 0 bis −2 °C auf der unteren Skala. Erkältungsanfällige Pflanzen reagieren sehr empfindlich auf niedrige Temperaturen bzw. schlagartige größere Temperaturstürze und gehen in der Regel nach Bildung erster Eiskristalle im Gewebe schnell zugrunde.
- **Erfrieren** (engl. *freezing*, Eistod): Beim Absinken der Temperatur unter den Gefrierpunkt bilden sich in den Zellen oder im extrazellulären Raum Eiskristalle. Daraus resultieren Inaktivierungen membrangebundener Enzyme und Protoplasmaschädigungen. Auch mechanische Schädigungen der Biomembranen durch das in den Zellen oder in den Interzellularen auskristallisierende Eis sind möglich.

Der Gefriervorgang im pflanzlichen Gewebe findet in Abhängigkeit vom Gehalt an gelösten Inhaltsstoffen in der Regel zwischen −1 und −5 °C statt. Die Unterkühlbarkeit wird neben gelösten oder suspendierten Stoffen auch von der Anwesenheit eiskeimbildender Bakterien beeinflusst. Die Eisbildung beginnt in dem interzellularen Raum, wo die Konzentration gelöster Stoffe am geringsten ist. Dadurch sinkt das Wasserpotenzial in der betreffenden Zone unmittelbar ab und löst eine Verlagerung von Wassermolekülen aus dem intrazellulären Raum durch die Plasmamembranen zu dem Eiskristallisationsherd in den Extrazellularbereich aus. Extrazellulär auskristallisierendes Eis entzieht also dem Protoplasma Wasser, was einerseits den Gefrierpunkt innerhalb der Zelle senkt und die Unterkühlbarkeit steigert, andererseits aber in der ungefrorenen Restlösung eine Anreicherung von Salzionen und organischen Säuren zu potenziell toxischen Konzentrationen zur Folge hat. Gefrierschäden ähneln daher zellphysiologisch den Dürreschäden.

Die Bildung von Eis im pflanzlichen Gewebe ist mit einer Freisetzung von Wärme verbunden, die vorübergehend zu einer Temperaturerhöhung im pflanzlichen Gewebe führt und auch mittels Infrarot-Thermographie nachgewiesen werden kann. Im weiteren Verlauf sinkt die Temperatur ab. Mit der Ausbildung von Eiskristallen im Interzellularraum geht im Allgemeinen ab −4 °C eine mechanische Schädigung der Membranen einher, die in einem Austritt zellulärer Inhaltsstoffe resultiert.

Im Gegensatz zur extrazellulären Eisbildung, die in den Interzellularen und zwischen Zellwand und Plasmamembran erfolgt, ruft intrazelluläre Eisbildung im Protoplasma stets irreversible Schäden hervor, die zumeist das Ergebnis einer Kombination von Membranschädigungen, Dehydration (Austrocknung) und Proteindenaturierung sind. Intrazelluläre Eisbildung tritt bevorzugt bei wasserreichen, nicht abgehärteten und großzelligen Pflanzengeweben auf.

> Gefrierschäden ähneln zellphysiologisch den Dürreschäden. Die Gefriertoleranz einiger Pflanzenarten beruht auf dem Einbau kältestabiler Phospholipide in die Biomembranen und auf der Akkumulation löslicher Kohlenhydrate, niedermolekularer Stickstoffverbindungen und wasserlöslicher Proteine.

Spätfröste können bei Obstkulturen zu Ertragsminderungen bis hin zum Totalausfall führen. Je nach Art, Sorte und Entwicklungszustand treten Schädigungen in Temperaturbereichen von 0 bis −6,7 °C auf, wovon nicht nur die Blüten, sondern auch Jungfrüchte betroffen sind. Erfahrungsgemäß muss der deutsche Obstanbau durchschnittlich jedes zweite oder dritte Jahr mit Spätfrösten rechnen. Die durch Fröste ausgelösten Ertragsschwankungen machen sich bei alternierenden

Obstarten auch im Folgejahr bemerkbar: Sie lösen unerwünschtes Triebwachstum und eine Verstärkung der Alternanz aus. Die Vermeidung von Frostschäden, z. B. durch Frostschutzberegnung oder die Nutzung von Windmaschinen, dient daher nicht nur dem Erhalt der Fruchterträge, sondern wirkt sich auch regulierend auf den Fruchtansatz und auf die Alternanz aus.

Wasserstress

Dürrestress: Eine unzureichende Wasserversorgung ist unmittelbare Ursache für einen Dürrestress der Pflanze. Die Wassermangelsituation im Wurzelbereich resultiert in einem Anstieg der Abscisinsäurekonzentration im Pflanzensaft, was zu einem fast vollständigen temporären Schließen der Spaltöffnungen führt. Damit wird die Wasserabgabe der Pflanze deutlich eingeschränkt, jedoch auch die stomatäre Aufnahme von CO_2 unterbunden, was über einen längeren Zeitraum zum Hungertod (engl. *starvation*) führen kann. Aus praktischer Sicht sind je nach Entwicklungsstadium der Pflanzen deutliche Wachstumsbeeinträchtigungen bei Blättern und Früchten sowie Ertragsminderungen und Qualitätsverluste zu erwarten. Daneben kann aufgrund der Transpirationseinschränkung auch die Mineralstoffaufnahme aus dem Boden herabgesetzt sein.

Staunässe: Je nach den Standortbedingungen treten immer wieder Probleme mit Staunässe auf, die nicht nur das Wurzelsystem, sondern auch Blätter und Früchte betreffen. Ursachen sind extreme Niederschläge oder lange Niederschlagsperioden, übermäßige Bewässerung oder hoher Wassereinsatz durch Frostschutzberegnung, Dränageprobleme im Boden oder Störungen beim Abfluss von Oberflächenwasser. Eine hohe Wasserbelastung des Bodens verdrängt Luft aus den Bodenporen und stört den Gasaustausch zwischen Boden und Atmosphäre, weil die Diffusionsgeschwindigkeit von Gasen in Wasser etwa 10 000-fach niedriger ist als in Luft.

Aufgrund der hohen Atmungsaktivität der aeroben Bodenmikroorganismen und der Pflanzenwurzeln sowie der drastisch verminderten Sauerstoffnachlieferung nimmt der O_2-Gehalt im staunassen Boden kontinuierlich ab. Sauerstoff stellt jedoch einen essentiellen Faktor für Wurzelwachstum und -entwicklung dar. Ohne Sauerstoff sinkt die Kapazität der Energiebereitstellung aus dem Abbau von Kohlenhydraten bei Wurzeln und aeroben Mikroorganismen um 85 bis 95 %. Stagnation von Wachstums- und Entwicklungsvorgängen der Wurzel mit direkten Auswirkungen auf das Sprosssystem sind die unmittelbare Folge. Eine frühe physiologische Reaktion ist die Abnahme des stomatären Widerstandes. Erste sichtbare Symptome sind die Gelbfärbung insbesondere älterer Blätter sowie vorzeitiger Blattfall nach längeren Staunässeperioden.

Auf der anderen Seite akkumulieren im staunassen Boden Gase, die im Rahmen des Stoffwechsels der Wurzel und der Bodenorganismen freigesetzt werden. Vorrangig handelt es sich um CO_2 und Ethylen, daneben auch N_2 aus der Denitrifikation von Nitrat und Methangas aus der Reduzierung organischer Verbindungen. Belastend für die Pflanze wirken sich auch Bildung und Anreicherung toxischer Verbindungen und Gase als Konsequenz der veränderten bodenphysikalischen und -chemischen Bedingungen aus.

> Die verschiedenen Obstarten weisen große Unterschiede in der Toleranz gegenüber Staunässe auf. Als sehr empfindlich gelten die *Prunus*-Arten, besonders Aprikose und Pfirsich, verhältnismäßig tolerant sind Birnen-, Quitten- und Apfelwurzeln.

Intensität und Geschwindigkeit der Pflanzenreaktion auf Staunässe hängen ab von Ausmaß und Dauer der Wasserbelastung, der Pflanzenart und Sorte und der Wasseraufnahme bzw. -abgabe durch die Pflanze über die Transpiration. Darüber hinaus ist es von Bedeutung, zu welcher Jahreszeit die Staunässe auftritt, wobei in erster Linie die Bodentemperatur während der Staunässebelastung maßgeblich ist. So waren in vergleichenden Untersuchungen bei Aprikosen- und Pfirsichbäumen bei einer Temperatur von 27 °C erste Welkesymptome der Blätter innerhalb von 6 Tagen, bei 22 °C nach 10 Tagen und bei 17 °C erst nach 16 Tagen zu erkennen. Pflaumenbäume zeichnen sich durch eine höhere Staunässetoleranz aus. Eine Welke der Blätter war bei denselben Temperaturstufen erst nach 20, 24 bzw. 28 Tagen festzustellen. Staunässe im Sommer wirkt sich deutlich stärker aus als im Frühjahr oder Herbst.

Ist das Absterben ganzer Bäume bei Pfirsich als Folge auch kurzfristiger Staunässebelastungen durchaus keine Seltenheit, so sind Apfelbäume wesentlich toleranter und überdauern auch längere Phasen von bis zu zwei Monaten. Stamm- und Triebwachstum sind beim Auftreten längerer Staunässeperioden im Frühjahr/Sommer stärker beeinträchtigt als im Herbst. Die Auswirkungen auf den Ertrag bei Apfelbäumen sind bei exzessiver Bodennässe im Frühjahr deutlich stärker als im Sommer oder Herbst, was mit einer Störung der Zellteilung in den jungen Früchten erklärbar ist.

UV-Stress: Mithilfe der Sonneneinstrahlung können außer der Bereitstellung von Energie für die Photosynthese Moleküle auch direkt energetisch aufgeladen werden, was wiederum die Bildung von Radikalen zur Folge hat.

Insbesondere die UV-Strahlung ist energiereich genug, um die Erzeugung von Radikalen einzuleiten und an Pflanzen Phytotoxizitätsreaktionen auszulösen. Während die energiereichste UV-C-Strahlung (200 bis 280 nm) bei längerer Exposition letale Folgen haben kann, werden durch UV-B (280 bis 310 nm) spezifische, aber nicht zwangsläufig schädigende Effekte hervorgerufen. Die energieärmste UV-A-Strahlung (320 bis 390 nm) kann positiven Einfluss auf biochemische Prozesse ausüben und beispielsweise die Bildung roter Farbstoffe (Anthozyane) begünstigen.

Schädigende Wirkung entfaltet UV-B-Strahlung erst nach Absorption in der Pflanze, in der besonders Proteine, Nukleinsäuren (DNA, RNA) sowie einige Phytohormone (Abscisinsäure und Indol-3-Essigsäure) aufgrund ihrer spezifischen Absorptionsspektren bereitwillige UV-B-Rezeptoren repräsentieren. Von den Zellmolekülen reagieren Chlorophyll, die Aminosäuren Tryptophan und Tyrosin sowie die Vitamine C und B_{12} besonders empfindlich auf die UV-B-Strahlung.

Verschiedene Flavone, Flavonoide oder Alkaloide besitzen die Fähigkeit, UV-B-Strahlung zu absorbieren und zu inaktivieren. Diese Pigmente kommen in der Kutikula, in der Epidermis und im Blattmesophyll vor.

Übersteigt der durch UV-B-Strahlung ausgelöste oxidative Stress ein kritisches Niveau, so entstehen folgende Pflanzenschäden:

- Einrollen der Blätter, verstärkter Synthese von Oberflächenwachsen und Ausbildung eines Glanzes auf der Blattoberfläche
- Im weiteren Verlauf, je nach UV-B-Dosis, Verbräunungen und Verkorkungen des Blattgewebes infolge des Absterbens der obersten Zellschichten (Epidermis) und von Reparaturmechanismen mit Auswirkungen auf die Leistungsfähigkeit und das Ertragspotenzial der Pflanzen
- Bei Früchten anfänglich Aufhellung der lichtexponierten Schalenpartien, später Verbräunung bzw. Verkorkung der betroffenen Gewebe **(Sonnenbrandschaden)** (Früchte, die noch wachsen, können auch Schalenrisse bis tief in das Fruchtfleisch entwickeln)

All diese Reaktionen können zu einer starken Ertragsminderung oder zu morphologischen Veränderungen an den Pflanzen führen. Auch **Mutationen** sind möglich.

> Obstarten und -sorten weisen ausgeprägte Unterschiede in der UV-B-Empfindlichkeit auf. Bislang verfügbare Sonnenbrand-Schutzpräparate, die ihre Wirkung entweder auf oder in der Fruchtschale nach Sprühapplikation entfalten, basieren entweder auf der Eigenschaft der erhöhten Lichtreflektion oder auf der verstärkten Strahlungsabsorption im UV-Bereich.

Oxidativer Stress als sekundäre Stressursache

Obstpflanzen sind vielen Umweltfaktoren ausgesetzt, die Wachstum, Entwicklung, Ertrag und Fruchtqualität negativ beeinflussen können. Neben den bereits genannten Einflussfaktoren sind Schadimmissionen, wie Ozon, Schwefeldioxid oder Stickoxide, erhöhte UV-Belastungen und Schädlings- sowie Krankheitsbefall bedeutende Stressoren. Ihnen gemeinsam ist, dass sie bei der Einwirkung auf die Pflanze eine erhöhte Produktion aggressiver Sauerstoffverbindungen **(Sauerstoffradikale)** auslösen. Die durch Sauerstoffradikale bewirkte Form der Stressbelastung wird als **oxidativer Stress** bezeichnet und kennzeichnet den Zustand, bei dem die Bildung oxidativer Sauerstoffverbindungen die pflanzeneigene Ka-

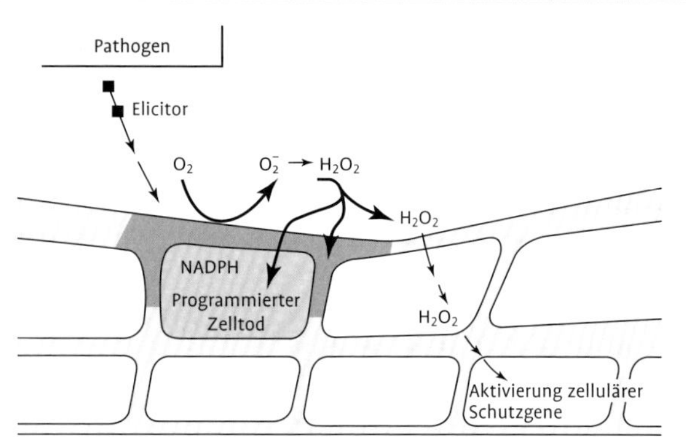

Abb. 23 Interaktionen zwischen Pathogen und Pflanze (nach LEVINE 1999).

pazität zu deren Inaktivierung bzw. Beseitigung überschreitet.

Radikale sind Moleküle mit einem ungepaarten Elektron in der äußeren Elektronenhülle. Sauerstoffradikale werden auch im normalen, ungestörten Pflanzenstoffwechsel im Rahmen des Elektronentransportes bei der Photosynthese in den Chloroplasten oder bei respiratorischen Prozessen in den Mitochondrien und in den Peroxisomen gebildet.

Die bedeutendsten reaktiven Sauerstoffverbindungen sind das Superoxid-Anion, das Hydroxylradikal, Singulett-Sauerstoff und Wasserstoffperoxid. Die Gefährdung der Pflanze durch aktivierten Sauerstoff liegt in der hohen Reaktivität begründet. So können die angeregten Sauerstoffverbindungen mit zahlreichen Zellinhaltsstoffen reagieren und diese schädigen, z. B. Nukleinsäuren, Fettsäuren, Aminosäuren und Kohlenhydrate. Vorzugsweise greifen sie ungesättigte Fettsäuren an, die unter anderem wichtiger Bestandteil pflanzlicher Membranen sind. Hierbei wird eine Kettenreaktion eingeleitet (Lipidperoxidation), die einen Abbau der Fettsäuren zur Folge hat. Dies führt zunächst zu einer erhöhten Durchlässigkeit der Zellmembranen, einem Austritt von Ionen und Nährstoffen und letztlich zum Zelltod. Äußerlich erkennbare Folgen von oxidativem Stress sind:

- Vergilbungen, später Verbräunungen an Blättern
- Blattfall
- Aufhellungen der Fruchtschale, Fruchtberostungen
- Fruchtfall
- Wachstumsstörungen der Pflanzen und Früchte

Abiotische Faktoren: In den letzten Jahren konnte mehrfach nachgewiesen werden, dass primäre Stressfaktoren wie hohe Temperaturen, Licht- und UV-Stress sowie Trockenstress den oxidativen Stress als sekundäre Stressform mit sich bringen. So sind bei verschiedenen Pflanzenarten als Folge von abiotischen Stressfaktoren Veränderungen in den Membranen nachgewiesen worden. Da an Membranen an- und eingelagerte Proteine zentrale Funktionen im Elektronentransport wahrnehmen, resultieren Änderungen in den Membraneigenschaften in Störungen des Elektronentransfers im Photosyntheseprozess und in Verbindung mit molekularem Sauerstoff in der Produktion von Sauerstoffradikalen, die letztlich über eine Kettenreaktion (Lipidperoxidation) zu Gewebeschädigungen führen.

Biotische Stressfaktoren: Reaktive Sauerstoffverbindungen (RSV) spielen auch eine bedeutende Rolle in den Wechselwirkungen zwischen Pflanzen und Pathogenen in den frühen Stadien des Befalls. Dies ist für einige Bakterien, pilzliche Erreger und sogar Insekten dokumentiert. Die Erzeugung der RSVs in den pflanzlichen Zellen setzt vielfach innerhalb weniger Minuten nach Kontakt mit dem Pathogen ein und ist mit einer stoßartigen Produktion von RSVs (engl. *oxidative burst*) wie Wasserstoffperoxid (H_2O_2) verbunden, die offensichtlich in Zusammenhang mit der „Wahrnehmung“ des Pathogens steht und auch eine Signalfunktion für die Einleitung pflanzeneigener Abwehrmechanismen besitzt (Abb. 23). Viele pilzliche Pathogene scheiden zur Erleichterung des Eindringens in die Pflanze Zellwand abbauende Enzyme wie Zellulasen, Pektinasen oder Xylanasen aus, die ebenfalls als Auslöser eines RSV-Ausstoßes seitens der Pflanze fungieren können. Wie die Signalübertragung im Einzelnen erfolgt, ist bislang noch nicht vollständig geklärt.

2.7.3 Anpassungs- und Stressabwehrmechanismen der Pflanze

Anpassung an Temperaturextreme
Pflanzen können sich vorübergehend und dynamisch an erhöhte oder erniedrigte Temperaturen anpassen. Diese Anpassungsfähigkeit von Genotypen und Sorten gewinnt in Zeiten des globalen Klimawandels zunehmend an Bedeutung und trägt entscheidend zu einer robusten Pflanzenfitness bei. Stressfaktoren wirken sich auf die Physiologie und Morphologie von Pflanzen und Organen aus, wobei rapide biochemische Veränderungen auf zellulärer und subzellulärer Ebene die Grundlage für mittel- und längerfristige Anpassungen bilden.

Werden Pflanzen einem starken, jedoch nicht letalen Hitzeschock ausgesetzt, so können sie nachfolgend mitunter bei höheren Temperaturen überdauern als ohne Hitzevorbehandlung. Die Entdeckung dieser Hitzeschockreaktion bei Pflanzen und anderen Organismen war Anlass zur Einführung des Begriffes der „erworbenen oder induzierten **Thermotoleranz**". Diese Thermotoleranz steht in direkter Verbindung mit der Synthese und Aktivität von Hitzeschockproteinen. Wie inzwischen nachgewiesen, agieren Hitzeschockproteine auch bei anderen Stressarten, wie z. B. bei Kältestress. Viele Pflanzenarten haben Mechanismen zu einer Steigerung der Kältetoleranz, die einige Grad Celsius betragen kann. Die Exposition erkältungsempfindlicher Pflanzen für einen gewissen Zeitraum einige Grade oberhalb der Temperatur, bei der normalerweise erste Kälteschäden auftreten, hat nachfolgend eine höhere Widerstandsfähigkeit gegenüber sonst schädigenden niedrigen Temperaturen zur Folge. Dieser Vorgang wird mitunter auch als **Kälteabhärtung** bezeichnet und weist aus physiologischer Sicht enge Parallelen zur „erworbenen Thermotoleranz" auf, die durch Hitzeschockbehandlung induziert wird. Analog ist auch das Phänomen der Gefriertoleranz bekannt, die durch Kälteakklimatisation, konkret durch Exposition bei niedrigen, oberhalb des Gefrierpunktes liegenden Temperaturen (10 bis 0 °C) herbeigeführt werden kann.

Anpassung an Trockenheit und Staunässe
Morphologische Anpassung: Unter mildem Wassermangel können Pflanzen durch verstärktes Wurzelwachstum Engpässe in der Wasserversorgung überbrücken. Dies ist allerdings eine energieaufwendige Strategie. Daher führt eine schnellere Reaktion zur Verminderung der Wasserverluste durch Einschränkung des Pflanzenwachstums und die Reduktion der Blattfläche. Dies betrifft sowohl bereits vorhandene Blätter (Schrumpfen und Einrollen der Blätter) als auch Blätter, die noch nicht vollständig entwickelt sind, weil der Stimulus für die Zellteilung und Zellausdehnung fehlt. So sind bei Trockenstress Beeinträchtigungen von Wachstumsprozessen bereits bei sehr geringem Wassermangel zu registrieren, lange bevor Reaktionen der Spaltöffnungen zu verzeichnen sind. Das Absterben und Abwerfen der Blätter unter anhaltenden Trockenstressbedingungen trägt ebenfalls zur Minderung der Blatt- bzw. Transpirationsfläche bei.

Darüber hinaus erfolgt in Trockenstresssituationen häufig im Tagesgang eine dynamische Änderung der Blattneigung und -orientierung, die durch Verminderung der Strahlungsabsorption eine geringere Blatttemperatur und niedrigere Transpirationsrate bewirkt. Vorteil hierbei ist, dass dieser Mechanismus reversibel und mit geringeren Verlusten des Assimilations- und Ertragspotenzials der Pflanzen verbunden ist. Erhöhungen der Lichtreflektion durch Förderung der Blattbehaarung oder vermehrte Produktion von Epikutikularwachsen sind weitere morphologische Anpassungsmechanismen an Trockenheit.

Auch wenn Pflanzen über verschiedene morphologische Anpassungsmöglichkeiten verfügen, ist bei obstbaulichen Kulturen häufig als erstes die Reduzierung der Blattfläche und das Einrollen der Blätter festzustellen.

Physiologische Anpassung: Viele Pflanzenarten reagieren auf Trockenstress mit Änderungen des endogenen Hormongehaltes. Bei Trockenstress steigt der Gehalt an Abscisinsäure in den Pflanzen an. Auch das Stresshormon Ethylen, das am Blatt- und Fruchtfall beteiligt ist, wird vermehrt freigesetzt. Möglicherweise nimmt die Abscisinsäure eine zentrale Mittlerrolle bei der Aktivierung von Genen ein, die für Mechanismen der

Tab. 9 Mechanismen von Nutzpflanzen zur Anpassung an Wassermangel und ihr Einfluss auf Physiologie und Morphologie (nach TURNER 1999)

Anpassungsmechanismus	Morphologische und physiologische Parameter	Auswirkungen auf die Pflanze
1. Vermeidung von Trockenstress	• Schnelle Phänologie	• Mitunter reduziert
2. Trockentoleranz	• Durchwurzelungstiefe	• Erhöht
a) durch verbesserten Wasserstatus	• Wurzeldichte • Gesamtblattfläche • Lichtinterzeption • Stomatäre Leitfähigkeit • Osmotische Anpassung	• Erhöht • Erniedrigt • Erniedrigt • Vermindert • Möglicherweise erhöht
b) durch Aufrechterhaltung des Zellvolumens	• Elastizität der Zellwände	• Erhöht
3. Dehydrationstoleranz	• Protoplasma-Inhalt toleriert reduzierten Wasserstatus	• Beschränkt auf Samen und essentiell für Trockenlagerung

Trockentoleranz bzw. Dürreresistenz verantwortlich sind.

Modernere Ansätze gehen davon aus, dass die „klassischen" Hormone (Auxine, Cytokinine, Gibberelline, Abscisinsäure und Ethylen) in fein regulierter Abstimmung (engl. *cross-talk*) mit kleineren Peptiden, die als „neue pflanzliche Hormonfamilie" anerkannt sind (z. B. Jasmonate, Salizylate, Strigolaktone, Brassinosteroide, Polyamine), ein komplexes Signal- und metabolisches Netzwerk bilden, das die Anpassung und Entwicklung von Pflanzen unter Stresssituationen reguliert und ermöglicht. Weitere Bestandteile der „Trockenhärtung" sind Anpassungsprozesse im Bereich der Photosynthese und osmotischer Vorgänge in der Zelle. Da letztere auch Bedeutung für die Ausbildung der Kälteresistenz haben, erklärt dies, weshalb kältegehärtete Pflanzen oft auch widerstandsfähiger gegenüber Trockenheit sind und umgekehrt.

Unter Staunässe sind bei einigen Pflanzen Anpassungen durch Umstellung des Kohlenhydratstoffwechsels möglich, wobei zur Energiegewinnung das im Rahmen der Glykolyse gebildete Pyruvat auf anaerobem Wege zu CO_2 und Ethanol veratmet wird. Die Energieausbeute beträgt allerdings nur etwa ein Zwölftel im Vergleich zum Abbau unter aeroben Bedingungen. Darüber hinaus besteht die Gefahr der Gewebeschädigung durch Ethanolanreicherung.

Bewässerungsstrategien: Neuere Bewässerungsstrategien sind darauf ausgelegt, durch vorübergehenden, gezielt eingeleiteten Wasserstress Ertrag und Fruchtqualität von Obstgehölzen zu fördern. Diese **geregelte defizitäre Bewässerung** (GDB) während physiologisch bedeutender Entwicklungsphasen ermöglichte Ertragssteigerungen bei Pfirsichen und Birnen. Das Konzept der GDB basiert auf der Einschränkung der Wasserversorgung im Frühjahr in Phasen intensiven vegetativen Wachstums; es senkt durch partielles Schließen der Spaltöffnungen die Transpiration und reduziert die Assimilation.

Das Blatt- und Triebwachstum wird unmittelbar beeinflusst. Bemerkenswert ist, dass die Fruchtgröße im Vergleich zu normal wasserversorgten Bäumen nicht zurückbleibt, was offensichtlich während der defizitären Wasserversorgung auf eine osmotische Anpassung der Früchte durch Erhöhung des osmotischen Druckes und der Sink-Aktivität zulasten der vegetativen Organe zurückzuführen ist (Abb. 24). Da sich die Phase des intensiven vegetativen Wachstums im Frühjahr mit dem Zeitraum der Blütenknospeninduktion überschneidet, sollte der Wasserstress nicht zu stark ausfallen.

Weitere Möglichkeiten der Bewässerungsoptimierung beruhen auf der Integration von Klima- und Bodendaten mit repräsentativer Raumauflösung mit zeitlich und räumlich aufgelösten phy-

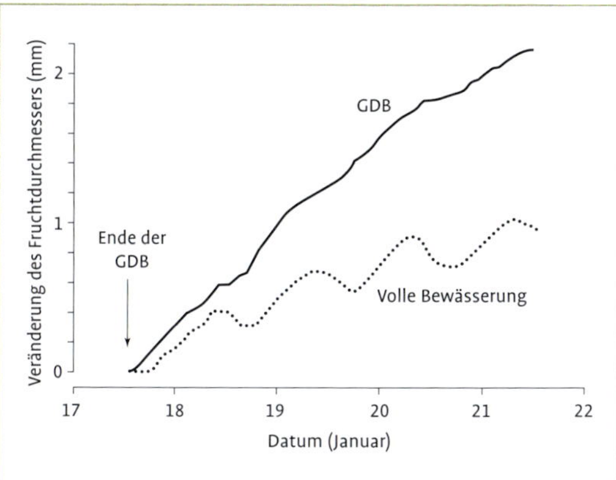

Abb. 24 Auswirkung einer geregelten defizitären Bewässerung (GDB) auf das Fruchtwachstum (Südhalbkugel) (nach JERIE et al. 1989).

siologischen Daten, erfasst mittels berührungslosen aktiven und passiven, bisweilen sogar bildgebenden optischen Sensoren (Sensor- und Datennetzwerk). Diese hohe Datendichte ermöglicht genaue Berechnungen des Bewässerungsbedarfs unter Berücksichtigung der Physiologie und Morphologie der Pflanzen. Obwohl derartige Technologien hoch innovativ und sehr vielversprechend sind, kommen solche Systeme aufgrund der Kosten und Kalibrierungsnotwendigkeit für die Praxis vielfach noch nicht in Betracht.

Anpassung an Hitze- und Lichtstress sowie allgemeiner oxidativer Stress

Pflanzen, die einem Hitze- und/oder Lichtstress ausgesetzt sind, versuchen durch morphologisch-physiologische Anpassungen die Stresssituation zu vermeiden bzw. auch durch biochemische Reaktionen die potenziell negativen Auswirkungen einzudämmen. Makro- und mikromorphologische Prozesse zielen überwiegend auf Vermeidung der Lichtexposition (Blattwinkel, Einrollen der Blätter, Anordnung von Chloroplasten), Erhöhung der Lichtreflektion (Trichome, Wachsschicht, Blattdicke, Kutikuladicke und -zusammensetzung) und aktive Wärmeabgabe (Xanthophyllzyklus, nichtphotochemisches Quenching). Auf Zellebene finden noch verschiedene Prozesse zur aktiven Steuerung der Osmoregulation (z. B. durch Prolin und Glycin-Betain), der Reparatur von Membranen und DNA-Segmenten sowie die

Tab. 10 Pflanzliche Schutzmechanismen zur Abwehr oxidativer Schäden

Abwehrstoffe	Funktionen
Enzymatische Abwehrstoffe	
Superoxid-Dimutasen (SOD)	Fangen Superoxid-Radikale ab
Katalasen	Entfernen Hydrogenperoxid
Peroxidasen	Entfernen Hydrogenperoxid
Nichtenzymatische Abwehrstoffe	
Tocopherole (Vitamin E)	Unterbrechen die Kettenreaktion der Lipidperoxidation, fangen freie Sauerstoffradikale ab
Flavonoide	Verschiedene antioxidative Aktivitäten
Phenole	Verschiedene antioxidative Aktivitäten
Carotinoide	Fangen Singulett-Sauerstoff ab
Ascorbinsäure (Vitamin C)	Beteiligt am Abbau von Hydrogenperoxid, Synergismus mit Tocopherolen, reagiert mit verschiedenen Sauerstoffradikalen

Inaktivierung von schädlichen Sauerstoffradikalen statt.

Die Pflanzen haben gegenüber oxidativem Stress im Verlauf der Evolution verschiedene Strategien entwickelt, um sich vor den RSVs zu schützen. Zu dem antioxidativen Schutz- und Abwehrsystem zählen neben speziellen Enzymen wie Katalasen, Peroxidasen und Superoxid-Dismutasen auch sogenannte Antioxidantien, denen neben einigen Vitaminen auch bestimmte phenolische Substanzen zugeordnet werden.

Die Vitamine C (Ascorbinsäure) und E (Tocopherole) sowie einige Carotinoide, die als Ausgangssubstanz bzw. Vorstufe für die Bildung von Vitamin A dienen, sind in der Lage, Radikale zu inaktivieren, die sonst zu einer Schädigung der Pflanze oder Frucht durch Abbau von Zellinhaltsstoffen sowie Membranen führen würden.

Außerdem können die genannten Vitamine schon im Vorfeld als Radikalfänger wirken. Tocopherole werden darüber hinaus in die Zellmembranen eingelagert und können diese auch aufgrund spezifischer physikalischer Eigenschaften stabilisieren. Neuere Untersuchungen dokumentieren eine synergistische Wirkung der Vitamine E und C bei der Abwehr und Inaktivierung von RSV.

Die zuvor aufgezeigten antioxidativen Schutzmechanismen der Pflanze können insbesondere bei intensivem oder länger anhaltendem Stress nur begrenzt Schäden abwenden. Es werden daher derzeit in der Forschung große Anstrengungen unternommen, um entweder durch zusätzliche Zufuhr von Antioxidantien oder durch züchterische und gentechnische Verfahren den Gehalt bzw. die Synthesekapazität von Antioxidantien zu erhöhen, um so die Widerstandsfähigkeit der Pflanzen gegenüber oxidativem Stress zu steigern. Dazu gehört auch die aktive Vorbereitung der Pflanze (engl. *plant priming*) auf künftige Stresssituationen mittels physikalischer, chemischer und biotechnologischer Verfahren.

Im Sinne der optimalen Kulturführung zur Stressvermeidung sollten zudem die Pflanzen optimal bewässert werden. Darüber hinaus können Licht- bzw. Hagelschutznetze sowie die Applikation von lichtreflektierenden Substanzen Licht- und Hitzeschäden im Bestand reduzieren.

Pflanzenreaktion auf Pathogene: Auf einen Befall mit Pathogenen reagieren Pflanzen in vielen Fällen mit einer stoßartigen Freisetzung von RSVs (engl. *oxidative burst*), der verschiedene Funktionen zugeschrieben werden:

- Kurzfristige Bereitstellung von Wasserstoffsuperoxid (H_2O_2) für enzymatische Reaktionen zur Verknüpfung struktureller Zellwandproteine, um das Eindringen des Pathogens zu erschweren
- Aktivierung verschiedener Gene durch H_2O_2 zur Einleitung von Abwehrmechanismen (z. B. Synthese von Antioxidantien)
- Einleiten spezifischer Reaktionen für die Auslösung eines „programmierten Zelltodes“ bei Erreichen bzw. Überschreiten eines kritischen Niveaus der RSV-Konzentration

Der **programmierte Zelltod** verschließt dem Pathogen den Zugang zu weiteren für sein Überleben notwendigen Nährstoffen. Durch das Absterben der Zellen und Gewebeabschnitte wird dem Pathogen die Lebensgrundlage entzogen. Nach Auflösung der Zellwände und Zellmembranen können zudem antimikrobielle Substanzen freigesetzt werden. Nicht zuletzt wirken die hohen RSV-Konzentrationen auch auf die Krankheitserreger selbst toxisch.

2.8 Pflanzenhormone

Pflanzenhormone stellen natürlich vorkommende chemische Signale dar, die Informationen über die Entwicklung und den physiologischen Zustand von Zellen, Geweben und Organen übertragen. Sie sind in sehr geringen Konzentrationen wirksam. Die Reaktion auf ein bestimmtes Hormon hängt außerdem stark von der Empfänglichkeit (Sensitivität) der Gewebe ab. Auch wirken Hormone nicht für sich allein, sondern unterstützen sich gegenseitig oder neutralisieren sich, sodass sich als Nettoeffekt ein Hormongleichgewicht ergibt. Synthetische Wachstumsregler können die Wirkung der Pflanzenhormone zusätzlich fördern oder hemmen.

Traditionell unterscheidet man fünf Gruppen von Pflanzenhormonen: Auxine, Gibberelline, Cytokinine, Ethylen und Abscisinsäure.

2.8.1 Auxine

Indol-3-Essigsäure (IES oder engl. IAA) ist das wichtigste Auxin. Es wird hauptsächlich in Blattanlagen und jungen Blättern der Triebspitzen und in den Samenanlagen der Früchte aus der Aminosäure Tryptophan gebildet. Bekannte synthetische Auxine sind Naphthylessigsäure (NAA), Naphthylacetamid (NAAm), Indolbuttersäure (IBA) und die Herbizide 2,4-Dichlorphenoxyessigsäure (2,4-D) und Methylchlorphenoxyessigsäure (MCPA).

Auxin fördert die Zellteilung und Zellstreckung, die Bildung der Phloem- und Xylemleitgewebe, die Wurzelbildung und -verzweigung sowie den Fruchtansatz wie auch das Fruchtwachstum. Es hemmt den Blatt- und Fruchtfall, unterdrückt oder hemmt das Wachstum von

Seitenknospen und verursacht damit die Apikaldominanz. Gegen unerwünschte Auxinwirkungen sind unter anderem Cytokinin und Trijodbenzoesäure wirksam.

Die obstbaulich wichtigsten Anwendungsgebiete von Auxinen sind die chemische Fruchtausdünnung, die Hemmung des Vorerntefruchtfalls und der Einsatz als Herbizid.

2.8.2 Gibberelline

Viele Gibberelline (GAs, von *Gibberellic Acids*) wurden in Höheren Pflanzen und im *Gibberella*-Pilz gefunden, welcher der ganzen Gruppe den Namen gegeben hat. Das wichtigste Gibberellin der Pflanzen ist GA_1. Viele GAs sind Vorstufen von GA_1. Gehandelt werden nur zwei Produkte, die Gibberellinsäure (GA_3) und ein Gemisch von GA_4 und GA_7 (GA_{4+7}). Beide werden aus Pilzkulturen angereichert. In der Natur werden Gibberelline in jungen Blättern, Trieben, Samenanlagen und möglicherweise auch in Wurzelspitzen gebildet.

Beim Obst fördern Gibberelline das Trieb- und Fruchtwachstum über vermehrte Zellteilung und Zellstreckung sowie den Fruchtansatz und die Produktion von samenlosen (parthenokarpen) Früchten. Die Blütenbildung wird besonders durch GA_2 und GA_7 gehemmt, kaum dagegen durch GA_4 allein.

Mit verschiedenen synthetischen Wachstumsreglern kann die Gibberellinsynthese der Pflanzen eingeschränkt werden. Unerwünschte Gibberellinwirkungen, beispielsweise zu starkes Triebwachstum, werden so gemildert. Einst wurde hierfür im Apfelanbau Daminozid (Alar), bei Birnen Chlorcholinchlorid verwendet. Ein neueres Mittel ist Prohexadion-Ca.

Obstbauliche Anwendungsmöglichkeiten für Gibberelline sind die Milderung der Fruchtschalenberostung und die Förderung des Fruchtansatzes bei der Birne bei schlecht ansetzenden Sorten sowie bei Blütenschäden nach Spätfrösten mit einer Anregung der Produktion von samenlosen (parthenokarpen) Früchten.

2.8.3 Cytokinine

Die natürlich vorkommenden Cytokinine (über 40) leiten sich von Adenin ab. Sie werden hauptsächlich in den Wurzeln gebildet. Cytokinine fördern vor allem die Zellteilung. Man findet sie deshalb bevorzugt in Organen mit hoher Zellteilungsaktivität wie jungen Blättern und Früchten. Weitere Cytokininwirkungen sind die Förderung der Seitenknospenentwicklung (= Milderung der Apikaldominanz), verzögertes Altern und Abfallen von Blättern sowie die Förderung des Nährstofftransports.

Die wichtigsten synthetischen Cytokinine sind Kinetin und Benzyladenin. Letzteres kommt auch natürlich vor. Starke Cytokininwirkung zeigt Forchlorfenuron (CPPU), ein Abkömmling von Phenylharnstoff.

Im Obstbau können Cytokinine zur Förderung der Seitentriebbildung bei der Anzucht von Baumschulware, zur Fruchtausdünnung und zur Erzeugung hochgebauter Früchte eingesetzt werden.

2.8.4 Ethylen

Ethylen ist das einzige gasförmige Pflanzenhormon. Es wird von reifenden und alternden Geweben gebildet, die unter Stress stehen, z. B. durch Schnittwunden, Reibe- und Biegeschäden nach Wind, Einwirkung von Schadorganismen, Trockenheit und extreme Temperaturen. Die Ethylensynthese wird auch durch Ethylen selbst und durch hohe Auxinkonzentrationen angeregt.

Ausgangsstoff für die Ethylenbildung ist die Aminosäure Methionin. Eine wichtige Zwischenstufe stellt die 1-Aminocyclopropan-1-carboxylsäure (ACC) dar, die hauptsächlich in der Wurzel gebildet und von dort in den Spross geleitet wird.

Ethylen ist vor allem ein Reife- und Alterungshormon. Es fördert außerdem die Blütenbildung, den Blatt- und Blütenfall sowie die Fruchtreife. Durch Hemmung des Zellwachstums wirkt es auch als Wachstumsregler.

Einsatzmöglichkeiten für Ethylen im Obstanbau sind Anwendungen gegen übermäßiges Wachstum, zur Förderung der Blütenbildung, chemische Ausdünnung, Reifebeschleunigung bei Früchten und Erleichterung der mechanischen Ernte von Kirschen, Johannisbeeren und Nüssen sowie die Verminderung von Spätfrostschäden bei Kirsche und Pfirsich nach Herbstbehandlung zwecks späterer Blüte. Zu allen genannten Zielen können der Wachstumsregler Ethephon (2-Chlorethylphosphonsäure = CEPA, Handelspräparat Ethrel) oder weitere Verbindungen eingesetzt werden, die in der Pflanze unter Ethylenbildung zerfallen.

Der Biosynthese von Ethylen und seinen Funktionen kann andererseits auch entgegen gearbeitet werden. Aminoethoxyvinylglycin (AVG), Handelsname Retain, hemmt die Aktivität der ACC-Synthase nach Spritzbehandlungen vor der Ernte. Smart Fresh (1-Methyl-cyclopropen) blockiert hingegen die Ethylenrezeptoren in den Fruchtzellen und unterbindet so die Ethylenaktivität. Behandlungen der Lagerware mit Smart Fresh durch kommerzielle Unternehmen nach der Einlagerung von Kern- und Steinobst haben den Weg in die Praxis bereits gefunden.

2.8.5 Abscisinsäure

Abscisinsäure (ABA) fungiert hauptsächlich als Stresshormon. Mit ihrer Hilfe passen sich Pflanzen an ungünstige Witterungsbedingungen wie Kälte oder Trockenheit an und leiten die Hemmung und Einstellung von Wachstums- und Stoffwechselprozessen ein. Die größten ABA-Mengen finden sich in älteren Blättern, Knospen, ruhenden Samen und Früchten.

Wichtige Wirkungen der Abscisinsäure sind: Hemmung der Zellteilung, Zellstreckung, Photosynthese und Transpiration (bei Wassermangel) sowie die Erhöhung der Frostresistenz. Interessant könnten die Förderung des Fruchtansatzes und die Verzögerung des Vorerntefruchtfalls werden.

2.8.6 Einfluss von Pflanzenhormonen auf Wachstum und Fruchtbarkeit

Bei der praktischen Anwendung von Pflanzenhormonen und Wachstumsreglern muss man immer auf Überraschungen gefasst sein. Man übersieht dabei möglicherweise, dass Wachstumsregler zwar schnell wirken, jedoch genetisch bedingte Eigenschaften keineswegs ausschalten können. Obstanlagen unterliegen Jahr für Jahr einem charakteristischen Entwicklungsrhythmus. Auf die Knospenentfaltung im Frühjahr folgt das Wurzel- und Triebwachstum mit einer Wuchsberuhigung oder einem Wachstumsstillstand im Sommer. Blatt- und Blütenknospen entfalten sich zwar beinahe gleichzeitig, entwickeln sich jedoch in Langtriebe, Kurztriebe oder Früchte. Blütenknospen können abfallen oder Frucht ansetzen und je nach ihrer Stellung am Trieb oder in der Krone mehr oder weniger schnell zu qualitativ unterschiedlichen Früchten heranwachsen.

Triebspitzen hemmen Achselknospen

Das Wachsen und Fruchten der Obstgewächse erfolgt durch ein Zusammenspiel von fördernden und hemmenden Einflüssen. Ein gutes Beispiel dafür bildet das Verhalten von Triebspitzenknospen gegenüber Seitenknospen und Früchten. Grundsätzlich verhalten sich Spitzenorgane gegenüber schwächeren Trieben und Früchten dominant und beeinflussen deren Entwicklung umso stärker, je intensiver sie selbst wachsen – ein Verhalten, das als Apikaldominanz bekannt ist. Diese kann durch obstbauliche Pflegemaßnahmen verstärkt oder abgeschwächt und sogar auf andere Pflanzenorgane übertragen werden. Sollten beispielsweise dominante Triebspitzen durch bestimmte Maßnahmen oder Ereignisse ausfallen, so treiben vorher gehemmte Knospen, in der Regel Seitenknospen, aus und übernehmen Funktionen der ursprünglichen Spitzenknospen.

Apikaldominanz hängt eng mit der Produktion von Indol-3-Essigsäure (IAA) in der Triebspitze zusammen. Entscheidend dabei scheint weniger ein hoher Gehalt in den Knospen zu sein, als der abwärts gerichtete IAA-Transport aus den Spitzenknospen.

Das Austreiben von Seitenknospen bedingt auch einen angemessenen Gehalt an Cytokininen. Seitenknospen werden damit schlechter versorgt als Spitzenknospen, und das umso eher, je weiter entfernt sie von Spitzenknospen angesiedelt sind. Die Intensität der Entwicklung von Seitenknospen könnte auf diese Weise sowohl durch Einschränkung des Auxintransports aus der Spitzenknospe als auch durch direkte Zufuhr von Cytokinin an Seitenknospen gefördert werden. Dies ist eine von

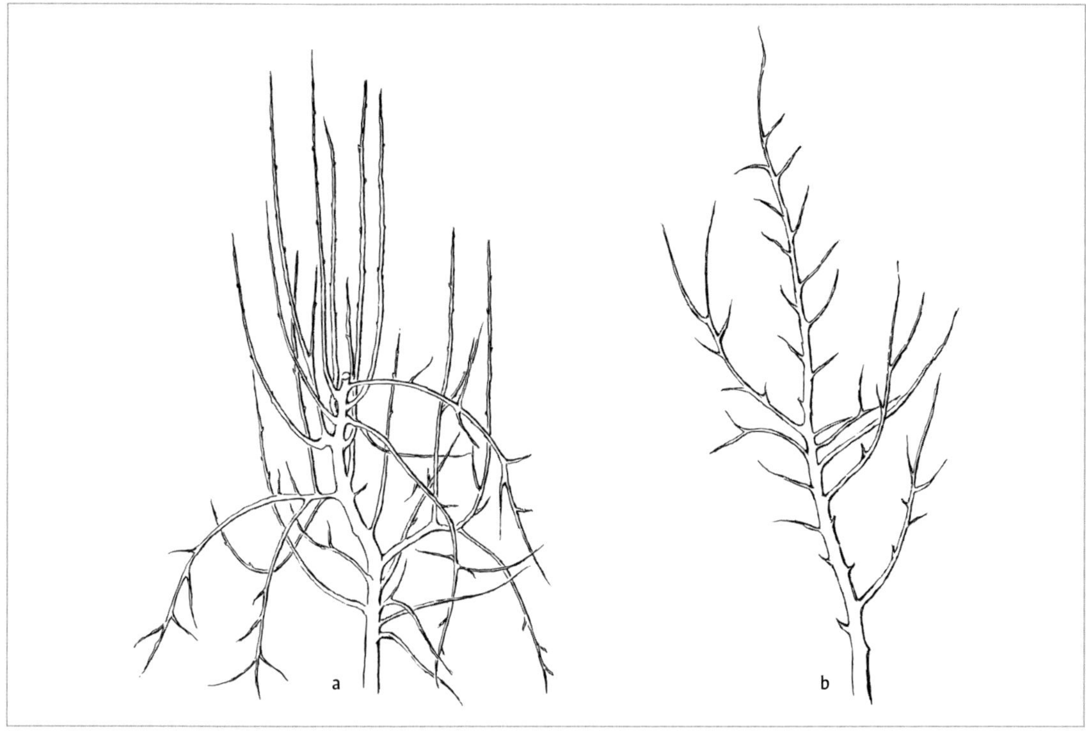

Abb. 25 Starker Rückschnitt der Stammverlängerung und der Leitäste (a) setzt deren Apikaldominanz außer Kraft und induziert Starkwuchs. Deshalb gilt: Apikaldominanz der Stammverlängerung und Leitäste möglichst lange durch Nichtanschneiden (b) erhalten.

verschiedenen Möglichkeiten, die bei der Anzucht guter Baumschulware genutzt werden.

Die unterschiedliche Entwicklung der Triebe und Früchte einer Baumkrone beruht auf sogenannten **korrelativen Hemmungen** zwischen den Trieben, Zweigen und Ästen der Baumkronen. Dabei hemmen dominante Organe die Entwicklung von schwächeren. Dominanz bedingt im Wesentlichen die unterschiedliche Versorgung der betroffenen Organe mit Nährstoffen organischer und anorganischer Art, also durch Konkurrenz. Wie die einzelnen Hormone miteinander und mit den Pflanzenorganen korrespondieren, ist trotz vieler einschlägiger Untersuchungen nicht in allen Einzelheiten bekannt.

Der Austrieb von Seitenknospen, der Fruchtfall, die unterschiedliche Entwicklung der Früchte im Fruchtstand, am Trieb und in den verschiedenen Kronenregionen benötigen ein Signal zur Auslösung der korrelativen Hemmung im System Pflanze. Dieses Signal kann durch Nährstoffe, Wasser, Licht und Pflanzenstress in Form einer bestimmten Pflanzenhormonkonstellation generiert werden. Nach derzeitiger Auffassung kommt als zentrales korrelatives Signal wieder Indol-3-Essigsäure in Betracht.

Früchte stehen in Konkurrenz zueinander

Dominanzerscheinungen zwischen wachsenden Früchten werden im Wesentlichen über Größe und Alter dieser Organe gesteuert. Das Signal für Fruchtfall, Fruchtwachstum und andere Dominanzfolgen wird wie bei der Apikaldominanz dem Auxinfluss aus den älteren, und damit dominanten Früchten zugeschrieben. Die Auxinproduktion erfolgt unter anderem in den Samenanlagen der Früchte. Entfernt man die Samen aus dominanten Früchten, so wird damit den jüngeren ihre anfängliche Entwicklungshemmung genommen. Der gleiche Effekt tritt ein, wenn man frühzeitig dominante Früchte vollständig eliminiert und damit den Auxinfluss aus den verbliebenen, ursprünglich gehemmten Früchten erhöht, d. h. ihre Entwicklung gegenüber dem ursprünglichen Zustand fördert.

Wenn sich in der unmittelbaren Umgebung von Früchten stark wachsende Triebe befinden, treffen die Auxinströme der dominanten Triebe mit denjenigen der weniger dominanten Früchte zusammen. Der Auxinstrom aus den dominanten Organen könnte dann den Auxinexport aus den Blüten oder Früchten und auch deren Wachstum einschränken und junge Früchte zum Abfallen bringen.

> Ein hormonelles Wirkungsprinzip und die Versorgung mit Kohlenhydraten scheinen für Blüten und Fruchtfall entscheidend zu sein. Beide befähigen Obstpflanzen, sich frühzeitig auf geringen bzw. starken Fruchtbesatz einzustellen.

Wurzeln arbeiten unauffällig, jedoch effektiv
Das Wachstum korrelativ gehemmter Triebe wird durch Auxine und Wechselwirkungen zwischen Auxinen, Gibberellinen und Cytokininen reguliert. Deren Synthese, Aktivität und Abbau stehen unter dem Einfluss von Temperatur, Tageslänge, Wasserversorgung und Nährstoffvorrat. Sprosse, die ihre Entwicklung mit einem zunächst geringfügigen Vorsprung aufnehmen, ziehen mehr und mehr Nährstoffe und Hormone aus den Wurzeln sowie Kohlenhydratreserven aus den Wurzeln und dem Stamm an sich.

Die Cytokininbildung in den Wurzeln spielt bei diesen Vorgängen eine herausragende Rolle. Eine intensive Cytokininbildung erfolgt bei intensivem Wurzelwachstum und einer hohen Anzahl an Wurzelspitzen.

> Einen auffällig starken Einfluss auf Wurzelwachstum, Cytokininbildung und Cytokininexport in Richtung der oberirdischen Pflanzenteile hat der Nährstoff Stickstoff. Stickstoffmangel beantworten die Wurzeln umgehend mit drastisch gesenktem Cytokininexport. Nach der Anhebung der Stickstoffversorgung steigt auch die Cytokininabgabe der Wurzeln wieder rasch an.

2.8.7 Anwendung von Wachstumsregulatoren

Wachstumsregulatoren haben im Obstbau vor allem für das chemische Ausdünnen eine überragende Bedeutung. An zweiter Stelle folgen wachstumshemmende und zugleich fruchtbarkeitsfördernde Behandlungen. Sie werden vielfach beim Anbau stark wachsender und für Alternanz anfälliger Arten und Sorten als unverzichtbar angesehen, um im internationalen Konkurrenzkampf bestehen zu können. Fraglich ist jedoch, ob diese Behandlungen Jahr für Jahr nötig sind oder nur der gelegentlichen Korrektur von Fehlentwicklungen dienen sollten. Die Möglichkeit einer routinemäßigen Anwendung birgt vor allem die Gefahr, dass herkömmliche Regulierungsmöglichkeiten wie angemessene Düngung, Bodenpflege, Schnitt und Formierung der Bäume nicht ausgeschöpft werden.

Verschiedene Behandlungen mit Wachstumsreglern könnte man als „kosmetische" Behandlungen einstufen, so die Förderung der Fruchtfarbe und der Schalenglätte. Auch eine Ernteerleichterung durch Verringerung der Festhaltekraft der Früchte wäre durchaus möglich.

Unverzichtbar ist eine ganze Palette von Pflanzenhormonen bei der Mikrovermehrung. Baumschulen können mithilfe von Wachstumsreglern ihren Kunden wesentlich bessere Obstbäume anbieten. Für Obsterzeuger sind Wachstumsregler eine wesentliche Hilfe bei der Regulierung des Wachstums und der Fruchtbarkeit ihrer Bäume.

Die Diskussion über das Für und Wider von Behandlungen mit Wachstumsreglern und ihren Einflüssen auf die Obstgewächse, die Umwelt und gesundheitliche Fragen ist jedoch noch nicht abgeschlossen.

Tab. 11 Einsatzmöglichkeiten von Wachstumsreglern*) im Obstanbau

Zweck	Obstart	Konzentration**)	Anwendungszeit
Auxine			
Steckholz-Bewurzelung	Apfel, Birne, Pflaume	500 bis 2500 IBA	Vor dem Stecken
Chemische Ausdünnung	Apfel	10 bis 20 NAA oder 50 bis 100 NAAm	Beide Mittel vom Abblühen an bis 14 Tage später
	Zwetsche	10 bis 20 NAAm	25 bis 35 Tage nach der Blüte als Zusatz zu CEPA
Gegen vorzeitigen Fruchtfall	Apfel, Birne	20 bis 30 NAA oder 30 bis 40 NAAm	2 bis 3 Wochen vor der Ernte
	Süßkirsche	70 NAAm	In die abgehende Blüte
Gibberelline			
Verbesserung des Fruchtansatzes	Birne	15 bis 30 GA_3 oder GA_{4+7}	Vollblüte
Hemmung von Fruchtberostungen	Apfel	10 bis 20 GA_{4+7}	2- bis 4-mal, wöchentlich, ab Blüte
Förderung der Beerengröße	Weintrauben	15 bis 30 GA_3 oder GA_{4+7}	Zur Blüte und nach dem Fruchtansatz
Gibberellinsynthesehemmer			
Wuchshemmung	Apfel	250 Prohexadion-Ca	In die abgehende Blüte
Ansatzverbesserung	Apfel	2-mal 125 Prohexadion-Ca	1-mal in die Blüte, 1-mal 3 bis 5 Wochen später
Cytokinine			
Förderung der Verzweigung in Baumschulen	Apfel, Birne, Kirsche, Zwetsche	600 bis 800 BA	1-mal wöchentlich, 2- bis 4-mal, ab 60 cm Höhe der Veredelungen
Chemische Ausdünnung	Apfel, Birne	50 bis 200 BA	Bei 10 bis 12 mm Fruchtgröße
Ethylen			
Förderung der Blütenbildung	Apfel, Birne	80 bis 150 CEPA	4 bis 6 Wochen nach der Blüte
Chemische Ausdünnung	Apfel, Birne	125 bis 200 CEPA	Ab Blüte bis 14 Tage nach Blüte
	Zwetsche	65 bis 125 CEPA + 20 NAAm	Bei 8 bis 12 mm Fruchtgröße

*) Die Angaben entsprechen internationalen Erfahrungen und stellen keine Anwendungsempfehlung dar. Nur für den jeweiligen Zweck zugelassene Wachstumsregler dürfen eingesetzt werden.
**) g Wirkstoff/1000 l (= ppm). Die angeführten Konzentrationsbereiche sind hauptsächlich sortenbedingt.

BA = Benzyladenin, CEPA = Chlorethylphosphonsäure, GA = Gibberellin, IBA = Indolbuttersäure, NAA = Naphthylessigsäure, NAAm = Naphthylacetamid

3 Die Obstpflanze im Ökosystem Obstanlage

3.1 Umwelteinflüsse auf die Obstpflanzen

Wie alle Pflanzen unterliegen auch die Obstpflanzen den verschiedensten Einflüssen ihrer Umwelt. Diese Einflüsse können die Entwicklung fördern, hemmen oder sogar schädigen. Für den wirtschaftlichen Erfolg einer Obstanlage ist es deshalb wichtig, sie dort zu pflanzen, wo die fördernden Einflüsse möglichst optimal und die schädigenden weitgehend ausgeschaltet sind. Dazu bedarf es einer Beurteilung der Flächen bereits vor der Pflanzung. Dies ist im Obstbau besonders wichtig, da es sich um mehrjährige Kulturen handelt und eine falsche Standortwahl sich über Jahre hinweg negativ auf den wirtschaftlichen Erfolg auswirkt.

Auch bei bester fachlicher Bewirtschaftung sind nachhaltige Erfolge nur auf Standorten mit guten natürlichen Voraussetzungen für den Obstbau möglich.

Unter Standort wird die am Wuchsort einer Pflanze auf sie einwirkende Gesamtheit der Umweltfaktoren Klima, Lage und Boden verstanden. Weiter untergliedert wird in Lichtfaktor, Temperaturfaktor, Wasserfaktor, eine ganze Gruppe chemisch wirksamer Faktoren und eine Gruppe

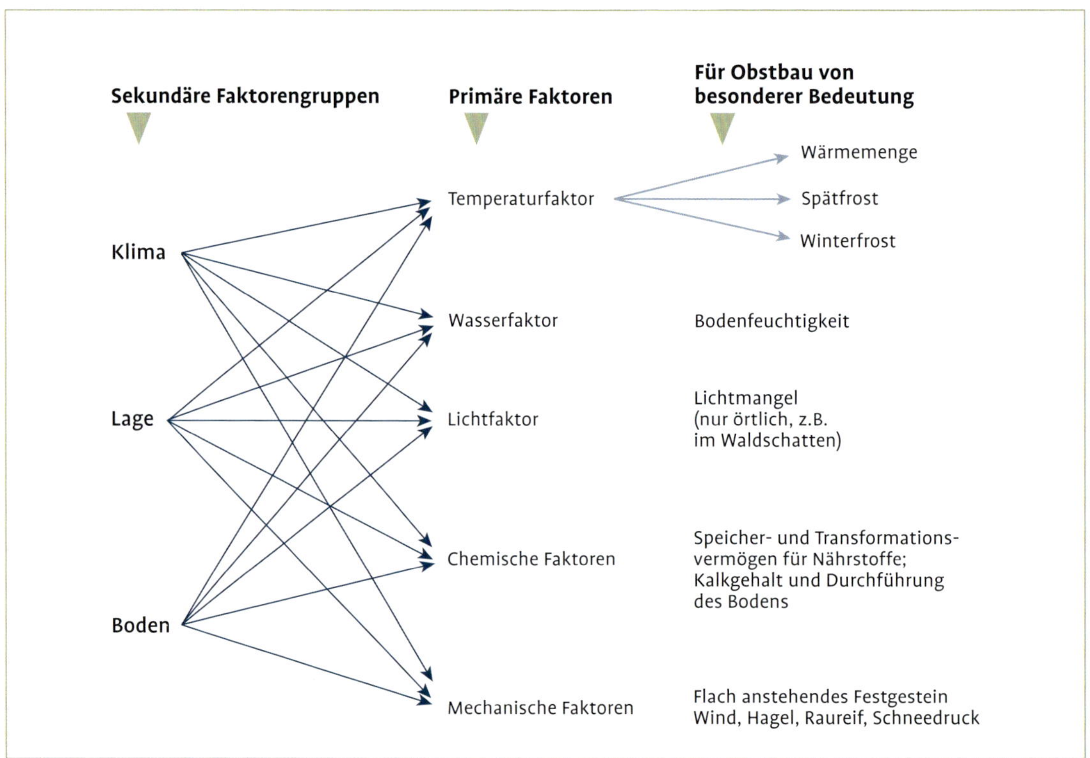

Abb. 26 Gliederung der Umweltfaktoren.

physikalisch wirksamer Faktoren. Diese physiologisch wirksamen Faktoren gilt es bei der Standortwahl zu beachten.

3.1.1 Licht

Das Sonnenlicht ist als Energiequelle der Photosynthese für alle grünen Pflanzen von fundamentaler Bedeutung. Im freien Gelände ist es normalerweise kein begrenzender Faktor für die Leistung der Obstgewächse. Zwar kann die direkte Sonnenstrahlung in Abhängigkeit von Richtung (Exposition) und Neigung (Inklination) des Geländes deutliche Unterschiede aufweisen, doch sind Auswirkungen sonn- und schattseitiger Hänge eher auf die damit verbundenen unterschiedlichen Wärmeverhältnisse zurückzuführen.

Kleinräumig kann mangelndes Sonnenlicht durch den Schattenwurf benachbarter hoher Bäume zu einem wichtigen Standortfaktor werden. Deshalb ist die Nähe von Waldrändern bei der Planung einer Obstanlage zu meiden, insbesondere wenn der Wald im Süden oder Westen angrenzt. Auch die gegenseitige Beschattung in einer Anlage kann sich negativ auswirken, ebenso der Lichtmangel innerhalb zu dichter Baumkronen, der die Blütenbildung mindert und zur Ausbildung kleiner, grüner „Schattenfrüchte" führt. Neben dem mangelnden Licht beruht die negative Wirkung des Schattens auch auf verminderter Wärme und höherer Luftfeuchtigkeit, die ihrerseits die Gefahr des Befalls durch pilzliche Schädlinge erhöht. Die gegenseitige Beschattung ist am geringsten, wenn die Baumreihen in Nord-Süd-Richtung verlaufen. Der Beschattung innerhalb des Baumes ist durch rechtzeitiges Auslichten vorzubeugen.

3.1.2 Temperatur

Für die zum Wachsen, Blühen und Fruchten der Obstgehölze erforderlichen Temperaturen gelten jeweils bestimmte Schwellenwerte. Erst wenn ein gewisses Minimum überschritten ist, können die Prozesse in Gang kommen. Sie erreichen mit weiter steigenden Temperaturen ihr Optimum und gelangen bei anhaltender Temperaturerhöhung schließlich an die maximale Grenze. Minimum, Optimum und Maximum bezeichnet man als Kardinalpunkte der Temperatur, die für jede Gattung, Art und Sorte verschieden sein können. Die Obstgewächse des gemäßigten Klimas sind in ihrer Entwicklung dem Jahreslauf der Temperatur angepasst. Zum Ende der Vegetationszeit setzt die Winterruhe ein. Dabei wird der Stoffwechsel stark eingeschränkt. Zuvor haben die Blätter noch vorhandene Assimilate an die Speicherzellen in Wurzel, Stamm, Ästen und Trieben abgegeben. Dadurch erhöhen sich, verstärkt durch eine leichte Entwässerung, deren osmotische Werte und die natürliche Frosthärte.

Zum Austrieb der Knospen im Frühjahr bedarf es eines vorhergehenden Kältereizes. Er ist in Mitteleuropa von Natur aus gegeben; es genügen dazu einige Tage mit Temperaturen unter dem Gefrierpunkt. Wird dieses Kältebedürfnis in den heißen Klimazonen der Erde nicht ausreichend befriedigt, kommt es zu einem zeitlich verzögerten, unregelmäßigen Austrieb. Neben noch geschlossenen Blüten können am gleichen Baum schon haselnussgroße Früchtchen hängen. Im Herbst erntet man dann z. B. in Israel oder in Südchina übergroße Äpfel neben stark im Wachstum zurückgebliebenen. Das Kältebedürfnis ist art- und sortenverschieden: Überraschend hoch ist es bei den Süßkirschen; bei den Apfelsorten ist es je nach ihrer genetischen Veranlagung unterschiedlich ausgebildet. Die in Mitteleuropa genutzten Sorten sind durchweg kältereizbedürftig.

Sobald die jeweils spezifischen Schwellentemperaturen erreicht oder überschritten werden, treiben die Knospen aus. Bei den Apfelsorten liegt die Aktivitätsschwelle in der Winterruhe oberhalb des Gefrierpunktes und steigt bis zur Blüte auf etwa +8 °C an. Werden die Schwellenwerte in diesen Wochen nicht erreicht, steht die Entwicklung vorübergehend still. Kaltes oder gar nasskaltes Wetter kann den Erfolg der Befruchtung erheblich beeinträchtigen, da der Flug der Bienen und Hummeln behindert und die Keimung der Pollen sowie das Wachsen der Pollenschläuche von der Narbe durch den Griffel bis zu den Samenanlagen verzögert werden. Warmes Wetter während der Blütezeit mit Temperaturen über 20 °C am Tag begünstigt all diese Vorgänge ebenso wie das anschließende Wachstum der jungen Früchte, Triebe und Blätter.

Die Temperatur übt entscheidenden Einfluss sowohl auf die Photosynthese als auch auf die Atmung aus. Die Photosyntheserate steigt bei zunehmenden Temperaturen unter sonst gleichen Bedingungen zunächst stark an und schwächt sich dann wieder ab (Optimumkurve). Die Atmung als entgegengesetzter Vorgang nimmt dagegen bis zur oberen kritischen Temperatur ständig zu. Während die Photosynthese nur unter Lichteinwirkung ablaufen kann, erfolgt die Atmung bei Tag und Nacht. Zur Sicherung einer hohen Nettoassimilation sind mäßig warme Temperaturen am Tage und kühle Nächte vorteilhaft, hingegen hemmen zu niedrige Nachttemperaturen das Fruchtwachstum.

In der phänologischen Entwicklung kann sich bei kühler Witterung der Einfluss der Temperatur auf den Blühtermin in Mitteleuropa am gleichen Ort um bis zu vier Wochen gegenüber einem warmen Frühjahr verzögern. Noch deutlicher sind die Unterschiede, die sich innerhalb eines Frühjahrs zwischen verschieden warmen Lagen ergeben: Während die Bäume einer bestimmten Obstsorte in den warmen Tieflagen bereits in voller Blüte stehen, erscheinen sie in den kühleren Hochlagen noch winterlich kahl. Entsprechend unterschiedlich ist die Vegetationszeit. In Mitteleuropa kann man davon ausgehen, dass eine Höhenzunahme von 100 m die Vegetationszeit um ca. sieben Tage verkürzt. Das entspricht einer Abnahme der Jahresdurchschnittstemperatur von rund 0,5 °C.

Zusätzlich wird die Wärme durch Unterschiede in der Hangrichtung und -neigung beeinflusst. Sonnseitige Hänge haben im Allgemeinen eine um 0,5 °C höhere, schattseitige eine um 0,5 °C niedrigere Jahresdurchschnittstemperatur als ebene Lagen in gleicher Meereshöhe. Entsprechend ist die Vegetationszeit in Sonnlagen durchschnittlich sieben Tage länger, in Schattlagen sieben Tage kürzer als in ebener Lage. Auf größere Entfernungen macht sich zusätzlich vor allem die geografische Breite bemerkbar. Im Allgemeinen tritt mit einer Breitenzunahme um 1° (= 111 km) eine durchschnittliche Verspätung des Frühjahrs um vier Tage ein. Alle genannten durch das Gelände bedingten wärmeklimatischen Unterschiede lassen sich auf phänologischen Karten darstellen, die mithilfe der Pflanzen als Thermometer einen sehr guten Überblick über die Wärmeverhältnisse vermitteln.

Steinobstsorten, vor allem Pfirsiche und hochwertige Tafelbirnen erreichen nur bei ausreichender Wärme ihren sortentypischen Geschmack und ihr schmelzendes, saftreiches Fruchtfleisch. Sie haben deshalb ihre Anbauschwerpunkte im Weinbauklima. Dafür ist beispielsweise in Südwestdeutschland eine Jahresdurchschnittstemperatur von mindestens 9 °C erforderlich. Diese Grenze lag in der Mitte des letzten Jahrhunderts in sonnseitigen Lagen im Norden Baden-Württembergs bei rund 350 m, im Süden dagegen bei 500 m ü. NN. Die meisten Apfelsorten erreichen dagegen im mäßig warmen, nicht zu heißen Klima ein ausgewogenes Verhältnis von Aroma, Zucker und Säure. Hierfür lag die Obergrenze für den erwerbsmäßigen Anbau in sonnseitigen Lagen im Norden des Landes bei rund 500 m, im Süden bei rund 650 m ü. NN. Inzwischen dürften sich diese Grenzen durch die Klimaerwärmung um mindestens 100 m nach oben verschoben haben. Liebhaberobstbau kann mit Sorten, die geringe Ansprüche an die Wärme stellen, auch oberhalb dieser Grenzen noch betrieben werden.

Pfirsiche, Aprikosen und hochwertige Tafelbirnen sowie Frühobstsorten haben ihre Anbauschwerpunkte im Weinbauklima, die meisten Apfelsorten im mäßig warmen Klima. Phänologische Karten vermitteln einen guten Überblick über die unterschiedlichen Wärmeverhältnisse eines Gebiets.

Die Bildung der roten Deckfarbe sowie der Aromastoffe werden im gemäßigten Klima gefördert. Das Wechselspiel von herbstlichen Sonnentagen und kühlen Nächten begünstigt die Bildung roter Farbstoffe (Anthocyane) auf der Sonnenseite der Früchte. Solche täglichen Temperaturwechsel sind im Binnenland häufiger als in Meeresnähe. Auch auf Schädlinge und Krankheiten wirkt sich der Temperaturverlauf aus: In sehr warmen Klimaten ist der Schädlingsbefall verstärkt, in weniger warmen bzw. feuchteren Klimaten ist der Infektionsdruck durch Pilze größer.

Tab. 12 Frostschäden, ihre Ursachen und Auswirkungen

Art des Schadens	Auswirkung	Ursachen	Voraussetzungen, die das Schadensrisiko erhöhen
Blatt- und Blütenknospenschäden	Verzögerter Austrieb, keine Blüte	Tiefes Temperaturminimum bei plötzlichen Kälteeinbrüchen, vor allem im Spätwinter	Hohe Temperaturen vor dem Kälteeinbruch, starke Gegensätze von Tag- und Nachttemperatur, Schneedecke
Rindenschäden an Stamm und Zweigen	Wachstumsstörungen (oft geringer als erwartet)		Wenig frostharte Sorten-Unterlagen-Kombination, ungünstige Standort- und Bewirtschaftungsbedingungen
Kambiumschäden an Stamm und Zweigen	Starke Störungen, evtl. Absterben von der Schadstelle aufwärts, darunter Neuaustrieb		Hoher Vorjahresertrag, Schneiden vor dem Kälteeinbruch
Wurzelschaden	Schlechter Austrieb, evtl. Absterben nach Austrieb	Tiefe Frosttemperatur im Boden	Kahlfröste, luftdurchlässiger, flachgründiger, offen gehaltener Boden, wenig frostharte Unterlage
Frosttrocknis	Kümmern, evtl. Absterben nach Austrieb, unter Schadensgrenze Neuaustrieb	Beginnender Austrieb bei noch gefrorenem Boden (Trockenschaden)	Plötzliche Frühjahrserwärmung, nach kaltem Winter mit Kahlfrösten, luftdurchlässiger, flachgründiger, offen gehaltener Boden
Frostrisse am Stamm	Gefahr des Eindringens von Holzkrankheiten in die Wunden	Starke Temperaturgegensätze durch Sonneneinstrahlung bei niedriger Temperatur	Starke Sonnenkraft (Spätwinter bei Hochdruckwetter), dunkle Stammfarbe (Abhilfe durch Kalken), Schneedecke (Rückstrahlung), Windstille (Erhöhung der Temperaturgegensätze)
Frühjahrsfrost (Spätfrost) an Blüten, Jungfrüchten, evtl. auch Blättern	Ertragseinbußen im Frostjahr, Gefahr von Alternanz, bei Blattschäden gestörte Stoffproduktion, Frostringe oder Frostzungen an den Früchten	Nächtliche Minima einige Grad unter Null	Regen oder Schnee kurz vor dem Frost, schnelles Absinken auf das Minimum

Schäden durch extreme Temperaturen

Überschreitet die Temperatur den Toleranzbereich der Obstgewächse, so entstehen mehr oder weniger schwere Schäden. Dabei sind Schädigungen durch zu tiefe Temperaturen in Mitteleuropa weitaus häufiger. Hitzeschäden treten in Mitteleuropa selten auf, wobei Äpfel am meisten betroffen sind. Bei ihnen kann es auf der Sonnseite der Fruchtschale zu Sonnenbrand mit weißlichen bis bräunlichen Platten auf der Fruchtschale kommen. Tafelbirnen leiden trotz ihres allgemein hohen Wärmeanspruchs an zu heißen Tagen gelegentlich unter Blattverbrennungen. Betroffene Blätter werden schwarz und fallen ab, was zu einem erheblichen Verlust an Blattfläche führen kann.

Frostschäden kommen in Mitteleuropa in mannigfacher Form vor, sei es durch Spätfrost im Frühjahr, Frühfrost im Herbst oder Winterfrost außerhalb der Vegetationszeit. Davon ist letzterer besonders gravierend, weil er nicht nur die Blüten und Früchte, sondern die Obstgewächse als Ganzes betrifft, was zu einem Totalverlust der Anlage führen kann. Glücklicherweise sind sol-

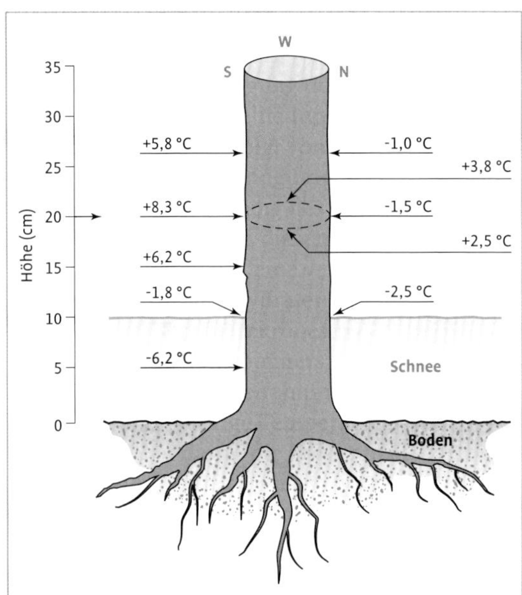

Abb. 27 Oberflächentemperaturen am Stamm eines Apfelbaumes an einem sonnigen Februartag bei −5 °C Lufttemperatur und 10 cm Schneedecke (nach WINTER).

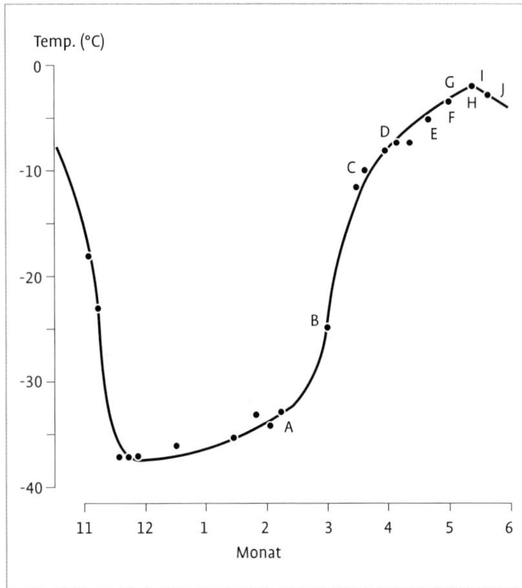

Abb. 28 Verlauf der Frostresistenz bei 'Cox Orange' (nach FLECKINGER 1948). A = Winterruhe, B = Knospenaufbruch, C = Grüne Spitzen, D = Grüne Knospen, E = Rote Knospen, F = Aufblühen, G = Abblühen, H = Kurznachblüte, I = Haselnussgröße, J = Walnussgröße

che Schäden selten, weil sich die Widerstandsfähigkeit der Gewebe gegenüber Frost (Frosthärte) weitgehend dem Jahresgang der Temperatur anpasst. Mit sinkender Temperatur nimmt die Frosthärte zum Winter hin rasch zu. Zwar kann schon im Spätherbst stärkerer Frost auftreten, doch sind die Schäden zumindest am Holzkörper in der Regel nicht schwerwiegend. Es leiden dann hauptsächlich noch nicht verholzte junge Triebe. In tiefer Winterruhe, d. h. bei normalem Ablauf eines Winters ohne zwischenzeitliche Erwärmungsphasen, ist die Frosthärte der meisten Obstgewächse so gut, dass sogar Temperaturen unter −30 °C toleriert werden. Erhöhte Gefahr besteht, wenn durch eine winterliche Erwärmungsphase die Frosthärte vermindert wurde und danach starker Frost einsetzt. In solchen Situationen entstehen die stärksten Holzfrostschäden.

Eine wichtige Rolle für das Erreichen einer befriedigenden Frosthärte spielt die Abkühlungsgeschwindigkeit. Nimmt die Temperatur nur um 1 °C je Stunde ab, so können wesentlich tiefere Temperaturen ohne Schaden überstanden werden als bei einer Temperaturabnahme von 3 bis 4 °C je Stunde. In unseren Breiten ist eine langsame Abkühlung die Regel, aber es gibt auch Ausnahmen, zu denen die sonnseitigen Stammpartien der Bäume bei Strahlungswetter und Schneedecke gehören. Unter diesen Bedingungen treten über dem Schnee große Temperaturunterschiede zwischen der Nord- und Südseite der Stämme auf und bewirken erhebliche Spannungen in den Geweben des Stammes. Plattenartig erfrorene Flächen oder tiefe Risse können die Folge sein.

Neben dem Spross sind die Wurzeln besonders frostempfindlich. Im Boden sind sie, vor allem wenn Schnee liegt, gegen große Kälte geschützt. Bei Barfrösten kann es jedoch zu Erfrierungen des Wurzelkörpers kommen. Solche Bäume treiben im Frühjahr meist noch aus, vertrocknen aber danach plötzlich. Auch beim winterlichen Transport von Pflanzware kommt es immer wieder zu Frostschäden, wenn die empfindlichen Wurzeln bei plötzlichem Frosteinbruch nicht geschützt werden.

Als besonders empfindlich gegen starke Winterfröste gelten Walnuss, Pfirsich und Süßkirsche. Auch gibt es innerhalb der Arten deutliche

Sortenunterschiede; beispielsweise sind 'Boskoop', 'Cox Orange' und 'Elstar' stärker gefährdet als die meisten anderen Apfelsorten.

Die Holzfrosthärte der Obstpflanzen hängt wesentlich vom Ernährungszustand und der Kondition ab, mit der die Pflanzen in den Winter gehen. Schwächliche Pflanzen und durch starken Fruchtbehang erschöpfte Bäume haben schlechtere Voraussetzungen für eine ausreichende Frosthärte. Ein weiterer Faktor für das Zustandekommen von Winterfrostschäden bei Obstbäumen ist der Schnitttermin. Frostempfindliche Apfel- und Birnensorten, die vor Frosteintritt geschnitten werden, leiden erheblich stärker unter Frost.

Schadfröste im Winter werden am ehesten von gesunden, gut ausgereiften und ausreichend ernährten sowie gut mit Reservestoffen versorgten Obstgewächsen überstanden. Unter einer Schneedecke sind die frostempfindlichen Wurzeln gut geschützt. Vergleichbar guten Schutz vor tiefen Temperaturen bieten Mulchdecken aus Stallmist, Stroh, Rinde oder dergleichen.

Weitaus häufiger als Winterfrostschäden sind Schäden durch Spätfröste im Frühjahr. Sind die Blüten zu dieser Zeit bereits geöffnet oder haben sich sogar schon Früchte gebildet, genügen wenige Grade unter Null, um diese empfindlichen Teile zu schädigen. Leichtere Schäden führen zu Missformen der Früchte mit Frostringen und -zungen, schwerere zu einem teilweisen oder völligen Ausfall der Ernte eines Jahres. Oft stellt sich als weitere Folge die Alternanz ein, d. h. der unausgeglichene Wechsel von Jahren mit extrem hohen und solchen mit geringen oder völlig fehlenden Erträgen. Spätfröste treten vor allem nach dem Einströmen von Kaltluft polaren oder kontinentalen Ursprungs auf. Dabei herrschen die tiefsten Temperaturen zunächst in den Hochlagen. Kommt es aber anschließend bei nächtlichem Aufklaren zu einer weiteren Abkühlung durch Ausstrahlung, verlagert sich die Zone stärkster Gefährdung nach unten. Die in Bodennähe entstehende schwere Kaltluft fließt in die tiefsten Lagen einer Landschaft ab und bildet dort kleinere oder größere Kaltluftseen, sofern sie nicht durch Winde verlagert und mit wärmeren Luftmassen durchmischt wird. Bei solchen Inversionswetterlagen entstehen in windarmen, klaren Nächten die weitaus meisten Spätfrostschäden. Dabei treten oft schon auf kleinem Raum gravierende Unterschiede auf.

Deshalb sind Kenntnisse über die räumliche Verteilung der „bodenbürtigen" Kaltluft in windarmen Strahlungsnächten bei der Planung von Obstanlagen besonders wichtig. Häufig wird dabei rein schematisch die Vorstellung zugrunde gelegt, dass alle Mulden und Talsohlen einer Landschaft generell stark, alle Kuppen und Höhenrücken dagegen wenig durch Kaltluft gefährdet seien. Dieses Schema gilt nur für Gebiete, für die eine flache Kaltluftschichtung von wenigen Metern Höhe typisch ist. In vielen Beckenlandschaften können sich jedoch wesentlich höhere Kaltluftseen ansammeln. In Südwestdeutschland wurde teilweise eine Höhe von mehr als 100 m ermittelt. Alle Lagen, die sich unterhalb der Obergrenze eines solchen Kaltluftsees befinden, müssen gleichermaßen als stark gefährdet beurteilt werden, auch wenn es sich um örtliche Kuppen oder Rücken handelt.

Andererseits gibt es Gebiete, in denen selbst Talsohlen nur wenig gefährdet sind. Solche Situationen finden sich bevorzugt an Gebirgsrändern, an denen sich in großräumig windarmen Strahlungsnächten lokale Windsysteme entwickeln, die in ihrem Wirkungsbereich nicht nur eine Kaltluftablagerung am Hangfuß und im Taltrichter verhindern, sondern durch einen Föhneffekt sogar noch zu einer Erwärmung der Luft führen.

Es kommt also bei der Einschätzung der Spätfrostgefährdung darauf an, sich zunächst Klarheit darüber zu verschaffen, in welcher landschaftlichen Gesamtsituation sich die zu beurteilende Fläche befindet, ob es sich um ein Gebiet handelt, für das flache Kaltluftschichtung, ein hoch reichender Kaltluftsee oder ein lokales Windsystem in Frostnächten typisch ist.

Erste Anhaltspunkte kann man durch eine großräumige Betrachtung der Geländemorphologie gewinnen. Für genauere Aussagen sind jedoch vergleichende Messungen in typischen Strahlungsnächten im Frühjahr erforderlich, am besten in Form von Messfahrten mit am Fahrzeug montierten Messgeräten, mit denen sich in relativ kurzer Zeit größere Gebiete „abtasten“ lassen. Solche Messungen liefern nicht nur in Frostnächten, sondern auch bei höheren Temperaturen brauchbare Ergebnisse, da es hier nicht auf die absoluten Temperaturen, sondern auf die Temperaturdifferenzen zwischen verschiedenen Geländepunkten ankommt. Wie häufig Frostschäden im einen oder anderen Fall tatsächlich in den folgenden Jahren auftreten werden, lässt sich nicht voraussagen, da dies von der jeweiligen Witterung in den einzelnen Jahren abhängt.

Um das Risiko gering zu halten, sollte der Anbau besonders empfindlicher Frühblüher, wie Pfirsich und Süßkirsche, auf die als wenig gefährdet erkannten Lagen beschränkt bleiben und stark gefährdete Lagen auch bei den übrigen Obstarten – zumindest im Erwerbsobstbau – ausgeschlossen bleiben. Zu ihrer Erfassung können neben den Temperaturmessungen auch Beobachtungen und Kartierungen der räumlichen Verteilung eingetretener Schäden an empfindlichen Pflanzen wertvolle Hinweise geben. Besonders gute Indikatoren sind Walnussbäume, bei denen im Frühjahr am neuen Austrieb mehrere Schadstufen unterschieden werden können. Bei stärkeren Schäden wird der Austrieb total zerstört. Es müssen zur Zweigverlängerung neue, basalwärts am Zweig inserierte Knospen aktiviert werden, während die geschädigte Triebspitze als „Zapfen“ ohne weitere Verlängerung erhalten und auch nach Jahren noch erkennbar bleibt. Unter Berücksichtigung der ebenfalls erkennbaren Jahrestriebgrenzen lässt sich daran sogar eine Chronik der Schadereignisse über mehrere Jahre zurückverfolgen.

> Zur Abgrenzung von Zonen unterschiedlicher Spätfrostgefährdung reicht eine Beurteilung der Geländeformen allein nicht aus. Genauere Hinweise erhält man durch vergleichende Temperaturmessungen in windarmen Strahlungsnächten und durch die Beobachtung der räumlichen Verteilung von Frostschäden an empfindlichen Pflanzen.

Neben den eigentlichen Frostschäden kann es bei fortgeschrittener phänologischer Entwicklung durch Temperaturen knapp über dem Gefrierpunkt noch zu Wachstumsstörungen und Berostungen an den Früchten durch Kälteschäden kommen. Bei anhaltenden Kälteperioden leiden auch Blattentwicklung sowie Trieb- und Fruchtwachstum. In den meisten Fällen erholen sich die Pflanzen jedoch nach dem Temperaturanstieg rasch.

3.1.3 Wasser

Wasser ist für Obstgewächse unter anderem als Baustein zum Aufbau der Assimilate, als Transportmittel für die aufgenommenen Nährstoffe und die gebildeten organischen Substanzen sowie zur Erhaltung eines bestimmten Quellungszustandes des Plasmas in den Zellen unverzichtbar. Obstfrüchte enthalten etwa 85 % Wasser und selbst das Holzgewebe der Obstbäume kann bis zu 50 % Wasser aufweisen. Die Wassermenge, die in einer Vegetationsperiode aus dem Boden aufgenommen wird, durch die Pflanze strömt und von den grünen Pflanzenteilen wieder gasförmig an die Luft abgegeben wird, übertrifft den Wassergehalt in den Geweben jedoch um ein Vielfaches. Ihren Wasserbedarf decken die Obstgewächse im Wesentlichen aus dem Boden. Die über oberirdische Pflanzenteile aufgenommene Wassermenge ist dagegen vernachlässigbar.

Sobald die Wasserbilanz der Pflanze als Verhältnis der aufgenommenen zur durch Transpiration an die Luft abgegebenen Wassermenge negativ wird, versucht die Pflanze ihren Wasserverlust einzuschränken, indem sie die Spaltöffnungen der Blätter schließt. Diese sind gewöhnlich bei Nacht geschlossen und am Tag geöffnet. Unter Wasserstress kommt es auch am Tage zu einem zeitweiligen Spaltenschluss. Dies kann selbst bei einem optimalen Wasserangebot des Bodens eintreten, wenn an heißen, trockenen Tagen der Durchfluss durch die Gefäße des Baumes nicht ausreicht, um den Transpirationsverlust auszugleichen. Die Folge ist ein Rückgang der Transpiration, der sich nach erneutem Anstieg mehrmals am Tage wiederholen kann.

An vierjährigen Apfelbäumen auf M 9 in einer Parabraunerde aus Löss wurden die nächtlichen Minima pro Baum und Nacht mit 70 ml in einer kühlen bzw. 180 ml in einer warmen Sommernacht ermittelt, während die Maxima zur Mittagszeit 600 ml pro Baum und Stunde erreichten. Tagsüber verbrauchten die Apfelbäume je nach Sorte 1,3 bis 1,7 l an einem bewölkten und 3,3 bis 4,8 l an einem sonnigen Tag.

Neben dem Tagesgang weist die Transpiration auch einen Jahresgang auf. Nach dem Austrieb im Frühjahr erfolgt ein verhältnismäßig steiler Anstieg bis zu dem im Juli liegenden Gipfelpunkt. Danach nimmt der tägliche Wasserverbrauch bis in den September hinein erst allmählich, dann rapide ab. Dauer und Ausmaß des Spaltenschlusses nehmen zu, wenn sich das Wasserangebot aus dem Boden vermindert. Dadurch wird der Wasserverbrauch deutlich herabgesetzt, gleichzeitig aber auch die CO_2-Assimilation und damit die Stoffproduktion eingeschränkt. Dies wirkt sich in der Periode stärkster physiologischer Aktivität und des höchsten Wasserbedarfs im Frühsommer besonders negativ aus. Trieb- und Fruchtwachstum stagnieren. Der sogenannte Junifall ist bei schlechter Wasserversorgung nach der Blüte verstärkt. Wassermangel im Herbst hat dagegen viel geringere Auswirkungen auf die Bäume. Hinsichtlich des Wasserbedarfs bestehen mehr oder weniger deutliche Unterschiede zwischen den verschiedenen Obstarten. Unter mitteleuropäischen Verhältnissen lässt sich folgende Rangordnung steigenden Wasserbedarfs aufstellen: Sauerkirschen, Pfirsiche, Aprikosen, Walnüsse, Süßkirschen, Birnen, Edelpflaumen, Äpfel, Zwetschen.

Hinsichtlich des Niederschlagsangebots unterscheiden sich die europäischen Obstanbaugebiete teilweise sehr stark voneinander, was schon bei einem Vergleich der durchschnittlichen Jahresmengen deutlich wird. Sie reichen von rund 500 mm in Teilen des Oberrheinischen Tieflandes, des Wallis, des Vinschgaus, der mitteldeutschen Trockengebiete, der Moldau-Elbe-Mulde und der Ungarischen Tiefebene bis über 1200 mm im östlichen Bodenseegebiet.

Neben der Gesamtmenge ist auch die jahreszeitliche Verteilung der Niederschläge von großer Bedeutung, da es für die Wasserversorgung der Pflanzen nicht gleichgültig ist, wann die Niederschläge fallen. Vorteilhaft in den mitteleuropäischen Anbaugebieten ist, dass hier die Niederschläge im langjährigen Durchschnitt ihr Maxi-

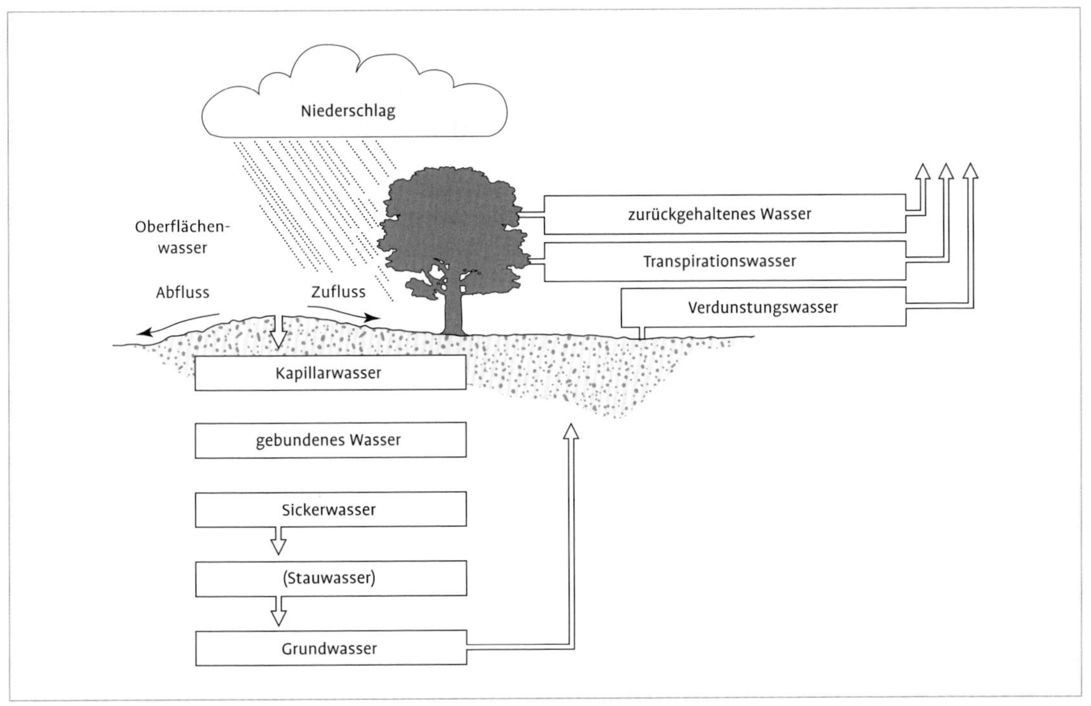

Abb. 29 Der Wasserhaushalt am Standort eines Obstbaumes (nach WINTER).

mum im Sommer zur Zeit des höchsten Wasserbedarfs der Pflanzen erreichen. Im Einzelnen kommt es am selben Ort je nach den Witterungsverhältnissen sowohl in der Gesamtmenge als auch in der jahreszeitlichen Verteilung von Jahr zu Jahr zu großen Unterschieden. Sie können so weit führen, dass mitunter in Mitteleuropa Verhältnisse eintreten, wie sie sonst für den submediterranen Klimabereich mit einem ausgeprägten Minimum im Sommer charakteristisch sind.

In solchen Perioden hängt die Wasserversorgung der Pflanzen entscheidend von der Größe des durchwurzelten Raumes und den darin in verfügbarer Form gespeicherten Wasservorräten ab. Die seitliche Ausdehnung der Wurzelkrone übertrifft bei älteren Bäumen in aller Regel die der oberen Krone meist um das Anderthalb- bis Dreifache. Die Erschließung tieferer Bodenhorizonte und die Verankerung der Bäume erfolgt in erster Linie durch Senkwurzeln, die als Seitenwurzeln der horizontalen Hauptwurzeln in die Tiefe wachsen. Birne auf Sämling, Süßkirsche auf Vogelkirsche und Walnuss gelten als Tiefwurzler, während Apfelunterlagen, Quitte, Pflaume und Sauerkirsche auf *Prunus mahaleb* eher Flachwurzler sind. Unterschiede bestehen auch in der Verzweigungsdichte innerhalb der Wurzelsysteme. So bilden z. B. Apfel, Quitte, Pflaume und Schwarze Johannisbeere sehr dichte, „intensive" Wurzelsysteme, Birne, Süßkirsche auf Vogelkirsche, Pfirsich, Aprikose, Nüsse, Rote Johannisbeere, Himbeere und Brombeere sowie *Prunus mahaleb* und *Prunus myrobalana* dagegen „extensive" Wurzelsysteme.

Ihren maximalen Tiefgang können die Wurzeln aber nur entwickeln, wenn sie nicht durch die Bodenverhältnisse behindert werden. Eine solche Behinderung kann sowohl durch flach anstehendes Festgestein (mechanische Flachgründigkeit) als auch durch schlechte Durchlüftung bei Staunässe (physiologische Flachgründigkeit) ausgelöst werden. Bäume auf flachgründigen Böden leiden bei Austrocknung der oberen Bodenhorizonte eher unter Wassermangel als Tiefwurzler, denen die Wasservorräte tieferer Horizonte zugänglich sind. Das Risiko von Trockenschäden wird erhöht, wenn der Boden innerhalb des durchwurzelbaren Raumes nur eine geringe nutzbare Kapazität an pflanzenverfügbarem Wasser besitzt. Diese ist von der Bodenart und -struktur abhängig und erreicht ihre höchsten Werte in Lehmböden, während sie sowohl zu Sand- als auch Tonböden hin abnimmt. Die beste Gewähr, niederschlagsarme Perioden ohne Schäden zu überstehen, bieten somit gut durchlüftete, tief durchwurzelbare Lehmböden.

Für eine ausreichende Wasserversorgung der Obstgehölze auch in niederschlagsarmen Perioden sind tiefgründig durchwurzelbare Lehm- oder Sandlehmböden mit einer hohen Speicherfähigkeit für pflanzenverfügbares Wasser erforderlich. Auf flachgründigen Böden tritt dagegen leicht Wassermangel ein.

3.1.4 Weitere Bodenfaktoren

Die physiologische Flachgründigkeit in Staunässeböden hat ihre Ursache nicht in einem zu hohen Wasserangebot, sondern in zu schlechter Durchlüftung bzw. zu geringem Gasaustausch. Die Hemmung des Wurzeltiefgangs betrifft vor allem die gröberen Gerüstwurzeln, die im Vergleich zu tiefgründigen Böden auffallend flach oberhalb des eigentlichen Staubereichs verlaufen. Im Unterschied dazu weist die Zahl der Wurzelspitzen gerade in den schlecht durchlüfteten Stauhorizonten zunächst ein ausgeprägtes Maximum auf, unterhalb dessen sie dann aber rasch abnimmt. Wo der Einfluss der Staunässe bis in den Oberboden reicht, zeigen die Hauptwurzeln oft deutliche Symptome des Luftmangels: Ihre Rinde ist schwarzbraun verfärbt, größere Partien sind abgestorben, sodass die Wurzeln statt des üblichen runden oder ovalen einen sehr unregelmäßigen Querschnitt aufweisen, der sich auch am Stamm fortsetzt.

Auch eine vorübergehende Unterbrechung des Gasaustauschs, beispielsweise infolge eines temporären Wasserstaus durch anhaltende Niederschläge, kann zu erheblichen Schädigungen der Bäume bis zu deren völligem Absterben führen. Allerdings bestehen zwischen den verschiedenen Arten, Sorten und Unterlagen teilweise erhebliche Unterschiede. Die Staunässe-Empfindlichkeit ist hoch bei Süß- und Sauerkirschen, unter den Apfelsorten besonders hoch bei 'Cox Orange'; von den Apfelunterlagen reagiert der schwach wachsende Typ M 9 deutlich mehr als die stärker wachsenden Typen M 4 und M 11 sowie Sämlinge.

Neben einer ausreichenden Durchlüftung und Wasserversorgung zählt ein ausgewogenes Angebot mineralischer Nährstoffe zu den wichtigsten bodenabhängigen Voraussetzungen für gute Wuchs- und Ertragsleistungen. Die stärksten Konzentrationen ihrer pflanzenverfügbaren Formen finden sich ebenso wie die mineralischen N-Verbindungen als Nachlieferung aus dem organisch gebundenen Vorrat im humusreichen Oberboden. Die Pflanzenwurzeln ihrerseits haben die Tendenz, sich in nährstoffreichen Bodenbereichen besonders dicht zu verzweigen. Deshalb sind selbst in tiefgründigen Böden die humusreichen Oberbodenhorizonte am dichtesten von Saugwurzeln durchzogen.

Da Nährstoffmangel leicht durch Düngung beseitigt werden kann, steht bei der Standortbeurteilung nicht der aktuelle Nährstoffgehalt des Bodens im Vordergrund, sondern seine Fähigkeit, Nährstoffe zu speichern und zu transformieren. Rückschlüsse auf diese als potenzielle Trophie oder natürliche Nährkraft der Böden bezeichnete Fähigkeit ergeben sich aus Gründigkeit, Bodenart sowie Humusgehalt und -form. Sie ist am höchsten in tiefgründigen, gut durchlüfteten, humusreichen Lehmböden.

Bei der Beurteilung des Standorts hinsichtlich der Nährstoffe steht nicht der aktuelle Nährstoffgehalt des Bodens im Vordergrund, sondern seine Fähigkeit, Nährstoffe zu speichern und zu transformieren.

Im Unterschied zu Nährstoffdefiziten sind zu hohe Gehalte an bestimmten Substanzen im Boden nur schwer zu verändern. Sie müssen deshalb bei der vorausschauenden Planung einer Obstanlage beachtet werden. Das gilt besonders für den Kalkgehalt. Kalk spielt im Boden nicht nur als Ca-Lieferant für die Pflanzen, sondern auch als Stabilisator für das Bodengefüge und als Puffer gegen Säuren eine wichtige Rolle. Allerdings sind auf Böden mit hohem Kalkgehalt auch verschiedene Entwicklungsstörungen zu beobachten, insbesondere eine als Chlorose bezeichnete Gelbfärbung der Blätter. Dieses Symptom tritt bei verschiedenen Obstarten auf.

Dabei gilt folgende Reihe zunehmender Empfindlichkeit: Mandel, Nussbaum, Kirsche, Aprikose, Birne auf Sämling, Apfel, Quitte, Weichsel, Pflaume, Eberesche, Johannisbeere, Birne auf Quitte, Edelkastanie, Pfirsich. Auch Himbeeren und Erdbeeren leiden auf kalkreichen Böden unter Chlorose. Innerhalb der verschiedenen Obstarten bestehen zwischen den einzelnen Sorten erhebliche Unterschiede der Empfindlichkeit. Charakteristisch ist, dass die Chlorose vor allem dann auftritt, wenn der Oberboden viel Kalk enthält, während hohe Kalkgehalte im Untergrund kaum Wirkung zeigen.

Die Kalkchlorose ist in den meisten Fällen eine Eisenmangelerscheinung, obwohl die allermeisten unserer Kulturböden genügend Eisen enthalten, um den Bedarf der Pflanzen voll zu decken. Ihre Ursache ist in den meisten Fällen eine gestörte Fe-Aufnahme und -Verwertung der Pflanzen. Verschärfend wirken zusätzlich zum hohen Kalkgehalt unter anderem hoher Tongehalt, Staunässe, Bodenverschlämmungen und -verdichtungen und damit verbundene Kohlensäure-Anreicherungen. Bei kühlem, regnerischem Wetter treten die Symptome verstärkt auf.

Kalkreiche Böden sind für eine obstbauliche Nutzung in vielen Fällen insbesondere bei schlechter Durchlüftung eher problematisch zu beurteilen. Andererseits ist eine ausreichende Versorgung der Pflanzen mit Ca-Ionen wichtig, um Ca-Mangelsymptome wie die Stippigkeit bei Äpfeln zu vermeiden.

Für die meisten Obstarten sind tiefgründige, gut durchlüftete Böden mit kalkarmen, aber mineral- und humusreichen Oberböden und einer neutralen bis leicht sauren Bodenreaktion (pH-Wert 5,5 bis 7,0) am günstigsten. In diesem pH-Bereich weisen die meisten Makro- und Mikronährstoffe eine gute Verfügbarkeit auf. Lediglich für Heidelbeeren sind stärker saure Böden vorteilhafter.

Hoher Kalkgehalt im Oberboden ist für eine obstbauliche Nutzung eher problematisch. Andererseits sind auch stark saure Böden wenig geeignet, ausgenommen für Heidelbeeren.

Für die Beurteilung der physiologisch wirksamen Eigenschaften eines Bodens reicht eine oberflächliche Betrachtung allein nicht aus. Vielmehr sollte man die tieferen Horizonte bis wenigstens 1 m Tiefe mit einbeziehen. Den besten Einblick vermittelt eine Profilgrube, doch leisten auch Bohrprofile mithilfe eines Bohrstocks wertvolle Hilfe. Sie ermöglichen es, innerhalb kurzer Zeit einen flächigen Überblick über die zu beurteilende Fläche zu bekommen. Anhand der Bohrprofile lassen sich nicht nur die Bodenarten beurteilen, sondern aus dem Profilaufbau auch Rückschlüsse auf deren physiologisch wirksame Eigenschaften ziehen. Am günstigsten sind tiefgründige braune (seltener schwarze) Lehmböden mit einem humusreichen Oberboden zu beurteilen (z. B. Braunerden und Parabraunerden, seltener Schwarzerden und Paraschwarzerden, Kolluvien und braune Aueböden). Graue, mit Rostflecken durchsetzte Horizonte lassen auf zumindest zeitweilige Staunässe und Luftmangel schließen (Pseudogleye und Stagnogleye). Sie sind für den Obstbau wenig geeignet, besonders wenn die Symptome schon im Oberboden auftreten. Ähnliches gilt für alle mechanisch flachgründigen Böden, bei denen der Wurzeltiefgang durch in geringer Tiefe anstehendes Festgestein verhindert wird. Bleichhorizonte in sandigen Böden weisen auf eine stärkere Versauerung und Nährstoffmangel hin (Podsole). Hoher Kalkgehalt lässt sich am Bohrprofil durch ein starkes Aufbrausen beim Aufbringen einiger Tropfen Salzsäure nachweisen.

Zur Beurteilung der in einem Boden physiologisch wirksamen Faktoren reicht eine oberflächliche Betrachtung allein nicht aus. Nötig ist vielmehr eine Betrachtung der verschiedenen Bodenhorizonte anhand eines Bodenprofils. Sie kann durch Beobachtungen an der Bodenvegetation ergänzt werden.

Wichtige Hinweise auf die physiologisch wirksamen Faktoren im Boden kann auch die Artenzusammensetzung der Bodenvegetation geben, allerdings nur, wenn sie nicht durch eine intensive Bewirtschaftung überprägt ist. Im Grünland finden sich vor allem spezielle Zeigerpflanzen für den Wasser-Luft-Haushalt, als Trockenheitszeiger beispielsweise Knolliger Hahnenfuß, Arznei-Schlüsselblume, Rauhaariges Veilchen, Wiesen-Salbei, Esparsette und Aufrechte Trespe, als Feuchtigkeitszeiger Kohl-Kratzdistel, Wald-Engelwurz, verschiedene Seggen-, Binsen- und Simsenarten, als ausgesprochener Nässezeiger die Sumpf-Dotterblume. Auf einen unausgeglichenen Wasser-Luft-Haushalt lassen Wechselfeuchtigkeitszeiger wie Herbst-Zeitlose, Rasen-Schmiele, Bach-Nelkenwurz, Kuckucks-Lichtnelke, Großer Wiesenknopf und Wiesensilge schließen.

Den für Obstanlagen günstigsten Wasser-Luft-Haushalt repräsentiert die frische oder typische Glatthaferwiese ohne Trockenheits- oder Feuchtigkeitszeiger. Trockenere oder feuchtere Standorte sollten allenfalls bis zur mäßig trockenen Salbei-Glatthaferwiese und zur mäßig feuchten Kohldistel-Glatthaferwiese für eine obstbauliche Nutzung herangezogen werden. Hinweise auf die Bodenreaktion ergaben sich früher vor allem aus der Ackerwildkrautflora mit ihren typischen Kalk- und Säurezeigern. Seit dem Einsatz von Herbiziden ist dieses Kriterium jedoch weitgehend verschwunden.

3.2 Wege zu einer naturschonenden Obstproduktion

Der Qualitätsbegriff wird über die gesetzlichen Regelungen hinaus immer mehr vom Handel definiert. Gestiegene Anforderungen, wie z. B. zusätzliche Rückstandsauflagen, wirken sich auf den Anbau aus. Hinzu kommen gestiegene Ansprüche der Verbraucher, die mit den Trends in Richtung „Ökologiebewusstsein“ und „Gesunde Ernährung“ zusammenhängen.

Die Obstbauern haben frühzeitig auf diese Entwicklungen reagiert und die Produktionssysteme Integrierte Produktion und Ökologischer Anbau entwickelt.

3.2.1 Integrierte Produktion

Auf europäischer Ebene ist der Begriff „Integrierte Produktion" weder einheitlich definiert noch durch einen allgemein gültigen Mindeststandard in Form einer entsprechenden Verordnung festgelegt. In den einzelnen Ländern wurden eigene nationale bzw. regionale gesetzliche Mindestvorgaben für eine Integrierte Produktion verabschiedet. In Deutschland wurde 1990 unter Federführung der Bundesfachgruppe Obstbau eine nationale Richtlinie für den kontrollierten integrierten Anbau von Obst erarbeitet und so erstmals bundesweit geltende Regelungen geschaffen. In den Folgejahren wurden wiederholt Aktualisierungen der Richtlinie vorgenommen. Die derzeit gültige Fassung der Richtlinie wurde 2006 verabschiedet (Bundesausschuss Obst und Gemüse 2006). In dieser Richtlinie ist die Integrierte Produktion (IP) als die wirtschaftliche Erzeugung von qualitativ hochwertigem Obst und Gemüse unter vorrangiger Berücksichtigung ökologisch abgesicherter Methoden und unter Beachtung ökonomischer Erfordernisse definiert. Die kontrollierte und integrierte Produktion versteht sich dabei als ein dynamisches Anbausystem, in welchem Produktionsverfahren und Anbaumethoden optimal aufeinander abgestimmt und fortlaufend an den neuesten Stand wissenschaftlicher Erkenntnisse angepasst werden. Die Ziele der kontrollierten Integrierten Produktion sind:

- Dauerhafte Erhaltung und Förderung der Bodenfruchtbarkeit
- Erhaltung und Steigerung der Artenvielfalt
- Verringerung des Betriebsmittelaufwandes durch standortgerechte und umweltschonende Arbeitsweise
- Gewährleistung einer hohen inneren und äußeren Qualität von Obst und Gemüse
- Schonung der natürlichen Produktionsgrundlagen Boden und Wasser

Eine Weiterentwicklung stellen die in mehreren europäischen Ländern seitens des Handels etablierten Qualitätssicherungssysteme (z. B. QS, GlobalGAP) dar, welche auf den Grundlagen der IP entwickelt wurden. Diese beruhen auf einer erweiterten Dokumentation, rechtlichen und hygienischen Aspekten sowie auf mehrstufigen neutralen Kontrollen. Die praktische Umsetzung und Kontrolle der IP-Richtlinie kann somit im Rahmen der Qualitätssicherung durch das Qualitätssicherungssystem QS und über QS-GAP stattfinden. Die Integrierte Produktionsweise wird vom Handel mittlerweile als Qualitätsstandard angesehen und stellt damit die klassische Form der Qualitätssicherung dar. Heute gehören die Grundsätze der IP zur gesetzlich vorgeschriebenen „guten fachlichen Praxis" und sind somit eine Selbstverständlichkeit für jeden Landwirt.

3.2.2 Ökologische Produktion

Der Ökologische Landbau gilt allgemein als das Bewirtschaftungssystem, das auf Grundlage möglichst naturschonender Produktionsmethoden den Anforderungen einer nachhaltigen und umweltschonenden Erzeugung von Lebensmitteln am weitesten entspricht. Er hat seinen Ursprung in einer Zeit, in der sich die konventionelle Landwirtschaft durch einen hohen Einsatz synthetischer Pflanzenschutzmittel auszeichnete. Die ersten ökologisch wirtschaftenden Landwirte stellten eigenständig Bewirtschaftungsregeln auf, mit dem Ziel sich und die Umwelt durch ihre Anbauweise zu schützen. Gemeinsam entwickelten sie in ihren Anbauverbänden Richtlinien für den Anbau sowie Systeme der Qualitätssicherung und Kontrolle. In seiner Entstehung war der Ökologische Landbau stark mit geisteswissenschaftlichen Überzeugungen und ganzheitlichem Denken verbunden. Im Wesentlichen haben sich zwei Hauptströmungen der ökologischen Landwirtschaft entwickelt: Der biologisch-dynamische und der organisch-biologische Landbau.

Der biologisch-dynamische Landbau entstand innerhalb der anthroposophischen Bewegung auf Grundlage von Vorträgen des Geisteswissenschaftlers Rudolf Steiner zur Neuorientierung des Landbaus. Entsprechend der anthroposophischen Lehre finden im biologisch-dynamischen Landbau neben naturwissenschaftlichen Erkenntnissen auch nicht stoffliche Kräfte Beachtung. Diese kosmischen Äther- und Astralkräfte werden als Grundlage des irdischen Lebens und somit des Wachstums und der Entwicklung von Pflanzen angesehen. Eine zentrale Rolle hat bei dieser Wirtschaftsweise die Herstellung und Verwendung biologisch-dynamischer Präparate, welche diese Kräfte gezielt fördern sollen. In den Richtlinien des biologisch-dynamischen Anbauverbandes Demeter e. V. ist die Verwendung der Präparate verbindlich vorgeschrieben.

Angestoßen vom Konzept des biologisch-dynamischen Landbaus entwickelten sich aus der schweizerischen Bauernheimatbewegung in den 40er- und 50er-Jahren unter der Leitung des Ehepaars MARIA und HANS MÜLLER die Grundlagen für den organisch-biologischen Landbau. Unterstützt wurden sie dabei von dem deutschen Arzt und Mikrobiologen HANS-PETER RUSCH, dessen Forschungsarbeiten über die Kreisläufe der Bodenmikrobiologie und der Bodenfruchtbarkeit die theoretische Grundlage bildeten. Aufbauend auf diesen Grundlagen wurden in den 70er- und 80er-Jahren die Richtlinien der meisten Ökolandbauverbände verfasst, darunter auch Bioland und Naturland.

Parallel zu diesen Entwicklungen haben Anfang der 70er-Jahre die ersten Pionierbetriebe ihre Obstproduktion auf die ökologische Wirtschaftsweise umgestellt. Seither entwickelte sich in Deutschland die ökologisch bewirtschaftete Obstbaufläche, insbesondere der Apfelanbau, beständig weiter. Im Jahr 2015 kam der Ökologische Obstbau auf einen Flächenanteil von ca. 10 % der gesamtdeutschen Obstbaufläche.

Rechtlicher Rahmen

Mit der EG-Öko-Verordnung Nr. 834/2007 gibt es eine allgemein verbindliche Rechtsvorschrift mit gesetzlich definierten Standards für die Produktion und Kennzeichnung von ökologischen Erzeugnissen auf EU-Ebene. Die erste Fassung dieser Richtlinie wurde im Jahr 1991 unter Berücksichtigung der Basisrichtlinien der „Internationalen Vereinigung der ökologischen Landbaubewegungen" (IFOAM) und deren Grundprinzipien „Gesundheit, Umweltschutz, Fairness und Fürsorge" erarbeitet. In der aktuellen Fassung der EG-Öko-Verordnung aus dem Jahr 2009 (EU-Kommission 2009) sind neben den Zielen und Grundsätzen der ökologischen Produktion auch die Vorgaben zu Erzeugung, Verarbeitung, Handel, Kennzeichnung und Kontrolle von ökologischen Lebensmitteln definiert.

Wesentliche Vorgaben für die ökologische Produktion sind dabei:

- Keine Verwendung von gentechnisch veränderten Produkten sowie Sorten oder Unterlagen
- Grundsätzliches Verbot von Herbiziden
- Verwendung von Düngemitteln nur sofern sie in speziellen Positivlisten aufgeführt sind. Schnell wirkende mineralische Dünger sind nicht erlaubt
- Verwendung von Pflanzenschutzmitteln auf Basis natürlich vorkommender Substanzen nur sofern sie in speziellen Positivlisten aufgeführt sind. Chemisch-synthetische Pflanzenschutzmittel sind nicht erlaubt
- Kein Einsatz von Wachstumsregulatoren
- Grundsätzliche Verwendung von ökologisch vermehrtem Saat- und Pflanzgut

Neben der EG-Öko-Verordnung gilt für ökologisch wirtschaftende Betriebe in Deutschland seit 2002 auch das Öko-Landbaugesetz (ÖLG) zur Durchführung und Überwachung der Einhaltung der EG-Öko-Verordnung. Darüber hinaus gibt es mit den Richtlinien der Ökolandbau-Verbände neben den staatlichen Regelungen auch weiterführende privatrechtliche Regelungen. Diese ausschließlich für die Mitglieder des jeweiligen Anbauverbandes geltenden Richtlinien gehen über die Mindestvorgaben der EG-Öko-Verordnung hinaus. So ist z. B. nach EG-Öko-Verordnung die Teilumstellung eines Betriebes möglich, während nach den Richtlinien aller Anbauverbände in der Regel nur die Gesamtbetriebsumstellung zulässig ist.

3.2.3 Grundprinzipien und Unterschiede zwischen der Integrierten Produktion und dem Ökologischen Obstbau

Die Grundprinzipien der Integrierten und der Ökologischen Produktion stimmen weitgehend überein. Wesentliche Unterschiede zwischen beiden Produktionsrichtungen liegen in der Wahl der Methoden und den vorgegebenen Möglichkeiten. In beiden Produktionssystemen wird mit umweltschonenden Methoden die rentable Erzeugung qualitativ hochwertiger Früchte angestrebt. Dabei stehen folgende Ziele im Vordergrund:

- Erhalt und Steigerung der Bodenfruchtbarkeit durch eine nachhaltige Optimierung der Bodenpflege
- Stärkung der Widerstandsfähigkeit der Obstgehölze gegen Schadorganismen
- Förderung und Ausnutzung natürlicher Regulationsmechanismen für Schädlinge und Krankheiten
- Reduktion des Hilfsstoffeinsatzes und produktionstechnischer Umweltbelastungen

In beiden Produktionsrichtungen werden vielfältige Möglichkeiten genutzt, um den Hilfsstoffeintrag auf ein notwendiges Maß zu reduzieren. Regelmäßige Kontrollen im Bestand verbunden mit Prognosemodellen und Schadschwellenkonzepten bilden hierfür die Entscheidungsgrundlage. Durch die mit der EG-Öko-Verordnung vorgegebenen, weitreichenden Einschränkungen der Hilfsstoffe auf ausschließlich natürlich vorkommende oder naturidentische Stoffe sind in der Ökologischen Produktion die Möglichkeiten zum regulierenden Eingreifen deutlich limitierter als in der Integrierten Produktion. Dies erfordert in stärkerem Maße genaue Kenntnisse der Wechselwirkungen zwischen den Lebewesen in der Obstanlage und ihrer Umwelt.

Managementmaßnahmen wie z. B. Sortenwahl, Anlagenhygiene und angepasste Düngung spielen im ganzheitlichen System des Ökologischen Anbaus eine zentrale Rolle. Im Hinblick auf die Gesunderhaltung der Pflanzen hat die Kombination verschiedener direkter und vorbeugender Maßnahmen in beiden Produktionssystemen eine besondere Bedeutung.

Sortenwahl

Die Wahl der angebauten Sorten hat in beiden Anbauformen weitreichende betriebswirtschaftliche sowie auch anbautechnische Auswirkungen. Der vermehrte Anbau von resistenten bzw. robusten Sorten ist dabei jeweils definiertes Ziel. Mit der Verwendung schorfwiderstandsfähiger bzw. robuster Sorten kann sowohl die notwendige Anzahl an fungiziden Behandlungen zur Regulierung des Apfelschorfs reduziert als auch die genetische Vielfalt der Sorten in den Obstanlagen erhöht werden. Ökologisch wirtschaftende Obstbaubetriebe haben seit Anfang der 90er-Jahre die Umstellung auf resistente und robuste Sorten vorangetrieben und den Flächenanteil dieser Sorten stetig ausgebaut. Mittlerweile liegt der durchschnittliche Flächenteil auf ökologisch wirtschaftenden Obstbaubetrieben im süddeutschen Raum bei über 45 %. Auch bei integriert wirtschaftenden Betrieben mit Direktvermarktung gewinnen resistente Sorten wie 'Topaz' und 'Santana' allmählich an Bedeutung. Ökologisch wirtschaftende Betriebe müssen sofern verfügbar grundsätzlich auf ökologisch produziertes Pflanzgut zurückgreifen.

Bodenpflege

Die nachhaltige Bodenpflege ist auf eine optimale Baumleistung sowie auf die Erhaltung und Steigerung von Bodenfruchtbarkeit und Biodiversität ausgerichtet, ohne dabei ökonomische Aspekte zu vernachlässigen. In der Integrierten Produktion ist der Einsatz von Herbiziden zur Freihaltung des Baumstreifens aus arbeitstechnischen und ökonomischen Gründen die am weitesten verbreitete Methode der Baumstreifenpflege. Auch in der IP ist man davon abgekommen, den Aufwuchs im Baumstreifen ganzjährig zu regulieren. Die Begrünung des Baumstreifens im Vorerntezeitraum ist aufgrund der positiven Auswirkungen auf die Bodengare, den Humusgehalt und die Fruchtausfärbung erwünscht.

Im Ökologischen Anbau ist der Einsatz von Herbiziden grundsätzlich verboten. Die Freihaltung des Baumstreifens erfolgt in der Regel mechanisch mit sogenannten Unterstockräumern sowie gegebenenfalls durch zusätzlich notwendige Arbeitsgänge mit der Handhacke. Je nach Bodenart und klimatischen Begebenheiten sind für die Freihaltung bis zu sechs Arbeitsdurchgänge im Jahr notwendig. Hierfür stehen Gerätetypen mit zwei verschiedenen Arbeitsweisen zur Auswahl.

Als Standardgeräte dienen Hackgeräte, die den Boden durch rotierende Messer oder Scheiben bearbeiten. Diese Form der Bodenbearbeitung dient neben der Unkrautregulierung gleichzeitig auch der Stickstoffmobilisierung im Boden, der Einarbeitung von Blattresten im Frühjahr zur Reduktion des Ascosporenpotenzials, der Einarbeitung von Mähgut aus der Fahrgasse zu Düngungszwecken sowie der gezielten Regulierung des Wasserhaushaltes.

In den letzten Jahren wurden vermehrt Geräte entwickelt, die durch rotierende Fäden oder Bürsten den Unkrautbewuchs oberflächlich abschlagen, ohne dabei den Boden zu bewegen. Im Gegensatz zu den im Boden arbeitenden Hackgeräten hat diese Arbeitsweise keinen Einfluss auf die Stickstoffmobilisierung. Der Einsatz von Faden- oder Bürstengeräten ist daher insbesondere nach Triebabschluss bzw. im Vorerntezeitraum vorteilhaft. Im Gegensatz zu Hackgeräten können Faden- oder Bürstengeräte auch bei feuchteren Bedingungen problemlos eingesetzt werden. Zudem arbeiten sie an der Problemzone zwischen Stamm und Stützpfahl sauberer als Hackgeräte, wodurch der kostenintensive Arbeitszeitaufwand für zusätzliches Nacharbeiten mit der Handhacke reduziert werden kann.

Düngung

In beiden Anbauformen soll durch eine ausgewogene Düngung den Obstpflanzen ein harmonisches Verhältnis der notwendigen Nährstoffe zur richtigen Zeit und in ausreichender Menge zur Verfügung gestellt werden. Regelmäßige Bodenanalysen (nach IP-Richtlinien mindestens alle fünf Jahre) ermöglichen es, die Eigenschaften und den Versorgungsgrad des Bodens über die Jahre zu verfolgen und einen angepassten Düngeplan zu erstellen.

In der IP können zur Nährstoffversorgung alle gängigen Mineraldünger für die Boden- bzw. Blattdüngung eingesetzt werden. Gezielte und flexibel planbare Nährstoffgaben sind so nahezu uneingeschränkt möglich.

Im Ökologischen Obstbau erfolgt die Nährstoffversorgung in erster Linie über den Boden. Der Einsatz von mineralischen Stickstoffdüngern sowie leicht löslichen Mineraldüngern ist verboten. Alle zur Nährstoffversorgung im Ökologischen Obstbau zugelassenen Stoffe müssen im Anhang I der EG-Öko-Verordnung aufgeführt sein. Zugelassen sind neben verschiedenen Arten von tierischen Misten und Komposten auch organische Handelsdünger auf Basis natürlicher Stoffe tierischen und pflanzlichen Ursprungs. Auch ausgewählte schwer lösliche Phosphat- und Kalidünger sowie Kalke dürfen verwendet werden. Bei nachgewiesenem Nährstoffmangel kann seitens der Kontrollstellen eine Ausnahmegenehmigung zum gezielten Einsatz ausgewählter Blattdünger erfolgen.

Behangsregulierung

Die Regulierung des Fruchtbehangs gehört mit zu den wichtigsten Kulturmaßnahmen im Kernobstanbau. Die Anwendung von chemisch synthetischen Hilfsstoffen zur Behangsregulierung in der IP bewirkt eine Ausdünnung von Blüten oder kleinen Früchten und verringert die hohen Arbeitskosten der Handausdünnung. Im Ökologischen Anbau sind chemisch synthetische Ausdünnungsmittel und Wachstumsregulatoren nicht zugelassen. Zur Reduktion eines hohen Blütenansatzes kann hier lediglich auf die maschinelle Ausdünnung sowie eine frühzeitige Handausdünnung zurückgegriffen werden.

> Der Verzicht auf chemische Behandlungsmethoden bei Baumstreifenmanagement, Ausdünnung und Pflanzenschutz erhöht den Arbeitszeitaufwand und die damit verbundenen Personalkosten im Ökologischen Obstbau gegenüber der IP erheblich.

Pflanzenschutz

Bei der Erzeugung von Qualitätsobst sind Schadorganismen durch die Kombination unterschiedlicher Maßnahmen unter der wirtschaftlichen Schadensschwelle zu halten. Grundlage dafür ist die regelmäßige Erfassung der Schädlings- und Nützlingspopulationen in der Obstanlage zur Einschätzung der Situation und Entwicklung einer betriebseigenen Pflanzenschutzstrategie. In beiden Produktionssystemen haben neben direkten Bekämpfungsmaßnahmen vorbeugende Maßnahmen wie Standort- und Sortenwahl, Düngung und Schnitt sowie phytosanitäre Maßnahmen eine große Bedeutung. Die in der IP zugelassenen Pflanzenschutzmittel werden von den Pflanzenschutzdiensten in einer jährlich neu überarbeiteten Liste zusammengestellt und veröffentlicht. Darin sind auch die Präparate aufgeführt, die nach EG-Öko-Verordnung für den Ökologischen Anbau zugelassen sind. Hierbei handelt es sich ausschließlich um Pflanzenschutzmittel auf Basis natürlich vorkommender oder naturidentischer Stoffe. Die Verwendung chemisch-synthetischer Substanzen ist im Ökologischen Landbau grundsätzlich verboten. Die Richtlinien der einzelnen Anbauverbände können die Mindestvorgaben der EG-Öko-Verordnung noch weiter einschränken, weshalb vor einer durchgeführten Pflanzenschutzmaßnahme deren Zulässigkeit mit dem betreffenden Verband abgeklärt werden sollte.

Kontrollsysteme

Kontrollen sind notwendig, um die Glaubwürdigkeit beider Produktionssysteme gegenüber den Verbrauchern zu bewahren und zu pflegen. Jeder Betriebsleiter, der an der IP teilnimmt, verpflichtet sich, genaue Aufzeichnungen über den Entwicklungsverlauf seiner Kulturen und die durchgeführten Maßnahmen zu machen. Das in der Qualitätssicherung vorgeschriebene Betriebsheft enthält z. B. eine genaue Auflistung der Obstanlagen (Größe, Pflanzsystem, Unterlagen, Sorten usw.), Ergebnisse der Überwachung der Obstanlagen, durchgeführte Pflanzenschutzmaßnahmen, ausgebrachte Mengen an Pflanzenschutzmitteln, Ergebnisse der Bodenuntersuchung und Düngungsmaßnahmen sowie Maßnahmen zum Schutz und zur Förderung von Nützlingen. Darüber hinaus verpflichtet sich der Betriebsleiter, autorisierten Personen Einsicht in das Betriebsheft zu gewähren und seinen Betrieb besichtigen zu lassen, um so seine Produktionsweise offen zu legen. Ferner erfolgen stichprobenartige Entnahmen von Boden-, Blatt- oder Fruchtproben für Rückstandsuntersuchungen.

Auch ökologisch produzierte Erzeugnisse müssen die allgemein geltenden Vorschriften des Lebensmittel- und Futtermittelrechts erfüllen und werden im Rahmen der hierfür vorgesehenen Kontrollmechanismen überprüft. Darüber hinaus wird die Einhaltung der EU-Rechtsvorschriften für den Ökologischen Landbau sowie der Richtlinien der Anbauverbände in Deutschland durch staatlich akkreditierte Kontrollstellen überwacht. Mindestens einmal jährlich inspiziert die Kontrollstelle dabei den gesamten Betrieb. Das Kontrollverfahren selbst beruht auf dem Prinzip der Prozesskontrolle. Der Betrieb ist verpflichtet, vor der Einfuhr von Betriebsmitteln wie z. B. Pflanzgut, Dünge- und Pflanzenschutzmittel zu prüfen, ob diese öko-konform sind.

Weiterentwicklung und Zukunftsperspektiven

Beide Produktionssysteme passen aufgrund der Änderungen des rechtlichen Rahmens, restriktiver Vorgaben seitens des Handels sowie veränderter Verbrauchererwartungen ihre Produktionsweise fortlaufend an die neuesten Erkenntnisse aus Forschung und Praxis an. Aspekte von Umweltschutz, Gewässerschutz und Nachhaltigkeit im Obstbau werden zukünftig eine noch bedeutendere Rolle spielen. Derzeit werden unabhängig von der Produktionsrichtung Maßnahmen und Elemente zur Förderung der Biodiversität in die Obstanlagen integriert.

Von besonderer Herausforderung für die IP sind die über den gesetzlich vorgegebenen Rahmen definierten Rückstandsmengenbegrenzungen durch den Handel, wodurch die Auswahl an Pflanzenschutzmitteln weiter eingeschränkt wird. Darüber hinaus führt der Wegfall einzelner Wirkstoffgruppen durch Neubewertungen im Zulassungsverfahren, aber auch aufgrund von Resistenzbildungen zunehmend zu Engpässen im integrierten Pflanzenschutz. Aus diesen Gründen müssen hier zukünftig verstärkt Hilfsstoffe und Verfahren aus dem Ökologischen Obstbau übernommen werden. Zudem gibt es Bestrebungen, den Einsatz von Herbiziden zu verringern, beispielweise durch den Einsatz von mechanischen Bodenbearbeitungsgeräten. Ein weiteres Entwicklungspotenzial liegt in der Ausdehnung der Anbaufläche mit resistenten bzw. robusten Sorten und Unterlagen.

Im Ökologischen Obstbau arbeiten in regionalen Arbeitskreisen, bundesweiten Netzwerken sowie in den Anbauverbänden Obstbauern gemeinsam mit Beratern und Wissenschaftlern stetig an der Weiterentwicklung und Optimierung des Gesamtsystems Ökologischer Obstbau. Mögliches Entwicklungspotenzial besteht beispielsweise im Bereich der Nährstoffversorgung mit einer Reduktion des Einsatzes organischer Handelsdünger durch angepasste Düngungskonzepte basierend auf regionalen Stoffkreisläufen. Diese könnten zukünftig noch stärker mit dem Fahrgassen- und Baumstreifenmanagement kombiniert werden. Übergeordnete Ziele sind dabei die Reduktion der Anzahl an Überfahrten zur Bodenpflege sowie die Erhöhung der Biodiversität in den Obstanlagen. Der Ökologische Obstbau steht hier allerdings vor besonderen Herausforderungen, da klassische Elemente zur Nährstoffversorgung im Ökologischen Landbau, wie z. B. Fruchtfolgen und Zwischenfruchtanbau, in der Dauerkultur Obst nicht praktikabel sind.

Im Bereich des Pflanzenschutzes steht durch die neu geschaffenen Zulassungsregelungen auf EU-Ebene zu befürchten, dass einzelne, bislang nach nationalem Recht für den Einsatz im Ökologischen Obstbau zulässige Wirkstoffe und Präparate zukünftig nicht mehr verfügbar sein werden. Dadurch könnte die Auswahl an Pflanzenschutzmitteln für den Ökologischen Obstbau noch weiter eingeschränkt werden. In diesem Kontext muss neben der Entwicklung und Prüfung alternativer Präparate auch die Züchtung und der Anbau neuer resistenter bzw. robuster Sorten vorangebracht werden. Ein Ziel hierbei sollte sein, der genetischen Verengung des modernen Apfelsortenspektrums entgegenzusteuern und mithilfe der großen genetischen Vielfalt insbesondere alter Apfelsorten zu einer langfristigen und breiten Feldtoleranz zu gelangen.

4 Die wirtschaftlich wichtigen Obstarten und -sorten

4.1 Obstzüchtung

Ziel der Obstzüchtung sind Sorten mit hoher Fruchtqualität, guten und regelmäßigen Erträgen sowie dauerhafter Robustheit gegen Krankheiten, Schädlinge und negative Umwelteinflüsse.

Die Zuchtziele lassen sich in sehr viele Aspekte auffächern und hängen stark von den Anforderungen am jeweiligen Züchtungsstandort ab. Sie sollten auch den Weltmarkt und den langen Zeithorizont, den die Züchtung erfordert, in Betracht ziehen. Der lange Generationszyklus lässt wenig Spielraum für komplexe Züchtungsmethoden, denn meist sollen die Sämlinge der ersten Generation bereits die gewünschten Eigenschaften aufweisen. Um Resistenzen aus Wildformen einzukreuzen, muss das aufwendige Verfahren der Rückkreuzung mit qualitativ hochwertigen großfruchtigen Sorten angewendet werden.

Bei der Festlegung der Zuchtziele müssen Prioritäten gesetzt werden: Welche Eigenschaften können sinnvoll züchterisch verbessert werden und wo sind andere Ansätze möglich? Die Züchtung kann nicht auf alle Alltagsprobleme des Obstbaus eingehen, sie muss strategische, lang-

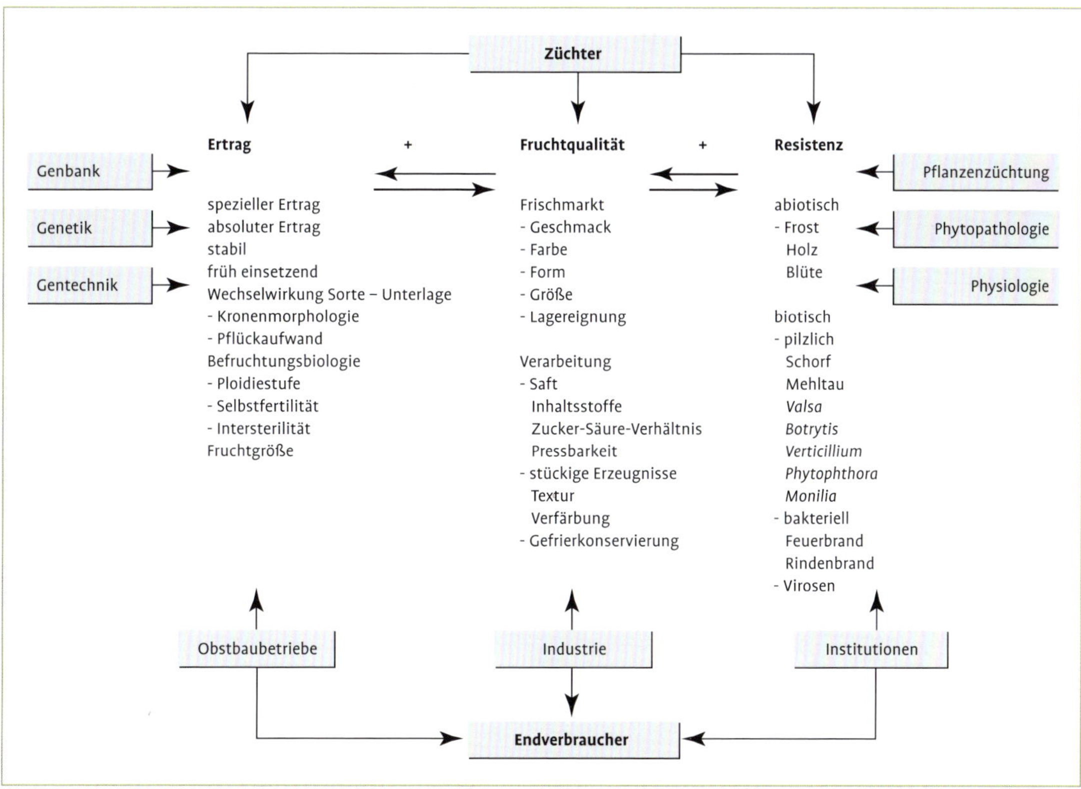

Abb. 30 Zuchtziele in der Obstzüchtung und ihre Wechselwirkungen (nach FRIEDRICH und FISCHER 2000).

fristige Ziele anpeilen, denn Züchtung ist zeit- und arbeitsintensiv.

Sortenvermarktung

Beim Kernobst, insbesondere beim Apfel, befindet sich ein umfangreiches Sortenspektrum im Anbau und im Versuchsstadium. Während früher die Neuheiten vor allem von den staatlichen Züchtungsinstituten mit oder ohne Sortenschutz herausgegeben wurden, ist heute ein zunehmender Trend zu gezielter Lancierung von Sortenneuheiten zu verspüren. Beispiele sind geschlossene Clubs mit Clubsorten, in denen Produktion, Qualitätssicherung und Vermarktung einer Sorte umfassend organisiert werden. Die Apfelsorten 'Cripps Pink' (Pink Lady®), 'Scifresh' (Jazz®), 'Nicoter' (Kanzi®), Rubens®, 'Milwa' (Junami®) und viele mehr werden weltweit auf diese Weise vermarktet. Nur Clubmitglieder haben Zugang zu Bäumen oder die Erlaubnis, Früchte zu verkaufen.

Die Clubvermarktung von Sorten schließt die ganze Kette von der Züchtung bis zum Verkaufsregal in ein Marketingkonzept ein. Sorten- und Markenschutz ermöglichen eine genaue Kontrolle des Anbaus, des Angebots und der Qualität. Gekoppelt mit gezielter Werbung soll der Sorte ein besonderes Profil gegeben werden. Bei Clubsorten fallen nicht nur Lizenzgebühren pro verkauftem Baum, sondern noch weitere Gebühren an. Folglich sind Clubsorten im oberen Preissegment anzusiedeln. Entsprechende Ansätze werden auch bei Birnen (Xenia®, Sweet Sensation®) und anderen Obstarten verfolgt.

In Sortenclubs werden Produktion, Qualitätssicherung und Vermarktung einer Sorte gezielt organisiert.

4.1.1 Apfelzüchtung

Apfelzüchtung im weitesten Sinn wird betrieben, seit Menschen die Äpfel gefunden und als Nahrungsmittel erkannt haben. Wildäpfel und ihre natürlichen Hybriden, die zunächst in den bekannten Genzentren als Nahrung dienten, wurden im Laufe der Jahrtausende durch Sammeln und natürliche Auslese von Fruchtgröße und Geschmack verbessert. Daraus entstanden viele Primitivformen, zumeist mit lokaler Bedeutung. So

Tab. 13 Zeittafel zum Durchlauf Apfelzüchtung

Jahr	Anzahl	Tätigkeit
0	12 000 Blüten	Zusammenstellen des Kreuzungsprogramms, Äste der Muttersorten eintüten, Pollen der Vatersorten auf die Narben der Blüten der Muttersorten bringen, Ernte der Kreuzungsfrüchte, Samen entnehmen und kältebehandeln
1	10 000 Samen	Aussaat im Gewächshaus und Schorfinfektion im 4-Blatt-Stadium, zuvor Blattproben für allfällige molekulare Untersuchungen entnehmen
	4 000 Resistente	Auspflanzen der schorfresistenten Sämlinge ins Freiland oder Weiterzucht im Gewächshaus
2	600 Sämlinge	Auslese der interessantesten Sämlinge für die Veredelung auf eine schwachwüchsige Unterlage (1 Baum pro Neuzüchtung)
3		Anzucht der Bäumchen in der Baumschule
4		Pflanzung in Prüfparzelle
5		Erste Fruchtprüfung
6 bis 12	50 Zuchtnummern	Aufgrund der Bewertung von Bäumen und Früchten wird laufend entschieden, welche Zuchtnummern weitergeprüft und welche aufgegeben werden
ca. 12 bis 15	1 Sorte	Abschließende Anbau- und Marktwertprüfung an verschiedenen Standorten und Entscheidung über Sortenlancierung

sollen bereits die Römer den sternförmigen 'Sternapi' gekannt und verzehrt haben. Die ersten kontrollierten Apfelkreuzungen sollen von THOMAS A. KNIGHT im Jahr 1806 in England durchgeführt worden sein. Bis in das 19. Jahrhundert wurden in Europa noch neue Sorten durch Sammeln, Reisen und die Seefahrt verbreitet. Die Zuchtziele haben sich im Verlauf der Jahrzehnte immer wieder an neue Anforderungen angepasst und wurden durch zahlreiche Wechselwirkungen zwischen den verschiedensten Fachgebieten und Nutzern bestimmt.

> Die wichtigsten Zuchtziele beim Apfel sind hohe Fruchtqualität, regelmäßige und hohe Erträge sowie dauerhafte Resistenzeigenschaften gegen biotische und abiotische Schädigungen.

Als Folge der weitgehenden Selbstunfruchtbarkeit benötigt die Narbe einer Apfelblüte zur Befruchtung den Pollen einer anderen Sorte. Jeder Elter trägt durch erblich verschiedene Chromosomenstränge zur Ungleicherbigkeit der Samen bei. Aus jedem Apfelsamen erwächst theoretisch eine neue Sorte. Auf diese Weise wurde über Jahrhunderte hinweg die Voraussetzung für eine riesige Zahl von Apfelsorten geschaffen. Doch nur wenige sind verbreitet worden oder haben sich am Markt behaupten können.

Klassische Züchtung

Die klassische Apfelzüchtung ist gekennzeichnet durch die Kombination von zwei Elternsorten durch Kreuzbestäubung und Befruchtung auf natürlichem Wege (Abb. 31a). Die Auswahl der Elternsorten erfolgt nach den gewünschten positiven Eigenschaften der Früchte und des Baumes, nach dem Verwendungszweck der Früchte, z. B. als Tafelapfel oder für die Verarbeitung zu Apfelsaft und weiteren Verwendungsarten, nach Standortbedingungen und Standortwahl. Neben der Kombinationszüchtung entstehen neue Sorten auch durch Bestrahlung oder mit chemischen Agenzien, also durch künstlich ausgelöste Mutationen. Diese Methoden werden heute nur noch selten angewendet. Wichtiger sind spontane (zufällige) Mutationen, die oft in Obstanlagen entdeckt werden, z. B. Mutanten mit stärkerer Färbung.

Die am häufigsten genutzte Züchtungsmethode in der Apfelzüchtung ist die **Kombinationszüchtung**. Die Züchtungs- und Selektionsmethoden haben bis heute einen so hohen Entwicklungsstand erreicht, dass durch gezielte Anzuchtmethoden die lange Generationsfolge, die über zehn Jahre bis zum Beginn der Erstblüte dauern kann, auf ein Minimum der Zeit, meist vier bis fünf Jahre, verkürzt werden konnte. Aussaaten und Anzuchten der Sämlinge sowie Frühselektionen auf Krankheitsresistenz wie Schorf und Feuerbrand sowie auf morphologische Merkmale und Wuchsmerkmale erfolgen im Gewächshaus. Speziell beim Einkreuzen von Resistenzeigenschaften aus Wildäpfeln kann durch Optimierung der Wachstumsfaktoren Licht, Wasser und Nährstoffe das Wachstum der Sämlinge so beschleunigt werden, dass teilweise bereits am zweijährigen Sämling Blüten induziert werden.

Eine weitere Verfrühung der Blüte wird erreicht, indem die adulten Sämlinge im zweiten Vegetationsjahr nach der Aussaat auf schwach wachsende Unterlagen veredelt werden. Am besten haben sich dafür die Unterlagen M 9 und M 27 bewährt. Ab dem dritten Jahr nach der Aussaat kann die Selektion auf Frucht- und Baumeigenschaften erfolgen. Ertragsmerkmale können sicher beurteilt werden, weil die Sämlinge auf den Unterlagen M 9 oder M 27 alle gut miteinander vergleichbar sind (Abb. 31b). Die erste Selektionsstufe einer Kreuzungsserie ist in sechs bis acht Jahren nach der Aussaat abgeschlossen.

Etwa 1 % der Sämlinge werden aus den Nachkommenschaften selektiert, in der zweiten Selektionsstufe mit drei bis fünf Bäumen je Sämling gepflanzt und über fünf Ertragsjahre geprüft und selektiert. Parallel dazu wird der Virusstatus geprüft. Nach der Selektion über weitere Prüfstufen mit Lagerversuchen und Konsumententests werden die geeigneten Züchtungen zum Sortenschutz angemeldet und an Firmen weitergegeben, welche die Markteinführung organisieren.

Krankheitsresistente Apfelsorten

Für den erfolgreichen Anbau krankheitsresistenter Sorten sind hohe Fruchtqualität, stabile Erträge und dauerhafte Erhaltung der Resistenzeigenschaften ausschlaggebend. Im Zentrum der züchterischen Arbeiten stehen Resistenzen gegen die

Abb. 31 Links: Übertragen des Pollens der Vatersorte mit dem Pinsel auf die Narben der Muttersorte. Rechts: Apfelsämlinge nach künstlicher Schorfinfektion im Gewächshaus zur Prüfung vorhandener Resistenzeigenschaften.

Pilzkrankheiten Schorf (*Venturia inaequalis*), Mehltau (*Podosphaera leucotricha*) und die Bakterienkrankheit Feuerbrand (*Erwinia amylovora*). Bezüglich der Schorfresistenz entstanden in den letzten Jahren Probleme, weil einige schorfresistente Sorten mit Resistenzquelle *Malus floribunda* 821 unter bestimmten ökologischen Bedingungen Schorfbefall zeigten, der durch hochvirulente Rassen des Schorfpilzes und sehr hohen Infektionsdruck aufgrund einer frühen Infektion verursacht wurde. Um die Resistenzeigenschaften zu erhalten, sollten auch schorfresistente Sorten zu Beginn der Vegetationsperiode während des intensiven Ascosporenflugs spezifisch mit zwei bis drei Fungizidbehandlungen geschützt werden. Seit einigen Jahren werden Kreuzungseltern mit Schorfresistenzen verschiedener Quellen kombiniert, um eine „Pyramidisierung", d. h. Anhäufung verschiedener Resistenzgene in einer Sorte, zu erreichen. Dadurch soll eine höhere Stabilität der Resistenz gegen Schorf erzielt werden.

4.1.2 Birnenzüchtung

Die Birnenzüchtung hat eine lange Tradition. Unser gegenwärtiges Birnensortiment umfasst noch viele alte Sorten. Von den Neuheiten konnte kaum eine Sorte eine bedeutende Marktstellung erlangen.

Züchter im heutigen Belgien betrieben zwischen 1750 und 1850 eine **Massenselektion** aus Populationen offen abgeblühter Sämlinge, aus der mehrere hervorragende Sorten entstanden. Diese Methode wurde durch die gezielte **Kombinationszüchtung** abgelöst.

Bei der Birnenzüchtung ist die Frühselektion auf Krankheiten und Schädlinge möglich, auf Anbaueigenschaften ist sie schwieriger, doch gibt es wie beim Apfel einige Anhaltspunkte: Starker Wuchs der Sämlinge und kurze juvenile Phase korrelieren mit frühem Ertragseintritt. Zu starker Wuchs ist bei Birnen allerdings unerwünscht. Die Robustheit gegenüber Krankheiten bei gleichzeitig hoher Fruchtqualität und guter Leistung ist auch bei der Birne ein zentrales Zuchtziel. Die Bewertung der Fruchtqualität ist bei Birnensorten anspruchsvoller als bei anderen Obstarten. Das Nachreifeverhalten muss berücksichtigt werden. Junge Verbraucher bevorzugen nicht mehr schmelzende Birnen, sondern leicht knackige. Diesem Wunsch entsprechen auch Hybriden zwischen europäischen und asiatischen Birnen, wie sie z. B. in Neuseeland entwickelt werden.

4.1.3 Kirschenzüchtung

Die Süßkirschen, *Prunus avium* L., und die Sauerkirschen, *P. cerasus* L., bilden gemeinsam mit der Steppenkirsche, *P. fruticosa* Pall., die Sektion *Cerasus* und werden der Gattung *Prunus* zugeordnet. Wie die meisten heimischen Obstarten gehören sie zur Familie der Rosaceae. Die Süßkirsche ist diploid und hat die Chromosomenzahl $2n = 2x = 16$. Die Sauerkirsche ist ein natürlicher tetraploider Artbastard zwischen der Steppenkirsche und der Süßkirsche mit der Chromosomenzahl $2n = 4x = 32$.

Süß- und Sauerkirschen sind entsprechend ihrer Fruchtmerkmale und Wuchsform jeweils in zwei Gruppen eingeteilt: Bei den Süßkirschen werden die weichfleischigen Herzkirschen und die Knorpelkirschen mit festem Fruchtfleisch unterschieden. Sauerkirschen werden in Echte Sauerkirschen und Bastardkirschen unterteilt. Entsprechend der Fruchteigenschaften werden erstere noch einmal in zwei Untergruppen unterteilt. Bei den Echten Sauerkirschen sind dies die Weichseln mit dunklem, färbendem Saft und die Amarellen mit hellem, nicht färbendem Saft. Bei den Bastard-Kirschen werden die Süßweichseln mit dunklem, färbendem Fruchtsaft und Glaskirschen mit hellem, nicht färbendem Saft unterschieden.

Süßkirschen werden hauptsächlich als Frischware konsumiert und nur ein kleiner Teil verarbeitet, während Sauerkirschen überwiegend verarbeitet werden. Die Zuchtziele für beide Obstarten sind grundsätzlich gleich: Hohe Fruchtqualität, ein regelmäßiger und hoher Fruchtbehang, Widerstandsfähigkeit gegenüber biotischen und abiotischen Schadfaktoren, die frühe bzw. späte Fruchtreife sowie spezifische Eigenschaften entsprechend der Nutzungsform. Hierzu zählen beispielsweise Fruchteigenschaften wie der Zucker-, Säure- und Farbstoffgehalt sowie Merkmale für die mechanische Ernte.

Wichtige Grundlage für die Kirschenzüchtung sind die gezielte Sammlung bzw. Selektion, Vermehrung und Erhaltung von interessanten Genotypen der Süß- und Sauerkirschen in ihren natürlichen Verbreitungsgebieten Asien und Südosteuropa und den späteren Anbaugebieten in ganz Europa. Lokale Sortimente entstanden in verschiedenen Teilen Europas. In verschiedenen Ländern, vor allem Großbritannien, Kanada, Russland, den USA und Deutschland, entstanden Ende des 19. Jahrhunderts Forschungseinrichtungen, die sich neben spezifischen Fragen des Obstbaues gezielt mit der Züchtung von Obst beschäftigten.

Ausgangspunkt der Kirschenzüchtung ist Auswahl und Kreuzung ausgewählter Genotypen als Kreuzungseltern anhand der definierten Zuchtziele. Es folgen mehrere Selektionsphasen, in denen die besten Sämlinge bewertet, selektiert und daraus abschließend neue Sorten ausgewählt werden. Voraussetzung einer erfolgreichen Sortenzüchtung sind somit die Nutzung geeigneter Kreuzungspartner sowie effiziente Bewertungs- und Selektionsmethoden. In den letzten Jahren konnten große Fortschritte zum Verständnis der Befruchtungsverhältnisse und wichtiger Fruchtmerkmale, wie der Fruchtgröße, -farbe, -festigkeit, sowie zur Krankheitsresistenz erzielt werden. Gegenwärtig stehen erste molekulare Marker zur Charakterisierung von Zuchtmaterial und zur Unterstützung im Selektionsprozess zur Verfügung. Beispiele hierfür sind die molekularen Marker zur Bestimmung der S-Allele (Selbstinkompatibilität) und zur Fruchtgröße. Voraussetzung hierfür waren vielfältige molekulargenetische Studien zur Erstellung von Genkarten für die Süß- und Sauerkirsche.

4.1.4 Pflaumenzüchtung

Bei den Pflaumen können die hexaploide Europäische Pflaume (*Prunus domestica*) und die diploide Japanische Pflaume (*Prunus salicina*) unterschieden werden. Zur Europäischen Pflaume zählen Pflaumen, Zwetschen, Renekloden und Mirabellen.

Eines der wichtigsten Zuchtziele bei der Europäischen Pflaume ist die Widerstandsfähigkeit gegen das Scharkavirus (Plum pox virus). Das Virus ist in den meisten europäischen Anbauregionen verbreitet oder auf dem Vormarsch. Fruchttoleranz, bei der auf den Früchten keine oder nur geringe Symptome ausgeprägt werden, ist die Mindestanforderung an eine neue Sorte. Besser ist eine quantitative Resistenz, bei der auch die Viruskonzentration in der Pflanze vermindert ist. Trotzdem können quantitativ resistente Sorten das Virus übertragen. Die Resistenz durch Hypersensibilität ist in der Lage, die Pflanzen im Feld befalls- und symptomfrei zu halten und der Ausbreitung des Erregers entgegenzuwirken. Sorten mit dieser Art der Resistenz sind z. B. 'Jojo' und 'Jofela'. Sie stammen aus dem Hohenheimer Züchtungsprogramm von Walter Hartmann. Das Ziel der Hohenheimer Resistenzzüchtung war eine Kombination von quantitativer, auf mehreren Genen beruhender und qualitativer, auf einem oder wenigen Genen beruhender Resistenz.

Die weiteren Zuchtziele variieren je nach Verwendungszweck der Frucht. Im mitteleuropäischen Raum wird eine mittelgroße Frucht (30 bis 40 mm) bevorzugt, da der Großteil der Früchte in die Verarbeitung, besonders in die Bäckereien geht. Größte Bedeutung hat hier die Backfähigkeit. Außerdem sollen sich die Steine sehr gut vom Fruchtfleisch lösen. Großfrüchtigkeit, Aussehen, Festigkeit und Geschmack sind entscheidend für Tafelfrüchte zum Frischverzehr. Für Dörrzwecke, wie z. B. in der Region Bordeaux, ist die Trocknungseignung entscheidend.

Selbstfertilität, regelmäßige und ausreichend hohe Produktion und Resistenz gegen Krankheiten und schädigende Witterungseinflüsse sind weitere Zuchtziele. Das European Prunus Mapping Project hat die Kenntnisse über die Genetik der *Prunus*-Arten erweitert und bildet eine wertvolle Grundlage für die Anwendung moderner Züchtungsverfahren.

4.1.5 Moderne Züchtungsmethoden

Die klassische **Kombinationszüchtung** wird heute durch moderne **molekularbiologische Verfahren** ergänzt. Dadurch können neue Züchtungen gezielter selektiert, schneller entwickelt und zur Marktreife gebracht werden. Die Entwicklung der Polymerase-Kettenreaktion (PCR)-Methode hat es ermöglicht, rasch große Mengen spezifischer Abschnitte der Erbsubstanz (DNA) zu synthetisieren, ohne dass dazu eine Vermehrung lebender Zellen notwendig ist.

In der ruhenden Zelle liegt die DNA als Doppelstrang vor. Die beiden Stränge bilden die von Watson und Crick 1953 gefundene Doppelhelix. In allen Organismen sind die Grundbausteine der DNA gleich: Zucker (Desoxyribose) und Phosphatmoleküle sowie die Basen Adenin, Thymin, Cytosin und Guanin. Vor der Zellteilung lösen sich die beiden komplementären DNA-Stränge und liegen wieder einzeln vor. Bei der PCR wird dieser Vorgang durch Temperaturerhöhung ausgelöst. Jeder Einzelstrang bildet die Vorlage für einen Komplementärstrang, der durch DNA-Polymerase synthetisiert wird. Dazu wird ein kurzes doppelsträngiges DNA-Stück als Starterblock benötigt. Zur Vermehrung eines bestimmten DNA-Abschnitts muss dieser mit kurzen, zum Anfang und Ende der gewünschten Sequenz komplementären DNA-Stücken umrahmt werden. Diese **Primer** genannten Abschnitte bestehen aus synthetischen DNA-Stücken.

Markerunterstützte Züchtung

Für die PCR werden **DNA-Abschnitte** (**Marker**) ausgewählt, die für den gesuchten Organismus charakteristisch sind bzw. mit bestimmten Eigenschaften (z. B. Resistenzen) zusammenhängen. Ein molekularer Marker ist ein DNA-Fragment, das den gleichen DNA-Abschnitt bezeichnet, auf dem auch das gesuchte Gen liegt. Je näher der Marker dem entsprechenden Gen liegt, umso geringer wird die Wahrscheinlichkeit, dass sich Marker und Gen bei der sexuellen Rekombination trennen. Je näher der Marker beim Gen liegt, desto zuverlässiger ist er daher.

Die Anlagerung der Primer an die komplementären Sequenzen wird **Annealing** genannt. Die optimale Temperatur für die Anlagerung der Primer liegt zwischen 40 und 60 °C. Aus den zugegebenen Nukleotiden werden mithilfe der Polymerase die komplementären Partner angefügt bis die DNA zum vollständigen Doppelstrang ergänzt ist. Diesen Schritt katalysiert eine bei einer Temperatur von 72 °C hitzestabile Taq-Polymerase des Bakteriums *Thermus aquaticus*.

Mit einem Thermocycler genannten Gerät können DNA-Auftrennung und Replikation, Anlagerung der Primer und Ausdehnung zum Doppelstrang in einem Reaktionsgefäß beliebig oft wiederholt werden. In kurzer Zeit wird durch diese Kettenreaktion eine exponentielle Vervielfältigung (Amplifikation) des durch den Primer markierten DNA-Abschnittes erzielt. Die hohe Zahl identischer Moleküle kann nachher in einem Nachweisverfahren, z. B. als Elektrophorese-Gel, dargestellt werden.

Molekulare Marker sind ein diagnostisches Hilfsmittel, um bestimmte genetische Eigenschaften eines Individuums, z. B. eines Apfelsämlings, zu charakterisieren. Sie dürfen nicht mit selektierbaren Markern verwechselt werden, die bei der Gentransformation verwendet werden, um den Erfolg der Transformation nachzuweisen.

Mit molekularen Markern kann nachgewiesen werden, ob einzelne Allele eines Gens vorhanden sind, ohne dass die Funktion oder die Struktur des Gens (z. B. Resistenz) für diesen Nachweis notwendig ist. Somit kann auch das Vorhandensein mehrerer Allele unterschiedlicher Gene, die für bestimmte Eigenschaften codieren, in einem einzelnen Individuum erkannt werden.

Die **Genkartierung** erlaubt es, die Lage von Genen auf den Chromosomen zu bestimmen. Bei den Obstarten ist sie für den Züchter ein wirksames Werkzeug zur Sortenverbesserung. Beim Apfel und beim Steinobst sind deshalb verschiedene Genkarten entwickelt worden, die laufend vervollständigt werden. Im Jahr 2010 wurde die Sequenz des Apfelgenoms publiziert. Sie kann auch für die Entwicklung molekularer Marker genutzt werden.

Marker für Resistenzen

Beim Apfel sind bisher 18 unterschiedliche Apfelschorfresistenzgene bekannt. Gemäß der neuen Nomenklatur werden diesen R-Gene Rvi1 bis Rvi18 genannt. Vf, das meist gebrauchte Apfelschorfresistenzgen, ist Rvi6. Diese Resistenzen basieren auf einzelnen dominanten Genen.

Seit 1945 wurden in den USA und in Europa unterschiedlich weit entwickelte resistente Züchtungen mit qualitativ hochwertigen Handelssorten zurückgekreuzt. Die meisten schorfresistenten Apfelsorten wie 'Retina', 'Rewena', 'Topaz', 'Rubinola' oder 'SQ 159'/NATYRA® haben Rvi6 (Vf-Resistenz (V für *Venturia* = Schorf und f für *floribunda*). Diese Resistenz geht auf eine im Jahr 1912 durchgeführte Kreuzung des nur kirschgroßen Wildapfels *Malus floribunda* 821 mit der Sorte 'Morgenduft' zurück.

Durch die PCR-Analyse von Nachkommen mit guter phänotypischer Resistenz und solchen mit starker Anfälligkeit gegen den Schorfpilz können molekulare Markerallele gefunden werden, die nur in der resistenten Nachkommenschaft vorkommen. Ein Marker zeigt an, ob das Individuum vom resistenten Elternteil die Resistenz geerbt hat.

Je nachdem, welcher Marker für den Nachweis der Rvi6-Resistenz verwendet wird, ist mit bis 99,9%iger Sicherheit nachzuweisen, ob in einem Sämling die Vf-Resistenz vorhanden ist. Dazu ist nur wenig Blattmaterial nötig, aus dem die DNA extrahiert wird. Es kann zudem rasch und zuverlässig nachgewiesen werden, ob die Rvi6-Resistenz reinerbig (homozygot) oder mischerbig (heterozygot) vorliegt. Bisher war das nur mit aufwendigen Kreuzungstests möglich.

Traditionell werden die jungen Apfelsämlinge im Gewächshaus mit Schorf infiziert, um anfällige und resistente Sämlinge anhand der Befallssymptome zu unterscheiden. Diese Methode ist preiswert und wird auch weiterhin meistens angewendet werden. Die Markermethode ist zwar präziser, aber auch teurer. Markergestützte Frühselektion ist ein Hilfsmittel, um den genetischen Aufbau eines Sämlings zu beschreiben.

Beispiele von anderen Kulturpflanzen belegen, dass Resistenzen, die nur auf einzelnen Genen beruhen, oft nach kurzer Zeit von den entsprechenden Krankheiten oder Schädlingen überwunden werden. Diese Gefahr hat sich auch beim Apfel bestätigt. In verschiedenen Obstanbaugebieten, speziell im mittleren und nördlichen Europa, sind Schorfstämme gefunden worden, welche die Rvi6-Resistenz durchbrochen haben. Inzwischen sind Marker für viele Apfelschorfresistenzgene entwickelt worden. Damit wird es möglich, Resistenzen zu pyramidisieren, also zwei oder mehrere Resistenzen gegen dasselbe Pathogen in einem Sämling zu kombinieren. So wird die Dauerhaftigkeit der Resistenz bei den entsprechenden Nachkommen erhöht.

Beim Apfel werden auch die in alten und neuen Sorten vorhandenen Teilresistenzen, die auf vielen verschiedenen Genen beruhen dürften, mit molekularen Methoden beschrieben.

Marker für Fruchtqualität und Ertragsbildung
Großer Bedeutung bei der Frühselektion haben auch Qualitäts- und Leistungsmerkmale, denn hier war in der traditionellen Züchtung die Selektion erst spät möglich. Ein Apfelsämling bringt im besten Fall im vierten Jahr nach der Kreuzung erste Früchte.

Viele Qualitätsmerkmale sind quantitativ vererbt, sie beruhen auf vielen verschiedenen Genen. Es gibt jedoch auch einige einfach vererbte Merkmale, z. B. den Säuregehalt. Bei der Markersuche im Bereich der Fruchtqualität sind die folgenden Merkmale wichtig: Aussehen, Festigkeit, Saftigkeit, Geschmack etc. Exakte sensorische Analysen sind deshalb Voraussetzung. Die Vererbung der Fruchtfarbe und die Rate der Ethylenproduktion von Äpfeln wurden ebenfalls molekular untersucht und züchterisch anwendbare Marker entwickelt.

Die Ethylenproduktion hängt mit der Lagerfähigkeit und Nachreifung der Früchte und damit der Festigkeit, Frische und dem Shelf-life zusammen. Apfelsorten weisen beträchtliche Unterschiede in der Ethylenproduktion auf. Sie ist bei 'Fuji' gering und bei 'Golden Delicious' hoch. Spezifische Primer wurden entwickelt, die als Marker für Gene dienen, die mit dem Ethylenaufbau bzw. -abbau zusammenhängen. Marker für verschiedene Merkmale der Baum- und Fruchtentwicklung wurden bereits entwickelt, so für den Zeitpunkt der Öffnung der Blütenknospen, der Blütezeit, der Bildung von Wurzelausschlägen und für kolumnaren Wuchs (Co-Gen).

Gentransfer beim Obst
Die **Gentechnik** unterscheidet sich von der klassischen Züchtung in der grundsätzlichen Vorgehensweise. Die klassische Züchtung geht von den Funktionen der Erbträger bzw. ihren sichtbaren „Ergebnissen" wie Fruchtfarbe, Wuchstyp etc. aus, die Gentechnik von der Erbsubstanz DNA. Das Bezeichnende ist, dass eine fremde genetische Information in die Pflanze eingebracht werden kann. Diese Information kann von den verschiedensten Lebewesen stammen. Sofern sie von der gleichen Art stammt, spricht man von Cisgenetik, wenn diese Erbinformation von anderen Arten stammt, von Transgenetik. Seitdem DNA mit Restriktionsenzymen in kleine Stücke aufgeteilt oder per PCR vervielfältigt werden kann, ist es möglich, bestimmte Stücke zu isolieren, in Bakterien zu vermehren und die Information auf gewünschte Organismen zu übertragen.

Für den Gentransfer beim Apfel wird meist die Technik der Agrobakterium-Transformation verwendet. *Agrobacterium tumefaciens*, ein natürlich vorkommendes Bodenbakterium, kann Gene auf Pflanzen übertragen. Das neue Gen wird in das Bakterien-Plasmid eingeschleust und dann durch das Bakterium automatisch auf die Pflanze übertragen. Plasmide sind ringförmige DNA-Moleküle, die Bakterien zusätzlich zur DNA ihrer Chromosomen besitzen.

In verschiedenen Ländern wird an der gentechnischen Transformation von Obstgehölzen gearbeitet. In Geneva, USA, tragen gentechnisch veränderte Apfelbäume der Sorte 'Gala' Früchte. Die Bäume sind resistenter gegen Feuerbrand als die Ausgangssorte 'Gala'. Verwendet wurde das Attacin-E-Gen aus der großen Seidenmotte, entweder allein oder in Kombination mit lytischen Enzymen. Es wird auch an schorfresistenten Apfeltypen gearbeitet. Chitinolytische Enzyme des Insekts *Trichoderma harzianum* sind gegen verschiedene Pilze, darunter auch Schorf wirksam. Endochitinase und Exochitinase-Gene von *Trichoderma* wurden mithilfe der Agrobakterium-Transformation in den Apfel übertragen.

Im Rahmen von Zusammenarbeiten zwischen der Schweiz, Italien, den Niederlanden und Deutschland wurde die Sorte 'Gala' in unabhängigen Experimenten mit zwei Apfelschorfresistenzgenen (Rvi6 alias Vf und Rvi15 alias Vr2) und mit dem Feuerbrandresistenzgen FB-MR5 transformiert. Alle drei Resistenzgene stammen entweder vom Wildapfel (Vf aus *M. floribunda* 821, FB_MR5 aus *M.* × *robusta* 5) oder von Apfelselektionen (Vr2 aus GMAL 2473). Weltweit sind bisher kaum transgene Apfellinien effektiv in den Anbau gelangt.

Belgische Forscher haben Pilzresistenz mithilfe antimikrobieller Peptide aus Zwiebeln in 'Jonagold' und in eine Selektion aus 'Granny Smith' × 'Elstar' eingebaut. In Russland wurde das Supersüß-Gen Thaumatin II in die Apfelsorte 'Melba' und in Birnen eingebaut. In Australien wurden 'Gala' und 'Cripps Pink'/Pink Lady® transformiert, um die Resistenz gegen den einheimischen Apfelwickler zu erhöhen. Die transgenen Linien zeigten keine absolute Resistenz, aber verminderte Anfälligkeit. Um die Wirkung der Gene zu verbessern, werden verschiedene Promotorkonstrukte geprüft, welche die Expression der Gene verstärken sollen.

Cisgenetik: Arteigener Gentransfer

Landwirte und Verbraucher scheinen gentechnisch veränderte Pflanzen besser zu akzeptieren, wenn arteigene Gene anstelle von artfremden übertragen werden. Dieser Ansatz wird Cisgenetik genannt. Mit der Cisgenetik lassen sich einzelne Eigenschaften, beispielsweise Resistenzgene, aus einer Pflanze der gleichen Art in eine schon bestehende Sorte einbauen. Das Erbgut der Kulturpflanze wird durch Zufügen von einem oder mehreren Genen aus einer kreuzbaren, sexuell kompatiblen Pflanze verändert. Anstelle von Kreuzungen wird für die Übertragung des Gens auf die Gentechnik zurückgegriffen. Im Falle von Resistenzen erhält eine Sorte zusätzlich zu den schon vorhandenen Merkmalen eine höhere Resistenz gegen den Krankheitserreger. Auch eine andere erwünschte Eigenschaft wie beispielsweise die Unterdrückung des Braunwerdens beim Aufschneiden von Äpfeln kann hinzugefügt werden. Der Sortencharakter bleibt im Wesentlichen erhalten, eine im Markt bereits bekannte Sorte wird durch die ergänzte Eigenschaft verbessert. Kreuzungen mit anschließender aufwendiger Selektion entfallen. Die Entwicklungszeit zur Marktreife lässt sich verkürzen. So wurden z. B. cisgene Apfellinien mit Resistenz gegenüber Schorf (Vf und Rvi15) und Feuerbrand (FB_MR5) entwickelt. Dabei stammt die Resistenz von Wildäpfeln und nicht wie beim transgenen Ansatz mit dem Attacin-E-Gen aus der großen Seidenmotte. Die ersten cisgenen schorfresistenen 'Gala' mit der Vf-Resistenz werden zurzeit im Feld in Holland getestet.

Schnellere Züchtung mit Blühverfrühung

Bei einem weiteren Verfahren wird die Blühinduktion bei Apfelsämlingen aus Kreuzungen beschleunigt. Ein Apfelsämling blüht normalerweise vier bis fünf Jahre nach der Kreuzung zum ersten Mal. Durch die Übertragung und Erhöhung der Aktivität eines blüteninduzierenden Birkengens in Apfelbäume konnte die Zeit von der Kreuzung bis zur ersten Blüte auf weniger als ein Jahr reduziert werden. Dadurch wird die Generationszeit als Spanne von der Kreuzung bis zur ersten Blüte der Nachkommen spürbar verkürzt. Dies ist speziell bei der Einkreuzung von Wildäpfeln mit guten Resistenzeigenschaften nützlich, da diese oft kleinfruchtig und von schlechter Essqualität sind. Rund fünf Pseudo-Rückkreuzungen mit qualitativ hochwertigen Sorten sind nötig, um eine marktkonforme Fruchtqualität kombiniert mit der gewünschten Resistenz zu erhalten.

Da das Birkengen immer nur an die Hälfte der Nachkommen vererbt wird, können resistente Nachkommen ohne Birkengen in der letzten Kreuzungsgeneration ausselektiert werden. Bei dieser Methode dienen die gentechnisch veränderten Pflanzen somit nur zur Herstellung der später verwendeten Kultursorten. Die neuen Kultursorten tragen die gentechnische Veränderung in Form des Birkengens nicht mehr, es sind also keine artfremden Gene mehr vorhanden.

Gentechnik wird auch in der Steinobstzüchtung angewendet. Es geht vor allem um die Scharka-Resistenz, welche bei verschiedenen *Prunus*-Arten bereits erfolgreich eingebaut werden konnte.

> Beim Gentransfer wird fremde genetische Information in die Pflanze eingebracht, um beispielsweise Sorten mit Resistenzen gegen Krankheiten und Schädlinge wie Schorf, Feuerbrand, Apfelwickler und Scharka zu schaffen.

Viele Verbraucher stehen gentechnisch veränderten Lebensmitteln skeptisch gegenüber. Deshalb müssen die Vorteile und Risiken der gentechnischen Veränderung beim Obst wissenschaftlich, jedoch auch marktwirtschaftlich geprüft und abgewogen werden.

4.2 Apfel

Im Marktsortiment der 60er-Jahre mit der Umstellung auf Niederstammanlagen waren noch lange Zeit alte Apfelsorten vertreten. Langsam wandelte sich das Sortiment mit den Rationalisierungsmaßnahmen in den Betrieben, um effizi-

Tab. 14 Pollenspender bei Apfelsorten

Nr.	Muttersorte	Blütezeit	Geeignete Pollenspender
1	Delbarestivale®	f	2, 11, 12, 16
2	'James Grieve'	mf	4, 5, 10, 12, 14, 15, 16
3	'Gravensteiner'	f	2, 4, 10, 11, 12, 15, 16
4	'Cox Orange'	msp	1, 2, 5, 7, 10, 12, 15, 16
5	'Elstar'	sp	1, 2, 4, 7, 11, 12, 14, 15, 16, 17
6	'Boskoop'	mf	1, 2, 4, 10, 11, 15, 16, 17
7	'Gala'	msp	1, 2, 4, 5, 9, 11, 12, 15, 16, 18
8	'Jonagold'	msp	1, 2, 4, 5, 7, 9, 10, 11, 15, 16, 17
9	Rubinette®	msp	2, 7, 12, 15, 16
10	'Berlepsch'	mf	4, 12, 15, 16
11	'Red Delicious'	m	4, 5, 12, 16
12	'Golden Delicious'	msp	1, 2, 4, 5, 7, 9, 11, 14, 15, 16, 17, 18
13	'Pinova'	msp	5, 7, 9
14	'Pilot'	m	5, 12, 13, 16
15	'Glockenapfel'	m	2, 4, 10, 12, 16
16	'Idared'	mf	2, 7, 10, 11, 12, 14, 15
17	'Braeburn'	msp	1, 5, 7, 12, 16
18	'Fuji'	msp	7, 12, 16, 17

f = früh, mf = mittelfrüh, m = mittel, msp = mittelspät, sp = spät

enter zu produzieren. Ende des zwanzigsten Jahrhunderts waren bereits viele der alten Sorten verschwunden. Durch die globalen Märkte und höheren Anforderungen bezüglich Qualitätskriterien durch den Handel sind in dem derzeitigen Marktsortiment bis auf 'Golden Delicious' keine alten Sorten mehr vertreten.

- Sorten aus dem Marktsortiment der 60er-Jahre: 'James Grieve', 'Cox Orange', 'Goldparmäne', 'Berlepsch', 'Boskoop', 'Golden Delicious', 'Jonathan', 'Brettacher', 'Ontario', 'Glockenapfel'
- Sorten aus dem Marktsortiment Ende des 20. Jh.: 'Jonagold', 'Elstar', 'Golden Delicious', 'Braeburn', 'Gala', 'Gloster', 'Boskoop', 'Cox Orange', 'Idared'
- Sorten aus dem derzeitigen Marktsortiment: 'Jonagold' (Red Prince®), 'Elstar', 'Golden Delicious', 'Braeburn', 'Gala', 'Idared', 'Pinova', 'Topaz', 'Fuji' (Kiku®), Cameo®, Kanzi®

Der neueste Trend bei den Apfelsorten ist die Entwicklung der Clubsorten, deren Vermarktung die ganze Kette von der Züchtung bis zum Verkaufsregal in ein Marketingkonzept einschließt. Eine sehr wichtige Rolle im Marketingkonzept spielt dabei der Markenname der Apfelsorte, der sich international bei den Konsumenten einprägen soll.

Standortansprüche

Die Ansprüche der Sorten an die Klima- und Bodenverhältnisse sind unterschiedlich. Obstarten und -sorten müssen so gewählt werden, dass sie standortangepasst in hervorragender Qualität und umweltschonend angebaut werden können. Hierbei spielt der Klimawandel eine immer größere Rolle. Lag die Vollblüte von 'Golden Delicious' vor 50 Jahren am Bodensee noch in der dritten Maiwoche, ist sie heute Ende April, Anfang Mai. Aufgrund der drei Wochen verlängerten Vegetationsperiode können nun auch Apfelsorten wie 'Braeburn' und 'Fuji' problemlos angebaut werden. Wetterkapriolen, wie langanhaltende Hitzeperioden mit wenig Niederschlägen oder aber sintflutartige Regenfälle, bedeuten für manche Apfelsorten Stress. So ist bei 'Boskoop', 'Cox Orange' und 'Gravensteiner' ein günstiges Fruchtwachstum von einer gleichmäßigen, im Verlauf der Vegetationszeit wenig schwankenden Bodenfeuchtigkeit abhängig.

Befruchtungsverhältnisse

Für einen ertragssicheren Apfelanbau müssen die Befruchtungsverhältnisse bei der Sortenzusammensetzung beachtet werden, damit die Bäume einen guten Fruchtertrag bringen. Alle Apfelsorten sind auf einen fremden Pollenspender angewiesen, um genügend Fruchtansatz zu erzielen. Eine gewisse Selbstfruchtbarkeit wurde bei 'Elstar' und 'Jonagold' beobachtet. Sie genügt aber nicht, um einen Vollertrag zu erreichen. Triploiden Sorten wie 'Jonagold' oder 'Boskoop' sind als Pollenspender ungeeignet.

4.2.1 Sorten

Das aktuelle Sortiment enthält eine Reihe von Marktsorten für den Lebensmitteleinzelhandel und die Direktvermarktung. Aus den Züchtungsprogrammen aus aller Welt drängen zahlreiche Sortenneuheiten auf den Markt. Die umfassende Bewertung von Neuheiten an Versuchsstationen bildet eine solide Entscheidungsgrundlage für Baumschulen, Produzenten, Handel und Verkauf. Neben den guten Qualitätseigenschaften, die vor allem die Vermarkter interessieren, steht für die Obstbauern die Produktionssicherheit einer neuen Sorte im Vordergrund. Lagerversuche und Shelf-life-Tests (Haltbarkeit der Früchte bei Zimmertemperatur) bringen zusätzliche Informationen. Haushalts- und Konsumententests runden die Prüfung ab. Darüber hinaus fordern der Lebensmitteleinzelhandel und der Konsument zunehmend Transparenz, wie ein Apfel produziert wird, welche Maßnahmen bei der Produktion ergriffen werden und welche Hilfsstoffe zum Einsatz kommen. In der Zukunft werden Sorten bedeutsamer, die neben guten Qualitätseigenschaften und hoher Produktivität auch eine allgemeine Robustheit gegenüber Schaderregern aufweisen.

4.2.2 Schorfresistente Apfelsorten

Sowohl im Integrierten als auch im Ökologischen Obstbau wird der Anbau von resistenten bzw. robusten Apfelsorten empfohlen. Die bisher bekannten älteren Sorten mit Resistenzeigenschaften überzeugten jedoch geschmacklich nicht und hielten einem Vergleich mit Standardsorten wie 'Elstar' und 'Jonagold' nicht stand. Mittlerweile gibt es hier in der Züchtung sehr große Fortschritte. Den Obstbauern stehen heute vielversprechende schorfresistente Sorten mit guten Produktions- und Lagereigenschaften zur Verfügung. Besonders im Bioanbau werden verstärkt resistente Sorten angebaut und auch die Sorten 'Topaz' und 'Santana' haben Eingang in der Integrierten Produktion gefunden.

Ausschlaggebend hierfür sind zum einen die eingeschränkten Möglichkeiten der direkten Schorfbekämpfung im Ökologischen Obstbau. Aber ganz ohne Pflanzenschutz geht es nicht. Die meisten schorfresistenten Sorten besitzen die Vf-Resistenz. In den letzten Jahren sind neue Erregerrassen des Schorfpilzes beobachtet worden, die die Vf-Resistenz überwinden können. Deshalb wird ein Fungizideinsatz gegen Schorf während der Primärsaison im April und Mai auch bei resistenten Sorten empfohlen. Zudem treten in nicht behandelten Anlagen vermehrt zusätzliche Pilzkrankheiten wie die Regenflecken und Blattfallkrankeit auf, die durch das übliche Fungizidprogramm ebenfalls bekämpft werden. Auch das spricht für ein minimales Pflanzenschutzprogramm bei krankheitsresistenten Apfelsorten.

4.2.3 Mutanten

Da die Apfelsorten nur auf ungeschlechtlichem (vegetativem) Weg vermehrbar sind, sollten alle Nachkommen einer Sorte eigentlich identisch sein. In Wirklichkeit unterliegt das Erbgut einer Sorte während ihres Bestehens vielen Einwirkungen, die zu spontanen Veränderungen (Mutationen) einzelner oder mehrerer Erbträger (Gene) mit entsprechenden Auswirkungen auf das Verhalten der Pflanzen führen. Als Orte von Genmutationen kommen fast ausschließlich die Körperzellen im teilungsfähigen Gewebe der Vegetationskegel (z. B. Knospen der Triebspitzen) oder in Kallusgeweben infrage.

Als Ursachen dieser Veränderungen sieht man heute Temperaturextreme und die Lichtqualität an. Das Ergebnis bezeichnet man als somatische (griechisch *soma* = Körper) Mutante, im Englischen auch *sport* oder *strain* (deutsch: Spielart). Der heute noch gebräuchliche Begriff „Klon“ soll-

Abb. 32 SweeTango®

Abb. 33 Bonita®

Abb. 34 'Braeburn'

Abb. 35 Cameo®

Abb. 36 Dalinsweet®

Abb. 37 Delbarestivale®

Abb. 38 'Deljonca'

Abb. 39 Envy®

Abb. 40 Kanzi®

Abb. 41 'Karneval'

Abb. 42 'Ladina'

Abb. 43 NATYRA®

Abb. 44 Opal®

Abb. 45 Pink Lady®

Abb. 46 ‘Pinova’

Abb. 47 Rockit®

Abb. 48 ‘Santana’

Abb. 49 ‘Topaz’

Tab. 15 Herkunft und Eigenschaften von Apfelsorten

Sorte/ Herkunft	Wuchs	Blüte	Ernte	Ertrag	Alternanz	Anfälligkeiten		
						Schorf	Mehltau	Weitere
Delbarestivale®/Frankreich								
'Stark Jon Grimes' × 'Golden Delicious'	Mittelstark, gut verzweigt, lockere Krone	Früh bis mittelfrüh	E8	Mittel	Stark	xx	x	
'Santana'/Niederlande								
'Elstar' × 'Priscilla'	Mittelstark bis stark, breitwüchsig	Mittelfrüh	E8–M9	Gut	Gering	Vf-Resistenz	xx	
'Elstar'/Niederlande								
'Golden Delicious' × 'Ingrid Marie'	Stark, dicht verzweigt, breitwüchsig	Mittel bis spät	E8–M9	Mittel bis gut	Mittel bis stark	xx	xx	Holzfrostempfindlich
'Gala'/Neuseeland								
'Kidd's Orange' × 'Golden Delicious'	Mittelstark, aufrecht, gut garniert	Mittel bis spät	M9	Gut bis sehr gut	Gering	xx	x	Krebs
Wellant®, 'Fresco'/Niederlande								
Zuchtklon × 'Elise'	Stark, neigt zur Verkahlung	Mittel bis spät	M–E9	Mittel bis gut	Gering	xx	x	
'Topaz'/Tschechien								
'Rubin' × 'Vanda'	Mittelstark, aufrecht, gut garniert	Mittelfrüh	M–E9	Gut bis sehr gut	Gering	Vf-Resistenz	x	
'Jonagold'/USA								
'Golden Delicious' × 'Jonathan'	Mittelstark, breitwüchsig, gut garniert	Mittelfrüh	E9	Gut bis sehr gut	Mittel	xxx	x	Holzfrostempfindlich
'Golden Delicious'/USA								
Zufallssämling	Mittelstark, aufrecht bis breitwüchsig, gut garniert	Mittel bis spät	A10	Gut bis sehr gut	Gering	xxx	x	
'Pinova'/Deutschland								
'Clivia' × 'Golden Delicious'	Mittelstark, aufrecht, gut garniert	Mittelfrüh	A10	Sehr gut	Gering	xxx	xx	Nachblüher

x = geringe, xx = mittlere, xxx = hohe Anfälligkeit

Tab. 15 Herkunft und Eigenschaften von Apfelsorten (Fortsetzung)

Sorte/ Herkunft	Wuchs	Blüte	Ernte	Ertrag	Alternanz	Anfälligkeiten		
						Schorf	Mehltau	Weitere
Kanzi®, 'Nicoter'/Belgien								
'Gala' × 'Braeburn'	Schwach bis mittelstark, hängend, gut garniert	Früh bis mittelfrüh	A10	Gut	Gering	xxx	x	Krebs
Greenstar®, 'Nicogreen'/Belgien								
Delbarestivale® × 'Granny Smith'	Mittelstark, neigt zu Verkahlung	Mittel bis spät	A10	Sehr gut	Gering	x	x	
Mairac®, 'La Flamboyante'/Schweiz								
'Gala' × 'Maigold'	Mittelstark, aufrecht, gut garniert	Mittel bis spät	A10	Gut	Mittel	xx	x	
'Idared'/USA								
'Jonathan' × 'Wagenerapfel'	Mittelstark, breitwüchsig, gut garniert	Früh bis mittelfrüh	M10	Gut bis sehr gut	Gering	xx	xxx	
Cameo®, 'Caudle'/USA								
Zufallssämling	Stark, aufrecht, gut garniert	Mittel bis spät	M–E10	Gut	Mittel	xxx	x	
'Braeburn'/Neuseeland								
Sämling von 'Lady Hamilton'	Schwach bis Mittelstark, aufrecht, mittlere Garnierung	Mittel bis Spät	M–E10	Gut	Gering	xx	xx	
'Fuji'/Japan								
'Ralls Janet' × 'Golden Delicious'	Mittelstark, breitwüchsig, leicht verkahlend	Mittel bis spät	E10	Gut	Mittel	xx	xx	
Pink Lady®, 'Cripps Pink'/Australien								
'Lady Williams' × 'Golden Delicious'	Mittelstark bis stark, aufrecht, gut garniert	Früh	E10–A11	Sehr gut	Gering	xxx	xx	Holzfrostempfindlich

x = geringe, xx = mittlere, xxx = hohe Anfälligkeit

Tab. 16 Herkunft und Eigenschaften aussichtsreicher schorfresistenter Apfelsorten

Sorte/Herkunft	Wuchs	Blüte	Ernte	Ertrag	Alternanz	Anfälligkeiten		
						Schorf	Mehltau	Weitere
'Deljonca'/Frankreich								
Zuchtklon × Zuchtklon	Mittelstark, breitwüchsig, gut garniert	Mittel	A8	Gut	Gering	Vf-Resistenz	x	
Galiwa®/Schweiz								
'Gala' × Zuchtklon	Mittelstark bis stark, aufrecht, gut garniert	Mittel	M9	Mittel bis gut	Mittel	Vf-Resistenz	xx	Krebs
'Ladina'/Schweiz								
'Topaz' × 'Fuji'	Mittelstark, aufrecht, gut garniert	Mittelspät	M9	Gut	Gering	Vf-Resistenz	x	
'Issaq'/Italien								
Zuchtklon × Zuchtklon	Mittelstark, aufrecht, gut garniert	Mittel	M9	Gut bis sehr gut	Gering	Vf-Resistenz	x	
'Allurel'/Niederlande								
'Golden Delicious' × Zuchtklon	Mittelstark, breitwüchsig, gut garniert	Mittelfrüh	M–E9	Mittel Bis gut	Mittel	Vf-Resistenz	Berostung	
Opal®/Tschechien								
'Golden Delicious' × 'Topaz'	Mittelstark, aufrecht, gut garniert	Mittelfrüh	M–E9	Gut bis sehr gut	Gering	Vf-Resistenz	x	
'Lucy'/Tschechien								
'Topaz' × 'Fuji'	Mittelstark, breitwüchsig, gut garniert	Mittel	A10	Gut	Mittel	Vf-Resistenz	x	
'Karneval'/Tschechien								
'Vanda' × 'Cripps Pink'	Mittelstark, aufrecht bis breitwüchsig, gut garniert	Mittelspät	A10	Gut bis sehr gut	Gering	Vf-Resistenz		
'Admiral'/Tschechien								
'Mira' × 'Bohemia'	Stark, neigt zu Verkahlung	Mittelspät	A10	Mittel bis gut	Gering	Polygen	x	Stippe

Tab. 16 Herkunft und Eigenschaften aussichtsreicher schorfresistenter Apfelsorten (Fortsetzung)

Sorte/Herkunft	Wuchs	Blüte	Ernte	Ertrag	Alternanz	Anfälligkeiten		
						Schorf	Mehltau	Weitere
NATYRA®/Niederlande								
'Elise' × Zuchtklon	Schwach bis mittelstark, aufrecht, gut garniert	Mittel bis spät	M10	Mittel bis gut	Mittel	Vf-Resistenz	x	
Dalinsweet®/Frankreich								
'Fuji' × Zuchtklon	Mittelstark, breitwüchsig, gut garniert	Mittel	M–E10	Sehr gut	Gering	Vf-Resistenz	x	

te ausschließlich für die erbgleiche Nachkommenschaft einer einzigen Mutterpflanze (sei es Originalsämling oder Mutante) verwendet werden. Die Bezeichnung „Typ" kennzeichnet in der Regel eine Gruppe von Mutanten mit ähnlichen Eigenschaften, z. B. Spur-Typen einer Apfelsorte, deren Früchte sehr wohl unterschiedlich sein können, im Wuchscharakter jedoch nur einem Typ entsprechen.

Das künstliche Auslösen von Mutationen ist mittels mutagener Chemikalien oder hochenergetischer Strahlen möglich. Auch in der Gewebevermehrung ist bei Explantaten aus dem Kallusgewebe mit einer höheren Mutationsrate zu rechnen. Bis heute haben allerdings induzierte Mutationen beim Apfel kaum wirtschaftliche Bedeutung erlangt. So haben z. B. Lysgolden® oder 'Golden Haidegg', beides reinschalige 'Golden Delicious'-Mutanten, nur geringe Verbreitung gefunden. In den 50er-Jahren stammten rund 25 % der Marktsorten aus einer spontanen Mutation. Inzwischen ist dieser Anteil bereits auf rund 80 % angestiegen. Ursache dieser Entwicklung sind einerseits die steigenden Anforderungen des Marktes an das Produkt, andererseits der wirtschaftliche Zwang für den Anbauer, möglichst hohe Anteile an vermarktungsfähiger Ware zu erzielen. Ein nicht geringer Anstoß geht auch von den Baumschulen aus, die versuchen, mit neuen Mutanten die Nachfrage nach Jungpflanzen zu beleben.

Mutationen ökonomisch bedeutender Merkmale

Unterschiede zwischen Merkmalen wie Reifezeit, Geschmack, Haltbarkeit, Fruchtform und -größe sind mitunter erst nach jahrelangen Untersuchungen festzustellen. In der Regel werden nur auffällige Veränderungen wie Deckfarbe, Fruchtberostung und Kompaktwuchs erkannt und ausgelesen. Werden unterschiedliche Organe von einer Mutation erfasst, können die Veränderungen gegenüber der Ausgangssorte wesentlich und tiefgreifend sein.

Die **Änderung des Farbstoffgehaltes** in der Fruchtschale kann den Anteil besser gefärbter Früchte stark ansteigen lassen. Dabei kann das Aussehen so sehr von der ursprünglichen Sorte abweichen, dass Konsumenten die marktgängige Sorte an der Mutante nicht mehr erkennen. In solchen Fällen ist eine neue Sortenbezeichnung erforderlich, so beispielsweise bei Red Prince®, einer 'Jonagold'-Mutante.

Auch die **Beschaffenheit der Schale** kann sich verändern. So tritt Fruchtberostung bei Mutanten von 'Golden Delicious', 'Fuji' und 'Pinova' unterschiedlich stark auf. Damit hängt auch die unterschiedliche Empfindlichkeit der Mutanten gegenüber dem Aufspringen vor der Ernte oder dem Schrumpfen im Lager zusammen.

Die Internodien sind bei **Mutanten mit Spur-Charakter** deutlich gestaucht. Das Blatt-Frucht-Verhältnis verschiebt sich mit Auswirkungen auf Fruchtgröße und Reifezeit. Früchte von Spur-Typen bleiben kleiner und reifen in der Tendenz

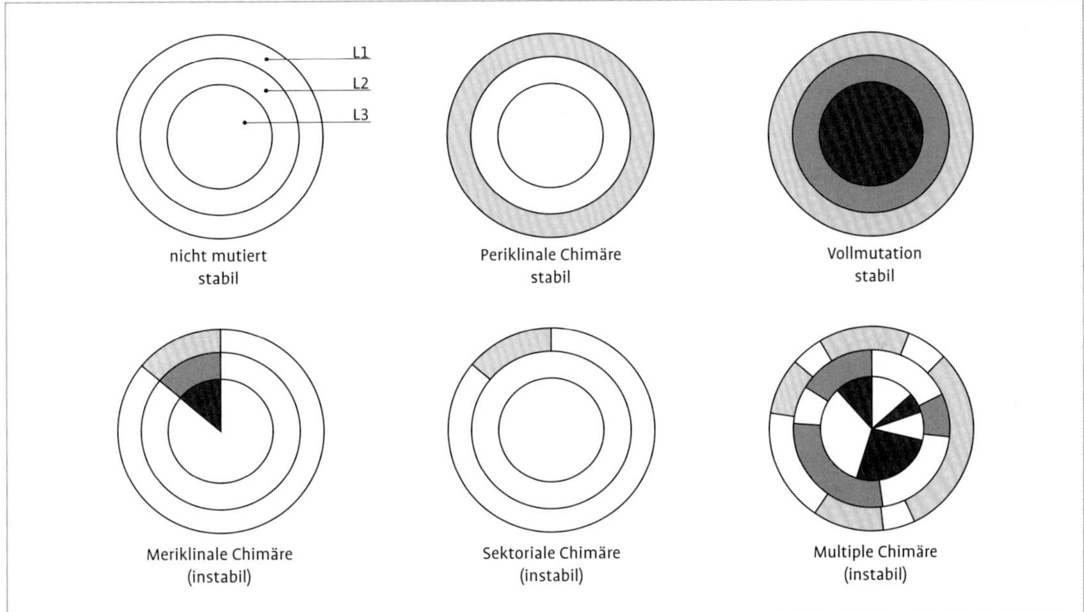

Abb. 50 Zustandekommen von Mutanten; je nach der Position der mutierten Zellen (L1 bis L3) können sich stabile oder instabile Chimären ergeben (nach STAINER 2002).

später. Mutieren Blattdicke – das Palisadengewebe ist bei Spur-Typen immer zweilagig, bei Standards nur einlagig vorhanden – und Blattgröße, dann verändern sich die Assimilationsleistung und der Hormonhaushalt im Triebspitzenbereich. Dies wiederum kann die Neigung zur Alternanz beeinflussen.

Unterscheidet sich eine Mutante von ihrer Ausgangssorte in mindestens einem Merkmal (z. B. Typ der Fruchtfarbe oder Deckfarbenanteil) und bleibt dieses Merkmal in der Vermehrung stabil, dann kann diese Mutante unter **Sortenschutz** gestellt werden. Oft weisen Mutanten jedoch nur geringfügige Änderungen auf. Obwohl sie für den Anbau noch Vorteile bringen können, reichen die Unterschiede nicht aus, um in den Genuss des Sortenschutzes zu gelangen. Die Techniken des Fingerprintings sind noch nicht genug ausgereift, um derart kleine Abweichungen nachzuweisen und Mutanten voneinander zu unterscheiden.

Stabilität von Mutanten

Mutanten treten immer dann vermehrt auf, wenn eine gewisse Neigung zur Veränderung im Genom vorliegt.

> Genomveränderungen können entweder ganze Zellschichten im Teilungsgewebe betreffen oder auch nur Teile davon. Je nach Anzahl der mutierten Zellen kann die vegetativ vermehrte Nachkommenschaft homogen und identisch mit der Ausgangspflanze sein oder uneinheitlich ausfallen und einen hohen Anteil an rückmutierten Jungpflanzen aufweisen.

Mutiert der gesamte Zellverband in einer oder in mehreren Lagen, so spricht man von einer **periklinalen Chimäre**. Die Merkmale werden in solchen Fällen relativ stabil weitergegeben. Sind hingegen nur einzelne Zellgruppen von der Mutation betroffen (**meriklinale** oder **sektoriale Chimäre**), so besteht die Gefahr, dass ein unterschiedlich hoher Prozentsatz der Nachkommen nicht mehr das mutierte Merkmal trägt. Besonders ausgeprägt ist diese Eigenschaft im Falle von sogenannten **„multiplen" Chimären**. Hier sind in jeder Zellschicht immer nur einzelne Teile mutiert, es muss mit einer Regressionsrate von 25 % und darüber gerechnet werden. Eine Regression kann den gesamten Baum oder nur einzelne Ast-

Tab. 17 Kurzbeschreibung einiger wirtschaftlich wichtiger 'Elstar'-Mutanten

Sortenname	Markenname	Deckfarbe		
		Farbe	Typ	Anteil in %
	Elstar van Vliet®	Hellrot	Gestreift bis flächig	40–50
'Redstar'		Hellrot	Gestreift bis flächig	40–60
'Elstar Michielsen'	Red Elstar®	Hellrot	Gestreift bis flächig	40–60
'Elshof'		Hellrot bis dunkelrot	Flächig	40–60
'Elstar Boerekamp'	Excellent Star®	Hellrot bis dunkelrot	Flächig	50–70
'Elstar Zweeren'	Elrosa®	Hellrot bis dunkelrot	Flächig	60–80
	Elstar van der Zalm®	Hellrot bis dunkelrot	Gestreift	60–80
'Elstar Palm'	Elstar PCP®	Hellrot bis dunkelrot	Flächig	60–80
'Red Flame'		Dunkelrot	Flächig	80–100
'Red Elswout'	Bel-El®	Dunkelrot	Flächig	80–100

Tab. 18 Kurzbeschreibung einiger wirtschaftlich wichtiger 'Gala'-Mutanten

Sortenname	Markenname	Deckfarbe		
		Farbe	Typ	Anteil in %
'Mitchgla'	Mondial Gala®	Orangerot	Gestreift bis flächig	40–70
'Gala Nr. 5'	Jugala®	Orangerot	Gestreift bis flächig	70–90
	Galaxy Selecta®	Rot bis dunkelrot	Gestreift	70–90
'Gala Schnitzer'	Schniga®	Rot bis dunkelrot	Gestreift	70–90
'Burkitt Gala'	Cherry Gala®	Dunkelrot	Gestreift	80–100
'Baigent'	Brookfield®	Dunkelrot	Gestreift	90–100
'Fendeca'		Dunkelrot	Flächig	90–100
'Gala Simmons'	Buckeye®	Dunkelrot	Flächig	90–100
'Annaglo'		Dunkelrot	Flächig	90–100
'Galaval'		Stark dunkelrot	Flächig	90–100

Tab. 19 Kurzbeschreibung einiger wirtschaftlich wichtiger 'Jonagold'-Mutanten

Sortenname	Markenname	Deckfarbe		
		Farbe	Typ	Anteil in %
'Jonagold Veulemans'	Novajo®	Hellrot	Flächig	60–80
'Jonagold Boerekamp'	Early Queen®	Hellrot	Gestreift	70–80
'Jonagored'	Morrens Jonagored®	Dunkelrot	Gestreift	80–100
'Wilton's Red Jonaprince'	Red Prince®	Stark dunkelrot	Flächig	90–100

Tab. 20 Kurzbeschreibung einiger wirtschaftlich wichtiger 'Braeburn'-Mutanten

Sortenname	Markenname	Deckfarbe		
		Farbe	Typ	Anteil in %
'Hidala'	Hillwell®	Hellrot	Gestreift bis flächig	50–80
	Royal Braeburn®	Dunkelrot	Gestreift bis flächig	70–100
'Mariri Red'	Aporo®	Dunkelrot	Flächig	80–100

partien betreffen. Äußerliches Kennzeichen solcher instabilen Mutanten ist das vermehrte Aufkommen von Früchten mit scharf abgegrenzten, nicht gefärbten Streifen der Fruchtoberfläche. Früchte mit breiten (> 3 cm) Streifen sind gegenüber solchen mit schmalen (< 1 cm) Streifen ein Zeichen von größerer Instabilität der Mutante.

Nur mit einer sehr strengen und kontinuierlichen **Selektionsarbeit in den Edelreiserschnittgärten** und Baumschulen ist der Anteil an Farbregressionen unter noch tolerierbaren 5 bis 8 % zu halten. Deshalb sollen Edelreiser nur von tragenden Mutterbäumen stammen. Die Selektionsarbeit muss jährlich erfolgen. Da oft ganze Äste oder Kronenteile betroffen sind, ist auf gute Verteilung der Früchte im Mutterbaum zu achten. Höhere Regressionsraten sind auch bei Mutterbäumen fortgeschrittenen Alters festzustellen. Die Nutzungsdauer der Schnittgärten instabiler Mutanten bleibt deshalb eingeschränkt, sie sollte nicht mehr als fünf Jahre betragen.

4.2.4 Sortenneuheiten

Ein wesentlicher Faktor für den wirtschaftlichen Erfolg sowohl für den Obstbaubetrieb als auch für die Erzeugergenossenschaften ist die Wahl der richtigen, marktgängigen Sorte. Neben der stetigen Erneuerung des Apfelsortiments über Mutanten drängen Sortenneuheiten als Produktinnovationen auf den Markt. Deren Chancen stehen besonders gut, wenn sie mit den Trends in der Nachfrage übereinstimmen.

Nicht immer sind Neuheiten auch für ein breites Anbauspektrum geeignet. Die teilweise hohen klimatischen Ansprüche grenzen die Möglichkeiten einer allgemeinen Ausbreitung stark ein. Die Vollentwicklung der Früchte einer Sorte aus dem ozeanischen Klimaraum wird in den europäischen Anbaugebieten durch die sprunghafteren Übergänge der Jahreszeiten häufig beeinträchtigt. Eine umfassende Bewertung von Sortenneuheiten an den Versuchsstationen in den Obstbauregionen ist zwingend erforderlich.

SweeTango® ('Minneiska')
- Herkunft: Kreuzung aus 'Honeycrisp' × 'Zestar', Universität Minnesota, USA
- Baum: Mittelstark, aufrecht, sehr gut verzweigend. Geringe Schorf- und Mehltauanfälligkeit, Ertragsleistung gut bis sehr gut
- Blüte: Diploid, mittelfrüh, keine besondere Frostempfindlichkeit
- Frucht: Reife mit Delbarestivale®, mittlere Fruchtgröße, Fruchtform hoch konisch gebaut, 50 bis 80 % hellrote Deckfarbe auf gelbem Grund, knackig, feine Textur, saftig mit sehr gutem Geschmack, gut lagerfähig und gutes Shelf-life, zum Teil inhomogene Früchte und leichte Berostung

Rockit® ('PremA96')
- Herkunft: Kreuzung aus Zuchtklonen, Prevar, Neuseeland
- Baum: Mittelstark, breitwüchsig, gut verzweigend, schorfanfällig, gering anfällig für Mehltau, Ertragsleistung gut
- Blüte: Diploid, mittel, keine besondere Frostempfindlichkeit
- Frucht: Reife mit 'Jonagold', sehr kleine Fruchtgröße < 60 mm, Snackapfel, Fruchtform mittelhoch, mittelbauchig, 80 bis 100 % hellrote Deckfarbe, festes, knackiges, saftiges Fruchtfleisch, süß, gut lagerfähig und sehr gutes Shelf-life

Bonita® (UEB 406/1)

- Herkunft: Kreuzung aus 'Topaz' × 'Cripps Pink', UEB Prag, Tschechien
- Baum: Mittelstark, aufrecht, gut verzweigend, Vf-Resistenz, gering anfällig für Mehltau, Ertragsleistung gut
- Blüte: Diploid, mittelfrüh, keine besondere Frostempfindlichkeit
- Frucht: Reife mit 'Jonagold', mittlere Fruchtgröße, Fruchtform kugel- bis kegelförmig, homogene, sehr attraktive Früchte mit breiter Kelchgrube, 80 bis 100 % rosa bis leuchtendrote Deckfarbe, festes, knackiges, saftiges Fruchtfleisch, ausgewogenem Zucker-Säure-Verhältnis, gut lagerfähig und gutes Shelf-life

Envy® ('Scilate')

- Herkunft: Kreuzung aus 'Gala' × 'Braeburn', HortResearch, Neuseeland
- Baum: Schwach bis mittelstark, aufrecht bis breitwüchsig, in den ersten Jahren Behangdichte zugunsten des Wachstums einstellen, schorfanfällig, anfällig für Mehltau, Ertragsleistung gut bis sehr gut
- Blüte: Diploid, mittelfrüh, keine besondere Frostempfindlichkeit
- Frucht: Reife mit bzw. kurz nach 'Fuji', mittelgroße bis große Früchte, mittelbauchig, festes, knackiges, saftiges Fruchtfleisch, süß, gut lagerfähig und gutes Shelf-life, neigt zu Berostung

4.3 Birne

Der Anbau von Birnen ist in vielen Obstregionen lange vernachlässigt worden. Das Interesse am Birnenanbau ist inzwischen deutlich gestiegen, da die Erlöse gut waren und Betriebsleitern die Apfelproduktion allein zu risikoreich erschien. Zudem hat sich in der Kulturtechnik ähnlich wie im Apfelanbau ein Wandel vollzogen.

Ohne Kühllager lassen sich alle Birnensorten, auch die Lagersorten, nur wenige Wochen lagern. Nach einer kurzen Phase der Genussreife werden sie mehlig oder fleischbraun. Besonders kurz ist diese Zeit bei Sommer- und Herbstsorten. Aus diesem Grund werden Birnen neben ihrer Verwendung zum Frischverzehr in erheblichem Umfang als Nasskonserve haltbar gemacht. Einige spezielle Sorten dienen zur Saftgewinnung und zur Herstellung von Obstbränden. Der gesundheitliche Wert (Vitamingehalt) ist geringer als beim Apfel, dennoch sind vollreife, gut entwickelte Birnen ein Genuss.

Standortansprüche

Zur Ausbildung einer optimalen Fruchtqualität benötigen fast alle Birnensorten einen Standort, der in etwa dem Weinklima entspricht. Wo diese Voraussetzungen nicht gegeben sind, haben die Früchte in vielen Jahren kein schmelzendes Fruchtfleisch und wenig Aroma; im Extremfall schmecken sie „rübig“. Das gilt besonders für Spätsorten. Die Bodenansprüche sind ähnlich wie beim Apfel. Auf hohe pH-Werte reagiert die Birne, besonders auf der Quittenunterlage, mit Chlorosen.

> Im Holz ist die Birne etwas empfindlicher gegen Winterfrost als der Apfel. Durch ihre etwa zehn Tage frühere Blüte ist die Gefährdung der Blüten durch Spätfrost groß.

Befruchtungsverhältnisse

Birnen sind wie Äpfel in der Regel **selbstunfruchtbar**. Daher ist auf eine gute Befruchtung Wert zu legen. Aus Beobachtungen ist bekannt, dass 'Conference' eine bessere Fruchtform erhält, wenn 'Vereinsdechantsbirne' als Bestäubersorte vorhanden ist. Einen groben Überblick über die Bestäubungsmöglichkeiten gibt Tabelle 21. Es gibt weitere Befruchtersorten, z. B. 'Gräfin von Paris', die aber meist nur schwer zu vermarkten sind.

Sorten

Die meisten unserer heutigen Sorten gehen auf intensive Züchtungsarbeit im 18. und 19. Jahrhundert zurück. Erst in den letzten Jahren entstanden einige neue, wichtige Sorten. Bei der Sortenwahl muss der Vermarktungsweg des Betriebes berücksichtigt werden. Privat vermarktende Betriebe haben ein größeres Sortenspektrum als Genossenschaftsbetriebe, die fast ausschließlich Winterbirnen vermarkten.

Abb. 51 Hauptsorte in Belgien und der Niederlande 'Conference'

Abb. 52 Italienische Hauptsorte 'Abate Fetel'

Abb. 53 'Harrow Sweet', feuerbrand-resistente und robuste Sorte im Bioanbau

Abb. 54 Herbstsorte 'Williams Christ'

Abb. 55 Neue Lagersorte Xenia® bzw. 'Nojabrskaja'

Abb. 56 'Alexander Lucas', Hauptwintersorte in Deutschland

Tab. 21 Pollenspender-Eigenschaften von Birnensorten

Pollen ♂ / Muttersorte ♀	Blüte		1	2	3	4	5	6	7	8	9	10	11	12	13	14	15	16	17	18
'Abate Fetel'	mfr	1	–	–	□	□	□	□	□	□	□	□	<	□	□	□	□	<	<	□
'Alexander Lucas'	fr	2	<	P–	<	<	<	<	<	□	<	<	□	<	□	□	<	<	<	<
'Boscs Flaschenbirne'	sp	3	□	–	–	<	<	<	<	□	□	<	<	□	□	□	<	<	<	<
'Clapps Liebling'	sp	4	□	–	<	P–	<	<	<	□	<	<	<	□	□	<	<	□	<	<
'Concorde'	mfr	5	<	–	□	<	–	□	□	□	□	□	<	□	□	□	<	<	<	□
'Condo'	mfr	6	<	–	<	□	□	–	□	□	□	□	<	□	□	□	<	<	<	<
'Conference'	mfr	7	<	–	<	<	□	□	P(+)	□	<	<	<	<	□	<	<	<	<	<
Delbard Premiere®	fr	8	□	–	□	□	□	□	□	–	□	□	□	□	□	□	□	□	□	□
'Frühe von Trevoux'	mfr	9	□	–	<	<	□	□	<	□	P–	<	□	□	□	<	□	□	□	<
'Gellert'	msp	10	□	–	<	<	□	□	<	□	<	–	□	□	□	<	□	□	□	<
'Gute Luise'	msp	11	<	–	<	<	□	□	<	□	□	<	–	□	□	□	□	□	<	□
'Harrow Sweet'	mfr	12	□	–	□	□	□	□	□	□	□	□	□	–	□	□	<	<	□	□
'Isolda'	mfr	13	□	–	□	□	□	□	□	□	□	□	□	<	–	□	□	□	□	□
'Köstliche aus Charneux'	mfr	14	<	–	<	<	<	<	<	□	<	<	□	□	□	P–	<	□	<	<
'Pierre Corneille'	mfr	15	□	–	<	□	□	□	<	□	□	□	□	<	□	□	–	□	<	<
'Verdi'	fr	16	□	–	□	□	<	<	<	□	□	□	□	<	□	□	<	–	□	□
'Vereinsdechantsbirne'	sp	17	□	–	<	<	<	<	<	□	<	<	<	□	□	<	<	□	P–	<
'Williams Christ'	msp	18	<	–	<	<	<	<	<	□	□	<	□	□	□	□	<	□	<	–

fr = früh, mfr = mittelfrüh, msp = mittelspät, sp = spät

< fruchtbare Kombination, + selbstfruchtbar, □ Kombination nicht direkt geprüft, P Neigung zur Parthenokarpie, – unfruchtbare Kombination

Tab. 22 Herkunft, Wuchs und sonstige Eigenschaften von Birnensorten

Sorte	Herkunft	Wuchs	Anfälligkeit	Blüte	Ertrag	Frucht	Bemerkungen
'Abate Fetel'	Zufallssämling, F, 1869	Mittelstark, nach Ertragseintritt schwächer	Schorf, Chlorose, Fleischbräune	Mittelfrüh, diploid	In besten Lagen hoch und regelmäßig	Groß, flaschenförmig, gelbgrün, saftig, schmelzend	Gute Tafelbirne, die nur in besten Weinbaulagen gut gedeiht, bekannt durch Importe aus Italien
'Alexander Lucas'	Zufallssämling, Blois, F, 1870	Mittelstark, ab Ertragseintritt schwächer, mit hängenden Ästen	*Pseudomonas*, Pockenmilben	Früh, triploid	Früh, hoch und regelmäßig	Groß, stumpf kegelförmig, dickbauchig	Ertragssichere Spätsorte mit guten Lager- und Vermarktungseigenschaften
'Clapps Liebling'	Sämling aus der holzfarbenen 'Butterbirne', Th. Clapps, Dorchester, USA, 1860	Sehr stark, breit ausladend, gerne überbauend, Zwischenveredlung bei Quitte erforderlich	Schorf, Birnenpockenmilbe, Feuerbrand, Viren, Vorerntefruchtfall	Mittelspät, mittlere Frostempfindlichkeit, starker Blütenansatz, guter Befruchter	Spät, dann regelmäßig und hoch	Mittelgroß bis groß, dickbauchig, gelblich weißes Fruchtfleisch, würzig, sonnenseits rot gestreift	Frühsorte mit begrenzter Haltbarkeit, frühe Reife vorteilhaft, trägt am langen Fruchtholz
'Concorde'	'Conference' × 'Vereinsdechantsbirne', East Malling, UK, 1984	Mittelstark, aufrecht mit mäßiger Verzweigung, für Dichtpflanzungen geeignet, nur zweijährige Veredlungen pflanzen	Feuerbrand, Chlorose	Mittelspät bis spät, diploid	Hoch, früh, ähnelt 'Conference'	Mittelgroß, flaschenförmig, länglich wie 'Conference', Fruchtfleisch schmelzend, süßsäuerlich mit mildem Aroma, Schale grün bis grün-gelb mit wenig Berostung	Die Frucht wird schnell gelb, ohne an Festigkeit zu verlieren, gute Erträge und Haltbarkeit sind von Vorteil, Fruchtgröße und Aussehen kommen dem Verbraucher entgegen

Tab. 22 Herkunft, Wuchs und sonstige Eigenschaften von Birnensorten (Fortsetzung)

Sorte	Herkunft	Wuchs	Anfälligkeit	Blüte	Ertrag	Frucht	Bemerkungen
'Condo'	'Conference' × 'Vereinsdechantsbirne' CPRO, Wageningen, NL, 1965	Mittelstark, in der Jugend aufrecht, gut als Superspindel, verträglich mit Quitte	Chlorose, teilweise Rindenkrebs	Mittelfrüh, etwas frostempfindlich, keine Nachblüher, guter Befruchter	Sehr früh, regelmäßig, mittlere Ernten	Mittelgroß, birnen- bis flaschenförmig, schmelzend, saftig und süß, kurzes Shelf-life	Der Anbauwert der Sorte ist hoch, die Fruchtqualität wie auch die Erträge sind gut, ein Nachteil ist die ungünstige Reifezeit mit 'Conference', der Marktwert dürfte nur aus Sicht von Direktvermarktern befriedigend sein
'Conference'	Freie Abblüte von 'Leon Leclere de Laval', Baumschule T. Rivers, UK, 1885	Mittelstark, aufrechte, nicht allzu steile Krone, Zwischenveredlung bei virusfreiem Veredlungsmaterial bei Quittenunterlage nicht unbedingt erforderlich	Feuerbrand, Krebs in sehr feuchten Lagen, Chlorose, Früchte nicht windfest	Mittelfrüh, wenig frostempfindlich, starker Blütenbesatz, guter Befruchter, intersteril mit 'Trevoux' und 'Gute Luise', neigt zu Parthenokarpie	Früh, regelmäßig, hoch, auch in Frostjahren	Mittelgroß, länglich schlank, im unteren Teil etwas bauchig, Fruchtfleisch, gelblich-weiß, saftig, angenehme Würze, Schale grün mit graubrauner Berostung	Sehr erfolgreiche, ertragssichere Sorte mit hohem Bekanntheitsgrad, die am meisten angebaute Sorte in Europa, sehr gute Lagereigenschaften, schmeckt erst nach einer mindestens vierwöchigen Lagerdauer optimal
Delbard Premiere®/ 'Delfrap'	'Akcax' × 'Jules Guyot', Delbard, F, 1955	Sehr stark, breit, mittlere Verzweigung, Quitte C sinnvoll	Vorerntefruchtfall	Früh und sehr reich, Befruchter 'Conference' und 'Williams Christ'	Gut, gleichmäßig, Ernte in einer Pflücke	Mittelgroß, sehr gleichmäßig, grün, später gelb, süß, wenig Aroma	Die frühe Reife ist einer der Hauptvorteile, diese Sorte dürfte für Privatvermarkter von besonderem Interesse sein
'Frühe von Trevoux'	Unbekannt, Treyvein, Trevoux, F, 1862	Mittelstark, steil aufwärts, später hängend, mit Quitte verträglich	Schorf in Tallagen, für Feuerbrand hoch empfindlich	Mittelfrüh, anhaltend, guter Befruchter, neigt zu Parthenokarpie, intersteril mit 'Williams Christ' und 'Gute Luise'	Früh, kann alternieren, mittlerer Ertrag	Klein bis mittelgroß, Fruchtfleisch ist saftig, gelblich	Frucht wird schnell überreif

'Gute Luise'	Zufallssämling, Avranches, F, 1788	Steil aufrecht, regelmäßige Krone, kräftige Langtriebe, die nach Rückschnitt gut verzweigen; nicht virusfreies Material kann mit Quitte unverträglich sein	Stark für Fruchtschorf, empfindlich für Kupfer und Schwefel, mäßig für Feuerbrand, Frostschäden an Trieben, viröse Steinigkeit	Mittelspät, würzig, frostempfindlich, Früchte zeigen Frostringe, guter Pollenspender, intersteril mit 'Trevoux' und 'Williams Christ'	Mittelfrüh, keine hohen Erträge, neigt zur Alternanz	Klein bis mittelgroß, regelmäßig birnenförmig, Fruchtschale glatt, glänzend, sonnenseitig rötlich braun, Geschmack süß, schwach fruchtig, auf schlechtem Standort rübig	Altbekannte Herbstsorte, die kleine Früchte produziert und einen sehr eigenwilligen Geschmack hat, zu beachten ist Winterfrostanfälligkeit des Holzes, eine Fruchtausdünnung ist unumgänglich
'Harrow Sweet'	'Williams Christ' × ('Old Home' × 'Early Sweet') Versuchsstation Harrow, Ontario, CA	Mittelstark, gute Verzweigung, mit Quitte verträglich	Wenig anfällig für Schorf und Birnenblattsauger	Mittelspät, kurz vor 'Williams Christ', guter Befruchter, Blüten auch am einjährigen Holz	Früh, gleichmäßig, mittel bis hoch, unbedingt ausdünnen	Klein bis mittelgroß, grünlich gelb mit rosa-roter Backe, süß-aromatisch	Gegen Feuerbrand resistent, dürfte sich im Erwerbsanbau kaum etablieren
'Isolda'	'Jules Guyot' × 'Bunte Julibirne', Naumburg	Mittelstark bis schwach, locker, Quitte mit Zwischenveredelung	Feuerbrand	Mittelfrüh, reich und regelmäßig, diploid	Regelmäßig, früh, mittlerer Ertrag	Mittelgroß, langachsig, grüngelb mit angenehm rotem Hauch	Ertragreiche Sommersorte für probeweisen Anbau bei Direktvermarktern
'Köstliche aus Charneux'	Zufallssämling in Charneux, BE, 1800	Stark, pyramidale Krone, Zwischenveredlung bei Quitte erforderlich	Winterfrost, Feuerbrand, Schorf, Wind	Mittelfrüh, reich blühend, diploid	Früh, ohne Ausdünnung Alternanz	Mittelgroß, schlank birnenförmig, grün, sonnenseits rot, geflammt, süß, aromatisch	Relativ problemlose Sorte, allerdings keine Spitzenerträge, kann die Angebotszeit verlängern
'Piérre Corneille'	'Diels Butterbirne' × 'Vereinsdechantsbirne' Rouen, F, 1890	Anfangs stark, nach Ertragseintritt nachlassend, aufrechte Triebe	Schorf, Blütenfrost, etwas Alternanz	Früh, diploid	Früh, hoch wegen Alternanzgefahr Ausdünnung sinnvoll	Mittelgroß, feinzelliges Fruchtfleisch mit harmonischem Aroma	Gute Sorte, die probeweise angebaut werden kann
'Vereinsdechantsbirne'	Zufallssämling in Angers, F, 1849	Stark wachsend, mit steiler, aufrechter Krone, verträglich mit Quitte	Alternanz, starker Junifall	Spät, diploid	Mäßig, wichtig ist gute Befruchtung	Mittelgroß bis groß, sehr wohlschmeckend, würzig, aromatisch	Vom Verbraucher geschätzt, durch die unregelmäßigen Erträge kaum im Anbau

Tab. 22 Herkunft, Wuchs und sonstige Eigenschaften von Birnensorten (Fortsetzung)

Sorte	Herkunft	Wuchs	Anfälligkeit	Blüte	Ertrag	Frucht	Bemerkungen
'Verdi'	'Gute Luise' × 'Vereinsdechantsbirne' CPRO, Wageningen, NL, 1966	Mäßig, etwas steil mit starker Mitte, unverträglich mit Quitte	Bakterienbrand, Frostringe an Früchten	Früh, reich, guter Befruchter besonders für 'Conference'	Früh, regelmäßig, Ausdünnung erforderlich	Mittelgroß, birnenförmig, grün mit an 'Gute Luise' erinnernder roter Backe, bis Dezember bei 0 °C haltbar, besser als 'Gute Luise', mit feiner Säure	Eine Ergänzung zum Birnensortiment, etwas Anderes, kaum Feuerbrand, dafür aber hochanfällig für *Pseudomonas*, für Direktvermarkter interessant
'Williams Christ'	Zufallssämling, Berkshire, UK, 1770	Mittelstark, steil, Fruchtholzschnitt nötig, unverträglich mit Quitte	Schorf, Birnenblattsauger, Feuerbrand, Birnenverfall, Winterfrost, Fruchtfall	Mittelspät, etwas frostempfindlich, guter Befruchter, intersteril mit 'Trevoux' und 'Gute Luise'	Relativ früh, kann alternieren, neigt zur Parthenokarpie	Mittelgroß bis groß, länglich bauchig, Fruchtfleisch saftig, weiß, sehr aromatisch, kurz lagerfähig	Sehr wohlschmeckende Sorte, guter Marktwert, vielseitig verwendbar, für Frischmarkt ausdünnen, zum Brennen lange hängen lassen

Aus der Vielzahl der Sorten werden derzeit für die Genossenschaftsvermarktung hauptsächlich 'Alexander Lucas', 'Conference' und 'Williams Christ' favorisiert. Bei den Privatvermarktern sollte auf jeden Fall eine Frühsorte und 'Vereinsdechantsbirne' mit in das Sortiment aufgenommen werden, da durch diese Vermarktungsform Birnen länger verkauft werden können. Neuheiten haben es deutlich schwerer als Apfelsorten, Eingang ins Sortiment zu finden. Neu im mitteleuropäischen Anbau ist die Sorte Xenia® oder auch 'Oksana', 'Novembra' oder 'Novemberbirne'. Sie stammt aus Moldavien und ist eine Alternative zu 'Alexander Lucas', die zunehmend unter der sogenannten Orangenhaut leidet.

4.4 Quitte

Die Wildformen der Quitte (*Cydonia oblonga*) stammen aus Transkaukasien, Turkestan und Persien und kamen von dort über Kleinasien und Nordafrika nach Südeuropa. Heute sind Quitten weltweit zu finden. In Deutschland gibt es jedoch nur ganz wenige Erwerbsanlagen; überwiegend finden wir Quitten in Hausgärten.

> Quittenfrüchte sind gelbfleischig. Nach der Fruchtform unterscheidet man Apfel- und Birnenquitten. Die apfelförmigen sind trocken und hart; sie haben viele Steinzellen und das typische Quittenaroma. Birnenförmige Quitten sind weicher als Apfelquitten und haben weniger Steinzellen.

Die Quitte ist roh fast nicht zu genießen, da das Fruchtfleisch hart und der Geschmack herbsauer ist. Der hohe Pektingehalt der Früchte wird in der Verarbeitung zu Marmeladen, Gelee, Quittenbrot oder anderen Produkten genutzt. Bei der Fruchtsaftherstellung wird Quittensaft aufgrund seines hohen Anteils an Säuren, Gerb- und Aromastoffen gern als Verschnitt verwendet. Schnapsbrenner beurteilen den Rohstoff Quitte ebenfalls positiv. Quittenschleim wird in der Medizin als Heilmittel eingesetzt: Schon die Heilige Hildegard von Bingen verwendete Quitten gegen Gicht, Verschleimung und Geschwüre.

Tab. 23 Wuchs-, Ertrags- und Fruchteigenschaften von Quittensorten

Sorte	Befruchtung	Wuchs	Standortansprüche	Reifezeit/ Monat	Frosthärte	Kalkempfindlichkeit	Feuerbrand/ Befallsstufe*)	Fruchtform
'Bereczki'	Selbstfruchtbar	Kräftig, aufrecht	Ideal für Weinbauklima	9 bis 10	Sehr empfindlich	Empfindlich	6 bis 7	Birnenförmig
'Champion'	Selbstfruchtbar	Mittelstark, verzweigt	Genügsam, gering	10	Kaum empfindlich	Gering	6 bis 7	Birnenförmig
'Konstantinopeler'	Teilweise selbstfruchtbar	Mittelstark, aufrecht	Genügsam	10	Frosthart	Empfindlich	5 bis 6	Apfelförmig
'Portugiesische'	Selbstfruchtbar	Kräftig, aufrecht	Hohes Wärmebedürfnis	10	Empfindlich	Sehr empfindlich	7 bis 8	Birnenförmig
'Radonia'	Teilweise selbstfruchtbar	Mittelstark, kompakt	Warme Standorte	9 bis 10	Etwas empfindlich	Gering	5 bis 6	Birnenförmig
'Riesenquitte von Lescovac'	Selbstunfruchtbar	Kräftig, breit	Sandige Lehme	10	Frosthart	Gering	7 bis 8	Apfelförmig
'Ronda'	Selbstfruchtbar	Mittelstark	Weinbauklima	10	Kaum empfindlich	Gering	8 bis 9	Apfelförmig
'Vranja'	Selbstfruchtbar	Stark wachsend	Hohe ökologische Anbaubreite	10	Empfindlich	Mittel	7 bis 8	Birnenförmig

Die vor kurzem aus 'Konstantinopeler' × 'Ronda' hervorgegangene Birnenquitte 'Cydora Robust' stellt die erste feuerbrandresistente Sorte dar.

*) Befallsstufen nach Prof. Dr. JACOB, Geisenheim: 1 = resistent, 3 = schwach anfällig, 6 = mittelhoch anfällig, 9 = extrem anfällig

Standortansprüche

Quitten lieben warme, mittelschwere nicht zu trockene **Böden**, auf keinen Fall Staunässe. Wichtig ist der Kalkgehalt des Bodens: Bei pH-Werten über 7 neigen Quitten zur Chlorose. Die **Lage** sollte etwas geschützt und warm sein. Quitten sollten nicht zu sehr dem Wind ausgesetzt sein. In kalten Lagen lassen Fruchtbarkeit und Duft der Früchte nach. Zu beachten ist die hohe Frostanfälligkeit im Winter, zur Blüte und auch besonders im Herbst, wenn das Holz nicht richtig ausgereift ist.

Befruchtungsverhältnisse

Die meisten Quittensorten blühen etwa drei Wochen später als die Birnensorte 'Conference'. Dadurch sind die Blüten fast nicht spätfrostgefährdet. Treten dennoch Schäden zur Blütezeit auf, werden die Neutriebe mit ihren endständigen Blüten in Mitleidenschaft gezogen. Zur Blütezeit werden Insekten durch die großen rosafarbenen Blütenblätter und den Nektar angelockt. Beim Öffnen der Blüten sind die Narben bei vielen Sorten schon mit sorteneigenem Pollen belegt, weshalb die meisten Sorten auch als Einzelbäume gepflanzt werden können. Ausnahmen sind die

Abb. 57 Apfelquitte 'Konstantinopeler'.

Abb. 58 Birnenquitte 'Portugiesische'.

Sorten 'Konstantinopeler' und 'Riesenquitte von Leskovac'. Zur Blütezeit sind die Quitten hoch anfällig für Feuerbrand.

Ernte und Lagerung

Bei der **Ernte** – je nach Sorte von Mitte September bis Mitte Oktober – sollte der Farbumschlag von Grün nach Gelb (ähnlich 'Golden Delicious') erfolgt sein und der Filzüberzug deutlich zurücktreten. Bei zu frühem Pflücken bilden die Früchte nur wenig Aroma aus; werden sie zu spät gepflückt, so neigen sie zur Verbräunung des Fruchtfleisches und die Aromastoffe sind verflüchtigt. Für die Verarbeitung sollten die Früchte gepflückt werden, wenn keine Grünanteile mehr in der Schale sind. Eine Nachlagerung von zwei bis drei Wochen ist ratsam, um die volle Aromabildung zu gewährleisten.

Über die **Lagerung** der Quitten ist nur wenig bekannt. Eine Frischluftlagerung bei +0,5 °C mit Birnen ist möglich. Nach österreichischen Erfahrungen ist auch CA-Lagerung möglich. Zu beachten ist, dass der intensive Quittengeruch zu Geschmacksbeeinträchtigungen anderer Früchte führen kann.

4.5 Pflaume und Zwetsche

In Europa spielt der Anbau von *Prunus-domestica*-Sorten seit langem eine beachtliche Rolle. Neben den Balkanländern ist Deutschland eines der wichtigsten Anbauländer. Ein konkurrenzfähiger Anbau entwickelt sich auch in Polen.

In Deutschland brachten neue Sorten, Erziehungsmethoden und Unterlagen neue Impulse für den Anbau und verlagerten ihn vom extensiven Streuobst- und Hausgartenanbau zum Erwerbsobstanbau. Die Pflaumen- und Zwetschenerzeugung liegt mengenmäßig hinter dem Apfel auf dem zweiten Platz.

Innerhalb der Sammelart *Prunus domestica* wird zwischen Pflaumen und Zwetschen, Renekloden und Mirabellen unterschieden. Da sich diese Unterarten alle miteinander kreuzen lassen, ist die systematische Einordnung nicht einfach. Vor allem bei Pflaumen und Zwetschen gibt es gleitende Übergänge.

Zwetschen sind länger als breit, festfleischig, in der Regel blau gefärbt mit starker Beduftung.
Pflaumen sind rund bis rund-oval, weichfleischig, meist etwas wässrig mit niedrigerem Zuckergehalt. Die Früchte können unterschiedlich gefärbt sein.
Renekloden sind kugelrund, weichfleischig und schlecht steinlösend, süß und aromatisch. Es kommen verschiedene Fruchtfarben mit weißlicher Beduftung vor.
Mirabellen sind klein, festfleischig, gut steinlösend, süß mit charakteristischem Aroma und wenig Säure. Alle angebauten Sorten sind gelb.

Standortansprüche

In der älteren Literatur wird die große ökologische Anbaubreite der Zwetschen, insbesondere der 'Hauszwetsche' hervorgehoben. Unter den heutigen wirtschaftlichen Voraussetzungen muss man jedoch von der Vorstellung, Pflaumen und Zwetschen seien hinsichtlich des Standorts nicht wählerisch, Abschied nehmen. Die klimatischen Ansprüche sind vor allem bei Frühsorten hoch, weshalb sie meist in Weinbauregionen zu finden sind. Spätsorten stellen geringere Ansprüche an die Temperatur. Ihr Anbau in kühleren Regionen ist sinnvoll, da durch die spätere Ernte meist bessere Preise erzielt werden.

Extreme Wintertemperaturen können Knospen- und vor allem Holzschäden hervorrufen. Oft sind die Bäume aufgrund einer Wärmeperiode im Dezember oder Januar bereits enthärtet und nehmen bei einem nachfolgenden Temperatursturz an Knospen und/oder Holz Schaden. Gefährdete Lagen (Senken) sind deshalb vom Anbau auszuschließen.

Durch hohe Temperaturen im Sommer können Hitzeschäden an Früchten auftreten, vor allem bei raschem Temperaturwechsel. Durch ihre frühe Blüte sind Pflaumen und Zwetschen immer spätfrostgefährdet, sie leiden jedoch auch empfindlich unter Schlechtwetterperioden mit tiefen Temperaturen während und kurz nach der Blüte. Niedrige Nachttemperaturen beeinflussen den Fruchtansatz negativ. Hanglagen, die Kaltluft abfließen lassen, sind für den Anbau vorteilhaft.

Den Anbauerfolg stabilisieren:

- Pflanzungen auf unterschiedlichem Standort: Lagen mit unterschiedlicher Hangneigung beeinflussen die Blühzeit, oft entscheiden nur wenige Tage Blühzeitunterschied über Vollbehang oder Ertragsausfall.
- Böden mit ausreichender Wasser- und Nährstoffversorgung: Der Stickstoffbedarf ist deutlich höher als beim Apfel.
- Sorten mit unterschiedlicher Blühzeit: Moderne leistungsstarke Sorten bringen ihre volle Leistungsfähigkeit nur bei bester Pflege.

Befruchtungsverhältnisse

Alle Kultursorten der Europäischen Pflaume sind in befruchtungsbiologischer Hinsicht sehr heterogen. Neben selbstfruchtbaren und selbststerilen Sorten gibt es auch teilweise selbstfruchtbare Sorten.

Die Fertilität ist zwar genetisch bedingt, wird jedoch beeinflusst durch:

- Temperaturverhältnisse während der Blüte
- Blütenqualität
- Fremdbefruchtung; sie bringt bei allen teilweise selbstfruchtbaren und auch bei selbstfruchtbaren Sorten einen höheren Ertrag, besonders bei schlechten Blühbedingungen und mangelnder Blütenqualität
- Abstand von den Befruchtersorten, der nicht mehr als 75 m betragen sollte

Gegenseitige Befruchtung ist nur bei gleichzeitiger Blüte der Sorten möglich. Ein etwas früheres Aufblühen der Vatersorte ist vorteilhaft, weil die Antheren meist erst spät platzen. Die unterschiedliche Temperaturempfindlichkeit der Sorten während der Blüte kann in gewissem Rahmen durch lange Blühzeit bzw. hohen Blütenbesatz ausgeglichen werden.

Marktansprüche

In den einzelnen EU-Ländern stellt der Markt sehr unterschiedliche Ansprüche an Pflaumen und Zwetschen. In Frankreich wird mehr auf den inneren Wert der Frucht geachtet, es kommen deshalb vor allem hochwertige Renekloden und Mirabellen auf den Frischmarkt. In Belgien, den Niederlanden und in England hat die Fruchtgröße besondere Bedeutung. In Spanien und Italien nimmt die Anbaubedeutung von *Prunus-domestica*-Sorten deutlich ab. Dort werden vor allem japanische Pflaumen (*Prunus salicina*) gepflanzt, die die sommerliche Hitze besser vertragen und als Susinen bei uns angeboten werden. Auch in Deutschland werden solche Sorten zum Anbau empfohlen, da die Früchte hohe Preise erzielen und sich gut lagern lassen. Allerdings sind die klimatischen Voraussetzungen bei uns häufig nicht gegeben. Sie blühen meist sehr früh, sind frostgefährdet und während der Blüte auch extrem kälteempfindlich.

Auf dem deutschen Markt sind Früchte mittlerer Größe vom Typ einer Zwetsche mit 30 bis 40 mm Durchmesser und blauer Fruchtfarbe gefragt. Pflaumen haben einen niedrigeren Marktwert. Die unterschiedliche Nachfrage hängt mit

Tab. 24 Eigenschaften von Zwetschensorten (geordnet nach Reifewochen)

Sorte	Blühzeit und Fertilität	Empfindlichkeit gegen niedrige Blühtemperaturen	Reifewoche	Ertrag (1 bis 9)	Fruchtgröße (mm)	Brix (%)	Scharkaresistenz*)	Bemerkungen
'Juna'	Mittelfrüh, selbstfertil	Mittel	1.	7	32	15,4	+–	Sehr gute Frühsorte, trocken backend
'Katinka'	Mittelspät, selbstfertil	Gering	2. bis 3.	7	32	15,6	+	Ideale Backzwetsche und gut für Frischverzehr
'Hanka'	Mittelfrüh, selbstfertil	Mittel	3. bis 4.	7	34	17,6	+	Sehr guter Geschmack, früher und hoher Ertrag
'Tegera'	Mittelfrüh teilweise selbstfertil	Mittel	4.	7	34	15,2	+–	Gute Frühsorte, außer für extreme Scharkagebiete
'Cacaks Schöne'	Mittelfrüh, selbstfertil	Gering	5. bis 6.	8	36	15,4	+	Nicht zu früh ernten, geschmacklich mäßig
'Blue Frost' (Syn. Azura)	Früh bis mittel, teilweise selbstfertil	Mittel	6.	7	36 bis 38	20,9	+	Nicht zu früh ernten, sonst hoher Säuregehalt
'Topfive'	Mittel, teilweise selbstfertil	Hoch	7.	6	34	18,7	+–	Nicht zu früh ernten, Ertrag befriedigt nicht immer
'Hanita'	Mittelfrüh, selbstfertil	Mittel	7.	7	36	18,7	+	Geschmacklich sehr gut, etwas steiler Wuchs
'Cacaks Fruchtbare'	Mittelfrüh, selbstfertil	Gering	8.	8	34	16,5	–	Jährliche Ausdünnung erforderlich
'Toptaste'	Mittelfrüh selbstfertil	Mittel	8.	7	34 bis 36	20,9	+	Guter Geschmack, löst sich nicht immer vom Stein
'Jojo'	Früh, selbstfertil	Mittel	9.	7	36 bis 38	16,5	++	Für Scharkagebiete, nicht zu früh ernten, gute Backfähigkeit
'Topper'	Mittelfrüh, selbstfertil	Gering	10.	8	34	16,5	–	Ertragsstabil, je nach Jahr aber Zwillings- und deformierte Früchte

Tab. 24 Eigenschaften von Zwetschensorten (geordnet nach Reifewochen) (Fortsetzung)

Sorte	Blühzeit und Fertilität	Empfindlichkeit gegen niedrige Blühtemperaturen	Reifewoche	Ertrag (1 bis 9)	Fruchtgröße (mm)	Brix (%)	Scharkaresistenz*)	Bemerkungen
'Hauszwetsche'	Mittel bis spät, selbstfertil	Hoch	10.	7	32	20,9	––	Nur für scharkafreie Regionen
'Haroma'	Mittel, selbstfertil	Gering	10.	8	38	20,9	+	Guter Geschmack, ertragsstabil, schwacher Wuchs
'Jofela'	Mittel, selbstfertil	Mittel	10.	7	34 bis 36	23,1	++	Für Scharkagebiete, hangstabil, geringe Moniliaanfälligkeit
'Joganta'	Früh bis mittel, selbstfruchtbar	Mittel	10.	7	> 40	20,9	++	Für Scharkagebiete, große Frucht, schwacher Wuchs
'Haganta'	Früh bis mittel, teilweise selbstfertil	Mittel	10.	7	> 40	20,9	+–	Große, sehr gut schmeckende Früchte
'Jolina'	Früh bis mittel, selbstfertil	Mittel	11	7	36 bis 38	20,9	++	Für Scharkagebiete, gute Erträge, gesunder Baum
'Tophit plus'	Mittel, teilweise selbstfertil	Hoch	11.	7	> 40	18,7	+–	Große Früchte, öfter leicht bitter, neigt zu Alternanz
'Presenta'	Früh bis mittel, selbstfertil	Mittel	13.	7	34	20,9	+	Fruchtqualität ähnlich 'Hauszwetsche', sehr gut lagerfähig
'Topend plus'	Mittel	Mittel	14.	7	> 40	18,7	+	Große Früchte geschmacklich selten befriedigend
'Emmi'	Mittel, selbstfertil	Mittel	14.	6	> 40	23,1	+–	Große gelborange, sehr gut schmeckende Früchte

*) + = tolerant, ++ = resistent (hypersensibel), +– = tolerant je nach Lage und Jahr, – = anfällig, –– = sehr anfällig

Abb. 59 'Haroma', ertragreich mit attraktivem Fruchtfleisch, gut steinlösend

Abb. 60 'Hanka'

Abb. 61 'Jofela', scharkaresistent, hangstabil

Abb. 62 Sehr spät reifende Sorte 'Presenta'

Abb. 63 'Oullins Reneklode'

Abb. 64 'Miroma', neue aromatische Mirabellenzüchtung mit großen Früchten (17 bis 19 g)

der Verwendung der Früchte zusammen: Nur ein relativ geringer Anteil wird frisch verzehrt, der Großteil geht zur Herstellung von Zwetschenkuchen in Bäckereien.

Beim Verkauf über Vermarktungseinrichtungen haben Attraktivität der Früchte, Transportfähigkeit bzw. Haltbarkeit absolute Priorität. Die innere Qualität spielte bisher nur eine untergeordnete Rolle, denn Zucker und Säure können die Bäckereien leicht selbst zusetzen. Bei steigendem Angebot in den nächsten Jahren dürfte die Qualität eine größere Bedeutung bekommen. In den deutschen Nachbarländern haben nur großfrüchtige Sorten eine Chance auf dem Markt.

Pflaumen, Zwetschen und Mirabellen haben auch Bedeutung für die Konservenindustrie. Industrieware und verarbeitete Ware wird zunehmend aus Osteuropa importiert. Der Markt für Trockenfrüchte wird derzeit ganz dem Ausland überlassen, obwohl die Nachfrage nach „gesunden Süßigkeiten“ steigt. Die Saftherstellung spielte bei uns bisher nur eine untergeordnete Rolle. Althergebracht ist dagegen die Veredlung der Früchte in der Brennerei. Neben Zwetschenwasser haben Spezialitäten aus ‘Haferpflaume’, ‘Löhrpflaume’, ‘Mirabelle’ und ‘Zibarte’ zunehmende Bedeutung.

Sorten

Der Anbau von Pflaumen und Zwetschen sollte aus markttechnischen Gründen auf 10 bis 15 Sorten begrenzt sein. Der Handel hätte am liebsten über die ganze Saison nur drei bis vier Sorten. Das ist jedoch nicht möglich, weil die meisten Sorten nicht lange lagerfähig sind. Empfehlenswerte Sorten mit ihren Eigenschaften sind in Tabelle 24 (Seite 128/129) aufgeführt.

Die Sortenwahl hat sich im Einzelnen nach der Vermarktung, Verwendung, Reifezeit und Scharka-Anfälligkeit zu richten. Probleme mit Scharka gibt es vor allem bei spät reifenden Sorten. Scharka macht in Befallsgebieten den Anbau altbewährter Sorten wie ‘Hauszwetsche’, ‘Fellenberg’, ‘Auerbacher’ und auch ‘Ortenauer’ unmöglich. In einigen Scharkagebieten (Kaiserstuhl) kam deshalb der Anbau fast zum Erliegen. Erst die Einführung toleranter oder resistenter Sorten hat dort den Anbau wieder ermöglicht. Heute stehen durch die Züchtung über die Einkreuzung einer Hypersensibilität absolut resistente Sorten zur Verfügung. So wird die Sorte ‘Jojo’ in Scharkagebieten in ganz Europa mit Erfolg angebaut.

Abb. 65 ‘Mirabelle von Nancy’.

Der Anbau von Renekloden, Pflaumen und Mirabellen ist auf Hausgärten und in neuerer Zeit auch wieder auf Betriebe mit Direktverwertung konzentriert. Renekloden (‘Graf Althanns Reneklode’ und ‘Große Grüne Reneklode’) eignen sich vor allem für den Frischverzehr. Letztere ergeben auch ein gutes Destillat.

Mirabellen werden mehr für die Konservenindustrie und Brennerei angebaut. Für den Frischverzehr ist die größere und besser gefärbte ‘Mirabelle von Nancy’ empfehlenswert, besonders Klon 1510. Sehr empfehlenswert ist auch die neue Sorte ‘Miroma’. Diese geschmacklich hervorragende Sorte ist mit 18 g deutlich größer als die ‘Mirabelle von Nancy’ und eignet sich auch aufgrund der schönen Farbe besonders für den Frischmarkt. Hoher Zuckergehalt und Aroma sprechen aber auch für eine Verwertung in der Brennerei. Für die Direktvermarktung sind Sorten mit unterschiedlicher Reifezeit anzuraten. Für die Brennerei eignet sich die ‘Metzer Mirabelle’ am besten.

Abb. 66 Großfrüchtige und glänzende Kirschen haben hohe Nachfrage.

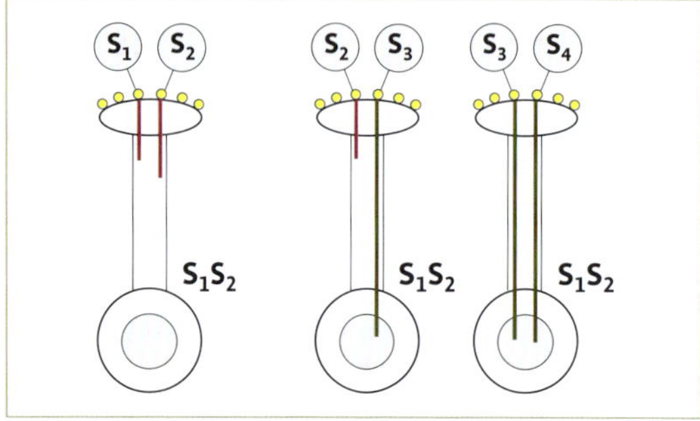

Abb. 67 Einfluss der Sterilitätsgruppe auf die Fruchtbarkeit (nach SCHMIDT 1996, verändert).

4.6 Süß- und Sauerkirsche

4.6.1 Süßkirsche

Die Süßkirsche (2n = 2x = 16) stammt von der Vogelkirsche (*Prunus avium*) ab. Die Unterscheidungsmöglichkeiten sind vielfältig. Geht es um den Verwendungszweck, sind **Tafel-, Brenn- und Konservenkirschen** zu nennen. Bei Fruchtform und Festigkeit werden die weicheren **Herzkirschen** von den festfleischigen **Knorpelkirschen** unterschieden. Erstere haben ihre Bedeutung im Tafelkirschenanbau nahezu verloren. Nicht zuletzt sind alle Farbspielarten möglich. Neben rein dunkelroten und schwarzen Sorten befinden sich auch die sogenannten „bunten“ Kirschen (rote Deckfarbe auf gelber Grundfarbe, z. B. 'Geisepitter', 'Merton Glory', 'Rainier') und rein gelbe Sorten (z. B. 'Dönissens Gelbe'), allerdings in sehr geringem Umfang, im Anbau.

In Deutschland hat der Tafelkirschenanbau die größte Bedeutung. Anbauschwerpunkte sind Mittel- und Oberbaden, Rheinhessen, das Gebiet am Mittelrhein, der Landkreis Forchheim in Franken und das Alte Land. Je nach Klima und Modernitätsgrad sind die Regionen stark von Lokalsorten geprägt. Der Schwerpunkt für Brennkirschen befindet sich in Mittel- und Oberbaden.

Tafelkirschen

Eine heute marktgängige Sorte muss einen hohen Anteil über 28 mm dicker Früchte besitzen, dunkelrot und fest sein und einen entsprechenden Glanz haben. Neben hohen Erträgen zählen für den Obstbauern eine geringe Platz- und Fäulnisanfälligkeit sowie eine gute Beerntbarkeit (langer Stiel und lockerer Behang). Durch die Einführung moderner Sortieranlagen mit Kameratechnik und von Kühl- und Feuchteketten spielen auch zunehmend technologische Eigenschaften wie Druckstellenempfindlichkeit („Pitting“), Stielfesthaltekraft an der Verbindung zur Frucht oder Erhalt der Fruchtfestigkeit eine Rolle. Nach einer langen Phase der Stagnation werden in die Neupflanzungen auf Schwachwuchs induzierenden Unterlagen zunehmend Sortenneuheiten aus aller Welt integriert.

Befruchtungsverhältnisse

Die **Selbstfertilität** gewinnt an Bedeutung für hohe und gleichmäßige Erträge. Pionierarbeit hat hier vor allem die Züchtung in Summerland (Kanada) mit 'Lapins', 'Samba', 'Stella', 'Sunburst', Sweetheart® und anderen geleistet. Die meisten Sorten im Anbau sind allerdings immer noch selbststeril. Bei der Wahl der Befruchtersorten ist nicht nur eine Überschneidung der Hauptblüte, sondern auch die sogenannte „Gruppensterilität“ zu beachten. Jede Sorte besitzt zwei Sterilitätsfaktoren (S-Allele). Besitzen Mutter- und Vatersorte die gleichen S-Allele, tritt eine Hemmung des Pollenschlauchwachstums auf. Nur Sorten mit unterschiedlichen S-Allelen sind verträglich. Unterscheiden sich die beiden Sorten

Tab. 25 Pollenspender-Eigenschaften von Kirschensorten

Pollen ♂ Muttersorte ♀	Blüte	S-Allele		1	2	3	4	5	6	7	8	9	10	11	12	13	14	15	16	17	18
'Areko'	msp	S_1S_3	1	–	□	□	■	■	□	■	■	□	■	–	■	–	–	■	□	■	■
'Bellise'	sfr	S_1S_9	2	□	–	■	□	■	■	□	□	■	□	□	□	■	■	□	■	□	–
'Burlat'	fr	S_3S_9	3	□	■	–	□	■	■	□	□	■	□	□	□	■	■	□	■	□	□
'Carmen'	msp	S_4S_5	4	■	□	□	–	■	■	■	■	■	■	■	■	□	□	■	□	■	■
'Giorgia'	m	S_1S_{13}	5	■	□	□	■	–	■	■	■	■	■	□	□	□	■	■	■	■	■
'Grace Star'	mfr	$S_{4'}S_9$	6	■	■	■	■	■	■	■	■	■	□	□	□	■	■	■	■	□	■
'Kordia'	msp	S_1S_6	7	■	□	□	■	■	■	–	■	■	■	■	■	□	□	■	□	■	■
'Korvik'	msp	S_2S_6	8	■	□	□	■	■	■	■	–	■	■	■	■	□	□	■	□	■	■
'Merchant'	mfr	S_4S_9	9	■	■	■	■	■	■	■	■	–	□	□	□	■	■	■	■	□	■
'Penny'	sp	S_6S_9	10	■	□	□	■	■	□	■	■	□	–	■	■	□	□	■	□	■	■
'Regina'	ssp	S_1S_3	11	–	□	□	■	□	□	■	■	□	■	–	■	–	–	■	□	■	□
'Rubin'	ssp	S_3S_{12}	12	■	□	□	■	□	□	■	■	□	■	■	–	□	□	–	□	■	□
'Samba'	sfr	S_1S_3	13	–	■	■	□	■	■	□	□	■	□	–	□	–	–	□	■	□	■
'Satin'	fr	S_1S_3	14	–	■	■	□	■	■	□	□	■	□	–	□	–	–	□	■	□	■
'Schneiders Späte Knorpel'	msp	S_3S_{12}	15	■	□	□	■	■	■	■	■	■	■	■	–	□	□	–	□	■	■
'Sweetheart'	fr	$S_3S_{4'}$	16	□	■	■	□	■	■	□	□	■	□	□	□	■	■	□	■	□	■
'Sylvia'	sp	S_1S_4	17	■	□	□	■	■	□	■	■	□	■	■		□	□	■	□	–	■
'Tamara'	m	S_1S_9	18	■	–	■	■	■	■	■	■	■	■	□	□	□	■	■	■	■	–

■ = fruchtbare Kombination, □ = fruchtbare Kombination, Blüte aber nicht überschneidend, – = Kombination steril,
= Kombination nicht geprüft oder S-Allele unbekannt, sf = selbstfertil

f = früh, mf = mittelfrüh, m = mittel, msp = mittelspät, sp = spät, ssp = sehr spät

nur in einem S-Allel, ist auch nur 50 % des jeweiligen Pollens befruchtungsfähig, sie sind semikompatibel.

Brennkirschen
Sie sind meist kleinfrüchtig und zeichnen sich durch einen hohen Zucker- und Farbstoffgehalt aus. Sie werden mechanisch geerntet und besitzen oft noch starken Wildkirschencharakter. Etwas größerfrüchtige Formen können wahlweise als dunkle Konservenkirschen Verwendung finden. Sorten: 'Schwarze Schüttler' (3. bis 4. Kirschwoche), 'Dolleseppler' (5. Kirschwoche), 'Benjaminler' (5. Kirschwoche), 'Ritterkirsche' (5. bis 6. Kirschwoche) und viele Lokalsorten.

4.6.2 Sauerkirsche

Sauerkirschen (2n = 4x = 32) werden in der Regel für die Verwertung angebaut. Die meisten Sorten sind **selbstfruchtbar**. Ausnahmen sind 'Köröser Weichsel' und einige alte halbsaure Sorten. Während der Anbau der hellfrüchtigen **Amarellen** mit nichtfärbendem Saft ('Ludwigs Frühe', 'Montmorency') in Europa aufgrund preisgünstiger Importe aus den USA fast vollständig zurück-

Tab. 26 Eigenschaften ausgewählter dunkler Tafelkirschensorten (geordnet nach Reifewochen)

Sorte	Herkunft	Reifewoche	Wuchs	Anfälligkeit	Blüte	Ertrag	Frucht
'Burlat'	Zufallssämling, Rhônetal, Frankreich	2.	Kräftig, steil, starker Veredlungswulst	Mittlere Platzanfälligkeit, Fruchtfäulnis, gering für Kirschfruchtfliege	Früh, S_3S_9	Spät einsetzend, mittelhoch	Mittelgroß, gleichmäßig, mittelfest; besonders bei heißer Witterung werden die Früchte weich
'Grace Star'	Freie Abblüte von 'Burlat', Bologna, Italien	4.	Mittelstark, gut verzweigend, leicht ansteigende Astwinkel	Sehr hoch gegen *Pseudomonas*	Früh, $S_4{}'S_9$, selbstfruchtbar	Hoch und regelmäßig	Groß, mittel bis fest, aromatisch
'Satin'	'Lapins' × ('Van' × 'Stella'), Summerland, Kanada	4. bis 5.	Mittelstark, etwas aufrecht, gut verzweigend	Geringe Platzanfälligkeit	Mittelfrüh, S_1S_3	In den Anfangsjahren schwankend, später gleichmäßig hoch	Sehr fest, süß, dunkelrot, Erntefenster ca. zwei Wochen
'Schneiders Späte Knorpel' (Syn. 'Kaiser Franz')	Zufallssämling, Guben um 1860	5.	Sehr steil, stark	Mittlere bis hohe Platzanfälligkeit	Mittelspät, S_3S_{12}	Relativ spät einsetzend, nur in guten Lagen ausreichend	Groß, fest, wohlschmeckend
'Kordia'	Zufallssämling, Tschechien	5. bis 6.	Mittel, flach	Geringe Platzanfälligkeit	Mittelspät, S_3S_6	Mittelhoch, Blüte anfällig für niedrige Temperaturen	Groß, länglich herzförmig, fest, aromatisch
'Hedelfinger Riesenkirsche'	Zufallssämling, Stuttgart um 1850	5. bis 6.	Zuerst steil, dann hängend	Geringe Platzanfälligkeit	Mittelspät, S_3S_5	Mittelspät einsetzend, dann Neigung zum Überbehang	Mittelgroß und mittelfest, Mutanten: 'Froschmaul', 'Abels Späte'
'Regina'	'Schneiders Späte Knorpel' × 'Rube', Jork, Deutschland	7.	Stark, breit und flach	Geringe Platzanfälligkeit, etwas anfällig für „Little cherry"-Virose	Sehr spät, S_1S_3	Mittelhoch	Groß, fest, langstielig, gutes Shelf-life und gut lagerfähig
'Sweetheart'	'Van' × 'New Star', Summerland, Kanada	7. bis 8.	Schwach bis mittel, flach	Mittlere Platzanfälligkeit	Früh, $S_3S_4{}'$, selbstfruchtbar	Früh einsetzend und hoch	Mittelgroß, fest, glänzend, leicht marmoriert

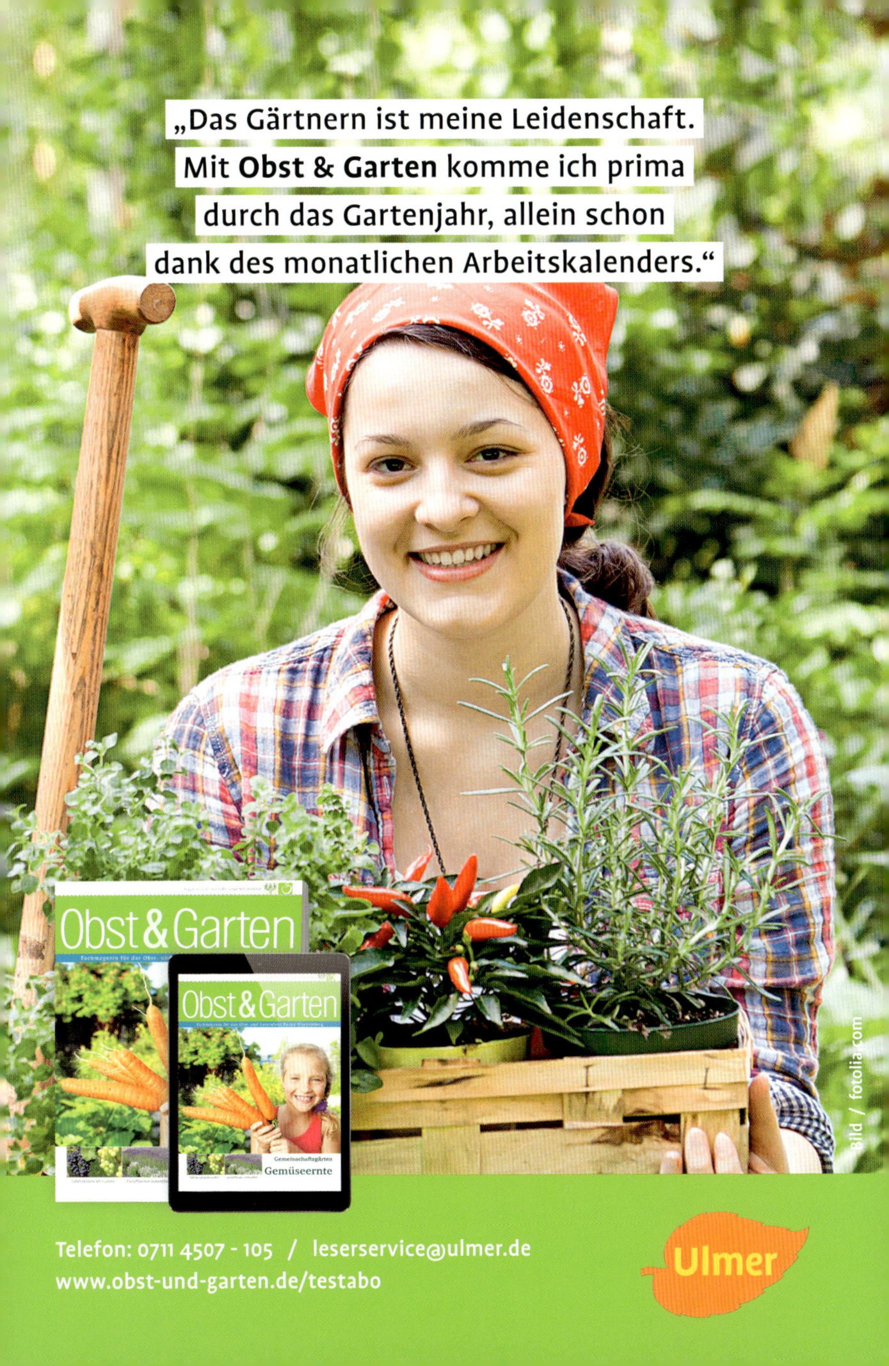
„Das Gärtnern ist meine Leidenschaft. Mit **Obst & Garten** komme ich prima durch das Gartenjahr, allein schon dank des monatlichen Arbeitskalenders.“
Obst&Garten
Obst&Garten
Gemeinschaftsgärten
Gemüseernte
Bild / fotolia.com
Telefon: 0711 4507 - 105 / leserservice@ulmer.de
www.obst-und-garten.de/testabo
Ulmer

Abb. 68 Späte Knorpelkirsche 'Regina'

gegangen ist, konnte sich der Anbau der dunkelfrüchtigen **Weichseln** mit färbendem Saft halten. Neben Deutschland spielen für Konservenkirschen die Länder Ungarn, Polen, Tschechien, Bulgarien, Serbien und Montenegro eine wichtige Rolle. In Dänemark findet sich ein bedeutender Anbau der Sorte 'Stevnsbær' und ihrer Mutanten, die der Versaftung dienen.

Abb. 69 Zweifarbige Süßkirsche 'Stardust'

Abb. 70 Sauerkirsche 'Ungarische Traubige'

Abb. 71 Späte kanadische Kirsche 'Lapins'

Tab. 27 Eigenschaften ausgewählter Sauerkirschensorten (geordnet nach Reifewochen)

Sorte	Herkunft	Reife (Tage vor 'Schattenmorelle')	Wuchs	Anfälligkeit	Blüte	Ertrag	Frucht
'Ludwigs Frühe'	Sämling, Rheinhessen, D.	-21	Stark, kugelig	Kaum *Monilia*, etwas blütenfrostanfällig	Früh	Mittel bis hoch	Amarelle, am Stiel blutend
'Beutelspacher Rexelle' (ähnlich: 'Heimanns Rubin', 'Fanal')	Baumschule Beutelspacher, Stuttgart, D.	-12	Stark, steil, pyramidal	Hoch gegen Bakterienbrand, kaum *Monilia*	Mittelfrüh	Hoch und regelmäßig	Mittelfest, groß, am Stiel blutend
'Morellenfeuer' (Syn. 'Kelleriis 16')	'Ostheimer Weichsel' × 'Früheste der Mark', Dänemark	-7	Mittelstark bis stark, breit, hängendes Holz	Hoch gegen Blütenmonilia, Sprühflecken mittel	Mittelfrüh	Hoch bis sehr hoch	Relativ säurearm, mittelfest, am Stiel blutend
'Coralin'	'Kelleriis 16' × ('Köröser Weichsel' × 'Schattenmorelle'), Dresden, JKI	-5	Mittelstark, aufrecht, kompakt	Mittel gegen Blütenmonilia, gering gegen Sprühflecken	Spät, mit 'Schattenmorelle'	Mittel bis hoch	Mittelgroß, dunkel, Stiel bei Hochreife gut lösend
'Schattenmorelle'	Sämling, Frankreich	0	Mittelstark, breit, hängend und verkahlend	Hoch gegen Holzmonilia und Sprühflecken	Spät	Sehr hoch	Stark am Stiel blutend
'Gerema'	'Kelleriis 14' × 'Fanal', Geisenheim, FA	+3	Schwach, leicht aufrecht, kompakt	Sprühflecken, mittel gegen *Monilia*	Mittelspät	Mittel, schwankend	Nicht am Stiel blutend, sehr gut schüttelfähig
'Ungarische Traubige' (Syn. 'Újfehértoi fürtös')	Ostungarn, Eltern unbekannt	+7	Sehr stark, leicht aufrecht, breit	Robuste Landsorte	Mittelfrüh, teilweise selbstfruchtbar	Mittel bis hoch	Mittelgroß, fest, braunrot, Stiel gut lösend

Mit steigenden Lohnkosten gewinnt die **mechanische Ernte** an Bedeutung. Um eine ausreichende Nacherntestabilität zu gewährleisten, sollten die geschüttelten Früchte allerdings nicht am Stielansatz saften („bluten"). Leider eignet sich die unter dem Aspekt einer hohen Ertragsleistung bevorzugt angebaute 'Schattenmorelle' für diesen Zweck besonders schlecht. Auch 'Morellenfeuer' und die Gruppe der 'Heimanns'-Sorten sind nicht ideal. Unter den Sortenneuheiten scheinen 'Gerema' (Forschungsanstalt Geisenheim), 'Morina' (Dresden-Pillnitz) und die 'Ungarische Traubige' technologisch vielversprechend zu sein, sie bedürfen aber noch einer umfangreichen Standortprüfung.

Von der Hauptsorte 'Schattenmorelle' sind einige **Selektionen und Mutanten** im Handel. Dazu gehören:

- 'Boscha' (Syn. 'Bockelmann'); eine vergleichsweise wüchsige Selektion
- 'Scharö' (Syn. 'Römer'); eher schwachwüchsig und etwas früher reifend
- 'Rheinische Schattenmorelle', Typ 226 oder Typ 175; Bestträgerselektionen des Instituts für Obstbau in Bonn

4.7 Aprikose

Der erwerbsmäßige Anbau der im deutschsprachigen Alpenraum als „Marille" bezeichneten Aprikose (*Prunus armeniaca*) ist schon sehr alt und geht, ebenso wie beim Pfirsich, auf die Chinesen

Abb. 72 Für den Anbau steht ein gutes Angebot an attraktiven Aprikosensorten bereit.

Abb. 73 Großfrüchtige, mittelfrühe Aprikose 'Goldrich'.

Abb. 74 Späte Aprikose 'Bergeron'.

Abb. 75 Aprikose Kioto®.

Tab. 28 Aprikosensorten für den Erwerbsanbau (geordnet nach Reifezeit)

Sorte	Abstammung/ Herkunft	Reifezeit	Wuchs	Anfälligkeiten	Ertrag	Frucht
Pinkcot®/ Cotpy (S)	Escande Frankreich	A7, ca. fünf Tage vor Orangered®	Sehr stark	Baumsterben	Mittel bis hoch, teilweise selbstfruchtbar	Groß, attraktives Aussehen
Orangered®/ Bhart (S)	New Jersey, USA	A–M7	Sehr stark	Moniliaanfällig, scharkatolerant	Mittelhoch, verzögerte Ertragsbildung; selbststeril	Groß, leuchtend orangerot, saftig, aromatisch
'Goldrich'/ Sungiant®	Washington State University, USA	M7	Sehr stark	Gering	Früh, hoch und regelmäßig, sehr reich blühend, selbststeril	Sehr groß, transportfest, guter Geschmack, ideal für den Frischmarkt
Kioto®	Escande Frankreich	M–E7	Mittelstark	Baumsterben	Extrem reichblühende und ertragreiche selbstfruchtbare Sorte	Mittelgroß bis groß, leuchtend orangerot mit roter Deckfarbe an der Sonnenseite, frühes Ausdünnen erforderlich
'Hargrand'	Ontario, Kanada	M–E7	Mittelstark	Robuste Sorte, wenig fäulnisempfindlich, scharkaanfällig	Gut, teilweise selbstfruchtbar	Sehr groß, orange gefärbt, gut steinlösend
'Ungarische Beste' (Syn. 'Klosterneuburger Marille')	Zufallssämling, Ungarn	A8	Mittelstark	Wenig krankheitsempfindlich	Später Ertragsbeginn, unregelmäßig; Selektionen verwenden	Hauptsorte im österreichischen Anbau, ideal für die Verarbeitung (Brennzwecke, Konfitüren etc.)
'Bergeron'	Frankreich	A–M8, ungleichmäßig reifend	Mittelstark	Bakterienbrand (*Pseudomonas syringae*)	Hoch, reich und regelmäßig, extrem spät blühend	Groß, orange gefärbt, sonnenseits gerötet; vielseitig verwendbar

zurück. Die Aprikosenproduktion konzentriert sich auf warme und lufttrockene Anbaugebiete rings um das Mittelmeer (Türkei, Griechenland, Spanien, Frankreich) und auf den Balkan sowie auf das pannonische Klimagebiet Ost- und Mitteleuropas (Ungarn, Tschechien, Slowakei, Ostösterreich). Kleinräumig findet sich ein Anbau auch in zentral gelegenen Alpentälern (z. B. im Wallis und im Vinschgau), im Bodenseegebiet unter geschützten Anbaubedingungen und in Rheinland-Pfalz.

Standortansprüche

Aufgrund der hohen Wärmebedürftigkeit sind die passenden Standorte nur in Weinbaugebieten mit hohen Temperaturen und Lufttrockenheit zu finden. Gebiete mit hohen Sommerniederschlägen scheiden weniger wegen Wärmemangel als vielmehr wegen starker Gefährdung durch Pilzkrankheiten (*Monilia*, Blattbräune- und Schrotschusskrankheit u. a.) für den Aprikosenanbau aus. Die Winterfrosthärte ist während der Vegetationsruhe sehr hoch; allerdings können Kälterückschläge im Nachwinter nach vorhergegangenen milden Perioden zu beachtlichen Holz-, Rinden- und Blütenknospenschäden führen. Eine weitere Einschränkung im Anbau bringt die frühe und deshalb gegenüber Spätfrösten besonders empfindliche Blüte. Gesundes Pflanzmaterial und sorgfältige Pflege- und Kulturmaßnahmen sind die Grundvoraussetzung zur Verhinderung des vorzeitigen Baumsterbens, dessen Ursachen noch nicht zur Gänze geklärt sind. Neben *Pseudomonas*-Infektionen ist vor allem die Phytoplasmose ESFY (European Stone Fruit Yellowing) für das Marillenbaumsterben verantwortlich.

Die Blütenfrostanfälligkeit ist für die Ertragsunsicherheit der Aprikose verantwortlich. Während ursprünglich Südhänge für den Aprikosenanbau bevorzugt wurden, werden neue Anlagen auch auf Nord- und Nordwesthängen errichtet, um den Vegetationsbeginn zu verspäten.

Befruchtungsverhältnisse

Die meisten europäischen Kultursorten sind **selbstfruchtbar**, einige der neuen amerikanischen Sorten sind **selbststeril** bzw. **teilweise selbststeril** (Orangered®, 'Goldrich', 'Hargrand'). Diese Sorten benötigen unbedingt einen geeigneten Pollenspender. Eine ausreichende Bestäubung durch Wind sowie durch den bei kühler und feuchter Witterung geringen Bienenflug ist nicht immer gewährleistet. Hummeln sind deshalb für die Bestäubungstätigkeit besonders wichtig, da sie auch bei ungünstiger Witterung aktiv sind.

Sorten

Die Auswahl von Aprikosensorten soll nach marktwirtschaftlichen Gesichtspunkten (Eignung für den Frischmarkt bzw. für die Verarbeitung) und nach den Standortansprüchen erfolgen. Wird für den Frischmarkt produziert, treten – speziell bei der Vermarktung über den Großhandel – die Fruchtgröße, das attraktive Aussehen sowie die Transport- und Manipulationsfähigkeit (geringe Druckempfindlichkeit) in den Vordergrund, wogegen an die innere Fruchtqualität, insbesondere an die Aromadichte, geringere Anforderungen gestellt werden.

Neben den Anforderungen an die Fruchtqualität müssen auch hohe Produktivität und Ertragssicherheit gewährleistet sein. Neue, vielversprechende Sorten, die diesen Ansprüchen gerecht werden und sich in der Testphase befinden, sind 'Priscia', 'Bergeval', 'Digat', 'Ninja', 'Bergarouge', 'Lady Cot', 'Anegat', 'Vertige' und 'Frisson'.

4.8 Pfirsich

Der Pfirsich (*Prunus persica*) zählt zu den ältesten kultivierten Obstarten und war in China schon vor 4000 Jahren bekannt. Es existieren mehrere Unterarten: Die behaarten echten Pfirsiche (*Prunus persica* var. *persica*) und die unbehaarten Glatt- oder Nacktpfirsiche (Nektarinen, *Prunus persica* var. *nucipersica*). Eine weitere Unterart des Pfirsichs sind die Platt- oder Tellerpfirsiche (*Prunus persica* var. *compressa/platicarpa*), die derzeit zu höheren Preisen als die sogenannten „Rundpfirsiche“ vermarktet werden. In Spanien werden sie als „Paraguayos“ und in Frankreich als „Pêche plates“ bezeichnet. Der Pfirsich zählt wegen des saftreichen Fruchtfleisches und seines aromatischen, süßfruchtigen Geschmacks zu den beliebtesten Früchten. Die Hauptanbaugebiete in Europa finden sich in Italien, Griechenland, Spanien und Frankreich.

Zwecks guter Transport- und Manipulationsfähigkeit werden Pfirsiche oft hartreif im Präklimakterium geerntet. Leider reift diese Ware nicht immer befriedigend nach, sodass eine sortentypische Aromaausbildung nicht erreicht wird. Am Baum voll ausgereifte Pfirsiche haben eine wesentlich bessere Geschmacksqualität. Dadurch ergibt sich auch in den nördlicheren Produktionsgebieten (Weinbaugebiete Deutschlands, Österreichs) über die Direktvermarktung eine gute Absatzmöglichkeit. Der Pfirsich ist außerdem sehr vielseitig zu verarbeiten zu Kompott, Konfitüren und Nektar.

Tab. 29 Pfirsichsorten für den Erwerbsanbau (geordnet nach Reifezeit)

Sorte	Abstammung/ Herkunft	Reifezeit (-woche)	Wuchs	Anfälligkeiten	Ertrag	Frucht
Royal Gem®/ 'Zairegem' (S)	Zaiger Genetics Kalifornien, USA	E7–A8 (3.–4.)	Stark	Kräuselkrankheit	Mittelhoch bis hoch	Mittelgroß bis groß, leuchtend dunkelrot gefärbt, saftig und süß, gelbfleischig, gut steinlösend
Royal Glory®/ 'Zaifisan'	Zaiger Genetics Kalifornien, USA	A8 (5.)	Stark	Kräuselkrankheit mittel bis hoch	Hoch	Mittelgroß bis groß, gelbfleischig, mit roter Deckfarbe, wenig behaart, aromatisch und saftig
'Red Haven'	USA, Michigan, 1930	A–M8 (5.–6.)	Mittelstark	Geringe Blütenfrostanfälligkeit	Reich tragend und sehr ertragsstabil, Ausdünnung erforderlich	Mittelgroß, ungleichhälftig reifend, steinlösend, guter Geschmack
Vistarich®/ 'Zainobe'	Zaiger Genetics Kalifornien, USA	M8 (6.)	Stark	Sehr kräuselkrankheitsanfällig	Mittelhoch bis hoch	Sehr groß, tief dunkelrot mit orangem Fruchtfleisch, sehr süß, fast ohne Behaarung; Steinlöslichkeit mittel bis gut
'Suncrest'	USA, Kalifornien	M–E8 (7.)	Mittelstark	Winter- und Spätfrost	Sehr gut	Großfrüchtig, gelbfleischig, sehr gute Steinlöslichkeit
'Princess'	USA, Kalifornien	M–E8 (7.)	Mittelstark	Sehr kräuselkrankheitsanfällig	Mittelhoch	Großfrüchtig, gelbfleischig, sehr gute Steinlöslichkeit; geschmacklich hochwertige Sorte
'Benedicte'	Frankreich	E8 (7.)	Stark	Geringe Anfälligkeit für Kräuselkrankheit	Hoch bis sehr hoch	Großfrüchtig, weißfleischig, gute Steinlöslichkeit, wenig behaart
Symphonie®/ Castang Maillard	Frankreich, Domaine de Castang	A9 (8.)	Mittelstark bis stark	Mittlere Anfälligkeit für Kräuselkrankheit	Hoch	Gelbfleischig, großfrüchtig und leuchtend dunkelrot gefärbt, sehr gute Geschmacksqualität, gute Steinlöslichkeit

Abb. 76 Pfirsich Royal Glory®, gelbfleischig

Abb. 77 Pfirsich Fidelia®/'Zaifuro', weißfleischig

Abb. 78 Pfirsich Royal Gem®, gelbfleischig

Abb. 79 Pfirsich 'Red Haven', gelbfleischig

Abb. 80 Nektarine 'Snow Queen', weißfleischig

Abb. 81 Nektarine 'Nectared 4', gelbfleischig, Marktsorte in Italien und Frankreich

Standortansprüche

Der Pfirsich zählt wie die Aprikose zu den wärmeliebenden Obstarten. Der Anbau für die Marktproduktion sollte daher auf das Weinbauklima beschränkt bleiben. Strenge Winterfröste verursachen Frostschäden an Holz und Rinde sowie an Blütenknospen. Durch die frühe Blüte ist der Pfirsich sehr spätfrostgefährdet.

Für eine ansprechende Größenentwicklung sind reichliche Niederschläge oder die Möglichkeit zur Beregnung kurz vor der Fruchtreife vorteilhaft. Nektarinen sind nur für warme und sommertrockene Gebiete interessant. Bei ihnen ist die Ertragssicherheit wesentlich geringer als beim Pfirsich, zudem sind die Früchte anfälliger für *Monilia* und Wespenfraß. Ähnlich negative Eigenschaften zeigen die Tellerpfirsiche und -nektarinen, die bevorzugt im Bereich des Stempelpunktes zur Rissbildung und Fruchtfäulnis durch *Monilia* neigen.

Auf tonreichen, schweren Böden ist die Gefahr von Gummifluss und mangelhafter Holzreife groß, leichtere Böden (Sandböden bis lehmige Sande) sind gut geeignet. Auf Sandböden muss zur Förderung der Trieb- und Fruchtentwicklung eine Bewässerungsmöglichkeit gegeben sein.

Befruchtungsverhältnisse

Alle genannten Pfirsichsorten sind hochgradig **selbstfruchtbar** und benötigen keine Pollenspender. Der Fruchtansatz in Intensivanlagen ist meist so hoch, dass unbedingt eine konsequente Fruchtausdünnung erfolgen muss, um die vom Markt geforderte Fruchtqualität zu erzielen.

Sorten

Die Sortenwahl richtet sich in erster Linie nach der Art der Vermarktung. Die Anforderungen des Frischmarktes sind besonders auf ein attraktives Aussehen ausgerichtet. Entscheidende Kriterien sind Fruchtgröße, Fruchtform, Behaarung, Fruchtfarbe, Steinlöslichkeit, Geschmack, gute Transport- und Manipulationsfähigkeit sowie ausreichende Haltbarkeit im Geschäft. Für die Direktvermarktung ist eine breitere Sortenpalette mit unterschiedlichen Reifezeiten anzubieten. Auch geschmacklich hochwertige Weingartenpfirsiche sind für den Ab-Hof-Verkauf interessant.

4.9 Holunder

Der Schwarze Holunder (*Sambucus nigra*) ist vor allem in Mitteleuropa eine geschätzte Wildfrucht. Schon in der Antike war der Heilwert des Holunders bekannt. Sein hoher Gesundheitswert ist auf den Vitamin-C-Gehalt, den Gehalt an Mineralstoffen (besonders Kalium), den Farbstoff Sambucyanin und den außergewöhnlich hohen Gehalt an freien Aminosäuren zurückzuführen. Speziell das Sambucyanin zählt zu den Flavonoiden, deren Gesundheitswert medizinisch vielfach bestätigt wurde.

Neben der Verwendung der Beeren ist die Nutzung von Wurzel, Rinde, Holz, Blättern und Blüten in der Volksmedizin bekannt. Aus den Blüten und Früchten des Schwarzen Holunders lassen sich verschiedene Erzeugnisse herstellen und vermarkten.

Blüten, frisch oder getrocknet, bilden die Grundlage für heilwirksame Tees und erfrischende Getränke (Sirup, Wein, Sekt). Aus den Beeren lassen sich Säfte, Nektar, Gelees, Liköre und Edelbrände herstellen. In letzter Zeit erlangte Holunder besondere Bedeutung als Farbstofflieferant für verschiedene Produkte der Lebensmittelindustrie.

Holunder wird hauptsächlich in Mittel-, Nord- bzw. Osteuropa (Österreich, Deutschland, Schweiz, Dänemark, Polen, Slowakei) sowie in Nordamerika kultiviert.

Standortansprüche

Holunder findet sich wildwachsend bis in 1500 m Höhe und bevorzugt feuchte, gut durchlüftete und nährstoffreiche Böden (Aueböden). Holunderpflanzen sind stickstoffliebend und bringen auf trockenen Standorten und bei mangelhafter Ernährung eine zu geringe Trieb- und Ertragsleistung. Staunasse Böden sind ungeeignet, da die Wurzeln auf Sauerstoffmangel sehr empfindlich reagieren. Die Klimaansprüche des Holunders

Tab. 30 Holundersorten für den Erwerbsanbau (geordnet nach Reifezeit)

Sorte	Abstammung/ Herkunft	Reifezeit	Wuchs	Anfälligkeiten	Ertrag	Frucht
'Sambo'	Dänemark	A–M8, homogene Abreife	Mittelstark	Etwas Verrieseln nach der Blüte, Befruchtersorte 'Samdal'	Mittelhoch	Dolden mittelgroß, Beeren mit mildem Holundergeschmack, niedriger Anthocyangehalt
'Samyl'	Dänemark	M8–A9, homogene Reife	Mittelstark, überhängend	Extrem anfällig für *Colletotrichum*, vorzeitiger Blattfall durch *Cercospora depazeoides*	Hoch	Dolden mittelgroß, sehr hoher Anthocyangehalt
'Samdal'	Dänemark	M8–A9, homogene Reife	Stark		Hoch	Dolden groß, mittlerer Anthocyangehalt
Haidegg Klon 13	Österreich, Versuchsstation Haidegg	M8–A9	Mittelstark	Nicht ausreichend selbstfruchtbar, Sonnenbrand	Sehr hoch	Dolden sehr groß (ideal für Blütenernte)
Haidegg Klon 17	Österreich, Versuchsstation Haidegg	A–M9 (3–4 Tage vor 'Haschberg')	Mittelstark	Spinnmilben	Hoch bis sehr hoch	Dolden mittelgroß bis groß, homogene Abreife
'Haschberg'	Österreich, Selektion aus Wildformen	A–M9	Mittelstark	Doldenwelke	Sehr früh einsetzend, sehr hoch und regelmäßig	Dolde mittelgroß bis groß, mittelhoher bis hoher Anthocyangehalt, inhomogene Abreife
'Weihenstephan'	Deutschland	A–M9	Sehr stark	Blattlaus	Hoch bis sehr hoch	Dolden mittelgroß bis groß, hoher Anthocyangehalt

sind relativ gering. Sowohl gegen Winterfröste als auch gegenüber Früh- und Spätfrösten ist Holunder unempfindlich. Kühles und feuchtes Wetter während der Blütezeit kann jedoch zum Verrieseln der Blüten führen. Für den Holunderanbau nicht geeignet sind geschlossene Lagen mit verzögerter Abtrocknung. Vor allem unter sehr nassen Witterungsverhältnissen erhöht sich die Gefahr von Doldenwelke (verursacht durch verschiedene *Phoma* ssp., *Fusarium* ssp., *Botrytis*- und *Colletotrichum*-Infektionen). Sehr hohe Sommertemperaturen verbunden mit intensiver Sonneneinstrahlung führen häufig zu Schäden an den Dolden durch Sonnenbrand. Für den Erwerbsanbau sind Lagen über 700 m auszuschließen, da in manchen Jahren auf solchen Standorten nicht gewährleistet ist, dass die Früchte voll ausreifen.

Sorten

Vor allem in Österreich hat sich der erwerbsmäßige Holunderanbau erfolgreich entwickelt. Dazu wurden aus heimischen Wildformen Sorten selektiert, Vermehrungsmethoden erarbeitet, rationelle Anbaumethoden und Kulturtechniken entwickelt. Erste Ergebnisse der Klosterneuburger Selektions- und Anbauversuche wurden ab 1971 veröffentlicht. Für den Erwerbsanbau sind

Abb. 82 Schwarzer Holunder 'Haschberg'.

aus Wildformen selektierte Sorten zu empfehlen, die sich durch Robustheit, Frosthärte und späte Blühzeit auszeichnen. Das gewährleistet gleichzeitig eine hohe Bestands- und Ertragssicherheit der Kulturen. Die österreichische Hauptsorte 'Haschberg' wird wegen ihres schwächeren Wuchses als Baum erzogen, während die Sorten 'Rubin' und 'Tattin' in Strauchform kultiviert werden.

4.10 Walnuss

Bedeutende Anbauländer bzw. -gebiete der Walnuss (*Juglans regia*) sind Südfrankreich, die Länder der ehemaligen Republik Jugoslawien, Ungarn, Rumänien, Italien, die Türkei, China und die USA. In Deutschland, Österreich und der Schweiz gibt es nur vereinzelt erwerbsmäßigen Anbau. In Deutschland stehen relativ viele Walnuss-Streuobstbäume in der Oberrheinebene.

Walnüsse sind fett-, eiweiß- und mineralstoffreich. Sie können als Schälnüsse unmittelbar nach der Ernte oder als Trockennüsse verzehrt werden. Milchreife grüne Nüsse, die beim Schnitt im Sommer anfallen, können zu Likör verarbeitet oder kandiert werden. Walnusskerne werden als Zutaten zu Süßspeisen, Obstsalat, Gebäck, Brot und Pralinen sowie zur Herstellung von kaltgepresstem, hochwertigem Walnussöl verwendet. Auch das Holz des Walnussbaums ist geschätzt.

Standortansprüche

Walnüsse gedeihen in gemäßigten bis warmen Klimaten. In kühlen Gebieten sollten früh reifende Sorten bevorzugt werden. Der Wasserbedarf der Bäume liegt bei 750 mm. Stauende Nässe kann zu Wurzelkrankheiten führen. Die jungen Austriebe von Blüten und Fruchtansätzen sind spätfrostgefährdet. Schon Temperaturen unter 1 °C bedeuten den Kältetod der jungen Triebe und Fruchtansätze. Ausgesprochene Wind- und Frostlagen sind deshalb zu meiden. Regenreiche Regionen und Jahre begünstigen das Auftreten von *Marssonina*-Blattflecken und Bakterienbrand. Neuerdings verursacht vor allem die Walnussfruchtfliege empfindliche Ernteeinbußen.

Wachstum und Ertrag befriedigen nur auf tiefgründigen, fruchtbaren Böden. Die benötigten Düngermengen sind jenen bei Kern- und Steinobst vergleichbar. Auch an die Bodenpflege stellen Walnüsse keine besonderen Ansprüche.

Befruchtungsverhältnisse

Die Bäume tragen männliche und weibliche Blütenstände. Die männlichen Kätzchen entstehen aus Achselknospen, die weiblichen an der Spitze kräftiger Langtriebe. Jeder weibliche Blütenstand besteht aus zwei bis drei Einzelblüten. Es kommen jedoch auch Blütenstände mit bis zu 20 Blüten vor. Bei einigen neueren Sorten entwickeln sich auch Triebseitenknospen zu weiblichen Blütenknospen.

Vielfach blühen die männlichen Blüten vor den weiblichen auf (Protandrie) oder umgekehrt (Protogynie). Walnüsse sind zwar selbstfertil. Doch zur Verbesserung des Fruchtansatzes sollten aufgrund der unterschiedlichen Blühzeit der männlichen und weiblichen Blüten einige gleichzeitig blühende Sorten zusammen gepflanzt werden. Die Pollenübertragung erfolgt durch den Wind. Sorten, die auch ohne Befruchtung Früchte ansetzen (apomiktisch fruchten), können auch als Einzelbaum gepflanzt werden.

Sorten

Die meisten Sorten entstanden durch Auslese von Zufallssämlingen und werden unter Nummern geführt. Die Wertprüfung erstreckt sich hauptsächlich auf Ertragshöhe, Wuchsstärke, Austriebstermin, Frosthärte, Blühtermin, Triebabschluss und Erntetermin, auf das Vorliegen von Apomixis und auf Merkmale der Fruchtqualität. Gefragt sind glatte und helle, nicht zu dicke Schale, dichter Schalenschluss, hoher Kernanteil, gute Lösbarkeit aus der Schale, angenehmer Geschmack und stabile Lagerfähigkeit.

Anbau und Ernte

Da die Bäume bis 20 m hoch und 8 bis 10 m breit werden, sind in geschlossenen Anlagen Pflanzabstände von 10 × 10 m erforderlich. Bei engerem Stand werden die Bäume nach 15 bis 20 Jahren Standzeit „hochgetrieben". Als Unterlagen stehen derzeit nur die stark wachsenden Unterlagen *Juglans regia* oder *Juglans nigra* (Schwarznuss) zur Verfügung. Die Bemühungen um schwach wachsende Unterlagen brachten jedoch erste Erfolge.

Beim Pflanzen werden unverzweigte Bäume (Heister) in der gewünschten Kronenhöhe angeschnitten. Ein weiterer Schnitt wird häufig als nicht nötig angesehen. Die Bäume verkahlen dadurch jedoch im Kroneninneren und die Ertragszone wandert allmählich nach außen. Als Gegenmaßnahme kann man vom fünften Standjahr an die Stammverlängerung entfernen, eine Hohlkrone erziehen und laufend auslichten. Dies sollte im März bis April erfolgen, weil die Wunden so schneller verheilen als beim Sommerschnitt.

Erste Erträge fallen bei veredelten Bäumen nach vier Jahren an. Die mittlere Erntemenge im Vollertrag liegt bei 15 bis 35 kg Trockennüsse/Baum. In Weinsberg wurden diese Werte jedoch selten erreicht. In Kalifornien und Neuseeland geht man von der fast dreifachen Menge aus.

Wenn die Nüsse aus ihrer grünen Hülle fallen, sollten sie zweimal pro Woche aufgelesen werden, um Schimmelflecke auf der Schale zu vermeiden. Erst nach vollständiger Trocknung können sie in Netzsäcke gepackt und an trockenen, kühlen und luftigen Orten aufbewahrt werden.

Abb. 83 Weiblicher Walnuss-Blütenstand.

Abb. 84 Walnuss 'Jupiter'.

Tab. 31 Anbauwürdige Walnusssorten mit gutem Geschmack und guter Lagerfähigkeit

Sorte und Herkunft	Wuchs	Blüte	Ernte	Größe	Schale	Kernanteil (%)	Gewicht (g)	Anbauwert
In Deutschland verbreitete Sorten								
'Nr. 26' Geisenheim/ Rüdesheim	Schwach, locker, breit aufrecht	Spät, protogyn	Spät	Mittelgroß	Mitteldick, hell	41	3,89	Hoch, sehr widerstandsfähig gegen *Marssonina*-Befall; als Einzelbaum geeignet, weil apomiktisch fruchtend
'Nr. 120' Güls/Mosel	Stark, locker, breitkronig	Mittelspät, protandrisch	Mittelfrüh bis mittelspät	Groß	Dick, rau gefurcht	40	5,02	Eine der besten deutschen Sorten, häufig anfällig gegen Blattfleckenkrankheit und Bakterienbrand; weiten Stand wählen
'Nr. 139' Weinheim	Mittelstark	Spät, protogyn	Mittel bis spät	Klein bis mittelgroß	Dick, hell	37	3,40	Trägt früh, reich, regelmäßig, gute Nussqualität
'Nr. 1247' Mehlen/ Kurmark	Sehr stark ausladend	Früh protogyn	Sehr früh	Mittelgroß	Wenig gefurcht	38	4,24	Erleidet häufig Spätfrostschaden, widerstandsfähig gegen *Gnomonia*-Blattfleckenkrankheit und Bakterienbrand
Versuchssorten								
'Nr. 175' Bayern	Mittel bis stark	Mittelfrüh, protandrisch	Mittelfrüh	Mittel bis groß	Dick, etwas gefurcht	39	5	Hoher Ertrag, schwach anfällig für *Gnomonia*-Blattfleckenkrankheit
'Alsoszentivani 117' (A 117)	Stark	Mittelfrüh, protogyn	Mittelspät	Mittel bis groß	Relativ dünn gefurcht	47	6,36	Früher hoher Ertrag, gute Nussqualität, geringe Krankheitsanfälligkeit
Ungarn								
'Milotai 10' (M 10) Ungarn	Schwach, breit	Früh, protogyn	Mittelspät	Mittel bis groß	Dünn, glatt	43	4,9	Früher hoher Ertrag, gute Nussqualität, gering krankheitsanfällig

4.11 Haselnuss

Das natürliche Verbreitungsgebiet der Haselnuss (*Corylus avellana*) erstreckt sich von Europa über Kleinasien bis Asien.

> In Deutschland wird die Haselnuss vor allem als Zierpflanze, Feldschutzgehölz (sehr guter Bodenbefestiger), als Bienenfutterpflanze und zum Sichtschutz angepflanzt.

Haselnüsse werden frisch verzehrt oder zu Backwaren und Süßwaren verarbeitet. Der Erwerbsanbau konzentriert sich auf Spanien, Italien, Griechenland, die Türkei und die USA (Oregon). Ansätze gibt es auch in Süddeutschland.

Standortansprüche

Haselnüsse gedeihen beinahe überall, am besten auf ausreichend feuchten, humusreichen Böden. Nur auf armen Sandböden versagen sie. Die Lage sollte windgeschützt und wenig spätfrostgefährdet sein. Die Blüten überstehen jedoch Temperaturen bis −8 °C unbeschadet.

Befruchtungsverhältnisse

Da Haselnüsse **Fremdbefruchter** sind, ist es zweckmäßig, mehrere Sorten anzupflanzen. Gute Pollenspender sind 'Daviana', 'Hallesche Riesennuss' und 'Webbs Preisnuss'. Die männlichen und weiblichen Blüten sind getrennt in Kätzchen bzw. weiblichen Blütenständen angeordnet. Beide Blütenknospenarten entwickeln sich aus Seitenknospen an Langtrieben. Sie öffnen sich mit dem Einsetzen wärmeren Wetters im Februar/März. Der Pollen wird durch Wind übertragen. Nach der Bestäubung entwickeln sich die Früchte zunächst nur langsam, ab April/Mai setzt rasches Wachstum ein.

Sorten

Die Kultursorten der Haselnuss stammen von *Corylus avellana* und von *C. maxima* ab. Die auf *C. avellana* zurückgehenden Sorten werden als Zellernüsse bezeichnet. Ihre rundlichen Früchte liegen in einem kurzen, bei der Reife offenen, zwei- bis dreiblättrigen Fruchtbecher. Die von *C. maxima* ausgehenden Lambertsnüsse sind länglich, ihr Fruchtbecher ist einblättrig, lang und bei der Reife geschlossen. Sie gelten als geschmacklich wertvoller, doch sind sie mühsamer

Tab. 32 Anbauwürdige Haselnusssorten

Sorte und Herkunft	Wuchs	Ertrag	Kernanteil (%)	Gewicht (g)	Reifezeit	Schale	Geschmack
Zellernüsse							
'Cosford', England	Mittelstark	Hoch	52	1,08	M–E9	Dünn	Gut
'Daviana', England	Schwach bis mittelstark	Mittel	53	1,22	M9	Dünn	Sehr gut
'Hallesche Riesennuss', Deutschland	Sehr stark	Mittel	43	1,31	M9	Fest	Mäßig
Lambertsnüsse							
'Lambert Filbert', England	Mittelstark	Hoch	42	1	Spät	Fest	Gut
'Nottingham Fruchtbare', England	Stark	Hoch	52	0,9	A9		Gut
'Webbs Preisnuss', England	Mittelstark	Hoch	46	0,9	M–E9	Dünn	Gut

Die Sorten 'Englische Zellernuss', 'Neue Riesennuss', 'Minnas Zellernuss', 'Lange Zellernuss' und 'Römische Zellernuss' sind nicht ertragreich genug und haben meistens einen zu geringen Kernanteil.

Abb. 85 Haselnuss.

zu ernten als Zellernüsse, weil sie ziemlich fest in ihrer Hülle sitzen. Außerdem gibt es Hybriden zwischen beiden Gruppen, die Zellerhybriden und Lambertshybriden.

Anbau und Ernte

Gepflanzt werden gut bewurzelte Ableger oder veredelte Pflanzen. Als Unterlage dienen *C. avellana* oder *C. colurna*, die Baumhasel. Auf letzterer können Baumformen vom Busch bis zum Hochstamm angezogen werden, die fruchtbarer sind als Haselnusssträucher und auch keine Bodenschosser hervorbringen. Geläufige Pflanzabstände sind 4 × 5 bis 4 × 6 m.

Die Büsche und Kronen können als Hohlkronen mit etwa sechs Hauptästen erzogen werden. Da nur einjährige Triebe fruchten, muss abgetragenes Holz zugunsten von Neutrieben ausgelichtet werden. Basisaugen am Astring treiben willig aus.

Erträge fallen nach vier bis sechs Standjahren an. Sie liegen in unseren Breiten bei 2 bis etwa 5 kg/Baum oder Busch. Im langjährigen Durchschnitt sind 5 kg jedoch kaum erreichbar. Die Erträge der Hauptanbauländer (bis 12 kg/Baum) werden nicht erreicht. Eichhörnchen und Haselnussbohrer können den Ertrag noch weiter senken.

Zur Ernte werden die Büsche/Bäumchen mehrmals geschüttelt und die reifen Nüsse vom Boden aufgelesen. Vorzeitig geerntete Früchte schrumpfen, sind nicht haltbar und von mäßigem Geschmack. Die Nüsse werden von den Hüllen befreit, in flachen Schichten getrocknet und anschließend kühl und luftig gelagert.

4.12 Erdbeere

Die Stammform der großfrüchtigen Erdbeeren (*Fragaria* × *ananassa*) entstand aus der Kreuzung *Fragaria chiloensis* × *Fragaria virginiana*. In diese wurden weitere Wildformen eingekreuzt. Für die Kulturmonatserdbeeren (*F. vesca* var. *semperflorens*) ist die Walderdbeere (*Fragaria vesca*) die Ausgangsform.

Von den großfrüchtigen Formen gibt es einmal- und immertragende Sorten. Diese wurden intensiv für den Anbau in den unterschiedlichsten Klimaten ausgelesen und gezüchtet. Hohe Temperaturen und Langtagbedingungen fördern bei den einmaltragenden Sorten die Laub- und Ausläuferproduktion, kurze Tage (< 13 Stunden) und mäßige Temperaturen induzieren Blüten. Immertragende Sorten bilden dagegen im Lang- und im Kurztag Blüten.

Die hohe Wertschätzung der Erdbeere beruht im Wesentlichen auf ihrem hervorragenden Geschmack und der frühen Reife. Sie wird in erster Linie frisch verzehrt, eignet sich jedoch auch sehr gut zur Verarbeitung zu Marmelade, Erdbeerkonserven und Fruchtmus. Letzteres bewahrt beim Einfrieren den sortentypischen Geschmack wesentlich besser als im Ganzen eingefrorene Früchte.

Standortansprüche

Erdbeeren gedeihen am besten auf tiefgründigen, luft- und wasserdurchlässigen Böden mit einem hohen Humusgehalt. Ideal sind leichte sandige Lehmböden mit schwach saurem pH-Wert. Schwere, undurchlässige Böden begünstigen das Auftreten von Wurzel- und Rhizomkrankheiten. Für hohe Erträge und gute Fruchtqualität (Größe) ist ausreichende Bodenfeuchtigkeit während

Tab. 33 Eigenschaften wichtiger Erdbeersorten (geordnet nach Reifezeit)

Sorte	Reifezeit	Ertrag	Fruchtgröße	Fruchtfarbe	Geschmack	Festigkeit	Wuchs	Anfällig für
'Flair'	Sehr früh	Mittel	Mittel	Mittelrot	Sehr gut	Mittel	Schwach	V, E, F
'Clery'	Sehr früh	Mittel	Mittel	Hellrot, glänzend	Gut	Sehr fest	Mittel	B, F
'Alba'	Sehr früh	Sehr hoch	Sehr groß	Hell bis mittel	Mittel	Sehr fest	Kräftig	B, E, F, S
'Honeyoe'	Früh	Mittel	Mittel	Dunkelrot	Säuerlich	Fest	Mittel	PC, PF, V, D
'Rumba'	Früh	Hoch	Groß	Mittelrot, glänzend	Mittel	Fest	Kräftig	PF, V
'Lambada'	Früh	Mittel	Mittel	Hellrot, glänzend	Sehr gut	Weich	Kräftig	M, PC, PF, D
'Darselect'	Mittelfrüh	Hoch	Groß	Mittelrot	Gut	Sehr fest	Kräftig	M, S, V, F, E
'Elsanta'	Mittelspät	Hoch	Mittel bis groß	Hellrot, glänzend	Mittel bis gut	Sehr fest	Kräftig	PC, PF, V, M
'Sonata'	Mittelspät	Hoch	Mittel bis groß	Dunkelrot, glänzend	Gut	Fest	Mittel	B, PF, PF, V, E
'Elegance'	Mittelspät	Sehr hoch	Groß	Hellrot, glänzend	Mittel	Sehr fest	Kräftig	M, V
'Asia'	Mittelspät	Hoch	Sehr groß	Mittelrot, glänzend	Gut	Fest	Kräftig	B, E
'Elianny'	Mittelspät	Mittel	Groß	Hellrot	Sehr gut	Fest	Kräftig	M, D
'Senga Sengana'	Mittelspät	Mittel	Klein	Dunkelrot	Sehr gut	Mittel	Mittel	B, PF, D, E
'Salsa'	Spät	Sehr hoch	Groß	Hell- bis mittelrot	Mittel bis gut	Mittel	Kräftig	B, V, E, D
'Symphony'	Spät	Hoch	Mittel bis groß	Mittelrot, glänzend	Mittel	Sehr fest	Mittel	E, F
'Florence'	Sehr spät	Sehr hoch	Groß	Dunkelrot	Mittel	Mittel	Kräftig	B, PF, D
'Malwina'	Extrem spät	Niedrig bis mittel	Mittel	Sehr dunkelrot, glänzend	Sehr gut	Weich	Sehr kräftig	B, PC, PF, D, E
'Everest'	Remontierend	Sehr hoch	Mittel bis groß	Dunkelrot, glänzend	Mittel	Sehr fest	Mittel	A, V
'Evie 2'	Remontierend	Sehr hoch	Groß	Mittelrot, glänzend	Mittel	Sehr fest	Kräftig	B, A
'Portola'	Remontierend	Sehr hoch	Groß	Mittelrot, glänzend	Mittel	Sehr fest	Mittel	A
'San Andreas'	Remontierend	Hoch	Groß	Hellrot, glänzend	Gut	Sehr fest	Kräftig	A
'Eve's Delight'	Remontierend	Mittel	Mittel bis groß	Mittelrot, glänzend	Gut	Sehr fest	Kräftig	B, A

A = Anthraknose, B = *Botrytis*, D = Druckstellen, E = Erdbeermilbe, F = Blütenfrost, M = Mehltau, PC = Rhizomfäule, PF = Rote Wurzelfäule, S = Sonnenbrand, V = *Verticillium*-Welke

Abb. 86 Erdbeere 'Clery', Frühsorte.

Abb. 87 Erdbeere 'Malwina', Spätsorte.

der Fruchtreife Grundbedingung. Nur unter günstigen natürlichen Voraussetzungen kommt man ohne Zusatzbewässerung aus. Spätfrostlagen sollten vom Anbau dieser bodennahen und deshalb frostgefährdeten Kultur ausgeschlossen werden.

Sorten

Die meisten Sorten besitzen zwittrige Blüten und sind selbstfruchtbar.

Züchtungsziele bei Erdbeeren sind:

- Ertragsfähigkeit
- Fruchtgröße
- Festigkeit der Früchte
- Aussehen und Geschmack
- Toleranz gegen *Botrytis*, *Verticillium* ssp. und *Phytophtora fragariae*

Aus der Vielzahl bekannter Sorten können nur einige bedeutende beschrieben werden. Je nach Absatzweg, Kulturmethode, Anbaugebiet oder Betrieb werden spezielle Sorten angebaut.

Während vor 20 Jahren der Erdbeeranbau praktisch von der Hauptsorte 'Elsanta' dominiert war, werden heute sehr viel mehr Sorten kultiviert. Zur Belieferung des Frischmarktes sind die heutigen Hauptsorten im Frühbereich die Sorten 'Clery' und 'Darselect', in mittelspäten und Spätgebieten 'Elsanta', 'Sonata' und 'Florence'. Daneben werden in kleinerem Umfang die frühreifenden Sorten 'Honeyoe', 'Alba', 'Rumba' sowie die geschmacklich sehr gute Sorte 'Lambada' und die sehr früh reifende, gutschmeckende Neuheit 'Flair' angebaut. Im mittelspäten Bereich wird das Sortiment erweitert durch Neuheiten wie die großfrüchtige Sorte 'Asia', die ertragsstarke und optisch sehr ansprechende Sorte 'Elegance' sowie die gutschmeckende Neuheit 'Elianny'. Im Spätbereich wird heute 'Florence' ergänzt durch 'Salsa', 'Symphony' und durch die extrem späte, sehr gutschmeckende Neuheit 'Malwina'.

Für die gesteuerte Termin- oder Substratkultur wird auch heute noch fast ausschließlich 'Elsanta' angebaut.

Für den Markt sind Festigkeit, Haltbarkeit, Aussehen, Ertrag und Fruchtgröße die entscheidenden Sortenkriterien. Bei der Selbstpflücke hingegen ist besonders auf Geschmack und hohe Widerstandsfähigkeit gegen Regen und Fäulnis sowie auf älteren Standorten auch gegen bodenbürtige Pilzkrankheiten zu achten. Neben 'Elsanta' und 'Honeyoe' gehören hier auch 'Clery', 'Darselect', 'Sonata', 'Asia', 'Salsa' und 'Florence' zum Sortiment.

Für die Verarbeitungsindustrie ist nach wie vor die alte Sorte 'Senga Sengana' dominierend. Sie wird ergänzt durch 'Polka' und 'Honeyoe'. Wichtige Kriterien für die Industrie sind Geschmack, Säuregehalt, gleichmäßig dunkle Fruchtfarbe, kleine Fruchtgröße und gute Entkelchbarkeit der Früchte.

Von den Remontierern für die Belieferung des Frischmarktes werden heute je nach Kulturziel und Vermarktungsweg mehrere Sorten angebaut. Bedeutende Sorten sind im Freiland die regenfeste Sorte 'Everest' sowie 'Portola', 'Florin', 'Florentina' und 'Charlotte'. Besonders im geschützten Anbau unter Folientunneln werden vor allem die ertragreiche 'Evie 2' und die gutschmeckende 'Eve's Delight' kultiviert. In direkt absetzenden Betrieben gewinnt die optisch schöne und gutschmeckende Neuheit 'San Andreas' immer mehr Marktanteil.

Die sogenannte Erdbeerwiese entstand aus mehreren Kreuzungen von *Fragaria vesca* und *Fragaria ananassa*. Als Sorte wurde die gut schmeckende kleinfrüchtige 'Florika' ausgelesen. Die Erdbeerwiese ist jedoch nur im Selbstversorgeranbau verbreitet.

4.13 Johannisbeere

Von den Johannisbeeren (*Ribes* spp.) haben für den erwerbsmäßigen Anbau nur die rot- und schwarzfrüchtigen Sorten eine Bedeutung. Weiß-

Tab. 34 Eigenschaften wichtiger Johannisbeersorten (geordnet nach Reifezeit)

Sorte	Reifezeit	Ertrag	Traubenlänge	Beerengröße	Fruchtfarbe	Geschmack	Wuchs	Anfällig für
'Jonkheer van Tets'	Sehr früh	Mittel	Mittel	Groß	Mittelrot	Gut	Stark, steil	V
'Supernova'	Früh	Mittel	Mittel	Groß	Schwarz	Gut	Stark, aufrecht	V
'Red Lake'	Mittelfrüh	Hoch	Mittellang	Mittel	Mittel- bis dunkelrot	Sehr gut	Gering	M, V, F
'Rolan'	Mittelfrüh	Hoch	Mittellang	Groß	Hellrot	Gut	Mittelstark	V
'Tenah'	Mittelfrüh	Mittel	Lang	Mittelgroß	Schwarz	Gut	Stark	M, B, V
'Titania' (Selektion 'Tisel')	Mittelfrüh	Mittel bis niedrig	Kurz	Groß	Schwarz	Gut	Stark	Geeignet für Industrie
'Rotet'	Mittelspät	Mittelhoch	Lang	Groß	Mittelrot glänzend	Etwas säuerlich	Stark, aufrecht	F
'Ben Hope'	Mittelspät	Hoch	Kurz	Groß	Schwarz	Mittel	Mittelstark, aufrecht	Geeignet für Industrie
'Ben Alder'	Mittelspät	Hoch	Kurz	Groß	Schwarz	Mittel	Stark	Geeignet für Industrie
'Rovada'	Spät	Sehr hoch	Sehr lang	Groß	Mittelrot gänzend	Gut	Mittelstark	V
'Blanka'	Spät	Hoch	Sehr lang	Mittel	Hellgelb	Gut	Mittelstark	V
'Redpoll'	Sehr spät	Sehr hoch	Sehr lang	Mittel	Dunkelrot	Säuerlich	Mittelstark	F

B = Blattfall, F = blütenfrostempfindlich, M = Mehltau, V = Verrieseln

Abb. 88 Johannisbeere 'Rovada'.

Abb. 89 Jostabeere aus Johannisbeere × Stachelbeere (*Ribes* × *nidigrolaria*).

Abb. 90 1-Trieber-Erziehung bei 'Rovada'.

früchtige sind eine Nischenkultur. Die rot- und weißfrüchtigen Sorten stammen von den europäischen Arten *Ribes rubrum*, *R. vulgare*, *R. petraeum* und *R. multiflorum* ab. Die schwarzen Sorten gehören zu *Ribes nigrum*. *Ribes aureum*, die Goldjohannisbeere, stammt aus Amerika. Sie wird nur als Unterlage für Fuß- und Hochstämmchen (auch für Stachelbeeren) verwendet.

Zum Frischverzehr eignen sich die roten und weißen Sorten besser als die schwarzen. Letztere haben einen etwas strengen Geschmack, der nicht jedermann zusagt; hervorzuheben ist ihr hoher Vitamin-C-Gehalt. Verarbeitungsprodukte sind Süßmost, Marmelade und Likör. Johannisbeeren eignen sich hervorragend zum Tieffrieren.

Standortansprüche

Johannisbeeren wurzeln flach. Staunasse Böden können jedoch zu Pflanzenausfällen durch bodenbürtige Pilze und erhöhten Befallsdruck durch holzzerstörende Pilze wie *Nectria* oder *Eutypa* führen. Günstig ist ein humoser und gut durchlüfteter Oberboden, der den Pflanzen für

Neutriebbildung und Beerenreife immer genügend Wasser bereitstellt.

Winterkälte wird gut ertragen. Zu beachten ist jedoch die Empfindlichkeit der Blüten gegen tiefe Temperaturen während der Blüte. Spätfröste können allerdings hin und wieder Totalausfälle verursachen. Häufig und wirtschaftlich kritisch ist das Verrieseln der Blüten von anfälligen Sorten – z. B. 'Jonkheer van Tets' – durch kühle Temperaturen während der Blüte und Fruchtansatzphase.

Sorten

Die Anforderungen an die verschiedenen Sorten hängen insbesondere davon ab, ob für den Frischmarkt gepflückt oder maschinell für die Verarbeitungsindustrie geerntet wird:

- Für die Handpflücke müssen Johannisbeeren langtraubig, großfrüchtig und gut pflückbar (Stiellänge > 2 cm) sein, gut schmecken und wenig verrieseln.
- Für die Verarbeitungsindustrie sind der Säure- und Zuckergehalt wichtig.
- Für Handernte und maschinelle Ernte sind hoher Ertrag, Platz- und Transportfestigkeit, gleichmäßige Reife in der Einzeltraube wie auch am Strauch sowie Robustheit gegen Mehltau, Rost und Milben von Bedeutung.

Zur Handpflücke werden hauptsächlich die roten Sorten 'Jonkheer van Tets' (frühreifend) und 'Rovada' (spätreifend) angebaut. Kleinere Anteile im Sortiment haben 'Red Lake', 'Rolan', 'Rotet' und 'Redpoll'. Für die Langzeitlagerung bis in den Winter wird fast ausschließlich die mittelrote Sorte 'Rovada' verwendet. Für die Handpflücke von Schwarzen Johannisbeeren eignet sich besonders die langtraubige Sorte 'Tenah' und die frühe Neuheit 'Supernova'. Weiße Johannisbeersorten wie 'Blanka' haben nur geringe Bedeutung.

Schwarze Johannisbeeren werden hauptsächlich für die Verarbeitungsindustrie angepflanzt und maschinell geerntet. Hauptsorten sind hierfür die ertragreiche Sorte 'Ben Alder', welche im Frühbereich durch 'Titania' (bzw. Selektion 'Tisel') ergänzt wird. Stark zunehmendes Interesse erhält im Industrieanbau die ertragreiche und robuste Sortenneuheit 'Ben Hope'.

Abb. 91 Schwarze Johannisbeere 'Titania'.

4.14 Stachelbeere

Bei der Stachelbeere (*Ribes uva-crispa*) kennt man grün-, gelb- und rotfrüchtige Sorten mit glatten oder behaarten Früchten. Die Ansprüche der Stachelbeere an Klima und Boden entsprechen weitgehend denjenigen der Johannisbeere. Hervorzuheben ist die Empfindlichkeit der Stachelbeere für Sonnenbrand. Daher werden immer mehr Anlagen mit Hagel- bzw. Schattiernetzen bedeckt. Viele Sorten sind allerdings für den Amerikanischen Stachelbeermehltau sehr anfällig.

Tab. 35 Eigenschaften wichtiger Stachelbeersorten (geordnet nach Reifezeit)

Sorte	Reifezeit	Ertrag	Beerengröße, Fruchtform	Fruchtfarbe	Geschmack	Wuchs	Anfällig für
'Invicta'	Sehr früh	Sehr hoch	Mittel, birnenförmig	Gelb	Mittel bis schwach	Stark, steil, kräftig bedornt	
Xenia®	Sehr früh	Hoch	Mittel bis groß, elliptisch	Hellrot	Mittel bis gut	Mittelstark, wenig Stacheln	S
'Grüne Kugel'	Mittelfrüh	Mittel	Groß, rund	Grün	Säuerlich	Stark	M
'Rote Triumphbeere'	Mittelfrüh	Hoch	Groß, rund	Dunkelrot	Gut	Stark, aufrecht	M, F
'Achilles'	Spät	Sehr hoch	Sehr groß, rund	Mittelrot	Gut	Stark, Triebende ohne Stacheln	M, F, S

F = blütenfrostempfindlich, M = Mehltau, S = sonnenbrandempfindlich

Auch Stachelbeeren sind sehr vielseitig verwendbar. Für die Nasskonservierung werden sie grün gepflückt. Reif geerntet eignen sie sich zu Frischverzehr, Marmeladenherstellung, Saftgewinnung, als Kuchenbelag und zum Einfrieren. Der Markt ist jedoch nur begrenzt aufnahmefähig. Erwerbsmäßiger Stachelbeeranbau wird deshalb nur von wenigen Spezialisten praktiziert.

Sorten

Bei Stachelbeeren sind für den Frischmarkt gut schmeckende, große, rote und unbehaarte Sorten mit dünner Fruchtschale gefragt. Für die Handpflücke sollten die Sorten nur wenig Stacheln haben wie bei Xenia® oder am Triebende unbewehrt sein wie bei 'Achilles'.

Abb. 92 Stachelbeere 'Invicta'.

Abb. 93 Stachelbeere Xenia®.

Hauptsorten für den Frischmarkt sind im Frühbereich die rote Sorte Xenia® und die späte großfrüchtige rote Sorte 'Achilles'. Kleinere Anteile im Sortiment haben die dazwischen reifende 'Rote Triumphbeere' (Syn. 'Whinham's Industry') sowie die frühreifende grüne mehltaufeste Sorte 'Invicta'. Die Verarbeitungsindustrie bevorzugt grüne, unbehaarte und feste Früchte, z. B. die Sorte 'Grüne Kugel'.

Wichtige Züchtungsziele sind: Robustheit bzw. Resistenz gegenüber dem Stachelbeermehltau; viele dieser Sorten sind jedoch für die Handpflücke zu klein. Sie haben nur für den Hausgarten Bedeutung.

4.15 Himbeere und Brombeere

Neben den wild wachsenden Himbeeren (*Rubus idaeus*, *R. strigosus*) und Brombeeren (*Rubus* spec.) gibt es die großfrüchtigen Kulturformen. Diese werden sowohl im erwerbsmäßigen Anbau in intensiv wirtschaftenden Betrieben, in Nebenerwerbsbetrieben sowie in Hausgärten kultiviert. Seit Ende der 80er-Jahre sind Anbaufläche und Produktionsmenge kontinuierlich gestiegen, wobei der Anbauumfang der Brombeere immer noch dem einer Nischenkultur entspricht. In den letzten zehn Jahren hat eine Diversifizierung insbesondere im Himbeeranbau stattgefunden. Während nach wie vor die meisten Früchte im Freiland produziert werden, nimmt der geschützte Anbau trotz zusätzlicher Investitionskosten stetig zu. Dabei wird die Kulturführung von Regenkappen über Folientunnel zum Gewächshaus mit oder ohne Beheizung, ebenso wie von der Kultivierung im Boden bis zur Produktion in Containern immer anspruchsvoller. Die bessere Haltbarkeit der Früchte aus geschütztem Anbau hat für die Vermarktung enorme Vorteile. Für den Produzenten sind die witterungsunabhängige Ernte ebenso wie die meist deutlich höhere Ertragsleistung bei hervorragender Fruchtqualität von Nutzen. Bei optimaler Klimaführung nimmt der Krankheitsdruck ab und der Einsatz von Nützlingen gegen Schädlinge ist möglich. Mit den Verfahren des geschützten Anbaus konnte der Angebotszeitraum verlängert werden. Die Erntespitze im Juli mit entsprechenden niedrigen Erzeugerpreisen ist jedoch wie bisher ungebrochen. Die Früchte werden hauptsächlich für den Frischmarkt produziert und dienen dem sofortigen Verzehr, als Rohware zum Tiefgefrieren oder zur Verarbeitung zu Konfitüren, Säften und Spirituosen. Kontinuierliche Absatzmöglichkeiten (Lebensmitteleinzelhandel, Großhandel, Discounter, Direktvermarktung, Selbstpflücke) während der gesamten Erntesaison sind Voraussetzung für einen erfolgreichen Anbau.

Standortansprüche

Optimale Standortvoraussetzungen für Him- und Brombeere sind bei einem humosen Boden mit neutralem bis leicht saurem pH-Wert erfüllt. Die Bodenstruktur sollte eine gute Durchlüftung wie auch Wasserspeicherung, bei guter Dränfähigkeit aufweisen. Himbeerpflanzen reagieren auf kalkhaltigen Böden mit Chlorose und auf staunassen Böden mit Wurzelfäule. Sie sind empfindlicher als Brombeerpflanzen.

Im Erwerbsanbau ist Tropfbewässerung Standard. Eine gleichmäßige Wasserversorgung garantiert Wuchs, Ertragshöhe und -sicherheit. Insbesondere die Fruchtgröße wird positiv beeinflusst. Ein gleichmäßiges Feuchteband kann durch das Verlegen von zwei Tropfschläuchen erzielt werden. Auf sommertrockenen Standorten ist eine Überkronenberegnung zur Kühlung und zur Vermeidung von Sonnenbrand zweckmäßig, eine breitflächigere Bodenbefeuchtung kann zur Erhöhung der Luftfeuchtigkeit beitragen. Der Boden sollte bei guter Dränfähigkeit eine ausreichende Wasserspeicherung aufweisen und zudem gut durchlüftet sein. Eine Abdeckung des Pflanzstreifens mit organischem Material spart Wasser, erhöht den Humusanteil, schafft Wurzelraum und fördert somit das Wachstum.

Die Vitalität der Pflanzen wird gefördert durch ausgeglichene Temperaturen und hohe Luftfeuchtigkeit. Spätfrostlagen sind zu meiden. Einige Brombeersorten, wie 'Theodor Reimers' oder 'Karaka Black' sind sehr empfindlich für Winterfröste, die Hauptsorte 'Loch Ness' ist etwas robuster. Aufgrund ihres Wärmeanspruchs reagieren Brombeeren im geschützten Anbau weniger stark auf Hitzestress mit Ertragseinbußen als Himbeerpflanzen. Dagegen sind Brombeerfrüchte empfindlicher für Sonnenbrand. Windschutz fördert

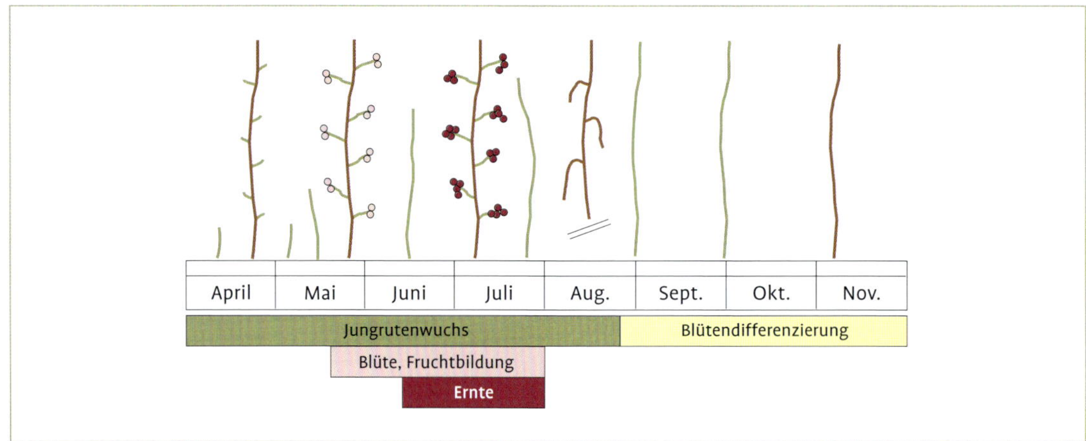

Abb. 94 Entwicklungsrhythmus von Sommerhimbeeren.

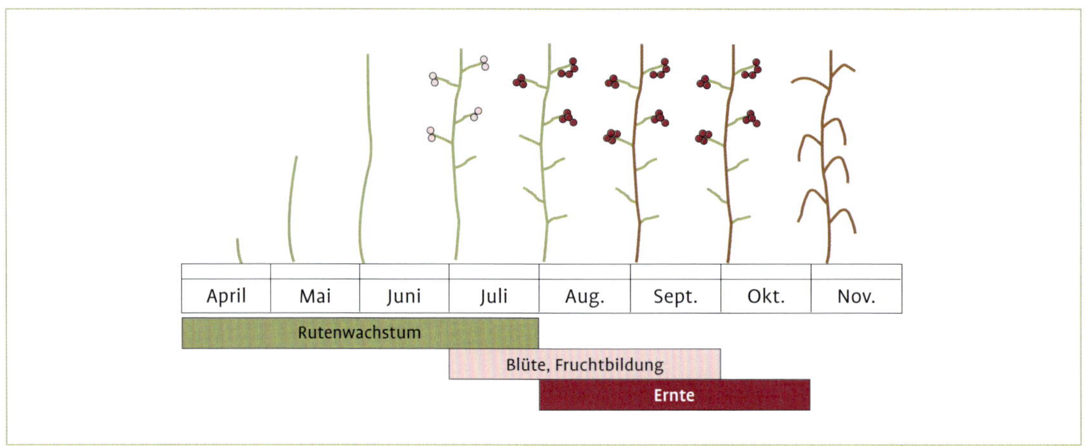

Abb. 95 Entwicklungsrhythmus von herbsttragenden (remontierenden) Himbeersorten.

den Ertrag und reduziert Verletzungen an Ruten, Seitentrieben und Früchten.

4.15.1 Himbeersorten

Alle Himbeeren sind selbstfruchtbar. Die Sortenvielfalt ist groß, weltweite Züchtungsarbeit sorgt ständig für neue Sorten, sowohl für sommertragende als auch herbsttragende Sorten.

Ein wichtiges Zuchtziel ist die Verbesserung der Fruchtqualität. Die Früchte sollen einheitlich groß sein (mindestens 4 g pro Frucht; bessere Pflückleistung), fest (bessere Haltbarkeit), wenig anfällig für Fruchtfäulen (höherer Anteil HKl 1, höhere Pflückleistung) und leuchtend himbeerrot ohne nachzudunkeln (optisch frisch). Des Weiteren sollen neue Sorten tolerant gegenüber Krankheiten (Wurzelfäule, verschiedene Rutenkrankheiten), Viren (Himbeer-Mosaik-Komplex, Himbeerverzwergungsbuschvirus) und Phytoplasmen (*Rubus*-Stauche) sein. Die Reifezeit von früh bis spät sollte abgedeckt sein.

Beispiele für erfolgreiche Züchtungen mit Krankheitstoleranz sind 'Meeker' (1967, vektorresistent), 'Glen Ample' (1996, vektorresistent), 'Autumn Bliss' (1983, wurzelfäuletolerant) und ebenso 'Rubaca' (1994).

Sommertragende (einmaltragende) Sorten weisen einen zweijährigen Entwicklungsrhythmus auf. Im ersten Jahr wachsen die Jungruten,

Tab. 36 Wachstum, Ertrag und Fruchteigenschaften von Himbeersorten (geordnet nach Reifezeit)

Sorten	'Malling Freya'	'Glen Fyne'	'Glen Ample'	'Meeker'	'Tulameen'	'Octavia'	'Autumn Bliss'	'Polka'	Himbo Top® ('Rafzaqu')
Abstammung	EM 5948/12 × EM 5312/5	SCRI 9062E-1/ 8631D-1 × 8605C-2	Komplex aus 'Glen Prosen' × 'Meeker'	'Willamette' × 'Cuthbert'	'Nootka' × 'Glen Prosen'	'Glen Ample' × EM5928/114	Kreuzung aus verschiedenen Kultursorten	'Autumn Bliss' × *Rubus crataegifolius*	'Autumn Bliss' × 'Himbo Queen'
Herkunft	Hort Research East Malling, UK	John Hutton Institute, UK	John Hutton Institute, UK	Washington State, USA	Parc breeding program, Kanada	Hort Research East Malling, UK	Hort Research East Malling, UK	J. Danek, Brzezna, Polen	P. Hauenstein, Rafz, Schweiz
Reifebeginn	Sehr früh	Früh	Mittelfrüh	Mittelfrüh	Mittelspät	Spät	Früh	Mittelfrüh	Mittelspät
Ertrag	Mittel	Hoch	Sehr hoch	Hoch	Mittel	Mittel	Hoch	Mittel	Hoch
Frucht									
Größe	Mittel	Groß	Groß	Klein	Groß	Groß	Klein	Groß	Groß
Festigkeit	Mittel	Mittel	Hoch	Hoch	Hoch	Hoch	Gering	Hoch	Mittel
Farbe	hr–rosa	mr–dr	mr	mr–dr	mr	mr–rosa	dr	dr	mr
Form	Konisch	Herzförmig	Herzförmig	Rundlich	Konisch	Konisch bis herzförmig	Rundlich	Konisch	Konisch bis herzförmig
Geschmack	Mäßig	Gut	Gut	Gut	Sehr gut	Mäßig	Mittel	Gut	Mittel
Pflückbarkeit	Gut	Gut	Gut	Gut	Gut	Gut	Gut	Mittel	Gut
Wuchs	Mittel	Mittel	Mittel	Stark	Mittel	Mittel	Stark	Mittel	Stark

mr = himbeerrot, dr = dunkelrot, hr = hellrot

Abb. 96 'Tulameen'-Früchte sind optisch sehr ansprechend und geschmacklich hervorragend.

Abb. 97 'Glen Ample'-Pflanzen sind ertragreich und ertragssicher, aber anfällig für die Himbeerblattmilbe (*Phyllocoptes gracilis*).

Abb. 98 Taybeere; Kreuzung Himbeere × Brombeere.

im zweiten Jahr blühen und fruchten sie an den Altruten im Juni und Juli. Dagegen bilden herbsttragende (remontierende) Sorten Ruten, an denen sie im gleichen Jahr Blüten und Früchte bilden (Ende Juli bis zum Frost).

Im Folgejahr entwickeln sich an diesen Ruten unterhalb der Ertragszone der Herbsternte erneut Früchte (frühe Sommerernte ab Ende Mai). Vorteil der ausschließlichen Nutzung zur Herbsternte ist die einfache Kulturführung. Die sehr frühe Sommerernte mit vergleichsweise hohen Preisen und die intensive Flächenausnutzung im geschützten Anbau haben das Interesse an remontierenden Sorten erhöht.

Die wichtigsten Sommersorten der Hauptreifezeit sind derzeit 'Tulameen' und 'Glen Ample', 'Meeker' spielt eine gewisse Rolle im ökologischen Anbau.

Von marginaler Bedeutung oder im versuchsweisen Anbau sind die sehr früh reifenden Sorten 'Resa', 'Malling Freya' und 'Korpiko' sowie 'Tula Magic' und 'Malahat', sehr spät reifen 'Octavia' und 'Tadmor'. Da Gesundheit, Ertragsleistung

Abb. 99 Optisch ansprechende Himbeeren finden gute Nachfrage.

oder Fruchtqualität dieser Sorten nicht optimal sind, werden 'Tulameen'-Pflanzen als Terminkultur produziert und Herbsthimbeersorten als frühe Sommersorten geerntet bzw. verfrüht. Dadurch ist ein Angebot von Mitte Mai bis Weihnachten ohne den Anbau im beheizten Gewächshaus möglich. Die am frühesten reifende remontierende Sorte ist 'Autumn Bliss', die sich deshalb trotz mangelnder Fruchtgröße, -festigkeit und -farbe noch im Anbau behauptet. 'Himbo Top' überzeugt durch ihre hohe Ertragsleistung und ist deshalb trotz mangelnder Fruchtfestigkeit die Hauptsorte im Freilandanbau für die Herbsternte. Eine geringere Bedeutung haben 'Erika', 'Sugana' und 'Polka'. Neuzüchtungen, die diskutiert werden, sind die Sorten 'Kwanza', 'Kweli' und 'Mapema' aus den Niederlanden, 'Enrosadira', 'Amira', 'Regina' und 'Dolomia' aus Italien und die französischen Züchtungen 'Chambord', 'Versailles' und 'Paris'. Diese neuen Sorten werden teilweise über Clubsysteme vermarktet. Sie sind mehr oder weniger stark bewehrt, bilden lange Ruten, liefern sehr große Früchte und reifen meist spät. Deshalb könnten sie eher für eine Produktion unter Folientunnel interessant werden. Aufgrund ihrer ausgeprägten Rutenlänge besteht die Möglichkeit der frühen Sommerernte.

4.15.2 Brombeersorten

Auch Brombeeren sind selbstfruchtbar. Die kultivierten Sorten werden in rankende, halb aufrecht und aufrecht wachsende Sorten sowie bedornte (bewehrte) und dornenlose Sorten gegliedert. Die bedornten Formen gehen auf *Rubus procerus* subsp. *discolor*, die dornenlosen auf *Rubus procerus* subsp. *lacinatus* zurück. Züchtungsziele sind Dornenlosigkeit, ausreichende Winterfrosthärte, Ertragssicherheit, hohe Fruchtfestigkeit kombiniert mit Fruchtreife, Eignung für das Tiefgefrieren sowie frühe bis späte Reifezeit und Remontierneigung. Die Hauptsorten 'Loch Tay', 'Loch Ness' und 'Chester Thornless' sind anfällig für den Falschen Mehltau (*Peronospora sparsa*), Brombeergallmilbe (*Acalitus essigii*) sowie *Rubus*-Stauche.
Im Anbau verbreitete Sorten sind:

'Loch Tay'

- Wuchs: halb aufrecht wachsend, dornenlos, mittelstark wachsend, wenig empfindlich für Winterfröste
- Ertrag und Fruchteigenschaften: früh reifend, mittlerer Ertrag, groß, konisch, fest, mittelfeste Fruchthaut, milder Geschmack, gut pflückbar

'Loch Ness'

- Wuchs: halb aufrecht wachsend, wüchsig, aber geringe Regeneration, dornenlos, wenig empfindlich für Winterfröste

Abb. 100 'Loch Ness' weist eine gute Winterhärte auf, sodass Ertragshöhe und -sicherheit überzeugen.

- Ertrag und Fruchteigenschaften: mittelfrüh reifend, ertragreich, groß, fest, feste Beerenhaut, guter Geschmack, gut pflückbar

'Chester Thornless'
- Wuchs: halb aufrecht wachsend, starkwüchsig, dornenlos, wenig empfindlich für Winterfröste
- Ertrag und Fruchteigenschaften: spät reifend, ertragreich, mittelgroß, rundlich, mittelfest, mäßiger Geschmack, gut pflückbar

Daneben werden weitere Sorten diskutiert oder in geringerem Umfang bereits kultiviert. Dazu gehört 'Navaho', die kurz nach 'Loch Ness' reift, nicht so ertragreich ist, aber einen sehr guten Geschmack aufweist. 'Obsidian' ist sehr früh reifend und zeichnet sich durch sehr schmale konische große Früchte mit gutem Geschmack aus. Allerdings ist sie sehr stark bedornt und wächst kriechend. 'Cacanska Bestrna' ist sehr ertragreich, aber geschmacklich weniger gut. Als remontierende Sorte ist 'Prime Ark 45' (Arkansas Züchtungsprogramm) zu nennen, die im Versuchsanbau beobachtet wird.

4.16 Heidelbeere

Die Kultur- oder Gartenheidelbeere (*Vaccinium corymbosum* L.) gehört mit mehreren 100 anderen *Vaccinium*-Arten zur Familie der Heidekrautgewächse (Ericaceae). Das natürliche Verbreitungsgebiet der *Vaccinium*-Arten befindet sich weitgehend auf der nördlichen Halbkugel.

Die Sorten der Kulturheidelbeere stammen im Wesentlichen von folgenden tetraploiden nordamerikanischen Arten ab:
- *Vaccinium corymbosum* L. (northern highbush blueberry, 1 bis 3 m hoher Strauch)
- *Vaccinium formosum* Andrews (Syn. *V. australe* Small) (southeastern highbush blueberry, 2 bis 4 m hoher Strauch)
- *Vaccinium angustifolium* Aiton (Syn. *V. lamarckii* (Camp) (lowbush blueberry, bis 50 cm hoher Strauch)

In Europa ist die nur wild vorkommende Waldheidelbeere (*Vaccinium myrtillus*), auch Blau-, Bick- oder Schwarzbeere genannt, in Misch- oder Nadelholzwäldern mit sauren und feuchten, aber nicht staunassen Böden häufiger anzutreffen. Die nur erbsengroßen, schwarzblauen Früchte reifen je nach Standort Ende Juni bis August. Im Gegensatz zur Kulturheidelbeere ist das Fruchtfleisch dunkel und färbt beim Verzehr Lippen und Zähne violettschwarz.

Der erwerbsmäßige Anbau von Kulturheidelbeeren begann Anfang des 20. Jahrhunderts in Nordamerika und umfasst dort zurzeit eine Fläche von etwa 40 000 ha. In Deutschland werden Heidelbeeren heute auf etwa 2000 ha angebaut. Die jährliche Produktionsmenge liegt bei 12 000 t. Somit ist die Kulturheidelbeere die wirtschaftlich wichtigste Strauchbeerenart im deutschen Erwerbsobstbau. Anbauschwerpunkt ist Niedersachsen (vor allem die Lüneburger Heide) mit 1435 ha Anbaufläche im Jahr 2014. In den letzten Jahren hat sich die Anbaufläche stetig ausgedehnt.

> Die Heidelbeere ist für Krankheiten und Schädlinge im Vergleich zu anderen Obstarten weniger anfällig. Das prädestiniert diese Obstart für den Integrierten und Ökologischen Obstbau und auch für den Anbau im Hausgarten.

Tab. 37 Eigenschaften von anbauwürdigen Heidelbeersorten (geordnet nach Reifezeit)

Sorte	Herkunftsland	Erntewochen*)	Fruchtfarbe	Fruchtgröße/-festigkeit	Geschmack	Ertrag	Wuchs
'Duke'	USA	1.–3.	Hellblau	Groß, fest	Mittel bis gut	Hoch bis sehr hoch	Breit, eher schwach
'Reka'	Neuseeland	2.–5.	Kräftig blau	Mittelgroß, fest	Würzig, aromatisch	Hoch bis sehr hoch	Aufrecht, stark
'Draper'	USA	3.–5.	Hellblau	Mittel bis groß, fest	Gut, knackig	Hoch	Eher schwach
'Hortblue Petite'	Neuseeland/ Deutschland	3.–7.	Hellblau	Klein bis mittelgroß, fest	Aromatisch, knackig	Mittel bis hoch	Stark, aufrecht
'Bluecrop'	USA	3.–8.	Hellblau	Groß, mittelfest	Mittel bis gut	Hoch bis sehr hoch	Anfangs aufrecht, später breit, mittelstark
'Legacy'	USA	5.–8.	Hellblau	Mittelgroß, fest	Sehr gut, knackig	Hoch	Aufrecht, buschig
'Ozarkblue'	USA	7.–10.	Himmelblau	Sehr groß, fest	Gut, erfrischend	Hoch	Ausladend, überhängend
'Liberty'	USA	8.–12.	Hellblau	Mittelgroß, sehr fest	Mittel bis gut	Hoch	Stark, aufrecht
'Aurora'	USA	10.–12.	Hellblau	Mittelgroß, sehr fest	Säuerlich	Mittel	Eher schwach, ausladend

*) bei Beginn der Heidelbeerernte Ende Juni/Anfang Juli (1. Erntewoche)

Eine Ausweitung des Heidelbeeranbaus wird erschwert durch
- die spezifischen Bodenansprüche,
- den hohen Bedarf an Saisonarbeitskräften für die Handpflücke und den damit verbundenen Kosten,
- dem immer noch zu geringen Pro-Kopf-Verbrauch von unter 200 g pro Jahr.

Kulturheidelbeeren sind vielseitig verwendbar, vor allem für den Frischverzehr, aber auch als Tortenbelag, Bestandteil von Kuchen, Obstsalat und Süßspeisen, gezuckert mit Milch oder Sahne, als Fruchtaufstrich, Dessertwein oder Heidelbeergeist. Frische Heidelbeeren lassen sich ohne Weiteres im Kühlschrank für eine Woche aufbewahren und sind gut zum Einfrieren geeignet.

Standortansprüche

An das Klima stellt die Kulturheidelbeere keine besonderen Ansprüche. Sie bevorzugt das gemäßigte Klima. **Winterfröste** von −25 °C werden meist schadlos überstanden. Bei der Beurteilung der Winterfrosthärte müssen allerdings die Sortenunterschiede beachtet werden.

Spätfröste können jedoch zu erheblichen Ertragsausfällen führen. Eine Überkronen-Frostschutzberegnung kann diese Ausfälle verhindern. Heidelbeeren blühen je nach Jahreswitterung ab April oder Mai. Je nach Sorte und Witterung dauert die Blüte drei bis vier Wochen. Für einen Vollertrag müssen bei gutem Blütenbesatz etwa 80 % der Blüten ansetzen.

Im Gegensatz zu Waldheidelbeeren, die halbschattige Lagen bevorzugen, benötigen Kulturheidelbeeren für guten Fruchtansatz und optimale Fruchtqualität (Größe, Aroma) ganztägig Sonne.

Ein ausreichender **Windschutz** ist für Heidelbeeranlagen unerlässlich. Er mindert die Gefahr von Winterfrostschäden und verhindert, dass durch die Bewegung belaubter Triebe und Äste der hellblaue Reif von den Beeren gewischt und so die Qualität der Früchte herabgesetzt wird. Eine leichte Windzirkulation ist in den Anlagen allerdings erwünscht. Sie fördert das Abtrocknen der Pflanzen und senkt so die Gefahr von Pilzinfektionen, insbesondere die Infektion der Blüten und Früchte durch *Botrytis cinerea* oder *Colletotrichum gloeosporioides* (Anthraknose), die zu hohen Ertragsausfällen führen kann. Als Windschutzpflanzen haben sich Kiefern und Erlen bewährt. Flach wurzelnde Baumarten wie Fichten oder Birken sind weniger günstig, da sie mit den benachbarten Heidelbeeren um Wasser und Nährstoffe konkurrieren.

> Heidelbeeren stellen sehr spezifische Ansprüche an den Boden. Für einen erfolgreichen Anbau ist ein humusreicher, feuchter, jedoch nicht staunasser, gut durchlüfteter Oberboden mit einem pH ($CaCl_2$)-Wert zwischen 3,5 und 5,0 erforderlich. Wechseltrockene Böden ohne Beregnungsmöglichkeit oder verdichtete Böden sind unbrauchbar.

Die Höhe des **Humusgehaltes** beeinflusst das Wachstum von Heidelbeeren nicht direkt. Versuche mit verschiedenen Standorten zwischen 4,1 bis 8,0 % Humus, einem Waldstandort, einem ehemaligen Waldstandort und einem vorher als Ackerbaufläche genutzten Standort, zeigten auf der ehemaligen Ackerbaufläche ein um 50 % geringeres Wachstum als auf den beiden anderen Standorten. Daraus ist abzuleiten, dass Humusgehalt sowie pH-Wert das Wachstum von Heidelbeeren nur indirekt beeinflussen.

Heidelbeeren leben auf natürlichen Standorten in Symbiose mit Mykorrhiza-Pilzen. Diese verbessern vor allem die P- und N-Versorgung der Heidelbeeren auf nährstoffarmen Böden und schützen die Wirtspflanze vor Krankheits- und Schaderregern. In dem genannten Versuch wiesen die Wurzeln der Heidelbeerpflanzen auf der ehemaligen Ackerbaufläche den geringsten Infektionsgrad mit Mykorrhiza und den höchsten mit Krankheits- bzw. Schaderregern auf. Es ist zu vermuten, dass nicht die Höhe des Humusgehaltes den Grad der Mykorrhiza-Infektion beeinflusst, sondern der Ligningehalt der organischen Substanz des Bodens entscheidend ist. Je höher dieser ist, desto höher ist der Grad der Mykorrhiza-Infektion. Dies ist sicherlich ein wichtiger Grund dafür, dass Heidelbeeren auf Waldstandorten oder ehemaligen Waldstandorten gut wachsen. Aus dieser Sicht wird verständlich, warum das Einarbeiten oder Mulchen von ligninhaltiger organischer Substanz (z. B. Rindenmulch, Holzhäcksel, Sägespäne, Holzfaser, Torf) das Wachstum von Heidelbeeren auf Nichtwaldstandorten (z. B. Ackerbauflächen) wesentlich verbessert.

Befruchtungsverhältnisse

Heidelbeeren gelten als **selbstfruchtbar**. Eine Fremdbestäubung fördert aber Fruchtansatz, Beerengröße und Ertrag.

Zur Übertragung des Pollens sollten während der Blüte zwei bis vier Bienenvölker pro Hektar aufgestellt werden. Die Form der Heidelbeerblüte (kegel- bis krugförmig mit kleiner Öffnung) erschwert den Honigbienen die Nektaraufnahme und damit die Pollenübertragung. Dennoch führt der Einsatz von Honigbienen im Vergleich zu Hummeln, die den Pollen durch das „buzzing" (die Blüte wird durch Schallwellen in Schwingungen versetzt) aus der Blüte schütteln können, zu deutlich höheren Erträgen. Die Förderung der Ansiedlung von Wildbienen in Heidelbeeranlagen erhöht ebenfalls den Bestäubungserfolg.

Sorten

Anfang des 20. Jahrhunderts begann der Amerikaner Coville zunächst mit der Selektion von Sorten aus den nordamerikanischen Wildarten *Vaccinium corymbosum* L., *Vaccinium formosum* Andrews und *Vaccinium angustifolium* Aiton. Mit diesen überwiegend noch kleinfrüchtigen Sorten wurden umfangreiche Kreuzungen durchgeführt, aus denen schon in den 30er- und 40er-Jahren des 20. Jahrhunderts Sorten wie 'Bluecrop', 'Berkeley' oder 'Blueray' hervorgingen.

In den letzten zwei Jahrzehnten wurden besonders in den USA, Australien und Neuseeland umfangreiche Züchtungsarbeiten durchgeführt. So wurden z. B. die Sorten 'Duke', 'Draper', 'Legacy', 'Liberty', 'Aurora', 'Ozarkblue' und 'Toro' in den USA, die Sorte 'Brigitta Blue' in Australien und die Sorten 'Reka', 'Nui' und 'Puru' in Neuseeland gezüchtet. Aus einem gemeinsamen Züch-

Abb. 101 Früchte der Sorte 'Bluecrop'.

tungsprogramm von HortResearch (Neuseeland) und der Firma Wilhelm Dierking (Deutschland) ging die Sorte 'Hortblue Poppins' hervor.

In Deutschland dominiert seit vielen Jahren die Sorte 'Bluecrop', deren Ernte in der Lüneburger Heide um den 20. Juli beginnt und vier bis fünf Wochen andauert. Die frühreifende Sorte 'Duke' wurde in den letzten Jahren unter anderem wegen einer geringeren Anfälligkeit gegenüber Fruchtfäulen im großen Umfang aufgepflanzt.
Für den zukünftigen Anbau interessante Sorten sollten

- großfrüchtig sein (15 bis 20 mm Fruchtdurchmesser, 1,5 bis 2,0 g pro Frucht),
- früh oder spät reifen (deutlich vor oder nach 'Bluecrop'),
- attraktiv aussehen (hellblau, bereift, der Reifbelag sollte bei der Ernte möglichst erhalten bleiben),
- gut schmecken,
- Früchte mit hoher Festigkeit haben (Transport, maschinelle Ernte, Sortiermaschine),
- einen hohen Anteil gleichzeitig reifer Beeren und eine kompakte Erntezeit mit wenigen Pflückdurchgängen aufweisen (höhere Pflückleistung bei manueller und maschineller Ernte),

Abb. 102 Strauch der Sorte 'Duke'.

- erst bei Pflückreife leicht vom Fruchtholz lösende Früchte haben (geringere Verluste durch Abfallen unreifer Früchte bei maschineller Ernte),
- lange haltbar sein und
- widerstandsfähig gegen Krankheiten sein.

Remontierende Sorten könnten zukünftig für den Heidelbeeranbau in Deutschland interessant sein. Beispiel ist die Sorte 'Hortblue Petite', die in Neuseeland aus Nachkommen frei abgeblühter schwach wachsender *Vaccinium corymbosum* L. Pflanzen selektiert wurde. Die Sorte kann unter deutschen Klimaverhältnissen zwei Ernten pro Jahr (Sommer- und Herbsternte) erbringen. Die Früchte sind allerdings klein (unter 1 g pro Frucht) und daher vermutlich nur für den Hausgarten und für Züchtungszwecke geeignet.

Für den Anbau im unbeheizten Foliengewächshaus sind möglicherweise Rabbiteye-Sorten geeignet (Kaninchenäugige Heidelbeere: Die Kelchregion der Frucht ähnelt dem Auge eines Kaninchens). Diese Sorten stammen von der Wildart *V. ashei* ab, die im Süden der USA beheimatet ist. Die Frosthärte wird für den Freilandanbau in Deutschland vermutlich nicht ausreichend sein. Im Foliengewächshaus im Substratanbau könnten aber Sorten wie 'Centra Blue' oder 'Sky Blue' für späte Ernten ab September geeignet sein. Rabbiteye-Sorten wachsen sehr stark (bis 4 m Höhe), sodass ein Unterstützungsgerüst vermutlich erforderlich sein wird.

4.17 Tafeltrauben

Die Produktion von Tafeltrauben ist bereits in der Antike belegt. Nach Äpfeln, Bananen und Zitrusfrüchten gehört sie zu den weltweit wichtigsten Obstarten. In Mitteleuropa spielte die Erzeugung von Tafeltrauben nur eine Nischenrolle. Hauptanbauländer für den Export sind der Mittelmeerraum sowie Chile, Argentinien und Südafrika auf der Südhalbkugel. Auch China, Indien, USA und die Türkei sind bedeutende Anbauländer.

Standortansprüche

Begrenzend für den Anbau in nördlichen Breiten ist die Anfälligkeit gegen Winter- und Spätfröste. Aufgrund der Wärmebedürftigkeit sind günstige Standorte nur in und an der Peripherie der Weinbaugebiete mit hohen Temperaturen und weitgehend niederschlagsarmen Sommern zu finden. Ein geschützter Anbau unter Folientunneln bewirkt neben einer Reifeverfrühung auch einen Schutz vor Hagelschlag, Insektenfraß oder nässebedingter Fäulnis. Gebiete mit hohen Sommerniederschlägen scheiden weniger wegen Wärmemangels als vielmehr wegen starker Gefährdung durch Pilzkrankheiten (Falscher Mehltau, *Botrytis*) für den Tafeltraubenanbau aus. Frühreifende Sorten reifen auch in gemäßigten Klimaten noch gut aus und erlauben einen begrenzten Anbau auch außerhalb der klassischen Anbaugebiete.

Die Winterfrosthärte ist während der Vegetationsruhe mäßig, ein kontinentales Klima mit häufigen Frösten unter −15 °C scheidet aus. Begünstigt sind nach Süden oder Westen geneigte Hänge, die einen Abfluss der Kaltluft ermöglichen. Der Standort sollte voll besonnt ohne Abschirmung durch Gebäude oder Bäume (Schattenwurf) sein. Die Lage darf nicht windexponiert sein, da ansonsten die empfindliche Blüte leidet. Eine weitere Einschränkung im Anbau sind Spätfröste ab Ende April, die den Austrieb und Fruchtansatz komplett schädigen können.

Befruchtungsverhältnisse

Reben sind Zwitterblüher und Selbstbestäuber. Dies gilt für alle in Mitteleuropa anbauwürdigen Sorten. Lediglich einige wärmeliebende Sorten mit großen Beeren blühen rein weiblich ab und benötigen dann eine Befruchtersorte. Die Bestäubung erfolgt durch Wind, die unscheinbare Blüte zieht nur wenige blütenbestäubende Insekten an.

Sorten

Die klassischen Sorten aus dem Mittelmeerraum, meist kernlos und großbeerig, reifen in Mitteleuropa nicht genügend aus oder gelten als zu ertragsschwach. Daher wird auf frühreifende, robuste Sorten ausgewichen, die meist kernhaltig sind. Erfreulich sind Züchtungserfolge, die die Eigenschaften einer hohen Beerenqualität mit früher Reife und gewisser Robustheit gegenüber Fäulnis und Pilzkrankheiten vereinen. Allgemein werden vom Konsumenten hellschalige Sorten bevorzugt, die einen Marktanteil von etwa 70 %

Tab. 38 Tafeltraubensorten für den Erwerbsanbau (geordnet nach Reifezeit)

Sorte	Abstammung/ Herkunft	Reifezeit	Wuchs	Anfälligkeiten	Ertrag	Frucht
'Mitschurinski' (blauschalig)	Russland	Sehr früh (A8)	Mittel bis stark, hängend	Kirschessigfliege, Vögel, Wespen, gering gegen *Oidium*, sehr winterhart	Mittel bis hoch	Aromatisch, weichschalig, sehr lockerbeerig
'Nero' (blauschalig)	Ungarn	Früh (ab A8)	Mittel, aufrecht	Stiellähme, Kirschessigfliege, Vögel und Wespen, mehltaufest, bei Reife fäulnisempfindlich	Mittel bis hoch	Längliche mittelgroße, längliche Beeren, süß und fruchtig
'Birstaler Muskat' (hellschalig)	Schweiz	Früh (ab M8)	Mittel, halbaufrecht	Gering, für Ökoanbau gut geeignet	Hoch	Beeren grünlich, weniger attraktiv aber gut für Saft oder Traubenbrand, Muskataroma
'Muskat bleu' (blauschalig)	Schweiz	Früh bis mittel (M8–M9)	Mittel bis stark, aufrecht	Kirschessigfliege, robust gegen Pilzkrankheiten, für Ökoanbau gut geeignet, bleibt lange gesund und festschalig, häufigste Sorte im Anbau	Mittel, neigt zur Verrieselung, blüteempfindlich	Große Beeren, bukettiert (Muskatgeschmack)
'Palatina' (Prim) hellschalig	Ungarn	Mittelfrüh (M8)	Stark, aufrecht	Mäßig gegen Pilzkrankheiten, bei Reife fäulnisempfindlich, kurzes Erntefenster	Hoch, sollte ausgedünnt werden	Aromatisch, Muskatgeschmack, süß, goldgelbe Schale, wird bei Überreife bräunlich
'Fanny' (hellschalig)	Ungarn	Mittelspät (E8–E9)	Mittel bis schwach, aufrecht	Mäßig gegen Pilzkrankheiten, Stiellähme, im Erwerbsanbau bewährt	Hoch, muss ausgedünnt werden, um Qualität und Holzreife zu fördern	Große Beeren und Trauben, sehr saftig, harmonisches Süße-Säure-Spiel

einnehmen. Neben Trauben zum Direktverzehr spielt auch die Herstellung von Traubensaft und Traubenbrand aus aromatischen Sorten eine Rolle. Wein, Federweißer (angegorener Traubenmost) oder Weinbrand dürfen aus Tafeltrauben **nicht** erzeugt werden.

Die Auswahl von Tafeltraubensorten sollte nach Vermarktungsmöglichkeiten und Standortansprüchen erfolgen. Wird für den Frischmarkt produziert, treten speziell bei der Vermarktung über den Großhandel die Fruchtgröße, das attraktive Aussehen sowie Transport und Lagerfähigkeit in den Vordergrund.

Neben den Anforderungen an die Fruchtqualität müssen auch hohe Produktivität und Ertragssicherheit gewährleistet sein. Reben zeigen keine ausgesprochene Alternanz, jedoch kann nach hohen Vorjahreserträgen oder kühlen Vorjahren der

Abb. 103 Blaue Hauptsorte 'Muskat bleu'.

Abb. 104 Gelbschalige Sorte 'Fanny'.

Fruchtansatz im Folgejahr sehr gering ausfallen. In der Regel ist der Fruchtansatz aber so hoch, dass regelmäßig eine Regulierung erfolgen muss, um qualitativ hochwertige und große Trauben und Beeren zu erzeugen.

Eine Hauptforderung des Handels ist die Erzeugung von kernlosen Trauben. Diese Sorten gelten aber als besonders anspruchsvoll und empfindlich gegenüber Mehltaukrankheiten. Der Einsatz von Gibberellin ist bei der Produktion von Tafeltrauben in Deutschland nicht zulässig, in den klassischen Anbauländern wird damit die Beerengröße bei kernlosen Sorten gesteigert.

Hingegen wird eine ökologische Produktion bei Trauben vom Handel und Verbraucher monetär honoriert und teils erwartet. Mit entsprechender Sortenwahl ist dies durchaus machbar, ohne dass die Produktqualität darunter leidet. Der Anbau erfordert aber besondere Aufmerksamkeit. Spritzflecken durch zugelassene Kupfer- oder Netzschwefelmittel sind verpönt. Trauben stehen allgemein bei Rückstandsuntersuchungen in der Kritik, da durch die große Beerenoberfläche im Verhältnis zum Beerenfleisch auch geringe Rückstände ins Gewicht fallen.

Ältere Hybridsorten bzw. Direktträger mit Foxton (Hybridnote, starker Erdbeergeschmack) und säuerlicher Schale kommen für den kommerziellen Anbau nicht infrage. Sie haben als sehr robuste Sorten ihre Berechtigung im Selbstversorgergarten oder als Pergolabegrünung.

5 Unterlagen

5.1 Apfelunterlagen

Im Apfelanbau werden seit Jahrzehnten vegetativ vermehrte Typenunterlagen eingesetzt. Meistens stammen sie aus der Malling-Serie und werden als M-Unterlagen bezeichnet. Im Erwerbsobstbau stammen sie sogar überwiegend nur aus der M-9-Gruppe, was die genetische Basis der Unterlagen im Anbau weiter eingrenzt.

Mit geeigneten Unterlagen kann der Obstanbauer eine optimale Anpassung der Edelsorte an seinen Standort vornehmen. Ohne Veredelung auf eine schwachwuchsinduzierende Unterlage würde jede Sorte ihrem Wuchscharakter entsprechend einen Hochstamm ausbilden. Im Erwerbsanbau können folgende betriebliche Situationen bei der Auswahl der geeigneten Unterlage eine Rolle spielen:

- Auf sehr wüchsigen oder jungfräulichen Böden benötigt man sehr schwach wachsende Unterlagen (z. B. M 27, P 16 etc.)
- Auf sehr schlechten Standorten sind stärker wachsende Unterlagen von Vorteil (z. B. von M 9 die Pajam-Klone, Geneva 11®, M 26 etc.)
- Winterfrost gefährdete Standorte benötigen winterharte Unterlagen (Temperaturen > −25 °C), z. B. Budagovsky 9, P-Serie, J-TE-Serie
- Sehr trockene Standorte benötigen Unterlagen mit einem größeren Durchwurzelungsvermögen (z. B. Pajam 2 etc.)
- Standorte mit Krankheitsproblemen benötigen robuste Unterlagen (z. B. mit Toleranz gegenüber Kragenfäule, Resistenz gegen Feuerbrand, wie sie die Unterlagen Geneva 11®, B 9 oder andere aufweisen)
- Standorte mit mehrfachem Nachbau benötigen nachbautolerante Unterlagen (z. B. Geneva 11®)

Die vegetativ vermehrten Unterlagen des Apfels stammen überwiegend von der Wildform *Malus pumila* ab, speziell *Malus pumila* var. *paradisiaca* (Paradiesapfel). Nur wenige Unterlagen haben einen anderen genetischen Hintergrund, wie z. B. die Geneva-Serie, bei der die Wildformen *Malus* × *robusta* 5 oder *Malus floribunda* eingekreuzt wurden.

Die Zuchtziele bei Apfelunterlagen werden sowohl von der Baumschulseite als auch von der Obstbaupraxis bestimmt. Die Anforderungen seitens der Baumschule sind:

- Gute Vermehrbarkeit
- Hohe Abrissleistung in der Unterlagenbaumschule
- Gute Bewurzelung im Mutterbeet
- Affinität zwischen Unterlage und Edelreis (hohe Anwuchsrate)
- Gutes Dickenwachstum für geeignete Sortierungen für die jeweiligen Veredelungsverfahren (5 bis 7 mm für Okulation, 9 bis 12 mm für Kopulation, dazwischen beide Veredelungsverfahren)
- Wenig Seitenaustriebe am Unterlagenholz (= wenig „Räubern“, d. h. Ausbrechen der Seitentriebe, was eine hohe Arbeitsbelastung darstellt)

Die Anforderungen an Apfelunterlagen aus der Sicht des Obstbauern sind:

- Optimale Unterlagen-Edelreis-Beziehung für einen optimalen Baum (ideale Wuchsstärke, dauerhafte Verträglichkeit zwischen den Veredelungspartnern, gutes Ertragsverhalten und gute Fruchtqualität)
- Gute pflanzenbauliche Eigenschaften (gute Verankerung im Boden, Anpassung an unterschiedliche Boden- und Klimaverhältnisse, tolerant gegenüber Frost oder Trockenheit)
- Resistenzen gegenüber Schaderregern (vor allem gegenüber Holz- und Wurzelparasiten wie Kragenfäule, Krebs, Wurzelkropf, Feuerbrand, Apfeltriebsucht, Blutlaus, Wühlmäuse)

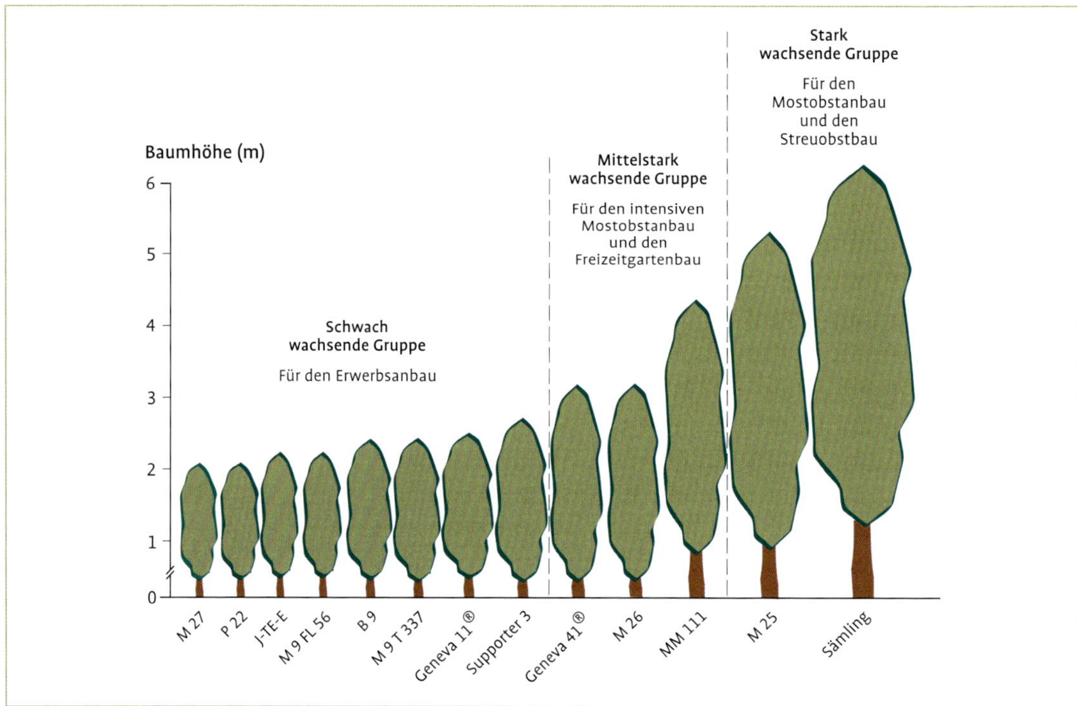

Abb. 105 Einfluss wichtiger Unterlagen auf das Wachstum der Edelsorte.

- Keine Luftwurzelfelder, da diese häufig Eintrittspforten für Schaderreger darstellen
- Keine Wurzelschosser (diese sind hinderlich bei Herbizid- und manuellen Arbeiten in den Bäumen)

Neue Unterlagen können sich am Markt nur dann durchsetzen, wenn sie den Anforderungen sowohl von der Baumschul- als auch von der Anbauseite gerecht werden.

Der Beginn der systematischen Unterlagenforschung beim Apfel liegt Anfang des 19. Jahrhunderts. An vielen wissenschaftlichen Instituten in Europa beschäftigte man sich zu dieser Zeit mit dem Einfluss von Unterlagen auf das Wachstum der Edelsorte. Die wohl wichtigsten Arbeiten wurden ab 1917 von Hatton in East Malling in England durchgeführt. Dabei wurden verschiedene Herkünfte des Paradiesapfels (*Malus pumila* var. *paradisiaca*) aus England, Frankreich, Holland und Deutschland aufgepflanzt.

Die ersten Erfahrungen zeigten schnell, unter welchen Missverständnissen die Obstanbauer damals leiden mussten. Sie pflanzten Unterlagen, deren Eigenschaften nicht stimmten und die oftmals aus verschiedenen Typen des Paradiesapfels bestanden. Hatton selektierte die verschiedenen Herkünfte nach Eigenschaften und Wuchsstärke und teilte das Versuchsmaterial in neun verschiedene Gruppen ein, welche die Nummern I bis IX zuerst als römische Ziffern erhielten. Später wurden diese Ziffern durch arabische Zahlen ersetzt und führten mit dem Kürzel „M“ (für Malling) vor der Zahl zu unserer heute gebräuchlichen Nomenklatur. Ein einziger Typ – die Nummer II (Doucin) – war kein Paradiesapfel.

Aus diesen Typenunterlagen wurden europaweit noch leistungsfähigere Klone ausgelesen und diese virusfrei gemacht. Sie sind sehr häufig als Elternteile in Unterlagenneuzüchtungen zu finden.

Nur sehr wenigen Unterlagen ist es gelungen, sich im europäischen Markt mit einer größeren Anbaubreite zu etablieren. Im Erwerbsanbau kann die Zahl der wirtschaftlich bedeutenden Unterlagen sicherlich auf zehn Unterlagen einge-

Abb. 106 Unterlage M 9 (T 337), Veredelungsstelle mit deutlicher Luftwurzelbildung.

Abb. 107 Unterlage Geneva 11®, Veredelungsstelle mit sauberem Übergang von Unterlage zu Edelsorte.

grenzt werden, wobei allein die Unterlage M 9 mit ihren Subtypen den Löwenanteil stellt. Im Folgenden werden bedeutende Züchtungsprogramme mit ihren jeweils wichtigsten Unterlagen vorgestellt.

Budagovsky-Serie

Dieses Züchtungsprogramm begann 1938 im russischen Forschungsinstitut Michurin College of Horticulture in Mitschurinsk durch den Züchter Budagovsky, dessen Namen die Serie trägt. Das Zuchtziel lag dabei hauptsächlich auf der Züchtung winterfrostharter Unterlagen für die kalten russischen Winter. Aus vielen Zuchtnummern heraus hat sich die Unterlage B 9 mit folgenden Merkmalen bewährt:

- Kreuzung aus M 8 × 'Krasny Sztandart' ('Red Standard'-Abkömmling von *Malus niedzwetskayana*, worauf die Rotblättrigkeit der Unterlage zurückzuführen ist)
- Wuchs ähnlich M 9
- Frosthärter als M 9, deswegen wird er für winterfrostempfindliche Gebiete empfohlen
- Größere Resistenz gegen Kragenfäule, weniger anfällig gegen Feuerbrand (in einigen Versuchen sogar als feldresistent beschrieben)
- Schwieriger zu vermehren als M 9
- Ertrag geringfügig schlechter als bei M 9

Geneva-Serie

Ende der 60er-Jahre startete die Cornell-Universität an der New York State Agricultural Experiment Station in Geneva in den USA ein Züchtungsprogramm für Apfelunterlagen mit dem Hauptaugenmerk auf Feuerbrandresistenz und Kragenfäule. Seit 2001 werden diese Unterlagen in Europa getestet und sind mittlerweile auch im Handel erhältlich. Bislang haben sich für europäische Anbauverhältnisse drei Unterlagen herauskristallisiert.

Geneva 16®

- Kreuzung aus Ottawa 3 × *Malus floribunda*, Synonym G 16
- Wächst etwas schwächer oder gleich wie M 9
- Der Relativertrag ist leicht höher als bei M 9

- Die Unterlage ist feuerbrandresistent und sehr kältetolerant
- Kragenfäule ist zwar aufgetreten, aber auf sehr niedrigem Niveau
- Tolerant gegenüber Nachbauproblemen/Bodenmüdigkeit
- Keine Wurzelschosser oder Luftwurzeln
- Gering anfällig für Blutläuse
- Gute Vermehrbarkeit im Unterlagenmutterbeet
- Bildet kleinere Früchte aus und ist daher für großfrüchtige Sorten empfehlenswert

Geneva 11®
- Kreuzung aus M 26 × *Malus* × *robusta* 5, Synonym G 11
- Wachstum schwach bis mittelstark (110 % zu M 9)
- Früher Ertragseintritt, absolute und relative Erträge besser als bei M 9
- Fördert die Fruchtgröße trotz höherem Ertrag, daher für kleinfrüchtige Sorten empfehlenswert
- Tolerant gegenüber Feuerbrand und Kragenfäule
- Tolerant gegenüber Nachbauproblemen, kaum Wurzelschosser
- Sehr gut verträglich für trockene Standorte
- Keine explizite Resistenz gegen Blutläuse, bislang wurden aber auch keine negativen Erfahrungen diesbezüglich gemacht
- Für den süddeutschen Raum aufgrund der bisherigen Erfahrungen die beste Unterlage aus Geneva, eventuell kann die Wuchsstärke auch durch Hochveredelung weiter reduziert werden

Geneva 41®
- Kreuzung aus M 27 × *Malus* × *robusta* 5, Synonym G 41
- Wachstum mittelstark (130 % zu M 9, ähnlich wie M 26)
- Generiert höhere Erträge als M 26 und M 9
- Feuerbrandresistent, tolerant gegen Kragenfäule
- Tolerant gegenüber Nachbauproblemen/Bodenmüdigkeit
- Resistent gegen Blutläuse, kaum Wurzelschosser
- Winterfrosthart
- Leider schlechte Vermehrungsrate im Unterlagenmutterbeet

JT-E-Serie

Diese Unterlagenserie stammt aus einem Züchtungsprogramm in Tschechien, das 1957 gestartet wurde. Das Kürzel „J" steht dabei für „Jablko" (= Apfel), die Buchstaben TE für „Techobuzice", die Versuchsstation, an der die Unterlagen selektiert wurden. Lediglich J-OH-A wurde in der Versuchsstation Olomouc-Holice selektiert, wofür dieses Kürzel steht. Bei allen Züchtungen handelt es sich um Kreuzungen aus M 9 × 'Transparent von Croncels'. Diese Sorte wiederum ist vermutlich ein Abkömmling der alten russischen Sorte 'Antonovka', wurde häufig als Stammbildner eingesetzt und sollte wohl die Frosthärte in die Neuzüchtungen bringen.

- **J-TE-F:** sehr schwach 55 bis 65 % von M 9, spezifischer Ertrag höher als bei M 9, Fruchtgröße wie M 9, viele Luftwurzeln und Stockausschläge
- **J-TE-G:** sehr schwach 60 bis 65 % von M 9, spezifischer Ertrag höher als bei M 9, Fruchtgröße wie M 9, einige Luftwurzeln, starke Verdickung der Veredlungsstelle, benötigt fruchtbare Böden, für guten Wuchs tief pflanzen
- **J-TE-E:** schwach 75 % von M 9, spezifischer Ertrag höher als bei M 9, Fruchtgröße wie M 9, viele Luftwurzeln, mittlere Neigung zu Stockausschlägen
- **J-OH-A:** schwach (70 bis 90 % von M 9), absoluter Ertrag geringer, relativer Ertrag jedoch höher als bei M 9, vor allem für langästige Sorten wie 'Fuji' interessant, positiver Einfluss auf die Fruchtgröße, leider viele Stockausschläge und Luftwurzeln, daher kaum mehr im Anbau

M-Serie

Wie eingangs beschrieben, stammt die M-Serie aus East Malling in England und ist die europa- und wohl auch weltweit wichtigste Unterlagenserie bei Apfel. Für europäische Anbauverhältnisse wurden je nach Verwendungszweck verschiedene Unterlagen ausselektiert.

M 9 (= Selektion aus 'Gelber Metzer Paradies')

- Wichtigste Apfelunterlage in Europa, viele selektierte Subtypen
- Moderates Wachstum, nicht standfest, brüchige Wurzeln
- Schlechte Frosthärte
- Ausläufer- und Luftwurzelbildung
- Trockenheitsempfindlich, wächst auf armen Böden teilweise zu gering (auch im Nachbau)
- Hohe Ertragsleistung mit sehr guten Fruchtqualitäten, kaum Alternanz
- Resistent gegen Kragenfäule
- Anfällig gegenüber Feuerbrand, ebenso Kaninchen und Wühlmäusen
- Folgende Subtypen sind heute im Handel (von schwach nach stark geordnet): Fleuren 56, T 337 (Vergleichsstandard), Burgmer-Klone, Pajam 1 (Lancep), Pajam 2 (Cepiland)
- Allgemeine Empfehlungen: wenn ein stärkerer Wuchs verlangt wird (Nachbau, schwach wachsende Edelsorten), dann Verwendung von z. B. Pajam 2; wird ein schwächerer Wuchs gefordert (stark wachsende Sorten, sehr gute Böden), dann Verwendung von Fleuren 56, für alle anderen Bereiche sind die anderen Subtypen geeignet; Hochveredlungen nur mit Subtypen, die nicht zur Bildung von Luftwurzeln neigen (z. B. Pajam 1)

M 25

- Kreuzung 'Northern Spy' × M 2
- Starker bis sehr starker Wuchs mit guter Standfestigkeit
- Die Erträge setzen früher ein als auf allen anderen starkwüchsigen Unterlagen
- Begünstigt mehr als alle ähnlich stark wachsenden Unterlagen die Ertragsfähigkeit und Fruchtqualität (= der „M-9-er unter den stark wachsenden Unterlagen“)
- Mittlere Frosthärte, widerstandsfähig gegen Kragenfäule
- Soll anfällig für Blutlaus und Feuerbrand sein (bislang in den Versuchen aber unauffällig)
- Zeigt sehr gute Leistungen im intensiven Mostobstanbau und wird daher in Baden-Württemberg und Mecklenburg-Vorpommern für diesen Bereich empfohlen

M 26

- Kreuzung aus M 9 × M 16
- Stärker wachsend als M 9 (ca. 34 %)
- Späterer Austrieb, später Blattfall
- Nicht standfest, für schlechtere Böden und im Nachbau geeignet
- Empfindlich gegenüber Trockenheit
- Keine Stockausschläge, jedoch Luftwurzelbildung
- Ertragsverhalten zwischen M 9 und M 7
- Fruchtgröße ähnlich M 9, gute Fruchtausfärbung
- Winterhärteste Unterlage aus der M-Serie
- Empfindlich gegen Blutlaus, sehr empfindlich gegen Feuerbrand
- Im Erwerbsanbau aufgrund des zu starken Wachstums kaum noch vertreten, eine Unterlage für schwächer wachsende Sorten auf schlechteren Böden

M 27

- Kreuzung aus M 9 × M 13
- Sehr schwach wachsende Unterlage (50 % weniger als M 9)
- Keine Stockausschläge
- Bäume kommen rasch in den Vollertrag (ab dem 2. Jahr), durch die große Produktivität pro m^3 Kronenvolumen sind die Früchte kleiner als auf M 9
- Wenig Frosthärte, sehr empfindlich gegenüber Trockenheit
- Empfindlich gegen Feuerbrand und Kragenfäule
- Unterlage für sehr gute Böden und stark wachsende, großfrüchtige Sorten, nicht für geringe Böden und im Nachbau

MM-Serie

Das Kürzel MM steht für die zwei englischen Versuchsanstalten East Malling und Merton. Das Züchtungsziel für diese Unterlagen war Widerstandsfähigkeit gegenüber Blutlausbefall. Die Kreuzungen in den 50er-Jahren mit der blutlausresistenten Sorte 'Northern Spy' führten zur Auslese von 15 Konen (MM 101 bis MM 115). Die Bedeutendsten davon sind MM 111 und MM 106.

MM 111

- Wuchsstärke 90 % eines Sämlings
- Tolerant gegenüber zu trockenen oder zu feuchten Böden
- Gute Standfestigkeit
- Gute Frosthärte
- Weitgehend widerstandsfähig gegenüber Kragenfäule
- Die Ertragsleistung beginnt sehr früh und liegt hoch bis sehr hoch
- Unterlage für den intensiven Mostobstanbau, Hausgarten- oder Streuobstanbau

P-Serie

Die Unterlagen mit dem Kürzel P kommen aus dem Institut für Obst- und Gartenbau Skierniewice in Polen. „P" steht dabei für podkladka (= polnisch Unterlage). Bis heute gibt es 15 lizenzierte Unterlagen. Nur wenige davon haben bisher ökonomische Bedeutung erlangt.

P 22 (Last Minute®)

- Kreuzung M 9 × 'Antonovka'
- Wuchsstärke ähnlich M 27, erfordert enge Pflanzabstände
- Späterer Austrieb als alle anderen schwach wachsenden Unterlagen
- Bessere Winterhärte als M 27, sehr trockenheitsempfindlich
- Sehr gutes Ertragsverhalten, sehr gute Fruchtqualität: Fruchtgröße besser als M 27, aber kleiner als M 9
- Empfindlich gegen Wurzelkropf, Feuerbrand und Blutlaus

P 16 (Lizzy®)

- Kreuzung aus 'Longfield' × M 11
- Wuchsstärke zwischen M 27 und M 9, ca. 40 % schwächer als M 9 (T 337), erfordert enge Pflanzabstände
- Geringerer absoluter Ertrag aber höherer Relativertrag als M 9
- Verhältnismäßig viele Stockausschläge
- Winterhärte und Ertragsfähigkeit ähneln M 9
- Geringe Anfälligkeit gegen Wurzelkropf

Supporter-Serie

Das Züchtungsinstitut in Dresden-Pillnitz in Deutschland befasste sich bereits 1911 mit der Sammlung und Prüfung von Obstunterlagen. Die Züchtungsarbeiten begannen in den 50er-Jahren. Seit 1995 befinden sich vier Apfelunterlagen im Handel. Sie werden als Supporter 1 bis 4 bezeichnet. Der Vorteil dieser Unterlagen-Serie liegt ebenfalls in einer veränderten genetischen Basis, die eine bessere Nachbautoleranz erwarten lässt.

Supporter 1

- Kreuzung aus M 9 × *Malus baccata* var. *himalaica*
- Wachstum etwa 10 % schwächer als M 9 (T 337)
- Weniger Luftwurzeln, Blutläuse bisher nicht beobachtet
- Ertragsniveau analog zu M 9, Früchte allerdings etwas kleiner

Supporter 3

- Kreuzung aus M 9 × *Malus* × *micromalus*
- Wachstum 10 bis 20 % stärker als M 9 (T 337)
- Höheres Ertragsniveau als M 9, Fruchtgröße analog, Deckfarbenausprägung schwächer

Mit der Unterlage M 9 und ihren Subtypen wurde ein sehr hohes Qualitätsniveau erreicht. Diese Unterlage lässt nur wenige Nischen neben sich zu. Die seither gezüchteten und geprüften neuen Unterlagen konnten sich bisher gegenüber M 9 nicht durchsetzen. Vor dem Hintergrund des permanenten Nachbaus auf denselben Anbauflächen und den damit zunehmenden Problemen der Bodenmüdigkeit kommt jedoch der Verwendung von genotypisch anderen Unterlagen eine neue Bedeutung zu. Zukünftig werden auch die Klimaveränderung und die damit verbundenen veränderten Bodenbedingungen (extreme Wechsel zwischen Feuchte und Trockenheit) einen Einfluss auf die Unterlagenwahl beim Apfel haben.

5.2 Birnenunterlagen

Die arteigene Unterlage, der „Sämling“, verleiht den auf ihr gezogenen Bäumen kräftigen Wuchs, gute Standfestigkeit, hohe Widerstandsfähigkeit gegen Holzfrost und lange Lebensdauer. Für den Erwerbsanbau ist ihr Wachstum jedoch eindeutig zu stark. Sie findet deshalb nur zur Anzucht großkroniger, landschaftsbildender Bäume Verwendung.

Im intensiven Birnenanbau werden überwiegend Quittenunterlagen eingesetzt. Welche von ihnen im Einzelfall verwendet wird, hängt stark von den Wuchseigenschaften der Edelsorten ab. Auf jungfräulichen, guten Standorten scheiden **Quitte A** und **Quitte Adams** schon fast aus, wenn es darum geht, eine möglichst hohe Intensität zu erreichen. Allenfalls die Kombination mit schwach wachsenden Sorten wie ‘Conference’, ‘Gute Luise’ oder ‘Alexander Lucas’ wäre bei etwas höherer Veredlung – etwa bei 20 cm – zu verantworten. Das Gleiche gilt für die Unterlage **Quitte BA 29**, der auf alkalischen Böden der Vorzug zu geben ist.

Auf wuchsfreudigen Standorten bietet eigentlich nur **Quitte C** die Voraussetzung für hohe Pflanzdichten bei befriedigender Belichtung. Leider ist sie wegen hoher Frostempfindlichkeit oft nicht genügend verfügbar und auf zahlreichen Standorten riskant. Dies trifft insbesondere für die Baumschulanzucht, aber auch für die ersten beiden Standjahre zu. Prinzipiell muss Quitte C so tief wie möglich gepflanzt werden.

Da alle Quittenunterlagen frostempfindlich sind, ist die Veredlungshöhe nicht zu hoch zu wählen. Dadurch kann auch bei den etwas frosthärteren Quitte A, Quitte Adams oder BA 29 das Problem der etwas zu starken Wuchskraft nicht durch Hochveredlung gelöst werden.

In den letzten Jahren hat sich Quitte Eline von der Baumschule Fleuren als besonders positiv für die Birnensorte ‘Conference’ herausgestellt. Sie bringt gleich gute Erträge und Mengen wie Quitte C, hat aber deutlich weniger Berostung, wie alle Versuche in Europa zeigen. Dies führt zu einem besseren Verkauf der Früchte, insbesondere in Deutschland und England. Darüber hinaus ist sie deutlich weniger frostempfindlich (bis zu −25 °C) als die übrigen Quittenunterlagen, da sie aus Rumänien stammt.

In jüngster Zeit treten bei der Kombination ‘Alexander Lucas’ mit **OHF-Hybriden** aus ungeklärter Ursache verstärkt Verträglichkeitsprobleme auf. OHF-Unterlagen sollten deshalb nur zurückhaltend gepflanzt werden.

Tab. 39 Eigenschaften von Birnenunterlagen

Unterlage	Resistenz			Verträglichkeit	Wuchsstärke	Ausläuferbildung	Kalktoleranz	Produktion pro Baum
	Feuerbrand	Birnenverfall	Kälte					
Sämling (Birne)	0	3	Gut	5	5	Groß	Gut	3
Provence-Quitte	0	5	Mäßig	3	3	Mittel	Schlecht	4
BA 29 (Quitte)	0	5	Mäßig	3	3	Mittel	Gut	4
Quitte A	0	5	Mäßig	2 bis 3	2 bis 3	Mittel	Schlecht	4
OHF-Hybriden (Birne)	5	5?	Gut	5	4	Selten	Gut	3
‘Sydow’ (Quitte)	0	5	Mäßig	3	2 bis 3	Mittel	Schlecht	4
Quitte Adams	0	5	Gering	3	2	Viel	Schlecht	4
Quitte C	0	5	Gering	3	1,5 bis 2	Wenig	Schlecht	4 bis 5
‘Pyrodwarf’	2	?	Mittel	5	3,5	Wenig	Gut	4

1 = unbefriedigend, 3 = befriedigend, 5 = sehr gut, sehr stark

Zwischenveredlung

Einige Birnensorten haben mit Quittenunterlagen Verträglichkeitsprobleme, weil Birne und Quitte zwar der gleichen Familie (Rosaceae), jedoch verschiedenen Gattungen angehören. Besonders ausgeprägt ist die Unverträglichkeit bei virusinfizierten Sorten, grundsätzlich kommt sie jedoch auch bei 'Williams Christ', 'Clapps Liebling' und 'Köstliche aus Charneux' vor.

In diesen Fällen ist eine Zwischenveredlung unumgänglich. Darüber hinaus kann sie den Wuchs bremsen und dadurch die Ertragssicherheit verbessern. In einem Versuch mit der Sorte 'Vereinsdechantsbirne' hat beispielsweise eine Zwischenveredlung mit 'Conference' bis zum 5. Jahr deutlich bessere Ergebnisse gebracht hat als die Kombination Quitte A und 'Vereinsdechantsbirne' direkt. Derzeit werden die Sorten 'Gellerts Butterbirne' und 'Vereinsdechantsbirne' zum Zwischenveredeln verwendet.

5.3 Quittenunterlagen

Die meist verbreitete Unterlage für unser Kultursortiment ist **Quitte A**. Möglich sind jedoch auch Veredlungen auf Quitte Adams, BA 29 oder C sowie auf Weißdorn (*Crataegus monogyna*) und Eberesche (*Sorbus aucuparia*). Bei der Verwendung von Weißdorn ist auf die hohe Anfälligkeit für Feuerbrand und auch auf Unverträglichkeiten zu achten. Quitte BA 29 ist auf kalkreichen Böden zu bevorzugen. Bei Weißdorn und Eberesche sind ihre hohe Kälte- und Kalktoleranz hervorzuheben; hier entwickeln sich auch die wüchsigsten Bäume.

5.4 Pflaumenunterlagen

Für die Unterlagenauswahl bei der Pflaume stehen zahlreiche Vertreter aus der Verwandtschaft der europäischen Pflaume, der Kirschpflaume (Myrobalane), der Schlehe, der Japanischen Pflaume und der Mariannenpflaume sowie Hybriden dieser *Prunus*-Arten zur Auswahl. Im Bereich stark wachsender Unterlagen sind es vor allem Myrobalanensämlinge oder vegetativ vermehrte Unterlagen wie Brompton. Die vegetativ vermehrte Unterlage GF 8/1 (*P. mariana*) eignet sich für trockene Standorte und ist besonders für schwach wachsende, ertragreiche Sorten geeignet. Der starke Wuchs dieser Unterlagen machte die Suche nach schwächer wachsenden Unterlagen für einen intensiven Anbau erforderlich. Des Weiteren wurden Unterlagen gesucht, die auf verschiedenen Standorten wenige Wurzelausläufer bilden, um die Gefahr des Befalls mit dem Scharkavirus (PPV) herabzusetzen.

Die aus Frankreich stammende Unterlage St. Julien GF 655/2 (*P. domestica* subsp. *insititia* × *P.* St. Julien) dominierte lange den Pflaumenanbau im Bereich der mittelstark wachsenden Unterlagen. Gründe dafür sind die gute Verträglichkeit mit allen wichtigen Sorten, die Sicherung regelmäßiger Erträge, der positive Einfluss auf die Fruchtgröße sowie die Eignung für schwerere Böden. Ein großer Nachteil ist die sehr starke

Tab. 40 Unterlagen für Quitten

Unterlagen	Resistenz		Verträglichkeit	Kalktoleranz	Wuchsstärke
	Feuerbrand	Kälte			
Quitte A	0	2	3	1	2 bis 3
Quitte C	0	2	3	1	1 bis 2
Quitte Adams	0	2	3	2	2 bis 3
BA 29	0	2	3	4	3
Crataegus monogyna	0	4	2	4	3
Sorbus aucuparia	1	4	4	5	4 bis 5

1 = unbefriedigend, 3 = befriedigend, 5 = sehr gut, sehr stark

Neigung der Unterlage zur Wurzelschosserbildung. Besonders in Anbaugebieten mit trockenen, kalkhaltigen Böden wurde deshalb häufig die Unterlage St. Julien A gewählt. Sie stammt aus England und ist eine Selektion aus *P. domestica* subsp. *insititia*. Besonders in Kombination mit großfruchtigen Sorten wie 'Cacaks Schöne' führte die etwas höhere Wuchsstärke und das mittlere Ertragspotenzial zu guten Ergebnissen. Die Unterlage ist frei von Wurzelausläufern.

Auf der Suche nach vitalen Unterlagen mit mittlerer Wuchsstärke, die robust gegenüber dem Scharkavirus (PPV) und *Pseudomonas* sind, wurden generativ vermehrte Unterlagen der alten Pflaumensorte 'Wangenheim' wie WaxWa geprüft. Die Baumschule Schreiber in Österreich selektierte aus Wangenheimsämlingen den vegetativ vermehrten Klon Wavit. Nach aktuellen Ergebnissen liegt die Wuchsstärke von Wavit über der von WaxWa, sichert hohe Erträge, hat einen positiven Einfluss auf die Fruchtgröße und ist fast frei von Wurzelausläufern. Sie ist verträglich mit allen Typen aus dem Formenkreis von Pflaumen sowie Aprikosen. Die Baumgesundheit zeigte sich bis heute auf der Unterlage Wavit als sehr gut, was dazu führte, dass sie in modernen Pflaumenanlagen zum Standard geworden ist.

Weitere Bemühungen um schwach wachsende Pflaumenunterlagen führten zur Vermehrung und Prüfung der aus Russland stammenden Unterlage VVA 1 (Krymsk 1). Hierzu wurden auf der Krim *P. tomentosa* und *P. cerasifera* gekreuzt. Die Wuchsstärke ist schwach, die Erträge sehr hoch, was negative Auswirkungen auf die Fruchtgröße hat und damit die Verwendbarkeit für kleinfrüchtige Sorten ausschließt. Des Weiteren kam es in Versuchen zu Mangelerscheinungen am Blatt und Problemen mit der Baumgesundheit. Auch andere schwach wachsende Unterlagen wie Ferlenain/Plumina, Pixi, Pumi select oder Weito konnten die Anforderungen an eine schwach wachsende Pflaumenunterlage bisher nicht erfüllen.

An der TU München-Weihenstephan wurden wegen der Scharkaproblematik eine Reihe von Unterlagen geschaffen, die hypersensibel sind. Wenn scharkainfizierte Edelreiser auf hypersensible Unterlagen veredelt werden, stirbt der scharkakranke Veredlungspartner in der Baumschule ab. Hypersensible Unterlagen können über Blattläuse nicht mit PPV infiziert werden. Gebiete, in denen Scharka unter Kontrolle ist, können so länger scharkafrei gehalten werden. Die hypersensiblen Unterlagen Dospina und Docera entstanden aus Kreuzungen von *P. domestica* mit *P. spinosa* bzw. mit *P. cerasifera*. Die obstbauliche Eignung der Unterlagen Docera 6 und Dospina 235 wird momentan in einem nationalen und in einem internationalen Unterlagenversuch geprüft.

5.5 Kirschenunterlagen

Während in der Vergangenheit *P. avium* (Vogelkirsche) die hauptsächlich verwendete Veredlungsunterlage für Süßkirschen war, werden heute mehr als 80 % der Veredlungen auf schwach wachsende Unterlagen vorgenommen. Der starke Wuchs der Vogelkirschsämlinge führte zu großkronigen Bäumen, deren Pflege und Ernte zunehmend unwirtschaftlicher wurde. Später Ertragsbeginn, hohe Schnittaufwendungen und die hohe Unfallgefahr führten zu verschiedenen Züchtungsinitiativen. Ziel ist ein kleinkroniger Baum, der schnell in Ertrag kommt und regelmäßige Erträge bei hoher Fruchtqualität garantiert.

Die Baumform als Schlanke Spindel analog dem Apfelanbau auf M 9 wurde erst mit schwach wachsenden Unterlagen wie GiSelA 5 möglich. Die Bestandsdichten stiegen von 200 bis 300 Bäumen pro Hektar auf Baumzahlen von 800 bis 1000. Sehr intensive Bestandsdichten in Italien gehen bis über 5000 Bäume pro Hektar. Die Fruchtbarkeit schwach wachsender Unterlagen ist so hoch, dass gute Böden und Zusatzbewässerung erforderlich sind, um ausreichende Fruchtgrößen zu garantieren.

Bezüglich der Verträglichkeit der verschiedenen Sorten mit den neuen Unterlagen stellte sich heraus, dass auch die Veredlungsreiser frei von wirtschaftlich wichtigen Viren wie PDV oder PNRV sein müssen, um ein hohes Anwachsergebnis in der Baumschule zu garantieren. Als besonders virussensitiv gelten Unterlagenkreuzungen mit *P. cerasus* und *P. fruticosa*, die häufig durch Blattsymptome, Gummifluss, aber auch Absterbeerscheinungen auffallen.

Großen Einfluss auf einen erfolgreichen Süßkirschenanbau hat der Standort. Nur warme

Standorte mit einem gut durchlüfteten Boden, der auch nach starken Niederschlägen schnell zu einem günstigen Verhältnis von Boden – Wasser – Luft führt, sind geeignete Kirschenstandorte. Die Variabilität von schwach wachsenden Unterlagen in Wuchsstärke und Ertrag auf verschiedenen Böden erschwert die Auswahl passender Sorten-Unterlagen-Kombinationen.

Prunus-avium-Sämlinge bilden ein stark verzweigtes Wurzelsystem und sind dadurch stark wachsend. Sie eignen sich für den Anbau auf leichten Böden und den Anbau von Industriekirschen sowie die Produktion von landschaftsprägenden Hochstämmen für Streuobstwiesen. Generativ vermehrte Unterlagen sind die aus Holland stammende, aus der Kaukasischen Vogelkirsche ausgelesene Limburger Vogelkirsche oder Alkavo. Die Unterlagen haben eine hohe Verträglichkeit mit allen Sorten, einen gesunden Stamm und eine hohe Anpassungsfähigkeit an verschiedene Standorte. Die in England selektierte und vegetativ vermehrte Unterlage F 12/1 konnte an vielen Standorten die Ertragserwartungen nicht erfüllen. Sämlingsunterlagen finden im intensiven Kirschenanbau durch ihre kaum zu begrenzende Baumhöhe und den hohen Ernteaufwand kaum mehr Verwendung.

Die Unterlage *P. mahaleb* (Steinweichsel) wird im deutschsprachigen Raum kaum mehr als Kirschenunterlage verwendet. Sie galt in der Vergangenheit als besonders robust gegenüber Trockenheit und besonders geeignet für kalkhaltige Böden.

Die Unterlage Colt entstand in England aus *P. mahaleb* × *P. pseudocerasus*. Diese Unterlage ist robust gegenüber hohen Niederschlägen und feuchte Klimabedingungen, weshalb sie vor allem in Skandinavien, Norddeutschland bzw. am Bodensee gepflanzt wurde. Sie erreicht fast 80 % der Wuchsstärke von *P. avium*.

Weiroot-Unterlagen entstanden in Weihenstephan aus *P. cerasus* mit der Zielsetzung, frühe, hohe Erträge und hohe Frosthärte abzusichern. Die Wuchsstärke der Unterlagen W 10 und W 13 zeigen eine Wuchsreduktion von ca. 25 % zu *P. avium*. Weitere Züchtungsarbeit führte zu den Unterlagen W 158, W 154 und W 53. Diese Unterlagen eigneten sich nicht für alle Sorten und Standorte. Auf verschiedenen Standorten kam es mit W 158 zu inhomogenem Wachstum und zu wenig Einheitlichkeit in der Unterlagenwirkung. Die schwach wachsende Unterlage W 72 wurde weiter selektiert und wird als W 720 an verschiedenen Standorten Deutschlands auf ihre Anbaueignung geprüft.

Maxma Delbard 14 ist eine Kreuzung aus *P. avium* und *P. mahaleb* mit etwa 70 % der Wuchsstärke von *P. avium*. Diese Unterlage hat sich nur auf warmen, trockenen Standorten bewährt. Der Vollertrag setzt später ein als bei schwach wachsenden Unterlagen. Immer wieder gibt es Bäume mit geringer Vitalität oder es kommt zu Baumausfällen ohne erkennbare Ursache. Möglicherweise ist die Anfälligkeit für Staunässe eine Ursache.

Die Unterlagen PiKu 1 und PiKu 4 kommen aus Dresden-Pillnitz. Bisher wurden die besten Erträge auf sandigen und trockenen Standorten gebracht. Piku 1 stammt aus einer Kreuzung von *P. avium* × *P. canescens* × *P. tomentosa*. Der Baumaufbau zeigt sich bei vielen Sorten durch eine hohe Verzweigungsdichte als sehr günstig. Lange ging man davon aus, dass die Wuchsstärke von Piku 1 ausreicht, um die Unterlage Maxma Delbard 14 abzulösen. Es zeigte sich allerdings, dass diese Unterlage in Wuchs und Ertragsverhalten stark vom jeweiligen Standort abhängig ist. Diese Unterschiede zeigten sich auch in der Wurzelausläuferbildung und in der Frosthärte. Die Wuchsstärke von Piku 4 liegt bei 50 bis 60 % gegenüber *P. avium* und damit deutlich über der von Piku 1. Sie wird an verschiedenen Standorten weiterhin geprüft, insbesondere auf ihre Nachbaueignung. Piku 4 stammt aus der Kreuzung von *P. cerasus* 'Schattenmorelle' × (*P. kurilensis* × *P. sargentii*).

Bei mittelstark wachsenden Unterlagen wurden auch Selektionen geprüft, die wie die tschechische Unterlage PHL-C durch ihren stärkeren Wuchs einen positiven Einfluss auf die Fruchtgröße zeigen. Die Unterlagen Victor im Wuchsstärkebereich von Maxma Delbard 14 oder die Unterlage Krymsk 5 (VSL-2) zeigen sich in Versuchen in Mitteldeutschland als sehr virussensitiv.

GiSelA 5 ist mit einer Wuchsstärke von ca. 50 % von Sämlingsunterlagen eine Standardunterlage für den Kirschenanbau in Deutschland und großen Teilen Europas. Die Gießener Kreu-

Tab. 41 Herkunft, Wuchsstärke und Standortempfehlung von Süßkirschenunterlagen

Unterlage	Herkunft	Wuchsstärke	Pflanz-abstand	Standortempfehlung
Sämling	*P. avium*	Stark bis sehr stark	7 × 5 m	Für weniger gute, auch steinige Böden
Colt	*P. avium* × *P. pseudocerasus*	Stark	5 × 3 m	Für niederschlagsreichere Standorte
WeiGi 3, WeiGi 4	Gießener Selektion × Weiroot	Mittel bis stark	5 × 3 m	Noch in Prüfung, für schwache Standorte
GiSelA 17	*P. canescens* × *P. avium*	Mittel bis stark	5 × 3 m	Für Nachbau geeignet, für selbstfertile Sorten
Maxma Delbard 14	*P. mahaleb* × *P. avium*	Mittel bis stark	5 × 3 m	Für warme, trockene, durchlässige Standorte
VSL-2 (Krymsk 5)	*P. fruticosa* × *P. serrulata*	Mittel bis stark	5 × 3 m	Hohe Virussensitivität, für schwerere Böden
GiSelA 12, 13	*P. cerasus* × *P. canescens*	Mittel	4,5 × 2,5 m	Breit anbaufähig, für selbstfertile Sorten, standfest
PiKu 4	*P. cerasus* × (*P. kurilensis* × *P. sargentii*)	Mittel	4,5 × 2,5 m	Für warme, sandige Standorte
W 10, W 13	*P. cerasus*	Mittel bis stark	5 × 3 m	Nicht für alle Standorte und Sorten geeignet
W 158, W 154	*P. cerasus*	Mittel	4,5 × 2,5 m	Nicht für alle Standorte geeignet
PiKu 1	*P. avium* × *P. canescens* × *P. tomentosa*	Mittel	4 × 2 m	Für warme, sandige Standorte
GiSelA 6	*P. cerasus* × *P. canescens*	Mittel	5 × 3 m	Für extensivere, gut durchlüftete Standorte
GiSelA 5	*P. cerasus* × *P. canescens*	Schwach	4 × 2 m	Gute Böden und Zusatzbewässerung
WeiGi 1, WeiGi 2	Gießener Selektion × Weiroot	Schwach	4 × 2 m	Noch in Prüfung, für gute Böden
T. Edabriz	*P. cerasus*	Schwach	4 × 2 m	Gute Böden und Zusatzbewässerung
GiSelA 3	*P. cerasus* × *P. canescens*	Sehr schwach	4 × 1,5 m	Gute Böden und Zusatzbewässerung

zungen aus *P. cerasus* und *P. canescens* vereinen einen großen Teil positiver Eigenschaften, die den Kirschenanbau erfolgreich machen. Die Unterlagen sind mit fast allen Sorten verträglich, sie wachsen schwach und begünstigen bei den Hauptsorten 'Kordia' und 'Regina' einen spindelförmigen Baumaufbau. Die Bäume kommen schnell in Ertrag, erreichen regelmäßig hohe Erträge und eine gute bis sehr gute Fruchtqualität. GiSelA 5 ist virustolerant, frosthart und bildet kaum Wurzelausläufer. Für selbstfruchtbare Sorten wie 'Sweetheart' oder 'Lapins' ist die Wuchsstärke häufig nicht ausreichend, die Fruchtgröße nicht befriedigend.

GiSelA 3 ist im Wachstum soweit reduziert, dass sie sich für Anlagen mit Einnetzung oder Überdachung besonders gut eignet. Der Anbau erfordert eine hohe Bodengüte an trockenen Standorten bzw. bei Überdachung eine Zusatzbewässerung. Es zeigte sich, dass GiSelA 5 auf größere Wassergaben weniger empfindlich reagiert.

Für geringer wertige Böden steht GiSelA 6 zur Verfügung. Da bei GiSelA 6 mit manchen Sorten eine nicht ausreichende Standfestigkeit festge-

Abb. 108 'Bellise' auf der Unterlage GiSelA 5 im Vollertrag, 7. Standjahr.

stellt wurde, werden derzeit auch die Unterlagen GiSelA 12,13 und 17 geprüft. Um die positiven Eigenschaften von Gießener Selektionen mit den guten Eigenschaften von Weiroot-Klonen zu vereinen, selektierte Peter Stoppel aus Kreuzungen dieser Eltern vier verschiedene Klone, die als WeiGi 1 bis WeiGi 4 momentan vermehrt und an verschiedenen Standorten geprüft werden. Die Wuchsstärken liegen von mittelstark bis schwach wachsend.

Unterlagen für Sauerkirschen

Sauerkirschen wurden hauptsächlich auf die Unterlagen *P. avium* und *P. mahaleb* veredelt. Auch die Vermehrung auf eigener Wurzel (Meristemvermehrung) ist für eine Reihe von Sorten möglich. Bei Veredlungsversuchen mit schwach wachsenden Unterlagen erscheinen die Kombinationen mit den Unterlagen GiSelA 5 und Piku 4 aussichtsreich. An verschiedenen Standorten konnte neben regelmäßigen Erträgen auch die gute Eignung für die maschinelle Ernte festgestellt werden.

5.6 Pfirsich- und Aprikosenunterlagen

Beim Anbau von Pfirsichen und Aprikosen stehen heute schwach- und mittelstark wachsende Unterlagen im Vordergrund. Stark wachsende Pfirsichunterlagen wie die arteigene Sämlingsunterlage Rubira sind robust, standfest und langlebig. Warme Standorte mit gut durchlüfteten Böden sind für einen erfolgreichen Pfirsichanbau Voraussetzung. Die Unterlage Julior Ferdor zeigt eine gute Bodenanpassung und ist auch für schwerere, kalkhaltige Standorte zu empfehlen. Ihr kräftiger Wuchs fördert die Fruchtgröße und Fruchtqualität.

Geeignete Unterlagen im mittleren Wuchsstärkebereich sind St. Julien GF 655/2 und

Abb. 109 Blüte von Kioto® auf verschiedenen Unterlagen im 5. Standjahr.

St. Julien A. Während St. Julien GF 655/2 eher für schwerere Böden ausgewählt wird, eignet sich St. Julien A für trockene und kalkhaltige Böden und zeigt Vorteile durch die geringe Bildung von Wurzelausläufern. Besonders im Hinblick auf das Verhindern einer weiteren Verbreitung der Phytoplasmose ESFY (European Stonefruit Yellowing) sollte die Unterlage weitgehend frei von Wurzelausläufern sein.

Die Auswahl der passenden Sorten-Unterlagen-Kombination ist für die Bestandssicherheit und Langlebigkeit einer Aprikosenanlage entscheidend. Stark wachsende Unterlagen wie Myrobalane, GF 8/1 oder die Pflaumenunterlage Bromton werden heute immer weniger verwendet, da selbst für Halb- und Hochstämme ein moderates Wachstum gewünscht ist. Häufig veredelt werden St. Julien A und Rubira.

Seit 2011 wird an verschiedenen Standorten in Deutschland im Rahmen der obstbaulichen Leistungsprüfung ein Vergleich von zehn aussichtsreichen Unterlagen mit den Sorten Orangered® und Kioto® vorgenommen, um geeignete Unterlagen für verbesserte Bestandsdichten bei Aprikosen zu finden. Dabei zeigt sich ein positiver Einfluss der Unterlage Wavit (Auslese aus Wangenheim) auf den Ertrag, die Bestandssicherheit und eine geringe Ausbildung von Wurzelschossern. Auch die Frosthärte ist im Vergleich positiv. In die Untersuchungen wurde der Einfluss der Veredlungshöhe einbezogen. Ertrag und Bestandssicherheit wurden positiv beeinflusst, wenn die Veredlungshöhe von 30 auf 60 cm erhöht wurde. Des Weiteren hat Wavit eine gute Verträglichkeit mit allen Sorten aus dem Formenkreis von Pflaumen und Aprikosen, eine gute Standfestigkeit und einen positiven Einfluss auf die Fruchtgröße. Die Unterlagen Citation und Torinel hatten dagegen hohe Baumausfälle an verschiedenen Versuchsstandorten zu verzeichnen.

Abb. 110 Pfirsichblüte verschiedener Sorten auf der Unterlage Julior Ferdor im 6. Standjahr.

Abb. 111 Nektarinenblüte auf der Unterlage Julior Ferdor im 5. Standjahr.

6 Vermehrung und Anzucht der Obstgewächse

6.1 Vermehrung

6.1.1 Ausgangsmaterial

Fast alle einheimischen Obstarten und -sorten sind mischerbig (heterozygot). Das macht ihre sortenreine Vermehrung durch Samen unmöglich. Nur die vegetative Vermehrung sorgt für genetisch identische Nachkommen. Kern- und Steinobstsorten bewurzeln als Stecklinge schlecht. Die einzig wirtschaftliche Vermehrungsmethode ist hier die Veredlung. Risikofaktoren sind dabei die Weitergabe von Krankheiten und die Verwechslung von Edelsorten. Pflanzengesundheit und Sortenechtheit sind die wichtigsten Aspekte bei der **Vermehrung** von Pflanzmaterial. Viruskrankheiten und Plasmosen werden beim Veredeln weitergegeben und sind nicht direkt bekämpfbar. Virusfreies bzw. virusgetestetes Ausgangsmaterial sind daher essentiell.

Obstpflanzen können in Kombination von verschiedenen biologischen (Indikatortestung), serologischen (ELISA) und molekulargenetischen (PCR) Verfahren auf Virosen und Phytoplasmosen getestet werden. Die **Virusfreimachung** erfolgt durch eine **Thermotherapie**. Dabei werden die Pflanzen fünf bis sechs Wochen lang Temperaturen um 37 bis 39 °C ausgesetzt. Der in dieser Zeit erfolgte Zuwachs der jungen Triebspitzen ist frei von Viren und Mykoplasmen. Die Gefahr von Mutationen ist relativ gering. In einem **Sortenkontrollgarten** werden die wärmebehandelten Sorten auf unveränderte pomologische Eigenschaften geprüft. Diese Sorten zeichnen sich durch gleichmäßigen Wuchs, bessere Anwachsergebnisse (+ 20 %) und eine schnellere Jugendentwicklung aus. Zwischen Wärmebehandlung und der ersten Reiserabgabe liegen durchschnittlich zwei bis drei Jahre. Die virusfreien Edelreiser werden in Reiserschnittgärten für die spätere Abgabe an Baumschulen und Obstbaubetriebe weitervermehrt.

In der Regel werden Baumobstsorten zur Vermehrung auf Unterlagen veredelt. Als Unterlagen dienen Jungpflanzen, die entweder vegetativ aus Mutterpflanzen oder generativ aus Samen eigens ausgewählter Sorten (Samenspender) gezogen werden. Die Unterlagenanzucht erfolgt in speziellen Unterlagenbaumschulen. Obstbaumschulen, in denen die Veredlung und Anzucht des Pflanzmaterials erfolgt, beziehen ihre Unterlagen meistens aus diesen Spezialbaumschulen.

6.1.2 Vermehrungsmethoden

Bei der nicht so häufigen **generativen Vermehrung** von Unterlagen verwendet man Saatgut von Sorten, die sich als Sämlingsunterlagen bewährt haben und trotz einer unvermeidlichen Mischerbigkeit relativ einheitlichen Wuchs zeigen. Zur Saatgutgewinnung dienen spezielle Samenspenderanlagen oder -bäume. Es sind nur Sorten mit zwei- oder vierfachem Chromosomensatz (diploide oder tetraploide Sorten) für Sämlinge geeignet. Bekannte Beispiele dafür sind:

- Apfel: 'Grahams Jubiläum', 'Bittenfelder'
- Birne: 'Kirchensaller Mostbirne'
- Pflaume: 'Myrobalane'-Sämling, 'St. Julien'-Sämlinge
- Kirsche: 'Limburger Vogelkirsche'
- Pfirsich: 'Kernechter vom Vorgebirge'

Nach dem Stratifizieren, einer Spezialbehandlung des Saatgutes mit Aufbewahrung in feuchtem Sand bei 4 °C, erfolgt die Aussaat im Saatbeet. Um die Bewurzelung zu begünstigen, werden die Sämlinge nach Ausbildung des zweiten und dritten Blattes pikiert oder mit einem Spezialgerät „unterschnitten", d. h. die Pfahlwurzeln werden durchgetrennt.

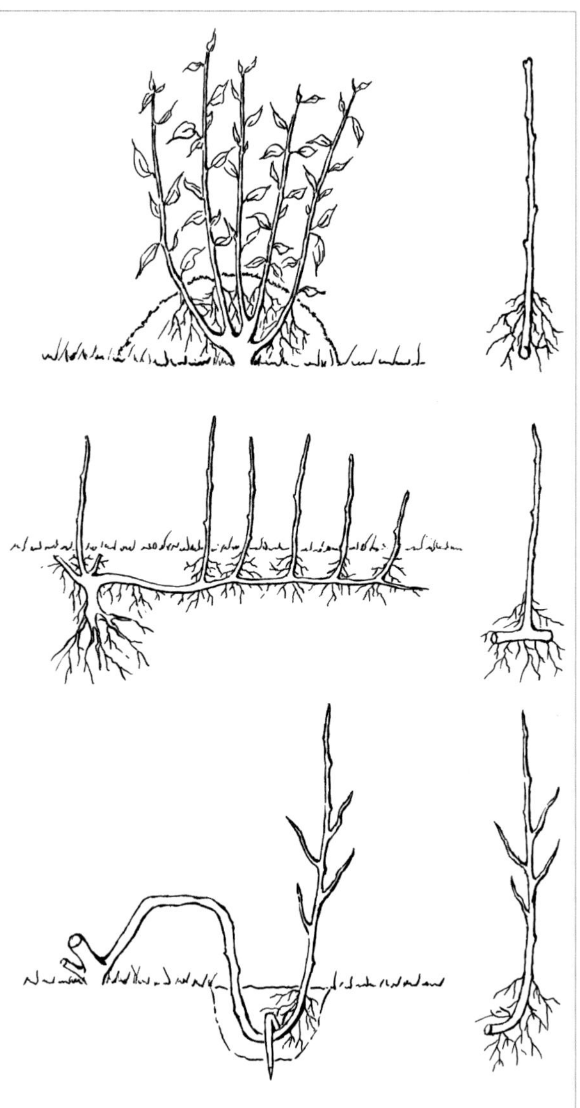

Abb. 112 Schematische Darstellung der Vermehrung (nach BRUMM und MEHLISCH 1964) durch Abrisse (oben), Ableger (Mitte) und Absenker (unten). Daneben jeweils eine bewurzelte Jungpflanze.

Nach einer Vegetationsperiode sind diejenigen Pflanzen zum Aufschulen brauchbar, deren Wurzelhals einen Durchmesser > 6 mm haben. Die Unterlagenbaumschulen bieten die Pflanzen meist nach Sprossstärken zwischen 7 und 12 mm sortiert zu unterschiedlichen Preisen an.

Die **vegetative Vermehrung** der Unterlagen führt zu Jungpflanzen mit einheitlichem Erbgut (Klone). Der Vermehrung dienen

- Sprosse oder Sprossteile, die zur Bewurzelung angeregt werden,
- Wurzelteile, die einen Spross bilden,
- meristematische Gewebe (Bildungsgewebe) von Sprossspitzen, die durch Gewebekultur kultiviert werden.

Unterlagen für Obstbäume werden meist über Abrisse von Mutterpflanzen in einem Unterlagenmutterbeet gewonnen. Vornehmlich bei Steinobst praktizierte Methoden produzieren Absenker oder Ableger. Himbeeren, zum Teil auch Zwetschen, werden durch Wurzelschosse vermehrt. Bei Himbeeren haben außerdem Wurzelschnittlinge wirtschaftliche Bedeutung. Bei Johannisbeeren ist die Vermehrung durch Steckholz üblich. Diese einfachste Vermehrungsart eignet sich jedoch nur für Pflanzen, deren einjährige Sprosse sich im Boden schnell bewurzeln.

Mit Einführung des Sprühnebelverfahrens wurde vor allem bei Kirschen auch die Vermehrung durch Grünstecklinge möglich. Hierbei werden noch unverholzte, belaubte Stecklinge aus jungen Trieben durch gleichbleibend hohe Luftfeuchte vor Wasserverlusten geschützt, bis sie sich ausreichend bewurzelt haben.

Durch das vorherige Tauchen von Steckholz oder Grünstecklingen in Wuchsstofflösungen oder -puder verbessert sich die Wurzelbildung auch bei Obstarten, die nur schwierig zu bewurzeln sind (z. B. Pflaumen, Heidelbeeren). Die wirtschaftliche Bedeutung dieses Verfahrens ist im Obstbau jedoch begrenzt.

Die Pflanzenvermehrung über Gewebekulturen **(Mikrovermehrung)** hat der Praxis bedeutende Impulse gegeben. Die Vorteile liegen in der hohen, von Freilandbedingungen unabhängigen Vermehrungsrate aus einer einzigen Mutterpflanze sowie in der Gewinnung von virusfreiem Material. Zur Reproduktion neuer Pflanzen aus den besonders aktiven Sprossspitzen (Vegetationskegeln) verwendet man:

- Meristeme: Explantate sind 0,1 mm und kleiner, oder
- Sprossspitzen: Explantate sind 0,2 bis 0,4 mm groß; dieser Bereich ist relativ virusfrei.

Bei Erdbeeren genügen kleine Zellverbände aus dem Vegetationskegel eines Ausläufers, die im Labor unter definierten Temperatur- und Lichtbedingungen auf Nährböden in Reagenzgläsern (in vitro) kultiviert werden. Eine Mutterpflanze liefert in relativ kurzer Zeit sehr viele Jungpflanzen. Dabei wird zunächst unbewurzeltes Material vermehrt. Nach dem Umsetzen auf einen anderen Nährboden, **Bewurzelungsmedium**, bilden die Pflanzen auch Wurzeln, die später ins Gewächshaus oder nach Abhärtung ins Freiland verpflanzt werden können.

Das Verfahren der Vermehrung über Gewebekulturen wird insbesondere im Zierpflanzenbereich sowie bei Himbeeren und Erdbeeren häufig angewendet. Beim Baumobst ist Meristemvermehrung bislang nicht möglich, wohl aber über Gewebe aus Triebspitzen; diese werden zunächst ebenfalls ohne Wurzeln im Vermehrungsmedium kultiviert.

Abb. 113 Mikrovermehrung bei Erdbeere: a = Sprossspitze einer „Erdbeere" vor der Präparation, b = präparierte Sprossspitze, c = Entwicklung zu bewurzelten Jungpflanzen im Nährmedium vor der Auspflanzung in Erde.

Tab. 42 Vermehrungsmethoden für Obstarten und Unterlagen

Obstart	aus Samen	Bewurzelung von Sprossen					Sprossbildung aus Wurzeln		Regeneration aus
		an der Mutterpflanze			losgelöst von der Mutterpflanze		an der Mutterpflanze	losgelöst von der Mutterpflanze	Sprossspitzen
		Abrisse	Absenker	Ableger	Steckholz	Grünstecklinge	Wurzelschosse	Wurzelschnittlinge	Gewebekulturen***)
Apfel	+	+	–	–	–	–	–	–	o
Birne*)	+	–	–	–	–	–	–	–	–
Kirsche	+	+	–	+	–	o	–	–	+
Pflaume	+	+	–	+	o	o	o	–	o
Pfirsich**)	+	–	–	–	–	–	–	–	–
Aprikose	+	–	–	–	–	–	–	–	–
Quitte	–	+	–	–	–	–	–	–	–
Walnuss	+	–	–	–	–	–	–	–	–
Haselnuss	+	–	+	–	o	–	–	–	–
Himbeere	–	–	–	o	–	o	+	+	+
Brombeere	–	–	o	–	–	–	–	+	–
Johannisbeere	–	o	–	–	+	–	–	–	–
Stachelbeere	–	o	o	+	o	–	–	–	–
Erdbeere	–	–	–	+****)	–	–	–	–	+

+ üblich oder doch häufig, – nicht möglich oder nicht üblich, o selten
*) Birnen werden häufig auf Quitte als Unterlage veredelt
**) Pfirsiche und Aprikosen werden häufig auf Pflaume als Unterlage veredelt
***) Gewebekulturen bei Baumobstarten aus Triebspitzenmeristemen
****) Erdbeeren werden überwiegend über Ausläufer vermehrt, die man als eine Art natürlicher Ableger bezeichnen kann

6.1.3 Veredeln

Beim Veredeln soll eine feste Verbindung zwischen Unterlage und Edelsorte entstehen. Xylem, Phloem und Kambium von Unterlage und Edelsorte müssen miteinander in Verbindung treten.

Erste Voraussetzung für das Gelingen einer Veredlung ist ein inniger Kontakt zwischen den Schnittflächen des Edelreises und der Unterlage. An den Schnittflächen sterben die verwundeten Zellen ab und bilden eine braune Zone zwischen Edelreis und Unterlage. Darunter kommt es unter dem Einfluss von Wundhormonen zu einer regen Zellteilungsaktivität, die zu einer Anhäufung von undifferenzierten Zellen führt, dem Kallus. Aus ihm entstehen wiederum Leitgewebe (die Tracheiden), die erste leitende Verbindung zwischen Edelreis und Unterlage. Der Kallus bildet außerdem eine Kambiumschicht aus, die für ein belastungsfähiges Verwachsen von Edelsorte und Unterlage ausschlaggebend ist. Die Qualität des Verwachsens der Veredlungspartner hängt von der Sorgfalt beim Veredeln, den Witterungsbedingungen und insbesondere von der Verträglichkeit der Pfropfpartner ab.

Abb. 114 Kopulation von links nach rechts: Edelreis, Unterlage, Kopuliermesser, Schnitte, Verbindung, Schutzüberzug Wachs.

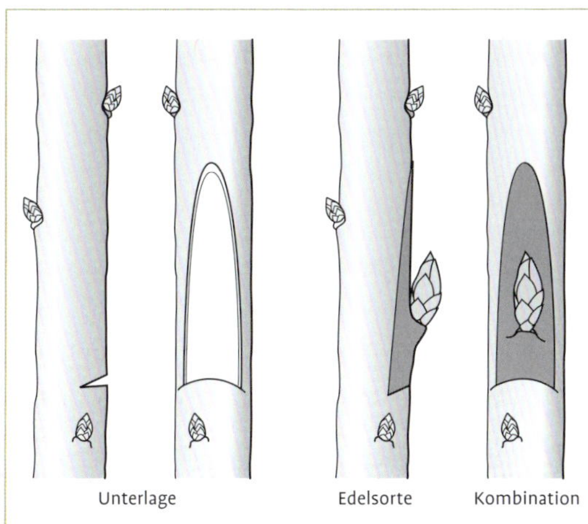

Abb. 115 Die Chip-Veredlung (chip-budding) (nach Schmid 1994).

Die am meisten eingesetzten Veredlungsarten sind Okulieren, Chippen, Kopulieren sowie Geißfuß- und Rindenpfropfen.

Die **Okulation** ist vor allem in der Baumschule gebräuchlich. Voraussetzung ist, dass die Rinde an Edelreis und Unterlage gelöst wird. Die vom Reis getrennten Augen werden in T-förmige Einschnitte an Unterlage oder Astgerüst eingeschoben und mit Bast, in der Baumschule mit speziellen Manschetten oder Bändern, verbunden.

Die **Span-Veredlung** (chip-budding) hat den Vorteil, dass unabhängig vom Lösen der Rinde Augen in die Unterlage veredelt werden können. Wie bei der Okulation wird nur ein Auge übertragen. Vorzüge dieser Veredlungsart sind geringerer Zeitaufwand, bessere Kallusbildung und stärkere Edeltriebe.

Wenn Unterlage und Edelreis ungefähr gleichstark sind (Handveredlung bei Jungbäumen), bedient man sich der **Kopulation**. Die Schnittflächen sollen gut aufeinanderpassen und der Schnitt muss so geführt werden, dass sich in Höhe der Schnittmitte wie bei allen übrigen Reiser-Veredlungsarten jeweils ein Auge befindet. Die Edelreiser werden auf drei bis fünf Augen geschnitten.

Beim **Geißfußpfropfen** ist die Unterlage etwas stärker als das Edelreis. Kopulieren ist dann

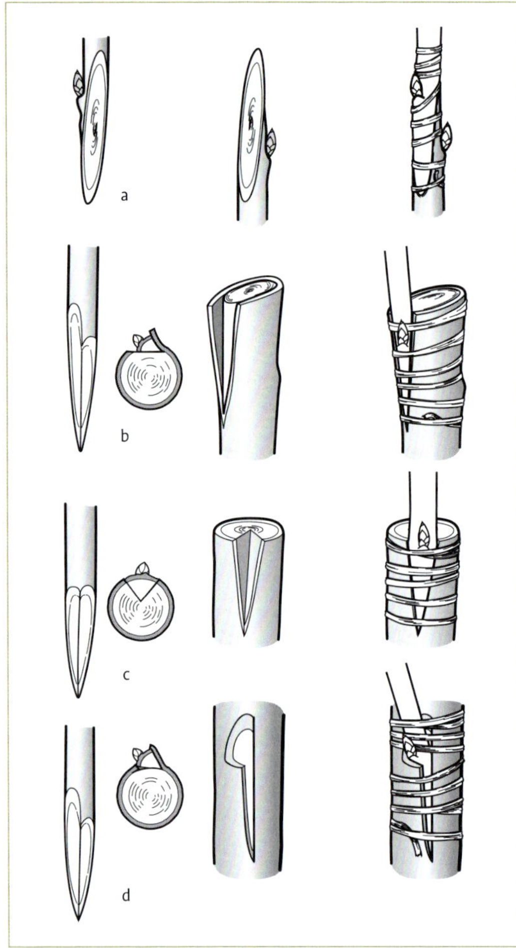

Abb. 116 Verschiedene Veredlungsverfahren: a = Kopulation, b = Rindenpfropfen, c = Geißfußpfropfen, d = seitliches Einspitzen (nach SCHERR 2002).

nicht mehr, Rindenpfropfen noch nicht möglich. Gut geeignet ist das Geißfußpfropfen für Steinobst, wenn die Rinde sich schlecht löst und das Rindenpfropfen unmöglich macht.

Die verschiedenen Arten des **Rindenpfropfens** sind nur bei gut lösender Rinde anwendbar. Von größerer Bedeutung sind das verbesserte **Rindenpfropfen nach** WENCK und das **seitliche Einspitzen**. Für Pfropfköpfe bis 5 cm Durchmesser genügt ein Reis. Stärkere Pfropfköpfe erhalten zwei bis drei Edelreiser, damit die Wunden der Pfropfstellen schnell verwachsen können. Mit dem **seitlichen Einspitzen** können Wunden überbrückt und kahle Astpartien mit Fruchtholz bekleidet werden.

Umpfropfen

In Regionen mit starker vegetativer Leistung und relativ langsamem Wandel der Pflanzsysteme und -dichten – z. B. in den USA und in Neuseeland – werden vielfach ältere Anlagen mit neuen, wirtschaftlich interessanten Sorten oder Mutanten umveredelt. In Veredlungstrupps werden die Hauptäste der Kronen abgeworfen und durch Rindenpfropfen je nach Stärke des Astes zwei bis drei Edelreiser je Pfropfkopf eingesetzt. Einige schwächere „Zugäste" bleiben stehen und werden im Jahr darauf nachveredelt.

6.2 Anzucht von Obstgewächsen

Das Pflanzmaterial wird zum großen Teil in Obstbaumschulen, aber auch in den Obstbaubetrieben selbst herangezogen. Die ausreichend entwickelten Sämlings- und Klonunterlagen werden im Frühjahr im Baumschulquartier je nach Wuchsstärke und Standortverhältnissen in Reihenabständen von 80 bis 100 cm und Baumabständen von etwa 40 cm aufgeschult. Zuvor müssen jedoch die Wurzeln zurückgeschnitten und die Sprosse auf etwa 40 cm eingekürzt werden.

Im Sommer des Aufschuljahres (Juli und August) erfolgt die Veredlung, in der Regel durch Okulation. Der Zeitraum für diese Veredlungsart ist allerdings eng begrenzt, da sich die Rinde der Unterlage lösen und das Auge des Edelreises entwickelt sein muss.

6.2.1 Anzucht von Kern- und Steinobstbäumen

Einjährige Veredlung

Diese in der Regel aus einer Okulation angezogene Pflanzware ist bei Birnen, Zwetschen, Pfirsichen, Kirschen und auch bei Äpfeln die gebräuchlichste. Je nach den Wuchsbedingungen und Eigenschaften der Veredlungspartner entwickeln sich die einjährigen Veredlungen zu Ruten mit mehr oder weniger zahlreichen vorzeitigen Trieben. Sie bilden auch das Ausgangsmaterial für mehrjährige Pflanzware.

Handveredlung
Handveredlungen werden ausgangs des Winters in geschützten Räumen durchgeführt. Veredlungsart ist die Kopulation, bei starken Unterlagen auch die Geißfußveredlung. Handveredlungen erfordern mehr Edelreiser, die Ausbeute an einjährigen, gut garnierten Bäumen aus der Handveredlung ist geringer. Winterhandveredlungen werden häufig als Ausgangsmaterial für Knipbäume oder zweijährige Bäume verwendet. So kann man ein Jahr in der Baumschule einsparen.

Halbfertigware (schlafendes Auge)
Als preisgünstige Variante wird auch Halbfertigware gehandelt. Der Obstbauer kauft von der Baumschule Unterlagen mit eingesetztem Edelauge und pflanzt sie direkt in die Obstanlage. Anwachsrisiko und Maßnahmen zur Baumformierung trägt der Obstbauer.

Knipbaum
Knipbäume sind generell zweijährig. Einjährige Veredlungen werden in 60 bis 70 cm Höhe über einem gut entwickelten Auge angeschnitten. Nur dieses wird für den Aufbau einer einjährigen Krone verwendet. Die übrigen Austriebe werden frühzeitig entfernt. Zur Förderung vorzeitiger Triebe werden in bestimmten Zeitabständen an der Triebspitze die jüngsten Blätter im Büschel abgeknipst. Dabei darf der Vegetationskegel nicht beschädigt werden. Eine gute Garnierung mit vorzeitigen Trieben ergibt sich auch durch Anwendung von Wachstumsregulatoren (z. B. Promalin, Expander, Paturyl).

Vorteilhaft sind die flache Aststellung der Knipbäume und die gute Garnierung der Mittelachse. Der Knipbaum ist inzwischen die dominierende Baumform im Erwerbsobstbau.

Knipbaum mit Zwischenveredlung
Bei der in vielerlei Hinsicht empfindlichen Sorte 'Cox Orange' wird in der Regel 'Zoete-Aagt' als Stammbildner verwendet. Hier muss der einjährigen Veredlung in der gewünschten Höhe ein Auge der Edelsorte eingesetzt werden. 'Summerred', 'Golden Delicious' oder auch schwach wachsende Unterlagen können zur Wuchsreduzierung als Zwischenveredlung verwendet werden.

Abb. 117 „Pluizen", das Abdrehen der jungen Spitzenblättchen von Okulanten zur Förderung der Seitentriebbildung.

Zweijähriger Baum
Diese früher übliche Pflanzware wird im Erwerbsobstbau nur noch bei der Birne verwendet. Durch den in der gewünschten Kronenhöhe erfolgten Anschnitt entstehen starke, steil stehende Seitentriebe, weshalb nur mit großem Aufwand brauchbare Kronen erzogen werden können. Für den Erwerbsobstbau ist nur Pflanzware geeignet, deren Seitentriebe der Mitte untergeordnet sind.

6.2.2 Anzucht der Pflanzware bei Strauchbeerenobst

Johannis- und Stachelbeeren werden durch Steckholz für den Anbau als Sträucher und Hecken vermehrt. Dazu schneidet man ausgereifte einjährige Triebe auf 15 cm Länge und steckt sie im Herbst oder Frühjahr bis zum obersten Auge in Vermehrungsbeete. Nach einem Jahr werden die bewurzelten Steckhölzer im Abstand von 70 × 20 cm aufgeschult. Wenn nach dem ersten Standjahr die gewünschte Triebzahl noch nicht erreicht ist, erfolgt ein Rückschnitt bis zum Boden. Im Herbst des zweiten Standjahres sind die Pflanzen verkaufsfähig und werden entsprechend ihrer Triebzahl gehandelt.

Weitere Vermehrungsmethoden sind Grünstecklinge und bei Stachelbeeren Abrisse und Absenker.

Zur Anzucht von Johannisbeer- und Stachelbeerstämmchen wird als Unterlage und Stammbildner *Ribes aureum* verwendet, auf die mittels Kopulation oder seitliches Anplatten die Edelsorte veredelt wird. Die *Ribes-aureum*-Unterlagen werden durch Abrisse vermehrt.

Himbeeren vermehrt man überwiegend durch Wurzelschnittlinge. Dabei werden etwa 10 cm lange Wurzelstücke im Vermehrungsbeet ausgelegt und 2 cm hoch mit Erde abgedeckt. Wichtig ist, dass das Wurzelmaterial von virusfreien Mutterpflanzen stammt, die hauptsächlich durch Meristemvermehrung gewonnen werden.

Brombeeren können durch Wurzelschnittlinge, Stecklinge, Grünstecklinge und Niederlegen von Triebspitzen vermehrt werden.

Heidelbeeren werden durch Steckholz, teilweise auch durch Stecklinge vermehrt.

6.2.3 Anzucht von Erdbeerpflanzen

Bei Erdbeeren hat von Schädlingen und Krankheiten freies Pflanzmaterial besondere Bedeutung. In der Regel werden Mutterpflanzen durch Meristemvermehrung gewonnen, wodurch eine gesunde Nachkommenschaft gewährleistet ist, sofern die weitere Anzucht auf sterilem Material oder unverseuchtem Boden erfolgt. Eine weitere Möglichkeit, zu gesundem Pflanzmaterial zu kommen, ist die **Warmwasserbehandlung**. Mit ihr können Nematoden und Erdbeermilben verlässlich abgetötet werden. Dazu werden Ausläufer im Dreiblattstadium zunächst zehn Minuten in 46 °C warmes Wasser getaucht und danach mit kaltem Wasser abgekühlt. Die anschließende Bewurzelung muss in sterilem Substrat erfolgen.

Pflanzware von Erdbeeren wird in Form von Grün- oder als Frigopflanzen in den Handel gebracht. Frigopflanzen werden im Winter aus Vermehrungsbeeten geerntet und bis zur Pflanzung bei −2 °C eingelagert.

6.3 Qualität der Pflanzware

6.3.1 Anerkennung des Pflanzmaterials

In Europa ist die Qualität von Pflanzmaterial durch die EU-Richtlinie 2029 geregelt, die in Deutschland seit 1998 als Anbaumaterialverordnung für Gemüse-, Obst- und Zierpflanzenarten (AGOZV) umgesetzt ist. In ihr sind Mindestanforderungen zur Pflanzengesundheit definiert, die bei einer Vermarktung innerhalb der EU erfüllt sein müssen und auf den Warenbegleitpapieren sowie Baumetiketten für die Pflanzware dokumentiert sind. Die Verordnung unterscheidet in Standardmaterial und Zertifiziertes Material; sie umfasst 22 Obstarten.

Standardmaterial (CAC-Material) erfüllt lediglich Mindestanforderungen. Die Herkunft des Ausgangsmaterials (Unterlage, Edelreis) ist nicht nachweispflichtig. Die Sorten müssen nicht beim Bundessortenamt zugelassen, aber hinreichend sortenrein sein und sich augenscheinlich frei von sichtbaren Schäden, Verwundungen, Krankheiten und Qualitäts-/Quarantäne-Schadorganismen zeigen. Die Kontrolle erfolgt visuell durch die Baumschule und den Pflanzenschutzdienst. Traditionelle Sorten im Streuobstanbau werden häufig als CAC abgegeben, da sich der Aufwand für die regelmäßige Virusfreimachung und eine Aufpflanzung in einem Reiserschnittgarten nicht lohnt. Auch neuere Sorten, die noch nicht vom Bundessortenamt als eigenständige Sorte anerkannt sind, haben bis zur Zulassung nur CAC-Qualität.

Anerkanntes Material bedarf einer amtlichen Anerkennung **(Zertifizierung)** zur Sicherstellung des Qualitäts- und Gesundheitsanspruches. Eine **Zertifizierung** ist nur bei den Obstarten Apfel, Birne, Süß- und Sauerkirsche, Pflaume, Quitte, Pfirsich und Aprikose möglich. Die Vermehrung muss einem definierten Stufenaufbau folgen. Anerkanntes Pflanzmaterial umfasst Vorstufenmaterial, das direkt virusfrei aus der Thermotherapie stammt. **Basismaterial** wird in separaten Quartieren aufgepflanzt und auf Apfeltriebsucht und Birnenverfall getestet. **Zertifiziertes Material** wird unterteilt in Mutterpflanzen für Reiserschnittbäume, Unterlagenmutterbeete und Obstbäume, die für den Anbau bestimmt sind. Ein Nachschnitt in der Baumschule ist begrenzt

Abb. 118 Baumschule im Jahr nach der Okulation mit guter Jungpflanzenentwicklung.

zulässig. Das Pflanzmaterial wird als **virusfrei** (= frei von allen bekannten Virosen inkl. latenten Infektionen) oder **virusgetestet** (= frei von allen wirtschaftlich wichtigen Virosen) zertifiziert. Die Sorten müssen beim Bundessortenamt zugelassen sein.

Die Kontrolle des Basismaterials als Ausgangsmaterial für die Muttergärten von Reiserschnittgärten liegt in Deutschland bei den Pflanzenschutzämtern der Bundesländer. Die Abgabe von Edelreisern erfolgt über inzwischen meist privatisierte Reiserschnittgärten. Viele neue Sorten sind als Sorte und Marke geschützt. Bei der Abgabe von Edelreisern sind dann auch Lizenzrechte zu berücksichtigen. Zugang zu lizenzierten Sorten haben nur Betriebe, die auch Vermehrungs- und Vermarktungsrechte besitzen. Daher sind solche Sorten im Allgemeinen nicht in den Reiserschnittgärten zu bekommen.

6.3.2 Pflanzgut bei Kernobst

Die Wahl guter Pflanzware ist ein wesentlicher Faktor für eine nachhaltig erfolgreiche Obstkultur. Hohe Kosten für Gerüst, Hagelnetz und eventuell Bewässerung fordern eine frühzeitige hohe Ertragskapazität für schnellen Kapitalrückfluss. Der Wuchscharakter eines Baumes wird bereits in der Baumschule festgelegt. Schlechte Pflanzqualitäten bringen geringere Anfangserträge und zusätzlichen Arbeitsaufwand für den Aufbau eines **einheitlichen Bestands** mit sich. Neben geringeren Erlösen macht dann gleich zu Beginn auch das vegetative Wachstum Schwierigkeiten.

Eine ausreichende **Veredlungshöhe** ist eine Grundforderung für gutes Pflanzmaterial, weil sie das Wachstum in der Anlage beeinflusst. Der Wurzelhals sollte gleichmäßig lang sein, die Veredlungshöhe einheitlich bei etwa 20 bis 25 cm

Höhe über dem Wurzelhals liegen. Bei zu tiefer Veredlung bekommt die Edelsorte Bodenkontakt. Sie macht sich „frei" und der Baum wächst zunehmend wie ein Sämling der Edelsorte.

Die **Sortierung** der Bäume in den Baumschulen erfolgt neben Sorte bzw. Unterlage nach Stammstärke, Baumhöhe und Anzahl an Seitentrieben. Die Bezeichnung der Qualitätsstufen erfolgt meist in Klassen mit einer Mindestzahl an Seitentrieben pro Baum.

Der aktuelle Trend geht zu gut entwickelten Bäumen mit einer möglichst hohen Anzahl an vorzeitigen Trieben.

Die gewünschte **Höhe der Seitenverzweigungen** richtet sich nach der geplanten Baumerziehung und dem Pflanzsystem. In Deutschland wird eine Verzweigungshöhe zwischen 60 und 90 cm über der Veredlungsstelle gefordert. Niedrigere Äste können auf einem Drahtgerüst fixiert werden.

Die Bereitwilligkeit der Pflanze, **vorzeitige Seitentriebe** zu bilden, hängt stark von der Edelsorte, der Witterung im Frühjahr und kulturtechnischen Maßnahmen ab. Durch das Einkürzen des einjährigen Triebes zu Beginn des zweiten Vegetationsjahres in der Baumschule auf eine Kniplänge von 50 cm erscheint die erste Verzweigung 15 bis 20 cm über dem Rückschnitt. Wiederholte Cytokinin-Behandlungen fördern die Verzweigung, können aber Pseudo-Juvenilität, steileren Astabgang und verminderte Holzfrosthärte zur Folge haben.

> Wichtigstes Kriterium für wirtschaftliche Pflanzungen ist der **generative Baum**. Gefragt ist heute der zweijährige Baum als Knipbaum oder mit Zwischenveredlung. Die einjährige Krone auf zweijähriger Wurzel bringt eine rasche Bildung von Baumvolumen mit frühem Ertragsbeginn. Der flache Astabgang der Seitentriebe macht ein Binden meist überflüssig.

Merkmale hochwertigen Pflanzmaterials sind:

- Baumhöhe von 160 bis 170 cm
- Stammdurchmesser von 12 bis 16 mm (20 cm über der Veredlungsstelle)
- Veredlungsstelle in 20 bis 25 cm Höhe
- Zwischenstamm-/Kniplänge von 50 cm
- Mindestens fünf bis sieben Seitentriebe in 60 bis 100 cm Höhe
- Seitentrieblänge maximal 50 cm
- Ausreichende Verholzung und abgeschlossene Terminalknospe
- Wurzelkörper vollständig, frisch und gesund

Die Verfügbarkeit hochwertigen Pflanzmaterials hängt vom alljährlichen Angebot und der Nachfrage nach der Sorte ab. Ist eine Sorte stark gefragt und knapp, so wird auch mal schwaches Pflanzmaterial zu hohen Preisen gepflanzt oder es ist frühzeitige Reservierung erforderlich. Grundsätzlich sollten keine Kompromisse aus Preisgründen gemacht werden, da dies mit geringeren Ertragsentwicklungen zu bezahlen ist. Gute Pflanzware setzt gesunde Produktionslagen und gutes produktionstechnisches Wissen voraus. Eigenproduktionen erreichen das Produktionsniveau guter Baumschulen in der Regel nicht.

Als optimales Pflanzgut bei Birnen gilt der zweijährige, gut entwickelte, virusfreie, auf Quitte C oder neuerdings Eline veredelte Baum mit vier bis sechs gleichwertigen Trieben von etwa 40 cm Länge in 75 cm Höhe. Diese Bäume gehen schnell in Produktion, wachsen dadurch schwächer und vereinfachen den Baumaufbau. Für einige Sorten (z. B. 'Williams Christ') ist eine **Zwischenveredlung** notwendig. Auf etwas schlechteren Standorten oder beim Nachbau ist eher Quitte A oder Quitte Adams zu verwenden.

6.3.3 Pflanzgut bei Steinobst

Pflanzmaterial bei Zwetschen

Bei Zwetschen ist der einjährige Baum aus Chip-Veredlung oder Okulation vorherrschend. Unabhängig von der Pflanzdichte wird ein Baum mit mindestens drei bis vier brauchbaren vorzeitigen Seitentrieben in 70 bis 100 cm Höhe gefordert. Bei unverzweigter Pflanzware entwickelt sich das Baumvolumen bis zum dritten Standjahr langsamer, sodass die Anfangserträge im Vergleich zu einem verzweigten Baum ein Jahr später einsetzen. Mit mittelstark wachsenden Unterlagen wird in der Baumschule häufig eine Baumhöhe von über 2 m erreicht. Die Entwicklung **vorzeitiger Seitentriebe** in der Baumschule ist bei einjährigem Material nicht immer gegeben und von

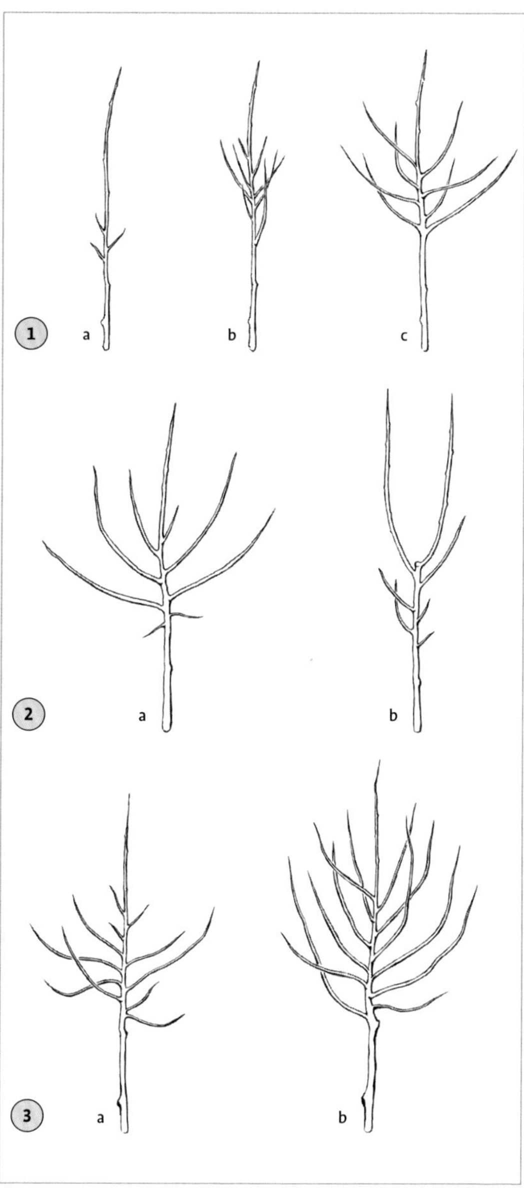

Abb. 119 Einjähriges Pflanzmaterial von unterschiedlicher Qualität (nach SCHERR 2002).

1 Einjährige Veredlungen:
a = Glatte Rute mit wenigen Seitentrieben in nicht brauchbarer Höhe, häufig bei Delbarestivale®, 'Idared' und 'Boskoop' anzutreffen.
b = Unzureichend verzweigte Krone mit zu hoch angesetzten, zu kurzen und steil stehenden Seitentrieben; häufig bei 'Elstar' und 'Braeburn' anzutreffen.
c = Schön verzweigte Krone mit mehr als sechs Seitentrieben über 60 cm Stammhöhe mit flachem Abgangswinkel bei 'Jonagold'.

2 Zweijährige Kronen nach Anschnitt im ersten Jahr:
a = Günstig gewachsene Krone nach dem Anschnitt in 60 bis 70 cm Höhe. Die ersten zwei bis drei Augen wurden nach dem Durchtrieb der Verlängerung ausgebrochen.
b = Fehlende Nachbehandlung nach dem Rückschnitt; der steile Konkurrenztrieb hat sich auf Kosten der darunterliegenden schwachen Seitentriebe sehr stark entwickelt.

3 Knipbäume:
a = Optimal gewachsener zweijähriger Baum mit einjähriger Krone. Die Kniplänge zwischen Veredlungsstelle und Rückschnitt beträgt etwa 40 cm.
b = Stark verzweigter Baum der Sorte 'Cox Orange' mit frostharter und krebstoleranter Zwischenveredlung mit 'Zoete Aagt'.

der Witterung und der Sorte abhängig. Zweijährige Knipbäume mit garantierter Verzweigung haben nach bisheriger Erfahrung keine wesentlichen Vorteile, weil sie im Pflanzjahr schwächer wachsen als einjähriges Pflanzmaterial.

Pflanzmaterial bei Kirschen

Die Anzuchtmethoden bei **Süßkirschen** orientieren sich im Wesentlichen am Apfel. Der Seitentriebdurchmesser spindelgerechten Pflanzmaterials darf nicht stärker sein als ein Drittel der Stammstärke unterhalb der Verzweigung. Bestes Pflanzmaterial für die in Deutschland dominierende Spindelerziehung ist der einjährige verzweigte Baum oder der zweijährige Knipbaum. Die Bildung vorzeitiger Seitentriebe ist bei der Süßkirsche noch stärker von der Sorte abhängig als beim Apfel und schwierig zu beeinflussen. Für andere Erziehungsformen wie Spanish Bush, UFO, KYM etc. ist die Rute ausreichend, da Seitentriebe ohnehin entfernt werden.

Die **einjährige Veredlung** über Okulation oder Chip-Veredlung ist geltender Standard. Sorteneinfluss und schwankende Witterung sind meist verantwortlich für eine schwache Verzweigung. Unverzweigte Bäume durchlaufen ein zweites Jahr in der Baumschule als zweijähriger Baum mit einem Anschnitt in 90 bis 100 cm Höhe und späterem Entfernen der Konkurrenztriebe oder als **Knipbaum**. Die Anzucht eines zweijährigen Knipbaums erfolgt ab Ende März durch Rückschnitt des einjährigen Triebes auf 40 cm über der Veredlungsstelle. Versuchsweise verwendet man auch Cytokinin-Präparate oder Ritzen oberhalb der Seitenknospen, um den Austrieb zu fördern. Das Quetschen der Terminalknospen während der Anzucht brachte bisher keine befriedigenden Ergebnisse.
Geeignetes Pflanzgut für die Spindelerziehung ist wie folgt:

- Baumhöhe 170 cm
- Stammdurchmesser 20 bis 24 mm (20 cm über der Veredlungsstelle)
- Veredlungsstelle 25 bis 30 cm über dem Wurzelhals
- Kniplänge bei Knipbäumen 40 bis 45 cm
- Ausgereifte Terminalknospe an der Stammverlängerung
- Mindestens drei bis fünf flach abgehende, vorzeitige, 40 cm lange Triebe in 70 bis 90 cm Baumhöhe
- Wurzelkörper frei von Wurzelkropf, nicht ausgetrocknet und unbeschädigt

Sauerkirschen sollten eine Stammhöhe von 70 cm aufweisen. Pflanzmaterial für die maschinelle Ernte verlangt eine Stammlänge von mindestens 1 m. Der Baum sollte vier bis sechs Seitentriebe aufweisen, die mit mindestens 30° von der Verlängerung abgehen und 15 cm Abstand voneinander haben.

Pflanzmaterial bei Pfirsich und Aprikose
Das Ausgangsmaterial sollte schon geeignete Ansätze für das angestrebte Erziehungssystem zeigen. Bei Spindeln werden einjährige Veredelungen in guter Garnierung mit drei bis sechs vorzeitigen Trieben von wenigstens 30 cm Länge ab 60 cm Höhe bevorzugt. Für Halb- und Hochstämme ist ein guter Ansatz zur Ausbildung der Krone mit drei bis vier ausreichend starken Seitentrieben in sternförmig versetzter Anordnung und möglichst schon im idealen Winkel von 45 bis 50° (Abgangswinkel) zur Stammverlängerung vorteilhaft.

Vor allem bei Aprikosen ist spindelgerechtes Pflanzmaterial notwendig, damit nicht ein zu starker Seitenast die Führung übernimmt, was zum späteren Absterben des ganzen Baumes führen kann. Für die traditionelle Pyramiden- und Hohlkrone wird ein **zweijähriger Baum** mit vier bis sechs Seitentrieben gewählt. Zu schweres Pflanzmaterial kann jedoch zu Problemen beim Anwachsen führen.

6.3.4 Versorgung des Pflanzmaterials

Obstbäume sollen sich möglichst rasch auf dem neuen Standort etablieren. Zwischen Rodung in der Baumschule und Pflanzung liegen jedoch manchmal geografisch weitere Strecken oder die Witterung lässt eine Pflanzung vor bzw. im Winter nicht zu.

Während der Lagerung, im Transport zur Pflanzung und danach muss die Pflanzware vor Austrocknung und Pilzbefall geschützt werden. Andernfalls können neben Totalausfällen auch latente Schädigungen wie uneinheitlicher, verspäteter Austrieb oder aufkahlende Astpartien auftreten, die dann nicht der Baumschule zugeschrieben werden können.

- Es darf bei Frost grundsätzlich keine Pflanzware transportiert werden, denn Wurzeln werden bei Temperaturen unter −2 °C geschädigt.
- Vielfach wird der Wasserverlust unterschätzt. Der Holzkörper kann auch im unbelaubten Zustand austrocknen. Die Bäume sind windgeschützt und bei hoher Luftfeuchtigkeit zu lagern. Zweckmäßig ist, die Bäume 24 Stunden vor Pflanzung in Wasser zu stellen und

Abb. 120 Eingeschlagenes Pflanzmaterial zur „Lagerung" während der Wintermonate.

die Wurzeln während der Pflanzung immer sorgsam gegen Sonne und Wind abzudecken.

- Trockenschäden können auch durch Pflanzung in kalte Böden auftreten. Eine wesentliche Wasser- und Nährstoffaufnahme erfolgt erst bei Bodentemperaturen über 6 °C.
- Während der Lagerung im Kühlraum schädigen Ethylenausscheidungen der Bäume Wurzel und Spross. Daher müssen sie ausreichend belüftet werden. Die Wurzeln sind dann ständig feucht zu halten, was wiederum Pilzkrankheiten fördert und den Einsatz von Fungiziden notwendig macht.
- Zur Verbesserung des Anwachsens sollten die Bäume nach der Pflanzung insbesondere in Trockenphasen regelmäßig angegossen werden.
- Die Bäume müssen eingeschlagen werden, wenn zwischen Rodung oder Lieferung des Pflanzmaterials und dem Pflanzen ein größerer Zeitraum zu überbrücken ist. Dabei sind die Wurzeln zum Schutz vor Kälte und Trockenheit im Freien 10 bis 15 cm hoch mit Erde abzudecken. Die eingeschlagenen Bäume sind vor Wildverbiss zu schützen.

7 Errichten einer Obstanlage

7.1 Bodenvorbereitung

Eine wesentliche Voraussetzung für erfolgreiche Obstkulturen ist die natürliche Eignung des Standorts. Neben den klimatischen Bedingungen sollte auch eine ausreichende Bodenfruchtbarkeit gegeben sein. Im Vergleich zu einjährigen Kulturpflanzen sind Obstkulturen weniger anspruchsvoll. Natürliche Defizite lassen sich durch entsprechende Gegenmaßnahmen ausgleichen. Stark kieshaltige oder leichte Böden benötigen Bewässerung. Nährstoffarme Verhältnisse können mittels Düngergaben über Boden, Fertigation und Blattdüngung ausgeglichen werden. Grundsätzlich sind leichte, durchlässigere Böden aber vorteilhafter. Gute Wasserverhältnisse und Durchlüftung sind wichtig für Wurzelwachstum und Bodenleben. Stauende Nässe oder zu hoch anstehender Grundwasserspiegel kann durch Entwässerungsmaßnahmen nachhaltig behoben werden.

Häufig stehen für Obstpflanzungen keine jungfräulichen Flächen zur Verfügung, sondern es folgten bereits mehrere Baumgenerationen der gleichen Obstart aufeinander. In der Folge muss mit Nachbauproblemen in Form von nachlassendem Baumwachstum gerechnet werden. Diese Bodenmüdigkeit kann verschiedene Ursachen haben. Neben Pathogenkomplexen aus dem Bodenleben mit Bakterien, Pilzen und Nematoden können auch ein Übermaß an Wurzelrückständen sowie Bodenverdichtungen eine Rolle spielen. Grundsätzlich muss aber vor allem auf wüchsigen Standorten ein reduziertes Wachstum für die Kulturführung nicht negativ sein. Wo es zum Problem wird, können verschiedene Maßnahmen entgegenwirken. Wurzelstöcke der Vorkultur sollten zur Vorbereitung entfernt und abgefahren werden. Die Alternative Ausfräsen hinterlässt beträchtliche Mengen an organischer Substanz mit einem weiten C-N-Verhältnis, sodass auf jeden Fall für die baldige Humifizierung eine Stickstoffgabe an der Stelle mit eingefräst werden sollte. Bei Stroh mit einem C/N von 100 werden 0,5 bis 1 kg Reinstickstoff/dt Stroh empfohlen. Analog errechnet sich für einen Wurzelstock von 10 kg inkl. Wurzeln und einem C/N für Holz von 300 bis 400 ein theoretischer Bedarf von etwa 0,15 bis 0,3 kg N, der je nach Düngerart einer hohen Salzkonzentration gleichkommt und vermutlich im langsamen Humifizierungsprozess nicht zur Gänze gebunden wird.

Wenn es die Situation erlaubt, kann die neue Kultur um einen halben Reihenabstand versetzt in die Fahrgasse gepflanzt werden. Eine chemische Entseuchung mit umwelttoxisch sehr bedenklichen Mitteln ist seit längerem nicht mehr zulässig und für das Bodenleben insgesamt nicht zuträglich. Untersuchungen zeigen positive Wirkungen des Dämpfens, was aber einen sehr hohen Arbeits- und Energieaufwand erfordert. Bei ausreichender Flächenverfügbarkeit kann sich ein Jahr Zwischenfruchtanbau positiv auf den Boden auswirken.

Für die heute übliche Dichtpflanzung wird der Boden ganzflächig vorbereitet. Die Untergrundlockerung bis 60 cm Tiefe mit einem Grubber oder einem speziellen Tiefenlockerer beseitigt die in den ehemaligen Fahrspuren entstandenen Bodenverdichtungen. Die anschließende Bearbeitung mit einer Spatenmaschine und einer Bodenfräse ergibt ein ideales Pflanzbett. Bei Pflanzungen mit weniger als 600 Bäumen je Hektar kann die Bodenvorbereitung auch auf die Baumreihen begrenzt werden. Allerdings sollte wegen maschineller Ernte mit Auflesemaschinen die Fläche geebnet sein.

7.2 Vermessen und Pflanzen

Sofern es die Grundstücksform zulässt, sollten die Reihen in Nord-Süd-Richtung ausgerichtet werden. Eine optimale Belichtung fördert eine gleich-

Abb. 121 Beim Bepflanzen größerer Flächen wird häufig die Pflanzmaschine eingesetzt.

mäßigere Reife und Ausfärbung der Früchte. Sorgfältiges Vermessen ist bei der Installation eines Gerüstsystems, eventuell noch mit Hagelnetz, Voraussetzung für gute Stabilität. Die Baumabstände in der Reihe sind der Wuchsstärke der Sorte sowie dem Erziehungssystem anzupassen.

Zum Markieren der Flucht kann eine Pflanzleine dienen, an der z. B. mit farbigem Klebeband die Baumabstände markiert sind. Es kann auch eine Latte mit einfachem oder mehrfachem Pflanzabstand verwendet werden. Falls im Nachbau bereits ein Gerüst steht, reichen farbliche Markierungen am Draht. Eine wesentliche arbeitssparende Vereinfachung mit hohen Flächenleistungen ist das Pflanzen mit GPS-gesteuerter Pflanzmaschine. Bei Handpflanzung bewährt sind Arbeitsgruppen zu je drei Personen, wobei eine Person den Baum holt und ausgerichtet in das zuvor aufgegrabene Pflanzloch stellt. Die zwei ande-

Abb. 122 Das Wässern der Jungpflanzen über 24 h vor dem Pflanzen ist positiv für das Anwachsen.

ren füllen das zuvor gegrabene Pflanzloch wieder auf und graben das nächste Pflanzloch auf.

Nach dem Pflanzen soll die Veredelungsstelle eine Handlänge über dem Boden liegen. Die Veredlungsstelle darf nicht an oder unter die Bodenoberfläche geraten, weil ansonsten die Edelsorte Wurzel schlagen könnte, d. h. „sich frei macht".

Geeignete Pflanztermine liegen im Zeitraum zwischen Vegetationsabschluss und Vegetationsbeginn. Die Herbstpflanzung ist meist günstiger als eine Frühjahrspflanzung, weil sich vor dem Einsetzen tiefer Temperaturen noch neue Wurzeln bilden können. Der Boden sollte locker sein, damit die Wurzel guten Bodenschluss erhält. Auf schweren Böden und in niederschlagsreichen Gebieten wie auch in Gegenden mit früh eintretenden tiefen Temperaturen oder Schneedecke ist häufig nur die Frühjahrspflanzung möglich. Da das Wurzelwerk der Obstgehölze sehr frostempfindlich ist, sollte nur bei frostfreiem Wetter gepflanzt werden. Bei starker Sonneneinstrahlung oder trockenem Wind sind die Wurzeln unbedingt, z. B. mit Planen, vor dem Austrocknen zu schützen. Nach längeren Transportzeiten sollten die Wurzeln gut gewässert werden.

7.3 Umzäunung

In wildreichen Gegenden oder bei Gefahr von Diebstahl größeren Ausmaßes ist das Umzäunen von Obstanlagen unerlässlich. Als Zaunpfähle kommen imprägnierte Holzpfähle oder Betonpfosten zum Einsatz. Letztere sind zumeist teurer und sollten eine deutlich längere Lebensdauer haben. Die gebräuchlichsten Drahtgeflechte zur Umzäunung von Obstanlagen sind Knotengeflechte. Die Maschen sind im unteren Bereich enger und werden mit zunehmender Höhe immer weiter. Als Spanndraht wird häufig verzinkter 3,1 mm starker Eisendraht verwendet. Es ist lohnend, bei Material und Ausführung etwas mehr in Qualität zu investieren.

Vor dem Anlegen des Zaunes müssen die nachbarrechtlichen Verhältnisse geklärt sein. Unter Umständen muss ein Grenzabstand eingehalten werden. Nach dem Jagdgesetz kann der Eigentümer Wildschäden nur geltend machen, wenn sein Zaun wilddicht und mindestens 1,30 m hoch ist.

Zuerst werden die mit Verstrebungen abgestützten Eckpfähle gesetzt. Die Pfahllöcher werden mit einem Erdbohrer in passender Größe vorgebohrt oder eingespült, damit die Pfähle fest sitzen, aber so leicht einzuschlagen sind, dass sie dabei nicht beschädigt werden. Am Boden dient der untere Spanndraht als Richtschnur für die übrigen Pfähle. Der Pfahlabstand sollte 3 bis 4 m betragen. Bei längeren Zaunfluchten muss etwa alle 80 m ein Stützpfahl mit Verstrebungen angebracht werden. Der obere Spanndraht wird in der Höhe des Drahtgeflechtes, ein dritter in halber Höhe gezogen. Man rechnet für je 100 m einen Drahtspanner. Nach dem Spannen der Drähte wird das Geflecht ausgerollt und von außen an den Spanndrähten durch Einhängen oben und unten sowie durch das Anheften mit Drahtschlaufen befestigt. Der Arbeitsaufwand ist mit 15 bis 30 h je 100 m anzusetzen. Für Zauntore gibt es verschiedene Ausführungen: Am billigsten sind Tore mit Holz- oder Eisenrahmen, die an einem Bügel eingehängt werden. Bei häufig benutzten Toren sollten trotz etwas höheren Herstellungskosten Flügel- oder Kipptor-Konstruktionen der Vorzug gegeben werden.

7.4 Unterstützungsgerüste

> Pflanzungen auf schwach wachsenden Unterlagen benötigen zeitlebens ein Unterstützungsgerüst. Auch für Himbeeren, Brombeeren, Johannis- und Stachelbeeren sind Unterstützungsgerüste notwendig.

Die verschiedenen Kulturarten haben artspezifisch je nach Erziehungsform unterschiedliche natürliche Standfestigkeit. Zur Reifezeit müssen hohe Fruchterträge, im Winter je nach Klimaverhältnissen Schneelasten getragen werden. Als Raumkulturen bieten sie Stürmen große Angriffsflächen. Gerüste mit Querdrähten erlauben eine Fixierung von Ästen zur Formierung der Krone oder der Fruchttriebe.

Die Auswahl des Unterstützungsgerüsts in Ausführung und Material richtet sich nach weiteren Anforderungen vonseiten des betriebsindividuellen Pflanzsystems wie arbeitswirtschaftlichen Gegebenheiten, der Notwendigkeit einen Witterungsschutz tragen zu müssen und nicht zuletzt auch nach den Kosten-/Nutzenrelationen.

Grundsätzlich brauchen fast alle Baumkulturen zumindest in der Jugendphase eine Unterstützung zur Sicherung und Leitung. Auch frisch gepflanzte Streuobstbäume, die sich zu kräftigen Bäumen entwickeln sollen, werden mit einem Unterstützungsgerüst versehen, das idealerweise mit drei Baumpfählen im Dreiecksverband den Jungbaum von drei Seiten fixiert. Die Konstruktion ist beim Pflanzen auf Viehweiden angebracht. Das Gerüst wird mit Stacheldraht umwickelt damit sich die Tiere nicht am Jungbaum bzw. an der Konstruktion scheuern. In anderen Situationen kann ein Pfahl ausreichend sein, der auf der Seite der Hauptwindrichtung gesetzt wird.

Auch in Erwerbskulturen werden teilweise noch einzelne Baumpfähle verwendet. Sie dienen als Stütze für den Mitteltrieb der Jungbäume, um ein Umbiegen durch die Fruchtlast zu vermeiden. Besonders zweckmäßig sind sie bei niedrigen Pflanzdichten wie beispielsweise bei Kulturen für den erwerbsmäßigen Anbau von Verarbeitungsobst. In Spindelanlagen sind Einzelpfähle rückläufig, die Vorteile etwas niedrigerer Gestehungskosten und der freien Bewegung zwischen den Reihen treten gegenüber den Nachteilen, in der Baumhöhe begrenzt zu sein und keinen Witterungsschutz tragen zu können, in den Hintergrund. Verwendet man Einzelpfähle aus imprägniertem Holz, so ist für eine Lebensdauer von mehr als zehn Jahren eine Zopfstärke von mindestens 6 cm erforderlich.

Mit enger werdenden Baumabständen innerhalb der Reihen werden Gerüstkonstruktionen mit Drahtrahmen interessanter. Für niedrige Baumerziehungen verwendet man imprägnierte Holzpfähle von mindestens 2,50 m Länge und 8 bis 10 cm Zopfstärke. Eine Alternative zu imprägnierten Nadelholzpfählen sind Pfähle aus Akazienholz oder Betonpfähle.

Der Abstand der Gerüstpfähle in der Reihe richtet sich nach der für den Einzelbaum verwendeten Unterstützung. Bambusstäbe, gesägte Holzpfähle und Holzpfähle mit einer Zopfstärke unter 3 cm, die nur dem Hochleiten des Mitteltriebes dienen, erfordern einen Gerüstpfahlabstand in der Baumreihe von höchstens 8 m. Bei der Verwendung von stärkeren Baumpfählen (Zopfstärke 3 bis 5 cm) reicht ein Pfahlabstand von 10 m für den Drahtrahmen aus. Zur Stabilisierung von Einzelpfählen genügt ein Spanndraht in 1,80 m Höhe mit geringerer Dehnung und ausreichender Bruchlast. Je 100 m Spanndraht ist ein Drahtspanner erforderlich.

Ist ein Schutz gegen Hagel oder Regen gewünscht, sind Konstruktionen mit längeren und stärkeren Pfählen erforderlich. Das Traggerüst für das Netz oder die Folie wird horizontal mit in Abständen von etwa 80 cm gespannten Drähten versehen und dient so gleichzeitig der Fixierung der Bäume. Eine Zuordnung einzelner Kostenpositionen auf Gerüst oder alternativ zum Witterungsschutz ist somit in einem Systemvergleich zu berücksichtigen. Aufgrund der wesentlich höheren statischen Anforderungen kommen kräftige imprägnierte Holzsäulen mit 11 bis 13 cm Durchmesser, Stahlstangen oder Betonsäulen zum Einsatz. Die Auswahl der Materialien richtet sich nach der Verfügbarkeit bzw. den relativen Preisverhältnissen. Betonsäulen und Stahlstangen haben eine deutlich höhere Nutzungszeit und sollten für mindestens zwei Umtriebe reichen. Drahtseile fixieren die Tragsäulen oben in Längs- und Querrichtung und werden an den Reihenenden im Boden verankert.

Für tiefer ansetzende Baumverzweigungen kann auf etwa 80 cm ein zusätzliches Joch zur Aufnahme von zwei Drähten mit Abstand je 50 cm von der Mitte angebracht werden. Darauf werden die unteren Äste gelegt, die andernfalls zu nahe am Boden liegen. Die „geretteten" Äpfel bedeuten einen zusätzlichen Ertrag von 1,0 bis 1,5 kg/Baum bei 3500 Bäumen/ha entsprechend gut 3,5 bis 5,0 t/ha. Die so formierten Äste nehmen Wuchskraft auf und beruhigen den Baum. Für die einzelnen Bäume können zusätzlich Akazienstäbe oder Bambusstangen am Drahtrahmen fixiert werden, um insgesamt zusätzliche Stabilität zu geben.

Die höheren Kosten werden durch höhere Erlöse aus Ertrag und Qualität sowie durch die Schutzfunktion der Hagelnetze erwirtschaftet.

Abb. 123 Gerüstanlage mit Hagelnetz in hoher Erziehungsform. Das Gerüst hat enorme Kräfte aufzunehmen.

Abb. 124 Einfachere, niedrigere Gerüstanlage mit Pfählen und Hagelnetz.

Abb. 125 Ein Joch dient zur Ablage der unteren Äste und rettet die dort wachsenden Früchte vor Beschädigung.

Ein kräftiger Hagelschlag kann bereits Frucht und teilweise die Kulturen derart schädigen, dass die Schadenshöhe die Investitionskosten erreicht. Gleiches gilt für Regenschutz bei Steinobst oder Strauchbeeren, bei denen neben Sicherung der Ernte als solche auch Aspekte wie bessere Fruchtqualitäten und ein höherer erzielbarer Preis sowie arbeitswirtschaftliche Verbesserungen zum Tragen kommen. Die Konstruktionen ermöglichen eine deutlich höhere Baumerziehung und mehr Produktionsvolumen.

Wichtige Punkte bei allen Unterstützungsgerüsten sind Sorgfalt und Genauigkeit beim Aufbau, insbesondere bei der sicheren Verankerung der Verspannung an den Reihenenden, beim Fixieren der Netze, aber auch mit der Verwendung von hochwertigen Materialien. Selbst gegossene Betonsäulen haben weder die erforderliche Stabilität noch Lebensdauer, schlechte Drahtseile können rosten.

Die potenziellen Schäden von nachträglichen Reparaturen bis hin von beschädigten im Vollertrag stehenden Kulturen inklusive des Ertragsausfalls liegen um ein Vielfaches über den Investitionskosten. Es ist häufig lohnend, sich für den Aufbau einen Spezialisten zu holen oder den gesamten Aufbau in Auftrag zu geben.

Tab. 43 Vergleich Jahreskosten verschiedener Unterstützungsgerüste (Pflanzfeld 1 ha 100 × 100 m; kein Vorgewende; Pflanzschema 3,20 m × 0,80 m; 3900 Bäume)

Artikel	Anzahl	Einzelpreis	Betrag insgesamt
Drahtrahmen zwei Drähte mit Holzpfählen und Akazienstäben			
Imprägnierte Holzpfähle, 2,50 m Länge, 8 bis 10 cm	390	5,15 €	2009 €
Stabanker, 14 cm Teller, 1,40 m Stab	62	12,00 €	744 €
Eisendraht, 3,8 mm stark, verzinkt	250	2,00 €	500 €
Akazienpfähle 2,20 m; 2,5 × 2,5 cm	3900	0,70 €	2730 €
Drahtklemmen Stabfix II	7800	0,06 €	452 €
Bindeschlauch, schwarz, 6 mm	1950	0,07 €	135 €
Kleinteile (Drahtspanner, Schlaufen)			500 €
Arbeitsstunden	250	10,00 €	2500 €
Summe			**9569 €**
Nutzungsdauer 15 Jahre; Jahreskosten Annuität zu 3 % Zins	0,08377		802 €
Einzelpfähle (Zopfstärke 5 bis 6 cm)			
Imprägnierte Holzpfähle, 2,50 m lang, 5 bis 6 cm	3900	3,07 €	11973 €
Bindeschlauch, schwarz, 6 mm in Meter	3900	0,07 €	269 €
Arbeitsstunden	100	10,00 €	1000 €
Summe			**13242 €**
Nutzungsdauer 15 Jahre; Jahreskosten Annuität zu 3 % Zins	0,08377		1109 €
Betongerüstanlage für Hagelnetz			
Betonsäulen 4,5 0m; 7 × 7 cm	360	8,00 €	2880 €
Betonsäulen 4,70 m; 9 × 9,5 cm	92	12,00 €	1104 €
Einsinkschutz	92	6,50 €	598 €
Stabanker, 26 cm Teller, 1,50 m Stab	92	16,00 €	1472 €
Stahldraht, 3,8 mm stark, verzinkt (4 ×)	500	2,00 €	1000 €
Firstseil 5 mm	1600	0,40 €	640 €
Firstseil 8 mm	700	0,75 €	525 €
Kappen	460	3,00 €	1380 €
Kleinmaterial/Seilklemmen			500 €
Akazienpfähle 2,20 m; 2,5 × 2,5 cm	3900	0,70 €	2730 €
Drahtklemmen Stabfix II	7800	0,06 €	452 €
Bindeschlauch, schwarz, 6 mm	1950	0,07 €	135 €
Bauleitung			1000 €
Arbeitsstunden	300	10,00 €	3000 €
Summe			**17416 €**
Nutzungsdauer 30 Jahre; Jahreskosten Annuität zu 3 % Zins	0,05102		889 €

Tab. 43 Vergleich Jahreskosten verschiedener Unterstützungsgerüste (Pflanzfeld 1 ha 100 × 100 m; kein Vorgewende; Pflanzschema 3,20 m × 0,80 m; 3900 Bäume) (Fortsetzung)

Artikel	Anzahl	Einzelpreis	Betrag insgesamt
Ergänzend Hagelschutz			
Hagelnetz	12240	0,30 €	3672 €
Stirnnetz 1 m	200	0,30 €	60 €
Netzfirst-Fixierung			800 €
Plaketten	2400	0,48 €	1152 €
Arbeitsstunden	150	10,00 €	1500 €
Summe			**7184 €**
Nutzungsdauer 15 Jahre; Jahreskosten Annuität zu 3 % Zins	0,08377		602 €
Ergänzend Fruchtdraht/Joch			
Stahldraht, 2 mm stark, verzinkt (2 ×)	550	2,00 €	1100 €
Drahtspanner	200	0,70 €	140 €
Fusaxe 80 cm mit Halterung	424	1,30 €	551 €
Arbeitsstunden	50	10,00 €	500 €
Summe			**2291 €**
Nutzungsdauer 30 Jahre; Jahreskosten Annuität zu 3 % Zins	0,05102		117 €

7.5 Anbausysteme für Baumobst

Das **Anbausystem** einer Obstpflanzung wird durch Pflanzsystem, Pflanzweise und Baumform charakterisiert. Das **Pflanzsystem** bezeichnet die Pflanzdichte/ha und Anordnung der Pflanzstellen zueinander. Die **Pflanzweise** kann senkrecht, schräg in Reihenrichtung (Drapeau, UFO) oder quer zu den Reihen sein (V-System). Die **Baumform** ergibt sich aus der Kronenerziehung. Weitere Begriffe kennzeichnen die Produktivität von Anbausystemen: Die **Standfläche** bezeichnet den Flächenanteil in Prozent der von den Baumkronen abgedeckten Fläche. Der **Standraum** als Volumen bezieht zusätzlich die Baumhöhe mit ein.

Die verschiedenen Baumobstarten haben ihre eigenen kulturtechnischen Anforderungen, woraus sich besondere Anbausysteme entwickeln. Die Auswahl des betriebsindividuellen Anbausystems in Ausführung und Material richtet sich nach verschiedenen Kriterien:

- Wuchskraft: Bei den einzelnen Kulturen stehen in unterschiedlichem Maße geeignete Schwachwuchs induzierende Unterlagen für frühen und hohen Ertragseintritt zur Verfügung.
- Arbeitswirtschaft, Mechanisierung und technischer Fortschritt: Bei steigenden Arbeitslöhnen werden arbeitssparende Verfahrenslösungen und Kulturen, insbesondere bei der Pflege, Ertragsregulierung und in der Ernte bedeutsamer.
- Pflanzdichten und Erziehung: Hohe Lichtaufnahmewerte und daraus hohe Erträge werden aus dem Zusammenspiel von Baumzahl/ha und Baumform erreicht.
- Witterungsschutz: Hagel oder Regen gefährden Kulturen und Früchte und erfordern Schutzvorrichtungen. Gesunde Kulturen erlauben höhere Ernteleistungen und bessere Qualitäten zu höheren Preisen.

- Pflanzenschutz: Kulturen werden gegen Insekten zunehmend nach Einzelreihen oder im Block eingenetzt.
- Flächenausstattung: Bei geringerer Flächenausstattung stehen hohe Intensitätsstufen mit dem Ziel Maximierung der flächenbezogenen Erlöse im Vordergrund.
- Preisverhältnisse bei Aufwendungen und Erträgen: Hohe Preise für Qualitätserzeugnisse oder neue Sorten erlauben höhere Aufwendungen.

Bestimmenden Einfluss haben auch traditionelle Aspekte und Vorlieben der Betriebsleitung. Grundlegende Systemwechsel erfordern Investitionen und neue produktionstechnische Kenntnisse.

7.5.1 Ertragskapazität und Lichteinfluss

Ertragsprognosen zur anstehenden Ernte sind für die individuelle Betriebsführung, aber auch zur strategischen Planung der Vermarktung auf regionaler und internationaler Ebene wichtige Handlungsgrundlagen. Mit der **Bavendorfer Methode** kann bei Kernobst ab Mitte Juli aus Ertragsfläche, Fruchtbehangdichte und dem zur Ernte erwarteten Fruchtgewicht mittels einer statistischen Verrechnung die regionale Ernte hinreichend genau prognostiziert werden. Die Ergebnisse der einzelnen europäischen Anbauregionen werden Anfang August auf der alljährlichen europäischen Prognosfruit-Tagung bekannt gegeben.

Hohe Fruchterträge werden durch eine optimale **Lichtaufnahme** der Obstkulturen aus der insgesamt auf die Fläche einstrahlenden Lichtmenge erzielt. Neben hohen Aufnahmemengen sollte eine gute räumliche Verteilung des Lichts ohne Beschattung der unteren oder inneren Kronenpartien gegeben sein. Andernfalls sind negative Folgen für Trieberneuerung, Blütenbildung und Deckfarbe der Früchte zu erwarten.

Die Lichtaufnahme kann durch Pflanzdichte, Pflanzsystem, Baumhöhe, Baumform und den **Blattflächenindex** (m^2 Blattfläche pro m^2 Bodenoberfläche) beeinflusst werden. Als optimaler Blattflächenindex gilt ein Wert zwischen 3 und 4. Bereits im vierten Standjahr wird in optimalen Anlagen eine Blattfläche von 30 000 bis 40 000 m^2/ha erreicht. Allerdings sagt der Index wenig über die Verteilung des Lichts in der Krone, die unterschiedlichen Assimilationsaktivitäten einzelner Blätter, die Bedeutung der Assimilation im Vegetationsjahr, den Witterungseinfluss und den Anteil der Früchte an der Assimilation aus.

Die **Nutzungsdauer** einer Obstanlage wird von physiologischen und wirtschaftlichen Faktoren bestimmt. Die wirtschaftliche Optimierung verlangt, dass eine alte Kultur zu roden ist, wenn deren Grenznutzen als Differenz aus Grenzerlös zu Grenzkosten geringer wird als der von der zukünftigen Kultur durchschnittlich über den gesamten Anbauzeitraum hinweg erzielbare Deckungsbeitrag. In der praktischen Umsetzung bedeutet dies eine Abwägung der physiologischen Ertragsfähigkeit inkl. der erzielbaren Farbqualitäten der alten abtragenden Kultur gegenüber einer neuen Kultur mit möglicherweise wirtschaftlich interessanteren Sorten und Mutanten sowie höheren Erträgen. Weiter sind im Vergleich arbeitswirtschaftliche Aspekte wie geringere Pflege- und Erntekosten zu berücksichtigen. Auf der anderen Seite stehen die Investitionskosten für die Neuanlage und der Minderertrag bis zum Erreichen des Vollertragsstadiums. Höhere Kosten für besseres Pflanzmaterial zahlen sich häufig durch früheren Vollertrag aus. Letztlich lässt sich die Frage des Rodezeitpunkts nur anhand von Aufschrieben entscheiden.

7.5.2 Pflanzsysteme für Apfel und Birne

Weltweit gibt es zwischen den Anbaugebieten noch starke Unterschiede bei der Pflanzdichte. Gründe dafür sind die geografische Lage, eine vielfach traditionsgebundene Bewirtschaftung und die unterschiedlich schnelle Einführung neuer Pflanzsysteme. Klimabedingte Unterschiede können zu unterschiedlichem Wachstumsverhalten führen und müssen beim Austausch von Daten und Erfahrungen zwischen den Anbaugebieten berücksichtigt werden.

Das bis in die 60er-Jahre dominierende Anbausystem „Streuobstwiese“ mit großkronigen Bäumen und Nutzung des Grasaufwuchses ist heute für den Tafelobstanbau, aber auch für die Rinderviehhaltung unwirtschaftlich. Die lange

Abb. 126 Landschaftsprägende großkronige Obstbäume sind wegen langsamer Ertragsentwicklung und schwieriger arbeitstechnischer Bewirtschaftung unwirtschaftlich.

Anlaufzeit bis zur vollen Ertragskapazität sowie der schwierige Zugang mit hohem Arbeitsaufwand für Schnitt, Pflanzenschutz und Ernte ermöglichen kaum eine rentable Produktion. Leider ist inzwischen auch die Nutzung als Verwertungsobst mangels Wirtschaftlichkeit rückläufig. Der Erhalt dieser landschaftsprägenden und ökologisch wertvollen Anbauform bedarf weitergehender Anstrengungen über die reine ursprüngliche Zweckbestimmung Erwerbstätigkeit hinaus.

In Europa haben seit den 80er-Jahren die Pflanzdichten in den Kernobstanlagen deutlich zugenommen. Entscheidende Triebkräfte der produktionstechnischen Intensivierung waren der Einsatz von schwachwüchsigen Sorten-Unterlagen-Kombinationen mit hoher Fruchtbarkeit, die arbeitswirtschaftliche Rationalisierung durch technischen Fortschritt und hohe Pachtpreise. Hohe Investitionskosten für Gerüstbau, Hagelnetz und Mechanisierung erfordern eine hohe Intensität mit frühzeitig hohen Erträgen und besten Qualitäten zur raschen Kapitalrückgewinnung.

Einzelreihen- und Mehrreihensysteme

Bei der Suche nach geeigneten Anbausystemen werden vor allem die Pflanzdichten mit unterschiedlichen Baumzahlen je Fläche und Baumformen variiert. Überlegungen, das vorhandene Licht effizienter zu nutzen und den Anteil der Fahrgasse gegenüber der Standfläche zu verringern, führten zu den mehrreihigen Systemen, bei denen auf eine Bewirtschaftungsgasse zwei, drei oder mehr Baumreihen kommen. Das in der Provinz Nordholland entwickelte dreireihige Beet mit Spindelbäumen ist als Nordholland-System bekannt geworden. Diese mehrreihigen Systeme konnten unter anderem hinsichtlich arbeitstechnischer Erschließung, Konstruktion eines geeigneten Unterstützungsgerüsts und Belichtung letztlich nicht überzeugen.

Im Einzelreihensystem ist die maximale Pflanzdichte das Ergebnis aus Reihenabstand und Abstand der Bäume in der Reihe. Eine Verringerung des Reihenabstands stößt an die Grenze einer ausreichenden Fahrgassenbreite für die maschinelle Pflege und Erntearbeiten mit einem Erntezug.

Im Hinblick auf die Lichtaufnahme muss auch die **Baumhöhe** berücksichtigt werden. Es darf keine übermäßige gegenseitige Beschattung von Bäumen der angrenzenden Reihen ausgehen. Es besteht sonst die Gefahr, dass in den unteren Bereichen der Blütenansatz zurückgeht und „die Erträge nach oben wandern", was nicht nur arbeitstechnisch kontraproduktiv wäre. Für Einzelreihen wurde die Baumhöhe häufig nach der Formel „optimale Baumhöhe = halber Reihenabstand + 1 m" errechnet. Der vielfach übliche Reihenabstand von 3,20 m würde eine maximale Baumhöhe bei 2,60 m ergeben. Die Formel lässt jedoch die Möglichkeiten von lichtdurchlässigen, gleichwohl höheren Erziehungsformen außer Acht. In vielen Obstregionen werden Bäume erfolgreich auf über 3,50 m gezogen. Deutlich geringere Pflanzdichten haben Kulturen für Verarbeitungsobst unter Verwendung von stärker wachsenden Unterlagen wie z. B. schorfresistenten Verarbeitungssorten auf M25. Ziel ist eine langfristige, ertragreiche Produktion von Verarbeitungsware bei niedrigen Investitionskosten und geringem Pflegeaufwand. Je nach Wuchscharakter der Sorte ergeben sich Pflanzungen mit 5 m Reihenabstand und 3 m Pflanzabstand, d. h. 667 Bäume/ha Nettofläche. Statt Stützgerüst ist in der Jugendphase lediglich ein Baumpfahl erforderlich. Bei solchen Pflanzdichten sind in den ersten Jahren die mit geringerer Lichtaufnahme niedrigeren Erträge in Kauf zu nehmen.

Pflanzweise

Der Normalfall ist die senkrechte **Pflanzweise**. Verschiedene Ansätze versuchen, die Produktivität durch schräges Pflanzen der Bäume zu verbessern. Im **Drapeau-System** werden die Bäume im Winkel von 45° schräg in Reihenrichtung gepflanzt. Alle Seitenäste werden am Drahtgerüst befestigt verteilt, sodass eine schmale Fruchtwand entsteht. Die natürliche Wuchskraft soll reduziert werden bzw. sich mit der längeren Diagonalen „auswachsen" können bevor eine Höhenbegrenzung am Haupttrieb notwendig wird. Vorteile sind eine gute Exposition der Früchte mit positiven arbeitswirtschaftlichen Effekten bei Pflege und Ernte sowie Fruchtqualität. Die Befestigung erfordert zunächst zusätzliche Arbeiten für die Formierung. Der Baumabstand kann durch die Schrägstellung erweitert, der Reihenabstand wegen geringerer Kronentiefe verringert werden.

Andere Systeme wie z. B. das V- oder **Güttinger-System** aus der Schweiz zielen durch abwechselnde **Schrägpflanzung** quer zur Reihe auf eine bessere Standraum- und Lichtnutzung ab. Dadurch sollen die Vorteile der Bewirtschaftung einer eng gepflanzten Einzelreihe mit der effizienten Raumausnutzung einer Doppelreihe bei optimaler Belichtung kombiniert werden. Das aufwendige und für hohe Erträge zu schwache Gerüst, arbeitswirtschaftliche Nachteile bei Pflege und Ernte sowie Mechanisierbarkeit sprechen gegen solche Konstruktionen.

Baumformen

Die Baumformen werden zunehmend von den wirtschaftlich arbeitstechnischen Anforderungen geprägt. Die klassische **Pyramidenkrone** mit Mittelachse hat immer noch als Hochstamm im Hausgarten oder im Streuobstanbau ihre Bedeutung. Ebenfalls rückläufige Erziehungsformen sind die **Palmette** mit Stammverlängerung und zwei in Reihenrichtung formierten Seitenästen sowie die **Solaxe,** bei der in den ersten Jahren alle Seitentriebe unter die Waagerechte gebunden werden. Ziel ist eine schnellere Bildung von Blütenknospen, eine Verminderung von Wachstumspunkten und die Selbstregulierung des Baumes. Die Mitte wird in 2,50 m Höhe abgebogen.

Die **Spindel** hat eine betonte Mitte mit untergeordneten Fruchtästen. Diese verjüngen sich in Stärke und Länge von unten nach oben. In diesem Sinne kann die Spindel auch ein über 5 m hoher Baum bei Verarbeitungsobstkulturen auf stark wachsenden Unterlagen sein. Die **Schlanke Spindel** ist die Weiterentwicklung der Spindel auf einer schwach wachsenden Unterlage. Die Mittelachse ist ab etwa 80 cm mit Fruchtsprossen

Abb. 127 Erziehung zur Schlanken Spindel als Standard.

Abb. 128 Vergleich hohe Baumerziehung mit Höhenbegrenzung bei 2,20 m bei 'Elstar' im 14. Jahr; die hohe Baumform zeigt sich wesentlich ruhiger.

Abb. 129 Bei einer höheren Erziehung wird die apikale Dominanz des Leittriebs später gebrochen. Zusammen mit höheren Erträgen soll dies den Wuchs beruhigen.

Abb. 130 Erziehung zur engstehenden „Hohen Schlanken Super Spindel“ mit Wuchsberuhigung durch Vorerntechnitt.

Abb. 131 Ruhige und ertragreiche 'Jonagold'-Bäume in 0,50 m Abstand im 4. Jahr durch Vorernteschnitt.

garniert. Nur im unteren Baumdrittel befindet sich stärkeres Seitenholz mit einer etwas längeren Umtriebszeit. Stammdurchmesser und Seitentriebe sollten ein Stärkeverhältnis von 3 zu 1 aufweisen. Weltweit ist die Schlanke Spindel auf schwach wachsender Unterlage (zumeist M 9) in regional adaptierten Formen bei Äpfeln die aktuell dominierende Baumform.

In den 90er-Jahren kam die **Superspindel** mit deutlich höheren Pflanzdichten auf. Sehr schlanke Bäume mit kurzen Fruchtspießen sollen möglichst bereits im Pflanzjahr Erträge bringen. Das Nichtanschneiden der Verlängerung und idealerweise die hohen Fruchterträge reduzieren das vegetative Wachstum. Aufwendige Schnitt- und Formierungsarbeiten werden so auf ein Minimum reduziert. Die schwachen Seitentriebe sind durch das Fruchtgewicht nach unten gezogen, was die Blütenbildung begünstigen soll.

Seit einigen Jahren werden in Bavendorf Versuche mit höheren Bäumen („Hohe Schlanke Spindel") bis zu 5 m gefahren mit einem Baumabstand 0,80 bis 1,00 m. Gerüstsysteme mit Hagelnetz und mehreren Drähten erlauben eine höhere und sichere Fixierung der Mittelachse. Wenige Schnitteingriffe erfolgen ausschließlich nahe am Stamm, aus den Augen an der Zapfenunterseite entwickeln sich neue Fruchtäste. Ziel ist die natürliche Wuchsberuhigung ähnlich der Superspindel. Wegen der Höhe im Verhältnis zum Reihenabstand ist auf lichten Baumaufbau zu achten, der über die Anzahl bzw. Abstand der Seitenäste reguliert wird. Die bisherigen Erfahrungen zeigen, dass bis 4 m ausreichend Licht in die unteren Kronenbereiche gelangt. Die Erträge und Fruchtqualitäten sind gegenüber niedrigeren Bäumen deutlich besser.

Abb. 132 Anbau von Verarbeitungsobst mir schorfresistenten Sorten auf M 25; 5. Jahr.

Abb. 133 Anbau von Verarbeitungsobst mir schorfresistenten Sorten auf M 25; 10. Jahr.

Ein neuer Versuchsansatz in Bavendorf ist die Kombination einer Verringerung der Baumabstände mit weiterhin hoher Erziehung als „Hohe Schlanke Super Spindel“ (HSS-Spindel). Grundprinzip ist ausgehend von sehr gutem Baummaterial, die Bäume sehr schlank nach oben zu erziehen und an der so schlanken Hecke frühzeitig hohe Anfangserträge zu erzielen. Die Schnitteingriffe erfolgen Ende August nahe an den Äpfeln, was bislang eine sehr gute Wuchsberuhigung bei hohen Erträgen zeigte.

Auch mit der Fruchtwand wird versucht, eine frühzeitig geschlossene, schmale und arbeitstechnisch leicht zugängliche Assimilationsfläche zu schaffen. Mechanisierte Arbeitsschritte bei Schnitt und Ausdünnung sowie gute Beerntbarkeit verringern die Arbeitskosten. Bisherige Erfahrungen zeigen sehr gute Erträge und Qualitäten. In der Erziehung sind weiterhin manuelle Korrekturen notwendig, hohes Augenmerk ist auf ausreichende Ausdünnung zu richten, da der häufig im späten Frühjahr durchgeführte Schnitt zu einer hohen Blütenbildung für das Folgejahr anregt.

Verarbeitungsobst

Für die Produktion von Verarbeitungsobst wurde eine moderne, kapital- und produktionsmittelextensive Produktionsweise entwickelt. Wesentliches Ziel ist ein verringerter Einsatz von Pflanzenbehandlungsmitteln durch Verwendung von krankheitsresistenten Apfelsorten, die sich mit ihrem Zuckersäureverhältnis besonders für die Saftproduktion eignen. Ein Mindestmaß an Pflanzenschutz ist aber unabdingbar. Mit der Verwendung von M-25-Unterlagen kann auf die teure Investition für ein Stützgerüst verzichtet werden. Ein Hagelschutz ist aufgrund der Wuchshöhe nicht möglich, bei Verarbeitungsobst auch nicht vordringlich. Die Pflanzdichten liegen je nach Wuchscharakter der Veredlungssorte bei 700 bis 1000 Bäumen pro Hektar. Die Investitionssumme ist mit etwa 5000 €/ha deutlich geringer als für eine Tafelobstkultur. Die volle Ertragsfähigkeit wird im Vergleich zu M 9 deutlich später, aber mit zunehmendem Reihenschluss ab etwa dem 8. bis 10. Jahr in gleich hohen Erträgen erreicht. Der Baumschnitt beschränkt sich auf die Entnahme von stärkeren Trieben. Die Ernte und Abfuhr erfolgt maschinell, sodass auch die Arbeitskosten niedrig sind.

Befruchtersorten

Im Erwerbsobstbau werden in der Regel sortenreine Blöcke gepflanzt. Aus befruchtungsbiologischen Gründen ist auf eine ausreichende Verfügbarkeit von Fremdbefruchtern zu achten. Hierzu können Sortenverbände je nach Situation alle 8 bis 12 Reihen wechseln oder Pollenspender-Bäume, z. B. robuste blühstarke Zierapfelsorten, in den Reihen verteilt gepflanzt werden. Voraussetzung für die Befruchtung ist das Vorhandensein von ausreichend Insekten, insbesondere Bienen, da blütenbiologisch bedingt eine Windbestäubung über mehrere Meter hinweg kaum stattfindet.

7.5.3 Pflanzsysteme für Zwetsche und Pflaume

Die Pflanzsysteme im Zwetschenanbau unterscheiden sich zum Kernobst hauptsächlich in der Pflanzdichte. Ausschlaggebend ist, dass es derzeit noch keine ausreichend schwach wachsenden Unterlagen gibt, die mit allen wichtigen Sorten verträglich sind und die Fruchtgröße fördern.

Baumformen

Bei der **Tellerkrone** ist das Wachstum auf sechs bis acht gleich starke Seitenäste verteilt. Diese sollen spiralig zwischen 80 und 150 cm Höhe am Mittelast ansetzen. Der Mittelast wird im ersten Standjahr in 110 cm Höhe angeschnitten. Im zweiten und dritten Jahr erfolgt der Anschnitt auf jeweils 40 cm. Die Standfestigkeit ist aufgrund des Rückschnitts ohne jegliches Gerüst gut.

Bei Bedarf werden die Seitentriebe im Winkel von 30 bis 40° formiert. In den Aufbaujahren erfolgt die Formierung der Gerüstäste häufig zu flach, was zu einer zu frühen Einstellung des Triebwachstums führt. Die Endhöhe der Krone ist bei etwa 2,50 m erreicht. Das Nichtanschneiden der Seitentriebe fördert frühen Ertrag. Der Winterschnitt kann durch einen zusätzlichen ertragsregulierenden Schnitt Ende Mai ergänzt werden.

Bei der Tellerkrone sind Bewirtschaftung und Ernte über die gesamte Anlagendauer vom Boden aus möglich. Ein Problem ist die Tendenz zur Verkahlung der innen liegenden Baumbereiche. Die breiten Kronen erlauben keine mechanische Ausdünnung.

Bei der **Spindel** erfolgt der Anschnitt der Mittelachse nach dem Pflanzen in 100 cm Höhe. Bei Bedarf werden die Seitentriebe im Winkel von 20° formiert. Solange die Basisäste noch nicht ausreichend entwickelt sind, wird 50 cm oberhalb des letzten Anschnitts der Mitte nochmals angeschnitten. Ansonsten erfolgt ab dem dritten Jahr kein weiterer Anschnitt der Mitte. Während der Vegetation folgen Maßnahmen wie Sommerriss, Sommerschnitt oder das Brechen einjähriger Triebe zur Wuchsreduzierung und zur Förderung der Belichtung. Die Mittelachse bleibt immer dominant. Ist die Endhöhe erreicht, wird die Mitte auf einen mehrjährigen, fruchtenden Seitenzweig in 3,00 bis 3,50 m Höhe abgeleitet. Zur Verbesserung der Standfestigkeit wird ein Gerüst empfohlen.

Abb. 134 Tellerkronen (Flachkronen) sind auch unter Verwendung stark wachsender Unterlagen weitgehend vom Boden aus zu pflegen und abzuernten. Sie liefern frühzeitig hohe Erträge und beste Fruchtqualität.

Abb. 135 Erziehung von Zwetschen zur Spindel.

Durch das schnellere Schließen der Baumreihen bringen Spindeln und Superspindeln in den ersten Jahren einen höheren Flächenertrag.

Abb. 136 Erziehung von Zwetschen als schmales Drapeau; hinten mit Einnetzung gegen Kirschessigfliege.

Abb. 137 Erziehung von Kirschen im Drapeau-System zur Wuchsberuhigung mit engerem Reihenabstand und zur Arbeitserleichterung bei der Ernte.

Die Erziehung der **Superspindel** erfolgt grundsätzlich wie bei der Spindel. Im Unterschied zu ihr wird jedoch die Mittelachse im Pflanzjahr nicht angeschnitten. Kritiker sehen die Gefahr einer späteren Überbauung, weil die Seitentriebe im Basisbereich durch das starke Wachstum in der Baumspitze häufig verkümmern. Die Folge könnte schwache Fruchtqualität in der basisnahen Zone sein. Superspindeln werden verbreitet in trockenen Gebieten und vorzugsweise mit großfrüchtigen, ertragsstabilen Sorten gepflanzt.

Das **Drapeau-System** bringt ebenfalls enger gesetzte Reihen mit geringer Kronentiefe und ermöglicht die auch im Zwetschenanbau zunehmende mechanische Ausdünnung für bessere Fruchtqualitäten.

7.5.4 Pflanzsysteme für Süß- und Sauerkirsche

Das natürliche Wuchsbild der **Süßkirsche** auf *Prunus avium* entspricht der Spindelform. Diese wird vor allem bei Niederschlagsmengen über 750 mm bevorzugt, um Gummifluss zu vermeiden und die Lebenszeit der Anlage zu verlängern.

Die Intensivierung des Süßkirschenanbaus mit höheren Pflanzdichten hat sich dank der schwächer wachsenden Unterlagen rasant entwickelt. Es werden Pflanzdichten zwischen 1000 und 2000 Bäumen je Hektar in die Praxis umgesetzt.

Baumformen

Ziel moderner Kirschkulturformen sind möglichst große Früchte und ein rationelles Arbeiten in den Anlagen. Zunehmend gewinnt auch das Einnetzen als Insektenschutz Bedeutung. Neben der in Europa dominierenden, mit verschiedenen Formierungsmaßnahmen variierten Spindelerziehung wird weltweit mit unterschiedlichen Erziehungsformen experimentiert.

Mit dem **Drapeau-System** wird vergleichbar zu Kernobst oder Zwetschen eine schmale Fruchtwand angestrebt, um die Erntekosten zu verringern und mechanische Ausdünnung zu ermöglichen.

Der **Spanish Bush** wurde auf stark wachsenden Unterlagen entwickelt. Kennzeichnend sind mehrere tiefe, verzweigungsfördernde Rückschnitte. Später erfolgt eine horizontale Höhenbegrenzung bei rund 1,80 m Höhe. Unter deutschen Lichtverhältnissen ist mit innerer Verkahlung zu rechnen. Aufgrund des starken Rück-

Abb. 138 Erziehung von Aprikosen im Drapeau-System im Tunnel, notwendig auch wegen niedriger Höhe und engem Reihenabstand.

schnitts ist die Produktivität dieser Erziehungsform gerade in den Anfangsjahren geringer.

In Australien wurde der **Kym Green Bush (KGB)** entwickelt. Dieser wird ebenfalls in den ersten beiden Jahren tief zurückgeschnitten, um einen niedrigen Stamm und zahlreiche Langtriebe zu erhalten. Im Umtrieb abgetragene Triebe werden auf einen 20 bis 30 cm langen, belichteten Zapfen zurückgenommen, aus dem dann wieder ein neuer Trieb hochgezogen wird. Das Pflanzraster für mittelstarke Unterlagen (z. B. GiSelA 6) beträgt 2,00 bis 2,50 m × 5,00 bis 5,50 m.

Vergleichbar nutzt das von der Washington State University entwickelte **Upright Fruiting Offshoots System (UFO)** den Austausch von senkrechten Fruchttrieben in etwa fünfjähriger Rotation. Der auf mittelstarker Unterlage veredelte Jungbaum wird schräg in die Reihe gepflanzt und leicht über der Waagerechten in rund 70 cm Höhe an einem Draht fixiert. Die oberseits entstehenden Triebe werden auf einen Abstand von etwa 30 cm vereinzelt. Seitlich wegwachsende Triebe werden weggeschnitten.

Die **Norditalienische Superspindel** wächst auf den Unterlagen GiSelA 5 bzw. GiSelA 6. Der Reihenabstand beträgt 3,50 m, der Baumabstand 0,50 m für GiSelA 5 bzw. 0,80 m für GiSelA 6. Das Fruchtholz ist ausschließlich die Basis einjähriger Triebe, deren Blütenknospen die größten Früchte bringen. Nach der Ernte werden diese Triebe auf drei vegetative Knospen entfernt, um einen achsennahen Neuaustrieb zu erhalten. Es wird ein niedrigeres Ertragsniveau akzeptiert, um Premiumfrüchte größer 30 mm zu erzielen. Die Reduktion des Blühpotenzials birgt bei Spätfrostgefahr ein hohes Risiko.

Bei der **Sauerkirsche** steht vor allem die Möglichkeit zur maschinellen Ernte im Vordergrund. Der Baum wird als **Pyramidenkrone** mit vier Leitästen erzogen. Entsprechend der maschinellen Ausstattung sind der Reihenabstand bei 4 bis 5 m und der Baumabstand in der Reihe bei 2,50 bis 3,50 m. Die Baumerziehung und -formierung ist relativ einfach, das Holz robust, der Wuchs des Fruchtholzes meist hängend. Nach dem Aufbau des Astgerüstes ist es wichtig, der inneren Verkahlung der Baumkrone vorzubeugen und ausreichend junges Fruchtholz heranzuziehen. Zur Verbesserung der Belichtung älterer Bäume

Tab. 44 Pflanzdichten in Neuanlagen mit neuen Zwetschensorten

1. Kleinkronig*)	Tellerkrone	Spindel	Superspindel
Pflanzabstand (m)	4,50 × 3,50	4,00 × 2,50	3,50 × 1,50
Bäume/ha	635	1000	1905
*) Schwachwüchsiger Standort, Nachbau, Sorten wie 'Katinka', 'Hanita', 'Cacaks Schöne', 'Cacaks Fruchtbare', 'Topper', 'Presenta'			
2. Großkronig)**	**Tellerkrone**	**Spindel**	**Superspindel**
Pflanzabstand (m)	5,00 × 4,00	4,30 × 2,80	3,80 × 1,80
Bäume/ha	500	831	1462
**) Starkwüchsiger Standort, frischer Boden, Sorten wie 'Fellenberg', 'Hauszwetsche', 'Valjevka', 'Elena'			

Tab. 45 Pflanzdichten in Süßkirschen-Neuanlagen mit schwach wuchsinduzierenden Unterlagen (< 50 % Wachstum von F 12/1)

1. Wachstum stark*)	**Spindel**	**Schlanke Spindel**
Pflanzabstand (m)	5,00 × 3,00	4,00 × 2,50
Bäume/ha	667	1000
*) Frische Böden und Sorten wie 'Burlat', 'Schneiders Späte Knorpel', 'Regina'		
2. Wachstum schwach)**	**Schlanke Spindel**	**Super-Spindel**
Pflanzabstand (m)	4,00 × 2,50	3,50 × 1,50
Bäume/ha	1000	1905
**) Nachbau und Sorten wie 'Kordia', 'Starking Hardy Giant', 'Giorgia'		

wird nach sechs bis acht Jahren und Erreichen der Endhöhe die Stammverlängerung unter die Endhöhe der Seitenäste zurückgesetzt. Es entsteht so eine angedeutete **Hohlkrone**, welche die Ernte- und Pflegearbeiten erleichtert.

Anlagen, die maschinell geerntet werden, brauchen eine Mindeststammhöhe von 1 m. Die hydraulischen Greifarme sollten einfach und schnell anzudocken sein, um Stammverletzungen zu vermeiden.

7.5.5 Pflanzsysteme für Pfirsich und Aprikose

Bei **Pfirsichen** werden die traditionellen Erziehungsformen **Palmette** (in Oberitalien) oder die **Hohlkrone** zunehmend durch Baumformen mit breit pyramidaler Krone ersetzt. Die relativ niedrigen Baumformen bis 3,50 m Höhe erleichtern Schnitt und Ernte. Die Pflanzabstände bewegen sich zwischen 6 und 4 m zwischen den Reihen und 5 bis 3 m in der Reihe. Die Pflanzdichte liegt bei durchschnittlich 500 Bäumen pro Hektar.

Aprikosen werden vorwiegend mit vier bis sechs Leitästen und dem Mittelast als offene, breite **Pyramidenkrone** erzogen. Neuerdings ist auch die Spindel von Bedeutung. Wichtigstes Ziel des Pflanzsystems und der Baumform ist die Gesunderhaltung des Holzes. Große Wunden an der Stammverlängerung und Überbehang fördern die **Apoplexie** (plötzliches Absterben), die zu partiellem oder totalem Baumausfall führen kann. Schnittmaßnahmen erfolgen vorwiegend nach der Ernte und auch im Frühjahr nach der Blüte und dem letzten Frost. Die Pflanzabstände in neueren Anlagen als **Spindel** liegen bei 4,00 × 1,50 m. Für Pflanzungen in Tunneln sind schlanke Fruchtwände erwünscht, die über das **Drapeau** aufgebaut werden.

7.6 Anbausysteme bei Beerenobst

7.6.1 Erdbeere

Im Erdbeeranbau für den Frischmarkt dominiert die **einjährige Kultur**. Zweijährige Bestände sind stärker mit Blütenknospen besetzt, bringen dadurch kleinere Früchte und verursachen höhere Pflückkosten. Im Anbau für die Selbstpflücke oder für die Verarbeitungsindustrie hingegen werden die Bestände bis zu drei Jahre kultiviert.

Als Pflanzmaterial für Erdbeeren werden Grün-, Topf- oder Frigopflanzen verwendet. **Grünpflanzen** sollten zwei bis drei Blätter, ein starkes Rhizom und kräftiges Wurzelwerk besitzen. Sie werden Ende Juli bis Mitte August gepflanzt und benötigen unbedingt eine kühlende Beregnung, um in der heißen Jahreszeit gut anzuwachsen.

Grünpflanzen entwickeln sich in der Regel etwas schwächer als Frigopflanzen; sie werden häufig für verfrühte Kulturen verwendet.

Topfpflanzen werden ebenfalls Ende Juli bis Mitte August gepflanzt, können jedoch auch ohne Bewässerungsmöglichkeit relativ gut trockene und heiße Witterung überstehen. Sie werden besonders im verfrühten Anbauverfahren auf Schwarzfolien-Dämmen verwendet. Zur Anzucht werden unbewurzelte Ausläufer mit einem 2 bis 3 cm langen Rankenstück in Multitopfplatten pikiert und etwa zwei Wochen unter Sprühnebel im Folientunnel aufgestellt. Nach zweiwöchiger Abhärtung im Freien können die Pflanzen gesetzt werden.

Traypflanzen sind stark entwickelte Topfpflanzen mit großem Bodenvolumen, die wie Frigopflanzen eingefroren werden. Sie finden hauptsächlich für Torfsackkulturen Verwendung.

Frigopflanzen sind unbelaubt, sie bestehen nur aus Rhizom und Wurzelsystem und werden für Normal- und Spätkulturen verwendet. Für die Normalkultur wird zumeist ab Mai bis Mitte Juni gepflanzt. Frigopflanzen sind bei der Pflanzung trockenheitsunempfindlich und entwickeln sich meistens kräftiger als Grünpflanzen. Sie werden ab Dezember aus den Vermehrungsbeständen gerodet, entblättert und bei −2 °C bis zur Pflanzung gelagert. Je nach Stärke des Rhizomdurchmessers werden sie sortiert in:

- Frigo-Standard (10 bis 14 mm)
- Frigo-A+ (> 15 mm)
- Frigo-A++ (> 18 mm)
- Frigo-B (< 10 mm)

Wartebeetpflanzen sind Grünpflanzen, die nach der Rodung im August erneut in ein spezielles Beet gepflanzt werden. Die belaubten Pflanzen werden ab Dezember gerodet und wie Frigopflanzen gelagert. Dank ihrer Belaubung ergeben sie in hochintensiven Substrat- und Terminkulturen bessere Fruchtqualitäten.

Einzelreihen werden mit Abständen in der Reihe von 25 bis 40 cm (meistens 35 cm) sowie mit einem Reihenabstand von 90 bis 100 cm (etwa 30 000 Pflanzen/ha) gepflanzt. Im **Doppelreihensystem** wird mit Abständen von 25 bis 40 cm in den Reihen, 30 bis 50 cm zwischen den zwei Reihen sowie 100 bis 130 cm zwischen den Beeten gearbeitet (etwa 40 000 bis 50 000 Pflanzen/ha).

Der Anbau im **Schwarzfoliendamm** ist eine Besonderheit in den meistens zur Verfrühung bestimmten Beständen. Dazu werden mit einer speziellen Folienlegemaschine etwa 10 bis 20 cm hohe Dämme für Einzelreihen gebildet. In Belgien, Spanien und Italien werden etwa 30 bis 40 cm hohe Schwarzfoliendämme mit Doppelreihen zur Kulturverfrühung verwendet.

Die Vorteile des Anbaus auf Schwarzfolie sind:

- Verfrühung um fünf bis sieben Tage gegenüber offenem Boden
- Besseres Pflanzenwachstum durch höhere Feuchtigkeit und höhere Stickstoffmineralisierung unter der Folie
- Einfachere Unkrautbekämpfung zwischen den Pflanzen
- 10 bis 30 % höhere Erträge

Nachteile des Anbaus auf Schwarzfolie sind höhere Kosten für die Folie, Handpflanzung, Abtrennen der Ranken von Hand, Folienentfernung und -recycling.

Neben der Normalkultur von Grün- und Frigopflanzen spielen der Anbau auf Schwarzfolie und die Verfrühung mittels Lochfolie, Vlies, Klein- und Hochtunnel bzw. das Verspäten im Erdbeeranbau eine Rolle. Auch Kultursteuerung durch Terminkulturen hat sich bewährt.

Grün-, Topf- und Frigopflanzen können im offenen Boden maschinell oder von Hand gesetzt werden. Im Anbau auf Schwarzfolie können nur Topfpflanzen maschinell gepflanzt werden. Grün- oder Frigopflanzen werden von Hand häufig mithilfe eines Pflanzeisens gesetzt. Die Schwarzfolie wird mit diesem Werkzeug bei wurzelnackten Pflanzen durchstoßen oder bei der Verwendung

Abb. 139 Maschinelles Pflanzen von Erdbeertopfpflanzen in Schwarzfolie.

Abb. 140 Erdbeeren zur Verfrühung im Tunnelanbau.

von Topfpflanzen kurz vor der Pflanzung in einem separaten Arbeitsgang gelocht.

Beim Pflanzen ist unbedingt auf die richtige **Pflanztiefe** zu achten. Das Rhizom sollte dem abgesetzten Boden aufliegen. Zu tiefes Pflanzen hemmt die Pflanzenentwicklung und fördert den Befall mit *Rhizoctonia* und Rhizomfäule, zu hohes erhöht die Gefahr von Austrocknung nach der Pflanzung und fördert Winterfrostschäden.

Bodenpflege, Düngung und Bewässerung

Erdbeeren benötigen Böden mit guter Struktur und Humusversorgung. Ideal sind lehmige Sand- bzw. sandige Lehmböden mit pH-Werten von 5,5 bis 6,5. Der Boden sollte nicht unter stauender Nässe leiden. Nach ein bis zwei Jahren Erdbeeranbau empfiehlt sich ein **Fruchtwechsel**. Gute Fruchtfolgen sind Getreide, Gräser, Spargel oder Gründüngungspflanzen wie Ölrettich oder Raps. Freilebende Nematoden der Art *Pratylenchus penetrans* können durch den Anbau von Tagetes erfolgreich bekämpft werden.

Vor einer Neupflanzung sollte die **Nährstoffversorgung** durch Bodenproben ermittelt werden. Als optimale Versorgungswerte gelten Bodengehalte von 20 mg Phosphor, 25 bis 30 mg Kalium und 10 bis 12 mg Magnesium. Die Stickstoffversorgung im August/September gewährleistet ein N_{min}-Wert von 40 kg (0 bis 30 cm Tiefe); zur Blüte sollte er bei 60 kg (in 0 bis 60 cm Tiefe) liegen.

Da Erdbeeren salzempfindlich sind, sollten nur chlorfreie Düngemittel verwendet werden. Häufig werden Phosphor, Kalium, Kalk und Magnesium vor der Pflanzung gegeben. Die Stickstoffdüngung erfolgt in zwei bis drei Einzelgaben als Kopfdüngung in kleinen Gaben von jeweils 20 bis 40 kg N/ha zwei bis drei Wochen nach der Pflanzung, zum Austrieb und während der Blüte.

Auf Schwarzfoliendämmen muss die Stickstoffdüngung vor der Pflanzung und dem Folienverlegen erfolgen, wobei häufig schnell und langsam wirkende Düngerformen kombiniert werden. Häufig wird im Frühjahr zwischen Austrieb bis Ernteende zusätzlich fertigiert. Die Stickstoffmengen im Schwarzfolienanbau sind vorsichtig zu bemessen, da unter der Folie stets deutlich höhere N_{min}-Werte zu verzeichnen sind als im offenen Boden. Reihendüngung ist empfehlenswert.

Auch nach einem Wiesenumbruch ist mit hohen freiwerdenden Stickstoffmengen zu rechnen. Hohe Stickstoffversorgung fördert einseitig die Laubentwicklung; der Ertrag und die Krankheitsanfälligkeit der Früchte können bei zu hoher Stickstoffdüngung leiden. Blattdüngung mit Harnstoff (maximal 0,3%ig) kann die Stickstoffversorgung notfalls verbessern. Calciumbehandlungen während der Blüte ergaben in Versuchen zur Verbesserung der Fruchtfestigkeit unterschiedliche Ergebnisse.

Wichtig für den Kulturerfolg ist eine gute Wasserversorgung der Pflanzen. Grünpflanzen benötigen bei entsprechender Witterung in den ersten 7 bis 14 Tagen nach der Pflanzung unbedingt **Beregnung** zur Pflanzenkühlung. Auch während Blüte und Ernte kann eine Beregnung bei Trockenheit Fruchtgröße und Flächenertrag verbessern. Auf leichten Böden empfehlen sich Einzelgaben von 10 bis 15 mm, auf schweren Böden Gaben von 20 bis 25 mm. Dabei ist zu beachten, dass an warmen Tagen die Verdunstung 4 bis 6 mm betragen kann. Ideal wäre die Kombination aus

- Beregnung bis zur Blüte und
- Tropfbewässerung zwischen Blüte und Ernteschluss.

Wassergaben über den Tropfschlauch halten die Pflanzen trocken und beugen Pilzkrankheiten (*Botrytis*, Anthraknose) vor.

Bei Temperaturen unter −2 °C zur Blütezeit ist mit Frostschäden zu rechnen. Diese können durch Frostschutzberegnung mit 3 mm Wasser je Stunde verhindert werden. Auf schweren Böden sind Erdbeeren jedoch empfindlich gegen hohe Wassermengen. Guten Schutz gegen Fröste bis −4 °C bietet bis zur Stroheinlage das Abdecken der Kulturen mit Vlies oder Lochfolie über offenem Boden.

Gegen Unkräuter werden Erdbeerbestände mehrmals im Sommer bzw. Herbst mit verträglichen Blatt- und Bodenherbiziden behandelt. Behandlungen mit Striegel oder Handhacke unterstützen die **Unkrautregulierung** zwischen den Pflanzen oder bei größeren, schwer bekämpfbaren Unkräutern. Im Anbau auf Schwarzfolie kann der Herbizideinsatz durch Blattherbizide in Kombination mit Vorauflaufmitteln in der Arbeitsgasse reduziert werden. Schwer bekämpfbare Unkräuter sollten bereits vor einer Neupflanzung beseitigt werden.

Um Fruchtverschmutzungen zu vermeiden, werden Erdbeerbestände kurz vor dem Senken der Blütenstände mit Stroh unterlegt. Dazu werden mit Spezialhäckslern 7 bis 10 t Stroh/ha (zumeist von Rundballen) eingebracht.

Spezielle Kulturverfahren

Verfrühen von Erdbeeren: Grundlagen für die Verfrühung von Erdbeeren sind früh reifende Sorten, frühe Lagen (Südneigung, leichte Böden) und leichte Erdbeerbestände. Zur Kultivierung leichter Erdbeerbestände wird in den Frühanbaugebieten häufig mit Grünpflanzen und spätem Pflanztermin (je nach Gebiet Ende Juli bis Ende August) gearbeitet. Je 100 m Meereshöhe ist mit einer zwei bis drei Tage späteren Ernte zu rechnen.

Kulturbedeckung mit Lochfolie (500 Loch/m^2) **oder Vlies** (z. B. Agryl P17) kann etwa sieben Tage verfrühen. Die Bedeckungen werden zumeist zwischen Mitte Januar bis Mitte Februar auf die Pflanzen gelegt und zu Blühbeginn Anfang bis Mitte April wieder abgenommen. In Gebieten mit viel Wind bietet Vlies aufgrund der geringeren Schlagschäden Vorteile. Lochfolie ist hingegen reißfester und verfrüht etwas mehr als Vlies. Beide Materialien können in der Regel zwei Jahre verwendet werden. In den letzten Jahren nimmt die Doppeldeckung aus unten Vlies und oben Lochfolie deutlich zu, da gegenüber einer Einfachbedeckung z. B. mit Vlies eine weitere Verfrühung von ca. vier bis fünf Tagen erreicht werden kann. Dabei wird mit zwei Lagen auf der Erdbeerkultur gearbeitet, bis unten an der Pflanze die Blütenstände sichtbar sind. Danach wird bis Blühbeginn mit einer Auflage, zumeist Vlies, weiter verfrüht. Doppeldeckungen sind aufgrund der höheren Temperaturen mehr gefährdet für Hitzestress.

Temperaturen über 27 °C verursachen Hitzestress für die Erdbeerpflanze. Deshalb muss bei Doppelbedeckung (z. B. unten Vlies und darüber Lochfolie) die obere Bedeckung unbedingt entfernt werden. Viele Sorten reagieren auf zu hohe Temperaturen unter Verfrühungsfolie mit Kleinfrüchtigkeit.

In den südeuropäischen Frühanbaugebieten wird häufig durch **Minitunnel** verfrüht. Diese sind 60 bis 80 cm breit und 50 bis 70 cm hoch. Sie verfrühen gegenüber der Normalkultur um etwa 14 Tage. Häufig wird die zweireihige Dammkultur auf Schwarzfolie mit der Kleintunneltechnik kombiniert. Minitunnel sind billig, bieten große Verfrühung und schützen die Früchte vor Regen. Hauptnachteil ist der hohe Arbeitsaufwand für das Stellen und Abbauen der Tunnel, für das Lüften zur Bestäubung und bei Wärme sowie für Pflanzenschutzarbeiten.

Hochtunnel bieten gegenüber der Normalkultur eine weitere Verfrühung um etwa drei bis vier Wochen, z. B. mit einer Bodenkultur im Schwarzfoliendamm unter Tunnel. Für die verfrühte Kultur werden zumeist Topfpflanzen von Frühsorten Anfang August in einen Foliendamm gepflanzt. Der Tunnel wird dann ab Mitte/Ende Januar geschlossen und der Bestand innen noch zusätzlich mit Verfrühungsfolie bedeckt. Erntebeginn ist dann zumeist Ende April/Anfang Mai. Hochtunnel sind meistens als Folienstecktunnel konstruiert, 5,00 bis 8,50 m breit und 2,50 bis 3,00 m hoch. Ihre Vorteile sind eine erhebliche Verfrühung, die maschinelle Bearbeitungsmöglichkeit (z. B. Pflanzenschutz) im Tunnel sowie der Schutz von Früchten und Pflückpersonal vor Regen. Nachteilig sind die höheren Investitionskosten, die hohen Anforderungen an die Klimaführung (Lüften) und Pflanzenversorgung (Tropfbewässerung) sowie die Windempfindlichkeit und die Gefahr von Schneebruch der Konstruktion. Der Arbeitsaufwand von Tunnelaufbau (ca. 300 h/ha) bzw. -abbau (ca. 200 h/ha) ist erheblich.

Die Kultivierung von Erdbeeren als Substratkultur in Torfsäcken oder Eimern auf Stellagen im Tunnel oder Gewächshaus reduziert gegenüber der Bodenkultur Nachbauprobleme mit Wurzelkrankheiten und erleichtert die Ernte. Dazu werden je nach Kulturziel meistens Frigo-A+-Pflanzen oder Wartebeetpflanzen in Torfsäcke gepflanzt und in feststehenden Folienhäusern, teilweise sogar mit Beheizung, forciert. Mehrere Kultursätze in einem Jahr (z. B. verfrühte Frühjahrskultur und verspätete Herbstkultur) oder der Anbau von remontierenden Sorten im Substrat sind besonders in den Niederlanden verbreitet. Der Substratanbau stellt hohe Anforderungen an die Bewässerung und Düngung der Kultur (Fertigation).

Eine Besonderheit davon stellt der Substratdamm im Folientunnel dar. Dabei wird in einer bodennahen Rinne oder in einem geformten Damm, der mit Bändchengewebe ausgekleidet wird, Substrat eingebracht und die Pflanzen eingelegt. Durch die bodennahe Produktion ist die Kultur deutlich früher als eine unbeheizte Substratkultur auf Stellage. Immer mehr wird dieses Verfahren verwendet, wenn der Boden im Folienhochtunnel aufgrund von Nachbauproblemen nicht mehr für eine direkte Pflanzung geeignet ist und der Folientunnel nicht umgebaut werden soll.

Verspäten von Erdbeeren: Zum Verspäten von Erdbeeren eignen sich spät reifende Sorten, späte Lagen sowie der Anbau in Höhen- oder Gebirgsregionen (z. B. Schweiz, Südtirol). Durch die Kultivierung kräftiger Erdbeerbestände lassen sich gegenüber schwachen Beständen einige Tage Verspätung erreichen. Deshalb wird bei der Verspätung meistens mit Frigopflanzen gearbeitet.

Durch **Strohbedeckung** der Erdbeerbestände kann eine Verspätung von bis zu einer Woche gegenüber der Normalkultur erreicht werden. Dazu wird die doppelte Strohmenge ab Mitte Januar auf den Erdbeerbestand ausgebracht und spätestens ab Austrieb von den Erdbeerpflanzen genommen. Zu spätes Entfernen des Strohs kann durch den Lichtverlust große Ertragsrückgänge verursachen.

Mit **Terminkulturen**, z. B. mit Frigo-A+- oder Wartebeetpflanzen, kann die Erdbeerernte gesteuert werden. Dazu werden die Pflanzen zwischen Anfang Mai und Anfang Juli satzweise ausgepflanzt. Temperaturabhängig beginnt die Ernte nach etwa acht Wochen. Zumeist wird davon dann im Folgejahr noch ein weiteres Mal eine Normalkultur geerntet. Terminkulturen benötigen leichte Böden und eine optimale Wasserversorgung, damit sich die Pflanzen in der heißen Jahreszeit genügend vegetativ entwickeln. Diese Kultur ist besonders in Norddeutschland (Raum Langförden) verbreitet. In den Niederlanden werden Terminkulturen auch in Folientunneln zur Verspätung angebaut.

Eine Möglichkeit zur Ernteverspätung bietet auch der Anbau von **remontierenden Sorten**. Diese bilden auch unter den Langtagen im Sommer Blüten. Remontierer werden ab Ende März als Frigopflanzen oder als vorkultivierte Topfpflanzen gesetzt. Um ausreichend starkes Wachstum zu erreichen, werden alle Blütenstände bis Ende Mai mehrmals ausgebrochen. Die Ernte beginnt dann etwa Anfang Juli und dauert aufgrund der parallel zur Ernte ständig neu einsetzenden Blütenbildung bis Anfang Oktober.

Für gute Fruchtqualität werden die Fruchtstände vieler remontierender Erdbeersorten nach drei bis fünf geernteten Früchten je Fruchtstand ausgebrochen.

Ernte

Die Erdbeerernte dauert je nach Wetterverlauf drei bis meistens vier Wochen. Die Früchte sollten sorten- und witterungsabhängig alle zwei bis drei Tage überpflückt werden. Dazu werden verschiedene Pflückhilfen wie Stellagen für Erdbeersteigen oder Pflückwagen eingesetzt, auf denen

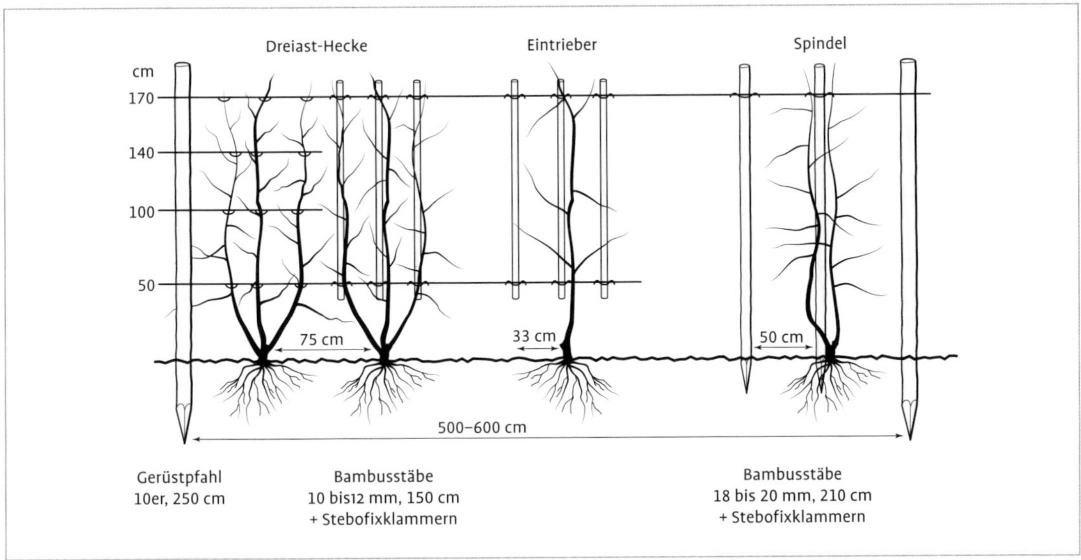

Abb. 141 Erziehungssysteme für Johannis- und Stachelbeeren.

im Sitzen geerntet werden kann. Geerntet wird in 500-g-Schalen oder 2-kg-Körbe aus Papier oder Holz. Die Ware wird in 5-kg-Steigen mit je zehn Schalen zusammengefasst.

Selbstpflückbetriebe verwiegen die gepflückten Erdbeeren ab Feld in die meistens vom Kunden mitgebrachten Behälter. Für die Marktbeschickung werden Erdbeeren in die zwei Größenklassen > 25 mm und 18 bis 25 mm sortiert.

Die durchschnittlichen Erträge schwanken je nach Sorte, Kulturmethode und Fruchtgröße (z. B. bei Trockenheit) stark, bei der Sorte 'Elsanta' von 12 bis 25 t/ha; ihr durchschnittlicher Ertrag liegt bei 15 t/ha (etwa 500 g je Pflanze). Andere Sorten tragen deutlich weniger.

Großbetriebe entlohnen ihre Pflückkräfte in der Regel im Akkordverfahren (je geernteter Steige Erdbeeren), kleinere bevorzugen die Bezahlung im Stundenlohn. Wichtiges Kriterium hierbei ist die **Pflückleistung**. Sie hängt von der Fruchtgröße, der Bestandsstärke und davon ab, ob in der Haupternte oder in Vor- und Nachernten gepflückt wird. Durchschnittliche Pflückleistungen liegen bei 10,0 bis 12,5 kg je Stunde. Für einen Hektar Erntefläche wird mit einem Bedarf von zehn Pflückkräften gerechnet.

7.6.2 Johannis- und Stachelbeere

Im Anbau von Johannis- und Stachelbeeren für den Frischmarkt hat es in den letzten Jahren große Veränderungen gegeben. Für die maschinelle Ernte zur Verarbeitung und im Hausgarten dominiert immer noch die **Buscherziehung**. Im erwerbsmäßigen Anbau für die **Handpflücke** haben die großen Vorteile der **Hecken- oder Spindelerziehung** den Busch völlig verdrängt.

Bei der Heckenerziehung von Roten Johannis- oder Stachelbeeren werden je Pflanze zwei bis drei Gerüstäste im Abstand von 25 bis 30 cm an einem Drahtgerüst fixiert. Als Fruchtertragszone wird der Bereich zwischen 50 und 180 cm vom Boden aus angestrebt.

Als Standard gilt die dreitriebige **Hecke** mit einem Reihenabstand von 2,75 bis 3,00 m und einem Pflanzabstand von 0,75 m in der Reihe (etwa 4200 Pflanzen/ha).

Bei Johannisbeeren können die Gerüstäste mit Kunststoffclips an einem Drahtrahmen befestigt werden. Das Anleiten des jeweiligen Astes an einen Bambusstab, der an zwei Spanndrähten fixiert ist, ist zwar teurer beim Erstellen der Anlage, erleichtert jedoch das Nachziehen von Bodentrieben.

Stachelbeeren werden bei der zwei- bis dreitriebigen Hecke zumeist an einem Drahtrahmengerüst bis auf 150 cm Pflanzenhöhe angeleitet. Dabei werden fünf Drähte, die im Abstand von 30 cm gespannt sind, untereinander mit einer Kunststoffschnur verknotet. Um dieses Knotengitter werden die Gerüstäste der Stachelbeerpflanze nach oben geschlungen.

Zur **eintriebigen Erziehung** von Roten Johannisbeeren oder Stachelbeeren wird im Abstand von 3,00 bis 2,75 m zwischen den Reihen sowie von 0,33 m in der Reihe gepflanzt (etwa 10 500 Pflanzen/ha). Bei „Eintriebern" sollen die Fruchtäste quer zur Pflanzreihe stehen. Dadurch werden Schnitt- und Pflegearbeiten gegenüber der Spindel erleichtert. Ähnlich wie bei der Heckenerziehung kann ein Gerüstsystem aus zwei Spanndrähten und zwei kurzen Bambusstäben verwendet werden.

Bei der **Spindelerziehung** wird mit zwei Gerüstästen gearbeitet, die an einem Bambusstab nach oben gezogen werden. Die Fruchtäste der Spindel sind an den beiden Gerüstästen kreisförmig angeordnet. Als Pflanzabstand wird in der Reihe 0,50 m empfohlen (etwa 7000 Pflanzen/ha). Gute Erfolge wurden bei der Spindelerziehung von Schwarzen Johannisbeeren erzielt.

Eintrieber und Spindel haben deutlich höhere Flächenerträge als Dreiast-Hecken. Durch die hohe Pflanzdichte muss jedoch mit höheren Kosten für die Erstellung der Anlagen gerechnet werden.

Weil Wachstum und Fruchtqualität durch den hohen Ertrag nachlassen, sollten die Gerüstäste alle fünf Jahre erneuert werden. Als Lebensdauer wird bei Hecken- oder Eintriebererziehung mit mindestens 10 bis 15 Jahren, je nach Gesundheit des Bestandes, gerechnet. Dies ergibt zwei bis drei Umtriebszeiten der Gerüstäste von jeweils fünf Jahren.

Schwarze Johannisbeeren für die maschinelle Ernte werden als **Busch** erzogen. Dabei ist auf ständige Holzverjüngung zu achten. Rote Johannisbeeren sollten im Busch etwa zehn bis zwölf Gerüstäste haben, die zu je einem Drittel ein-, zwei- und dreijährig sind. Buschpflanzungen werden im Abstand von 3 × 1 m gepflanzt (etwa 3100 Pflanzen/ha).

Das **Pflanzmaterial** ist in der Regel drei- bis fünftriebig. Speziell für Eintrieber oder Spindel angezogenes Material mit ein bis zwei möglichst langen und kräftigen Trieben ist nur schwer erhältlich. Je nach Erziehungssystem werden somit nur ein bis drei der stärksten Triebe der handelsüblichen Pflanzware verwendet. Wichtig ist ein stark ausgebildetes Wurzelsystem des Pflanzmaterials.

Der ideale Pflanzzeitpunkt für Johannis- und Stachelbeeren liegt im Spätherbst. Da Strauchbeeren früh austreiben, kostet eine Frühjahrspflanzung häufig viel Wuchskraft im Pflanzjahr. Nach der Pflanzung werden nicht benötigte Bodentriebe entfernt und die Schnittstellen mit Wundverschlussmittel verstrichen. Normalerweise werden die verbleibenden Triebe nicht angeschnitten, damit sie rasch nach oben wachsen.

Ziel der **Junganlagenerziehung** ist es, die Ertragszone schnellstmöglich in einem Bereich zwischen 0,50 und 1,80 m aufzubauen. Dadurch können Handarbeiten überwiegend in aufrechter Arbeitshaltung verrichtet werden. Außerdem steigt die Ertragssicherheit, da der Einfluss von Spätfrösten, der bei bodennaher Ertragszone (z. B. Busch) hoch ist, deutlich geringer wird. Die frei hängenden Früchte sind bei angepasster Fruchttriebzahl schneller und gesünder zu ernten. Ebenso sind Bodenpflegearbeiten bei Hecken- oder Eintriebererziehung einfacher als bei Buscherziehung durchzuführen.

Im Pflanzjahr wird der Zuwachs des Mitteltriebes alle 15 bis 20 cm am Bambusstab angebunden. Konkurrenztriebe werden im Zuge von Grünriss entfernt und alle Austriebe vom Boden an bis auf 50 cm Pflanzenhöhe aufgeputzt.

Erziehung

Je stärker geschnitten wird, umso besser sind Traubenlänge, Beerengröße und damit auch die Pflückleistung. Außerdem fördert starker Fruchtholzschnitt das Wachstum, bildet dadurch die Grundlage für ausreichend neues einjähriges Fruchtholz und damit für Ertrag und gute Fruchtqualität im Folgejahr.

Die beste Fruchtqualität wird bei Johannis- und Stachelbeeren am einjährigen Fruchtholz erzielt. Das ideale **Fruchtholz** ist für viele Sorten der Roten Johannisbeeren und Stachelbeeren das einjährige, bleistiftstarke, etwa 30 bis 50 cm lange Fruchtholz, so beispielsweise bei 'Achilles', 'Invicta', 'Rote Triumphbeere', 'Rotet' und 'Rovada'. Auf mittellanges Fruchtholz von 20 bis 30 cm sollte bei 'Red Lake' und 'Rolan' und Xenia® geschnitten werden. 'Jonkheer van Tets' hat die besten Erträge und Qualitäten am 5 bis 15 cm langen Holz. Schwarze Johannisbeeren – z. B. 'Tenah' – sollten auf einjährige Triebe von 40 bis 60 cm Länge geschnitten werden.

Für die Erziehung als Hecke oder Eintrieber sollten nach dem Pflanzjahr alle Seitentriebe der Gerüstäste auf 2 bis 3 cm lange Stummel zurückgenommen werden. Dadurch wachsen die Gerüstäste im zweiten Laub stärker und erreichen bei Johannisbeeren bis zum Ende des zweiten Vegetationsjahres sowie bei Stachelbeeren meist gegen Ende des dritten Jahres ihre Endhöhe. Nach dem zweiten Laub werden an den Gerüstästen jeweils zwei bis drei, bei gutem Wachstum drei bis vier Seitentriebe als Fruchtäste aufgebaut.

Die Vollertragsphase beginnt bei Johannisbeeren ab dem dritten Laub und bei Stachelbeeren ein Jahr später. Ab der Vollertragsphase werden sechs bis zehn ideale Fruchthölzer – bei 'Rovada' und 'Achilles' fünf bis sechs Seitentriebe, bei 'Jonkheer van Tets' acht bis zehn – auf beiden Seiten eines Gerüstastes belassen.

Altes Fruchtholz und nicht benötigte einjährige Triebe werden auf kurze Stummel an der Mittelachse zurückgeschnitten. Durch diesen strengen Schnitt entwickeln sich aus den Stummeln Triebe, das Fruchtholz für das Folgejahr. Unbedingt rechtzeitig sollte an das Nachziehen neuer Gerüstäste für abgetragenes Holz gedacht werden. Meistens werden drei Jahre für den Aufbau eines neuen Gerüstastes benötigt. Da die Triebleistung alter Achsen nach dem fünften oder sechsten Laub stark zurückgeht, muss im dritten bzw. spätestens im vierten Laub mit dem Nachziehen begonnen werden, um nach dem fünften oder sechsten Laub die überalterten Gerüstäste auswechseln zu können.

Im Industrieanbau bei Schwarzen Johannisbeeren erfolgt zumeist nur ein jährlicher mechanischer Konturenschnitt vor allem für die Befahrbarkeit der Fahrgasse. Bei Rückgang der Triebleistung, z. B. alle fünf bis sechs Jahre, werden dann die Anlagen mechanisch total auf den Stock zurückgesetzt, von wo aus dann ein Neuaustrieb erfolgen kann.

Bodenpflege, Düngung und Bewässerung

Johannis- und Stachelbeeren gedeihen auf den meisten Böden gut. Jedoch ist stauende Nässe, besonders bei Stachelbeeren, zu vermeiden. Die Fahrgassen sind meistens begrünt, die Pflanzreihen hingegen sind bewuchsfrei zu halten. Zur **Unkrautregulierung** und zur Unterdrückung nicht benötigter neuer Bodentriebe werden Abbrennmittel in Kombination mit Vorauflaufherbiziden eingesetzt. Vereinzelt wird zur Unkrautunterdrückung in schwarzes Bändchengewebe gepflanzt.

Sehr gut bewährt hat sich das **Mulchen** der Pflanzstreifen mit Mist, Kompost oder Stroh. Es verbessert die Wasser- und Nährstoffversorgung der Pflanzen und fördert das Wachstum der Neutriebe.

Zur Sicherung hoher Erträge bei guter Qualität bewährten sich frühjährliche N_{min}-Gehalte (in 0 bis 60 cm Tiefe) im Pflanzstreifen von 100 kg bei Roten sowie von 60 kg bei Schwarzen Johannisbeeren. Dazu erforderliche Düngermengen werden in zwei bis drei Gaben im März, April und eventuell Mai ausgebracht.

Bewässerungsmöglichkeiten sind in den meisten Johannis- und Stachelbeerkulturen nicht vorhanden. In trockenen Jahren und Gebieten ermöglicht Tropfbewässerung jedoch eine deutliche Verbesserung des Ertrags und der Fruchtgröße.

Ernte

Johannis- und Stachelbeeren werden sortenabhängig zwischen Mitte Juni und Anfang August geerntet. Die Haupternte der meisten Sorten liegt im Juli. Für den Frischmarkt werden die Früchte in 500-g-Schalen gepflückt, für die Langzeitlagerung auch in 250- und 150-g-Schalen. Meistens

Abb. 142 Frische Grünpflanzen werden aus Grünstecklingen unter Nebelsprühern vermehrt.

Abb. 143 Qualitativ hervorragende Früchte weisen eine sortentypische Form durch eine einheitliche Zahl und Größe an Einzelbeeren (Steinfrüchtchen, engl. *drupelets*) auf. Bei Krümelfrüchten ist der Fruchtzusammenhalt aufgrund geringerer Zahl an Einzelbeeren nicht gewährleistet. Die Früchte krümeln bei der Ernte.

wird nach Ausfärbung in Abständen von ca. fünf bis sieben Tagen in zwei bis drei Erntegängen gepflückt. Zur Industrieverwertung werden Schwarze Johannisbeeren und Stachelbeeren geschüttelt.

Die **Flächenerträge** schwanken im Vollertragsalter bei Roten Johannisbeeren mit Dreiast-Hecke zwischen 10 und 20 t/ha; sie können auch bei der Eintriebererziehung, z. B. bei 'Rovada', ca. ein Viertel höher liegen. Durchschnittlich wird im Vollertrag bei Roten Johannisbeeren mit 15 t/ha, bei Schwarzen Johannisbeeren im Industrieanbau mit 5 bis 7 t/ha sowie bei Stachelbeeren mit 9 bis 12 t/ha gerechnet.

Die **Pflückleistung** ist stark sorten- und qualitätsabhängig. Sie kann bei Johannisbeeren durch Verrieseln der Einzelbeeren deutlich zurückgehen. Bei der Roten Johannisbeere 'Jonkheer van Tets' und der Stachelbeere 'Achilles' kann mit 10 bis 12 kg/AKh, bei 'Rovada' mit 15 bis 18 kg/AKh und bei Schwarzen Johannisbeeren (z. B. 'Tenah') mit 7 kg/AKh gerechnet werden.

7.6.3 Himbeere und Brombeere

Pflanzmaterial

Himbeeren können über **Ausläufer** und **Wurzelschnittlinge** sowie über Knospen in vitro vermehrt werden. Als Pflanzmaterial werden verholzte Ruten sowie Topfpflanzen angeboten.

In der Regel ist eine gute Qualität verholzter Ruten gewährleistet, wenn diese ein gutes Wurzelwerk sowie zwei bis drei Adventivknospen aufweisen. Meist wird die Rute auf 30 bis 40 cm eingekürzt. Die Pflanzung erfolgt zwischen Ende Oktober und März. Verholzte Ruten werden derzeit nur noch in geringem Umfang produziert und nachgefragt, da Probleme mit Wurzelfäule und uneinheitlichem Austrieb möglich sind.

Topfpflanzen werden aus der Mikrovermehrung oder von austreibenden Wurzelschnittlingen gewonnen. Es wird zwischen überwinterten Topfgrünpflanzen und Grünpflanzen aus Jiffy Pot oder Anzuchtplatten unterschieden. Überwintertes Material wird ab März gepflanzt. Bei Grünpflanzen müssen die Frostnächte vor der Pflanzung vorbei sein.

Frische Grünpflanzen werden aus Grünstecklingen unter Nebelsprühern vermehrt. Diese Pflänzchen wurzeln unter optimalen Bedingungen gut ein. Sie dienen auch als Ausgangsmaterial für die Anzucht von *long canes*.

Neuerdings produzieren Baumschulen aus Grünpflanzen im 2-Liter-Topf sogenannte *long canes* (Lange Ruten) mit einer Rutenlänge von 160 bis 220 cm. Nachdem das Kältebedürfnis erfüllt ist, werden diese ab Mitte Dezember bei −2 °C in Großkisten bis zum Verkauf gelagert. Dieses Pflanzmaterial ist geeignet für die Containerkultur im geschützten Anbau (Gewächshaus, Tunnel, Regenkappen) sowie als Bodenpflanzung im Freiland. Ein Vollertrag wird bereits im Pflanzjahr erreicht. Aufgrund der vergleichsweise hohen Pflanzmaterialkosten werden *long canes* vorzugsweise im geschützten Anbau eingesetzt, um Ertragsleistung und -sicherheit auszunutzen. Auf Standorten, wo das Rutenwachstum für die einjährige Kultur nicht ausreicht, kann dieses Material auch eine Alternative zu Grünpflanzen sein.

Grundsätzlich sollte das Pflanzmaterial frei sein von Wurzelfäule (*Phytophthora fragariae* var. *rubi*), Virosen (Himbeermosaik-Komplex, Adernchlorose, Himbeerverzwergungsbuschvirus und Himbeerringfleckenvirus) und Phytoplasmen (*Rubus*-Stauche). Da eine direkte Bekämpfung von Virosen und Phytoplasmosen nicht möglich ist, gilt die Wärmetherapie in Kombination mit Meristemvermehrung als Möglichkeit, gesundes Ausgangsmaterial zu erhalten. Dieses sollte zudem sortenecht und selektioniert sein, um den verstärkt auftretenden Fruchtdeformationen und der Krümelfrüchtigkeit (engl. *crumbly fruit*; Ursache unklar) zu begegnen.

Konventionell oder in vitro vermehrte Pflanzen unterscheiden sich nicht in ihrer Leistungsfähigkeit. Bei beiden Vermehrungsmethoden sind Mutationen möglich. Aufgrund der hohen Vermehrungsrate bei der Meristemvermehrung scheint jedoch die Gefahr von Mutationen höher.

Brombeeren werden durch **Absenker** und **Wurzelschnittlinge** oder Grünstecklinge unter Sprühnebel vermehrt. Pflanzmaterial ist wurzelnackt oder als Topfpflanze für eine Frühjahrspflanzung erhältlich. Für den Anbau im Container werden auch *long canes* angeboten.

Abb. 144 Erziehung von Him- und Brombeeren an einem Drahtgerüst mit drei Drähten ist gebräuchlich. Himbeerruten werden bei der Heckenerziehung aufrecht, Brombeeren leicht fächerartig fixiert.

Kulturführung

Sommerhimbeeren werden im Abstand von 0,25 bis 0,50 m in der Reihe gepflanzt bei einer Fahrgassenbreite von 2,50 bis 3,50 m, in Abhängigkeit vom Erziehungssystem und den verfügbaren Maschinen. In den Jahren nach der Pflanzung kann Anfang Mai nach einem Spätfrost oder bei wüchsigen Sorten die Entfernung des ersten Jungrutenaufwuchses notwendig sein. Dies geschieht manuell oder im Rahmen einer Unkrautbekämpfung. Im weiteren Vegetationsverlauf werden die neuen Jungruten zunächst auf 12 bis 15 pro Meter vereinzelt, im folgenden Frühjahr erfolgt die Auswahl von 6 bis 10 mittelstarken, gesunden Fruchtruten pro Meter. Dabei stellt die Zahl der Ruten einen Kompromiss zwischen Einzelrutenertrag und Flächenertrag dar. Daneben beeinflusst die Zahl der Ruten auch die Fruchtgröße. Nach der Ernte werden die Altruten bodeneben abgeschnitten und die Jungruten lose befestigt und ggf. eingekürzt.

Die Erziehung als **aufrechte (senkrechte) Hecke** ist in Deutschland am weitesten verbreitet.

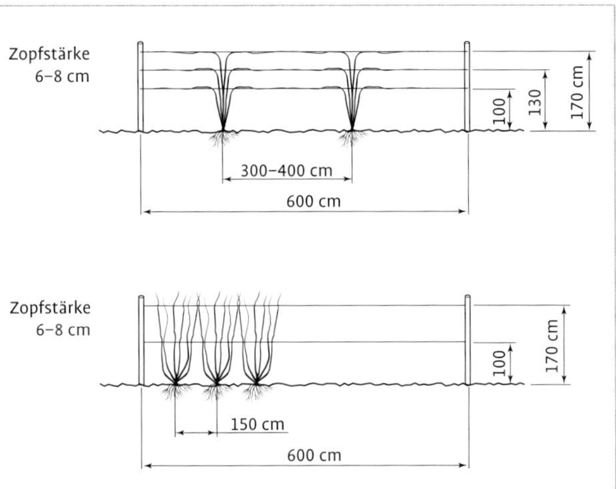

Abb. 145 Gerüste für rankende und aufrecht wachsende Brombeeren (nach FABY 2002).

Dabei verlaufen drei Gerüstdrähte im Abstand von 0,80, 1,20 und 1,60 m Höhe und ermöglichen die Befestigung der Ruten, beispielweise mit Klammern. Bei einjähriger Kultur kann auch mit Schnüren gearbeitet werden. Ein lockeres Aufbinden der Jungruten ist sinnvoll, um Beschädigungen zu reduzieren und die Erntearbeit zu erleichtern. Auf wüchsigen Standorten mit ausreichender Luftfeuchtigkeit, Niederschlägen und Wärme ist ein weiteres **Jungrutenmanagement** möglich. Dabei werden die neu aufwachsenden Jungruten bis zur Blüte oder eventuell bis Anfang Juni nochmals entfernt und erreichen bis zum Herbst dennoch eine ausreichende Länge. So werden Beschädigungen vermieden, ein Befall durch die Himbeerrutengallmücke reduziert, Erntearbeiten nicht behindert und die Pflückleistung erhöht.

Die Erziehung am **beweglichen V-System** soll das Jungrutenwachstum in der Reihenmitte fördern und dadurch Erntebehinderungen reduzieren. Dafür sind in 1,60 m Höhe zwei Drähte erforderlich. Auf jeder Seite werden sechs bis acht Ruten pro Meter fixiert (insgesamt 16). Die Drähte werden bis zur Blüte in der Mitte zusammengehalten, um die Entwicklung von Lateralen mit Blütenständen nach außen zu fördern. Nach Blühbeginn werden die Drähte aufgeklappt.

Beim **alternierenden Anbausystem** werden die Jungruten im Ertragsjahr kontinuierlich entfernt, im Folgejahr wachsen die Jungruten für das dritte Standjahr. Dieses System hat in Zusammenhang mit der **einjährigen Kultur** eine gewisse Bedeutung erlangt. Hier werden Ende Mai Grünpflanzen gesetzt, die im Pflanzjahr auf eine Rutenlänge von mindestens 160 cm wachsen und im Folgejahr einen hohen Ertrag mit hervorragender Fruchtqualität erbringen, sofern Winterfröste die Ruten nicht schädigen. Für ein weiteres Jahr mit sehr hohem Ertrag ist dann die Rutenqualität meist zu gering, sodass die Kulturführung entsprechend dem alternierenden System erfolgt. Die Standzeit der Hauptsorten 'Tulameen' und 'Glen Ample' beträgt überwiegend nur höchstens fünf bis sechs Jahre.

Herbsthimbeeren, die kurze Ruten bilden ('Autumn Bliss'), können durch ein horizontales Drahtgitter in 80 bis 100 cm Höhe stabilisiert werden. Die Jungruten werden im Mai auf eine Beetbreite von 30 cm bzw. auf 20 Ruten pro Meter reduziert, um die Fruchtqualität zu verbessern. Eine Verfrühung durch Vliesabdeckung im Frühjahr ist möglich. Die Fruchtruten werden nach der Ernte im Winter bodeneben entfernt. Diese einmalige Herbsternte ist vorteilhaft bezüglich Rutengesundheit und Aufwand für die Kulturführung. Die neueren Sorten bilden alle lange Ruten, sodass die Erziehung wie bei Sommerhimbeeren als aufrechte Hecke erfolgt. Diese Rutenlänge ermöglicht es, die Ertragszone für die Sommerernte zu nutzen, die unterhalb der Fruchtzone der Herbsternte liegt. Der obere Rutenbereich wird nach der Herbsternte abgeschnitten. Die Altrute wird erst nach der Sommerernte entfernt. Im geschützten Anbau verbessert die zweimalige Ernte die Flächenausnutzung. Kulturführung und Sorteneigenschaften beeinflussen das Ertragsniveau der Sommer- und Herbsternte. Verschiedene Kulturverfahren wie die Terminkultur mit *long canes* oder das kontrollierte Überwintern im Kühlraum mit oder ohne Rute werden versuchsmäßig bearbeitet.

Brombeeren werden im Abstand von 0,80 bis 1,50 m in der Reihe bei einer Fahrgassenbreite von 2,50 bis 3,50 m gepflanzt. Die Erziehung erfolgt am Drahtgerüst entsprechend dem System der aufrechten Hecke. Pro Pflanze werden vier bis sechs Ruten (Ranken) fixiert. Besonders bei der Sorte 'Loch Ness' kann ein Zapfenschnitt Mitte Mai nötig sein, um die gewünschte Rutenzahl zu erreichen. Im Laufe der Vegetationszeit sind eine Begrenzung der Rutenlänge sowie ein Einkürzen der Seitentriebe erforderlich. Nach der Ernte werden die Fruchtruten vollständig abgeschnitten. Erst im Frühjahr werden die Ruten auf zwei Knospen oberhalb des Drahtes und die Seitentriebe auf zwei Augen eingekürzt. Neben der fächerartigen Fixierung der Ruten am Draht können diese auch gebündelt werden. Alternierende Systeme, in denen die Jungruten von den Fruchtruten räumlich getrennt werden, haben sich nicht durchgesetzt. Ein geschützter Anbau als Topfkultur oder mit Pflanzung in den Boden ist möglich und führt zu einer sicheren Verfrühung mit langer Erntezeit und hohen Erträgen.

Bodenpflege und Düngung

Zur Pflanzvorbereitung sollten Wurzelunkräuter bekämpft werden, da diese während der Kultur kaum noch effektiv unterdrückt werden können. Von Vorteil ist eine intensive Bodenlockerung. Auf schweren Böden empfiehlt sich ein Damm oder eine Dränage. Die Einarbeitung von sowie die Abdeckung des Pflanzstreifens mit organischem Material (Stroh, Pferdemist, Champignonmist, Kompost u. a.) sind vorteilhaft. Die Pflanzreihe ist unkrautfrei zu halten. Eine Graseinsaat in der Fahrgasse ist Standard.

Vor der Pflanzung und anschließend im vierjährigen Rhythmus ist eine Bodenuntersuchung durchzuführen. Die Phosphor-, Kalium- und Magnesiumgehalte sollten in der Versorgungsklasse C liegen, sodass nur eine Erhaltungsdüngung erforderlich ist. Ein pH Wert von 5,0 bis 6,5, je nach Bodenart, ist optimal. Bei hohen Kalkgehalten reagieren Himbeeren empfindlich mit Chlorose. Der Sollwert für Stickstoff im Boden liegt bei 80 kg N/ha in der Hauptwurzelzone (0 bis 30 cm). Der N-Düngebedarf kann auch durch die Anwendung eines Schätzverfahrens (Humusgehalt, Wüchsigkeit, Bodenfeuchte) ermittelt werden. Während im Freilandanbau noch überwiegend die Nährstoffversorgung mit festen Düngern erfolgt, werden Topfkulturen über die Tropfbewässerung (flüssige Bewässerungsdüngung, engl. Fertigation) gedüngt. Diese Bewässerungsdüngung wird auch zunehmend in intensiven Bodenkulturen als Ergänzung zur Grunddüngung eingesetzt.

Ernte

Himbeeren reifen über vier, Brombeeren über acht bis zwölf Wochen folgernd. Kurze Pflückintervalle von ein bis zwei Tagen bei Himbeere und zwei bis vier Tagen bei Brombeere sind erforderlich, um Spitzenqualitäten zu ernten. Bei Himbeeren werden für den Absatz mit längeren Verkaufswegen zunehmend nur „fast" reife Früchte gepflückt, um so den Anforderungen (hellrot, fest) des Handels an die Fruchtqualität zu genügen. Beim Absatz über Hofläden und Wochenmärkte ist dagegen die typisch himbeerrote Farbe gefragt. Die Pflückleistung liegt je nach Sorte, Ertrag und Erziehungssystem zwischen 3 und 5 kg pro AKh und wird durch die frühzeitige Ernte eher verringert. Wo die Kirschessigfliege (*Drosophila suzukii*) auftritt, sind kurze Pflückintervalle, eine frühzeitige Ernte und Hygienepflücken nötig. Nicht zuletzt wegen der Lohnkosten für die Pflückarbeiten werden von der Züchtung neue ertragreiche Sorten mit großen Früchten erwartet. Die durchschnittlichen Erträge variieren sehr stark, je nach Sorte und Anbausystem. Im Freiland sollte ein Ertrag von 10 t/ha erzielt werden (3 kg/m), im geschützten Anbau von 12 bis 20 t (1 kg/Rute). Für den Frischmarkt werden Him- und Brombeeren zunehmend in 125-g- bis 250-g-Schalen gepflückt.

Brombeeren werden nur „fast" reif geerntet, da sonst ein Transport kaum möglich ist. Die Pflückleistung liegt bei 4 bis 6 kg pro AKh, der Ertrag bei 12 bis 16 t/ha.

Ein gezielter Anbau für die Verarbeitung erfolgt in Deutschland nicht. Eine maschinelle Ernte von leicht zapfenlöslichen Himbeersorten ist möglich, aber für den Frischmarkt nicht sinnvoll.

7.6.4 Heidelbeere

Kulturheidelbeeren werden vegetativ durch **Stecklinge** oder **Steckholz** vermehrt. Als Pflanzmaterial dienen zweijährige **Containerpflanzen** oder dreijährige **Ballenpflanzen**. Containerpflanzen haben den Vorteil, dass sie bereits im September gepflanzt werden und sich noch im

Abb. 146 Heidelbeeranlage in Blüte.

Abb. 147 Heidelbeerpflanzen im Container und Foliengewächshaus im ersten Kulturjahr.

Herbst etablieren können. Ballenpflanzen sind meist etwas kräftiger. Sie können im Herbst frühestens ab Mitte Oktober und im Frühjahr von März bis Mitte April gepflanzt werden.

Die Reihenabstände sollten zwischen 3,00 und 3,50 m liegen. Reihenabstände unter 3,00 m sind zwar möglich, erschweren aber die maschinelle Bearbeitung der Anlage. In der Reihe sind Abstände von 1,00 m für schwächer wachsende Sorten (z. B. 'Duke') bis 1,50 m für stärker wachsende Sorten (z. B. 'Bluecrop', 'Reka') sinnvoll. Enge Pflanzweiten (> 3000 Pflanzen/ha, z. B. 2,50 × 0,60 m) sind auch bei Heidelbeeren möglich. Allerdings ist der wirtschaftliche Vorteil (Mehrertrag zu Mehraufwand für das Pflanzmaterial) auf die gesamte Standzeit nicht gegeben. Weiterhin erhöhen enge Pflanzabstände das Risiko von pilzlichen Infektionen (z. B. Anthraknose).

Sandige Wald- bzw. auch Heidestandorte oder Moorböden sind am besten für den Heidelbeeranbau geeignet, da sie nur eine minimale Bodenvorbereitung erfordern. Bei der Nutzung solcher Standorte müssen allerdings die rechtlichen Vorgaben beachtet werden (z. B. Umwandlungsgenehmigung durch den Landkreis, Ausgleichspflanzungen).

Auf Waldstandorten werden nach dem Abtransport der Stämme die Baumstümpfe entfernt. Dabei sollte zur Erhaltung der Mykorrhiza der an den Wurzeln hängende Boden noch auf der Fläche abgeschüttelt werden. Restholz wird geschreddert und gleichmäßig auf der Fläche verteilt. Vor der Pflanzung wird der Boden flach gepflügt oder mit der Spatenmaschine bearbeitet. Auf Moorflächen wird vor der Pflanzung der Pflanzstreifen lediglich 30 cm tief gefräst. Andere Standorte müssen durch eine gründliche Bodenverbesserung erst heidelbeertauglich gemacht werden. Hierzu kann die **Grabenkultur** oder die **Dammkultur** angewendet werden. Bei der Grabenkultur wird im Bereich des Pflanzstreifens ein etwa 1 m breiter und 0,30 m tiefer Graben ausgehoben und mit Hochmoortorf, Sägemehl, Hobel- oder Sägespänen, geschreddertem Nadelholz oder ähnlichem Material aufgefüllt. Diese Stoffe können einzeln oder gemischt eingebracht werden. In der Praxis wird häufig Hochmoortorf allein oder in Mischung mit Holzmaterialien verwendet. Beimischungen von Holzmaterialien (20 bis 40 %) zu Hochmoortorf verbessern die physikalischen Substrateigenschaften und führen langfristig zu höheren Erträgen im Heidelbeeranbau. Eine Mischung mit dem Mineralboden sollte auf keinen Fall erfolgen. Die angegebene Grabenbreite und -tiefe ist möglichst einzuhalten, da die Heidelbeerwurzeln ihr Wachstum einstellen, sobald sie den Mineralboden erreichen. Gleichermaßen kommt auch das oberirdische Strauchwachstum zum Stillstand. Maximale Hektarerträge sind jedoch nur bei einem ausreichenden Durchwurzelungsvolumen möglich. Die Kosten für die Materialien zur Bodenverbesserung können je nach Material und Bezugsquelle erheblich schwanken. In der Regel müssen Preise zwischen 10 und 30 €/m³ gezahlt werden. Bei einem Reihenabstand von 3 m beträgt die Gesamtlänge aller Reihen 3333 m/ha. Es ergibt sich ein Materialbedarf von 1000 m³/ha bei Gräben von 1,00 m × 0,30 m. Da das Ersatzsubstrat durch Mineralisierung sackt, muss es jährlich ergänzt werden. Pro Jahr muss eine Schichtdicke von etwa 4 cm ersetzt werden. Die Ausbringung kann jährlich oder im Abstand von zwei bzw. drei Jahren erfolgen. Geeignet sind die für die Bodenverbesserung genannten Materialien und zusätzlich grober Rindenmulch (Körnung 30 bis 40 mm). Bei der Dammkultur wird ein 60 bis 100 cm breiter (Sohle) und 30 bis 50 cm hoher Damm aus den für die Grabenkultur genannten Materialien aufgeschüttet und die Heidelbeeren auf den Damm gepflanzt. Auch hier ist jährlich eine Ergänzung des organischen Materials erforderlich.

Zunehmend werden Heidelbeeren auch im Container angebaut. Dabei sind folgende Varianten möglich:

- Kultur im Freiland und dabei Einsenkung der Container in den Boden oder Aufstellung auf dem Boden oder
- Kultur im unbeheizten Foliengewächshaus zur Verfrühung der Fruchtreife

Als Substrate werden meist Mischungen aus Hochmoortorf (z. B. 50 %), Kokosfaser (z. B. 25 %) und Rindenmulch oder Holzfasern (z. B. 25 %) verwendet. Substrathersteller bieten meist fertige „Heidelbeersubstrate“ an, deren Preis zwischen 30 und 50 €/m³ liegt. Vor der Befüllung der Container sollte der Containerboden zur Verbesserung der Dränage mit Rindenhäcksel oder Kieselsteinen bedeckt werden. In den ersten vier Kulturjahren sind 7,5-l-Container ausreichend. Anschließend werden Containergrößen von 15 bis 35 l verwendet. Noch größere Container haben sich nicht bewährt. Je kleiner der Container ist, desto größer ist die Gefahr von Winterfrostschäden an den Wurzeln. Bei oberirdischer Aufstellung im Freiland sollten die Container mit weißer Folie ummantelt werden, um eine zu starke Erwärmung des Wurzelraums im Sommer zu verhindern.

Bei der Verwendung von Holzsubstraten kommt es bei der Umsetzung dieses stickstoffarmen Materials zur Stickstoffimmobilisierung: Mineralstickstoff wird zeitweilig in den Mikroorganismen des Bodens festgelegt und steht somit den Heidelbeeren nicht zur Verfügung. Die Stickstoffimmobilisierung kann vermieden werden, wenn das Holzsubstrat vor der Verwendung etwa ein Jahr lang anrotten kann. Zu Beginn des Rotteprozesses sollten 1 kg N/m³ Holzsubstrat zugemischt werden.

> Da Heidelbeeren kein tiefgehendes Wurzelsystem entwickeln, sind die Pflanzen gegen Trockenheit sehr empfindlich. Eine Tropfbewässerung oder Überkronenberegnung, die auch gleichzeitig als Frostschutzberegnung verwendet werden kann, ist unbedingt erforderlich.

Bodenpflege

Die Fahrgassen können auf leichten Böden durch eine flache Bodenbearbeitung (z. B. Kreiselegge) offen gehalten werden, um eine Wasserkonkurrenz zwischen der Fahrgassenbegrünung und den Heidelbeeren zu unterbinden. Zur Verbesserung der Befahrbarkeit der Anlagen können auf solchen Böden auch langsam wachsende Grasarten eingesät werden, die nur ein- oder zweimal pro Jahr gemäht werden müssen. Auf Moorböden sollten die Fahrgassen immer begrünt sein, da die Anlagen sonst bei feuchter Witterung nicht befahrbar sind.

Im Pflanzstreifen kann die Unkrautbekämpfung durch Abdecken mit organischem Material und, wenn erforderlich, Einsatz von Herbiziden erfolgen. Eine mechanische Unkrautbekämpfung muss unbedingt das flache Wurzelwerk der Heidelbeersträucher schonen.

Schnitt

Heidelbeeren sollten **regelmäßig** geschnitten werden. Die Entwicklung eines Heidelbeerstrauches verläuft in folgenden Etappen: Im ersten Jahr entstehen die **Bodentriebe**, die im Inneren des Strauches heranwachsen und in den folgenden Jahren zu **Gerüstästen** werden. Im ersten

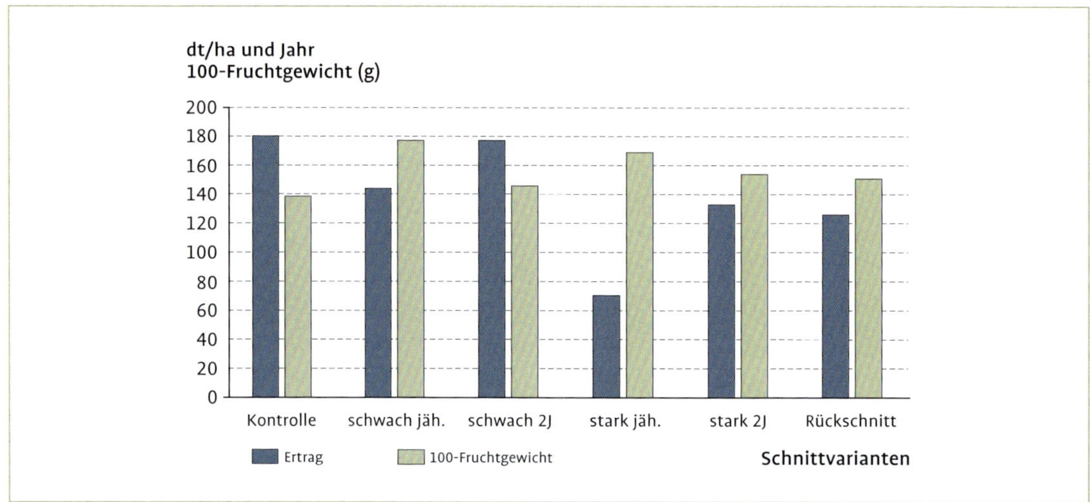

Abb. 148 Einfluss der Schnittintensität auf den durchschnittlichen Ertrag und das durchschnittliche 100-Fruchtgewicht von vier Heidelbeersorten (fünf Ertragsjahre, Sorten 'Bluecrop', 'Patriot', 'Bluetta', 'Spartan') (DIEREND und BIER-KAMOTZKE 2006, 2007).
Schnittintensitäten:
1 = Kontrolle (kein Schnitt)
2 = Schwacher Schnitt – jährlich im Spätwinter (Abkürzung: schwach jäh.), je Strauch wurden ein oder zwei Gerüstäste komplett entfernt und Seitenholz, so weit erforderlich, entfernt oder schwach zurückgeschnitten
3 = Schwacher Schnitt – alle zwei Jahre im Spätwinter (Abkürzung: schwach 2J), sonst wie 2
4 = Starker Schnitt – jährlich im Spätwinter (Abkürzung: stark jäh.), je Strauch wurden zwei oder drei Gerüstäste komplett entfernt und Seitenholz, so weit erforderlich, entfernt oder stark zurückgeschnitten (abgetragenes Holz wurde konsequent entfernt)
5 = Starker Schnitt – alle zwei Jahre im Spätwinter (Abkürzung: stark 2J), sonst wie 4
6 = Rückschnitt (kompletter Rückschnitt bis über den Erdboden im Spätwinter vor der ersten Vegetationsperiode im Versuch).

und vor allem im zweiten Jahr bilden sich an den letztjährig gebildeten Bodentrieben kurze Seitentriebe erster Ordnung. An diesen entwickeln sich an den Terminalen und in einigen darunter liegenden Blattachseln Blütenknospen. Im Frühjahr des zweiten bzw. dritten Jahres entsteht aus jeder Blütenknospe eine Traube mit 5 bis 12 Blüten bzw. Früchten. Unterhalb der Früchte bilden sich an demselben Trieb Seitentriebe zweiter Ordnung, die im nächsten Jahr fruchten.

Ein Pflanzschnitt ist bei Heidelbeeren in der Regel nicht erforderlich. Der Auslichtungsschnitt im Winter oder zeitigen Frühjahr beginnt oft erst nach dem dritten Laub. Hierbei werden die abgetragenen Gerüstäste vollständig entfernt oder auf einen kräftigen Seitentrieb oder -ast abgesetzt. An den zweijährigen Gerüstästen werden nur zu schwache Seitentriebe entfernt. Die Bodentriebe werden auf vier bis sechs der stärksten Triebe vereinzelt. Grundsätzlich werden nach innen wachsende und bodennahe Triebe oder Äste herausgeschnitten. Nach dem Schnitt sollte der Strauch drei bis sechs gut verzweigte zweijährige Gerüstäste und vier bis sechs Bodentriebe aufweisen.

Unterschiedlich alte Elemente eines Strauches können an der Färbung der Rinde bestimmt werden: Bodentriebe sind grün, zweijährige Gerüstäste rötlich und dreijährige oder ältere Gerüstäste graubraun bis aschgrau.

Die Schnittstärke hat einen erheblichen Einfluss auf Ertrag, Fruchtgröße und Pflückleistung.

Nichtschneiden

Das Nichtschneiden führt über viele Jahre zu den höchsten Erträgen, aber gleichzeitig auch zu der geringsten Fruchtgröße, die wiederum die geringste Pflückleistung mit sich bringt. Auch bei Kulturheidelbeeren ist die Ertragshöhe kein alleiniges Entscheidungskriterium für die Durchführung von Kulturmaßnahmen. Pflückkosten (Handpflücke) verursachen etwa die Hälfte der Produktionskosten bei Kulturheidelbeeren. Für Kulturheidelbeeren muss somit eine Schnittintensität gefunden werden, die Fruchtgröße und Pflückleistung möglichst positiv beeinflusst, ohne dass der Ertrag zu stark abfällt. Das Nichtschneiden erfüllt diese Zielsetzung nicht.

Bei einem Nichtschneiden von mehr als fünf Jahren sind weitere gravierende Nachteile zu erwarten; beispielsweise zunehmende Standraumüberschreitung der Pflanzen und Instabilität des Strauches, Fruchtholzvergreisung, Abwanderung der Ertragszone nach oben durch massive Belichtungsprobleme im unteren Strauchbereich. Weiterhin stellt in Anlagen mit Anthraknosebefall der regelmäßige Schnitt eine wirkungsvolle Bekämpfungsmaßnahme dar.

Starker Schnitt
Alle Heidelbeersorten reagieren auf einen regelmäßigen starken Schnitt mit wirtschaftlich nicht tragbaren Ertragsrückgängen. Zwar werden Fruchtgröße und Pflückleistung durch den starken Schnitt erwartungsgemäß positiv beeinflusst, allerdings können diese positiven Effekte den Ertragsrückgang nicht ausgleichen. Regelmäßige starke Schnitteingriffe sind bei Heidelbeeren folglich unbedingt zu vermeiden.

Rückschnitt über dem Boden
Heidelbeerpflanzen verkraften einen kompletten Rückschnitt problemlos. Spätestens im 3. Jahr nach dem Eingriff haben die Pflanzen ihre Vollertragskapazität wieder erreicht. Im mittleren jährlichen Ertrag, aber auch in der Ertragssumme für fünf Jahre bleibt diese Variante jedoch hinter derjenigen mit einem jährlich schwachen Schnitt zurück. Die Fruchtgröße entwickelt sich mit zunehmender zeitlicher Distanz zum Rückschnitt in Richtung der Fruchtgröße nicht geschnittener Anlagen. Der komplette Rückschnitt von Heidelbeerpflanzen kann nur als Notmaßnahme angesehen werden, z. B. bei einer stark vernachlässigten Anlage. Ein Jahr nach dem Rückschnitt sollten dann regelmäßige Schnitteingriffe durchgeführt werden.

Schwacher Schnitt
Ein jährlicher schwacher Schnitt stellt die beste Schnittintensität für Kulturheidelbeeren dar. Zwar führt diese Schnittintensität zu einem durchaus erkennbaren Ertragsrückgang; der positive Effekt auf Fruchtgröße und Pflückleistung gleicht diesen unvermeidbaren Nachteil aber mehr als aus, sodass sich aus betriebswirtschaftlicher Sicht ein klarer Vorteil für diese Variante ergibt.

Hervorzuheben ist, dass 'Bluecrop' als Hauptsorte des deutschen Heidelbeeranbaus hinsichtlich der Fruchtgröße sehr positiv auf den jährlichen schwachen Schnitt reagierte. Wichtig ist weiterhin, dass der jährliche schwache Schnitt einen gleichmäßigen Ertragsverlauf fördert, also einer Alternanz entgegenwirkt.

Unter praktischen Bedingungen wird die Schnittintensität von Jahr zu Jahr variieren. Entscheidend ist letztendlich, dass der Schnitt auf die notwendigen Eingriffe reduziert wird.

Der Arbeitsaufwand für den jährlichen Auslichtungsschnitt muss mit etwa **100 AKh/ha** kalkuliert werden. Pneumatische oder akkubetriebene Scheren sind wegen des relativ harten Holzes der Heidelbeere zu empfehlen. Ein maschineller Schnitt (Prinzip Heckenschere), wie er z. B. im Kernobstanbau zunehmend zum Einsatz kommt, ist auch bei Heidelbeeren möglich. Allerdings kann hierbei schnell eine zu starke Schnittintensität erreicht werden. Ein jährlicher Heckenschnitt reduziert den Ertrag zu stark. Der Abstand der Schnitteingriffe sollte auf mindestens zwei Jahre erhöht werden. Die Ertragsreduktion muss dabei im Verhältnis zur Einsparung von Arbeitsstunden für den Schnitt betrachtet werden. Die Arbeitsersparnis wird etwa 80 % betragen.

Ernte und Ertrag
Je nach Sorte, Standort und Jahreswitterung beginnt die Heidelbeerernte Ende Juni/Anfang Juli und endet Mitte oder Ende September. Unter Berücksichtigung aller für den Anbau geeigneten Sorten ergibt sich eine Erntezeit von bis zu **12 Wochen**. Wenn die Früchte sich blau färben, dauert es noch etwa eine Woche, bis sie das volle

Aroma entwickelt haben und pflückreif sind. In dieser Woche nehmen die Beeren noch etwa 20 % an Volumen zu. Bei pflückreifen Beeren färbt sich auch die Stielansatzstelle blau und der Fruchtstiel weist eine rötliche Färbung auf.

Heidelbeeren reifen folgernd und müssen daher mehrmals durchgepflückt werden. Die Früchte einer Sorte reifen innerhalb von drei bis fünf Wochen. Gepflückt wird im Abstand von vier bis acht Tagen, sodass sich für eine Sorte drei bis sechs Pflückdurchgänge ergeben. Um den Reifbelag der Beeren zu schonen, werden die Früchte mit dem Daumen von der Traube in die geöffnete Hand gerollt. Die Pflückleistung beträgt in Abhängigkeit von Fruchtbehang und Beerengröße 4 bis 7 kg/Akh. Während der Erntesaison müssen mindestens zehn Pflückkräfte pro Hektar vorgesehen werden.

Als Verkaufsgebinde dienen 200- und 250-g-Schälchen bzw. 500-g-Schalen sowie 1-kg-, 2-kg- oder 3-kg-Körbe. Es kann direkt in die Verkaufsgebinde geerntet werden.

Maschinelles Ernten mit Heidelbeer-Vollerntern ist, auch für den Frischmarkt, möglich, aber von den Sorteneigenschaften abhängig. Eine Sortierung der Früchte ist bei Verwendung für den Frischmarkt auf jeden Fall erforderlich. Praktikabel ist eine Kombination aus manueller und maschineller Ernte. Dabei werden die zwei ersten Pflücken manuell durchgeführt (gute Beerengröße), die letzten maschinell.

Bis zum vierten Laub liegen die jährlichen Erträge der meisten Sorten deutlich unter 5 t/ha. Ab dem sechsten bis achten Laub wird die Vollertragsphase erreicht. Ertragreiche Sorten erbringen in dieser Phase über viele Jahre durchschnittliche Jahreserträge von **9 bis 10 t/ha**, in besonders günstigen Jahren auch 20 bis 25 t/ha. Weniger ertragreiche Sorten weisen durchschnittliche Erträge von 5 bis 7 t/ha und Jahr auf.

7.7 Anbausysteme bei Tafeltrauben

Pflanzmaterial
Reben für den Erwerbs- und Profianbau dürfen nur als **Pfropfreben** gepflanzt werden. Die Unterlage muss reblausfest sein. Die Pflanzung von wurzelechten Reben ist nach dem Reblausgesetz verboten. Es dürfen keine Einleger oder Absenker zur Überbrückung von Fehlstellen eingegraben werden.

Pflanzreben sollten nur von spezialisierten Rebschulbetrieben mit garantierter Sortenechtheit und Qualität bezogen werden. Sorten mit Sortenschutz werden nur durch den Sortenschutzinhaber vertrieben oder Lizenzen erteilt. Eine Weitervermehrung durch Dritte ist unzulässig.

Wurzelnackte Ware als einjährige Veredlungen mit guter Verwachsung des Kallus wird nur im Frühjahr angeboten. Sie werden in der Regel pflanzfertig paraffiniert angeboten, der Pflanzschnitt ist dabei bereits durchgeführt. Die Pflanzperiode ist nach den Frösten ab Mitte April bis Anfang Juni. Die Reben sollten bis zur Pflanzung kühl gehalten werden und dürfen keinesfalls austrocknen. Daher sollten die Wurzeln sofort in angewärmtes Wasser gestellt werden. Bis zur Pflanzung können sie so etwa eine Woche an einem kühlen und schattigen Ort stehen bleiben.

Containerware kann praktisch das ganze Jahr gepflanzt werden. Hierbei wurden die Pfropfreben quasi vorkultiviert. Sie eignen sich für kleine Pflanzungen, der Transport ist aber aufwendiger und die Containerware ist verhältnismäßig teuer. Bei guter Kulturführung sind wurzelnackte Reben jedoch mindestens gleichwertig, man gewinnt deshalb keine Zeit, wenn im Sommer oder Herbst Containerware gepflanzt wird.

Kulturführung
Pflanzreben werden in den oberflächlich bearbeiteten Boden mit Veredlungsstelle etwa 5 bis 10 cm über dem Boden gesetzt. Dies verhindert die Bildung von Edelreiswurzeln, die sonst die Reblausanfälligkeit verstärken würden. Für Tafeltrauben haben sich Reihenabstände von mindestens 2 bis etwa 3 m bewährt. Der Stockabstand sollte bei etwa 1,20 bis 1,50 m liegen. Jede Rebe erhält nach der Pflanzung einen Pflanzstab als Stütze. Die Drahtunterstützung kann in demselben Zug erstellt werden oder wird im darauf folgenden Frühjahr installiert. Wichtig ist eine auf Zug belastete Verankerung, um die Drähte straff zu halten.

Je nach Erziehungssystem kann die Reihe senkrecht als Halb- oder Flachbogen erstellt werden. Aufwendiger sind ausladende Erziehungsformen mit schrägen Pfählen in V- oder Y-Erziehung (Lyra-System). Als Draht hat sich verzinkter Stahldraht mit Zink-Alu-Beschichtung bewährt. Als Pfahlmaterial kommen entweder Hartholz (Akazie), imprägnierte Fichtenpfähle oder verzinkte Metallpfähle infrage. Weinbergsmäßige Bepflanzungen erfolgen aufgrund der geringeren Wartungskosten überwiegend mit Metallpfählen. Die Drähte können hier variabel in vorinstallierte Drahtstationen eingehängt werden. Bewegliche Heftsysteme mit Drahtausleger oder Heftdrahtfedern erleichtern die Laubarbeit erheblich.

Im Pflanzjahr wird lediglich ein kräftiger Trieb aus der Veredlungsstelle belassen. Dieser wird mehrfach an den Pflanzstab aufgebunden. Seitentriebe, die sich an den Blättern bilden, werden entfernt. Bis zum Herbst sollte der Zieltrieb, der den zukünftigen Stamm bildet, etwa 1,50 m hochgewachsen und verholzt sein.

Nach dem ersten Winter wird vor dem Austrieb der Trieb auf die zukünftige Stammhöhe zurückgeschnitten. Falls die Rebe schwächer gewachsen war, sollte sie auf zwei Augen über der Veredlung geschnitten werden. Dann wird im nächsten Jahr nochmals ein Trieb aufgezogen.

Bei Anschnitt auf Stammhöhe werden nach dem Austrieb die unteren Triebe entfernt. Lediglich drei bis fünf Triebe werden in die Drähte eingeheftet. Bei starkem Wuchs können bereits sich bildende Gescheine (Traubenansätze vor der Blüte) belassen werden. Es sollten aber pro Trieb nicht mehr als ein Geschein sein, um die Rebe im zweiten Jahr nicht zu schwächen und einen kräftigen Wuchs zu erhalten. Ab dem zweiten Winter wird an der Rebe eine zunächst kurze, später auch eine oder zwei längere Ruten belassen, die je nach Erziehungssystem als Flach- oder Halbbogen angebunden werden. Ab dem vierten Standjahr kann von einem Vollertrag ausgegangen werden. Falls Stammschäden durch Winterfröste oder Krankheiten am Stamm (Esca, Eutypa) auftreten, muss ein neuer Trieb aus der Veredlung als Ersatzstamm aufgezogen werden.

Der Winterschnitt (Rebschnitt) kann zwischen Dezember und Ende März erfolgen. Doppeltriebe sowie Stammausschläge am Stamm werden nach dem Austrieb entfernt. Fruchttragende Triebe sollten auf etwa 15 cm Abstand vereinzelt werden. Um die Rebe nicht zu überlasten, werden pro Trieb ein bis zwei Fruchtansätze belassen, dies sind etwa 20 Trauben je Rebstock.

Nach der Blüte werden unterentwickelte und zu kleine Trauben manuell ausgedünnt. Im Sommer werden die Triebe regelmäßig in die Drähte eingeflochten und gerade gestellt. Später werden die Triebspitzen entfernt (gegipfelt). Dies muss in der Regel mehrfach geschehen, da sich neue Seitentriebe (Geiztriebe) ausbilden. Geiztriebe und dicht stehende Blätter in der Traubenzone werden ebenfalls entfernt. Geiztriebe im oberen Laubbereich dienen der Zuckerproduktion und sollten belassen werden.

Bodenpflege und Düngung

Eine offene Bodenpflege findet im Pflanzjahr statt. Herbizide kommen bei Bedarf erst zum Einsatz, wenn die Rebstämme verholzt sind. Die Anwendung sollte auf den Stammstreifen beschränkt sein. Die Bearbeitung in der Gasse, teilweise auch die Pflege des Stammstreifens erfolgt mechanisch durch Fräse, Kreiselegge, Grubber oder Scheibenegge. Ab Ertragsbeginn sollten die Fahrgassen begrünt werden. Um die Wasserkonkurrenz der Begrünung einzudämmen, sollte nur jede zweite Gasse dauerbegrünt werden. Die von Frühjahr bis Sommer offen gehaltenen Gassen werden im Herbst mit einer Winterbegrünung aus Winterroggen oder Winterwicken eingesät. Die Winterbegrünung wird im Frühjahr gemulcht und eingearbeitet. Offene Böden setzen Bodenstaub frei, der die Trauben zur Ernte beschmutzen kann und die Ernte erschwert.

Bei unzureichender Wasserversorgung über den Boden sollte eine Tropfberegnung installiert werden. Die Wassergaben dürfen aber nicht zu üppig ausfallen, da die Beeren sonst zur Reife leicht platzen. Wird nicht beregnet, kann eine Abdeckung mit Baumrinde oder unbelastetem organischem Material einen Verdunstungsschutz darstellen.

Saure Böden sollten vor der Pflanzung aufgekalkt werden, bis die Bodenreaktion neutral bis schwach sauer ist. Reben auf kalkhaltigen Böden neigen zu Chlorose (Gelbsucht), dem durch die Wahl einer chlorosefesten Unterlage entgegengewirkt werden kann. Wo dies nicht ausreicht, muss eine Gabe von Eisenchelaten über den Boden oder über das Blatt erfolgen.

Magnesium und Kalium sollten bei Unterversorgung auf die Versorgungsstufe C gedüngt werden. Magnesiummangel führt zu Stiellähme, Kaliummangel vermindert die Winterfrostfestigkeit und die Zuckerbildung in den Beeren. Phosphat ist meist nur auf zuvor extensiv genutzten Standorten wie Grünland im Mangel. Gartenböden und langjährig genutzte Ackerflächen sind in der Regel ausreichend mit Phosphat versorgt. Stickstoffdünger werden jährlich zum Austrieb verabreicht, die Gaben sollten zwischen 40 und 70 kg/ha Reinstickstoff liegen.

Pflanzenschutz

Ein Hauptschädling ist der Traubenwickler, der mittels Insektiziden bekämpft wird. Großräumig hat sich in Weinbaugebieten das Verwirrungsverfahren mit Pheromonen bewährt. Daneben sind Wespen, Vögel (Amseln, Stare) und Wild (Wildscheine, Rehe, Kaninchen) bedeutende Schadensverursacher an reifenden Trauben oder jungen Trieben. Zu einem bedeutenden Schädling bei Sorten mit roter Beerenschale ist die Kirschessigfliege geworden. Dies spricht für den Anbau weißer Sorten, die nahezu befallsfrei bleiben.

Als gravierende pilzliche Schaderreger gelten der Echte und der Falsche Mehltau, auch als Oidium und Peronospora bezeichnet. Vor allem Neuzüchtungen gelten als robust gegen diese Krankheiten. Ein Anbau gänzlich ohne Pflanzenschutz ist aber nicht möglich, da bei hohem Befallsdruck trotzdem hohe wirtschaftliche Schäden entstehen können.

Ernte

Trauben reifen als nicht klimakterisches Obst nicht nach und sind daher genussreif zu ernten. Die Wachsschicht der Beeren darf bei der Ernte nicht durch Druckstellen beschädigt werden. Daher sollten die Trauben möglichst nur am Stiel angefasst werden. Unterschiedliche Reife erfordert mehrere Durchgänge. Werden die Reben etwa gleich stark belastet, d. h. auf Ertrag eingestellt, so reifen sie gleichmäßiger aus. Die Trauben werden nach der Ernte kühl gehalten und können einige Tage im Kühlhaus gelagert werden. Liegen sie längere Zeit, so trocknen die Stiele ein.

Faule Trauben werden verworfen, einzelne angefaulte Beeren können vorsichtig mit einer spitzen Schere entfernt werden. Trauben können nur flach (einschichtig) in Kisten oder Schalen gelegt werden.

8 Pflege- und Kulturmaßnahmen

8.1 Kronengestaltung und Schnitt

Die Kronenerziehung setzt Grundkenntnisse über die Bauelemente der Obstgewächse, ihre Entwicklung und Funktion sowie ihre gegenseitigen Beziehungen voraus.

8.1.1 Bau und Entwicklung von Baumkronen und Sträuchern

Baumkronen bestehen überwiegend aus einer **Hauptachse** (Stamm und Stammverlängerung) und **Seitenachsen** erster bis höherer Ordnung. Je nach Rang und Funktion bezeichnet man Seitenachsen als Leitäste, Gerüstäste, Fruchtäste oder auch Basisäste. Die Hauptachse und alle Seitenachsen tragen das Fruchtholz. Verholzte Sprosse der Obstgehölze fasst man unter der Bezeichnung Altwuchs zusammen. Aus seinen Knospen entstehen Jungtriebe, der Neuwuchs der Baumkronen.

Durch Spitzenförderung ergeben sich im oberen Bereich der Triebe, Zweige und Äste bevorzugt Langtriebe. Aus Knospen im mittleren Triebabschnitt entwickeln sich schwächere Triebe mit kürzeren Internodien (Kurztriebe, Fruchtholz). Die schwach ausgebildeten Knospen der unteren Triebabschnitte treiben häufig nicht aus. Bei annähernd waagerechter Stellung von Trieben, Zweigen und Ästen werden ihre oberseitigen Knospen und Sprosse im Wachstum gefördert (Epitonie). Nur bei der Walnuss entspringen die stärksten Triebe der Zweigunterseite (Hypotonie).

Steil stehende Zweige und Äste neigen sich unter dem Gewicht von Früchten nach unten

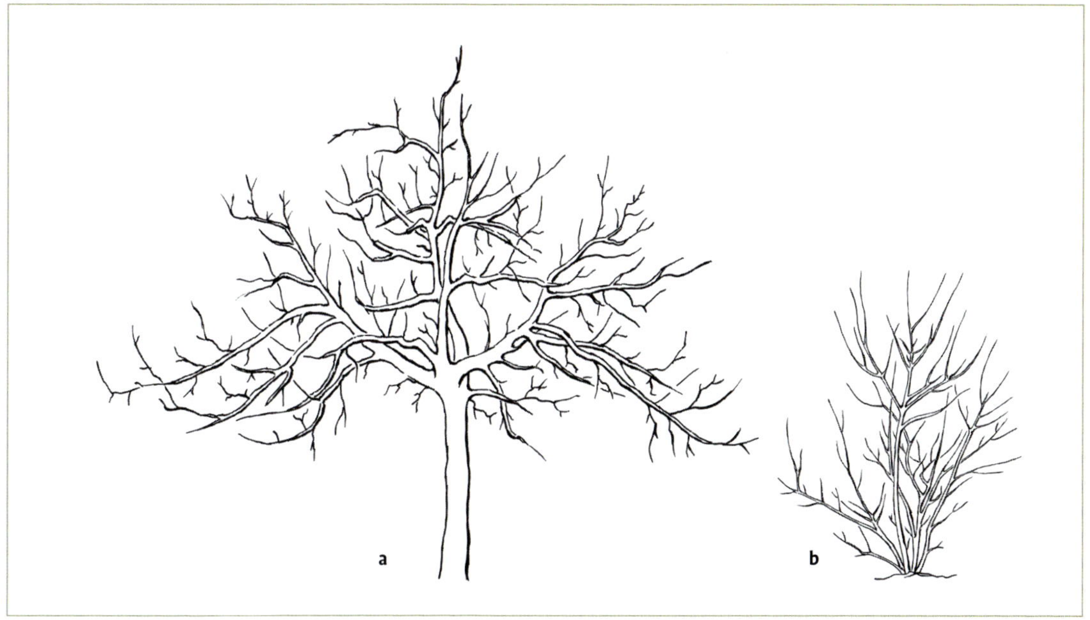

Abb. 149 Ein baumartiges Wuchsbild ergibt sich, wenn spitzennahe Knospen der Stammverlängerung gefördert sind (Akrotonie) (a). Werden Knospen im Basisbereich der Sprossachse am besten ausgebildet (Basitonie), so entsteht ein Strauch (b).

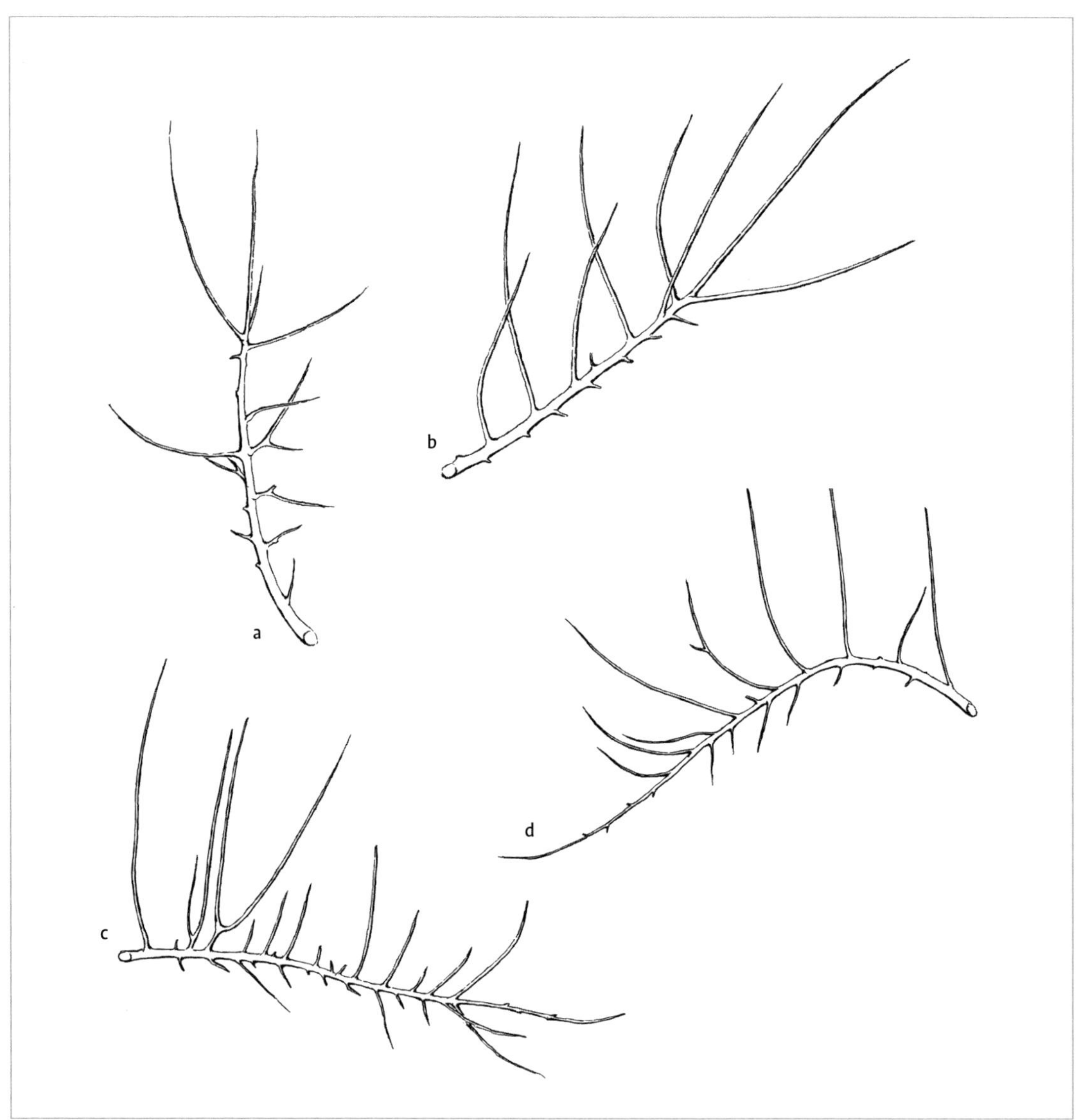

Abb. 150 Wuchsförderung durch unterschiedliche Zweigorientierung: a) = Spitzenförderung bei aufrechter Zweigstellung; b) = Oberseitenförderung durch Schrägstellung, c) = Oberseitenförderung durch Waagerechtstellung; d) = Wachstumsförderung am Scheitelpunkt bogenförmiger Zweige.

(Fruchtbogenbildung). Der Bereich der stärksten Triebförderung verlagert sich dabei von der Astspitze zur Astmitte (Scheitelpunktförderung) oder zur Astbasis (Basisförderung). Diese Entwicklung kann durch Waagerechtbinden oder Abspreizen der Äste beschleunigt werden.

Bei der Birne beherrscht die Spitzenförderung das Wuchsverhalten meistens bis ins hohe Alter. Bei Apfel, Kirsche und Pflaume kann der Mitteltrieb mit dem Einsetzen des Vollertrags abkippen und seine beherrschende Stellung im Kronensystem verlieren. An seine Stelle tritt im Normalfall ein steilstehender, nahegelegener Zweig und entwickelt sich zu einem Ersatzast. Bei Pfirsich, Aprikose und Sauerkirsche dauert die Vormachtstellung der Mittelachse nur kurz.

8.1.2 Bedeutung der Knospen für die Entwicklung

Das Triebwachstum geht überwiegend von Knospen aus. In diesen befindet sich bereits ein mikroskopisch kleiner, stark gestauchter Trieb. An seiner Spitze, dem Vegetationspunkt, sitzt ein Spitzenmeristem. Aus ihm gehen Blattanlagen und seitliche Meristeme hervor, aus denen später Seitentriebe entstehen können. Unter dem Meristem befindet sich eine Zone mit starker Zellstreckung für die Triebverlängerung.

Beim Kernobst sind **Endknospen** (Terminalknospen) besser ausgebildet als **Seitenknospen** (Lateralknospen). Dies gilt für Blatt- und Blütenknospen gleichermaßen. Endknospen treiben im Gegensatz zu Lateralknospen im Frühjahr annähernd vollständig aus. Seitenknospen der Langtriebe sind im mittleren Triebabschnitt am besten ausgebildet. Später **Triebabschluss** führt meistens zu schwacher Ausbildung der Seitenknospen nahe der Triebspitze. Die Knospen im unteren Langtriebdrittel sind umso schwächer ausgebildet, je näher sie bei der Triebbasis liegen. Sie treiben nur schwach oder auch gar nicht aus.

Verschiedene Obstarten bilden an Seitenknospen auch noch **Nebenknospen** (Beiaugen). Sie können beschädigte Hauptknospen ersetzen oder sich in Blütenknospen umwandeln. Jedes Obstgehölz verfügt außerdem über viele minimal ausgebildete Knospenanlagen, die sogenannten **schlafenden Augen** zwischen dem Zuwachs zweier Vegetationsperioden, den Astringen, und an verholzten Fruchtständen (Fruchtkuchen). Sie verharren normalerweise jahrelang in Ruhe. Ein Rückschnitt bis in den Astring oder in den Fruchtkuchen kann schlafende Augen wecken und schwachen Austrieb bewirken.

Adventivknospen bilden sich nach starkem Schnitt, Verjüngung oder Verwundung an beliebiger Stelle. Im Gegensatz zu allen übrigen Knospenarten entstehen sie nicht in den Achseln von Blättern und haben auch, zumindest am Anfang ihrer Entwicklung, keine Verbindung zu Gefäßbündeln.

8.1.3 Schnittwirkungen

Beim Schneiden der Obstgehölze kann man gewisse Partien auslichten oder zurückschneiden. Beim **Auslichten** trennt man Zweige oder Äste an ihrem Ansatzpunkt vollständig ab. Die bis dahin bestehenden korrelativen Beziehungen im Astsystem bleiben weitgehend erhalten. Schneidet man dagegen Triebe, Zweige oder Äste an (zurück), so entfallen ihre Spitzenknospen und ihr Einfluss auf tiefer gelegene Knospen. Diese Inaktivierung der Apikaldominanz bringt Knospen unter der Anschnittstelle zum Austreiben, die ohne **Rückschnitt** in Ruhe verharrt hätten.

> Das Schneiden und Formieren soll den Obstbäumen und Sträuchern eine dem Anbausystem angemessene Form, Größe und Stabilität geben, die Belichtung aller Astpartien sichern und ein ausgeglichenes Wuchs-/Ertragsverhalten herstellen und aufrechterhalten. Schnitteingriffe und Formierungsmaßnahmen können im Winter und im Sommer vorgenommen werden. Sie wirken sich auf die unmittelbare Umgebung der Eingriffsstelle und auf das gesamte Sprosssystem aus.

Die Reaktionsmöglichkeiten der Triebe auf unterschiedlich starken Rückschnitt wurden schon 1896 von Koopmann in Schnittregeln gefasst, die beim Schneiden immer noch eine gewisse Leitlinie vorgeben. Im Wesentlichen besagen sie:

- Die Gesamtlänge eines Astes (Alt- + Neuwuchs) wird durch fehlenden oder schwachen Anschnitt kaum beeinflusst. Starker Rückschnitt vermindert sie.
- Der neue Spitzentrieb entwickelt sich umso kräftiger, je stärker zurückgeschnitten wird. Das trifft nicht mehr zu, wenn man bis in die Zone der schlafenden Augen zurückgeht.
- Durch kurzes Anschneiden entwickeln sich weniger, jedoch starke Triebe. Der Gesamtzuwachs steigt meistens mit zunehmender Schnittstärke an.
- Die mittlere Blattgröße nimmt mit steigender Schnittstärke zu.
- Durch langes Anschneiden entwickeln sich mehr Kurztriebe mit Blütenknospen. Mit starkem Rückschnitt geht die Anzahl an Langtrieben und besonders an Kurztrieben zurück.

- Die Anzahl nicht austreibender Knospen nimmt durch starken Rückschnitt ab.
- Je stärker ein Trieb zurückgeschnitten wird, umso weniger Blütenknospen bildet er.

Das Anschneiden von Trieben oder Zweigen wirkt sich auch auf nahestehende Triebe aus. Angeschnittene Verlängerungstriebe wachsen z. B. in der Umgebung von nicht geschnittenen Konkurrenztrieben nicht so stark wie bei gleichmäßigem Anschnitt aller Triebe

Die Wuchsstärke der Triebe ist ferner von ihrer Stellung im Raum und in der Krone abhängig. Hierbei sind einige **Wuchsregeln** zu beachten. Wie der Obsterzeuger darauf reagieren kann, ist in Klammern angegeben.

- Seitentriebe, die gleich lang und gleich dick sind, denselben Ansatzwinkel haben und gleich hoch in der Krone inseriert sind, entwickeln sich gleich stark.
- Wenn von vergleichbaren Trieben der eine dicker, der andere dünner ist, wächst der dickere stärker. (Ausgeglichenen Wuchs erzielt man in dieser Situation, wenn man den dickeren Trieb nach unten, den schwächeren nach oben bindet.)
- Lange Triebe wachsen stärker als kurze. (Gleich starke Entwicklung erfolgt, wenn der lange Trieb angeschnitten, der kurze nicht geschnitten wird.)
- Von ansonsten vergleichbaren Trieben wachsen steil stehende stärker als flach angesetzte. (Werden steil stehende Triebe waagerecht formiert, so erfolgt Wuchsausgleich).
- Setzen vergleichbare Triebe oder Zweige unterschiedlich hoch an der Stammverlängerung an, wachsen die höher inserierten stärker. (Schneidet man alle auf die Ebene des tief angesetzten – „auf Saftwaage“ – zurück oder formiert sie entsprechend, so erfolgt Wuchsausgleich.

Die Stärke eines Schnitteingriffs und seine Auswirkungen ergeben sich aus der Kombination von unterschiedlich starkem Anschneiden und Auslichten. Scharfes Schneiden führt im Allgemeinen zu starkem Neuwuchs, einem relativ engen Verhältnis Neuwuchs zu Altwuchs (= geringer Besatz der Bäume mit leistungsfähigem Fruchtholz) und hemmt tendenzmäßig die Blütenbildung. Jungbäume kommen unter seinem Einfluss später in Ertrag und Ertragsbäume leiden häufig verstärkt unter Alternanz.

Nicht oder mäßig schneiden führt am raschesten zu hoher Ertragskapazität (viel Fruchtholz), sehr wenig schneiden bedeutet, dass das Wuchspotenzial auf viele Wachstumspunkte verteilt wird, wodurch die einzelnen Triebe verhältnismäßig schwach wachsen.

Die im Sinne von Kronenbegrenzung und Wachstumslenkung (Wuchsstärke der Triebe insgesamt und im Verhältnis von oben zu unten) notwendigen Schnitteingriffe können mit weiteren Kronenbehandlungsmaßnahmen zur **Wuchsschwächung** genutzt werden. Zur Auswahl stehen bestimmte Formen des Zurückschneidens, der Schnittzeitpunkt sowie das Formieren von Kronenteilen. Auch der Wurzelschnitt kommt dafür infrage.

Beim Zurückschneiden ergibt sich der stärkste Wuchsimpuls durch Schnitt auf starke Knospen. Relativ schwachen Neuwuchs nach Rückschnitt kann man nur vom Schneiden auf schwache Knospen erwarten. Schneidet man beispielsweise einem zweijährigen Zweig seinen Verlängerungstrieb knapp über der Jahrestriebgrenze, dem Astring, ab, so verbleiben am einjährigen Stummel nur einige schlafende Augen. Aus ihnen können sich schwache, mit Blütenknospen abschließende Triebe bilden. Vergleichbare Auswirkungen hat das Zurücknehmen von Fruchtkuchentrieben auf die schlafenden Augen an den ehemaligen Ansatzstellen von Früchten (Fruchtkuchenschnitt). Auch ein Rückschnitt auf eine Blütenknospe (Schnitt auf Blütenknospe) kann wuchsschwächend wirken.

Durch Binden, Heften, Beschweren oder Abspreizen legt man die Wuchsrichtung von Gerüstästen, Fruchtästen und auch Fruchtholz fest.

Eine weitere Möglichkeit zur Wuchssteuerung liegt im Formieren von Trieben und Zweigen. Je nach der angestrebten Baumform kann mehr oder weniger intensives Formieren nützlich sein.

Formen mit senkrechter Baumachse wie Pyramidenkrone, Spindel oder Schlanke Spindel erfordern diesbezüglich weniger Aufwand als schräg gepflanzte Bäume. Ein ziemlich hoher Aufwand ergibt sich beinahe zwangsläufig bei Baumformen, die noch weiter von der natürlichen Entwicklung abweichen, beispielsweise bei Hohlkronen, dem Mikado-System oder gar bei Spalierformen.

Bei Birnbäumen sind Spitzenförderung (Akrotonie) und Apikaldominanz noch stärker ausgeprägt als beim Apfel. Man kann diesem Effekt durch Abspreizen oder Herabbinden der Leitäste entgegenwirken. In anderen Fällen kann es zweckmäßig sein, zu früh nach unten abgesunkene Äste (Basisäste) nach oben zu binden, damit sie ihr Wachstum nicht vorzeitig einstellen und dadurch als Gerüstäste verloren gehen. Die Früchte dieser Äste könnten auch zu dicht am Boden hängen und die Bodenpflege behindern.

Formiert man starke, steil wachsende Triebe oder schon ältere Zweige waagerecht, so wird ihre Wuchsstärke gebremst und die Blütenbildung gefördert. Wenn nur ein Teil der Triebe bzw. Zweige entsprechend behandelt wird, wachsen diese schwächer, die nicht formierten Triebe stärker. Unterschiedlich stark entwickelte Kronenpartien können so einander angeglichen werden.

Bei der Mehrzahl aller Baumformen strebt man flach angesetzte Fruchtäste und gut belichtetes Fruchtholz an. Falls im oberen Bereich der Stammverlängerung starke Triebe vorherrschen, ist es beim Jungbaum vertretbar, die vorhandenen Langtriebe durch Herabbinden in Fruchtholz umzuwandeln. Damit wird auch das Wachstum der Stammverlängerung gebremst. Aus arbeitswirtschaftlichen Gründen formiert man jedoch Obstbäume gegenwärtig so wenig wie möglich.

8.1.4 Schnittvarianten

Sommerschnitt

Unter den Begriff Sommerschnitt fallen verschiedene Eingriffe in die Entwicklung der Obstgehölze während der Vegetationszeit. Nach dieser Definition ist auch der Blüteschnitt eine Sommerschnittvariante. Je nach seiner Ausrichtung ist Sommerschnitt hauptsächlich auf die Regulierung des Wachstums, lichtere Kronen und bessere Qualität und Lagerstabilität der Früchte ausgerichtet.

Blüteschnitt

Das Schneiden der Bäume um die Blühzeit wird häufig als wuchshemmend eingestuft. Im Gegensatz dazu stehen Versuchsergebnisse, die auf eine Förderung des Langtriebwachstums durch Blüteschnitt, geringere Erträge mit zudem übergroßen, weniger lagerfähigen Früchten und eine merkliche Hemmung der Blütenbildung hinweisen. Diese wenig positiven Ergebnisse mahnen zumindest zur Vorsicht vor zu heftigem Schneiden in der ersten Triebwachstumsphase.

Früher Sommerschnitt

Grünschnittarbeiten zwischen Ende Mai und Mitte Juli können dazu beitragen, das Wachstum der Triebe und Zweige von jungen Bäumen der gewünschten Kronenform entsprechend zu lenken. Dabei werden ungeeignete Langtriebe durch Wegschneiden oder Wegreißen beseitigt und steil stehende Triebe mit Schnüren, Formierklammern oder Gewichten so ausgerichtet, dass harmonisch gebaute, offene Kronen entstehen. Man verspricht sich davon eine Einsparung an Wuchsenergie zugunsten eines raschen Kronenaufbaus. Weil die Bäume zu dieser Zeit noch mitten im Wachsen sind, bewirkt der beschriebene Schnitt häufig einen Wiederaustrieb mit weiterem Zuwachs. Für Ertragsbäume könnte jedoch ein zu lange anhaltendes Triebwachstum Nachteile für die Blütenbildung mit sich bringen. Für sie ist deshalb eher ein später Sommerschnitt anzuraten.

Später Sommerschnitt

Später Sommerschnitt erfolgt in der Reifezeit der Früchte und kann auch noch nach der Ernte als vorweggenommener Winterschnitt stattfinden. Das Triebwachstum sollte dafür möglichst abgeschlossen sein. Im Wesentlichen werden dabei Triebe, die Früchte beschatten, weggenommen. Man erhofft sich davon vor allem eine Verbesserung von Farbe und Geschmack sowie höhere Fruchtstabilität während der Lagerung. Allzu

Tab. 46 Einfluss von Schnitttermin und Wachstumsreglern auf die Blütenbildung

Versuchsglied	% Blütenknospen	
	'Boskoop'	'Golden Delicious'
Winterschnitt	58	56
+ Gibberellin	45	46
+ Paclobutrazol	82	84
+ Chlorethylphosphonsäure	95	93
Augustschnitt	93	88

heftige Eingriffe in die Blattmasse können jedoch reduzierten Zucker- und Säuregehalt der Früchte und mäßige Fruchtfarbe zur Folge haben.

Es ist wichtig, die Gesamtblattfläche beim Sommerschnitt keinesfalls übermäßig zu reduzieren.

Augustschnitt: Im Gegensatz zu allen übrigen Sommerschnittvarianten findet der Augustschnitt vorübergehend oder auch dauerhaft ausschließlich im Sommer statt. Im Wesentlichen beruht er auf der Überlegung, wie man die pflanzeneigene Wachstumssteuerung nutzen kann, um überaus wuchsfreudige und alternierende Bäume ohne den Einsatz von Wachstumsreglern schnell und zuverlässig zu beruhigen und fruchtbar zu machen.

Im Zentrum dieser Überlegungen stehen die wohlbekannten „Wasserschosse". Weil sie „ungebührlich" wachsen und „keine Blüten ansetzen", werden sie kurzerhand weggeschnitten, ohne zu bedenken, dass man sie zur Wachstumsberuhigung und Blütenbildung nur zwei Jahre in Ruhe lassen müsste.

Auf den weitgehend üblichen Winterschnitt muss man in der Anfangsphase vorübergehend verzichten, egal wie zahlreich, lang und dick die einjährigen Triebe sind und ob sie steil oder flach stehen. Nur so werden sie zu einer effektiven Triebbremse. Im folgenden Sommer muss zu starkes Holz ausgelichtet und schwächeres auf den zweijährigen Triebabschnitt zurückgenommen werden.

Allerdings muss man dabei noch eine ungewohnte Hürde nehmen. Die Bäume tragen nun beinahe ausgewachsene Früchte, die zu einem erklecklichen Teil dem erforderlichen Schnitteingriff zum Opfer fallen. Frühreifende Sorten kann man allerdings schon vor dem Schneiden ernten. Bei spätreifenden muss man einen gewissen Verlust in Kauf nehmen, kann dem jedoch vorbeugen, wenn man beim Handausdünnen vorzugsweise jene Fruchtansammlungen kräftig lichtet, die später der Säge oder Schere zum Opfer fallen müssen.

Augustschnitt mutet zunächst sehr ungewohnt an. Im Vergleich zum Winterschnitt verursacht er insgesamt keine Mehrarbeit. Allerdings ist im Sommer des Umstellungsjahrs der unterlassene Winterschnitt nachzuholen. Nach der Wachstumsberuhigung hält sich der Schnittaufwand für den Augustschnitt sehr in Grenzen, sofern man nicht wieder in altgewohntes „Schnippeln" zurückfällt.

Maschineller Schnitt

Alle bis hierher beschriebenen Schnitt- und Formierungsmaßnahmen erstrecken sich auf einzelne Bäume, Äste, Zweige oder Triebe. Diese zielstrebige Auslese entfällt, wenn aus Rationalisierungsgründen maschinell geschnitten wird. Man verwendet dazu Maschinen mit Werkzeugen nach Kreissägen- oder Messerbalkenart. Diese schneiden alles Holz außerhalb und oberhalb der eingestellten Schnittebenen ab. Das Schneiden der Bäume nach engen Schnittregeln erscheint nun plötzlich in einem gänzlich anderen Licht.

Maschinell geschnittene Bäume verzweigen sich in wenigen Jahren zunehmend und entwickeln eine dichte Garnierung mit kurzem Fruchtholz. Bäume, die vorher wild wuchsen, blühen deutlich regelmäßiger und besonders reich. Die Schnittarbeit wird erstaunlich schnell bewältigt. Im Gegenzug muss jedoch besonders stark ausgedünnt werden. Auch einen korrigierenden Handschnitt nach dem maschinellen Schneiden muss man gelegentlich vornehmen, um Überbauungen, anderweitig störende Äste und scharfe Schnittzapfen zu entfernen sowie zu dicht gewordene Baumpartien aufzulockern.

Am besten eignen sich für das maschinelle Schneiden kleine, flach gebaute Baumformen,

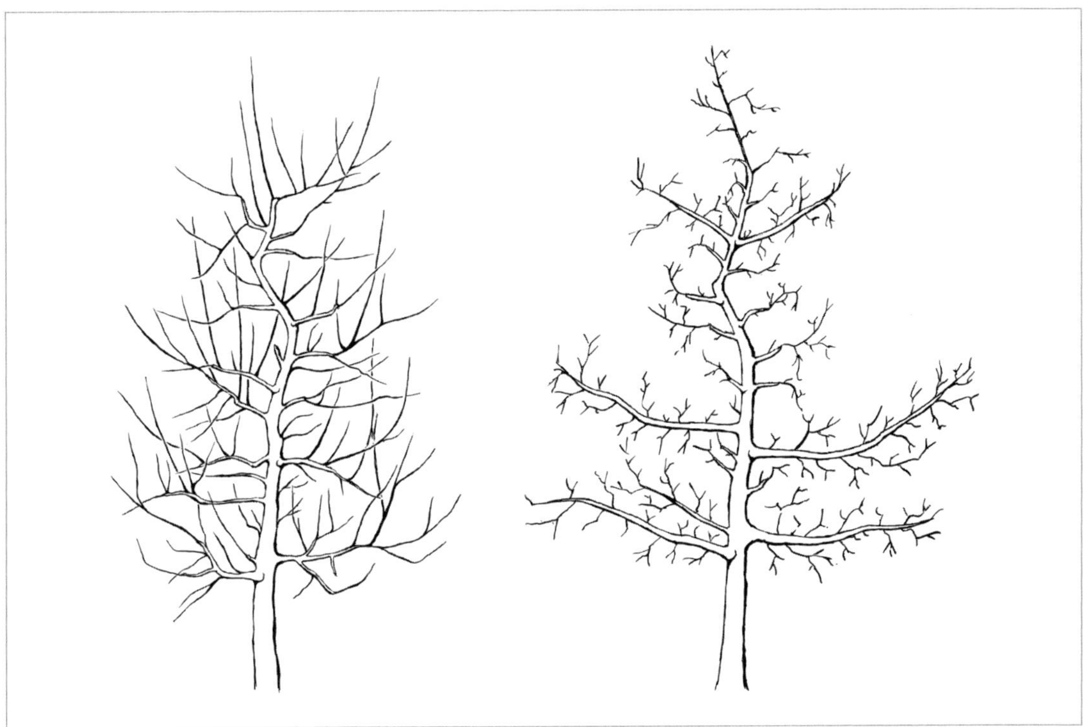

Abb. 151 Wuchsbilder eines sehr wüchsigen und eines „ruhigen“ Baumes.

die letztlich in einer Fruchtwand resultieren. Besondere Impulse kamen hierfür aus Frankreich. In Kalifornien werden selbst Walnussbäume mit Maschinen geschnitten.

Das Erscheinungsbild maschinell geschnittener Bäume ist sicher gewöhnungsbedürftig und die Umstellung erfordert Konsequenz. Insbesondere das Hinarbeiten auf ruhige Bäume wird merklich erleichtert und Diskussionen über Schnittprobleme erübrigen sich.

Wurzelschnitt

Weil Wurzeln die oberirdischen Pflanzenorgane mit Wasser, Nährstoffen und Hormonen versorgen, eignet sich Wurzelschnitt grundsätzlich gut zur Wuchshemmung. Die Wirkung ist allerdings schwer vorherzusehen und kontrollierbar. Sie hängt im Wesentlichen davon ab, in welcher Entfernung vom Stamm die Wurzeln abgeschnitten werden und wann der Eingriff erfolgt. Geläufige Praxis ist, die Wurzeln in der Zeit Februar/März in einem Abstand von 40 bis 60 cm vom Baumstamm bis auf eine Tiefe von 40 cm zu durchschneiden.

Diese Reduzierung der Wurzelkrone stört das vorher harmonische Kronen-/Wurzelverhältnis entscheidend, reduziert die Wasser- und Nährstoffaufnahme sowie die Versorgung der Baumkronen mit wachstumsfördernden Gibberellinen. Daraus ergibt sich eine unmittelbare Verminderung der Wuchskraft der Bäume. Sollte eine Trockenheit einsetzen und keine Zusatzbewässerung möglich sein, geraten die Bäume mit den Früchten unweigerlich in einen Wassernotstand.

Mit dem Wurzelschnitt auf eine definierte Wuchsschwächung hinzuarbeiten, ist kaum möglich, weil man den dafür erforderlichen Eingriff im Hinblick auf die Wurzelverteilung in einer Obstanlage nicht kennt. Man muss also zunächst ein gewisses Risiko auf sich nehmen.

Mit den verfügbaren Geräten kann man senkrechte und schräg verlaufende Schnitte vornehmen. Es hat sich bewährt, zunächst nur eine Seite der Bäume zu behandeln und sich bei Bedarf zwei oder drei Jahre später die andere Seite vorzunehmen. Eine gleichzeitige Behandlung beider Baumseiten könnte die Standfestigkeit der Bäume gefährden. Die bestmögliche Wirkung gegen starkes Triebwachstum stellt sich nach Wurzelschnitt knapp vor dem Vegetationsbeginn ein.

Derzeit ist nicht bekannt, ob die im Boden verbleibenden Wurzeln durch Besiedlung mit Pilzen, Bakterien oder Nematoden schädlich werden. Trotz einiger Unwägbarkeiten wird Wurzelschnitt in beträchtlichem Umfang und mit gutem Erfolg betrieben.

Chemische Wuchsregulierung

Die natürliche hormonelle Steuerung des Wachstums legt nahe, allzu stark wachsende Pflanzen mit synthetischen Wachstumsreglern zu behandeln. Die meistens prompt einsetzende Wirkung spricht zunächst sehr dafür, auf diese Weise Schnitt-Arbeitsstunden einsparen, die Blütenbildung fördern, bessere Früchte erzeugen und die Widerstandskraft der Bäume gegen Schadorganismen stärken zu können.

Neu ist diese Maßnahme nicht und dafür geeignete Mittel sind grundsätzlich bekannt. Eine amtliche Zulassung haben jedoch nur wenige erlangt. Im Apfelanbau stehen Ethephon (Ethrel, Flordimex) sowie bei Apfel und Birne Prohexadion-Calcium (Regalis) in engerer Diskussion.

Ethephon (Ethrel, Flordimex) ist bis pH 4 stabil und zerfällt darüber in Ethylen, Chlorid- und Phosphationen. Da der pH-Wert des Protoplasmas über pH 4 liegt, zerfällt Ethephon nach seiner Aufnahme in der Pflanze und wird hormonell wirksam. Aufnahme und Zerfall sind temperaturabhängig. Ethephonspritzungen erfolgen deshalb möglichst im Bereich von 18 bis 24 °C. Bei höheren Temperaturen sollte man auf sie verzichten, um Überreaktionen der Pflanzen vorzubeugen. Das Mittel ist zur Förderung der Blütenbildung in der ersten Junihälfte zugelassen und kann dafür zweimal im Abstand von 8 bis 10 Tagen mit 0,02 bis 0,03 % bei einem Wasseraufwand von rund 1000 l/ha angewendet werden.

Prohexadion-Calcium (ProCa) hemmt die Biosynthese von Ethylen und verringert die Bildung wachstumsaktiver Gibberelline. Unter der Bildung bestimmter Flavonoide und anderer Phenole entwickelt sich eine partielle physiologische Pathogenresistenz gegen sekundäre Feuerbrandinfektionen. Obstbaulich sind auch die Verminderung des Blüten- und Junifalls und Triebstauchung von Interesse.

Die Wirkstoffaufnahme erfolgt während vier bis sechs Stunden nach der Ausbringung. Sie wird vor allem durch Temperaturen zwischen 15 und 25 °C und ausreichenden Wasseraufwand gefördert. Zu vermeiden sind Tankmischungen mit calciumhaltigen Mitteln oder unmittelbar aufeinander folgende Behandlungen. Bei sehr hartem Spritzwasser (über 21 °dH) sollte man sicherheitshalber 1 bis 2 kg Ammoniumsulfat/1000 l zur Verbesserung der Löslichkeit von Prohexadion zufügen. Um störende Interaktionen zwischen Mischungspartnern auszuschließen, sollte man zwischen Regalisspritzungen und Behandlungen mit Calciumdüngern, Gibberellinen und Ausdünnungsspritzungen einen Abstand von zwei bis drei Tagen einhalten.

Eine Nachblütebehandlung mit 2,5 kg/ha bei einer Trieblänge von etwa 5 cm hemmt das Triebwachstum am effektivsten. Halbiert man diese Mittelmenge und spritzt drei bis fünf Wochen nach der ersten Behandlung noch einmal, so wird die Wirkungsdauer etwas verlängert, das Triebwachstum wird insgesamt dadurch jedoch nur unmerklich zusätzlich reduziert.

Behandelte Anlagen können sehr unterschiedlich reagieren, teils wunschgemäß bei relativ ruhigen Bäumen, häufig auch zu schwach bei wuchsstarken. Dann entstehen licht gebaute Kronen mit auffällig dicken, steil stehenden Langtrieben. Diese lassen sich jedoch kaum herabbinden, sondern brechen dabei ab. Behandelte Kronen weisen gestauchte Internodien und einen um 10 bis 50 % reduzierten Triebzuwachs auf. Zur Zeit der Blüteninduktion kann Wiederaustrieb erfolgen. Viele Spitzenknospen bleiben wohl deswegen vegetativ, weshalb mit Regalis behandelte Bäume häufig keine höheren Erträge abwerfen. Eine neuere Einsatzstrategie gilt geringer dosierten Behandlungen zur Verbesserung des Fruchtansatzes ohne blühstörende Triebabnormitäten.

8.1.5 Der „Ruhige Baum“

Dominanz- und Konkurrenzerscheinungen verursachen unterschiedliche Wuchsbilder der Obstgehölze. Ihr Jugendstadium ist vorwiegend vegetativ geprägt mit einem weiten Verhältnis zwischen Langtrieben und Kurztrieben. Mit fortschreitendem Fruchtbarwerden treten die Langtriebe in ihrer Bedeutung zurück und die Kurztriebe nehmen einen immer größeren Anteil an der Gesamttriebzahl der Kronen und Sträucher ein.

Für den wirtschaftlichen Erfolg der Obstanlagen sind rascher Ertragseintritt, hohe und regelmäßige Ernten bester Qualität sowie guter Fruchthaltbarkeit unverzichtbare Voraussetzungen. Dazu müssen junge Obstgehölze so lange zügig wachsen, bis sie die volle Ertragskapazität erreicht haben. Später ist kräftiger Wuchs nicht mehr nötig bzw. schädlich, weil die assimilatorische Leistung der Pflanzen nicht mehr in Triebwachstum (Holzproduktion), sondern in Früchte umgesetzt werden soll.

Die Umstimmung der Obstbäume von betont vegetativer in anhaltend generativ geprägte Entwicklungsrichtung ist ein Schlüsselproblem im Obstbau.

Wenn man wuchsbetonte, vegetative Bäume ihrer natürlichen Entwicklung überlässt und nicht an ihnen „herumschnippelt“, kann ihre **Selbstregulation** ganz im Sinne des Obsterzeugers wirksam werden. Im Laufe der Jahre legen die einzelnen Triebe der Baumkronen und Sträucher pro Vegetationsperiode immer weniger an Länge zu und schließen zunehmend früher ihr Triebwachstum ab. Damit verbrauchen sie ihre produzierten Photosyntheseprodukte nicht wieder selbst für neues Wachstum, sondern können sie den Früchten schon in einem frühen Stadium der Fruchtentwicklung zur Verfügung stellen.

Ruhige Bäume bringen im Vergleich zu übermäßig stark wachsenden einen geringeren Schnittaufwand mit sich. Sie leiden weit weniger unter strengem Winterfrost als stark wachsende Bäume. Auch nach einschneidenden Spätfrösten können ruhige im Gegensatz zu stark wachsenden Bäume noch eine mittlere Ernte erbringen.

Abb. 152 Zu starker Wuchs mindert die Fruchtfarbe.

Die auffälligsten Wirkungen ruhigen Baumwachstums erstrecken sich auf die Fruchtbarkeit der Bäume und auf wichtige Fruchteigenschaften. Die Umwandlung stark wachsender Bäume in schwach wachsende ergibt mit hoher Sicherheit fruchtbare Bäume. Die erzielte Fruchtgröße und wertgebende Fruchteigenschaften können aber unterschiedlich ausfallen. Die grundsätzlich bestehenden günstigen Möglichkeiten sind nur zu realisieren, wenn die Wasser- und Nährstoffversorgung sowie die Blattgesundheit nicht gefährdet sind.

Sehr deutlich ist die starke Zunahme der Fruchtfarbe nach der Wuchsberuhigung von ursprünglich zu stark wachsenden Bäumen. Die Ursache dafür scheint neben der besseren Kohlen-

Abb. 153 Ruhige Bäume überraschen mit intensiver Fruchtfarbe.

hydratversorgung der Früchte das relativ niedrige N-Versorgungsniveau ruhiger Bäume zu sein. Bei Sorten mit Haltbarkeitsproblemen bringt Wuchsberuhigung außerdem eine entscheidende Senkung der Lagerverluste durch physiologische Lagerschäden und Lagerfäulen mit sich.

Bei allen Vorteilen des „ruhigen Baums" sollte man die ihm eigene größere Streubreite der Blütenknospenqualität beachten. Außer vielen gut ausgebildeten Blütenknospen sind auch zahlreiche mäßig entwickelte anzutreffen. Diese könnten für die Selbstregulation des Baumwachstums in gewissem Rahmen unverzichtbar sein, dürfen aber nicht zur Fruchtproduktion benutzt werden, sondern müssen rechtzeitig ausgedünnt werden.

Alles in allem dürfte der „ruhige Baum" nicht ausschließlich an die Baumerziehung gebunden sein, sondern stellt eine Philosophie der Obsterzeugung dar, in die außer dem Schnitt weitere Kulturmaßnahmen, z. B. Düngung, Bodenpflege und Bewässerung, zu integrieren sind.

Der ruhige Baum ist Ausdruck einer funktionierenden Selbstregulation des Wachsens und Fruchtens. Er vereinfacht das Schneiden der Bäume und verringert den Schnittaufwand, fördert Ertrag, Farbe und Haltbarkeit der Früchte und erhöht die Widerstandsfähigkeit gegen Winter- und Spätfrost, Krankheiten und Schädlinge.

8.1.6 Erziehung und Instandhaltung von Baumformen

Große Baumformen spielen im Erwerbsanbau im Gegensatz zu den Hochstämmen des Streuobstbaus, großkronigen Brennkirschen- und Hausbäumen keine bedeutende Rolle mehr. Daher werden für die Erziehung und Instandhaltung bedeutender Baumformen hauptsächlich einige Spindelformen und auch die Pyramidenkrone behandelt.

Spindelkronen

Die für Spindelkronen gültigen Erziehungsprinzipien gelten weitgehend auch für verschiedene Heckenformen.

Jungbaumerziehung: Nur hochwertiges Pflanzmaterial kommt schnell in Ertrag. Es weist reichlich günstig verteilte, nicht zu lange Seitenzweige mit flachem Ansatzwinkel und eine Veredlungshöhe von annähernd 20 cm auf. Spärlich verzweigte Bäume werden nur in Ausnahmefällen gepflanzt, weil sie speziell behandelt werden müssen und ein Jahr später in Ertrag kommen.

Wenn dennoch auf nicht oder schlecht verzweigte Bäume zugegriffen werden muss, kann man diese auf die gewünschte Stammhöhe nach Art eines Knipbaumes zurückschneiden, um nur eine Spitzenknospe zum Kronenaufbau zu verwenden. Übermäßig dicke Seitentriebe sind immer wegzuschneiden. Dasselbe gilt, wenn nur bis zu zwei Seitentriebe vorliegen. Triebe mit sehr steilem Wuchs sollten möglichst von Anfang an eine flachere Stellung bekommen. Eine insbesondere für Süßkirschen geeignete Möglichkeit ist, starke unverzweigte Bäume zu pflanzen und etwa 15 Knospen in 70 bis 100 cm Höhe durch Einkerben oder Einsägen über günstig verteilten Knospen zum Austreiben zu zwingen.

Von den Seitentrieben schneidet man nach dem Pflanzen in erster Linie zu tief angesetztes Seitenholz bis auf 70 cm Stammhöhe weg, weil es sich später unter der Last der Früchte nach unten biegt und der Bodenbearbeitung oder Herbizidspritzung im Wege steht. Sollten mehr als acht bis zehn Seitentriebe vorhanden sein, so entfernt man überzählige, vor allem steil stehende. Zu lange Seitentriebe werden notfalls auf 40 cm zurückgeschnitten, um Kahlstellen vorzubeugen. Mehrheitlich schneidet man spätere Basisäste jedoch erst an, wenn sie einen Nachbarbaum berühren.

Früher schnitt man Mitteltriebe häufig auf Scherenlänge über der obersten Verzweigung zurück, um eine gute Bekleidung der Mittelachse mit Fruchtholz zu erreichen. Dieses Vorgehen bewirkt jedoch überwiegend einen spitzwinkligen Austrieb von nur wenigen Knospen an der Spitze des Mitteltriebes und leitet eine übermäßige Förderung der Wuchskraft im Kopf der Bäume ein.

Deswegen lässt man gegenwärtig die Mitte grundsätzlich einige Jahre laufen. Sind diese Stammverlängerungen nur mäßig stark und lang, werden sie willig kurze Seitentriebe mit einer Blütenknospe bilden. Sind sie sehr lang und verhältnismäßig dick, bricht man ihre oberen wuchsfreudigen Seitentriebe bei einer Länge von 5 bis 10 cm wiederholt aus, um eine zu starke Entwicklung der Baummitte im Längen- und Dickenwachstum zu unterbinden.

Weitere Erziehung und Instandhaltung

Je höher die Pflanzdichte in einer Obstanlage ist, umso mehr Zurückhaltung ist beim Schneiden geboten. In modernen Systemen füllen die Bäume schon nach wenigen Jahren ihren Standraum aus. Sie benötigen dann nur noch eine mäßige Wuchsstärke.

Alle unter natürlichen Verhältnissen gewachsenen Bäume beenden ihren Höhenzuwachs von selbst, wenn sie die genetisch festgelegte Baumhöhe erreicht haben. Nur in begrenztem Maße können wir dieses natürliche Vorbild nachahmen und dafür schwach wachsende Unterlagen verwenden, zurückhaltend düngen, bewässern und sehr mäßig schneiden, d. h. rechtzeitig und stetig auf Schwachwuchs (ruhige Bäume) hinarbeiten. Von diesen Möglichkeiten hat der Baumschnitt die größte Bedeutung.

Spätestens wenn die Bäume ihre vorgesehene Endhöhe erreicht haben, stellt sich die Frage, wie man diese beibehalten kann, ohne extremes Spitzenwachstum durch Rückschnitt ins alte Holz zu provozieren. Vor allem Schlanke Spindeln und Superspindeln sind auf eine baldige Höhenbegrenzung angewiesen und können auf einen unbedachten Rückschnitt mit starkem Spitzenwachstum reagieren. Auf alle Fälle darf man sie nach einer Höhenreduzierung insgesamt nur verhalten schneiden. Nach dem Hauptwachstum kann man die stärksten Spitzentriebe „reißen“. Auch chemische Wuchsbremsen sind vorübergehend diskutabel. Die stärkste Wuchsreduzierung tritt ein, wenn zusätzlich Wurzelschnitt erfolgt.

Eine weitere Möglichkeit ist, die Stammverlängerung auf einen Kranz mit zwei- bis dreijährigem leichten Seitenholz abzuleiten. Sie kann auch rund 30 cm darüber abgesägt und alle Verzweigungen daran hart am verbliebenen Stummel abgeschnitten werden. Der so behandelte Stumpf treibt meistens nicht mehr aus und trocknet ein. Auf alle Fälle sollte die Stammverlängerung zeitlebens stärker bleiben als das Seitenholz und dieses an seinem Ansatzpunkt nicht mehr als ein Drittel der Stärke des Mittelastes erreichen.

Ein sehr moderater Spitzenzuwachs stellt sich ein, wenn man die Bäume wesentlich höher als seither üblich wachsen lässt. Man kommt damit dem natürlichen Baumwachstum näher, muss jedoch sehr auf eine gute Kronenbelichtung, insbesondere der basalen Kronenpartien, achten.

Zu starke Fruchtäste müssen rechtzeitig entfernt werden, entweder auf Astring oder vor allem bei Steinobst auf Zapfen, um keine großen Stammwunden zu erzeugen. Wer starke Fruchtäste toleriert, fördert geradezu die Entstehung vegetativer und überbauter Baumkronen.

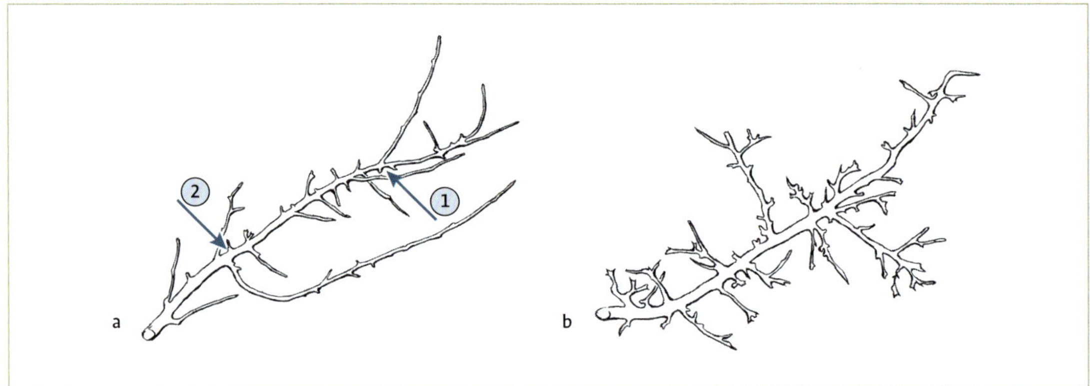

Abb. 154 Fruchtholzschnitt. a) = lang: bei mäßigem Wuchs in (1) schneiden; starke Fruchtäste in (2) oder noch näher an ihrer Basis abnehmen; b) = kurz: alle Langtriebe am Fruchtast auf Astring oder auf Blütenknospe/Jungtrieb im älteren Fruchtholzbereich schneiden; Quirlholz verjüngen, nicht vollständig wegschneiden.

Den Höhenwuchs von Baumformen mit mehreren Gerüstästen, wie Bibaum oder Mikadoformen, kann man durch Hemmung oder Förderung der Gerüstäste verhältnismäßig leicht steuern.

Der **Fruchtholzschnitt** gewinnt mit der fortschreitenden Kronenentwicklung an Bedeutung. Junge Baumkronen müssen am Anfang ihrer Entwicklung zunächst in nennenswertem Umfang Fruchtholz bilden. In diesem Stadium ist Fruchtholzschnitt noch nicht aktuell. Mit fortschreitendem Fruchtholzalter und -umfang lässt mit der Fruchtholzvitalität vor allem die Fruchtqualität nach. Das Fruchtholz kann die Ansprüche der Früchte nicht mehr im Sinne einer guten Fruchtausbildung abdecken und benötigt jetzt eine Verjüngung und Stärkung durch Fruchtholzschnitt. Dieser kann in Form einer langen oder kurzen Variante erfolgen. Welche davon zu bevorzugen ist, hängt davon ab, wie weit die Bäume gepflanzt sind, sprich, wie viel Raum dem Fruchtholz zugestanden wird und ob es eher moderat oder stärker zu fördern ist.

Langer Fruchtholzschnitt wird vorzugsweise an verhältnismäßig stark wachsenden Bäumen praktiziert, ersichtlich an relativ vielen einjährigen Langtrieben. Deren Seitenknospen sollen sich zu blühfreudigen Kurztrieben entwickeln. Erst dann kann und sollte man den Neuwuchs über dem zweijährigen Zweigabschnitt kappen, auf Blütenknospe schneiden. Für welche der beiden Möglichkeiten man sich entscheidet, hängt davon ab, wie viel Raum dem Fruchtholz zugestanden wird, welche Baumform und -größe vorliegt, wie die Wuchsstärke zu beurteilen ist und um welche Obstart es geht. Von ihr hängt vor allem ab, wie viel Jahre ein Fruchtholzsystem blühfreudig und leistungsstark bleibt. Überaltertes Fruchtholz setzt man auf einen ast- oder stammnahen Spross zurück. Entnimmt man auf diese Weise Schlanken Spindeln jedes Jahr zwei bis drei überalterte Fruchtäste, geht das Schneiden flott voran und die Bäume bleiben gut in Form.

Pfirsich- und auch Aprikosenbäume nehmen beim Fruchtholzschnitt eine gewisse Sonderstellung ein, weil sie zeitlebens gut wachsen sollen. Vor allem Pfirsichbäume fruchten bevorzugt an vorjährigen Langtrieben, Aprikosenbäume auch an starken Kurztrieben. Kürzt man nach dem Auslichten der Bäume die verbliebenen Langtriebe nicht jedes Jahr um etwa ein Drittel ein, so erschöpfen sich die Bäume durch hohe Fruchtbarkeit in wenigen Jahren. Ihre Triebleistung geht auf ein Minimum zurück und viele schwache Triebe sterben ab. Die Bäume verkahlen dadurch zusehens und die Fruchtgröße befriedigt bei weitem nicht mehr.

Kurzer Fruchtholzschnitt eignet sich vor allem für ruhige Bäume. Es werden dabei nicht komplette Fruchtäste ausgetauscht wie beim langen Fruchtholzschnitt, sondern schwaches

Abb. 155 Hochstamm-Pyramidenkrone; große Bäume mussten kleinen Baumformen weichen.

Fruchtholz gezielt auf Blütenknospe geschnitten oder ganz entfernt. Alle unnützen oder zu starken Langtriebe werden weg- oder kurz geschnitten. Dabei darf jedoch die mühsam erzielte Wuchsberuhigung nicht aufs Spiel gesetzt werden. Zu viel „Schnippeln" auf kurzes Fruchtholz kann den Ertrag merklich einschränken und Probleme mit zu starkem Wuchs aufleben lassen.

Eine spezielle Fruchtholzbehandlung wird gelegentlich an Birnenspindeln praktiziert. Solange sie noch eine starke Neutriebbildung aufweisen, schneidet man „werdende Holztriebe" noch im grünen Zustand auf etwa 10 cm lange Stummel, um die verbleibenden Seitenknospen zur Blütenbildung anzuregen. Allzu wüchsige Bedingungen können allerdings auch Neuaustrieb bewirken.

Pyramidenkronen

Pyramidenkronen haben viel mit der natürlichen Baumentwicklung gemeinsam. Ihr Kronengerüst baut sich aus der Stammverlängerung, drei bis vier Leitästen (Seitenästen), den daran befindlichen Fruchtästen und dem Fruchtholz auf.

Grundsätzliche Unterschiede zwischen der Erziehung von Spindeln und Pyramidenkronen bestehen nur bei der Erziehung des Baumgerüsts. Das Fruchtholz wird weitgehend den vorigen Abschnitten entsprechend behandelt.

Das Pflanzmaterial sollte einige gut und gleich stark entwickelte Seitentriebe aufweisen, unabhängig davon, ob Hoch-, Halb- oder Viertelstämme erzogen werden. Unter den Seitentrieben werden zwei bis drei gleichmäßig um die Stammverlängerung verteilte und in einem Winkel von 45 bis 60° abgehende Seitentriebe ausgelesen, die übrigen weggeschnitten. Einen oder zwei davon kann man auch zur Ertragsverfrühung waagerecht binden.

Da die Kronen in ausgewachsenem Zustand breit und hoch sein sollen, muss ein tragfähiges Baumgerüst erzogen werden. Dazu verhilft das jährliche Anschneiden der Gerüstastverlängerungen bis zu einem Baumalter von vier bis sechs Jahren. Wenn die Leitaststellung zu steil oder zu flach und ihre Entwicklung unterschiedlich stark sein sollte, muss man durch Abspreizen, Niederbinden oder unterschiedlich starkes Anschneiden für einen Ausgleich ihrer unterschiedlichen Entwicklung sorgen. An den Leitästen und auch in größerer Höhe am Mittelast entwickelt man im Abstand von 60 bis 80 cm bleibende Fruchtäste zur Füllung des Kronenraums.

Bei allen Erziehungsmaßnahmen ist eine gewisse Hierarchie in der Krone einzuhalten: Leitäste sollen dem Mittelast und die Fruchtäste den Leitästen untergeordnet sein.

Wenn das Kronengerüst weitgehend aufgebaut ist, werden Mittelast, Leitäste und Fruchtäste nicht mehr angeschnitten. Durch Auslichten werden die Kronen lichtdurchlässig gehalten, wodurch dem Wandern der fruchtbaren Zone nach außen und oben Einhalt geboten wird. Auch eine Höhen- und Seitenbegrenzung durch Ableiten auf tiefer oder stammnäher stehende Äste ist von Zeit zu Zeit sinnvoll, um die Baumpflege und Ernte zu erleichtern und das Fruchtholz vital zu halten.

Flachkronen und **Hohlkronen** werden im Grundsatz nach den gleichen Kriterien erzogen. Im Unterschied zu Pyramidenkronen entfernt man bei der Erziehung von Hohlkronen die Stammverlängerung entweder schon beim Pflanzschnitt oder wenige Jahre danach. Bei Flachkronen (Tellerkronen bzw. Heckenformen) wird die Mitte durch starken Rückschnitt von Anfang an den Seitenästen unter- bzw. gleichgeordnet. Leitäste werden generell nicht zurückgeschnitten. Das Auslichten der Kronen und die Behandlung des Fruchtholzes entsprechen den bei der Spindel beschriebenen Gegebenheiten.

8.2 Regulierung des Fruchtbehangs

Für den Ertrag und die Fruchtqualität sind der Blütenbesatz der Bäume, zu niedriger oder zu hoher Fruchtansatz, der Juni- und der Vorerntefruchtfall bestimmende Ereignisse. Sie alle können bei den verschiedenen Obstarten mehr oder weniger erfolgreich beeinflusst werden, insbesondere durch den Einsatz von Wachstumsregulatoren. Dabei hat die Blüten- und Fruchtausdünnung besondere wirtschaftliche Bedeutung. Weniger gebräuchlich sind die Möglichkeiten zur Förderung des Fruchtansatzes, zur Regulierung des Junifalls und des Vorerntefruchtfalls.

8.2.1 Förderung des Fruchtansatzes

Neben ungünstigem Blühwetter und ungeeigneten oder fehlenden Pollenspendern können Spätfröste den Fruchtansatz verringern. Auch die Stärke des Triebwachstums kann einflussreich sein. War allzu starke Langtriebbildung im Vorjahr und im Blühzeitraum die wahrscheinliche Ursache, so kann das Wegschneiden oder das Anschneiden von Langtrieben im Fruchtholzbereich den Fruchtansatz stärken.

> Das Schneiden in der Blühzeit bringt häufig eine Hemmung der Blütenbildung mit sich, die je nach der Stärke des Schnitteingriffs tolerierbar ist oder für das Folgejahr Ertragsabfall bedeutet.

Die chemische Ansatzverbesserung gefährdeter Blüten- oder Fruchtansätze durch Wachstumshemmstoffe kann die von starken Langtrieben ausgehende Konkurrenz um Kohlenhydrate entschärfen. Entsprechende Behandlungen waren in der Vergangenheit bei Apfelsorten mit Ansatzschwierigkeiten und bei verschiedenen Birnensorten erfolgreich.

Parthenokarpe Fruchtbildung ist bei genetischen oder witterungsbedingten Ansatzschwierigkeiten mehr oder weniger gut zu erzielen, so bei der von Natur aus problematischen 'Vereinsdechantbirne' oder bei Apfel und Birne nach starkem Spätfrost. Erstaunliche Erfolge können durch eine bis drei Behandlungen mit einer Mischung aus Auxinen (NAA), Gibberellinen

Abb. 156 Fruchtform der Birnensorte 'Williams Christ' nach Behandlung mit Gibberellin.

(GA_{4+7}) und Cytokininen (BA) rund um die Blüte erreicht werden. Hierbei soll Auxin die Früchte vor dem Abfallen schützen und der Gibberellin- und Cytokininanteil die Zellteilung und Zellstreckung im Fruchtgewebe anregen.

Erfolgreicher scheinen Gibberellinbehandlungen (15 bis 20 g Wirkstoff/ha) den Ansatz parthenokarper Früchte bei der Birne zu fördern, besonders nach starken Spätfrösten. Voraussetzung ist allerdings ein noch intakter Blütenboden. Stempel und Samenanlagen können dagegen ohne Schaden für den Fruchtansatz durch den Frost abgetötet sein. Um Fruchtdeformationen vorzubeugen, muss die Spritzung zwischen Ballonstadium und Vollblüte erfolgen, selbst wenn der Frost schon geraume Zeit vorher aufgetreten ist. Spätere Behandlungen sind nicht mehr so wirksam. Erfolgsbestimmend ist außerdem die Sorte. Gute Ergebnisse werden mit 'Conference', 'Gute Luise', 'Trevoux' und 'Vienne' erzielt, zweifelhaft ist der Erfolg bei 'Vereinsdechantbirne'.

Wenn Behandlungen mit Wachstumsreglern die Bildung parthenokarper Früchte nicht genügend anregen, liegt das wahrscheinlich mit daran, dass noch zu viele samenhaltige Blüten oder Fruchtansätze vorliegen. In diesem Fall bringen sie die potenziell parthenokarpen Früchte bald nach der Blüte oder auch erst beim Junifall zum Abfallen.

Ursache für unbefriedigenden Ertrag verschiedener Süßkirschensorten kann das **Röteln** junger Früchte sein. Eine Behandlung mit NAA oder NAAm in die abgehende Blüte kann das Problem zwar grundsätzlich mildern, die Erfolgsaussichten sind jedoch relativ eng begrenzt. Spätere Behandlungen sollte man unterlassen, weil die Früchte möglicherweise am Baum gehalten werden, jedoch so ungleich heranwachsen und reifen, dass behandelte Bäume kaum höhere vermarktungsfähige Ernten erbringen als unbehandelte.

Bei Apfel und Birne entstehen häufig noch kurz vor der Ernte erhebliche Ernteeinbußen durch **Vorerntefruchtfall** bei Sorten, die schon frühzeitig die Trennschicht zwischen Fruchtstiel und Fruchtholz ausbilden. Die Auxine NAA (15 g/ha) und NAAm (25 bis 50 g/ha) verzögern die Ausbildung des Trenngewebes, beschleunigen jedoch die Fruchtreife. Der optimale Pflücktermin darf deshalb nicht versäumt werden.

8.2.2 Blüten- und Fruchtausdünnung

Unter normalen Witterungs- und Entwicklungsbedingungen setzen die Obstarten von Natur aus mehr Früchte an als sie in guter Qualität ausbilden können. Insbesondere das frühzeitige Wegnehmen überzähliger Blüten oder Fruchtansätze ergibt eine bessere Blütenbildung für das nächste Jahr und fördert Größe, Farbe und Geschmack der erntereifen Früchte.

Spielte die Ausdünnung anfänglich nur bei bestimmten Apfelsorten eine Rolle, so ist sie infolge

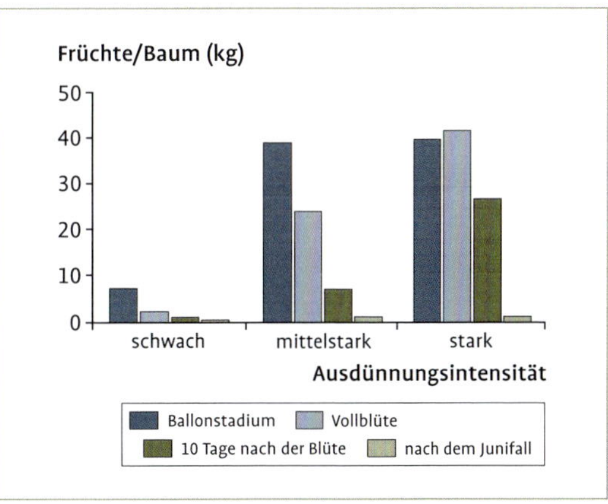

Abb. 157 Wenn ein übermäßiger Blütenbesatz schon während der Blüte gut ausgedünnt wird, fruchten die Bäume auch im nachfolgenden Jahr zufriedenstellend (nach LINK 2011).

der stark gestiegenen Marktansprüche an die Fruchtqualität bei den meisten Kern- und Steinobstsorten unentbehrlich geworden. Einer umfassenden Blüten- und Fruchtausdünnung stehen die variable Wirkung der Ausdünnungsmittel und eine eng begrenzte Verfügbarkeit guter und zugelassener Mittel entgegen. Gute Ausdünnung kann jedoch hohe Kosten bei der Handausdünnung ersparen.

Mechanische Ausdünnungsverfahren

Das häufigste mechanische Ausdünnungsverfahren ist die **Handausdünnung**. Sie findet allgemein erst nach erfolgtem Junifall als wichtigstes Korrektiv nach unbefriedigender chemischer oder maschineller Ausdünnung statt. Es ist dann oft mit einem Arbeitsaufwand von 120 bis 200 h für das Ausdünnen von 1 ha Kernobstanlage zu rechnen.

Handausdünnung ist risikolos, gegen Alternanz wegen des späten Zeitpunktes jedoch nur eingeschränkt wirksam. Ihr stärkstes Gegenargument sind hohe Arbeitskosten.

Es empfiehlt sich, beim Ausdünnen eine bewährte Methode zu nehmen. Erfolgsbestimmend ist die beabsichtigte Fruchtbehangdichte. Die Verteilung der Früchte im Baum kann durchaus unterschiedlich sein, sofern die verbleibende Fruchtanzahl je Baum annähernd optimal ist. Man entfernt dabei vor allem missgebildete, beschädigte, krankheits- oder schädlingsbefallene und im Wachstum zurückgebliebene Früchte.

Das Ausdünnungsziel kann auf verschiedene Weise bestimmt werden. Am gebräuchlichsten ist bei Apfel und Birne die Zählmethode. Dafür legt man zunächst den angestrebten Ertrag/ha und die erwünschte Fruchtgröße für die vorliegende Sorte fest. Dann errechnet man die für die vorliegende Pflanzdichte erforderliche Fruchtanzahl/ha, die den angestrebten Ertrag ergibt.

Beispiel
Angestrebter Ertrag 50 000 kg/ha bei

3500 Bäumen/ha	= 14,3 kg/Baum
Mittlere Fruchtgröße 75 mm	= 165 g/Frucht oder 6 Früchte/kg
Anzustrebende Fruchtzahl/Baum	= 14,3 × 6 = **86 Früchte**

Um die Blüte können zeitnahe Schnittmaßnahmen die Ausdünnung sehr unterstützen, indem Astpartien mit erkennbaren Blüteninfloreszenzen gemäß der Blühstärke entfernt werden. Jede Schnittmaßnahme reguliert somit den später möglichen Fruchtbehang.

Maschinelles Ausdünnen ist schon seit vielen Jahren möglich. Nach anfänglichem Zögern nahm die Praxis Ausdünnungsmaschinen relativ gut an, vor allem weil heute normale bis hohe Fahrgeschwindigkeiten und damit angemessene Flächenleistungen möglich sind. Neue Fadenleisten sind heute dauerhafter und verbessern das Ausdünnungsergebnis. Die besonderen Vorteile sind:

- Die witterungsunabhängige und bestimmbare Wirkungsstärke (schwach, mittel, stark)
- Die reproduzierbare Einstellung der Maschine und Ausdünnungsintensität
- Hohe Alternanzminderung im Behandlungszeitraum Blüte
- Der damit mögliche Verzicht auf witterungsbedingt unsicher wirkende Wirkstoffe
- Die hohe stündliche Ausdünnungsleistung von 1,0 bis 1,5 ha behandelter Fläche
- Kombination mit späterer chemischer Fruchtausdünnung ist gut möglich (6-BA, Metamitron)
- Sinnvolle Ergänzung zu maschinellen Schnittverfahren

Das DARWIN-Ausdünngerät erfordert einen Schlepper mit ordentlich hoher Ölleistung. Die senkrechte Spindel mit den rotierenden Fäden muss eng an den Kronenseiten entlang geführt werden. Dafür sind schlanke Baumreihen oder Heckenformen erforderlich. Die für die gewünschte Ausdünnwirkung erforderliche kinetische „Schlag“-Energie wird von den Spindelum-

Tab. 47 Empfehlung zur maschinellen Ausdünnung – Gerätetyp „Tree-Darwin"

Geschwindigkeit	Fadenzahl	Schwache Ausdünnwirkung	Mittlere Ausdünnwirkung
6 km/h	216 Fäden	180 bis 190 U/min	220 bis 230 U/min
9 km/h	216 Fäden	210 bis 220 U/min	250 bis 260 U/min
12 km/h	216 Fäden	240 bis 250 U/min	280 bis 290 U/min

drehungen, der Fahrgeschwindigkeit sowie der Fadenanzahl bestimmt. Nach mehr als 60 ha Flächenleistung sollte die Abnutzung der 60 cm langen Fäden regelmäßig kontrolliert werden. Die in Tabelle 47 aufgeführten Einstellungen dienen der Darwin-Maschine als Basis.

Die **maschinelle Ausdünnung** hat sich auch bei Steinobst (z. B. schlanke Zwetschen) bewährt. Pflaumen (Zwetschen), Aprikosen und Pfirsiche danken eine Fruchtausdünnung mit besonders gut ausgebildeten Früchten, weil sie normalerweise eine sehr hohe Fruchtbehangdichte aufweisen. Bei Pflaumen erfolgt die Handausdünnung durch das Abstreifen von Früchten am langen, hängenden Fruchtholz mit halb geschlossener Hand. Erleichterung bringt ein Rückschnitt sehr langer älterer Fruchtholzpartien im vorhergehenden Winter. Im oberen Kronenbereich reichen die natürlichen Voraussetzungen für eine gute Fruchtausbildung in der Regel aus.

Chemische Blüten- und Fruchtausdünnung

Chemisches Ausdünnen ist im intensiven Obstbau aktuell unverzichtbar. Dabei verstärkt man mit verschiedenen Wirkstoffen den natürlichen Blüten- und Fruchtfall über Eingriffe in die hormonelle Selbstregulation der Obstgehölze. Das ist vor allem während der Entwicklungsstadien Blütenfall, Nachblütenfall und Junifall erfolgreich.

Ausdünnungsmittel: Seit dem Beginn der chemischen Ausdünnung wurden zahlreiche mehr oder weniger ausdünnungswirksame Verbindungen bekannt. Darunter sind beispielsweise ätzende Mittel wie Dinitro-ortho-Kresol, Schwefelkalk, Sulfcarbamid, Wasserstoffcyanamid, Endothal, Harnstoff, Kalksalpeter und Ammoniumthiosulfat (ATS), Wachstumsregulatoren wie Naphthylessigsäure (NAA), Naphthylacetamid (NAAm), Chlorethylphosphonsäure = Ethephon (CEPA), Benzyladenin (BA) und Forchlorfenuron (CPPU), insektizide Carbamate (z. B. Carbaryl), die Photosynthese-Hemmer Terbazil und Metamitron sowie natürliche Produkte wie Schmierseife, Wasserglas, Mineralöl und natürliche Öle. Sie können als Blüten- oder Fruchtausdünner eingesetzt werden.

Diese Vielzahl potenzieller Ausdünnungsmittel ist jedoch häufig nicht ausreichend wirksam und verfügbar. Die europäische Arbeitsgruppe „Fruchtausdünnung" hat Ammoniumthiosulfat, Benzyladenin und neuerdings Metamitron als Ergänzungen oder Alternativen zu den schon länger verwendeten Ausdünnungsmitteln Naphthylessigsäure, Naphthylacetamid und Ethephon eingestuft.

> Nur für den vorgesehenen Einsatz zugelassene Produkte dürfen gehandelt und angewendet werden.

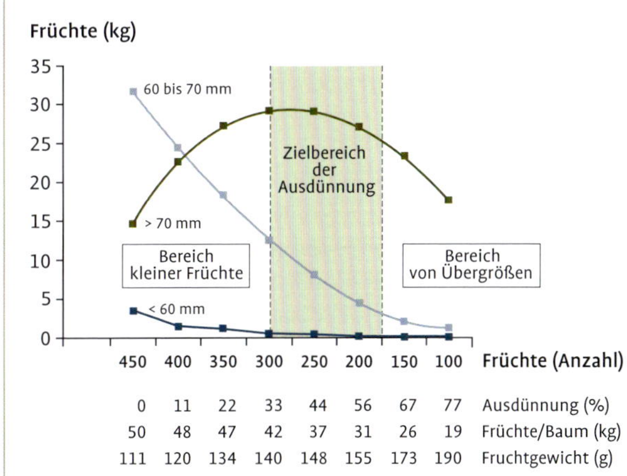

Abb. 158 Auswirkungen der Ausdünnungsintensität auf den Ertrag an kleinen, mittelgroßen und großen Früchten (nach LINK 2011).

Abb. 159 Erhebliche Ätzschäden an Blüten und Blättern nach dem Ausdünnen mit Ammoniumthiosulfat (ATS) sind unbedenklich, ja geradezu eine Voraussetzung für eine gute Ausdünnungswirkung.

Die meisten Erfahrungen mit Blütenausdünnungsmitteln liegen mit Ethephon (Ethrel, Flordimex) vor. Seine Wirkung steigt im Temperaturbereich von 12 bis 25 °C linear an. Sie ist während des Ballonstadiums am besten. Eine mittlere Aufwandmenge für die Apfelausdünnung sind 100 bis 200 g Wirkstoff/ha. Auch wenn Temperatur und Aufwandmenge die wichtigsten Faktoren für die Ausdünnungswirkung sind, ist man vor Überraschungen in Form ungenügender Wirkung bzw. Überdünnung bis hin zur Totalausdünnung nicht sicher. Eine Hemmung des Fruchtwachstums kann auch hinzukommen. Infolge dieser Unwägbarkeiten wird Ethephon nur in Kombination mit 60 bis 80 g NAAm/ha ab Blütenblattfall bei alternanzanfälligen und schwer ausdünnbaren Apfelsorten – insbesondere bei 'Elstar' – eingesetzt.

Schwefelkalk zeigt beim Einsatz zur Schorfbekämpfung eine leicht ausdünnende Nebenwirkung – also eine Möglichkeit, auch im Biologischen Anbau chemisch auszudünnen. Seine Ausdünnungswirkung beruht auf einer Hemmung der Pollenkeimung und einer Schädigung der Blütennarben, wodurch der Fruchtansatz eingeschränkt wird – jedoch nur bei Blüten, die noch nicht befruchtet sind. Einen ersten Ausdünnungseffekt ergeben Spritzungen mit 20 kg/ha oder auch etwas mehr in die Vollblüte. Auf weniger als 15 kg sollte man sich nicht einlassen.

Aus Südtirol wurde bekannt, dass es auch möglich ist, Überkronenberegnung und Schwefelkalkbehandlung miteinander zu kombinieren. Man muss dafür jedoch die Aufwandmenge verdoppeln, um einer per Spritze ausgebrachten Schwefelkalk-Ausdünnungsbehandlung nahezukommen. Diese Ausbringungstechnik ist in Deutschland nicht zugelassen. Auch wenn sich nicht jedes Jahr eine ausreichende Ausdünnungswirkung einstellt, kann man mehrheitlich doch mit einem merklichen Ausdünnungserfolg rechnen. Insofern ist das Ausdünnungsergebnis nach Schwefelkalkbehandlung nicht grundsätzlich sicherer oder unsicherer als nach dem Einsatz anderer Ausdünnungsmittel. Wer jedoch schon von vornherein mit schlechtem Fruchtansatz rechnet, sollte besser auf einen Schwefelkalkeinsatz zwecks Ausdünnung verzichten.

Phytotoxische Schäden treten selten auf. Leichte Fruchtschalenberostungen sind bei empfindlichen Sorten jedoch nicht ausgeschlossen, desgleichen Verbrennungen an Basalblättern.

ATS verätzt die Blütenorgane und gelegentlich einige Laubblattränder. Damit wird die Befruchtung der Keimanlagen im Fruchtknoten verhindert. Nach zwei Tagen mit guten Blühbedingungen sind die zuerst geöffneten Zentral- oder Königsblüten für einen Vollertrag befruchtet. Nachfolgende laterale Blüten können dann verätzt werden, auch weil sie kleinere Früchte entwickeln. ATS ist derzeit der meistverwendete Blütenausdünner. Als mittlere Aufwandmenge für Apfel gelten 15 bis 20 kg/ha reiner Wirkstoff. Der Wirkungsgrad erhöht sich mit steigender Temperatur von 14 bis > 25 °C. Kommen zu hohen Temperaturen noch Luftfeuchtigkeit oder gar Blattnässe hinzu, so können gelegentlich Blattschäden und sporadisch Überdünnung zu beobachten sein.

Birnen verhalten sich gegenüber ATS robuster als Äpfel. Zur effektiven Ausdünnung waren in Versuchen bis zu 30 kg/ha ATS-Wirkstoff nötig. Grundsätzlich kann man auch Zwetschen, Pfirsiche und Aprikosen mit ATS ausdünnen. Die Blütenausdünnung wird jedoch bei Steinobst im Falle schwieriger Befruchtungsverhältnisse oft gemieden. Allerdings kann z. B. Ethephon zum Zeitpunkt der Fruchtausdünnung an Zwetschen nicht befriedigen. Der Einsatz von 1,0- bis

Tab. 48 Ansprechverhalten verschiedener Apfelsorten auf Ausdünnungsmittel

Ausdünnungsmittel	Ausdünnung		
	gut	befriedigend	mangelhaft
Ammoniumthiosulfat	'Boskoop', 'Braeburn', 'Cox Orange', Delbarestivale®, 'Jonagold'	Cameo®, 'Elstar', 'Fuji', 'Gala', 'Golden Delicious', 'Idared', 'Pinova'	
Schwefelkalk	Spärliche Informationen erlauben keine Eingruppierung		
Naphthylacetamid und Naphthylessigsäure	Frühsorten, 'Cox Orange', 'Gala', 'Idared', 'McIntosh', 'Pinova'	'Boskoop', 'Braeburn', 'Cripps Pink', 'Pink', 'Golden Delicious', 'Jonagold', 'Jonathan'	'Elstar', 'Gloster', Rubinette®
Benzyladenin	'Boskoop', 'Braeburn', 'Cox Orange', 'Idared', 'Jonagold', 'Pinova'	Delbarestivale®, 'Elstar', 'Fuji', 'Gala', 'Golden Delicious', Rubinette®	
Metamitron	'Braeburn', 'Golden Delicious'	'Gala', 'Pinova'	

2,0%iger ATS-Lösung zur Vollblüte ergab überwiegend größere Fruchtkaliber und bessere Qualität. Die Ausdünnung an Süßkirschen ist einzig bei Massenträgersorten sinnvoll, um „klumpige" Fruchtbüschel zu vermeiden, die extrem fäuleanfällig sind, beispielsweise ‚Sweetheart'. Eine Fruchtgrößenförderung bleibt oft aus.

International werden **Naphthylessigsäure** (NAA) und **Naphthylacetamid** (NAAm) zur Fruchtausdünnung bei Apfel mit 10 bis 20 g NAA/ ha oder 40 bis 100 g NAAm eingesetzt. Aktuell sind die Substanzen in Deutschland nicht zugelassen und zukünftige Nutzungen sind offen. Gelegentlich kann die Ausdünnungswirkung durch Zusätze von Netzmittel, Öl oder einem pH-Stabilisator verbessert werden. Aufgrund von Wechselwirkungen sind diverse Mischungen verschiedener Produkte jedoch mit Risiken verbunden. Diese große Spannweite ist hauptsächlich sortenbedingt, hängt dabei aber auch vom Grad der Ausdünnungsbedürftigkeit in den unterschiedlichen Regionen ab. Auch flüssige Formulierungen können pulverförmigen überlegen sein.

Spritzungen nach der Blüte bis zur Fruchtgröße 10 bis 12 mm wirken bei beiden Mitteln am besten. Es sollte nicht übersehen werden, dass beide Mittel bei „später" Anwendung das Fruchtwachstum bis zur Ernte beeinträchtigen können.

Um Wachstumshemmungen der Früchte vorzubeugen, sollte man NAA und NAAm bei günstiger Witterung so früh wie möglich einsetzen, bei kühl-windigem Wetter jedoch abwarten, bis es wieder wärmer ist.

Birnen sind mit beiden Wirkstoffen unzuverlässiger auszudünnen als Äpfel. Mit 10 bis 20 g NAA bzw. 60 g NAAm/ha kann man 'Alexander Lucas', 'Conference' und 'Williams Christ' etwa 20 Tage nach der Blüte behandeln. Frühere Spritzungen sollen weniger wirksam sein. In Deutschland fehlt dafür die Zulassung.

Das Cytokinin **Benzyladenin (BA)** wird als natürliches Hormon in der Wurzel synthetisiert. Seine beste Ausdünnungswirkung entfaltet es bei einer Fruchtgröße von 10 bis 12 mm. In Einzelfällen kann es bis zu einer Fruchtgröße von 20 mm ausdünnen. Auch BA benötigt für seine Wirkung hohe Temperaturen > 24 °C. Die Ausdünnungswirkung setzt bei 50 g Wirkstoff/ha ein. Gute Ausdünnungswirkung kann man bei einigen Apfelsorten erst ab 100 g erwarten. Sehr schwierig ausdünnbare Sorten können bis 200 g erfordern. Insgesamt ist BA als schwaches Ausdünnmittel zu bezeichnen.

Die möglichen Nebenwirkungen bei hohen Aufwandmengen sind geringere Fruchtfarbe, leichte Berostungen und verstärktes Triebwachstum.

Tab. 49 Chemische Ausdünnungsmöglichkeiten für Apfel

Entwicklungsstadium	Ausdünnungsmittel und -verfahren
Ballonstadium	Ethrel, Ausdünnungsmaschine
Vollblüte	ATS, Ethrel, Ausdünnungsmaschine
Abblüte	NAAm, eventuell mit Ethrel- oder Ölzusatz, NAA
8- bis 12(14)-mm-Stadium	Benzyladenin, Metamitron
Nach dem Junifall	Handausdünnung, größenselektiv

Metamitron ist der jüngste Spross der Ausdünnungsmittel. Ursprünglich als Herbizid zur Hemmung der Photosynthese konzipiert, hat es zudem ein beachtliches Potenzial zur Ausdünnung. Bei alleiniger Anwendung wirken 350 mg/l im Vergleich zu anderen Substanzen im optimalen Fruchtgrößenfenster von 8 bis 14 mm auffallend gut. Hohe Aufwandmengen zeigen bisweilen Blattschäden und Überdünnung. Die Wirkungsstärke ist abhängig von Temperatur und Sonneneinstrahlung. Bei warmen Tages- und Nachttemperaturen und Sonne ist mit guter Wirkung zu rechnen. Zuerst kann der Fruchtansatz gut abgewartet und die Aufwandmenge dann passend gewählt werden. Die jüngst erfolgte Zulassung erlaubt die Spanne von zwei Behandlungen zwischen 1,1 kg/ha und 2,2 kg/ha Aufwandmenge. Die Doppelbehandlungen steigern den Ausdünnungseffekt oft deutlich. Allein die ausreichende Reduzierung der Fruchtanzahl je Baum vermag das Potenzial und die Vorteile dieses kräftigen „Fruchtausdünners" voll zu nutzen. Die etwa zwei bis drei Wochen anhaltende Hemmung der Photosyntheseleistung getroffener Blätter belastet die Fruchtgrößenzunahme. Der wieder „erholte" Baum wird dieses Defizit dann aufholen und letztlich größere Fruchtkaliber ausbilden. Die zu erntende Fruchtqualität und Lagerfähigkeit sowie die Blütenbildung für das Folgejahr entsprechen also der bewirkten Ausdünnungsstärke. Extreme Blattschäden, Zwergfrüchte, Berostungen der Fruchtschale und Fruchtdeformationen wurden bisher nicht bekannt.

Unregelmäßige Wirksamkeit chemischer Ausdünnungsmittel

Alle Ausdünnungsmittel können immer wieder einmal von Anlage zu Anlage unterschiedlich wirken. Als wichtige Faktoren für den Ausdünnungseffekt sind zwar Wirkstoff und Wirkstoffmenge, Witterung, Unterlage sowie Alter, Wuchsstärke und Größe der Bäume grundsätzlich bekannt. Hinzu kommen Schnitteinflüsse, der Vorjahresertrag und der Einfluss des Wetters vor und nach einer Behandlung sowie die für die Aufnahme und Wirkungsentfaltung der Mittel wichtige Applikationstechnik.

Weiter sind die unterschiedlichen **Reaktionen der Sorten** auf die Ausdünnungsmittel und ihre Aufwandmengen/ha zu beachten. Die Spanne reicht hierbei von „leicht" bis „sehr schwer ausdünnbar".

Für nur zögerlich reagierende Sorten bieten sich zur Wirkungsverbesserung an:

- Der Zusatz von Netzmitteln oder Mineralöl
- Das nochmalige Spritzen desselben Mittels einen Tag nach der ersten Behandlung
- Die Mischung verschiedener Mittel, z. B. NAAm und Ethephon
- Das Behandeln mit verschiedenen Mitteln zu unterschiedlichen Entwicklungsstadien, z. B. ATS zur Blüte und NAAm oder BA zur Nachblüte

Hierbei müssen Reaktionsmöglichkeiten zwischen den Ausdünnungsmitteln oder zwischen Ausdünnungsmitteln und Zusätzen sowie der Einfluss der Wasserhärte beachtet werden.

Hinsichtlich Wuchsstärke lassen sich Bäume auf stark wachsenden Unterlagen meistens leichter ausdünnen als solche auf schwach wachsenden. Das gilt auch für Bäume, die aus anderen Gründen – z. B. durch unterschiedlichen Schnitt – stark oder schwach wachsen. Dem Einfluss des Baumalters auf die Wirksamkeit einer Ausdünnungsspritzung liegt dasselbe Prinzip zugrunde: Junge Bäume wachsen stärker als ältere; letztere weisen auch eine höhere Fruchtbehangdichte auf. Die Baumgröße spielt ebenfalls eine Rolle, weil bei großen Bäumen die gleichmäßige Verteilung der Spritzbrühe über alle Baumregionen schwieriger ist als bei kleinen Bäumen.

Über den Einfluss der Applikationstechnik auf die Ausdünnungswirkung ist wegen fehlender Untersuchungen über diesen Bereich wenig Gesichertes bekannt. Vereinfachend geht man davon aus, dass die Ausdünnungswirkstoffe von Blüten, Fruchtansätzen und/oder Blättern aufgenommen werden müssen und die Aufnahmemenge umso höher ist, je länger der Wirkstoff und sein Träger, das Wasser, auf dem Blatt verbleiben. Ein schnelles Antrocknen der Spritzbrühe wird als ungünstig angesehen. Ausdünnungsspritzungen werden deshalb überwiegend mit hohen Brühemengen zwischen 500 und 1000 l/ha ausgebracht.

Teils wird das Feinsprühverfahren mit noch geringeren Mengen erfolgreich praktiziert. Unter 250 l/ha sollte man nach derzeitigen Erkenntnissen jedoch nicht gehen. Selbstverständlich muss der Gehalt der Spritzbrühe den angesprochenen Faktoren angeglichen werden. Es ist deshalb nicht mehr sinnvoll, den Gehalt an Ausdünnungsmittel als Konzentration anzugeben. Vielmehr sollte wie bei der Ausbringung von Fungiziden oder Insektiziden die je Hektar auszubringende Menge angegeben werden.

Leider streuen die Ausdünnungsresultate auch nach langjähriger Erprobung immer noch stark. Daher sind neben der Suche nach neuen, wirksamen, umweltverträglichen und gesundheitlich unbedenklichen Wirkstoffen neue Lösungsansätze zur sichereren Ausrichtung der chemischen Ausdünnung gefragt. Hierzu könnten z. B. Computerprogramme wie das tasmanisch/australische Modell, neuere, sogenannte R & T-Prognosemodelle (R = Strahlung, T = Temperatur) oder die Strategie, Bäume partiell total auszudünnen, beitragen.

Auswirkungen der Blüten- und Fruchtausdünnung

Ertrag: Das erfolgreiche Ausdünnen bringt im Ausdünnungsjahr je nach Obstart, Sorte und natürlichem Fruchtbesatz der Bäume eine reine Ertragsreduktion zwischen 15 und 30 Gewichtsprozent mit sich. Das dann ausdünnungsbedingt stärkere Fruchtwachstum kann den bewirkten Verlust an Fruchtmasse normalerweise nicht ausgleichen. Da viele Obstarten und -sorten alternanzanfällig sind, verringern sich die Ertragseinbußen zwar durch die bessere Blütenbildung für das nächste Jahr, an die mittlere Ertragsleistung nicht ausgedünnter Bäume kommen ausgedünnte jedoch meist nicht heran. In einem zwölfjährigen Versuch mit sechs Apfelsorten am Kompetenzzentrum Obstbau-Bodensee in Bavendorf brachten ausgedünnte Bäume im Durchschnitt von zehn Ertragsjahren zwischen 2 und 15 % weniger Gesamtertrag als nicht ausgedünnte Bäume.

Fruchtqualität: Die Erntemenge an großen Früchten wird durch fachgerechtes Ausdünnen deutlich erhöht, die Menge an mittelgroßen und

Tab. 50 Einfluss einiger Ausdünnungsbehandlungen auf die mittlere Erntemenge (t/ha) marktgängiger Fruchtgrößen im Laufe von zehn Versuchsjahren

Sorte	Unbehandelt	Chemische Ausdünnung	Blütenausdünnung	Fruchtausdünnung
'Boskoop'	42,0	48,1	37,4	40,9
'Cox Orange'	19,7	25,0	28,5	25,7
'Glockenapfel'	32,2	33,6	38,7	42,0
'Golden Delicious'	30,8	40,9	41,5	42,9
'Gravensteiner'	36,0	33,6	38,5	34,8
'Idared'	34,8	39,5	38,7	42,0
Mittelwerte	**32,6**	**36,8**	**37,2**	**38,1**

Marktgängige Größen: 'Cox Orange' 65 bis 85, 'Golden Delicious' 70 bis 90, 'Glockenapfel', 'Gravensteiner' und 'Idared' 70 bis 90 sowie 'Boskoop' 75 bis 95 mm.

kleinen Früchten gesenkt. Für das bessere Wachstum der Früchte ist die Förderung der Zellteilung und des Zellwachstums der Früchte verantwortlich, wenn die Ausdünnung früh gelingt. Durch Blütenausdünnung erzielt man deshalb etwas größere Früchte als durch Ausdünnen nach dem Junifall.

Die Erweiterung des Blatt-Frucht-Verhältnisses durch Ausdünnen ergibt auch eine bessere Versorgung der Früchte mit Inhaltsstoffen: Der Zucker- und Säuregehalt der Früchte steigt an; die Früchte schmecken gehaltvoller als Früchte von nicht ausgedünnten Bäumen. Die Fruchtfarbe wird intensiviert. Bei gelben Sorten sinkt der Anteil an grünen Früchten zugunsten der gelb gefärbten. Sorten mit roter Deckfarbe nehmen an Farbintensität und -ausdehnung zu. Bessere Fruchtfarbe kann allerdings eine höhere Ausdünnungsintensität erforderlich machen als allein die Verbesserung der Fruchtgröße auf das wirtschaftlich erwünschte Maß. In diesem Falle ist die Farbe noch unzureichend ausgebildet, wenn man die Ausdünnungsintensität auf die Fruchtgröße ausrichtet. Richtet man sie dagegen auf die Farbe aus, so kann ein zu hoher Anteil an übergroßen Früchten anfallen.

Mit der Wachstumsförderung der Früchte ist auch eine gewisse Förderung der Glattschaligkeit verbunden, zumindest wenn die Ausdünnung von Hand erfolgt. Bei chemischem Ausdünnen, das während der für Fruchtberostungen empfindlichsten Entwicklungsphase der Früchte stattfindet, können sich Ausdünnungsmittel positiv und negativ auf die Berostung der Früchte auswirken.

Die bessere Ausstattung der Früchte mit Kohlenhydraten nach Ausdünnungsmaßnahmen ist gleichbedeutend mit einem etwas höheren Gehalt an Trockensubstanz. Davon profitiert auch die Fruchtfleischfestigkeit mit einer durchschnittlichen Zunahme von rund 0,5 kg/ cm².

Auf die Haltbarkeit der Früchte kann sich eine in sinnvollen Grenzen gehaltene Ausdünnung sporadisch durch eine gewisse Förderung physiologischer Krankheiten nachteilig auswirken. Anfällige Sorten können mehr Stippe entwickeln und durch Fruchtfäulen auch höhere Lagerausfälle erleiden. Langfristig betrachtet ergibt sich ein gegenteiliges Bild: Durch ihren überwiegend positiven Einfluss auf die Ertragsregelmäßigkeit bringt Ausdünnung im Durchschnitt eher weniger anfällige Früchte mit sich als Nichtausdünnen.

Wirtschaftliche Auswirkungen

- Wesentliches Ziel der Ausdünnung ist bei zunehmender Qualitätsbezahlung ein hoher Anteil an Früchten im bestbezahlten Kaliberbereich 75 bis 85 mm mit hoher Ausfärbung, d. h. ein möglichst hoher „Pack-out“. Hierfür sind die gegenüber Verzicht auf Ausdünnung etwas geringeren Erträge in Kauf zu nehmen.
- Nach Ende der Lagerperiode aussortierte Früchte ziehen aufgrund der Kostenbelastung für Lagerung und Sortierung den Auszahlungspreis nach unten. Für die Aussortierung ist die Verwendung der Früchte entscheidend.
- Bei alternanzanfälligen Sorten ist der Durchschnitt der Erträge über die Jahre hinweg zu berücksichtigen. Idealerweise reizt man die Ausdünnung bis zu dem Punkt aus, an dem stärkere Alternanz erscheint. Schwankende Erträge sind für die regelmäßige Marktbeschickung ungünstig.

8.3 Bodenpflege

Wurzeln sind neben den Blättern die ertragsbestimmenden Aufnahme- und Synthesezentren der Pflanzen. Für gute Entwicklungs- und Funktionsbedingungen sind sie auf günstige Temperatur-, Wasser-, Luft- und Nährstoffverhältnisse angewiesen. Sie können dann ungestört den Boden durchdringen, genügend Wasser und Nährstoffe aufnehmen und ihr Synthesepotenzial voll ausschöpfen.

Zusagende Bedingungen liegen bei 2 bis 25 °C und einem Anteil von 15 bis 20 % luftgefüllter Poren vor. Die Bodenluft sollte mindestens 10 % Sauerstoff und höchstens 5 % Kohlendioxid enthalten. Verschieben sich diese Anteile, beispielsweise durch häufiges Befahren mit schweren Maschinen, hohen Tonanteil und länger anhaltende Staunässe, so verdichtet sich der Boden. Es kommt zu Sauerstoffverarmung und Kohlendioxidanreicherung der Bodenluft mit nachfolgenden Wurzelschäden sowie Wachstums- und Ertragsdepressionen.

Gute Bodenpflege
- verbessert die Bodenstruktur, Wasserspeicherung und Wasserführung,
- fördert die Bodendurchlüftung und die Nährstoffverfügbarkeit,
- kommt der Bodenfauna zugute und reguliert die Bodenflora,
- verhindert Bodenerosion und Nährstoffauswaschung und
- erleichtert die Befahrbarkeit der Obstanlagen.

8.3.1 Ganzflächige Bodenbearbeitung

In niederschlagsarmen Anbaugebieten soll die ohnehin geringe Bodenfeuchtigkeit vornehmlich den Kulturpflanzen vorbehalten bleiben. Regelmäßiges Bearbeiten lockert den Boden, vernichtet vorhandenes Unkraut, fördert die Durchlüftung und begrenzt die Wasserverdunstung. Damit wird auch in niederschlagsärmeren Regionen zufriedenstellendes Wachstum und gute Ertragsleistung der Bäume erreicht.

Anhaltende Bodenbearbeitung bedeutet jedoch auch, der ungeschützte Boden ist das ganze Jahr über der Sonneneinstrahlung, dem Wind und der Schlagwirkung der Regentropfen ausgesetzt. Die oberste Bodenschicht unterliegt merklichen Schwankungen von Feuchtigkeit und Temperatur. Die verstärkte Durchlüftung kann die Bodenaktivität und den Humusabbau fördern, jedoch auch Strukturschäden durch Krümelzerstörung und Verkrustung begünstigen. Zudem besteht besonders in Hanglagen eine Gefahr für Bodenabtrag, Verlust an fruchtbarer Bodenkrume durch Regenwasser und Wind. Und nicht zuletzt ist das Befahren der Anlagen im Zuge von unaufschiebbaren Kultur- und Erntearbeiten bei regnerischer Witterung erschwert. Den verstärkten Humusabbau kann man durch Einsaat von Gründüngungspflanzen ausgleichen.

Aufgrund ihrer merklichen Nachteile hat man in gemäßigten Klimaten von der ganzflächigen Bodenbearbeitung längst Abstand genommen. An ihre Stelle traten die mechanische Bearbeitung oder das chemische Freihalten der Baumstreifen.

Abb. 160 Strukturstabilisierung des Bodengefüges einer tiefgelockerten Pflanzfläche mittels tief wurzelnder, massereicher Gründüngungspflanzen.

8.3.2 Freihalten der Baumstreifen

Im Wiesenobstbau mit Futternutzung wurden Baumscheiben und Baumstreifen noch vielfach von Hand, später mit einfachen Hackmaschinen oder Fräsen bearbeitet und unkrautfrei gehalten. Dabei beschädigte man aber viele Faserwurzeln in der oberen, belebten Bodenschicht und die Bodenstruktur. Wachstum und Ertrag der Obstbäume konnten darunter empfindlich leiden.

Seit der Einführung der Herbizide werden geeignete Mittel für die Baumstreifenbehandlung verwendet. Mit der Einführung der Integrierten Produktion und dem damit eingeschränkten Herbizideinsatz wurde die schonende Bodenbearbeitung unter den Bäumen aktuell. Derzeit stehen dafür Kreiselkrümler, Unterschneidegeräte, Scheibenpflüge und andere Konstruktionen zur Verfügung. Ihr Einsatz bereitet jedoch gelegentlich Schwierigkeiten, z. B. bei zu feuchtem Boden, zu dichtem und zu hohem Graswuchs oder wenn die Fruchtäste tief herabhängen.

Grundsätzlich wird mit der mechanischen Baumstreifenbearbeitung die Wasserversorgung besonders in trockenen Lagen verbessert. Auch das Stickstoffangebot wird positiv beeinflusst. Dies ist im Frühjahr, aber nicht unbedingt im Spätsommer vorteilhaft, weil die verstärkte Freisetzung von Stickstoff zu fortgeschrittener Jahreszeit das Triebwachstum anregen und die Qua-

lität und Haltbarkeit der Früchte beeinträchtigen kann.

Die regelmäßige, rein mechanische Baumstreifenbehandlung ist keine umfassend zufriedenstellende Alternative zur Herbizidanwendung, aber dennoch für die Integrierte Produktion und besonders den Bio-Anbau wertvoll.

Abdecken der Baumstreifen: Mit dem Abdecken der Baumstreifen mit Folien oder organischem Material verhalten sich Bodentemperatur und Bodenfeuchtigkeit ausgeglichener als nach Bodenbearbeitung oder Herbizidanwendung. Der Unkrautaufwuchs wird eingeschränkt und der Humusgehalt im Boden gefördert.

Aus Polypropylen, Polyamid oder Polyester sind **Abdeckfolien** und Bändchengewebe mit unterschiedlicher Haltbarkeit erhältlich. Im Gegensatz zu Bändchengeweben werden Abdeckfolien beim Mulchen der Fahrgassen ziemlich rasch beschädigt. Problematisch ist auch, dass sich unter ihnen leicht Mäuse ansiedeln. Mulchfolien sind daher zur Streifenabdeckung bei Obstgehölzen weniger geeignet.

Wertvoll ist Folienbedeckung dagegen im Erdbeeranbau. Sie hemmt den Unkrautwuchs und die Wasserverdunstung, beschleunigt die Fruchtreife bis zu sechs Tagen und kann auch den Ertrag steigern. Zudem bleiben die Früchte sauber.

Das **Mulchen der Baumstreifen** mit Baumrinde, Häckselholz, Stroh oder Grasschnitt in den Baumreihen hat sich aus Kostengründen nur vereinzelt durchgesetzt. Eine einigermaßen ausreichende Unkrautwirkung ergeben nur Nadelholz- bzw. Eichenrindeschnitzel und Getreide- sowie Rapsstroh, und dies auch nur bei einer Schichthöhe von wenigstens 10 cm. Selbst dann hält die Unkrautfreiheit unter unkrautwüchsigen Bedingungen häufig nur ein halbes bis ein Jahr an.

Bei schweren, feuchten Böden kann das Abdecken mit organischen oder anorganischen Materialien zu Vernässung und Sauerstoffmangel im Boden führen; verwendet man dazu Stroh oder andere Materialien mit weitem C/N-Verhältnis, so sind zusätzliche N-Gaben nötig, um einem N-Mangel vorzubeugen.

8.3.3 Begrünung (Rasenmulchsystem)

In Gebieten mit ausreichenden Niederschlägen oder Bewässerungsmöglichkeiten ist das **Rasenmulchsystem** weit verbreitet. Vorteile sind die Befahrbarkeit der Anlagen selbst bei schlechtem Wetter sowie verminderte Erosion und Nährstoffauswaschung. Die dauernde Zufuhr von organischer Substanz (Mähgut) verhindert den Humusabbau, fördert das Bodenleben, verbessert die Bodenstruktur und setzt Nährstoffe frei.

Behandlung der Fahrgassen

Früher legte man Wert darauf, den Grasaufwuchs durch häufigen Schnitt kurz zu halten: Die Obstanlage sollte auch optisch gut dastehen. Dafür war je nach den herrschenden Klimabedingungen acht- bis zwölfmaliges Mähen im Jahr erforderlich. Junges, eiweißreiches Gras wird jedoch von den Mikroorganismen des Bodens fast vollständig mineralisiert, sodass unter obigen Bedingungen schwerlich eine Humusanreicherung stattfindet. Zudem entsteht ein betonter Grasbestand, Kräuter werden durch häufiges Mähen weitgehend unterdrückt.

Artenreiche Grünbestände und eine faunistische Vielfalt sind jedoch sehr erwünscht, um auch die natürlichen Gegenspieler von Schädlingen in den Obstanlagen zu fördern. In einem derartigen biologisch vielfältigen Lebensraum steigen die Chancen, Schaderreger ohne chemische Bekämpfung oder zumindest mit geringerem Aufwand unter der Schadensschwelle zu halten.

Zur Förderung der botanischen Vielfalt sollte man deshalb nur im Frühjahr in kürzeren Abständen mulchen, später jedoch den Grünbestand höher wachsen und zum Blühen kommen lassen, um Schmetterlingen, Bienen und Nützlingen ein breit gefächertes Nahrungsangebot zu machen. Ältere Pflanzen bilden auch mehr organische Masse und werden langsamer mineralisiert, dafür jedoch zu einem beträchtlichen Teil in Dauerhumus umgewandelt. Die Wurzeln der Gräser und Kräuter dringen in tiefere Bodenschichten vor und schließen dort Nährstoffe auf.

Mulchgras kann in der Fahrgasse liegen bleiben oder von dem Mulchgerät auf den Baumstreifen geworfen werden. Dieses Vorgehen schützt vor Verdunstung und stellt Humus, Stickstoff und Ka-

Tab. 51 Einfluss der Bodenpflege auf den Ertrag (relativ)

Anlage A. Relativer Ertrag im Mittel der ersten drei Standjahre

Bodenpflege	'Boskoop'	'Cox Orange'	'Elstar'	'Jonagold'	Sorten-Mittelwert
Mechanische Streifenbearbeitung	100	100	100	100	100
Rindenabdeckung der Baumstreifen	95	119	121	123	115
Herbizidbehandlung der Baumstreifen	143	140	128	124	134
Ganzflächiges Rasenmulchen	24	34	39	52	37
Ganzflächiges Rasenmulchen + Fertigation	35	46	67	53	50

Anlage B. Relativer Ertrag im Mittel von 25 Jahren

Bodenpflege, ganzflächig	'Boskoop'	'Golden Delicious'	'Goldparmäne'	Sorten-Mittelwert
Bodenbearbeitung + Gründüngung	100	100	100	100
Bodenbearbeitung + Strohmulch	99	135	104	112
Rasenmulchen + Stallmist	87	126	110	108
Mulchraseneinsaat	73	127	105	100
Selbstbegrünung	92	116	104	104

lium zur Verfügung, kann jedoch langfristig Kalium im Boden anreichern und möglicherweise die Haltbarkeit der Früchte beeinträchtigen.

Zum Aufbau eines Mulchrasens in der Fahrgasse vor oder nach der Erstellung einer Neuanlage ist im Interesse einer gesteuerten Artenzusammensetzung eine Einsaat der Selbstbegrünung vorzuziehen. Für die Einsaat gibt es für feuchtere und für trockenere Standorte geeignete Saatgutmischungen, in denen der Horstbildende Rot-Schwingel (*Festuca nigrescens*), das Kriechende Straußgras (*Agrostis stolonifera*), die Gemeine Rispe und die Wiesen-Rispe (*Poa trivialis* und *P. pratensis*), eventuell mit weiteren Gräsern, die wichtigsten Komponenten darstellen. Gräser wie der Ausläufer treibende Rot-Schwingel *Festuca rubra* subsp. *rubra* und das Flechtstraußgras (*Agrostis stolonifera*) sollten in einer Mulchrasenmischung dagegen nicht enthalten sein. Sie wachsen sonst rasch von den Fahrgassen aus in die Baumstreifen ein.

Der Saatgutbedarf beläuft sich je nach den verwendeten Arten (Samengrößen) auf 20 bis 40 kg/ha.

Bewuchsfreie oder begrünte Baumstreifen?

> Rasenmulchen in der Fahrgasse und chemische Streifenbehandlung haben sich weltweit durchgesetzt.

Die kombinierte Anwendung von Herbiziden zum Freihalten der Baumstreifen und Rasenmulchen für die Fahrgassen ist am weitesten verbreitet. Die einseitige und langjährige Anwendung von Herbi-

ziden brachte jedoch neben arbeitstechnischen und finanziellen Vorteilen auch Hinweise auf eine Hemmung der Mikroorganismentätigkeit, verstärkten Humusabbau und Strukturverschlechterung des Bodens sowie einen Rückgang der Mykorrhiza-Pilze und der Regenwurmtätigkeit. Bedenklich stimmt auch die Resistenzbildung verschiedener Unkrautarten gegen verschiedene Herbizide. Leichtere, humusarme Böden sind anfällig für Auswaschungsverluste und die Anreicherung des Grundwassers mit Herbiziden. In Wasserschutzgebieten bestehen besonders strenge Auflagen für die Anwendung solcher Mittel. Daher sind in der Integrierten Produktion nur noch wenige Herbizide, z. B. Glyphosate, Glufosinate, eventuell Wuchsstoffe und einige andere Mittel zugelassen. In mehreren IP-Programmen darf die herbizidbehandelte Fläche der Baumstreifen auch nur 25 bis 30 % der Gesamtfläche ausmachen.

> Vor allem in Junganlagen ist die Graskonkurrenz im Baumkronenbereich ganzjährig ausreichend auszuschalten. Mit dem Älterwerden der Anlagen kann der Baumstreifen schmaler gehalten werden, ohne das Wachstum der Bäume und ihre Ertragsleistung empfindlich zu schwächen.

Begrünung des Baumstreifens: Eine Dauerbegrünung des Baumstreifens stellt vor allem in den ersten Jahren ihres Bestehens eine empfindliche Konkurrenz für die Jungbäume dar. Später kann unter bestimmten Boden- und Niederschlagsverhältnissen bei gutem Triebwachstum eine Dauerbegrünung des Baumstreifens mit regelmäßigem Mähen erfolgen. Im Rahmen der Integrierten bzw. der Ökologischen Produktion wurden verschiedene Einsaaten getestet, die den Bäumen weniger Konkurrenz machen, bald einen guten Narbenschluss ergeben und nicht zu hoch werden.

In die engere Wahl wurden in verschiedenen Obstbauregionen folgende Gräser und Kräuter gezogen: Einjährige Rispe und Gemeine Rispe (*Poa annua* und *P. trivialis*), Vogel-Sternmiere (*Stellaria media*), Taubnessel (*Lamium* spec.), Gänse-Fingerkraut (*Potentilla anserina*), Gundelrebe (*Glechoma hederacea*), Kapuzinerkresse (*Tropaeolum* spec.), Weiß-Klee (*Trifolium repens*), Erd-Klee (*Trifolium subterraneum*) etc. Reinsaaten oder Mischungen von günstigen Deckpflanzen sind allerdings teuer, sie keimen oft schwierig und haben meist nur eine kurze Lebensdauer. Früher oder später werden sie von bodenständigen Arten durchwuchert und verdrängt.

Stabiler dürfte eine natürliche Begrünung ab dem zweiten bis dritten Standjahr mit regelmäßigem Mähen sein. Sie bringt keine so plötzliche Schockwirkung für die Bäume mit sich wie eine Einsaat, und mit der Zeit stellt sich zwischen Gründecke und Baum ein Gleichgewicht ein. Zu starkes Triebwachstum und erhebliche Ertragseinbußen sind dann nicht zu erwarten.

8.3.4 Gegenwärtige Gepflogenheiten der Bodenpflege

Um den Bedürfnissen der Bäume und der Obsterzeuger gleichermaßen gerecht zu werden und auch die ökologischen Erfordernisse wie Erhaltung der Bodenfruchtbarkeit, biologische Vielfalt, keine Grundwasserbelastung durch Herbizide u. a. einzuhalten, sollten die Fahrgassen nicht zu oft gemäht werden und die Baumstreifen nicht ganzjährig unkrautfrei sein. Im Spätsommer sollen sie sich begrünen und auch über den Winter bis kurz vor der Blüte bewachsen bleiben. Dadurch kann N-Verlusten durch Auswaschung und ihr folgende Grundwasserbelastung mit Nitrat vorgebeugt werden. Der Bewuchs im Baumstreifen muss allerdings über den Winter kurz gehalten werden. Das erleichtert die Kontrolle auf Mäusebefall und ist gleichzeitig eine indirekte Bekämpfungsmaßnahme, weil den Nagern Deckungsmöglichkeiten genommen werden.

Während der Blüte und auch noch längere Zeit danach muss der Baumstreifen von Bewuchs freigemacht werden, um den Fruchtansatz und das Fruchtwachstum in der Zellteilungsperiode nicht zu gefährden. Im Zeitraum August/September ist eine Wiederbegrünung des Baumstreifens vorteilhaft. Dadurch wird weniger Stickstoff freigesetzt, das Baumwachstum nicht mehr angeregt und die Qualität und Haltbarkeit der Früchte positiv beeinflusst.

Je nach dem Alter einer Obstanlage und den Witterungsbedingungen sind während der un-

krautfreien Periode höchstens drei Behandlungen mit Blattherbiziden erforderlich.

> Das dargestellte Herbizidstreifen-Rasenmulchsystem gewährleistet durch sparsamen Herbizideinsatz gute pflanzenbauliche Erfolge bei gleichzeitiger Umweltschonung.

8.4 Düngung

Selbst Böden mit hoher natürlicher Nährkraft können ohne zusätzliche Düngung das Nährstoffbedürfnis von Obstbäumen nicht anhaltend befriedigen. Auf lange Sicht sind ausgewogene Düngergaben in Anpassung an die Bedürfnisse der Obstpflanzen unverzichtbar.

Für die Nährstoffaufnahme benötigen alle höheren Pflanzen neben zusagenden Temperatur- und Feuchtebedingungen eine günstige Bodenreaktion, ausgedrückt durch den pH-Wert. Bei saurer Reaktion sind Bor, Kupfer, Mangan und Zink am besten verfügbar, bei neutraler Reaktion Phosphor und bei neutraler bis alkalischer Reaktion Stickstoff und Molybdän.

Die Nährstoffaufnahme kann durch das Mengenverhältnis von Nährstoffen zueinander erschwert (Antagonismus) oder erleichtert werden (Synergismus).

Düngt man z. B. stark mit Kalium oder ist dieses im Boden bereits reichlich vorhanden, so leidet darunter die Magnesiumaufnahme. Es muss dann stärker mit Magnesium gedüngt werden, als es eigentlich angebracht wäre. Ein hohes N-Angebot fördert die Aufnahme von Calcium und Magnesium.

Obstgehölze legen in ihrem Spross- und Wurzelsystem jahrelang periodisch Nährstoffe fest. Diese Nährstoffreserven werden in Bedarfszeiten wieder mobilisiert. Obstgehölze sind deshalb zu Vegetationsanfang nicht wie kurzlebige Kulturen auf hohe Düngermengen angewiesen, sondern kommen mit mäßigen Düngergaben aus.

Neben pflanzenbaulichen Fragen der ausreichenden und harmonischen Düngung können ökologische Probleme treten, so die Anreicherung von Oberflächen- und Grundwasser mit Nitrat oder eine Nährstoffanreicherung in Böden über eine ausreichende und harmonische Versorgung hinaus.

> Um den Interessen des Obstbaus und des Umweltschutzes gleichermaßen gerecht zu werden, ist die Kontrolle der Düngungsmaßnahmen unverzichtbar. Dazu bieten sich in erster Linie Nährstoffanalysen von Böden, Blättern und Früchten an.

Die Düngung zur nachhaltigen Sicherung der Obstproduktion darf nicht an kurzfristigen Erfahrungen gemessen werden. Im Zusammenwirken von Boden, Klima und Obstpflanzen selbst ergeben sich von Jahr zu Jahr immer wieder andere Ausgangs- und Entwicklungsbedingungen für Bäume und Sträucher. Diese jahresverschiedenen Bedingungen machen einen beträchtlichen Anteil der Schwierigkeiten aus, Obstpflanzen bedarfsgerecht zu düngen.

8.4.1 Einfluss der Düngung auf die Pflanzenentwicklung

Am schnellsten und auffälligsten wirkt sich die Düngung mit Stickstoff aus. In Junganlagen ist ihr Einfluss auf das Wachstum verhältnismäßig einfach. Die Bäume sind noch klein und haben nur ein schwach ausgebildetes Wurzelsystem. Jungbäume benötigen deshalb in den ersten Standjahren ein gleichmäßig fließendes N-Angebot im Wurzelraum, um ihren Standraum rasch auszufüllen. Der Düngerbedarf hierfür liegt überwiegend bei 10 g N je Baum im Pflanzjahr, die auf vier bis fünf Gaben verteilt im Abstand von etwa zehn Tagen zwischen dem Austrieb der Bäume und Mitte Juni verabreicht werden. In den zwei folgenden Jahren kommen zusätzlich weitere 5 g je Baum und Jahr hinzu. Das entspricht bei einer mittleren Pflanzdichte etwa 30 bis 60 kg N/ha Baumstreifen. Die N-Nachlieferung aus dem Boden bleibt zunächst unberücksichtigt.

Erfolgt die Pflanzung auf einer schon vorher mit Obst bestandenen Fläche, so ist für die Fahrgassen keine zusätzliche N-Düngung für gutes Jungbaumwachstum nötig. Man geht in diesem Beispiel davon aus, dass die Neupflanzung bald nach dem Umbruch erfolgt und der junge Mulchrasen eine Fortsetzung des vorherigen Rasenmul-

chens mit einer hohen N-Mineralisierungsrate der organischen Substanz darstellt.

Wird jedoch in Ackerland gepflanzt, so besteht in den ersten drei bis fünf Wachstumsjahren für den Aufbau des Mulchrasens ein zusätzlicher N-Bedarf von etwa 250 kg pro ha Fahrgasse für den Humusaufbau. Wird diesem zusätzlichen Bedarf nicht entsprochen, leidet das Wachstum des jungen Mulchrasens empfindlich. Ist der für Obstanlagen mit Rasenmulch typische Gehalt von 3 bis 5 % organischer Substanz erreicht, kann die N-Düngung der Fahrgassen weitgehend eingestellt werden. Von diesem Zeitpunkt an liegt praktisch ein geschlossenes System vor, in dem sich Mineralisierung und Festlegung von Stickstoff im Gleichgewicht befinden.

In Ertragsanlagen mit etabliertem Mulchrasen sind für das Baumwachstum nur noch N-Gaben in Höhe des jährlichen Entzugs durch den Fruchtertrag erforderlich, also 30 bis allenfalls 50 kg N/ha Baumstreifen. Düngt man über Jahre hinweg wesentlich stärker, so kann das Baumwachstum im Laufe der Zeit immer stärker und in vielerlei Hinsicht problematisch werden. Hinzu kommt auch eine steigende N-Auswaschungsgefahr.

Wer mit dem Problem „zu starker Wuchs“ durch langjährig hohe N-Düngung konfrontiert ist, sollte in erster Linie seine N-Gaben reduzieren, möglicherweise gar einige Jahre auf jegliche N-Düngung verzichten. Eine rasche Problemlösung kann man allein damit jedoch nicht erzielen. Nicht selten dauert es zehn Jahre und mehr, bis ein langjährig aufgebautes überhöhtes N-Potenzial wieder normalen Stand erreicht.

Entsprechend deutliche Einflüsse auf das Wuchsverhalten der Bäume kann man bei den übrigen Makro- und Mikroelementen nur bei extremer Unter- oder Überversorgung feststellen. Erste Hinweise können dann die Blattfarbe und typische Blattmangelsymptome – besser noch Boden-, Blatt- und Fruchtanalysen geben.

Bei anhaltend starkem Wuchs sind zur Einschränkung der N-Verfügbarkeit zusätzliche Maßnahmen, wie schmalere Herbizidstreifen (= stärkere Nährstoffkonkurrenz, Einschränkung der Wasserversorgung und N-Mineralisierung) oder Umstellung der Schnittgewohnheiten ratsam).

8.4.2 Einfluss der Düngung auf den Ertrag

Stickstoffdüngung wirkt sich auf den Ertrag einer Obstanlage hauptsächlich über das rasche Hineinwachsen der Bäume in ihren Standraum und über die Blüten- und Fruchtbildung aus. Für das Anwachsen der Erträge ist eine ausreichende N-Versorgung unerlässlich. Ernährungsschwierigkeiten sind bei sofortiger Vollbegrünung von Junganlagen zu erwarten, eine Situation, die im Erwerbsanbau kaum zur Diskussion steht. Wer die nachteiligen Folgen der starken Wasser- und Nährstoffkonkurrenz einer Gründecke für Jungbäume dennoch ignoriert, muss im Vergleich zu bewuchsfreien Baumstreifen in den Anfangsjahren selbst bei zwei- bis dreifacher N-Düngung mit Ertragseinbußen von 60 bis 80 % rechnen.

Obstanlagen mit grasfreien Baumstreifen befinden sich überwiegend nahe am Ertragsmaximum. Jahrelange konsequente Bodenpflege- und Düngungsmaßnahmen ermöglichen ihnen die Ansammlung hoher Nährstoffreserven, ein Kapital, von dem Obstanlagen auch ohne weitere Düngergaben lange zehren können. Anhaltend hohe Düngergaben bringen keine weitergehenden Ertragssteigerungen. Verschiedene langjährige N-Düngungsversuche haben wiederholt bestätigt, dass selbst Nullparzellen viele Jahre lang keinen Ertragsabfall im Vergleich zu anhaltend gedüngten Parzellen erleiden. Die N-Düngung birgt unter solch günstigen Umständen auch keine Chance, eine vorliegende Alternanz wesentlich zu mildern.

Vergleichbares gilt auch für die Nährstoffe Phosphor und Kalium, wenn sorptionsstarke Böden vorliegen. Für leichte, sorptionsschwache Böden sind die Aussichten, durch langjähriges Düngen höhere Erträge zu erzielen, besser. Dort ist jedoch häufig eine eingeschränkte Wasserversorgung ertragsbegrenzend.

8.4.3 Einfluss der Düngung auf die Fruchtqualität

Bei allen Obstarten können sich unausgewogene Nährstoffgaben mehr oder weniger positiv/negativ auf die Fruchtqualität auswirken. Obstbaulich kritisch erscheinen vor allem eine Überversorgung mit Stickstoff und die Unterversorgung mit Calcium. Den Nährstoffen Phosphor und Kalium

Tab. 52 Einfluss der N-Düngung auf Fruchtgröße und Ertrag zweier Apfelsorten (Mittelwerte aus 11 Jahren bezüglich Fruchtgröße und 15 Jahren beim Ertrag)

Düngermenge (kg/ha)	t Ertrag/ha in den Klassen (mm)			t Ertrag/ha
	< 60	60 bis 65	> 65	Insgesamt
'Cox Orange'				
0	7,5	10,5	13,2	34,0
50	7,5	10,5	13,4	34,2
100	7,2	11,0	14,6	33,4
200	6,6	11,4	14,7	35,0
	< 60	60 bis 70	> 70	
'Golden Delicious'				
0	1,4	16,4	24,1	44,4
50	1,3	16,7	25,9	45,7
100	1,3	16,6	25,6	46,4
200	1,0	14,9	26,6	44,5

Tab. 53 Einfluss der P- und K-Düngung auf Fruchtgröße und Ertrag von Apfelbäumen (15 Jahre Versuchsdauer hinsichtlich Fruchtgröße und 21 Ertragsjahre)

	'Goldparmäne'				'Jonathan'			
	t/ha in den Klassen (mm)			Ertrag	t/ha in den Klassen (mm)			Ertrag
	< 60	60 bis 65	> 65	Insgesamt	< 60	60 bis 65	> 65	Insgesamt
kg P_2O_5/ha								
0*)	5,5	7,1	13,1	26,3	3,6	8,1	15,4	28,5
90	6,2	8,3	14,8	29,8	1,8	9,9	14,1	30,6
180	5,9	7,9	14,2	28,9	5,1	10,8	15,0	35,5
kg K_2O/ha								
0*)	8,6	9,5	11,6	30,1	6,9	9,5	10,2	27,9
100	6,9	8,5	14,0	28,4	5,3	9,9	15,3	31,6
200	6,2	8,3	14,8	29,8	1,8	9,9	14,1	30,6
300	5,7	7,7	14,3	28,2	5,0	9,0	17,6	31,9

*) Anfängliche Nährstoffgehalte der Versuchsfläche (= 0-Parzellen): ~ 5 mg P_2O_5 und ~ 10 mg K_2O je 100 g Boden; Bodentyp: Parabraunerde aus Würm-Grundmoräne mit hoher K-Fixierungskapazität

wurde in der Vergangenheit unter anderem zugeschrieben, negative Auswirkungen einer überhöhten N-Düngung aufzufangen. Wie auch bei Magnesium sollte man anstelle dieses sehr pauschalen Urteils eine spezifischere Beurteilung anhand nachweisbarer wirtschaftlich wirksamer Qualitäts- und Haltbarkeitsmerkmale vornehmen.

Dabei verdient vor allem der Bereich zwischen ausreichender Versorgung und Luxuskonsum Aufmerksamkeit.

Fruchtgröße: Nach weit verbreiteter Ansicht kann die Fruchtgröße mithilfe der N-Düngung verbessert werden. N-Düngung führt jedoch nur bei unzureichender N-Ernährung zum gewünschten Erfolg. Sind die Obstanlagen ausreichend versorgt, so nimmt die Fruchtgröße mit noch weiter ansteigenden N-Gaben kaum zu. Starke Überdüngung kann gar rückläufige Fruchtgrößen bewirken.

Eine vergleichende Betrachtung des Frucht- und Triebwachstums zeigt bei niedriger bis mäßiger N-Versorgung gleichartige Tendenz: Beide werden durch eine bessere N-Versorgung gefördert. Diese Förderung bleibt beim Triebwachstum bis in den Bereich der Überversorgung erhalten, nicht aber bei den Früchten. Anscheinend kann sehr starker Wuchs die ansonsten dominierende Sink-Stärke der Früchte überwinden und dazu führen, dass die zum Wachstum benötigten N-Verbindungen und Kohlenhydrate in zunehmendem Maße vom Neuwuchs beansprucht werden.

Intensive K-Düngung kann über eine K-Anreicherung im Zellsaft zwar größere Zellen bewirken. Diesem „Wachstum" liegt jedoch keine Anreicherung von Zelltrockensubstanz zugrunde. Die Fruchtzellen sind übermäßig gedehnt, „aufgeblasen", und die Früchte dann weniger haltbar.

Fruchtfarbe und -geschmack: Auch diese Fruchtqualitätsmerkmale unterliegen dem Einfluss von Stickstoff und Kalium. Bei relativem N-Mangel sind die Früchte besonders gut gefärbt, aber ziemlich trocken und fest. Bei N-Überversorgung fehlt es an Kohlenhydraten, den Ausgangsstoffen für die Ausbildung roter Farbpigmente. Zusammen mit relativ wenig Fruchtsäure führt das zu schwachem Geschmack. N-Überdüngung verzögert darüber hinaus nachhaltig den Chlorophyllabbau in Fruchtschale und Fruchtfleisch.

Wegen seiner Bedeutung für die Kohlenhydratsynthese wirkt sich eine Unterversorgung mit Kalium zusätzlich negativ auf Fruchtfarbe und Geschmack aus. Hinzu kommt die spezielle Wirkung von Kalium, bei hoher Versorgung den Säuregehalt der Früchte anzuheben. Diese spezielle Möglichkeit kann man beim kalibedürftigen Beerenobst, bei Steinobst und jenen Kernobstsorten nutzen, die eine gesteigerte K-Versorgung nicht mit verminderter Lagerfähigkeit beantworten.

Fruchtfleischfestigkeit: Die praktischen Möglichkeiten zur Förderung der Fruchtfleischfestigkeit sind äußerst begrenzt. Bei Stickstoff sollte man danach trachten, die Stabilität der Früchte nicht durch allzu hohe Versorgung zu gefährden. N-Mangelfrüchte sind besonders fest.

Bei Calcium wird die Bedeutung für die Fruchtfleischfestigkeit immer wieder hervorgehoben. In Ca-Düngungsversuchen ist es jedoch bisher nicht gelungen, die Festigkeit der Früchte entscheidend zu verbessern.

Haltbarkeit der Früchte: Lagerfäulen und physiologische Störungen führen häufig zu empfindlichen Fruchtverlusten während der Apfellagerung. Negative Auswirkungen ergeben sich tendenzmäßig nach überhöhten N-Gaben, führen jedoch nicht in jedem Jahr zu bedeutsamen Lagerverlusten, weil im Verlauf der Jahre jährlich unterschiedliche Entwicklungsbedingungen herrschen und mehr oder weniger fruchtstabilisierende Gegenmaßnahmen ergriffen werden. Um größeren Verlusten vorzubeugen, sollte die N-Düngung anfälliger Arten und Sorten nur eine ausreichende Versorgung sichern. Zu hohe N-Gaben lassen den N-Gehalt der Früchte prozentual deutlich mehr ansteigen als den der Blätter. Es ist allerdings nicht der N-Gehalt der Früchte selbst, der schadauslösend sein kann, sondern eher sein Einfluss auf die Kondition der Pflanzen, ausgedrückt durch ihre Wuchsstärke.

P-Düngung über das Blatt soll die Widerstandsfähigkeit von Äpfeln gegen Fleischbräune fördern, verschiedene Untersuchungen erbrachten jedoch keine Bestätigung dafür. Es ergaben sich stattdessen häufig negative Beziehungen zwischen hohen P-Gehalten in der Frucht und dem Auftreten von physiologischen Krankheiten. Die Untersuchungsergebnisse weisen weniger auf eine direkte P-Wirkung als auf den ungünstigen Einfluss einer geringen Fruchtbehangdichte hin, der eigentlichen Ursache für die ermittelten hohen P-Gehalte.

Kalium übt grundsätzlich einen günstigen Einfluss auf Fruchtgröße, Zucker- und Säuregehalt sowie Fruchtfarbe aus, soweit eine gewisse Kalium-Unterversorgung mit Blattgehalten unter 1 % in der Blatttrockensubstanz vorliegt. In diesem

Falle bilden sich charakteristische Verbräunungen (Nekrosen) des Blattrandes aus. Eindeutig negativ wirkt sich eine zu hohe K-Düngung auf die Haltbarkeit der Früchte und ihre Anfälligkeit für physiologische Störungen während der Lagerung aus. Dabei ist nicht so sehr der absolute Kaliumgehalt als vielmehr ein ungünstiges Mengenverhältnis zum Calciumgehalt ausschlaggebend.

Besondere Bedeutung für die Haltbarkeit der Früchte hat ihre Versorgung mit Calcium. Der Ca-Gehalt der Früchte kann durch Düngung über den Boden nicht erhöht werden – unabhängig davon, wann und in welcher Menge und Form das Calcium ausgebracht wird. Relativ hohe Ca-Gehalte in den Blättern von Problembäumen beweisen, dass nicht grundsätzlicher Ca-Mangel für niedrige Werte in den Früchten verantwortlich ist. Bei den Früchten kann Calcium kurzfristig nur von außen mittels Ca-Spritzungen zugeführt werden. Das Überbrausen der Früchte mit Calciumsalzlösungen ist zwar noch sicherer und wirksamer, aber in Deutschland wie jede andere Nacherntebehandlung von Früchten nicht erlaubt.

Unzureichende Haltbarkeit kann mit hohen K- und niedrigen Ca-Gehalten der Früchte zusammenhängen. Es treten immer wieder neue Fruchtschäden mit zunächst unbekannter Ursache auf. In entsprechenden Fällen sollte überlegt werden, ob nicht „Überdüngung" die Ursache sein könnte.

8.4.4 Düngungstermin

Die Düngerausbringung über den Boden kann insbesondere beim Nährstoff Stickstoff problematisch sein. Es geht dabei neben den angestrebten pflanzenbaulichen Wirkungen vor allem um ökologische Aspekte. Die Ausbringung von Phosphor und Kalium zu unterschiedlichen Jahreszeiten hat hingegen aufgrund der geringen P- und K-Dynamik im Boden keine besondere pflanzenbauliche Relevanz, noch verursacht sie empfindliche ökologische Probleme, solange Bodenerosion kein Thema ist.

Düngergaben im Winter verbieten sich insbesondere aus ökologischen Gründen. Auf gefrorenem Boden ausgebracht, können sie durch nachfolgende Niederschläge in angrenzende Oberflächengewässer geschwemmt werden. Bei nicht gefrorenem Boden sickert Stickstoff mit den Niederschlägen in tiefere Bodenschichten ein, weil die Wurzeln der Obstgehölze und des Mulchrasens in dieser Zeit nur geringe Nährstoffmengen aufnehmen.

Besonders aktiv nehmen Wurzeln Nährstoffe auf, wenn der Boden warm, ausreichend feucht und gut durchlüftet ist. Sie benötigen dafür Energie, welche ihnen die Blätter in Form von Kohlenhydraten zukommen lassen.

Diese Bedingungen sind in den Monaten Mai bis September erfüllt, am besten im Zeitraum Juni/August. In dieser Zeit ist die Höhe des N-Angebots aus dem Boden durch Mineralisierung von organischer Substanz am höchsten. Deshalb kann im Sommer trotz der Aufnahme von Stickstoff durch die Wurzeln eine erhebliche Menge an mineralischem Stickstoff im Boden frei verfügbar sein.

Ein echter Bedarf für Dünger-N in den warmen Monaten erscheint deshalb in etablierten Obstanlagen, bis auf frisch gepflanzte Erdbeeren, nicht gegeben. Werden trotzdem erhebliche Mengen an N-Dünger verabreicht, so ist eine Beeinträchtigung der Fruchtfarbe zu befürchten. Eine Ausnahmestellung nehmen Junganlagen ein und allenfalls Altanlagen auf sehr leichten Böden mit geringem Humusgehalt. N-Düngebedarf liegt häufig im Frühjahr, möglicherweise auch im Herbst vor.

Im Frühjahr besteht N-Bedarf für den Austrieb der Blüten- und Blattknospen, für den Fruchtansatz und für die Anlage der Blütenknospen.

Der Frühjahrsbedarf wird größtenteils aus N-Reserven des Vorjahres bestritten. Sind diese Reserven aufgezehrt und ist die Mineralisierung der organischen Substanz infolge niedriger Bodentemperatur oder schlechter Durchlüftung des Bodens noch nicht richtig in Gang gekommen, so besteht zur Überbrückung der Zeit bis zum Einsetzen des Stickstoffnachschubs aus der organischen Substanz Bedarf für Dünger-N.

Im Herbst kann eine schnell wirksame N-Gabe zur Unterstützung der Blütenknospendifferenzierung günstig sein. Bodendüngung ist hierfür nicht angezeigt, eher eine rasch wirkende Harnstoffspritzung. Neben einer Stickstoffanreicherung der Knospen hält sie auch die Blätter etwas länger photosynthetisch aktiv.

Im Laufe der Vegetationsperiode übersteigt der Gehalt an mineralischem Stickstoff trotz seiner Aufnahme durch Obstgewächse, die Rasendecke und Mikroorganismen des Bodens zwischen Mai und August infolge hoher Humusgehalte, günstiger Bodenfeuchte und -temperatur den Bedarf der Pflanzen. Damit verbunden ist zumindest die Möglichkeit, dass überschüssiges Nitrat in Bodenschichten eingewaschen wird, die nicht mehr durchwurzelt sind.

Den besten Schutz vor Sickerverlusten bietet Grünland mit seinem eng verzweigten, tief reichenden Wurzelwerk. In begrünten Fahrgassen ist der Nitratgehalt aller Bodenschichten im Jahreslauf sehr niedrig. Eine Gründecke ab September senkt auch in Baumstreifen den Nitratspiegel merklich ab und trägt so obstbaulichen und ökologischen Belangen gleichermaßen Rechnung.

Die N-Bilanz eines Standorts muss dauerhaft ausgeglichen sein. Sie ergibt sich aus (N-Mineralisierung + bakterielle N-Bindung + Zufuhr aus der Atmosphäre + Düngung) – (Auswaschung + gasförmige Verluste + Entzug durch die Ernte).

8.4.5 Düngerausbringung auf Boden, Blatt und Frucht

Die Hauptnährstoffquelle der Obstpflanzen ist der Boden. Grundsätzlich können jedoch alle oberirdischen Organe Nährstoffe aufnehmen. Nährstoffspritzungen können daher die Düngung über den Boden ergänzen, bei Spurenelementmangel sogar ersetzen.

Bodendüngung

Oberflächendüngung: Mineraldünger und Wirtschaftsdünger werden mittels Düngerstreuern auf die Bodenoberfläche gebracht. Je nach Düngerart und Niederschlagsmenge gehen die ausgebrachten Nährstoffe mehr oder weniger schnell in Lösung und sickern in den Boden ein. Bestimmte Nährstoffe wandern mit dem Sickerwasser in die Tiefe, andere werden von Bodenteilchen und Mikroorganismen festgehalten und gelangen möglicherweise erst geraume Zeit nach der Ausbringung in den Wurzelbereich der Obstgewächse.

Stickstoff wandert infolge seiner guten Löslichkeit und Beweglichkeit im Boden innerhalb weniger Wochen in den Wurzelbereich der Obstgewächse. Das Calcium in verschiedenen Kalkdüngern ist zwar nicht so gut löslich, über längere Zeiträume betrachtet, wandert Calcium auch nach unten. Seine Tiefenverlagerung ist leicht an der Veränderung des pH-Wertes im Bodenprofil abzulesen. Auch Magnesium ist ausreichend wanderungsfähig. Kalium wird weit stärker am Bodenkomplex sorbiert und seine Wanderung in tiefer gelegene Bodenschichten nimmt vor allem auf schweren Böden Jahre in Anspruch. Noch wesentlich stärker wird Phosphat im Boden festgehalten, weil alle P-Dünger mit Ca- und Fe-Ionen wasserunlösliche Verbindungen bilden.

Die unterschiedliche Tiefenverlagerung der Hauptnährstoffe bringt bei regelmäßiger Oberflächendüngung eine Anreicherung der obersten Bodenschicht mit Phosphat und Kalium mit sich. Stark durchwurzelte Horizonte sorptionsstarker Böden kommen erst nach Jahren in den Genuss der P- und K-Gaben.

Fertigation: Bei der Fertigation werden wässrige Lösungen von voll löslichen Mineraldüngern über eine Tropfbewässerungsanlage ausgebracht. Dieses Verfahren fand Ende der 80er- und Anfang der 90er-Jahre des vorigen Jahrhunderts Eingang in den europäischen Obstbau. Es wurde hauptsächlich aus Erfahrungen mit der Tropfbewässerung auf leichten, auswaschungsgefährdeten Böden entwickelt und zunächst für Neupflanzungen höchster Bewirtschaftungsintensität propagiert. Die Vorstellung war, durch Fertigation in Engpflanzungen mit 10 000 bis 20 000 Bäumen/ha bereits im Jahr nach der Pflanzung Erträge zwischen 20 und 40 t/ha zu erzielen und schon im dritten bis vierten Jahr in die Vollertragsphase zu kommen. Ein weiterer Wunsch war, von der Nährstoffversorgung aus dem Boden loszukommen und den Bäumen zeitgerecht immer die gerade benötigten Nährstoffe zukommen zu lassen.

Tab. 54 Verteilung von Nährstoffen und pH-Wert im Profil eines Bavendorfer-Düngungsversuchs auf Parabraunerde bei Oberflächendüngung

Bodenschicht	mg Nährstoff in 100 g Boden						pH-Wert	
(cm Tiefe)	P_2O_5		K_2O		MgO			
	1966	1984	1966	1984	1966	1984	1966	1984
0 bis 5	7	29	23	49	20	20	5,1	5,0
5 bis 10	3	19	11	31	16	15	5,4	5,2
10 bis 15	2	8	8	22	14	12	5,6	5,2
15 bis 20	3	4	7	18	12	11	5,8	5,3
20 bis 30	2	2	6	15	11	10	5,5	5,3
30 bis 40	0	1	7	11	10	10	6,3	5,5

Auf diese Weise hoffte man, auch das Problem der Alternanz zu lösen.

Inzwischen hat sich die anfängliche Fertigationseuphorie normalisiert. In vielen Versuchen kristallisierte sich das verabreichte Wasser als der Hauptwirkungsfaktor heraus. Alternanz gibt es nach wie vor, in manchen Fällen mehr als vorher, weil Fertigation häufig zu viel Wachstum mit sich brachte. Eine gezielte Verbesserung der Fruchtqualität, beispielsweise durch Erhöhung des Ca-Gehalts der Früchte, blieb aus. Als nachhaltiger Effekt verblieben die zügigere Jugendentwicklung der Bäume und ein früherer Ertragseintritt. Höhere Erträge auch in späteren Jahren sind am ehesten in Gebieten mit Bedarf für Zusatzwasser möglich.

Ist eine Anlage für Tropfbewässerung vorhanden, sollte diese auch zur Düngung verwendet werden. Man beginnt damit ab der Blüte und fertigiert in Abhängigkeit vom Wasser- und Nährstoffbedarf der Bäume 10 bis 12 Wochen lang.

Alle Dünger müssen voll wasserlöslich sein. Man kann entweder nur Stickstoff über die Fertigationsanlage ausbringen oder zusätzlich Phosphor und Kalium inklusive der Spurenelemente. Dabei ist der Einsatz von Einzelnährstoff- oder Mehrnährstoffdüngern möglich. In jedem Fall bereitet man konzentrierte Stammlösungen, die in die Fertigationsleitungen eingespeist werden. Dabei dürfen verschiedene Interaktionsmöglichkeiten zwischen den Lösungspartnern nicht übersehen werden.

Bei der Berechnung der erforderlichen Düngermengen ist vom Bedarf der Bäume pro Vegetationsperiode auszugehen und diese Menge auf die Einzelgaben zu verteilen. Als Anhaltswerte des N-Bedarfs dienen häufig 10 g N im ersten, 15 g N im zweiten und 20 g N/Baum im dritten Jahr einer Pflanzung. Dazu kommen in Anpassung an die Versorgung des Bodens, an die Wuchsstärke und den Ertrag der Bäume Zu- oder Abschläge (bei starkem Fruchtbehang beispielsweise 25 % mehr als bei schwachem). Bei der Berechnung der auf jeden Einzelbaum entfallenden N-Menge muss unbedingt die Pflanzdichte berücksichtigt werden. Die genannten N-Gaben sind für eine Pflanzdichte von 2500 Bäumen gedacht.

Weil die Bäume zu Vegetationsanfang einen geringeren Nährstoffbedarf haben als in der Hauptwachstumszeit, kann man die Düngeperiode in drei Abschnitte teilen. Im ersten Abschnitt erhalten die Bäume ein Fünftel der Gesamtgabe, in den beiden folgenden je zwei Fünftel.

Die P- und K-Mengen kann man nach dem Nährstoffverhältnis $N : P_2O_5 : K_2O = 10 : 3 : 15$ berechnen. Wenn die auf diese Weise ermittelte Kaliummenge wesentlich unter dem Entzug durch die Früchte liegt, sollte der erforderliche Zuschlag auf den Boden gestreut werden.

Fertigation soll nicht nur die Dünger effektiver zur Wirkung bringen, sondern auch umweltverträglicher sein. In einem Bavendorfer Versuch ließen jedoch die N_{min}-Gehalte des Bodens wäh-

rend der Vegetationszeit und der N-Gehalt der Pflanzen bei oben genannten Fertigationsgaben einen mit Bodendüngung vergleichbaren N-Überschuss erkennen.

> Fertigation ist aus ökonomischer Sicht nur für bewässerungsbedürftige Standorte sinnvoll. Wer keine Fertigationsanlage hat, muss allein deswegen nicht auf Flüssigdüngung verzichten. Um Jungbäumen mit noch nicht gut entwickeltem Wurzelsystem eine flotte Entwicklung zu ermöglichen, kann man auch die Dünger im Spritzfass lösen und mit einer Gartenbrause, auf sechs bis acht Gaben verteilt, in Stammnähe ausbringen.

Tiefendüngung: Untergrunddüngung wurde in den 50er- und 60er-Jahren „fortschrittlich" als Lanzen-, Unterflur- oder Furchendüngung praktiziert, zeitigte jedoch gegenüber der Oberflächendüngung keine erkennbaren Erfolge, war arbeitsaufwendig und in der Handhabung ausgesprochen lästig.

Mittels einer Vorratsdüngung für eine Neupflanzung kann man einen nährstoffarmen Untergrund mit Phosphor und Kalium aufdüngen. Man zieht dazu die Ergebnisse einer Bodenanalyse zu Rate: Um eine Bodenschicht von 20 cm um 1 mg P_2O_5 oder K_2O anzureichern, müssen näherungsweise 30 kg Nährstoff/ha ausgebracht werden. Sie werden zweckmäßigerweise vor der Tiefenlockerung auf die Bodenoberfläche gestreut. Beim Einsatz von Tieflockerungsgeräten mit Düngerdosierung können Tiefenlockerung und Tiefendüngung in einem Arbeitsgang erfolgen.

Bei Böden mit einem hohen K-Fixierungsvermögen soll die Vorratsdüngung vor allem die K-Fixierungskapazität absättigen, damit die späteren K-Gaben nicht festgelegt werden. Dazu muss die Fixierungskapazität des Bodens durch eine spezielle Bodenuntersuchung bestimmt werden.

> Vorratsdüngung verbessert das Nährstoffangebot in tieferen Bodenschichten; eine vorherige Bodenanalyse zeigt, welche Nährstoffe in welcher Menge fehlen.

Blattdüngung

Die Wirkung von Nährstoffspritzungen auf Blätter und Früchte ist im Gegensatz zu Düngergaben auf den Boden von Trockenheit, Nährstofffestlegung und Wurzelaktivität weitgehend unabhängig. Die Nährstoffe werden überwiegend schnell aufgenommen und verwertet.

Die Beweggründe für Nährstoffspritzungen sind

- ihr hoher Wirkungsgrad und
- die Möglichkeit, aktuellen Bedarf kurzfristig zu beheben und/oder Pflanzenorgane zu versorgen, denen aus pflanzenphysiologischen Gründen bestimmte Nährstoffe kaum zugänglich sind.

Der Erfolg von Nährstoffspritzungen auf Blätter und Früchte kann durch schnelles Antrocknen der Spritzlösung, Abwaschung bei Regen, niedrige Nährstoffmenge je Spritzgang und eine geringe Aufnahmerate fraglich werden. Hohe Nährstoffkonzentrationen erhöhen die Aufnahmerate, können jedoch auf Pflanzengewebe ätzend wirken und Nekrosen hervorrufen. Aus Furcht vor entsprechenden Blattschäden werden häufig zu niedrige Nährstoffmengen über das Blatt ausgebracht. Das trifft vor allem für Ca-Spritzungen zu.

Nährstoffspritzungen können unter den folgenden Bedingungen aussichtsreich sein:

- **Stickstoff:** Versorgungsengpässe sind im Frühjahr und Herbst denkbar. Zwei bis drei Behandlungen mit je 10 kg Harnstoff/ha decken den Anfangsbedarf im Frühjahr ab bzw. sollen nach der Ernte die Blütenqualität bei Kern- und Steinobst und den Abbau des Falllaubes fördern.
- **Phosphor:** Bei anhaltend niedrigen Blatt- und Fruchtgehalten erscheinen bei Äpfeln eine Verbesserung der Fruchtfleischfestigkeit und eine geringere Anfälligkeit für Fleischbräune möglich.
- **Kalium:** Niedrige Blatt- und Fruchtgehalte im Vorjahr/späten Frühjahr sprechen für Blattbehandlungen im Frühjahr/Sommer als Sofortmaßnahme. Anhaltender Mangel muss jedoch über Bodendüngung behoben werden. Unnötige K-Behandlungen können Mg-Mangel und Stippigkeit induzieren.

Tab. 55 Ergebnisse aus einem Ca-Blattdüngungsversuch. Versuch A = sehr schwache Wirkung von gut verträglichen Beratungsempfehlungen. Versuch B = gute Wirkung von noch verträglichen (Variante B 3.) bis phytotoxischen (Variante B 4.) Aufwandmengen; Ca-Behandlungen ab Junifall

Versuch A	mg Ca in 100 g Frucht			
Ca-Varianten	'Cox Orange'	'Elstar'	'Jonagold'	'Karmijn'
1. Kontrolle	4,3	5,1	3,9	5,0
2. 6 × 4 kg/ha Calciumchlorid	4,6	5,1	4,1	4,8
3. 6 × 4 kg/ha Calciumchlorid	4,5	5,4	4,2	4,9
4. 6 × 6 l/ha Wuxal Typ 2	4,4	5,0	4,2	4,9

Versuch B	Ausgebrachte Ca-Menge (kg/ha)	mg Ca/100 g Frucht		% Zucker		Festigkeit (kg/cm²)	
Ca-Varianten		'Elstar'	Rubinette®	'Elstar'	Rubinette®	'Elstar'	Rubinette®
1. Kontrolle	0	5,6	4,4	14,7	16,1	4,96	6,8
2. Calciumcarbonat (Caltrac 560) 1 × 10,6; 6 × 4,8 kg/ha	14,8	6,4	4,8	14,4	15,6	4,99	6,1
3. Calciumchlorid 7 × 7 kg/ha	14,8	7,0	5,1	14,5	16,5	4,99	6,4
4. Calciumchlorid 1 × 14; 6 × 10 kg/ha	23,3	8,1	6,3	14,4	15,8	4,88	6,6

- **Magnesium:** Mg-Spritzungen sollten bei Mangelerscheinungen im Vorjahr oder niedrigen Blattgehalten allenfalls zwei- bis viermal ab zwei Wochen nach der Blüte ausgebracht werden. Vorher besteht Berostungsgefahr durch Magnesiumsulfat. Verträglicher ist Magnesiumnitrat. Dieses sollte jedoch bedachtsam eingesetzt werden, um die Rotfärbung der Früchte nicht durch zu viel Stickstoff zu gefährden. Magnesium wirkt stippefördernd, weshalb Magnesiumspritzungen nur einzusetzen sind, wenn es unbedingt notwendig erscheint.
- **Calcium:** Spritzbehandlungen mit Calciumsalzlösungen sind uneingeschränkt zu empfehlen. Dabei müssen die Früchte direkt mit der Spritzlösung benetzt werden. Nur relativ große Früchte können nennenswerte Ca-Mengen auffangen; deshalb ist erst nach dem Junifall zu behandeln. Die Früchte nehmen bestenfalls 1 bis 4 % der aufgebrachten Ca-Menge auf. Für eine effektive Ca-Anreicherung der Früchte sind stippeanfällige Sorten bei schwachem Fruchtbehang sechs- bis achtmal zu behandeln. Man sollte genügend hoch dosieren und auf Calciumnitrat zugunsten von Calciumchlorid verzichten, weil es weniger Calcium enthält und sich sein N-Anteil ungünstig auswirken kann. Zielführend sind zwischen 7 und 10 kg Calciumchlorid pro ha und Behandlung. Man fördert damit zwar Blattverbrennungen – vor allem bei geschwächten Bäumen – doch selbst merkliche Blattschäden ergeben keine nachteiligen Folgen für Größe, Farbe und Geschmack der Früchte und für die Blütenbildung.
- **Spurenelemente:** Spurenelemente können infolge einer Festlegung bei hohen pH-Werten oder anhaltender Trockenheit in den Mangelbereich geraten. Blattspritzungen wirken

Tab. 56 Geläufige Blattdünger und ihre Ausbringmenge

Nährstoff	Dünger	Nährstoffgehalt (%)	Menge/ha
Stickstoff	Harnstoff	46 N	8 bis 10 kg
	Aminosol, Siapton	9 N	3 bis 6 l
Phosphor	Seniphos	31 P_2O_5 + 4 N + 4 Ca	5 l
Kalium	Kaliumsulfat	50 K_2O	10 bis 15 kg
	Kaliumnitrat	46 K_2O + 13 N	5 bis 10 kg
Magnesium	Bittersalz	16 MgO	10 bis 15 kg
	Magnesiumnitrat	11 N + 16 MgO	5 bis 10 kg
Calcium	Calciumchlorid	80 $CaCl_2$ (45 CaO)	5 bis 10 kg
	Calciumnitrat	28 CaO + 16 N	5 bis 10 kg
Bor	Solubor	20,5 B	2 kg, höchstens dreimal
Eisen	Librel Eisen	13 Fe	0,5 bis 1 kg
Mangan	Mangansulfat	32 Mn	1 bis 2 kg
	Mantrac	50 Mn	0,3 l
Zink	Zinksulfat	25 Zn	4 kg
	Zinflow 700	70 Zn	0,3 l

dann rasch und sicher. Unkontrolliertes Spritzen von Spurenelementen verbessert jedoch Ertrag und Fruchtqualität kaum. Echter Spurenelementbedarf kann aus Blatt- und Fruchtanalysen abgeleitet werden.

Vor Blattdüngebehandlungen ist zu klären:

- Sind die Dünger untereinander und mit den vorgesehenen Pflanzenschutzmitteln mischbar? Andernfalls drohen Düsenverstopfung, Bildung unlöslicher Verbindungen (z. B. Gips aus P- und Ca-haltigen Düngern) und negative Auswirkungen auf Blätter und Früchte.
- Grundsätzlich Blattdünger nicht bei Temperaturen über 25 °C ausbringen.

8.4.6 Düngemittel

Das Düngemittelgesetz unterscheidet zwischen mineralischen und organischen Düngemitteln. Sie müssen zugelassen, gekennzeichnet und überwacht werden. Zwei weitere Gruppen ohne Zulassung umfassen Wirtschaftsdünger, Kultursubstrate und Bodenhilfsstoffe sowie Klärschlämme und Abwässer. Die Anwendung von Düngemitteln ist in Deutschland durch die Düngeverordnung des Bundes geregelt.

Die aufgeführten Dünger stellen nur eine Auswahl aus einer Vielzahl von Düngemitteln dar.

Stickstoffdünger

Außer Chilesalpeter werden alle mineralischen N-Dünger durch technische Verfahren aus dem N-Vorrat der Luft gewonnen.

Der wichtigste Nitratdünger ist Kalksalpeter; er zieht Wasser stark an und ist leicht löslich. Der hohe Kalkanteil bewirkt einen pH-Anstieg von langjährig mit Kalksalpeter gedüngten Böden. Wegen seines hohen Ca-Gehaltes wird Kalksalpeter auch zur Bekämpfung der Stippigkeit verwendet.

Ammoniumdünger werden im Austausch gegen Calcium von den Bodenkolloiden festgehalten und durch Nitrifikation in Nitrat übergeführt. Beimengungen von Nitrifikationshemmern (z. B. Dicyandiamid) verzögern die Umwandlung in

Nitrat. Ammoniumdünger sind weniger auswaschungsgefährdet und wirken langsamer als Nitratdünger. Sie beanspruchen den Kalkhaushalt der Böden erheblich.

Ammonnitratdünger (Kalkammonsalpeter und Ammonsulfatsalpeter) vereinigen eine schnelle mit einer nachhaltigen Wirkung und wirken auf den Boden leicht versauernd.

Amiddünger können erst von den Wurzeln verwertet werden, wenn sie von Bodenorganismen in Ammonium- und Nitratstickstoff umgewandelt wurden. Die wichtigsten Amiddünger sind Harnstoff und Kalkstickstoff. Harnstoff wird im Boden durch das Enzym Urease in Ammonium-N umgewandelt und wirkt dann versauernd. Er wird als hoch konzentrierter Blatt-N-Dünger leicht von den Blättern aufgenommen. Kalkstickstoff ist relativ teuer und wird im Obstbau kaum verwendet. Im Boden bildet er Cyanamid mit toxischer Wirkung gegen Unkräuter sowie pflanzliche und tierische Schädlinge im Boden. Sein Kalkanteil von 60 % erhöht den pH-Wert des Bodens.

1 kg Ammonium-N führt zu einem Verlust von 1,8 kg kohlensaurem Kalk ($CaCO_3$), 1 kg Nitrat-N in Form von Calciumnitrat entspricht einer Gabe von 1,8 kg $CaCO_3$.

Langsam wirkende N-Dünger enthalten den Stickstoff in organischer Bindung. Langsame Löslichkeit haben auch N-Dünger mit einer Kunststoffhülle. Die Freisetzung von mineralischem Stickstoff erfolgt unterschiedlich schnell, abhängig von ihrer Löslichkeit, dem pH-Wert, der Bodentemperatur und der Ummantelung. Darauf gehen sogenannte Zwei-, Drei- und Sechs-Monatsdünger zurück. Sie können gefahrlos direkt an die Wurzeln gebracht oder in Pflanzerde gemischt werden. Einschlägige Produkte sind beispielsweise Agroblen, Basacote und Osmocote.

Phosphordünger

Phosphordünger werden aus harterdigen und weicherdigen Rohphosphaten und aus phosphorhaltigen Erzen durch chemischen oder thermischen Aufschluss oder feines Vermahlen in wasserlösliche, zitronensäure- und ameisensäurelösliche Phosphate überführt. Ihre Wirkung hängt vom pH-Wert des Bodens ab: Wasserlösliche Phosphate zeigen im neutralen Bereich bessere Wirksamkeit, nicht wasserlösliche wirken im sauren Bereich besser.

Superphosphat wird aus Rohphosphat durch Umsetzung mit Schwefelsäure hergestellt. Es ist wasserlöslich und eignet sich für alle außer ausgesprochen saure Böden.

Thomasphosphat (Thomasmehl) entsteht als Nebenprodukt der Stahlgewinnung beim Thomasverfahren. Es enthält zitronensäurelösliches Phosphat, 47 % Calciumoxid, beträchtliche Mengen an Magnesium, Mangan, Eisen und Silizium sowie eine Reihe weiterer Spurenelemente.

Der wichtigste Rohphosphatdünger ist **Hyperphos**, ein feinstgemahlenes und gekörntes Rohphosphat, das außer Phosphor 45 % Calciumoxid und einige Spurenelemente enthält. Hyperphos ist auf Hochmoor, Grünland, sauren Mineral- und Sandböden und auch auf biologisch aktiven Böden mit höherem pH-Wert anwendbar.

Im Obstbau werden nur geringe P-Düngermengen angewendet. Das kommt auch der Forderung nach Reduzierung der Bodenbelastung mit Cadmium (Beistoff der P-Dünger) entgegen.

Kalidünger

Kalidünger werden aus Kalirohsalzen, den Rückständen eingetrockneter Urmeere, hergestellt. Sie sind wasserlöslich und enthalten das Kalium in chloridischer oder sulfatischer Bindung. Für die Düngung der Obstgewächse, vor allem beim Beerenobst, werden chloridfreie oder -arme K-Dünger bevorzugt, also **Kalisulfat** (schwefelsaures Kali) und **Kalimagnesia** (Patentkali), das neben Kalium 9 % Magnesiumoxid enthält.

Magnesium- und Calciumdünger

Magnesium kommt häufig mit Kalium in Salzlagerstätten vor, wird bergmännisch abgebaut und zu wasserlöslichen Düngern verarbeitet. Aus magnesiumhaltigem Kalk (Dolomit) werden Mg-Kalke hergestellt.

Auch Mg-Salze kommen als Chlorid oder Sulfat vor. **Magnesiumsulfat** wird in den Formen **Kieserit** und **Bittersalz** für die Düngung verwen-

det. Bittersalz ist wesentlich besser wasserlöslich als Kieserit und für die Blattdüngung besser geeignet.

Als Ca-Dünger werden entweder **Kalke** (Calciumcarbonat = kohlensaurer Kalk) in fein gemahlener Form direkt oder nach dem Erhitzen auf 1100 °C (Branntkalk) verwendet. Durch chemische Behandlung der Kalke werden die wasserlöslichen Ca-Dünger **Calciumchlorid** und **Calciumnitrat** hergestellt.

Kohlensaurer Kalk und kohlensaurer Magnesiumkalk sind in reinem Wasser nur wenig, in CO_2-haltigem beträchtlich besser löslich. Beide Kalke können auf allen Böden angewendet werden und eignen sich infolge ihrer langsamen und nachhaltigen Wirkung besonders zur Vorrats- und Erhaltungskalkung.

Branntkalk und **Magnesia-Branntkalk** nehmen begierig Feuchtigkeit auf und erhitzen sich dabei (Kalklöschen). Gelagert müssen sie unbedingt vor Feuchtigkeit geschützt werden. Im Boden setzt sich Branntkalk mit der Bodenfeuchtigkeit zu Kalkhydrat um. Er wirkt besonders schnell und eignet sich vor allem für eine Gesundungskalkung.

Hüttenkalk ist fein gemahlene Hochofenschlacke. Neben Calcium enthält er Magnesium und einige Spurenelemente, vor allem Mangan. Seine Löslichkeit und Anwendung entspricht weitgehend der von kohlensaurem Kalk.

Mehrnährstoffdünger

Mehrnährstoffdünger werden durch ihren Nährstoffgehalt in Gewichtsprozenten in der Reihenfolge N, P_2O_5 und K_2O charakterisiert. Fällt ein Nährstoff aus, so steht an seiner Stelle eine Null. Die Elemente Calcium und Magnesium werden durch das angewandte Zahlensystem nicht erfasst.

Unter den vielen Mischdüngern werden im Obstbau solche mit Kali in Sulfatform bevorzugt. Ihre Nährstoffzusammensetzung entspricht in den meisten Fällen dem Verhältnis 12/12/20 oder 12/12/17 + 2 % MgO, 0,1 % Mn, 0,1 % B, 0,04 % Cu, 0,02 % Zn und 0,0005 % Co. Die angeführten Spurenelementmengen entsprechen bei üblichen Düngergaben ungefähr dem jährlichen Entzug durch die Pflanzen. Akute Mangelzustände können mit ihnen nicht behoben werden.

Die Verwendung der genormten **NPK-Dünger** hat Vor- und Nachteile. Sie vereinfacht die Düngung, weil mit der notwendigen N-Menge auch die P- und K-Versorgung annähernd sichergestellt ist, grobe Düngungsfehler also kaum vorkommen. Wenn der Boden jedoch schon reichlich mit einem Nährstoff versorgt ist, kann die „harmonische" Düngung eine unharmonische Versorgung der Pflanze bewirken.

Eine an den Bedarf angepasste Düngung ist am besten durch Kombination von Einzelnährstoffdüngern zu realisieren. Man kann jedoch auch NPK-Dünger verwenden, die Gabe auf den in geringster Menge notwendigen Nährstoff ausrichten und den Fehlbedarf an anderen Elementen durch entsprechende Einzelnährstoffdünger ausgleichen.

Organische Dünger

Stallmist: Seine Qualität hängt von der Einstreu, den Futtermitteln, der Tierart, der Art der Gewinnung und dem Lagerungsverfahren ab. Seine organische Substanz setzt sich zu annähernd zwei Drittel aus Nährhumus und zu einem Drittel aus schwer zersetzbarem Dauerhumus zusammen. Neben Hauptnährstoffen enthält er Mangan und Zink sowie geringere Mengen Bor, Kupfer, Kobalt und Molybdän. Die Nährstoffe sind größtenteils organisch gebunden. Sie werden während des Abbaus der organischen Substanz allmählich freigesetzt.

Stallmist ist Nährstoffträger und verbessert die biologischen, physikalischen und chemischen Bodeneigenschaften. Das verleiht ihm eine besondere Bedeutung als Bodendünger. Häufige kleine Gaben beeinflussen den N- und Humushaushalt des Bodens günstiger als hohe, in großen zeitlichen Abständen gegebene Mengen.

Kompost: Pflanzliche und tierische Abfälle werden durch Mikroben abgebaut. Diese Verrottung wird durch Feuchtigkeit und gute Durchlüftung des Kompostierguts beschleunigt. Die Kompostzusammensetzung schwankt in Abhängigkeit vom Ausgangsmaterial stark. „Grünkomposte" aus Baum- und Heckenschnittmaterial sowie Mähgut von öffentlichem Grün wurden in der Vergangenheit bis zum Aufkommen des Feuerbrands als Abdeckmaterial von Baumscheiben

oder Baumstreifen und zur Bodenverbesserung verwendet.

Gründüngung: Ein gut entwickelter Gründüngungsbestand kann dem Boden ungefähr gleich viel organische Substanz zuführen wie eine mittlere Stallmistgabe. Sie trägt auch zur Nährstofferhaltung, zur Untergrunderschließung und zur Schattengare bei.

Moderne Anlagen mit Rasenmulch versorgen sich selbst ausreichend mit organischer Substanz. Gründüngungspflanzen werden zwischen dem Roden einer Anlage und einer Neupflanzung zur biologischen Stabilisierung des Bodengefüges nach Tieflockerung und zur Erhaltung des langjährig aufgebauten Bodenvorrats an organischer Substanz gesät.

Zu diesem Zweck eignen sich am besten Pflanzenarten, die rasch viel organische Masse bilden, tief wurzeln und viele Wurzelrückstände im Boden hinterlassen. Gebräuchlich sind z. B. Lupinen, Wicken, Öl-Rettich, *Phacelia*, Sonnenblumen, Steinklee in Reinsaat oder als Mischungspartner.

8.4.7 Ermittlung des Düngebedarfs

Sachgemäßes Düngen bietet den Pflanzen nur jene Nährstoffe ausreichend an, die zur Erhaltung der Bodenfruchtbarkeit, des Wachstums, des Ertrags und der Fruchtqualität notwendig sind. Hierzu geben Boden-, Pflanzen- und Fruchtanalysen wertvolle Hinweise.

Bodenuntersuchung

Zur Ermittlung des Düngebedarfs ist die chemische Untersuchung der Böden auf ihren Nährstoffgehalt weit verbreitet. Hierbei werden Bodennährstoffe mit einer Lösung, deren Zusammensetzung dem Lösungs- und Aufnahmevermögen der Pflanzenwurzeln möglichst nahe kommt, extrahiert. Diese Bodenextrakte spiegeln den momentanen Gehalt von Böden an pflanzenverfügbaren Nährstoffen wieder. Sie besitzen jedoch keine Aussagekraft darüber, ob eine vorgeschlagene Düngermenge rentabel und qualitätssteigernd ist.

Unbestreitbare Vorzüge der Bodenuntersuchung sind die Hinweise auf ungünstige Bodeneigenschaften, wie z. B. Nährstoffverarmung, ein unharmonisches Nährstoffangebot, extreme pH-Werte und umweltschädliche Nährstoffanreicherungen. Regelmäßige Untersuchungen alle drei bis fünf Jahre eignen sich deshalb besonders, die Zweckmäßigkeit langjährig praktizierter Düngungsmaßnahmen zu überprüfen.

Zur Untersuchung verwendet man Mischproben aus jeweils 15 bis 20 Bodeneinstichen aus 0 bis 20 cm Tiefe in den Baumstreifen. Nur für eine Erstuntersuchung oder Neuanlage wird auch der Untergrund zwischen 20 und 40 cm Tiefe beprobt.

Als Standardanalyse werden in Deutschland, Österreich und Südtirol vorwiegend Vorschriften des Verbands Deutscher Landwirtschaftlicher Untersuchungs- und Forschungsanstalten (VDLUFA) eingesetzt. Dabei werden standardmäßig die Nährstoffe Phosphor, Kalium und Magnesium erfasst, jedes Element nach einer dafür geeigneten Extraktions- und Analysenmethode. Auf besonderen Wunsch können auch Bodenart, Humus-, Kalk- und Borgehalt bestimmt werden. Die Spurenelemente Mangan, Kupfer und Zink werden üblicherweise nicht bestimmt. Blattanalysen sind dafür aussagekräftiger.

Die Calciumversorgung der Böden wird für die Düngepraxis ausreichend genau durch den pH-Wert beschrieben. Dieser sollte etwa zwischen 5,5 bei Sandböden und 6,5 bei Ton-, Lehm- und Lössböden liegen. Eine genauere Einstellung erscheint nicht nötig, weil sich die meisten Obstarten erstaunlich pH-tolerant erweisen, wenn man einmal von Moorbeet-Obstarten absieht.

Das VDLUFA-System beurteilt den Nährstoffbedarf der Böden nach Nährstoffklassen. In diesem Klassifikationsschema von A bis E wird der Gehalt eines Bodens mit C bezeichnet, bei dem eine befriedigende Ertragshöhe gehalten und keine Qualitätseinbußen zu erwarten sind. Dieser Bereich soll durch Düngen erreicht und gehalten werden. Bei geringeren Gehalten sind über den Nährstoffentzug hinausgehende Düngergaben nötig; liegen sie dagegen erheblich höher, so kann man problemlos so lange auf jegliches Düngen verzichten, bis ein deutliches Absinken der Werte unter Klasse E festgestellt wird. In Süddeutschland hat man in Anbetracht von relativ kleinen Gehaltsunterschieden und fehlenden Beziehungen zur Ertragshöhe auf die drei Gehalts-

Tab. 57 Düngungsempfehlungen in kg Reinnährstoff pro ha Apfelanlage nach Versuchszentrum Laimburg (AICHNER 2002) und LVWO Weinsberg 2005

Klasse	P_2O_5	Nährstoffmengen (kg/ha)			Blatt-spritzungen Mg	Bor
		K_2O	MgO	Bor		
Laimburg						
A	40 bis 70	140 bis 180	50 bis 70	1,0 bis 1,5	2 bis 3	2 bis 3
B	20 bis 40	100 bis 140	30 bis 50	0,7 bis 1,0	1 bis 2	1 bis 2
C	10 bis 20	60 bis 100	20 bis 30	0,5 bis 0,7	–	–
D	0 für 2 bis 4 Jahre	20 bis 60	0 bis 20	0 bis 0,5	–	–
E	0 für 4 Jahre	0 für 2 bis 4 Jahre	0 für 4 Jahre	0 für 2 bis 4 Jahre		
Süddeutschland						
A	50	150	50	1 × 5,5		
C	30	80 bis 100	30	2,75 alle 3 Jahre		
E	0	0	0	0		

klassen niedrig (A), mittel (C) und hoch (E) reduziert.

Interpretation der Bodenanalysen

Zur Umsetzung der Analysenergebnisse in Düngermengen werden der Nährstoffgehalt im Boden und der Entzug durch die Ernte herangezogen. Beim Apfel werden bei einer Ertragsleistung von 50 t ungefähr 12,5 kg P_2O_5, 70 kg K_2O, 3,5 kg CaO und 4 kg MgO je ha entzogen. Auf diesen Werten und den Bodengehalten beruhen die Düngungsvorschläge der obigen Tabelle. Etwaige Unterschiede zwischen den verschiedenen Obstarten werden dabei nicht berücksichtigt.

Bei Phosphor und Bor ergeben sich meistens kleine Düngermengen. Man legt dann die Gaben von zwei bis drei Jahren zusammen. Fällt der Gehalt in Klasse C, so können an Stelle der Bodendüngung auch Blattspritzungen erfolgen.

> Für Spurenelemente – Bor ausgenommen – geben Blattanalysen verlässlichere Hinweise für zuträgliche Düngergaben als eine Bodenuntersuchung.

Wenn ein Boden ungenügend oder unharmonisch mit Nährstoffen versorgt ist, müssen Defizite zunächst ausgeglichen werden, bevor zur Erhaltungsdüngung übergegangen wird. Die empfohlenen jährlichen Düngermengen stellen Näherungswerte dar, sodass im Einzelfall höhere oder geringere Düngermengen angebracht sind. Der eigentliche Wert der Bodenuntersuchung liegt jedoch weniger im einzelnen Befund als im zeitlichen Trend der Analysenwerte.

Ermittlung des Stickstoffbedarfs

Der Stickstoffbedarf ist von allen Nährstoffen am schwierigsten festzustellen. Nur 18 bis 25 kg N werden dem Boden durch 50 t Äpfel entzogen, hingegen jährlich 70 bis 80 kg/ha aufgenommen. Davon wird ein beachtlicher Teil vorübergehend in den Blättern festgelegt, nach dem Blattfall jedoch wieder in den Boden-Pool zurückgegeben.

Die N-Düngung sollte unter Berücksichtigung von Bodenart, Humusgehalt und N-Nachlieferungspotenzial erfolgen. Die Blattanalyse gibt dabei Hinweise auf den N-Ernährungszustand. Langjährige Beobachtungen und Aufzeichnun-

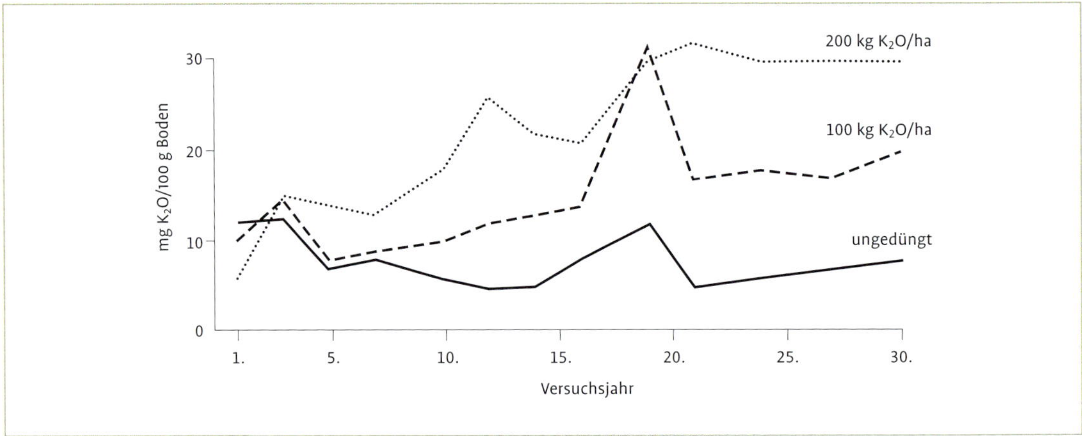

Abb. 161 Langjährig aufgezeichnete Ergebnisse der Bodenuntersuchung machen auf Ausreißer und eine steigende oder fallende Tendenz der Nährstoffgehalte aufmerksam.

gen über die Bewirtschaftung und Entwicklung der Obstanlagen sollten begleitend erfolgen.

Hinweise auf zweckmäßige N-Gaben erteilen Bestimmungen der momentan im Boden vorliegenden Menge an mineralischem Stickstoff (N_{min}-Untersuchung). Diese kann jedoch je nach Temperatur, Durchlüftung und Feuchtigkeit der Böden mehr oder weniger rasch wechselnde Ergebnisse erbringen.

Zur N_{min} -Analyse verwendet man frische, gekühlte Bodenproben aus den Baumstreifen. Ursprünglich entnahm man sie aus 0 bis 30 cm, 30 bis 60 cm und 60 bis 90 cm Bodentiefe. Weil dieses Vorgehen sehr aufwendig und bei flachgründigen und steinigen Böden kaum durchführbar ist, untersucht man jetzt zwei bis drei Wochen vor der Blüte und nur noch zwei Schichten – in Deutschland von 0 bis 30 und von 30 bis 60 cm, in Südtirol von 0 bis 20 und von 20 bis 40 cm.

Die ermittelten N_{min} -Werte werden mit dem Bedarf der Obstarten für die jährliche Entwicklung von Trieben, Blättern und Früchten verglichen. Die hierzu benötigte N-Düngermenge ergibt sich aus dem Bedarfswert abzüglich des vorhandenen N_{min} und der zu erwartenden N-Nachlieferung aus dem Boden. Ein weiterer Abzug kann in Wasserschutzgebieten erfolgen, um der Gefahr von Nitrat-Auswaschung vorzubeugen.

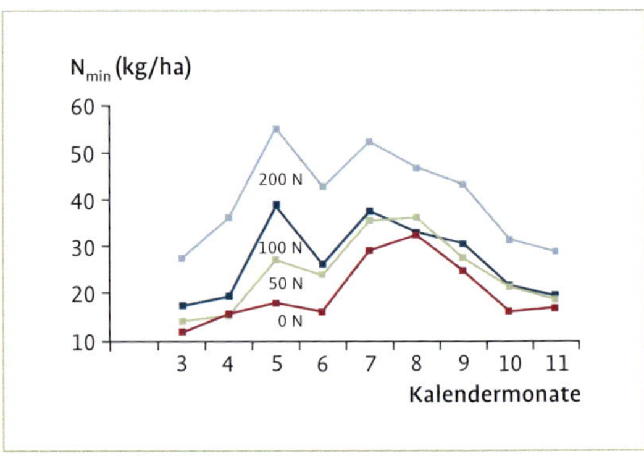

Abb. 162 N_{min}-Gehalte im Jahreslauf bei unterschiedlich hoher N-Düngung weisen auf die Ernährungssituation von Obstanlagen und ihren Einfluss auf die Nitratbelastung der Böden hin.

Die Festlegung von N_{min}-Sollwerten erfolgt nach regionalen Erfahrungen. Aktuelle Werte in Süddeutschland für verschiedene Obstarten sind:

- Kernobst: 60 kg N/ha
- Steinobst: 90 kg N/ha
- Schwarze Johannisbeeren: 60 kg N/ha
- Rote Johannisbeeren: 100 kg N/ha
- Himbeeren: 80 kg N/ha
- Erdbeeren, nach dem Pflanzen: 40 kg N/ha
- Erdbeeren, im Frühjahr: 60 kg N/ha

Tab. 58 Nährstoffgehalte (in der TS) von Basalblättern im Juli/August

Nährstoff	Obstart	Versorgung		
		mangelhaft	optimal	zu hoch
Stickstoff*)	Apfel, Pflaume	unter 2,2 %	2,2 bis 2,6 %	über 2,6 %
	Birne	unter 2 %	2,0 bis 2,4 %	über 2,4 %
	Süßkirsche	unter 2,6 %	2,6 bis 2,8 %	über 2,8 %
	Sauerkirsche	unter 2,8 %	2,8 bis 3,2 %	über 3,2 %
Phosphor	Apfel, Birne, Pflaume, Kirsche	unter 0,15 %	über 0,15 %	
Kalium*)	Apfel, Birne	unter 1,1 %	1,1 bis 1,4 %	über 1,4 %
	Pflaume, Kirsche	unter 1,5 %	1,5 bis 2,0 %	über 2,0 %
Magnesium	Apfel, Birne	unter 0,2 %	über 0,2 %	
	Süß-/Sauerkirsche	unter 0,35 %	über 0,35 %	
Calcium		unter 0,8 %	über 1,0 %	
Bor		unter 20 ppm	20 bis 60 ppm	über 60 ppm
Eisen		unter 60 ppm	60 bis 200 ppm	über 300 ppm
Kupfer		unter 5 ppm	5 bis 15 ppm	über 20 ppm
Mangan		unter 60 ppm	60 bis 250 ppm	über 400 ppm
Zink		unter 20 ppm	20 bis 60 ppm	über 100 ppm

*) Durch geringen oder fehlenden Fruchtertrag können die Blattgehalte bei Stickstoff um 0,2 bis 0,3 % tiefer und bei Kalium um 0,2 bis 0,4 % höher liegen.

Gewichtige Vorzüge der N_{min} -Methode sind:

- Zu hohe und zu niedrige N-Bereiche werden deutlich.
- Mehrjährige Aufzeichnungen lassen die Einflüsse der Jahreswitterung erkennen.
- Mehrmalige Bestimmungen im Laufe einer Vegetationsperiode kennzeichnen den zeitlichen Verlauf der N-Mineralisierung.
- Die N-Düngung kann auf positive Folgen für Ertrag und Fruchtqualität ausgerichtet werden.
- Dem N-Eintrag in tiefere Bodenschichten bzw. in das Grund- und Trinkwasser kann entgegengearbeitet werden.

Pflanzenanalyse

Die **Blattanalyse** zeigt mit dem Nährstoffgehalt der Blätter die bis zur Probenahme aufgenommenen Nährstoffmengen an. Sie basiert im Gegensatz zur Bodenuntersuchung auf der anhaltenden Nährstoffaufnahme der Wurzel unter dem Einfluss bedeutsamer Standorteigenschaften. Die Blattanalyse stellt damit eine wesentliche Ergänzung der Bodenanalyse dar.

Traditionell entnimmt man Blattproben in der Zeit Juli/August, weil sich ab dieser Zeit ihre Nährstoffgehalte nur noch wenig verändern. Von diesjährigen Langtrieben mit abgeschlossenen Terminalknospen entnimmt man jeweils das dritte bis fünfte Blatt der Triebbasis, zusammen etwa 200 Blätter. Die gewonnenen Analysenergebnisse erteilen zwar aufschlussreiche Informationen über die erfolgte Nährstoffaufnahme. Eine ungünstige Nährstoffkonstellation im Blatt, ausgelöst durch Mangel, Überschuss oder Unausgeglichenheit zwischen den Nährelementen, kann jedoch infolge der fortgeschrittenen Pflanzenentwicklung zu dieser Zeit nicht mehr behoben werden. Die Analysenergebnisse lassen allenfalls Schlüsse für die nächstjährige Düngung zu.

Erfasst man hingegen den Ernährungszustand schon bald nach der Blüte, wenn sich ein Nährstoffmangel oder -überschuss deutlich stärker auf die Analysewerte auswirkt als im Juli/August, so ist noch im gleichen Jahr eine Korrektur durch geeignete Boden-/Blattdüngung mit leicht löslichen Düngern möglich. Diese Vorstellung regte eine variierte Blattanalysenmethode, die **Frühe Blattanalyse**, an. Für sie werden nach niederländischen Erfahrungen zwischen Anfang Juni und Mitte Juli Kurztriebblätter analysiert.

Interpretation der Analysenergebnisse

Die Analysenergebnisse sollen in erster Linie die Bereiche von Nährstoffmangel und Nährstoffüberschüssen kenntlich machen. Zwischen ihnen liegt die Spanne der normalen Nährstoffgehalte, die keine Auffälligkeiten erwarten lässt.

> Blattanalysen machen darauf aufmerksam, welche Nährstoffe in welchen Mengen aufgenommen wurden. Mithilfe der frühen Blattanalyse kann man noch im gleichen Jahr bestehende Mangelzustände korrigieren.

Bei der Umsetzung der Analysenergebnisse in Düngungs- bzw. Pflegemaßnahmen darf man nicht nach einem starren Schema vorgehen. Hilfreich sind computergestützte Interpretationssysteme, wie beispielsweise DRIS. Sie bewerten die Nährstoffe einzeln und setzen sie zueinander ins Verhältnis.

Manche Interpretationssysteme berücksichtigen auch den Einfluss von Witterung, Fruchtbehang und Bodenmerkmalen auf die Nährstoffaufnahme. Sie eignen sich vor allem für Labors mit einem hohen Probendurchgang und wenn der persönliche Kontakt zwischen Labor, Berater und Praktiker nicht gegeben ist.

Eine grafische Auswertung der Analysenergebnisse, wie beispielsweise die von W. Bergmann vorgeschlagene, vermittelt auch Praktikern einen raschen Überblick über die Ernährungssituation ihrer Bäume. Sie zeigt auf einfache Weise, in welche Versorgungsbereiche die einzelnen Nährstoffe fallen und ob das Nährstoffangebot harmonisch oder unausgeglichen ist. Konkrete Düngungsvorschläge können von Blattanalysen allerdings nicht abgeleitet werden. Dafür schwanken die Analysenwerte in Abhängigkeit von der Witterung, Jahreszeit, Obstart, Sorte und Baumkondition zu stark. Bei genauerer Betrachtung erhält man dennoch hilfreiche Hinweise:

- Erweist sich die Witterung eine bis zwei Wochen vor der Blattprobenahme für die Nährstoffaufnahme günstig (warmer, feuchter, lockerer Boden) und finden sich dennoch niedrige Blattwerte, so sind Blatt- und Bodendüngung sinnvoll. Bei kaltem, trockenem oder staunassem Boden sind die Blattwerte niedrig und es sollte dann zunächst nur eine Blattdüngung erfolgen.
- Die Fruchtbehangdichte wirkt sich auf den K-Gehalt der Blätter aus, weil Früchte viel Kali aufnehmen. Bei schwachem Fruchtbehang ist der obere Bereich, bei reichem der untere Bereich der Nährstoffgehalte optimal.
- Bei starkem Wachstum und Schnitt sind die niedrigeren N- und K-Werte anzustreben und umgekehrt.
- Sorten, die bei vergleichbarer Ernährung relativ viel Blattstickstoff einlagern, sind z. B. 'Braeburn', 'Cox Orange', 'Fuji' und 'Red Delicious'. Die Sorten 'Elstar', 'Gala', 'Golden Delicious' und vor allem 'Boskoop' lagern dagegen relativ wenig Stickstoff ein. Bei ihnen liegt der günstige Blatt-N-Wert im Juli/August bei 2,2 bis 2,4 %, während bei den erstgenannten Sorten 2,5 bis 2,6 % günstig sind. Auch der K-Gehalt ist sortenabhängig. Die höchsten Blatt-K-Werte hat bei guter Versorgung (1,4 bis 1,6 %) 'Golden Delicious', bei mittlerer (1,2 bis 1,4 %) 'Cox Orange', 'Elstar', 'Gloster' und 'Jonagold', bei niederer (1 bis 1,3 %) 'Boskoop'.
- Auch die Bodenpflege (Mulchwirtschaft mit oder ohne Herbizidstreifen, offener Boden, mechanische Bearbeitung) beeinflusst über den Humusgehalt des Bodens die Nährstoffverfügbarkeit und ist bei der Umsetzung der Analysenergebnisse zu berücksichtigen.
- Die angegebenen Versorgungsbereiche sind für Bäume in der Ertragsphase gültig. Für Baumschulen und Obstbäume im Pflanzjahr liegen die Optimalbereiche etwas höher.

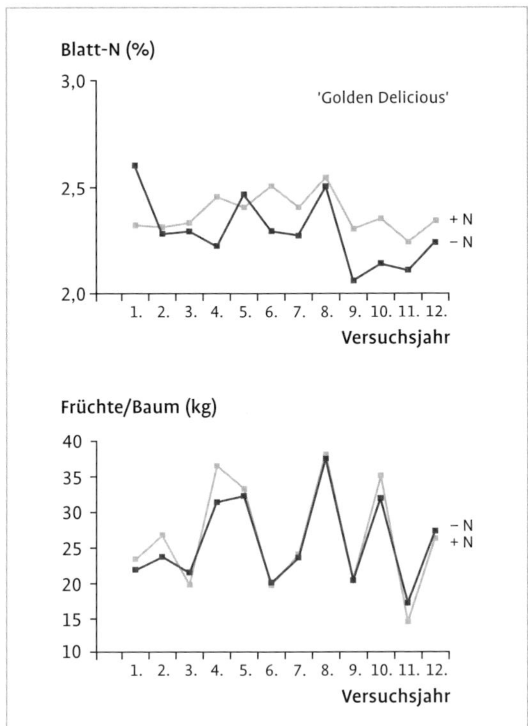

Abb. 163 Einfluss der N-Düngung auf den N-Gehalt der Blätter (oben) und auf den Ertrag (unten); Düngermengen = 0 bzw. 75 kg N/ha (Mittelwert der 50- und 100-kg-N-Parzellen).

Bei aller Präzision der Analysenmöglichkeiten ist es leider nicht möglich, einen deutlich positiven Einfluss der Blattwerte auf den Ertrag fachgerecht gepflegter Obstbäume festzustellen. Deutlich erkennbare Beziehungen bestehen dagegen zu einigen Faktoren der Fruchtqualität und der Fruchthaltbarkeit.

Fruchtanalyse

Fruchtanalysen können als frühe Fruchtanalyse im Juli zur frühzeitigen Ermittlung der Ca-Ernährung oder in der Zeit kurz vor, während oder nach der Ernte für die Prognose der Lagereigenschaften der Früchte erfolgen. Analysiert werden die Elemente Stickstoff, Phosphor, Kalium, Calcium und Magnesium, möglicherweise auch nur eine Auslese von ihnen. Eine praktisch bedeutsame Verbreitung hat derzeit beinahe nur die späte Variante.

Eine repräsentative Fruchtprobe besteht meistens aus 30 Früchten durchschnittlicher Größe aus dem mittleren Kronenbereich von 30 Bäumen. Man sollte sie von Bäumen mit ähnlicher und für das betreffende Jahr charakteristischer Behangdichte entnehmen und dabei nicht nur besonders schöne Früchte auslesen.

Frühe Fruchtanalyse: Mit ihr kann man Anfang Juli anhand der Gehalte an Kalium und Calcium auf die voraussichtliche Calciumversorgung und das K/Ca-Verhältnis der halb gewachsenen Früchte schließen.

Ein Vergleich der Analysendaten mit Analysen vorausgegangener Jahre lässt erkennen, ob Calciumspritzungen ratsam sind. Die Treffsicherheit der Aussage kann allerdings von den anschließenden Wachstumsbedingungen noch erheblich beeinflusst werden. Langjährige Erfahrungswerte aus denselben Parzellen können Entscheidungen für fruchtstabilisierende Pflegemaßnahmen erleichtern.

Späte Fruchtanalyse: Fruchtanalysen zur Erntezeit ermöglichen Rückschlüsse auf die Eignung der Früchte für die Langzeitlagerung. Man prüft dabei vor allem, ob der Calciumgehalt niedrig oder gar zu niedrig ist, ob das Kalium/Calcium-Verhältnis eng oder weit ist – im Herbst liegt es durchschnittlich um fünf Werte niedriger als im Sommer –, ebenso ob ein ausgeglichenes Verhältnis zwischen den Mineralstoffen besteht und welche Fruchtbehangdichte vorliegt.

Äpfel sollten bei der Ernte durchschnittlich 35 bis 50 mg N, 9 bis 11 mg P, 100 bis 130 mg K, 4,5 bis 5,5 mg Mg und 4 bis 5 mg Ca je 100 g Frischgewicht aufweisen. Abweichend davon haben ‘Cox Orange’ bis um 30 mg höhere K-Gehalte, ‘Granny Smith’ und ‘Starkrimson’ um rund 1 mg höhere Ca- und Mg-Gehalte.

Calcium, insbesondere sein Verhältnis zu Kalium, beeinflusst die Gesundheit, Festigkeit und Lagerfähigkeit der Früchte. Bei einem K/Ca-Verhältnis unter 30 treten kaum Lagerprobleme auf. Ab einem K/Ca-Verhältnis zwischen 30 und 35 steigt das Lagerrisiko an, wenn zu hohe oder zu niedrige N- und P-Gehalte, geringer Fruchtbehang, starkes Triebwachstum und nicht zeitgerechte Ernte dazukommen. Ein K/Ca-Verhältnis

Tab. 59 Wasserversorgung von Obstbäumen auf leichten bis mittleren Böden

Stadium	Bodensaugspannung (mbar)	Nutzbares Bodenwasser (%)	Ziel
Vollblüte bis T-Stadium (ca. 40 bis 45 Tage nach Vollblüte)	200 bis 300	80	Kein Wasserstress: Energie für Blüte, Fruchtansatz und schnelle Blattentwicklung
T-Stadium bis Terminalknospenabschluss	450 bis 600	30 bis 60	Gesteuerter Wasserstress: vermindertes Triebwachstum, früher Triebabschluss, positive Beeinflussung der Blütenknospendifferenzierung und Knospenreife
Triebabschluss bis Ernte	300 bis 400	65 bis 85	Keine Überversorgung: optimale Fruchtentwicklung, Holz- und Knospenreife

deutlich über 30 kennzeichnet allgemein ein hohes Risiko für physiologische Störungen.

Fruchtanalysen verursachen vor allem für die Probenahme, den Transport und das Waschen/Zerkleinern der Früchte viel Arbeit und können deshalb nur in begrenztem Umfang eingesetzt werden. Dennoch erscheinen sie für Erzeuger und Berater so gut wie unentbehrlich, weil weder Boden- noch Blattanalysen den Calciumgehalt der Früchte widerspiegeln.

8.5 Bewässerung

Die Zusatzbewässerung ist im Kern- und Steinobstbau mit hohen Pflanzdichten unter Verwendung schwach wachsender Unterlagen eine notwendige Kulturmaßnahme. Wesentliche Ziele der Wasserversorgung sind die Ertragssicherung und Qualitätsverbesserung.

Im Rahmen der Klimaveränderung gewinnt die Bewässerung für viele Anbaugebiete immer mehr an Bedeutung. Das Ziel der Zusatzbewässerung ist die gleichmäßige Wasserversorgung der Obstkulturen unter Berücksichtigung des tatsächlichen Wasserbedarfs der Pflanzen. Sowohl Wassermangel als auch Wasserüberschuss müssen dabei vermieden werden. Der Wasservorrat und die Dimensionierung der Rohrleitungen sind auf den Wasserbedarf auch an Tagen mit maximalem Wasseranspruch abzustimmen. Für die Berechnung der Dimensionierung der Anlagen sowie Verlegung der Zuleitungen stehen mittlerweile leistungsfähige Programme zur Verfügung. Diese berücksichtigen auch Form, Fläche und Steigung der zu bewässernden Anlage.

8.5.1 Wasserhaushalt und Wasserbedarf

Die Zellteilung, eine entscheidende Phase im Wachstumsprozess, reagiert sehr empfindlich auf Wassermangel. Wesentlich größer ist die Toleranz gegen Wassermangel in der Zeit des Zellwachstums, in der Zellteilungen nur noch in der Schale stattfinden.

Witterungsverlauf, Bodenverhältnisse, Anbautechnik, ein begrünter oder unkrautfreier Baumstreifen, Schnittmaßnahmen, Sorte und Unterlage sowie Fruchtbehang und das Bewässerungssystem wirken sich auf den Wasserkonsum der Obstgewächse aus. Im Sommer ist der Wasserbedarf der Obstbäume am höchsten. Anlagen mit gutem Fruchtbehang benötigen bedeutend mehr Wasser als schwach behangene Anlagen.

Eine optimale Wasserversorgung durch Bewässerung muss die unterschiedlichen Anforderungen der Wurzeln, Triebe und Früchte an die

Wasserversorgung im Laufe der Vegetation berücksichtigen. Übermäßige Wassergaben führen zur Vernässung des Bodens; es kommt zu einer verminderten Bodendurchlüftung mit herabgesetzter Wurzelatmung. Länger anhaltende Vernässung führt bei Kernobst auf schwach wachsenden Unterlagen zu negativen Reaktionen. Besonders empfindlich reagieren Pfirsiche und Kirschen. Darüber hinaus besteht die Gefahr der Nährstoffauswaschung und der damit verbundenen Grundwasserbelastung.

8.5.2 Wasserqualität

> Die Wasseranalyse gibt Aufschluss darüber, ob das zur Verfügung stehende Wasser zur Bewässerung geeignet ist. Entscheidend ist sie auch für die Systemkomponenten der Anlage wie z. B. Dimensionierung des Filters.

Bei einem pH-Wert über 7 können Bakterien in den Tropfschläuchen wachsen und schleimige Kolonien bilden, die zu Verstopfungen führen. Schluff- und Tonpartikel, die den Filter passieren konnten, bleiben im Schleim hängen. Hohe Nitratgehalte im Bewässerungswasser können zu einer Überdüngung mit Stickstoff führen: Ab 30 mg Nitrat pro l Wasser muss die über das Bewässerungswasser ausgebrachte Stickstoffmenge in die Düngeberechnung einbezogen werden.

Lösliches Calciumhydrogencarbonat fällt als Calciumcarbonat (Kalk) aus, das sich ablagert. Je nach Ablagerungsgrad und Carbonathärte des Wassers muss mindestens eine Spülung mit 0,6%iger Salpetersäure durchgeführt werden. Diese löst den Kalk und das entstehende Calciumnitrat wird von den Pflanzen als N-Quelle genutzt. Säurebehandlungen mit langer Einwirkzeit (Verweildauer im System > 30 min) erhöhen die Wirkung.

Eisenkonzentrationen über 2 mg Fe^{2+}-Ionen/l sind problematisch. Im Wasser gelöste Fe-Verbindungen wandeln sich zu Eisen(III)-oxid um, das sich als gelartiger Ocker absetzt. Eingetrockneter Ocker ist nicht mehr zu entfernen und führt zu Verstopfungen. Eisenhaltiges Wasser darf deshalb nur nach Aufbereitung mit aufwendigen Belüftungsanlagen zur Bewässerung eingesetzt werden.

Oberflächenwasser oder Bewässerungswasser aus lichtdurchlässigen Tanks ist häufig mit Algen verunreinigt. Diese können mit geeigneten Sandfiltern entfernt werden.

8.5.3 Filter

Voraussetzung für den reibungslosen Betrieb einer Bewässerung ist eine gute und sachgemäße Wasserfilterung und die regelmäßige Reinigung der Filter. Die Dimensionierung der Filterkapazität, 20 % über den eigentlichen Anforderungen, gibt eine gewisse Reserve. Ein gängiger Filtergrad ist 150 bis 200 Mesh.

Einteilung der Filter:

- Grobe Filter mit einer Maschenweite von 1 cm werden im Ansaugkorb der Pumpe verwendet.
- Sandseparatoren: In einem Hydrozyklon werden durch die Zentrifugalkraft des Wassers Partikel, die größer als 2 mm sind, herausgeschleudert; anschließend wird feiner weitergefiltert.
- Sand- oder Mediafilter sind mit Sand gefüllt, um stark verunreinigtes Wasser zu filtern. Die Korngröße des Sandes bestimmt die Filterwirkung. Bei der Entnahme von Bewässerungswasser aus Teichen oder Absatzbecken mit einem hohen Anteil an organischen Verunreinigungen (Algen, Bakterien) sind Sandfilter angebracht. Steigt der Druckabfall im Filter über 0,3 bar an, muss dieser durch Rückspülung gereinigt werden. Um einen versehentlichen Sandaustritt in das Bewässerungssystem zu verhindern, wird ein Siebfilter nachgeschaltet.
- Scheibenfilter empfehlen sich bei der Verwendung von Brunnenwasser. Die Filterwirkung wird durch aufeinander gepresste Scheiben mit Rillen unterschiedlicher Größe erzielt. Die Größe der Rillen bestimmt den Mesh-Grad. Gegenüber Siebfiltern haben sie eine wesentlich größere Filterfläche und lassen sich durch eine Rückspülvorrichtung leicht reinigen. Für organisch verschmutztes Wasser eignen sie sich nicht.
- Siebfilter (Patronenfilter) sind als Primärfilter nur bedingt verwendbar, da sie wegen ihrer

Tab. 60 Filtergrad Mesh, entsprechende Filteröffnung und Größe der Sedimentsklassen

Mesh-Grad	Filteröffnung (mm)	Sedimenttyp	Größe (mm)
40	0,42	Grobsand	0,63 bis 2
80	0,18	Mittelsand	0,2 bis 0,63
120	0,125	Feinsand	0,063 bis 0,2
150	0,105	Grobschluff	0,02 bis 0,063
180	0,089	Mittelschluff	0,0063 bis 0,02
200	0,074	Feinschluff	0,002 bis 0,0063
270	0,053	Ton	< 0,002

begrenzten Filterfläche schnell verstopfen. Sie können als Zweitfilter oder bei Wasserentnahme aus dem öffentlichen Netz eingesetzt werden.

- Oxidationsanlagen: Bei hohen Fe- (> 2 mg/l) und Mn-Gehalten (> 1,5 mg/l) im Bewässerungswasser ist es unumgänglich, ein Absetzbecken mit Belüftung (Oxidator) vorzuschalten.

8.5.4 Steuerung von Bewässerungsanlagen

Wann und wie viel bewässert wird, erfolgt nach Verdunstungswerten (Bilanzmethode). Die Bodenfeuchte ist im Obstbau nur mit Einschränkung verwendbar.

Bei zu hohen Wassergaben besteht die Gefahr der Versickerung und Nährstoffauswaschung. Zu wenig Wasser lässt den eingeschränkten Wurzelraum der Pflanzen austrocknen. Bei der Steuerung nach Verdunstungswerten wird die schlagspezifische Wasserbilanz berechnet. Die Tagesbilanz errechnet sich aus der Verdunstung nach FAO 56 mal dem Korrekturwert (kc-Wert) für das Kulturstadium und zieht davon den gefallenen Niederschlag ab. Die Tagesbilanzen werden fortlaufend aufsummiert. Wenn der vorher bestimmte Defizitgrenzwert z. B. von 10 mm erreicht ist, wird diese Menge bewässert. Die Bewässerungsgaben fließen dann quasi als Niederschlag in die neue Bilanzierung ein. Zur Berechnung der Verdunstung nach FAO 56 wird eine Wetterstation benötigt oder die Daten werden von einem agrarmeteorologischen Dienst bezogen.

Bei der Steuerung nach der Bodenfeuchte werden die Saugspannung im Boden (mbar bzw. hPa) oder der volumetrische Wassergehalt (%) gemessen. Beide Messmethoden spiegeln nur den Feuchtezustand in unmittelbarer Nähe der Messstelle wider. Wiederholte Messungen, verteilt über die Anlage, geben mehr Sicherheit, sind aber aufwendig. Für die Saugspannung in Obstanlagen liegen die kulturspezifischen Werte für den Einschaltpunkt der Bewässerung bei etwa 200 mbar in leichten, 350 mbar in mittleren und 450 mbar in schweren Böden. Das Abschalten der Bewässerung erfolgt etwa bei 300 bis 600 mbar. Zur Messung der Bodenfeuchtigkeit in Obstanlagen sind Watermarksensoren den **Tensiometern** aufgrund ihrer Wartungsfreundlichkeit überlegen. Die Bodensaugspannung wird direkt angegeben. Gemessen wird bei Baumobst im Hauptwurzelraum in einer Tiefe von 20 bis 30 cm (Erdbeeren 10 bis 20 cm) in einem seitlichen Abstand von 5 cm zum Tropfer. Die Messpunkte eignen sich besser zur Kontrolle der Bewässerungsmaßnahme als für die automatische Steuerung.

Ein weiteres Verfahren ist das volumetrische Messen des Bodenwassergehaltes (0 bis 100 %), basierend auf der Reflexion hochfrequenter elektromagnetischer Wellen, die in den Boden gesendet werden. Die optimalen Werte müssen individuell für jede Fläche ermittelt werden.

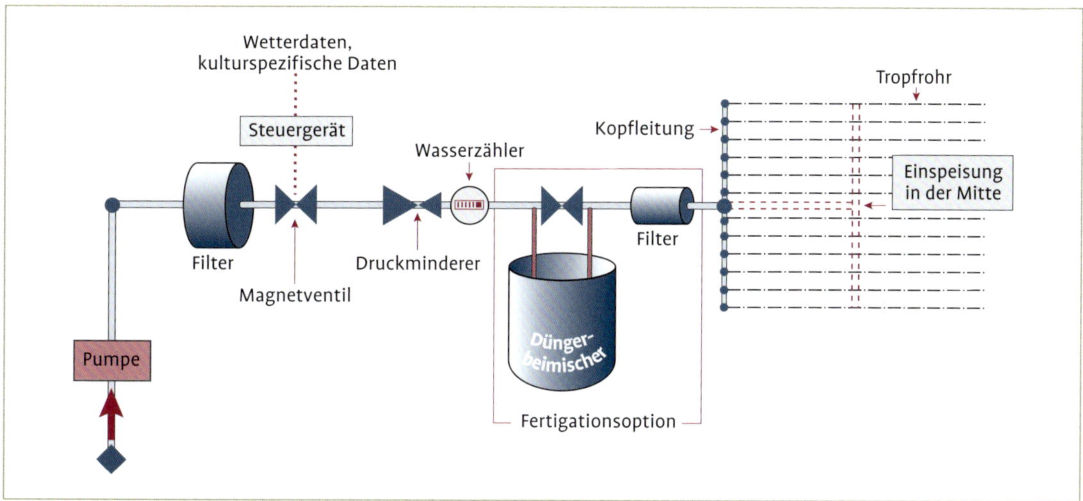

Abb. 164 Schematischer Aufbau einer Tropfbewässerungsanlage.

Beim Mengenkonzept werden ein Wassermengenbegrenzer, bei dem die auszubringende Wassermenge eingestellt wird, oder ein Zeitgeber, bei dem die auszubringende Wassermenge über den Zeitfaktor geregelt wird, verwendet. Die Steuerung ist relativ ungenau, der tatsächliche Wasserbedarf kann nur abgeschätzt werden.

8.5.5 Bewässerungsverfahren

Überkronenberegnung

Rinnen, Furchen oder Anstaubewässerung haben im Obstbau keine Bedeutung mehr. Etabliert hat sich die **Überkronenberegnung**, die jedoch hauptsächlich zur Spätfrostabwehr eingesetzt wird. Die Regner aus Kunststoff oder Rotguss sind im Dreiecksverband auf Standrohren über den Baumkronen angeordnet. Die Regnerumlaufzeit beträgt maximal 45 bis 60 s.

Die Unterkronenberegnung ist nur in einigen Gebieten verbreitet. Sie wird bei Süßkirschen zur Frostschutzberegnung bzw. Bewässerung im Kernobst eingesetzt, wenn Wasserqualität und Wassertemperatur bei der Überkronenberegnung zu Fruchtberostung und Fruchtschäden führen. Verwendet werden flach abstrahlende Kreisregner mit 4°- bis 6°-Abstrahlwinkeln.

Mikrosprinklern und Mikrojets haben je nach Bauart und Druck unterschiedliche Wurfweiten und können auch auf Segmente eingestellt werden. Mit einem dünnen Zuleitungsschlauch werden sie an PE-Verteilerrohren montiert. Ein Erdspieß fixiert den Mikrosprinkler in der Baumreihe. Zur Förderung der Ausfärbung bei Äpfeln und auch zur Frostabwehr werden Mikrosprinkler mit einem längeren Zuleitungsschlauch über der Baumkrone an einem Stab befestigt.

Tröpfchenbewässerung sowohl oberirdisch als auch unterirdisch hat sich im Obstbau etabliert. Im Vergleich zur Überkronenberegnung lassen sich bis zu 40 % Beregnungswasser einsparen.

Tropfbewässerung

Bei der Tropfbewässerung verteilt sich das Wasser von der Tropfstelle aus konzentrisch im Boden. Mit zunehmender Entfernung von der Tropfstelle sinkt die Bodenfeuchte. Die Form der so gebildeten Bewässerungszwiebel ist in leichten Böden hoch rund und in schweren Böden kugelig bis flach rund. Die Feuchtigkeit ist im Innern der Bewässerungszwiebel am größten.

Die Tropfrohre aus Polyethylen (PE) mit einem Durchmesser von 16 bis 20 mm werden entlang der Baumreihen auf dem Boden ausgelegt oder in einer Höhe von 40 cm am Draht befestigt. Je nach Typ der Tropfer werden pro Stunde etwa

Abb. 165 Eine Überkronenberegnung hat einen höheren Wasserverbrauch und kann auch zum Frostschutz eingesetzt werden.

2 bis 4 l Wasser bei 1,0 bis 1,5 bar Druck abgeben, was einem Wasserverbrauch von 160 l/min und ha (bei 2400 Tropfern) entspricht.

Für den Obstbau wird eine Vielzahl von Tropfern angeboten. Es wird in nicht druckkompensierte und druckkompensierte Tropfsysteme unterschieden. Die Tropfelemente sind als Mikrokanal oder Düsentropfer aufgebaut. Tropfleitungen mit integrierten Tropfern, die beim Fertigungsprozess des Tropfschlauches eingearbeitet werden, sind in unterschiedlichen Abständen erhältlich. Sie haben sich hauptsächlich beim Beerenobst bewährt. Kommt es aufgrund der gewählten Pflanzabstände zu einer ungünstigen Tropferverteilung, stehen Systeme zur Verfügung, bei denen Einzeltropfer in der Anlage auf Baumabstand montiert werden.

- **Nicht druckkompensierte Tropfer** geben bei steigendem Druck linear mehr Wasser oder umgekehrt bei zu langen Leitungssystemen immer weniger Wasser ab. Diese nicht druckkompensierten Tropfsysteme sind nur bei geringen Höhenunterschieden (1 bis 2 m) zu empfehlen. Die Wassereinspeisung erfolgt an der höchsten Stelle.
- **Druckkompensierte Tropfer** geben in einem bestimmten Bereich (0,4 bis 3,6 bar) bei schwankendem Druck immer eine konstante Wassermenge ab. Verwendung finden diese Tropfer, wenn sich durch Höhenunterschiede in der Anlage oder durch Hanglage unterschiedliche Druckverhältnisse im Tropfschlauch aufbauen.

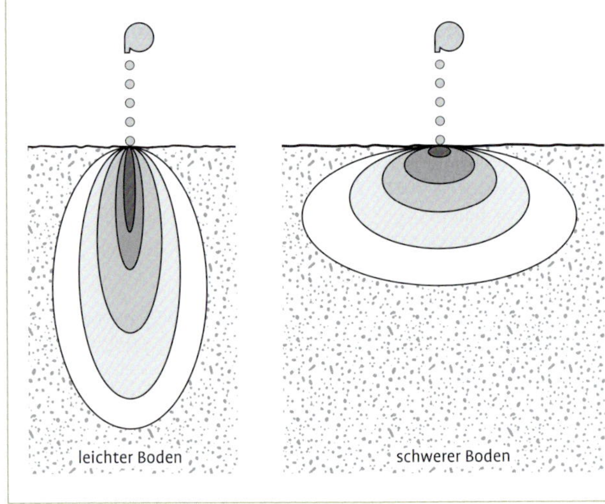

Abb. 166 Bodenfeuchteverteilung in unterschiedlichen Böden bei Tropfbewässerung.

Tab. 61 Entwicklungsstadien und kc-Werte

	kc-Faktor					Entwicklungsstadium (ES)				
Kulturen	**ES 1**	**ES 2**	**ES 3**	**ES 4**	**ES 5**	**1**	**2**	**3**	**4**	**5**
Junganlage Kernobst	0,45	0,9	0,7			Vegetationsbeginn bis Junifruchtfall (BBCH 01 bis 72)	Junifruchtfall bis Terminalknospenabschluss (BBCH 73 bis 77)	Terminalknospenabschluss bis Nachernte (BBCH 78 bis 85)		
Ertragsanlage Kernobst	0,7	0,9	0,8			Vegetationsbeginn bis Junifruchtfall (BBCH 01 bis 72)	Junifruchtfall bis Terminalknospenabschluss (BBCH 73 bis 77)	Terminalknospenabschluss bis Nachernte (BBCH 78 bis 85)		
Junganlage Steinobst	0,4	0,7	0,5			Vegetationsbeginn bis Beginn Steinhärtung (BBCH 01 bis 72)	Steinhärtung bis Ernte (BBCH 73 bis 77)	Nachernte (BBCH 78 bis 85)		
Süßkirsche 2,00 × 4,50 m	0,4	0,7	0,5			Vegetationsbeginn bis Beginn Steinhärtung (BBCH 01 bis 72)	Steinhärtung bis Ernte (BBCH 73 bis 77)	Nachernte (BBCH 78 bis 85)		
Süßkirsche 3,00 × 5,00 m	0,4	0,7	0,5			Vegetationsbeginn bis Beginn Steinhärtung (BBCH 01 bis 72)	Steinhärtung bis Ernte (BBCH 73 bis 77)	Nachernte (BBCH 78 bis 85)		
Aprikose	0,5	0,7	0,5			Vegetationsbeginn bis Beginn Steinhärtung (BBCH 01 bis 72)	Steinhärtung bis Ernte (BBCH 73 bis 77)	Nachernte (BBCH 78 bis 85)		
Pfirsich	0,7	1,0	0,7			Vegetationsbeginn bis Beginn Steinhärtung (BBCH 01 bis 72)	Steinhärtung bis Ernte (BBCH 73 bis 77)	Nachernte (BBCH 78 bis 85)		
Pflaumen	0,5	0,7	0,5			Vegetationsbeginn bis Beginn Steinhärtung (BBCH 01 bis 72)	Steinhärtung bis Ernte (BBCH 73 bis 77)	Nachernte (BBCH 78 bis 85)		
Himbeeren	0,3	0,55	0,65	0,3		Ab Austrieb	Ab Blühbeginn	Ab Fruchtreife	Nachernte bis 30. September	
Erdbeeren	0,5	0,65	0,55	0,3	0,5	Blütenentwicklung	Fruchtentwicklung	Ernte	Nachernte	Blüteninduktion und -differenzierung

Der Druckabfall in der Tropfleitung begrenzt die maximal zu verlegende Leitungslänge. Er wird durch den Durchfluss je Tropfstelle (Anzahl Tropfer), Innendurchmesser und Länge der Tropfleitung sowie Beschaffenheit der Rohrinnenwand beeinflusst. Je nach Hersteller und System sind Leitungslängen von 60 bis 380 m möglich. Die Angaben können verdoppelt werden, wenn die Kopfleitung quer zur Reihenmitte verlegt wird (H-System).

Verdunstungsverluste über die Bodenoberfläche können durch das unterirdische Verlegen der Tropfleitungen im Wurzelbereich vermieden werden. Darüber hinaus werden die flachgründige Bodenpflege und die mechanische Unkrautbekämpfung nicht behindert. Tropfschläuche mit integrierten Tropfelementen oder sogenannte poröse Tropfschläuche, die über die gesamte Schlauchwand Wasser abgeben, sind für den Unterflureinsatz geeignet. Ihre Funktionskontrolle ist jedoch nur durch Freilegen der Leitungen möglich. Durch einwachsende Pflanzenwurzeln und Tierfraß können die Leitungen beschädigt werden.

Bei der Fertigation wird Dünger mittels einer elektrischen oder durch das Tropfwasser angetriebenen **Dosierpumpe** in das System eingespeist. Die Pumpe fördert dabei aus einem Vorratsbehälter die konzentrierte Düngerlösung in das Tropfwasser. Es ist wichtig, dass das Verhältnis der Durchflussmenge in der Tropfleitung und der eingespeisten Düngerlösung konstant gehalten wird. Wesentlich einfacher kann dies mittels elektronischer **Konzentrationsregelung** erfolgen. Dazu wird permanent die Leitfähigkeit (EC-Wert) der Düngerlösung gemessen.

Die wesentlichen Elemente einer Tropfbewässerungsanlage bestehen aus der Kopfeinheit mit Armaturen zur Druckregelung, Ventilen und Steuerungseinrichtungen. Magnetventile dienen zum Öffnen und Schließen der Wasserzufuhr, Druckminderer zum Einstellen und Konstanthalten des Wasserdruckes. Filter gewährleisten die Reinigung des Wassers von Schwebstoffen. Dosiereinrichtungen ermöglichen die Düngerbeimischung (Fertigation). Eine Wasseruhr dient zur Verbrauchskontrolle der Anlage. Bei Wasserentnahme aus dem öffentlichen Netz ist ein Rückflussverhinderer mit Rohrbelüfter notwendig, um das Rücksaugen von Wasser aus dem Tropfsystem zu verhindern.

8.6 Frostabwehr

8.6.1 Frostarten

Blütenfröste oder Spätfröste treten in allen Obstanbaugebieten der nördlichen Breiten auf. Die Häufigkeit hat aufgrund des früheren Vegetationsbeginns zugenommen. Geschädigt werden die Infloreszenzen und Jungfrüchte je nach Art, Sorte und Entwicklungsstadium im Bereich von −1,1 bis −5,2 °C. Frostschutzmaßnahmen sollen dazu beitragen, eine ausreichende Blütenanzahl zu retten, um einen Normalertrag zu gewährleisten. Die Rentabilität einer Frostschutzanlage ist nicht vorhersehbar.

Die Großwetterlage ist die entscheidende meteorologische Voraussetzung für Spätfröste, wobei drei Faktoren förderlich sind: fehlende oder geringe nächtliche Bewölkung, geringer Feuchtegehalt der Luft und normale bis niedrige Ausgangstemperaturen. Hänge und Berge haben ebenfalls einen Einfluss auf das Auftreten von Spätfrösten.

Es ist zwischen zwei Frostarten zu unterscheiden: dem Windfrost und dem Strahlungsfrost.

Kaltluft entsteht vornehmlich durch Ausstrahlung an Boden- und Pflanzenoberflächen. Sie baut sich vom Abend an auf und erreicht ihre maximale Höhe bei Sonnenaufgang. Die Kaltluft bewegt sich hangabwärts, wobei die Geländeeigenschaften die Stärke und Richtung bestimmen. Die Abkühlung von Bodenoberfläche und Obstbaumbestand im Talboden wird durch die Luftruhe im Kaltluftsee gefördert. Strahlungsverluste im Talboden müssen wegen des schwachen turbulenten Wärmestromes aus der Luft vorwiegend aus dem Bodenwärmestrom ersetzt werden. Der ebene Talboden kühlt sich dadurch stärker ab als die ein wenig höheren Hanglagen, wo stärkere Turbulenz gegeben ist.

Bei den Kaltlufteinbrüchen im April und Mai herrscht oft klare und trockene Luft mit geringem Wasserdampfgehalt. Sie lässt große Teile der Bodenausstrahlung hindurch und liefert nur wenig Gegenstrahlung, weshalb sich die Erdoberfläche stark abkühlt. Die Ausstrahlung des Bodens wird

Abb. 167 Stationäre Windmaschine zur Luftverwirbelung.

Tab. 62 Merkmale der Frostarten

Merkmale	Windfrost	Strahlungsfrost
Luftmasse	Antransport von Polarluft kontinentaler oder maritimer Ausprägung	Zur Ruhe kommende Polarluft oder an Ort und Stelle entstandene Kaltluft
Vertikale Reichweite	In allen Höhen, keine Inversion	Nur in bodennaher Luftschicht, Inversion in wenigen Metern Höhe
Geländeform	Unabhängig, verstärkt im Berggebiet und an windexponierten Flächen	In flachen breiten Talböden und Muldenlagen bevorzugt
Bewölkung	In der Spätfrostzeit starke Herabsetzung des frostmildernden Einflusses der Sonneneinstrahlung	Wolkenlos oder nur einzelne Zirruswolken
Tageszeit	Unabhängig	Nur nachts bis morgens
Windstärke	Höhere Windgeschwindigkeit bei turbulenter Strömung	Windstille oder schwache fast laminare Strömung in Tälern

Tab. 63 Anzahl Paraffinkerzen pro Hektar in Abhängigkeit der Frostintensität

Temperatur unter 0 °C	−2	−3	−4	−5/−6	−6/−7
Anzahl Kerzen/ha*)	200	250 bis 300	300 bis 350	350 bis 400	400 bis 500

*) Erfahrungswerte = empfohlene Menge bei Frühjahrsfrost und relativer Windstille

bei klarem Himmel mit 60 kcal (= 251 kJ) je Quadratmeter und Stunde angenommen.

Mulch- und Grasdecken fördern die Spätfrostgefahr, obwohl es über einer Mulchdecke tagsüber deutlich wärmer wird als über unbedecktem Boden. Unbedeckter Boden nimmt mehr Wärme auf, gibt nachts dafür aber auch mehr ab.

8.6.2 Frostschutzverfahren

Frostschutzverfahren beruhen auf physikalischen oder chemischen Maßnahmen mit dem Ziel, die Pflanzentemperatur kurzfristig, d. h. solange die kritische Temperatur in der Frostnacht andauert, über dem Gefrierpunkt zu halten.

Vorbeugende Maßnahmen

In Lagen mit einem Frostrisiko empfiehlt es sich, das Sortiment auf den Anbau von weniger frostempfindlichen Arten und Sorten zu beschränken. Wenn dies aus Sortimentsgründen nicht möglich ist, sind bei der Neuanlage feuchte Niederungsgebiete, Senken, Mulden, Hanglagen mit natürlichen oder künstlichen Hindernissen für den Kaltluftabfluss und Flächen mit nördlicher Hangneigung sowie Kuppen und luvseitige Hänge, an denen durch erhöhte Windgeschwindigkeiten mit einer größeren Luftkühlung zu rechnen ist, zu meiden. Zu berücksichtigen ist auch, dass Frühlagen bezüglich Minimumtemperaturen vergleichbarer späterer Lagen wegen der um einige Wochen früheren Blüte ein größeres Risiko besitzen.

Frostschutz mit chemischen Präparaten

Experimentell wurden verschiedene Frostschutzpräparate geprüft. Keines hat bisher eine effektive frostschadensmindernde Wirkung gezeigt. Auch über die Mineraldüngung konnte kein eindeutiger Erfolg erzielt werden, wenn man von der gelegentlich festgestellten Verbesserung der Holzfrostresistenz durch ausreichende N-Versorgung absieht.

Abdeckung

Das Abdecken als Frostschutz kommt nur für bodennahe Kulturen wie Erdbeeren infrage. Als Materialien können Papier, Pappe, Stroh, Schilfmatten, Sisaltuch und Folie verwendet werden. Stroh ist auch auf größeren Flächen schnell auszubringen und kann die Erdbeerblüten zumindest gegen mittlere Strahlungsfröste schützen. Der Temperatureffekt ist mit 1,5 bis maximal 3 K gering, Aufwand und Wirkung stehen in einem ungünstigen Verhältnis.

Lufttrübung

Natürlicher Nebel kann die gefährliche Ausstrahlung weitgehend mindern. Durch künstliche Lufttrübung wird versucht, einen ähnlichen Effekt herbeizuführen.

Noch bevor die Null-Grad-Grenze erreicht wird, muss mit dem Vernebeln großflächig begonnen werden. Ein Nachteil der Methode sind die Windanfälligkeit und der geringe Temperatureffekt von maximal 3 K. Räuchern, die einfachste Lufttrübungsmethode, ist in Deutschland nicht zugelassen.

Geländeheizung

Durch Öl- oder Gasheizgeräte, sogenannte Frostbuster, die stationär oder mobil durch die Anlage bewegt werden, wird den Pflanzen Wärme zugeführt. Eine weitere Methode ist das Aufstellen von Paraffinkerzen in der Anlage. Ca. 6 l festes Paraffinwachs ist in feuerfesten Weißblech-Eimern mit einem Docht aus ungebleichter Pappe abgefüllt. Die garantierte Mindestbrenndauer liegt bei ca. 8 bis 9 h, somit können die Paraffinkerzen in zwei Frostnächten angewendet werden. Reines Paraffinwachs hat eine sehr geringe Rauchbildung, das Verfahren unterliegt daher keinem Verbot. Bei einer erwarteten Temperatur

bis −2 °C erreicht eine Paraffinkerze einen Wirkungsgrad von bis zu 50 m^2 bei Windstille. Die Anzahl Kerzen/ha ist abhängig von der Frosttemperatur.

Luftverwirbelung

Bei der Luftverwirbelung wird die am Boden liegende Kaltluft mit wärmerer Luft aus höheren Schichten vermischt. Dazu werden stationäre Windmaschinen mit einem oder zwei schwenkbaren Rotoren auf 9 bis 12 m hohem Mast verwendet. Wenn keine wärmeren Luftschichten vorhanden sind, ist die Anlage wirkungslos. Problematisch ist die Lärmbelastung, die in 300 m Entfernung noch 62 db betragen kann. Die Anlagen bedürfen daher einer offiziellen Genehmigung.

Frostschutzberegnung

Die Überkronenberegnung hat sich weltweit als das geeignetste Frostschutzverfahren herausgestellt. Die Frostwirkung beruht auf der Ausnutzung der Kristallisationswärme des gefrierenden Wassers. Verregnetes Wasser benetzt die Pflanzen, kühlt sich an diesen ab und gefriert ab 0 °C. Beim Abkühlen wird bereits eine geringe Wärmemenge (1 kcal/l Wasser und °C) frei. Die größere Wärmemenge liefert das Wasser beim Gefrieren (80 kcal = 335 kJ Erstarrungswärme je Liter). Aufgrund der hohen Wärmeleitfähigkeit und der amorphen Eisstruktur kommt die Erstarrungswärme den zu schützenden Pflanzen zugute und reicht aus, um in windstillen Frostnächten die Gewebetemperatur nicht unter −0,5 bis −1 °C absinken zu lassen. Strahlungsfröste mit Temperaturen bis −7 °C können erfolgreich abgewehrt werden.

Durch Benetzung und Eisbildung verringert sich allerdings die Frosthärte der Blüten und Jungfrüchte: Trockene Obstblüten überleben −3 bis −4 °C, unter günstigen Bedingungen noch tiefere Temperaturen, erfrieren jedoch in nassem und ungeeistem Zustand bei etwa −3 °C.

Voraussetzungen für den Erfolg der Frostschutzberegnung sind ausreichende Regendichte, ständige Benetzung der zu schützenden Pflanzen und rechtzeitiges Einschalten. Bei zu geringer Wasserausbringung wird zu wenig Wärme freigesetzt. Die Umdrehungsgeschwindigkeit der Regner darf eine Minute nicht überschreiten.

Windstille und hohe Luftfeuchtigkeit sind beim Einsatz der Beregnung sehr vorteilhaft, weil bei Wind die frei werdende Erstarrungswärme zu schnell abgeführt wird und bei niedriger Luftfeuchte Schäden durch Verdunstungskälte auftreten können.

Die Regner werden im Verband montiert (i. d. R. Dreiecksverband), um eine gleichmäßige Wasserverteilung über die Gesamtfläche mit wenig Überschneidung zu gewährleisten. Beregnungswasser sollte für mindestens drei Frostnächte (etwa 1000 m^3/ha) vorrätig sein.

Die Anlage wird eingeschaltet, wenn die Lufttemperatur noch über der Grenztemperatur der pflanzlichen Organe liegt. Die Einschalttemperatur wird mit einem Feuchtthermometer gemessen. Die Feuchttemperatur ist je nach Luftfeuchtigkeit tiefer als die sonst üblich gemessene Lufttemperatur und entspricht der Pflanzentemperatur.

Aufgrund der Entwicklungsstadien wandeln sich die Grenztemperaturen von Blühorganen, woraus sich für den Zeitpunkt der Inbetriebnahme bestimmte Temperaturen ableiten. Wird die angegebene Einschalttemperatur erst gegen Morgen erreicht, so ist zu prüfen, ob auf die Inbetriebnahme verzichtet werden kann. Herrscht beispielsweise bei klarem Himmel Windstille, so ist ab etwa vier Uhr morgens kein nennenswertes Absinken der Temperatur mehr zu erwarten. Ist die Luft bewegt, so muss mit raschem und unter Umständen kräftigem Absinken gerechnet werden, falls der Wind sich legt. Außerdem sollte der Himmel ständig beobachtet werden: Zieht Bewölkung auf, so kann baldiger Temperaturanstieg erwartet werden. Umgekehrt hat das nächtliche Aufreißen der Wolkendecke fast immer kräftigen Temperaturrückgang zur Folge.

Regnerleitungen und Regner müssen entwässert sein, wenn die Frostschutzberegnung bei Temperaturen unter 0 °C eingeschaltet werden soll. Die Niederschlagsmenge muss 3,5 bis 4,0 mm/h (3,5 bis 4 l Wasser je h und m^2) betragen. Geringe Bedeutung hat die Ausgangstemperatur des Wassers; mit warmem Wasser werden keine besseren Erfolge erzielt als mit kaltem. Das Abschalten kann bereits bei 0 °C (trockenes Thermometer) erfolgen, wenn dieser Wert außerhalb der beregneten Anlage und nach dem

Tab. 64 Entwicklungsstadien und die dazugehörigen Einschalttemperaturen für die Frostschutzberegnung

Entwicklungsstadium (BBCH-Code)	Entwicklungsstadium (nach FLECKINGER 1948)	Einschalttemperatur (Feuchtthermometer) mit einem Sicherheitsfaktor von 3 °C
53 (Knospenaufbruch)	C (Grüne Spitzen)	−7,0 °C
54 (Mausohrstadium)	C3 (Mausohrstadium)	−5,5 °C
56 (Grünknospenstadium)	D (Grüne Knospen)	−4,0 °C
57 (Rotknospenstadium)	E (Rote Knospen)	−2,0 °C
59 (Ballonstadium)	E2 (Ballonstadium)	−2,0 °C
60 (Erste Blüten offen)	F (Aufblühen)	−0,5 °C
65 (Vollblüte)	F2 (Vollblüte)	0 °C

sichtbaren Sonnenaufgang gemessen wird und die Windgeschwindigkeit 1,5 m/s nicht übersteigt. Liegt die Windgeschwindigkeit höher, so besteht weiterhin wegen gesteigerter Verdunstung (Entzug von Wärme) die Gefahr des Absinkens der Temperatur unter 0 °C und damit von Frostschäden.

Häufiger Einsatz der Frostschutzberegnung kann

- den Boden vernässen, verschlämmen oder unterkühlen,
- die Befahrbarkeit einschränken,
- nach der Blüte übermäßigen Fruchtfall einleiten,
- Astbruchschäden durch Eislast verursachen, wenn die Beregnung die ganze Nacht läuft.

Zur „zielgerechten Frostschutzberegnung“ werden **Mikrosprinkler zum Frostschutz** eingesetzt. Das Verfahren spart durch feinere und wassersparende Düsensysteme bis zu 30 % Wasser, da die Beregnung auf die Reihen (Bäume) konzentriert wird und Fahrgassen sowie Randstreifen ausgelassen werden. Pro Baum ist ein Mikrosprinkler notwendig, der in der Baumkrone befestigt wird und über einen Mikroschlauch an die Versorgungsleitung in der Reihe angeschlossen ist. Im Sommer können die Mikrosprinkler durch einfaches Umstecken zur Bewässerung im Unterkronenbereich eingesetzt werden. Den positiven Frostschutzergebnissen und der Wassereinsparung stehen jedoch die Mehrkosten für die erhöhte Anzahl der Mikrosprinkler entgegen.

8.6.3 Temperaturbeobachtung

Für die Frostwarnung sind die Trocken- und Feuchttemperatur sowie die Windstärke die wichtigsten Parameter. Sie werden entweder manuell oder elektronisch mit Kleinwetterstationen oder elektronischen Frostwarnstationen erfasst.

Das klassische Feuchtthermometer besteht aus einem geeichten Quecksilberthermometer mit Halbgradskala (+/−20 °C), über dessen Quecksilberbehälter ein enganliegender Musselinstrumpf gezogen ist. Wichtig ist der enge Kontakt zur Quecksilberkugel. Das freie Ende des Musselinstrumpfes hängt in einem Kunststoffbehälter mit destilliertem oder sauberem Wasser. Der Behälter muss ständig mit Wasser gefüllt sein, damit der Strumpf feucht bleibt. Das Wasser verdunstet am Quecksilberbehälter je nach Luftfeuchte und Windgeschwindigkeit.

Die gemessene Temperatur liegt unter der trockenen Lufttemperatur. Sie entspricht weitgehend der Gewebetemperatur der Pflanzen. Für den Einschaltzeitpunkt ist die Feuchttemperatur maßgeblich. Zwei Stationen, jeweils mit einem Feucht- und Trockenthermometer, werden in 80 cm Höhe aufgestellt; eine Station außerhalb der Anlage, die andere an der kältesten Stelle in der Anlage. Ein Nachteil des kostengünstigen Verfahrens ist das ständige Ablesen im Gelände.

Tab. 65 Agrarmeteorologische Messnetze der Bundesländer

Bundesland	Seit	Stationen*)	URL
Baden-Württemberg	1976	109	www.wetter-bw.de
Bayern	1989	135	www.wetter-by.de
Hessen	1990	20	https://www.llh.hessen.de/pflanzenproduktion/wetterdaten.html
Rheinland-Pfalz	1990	120	www.wetter-rlp.de
Niedersachsen	1992	25	--------
Sachsen	1992	28	https://www.landwirtschaft.sachsen.de/Wetter09/asp/inhalt.asp?seite=uebersicht
Nordrhein-Westfalen	1995	17	---------
Thüringen	1992	25	www.wetter-th.de

*) Stand 2016

Komfortabler sind elektronische Frostwarngeräte bzw. Wetterstationen, die vom Einzelbetrieb oder Frostwarngemeinschaften betrieben werden. Frostwarnungen werden auch von den agrarmeteorologischen Diensten bereitgestellt. Die Alarmierung erfolgt in Abhängigkeit der eingestellten Schwellenwerte automatisch per SMS oder Push-Meldung.

8.7 Wetterstation

Wetteraufzeichnungen finden sich traditionsgemäß in jedem landwirtschaftlichen Betrieb. Im Rahmen des Klimawandels treten immer mehr extreme Wettersituationen wie Frost, Trockenheit, Starkregen oder Hagel auf. Bei der Kulturführung gewinnt daher die Kenntnis über das vergangene, aktuelle und zukünftige Wetter eines Standortes (Kleinklima) immer mehr an Bedeutung. Neben Monitoring- und Prognosemodulen für Krankheiten und Schädlinge werden zur effizienten Bewässerungssteuerung ebenso die aktuellen Wetterdaten benötigt, wie auch in Extremsituationen z. B. bei der Bekämpfung von Spätfrösten. Die ergänzende Wettervorhersage gibt dem Betrieb eine gewisse Planungssicherheit und ist eine Entscheidungshilfe, die mitunter auch über den wirtschaftlichen Erfolg eines Betriebes entscheiden kann.

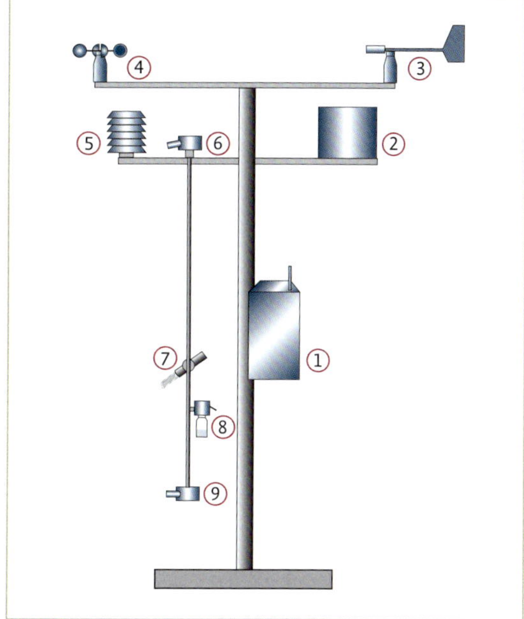

Abb. 168 Wetterstation für den Obstbau.

Folgende Sensoren sollten an einer Wetterstation im Obstbau vorhanden sein (s. Abb. 168):

Windgeschwindigkeit (4), Windrichtung (3), Lufttemperatur in 2 m (6), optional Lufttemperatur in 0,2 m (9), Luftfeuchte (5), Blattnässe (7), Niederschlag (2). Ein Feuchttemperatursensor

(8) ist für die Frostschutzbewarnung sinnvoll, der Wert kann aber auch berechnet werden. Weitere Bestandteile sind Datenlogger (1) und Datenkommunikation über GPRS sowie Systemsoftware zur Einrichtung der Station, zum Datenabruf und zur Datenspeicherung. Die Stationsaufstellung in Anlagennähe wird durch die Energieversorgung mit einem Solarpanel vereinfacht. Die Station bedarf einer ständigen Pflege und Wartung.

Mit weniger betrieblichem Aufwand können die Wetterdaten von den agrarmeteorologischen Diensten einiger Bundesländer bezogen werden. Diese Dienste bieten bereits aufbereitete Wetterdaten sowie eine Reihe von weiteren Wetterdaten an, deren Erfassung an einer eigenen Station zu kostenaufwendig ist. Neben den historischen Daten, die für die Bewässerungssteuerung sowie die Temperatursummenmodelle relevant sind, wird auch die Wettervorhersage für die kommenden sieben Tage stationsbezogen angeboten. Ergänzt werden die Wetterdaten mit Monitoring- und Prognosemodulen für Krankheiten und Schädlinge sowie kulturtechnische Maßnahmen.

Warnmeldungen, z. B. beim Unterschreiten einer vorher definierten Temperatur (Frostwarnung) in Form von SMS oder E-Mail, können die meisten Wetterstationen versenden bzw. werden zentral von den agrarmeteorologischen Diensten angeboten.

Die standortbezogene Wettervorhersage in Stundenauflösung wird bei den agrarmeteorologischen Diensten direkt in die Module eingespeist. Über Datenschnittstellen lassen sich die zentral erfassten Werte, z. B. in den betrieblichen Bewässerungsplaner, integrieren.

Der Trend geht zu Rasterdaten, d. h. von den vorhandenen Wetterstationen werden die Daten in die Fläche interpoliert, unter Berücksichtigung des Geländemodells und von Gunsträumen. Anschließend stehen die Daten in einer Auflösung von 1 km^2 zur Verfügung und können schlagbezogen verwendet werden. Voraussetzung für eine treffsichere Interpolation ist eine ausreichende Abdeckung mit kleinklimatischen Wetterstationen. Um z. B. konvektive Niederschlagsereignisse (Gewitter) korrekt abzubilden, kann das Niederschlagsradarprodukt RADOLAN des DWD herangezogen werden.

8.8 Regenschutz

Die zunehmenden Forderungen der Märkte nach gesicherter und saisonal erweiterter Versorgung mit Früchten hoher Qualität machen bei den besonders anfälligen Kulturen im Stein- und Beerenobst einen gegen Regen geschützten Anbau erforderlich. In Sommerregenbieten wie z. B. in Mittel- und Nordeuropa ist ein wirtschaftlicher Anbau von Süßkirschen ohne Überdachung kaum möglich. In Verbindung mit geeigneten Abkühlverfahren und neuen, geschlossenen Verpackungen kann die Haltbarkeit der Produkte deutlich verbessert werden. Der Ökologische Anbau profitiert wesentlich von geringerem Krankheits- und Schädlingsdruck im geschützten Anbau.

Deutlich höhere Erlöse für bessere Fruchtqualitäten und gesicherte Lieferungen, insbesondere außerhalb der Erntespitzen, erlauben es, die teilweise sehr hohen Investitionssummen für unterschiedliche Überdachungssysteme zu finanzieren. Wesentliche Innovationen finden bei Überdachungsmaterialien, Bewässerungssteuerung und den technischen Lösungen bei der Konstruktion der Gerüste und Befestigungen statt.

Vorteile der Überdachung von Obstkulturen sind:

- Deutliche Verringerung des Platzrisikos bei Süßkirschen
- Geringere Fäulnisanfälligkeit und schöneres Aussehen der Früchte (Glanz etc.)
- Kontinuierliche Ernte ohne Witterungsbeeinträchtigung mit höheren Ernteleistungen
- Konstante Marktpräsenz als verlässlicher Handelspartner
- Erweiterung des Erntefensters durch Verfrühung
- Längere Haltbarkeit der Produkte durch besseres Nachernteverhalten
- Reduzierung der Pflanzenschutzmittelrückstände bei vermindertem Fungizideinsatz
- Ertragssteigerung durch besseres Wachstum
- Gerüstgrundkonstruktion teilweise auch zum Schutz gegen Frost und Insekten geeignet

Wichtige Anforderungen an die Überdachungsmaterialien sind aufgrund der hohen Kosten lange Haltbarkeit sowie gute Reiß- und Scheuerfestigkeit. Weiterhin darf der Schattiereffekt nicht

Abb. 169 Stark ausgeprägte Frostringe nach Blütenfrost.

Abb. 170 Teilabdeckung gegen Regen im Ökologischen Obstbau beim Apfel zur Reduzierung von Pilzkrankheiten.

größer sein als bei Hagelnetzen, d. h. maximal 15 bis 20 % bei fabrikneuen Geweben.

Wegen der zeitweise hohen Windbelastung kommt der **Befestigung der Folien und Gewebe** eine zentrale Rolle zu. Um ein Einreißen der Folie zu verhindern, sollten die Befestigungspunkte nicht weiter als 30 bis 50 cm auseinanderliegen. Beim aufwendigeren VÖEN-System bieten auf Hagelnetz einseitig aufgenähte Einzelbahnen einen geringeren Windwiderstand. Windstöße können zwischen den hochklappenden Folienbahnen hindurchgehen. Mit dieser Technik wird auch der Hitzestau unter dem Dachfirst verringert.

8.9 Hagelabwehr

Hagel und Frost gehören zu den gravierendsten Elementarschäden des intensiven Erwerbsobstbaus. Der Abschluss einer Hagelversicherung ist in vielen Obstbauregionen teuer und bietet aufgrund des Schätzrahmens in der Regel keinen vollen Ausgleich des Hagelschadens, sondern lediglich eine Liquiditätshilfe. Bei schweren Hagelunwettern können neben der Ernte auch die Kulturen, insbesondere Junganlagen nachhaltig betroffen sein. Weiterer Schaden entsteht, wenn Lager- und Sortiereinrichtungen mangels Ernte nicht produktiv ausgelastet sein können. Im zunehmenden Wettbewerb ist zudem Lieferfähigkeit ein wesentlicher Faktor. Seitens der Obstvermarktung und der öffentlichen Hand wird daher der Schutz mittels Hagelnetzen gefordert und gefördert. Die jahreszeitliche Veränderung des Landschaftsbildes durch flächenhafte Überdeckung ist zugunsten des langfristigen Erhalts der Obstwirtschaft einer Region in Kauf zu nehmen.

Als aktive Hagelbekämpfung sollen mit aus dem Hagelflieger verteiltem Silberjodid die Niederschläge vorzeitig ausgelöst und somit die Hagelbildung unterbunden werden. Eine ausreichende Wirksamkeit zum effektiven Schutz der Anlagen ist wissenschaftlich nicht nachweisbar, da eine Kontrollvariante naturgemäß nicht gegeben ist. Je nach regionaler Struktur ist zudem die Bewirtschaftung eines Hagelfliegers schwierig, da ein flächendeckender ebenso wie flächengenauer Schutz nicht umzusetzen ist.

Noch geringer wird zumeist der Effekt von Hagelkanonen eingeschätzt. Durch Explosionen ausgelöste Schallwellen sollen die bei der Hagelentstehung beteiligten Luftschichten durcheinanderwirbeln oder die Gewitterwolken „auseinandertreiben". Auch hier ist ein wissenschaftlicher Nachweis grundsätzlich nicht möglich. Die physikalischen Verhältnisse im Hinblick auf die bei der Hagelentstehung beteiligten Energien im Vergleich zu den in beträchtlichem räumlichem Abstand ausgelösten Schallwellen lassen zweifeln.

8.9.1 Entstehung und Auftreten von Hagel

Voraussetzung für die Entstehung von Hagel sind Gewitter. In den Grenzschichten einer Gewitterfront bilden sich zwischen warmen und kalten Luftschichten Hagelkörner, wenn wasserdampfgesättigte Luft durch starke Aufwinde in große Höhen mit Temperaturen unter dem Gefrierpunkt getragen wird. Dabei lagern sich an Kristallisationskeimen unterkühlte Wassertropfen an und gefrieren. Je länger und kräftiger die Aufwinde der Schwerkraft der Hagelkörner entgegenwirken, umso größer werden die Hagelkörner. Die Größe der Körner liegt bei 5 bis 50 mm, in Einzelfällen aber auch deutlich darüber. Ob die zunehmende Erwärmung der Atmosphäre in direktem Zusammenhang mit einer Zunahme der Hagelhäufigkeit steht, ist aus meteorologischer Sicht noch nicht nachweisbar.

Unabhängig von einer möglichen Verstärkung der Hagelhäufigkeit hat der Risikofaktor Hagel heute im intensiven Erwerbsobstbau viel größere Bedeutung als noch vor einigen Jahren. Bei intensiveren Anbausystemen hängt der größte Teil der Früchte zur besseren Ausfärbung und Ernteerleichterung an der Peripherie der Bäume. Hagelgeschädigte Früchte sind mit zunehmender Marktsättigung und hohen Qualitätserwartungen nur mehr in der Verarbeitung abzusetzen.

Vorteile eines Hagelnetzes gegenüber der Hagelversicherung sind:

- Höhere Liquiditätssicherung
- Geringerer Ernte- und Sortieraufwand
- Gleichmäßig konstante Ausnutzung der Lager- und Sortiereinrichtungen
- Kontinuierliche Präsenz am Markt
- Schutz der Kulturen bei stärkeren Hagelunwettern
- Zusätzlicher Schutz gegen Sonnenbrand

8.9.2 Konstruktionsmerkmale von Hagelnetzanlagen

Hagelnetz

Gerüst und Hagelnetz haben mehreren Ansprüchen zu genügen: Durch die Laubwand und großen Netzflächen sind sie enormen Kräften durch Wind und Hagel ausgesetzt. Aufgrund der hohen Investitionskosten muss eine ausreichende Lebensdauer die Abschreibungen reduzieren. Pflanzenphysiologisch sollte der Lichtverlust unter den Netzen die Kulturen nicht übermäßig beeinträchtigen bzw. nicht zu wesentlichen Erlöseinbußen infolge schlechter Ausfärbung und geringeren Erträgen führen.

Die meisten Erfahrungen liegen bei Hagelnetzen mit Giebel vor. Mit Flachnetzen im Trampolinsystem lassen sich mit möglicher Mehrreihenüberspannung Materialkosten und Montageaufwand etwas reduzieren. Wegen stärkerer Reflexion kommt jedoch weniger Sonnenlicht auf den Kulturen an.

In der Praxis dominierten lange wegen der durch Beimischung von Ruß höheren UV-Stabilität und ihrer längeren Haltbarkeit die preiswerteren schwarzen Netze. Allerdings ist die Lichtausbeute darunter geringer. Dies wollen Anbieter von Hagelnetzen durch die Verwendung weißer (crystaler) Netze kompensieren. Diese müssen mit speziellen UV-Stabilisatoren behandelt werden, die deutlich teurer sind als Ruß und auch eine geringere Bruchfestigkeit bedingen. Es ist deshalb eine niedrigere Haltbarkeit weißer Netze anzusetzen. Ein Kompromiss sind hier graue Netze mit weißen Längsfäden (Kettfäden) und schwarzen, stärker belasteten Querfäden (Schussfäden). Unter Hagelnetz werden nach unterschiedlichen Untersuchungen ca. 10 % (weiße Farbe), ca. 17 % (graue Farbe) bzw. ca. 24 % (schwarz) des einfallenden Lichtes geschluckt. Versuche mit roten Netzen sollten eine bessere Ausbeute photosyntheserelevanter Wellenbereiche nachweisen. Die Untersuchungen zeigen allerdings keinen durchweg eindeutigen Einfluss der Netzfarben auf Ausfärbung und Ertrag. Hier scheinen Kulturführung, Behang und Jahreswitterung wichtiger. Die Höhe der Schattierwirkung hängt zudem stark von Netzalter, Gewebeart, Ort und Zeitpunkt der Messung sowie der Einstrahlungshöhe ab. Als Grundregel ist festzuhalten, dass das unter Hagelnetz geringere Lichtangebot in der Kulturführung und Sortenwahl zu berücksichtigen ist. Bei sehr hohem Lichtangebot und großer Hitze schützt die Schattierung gegen Sonnenbrand.

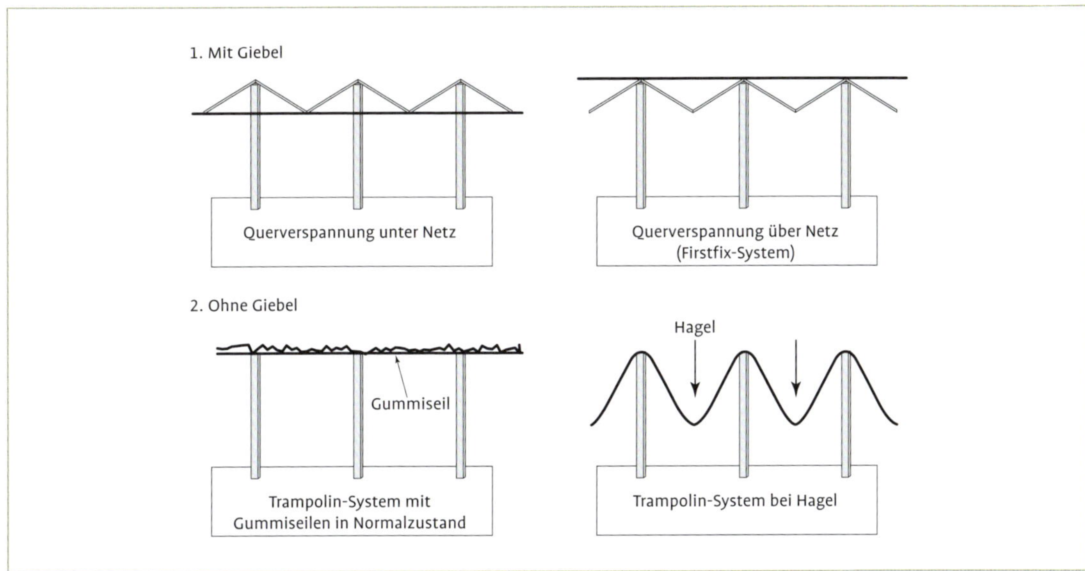

Abb. 171 Konstruktionsmerkmale von Hagelnetzanlagen (nach OLLIG 2002).

Abb. 172 Qualitätskirschenanbau erfordert Regenschutz gegen Platzen.

Weiße Netze haben bessere Lichtdurchlässigkeit und geringere Haltbarkeit. Sie betreffen das Landschaftsbild stärker. Schwarze Netze passen sich gut dem Landschaftsbild an, das Grün der Blätter schimmert leicht durch, sie fallen weit weniger auf. In heißen Sommern reduzieren schwarze Netze deutlich Sonnenbrandschäden und bewirken ein günstigeres Mikroklima in der Anlage.

Gerüstaufbau

Das Gerüst dient der Baumunterstützung und dem Hagelnetz gleichermaßen und muss entsprechend stabil konstruiert sein. Die statische Stabilität wird weniger durch die Verankerung der Pfostenfüße im Boden als durch die Längs- und Querverspannung der Spitzen in beide Richtungen gewährleistet.

Die Verspannungen mittels 6 bis 8 mm starker Stahldrahtseile müssen am Reihenbeginn und -ende über Schrägsäulen auf Bodenanker gelenkt werden. Eine Querverspannung über dem Netz bietet den großen statischen Vorteil, Firstdraht und Querseil mit einer Schraube am obersten Punkt der Säule zu befestigen. Alle tragenden Teile sind gleichmäßig belastet und die Netzbah-

Abb. 173 Eine gute Abspannung der Längs- und Querdrähte ist entscheidend für die Stabilität eines Gerüsts mit Hagelnetz.

Abb. 174 Fehler beim Aufbau des Gerüsts können unter Belastung (hier Windhose) erhebliche Schäden verursachen.

Abb. 175 Sonnenbrand- und Hagelschutz für Brombeeren.

nen können sich nicht verschieben (sog. „Firstfix-System"). Material und Montage sind im Vergleich zu einer ebenfalls möglichen Querverspannung unter Netz etwas aufwendiger. Das System ist insgesamt deutlich stabiler und bei höheren Belastungen zu empfehlen.

Als Pfosten für das Gerüst werden je nach gewünschter Firsthöhe 4,5 bis 6 m lange imprägnierte Fichten- oder Kiefernstangen mit der Zopfstärke 8/10 bzw. 10/12 verwendet. Je nach Netzkonstruktion werden sie 50 bis 100 cm tief in den Boden eingelassen. Ein Problem ist das Abfaulen der Stangen nahe der Bodenoberfläche bei unzureichender Imprägnierung. Zunehmend werden Betonpfosten aus Spannbeton mit Zuschlagsstoffen verwendet, die besondere Biegsamkeit mit längerer Haltbarkeit verbinden. Sie werden etwa 50 cm in den Boden gesetzt. Für die Befestigung von Drähten, Fixierung der Verspannungen und Verankerung sind weitere Teile aus langjährigen Erfahrungen entwickelt worden.

8.10 Windschutz

Windschutzhecken sind eine einfache und wirkungsvolle Maßnahme zum Schutz der Obstkulturen. Die Reichweite des Windschutzes liegt im Bereich der 10- bis 25-fachen Heckenhöhe. Neben dem Schutz vor mechanischen Schäden in windexponierten Anbaugebieten und Lagen bieten sie:

- Geringere Verdunstung mit Konservierung der Bodenfeuchte
- Regulierung des Wärmehaushaltes
- Verbesserung des Kleinklimas in trockenen Gebieten
- Naturnahe Lebensräume und Refugien für Nützlinge

Um den Wind optimal zu bremsen, muss die Hecke eine Durchblasbarkeit von 50 % aufweisen. Bei zu dichter Pflanzung würde der Streifen überströmt mit der Folge, dass es in der dahinterliegenden Anlage zu einer Windverstärkung mit Wirbelbildung kommt.

Optimalen Windschutz bieten Windschutzhecken, die in mehreren Reihen auf einer Breite von 4 bis 6 m gepflanzt werden. Im Kern stehen in windreichen Gebieten Bäume erster Ordnung, normalerweise genügen jedoch Bäume zweiter Ordnung, die eine Windbremsung von 50 % erreichen. Beidseitig anschließende Sträucher stellen einen Mantel dar.

Im Zeichen des Integrierten Obstanbaues werden naturnahe Hecken gepflanzt, die auch als Lebensraum für Nützlinge in den Obstanlagen dienen. Die Auswahl standortangepasster und typischer Pflanzen erweitert das Nahrungsangebot für die Nützlinge, stellt Bienenweide, Nistplatz und Zufluchtsort zugleich dar.

Die Hecken- und Gehölzpflanzen dürfen keine Wirtspflanzen für Krankheiten und Schädlinge sein. Deshalb sollte in der Nähe von Kernobstanlagen aufgrund der Feuerbrandanfälligkeit auf die Eberesche (*Sorbus aucuparia*) und die Mehlbeere (*Sorbus intermedia*) verzichtet werden, ebenso auf Liguster (*Ligustrum vulgare*) als Wirtspflanze für Zikaden. In der Nähe von Kirschenanlagen sollten wegen der Anfälligkeit für *Gnomonia* keine Kornelkirschen (*Cornus mas*) und Heckenkirschen (*Lonicera xylosteum*) stehen. Andererseits sind Schneeball (*Viburnum lantana*), Hartriegel (*Cornus sanguinea*) und Feld-Ahorn (*Acer campestre*) Gehölze, auf denen sich Raubmilben bevorzugt aufhalten.

Tab. 66 Auswahl geeigneter Bäume und Sträucher für naturnahe Windschutzhecken

Bäume	Sträucher
Butternuss (*Juglans cinerea*)	Hartriegel (*Cornus sanguinea*)
Feld-Ahorn (*Acer campestre*)	Haselnuss (*Corylus avellana*)
Hainbuche (*Carpinus betulus*)	Heckenkirsche (*Lonicera xylosteum*)
Mandelbaum (*Prunus amygdalis*)	Holunder (*Sambucus nigra*)
Schwarz-Erle (*Alnus glutinosa*)	Hunds-Rose (*Rosa canina*)
Speierling (*Sorbus domestica*)	Kornelkirsche (*Cornus mas*)
Vogelbeere (*Sorbus aucuparia*)	Pfaffenhütchen (*Euonymus europaeus*)
Winter-Linde (*Tilia cordata*)	Wolliger Schneeball (*Viburnum lantana*)

Pflanzschema für eine naturnahe Windschutzhecke (Länge 25 m):

Cal Cal Sn Sn Sn Cs Cs Cs Car Car Ra Ra Ra Ca Ca Lx Lx Cs Cs Cs Ra Ra Sn Sn Sn
Cal Cal Cal Sn Sn Cs Cs Car Car Car Ra Ra Ca Ca Ca Lx Lx Cs Cs Car Ra Ra Ra Sn Sn
Ac Ee Ee Cb Vl Vl Ac Hr Hr Cb
Cs Cs Cs Car Car Ra Ra Ra Cal Cal Sn Sn Sn Ca Ca Cs Cs Cs Car Car Cs Cs Cs Lx Lx
Cs Cs Car Car Car Ra Ra Cal Cal Cal Sn Sn Ca Ca Ca Cs Cs Car Car Car Cs Cs Lx Lx Lx

Legende:
Ac = *Acer campestre*; Ca = *Corylus avellana*; Cal = *Cornus alba*; Car = *Colutea arborescens*; Cb = *Carpinus betulus*; Cs = *Cornus sanguinea*; Ee = *Euonymus europaeus*; Hr = *Hippophae rhamnoides*; Lx = *Lonicera xylosteum*; Ra = *Ribes alpinum*, Sn = *Sambucus nigra*; Vl = *Viburnum lantana*

8.11 Vogelabwehr

Durch Vogelfraß kann in Obstanlagen erheblicher Schaden angerichtet werden. Besonders Süßkirschen werden von Staren, Amseln und Wacholderdrosseln gern gefressen. Anbauer in Weinbaugebieten haben besonders zu leiden, wenn große Starenschwärme in die Pflanzungen einfallen und viele Früchte anpicken. Eine Ernte ist dann in vielen Fällen nicht mehr möglich, weil die unbeschädigt gebliebenen Früchte durch auslaufenden Fruchtsaft verschmutzt sind. Wacholderdrosseln und Amseln sind relativ ortstreu und treten nur in kleinen Schwärmen oder einzeln auf. Diese Vogelarten richteten ihren Schaden in stetiger Kleinarbeit an.

Außer Kirschen werden von den genannten Vogelarten gerade in trockenen Jahren auch Apfelsorten wie Delbarestivale®, 'Elstar', 'Gala' und 'Jonagold' bevorzugt angefressen.

8.11.1 Akustische Anlagen

Zur Vogelabwehr bieten sich verschiedene akustische Anlagen an:

- Eigene Feldhut mit Schreckschusspistolen; zum Kauf der notwendigen pyrotechnischen Munition ist ein Munitionserwerbsschein notwendig, der von der Ortspolizeibehörde ausgestellt wird.
- Aufstellen von Knallschreckapparaten bzw. phonoakustischen Scheuchen als Standardmaßnahme bei der Vogelabwehr. Die gasbetriebenen Geräte wurden stetig weiterentwickelt; durch den Einbau von Zeitschaltuhren kann die Abwehr gezielt an die jeweiligen Schadvögel angepasst werden (Stare sind beispielsweise „Frühaufsteher") und die Anwohner geschont werden. Elektronische Steuerungen ermöglichen unterschiedliche Schussfolgen und -abstände, um einer Gewöhnung vorzubeugen.

Abb. 176 Volleinnetzung gegen Insekten bei Kirschen und Regendach.

- Geräte, die neben der akustischen auch eine optische Schreckwirkung bieten (Knall- und Sichtschreck): Hierbei schießt das senkrecht nach oben stehende Schussrohr eine Flatterattrappe an einer 5 m langen Antenne nach oben, die dann wieder herunterfällt. Mit solchen Geräten können erfahrungsgemäß Flächen bis zu 1 ha wirksam vor Fraßschäden geschützt werden.

Um Beschwerden von Anwohnern zu vermeiden, müssen die gesetzlich geforderten Mindestabstände beim Aufstellen von phonoakustischen Scheuchen unbedingt beachtet werden. Sie betragen:

- Zu reinen Wohngebieten (50 dB A) 700 m
- Zu allgemeinen Wohngebieten (55 dB A) 500 m
- Zu Mischgebiet-Dorfgebiet (60 dB A) 300 m

Zu den phonoakustischen Scheuchen zählen auch Geräte, die Angstschreie von Vögeln über Lautsprecher in der Anlage verbreiten.

Weitere Möglichkeiten bieten optische Scheuchen mit farbigen, blinkenden Kunststoffbändern oder Spiegeln, oft auch in Verbindung mit akustischen Signalen. Wichtig ist bei allen Maßnahmen eine frühzeitige Installation, um die Vögel noch vor einer Eingewöhnung an einen Standort zu vergrämen.

8.11.2 Volleinnetzung

In Anbaugebieten, in denen der Druck durch Schadvögel groß und infolge der dichten Besiedlung ein flächendeckender Einsatz von Knallschreckapparaten nicht möglich ist, bleibt als letzte Alternative nur die Volleinnetzung der gesamten Obstanlage. Die Unterkonstruktion für die Netze ist vergleichbar mit der eines Hagelnet-

zes, in der Ausführung ist sie jedoch wesentlich leichter. Die Netze sind aus Gründen einer hohen UV-Stabilität und langen Nutzungsdauer schwarz eingefärbt.

Wichtig ist, dass die Netze konsequent bis auf den Boden reichen, weil erfahrungsgemäß gerade Amseln und Wacholderdrosseln noch kleinste Spalten nutzen, um in das Innere zu gelangen.

8.12 Insektenabwehr

Mit dem Auftreten der Kirschessigfliege und der tendenziell rückläufigen Verfügbarkeit von Insektiziden hat die Volleinnetzung von Kulturen einen deutlichen Schub erhalten. Häufig sind Gerüstanlagen zur Aufnahme der Netze bereits vorhanden. Wichtige Parameter sind Dichtigkeit der Gesamtanlage und die Maschenweite, die gegen die Kirschfruchtfliege maximal 1,4 mm betragen sollte. Die wesentlich kleinere Kirschessigfliege scheint sich davon ebenfalls noch fernhalten zu lassen. Grundsätzlich ist das Einnetzen von Einzelreihen oder die gesamte Einnetzung der Fläche möglich. Letztere zeigt sich in der Ernte arbeitswirtschaftlich wesentlich einfacher und bietet sich aus Kostengründen vor allem bei größeren Flächen an. In der weiteren Entwicklung werden bereits kostenintensivere Ausführungen mit stärkeren Insektennetzen und automatischen Toren angeboten. Für die Befruchtung sind Bienen- oder Hummelvölker in den umnetzten Bereich einzubringen.

9 Der Pflanzenschutz in der Obstproduktion

9.1 Grundsätze des Integrierten Pflanzenschutzes

Die Methoden des **„Integrierten Pflanzenschutzes"** sind heute EU-weit im Pflanzenschutzrecht verankert und im intensiven Obstanbau in die Praxis eingeführt. Die Entwicklung dieses Verfahrens reicht zurück in die 1970er-Jahre, als eine internationale Gruppe von Wissenschaftlern für die pflanzenschutzintensive Kultur des Apfelanbaus entsprechende Prinzipien formulierte und ein praxisreifes Anbaukonzept ausarbeitete. Ziel war es, durch Kombination verschiedener Verfahren („Integration") Schaderreger mithilfe angepasster Kulturmaßnahmen und unter Ausnutzung der natürlichen Begrenzungsfaktoren auf einem unschädlichen Niveau zu halten und dadurch die Anwendung chemischer Pflanzenschutzmittel zu reduzieren. Mit dem ökonomischen Interesse, optimale Ernten mit guter innerer und äußerer Qualität zu sichern, wurde damit das ökologische Bestreben verbunden, die natürlichen Produktionsgrundlagen zu erhalten und zu schonen. Die heutige Definition des Integrierten Pflanzenschutzes nach dem Pflanzenschutzgesetz von 2012 trägt dem fortgeschrittenen Stand des Verfahrens Rechnung:

> Der Integrierte Pflanzenschutz ist eine Kombination von Verfahren, bei denen unter vorrangiger Berücksichtigung von biologischen, biotechnischen, anbau- und kulturtechnischen Möglichkeiten die Anwendung chemischer Pflanzenschutzmittel auf das notwendige Maß beschränkt wird.

Der Integrierte Pflanzenschutz ist Bestandteil der Integrierten Obstproduktion (IP), in die auch die Anbaumaßnahmen eingebunden sind. Die für die IP herausgegebenen nationalen bzw. regionalen Richtlinien beschreiben die fachlichen Anforderungen, enthalten aber auch weitergehende Vorgaben für die Erzeugung von Obst im Rahmen einer qualitätssichernden Initiative (Markenzeichen, Vermarktungslabel). Getragen werden diese Programme von staatlichen Institutionen, Verbänden, Arbeitsgemeinschaften und Marktorganisationen auf Länderebene. Die beteiligten Obstbauern verpflichten sich zur Einhaltung der Richtlinien und akzeptieren entsprechende Kontrollmaßnahmen.

Eine Weiterentwicklung sind die durch den Lebensmittelhandel etablierten Qualitätssicherungssysteme (QS, GlobalGAP u. a.), die die Seite des Handels und des Konsumenten stärker berücksichtigen und zusätzliche Standards für Produktion und Vermarktung formulieren. Diese erstrecken sich unter anderem auf eine erweiterte Dokumentation, Einbindung von rechtlichen und produktionshygienischen Aspekten, Rückstandsuntersuchungen, Rückverfolgbarkeit sowie mehrstufige neutrale Kontrollen. Die IP bildet auch bei diesen marktpolitischen Systemen die fachliche Grundlage für die eigentliche Produktion.

Die Vermittlung der notwendigen Kenntnisse und Informationen zur Umsetzung der IP in der Praxis ist für den Pflanzenschutzdienst fester Bestandteil der landwirtschaftlichen Beratung. Sie orientiert sich an den folgenden Grundsätzen:

- Extreme **Standorte**, die einen erhöhten Pflanzenschutzmitteleinsatz erforderlich machen, sind für Neuanlagen ungeeignet. Naturbetonte Strukturelemente wie Hecken oder Randbepflanzungen zur Abschirmung von Obstanlagen sollen einbezogen werden.
- Die **Sorten** werden unter Berücksichtigung der Absatzchancen am Markt nach ihrer Qualität, Ertragstreue und Widerstandsfähigkeit gegen Krankheiten und physiologische Störungen ausgewählt.
- **Pflanzmaterial und Pflanzsystem** müssen für die Qualitätserzeugung geeignet sein. Einzelreihen und eine angemessene Pflanzdichte

gewährleisten eine gute Belichtung ohne stärkere mechanische oder chemische Eingriffe.

- **Düngung und Bewässerung** erfolgen bedarfsbezogen. Der Nährstoffvorrat im Boden wird regelmäßig mit Bodenanalysen untersucht. Die Stickstoffdüngung orientiert sich am Zustand der Pflanze, dem Bodenpflegesystem und dem Entzug durch die Ernte.
- Zweckmäßige **Kulturmaßnahmen** (z. B. Bestandshygiene, Mehltauschnitt, Begrünung der Baumstreifen im Spätsommer) tragen zur Wuchsberuhigung bei, reduzieren das Schaderregerpotenzial und fördern die Qualität der Früchte.
- Beim **Pflanzenschutz** werden Schädlinge, Krankheiten und Unkräuter regelmäßig überwacht und mit möglichst schonenden Verfahren unter der Schadensschwelle gehalten. Die notwendigen Bekämpfungsmaßnahmen werden unter Einbeziehung der natürlichen Begrenzungsfaktoren (z. B. Nützlinge) und im Sinne eines Resistenzmanagements (Wirkstoffwechsel) aufeinander abgestimmt. Kernstück ist eine verbindliche Liste der im Rahmen der Qualitätssicherungssysteme einsetzbaren Pflanzenschutzmittel.

9.2 Grundsätze des ökologischen Pflanzenschutzes

Zur allgemeinen Gesunderhaltung der Pflanzen sowie zur Reduktion des Auftretens von Schädlingen und Krankheiten werden im Ökologischen Anbau ganzheitliche Managementstrategien angewandt, die sich aus mehreren Bausteinen zusammensetzen und nur im Verbund zu ausreichendem Erfolg führen. Die wesentlichen Bausteine sind dabei:

- Managementmaßnahmen
- Förderung funktioneller Biodiversität
- Inputs in Form von Pflanzenbehandlungsmitteln oder Energie für mechanische Maßnahmen

Managementmaßnahmen, wie Sortenwahl, Bestandshygiene oder angepasste Bodenpflege und Düngung, sollten vor sogenannten Off-Farm-Inputs, wozu auch direkte Pflanzenschutzmaßnahmen zählen, Vorrang haben. In diesem Kontext stellt der Anbau resistenter und robuster Sorten einen wichtigen Baustein dar.

Abb. 177 Alkoholfalle zur Kontrolle des Ungleichen Holzbohrers.

> Durch den Anbau widerstandsfähiger Sorten wird neben der forcierten Reduktion an Spritzungen gegen den Apfelschorf auch eine Erhöhung der genetischen Vielfalt in den Obstanlagen erreicht.

Um vermarktungsfähige Früchte produzieren zu können, welche den Qualitätsanforderungen des Handels entsprechen, kann auch im Ökologischen Anbau nicht auf den Einsatz von Pflanzenschutzmitteln verzichtet werden. Grundsätzlich dürfen im Ökologischen Anbau dabei nur Wirkstoffe eingesetzt werden, die im Anhang II der EG-Öko-Verordnung gelistet und nach nationalem Recht zugelassen sind. Um unkalkulierbare Risiken nach dem Vorsorgeprinzip so gering wie möglich zu halten, sind im Ökologischen Landbau ausschließlich natürlich vorkommende oder naturidentische Stoffe zugelassen. Die Verwendung chemisch-synthetischer Substanzen ist grundsätzlich verboten. Dadurch ist die Anzahl der im Ökologischen Anbau zur direkten Regulierung von Schaderregern zugelassenen Präparate gegenüber der Integrierten Produktion deutlich

limitiert. Durch die eingeschränkte Verfügbarkeit von hochwirksamen und persistenten Pflanzenschutzmitteln kommt der optimalen Terminierung der Anwendungen im Ökologischen Anbau eine zusätzliche Bedeutung zu. Dies erfordert eine genaue Kenntnis der Entwicklungsbiologie relevanter Schaderreger sowie eine regelmäßige Erfassung der jeweiligen Ist-Situation in der Obstanlage.

9.3 Kontrollmethoden

> Die Grundlage des Pflanzenschutzes in IP und Ökologischem Obstbau bildet die regelmäßige Überwachung der Obstanlage.

Für die Pilz- und Bakterienkrankheiten (z. B. Apfelschorf, Feuerbrand) kommen auf der Basis von Wetterdaten EDV-gestützte Programme zum Einsatz, die das Infektionsrisiko abschätzen. Die Entscheidungen können durch die Kontrolle des Infektionsdrucks (Sporenflugaktivität, Befallssymptome) unterstützt werden. Auch für einige andere Krankheiten des Kern-, Stein- und Beerenobstes ist die Wetterprognose für die Terminierung von Schutzmaßnahmen von großer Bedeutung. Für die tierischen Schaderreger stehen mehrere Kontrollmethoden und Schadensschwellen zur Verfügung, die für den Apfelanbau von der IOBC-Arbeitsgruppe Obstbau ausgearbeitet wurden (Internationale Organisation für Biologische und Integrierte Bekämpfung von Schaderregern). Mit ihrer Hilfe kann das Auftreten von Schädlingen und Nützlingen kontrolliert und die jeweilige Gefährdung einer Obstanlage eingeschätzt werden.

Abb. 178 Ascosporenfalle zur Schorfprognose.

Die folgenden Kontrollmethoden sind in der Praxis ohne große Schwierigkeiten anwendbar. Je nach örtlichen Verhältnissen und persönlichen Erfahrungen kann die eine oder andere Methode bevorzugt werden. Art, Umfang und Häufigkeit der Kontrollen richten sich danach, wie gleichmäßig die Bedingungen in der Obstanlage sind.

Visuelle Kontrolle: Sie ist die Standardmethode für die meisten Schädlinge und für viele Nützlinge. In regelmäßigen Abständen (ein bis drei Wochen) werden bestimmte Pflanzenteile (Knospen, Blätter, Triebspitzen, Früchte, Astpartien) auf vorhandene Schadbilder, Schädlinge oder Nützlinge untersucht. Der Stichprobenumfang muss ausreichend groß sein, um ein repräsentatives Bild von der gegebenen Situation in der Obstanlage zu erhalten. Eine Kontrolle umfasst normalerweise mindestens 100 zufällig ausgewählte Pflanzenorgane.

Astprobenkontrolle: Ausgang des Winters wird eine Probe von 2 m Fruchtholz, bestehend aus zehn gut garnierten Zweigstücken, untersucht. Neben überwinternden Raubmilben, Rostmilben und Wicklerraupen finden sich Eier einiger Wanzen-, Blattlaus- und Schildlausarten, des Frostspanners und vor allem die roten, zwiebelförmigen Eier der Obstbaumspinnmilbe. Der Befallsdruck durch Spinnmilben in der kommenden Saison kann so schon frühzeitig abgeschätzt werden.

Pheromonfallen: Sie sind Instrumente zur Kontrolle des Falterflugs von Apfelwickler, Schalenwickler und Pflaumenwickler sowie für eine Reihe weiterer Schmetterlingsarten. Die Fallen enthalten eine Duftstoffkapsel, die kontinuierlich synthetischen Sexuallockstoff (Pheromon) abgibt, mit dem spezifisch Männchen der betreffenden Art angelockt werden. Die Fangzahlen geben in Verbindung mit weiteren Methoden wie etwa

visuellen Eiablagekontrollen Hinweise über die günstigen Bekämpfungstermine, erlauben aber keinen sicheren Schluss auf den zu erwartenden Schädlingsbefall im Sinne einer Schadensschwelle. Die Fängigkeit kann je nach Fallentyp und Pheromonqualität unterschiedlich sein.

Klopfprobe: Man schlägt mit einem gepolsterten Stab kräftig an einen Ast und fängt die abfallenden Insekten in einem Klopftrichter auf. Die Methode eignet sich besonders für flugfähige Insekten (z. B. Apfelblütenstecher) und versteckt lebende Schädlinge (z. B. Eulenraupen). Sie gibt zugleich einen guten Überblick über die gesamte Fauna in der Obstanlage einschließlich der Nützlinge.

Weitere Kontrollmethoden: Sie kommen für spezielle Fragestellungen in Betracht. So geben mehrere computergestützte Prognosemodelle vorwiegend auf der Basis von Temperatursummen für einige Schädlinge gute Anhaltspunkte über das zeitliche Auftreten bestimmter Entwicklungsstadien, etwa den Beginn der Eiablage oder den Schlüpfzeitpunkt. Mit Fanggürteln aus Wellkartonstreifen, die an den Stämmen größerer Bäume befestigt werden, kann die Stärke der zweiten Apfelwicklergeneration im Sommer bzw. der überwinternden Generation im Herbst abgeschätzt werden. Beleimte gelbe bzw. weiße Farbtafeln eignen sich zur Kontrolle der Kirschfruchtfliege und der Sägewespen, da sich diese Insekten bei der Eiablage nach optischen Reizen orientieren. Schließlich sind die Köderfallen, bestehend aus einem Fanggefäß mit einer geeigneten Lockflüssigkeit, zu erwähnen. So sind im Frühjahr spezielle Alkoholfallen (z. B. mit Ethylalkohol) für den Ungleichen Holzbohrer in Gebrauch. Da in diesen Fallen Männchen und Weibchen gefangen werden, ist mit dieser Kontrollmethode zugleich eine gewisse Reduktion des Befallsdrucks verbunden. Unter den Saftfallen finden die Becherfallen mit einem Gemisch aus Apfelessig/Wasser oder Essig/Rotwein zum Monitoring der sich ausbreitenden Kirschessigfliege zunehmend Bedeutung.

9.4 Wirtschaftliche Schadensschwellen

Die wirtschaftliche Schadensschwelle gibt die Befallsstärke eines Schädlings an, die gerade noch toleriert werden kann, ohne dass Ertragsverluste eintreten. Wird sie überschritten, ist der mögliche Schaden höher als die Kosten für die Bekämpfung. Die Schadensschwelle ist also eine Entscheidungshilfe, ob eine Bekämpfung wirtschaftlich notwendig ist. Neben dem Risiko im laufenden Jahr ist bei bestimmten Schädlingen auch die Gefährdung im Folgejahr zu berücksichtigen.

Die Schadensschwellen stellen Durchschnittswerte dar und sind bezogen auf die jeweilige Kontrollmethode. Sie werden von verschiedenen Faktoren wie Zeitpunkt des Befalls, Sorte, Behangdichte, Auftreten von Gegenspielern, Wirksamkeit und Kosten der Pflanzenschutzmaßnahme oder der Vermarktungsmöglichkeit beeinflusst. Nicht zuletzt sind auch die Kenntnisse und Erfahrungen des Kontrolleurs sowie die betrieblichen Anforderungen an die Ernte maßgebend. Einige Beispiele für Schadensschwellen im Apfelanbau sind in Tabelle 67 zusammengestellt.

Tab. 67 Beispiele wirtschaftlicher Schadensschwellen für tierische Schaderreger im Apfelanbau

Schädling	Kontrollmethode	Schadensschwelle
Obstbaumspinnmilbe (*Panonychus ulmi* Koch)	Astprobe	500 bis 1000 Wintereier/2 m Fruchtholz
Obstbaumspinnmilbe (*Panonychus ulmi* Koch)	Visuell	50 % befallene Rosettenblätter (Blüte)
Grüne Apfelblattlaus (*Aphis pomi* De Geer)	Visuell	10 Kolonien/100 Triebe
Mehlige Apfelblattlaus (*Dysaphis plantaginea* Pass.)	Visuell	1 bis 2 Kolonien/100 Triebe
Apfelfaltenlaus (*Dysaphis* spp.)	Visuell	5 bis 10 Kolonien/100 Triebe
Apfelgraslaus (*Rhopalosiphum insertum* Walk.)	Visuell	80 Kolonien/100 Blütenbüschel
Apfelblütenstecher (*Anthonomus pomorum* L.)	Klopfprobe	10 bis 40 Käfer/100 Äste (Vorblüte), je nach Blühintensität
Frühjahrseulen (*Orthosia* spp.)	Klopfprobe	2 bis 3 Raupen/100 Äste (Vorblüte)
Frühjahrseulen (*Orthosia* spp.)	Visuell	1 bis 2 Raupen/100 Büschel (Blüte)
Kleiner Frostspanner (*Operophthera brumata* L.)	Visuell	5 bis 8 % Raupen/100 Blütenbüschel
Apfelsägewespe (*Hoplocampa testudinea* Klug)	Farbtafel	30 bis 40 Sägewespen/Rebell-Weißfalle/Saison
Apfelsägewespe (*Hoplocampa testudinea* Klug)	Visuell	3 bis 5 % befallene Fruchtbüschel
Schalenwickler (*Adoxophyes orana* F. v. R.)	Visuell	0,5 bis 1 % befallene Büschel (Vorblüte)
Schalenwickler (*Adoxophyes orana* F. v. R.)	Visuell	2 bis 3 % befallene Fruchtbüschel (Nachblüte)
Apfelwickler (*Cydia pomonella* L.)	Visuell	1 bis 2 % befallene Früchte (2. Generation)

10 Nützlinge als Gegenspieler von Schaderregern

Ein Leitgedanke des Integrierten Pflanzenschutzes ist die Ausnutzung der natürlichen Begrenzungsfaktoren, um die Gefahr plötzlicher Schädlingskalamitäten an den Kulturpflanzen zu verringern. Dazu zählen neben den Krankheitserregern der Schädlinge, die wenig beeinflussbar sind, zahlreiche nützliche Vertreter der Fauna, die als Gegenspieler von Schaderregern agieren und die aktiv geschont und gefördert werden können.

Unter diesen natürlichen Feinden von Organismen, die an den Kulturpflanzen fressen oder sie in ihrem Wachstum beeinträchtigen, spielen die Nutzarthropoden (Milben und Insekten) eine bedeutende Rolle, da sich ihre Populationen in den Dauerkulturen des Obstbaus über Jahre aufbauen. Ihre Schonung und Förderung bzw. Ansiedlung sind daher wichtige Maßnahmen des Integrierten Pflanzenschutzes zur Festigung des ökologischen Gleichgewichts, zumal viele Nützlinge gegenüber Pflanzenschutzmitteln empfindlich sind.

Zur Nützlingsfauna im weiteren Sinne zählen auch einige Organismen, die nicht als direkte Gegenspieler von Schädlingen auftreten, die aber für das Ökosystem „Obstanlage" von positiver Wirkung und daher nützlich sind wie etwa Regenwürmer, Bienen und Hummeln. Als Fördermaßnahme für Wildbienen eignet sich ein sogenanntes „Insektenhaus", das für verschiedene Arten eine Nisthilfe bietet. Attraktive Aussaaten von Blühmischungen fördern Bienen und andere Bestäubungsinsekten.

Abb. 179 Klopfprobe zur Schadschwellenwertermittlung Besatz an Schadinsekten.

Abb. 180 „Insektenhaus" zur Förderung von Wildbienen.

10.1 Mikroorganismen und biologische Präparate

Beim Zusammenbruch von Massenvermehrungen bestimmter Schädlinge sind oftmals Mikroorganismen (Viren, Bakterien, Pilze) maßgeblich beteiligt. Obwohl mikrobielle Antagonisten gegen eine Vielzahl von Schaderregern natürlich vorkommen, haben bisher nur diejenigen eine praktische Bedeutung, die in größerem Umfang technisch produziert und als Pflanzenschutzmittel gehandelt und gehandhabt werden können. Damit stellen die selektiv gegen Kleinschmetterlinge wirksamen Granuloviren und Bakterien (*Bacillus thuringiensis*) eher biologische Präparate als Nutzorganismen dar. Ähnliches gilt für *Bacillus subtilis*, ein natürlich vorkommender bakterieller Gegenspieler des Feuerbrands, der inzwischen Bestandteil eines Pflanzenschutzmittels ist. Unter den insektenpathogenen Pilzen ist vor allem *Beauveria brongniartii* zu erwähnen, der im Obstbau gegen den Feldmaikäfer eingesetzt wird. Der künstlich vermehrte Pilz wird in den Boden eingearbeitet, wo er sich bei Feuchte ausbreitet und die Engerlinge infiziert, die völlig verpilzen und absterben.

10.2 Nematoden

Speziell gegen die durch Wurzelfraß schädigenden Larven des Dickmaulrüßlers können in Beerenanlagen, Baumschulen oder Anzuchtbeeten Nematodensuspensionen eingesetzt werden. Die im Fachhandel angebotenen Nematoden (Fadenwürmer) der Gattung *Heterorhabditis* suchen aktiv die Käferlarven auf, dringen in diese ein und bringen den Wirt durch Abgabe eines Bakteriums zum Absterben. Gehandelt werden auch entomophage Nematoden gegen überwinternde Apfelwicklerlarven nach der Ernte. Voraussetzung für einen wirksamen Nematodeneinsatz sind ausreichende Temperatur- und Feuchtigkeitsverhältnisse.

10.3 Raubmilben

Raubmilben gehören als dauernd präsente „Schutzräuber“ zu den effektivsten Gegenspielern der schädlichen Milben, insbesondere der Spinnmilben. Auf Obstgehölzen kommen ca. 30 Arten von Raubmilben vor, die jedoch nur mikroskopisch zu unterscheiden sind. Im Apfelanbau ist *Typhlodromus pyri* die wichtigste Art. Die Schonung der Raubmilben durch die konsequente Wahl verträglicher Pflanzenschutzmittel ist ein zentrales Anliegen des Integrierten Pflanzenschutzes. Wie zahlreiche Erhebungen in verschiedenen Obstbaugebieten zeigen, sind heute in vielen Apfelintensivanlagen Raubmilben in einer Populationsdichte vorhanden, dass sie effektiv zur biologischen Regulierung der Spinnmilben beitragen. Die Ansiedlung von Raubmilben in Obstanlagen ist sowohl im Winterhalbjahr mit Kokosstricken, Filzbändern oder Rebholz möglich wie auch im Sommer durch Übertragung der beim Sommerschnitt anfallenden Triebe aus gut besiedelten Apfel- und Rebanlagen.

10.4 Räuberische Insekten

Räuberische Insekten reagieren bei steigenden Schädlingsdichten mit größerer Fraßleistung und höherer Reproduktionsrate. Der Erfolg setzt jedoch erst mit einer gewissen Verzögerung ein. Wo die Schadensschwelle es zulässt, z. B. bei der Grünen Apfelblattlaus, kann daher bei stärkerem Auftreten von Nützlingen durch Zuwarten häufig eine Bekämpfung eingespart werden.

Der **Ohrwurm** (*Forficula* spec.) tritt in den Obstanlagen teils als Nützling, teils als Schädling in Erscheinung. In Kernobstanlagen ist er als Gegenspieler der Blutlaus und des Birnenblattsaugers anzusehen und wird etwa durch Aufhängen von holzwollegefüllten Blumentöpfen und Kaffeefiltern gefördert. In Steinobstanlagen (Pfirsich, Aprikose) dagegen, wo der Ohrwurm an den reifenden Früchten erhebliche Schäden verursachen kann, soll er durch mechanische Leimbarrieren im Frühjahr am Aufwandern gehindert werden.

Unter den **Blumenwanzen** (Anthocoriden) sind die *Anthocoris*-Arten als natürliche Feinde

des Birnemblattsaugers hervorzuheben sowie die kleineren *Orius*-Arten, die sich hauptsächlich von Spinnmilben ernähren. Die etwa 30 nützlichen Arten der **Weichwanzen** (Miriden) sind teils Gegenspieler von Blattläusen und anderen Insekten, teils von Spinnmilben. Einige Weichwanzen können allerdings auch durch Saugen an den Früchten schädigen.

Von der **Florfliege** (*Chrysoperla carnea*) und dem verwandten **Blattlauslöwen** (*Hemerobius humulinus*) leben nur die Larven räuberisch. Sie greifen hauptsächlich Blatt- und Blutläuse an, aber auch kleine Raupen.

Bei den **Marienkäfern** – es gibt zahlreiche Arten mit stark variierenden Farb- und Zeichnungsmustern – leben sowohl die adulten Tiere als auch die schiefergrauen, gelb gefleckten Larven räuberisch. Bekannte blattlausfressende Arten sind beispielsweise der rot oder schwarz gefärbte Zweipunktmarienkäfer (*Adalia bipunctata*) und der relativ große Siebenpunkt (*Coccinella septempunctata*). Der nach Europa eingeschleppte Asiatische Marienkäfer *Harmonia axyridis* zeichnet sich durch eine hohe Vermehrungsrate und große Fraßleistung aus, ist jedoch durch die mögliche Verursachung von Fruchtschäden und aus faunistischen Gründen (Artenschutz) problematisch.

Besonders zu erwähnen ist der 1,5 mm kleine, schwarz behaarte Kugelkäfer *Stethorus punctillum*. Bei einer Spinnmilbenvermehrung tritt er bevorzugt in wärmeren Anbaugebieten als typischer „Säuberungsräuber" auf, der die Spinnmilben wirksam dezimiert.

Auch aus anderen Käferfamilien sind nützliche Arten in Obstanlagen vertreten. Zu nennen sind die räuberisch von Blattläusen und Raupen lebenden **Weichkäfer** (Cantharidén) mit einem länglichen Körper und namengebenden weichen Außenskelett, von denen der Gemeine Weichkäfer *Cantharis rufa* regelmäßig anzutreffen ist. Zur Familie der wegen ihrer verkürzten Flügeldecken als **Kurzflügler** bezeichneten Käfer gehört unter anderem die sich vorwiegend von Spinnmilben ernährende Art *Oligota flavicornis*. Von den meist am Boden, seltener auf Sträuchern und Bäumen anzutreffenden **Laufkäfern** (Carabiden) ist der räuberische Erdbeersamenkäfer *Harpalus rufipes* am bekanntesten, der in Erdbeerflächen gelegentlich auch an den Früchten frisst, aber durch eine Ablenkfütterung mit einem Sojaschrotköder davon abgehalten und geschont werden kann.

Weitere wichtige Blattlausfeinde sind die Larven der **Schwebfliegen** (Syrphiden), von denen einige Arten schon im zeitigen Frühjahr auftreten. Aufgrund ihrer Gefräßigkeit gehören sie zusammen mit den Marienkäfern zu den effektivsten Blattlausräubern. Die erwachsenen Tiere sind reine Blütenbesucher, die durch ihre arttypische, oft wespenähnliche Zeichnung auffallen. Im Obstbau kommen mehrere Arten mit unterschiedlichem Entwicklungszyklus vor.

Unter den **Gallmücken**, meist als Pflanzenschädlinge bekannt, gibt es auch Arten, bei denen die Larven räuberisch leben. So sind die orangeroten Larven der Art *Aphidoletes aphidimyza* im Sommer regelmäßig fraßaktiv in Blattlauskolonien zu finden.

10.5 Parasitische Insekten

Schlupfwespen zählen zusammen mit den Raupenfliegen zu den parasitischen Gegenspielern (Parasitoide) mehrerer Obstbauschädlinge. Diese Nützlinge machen einen Teil ihrer Entwicklung (das Larvenstadium) in oder an einem anderen Insekt (= Wirt) durch. Gewöhnlich bleibt der Wirt so lange am Leben, bis die Larve des Parasitoiden ihre Entwicklung abgeschlossen hat, und stirbt dann ab. Die Parasitierungsrate hängt von den Umweltbedingungen, der Populationsdichte des Wirtes und der Intensität des Pflanzenschutzes ab.

Aus der artenreichen Insektenordnung der Schlupfwespen sind hier besonders zwei Gruppen hervorzuheben:

- Die relativ großen **eigentlichen Schlupfwespen**, die vor allem Kleinschmetterlinge parasitieren. Die Ichneumonide *Teleutea striata* und die Braconide *Meteorus ictericus* sind z. B. maßgeblich an der Parasitierung des Schalenwicklers beteiligt, die bis 30 % betragen kann. Ferner sind hier die Blattlausschlupfwespen (Aphidiiden) zu nennen. Von ihnen parasitierte Blattläuse erscheinen mumifiziert, kugelförmig und weisen später ein rundes Loch auf dem Rücken auf, durch das die Schlupfwespe den Wirt verlassen hat.

- Eine andere wichtige Gruppe bilden die nur bis 1 mm großen, auf bestimmte Wirte spezialisierten **Erz- oder Zehrwespen**. Zu ihnen gehört die Art *Encarsia* (= *Prospaltella*) *perniciosi*, das bekannte Beispiel einer gelungenen biologischen Bekämpfung. Die Schlupfwespe wurde in den 1950er-Jahren als natürlicher Feind der eingeschleppten San-José-Schildlaus in Westeuropa eingebürgert und hält seitdem in Anlagen mit schonendem Pflanzenschutz den Schildlausbefall auf einem niedrigen Niveau.

Ebenfalls eingebürgert wurde die Blutlauszehrwespe (*Aphelinus mali*), die jedoch meist erst im Spätsommer gegen die Blutläuse wirksam wird. Zur Ansiedlung des Nützlings kann man Zweige mit parasitierten Blutlauskolonien von Anlage zu Anlage übertragen.

In Form einer öfteren Freisetzung kommen einige Trichogramma-Arten (*T. dendrolimi*, *T. cacoeciae*) gegen den Apfelwickler, Schalenwickler und Pflaumenwickler zum Einsatz. Die winzigen Ei-Parasiten (0,5 mm) werden von Nützlingsproduzenten gezüchtet und vor allem für den Gartenbereich zum Kauf angeboten. Auf Versuchsebene wurden die Schlupfwespen auch für den Erwerbsanbau eingesetzt.

Ähnlich wie die Schlupfwespen parasitieren **Raupenfliegen** (Tachiniden) bei Frostspannern, Schalenwicklern und anderen Kleinschmetterlingen. Die Eier werden auf Blättern in der Nähe des Wirtes abgelegt und von den Raupen mit der Nahrung aufgenommen. Manchmal stirbt der Wirt erst nach der Verpuppung ab, sodass man beispielsweise die Wicklerpuppe neben der Tönnchenpuppe einer Tachinide finden kann.

10.6 Wirbeltiere

Einige nützliche Wirbeltiere können durch Schaffung günstiger Lebensbedingungen gefördert werden, insbesondere durch Hecken und Feldgehölze als Refugien oder durch geeignete Vogelnisthilfen in der Obstanlage und an Gebäuden. Dies betrifft Höhlen- und Nischenbrüter wie Meisen und Sperlinge, die während der Jungenaufzucht zahlreiche Raupen, Blattläuse und andere Insekten vertilgen, aber auch den Turmfalken und die Eulen. Über die Kronen hinausragende Sitzstangen in den Baumreihen erleichtern den Greifvögeln die Jagd nach Mäusen. Stein- oder Reisighaufen bieten Unterschlupf für Säugetiere wie Igel, Spitzmäuse und Wiesel, dem wichtigsten Gegenspieler der Wühlmäuse. Diese Maßnahmen fördern das ökologische Gleichgewicht und die Artenvielfalt in der Obstanlage. Sie leisten damit zugleich einen Beitrag zur Erhöhung der Biodiversität, die im Nationalen Aktionsplan zur nachhaltigen Anwendung von Pflanzenschutzmitteln gefordert wird.

11 Pflanzenschutzmittel

11.1 Gesetzliche Grundlagen

Zur chemischen Bekämpfung von Schaderregern dürfen die für das jeweilige Anwendungsgebiet in Deutschland zugelassenen Pflanzenschutzmittel eingesetzt werden. Zentrale Rechtsgrundlage dafür ist das „Gesetz zum Schutz der Kulturpflanzen" (Pflanzenschutzgesetz), das in seiner derzeit gültigen Fassung seit dem 14.02.2012 in Kraft ist und auf einer Pflanzenschutz-Rahmenrichtlinie des Europäischen Parlaments beruht. Das Pflanzenschutzgesetz wird durch eine Reihe bundes- oder landesweiter Verordnungen (z. B. Anwendungsverbote für Pflanzenschutzmittel, Rückstandshöchstgehalte, Gewässerschutzbestimmungen) und durch Vorschriften aus anderen Rechtsbereichen (z. B. Lebensmittelrecht) ergänzt.

Ein zugelassenes Mittel darf nur in den in der Gebrauchsanleitung angegebenen Anwendungsgebieten und nur gemäß den Anwendungsbestimmungen eingesetzt werden (Indikation). Der Geltungsbereich von Zulassungen kann von der Zulassungsbehörde für spezielle geringfügige Verwendungen ausgeweitet werden (Art. 51 der EU-Verordnung 1107/2009, früher § 18a PflSchG). Bei diesen Anwendungsgebieten erfolgt die Anwendung des Mittels hinsichtlich Wirksamkeit und Pflanzenverträglichkeit in Verantwortung des Anwenders. Ergänzend besteht für die zuständigen Landesbehörden die Möglichkeit, ein zugelassenes Pflanzenschutzmittel für ein anderes Anwendungsgebiet im Einzelfall zu genehmigen (§ 22 PflSchG, früher § 18b PflSchG). Schließlich kann die Zulassungsbehörde bei Vorliegen einer Notfallsituation in der Bekämpfung eines Schaderregers auf Antrag eine befristete Ausnahmegenehmigung erteilen (Art. 53 der EU-Verordnung, früher § 11, 2, 2 PflSchG: „Gefahr im Verzuge").

Von den Pflanzenschutzmitteln zu unterscheiden sind die Pflanzenstärkungsmittel, d. h. Mittel zur allgemeinen Gesunderhaltung der Pflanzen und zum Schutz vor nichtparasitärer Beeinträchtigung, die nicht zulassungspflichtig sind, sondern nur registriert werden.

Pflanzenschutzmittel müssen nach guter fachlicher Praxis (Grundsätze des Integrierten Pflanzenschutzes) und entsprechend der Gebrauchsanleitung angewendet werden, um eine Gefährdung von Mensch und Umwelt auszuschließen und Schädigungen der Kulturpflanzen zu vermeiden. Daher sind alle Anwendungsbestimmungen hinsichtlich der Kulturen, Aufwandmenge, Wartezeit, des Bienenschutzes, des Gewässerabstands, der Aufbrauchfrist usw. strikt einzuhalten. Für den mit Pflanzenschutzmitteln umgehenden Personenkreis wird der Nachweis einer Sachkunde verlangt (PflSchG und Sachkunde-Verordnung vom 06.07.2013).

Beim praktischen Einsatz der Pflanzenschutzmittel spielt auch der Gedanke des Resistenzmanagements eine Rolle, ein wichtiger Bestandteil der IP. Die häufigen Abwehrmaßnahmen z. B. gegen den Apfelschorf, aber auch die rasche Vermehrung der Spinnmilben bilden ein Gefährdungspotenzial für die Entwicklung von Resistenzen, sodass bereits bei mehreren Wirkstoffgruppen erhebliche Minderwirkungen aufgetreten sind. Diese Problematik ist im Rahmen von Bekämpfungsstrategien zu beachten. Einen Einfluss haben die Wirkstoffgruppe, der Mittelaufwand, die Applikationstechnik, der Bekämpfungstermin je nach Schädlingsspektrum und Befallsdruck. Hier ist unter anderem zu prüfen, ob Schadensschwellen überschritten werden oder eine Teilflächenbehandlung eventuell ausreichend wäre.

11.2 Wirkstoffe der Pflanzenschutzmittel

Pflanzenschutzmittel bestehen aus dem aktiven Wirkstoff und Zusatzstoffen der Formulierung. Sie werden üblicherweise nach ihrem Anwendungsgebiet eingeteilt in Fungizide, Insektizide, Akarizide, Herbizide u. a. Da die Zulassungssituation der Pflanzenschutzmittel fortwährend Änderungen unterliegt, sollen hier nur einige wichtige Wirkstoffe und ihre Einsatzweise besprochen werden. Ausführliche Informationen zu den einzelnen Mitteln geben die aktuellen Empfehlungen des Pflanzenschutzdienstes und die Hinweise der Pflanzenschutzmittelhersteller.

11.2.1 Fungizide

Fungizide gegen Pilzkrankheiten lassen sich nach der Wirkungsweise einteilen in protektive (vorbeugende) und kurative (heilende) Präparate. Diese grundsätzliche Unterscheidung ist jedoch durch die Entwicklung von Fungiziden, die sowohl eine protektive als auch eine kurative Wirkung haben, fließend geworden (z. B. Mittel auf Basis der Wirkstoffgruppe der Anilinopyrimidine).

Protektive Fungizide sollen möglichst gleichmäßig und lückenlos auf der Pflanzenoberfläche ausgebracht werden, damit sie vor Beginn einer Pilzinfektion einen äußerlichen Schutz bieten (Belags- oder Kontaktfungizide). Da der Belag durch Witterungseinflüsse und Neuzuwachs der Pflanze nur begrenzte Zeit vorhält, sind für einen sicheren Schutz wiederholte Anwendungen notwendig.

Zu den Protektivmitteln gehören zum einen die anorganischen Schwefel- und Kupferpräparate, zum andern mehrere organische Fungizide. Schwefel weist eine Wirkung gegen Schorf und Mehltau auf und wirkt zugleich befallsmindernd gegen Spinnmilben und freilebende Gallmilben (Rostmilben). Kupfermittel für den Obstbau sind heute in der jährlichen Gesamtaufwandmenge limitiert (Schwermetallproblematik). Unter den organischen Protektivmitteln finden sich mehrere Standardpräparate gegen bedeutende Pilzkrankheiten, z. B. Mittel auf Basis der Wirkstoffe Captan, Dithianon, Fenhexamid oder der Gruppe der Strobilurine. Zugelassen sind auch einige Mischpräparate aus zwei protektiven Wirkstoffen zur Resistenzvorbeugung oder zur gegenseitigen Aufhebung von Wirkungsschwächen.

Kurative Fungizide werden im Unterschied zu Protektivmitteln vom Blatt aufgenommen, wobei sie eine Tiefenwirkung im Blattgewebe entfalten (lokalsystemische Mittel) oder in der Pflanze weitertransportiert werden (systemische Mittel). Die fungizide Wirkung beruht auf einer Störung der biochemischen Reaktionen des Pilzes, auch wenn dieser bereits in die Pflanze eingedrungen ist. Diese Präparate können daher noch für eine begrenzte Zeit nach einer erfolgten Infektion wirkungsvoll eingesetzt werden (temperaturabhängig, ca. ein bis drei Tage). Ein weiterer Vorteil ist, dass die Kurativmittel nach der Aufnahme in die Pflanze weitgehend den Witterungseinflüssen entzogen sind und nicht mehr abgewaschen werden (Innenfungizide). Dagegen ist bei diesen Fungiziden die Gefahr der Resistenzentwicklung hoch. Sie sollten daher nur in beschränktem Umfang eingesetzt werden.

Zu den lokalsystemischen Kurativmitteln gehören mehrere Vertreter der Sterolsynthesehemmer, vor allem die gegen den Apfelmehltau oder andere pilzliche Erreger wirksamen Azol-Fungizide (z. B. die Wirkstoffe Difenoconazol, Penconazol, Tebuconazol, Myclobutanil). Als systemische Fungizide zugelassen sind der Wirkstoff Fosetyl-aluminium gegen zwei bedeutende *Phytophthora*-Arten bei Erdbeeren (Rhizomfäule, Rote Wurzelfäule) sowie der Wirkstoff Thiophanatmethyl aus der Gruppe der Benzimidazole, der in erster Linie gegen Lagerfäulen im Kernobst zum Einsatz kommt.

11.2.2 Insektizide

Insektizide werden gegen beißende und saugende Insekten als Fraß-, Atem- und Kontaktgifte angewendet. Sie sind teils chemischen, teils natürlichen Ursprungs. Hinzu kommen Pflanzenschutzmittel für biotechnische Bekämpfungsverfahren, die die Vermehrung von Schädlingen verhindern.

Die früher verbreitet eingesetzten Insektizide aus der Gruppe der organischen Phosphorverbindungen (Phosphorsäureester) und der synthetischen Pyrethroide sind bis auf Ausnahmen (z. B. lamda-Cyhalothrin in Erdbeeren) wegen ihrer breiten Wirksamkeit und Toxizität nicht mehr zugelassen.

Die heutigen chemischen Insektizide können gezielt angewendet werden und gehören zu verschiedenartigen Wirkstoffgruppen – eine im Hinblick auf die Vermeidung von Resistenzen vorteilhafte Entwicklung. Einige Mittel sind gegen eine Reihe von Schaderreger bei mehreren Obstarten einsetzbar (z. B. die Wirkstoffe Acetamiprid und Thiacloprid), andere sind im Wirkungsspektrum auf Wicklerarten und andere Schmetterlingsraupen begrenzt (Wirkstoffe Chlorantraniliprole, Indoxacarb und Tebufenozid), wieder andere zeichnen sich durch ein relativ enges Wirkungsspektrum aus. So sind Flonicamid, Pirimicarb und Pymetrozin die Wirkstoffe spezifischer, weitgehend nützlingsschonender Blattlausmittel. Gegen schwer zugängliche Schädlinge (Mehlige Apfelblattlaus, Miniermotten) ist eine systemische Wirkung vorteilhaft wie sie beispielsweise der Wirkstoff Imidacloprid besitzt.

Eine wichtige Komponente im Integrierten Pflanzenschutz bilden die Insektenwachstumsregulatoren, von denen der Praxis mehrere Präparate zur Verfügung stehen und die hauptsächlich gegen Wicklerarten zum Einsatz kommen. Sie greifen ovizid oder larvizid in die Individualentwicklung der Insekten ein und wirken vergleichsweise selektiv. Fenoxycarb, eine juvenilhormonanaloge Verbindung, stört die Embryogenese und die Metamorphose (Verpuppung), die durch den Abbau des insekteneigenen Juvenilhormons gesteuert werden. Methoxyfenozide und Tebufenozid bewirken eine für das Larvenstadium letale Häutungsbeschleunigung.

Bei den Insektiziden auf natürlicher Basis, die in vielen Obstarten einsetzbar sind und die auch dem ökologischen Obstbau zur Verfügung stehen, handelt es sich zum einen um Kali-Seifen, zum anderen um Mittel pflanzlicher Herkunft (Öle, Extrakte). Beim Einsatz von Seifenpräparaten gegen saugende Insekten ist zu beachten, dass nur direkt getroffene Schädlinge erfasst werden. Rapsöl ist als Naturprodukt solo und in Kombination mit Pyrethrine (Chrysanthemen-Extrakt) gegen verschiedene saugende und beißende Insekten zugelassen. Azadirachtin-Präparate (Extrakt des Neem-Baumes) haben gegen zahlreiche saugende, beißende und minierende Insekten eine Wirkung, sind jedoch hinsichtlich Anwendungszeitpunkt und Anwendungshäufigkeit limitiert.

Unter den mikrobiologischen Insektiziden, die alle durch Fraß aufgenommen werden müssen und erst mit einer gewissen Zeitverzögerung wirken, zeichnen sich die Granulovirenpräparate durch ihre artspezifische Wirkung aus (Apfelwickler, Schalenwickler). Für andere Lebewesen, auch für den Menschen, sind diese Mittel harmlos, weshalb für sie keine Wartezeit festgelegt ist. Da die Präparate durch starke Sonneneinstrahlung inaktiviert werden, sind mehrfache Anwendungen erforderlich. Bakterienpräparate auf der Basis von *Bacillus thuringiensis* wirken gegen verschiedene Schmetterlingsraupen, deren Darmtrakt durch Toxinkristalle des Bazillus zerstört wird. Bei geringer Fraßaktivität infolge kühler Witterung kann die Wirkung ungenügend sein.

Zugelassen sind im Obstbau auch zwei Produkte zur biotechnischen Bekämpfung des Apfelwicklers bzw. des Pfirsichwicklers mit Pheromonen. Bei der sogenannten Verwirrmethode wird der synthetische Sexuallockstoff des weiblichen Falters in Dispensern gleichmäßig in der Anlage verteilt und kontinuierlich freigesetzt. Die permanente Pheromonwolke führt zu einer Störung der Kommunikation der Falter mit der Folge, dass die Befruchtung der Weibchen unterbleibt und dadurch die Vermehrung unterbunden wird. Für einen wirksamen Einsatz der Biotechnik müssen bestimmte Voraussetzungen in der Anlage erfüllt sein (Größe und Geschlossenheit der Anlage, niedriger Befallsdruck auch in der Umgebung, rechtzeitige Ausbringung). Das umweltfreundliche, jedoch arbeitsaufwendige Verwirrungsfahren ist gegen weitere Schädlinge in der Erprobung.

11.2.3 Akarizide

Die kurze Generationenfolge der Spinnmilben begünstigt die Resistenzbildung mit gravierenden negativen Folgen. Der Einsatz von Akariziden gegen schädliche Milben (Spinnmilben, Rostmilben) erfordert daher eine angepasste Bekämpfungsstrategie. Konsequent angestrebt werden muss eine hohe Raubmilbendichte zum dauerhaften biologischen Schutz der Anlage (gegebenenfalls Ansiedlung von Raubmilben und Vermeidung raubmilbenschädigender Maßnahmen).

Chemische Maßnahmen zur Regulierung von Spinnmilben sollten grundsätzlich zurückhaltend erfolgen. Die Mittelwahl richtet sich nach der Entwicklung der Spinnmilben (Befallsstärke, Entwicklungsstadien), dem gleichzeitigen Auftreten von Rostmilben und eventuell beobachteter oder nachgewiesener Minderwirkung einzelner Akarizide in der Anlage.

Bei starkem Besatz kommt eine frühe Maßnahme gegen die Wintereier der Obstbaumspinnmilbe mit Ölpräparaten (Mineralöl, Rapsöl) infrage. Der ausgebrachte Ölfilm verhindert bei den nicht mobilen Stadien wie Spinnmilbeneiern, aber auch Schildläusen, den Luftaustausch und wirkt erstickend. Neben diesen Ölspritzmitteln sind mehrere spezielle Akarizide verfügbar, die teils gegen Eier, teils gegen mobile Stadien (Larven, Nymphen, Adulte) wirksam sind. Da zwischen bestimmten Wirkstoffen (Clofentezin/Hexyziathox bzw. Fenpyroximat/Tebufenpyrad bzw. Abamectin/Milbemectin) die Gefahr einer Kreuzresistenz besteht, kann die mehrfache Anwendung von gleichartigen Akariziden innerhalb einer Vegetationsperiode das Auftreten von Minderwirkungen bzw. Resistenzen beschleunigen. Um dieser Gefahr vorzubeugen, ist beim Einsatz von Akariziden generell auf Wechsel der Wirkstoffgruppe zu achten, insbesondere bei resistenzgefährdeten Spinnmilbenstämmen. Dazu stehen dem Obstbau die weiteren Wirkstoffe Acequinocyl (nur bei Kernobst) und Spirodiclofen (bei mehreren Obstarten) zur Verfügung, die jeweils auf einem anderen Wirkungsmechanismus beruhen und keine chemische Verwandtschaft mit anderen Akariziden aufweisen.

11.2.4 Herbizide

In den Obstanlagen (Baumobst, Strauchbeeren) werden die Pflanzstreifen aus Gründen der Nährstoff-, Wasser- und Lichtkonkurrenz sowie zum Schutz vor Rindenkrankheiten und Feldmausschäden in der Regel durch Herbizide frei gehalten. Angestrebt wird ein möglichst schmaler bewuchsfreier Baumstreifen von maximal 30 % der Fläche; eine zeitweise Wiederbegrünung im Spätsommer mit niedrigwachsenden Samenunkräutern kann zweckmäßig sein (Wasserhaushalt, Nitratfixierung, Fruchtausfärbung). Die Anwendung nichtchemischer Alternativen zur Regulierung des Unkrautbewuchses (mechanische Bodenbearbeitung, Abdeckung mit Rindensubstrat oder Foliengewebe, thermische Bekämpfung u. a.) sind grundsätzlich vorteilhaft, hängen aber in erheblichem Maße von den jeweiligen Standort- und Witterungsbedingungen sowie den betrieblichen Voraussetzungen ab.

Wichtige Parameter beim Einsatz von Herbiziden sind die Wirkungsweise (Blatt-, Bodenherbizide), das Wirkungsspektrum, der Anwendungszeitpunkt (Vorauflauf, Nachauflauf) und die Witterungs- und Bodenverhältnisse.

Der Einsatz von Bodenherbiziden erfolgt im Vorauflauf bei möglichst feuchten Bedingungen. Noch während der Vegetationsruhe kommt gegen einkeimblättrige Unkräuter (Gräser) und gegen Vogelmiere der Wirkstoff Propyzamid infrage. Gegen zweikeimblättrige Samenunkräuter stehen einige weitere Wirkstoffe für die Anwendung im Vorauflauf zur Verfügung (z. B. Dimethenamid-P, Isoxaben, Pendimethalin). Bei der Mittelwahl sind die Anwendungsbedingungen, die unterschiedlichen Wirkungsschwerpunkte und die Wirkungslücken der Präparate maßgebend.

Im Obstbau kommen verbreitet Blattherbizide auf der Basis von Glyphosat zum Einsatz, die über die grünen Pflanzenteile aufgenommen werden und viele Unkräuter und Ungräser erfassen. Eine Bodenwirkung (Wurzeln, Samen) ist nicht gegeben, sodass nach einiger Zeit ein Neuauflauf bzw. Neuaustrieb erfolgen kann. Da die

Präparate nicht selektiv sind, müssen Blätter und grüne Rindenbereiche der Kulturpflanzen abgeschirmt werden. Im Unterschied zum nicht systemischen Glufosinat, wo eventuelle Schäden an der Kulturpflanze lokalisiert bleiben, wird bei den systemischen Glyphosat-Präparaten der Wirkstoff in der Pflanze weitertransportiert, sodass die Schädigungsgefahr durch versehentlich getroffene Blätter der Bäume oder Sträucher groß ist. Als ein weiteres systemisches Nachauflaufherbizid, das ebenfalls über das Blatt wirkt, ist der selektiv gegen Ausfallgetreide und andere Ungräser einsetzbare Wirkstoff Fluazifop-P zu nennen.

Gegen zweikeimblättrige Problemunkräuter, wie Brennnessel, Acker-Kratzdistel oder Acker-Winde, können horstweise Wuchsstoffpräparate (MCPA-Mittel) eingesetzt werden, sobald eine ausreichende Blattmasse zur Wirkstoffaufnahme vorhanden ist.

Die Anwendung einiger anderer Wirkstoffe ist aus Zulassungsgründen auf bestimmte Kulturen des Steinobstes, der Strauchbeeren und des Schalenobstes eingeschränkt. So ist der Wirkstoff Pyraflufen nur bei Strauchbeeren zur Beseitigung von Stockausschlägen und Jungruten einsetzbar.

In **Erdbeerkulturen** liegen spezielle Bedingungen vor (kurzjährige Kulturführung, enger Reihen- und Pflanzabstand, Verwendung von Stroh, anderes Unkrautspektrum), weshalb hier neben einigen der bereits genannten Mittel eine Reihe weiterer selektiver Herbizide unter bestimmten Voraussetzungen zur flächigen Anwendung zur Verfügung stehen.

11.3 Nebenwirkungen von Pflanzenschutzmitteln

Pflanzenschutzmittel wirken nicht nur auf den Zielorganismus, sondern auch mehr oder weniger stark auf andere Lebewesen. Sind davon Schädlinge betroffen, kann dieser Effekt erwünscht sein, nicht jedoch im Falle von Regenwürmern, Bienen oder anderen Nutzorganismen. Diese nachteiligen **Nebenwirkungen auf die Nützlingsfauna** werden im Rahmen der Zulassung von Pflanzenschutzmitteln ermittelt und fließen in die Entscheidung der Zulassungsbehörden ein.

Zu den breitwirksamen, nützlingsschädigenden Pflanzenschutzmitteln zählen z. B. die synthetischen Pyrethroide und viele Insektizide aus der Gruppe der Phosphorsäureester. Bis auf Einzelfälle sind sie heute im Obstbau nicht mehr zugelassen. Als schonend sind dagegen die selektiven, mikrobiologischen Bakterien- und Granuloseviruspräparate einzustufen. Auch die Mineral- und Pflanzenöle und die Insektenwachstumsregulatoren beeinträchtigen die Nützlinge wenig. Bei anderen Präparaten, beispielsweise bei manchen Fungiziden, ist die Nebenwirkung auf Raubmilben (*Typhlodromus pyri*) stärker, auf nützliche Insekten schwächer. Die heute für den Obstbau zugelassenen Pflanzenschutzmittel sind überwiegend raubmilbenschonend. Die Nebenwirkungen auf Nutzinsekten und besonders auf Raubmilben sind ein leitender Gesichtspunkt bei der Mittelwahl im Integrierten Pflanzenschutz.

12 Krankheiten sowie Schädlinge und ihre Bekämpfung

12.1 Spektrum der Schadorganismen in Obstanlagen

Obstkulturen stellen für Schadorganismen Nahrungsquellen in Form von Blättern, Trieben, verholzten Teilen und Früchten dar und bieten ihnen über Jahre hinweg Unterschlupf und Verbreitungsmöglichkeiten. In den Obstanlagen ist deshalb eine außerordentlich große Vielfalt von Krankheiten und Schädlingen anzutreffen. Das Schädiger-Spektrum umfasst Virus- und Phytoplasmakrankheiten, bakterielle Krankheiten, Pilzkrankheiten und Schadtiere. Diese können auf bestimmte Obstarten spezialisiert sein oder auch auf verschiedenartigen vorkommen.

Viren und Phytoplasmen

Viren haben keinen eigenen Stoffwechsel und sind aus Eiweiß- und Nukleinsäuren aufgebaut. Sie vermehren sich in lebenden Zellen und stören deren Stoffwechsel. Ihre Verbreitung in Obstanlagen erfolgt durch das Pflanzgut oder durch Samen. Die Übertragung von Pflanze zu Pflanze übernehmen tierische Vektoren (Überträger), beispielsweise Blattsauger, Blattläuse, Zikaden, Gallmilben und Nematoden. Auch eine Übertragung durch Blütenstaub ist möglich.

> Befallssymptome bei Obstgewächsen sind charakteristische Verfärbungen und Missbildungen an Blättern, Trieben und Früchten, Kümmerwuchs und Absterbeerscheinungen kurz nach der Infektion oder auch erst später. Eine Heilung erkrankter Pflanzen im Obstbestand ist nicht möglich.

Phytoplasmen sind Bakterien ohne eine echte Zellwand, die obligat im pflanzlichen Phloem wachsen. Diese Erreger der Phytoplasmosen gehören zur Klasse der Mollicutes und wurden ehemals auch als Mykoplasma-ähnliche Organismen (MLO's) bezeichnet. Beispiele für Phytoplasmosen sind die Apfeltriebsucht (*Candidatus Phytoplasma mali*) und der Birnenverfall (*Candidatus Phytoplasma pyri*).

> Typische Schadsymptome der Phytoplasmosen sind Blattvergilbung, Rotlaubigkeit, Blütenvergrünung und -missbildung sowie Fruchtdeformationen und Besenwuchs.

Bakterien

Bakterielle Pflanzenkrankheiten werden von einzelligen, stäbchenförmigen Organismen verursacht, die sich ausschließlich durch Teilung vermehren. Die wenige tausendstel Millimeter großen Krankheitserreger werden insbesondere durch Regenspritzer, Insekten und das Pflanzgut verbreitet.

Pilzkrankheiten

Die bedeutendsten Krankheitserreger an Obstgewächsen zählen zu den Pilzen. Einige von ihnen leben ausschließlich von lebenden Pflanzenteilen, andere auch von toter Substanz (saprophytisch). Die Verbreitung der Pilze erfolgt durch Sporen. Diese werden vor allem durch Regen und Wind verbreitet. Von den verschiedenen Sporentypen sind im Obstbau in erster Linie Ascosporen und Konidien bedeutsam. Ascosporen entstehen generativ und entwickeln sich in einem sackförmigen Gebilde (Ascus) meist innerhalb von kugelförmigen (Perithezien, Pseudothezien u. a.) oder auch becherförmigen Fruchtkörpern (Apothezien). Sie sind häufig für die Erstinfektionen im Frühjahr und für die Fernverbreitung verantwortlich. Konidien entstehen vegetativ in offenen Lagern oder auch in mehr oder weniger geschlossenen Behältern (Pyknidien, Acervuli). Sie erfüllen dieselben Aufgaben wie Ascosporen. Darüber hinaus sorgen sie für die schnelle lokale Ausbreitung der Pilze im Sommer.

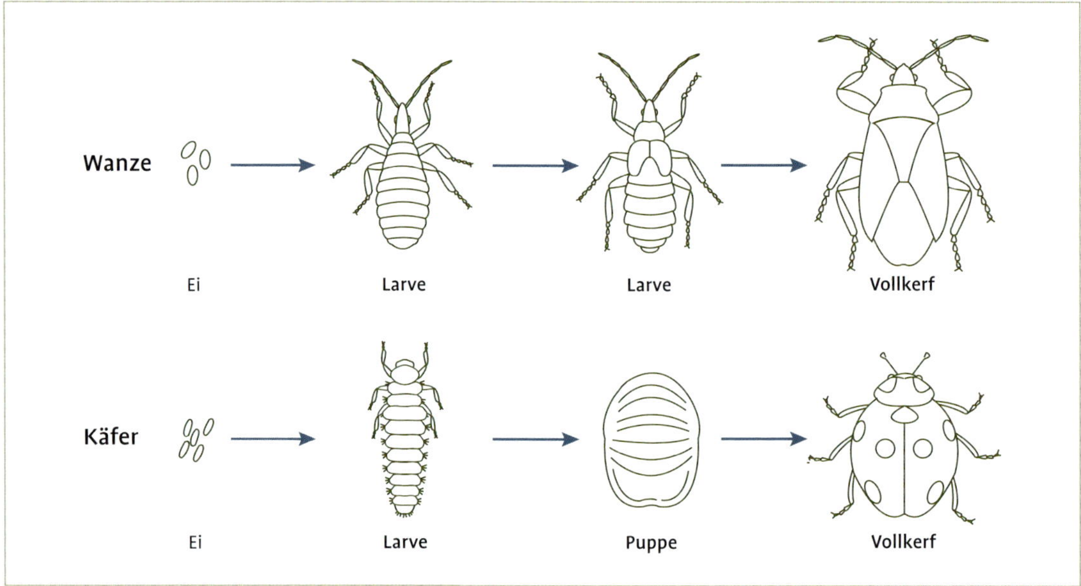

Abb. 181 Verwandlung von Insekten. Oben: unvollkommene Verwandlung; unten: vollkommene Verwandlung.

Schadtiere

Die meisten in Obstanlagen auftretenden Schadtiere gehören zu den Insekten und Milben. Schädigende Wirbeltiere kommen nur in geringer Artenzahl vor.

Insekten: Bei den Insekten werden Arten mit unvollkommener und solche mit vollkommener Verwandlung unterschieden. Blattläuse, Schildläuse, Blattsauger, Zikaden und Wanzen gehören zu den Insekten mit unvollkommener Verwandlung. Bereits ihre aus den Eiern geschlüpften Larven gleichen den erwachsenen Tieren mehr oder weniger. Die Larven entwickeln sich von Häutung zu Häutung zum meist geflügelten Vollinsekt (Vollkerf, Imago).

Zu den Insekten mit vollständiger Verwandlung gehören Schmetterlinge, Käfer, Haut- und Zweiflügler. Ihre Larven sehen völlig anders aus als das jeweilige Vollinsekt: Die Larven wachsen im Laufe mehrerer Häutungen heran und legen dann als Puppe eine Ruhepause ein. Danach schlüpft aus der Puppe das Vollinsekt aus.

Milben: Zu den pflanzenschädlichen Milben gehören die Spinnmilben und Gallmilben. Ihre Entwicklung erfolgt wie bei den Insekten mit unvollkommener Entwicklung. Daher sehen die Larven den erwachsenen Tieren sehr ähnlich.

Wirbeltiere: Als Schädlinge treten zeitweise vor allem verschiedene Vogelarten auf. Ein gefährlicher Wurzelschädling ist die Wühl- oder Schermaus. Feldmäuse schaden hauptsächlich durch Benagen der Rinde knapp über dem Boden.

12.2 Krankheiten und Schädlinge an Kernobst

12.2.1 Pilzkrankheiten

Apfelschorf (*Venturia inaequalis*)

Der Erreger tritt in der saprophytischen Hauptfruchtform (*Venturia inaequalis*) und der parasitischen Nebenfruchtform (*Spilocaea pomi*) auf. Bei der Nebenfruchtform ist das Myzel im Gewebe eingebettet und bildet runde Scheiben. Der Schorfpilz erfordert von den pilzlichen Krankheitserregern im Erwerbsobstbau, insbesondere in den humiden Klimagebieten, den höchsten Bekämpfungsaufwand. Bis zu zwei Drittel der durchzuführenden Maßnahmen sind gegen diese Krankheit gerichtet. Seine hohe Vermehrungsrate ermöglicht sein epidemisches Auftreten an Laubblättern, Früchten, Kelchblättern und sonstigen Blütenteilen, seltener an grünen Trieben und Knospen.

Schadbild:

- Befallsstellen des **Frucht- und Blattschorfes** sind zunächst samtartig olivgrün bis grau; ihr Zentrum auf der Fruchtschale trocknet aus oder vernarbt. Am Rand bleibt häufig ein schwarzes Myzel vital.
- Früchte verkrüppeln bei starkem Frühbefall, reißen auf, fallen zum Teil vorzeitig ab. Später infizierte Früchte bleiben bis zur Ernte am Baum.
- Im Sommer und Herbst entstehen kleinere, häufig nur punktförmige schwärzliche Befallsstellen, der **Spätschorf**. Später Fruchtbefall – etwa sechs Wochen vor der Ernte – wird erst im Lager als **Lagerschorf** sichtbar.
- Blätter werden im Frühjahr eher auf der Oberseite, im Sommer dann auf Ober- und Unterseite befallen. Späte Infektionen überziehen oft als „Flächenschorf“ das ganze Blatt. Frühbefall an Kelchblättern tritt vor allem an deren Spitze auf.
- Grüne Knospenschuppen zeigen olivgrüne bis graue Flecken. An Trieben bestimmter Sorten (z. B. 'Cox Orange', 'Gloster') treten bei starkem Befall punktartige Symptome, Pusteln **(Zweiggrind)**, auf.

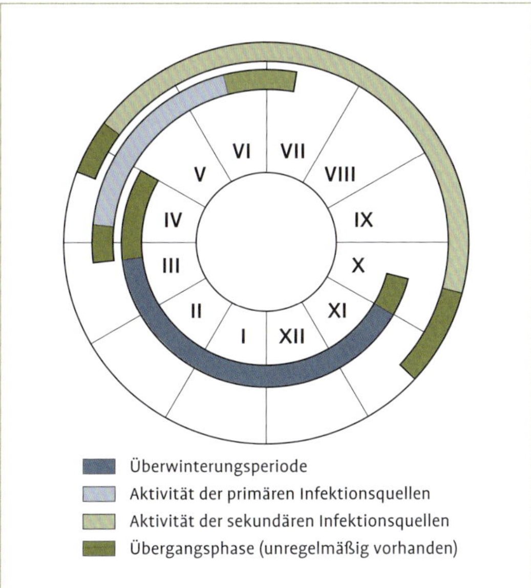

Abb. 182 Krankheitszyklus des Apfelschorfes (nach KENNEL). I – XII = Monate

Abb. 183 Blattschorf.

- An im Vorjahr stark befallenen, triebigen Bäumen kann eine weitere seltene Form deutlichen Triebbefalls nach dem Austrieb, ein braunschwarzer, bis mehrere Zentimeter langer krustenartiger Überzug, auftreten. Hierbei handelt es sich um **Triebbasisschorf**.

Lebensweise: Der Apfelschorf überwintert saprophytisch im Falllaub und parasitisch am Baum. Beide Formen sind im Frühjahr primäre Infektionsquellen. Im Falllaub entwickeln sich in den Fruchtkörpern (Pseudothezien) die geschlechtlich gebildeten Ascosporen. Auf durchfeuchtetem Falllaub werden die permanent heranreifenden Ascosporen bis 3 cm hoch geschleudert und mit der Luftströmung bis zu mehrere hundert Meter verfrachtet. Die Intensität des Ascosporenausstoßes hängt von der Belichtungsstärke ab: Bei Dunkelheit werden maximal 5 % der reifen Sporen ausgeschleudert. Konidien werden jederzeit eher im Baum, weniger zwischen den Baumreihen verbreitet.

Die Überwinterung in Erwerbsanlagen erfolgt selten als Zweiggrind oder Triebbasisschorf. Bäume mit starkem Spätbefall im Vorjahr tragen vornehmlich an Triebspitzen und Knospen ein oberflächiges Myzel, den **superfiziellen Zweigschorf**. Seine Konidien stellen frühzeitig eine Infektionsgefahr dar.

Abb. 184 Fruchtschorf.

Abb. 185 Extremer Schorfbefall.

Sobald Ascosporen und Konidien auf grüne Pflanzenteile gelangen, bilden sie abhängig von Feuchte und Temperatur einen Keimschlauch aus. Dieser dringt in wenigen Stunden durch die Kutikula der Organe ein, die Infektion ist erfolgt. Zwischen Kutikula und Epidermis entwickelt sich ein feines Myzel. Nach 8 bis 20 Tagen Inkubationszeit (temperaturabhängig) durchbricht der Pilz die Kutikula, bildet Konidien und wird als Schorffleck sichtbar. Der Ascosporenausstoß ist um die Blüte am stärksten und endet regional unterschiedlich ca. Ende Mai bis Mitte Juni. Konidien werden laufend neu, jedoch bis zum Blattfall abnehmend, gebildet.

Entwicklung und Krankheitsverlauf sind stark witterungsabhängig. Nur feuchte Pflanzenorgane können infiziert werden. Die erforderliche Benetzungszeit hängt von der herrschenden Temperatur ab, das Zustandekommen einer Infektion auch von der Sporendichte und Sortenanfälligkeit.

Wenn die Blätter vor Infektionsabschluss abtrocknen, kann der Infektionsprozess unterbrochen werden. Ausschlaggebend dafür sind Temperatur, relative Luftfeuchtigkeit (rF) und Sonneneinstrahlung: Bei einer rF von mehr als 90 % ist eine Mindesttrockendauer von 16 Stunden erforderlich, bei weniger als 90 % rF sind 12 Stunden und bei weniger als 70 % rF, Sonnenschein und hoher Temperatur sind 8 bis 10 Stunden erforderlich. Zwischenzeitliche Trockenphasen sind bei der Berechnung der Benetzungsdauer abzuziehen. Sind die Trockenphasen kürzer als angegeben, sterben die keimenden Sporen nicht ab, die Infektion schreitet fort.

Tab. 68 Benetzungszeiten für Schorfinfektionen in Abhängigkeit von der Temperatur

Durchschnittstemperatur (°C)	Benetzungszeit (h)
1	40
2	35
3	30
4	28
5	21
6	18
7	15
8	13
9	12
10	11
11	9
12 bis 13	8
14 bis 15	7
16 bis 24	6

Bekämpfung:
Indirekte Möglichkeiten zur Befallsminderung:

- Schorfresistente Apfelsorten.
- Licht- und luftdurchlässige Baumreihen (kurze Benetzungsdauer).
- Beschleunigung des Falllaubabbaus durch Schonung/Förderung des Bodenlebens.
- Reduktion der Pseudothezien-Entwicklung durch Harnstoffspritzungen bzw. durch Kalkstickstoffausbringung im zeitigen Frühjahr auf das Falllaub (Verätzen der Pseudothezien).
- Rechtzeitiger Triebabschluss durch bedarfsgerechte Düngung und ausgewogene Schnittmaßnahmen.

Direkte Schorfbekämpfung: Die Berechnung bzw. Modellierung von Infektionsbedingungen mithilfe von computergestützten Prognosemodellen können zur direkten Bekämpfung herangezogen werden.

- Vorbeugende Fungizidbehandlungen vor prognostizierten Infektionsereignissen sowie gezielte kurative Applikationen nach Infektionsereignissen sind exakter terminierbar.
- Zum Knospenaufbruch sollte mit einem vorbeugenden Kontaktfungizid begonnen werden. Hiermit ist auch **Verminderung frühzeitiger Infektionen** durch überwinternde Konidien gegeben.
- Protektiv, d. h. vorbeugend einsetzbar, sind dithianon- und captanhaltige Präparate bzw. Pflanzenschutzmittel auf Basis von Kupfer und Schwefel. Kupfer sollte aufgrund phytotoxischer Reaktionen nur zum Austrieb angewendet werden. Schwefel kann bei hoher Strahlungsintensität zu Schäden an den Früchten führen, daher sind Applikationen insbesondere in den Sommermonaten angepasst durchzuführen. Zudem wirken dodine- und strobilurinhaltige Präparate vorbeugend.
- Azole und Anilinopyrimidine kurativ eingesetzt greifen in die Entwicklung des Pilzes ein. Zusätzlich stehen carbonathaltige Pflanzenschutzmittel zur Verfügung. Sie haben geringere Wirkungsgrade als andere Fungizide bei der Schorfbekämpfung und können zudem phytotoxische Reaktionen an der Frucht und dem Blatt hervorrufen.

Für eine Vielzahl fungizider Wirkstoffe sind, regional unterschiedlich ausgeprägt, Minderwirkungen und Resistenzen beschrieben. Kurativ wirkende Fungizide aus der Wirkstoffgruppe der Anilinopyrimidine als auch der Azole wirken in einigen Anbaugebieten nicht mehr ausreichend. Sie werden daher dort nicht mehr eingesetzt. Eine Bekämpfung des Schorfpilzes ist dann dort nur noch vorbeugend an Witterung und Phänologie angepasst mit Kontaktfungiziden möglich. Resistenzen der Strobilurine sind ebenfalls nachgewiesen, dies muss in der Bekämpfungsstrategie bedacht werden. Schwefelkalk auf das nasse Blatt appliziert, reduziert die Schorfgefahr deutlich.

Frühe Infektionsbedingungen werden bei niedrigen Temperaturen häufig unterschätzt. Erhöhtes Risiko besteht in Anlagen mit vorjährigem Spätschorfbefall. Schorfanfällige Sorten und Infektionsbedingungen mit hoher Sporendichte sind besonders zu berücksichtigen. Sollten die kurativen Fungizide noch ausreichend wirksam sein, muss deren Wirkung entsprechend der Wirkungsdauer des Mittels und des Pilzwachstums angesetzt werden. Bei niedrigen Temperaturen ist die Zeitspanne länger als bei hohen. Zudem sollte zur Resistenzvermeidung ein weiteres Fungizid kombiniert werden.

Kontaktfungizide haben unter wüchsigen Bedingungen und bei hohem Sporenangebot eine vorbeugende Wirkung von maximal drei Tagen, bei zögerlichem Blatt- und Blütenzuwachs aufgrund niedriger Temperaturen von vier bis sieben Tagen. Zwischenzeitliche Niederschläge über 25 mm verkürzen die Wirkungsdauer.

Nach Beendigung des Ascosporenfluges können die Spritzabstände ausgedehnt werden, soweit kein Schorfbefall zu beobachten ist. Es sind vorrangig gegen Fruchtfäulen und Schorf wirkende Fungizide einzusetzen. Bei Schorfbefall sollten die Spritzabstände entsprechend den Infektionsbedingungen nicht über 10 Tage betragen.

Zur Erhaltung der Schorfresistenz widerstandsfähiger Sorten muss ein minimiertes Bekämpfungsprogramm mit ca. vier bis sechs Applikationen in der Primärphase, meist um den Blütezeitraum, durchgeführt werden.

Birnenschorf (*Venturia pirina*)
Birnen werden durch eine dem Apfelschorf nahe verwandte Art (*Venturia pirina*) befallen. Er ist eher blattunterseits lokalisiert. Die Krankheit tritt hier häufiger als beim Apfel als Zweiggrind auf. Die Bekämpfung erfolgt wie beim Apfel, jedoch keine Schwefelanwendungen mehr ab Beginn der Blüte.

Apfelmehltau (*Podosphaera leucotricha*)
Die wirtschaftliche Bedeutung ist umso größer, je anfälliger die Apfelsorte ist. Geschädigt werden nur Blätter und Triebe. Starker Befall reduziert die Assimilationsleistung der Blätter und beeinträchtigt damit auch die Fruchtqualität.

Besonders mehltauanfällig sind 'Boskoop', 'Cox Orange', 'Jonagold', 'Braeburn', 'Cripps Pink' und 'Idared'.

Schadbild:
- Blütenbüschel und Blattknospen sind beim Austrieb weiß bepudert, später graugrün.
- Blüten, Blätter und Triebspitzen bleiben im Wachstum zurück. Befallene Blätter sind schmal, eingerollt, wellig, vertrocknen und fallen ab.
- Im Sommer befallene Blätter weisen meist auf der Blattunterseite mehlige Stellen auf, die sich bald rötlich braun verfärben.
- Befallene Blüten setzen keine Früchte an; Früchte von anfälligen Sorten sind netzartig berostet.

Lebensweise: Der obligate Parasit überwintert auf befallenen Trieben und in Trieb- bzw. Endknospen. Im Frühjahr befällt er die austreibenden Blättchen (Primärbefall). Bald danach kommt es zur Bildung eines weißlichen Myzels mit Konidien mit Verbreitung durch Wind. Es entsteht so Sekundärbefall, meist auf der Unterseite junger Blätter bzw. auf Früchten. Die Sporenkeimung kann zwischen 4 und 28 °C erfolgen, das Optimum liegt zwischen 20 und 25 °C, tropfbares Wasser wird nicht benötigt, es ist sogar für die Infektion hinderlich. Der Pilz wächst auf der Blattoberfläche und dringt zur Nahrungsaufnahme lediglich mit Haustorien in die Zellen ein.

Abb. 186 Mehltau an Apfeltrieb.

Bekämpfung: Reduzieren des Befallsdrucks durch:
- Beseitigung der befallenen Endknospen beim Winterschnitt oder im zeitigen Frühjahr nach Sichtbarwerden des Primärbefalls
- Regelmäßiges Wegschneiden oder Ausbrechen neuer Befallsstellen bis zum Triebabschluss bei anfälligen Sorten
- Ergreifen aller Maßnahmen, die einen frühen Triebabschluss der Bäume und „ruhiges Triebwachstum" fördern; sie reduzieren auch den Mehltaudruck

Bei anfälligen Sorten ist zusätzlich chemische Bekämpfung einzuplanen. Teilsystemische Fungizide (Triazole) sowie Strobilurine erfassen auch den Mehltau. Von guter Wirkung sind carboxamidhaltige Pflanzenschutzmittel mit Nebenwirkung auf den Schorfpilz.

Spritzungen mit Mehltaufungiziden sind besonders während des Kurztrieb- und Langtriebabschlusses zum Schutz der zukünftigen Blüten- und Blattknospen wichtig.

Birnengitterrost (*Gymosporangium sabinae*)
Trotz des auffälligen Erscheinungsbildes richtet dieser wirtswechselnde Rostpilz kaum größeren Schaden an. Nur ein Befall mit nachfolgend frühzeitigem Blattfall schwächt die Bäume.
Schadbild an Birne:
- Im Frühsommer auf der Blattoberseite orangerote bis 1 cm große Flecken, blattunterseits gelbliche bis hellbraune Gewebewucherungen mit 4 bis 16, jeweils 2 bis 3 mm großen, weißen, kegelförmigen Gitterkörbchen, die der Krankheit den Namen gaben.
- Gelegentlich werden auch Früchte, Fruchtstiele und Triebe (krebsartige Verdickungen) befallen.

Schadbild an Wacholder:
- Spindelförmige Zweigverdickungen, aus denen im April/Mai 10 bis 20 mm lange, braune Zäpfchen oder Läppchen hervorbrechen und bei feuchtem Wetter zu goldgelben Gallertmassen anschwellen, die bald danach zerfließen oder eintrocknen.

Lebensweise: Der Pilz überwintert mit seinem Myzel in der Rinde von Wacholderarten. Er ist wirtswechselnd. Wichtigster Winterwirt ist der Sadebaum, *Juniperus sabina*. Zu Vegetationsbeginn reifen auf den Anschwellungen befallener Wacholderzweige die Teleutosporen in braunen, warzigen Lagern. Sofort nach der Reife keimen sie aus und bilden Basidiosporen, die ihrerseits Birnbaumblätter infizieren. Temperaturen zwischen 13 und 15 °C und über 80 % rF begünstigen die Infektion. Je nach Witterung erscheinen nach 9 bis 26 Tagen die typischen Flecken auf der Blattoberseite der Birnenbäume. Ab Mitte August erfolgt die Bildung der Gitterkörbchen blattunterseits mit Massen von Aecidiosporen, die wiederum Wacholderbüsche infizieren.
Bekämpfung: Fungizidbehandlungen gegen den Birnenschorf von April bis Ende Mai/Anfang Juni erfassen auch den Birnengitterrost.

Kragenfäule (*Phytophthora cactorum*)
Phytophthora cactorum hat einen überaus großen Wirtspflanzenkreis. Beim Apfel befällt er vor allem ältere Bäume. Er verursacht Stammschäden und Fruchtfäulen.

Schadbild:
- Beginn am Stamm mit kleinen Fäulnisstellen am Veredlungsknoten, von dort Ausbreitung über den Stamm.
- Die Fäulnis erfasst die Rinde und dringt zum Splint vor.
- Rinde über der Veredlungsstelle wird violettbraun, weich und strömt Bittermandelöl-Geruch aus.
- Im fortgeschrittenen Stadium Zerstörung des Gefäßsystems, Blattaufhellungen, frühzeitiger Blattfall und Absterbeerscheinungen. Befallene Früchte an der Oberfläche dunkelbraun, im Inneren heller. Gefäße und Kernhaus sind auffallend gebräunt.

Lebensweise: Der Erreger gelangt von faulen Früchten in das Erdreich, wo er über längere Zeit in Form von Oosporen (Dauersporen) überdauert. Bodenbearbeitung und Niederschläge verbreiten die Oosporen. Von infizierten Früchten am Boden wie auch von verseuchtem Boden aus können die Sporen durch Regenspritzer vor allem im Frühjahr an die Stämme gelangen und über kleine Wunden in die Rinde eindringen.

Der Ausbruch der Krankheit ist an Temperaturen über 17 °C gebunden, hohe und lang andauernde Regenfälle sind günstig. Auch das Mikroklima beeinflusst den Krankheitsausbruch: Pflanzenaufwuchs um die Stammbasis verschafft dem Erreger zuträgliche feuchtwarme Bedingungen. Humusarme und staunasse Böden bieten optimale Vermehrungsbedingungen.
Bekämpfung: Eine direkte Bekämpfung ist nicht möglich. **Vorbeugungsmöglichkeiten** sind:
- Beseitigung aller am Boden liegenden Früchte (Infektionsquellen)
- Regelmäßiges Beseitigen von Unkrautaufwuchs um die Stammbasis
- Förderung der Bodenaktivität (Antagonisten des Erregers) durch Zufuhr von organischem Material
- Kupferbehandlungen im Stammbereich während der Hauptinfektionszeit vor und während der Blüte

Obstbaumkrebs (*Neonectria ditissima*)

Der Obstbaumkrebs gehört in niederschlagsreichen Regionen zu den bedeutendsten Krankheiten im Apfelanbau. Von den Apfelsorten sind beispielsweise 'Cox Orange', 'Elstar', 'Gala', 'Gloster', 'Holsteiner Cox', Cameo®, Kanzi® und Rubens® besonders anfällig; gering anfällig sind Birnen.

Schadbild:

- Am Anfang eingefallene, dunkelbraune Rinde; besonders anfällig sind Blattnarben, Fruchtkuchen, Astwinkel und Schnittwunden.
- Später stirbt die Rinde ab, vertrocknet, reißt auf; die Wunden vergrößern sich, bis das Holz sichtbar wird.
- Starke Kallusbildung kann bei älteren Bäumen den Krebs überwallen (= geschlossener Krebs im Gegensatz zum offenen).
- Jungbäume sind besonders gefährdet, sie können bei vielen Neuinfektionen ganz absterben. Ältere Bäume werden mehr astweise über den Infektionen geschädigt.

Lebensweise: Auf dem abgestorbenen Rindengewebe entwickeln sich die Sporen des Erregers. *Neonectria ditissima* hat als Vermehrungsorgane Makrokonidien, Mikrokonidien und Ascosporen. Im Frühjahr und Sommer entstehen hauptsächlich weißgrau bis blassgelbliche polsterartige Konidienlager. Während des gesamten Jahres, vermehrt im Herbst, entstehen in roten kugelförmigen Perithezien die Ascosporen. Diese werden durch Niederschläge abgeschwemmt und dringen durch Wunden oder Verletzungen in das Rindengewebe ein. Die Ascosporen können mehrere hundert Meter fliegen. Mit zunehmender Entfernung von der Infektionsquelle nehmen die Infektionen ab. Im Baum findet die Ausbreitung hauptsächlich durch Konidien statt. Insbesondere an Jungbäumen wird beobachtet, dass nach Infektionen der Rinde im weiteren Verlauf der Vegetation auch durch Myzelwachstum im Baum eine Ausbreitung möglich ist.

Der Herbst ist Infektionsschwerpunkt. Viele bei Ernte und Blattfall entstehende Wunden begünstigen das Eindringen der Sporen in die Gewebe. Im Winter und Frühjahr entstehen durch

Abb. 187 Obstbaumkrebs.

Abb. 188 Befall mit Kelchfäule, *Neonectria* an Cameo®.

Abb. 189 *Gloeosporium.*

Abb. 190 Befall mit Grünfäule, *Penicillium.*

Frost und Wachstumsbeginn feinste infizierbare Rindenrisse. Im Frühjahr besteht bei günstigen Infektionsbedingungen das höchste Sporenangebot. Auch starke Hagelschläge schaffen Eintrittspforten.

Bekämpfung:

- Gesundes Pflanzmaterial verwenden; schon in der Baumschule vorbeugende Maßnahmen einsetzen
- Neuanpflanzungen nahe stark befallener Kernobstanlagen sind hoch gefährdet, besonders in der Hauptwindrichtung
- Rechtzeitiges und gründliches Ausschneiden oder Ausfräsen der Krebswunden möglichst im Spätherbst; wiederholte Kontrollen im Jahr erhöhen den Bekämpfungserfolg
- In stark befallenen Anlagen den Winterschnitt bei trockener Witterung vornehmen, infiziertes Holz beseitigen

Fungizide Behandlungen sind als unterstützende Maßnahme zu werten. Da maximal 3 kg/ha und Jahr Reinkupfer zugelassen sind, sollte bei Beginn des Blattfalls ein captanhaltiges Fungizid eingesetzt werden. Anschließend sollte bei länger anhaltenden Nässeperioden während des Blattfalls, nach starkem Winterfrost und zum Knospenaufbruch wiederholt Kupfer eingesetzt werden.

Der Erreger von Obstbaumkrebs verursacht auch *Nectria*-Fruchtfäule und Kelchgrubenfäule.

Krebsartige Symptome werden auch durch *Neofabraea alba* und *N. perennans*, dem sogenannten *Gloeosporium*-Rindenbrand, und durch *Monilinia laxa*, der *Monilia*-Zweigdürre, und *M. fructigena*, ausgelöst.

Verschiedene **Lagerkrankheiten** können mehr oder weniger hohe Lagerverluste verursachen. Die Infektionsquellen der Pilze befinden sich fast ausschließlich in den Obstanlagen. Wirtschaftlich bedeutende Fruchtfäulen sind Bitterfäule, *Nectria*-Fruchtfäule, Grauschimmel, *Monilia*-Fruchtfäule und teilweise Grünfäule.

Bitterfäule

In Deutschland treten hauptsächlich *Neofabraea alba*, *N. perennans*, selten *Glomerella cingulata* (*Glomorella acutata*) auf. Südlich des Mains wurde zuerst vorrangig *Neofabraea alba*, in Nord- und Mitteldeutschland *Neofabraea perennans* festgestellt, am Bodensee und im Alten Land treten inzwischen beide Arten auf. Im Alten Land nimmt mit zunehmender Lagerungsdauer der Anteil von *Neofabraea perennans* zugunsten von *N. alba* kontinuierlich ab.

Schadbild: Die Symptome treten reifeabhängig nach einer für diese Fäulnis charakteristischen Latenzphase im Verlauf der Lagerung auf.

Tab. 69 Infektionsquellen der wirtschaftlich wichtigsten Fruchtfäuleerreger

Krankheit	Erreger: Hauptfruchtform (HF); Nebenfruchtform (NF)	Infektionsquellen
Bitterfäule	HF: *Neofabraea alba*; Syn. *Pezicula alba* NF: *Phlyctema vagabunda*; Syn. *Gloeosporium album*	Rindenbrand, Frostplatten, Fruchtkuchen, abgestorbene Zweigstummel
Bitterfäule	HF: *Neofabraea perennans*; Syn. *Pezicula perennans* NF: *Cryptosporopsis perennan*; Syn. *Gloeosporium perennans*	Pflück- und Schnittwunden, Blattnarben, Schnittholz, Fruchtmumien, Blattnekrosen
Anthraknose	HF: *Glomerella acutata*; *Glomorella cingulata* NF: *Colletotrichum acutatum*; *C. gloeosporioides*; Syn. *Gloeosporium fructigenum*	Knospenschuppen, Unkräuter, andere Gehölze
Nectria-Fruchtfäule	HF: *Neonectria ditissima*; Syn. *Neonectria galligena* NF: *Cylindrocarpon heteronema*; Syn. *C. mali*	Krebswunden am Holz, Blattnarben, Zweigstummel, Fruchtkuchen, andere Gehölze
Grauschimmel	HF: *Botryotinia fuckeliana* NF: *Botrytis cinerea*	Allgegenwärtig, parasitisch und saprophytisch am Baum und an organischer Substanz auf der Erde lebend
Monilia-Fruchtfäule	HF: *Monilinia fructigena* NF: *Monilia fructigena*	Fruchtmumien am Baum
Grünfäule	HF: *Penicillium* spp., insbesondere *Penicillium expansum*	Befallsfrüchte, Holzkisten im Lager
Gummifäule	NF: *Phacidiopycnis washingtonensis*	Fruchtmumien an Bestäuberbäumen, Rindennekrosen

- *Neofabraea alba* erzeugt auf der Frucht runde, feste, braune Faulstellen, unter feuchten Bedingungen weißes Myzel und wachsige Sporenmassen.
- *Neofabraea perennans* verursacht gezonte Fäulnis, die im Zentrum gelblich und in der Grenzzone dunkler ist.

Beide Krankheiten können zahlreiche Faulstellen auf einer Frucht verursachen, die zunehmend ineinanderfließen. Das völlige Durchfaulen der Frucht kommt nicht vor. Die sichere Differenzierung beider Erreger ist nur mikroskopisch möglich.

Lebensweise: Die Früchte sind immer gleich hoch anfällig. Die Pilze dringen durch Wunden und intakte Oberflächen ein, häufig durch Lentizellen. Zwischen Infektion und Fäulnisbildung befindet sich der Pilz in einer Latenzphase ohne äußere Zeichen seiner Anwesenheit. Während der Lagerung und zunehmender Fruchtreife werden kontinuierlich mehr Fäulnissymptome sichtbar.

Unter noch unbekannten Umständen treten einige Wochen vor der Ernte im Bereich der Lentizellen kleine, 2 mm große, dunkle trockene Flecken auf. Sie sind bei 'Golden Delcious' und anderen gelbschaligen Sorten oft von einem rötlichen Rand umgeben. Diese **Lentizellenröte** findet man jedoch nur bei *Neofabraea-alba*-Befall. Die vor der Ernte gesetzten Schadstellen entwickeln sich im Lager zur Fäule. Lentizellenröte wurde in Norddeutschland nur außergewöhnlich selten beobachtet.

Bekämpfung:

- Zur Verminderung des Infektionspotenzials sichtbar befallenes Holz und Fruchtmumien aus den Bäumen entfernen und häckseln.
- Früchte von „ruhigen" Bäumen mit sortentypischer Fruchtgröße sind widerstandsfähig.
- Im Erwerbsobstbau bei Infektionsbedingungen während der Fruchtentwicklung captanhaltige Fungizidbehandlungen vornehmen. Vor der Ernte sind entsprechend der Zulassung Bellis, Flint, Luna Experience und Switch wirksam.

Tab. 70 Infektionszeitraum und Eintrittswege von Fruchtfäuleerregern

Krankheiten	Infektionszeitraum			Eintrittswege	
	Während der Vegetation	Ernte	Lagerung	Wunden	Intakte Oberflächen
Bitterfäule	+			+	+
Nectria-Fruchtfäule	+				+
Grauschimmel	+	+	+	+	+
Monilia-Fäule	+			+	
Grünfäule		+	+	+	
Gummifäule	+		+	+	+
Alternaria-Fäule	+				+
Cladosporium herbarum	+				+
Fusarium-Fäule	+			+	+
Phoma-Fäule	+				+
Phomopsis-Fäule	+				+
Phacidiella-Fäule	+	+			+
Phytophthora-Fäule	+				+
Rhizopus-Fäule					
Stemphylium-Fäule	+				+
Trichothecium-Fäule	+	+	+	+	

CA/ULO-Lagerung und MCP-Behandlung verringert durch Reifeverzögerung Befall und Größe der Faulstellen sowie den Anteil der mit *Neofabraea* spp. befallenen Früchte stärker als fungizide Behandlungen vor der Ernte bzw. Kühllagerung. Auch Calcium-Spritzungen vermindern durch die Reifeverzögerung den Befall.

***Nectria*-Fruchtfäule**
Besonders im norddeutschen Anbau können die Verluste durch *Nectria*-Fruchtfäule anlagen- und sortenspezifisch höhere Verluste verursachen. Wunden sind für das Eindringen in die Früchte nicht erforderlich.
Schadbild:
- Zunehmende Entwicklung der Symptome während der Lagerung in der Stielgrube oder auf der Fruchtoberfläche.
- Fäulnisstellen sind braun, leicht eingesunken, randscharf vom gesunden Fruchtgewebe getrennt. Sporenpusteln auf Faulstellen sind anfangs weiß-flockig, später grau, schließlich gelbbraun.
- Birnen werden selten befallen.
- Die Fäulnisverluste stehen in engem Zusammenhang mit dem Krebsbefall der Anlagen.

Bekämpfung: Wichtigste Gegenmaßnahme ist das Entfernen befallenen Holzes. Spritzungen mit captanhaltigen Fungiziden reduzieren die Verluste.

Grauschimmel (*Botrytis fuckeliana*)
Schadbild:
- Bei Kelchgrubenfäule tritt ein geröteter, später braunschwarzer Kelch auf. Befallsstellen trocknen häufig ein, können auch zu einer weichen Braunfäule werden, die rasch ganze Früchte zersetzt.

- Befallene Früchte im Lager infizieren schnell die umliegenden und erzeugen Fäulnisnester. Auf den hellgrauen Faulstellen entstehen, oft sehr verzögert, in großen Mengen graue Sporenrasen.

Lebensweise: Nur selten entstehen hohe Verluste an Äpfeln, häufiger an Birnen. Grauschimmel kann am Baum bis zum Ende der Lagerung die Früchte infizieren. Er dringt durch die intakte Fruchtschale, häufig jedoch über Wunden ein, und tritt sowohl als Kelchgrubenfäule als auch als typische Lagerfäule auf.
Bekämpfung:
- Verminderung von Infektionen während der Fruchtentwicklung durch Fungizidbehandlungen; im Kernobstanbau sind jedoch keine spezifisch wirksamen *Botrytis*-Präparate zugelassen.
- Frucht schonendes Ernten beugt Wunden (Eintrittspforten) vor.

Monilia-Fruchtfäule

> An Apfel und Birne können erhebliche Verluste entstehen. Die Erreger sind *Monilinia fructigena*, bei Birne möglicherweise auch *M. laxa*. Braunfäule und Schwarzfäule sind die vorkommenden Schadbilder.

Schadbild und Lebensweise:
- Erste Anzeichen von **Braunfäule** sind kleine braune Flecken, um die sich später konzentrisch gelblich braune Sporenlager entwickeln.
- Am Baum infizierte Früchte faulen, werden braun, verwandeln sich bei frühem Befall zu schrumpeligen Mumien und stecken häufig die anliegenden Früchte an. Nicht selten verbleiben diese Befallsnester bis zum Frühjahr an den Bäumen.
- **Schwarzfäule** entsteht während oder kurz nach der Lagerung. Früchte verfaulen in wenigen Tagen, sind glänzend schwarz, lederartig zäh, später entsteht ein grauer polsterartiger Sporenrasen. Infektionen erfolgen in der Vegetation über Fruchtverletzungen, selten über Lentizellen.

Bekämpfung:
- Verwundung der Früchte (Eintrittspforten) vermeiden.
- Fruchtmumien entfernen (Sporenquelle).
- Nach Hagel Fungizidbehandlung vornehmen.
- Von der Bekämpfung der übrigen Fruchtfäulen wird auch *Monilia*-Fäule erfasst.

Grünfäule

Grünfäule ist ausschließlich eine Lagerfäule. Erste Symptome sind weiche wässrige Flecken, die sich bei Zimmertemperatur schnell vergrößern; gesundes und krankes Fruchtfleisch sind deutlich voneinander abgegrenzt. Vom Zentrum aus bilden sich oberflächig sehr viele blaugrüne Sporen. Der Pilz kann benachbarte gesunde Früchte befallen.
Lebensweise: Erreger sind verschiedene *Penicillium*-Arten, hauptsächlich *P. expansum*. Der Pilz kann nur über Wunden, die bei der Ernte und Aufbereitung entstanden sind, und über Lentizellen im Bereich von Druckstellen in die Früchte eindringen. *Penicillium* ist auch als Sekundärerreger auf Befallsstellen anderer Fruchtfäulen festzustellen.
Bekämpfung:
- Früchte schonend ernten, lagern und aufbereiten (keine zusätzlichen Eintrittspforten schaffen).
- Kühllagerbedingungen verzögern die Krankheitsentwicklung.

Kelchgrubenfäule

Schadbild und Lebensweise: Infektionen erfolgen vom Blühende an bis zum Schließen des Blütenbodens. Sie erzeugen im Kelchbereich ab Walnussstadium bei Kernobst zunächst rötliche Flecken, später Verbräunungen. Teilweise trocknen die Infektionsstellen ein. Häufig, zum Teil sortenabhängig, weitet sich die Fäulnis aus, und es entsteht eine Nassfäule mit einem Durchmesser von 10 bis 15 mm. Beteiligt sein können *Botrytis cinerea*, *Neonectria ditissima*, *Neofabraea* spp., *Alternaria* und *Penicillium*.
Bekämpfung: Wiederholte Behandlungen mit captanhaltigen Fungiziden vermindern den Befall.

Kernhausschimmel und Kernhausfäule
Schadbild und Lebensweise: Äußerlich erkennbare **Symptome** fehlen. Kurz vor der Ernte sticht ein Teil der befallenen Früchte durch verfrühte Reife hervor. Leichte Verbräunungen im Kerngehäuse und grauschwarze Pilzfäden sind zu erkennen. Während der Lagerung und danach nimmt die Verpilzung der Kernkammerwände zu, zum Teil setzt im Kernhaus Fäulnis ein. Anfällig sind 'Gloster', 'Boskoop', 'Idared' und 'Starkrimson'. Die Pilze *Alternaria* spp., *Cladosporium* spp., *Botrytis cinerea*, *Mucor* spec., *Fusarium* spp., *Rhizopus stolonifer*, *Penicillium expansum*, *Leptosphaeria coniothyrium* und andere wurden nachgewiesen.

Gelegentlich treten während der Lagerung weitere Fruchtfäulen an Apfel und Birne auf. Schonender Umgang während Fruchtentwicklung, Ernte, Lagerung und Aufbereitung senkt das Verlustrisiko.

12.2.2 Bakteriosen

Feuerbrand (*Erwinia amylovora*)

Der Feuerbrand ist die gefürchtetste Bakterienkrankheit am Kernobst. Er hat alle wichtigen Apfel- und Birnenanbaugebiete Europas erfasst. Hohe Temperaturen während der Blütezeit führen zu einer massiven Vermehrung und infolge zu erheblichen wirtschaftlichen Einbußen.

Schadbild:

- Infizierte Blüten (häufig nur einzelne Blüten im Blütenbüschel) verfärben sich braun bis schwarz. Zunächst sind Blütenboden und Kelchblätter wässrig grau, die Schwarzverfärbung beginnt in der Regel am Stiel.
- Im Frühstadium tritt an den befallenen Blütenorganen Bakterienschleim aus.
- Junge Früchte können von erkrankten Blüten und vom Fruchtstiel aus infiziert werden. Infektionsstellen sind zunächst rötlich braun, später schwarz. Witterungsabhängig bzw. auf Druck geben sie Bakterienschleim ab. Hieraus bilden sich teilweise auch Fruchtmumien, die bis zum nächsten Jahr am Baum verbleiben und so Infektionsquellen darstellen können.
- Ältere Früchte können über Wunden (Hagel) infiziert werden.
- Infizierte Blätter sind vom Blattstiel aderseits beginnend verbräunt.
- Infizierte junge Triebe sind zunächst fahlgrün und schlaff, später braun bis schwarz verfärbt. Befallene Partien trocknen ein, Triebspitzen krümmen sich spazierstockartig.
- Befallene Äste und Zweige behalten über Winter ihr schwarzes Laub. Schneidet man die Übergangszone zwischen gesund erscheinendem und krankem Trieb oder Zweig an, ist keine scharfe Abgrenzung zu erkennen.
- Befallene Rindenpartien sinken ein, färben sich rotbraun (= Canker).
- Bäume mit Unterlagenbefall verfärben sich frühzeitig rötlich und sterben ab.
- Lentizellen und feine Risse der infizierten Organe scheiden bei feuchtem Wetter Tröpfchen gelblich weißen bis bernsteinfarbenen, klebrigen Bakterienschleims aus. Zuweilen fließt das Exsudat als dunkelrotbraune, zähe Masse am Baum herunter.

Lebensweise: Der Erreger überwintert in der Übergangszone zwischen krankem und gesundem Rindengewebe alter Befallsstellen (Canker). Nur ein geringer Anteil der Canker wird im Frühjahr wieder aktiv. Nach neueren Erkenntnissen ist auch ein Überdauern in symptomlosen Trieben möglich (latenter Befall). Eine Übertragung

Abb. 191 Feuerbrand; infizierter Trieb mit „Krückstock"-Aussehen.

ist so von den sich öffnenden Blüten frühzeitig möglich. Aus den aktiven Cankern wird Bakterienschleim abgesondert. Wind, Regen und Insekten (Blattläuse, Bienen, Wespen, Fliegen) können das Exsudat auf Triebe, Knospen, Blätter und Blüten übertragen. Vor allem in den Blüten findet der Erreger natürliche Eintrittspforten, ansonsten ist er auf Wunden angewiesen. Die Ausbreitung in der Wirtspflanze erfolgt über das Phloem.

Hohe Infektionsgefahr besteht besonders während der Blüte bei Temperaturen über 18 °C und hoher Luftfeuchtigkeit sowie bei schwülwarmem Wetter im Sommer mit Gewitter und Hagel.

Bekämpfung: Für die direkte Bekämpfung des Erregers während der Blüte oder im Sommer unmittelbar nach Hagel darf in Deutschland kein antibiotikahaltiges Pflanzenschutzmittel mehr eingesetzt werden. Derzeit ist ein aluminiumhaltiges Produkt in Zulassungsprüfung, das mit geringerer Wirkung im Vergleich zu antibiotikahaltigen Produkten während der Blüte und unmittelbar nach Hagel eingesetzt werden kann. Das Produkt ist konzentrationsabhängig schwerer löslich, kann aber mit gängigen Pflanzenschutzmitteln in Tankmischung ausgebracht werden. Wichtig hierbei ist, dass erst der Mischungspartner in Lösung gebracht werden muss und dann erst das vorgelöste, aluminiumhaltige Produkt zugesetzt werden darf.

Ein Hefeprodukt auf Basis *Aureobasidium pullulans* ist bereits zur Feuerbrandbekämpfung zugelassen worden. Sortenabhängig können unterschiedlich ausgeprägt mit steigender Zahl der Anwendungen **Fruchtberostungen** auftreten. Die Mischbarkeit mit anderen Fungiziden ist nur bedingt möglich. Kupfer hemmt zwar die Bakterienvermehrung; aus Verträglichkeitsgründen sollten Kupferpräparate jedoch nur bis zum Mausohrstadium bzw. in Junganlagen ohne Beerntung auch darüber hinaus eingesetzt werden. Es ist lediglich eine Minderung der Cankeraktivität bzw. des Befalles zu erwarten.

Zur Senkung des Infektionsdrucks und der Infektionsgefahr in Befallsgebieten müssen zudem Vorbeugungsmaßnahmen ergriffen werden. Dazu bieten sich an:

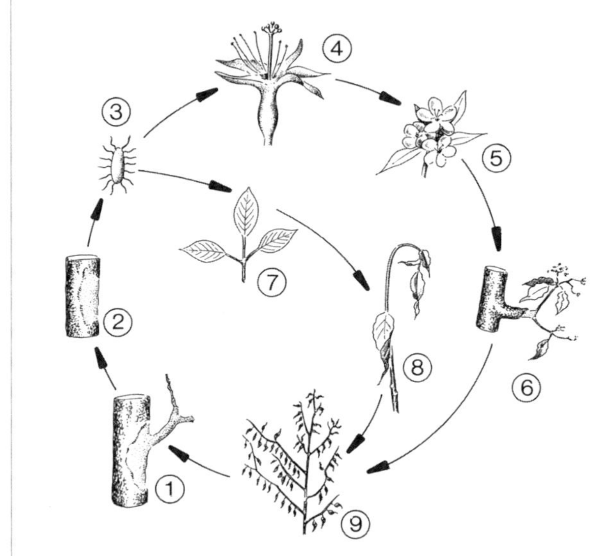

Abb. 192 Krankheitszyklus des Feuerbrandes (nach Flugschrift ohne Jahresangabe).

- Regelmäßige Bestandskontrollen bis zum Herbst zur Befallsfrüherkennung, insbesondere nach Hagel bzw. feuchtwarmen Perioden; Prognosemodelle sind hilfreich, weil sie das Ende der Inkubationszeiten bzw. das Erstauftreten der Krankheit anzeigen
- Konsequenter Riss oder Rückschnitt befallener Triebe und Zweige bis weit, mindestens aber etwa 40 cm in das gesunde Holz, nur bei trockenem Wetter
- Roden von Bäumen mit Cankern im Stammbereich oder mit Unterlagenbefall
- Befallenes Schnitt- und Rodematerial aus der Anlage entfernen, wenn möglich vor Ort verbrennen; hierzu gegebenenfalls mit den örtlichen Behörden Kontakt aufnehmen und die regionalen Vorgaben beachten
- Desinfektion der Schnittwerkzeuge mit z. B. 70%igem Alkohol oder Brennspiritus
- Keine Überkronenberegnung in der Blütezeit durchführen
- Wasser- und Wurzelschosser sowie Sekundärblüten beseitigen
- Kulturmaßnahmen ergreifen, die ruhiges Baumwachstum mit frühem Triebabschluss bewirken, um so den Erreger zu hemmen

- Wirtspflanzen im Umfeld um die Obstanlage auf Befall kontrollieren und diese sortenabhängig bei Befall roden (insbesondere befallene Bäume der Sorten 'Oberöstereicher Weinbirne' und 'Gelbmöstler') bzw. sorgfältig sanieren; bei Befall in der Anlage konsequente Blattlausbekämpfung im Sommer durchführen

Bakterienbrand der Birne (*Pseudomonas syringae*)
In Jahren mit Spätfrösten bzw. feucht-kühlem Blühwetter kann diese Krankheit Blüten abtöten und so erhebliche Ertragsausfälle verursachen.

Hoch anfällig sind 'Alexander Lucas' und 'Gellerts Butterbirne', anfällig sind 'Abate Fetel', 'Conference', 'Concorde' sowie 'Williams Christ' auf Quitte A. Junganlagen sind aufgrund ihrer Wüchsigkeit besonders gefährdet. In manchen Jahren findet man die Krankheit auch am Apfel.

Schadbild:
- Blüten entfalten sich nicht, Blütenstiele bleiben gestaucht; Blüten/Blütenstände welken, werden schwarz und sterben ab, ohne sich geöffnet zu haben.
- Von den Blüten aus dringen die Erreger in Triebe und Zweige ein, sie verursachen eingesunkene nekrotische Canker, die zum Teil aufreißen. Blätter verkrüppeln, fallen später ab. Über stärkeren Nekrosen sterben Triebe/Zweige ab.
- Auf infizierten Blättern sind dunkelbraune Flecken erkennbar, die häufig von einem rötlichen Hof umgeben, später schwarz verfärbt sind.
- Früh infizierte Früchte sind schwarz gesprenkelt, sterben ab, bleiben zum Teil als schwarzbraune Mumien am Baum hängen.
- Später erkrankte Früchte zeigen zunächst graugrüne, einsinkende Flecken, die sich schließlich blauschwarz verfärben.

Lebensweise:
Der Erreger lebt epiphytisch auf Knospen, Blüten, Blättern und Trieben. Er dringt im Frühjahr oder Herbst über Spaltöffnungen bzw. kleinste Wunden in anfälliges Wirtsgewebe ein. Hohe Infektionsgefahr besteht bei feuchtkühler Witterung während der Blütezeit bzw. nach Spätfrösten. Hohe Luftfeuchtigkeit begünstigt die Infektion, niedrige Temperaturen hemmen das Wachstum der Wirtspflanzen und ermöglichen so dem Erreger eine rasche Ausbreitung.
Bekämpfung:
Zur direkten Bekämpfung während der Blüte steht kein Präparat zur Verfügung.
- Kupferspritzungen im zeitigen Frühjahr bzw. bei nasser Witterung während des Blattfalls wirken nur befallsreduzierend, obwohl Kupfer die Bakterienvermehrung hemmt.
- Unmittelbar nach der Blüte befallene Triebe sind auszuschneiden, weil sich der Erreger von befallenen Pflanzenteilen aus weiter verbreitet.
- Alle Maßnahmen, die ruhiges Triebwachstum, frühzeitigen Triebabschluss und bessere Blütenqualität fördern, hemmen die Krankheit. Deshalb bei Birnen nach der Ernte keine zu hohen Harnstoffmengen zur besseren Blattverrottung ausbringen.
- Schwaches, hängendes Holz ist viel anfälliger und deshalb zu entfernen.

12.2.3 Virosen

Im Erwerbsobstbau wird mittlerweile überwiegend virusgetestetes Baummaterial verwendet; die Bedeutung der Viruskrankheiten ist deshalb auch beim Kernobst seit einigen Jahren rückläufig. Flachästigkeit, Rauschaligkeit und Sternrissigkeit sind bedeutungslos geworden.

Apfelmosaik
Das Apfelmosaik tritt selten auf. Creme- bis weißgelbe Punkte, Flecken oder Sprenkelungen, vereinzelt Adernbänderung auf den Blättern sind zu beobachten; die Verfärbungen verschmelzen auch miteinander und erfassen mehr oder weniger große Teile der Blattspreite. Im Sommer werden die Flecken teilweise braun; die Blätter sterben ab bzw. können abfallen. Die Übertragung erfolgt durch vegetative Vermehrung sowie durch

Veredelungen und Wurzelverwachsungen; tierische Vektoren als Überträger, z. B. durch Blattläuse, sind nicht bekannt.

Steinfrüchtigkeit der Birne
Es treten vor allem Fruchtdeformationen auf. Die Früchte bilden viele Steinzellen und Nekrosen aus. Etwa drei Wochen nach der Blüte sind zunächst dunkelgrüne, eingedellte Flecken oder Ringe zu beobachten, später Einsenkungen und Buckel auf den Früchten. Früchte mit sehr frühen Symptomen bleiben klein, verkrüppeln. Birnen mit nekrotischem Fruchtgewebe sind ungenießbar. Die Fruchtverkrüppelungen sind leicht mit Wanzenschäden oder Bormangel zu verwechseln.
Bekämpfung: Von Viren befallene Bäume können nicht geheilt werden. Die Übertragung erfolgt durch Pfropfung oder Okulation.
- Entscheidend ist die Verwendung gesunden Pflanzenmaterials.
- Für die wichtigsten Sorten steht genügend virusfreies (= frei von allen bekannten Viren infolge von Thermotherapie) bzw. virusgetestetes (= frei von wirtschaftlich wichtigen Viren durch Selektion) Ausgangsmaterial in Reiserschnittgärten zur Verfügung.
- Virusverseuchte Unterlagen bilden eine besondere Gefahr (Befall nur durch Testung zu erkennen). Deshalb sind zur Baumanzucht nur eindeutig deklarierte Unterlagen zu verwenden.

12.2.4 Phytoplasmosen

Apfeltriebsucht (Besenwuchs)

Apfeltriebsucht kommt in Deutschland vor allem im Rhein- und Neckartal vor. Sie kann enorme Ertragsausfälle verursachen.

Schadbild:
- Kennzeichnend ist der „Hexenbesen", die vorzeitige Verzweigung im oberen Bereich der einjährigen Triebe. Dieser tritt meist in den ersten Jahren nach der Infektion (akute Phase) auf. Die Bäume können sich auch erholen, bleiben aber infiziert.
- Weitere Symptome sind vergrößerte und gezahnte Nebenblätter, besonders an der Triebbasis, und vorzeitige Rotlaubigkeit im Herbst (= erstes Symptom).
- Der wirtschaftliche Schaden entsteht durch kleine zuckerarme und fade Früchte (Kleinfrüchtigkeit).
- Die Ausprägung der Symptome hängt von Unterlage, Sorte und Baumalter ab und schwankt auch zwischen den Bäumen stark.

Lebensweise: Die Krankheit wird durch zellwandlose Bakterien verursacht, die nur in den Siebröhren vorkommen. Der Erreger ist in den Siebröhren von Stamm, einjährigen Trieben und Blättern nachweisbar. Von Dezember bis März enthalten aufgrund der Kälte nur Wurzeln die Erreger. Die Besiedlung der oberirdischen Pflanzenteile erfolgt im April oder Mai mit dem aufsteigenden Saftstrom.

Die Ausbreitung der Krankheit erfolgt durch infiziertes Vermehrungsmaterial, in der Obstanlage durch Wurzelverwachsungen. Als Vektoren sind verschiedene Blattsaugerarten beschrieben.
Bekämpfung:
- Eine direkte Bekämpfung ist nicht möglich, daher sind vorbeugende Maßnahmen bedeutsam.
- Virusfreie Baumschulware ist die beste vorbeugende Maßnahme.
- Befallene Bäume sind sofort zu roden (Infektionsquellen). Ist eine Nachpflanzung geplant, ist auch das Wurzelmaterial zu entfernen.

Gummiholzkrankheit des Apfels

Früher den Virosen zugeordnet, werden jetzt auch bei der Gummiholzkrankheit Phytoplasmen als Erreger angesprochen. Empfindliche Apfelsorten – 'Golden Delicious', 'James Grieve' – werden schwer geschädigt. Der Erreger kann ohne sichtbare Symptome in Edelsorte oder Unterlage vorkommen.

Abb. 193 Birnenverfall – *pear decline.*

Schadbild:

- Stark erkrankte Triebe hängen abwärts, lassen sich ohne zu brechen scharf biegen.
- Das Holz kann weich sein, sich eindrücken lassen; Äste mit Fruchtbehang können am Stammansatz ausbrechen.
- Erkrankte Bäume bleiben im Wachstum zurück und sind frostanfälliger.
- Ertragseinbußen bis zu 50 % sind möglich.

Lebensweise: Die Übertragung erfolgt in Mutterbeeten und Baumschulquartieren durch Pfropfung; eine Ausbreitung ist auch durch Wurzelverwachsungen möglich. Vektorenübertragung ist nicht bekannt.

Bekämpfung:

- Verwendung von virusfreiem Pflanzmaterial
- Rodung befallener Bäume

Birnenverfall (*pear decline*)

Auslöser der Krankheit sind zellwandlose Bakterien (*Candidatus Phytoplasma pyri*) in infizierten Bäumen. Übertragen werden diese durch einen tierischen Vektor, den Birnenblattsauger. Durch Birnenverfall wurden in verschiedenen Ländern Millionen von Bäumen vernichtet. Ertragsminderungen bis über 50 % sind feststellbar.

Schadbild:

- Rasches oder langsames Absterben der Bäume; in Europa ist der langsame mehrmonatige Verfall (*slow decline*) vorherrschend
- Manchmal erholen sich die Bäume wieder, bleiben aber in ihrer Entwicklung zurück
- Vorzeitige Rotlaubigkeit im Spätsommer oder Herbst deutet Befall an; früher Blattfall an der Spitze von Langtrieben
- Im Folgejahr starke Hemmung des Triebwachstums; kleine, blassgrüne und leicht gerollte Blätter; reiche Blüte, jedoch geringer Fruchtansatz

Besonders anfällig sind 'Williams Christ', 'Conference', 'Gellerts Butterbirne', 'Gräfin von Paris'. Die Übertragung erfolgt durch Pfropfung, Samen und besonders durch den Birnenblattsauger *Cacopsylla Pyricola*.

Bekämpfung:

- Durch Verwendung von virusfreiem Baummaterial kann die Krankheit unterbunden werden.
- Kranke Bäume sind sofort zu roden. In Befallslagen ist besonders die Birnenblattsaugerbekämpfung zu beachten.

12.2.5 Saugende Schädlinge

Blattläuse

Am gefährlichsten sind die Mehlige Apfelblattlaus und die Mehlige Birnenblattlaus. Bei der Apfelgraslaus und der Grünen Apfelblattlaus, die gelegentlich auch an Birnen vorkommen, reicht meistens die natürliche Regulierung aus. Oft ist diese mit der schwerer zu bekämpfenden Grünen Citruslaus vergesellschaftet. Im Feld sind die Tiere nicht zu unterscheiden.

Beschreibung und Schadbilder:

Mehlige Apfelblattlaus (*Dysaphis plantaginea*): Schlupf der Stammmütter ist kurz vor der Blüte – einzelne graublaue, leicht bemehlte Läuse mit mittellangen Hinterleibsröhren an Rosettenblättern oder in Blütenbüscheln, vorzugsweise im unteren Kronenbereich. Ab Mitte Blüte treten erste Kolonien dunkler, weißlich bepuderter erwachsener Läuse und gelblich bis rosa gefärbter Larven auf. In der Folge kommt es zu starken Blattkräuselungen, Triebstauchungen und klein bleibenden deformierten Früchten. Im Juni/Juli treten geflügelte Läuse in Kolonien an Langtrieben auf; nachfolgend: Abwandern auf Sommerwirte (Wegerich-Arten) und Rückwanderung auf Apfel ab Herbst, dort Eiablage am älteren Holz.

Apfelfaltenlaus (*Dysaphis devecta*) und andere Arten: Schlupf kurz nach Austrieb mit einzelnen grauen bis dunkelblaugrauen Läusen mit kurzen schwarzen Siphonen an gerade entfalteten Rosettenblättern. Befallene Blätter bilden charakteristische gelbliche oder rote, taschenförmige Falten, in denen einzelne Apfelfaltenläuse sitzen. Befallene Früchte zeigen rote Flecken, die zumeist von Dauer sind. Im Frühsommer bis spätestens Juli erfolgt Abwanderung auf krautige Pflanzen, im Herbst Rückwanderung auf Apfel zur Eiablage.

Grüne Apfelblattlaus (*Aphis pomi*): Nach dem Austrieb erscheinen einzelne grüne Läuse mit dunklen Beinen und schwarzen bis dunkelbraunen, langen Hinterleibsröhren. An Einzelbäumen ist auch Massenbefall möglich. Der Hauptbefall tritt erst im Juni/Juli an den wüchsigen Langtriebspitzen mit Koloniebildung durch Zuflug geflügelter Tiere auf. Die Art ist nicht wirtswechselnd. Zum Triebabschluss im Sommer lässt der Befall nach. Befallene Blätter und Triebspitzen kräuseln sich leicht. Bei starkem Befall kommt es zu Honigtaubildung und Besiedlung durch Rußtaupilze. Im Herbst erfolgt zum Teil massenhafte Eiablage an den Triebspitzen. Die Grüne Citruslaus (*Aphis spiraecola*) wird in letzter Zeit häufiger in den Anlagen beobachtet.

Mehlige Birnenblattlaus (*Dysaphis pyri*): Der Schlupf erfolgt während der Blüte mit zunächst einzelnen rosa bis graublau gefärbten, weißlich bepuderten Läusen mit mittellangen Hinterleibsröhren in den Blattrosetten. Ab Ende Mai können zahlreiche Kolonien entstehen, ab Juni geflügelte Läuse, die auf Labkraut abwandern. Im Herbst erfolgt Rückwanderung auf Birne zur Eiablage. Befall verursacht Blattverkräuselungen, Blätter verfärben sich gelblich; enorme Honigtauproduktion führt zur Besiedlung durch Rußtaupilze.

Strategien zur Beobachtung: Blattlausbefall ist visuell leicht zu erfassen. Schwieriger zu finden sind die vor der Blüte geschlüpften, einzeln sitzenden Läuse (Mehlige Apfel- und Birnenblattlaus).

Bekämpfung: Mit selektiv wirkendem Blattlausmittel wie Flonicamid, Pirimicarb oder den breiter wirksamen Wirkstoffen Azadirachtin und Thiacloprid bei Befallsbeginn bzw. nach Warndienstaufruf. Erste Behandlung ist bei Apfel vor der Blüte nach dem Erscheinen der Mehligen Apfelblattlaus.

Natürliche Begrenzungsfaktoren:

- Eine Vielzahl von Räubern (Prädatoren = Larven von Schwebfliegen, Florfliegen, räuberischen Gallmücken, Marienkäferlarven und

deren erwachsene Stadien sowie räuberische Wanzen) reduzieren die Apfelfaltenlaus, die Grüne Apfelblattlaus und die wenig gefährliche Apfelgraslaus im Integrierten Anbau so weit, dass chemische Maßnahmen unter genauer Beobachtung gegebenenfalls eingespart werden können.
- Zur Regulierung der Mehligen Apfel- und Birnenblattlaus sind zumeist chemische Maßnahmen erforderlich.

Blutlaus (*Eriosoma lanigerum*)

Blutläuse können Stamm- und Astschäden bis hin zur Entblätterung sowie Verschmutzungen der Früchte verursachen. Anhaltend starker Befall verzögert die Holzreife und schwächt die Bäume.

Beschreibung und Schadbilder:
- **Larven:** 1 mm groß, bräunlich, mit körperlangem Saugrüssel; sie sitzen in Rindenritzen, Krebs- oder sonstigen Wunden oder in alten Kolonien.
- **Adulte:** 2 mm groß, braunrot, ohne Hinterleibsröhrchen, saugen geschützt durch weiße watteartige Wachsausscheidungen am Holz. Zerdrückte Läuse färben Finger und Kleidung blutrot, daher „Blutlaus".

Abb. 194 Blutlausbefall und Schwebfliegenlarve (Praedator).

Triebe und Äste reagieren auf das Saugen mit Wucherungen und Knotenbildung. Starkwüchsige Bäume (hohe N-Gaben) bieten ebenso wie hagelgeschädigte Bäume gute Vermehrungsbedingungen.

Lebensweise: Überwinterung als junge Larve (frosthart bis −25 °C) im Wurzelbereich und in Rindenritzen. Strenge Winter überleben meist nur Larven im Wurzelhalsbereich. Im Frühjahr wandern die Larven auf Triebe und Zweige. In der Nachblüte erfolgt Koloniebildung mit deutlicher Wachswolle, zunächst am alten Holz, nachfolgend am Jungtrieb in Blattachseln. Vermehrung erfolgt ausschließlich ungeschlechtlich mit bis zu zehn Generationen/Jahr. Im Herbst suchen die Larven die Stammbasis auf.

Strategien zur Beobachtung: Kontrolle auf Koloniebildung ab Mai in Blattachseln von Jungtrieben an Stockausschlägen und in Anlagen mit vorjährigem Hagelschlag. Schadensschwelle: 8 bis 10 Kolonien pro 100 Triebe bzw. 2 % befallene Bäume.

Bekämpfung:
- Bei ungebremster Entwicklung der Kolonien an Jungtrieben, Überschreiten der Schadensschwelle und dem Ausbleiben von Gegenspielern.
- Der selektiven Wirkstoff Pirimicarb zeigte über Jahre zumeist ausreichende Wirkung; Einsatz mit erhöhtem Brüheaufwand und Netzmittelzusatz unter weitestgehender Schonung der natürliche Gegenspieler.
- Der Wirkstoff Spirotetramat könnte bei Zulassung ergänzend oder alternativ direkt nach der Blüte eingesetzt werden.
- Im Sommer prüfen, ob Parasitierung durch Zehrwespe (*Aphelinus mali*) und Besatz mit Ohrwurm (*Forficula auricularia*) gegebenenfalls ausreichend ist.

Natürliche Begrenzungsfaktoren: Wichtigste und effektivste Gegenspieler sind der Ohrwurm im Juni/Juli und die Blutlauszehrwespe im Juli/August. Parasitierte Blutläuse verlieren die Wachswolle, sind dunkel gefärbt und unbeweglich. Die fertig entwickelte Zehrwespe (schwärzlich gefärbt mit gelben Beinen, < 1 mm groß) verlässt die Blutlaus durch ein Loch in deren Rücken.

- Zur Kontrolle auf Parasitierung Wachswolle wegblasen.
- Die Zehrwespe und der Ohrwurm sind gegen breit wirksame Insektizide hoch empfindlich. Der Einsatz von Neonicotinoiden nach der Blüte sollte deshalb vermieden werden.
- Ohrwurmquartiere (z. B. nach unten offene Bambusröhren mit großem Innendurchmesser) bereits in Junganlagen einbringen.

Neben der Blutzehrwespe und Ohrwürmern können auch Schwebfliegenlarven, Marienkäfer und deren Larven sowie Florfliegenlarven den Befall deutlich reduzieren.

Abb. 195 Kommaschildlaus (Ei, weiß; Parasitoid, gelb).

Schildläuse

In der Praxis sind Schildläuse gelegentlich und dann meist nesterweise von Bedeutung, da sie durch natürliche Gegenspieler zumeist ausreichend kontrolliert werden. Die gefährlichste Art ist die San-José-Schildlaus, die wieder in Ausbreitung begriffen ist.

Beschreibung und Schadbilder:

Deckelschildläuse (Körper und Schild getrennt): Die **Kommaschildlaus** (*Lepidosaphes ulmi*) bildet 2,0 bis 3,5 mm lange, dunkelgrau bis braun gefärbte, kommaähnliche Schilde, die am Fruchtholz, Ästen und Stämmen sitzen. Bei starkem Befall bilden die Schilde regelrechte Krusten. Im Sommer legen die Weibchen unter dem Schild bis zu 80 Eier und sterben ab. Die Eier überwintern geschützt unter dem Schild. Mitte bis Ende Mai des Folgejahres schlüpfen gelbliche Wanderlarven. Diese setzen sich zur Schildbildung am Holz oder auf Früchten fest. Stark befallene Bäume werden nachhaltig geschwächt.

Austernschildläuse (*Diaspidiotus* spp.): Die bedeutendste und gefährlichste ist die **San-José-Schildlaus** (*Diaspidiotus perniciosus*). Vor allem auf älterem Holz, aber auch auf Früchten erscheinen bis 2 mm große, grauschwarze bis bräunliche runde Schildchen. Die männlichen Schilde sind oval-länglich. Im flachen Anschnitt befallener Rinde ist das Bastgewebe rötlich gefärbt; auf Früchten oder hellerem Holz bildet sich ein roter Hof um die Schilde. Die San-José-Schildlaus bildet zwei bis drei Generationen im Jahr und überwintert am Holz. Ab April/Mai treten erwachsene Tiere auf. Ab Anfang Juni gebären die Weibchen bis zu 400 gelbliche Wanderlarven. Diese laufen mehrere Tage umher, bis sie sich festsetzen. Ab Ende Juli treten nochmals adulte Tiere auf. Ihre Nachkommen überwintern im Schwarzschildstadium. Stark befallene Triebe und Zweige sterben ab. Bei Fruchtbefall kommt es zu Ernteeinbußen insbesondere bei Spätsorten wie 'Braeburn'.

Napfschildläuse (Körper und Schild verwachsen): Die **Große Obstbaumschildlaus** (*Eulecanium corni*) bildet 4 bis 6 mm große, deutlich gewölbte braune Schilde an Zweigen und Trieben. Sie überwintert als bräunliche, bewegliche, 0,5 bis 1,0 mm große Larve im zweiten Larvenstadium. Im zeitigen Frühjahr setzen sich die Larven fest und bilden Schilde aus. Die Weibchen legen im Mai/Juni bis zu 100 Eier unter den Schilden ab. Die gelblichen Larven schlüpfen ab Ende Mai, wandern auf Blätter und junge Triebe und saugen Pflanzensäfte. Bei starkem Befall treten Schäden durch Honig- und Rußtaubildung an Blättern und Früchten auf.

Strategien zur Beobachtung: Bei der Astprobenkontrolle sind Kommaschildläuse und Obstbaumschildläuse gut zu erkennen, schwieriger Austernschildläuse. Zur Vorhersage möglichen Befalls durch die San-José-Schildlaus kann insbesondere der letztjährige Fruchtbefall herangezogen werden.

Schadensschwellen pro 2 m Fruchtholz:

- Kommaschildlaus: 30 bis 50 Schilde mit Eiern
- Austernschildlaus: 30 Schilde mit lebenden Läusen
- Große Obstbaumschildlaus: 30 bis 50 Larven.

Bekämpfung: Grundlage der Bekämpfung der Großen Obstbaumschildlaus und der Austernschildlausarten sind Mineralölbehandlungen zum Austrieb:

- Zu Beginn einer Schönwetterperiode mit Temperaturen > 10 °C.
- Bei gleichmäßiger und ausreichender Benetzung der Bäume (gegenläufig fahren).
- Eier der Kommaschildlaus werden nicht erfasst; hier ist ab Mitte Mai die Nebenwirkung von Thiacloprid und, bei Zulassung, Spirotetramat auszunutzen.

Natürliche Begrenzungsfaktoren: Alle Schildläuse werden von Schlupfwespenarten parasitiert. *Encarsia perniciosi*, dem wichtigsten Parasitoid der San-José-Schildlaus, wurde dem eingeschleppten Schädling nachgeführt. Der Erfolg der Maßnahme ist gelegentlich nicht mehr ausreichend.

> Parasitierte Schildläuse sind am einfachsten an dem Ausbohrloch des Parasitoiden im Schild zu erkennen.

Birnenblattsauger

Beschreibung und Schadbilder: Erwachsene Blattsauger haben durchsichtige, membranartige, dachförmig am Körper angelegte Flügel. Unter den drei vorkommenden Arten spielt der Gemeine Birnenblattsauger die bedeutendste Rolle. Weniger bedeutend ist der Große Birnenblattsauger, seltener ist der Gefleckte oder Gelbe Birnenblattsauger (*Cacopsylla pyricola*). Birnenblattsauger übertragen den Birnenverfall, eine bedeutende Phytoplasmose.

Gemeiner Birnenblattsauger (*Cacopsylla pyri*): 2 bis 3 mm groß, zunächst grün bis grünblau, später (Winterform) braunschwarz, überwintert als erwachsenes Tier in Rindenritzen, unter Laub. Im März Eiablage in kleinen Gruppen auf das Holz, wenn die Temperatur an zwei aufeinander folgenden Tagen > 10 °C beträgt. Larven schlüpfen im April, sind bis zu 2 mm groß und abgeplattet, zunächst orangegelb gefärbt, vom dritten Stadium an eher gelblich braun, das älteste Larvenstadium ist dunkelbraun. Im Mai erfolgt Eiablage für die zweite Generation in Gruppen von fünf bis zehn Eiern auf die Oberseite von jungen Basisblättern, an Triebspitzen und an Blatt- und Fruchtstielen. Dabei entstehen im Gegensatz zum Großen Birnenblattsauger keine Blattdeformationen. Die Larven schlüpfen Ende Mai/Anfang Juni. Diese richten den größten Schaden an und bilden Honigtau. In der Folge siedeln sich Rußtaupilze an. Blätter von jungen Trieben rollen sich ein, später kommt es zu Triebverkahlung, Triebe und Früchte verschmutzen. Drei bis vier Generationen/Jahr werden gebildet. Ab Ende September werden die Winterquartiere aufgesucht.

Großer Birnenblattsauger (*Cacopsylla pyrisuga*): Er ist bis 4 mm groß, zunächst grünlich, später rotbraun bis schwarz, bildet eine Generation/ Jahr. Überwinterung erfolgt als erwachsenes Tier auf Nadelbäumen; bereits vor Knospenaufbruch im zeitigen Frühjahr besiedeln diese Blattsauger die Birnbäume. Eiablage erfolgt von Ende März bis Ende Mai blattunterseits entlang der Mittelrippe junger Basisblätter in Grüppchen von 50 bis 100 Eiern. Durch Eiablage entstehen Blattdeformationen (Blattrandrollung, Verkräuselung). Larven saugen an jungen Blättern und jungen Trieben. Erwachsene Blattsauger verlassen die Birne bereits im Frühsommer und wandern auf den Winterwirt ab.

Strategien zur Beobachtung: Beide Blattsaugerarten sind gut voneinander zu unterscheiden. Mit einer zehnfach vergrößernden Lupe sind die Eiablagen am Holz bzw. auf den Blättern leicht zu finden. Auch Larvenbefall kann visuell festgestellt werden.

Bekämpfung: Die Schäden durch den Großen Birnenblattsauger sind von geringer Bedeutung, zumal diese Art bald nach der Blüte abwandert. Deshalb richten sich die Bekämpfungsmaßnahmen zumeist gegen die zweite Generation des Gemeinen Birnenblattsaugers.

- Zur Bekämpfung steht in Deutschland derzeit nur Envidor (Spirodiclofen) zur Verfügung. Die Behandlung erfolgt vor dem Schlupfbe-

ginn auf die dottergelben Eier. Der Wirkstoff Abamectin ist zurzeit nicht mehr und Spirotetramat noch nicht zugelassen.
- Der Zusatz von Netzmitteln fördert die Wirkung.
- Alle wuchsberuhigenden Maßnahmen und ein Sommerriss wirken befallsmindernd.

Natürliche Begrenzungsfaktoren: Blumenwanzen sind wichtige natürliche Gegenspieler, vor allem *Anthocoris nemoralis*: Eine Wanzenlarve saugt während ihrer Entwicklung bis zu 1000 Blattsaugerlarven aus. Häufig aufzufinden ist auch die Blindwanzenart *Pilophorus perplexus*. Auch Ohrwürmer, Marienkäferlarven und deren erwachsene Stadien und Florfliegenlarven können den Befall deutlich reduzieren.

Abb. 196 Rotbeinige Baumwanze.

Abb. 197 Fruchtschaden durch Rotbeinige Baumwanze.

Wanzen

Schädigend tritt die **Nordische Apfelwanze** (*Plesiocoris rugicollis*) vor allem an Apfel, die **Futterwanze** (*Lygocoris pabulinus*) an Kern-, Stein- und Beerenobst auf. Beide Arten schädigen durch Saugen an Blättern, Blüten, Trieben und jungen Früchten bis maximal 20 mm.

Schadbild: An ihren Schadsymptomen sind die Nordische Apfelwanze und die Futterwanze nicht zu unterscheiden.
- Saugstellen auf den Blättern verfärben sich rötlich braun, werden später zu Löchern. Einstiche in den Vegetationskegeln lassen das Triebwachstum stillstehen.
- Blüten und jüngste Früchte können abgestoßen werden. Befallene Früchte sind je nach der Anzahl der Einstiche punktförmig, flächig bis vollkommen verkorkt, deformiert. In starken Befallslagen entstehen bis zu 95 % Fruchtschäden.

Lebensweise: Die Eier beider Wanzenarten überwintern besonders in der Rinde einjähriger Triebe. Kurz vor der Blüte beginnt der Schlupf der Nymphen, bei sonnigem Wetter und ansteigenden Temperaturen sind sie besonders aktiv. Wanzen haben fünf Nymphenstadien; bei den beiden letzten sind die gelblich grünen, später grünen Flügelscheiden erkennbar. Adulte sind 5,5 bis 6,8 mm lang, glänzend grün. Die selten auffindbaren Eier sind bananenförmig und 1,3 mm lang. Die Nordische Apfelwanze hat eine, die Futterwanze zwei Generationen. Die geflügelten Tiere der Nordischen Apfelwanze bleiben bis Juli auf den Bäumen. Bei Futterwanzen kommt es zu einem Wirtswechsel auf verschiedene Kräuter, auf denen sich die zweite Generation entwickelt. Anschließend findet eine Rückwanderung auf die Obstgehölze statt.

Bekämpfung: Nymphen müssen während des Schlupfes in der Apfelblüte bekämpft werden. Das ist jedoch aufgrund fehlender nicht bienengefährlicher Insektizide derzeit nur durch „ein-

zelbetriebliche Genehmigungen für Notfallsituationen“ möglich. Neu in Erscheinung getreten ist die **Rotbeinige Baumwanze** (*Pentatoma rufipes*), die zumeist in älteren Birnenanlagen Fruchtschäden verursacht.

Lebensweise: Die Rotbeinige Baumwanze überwintert als Nymphe hinter borkiger, rissiger Rinde. In der Nachblüte saugen die Nymphen an den jungen Früchten. Hierdurch werden eingesunkene Dellen im Fruchtfleisch verursacht, die im Anschnitt steinhart sind. Ertragsausfälle bis zu 60 % können die Folge sein. Im Sommer erscheinen die erwachsenen Tiere, die bis in den September hinein Eier ablegen.

Bekämpfung: Die Nymphen der Rotbeinigen Baumwanze können nach der Ernte oder in der Vorblüte bis zur Blüte bekämpft werden. Wirksame Produkte sind derzeit nicht zugelassen. Der Wirkstoff Thiacloprid zeigt eine Nebenwirkung.

Milben

Obstbaumspinnmilbe (*Panonychus ulmi*)

> Die Obstbaumspinnmilbe („Rote Spinne“) ist einer der wichtigsten Schädlinge im Apfelanbau. In günstigen Jahren kann sie fünf bis acht sich überlappende Generationen hervorbringen. Dadurch kann die Milbe sehr schnell Resistenzen gegen eingesetzte Akarizide aufbauen. Besonders anfällig für Milbenbefall sind die Apfelsorten ‘Braeburn’, ‘Fuji’ und ‘Elstar’.

Abb. 198 Eiablage Obstbaumspinnmilbe.

Im Integrierten Obstbau mit dem Ziel einer langfristigen Milbenregulierung steht die Schonung des bedeutendsten natürlichen Gegenspielers, der Raubmilbe, im Vordergrund.

Beschreibung und Schadbilder:

- **Adulte:** Etwa 0,4 mm groß, weibliche Tiere stark gewölbt und dunkelrot mit langen Borsten auf hellen Warzen auf dem Rücken; männliche Tiere sind kleiner, gelbgrün bis hellrot gefärbt.
- **Larven, Nymphen:** Larven haben sechs, Nymphen acht Beine und sind gelblich grün bis hellrot gefärbt.
- **Ei:** 0,14 bis 0,17 mm Durchmesser, zwiebelförmig, Wintereier dunkelrot, am älteren Holz sitzend; Sommereier deutlich heller, auf der Blattunterseite.

Das Saugen der Milben führt auf den Blättern zu feinen, weißlichen Flecken; bei stärkerem Befall werden die Blätter matt, dann silbrig bronzefarben. Vorzeitiger Blattfall ist möglich. Es leiden Fruchtfarbe und Blütenknospenansatz.

Lebensweise: Überwinterung als Ei. Schlupf der Larven erfolgt ab Blühbeginn („Rote Knospe“) über ca. drei Wochen. Die Larven besiedeln zunächst die Unterseite von Rosetten- bzw. Basisblättern der Triebe und beginnen sofort zu saugen. Bei starkem Befall treten auch Milben auf der Blattoberseite auf. Sommereier werden im Mai auf der Blattunterseite abgelegt. Die Entwicklung vom Ei bis zur erwachsenen Milbe ist temperaturabhängig und dauert zwischen zwei bis vier Wochen. Über den Sommer können mehrere Generationen entstehen. Ab September beginnt die Ablage der Wintereier am mehrjährigen Holz.

Strategien zur Beobachtung: Stärke des Wintereibesatzes mit der Astprobenkontrolle erfassen; Schadensschwelle je nach Anbaugebiet 800 bis 2000 Eier pro 2 m Fruchtholz. In der Vegetation Blätter mit einer Lupe mit mindestens zehnfacher Vergrößerung auf Milbenbefall kontrollieren. Schadensschwelle im Mai/Juni ist 60 bis 70 %, ab Mitte Juli 30 bis 40 % befallene Blätter.

Bekämpfung:

- Öle (mineralische und pflanzliche) zur Abtötung der Wintereier unmittelbar vor Schlupfbeginn (Grüne Knospe) ausbringen. Frühere

Behandlungen sind weniger wirksam, die Ölmengen müssten deutlich erhöht werden.
- Auf gute Benetzung ist zu achten. Öl-Präparate nur bei Windstille, bedecktem Himmel und hoher Luftfeuchte ausbringen.
- Spezielle Akarizide wie Acequinocyl (Kanemite), Milbemectin (Milbeknock) oder Spirodiclofen (Envidor) auf schlüpfende Larven nach Warnaufruf termingerecht einsetzen. Auf mögliche Resistenzen achten.

Natürliche Begrenzungsfaktoren: Die bedeutendsten natürlichen Gegenspieler sind Raubmilben; die wichtigste Art ist *Typhlodromus pyri*. Ab einer Raubmilbe/Blatt werden die Spinnmilben wirksam unterdrückt, wenn mit raubmilbenschonenden Pflanzenschutzmitteln gearbeitet wird. Weitere natürliche Feinde sind die Blumenwanze *Orius minutus*, einige Blindwanzen sowie der Zwergmarienkäfer *Stethorus punctillum*.

Gallmilben

Beschreibung und Schadbilder: Gallmilben können bei massivem Auftreten wirtschaftliche Schäden verursachen. Sie sind zwischen 0,1 und 0,2 mm groß und haben einen länglichen, gelblich weißen Körper mit zwei Beinpaaren.
- **Apfelrostmilbe** (*Aculus schlechtendali*): Diese frei lebende Gallmilbe kann besonders bei rot färbenden Sorten wie 'Jonagold' oder 'Braeburn' zum Problem werden. Die Blätter verlieren durch die Saugtätigkeit der Milben ihren Glanz; bei starkem Befall verfärben sie sich bronzefarben; die Assimilationsleistung wird beeinträchtigt, wodurch die Ausfärbung der Früchte leidet. **Adulte Weibchen** überwintern in Gruppen unter lockerer Borke, in Rindenritzen in der Nähe von Knospen und unter Knospenschuppen am einjährigen Holz. Bei Knospenaufbruch verlassen die Milben ihre Winterquartiere, um an Blattknospen, Blättern, Blütenknospen und Blüten zu saugen. Die winzigen Eier werden auf den Blättern von Frucht- und Blattknospen abgelegt. Im Mai schlüpfen die Männchen und Sommerweibchen der ersten Generation. Es folgen mehrere sich überlappende Generationen. Von Juni bis August ist Massenvermehrung möglich. Dann erfolgt die Entwicklung vom Ei bis zur erwachsenen Milbe in nur einer bis zwei Wochen. Ab September hört die Vermehrung auf und die Weibchen der letzten Generation („Winterweibchen") suchen die Winterverstecke auf.

Abb. 199 Befallssymptome der Apfelrostmilbe.

- **Birnenrostmilbe** (*Epitrimerus pyri*): Frei lebende Gallmilbe, verursacht Bräunungen auf der Blattunterseite und Fruchtberostungen um die Kelchgrube. Bei extremem Befall bleiben die Blätter klein und die Blattränder rollen sich nach oben ein. Erwachsene Milben überwintern unter Knospenschuppen. Nach dem Austrieb besiedeln sie junge Blättchen, im Juni auch zunehmend die Früchte. Bis zum Herbst folgen mehrere sich überlappende Generationen. Die Entwicklung einer Generation dauert je nach Temperatur zwischen 5 (bei 22 °C) bis 17 Tagen (bei 10 °C).
- **Birnenpockenmilbe** (*Phytoptus pyri*): Im Frühjahr entstehen auf der Unter- und Oberseite der Blätter zunächst kleine, grün bis rötlich gefärbte pockenartige Missbildungen. Mit zunehmender Größe werden diese Gallen glänzend rotbraun. Befallenes Blattgewebe trocknet ein, es entstehen dunkelbraune bis schwarze Flecken. Insbesondere bei glattschaligen Birnensorten können auch die Früchte befallen werden. **Adulte Weibchen** überwintern in Gruppen bis zu 50 Milben zwischen Knospenschuppen. Noch vor Knospenaufbruch verlassen sie ihre Winterquartiere, dringen tiefer in die Knospen ein und begin-

nen darin zu saugen. Die Eier werden an der Basis der Knospenschuppen abgelegt. Mit dem Knospenaufbruch besiedeln die Milben junge Blättchen. Durch ihre Saugtätigkeit regen die Weibchen die Pockenbildung an, in denen sie Eier für die nächste Generation ablegen. Vor dem Absterben des vergallten Gewebes wandern die Milben aus, besiedeln die Triebspitzen und regen dort Gallenbildung an. Ab Ende Juli suchen die Weibchen zunehmend ihre Winterquartiere auf.

Strategien zur Beobachtung:

- Für die Kontrolle auf freilebenden Gallmilben blattunterseits ist eine gute Lupe (mindestens 12-fache Vergrößerung) erforderlich. Im Juni werden dazu Blätter aus dem unteren Drittel, im Juli/August aus dem oberen Drittel der Langtriebe entnommen.
- Sicheres Zeichen für starken Befall ist die Anwesenheit von Milben blattoberseits (leicht zu finden).

Bekämpfung:

- Befallsreduzierung durch Schwefelzusatz zu den Austriebs-, Vorblüte- und Blütespritzungen bei höheren Temperaturen.
- Unter ungünstigen Bedingungen und vor allem beim Fehlen natürlicher Gegenspieler sind Apfel- und Birnenrostmilbe im Sommer (Juni/Juli) nochmals mit einem wirksamen Akarizid zu bekämpfen.
- Schwefeleinsatz im Sommer ist als kritisch zu betrachten, bei hohen Temperaturen erhöht sich die Sonnenbrandgefahr. Spezielle Akarizide wie Fenpyroximat (Kiron) sowie Spirodiclofen (Envidor) haben eine ausreichende Wirkung.

Natürliche Begrenzungsfaktoren: Frühzeitiges Ansiedeln von Raubmilben reduziert bereits in Junganlagen den Befall deutlich. Da vor allem Rostmilben für Raubmilben eine wichtige Nahrungsgrundlage darstellen, sollte ein geringer Rostmilbenbefall in „funktionierenden" Obstanlagen mit mindestens einer Raubmilbe pro Blatt toleriert werden.

12.2.6 Beißende Schädlinge

Fruchtwickler

Zu den Fruchtwicklern, deren Raupen sich in die Apfelfrüchte einbohren und im Inneren fressen, gehören der Apfelwickler, der Bodenseewickler und der Kleine Fruchtwickler. Der Apfelwickler, der auch an Birnen vorkommt, ist sicherlich der bedeutendste Fruchtschädling.

Beschreibung und Schadbilder:

Apfelwickler (*Cydia pomonella*): Er bildet je nach Region ein bis zwei Generationen pro Jahr. Der Falter ist etwa 10 mm groß, grau mit je einem bronzefarbenen Spiegel an den Flügelenden. In Regionen mit zwei vollständigen Generationen fliegen die Falter der ersten Generation von Ende April/Anfang Mai bis Anfang/Mitte Juli, die der zweiten Generation in frühen Gebieten ab Mitte Juli bis Ende August/Anfang September ohne klare Trennung zwischen den Faltergenerationen. Die etwa 1 mm großen Eier werden in der Dämmerung bei Temperaturen ab 15 °C einzeln auf Blätter in der Nähe von Fruchtbüscheln, später vornehmlich auf die Früchte direkt abgelegt.

Die Eientwicklung dauert in der Regel 80 bis 85 Gradtage zur Basis 10 Grad. Pro Weibchen werden ca. 80 Eier abgelegt. Die schlüpfenden Räupchen bohren sich nach wenigen Stunden in die Früchte ein. Der Bohrgang ist mit Kot gefüllt, reicht bis zum Kernhaus, die Kerne werden angefressen. Um das Einbohrloch auf der Frucht bildet sich gelegentlich ein roter Ring. Die Raupe durchlebt fünf Stadien. Im letzten Larvenstadium ist sie 18 bis 20 mm groß, rosa gefärbt mit braunem Kopf- und Nackenschild.

Nach etwa 30 Tagen ab Eischlupf verlassen die Raupen die Früchte, um sich in Rindenritzen und an ähnlichen Orten am Stamm einzuspinnen. In kühleren Regionen gehen die Raupen der ersten Generation bereits ab Juli in Diapause. In wärmeren Regionen entwickelt sich ein Teil der Population weiter zu einer zweiten Faltergeneration, die im August Eier ablegt und so für die gefährliche Spätvermadung im September sorgt.

Bodenseewickler (*Pammene rhediella*): Er bildet eine Generation pro Jahr. Die etwa 6 mm großen, dunkelbraunen Falter fliegen tagsüber bereits

Abb. 200 Apfelwickler Fruchtbefall.

Abb. 201 Fraßgang des Kleinen Fruchtwicklers.

während der Apfelblüte. Eier werden einzeln blattunterseits in der Nähe von Blütenbüscheln abgelegt. Die weißlichen Räupchen mit braunem Kopf- und Nackenschild schlüpfen bereits nach etwa 14 Tagen und schädigen zunächst, indem sie Stempel- und Staubblätter der Blüten zusammenspinnen. Junge Früchte werden ab einer Größe von etwa 2 cm Durchmesser angebohrt (oft mehrere Versuche); der Gang ist frei von Kot und führt am Kernhaus vorbei zur Stielgrube. Kerne werden nicht angefressen. Bis Ende Juni/Anfang Juli fressen die Räupchen im Innern der Früchte. Überwinterung erfolgt als Raupe in einem Kokon unter Rindenschuppen an Stamm oder dickeren Ästen, in dem sie sich im zeitigen Frühjahr auch verpuppt. Gelegentlich werden auch Triebspitzen angebohrt (Welke). Der Bodenseewickler wird nur selten schädlich.

Kleiner Fruchtwickler (*Grapholita lobarzewskii*): Er bildet eine Generation pro Jahr. Die etwa 8 mm großen hell- bis graubraunen Falter fliegen ab Ende Mai/Anfang Juni. Eier werden ab Anfang Juni einzeln auf Früchten abgelegt. Ab Ende Juni bohren sich die graugelb bis rosa gefärbten Räupchen in die Früchte ein. Auf den Früchten sind zwei eng beieinanderliegende Einbohrlöcher zu beobachten, aus denen kein Kot austritt. Der Bohrgang ist sauber, verzweigt und geht bis zum Kernhaus. Direkt unter der Fruchthaut sind die einzelnen Bohrgänge miteinander verbunden. Kerne werden selten angefressen. Im Sommer sind gelegentlich auf der Frucht furchenartige Fraßschäden zu beobachten, die vom Einbohrloch ausgehen. Die Überwinterung erfolgt als ausgewachsene Larve. Seit Anfang der 90er-Jahre wird vor allem in Süddeutschland ein zunehmendes Auftreten beobachtet.

Strategien zur Beobachtung: Der Falterflug kann bei allen drei Arten mit der Pheromonfalle überwacht werden, die Abschätzung des künftigen Befallsdrucks ist jedoch schwierig: Eine direkte Schadensschwelle für die Bekämpfung ist nicht festgelegt. Für den Apfelwickler gelten jedoch zwei Faustzahlen:

- Ab 1 bis 2 % Fruchtbefall bei der Ernte ist im kommenden Jahr mit stärkerem Befallsdruck zu rechnen.
- Bei mehr als 0,5 % eingebohrter Früchte durch die erste Faltergeneration ist eine Bekämpfung der zweiten Generation unerlässlich.

Bekämpfung: Je nach Schädling sind chemische, biologische oder biotechnische Verfahren, soweit verfügbar, einzeln oder in Kombination anzuwenden.

- **Chemische Verfahren:** Insektenwachstumsregulatoren wie Tebufenozid (Mimic) oder Chlorantraniliprole (Coragen) bzw. Indoxacarb (Steward); entsprechend der Wirkungs-

Abb. 202 Von Fruchtschalenwickler befallene Apfeltriebspitze.

weise (ovizid, larvizid) genau terminiert einsetzen; Warnhinweise beachten
- **Biologische Verfahren:** Bekämpfung mit Granuloseviren ist derzeit nur gegen Apfelwickler (CpGV-Präparate) und Apfelschalenwickler (Capex 2) möglich; aufgrund der UV-Instabilität stark eingeschränkte Wirkungsdauer, Wiederholungsspritzungen sind erforderlich
- **Biotechnische Verfahren:** Bekämpfung mit Pheromon-Verwirrung (z. B. RAK 3 gegen Apfelwickler); bei hohem Befallsdruck mit chemischen und/oder biologischen Mitteln zu kombinieren; Voraussetzung für den Erfolg eines biotechnischen Verfahrens ist die Anwendung auf arrondierten Flächen von mindestens 1 ha Größe

Natürliche Begrenzungsfaktoren: Parasiten spielen eine untergeordnete Rolle. Gelegentlich werden die Eier von *Trichogramma*-Arten (Schlupfwespen) parasitiert. Vögel, insbesondere Meisen, können überwinternde Raupen deutlich reduzieren.

Apfelschalenwickler (*Adoxophyes orana*)

Dieser bedeutendste Fruchtschalenwickler kommt an Kernobst, gelegentlich auch an Kirschen und Zwetschen vor. Geringere Bedeutung haben Großer Obstbaumwickler (*Archips podana*), Brauner Schalenwickler (*Pandemis heparana*), der Rote und Graue Knospenwickler (*Spilonota ocellana*; *Hedya nubiferana* und Heckenwickler (*Archips rosana*).

Beschreibung und Schadbilder:
- **Falter:** Etwa 10 mm groß, graubraun mit dunkelbraunen bis ockerfarbenen Vorderflügeln; Hinterflügel mehr grau; weibliche Falter deutlich größer und heller.
- **Ei:** Flach und oval, zitronengelb; Ablage in Eispiegeln mit 25 bis 100 Eiern, meist auf die Oberseite älterer Blätter, gelegentlich auch auf Früchte.
- **Raupe:** Etwa 16 bis 20 mm lang, gelblich grün bis olivgrün mit gelbbraunem Kopf und Nackenschild.

Adoxophyes orana entwickelt zwei Generationen im Jahr. Falter der ersten Generation fliegen ab Ende Mai und legen ab Juni ihre „Eispiegel“ bevorzugt auf ältere Blätter ab. Die Räupchen schlüpfen je nach Temperatur nach etwa zehn Tagen, spinnen sich an Blättern ein und beginnen zu fressen; später fressen sie auch unter angehefteten Blättern an den Früchten. Typisch ist der Triebspitzenbefall im Juni/Juli. Blätter werden zu „Tüten“ zusammengesponnen, von außen ist Fensterfraß sichtbar. Die Verpuppung erfolgt im Juli. Ab Mitte/Ende Juli setzt der Flug der zweiten Generation ein. Die ab Mitte August schlüpfenden Räupchen verursachen den wirtschaftlich bedeutenden Naschfraß an erntereifen Früchten. Im L_2- bis L_3- Stadium erfolgt die Überwinterung im Gespinst zwischen Blättern oder in Rindenritzen. Kurz nach dem Austrieb (Grüne Knospe) wandern die Räupchen in die Knospenbüschel ein, um an den frisch austreibenden Blättern zu fressen (Blätter eingerollt mit weißem Gespinst). Im Mai erfolgt die Verpuppung.

Strategien zur Beobachtung: Im zeitigen Frühjahr (Vorblüte, Blüte) sind die in den Blütenbüscheln eingesponnenen Larven nicht leicht zu finden. Die Schadensschwelle wird daher mit 0,5 bis 1 Raupe pro 100 Blütenbüschel relativ niedrig angesetzt. Im Juli kann anhand der befallenen Triebspitzen der zu erwartende Befallsdruck durch die zweite Generation sehr gut prognostiziert werden (Schadensschwelle: 1–5 %

Triebspitzenbefall). Einen Hinweis auf den möglichen Befallsdruck im Folgejahr gibt auch der Herbstbefall (Schadensschwelle: > 1 % Fruchtbefall bei der Ernte).

Bekämpfung:

- Mit Insektenwachstumsregulatoren (Indoxacarb, Tebofenozid) oder mit Granulosevirus-Präparaten (Capex 2) oder *B.-t.*-Präparat gezielt auf die Winterräupchen im Frühjahr. Gegen die Sommergeneration kann in der 3. Junidekade Chlorantraniliprole (Coragen) oder ein *B.-t.*-Präparat eingesetzt werden.
- Die Wirksamkeit der Pheromon-Verwirrungsmethode ist beim Apfelschalenwickler aus verschiedenen Gründen noch unsicher.

Natürliche Begrenzungsfaktoren: Verschiedene Schlupfwespenarten (*Ichneumoniden*, *Braconiden*, *Chalcidoiden*) oder Raupenfliegen (*Tachiniden*) tragen zu einer Reduzierung des Befalls bei, Parasitierungsraten zwischen 25 und 60 % sind keine Seltenheit. Die erwähnten Gegenspieler sind überwiegend unspezifisch und parasitieren auch andere Wicklerarten in der Obstanlage. Im Winter können Vögel, insbesondere Meisenarten, den Befallsdruck ebenfalls reduzieren.

Miniermotten

Diese Kleinschmetterlinge haben im Integrierten Anbau an Bedeutung verloren. Ursache dafür sind zahlreiche Arten von Gegenspielern und die Nebenwirkungen von verschiedenen Insektiziden. Die bekanntesten Vertreter sind Faltenminiermotte, Schlangenminiermotte, Pfennigminiermotte und Apfelblattminiermotte.

Strategie zur Beobachtung: Anhand der verschieden ausgebildeten Minen sind die einzelnen Arten sehr gut voneinander zu unterscheiden. Zur Flugbeobachtung der Männchen sind Pheromonfallen (nicht für alle Arten) im Handel erhältlich.

Bekämpfung: Gezielte Maßnahmen sind in der Regel nicht erforderlich, da die Miniermotten bei der Apfelwickler- und/oder Apfelschalenwicklerbekämpfung mit einem Insektenwachstumsregulator oder Chlorantraniliprole (Coragen) bzw. bei der Blattlausbekämpfung mit einem Neonicotinoid sehr gut erfasst werden.

Natürliche Begrenzungsfaktoren: Zahlreiche Schlupfwespenarten sind als natürliche Gegenspieler bekannt. Im Havelländischen Obstanbaugebiet wurden bereits 1989 13 verschiedene Parasitenarten, überwiegend aus der Familie der Eulophidae (Erzwespen) bei *Stigmella malella* festgestellt, die zum Teil die Räupchen ekto- bzw. endoparasitisch befallen.

Apfelsägewespe (*Hoplocampa testudinea*)

In Jahren mit schwacher Blüte kann hoher Befallsdruck erhebliche Ertragseinbußen mit sich bringen. Bei starkem Blütenbesatz verursacht ein mäßiger Sägewespenbefall eine erwünschte Ausdünnung. Besonders anfällig sind die Sorten 'Idared', 'Boskoop', 'Jonagold' und 'Fuji'.

Beschreibung und Schadbilder:

- **Wespe:** Etwa 7 mm lang, Oberseite schwarz, Brust und Beine orangefarben, vier durchsichtige Flügel
- **Larven:** 9 bis 11 mm lang mit sieben Paar Bauchbeinen; weißlicher Körper; Kopf bei jungen Larven schwarz, bei älteren bräunlich

Die Larve überwintert in einem Kokon in 10 bis 15 cm Bodentiefe und verpuppt sich im März, die Wespen fliegen während der Apfelblüte. Jedes Weibchen legt etwa 20 Eier einzeln in Blütenkelche. Nach zwei Wochen schlüpfen die Larven.

Abb. 203 Schadbild der Apfelsägewespe.

Junge Larven fressen zunächst Spiralgänge direkt unter der Fruchthaut. Danach bohrt sich die größer werdende Larve in weitere (1 bis 3) Früchte ein. Die Ein- und Ausbohrlöcher haben einen Durchmesser von 2 bis 3 mm; nasser, schmieriger Kot tropft aus den Bohrlöchern. Im Inneren der Frucht entstehen große Höhlungen. Diese Früchte werden abgeworfen. Die erwachsenen Larven verlassen nach drei- bis vierwöchiger Fraßzeit die Früchte und lassen sich zu Boden fallen.

Strategien zur Beobachtung: Überwachung des Flugs mit weißen Leimtafeln während der Apfelblüte, in warmen Gebieten auch bereits eine Woche vor dem Aufblühen (ab Rote Knospe). Für eine Befallsprognose werden zwei bis drei Fallen pro Sorte verwendet. Es gelten folgende Schadensschwellenwerte:

- Rebell-Falle: Etwa 20 bis 30 Sägewespen je Falle und Blühperiode
- Temmen-Falle: 6 bis 8 Sägewespen je Falle und Blühperiode

Bei schwachem Behang gelten die niedrigeren Werte. Die Auszählung erfolgt bis zum Ende der Blüte.

Bei der visuellen Kontrolle werden die Eiablagestellen zwischen den Kelchblättern gezählt: Bei 5 bis 10 Einstichen/100 Blütenbüschel ist je nach Blütenbesatz die Schadensschwelle überschritten.

Bekämpfung: In Jahren mit langer Blüte und hohem Befallsdruck ist frühzeitig in die abgehende Blüte eine Behandlung mit einem zugelassenen bienenungefährlichen Insektizid wie Acetamiprid (Mospilan) durchzuführen.

Natürliche Bekämpfungsfaktoren: In der Schweiz wurde als wichtigster Parasit die Schlupfwespe *Lathrolestes ensator* festgestellt. Die Parasitierungsleistung kann zwischen 4 und 40 % liegen; auch durch Pilzbefall im Boden kann die Population reduziert werden.

Birnengallmücke (*Contarinia pyrivora*)

> In Jahren mit nur durchschnittlichem Fruchtansatz kann ein massiver Befall zu erheblichen Ertragsausfällen führen. In Befallsjahren muss die Mücke erfahrungsgemäß jedes Jahr bekämpft werden.

Beschreibung und Schadbilder:

- **Mücke:** 3 bis 4 mm groß, grauschwarz mit gelbbraunen Fühlern und zwei gefransten Flügeln.
- **Larve:** 3 bis 5 mm groß, gelblich weiß, kopf- und beinlos.

Die Birnengallmücke macht nur eine Generation pro Jahr. Die erwachsene Larve überwintert in einem Kokon in 5 bis 10 cm Tiefe im Boden, wo sie sich im zeitigen Frühjahr verpuppt. Die fertigen Mücken schlüpfen im Mausohrstadium (BBCH 54) Ende März/Anfang April. Ab 10 °C sind die Mücken aktiv und legen ihre Eier in die noch geschlossenen Blüten an Staubgefäße und Stempel. Die Larven schlüpfen während der Blüte und fressen die Frucht von innen her aus. Nach etwa sechs Wochen sind die Larven ausgewachsen und verlassen die Frucht.

Befallene Früchte wachsen zunächst schneller als gesunde, bekommen eine untypische runde Form, bleiben bei etwa 2 cm Größe im Wachstum stehen, verfärben sich allmählich schwarzbraun, platzen zum Teil am Baum auf und fallen schließlich zu Boden. Im Inneren befallener Früchte befinden sich bis zu 20 Larven.

Strategien zur Beobachtung: Eine praktikable Befallsprognose steht derzeit nicht zur Verfügung. In Gebieten, in denen jedes Jahr Befall auftritt, muss vorbeugend bekämpft werden. Die Beratung kann den Flugbeginn mit Schlupfkäfigen erfassen.

Bekämpfung: Gezielte Bekämpfungsmaßnahmen richten sich gegen die erwachsenen Gallmücken vor Beginn der Eiablage.

- Erste Behandlung bei Flugbeginn der Mücken im Mausohrstadium
- In extremen Befallslagen eine zweite Behandlung spätestens zu Beginn des Ballonstadiums einplanen

Abb. 204 Befall mit Apfelblütenstecher.

- Behandlungen nur in den warmen Mittagsstunden, wenn die Mücken aktiv sind, vornehmen
- Derzeit ist in Deutschland kein Insektizid zugelassen; die zwangsläufigen Nebenwirkungen der Neonicotinoide Acetamiprid (Mospilan) und Thiacloprid (Calypso) sind zu nutzen

Rüsselkäfer

> Besonders Apfelblütenstecher, Apfelfruchtstecher und Birnenknospenstecher können wirtschaftliche Bedeutung erlangen. Der Apfelblütenstecher kann bei geringem Blütenansatz auch eine unerwünschte Ausdünnung verursachen.

Beschreibung und Schadbilder:

Apfelblütenstecher (*Anthonomus pomorum*): 4 bis 6 mm großer, grauschwarzer Käfer mit auffallend weißlichem V-förmigem Querband auf dem Rücken. Er wandert im zeitigen Frühjahr kurz nach Knospenaufbruch sobald die Temperaturen 6 bis 7 °C erreichen von Feldrainen und Waldrändern in Apfelanlagen ein. Nach kurzem Reifungsfraß legt der Käfer seine Eier einzeln in Blütenknospen. Die Larven schlüpfen nach ca. zehn Tagen und fressen die sich nicht öffnenden Blüten von innen heraus. Sie verpuppen sich nach etwa vier Wochen in der ausgehöhlten Blüte. Der Käfer schlüpft ab Juni, frisst noch an Blättern und gelegentlich an Früchten. Ab August gehen die Käfer bereits in Rindenritzen von Bäumen und Sträuchern in die Überwinterung.

Rotbrauner Apfelfruchtstecher (*Rhynchites aequatus*) und **Purpurroter Apfelfruchtstecher** (*Rhynchites bacchus*): 4 bis 6 mm große, rotbraune bzw. purpurrote Rüsselkäfer. Sie fressen etwa 1 mm große, tiefe Löcher in die Früchtchen. Die ausgewachsenen Larven überwintern im Boden. Ende April schlüpfen nach kurzer Puppenruhe die Käfer des Rotbraunen Apfelfruchtstechers und beginnen an Knospen und Blättern mit ihrem Reifungsfraß. Von Mai bis Juni legen die

Weibchen bis zu 200 Eier einzeln in Fraßgruben auf der Frucht ab. Die schlüpfenden Larven fallen mit den Früchten zu Boden und gehen in die Überwinterung.

Die adulten Käfer des Purpurroten Apfelfruchtstechers schlüpfen im Herbst. Sie werden erst im folgenden Frühjahr aktiv (zweijähriger Entwicklungszyklus). Hier kann sich die Eiablage von Mai bis Juli/August hinziehen.

Birnenknospenstecher (*Anthonomus pyri*): 4 bis 6 mm großer, graubrauner Rüsselkäfer mit weißem Querband auf dem hinteren Teil der Flügeldecken. Der Käfer überdauert den Sommer in Rindenritzen oder ähnlichen Verstecken und besiedelt etwa ab Mitte September die Birnbäume. Nach kurzem Reifungsfraß an Blatt- und Blütenknospen erfolgt ab Ende September die Eiablage vornehmlich in Blütenknospen. Bereits ab Ende Oktober (in warmen Regionen) oder erst im folgenden Februar/März schlüpfen die Larven und fressen die Knospen von innen her aus. Ab Ende April/Anfang Mai verpuppen sich die Larven in den ausgehöhlten Knospen, Ende Mai erscheinen die fertigen Käfer. Diese fressen noch kurze Zeit an Triebspitzen und Blattstielen und suchen dann ihre Sommerverstecke auf.

Strategien zur Beobachtung: Die Käfer werden mit der Klopfprobe sehr gut erfasst. Die Schadensschwelle liegt beim Apfelblütenstecher bei 10 bis 40 Käfern (je nach Blütenknospenansatz), beim Apfelfruchtstecher bei 5 bis 10 Käfern pro 100 geklopften Ästen; beim Birnenknospenstecher gibt es keine Schadensschwelle (Negativprognose!).

Bekämpfung: Bekämpft werden die adulten Käfer während des Reifungsfraßes vor Beginn der Eiablage. Hohe Temperaturen während der Behandlung fördern den Bekämpfungserfolg, da die Käfer aktiver sind und von der Spritzbrühe besser getroffen werden. In Deutschland sind keine Insektizide zugelassen, die zwangsläufige Nebenwirkungen der Neonicotinoide (s. unter Birnengallmücke) und von Pyrethrin-Präparaten wie Spruzit Neu sind zu nutzen.

Natürliche Begrenzungsfaktoren: Tierische Parasiten sind Erz- und Brackwespen. Eier und Larven des Birnenknospenstechers weisen gelegentlich eine hohe Mortalitätsrate durch Verpilzung und Fäulnis auf. Larven und Puppen des Apfelblütenstechers werden auch von Vögeln aus den vertrockneten Blüten gepickt.

Ungleicher Holzbohrer (*Xyleborus dispar*)

Holzbohrer befallen vorrangig frost-, stress- oder pilzgeschädigte Bäume aller Obstbaumarten, vor allem jedoch Pflaumen, Zwetschen und Mirabellen sowie junge Apfelbäume auf M 9 und M 26.

Beschreibung und Schadbilder:

- **Käfer:** Weibchen sind 3,0 bis 3,5 mm groß, länglich, Männchen nur 1,5 bis 2,0 mm und eher gedrungen, rundlich. Die dunkelbraunen bis schwarzen Käfer besitzen blassbraune Beine und Fühler. Ihr Gangsystem in Stamm und Ästen unterbindet die Wasserversorgung, zieht Welken und Absterben nach sich. Aus 1 bis 2 mm großen Bohrlöchern wird Bohrmehl ausgeworfen.
- **Larven:** Weißlich mit braunem Kopf, stark gegliedert und bucklig, im Holz lebend, richten selbst keine Schäden an.

Wenn im Frühjahr 18 °C erreicht sind, schwärmen die Weibchen bis Mitte/Ende Mai aus, suchen geeignete Bäume, um sich ins Holz einzubohren und legen in die angelegten Gänge bis zu 50 Eier. Die Larven ernähren sich von Mai bis Juni im Gangsystem von Ambrosiapilzen, die das Holz zerstören. Die Verpuppung erfolgt von Juni bis Juli. Bereits Ende Juli/Anfang August schlüpfen die anfangs hellbraunen Käfer.

Sie bleiben über Winter dicht aneinander gedrängt in den Brut- und Bohrgängen sitzen. Im zeitigen Frühjahr, vor dem Ausschwärmen der Käfer, erfolgt im Gangsystem die Befruchtung. Die männlichen flugunfähigen Käfer sterben danach ab, die begatteten Weibchen schwärmen aus.

Strategien zur Beobachtung:

- Frische Bohrlöcher von Ende März bis Ende Mai bedeuten Neubefall. Fertige Käfer sind ab Sommer im Gangsystem zu finden.
- Beobachtungsfallen werden mit Ethylalkohol (50 %, vergällt) versehen, der eine ähnliche Anlockwirkung besitzt wie geschwächte Bäume. Die Käfer können auf beleimten Oberflä-

chen oder direkt im Alkohol gefangen werden.

- Acht Fallen/ha vor Flugbeginn aufhängen, wenn 18 °C erreicht sind.

Bekämpfung:

- Befallene Bäume noch vor dem Frühjahr roden und verbrennen.
- Weibchen mit Alkoholfallen wegfangen, Alkohol einmal pro Woche bzw. nach Niederschlägen erneuern; Fallen sind besonders fängig, wenn die Bäume keine Käfer anlocken; deshalb Käfer über Jahre wegfangen. Gesunde Bäume werden in der Regel nicht befallen.
- Vorbeugend wirken frühe Holzausreife (Stickstoff sparsam einsetzen) und die Vermeidung von Stress. Die chemische Bekämpfung ist sehr schwierig und passt nicht in integrierte Systeme.

12.2.7 Säugetiere

Wühl- oder Schermaus (*Arvicola terrestris*)

Schadbilder: Wühlmäuse bereiten insbesondere an Kernobstbäumen in Baumschulen und Ertragsanlagen hohen Schaden. Besonders gefährdet sind Jungbäume sowie Bäume aller Altersstufen auf schwach wachsenden Unterlagen. Geschädigte Bäume zeigen die Fraßspuren von Nagezähnen. Die Wurzelrinde ist meist abgenagt, die Pfahlwurzel spitz und ohne Feinwurzeln.

Lebensweise: Es treten aquatisch und terrestrisch lebende Formen auf. Körpergröße, Schwanzlänge, Gewicht und Fellfarbe der Tiere variieren. Körpergröße ist 13 bis 20 cm; der Schwanz ist etwa halb so lang. Das Gewicht schwankt je nach Alter und Körperverfassung zwischen 80 und 180 g. Der Kopf hat eine stumpfe Form. Jährlich ist mit drei bis vier Würfen mit vier bis sechs Jungen zu rechnen.

Das Gangsystem der aquatischen Schermaus hat in der Uferböschung ober- oder unterhalb des Wasserspiegels mindestens eine Öffnung. Der Aktionsradius der Tiere geht bis 180 m. Das unterirdische Gangsystem der terrestrisch lebenden Wühlmaus befindet sich in 10 bis 25 cm Tiefe mit einer Länge bis zu 100 m. Das Gangsystem hat keine offenen Löcher, der Bau wird selten verlassen. Die Nahrungssuche erfolgt vorwiegend unterirdisch. Die Nester liegen häufig unter den Bäumen.

Erdauswürfe markieren das Gangsystem der terrestrisch lebenden Wühlmaus. Im Gegensatz zu denen des Maulwurfs liegen kleine neben großen breiten Erdhaufen, mal dicht nebeneinander oder weit auseinander; sie sind flacher und unregelmäßiger, weil die Erde schräg aus dem Gangsystem geschoben wird. Die Verwühlprobe zeigt an, ob ein Gangsystem bewohnt ist.

Bekämpfung:

- Die kontinuierliche Bekämpfung verhindert die Gradationen; sie ist ganzjährig möglich.
- Maßnahmen sollten großflächig erfolgen, um eine schnelle Wiederzuwanderung zu vermeiden.
- Vorbeugende Maßnahmen sind Nisthilfen und Sitzstangen für Greifvögel, Stein- und Holzhaufen als Versteck für Mauswiesel,

Abb. 205 Form eines Wühlmausganges (nach VON HEYNITZ und MERCKENS 1980).

Abb. 206 Erhebliche Schäden durch Baumausfall erfordern laufende Kontrolle auf Mauselöcher und Bekämpfung in den Kulturen.

sofortiges Aufsammeln von Fallobst nach der Ernte.

- Aquatisch lebende Wühlmäuse mit Möhrenködern (behandelt mit Antikoagulantien) auf schwimmenden Köderplätzen (10-Liter-Kunststoffkanister) bekämpfen.
- Terrestrisch lebende Form mit Begasungsgeräten oder Präparaten, die Kohlenmonoxid und Kohlendioxid in das Gangsystem einbringen bzw. Calcium- oder Aluminiumphosphid (z. B. Polytanol, Detia Wühlmauskiller, Phostoxin WM) entwickeln, bekämpfen.
- Schlagfallen sind wirksam, jedoch arbeitsintensiv und erfordern vom Fallensteller Geschick.
- Die großflächige Bekämpfung der terrestrisch lebenden Wühlmaus ist auch mit einem Wühlmauspflug möglich, mit dem ein künstlicher Gang mit abtötenden Ködern geschaffen wird. Köderpräparate wie Ratron Schermausstick (verpackter Formköder auf Zinkphosphid-Basis) am besten in der Zeit von Herbst bis Frühjahr ausbringen.

Feldmaus (*Microtus arvalis*)

Lebensweise: Feldmäuse leben vorrangig in eingegrünten Flächen in weit verzweigten Gangsystemen mit Vorratskammern. Sie schädigen Bäume aller Altersstufen am Wurzelhals und darüber durch Benagen der Rinde. Jährlich sind drei bis sieben Würfe mit drei bis neun Jungen möglich. In einigen Gebieten kann es zu zyklischen Massenvermehrungen kommen.

Bekämpfung: Zur rechtzeitigen Bekämpfung sind Beobachtungen der Populationsdichte erforderlich. Bewuchsfreie Baumstreifen, Nisthilfen und Sitzstangen für Greifvögel sowie Verstecke für Feinde vermindern Massenpopulationen. Gezielt kann mit der Legeflinte Giftgetreide auf Zinkphosphid-Basis, z. B. Ratron Giftlinsen, Ratron Giftweizen, in die Gänge abgelegt werden. Ein breitwürfiges Ausstreuen ist nicht mehr zulässig, die Köder müssen immer verdeckt in die Gänge ausgebracht werden.

12.3 Krankheiten und Schädlinge an Zwetsche, Pflaume und Mirabelle

12.3.1 Krankheiten

Scharka (*plum pox virus*)

> Scharka verursacht als wirtschaftlich bedeutendste Virose massive Schäden in Ertragsanlagen und Probleme beim Aufbau von gesunden Neuanlagen.

Schadbild:

- Verwaschene, ringförmige Flecken auf dem Laub; bei 'Ortenauer' gelbe, später nekrotische Flecken, bei dieser Sorte auch Rindenrisse bis in das einjährige Holz.
- Auf den Früchten schwach anfälliger Sorten Marmorierungen, bei stark anfälligen tiefe Rillen und Dellen, im Fruchtfleisch Verbräunungen bis zum Stein; starker vorzeitiger Fruchtfall; diese Früchte sind fad und selbst zum Brennen ungeeignet.

Lebensweise: Natürliche Ausbreitung von Scharka geschieht durch Blattlausarten. Da neben Pflaume, Zwetsche, Aprikose und Pfirsich auch *Prunus*-Wild- und Zierformen, beispielsweise Schlehe (*Prunus spinosa*), sowie verschiedene krautige Pflanzen als Wirtspflanzen dienen, haben Blattläuse viele Möglichkeiten zur Virusaufnahme. Schon kurze Saugzeiten genügen. Die Weiterverbreitung erfolgt dann hauptsächlich während der Frühjahrswanderung von Hopfenblattlaus (*Phorodon humuli*) und Pfirsichblattlaus (*Myzus persicae*) oder im Spätsommer, wenn wirtswechselnde Arten (Kleine Pflaumenblattlaus, *Brachycaudus helichrysi*) von ihren krautigen Sommerwirten zur Wintereiablage auf die Bäume zurückkehren. Auch hier genügen schon wenige kurze Saugzeiten für die Virusübertragung.

Besonders in jungen, wüchsigen Bäumen kann sich das Virus während der folgenden Vegetationsperiode stark vermehren, ausbreiten und in kurzer Zeit zu Totalbefall führen. Ab dem siebenten bis zehnten Standjahr verfügen Bäume zunehmend über eine Altersresistenz: Neuinfektionen erfolgen seltener, die Virusausbreitung ist nach Infektionen erheblich langsamer.

Bekämpfung:

> Eine direkte Bekämpfung von Scharka ist nicht möglich, infizierte Bäume können nicht geheilt werden. Wichtigste Vorbeugemaßnahme bei Neuanlagen ist das Pflanzen garantiert virusfreien Baummaterials sowie toleranter/resistenter Sorten.

- Einen gewissen Schutz stellt die konsequente Blattlausbekämpfung in den kritischen Zeiten während der ersten Jahre dar.
- Befallene Bäume sind sofort zu roden (gefährliche Infektionsquellen).
- Das Ausweichen auf scharkatolerante Sorten ist keine Lösung, denn auch sie werden befallen, zeigen allerdings keine oder nur schwach ausgeprägte Fruchtsymptome und stellen so gefährliche Infektionsquellen für die Umgebung dar. Scharkainfizierte tolerante Bäume bringen zudem geringeren Ertrag und schlechte Qualität (roden).

Bakterienbrand (*Pseudomonas syringae* pv. *mors prunorum* und pv. *syringae*)

Bakterienbrand tritt meist nur periodisch, dann allerdings oft mit erheblichen Schäden auf. Er wird besonders begünstigt durch Frühfröste im Herbst und Blütenfröste, gefolgt von kühlem regnerischem Wetter.

Schadbild:

- Nach Herbstinfektionen über Blattnarben oder Rindenverletzungen zeigen sich eingesunkene, verschieden große, oft rillige Partien der Rinde, die rötlich oder dunkel verfärbt sind und nach dem Austrieb im Frühjahr häufig aufreißen sowie rötlich braunes Gewebe unter der geschädigten Rinde; im Bereich der Risse oft starker Harzfluss.
- Nach Infektionen im Herbst oder Winter treiben die Knospen im Frühjahr meist nicht mehr aus. Die Rinde um infizierte Knospen ist rotbraun mit massivem Harzaustritt. Starker Befall kann von April bis Juni Zweige/Äste welken/absterben lassen, jüngere Bäume auch völlig töten.

- Blüteninfektionen lassen Blütenbüschel welken, absterben, braun und verdorrt an den Trieben hängen. Diese Infektionen stoppen meist am einjährigen Holz, es folgt Neuaustrieb.
- Blattinfektionen sind ab Blattentfaltung möglich: anfänglich gelbe, im Gegenlicht etwas durchscheinende Flecken, deren Zentrum nekrotisch wird und ausbricht. Es besteht Verwechslungsmöglichkeit zur Schrotschusskrankheit. Im Gegensatz dazu erscheinen bei Bakterienbrand die Flecken im Gegenlicht ölig-durchscheinend und die Löcher sind zusätzlich von einem durchscheinenden Hof umgeben.

Lebensweise: Zwei kritische Infektionsperioden sind der Blattfall und die Zeit nach dem Austrieb bis etwa Anfang Juni. Voraussetzung ist ausreichende Feuchtigkeit. Die gefährlicheren Infektionen erfolgen im Herbst und Winter. Das Bakterium dringt über frische Blattnarben, Lentizellen oder Rindenverletzungen in das Kambium ein und kann sich hier, solange sich der Baum in Vegetationsruhe befindet und dem Bakterium keinen Widerstand entgegensetzen kann, ungestört vermehren, ausbreiten und das Gewebe zerstören. Je günstiger die Bedingungen für das Bakterium sind, desto größer sind die von ihm verursachten Rindennekrosen.

Mit Beginn des Saftstromes wird das Bakterium im Allgemeinen in der Infektionsstelle abgekapselt und stirbt ab. Einige besonders aggressive Stämme können sich anscheinend auch während der Vegetationsperiode im Kambium halten und weiter ausbreiten. Nach dem Austrieb kann es in Abhängigkeit von der Witterung zu mehr oder weniger massiven Blattinfektionen kommen. Von den Rindennekrosen bei Regen auf das Laub gelangte Bakterien dringen durch Spaltöffnungen in das Blatt ein, vermehren sich und bringen das Gewebe unter Ausbildung der oben beschriebenen Symptome zum Absterben. Bei nasser Herbstwitterung verursachen die auf dem Laub befindlichen Bakterien wieder Rindeninfektionen.

Bekämpfung:

- Blattfallspritzungen können den Infektionsdruck reduzieren.
- Rindennekrosen im Frühjahr sorgfältig ausschneiden, Wunden mit einem geeigneten Präparat schützen. So sind besonders jüngere Bäume noch zu retten und Sekundärinfektionen durch Valsa auf Rindennekrosen zu verhindern.

Bakterieller Schlagfluss (*Erwinia* spec.)

Das schlagartige Absterben scheinbar völlig gesunder Bäume durch diese Bakteriose hatte bisher nur in Südwestdeutschland und im Rheinland Bedeutung. Erreger ist vermutlich eine noch unbekannte *Erwinia*-Art. Die Absterbeerscheinungen treten Anfang Juli bis September auf.

Schadbild:

- Erste Anzeichen sind fahles, matt werdendes Laub und massiver weißlicher Saft- und Schleimfluss an Stamm und stärkeren Ästen, der sich unter Lufteinfluss rötlich verfärbt. Er kann regelrecht von den Bäumen tropfen.
- Die Rinde um die Austrittsstellen erscheint weich, schwammig, lässt sich leicht eindrücken. Darunter liegendes Holz ist rötlich braun marmoriert. Gesunde und kranke Partien sind nicht scharf voneinander abgegrenzt.
- Stamm- und Astteile frisch befallener Bäume erscheinen ungewöhnlich schwer.
- Das Laub welkt, stirbt in wenigen Tagen ab und bleibt braun an den Trieben hängen.

Lebensweise: Mangels genauer Kenntnisse über den Erreger können zur Biologie keine Angaben gemacht werden. Eventuell ist das Bakterium in den Bäumen latent vorhanden, kommt nur unter bestimmten Bedingungen zur Massenvermehrung und bringt dann die Bäume zum Absterben.

Bekämpfung:

- Befallene Bäume sind nicht zu retten, sicherheitshalber sind sie schnellstmöglich zu roden und aus der Anlage zu nehmen.
- Vorbeugende Maßnahmen sind bis zum Vorliegen genauerer Kenntnisse über den Erreger nicht möglich.

Valsa (*Leucostoma personii*)

Valsa, auch „Gummifluss-Krankheit" genannt, ist eine der gefährlichsten pilzlichen Holz- und Rindenkrankheiten des Steinobstes.

Schadbild:

- Dürre Knospen, Triebe, Zweige, Astpartien, begleitet von Harz-/Gummifluss am Übergang zum gesunden Holz
- Im Extrem Welken und Absterben ganzer Bäume nach dem Austrieb; viele kleine, warzenartige Sporenlager auf der abgestorbenen Rinde, die an Kröten- oder Gänsehaut erinnern

Lebensweise: Der Pilz bildet hauptsächlich im Herbst und Winter seine Sporen aus. Er wird deshalb vor allem von September bis zur Blüte gefährlich. Als Wund- und Schwächeparasit dringt er über noch nicht verkorkte Blattnarben, Hagelwunden, Frostplatten, abgestoppte Rindennekrosen von *Pseudomonas syringae*, Frostschäden und Verletzungen bei Schnitt- oder Pflegearbeiten in die Pflanze ein. Der Pilz dringt durch Toxinabgabe (Abtötung gesunder Gewebe) in Richtung Stamm vor. Hat er diesen erst einmal erreicht, ist der betreffende Baum meist nicht mehr zu retten. In der Rinde der abgestorbenen Partien werden viele Fruchtkörper (klein, dunkel, warzenartig) gebildet, die nach außen durchbrechen und große Sporenmengen bilden.

Bekämpfung:

- Zur Vorbeugung befallene Äste/Zweige möglichst früh und sorgfältig bis in das gesunde Holz ausschneiden, sodass zum Blattfall keine Infektionsquellen mehr bestehen.
- Schnittwunden mit Wundverschlussmittel schützen und Schnittholz rasch aus der Anlage entfernen.
- Zum Schutz noch kaum verkorkter Blattnarben ein bis zwei Blattfallspritzungen mit einem breit wirksamen Kontaktfungizid ausbringen, vor allem dann, wenn Frost den Blattfall einleitete/beschleunigte.

Narren- und Taschenkrankheit (*Taphrina pruni*)

Diese auffällige Krankheit tritt nicht regelmäßig auf, kann jedoch bei günstigen Infektionsbedingungen besonders bei Spätzwetschen erhebliche Ertragsausfälle verursachen.

Schadbild:

- Befallene Früchte sind steinlos, übergroß, länglich deformiert, hellgrün bis gelblich und von einem weißlichen, pelzigen Pilzgeflecht überzogen.
- Vereinzelt sind auch Triebspitzen befallen, diese sind verdickt, weißlich bis hellrot gefärbt und stark gekrümmt.
- Befallene Früchte wie auch Triebspitzen werden häufig sekundär von *Monilinia* infiziert und sterben dann unter Eintrocknen meist rasch ab.

Lebensweise: Der Erregerpilz *Taphrina pruni* ist nahe mit dem Erreger der Kräuselkrankheit beim Pfirsich verwandt. Er überwintert als Sprossmyzel auf Trieben und Fruchtmumien. Im Frühjahr zerfällt dieses Myzel in Sprosszellen, die unbefruchtete Blüten infizieren. Kühles, regnerisches Blühwetter (verlangsamtes Abblühen) begünstigt die Infektionen. Das Myzel auf befallenen Früchten bildet Sporen, die sich auf Trieben, Zweigen und Fruchtmumien festsetzen und dort wiederum Sprossmyzel bilden.

Bekämpfung: In traditionellen Befallslagen und bei vorjährigem Befall bei kühlem, regnerischem Blühwetter unbedingt vorbeugend bekämpfen: ein bis zwei Fungizidspritzungen zu Beginn der Blüte und in die Vollblüte können Infektionen sicher verhindern. Nach Niederschlägen über 20 mm sind die Spritzungen zu wiederholen, weil dann Kontaktfungizide weitgehend abgewaschen sind.

Abb. 207 Monilia an Zwetschen.

Zwetschenrost (*Tranzschelia pruni-spinosa*)

Zwetschenrost verursacht in vielen Jahren vorzeitigen Blattfall – manchmal schon vor der Ernte – mit nachteiligen Folgen für Fruchtqualität, Holzreife und Ertrag im Folgejahr.

Schadbild:

- Erste Infektionen treten selten im Juni, gewöhnlich ab Ende Juli/Anfang August auf, kenntlich an kleinen gelben Punkten auf der Blattoberseite, die sich mosaikartig auf die gesamte Blattfläche ausdehnen können.
- Etwas später erscheinen an der Blattunterseite kleine, anfänglich rotbraune, später schwärzlich rostartige Sporenhäufchen, denen die Krankheit ihren Namen verdankt. Stark befallene Blätter vergilben, trocknen von der Spitze her ein und werden vorzeitig abgestoßen. Stark befallene Bäume können dadurch schon Ende August völlig kahl sein.

Lebensweise: Der Zwetschenrost ist wirtswechselnd. Von den Wirtspflanzen (Anemonen-Arten) gelangen Aecidiosporen im Frühsommer auf die Zwetschenbäume und verursachen erste Infektionen. Infektionen ohne Wirtswechsel können durch auf Laub überwinternde Uredosporen erfolgen. Auf der Unterseite infizierter Blätter werden anfangs große Mengen von rotbraunen Uredosporen gebildet, die für eine rasche Ausbreitung der Krankheit sorgen. Später werden Teleutosporen gebildet, die am Boden überwintern, im Frühjahr auskeimen und Basidiosporen bilden, die wiederum die unterirdischen Knospen am Wurzelstock von Anemonen infizieren.

Bekämpfung: Sie ist nur durch vorbeugende Fungizidspritzungen ab Mitte Juli möglich. Bei späten Sorten Wartezeit berücksichtigen. Bereits sichtbarer Befall kann kaum noch gestoppt werden.

Monilia (*Monilinia laxa*)

Blüten-, Zweig- und Frucht-*Monilia* können auch bei Zwetschen jahrweise zu einem Problem werden. Größere wirtschaftliche Bedeutung hat diese Krankheit jedoch bei Kirschen.

Schrotschuss (*Clasterosporium carpophilum*)

Die Schrotschusskrankheit der Kirsche kann zwar auch an Zwetsche, Pflaume und Mirabelle massive Blattinfektionen mit vorzeitigem Blattfall bewirken, auch Triebinfektionen sind möglich. Eine größere Gefahr besteht jedoch für Kirschen, weil es bei ihnen zu starken Fruchtschäden kommen kann.

Neben der Schrotschusskrankheit der Kirsche können noch die Pflaumenschrotschusskrankheit (*Phoma prunorum*) und die Sieblöcherigkeit der Pflaume (*Sphaceloma pruni*) ähnliche Schadsymptome verursachen. Diese beiden Krankheiten haben jedoch geringere Bedeutung.

Mehltau und Schorf

Mehltau in Form von weißlichem Belag und Schorf in Form von mehr oder weniger großen olivfarbenen Flecken kann gelegentlich an den Früchten schädigend auftreten. Eine Bekämpfung in Ertragsanlagen ist jedoch nur in Ausnahmefällen erforderlich.

12.3.2 Schädlinge

Kleine Pflaumenblattlaus (*Brachycaudus helichrysi*)

Die wirtschaftlich bedeutendste an Zwetsche vorkommende Blattlausart ist die Kleine Pflaumenblattlaus. Zu späte oder unterlassene Bekämpfung des Schädlings kann in Befallsgebieten erhebliche Ertragseinbußen zur Folge haben. Sie ist außerdem ein bedeutender Überträger der Scharka-Krankheit.

Die aus den Wintereiern entwickelte Stammmutter (Fundatrix) ist hellbraun, klein (1,5 bis 2 mm), gedrungen und glänzend, mit kurzen Fühlern und unauffälligen Siphonen. Ihre Nachkommen sind dagegen gelblich grün.

Schadbild:

- Die Kleine Pflaumenblattlaus verursacht starke Blattkräuselungen und -einrollungen. Stark befallene Blätter fallen vorzeitig ab.
- Befallene Triebe sind in ihrem Wachstum deutlich gehemmt, Früchte an befallenen Trieben kümmern oder verkrüppeln und werden teilweise abgestoßen.

Lebensweise: Die Kleine Pflaumenblattlaus ist wirtswechselnd. Aus den im Herbst einzeln an Knospen und in Rindenritzen abgelegten Eiern schlüpfen nach kurzer Frosteinwirkung bei mildem Wetter bereits im Spätherbst, sonst im Verlauf des Winters oder zeitigen Frühjahrs die Larven. Sie saugen sich an der Basis von Blütenknospen fest und können sich hier je nach Schlüpfzeit und Witterungsverlauf bis zur Blüte schon zu fertigen Stammmüttern (Fundatrices) entwickeln. Diese beginnen sofort beim Austrieb Jungläuse abzusetzen, sodass schon zum Blühbeginn erste Kolonien vorhanden sein können. Ab Mai bilden sich in den Kolonien zunehmend geflügelte Tiere, die auf die krautigen Sommerwirte abwandern. Im Spätsommer und Herbst kehren dann geflügelte Exemplare wieder zur Eiablage auf die Bäume zurück.

Strategien zur Beobachtung: In Befallslagen sind schon vor der Blüte mindestens 100 Blütenknospen auf angesaugte Larven bzw. fertige Fundatrices zu kontrollieren. Das ist mit einer guten Lupe kein Problem, Geübte können sogar mit bloßem Auge kontrollieren. Bei 1 bis 2 % Befall ist die Bekämpfung bereits vor der Blüte vorzunehmen.

Bekämpfung: Behandlung mit einem möglichst selektiven Präparat, nach mildem Winter und Befall bereits vor der Blüte, nach strengem Winter und Befall kurz nach der Blüte. Bei zu später Bekämpfung sind Schäden unvermeidbar.

Weitere Arten: Neben der Kleinen Pflaumenblattlaus können auch die **Mehlige Pflaumenblattlaus** (*Hyalopterus pruni*), leicht zu erkennen an der mehligen Überpuderung der Kolonien, und die **Hopfenblattlaus** (*Phorodon humuli*) durch Massenvermehrung von Bedeutung sein; letztere ist zusätzlich ein bedeutender Überträger der Scharka-Krankheit. Beide überwintern als Ei, schlüpfen erst nach der Blüte und bilden ab Anfang Mai auf der Unterseite der Blätter dichte Kolonien. Eine Bekämpfung ist erst bei einem Befall von 5 bis 10 % befallener Triebspitzen erforderlich. Bei Neubefall durch die Hopfenblattlaus ab Mitte Juni sollte aber bereits bei 1 % befallener Triebspitzen wegen der Gefahr von Scharka-Übertragungen eine Bekämpfung vorgenommen werden.

Zwetschenschildlaus (*Parthenolecanium corni*)

Die Zwetschenschildlaus (Gemeine Napfschildlaus) ist mehr ein Problem in extensiven Anlagen und im Hausgarten, aber auch in Erwerbsanlagen tritt sie immer wieder einmal massiv auf und verursacht Schäden. Larven sind 1,0 bis 1,5 mm lang, oval, flach, orange bis rötlich braun, beweglich. Ausgewachsene Adulte (Weibchen) haben einen 4 bis 6 mm langen, rundlich ovalen Schild, der etwas gerunzelt, stärker aufgewölbt und glänzend braun ist und festsitzt.

Schadbild:

- Laub anfangs stark glänzend durch massive Honigtauproduktion der Schildläuse.
- Später Ansiedlung von Schwärzepilzen auf Zweigen, Blättern und Früchten mit den klebrigen Ausscheidungen der Läuse: der ganze Baum erscheint wie mit Ruß überzogen.
- Schon die Saugtätigkeit der Schildläuse beeinträchtigt die Bäume, noch stärker der Rußtau auf Blättern und Früchten: Er behindert die Assimilation, in der Folge kommt es zu

vorzeitigem Laubfall, Bildung kleiner, notreifer und verschmutzter Früchte und schlechtem Blütenansatz.

Lebensweise: Die im zweiten Larvenstadium überwinternden, noch beweglichen Schildläuse setzen sich beim Austrieb fest. Nur Weibchen bilden einen Schild. Ende April/Anfang Mai sind sie ausgewachsen und beginnen mit der Eiablage unter dem Schild. Pro Weibchen werden bis zu 3000 Eier abgelegt. Ende Juli/Anfang August sterben die Weibchen ab, ihre Schilde haften jedoch weiterhin fest an der Unterlage. Die schlüpfenden Larven halten sich noch eine Weile unter ihnen auf und verteilen sich dann auf Triebe und Blätter. Vor dem Blattfall geht das Gros der Larven zur Überwinterung auf die Rinde von Zweigen und jüngeren Ästen über.
Strategien zur Beobachtung: Astprobe (2 m Fruchtholz) beim Knospenschwellen.
Bekämpfung: Bei 80 bis 100 lebenden Larven nach dem Festsetzen der Junglarven beim Austrieb Mineralöl spritzen.

Rote Spinne (*Panonychus ulmi*)

Die Obstbaumspinnmilbe (Rote Spinne) führt bei Massenauftreten zu vorzeitigem Blattfall und Qualitätseinbußen bei den Früchten. Auffallendstes Befallssymptom ist die kupferfarbene Verfärbung des Laubes im Sommer. Bei nützlingsschonender Spritzfolge wird sie im Allgemeinen von Raubmilben recht gut kontrolliert.

Pflaumenrostmilbe (*Aculus fockeui*)

Der auch Sternfleckengallmilbe genannte Schädling schadet besonders in Junganlagen. Häufig wird er von den Baumschulen mitgeliefert, da er mit den üblichen Akariziden kaum bekämpfbar ist. Die winzigen, 0,13 bis 0,17 mm großen, karottenförmigen, gelblich weißen, trägen Tierchen finden sich meist in großer Menge auf der Blattunterseite und sind nur mit einer sehr guten Lupe zu sehen.

Schadbild:

- Blätter verhärtet, häufig mit gelblichen Flecken/Aufhellungen, die an Virusbefall erinnern, Blattunterseiten bräunlich verfärbt. Die jüngsten Blätter stehen dicht und rosettenartig beieinander, sind teilweise stark verkleinert, fleckig, rissig, verkrüppelt und sterben häufig ganz oder teilweise ab.
- Triebe gehemmt, bei starkem Befall können Terminalknospen absterben. Neuaustrieb aus den Beiknospen erzeugt besenartigen Wuchs.
- Bei einigen Sorten, beispielsweise 'Cacaks Beste' und 'Cacaks Schöne', kann stärkerer Milbenbefall starke Berostung, zum Teil Deformationen (nicht vermarktbar) hervorrufen.

Lebensweise: Überwinterung der ausgewachsenen Weibchen an Knospen oder unter Knospenschuppen. Beim Austrieb Auswandern aus den Winterquartieren, Eiablage. Entwicklung mehrerer, sich überschneidender Generationen, die frei auf Blattunterseiten leben. Auf jungen, triebigen Wirtsbäumen und bei feucht-warmer Witterung kommt es zur Massenvermehrung.
Strategien zur Beobachtung: Die Kontrolle ist wegen der geringen Größe der Milben recht schwierig. Beim Auftreten von Schadsymptomen kann mit einer guten Lupe auf der Blattunterseite auf Milbenbefall kontrolliert werden.
Bekämpfung:

- In Junganlagen zwei Behandlungen mit Netzschwefel (0,3 %) kurz vor und nach der Blüte, so bleibt der Befall gut unter Kontrolle.
- Bei älteren Bäumen verliert die Pflaumenrostmilbe mit dem Nachlassen der Triebigkeit rasch an Bedeutung und muss nur noch in Ausnahmefällen oder bei empfindlichen Sorten bekämpft werden.

Beutelgallmilbe (*Phytoptus similis*)

Beutelgallmilben verursachen auffällige Blattgallen. Sie werden selten in Erwerbsanlagen, eher in Extensivanlagen und in Hausgärten zum Problem. Die weißliche Milbe ist bis 0,2 mm lang, von ähnlicher Form wie die Rostmilbe und in großer Zahl in den Blattgallen zu finden.

Schadbild:

- Am Laub zahlreiche, auffällige, weiße bis rötliche bis 3 mm große kugelige Blattgallen, vorzugsweise an den Blatträndern.

- An Früchten wulstige oder kraterförmige Aufwerfungen, die sie bei starker Ausprägung unverkäuflich machen.

Lebensweise: Überwinterung der Weibchen im Knospenbereich oder an der Rinde. Im Frühjahr besiedeln sie junge Blätter und auch Früchte. Beim Saugen abgegebene Auxine im Speicheldrüsensekret verursachen charakteristische Gallen, in denen Eiablage und -entwicklung stattfinden. Es können mehrere, sich überschneidende Generationen auftreten. Ausgang des Sommers wandern die Weibchen aus den eintrocknenden Gallen aus und suchen Winterquartiere.
Strategien zur Beobachtung: Sie erübrigt sich bei diesem Schädling. Nach meist unbedeutendem Befall im ersten Jahr sollte im folgenden Frühjahr eine Bekämpfung erfolgen, da sich sonst der Befall von Jahr zu Jahr aufschaukelt.
Bekämpfung: Wie bei der Rostmilbe mit zwei Schwefelbehandlungen (0,3 %) kurz vor und nach der Blüte.

Schwarze und Gelbe Sägewespe (*Hoplocampa minuta* und *H. flava*)

Die Sägewespen sind neben dem Pflaumenwickler die wichtigsten Fruchtschädlinge bei Pflaume, Zwetsche und Mirabelle. Die schwarze und gelbe Art haben gleiche Bedeutung. Sie können besonders bei schwacher Blüte oder schlechtem Fruchtansatz erhebliche Ertragsausfälle verursachen.

Die Wespen sind 4 bis 6 mm lang, schlank, mit deutlich abgesetztem Kopf und nach vorn gerichteten Fühlern. Die Flügel sind klar und am Körper angelegt. Die schwarze Art ist mit glänzend schwarzem Brustteil und Hinterleib und gelben Beinen, die gelbe Art mit bräunlichem Brustteil, glänzend gelbem Hinterleib und gelben Beinen versehen. Larven sind ausgewachsen 9 bis 11 mm lang, weißlich, mit gelber bis hellbrauner Kopfkapsel, raupenähnlich, haben aber im Gegensatz zu diesen neben den drei Beinpaaren sieben Paar Bauchfüße.
Lebensweise: Die Larven überwintern in einem Kokon im Boden und verpuppen sich im Frühjahr. Die Wespen schlüpfen je nach Gebiet ab Ende März, mit Schwerpunkt im April. Sie fliegen die blühenden Bäume an und paaren sich dort. Die Weibchen schneiden mit ihren sägeartigen Legescheiden kleine Taschen in die Kelchblättchen, in die sie die Eier ablegen. Die schlüpfenden Larven bohren sich in die Früchtchen und fressen die Samenanlage. Sobald eine Frucht ausgehöhlt ist, wird die nächste aufgesucht. Eine einzige Larve kann so bis zu sechs Früchte vernichten. Die ausgewachsenen Larven lassen sich zu Boden fallen und spinnen dort ihren Kokon.
Strategien zur Beobachtung: Der Flug der Sägewespen und die Gefährdung der Sorten sind sehr gut mit Weißtafeln zu überwachen. Eine Schadensschwelle kann für die Sägewespenfänge während der Blüte nicht genannt werden, weil die verschiedenen Weißtafeltypen unterschiedlich fängig sind. Es ist nur eine Negativprognose möglich, d. h., werden keine Sägewespen gefangen, ist auch keine Bekämpfung erforderlich. Werden jedoch Schädlinge gefangen, so ist eine Befallskontrolle an den jungen Früchten gleich nach dem Putzen erforderlich. Die wirtschaftliche Schadensschwelle liegt je nach Behang bei 2 bis 6 % mit einem kleinen schwarzen Bohrloch versehener Früchte.
Bekämpfung: Nach der Blüte mit einem tiefenwirksamen Präparat.

Kleiner Frostspanner (*Operophtera brumata*)

Gelegentlich schaden die Raupen des Kleinen Frostspanners auch an Pflaume, Zwetsche und Mirabelle durch massiven Blattfraß bis hin zu Kahlfraß. Da Früchte beinahe nie benagt werden, ist ein gewisser Blattfraß tolerierbar. Die wirtschaftliche Schadensschwelle liegt bei 10 bis 15 Räupchen auf 100 Triebspitzen. Größere Bedeutung hat der Kleine Frostspanner bei Kirschen.

Pflaumenwickler (*Cydia funebrana*)

Da die Raupen („Maden") des Pflaumenwicklers die Qualität reifer Früchte erheblich mindern, ist eine Bekämpfung in Ertragsanlagen unbedingt erforderlich.

Der Falter ist etwa 6,0 bis 7,5 mm lang, dunkelgrau mit verwaschener Zeichnung. Seine Flügel sind im Ruhezustand dachartig am Körper angelegt. Die Eier sind flach rund, leicht gewölbt, 0,7 bis 0,8 mm im Durchmesser, silbrig glänzend. Die Raupe misst ausgewachsen 10 bis 12 mm, ist rosa bis rötlich, mit brauner Kopfkapsel.
Schadbild: Aus dem Ei geschlüpfte Räupchen bohren sich in einem spiraligen Gang in die Früchte ein. An der Einbohrstelle bildet sich häufig ein kleiner Harztropfen. Die fünf Raupenstadien fressen das Fruchtfleisch um den Kern herum. Die so entstandenen Hohlräume sind mit nassem bräunlichem Kot gefüllt. Von der ersten Generation befallene Früchte werden meist abgestoßen, die von der zweiten Generation befallenen dagegen vermadet geerntet. Je nach Befallsdruck sind bei unterbliebener Bekämpfung 20 bis 30 % Vermadung möglich.
Lebensweise: Pro Jahr treten zwei Generationen auf, in sehr warmen Gebieten partiell noch eine dritte. Überwinterung erfolgt als Raupe in einem festen Gespinst in Rindenritzen, unter Rindenschuppen oder in ähnlichen Verstecken. Die Verpuppung erfolgt im Frühjahr. Der Flug beginnt in frühen Lagen im letzten Aprildrittel, letzte Falter können noch bis weit in den September hinein beobachtet werden. Die Eiablage beginnt Ende April/Anfang Mai, sobald die Abendtemperaturen bei +15 °C liegen. Schlupf der Räupchen nach 7 bis 14 Tagen. Die Raupen durchlaufen fünf Larvenstadien. Danach verlassen sie die Frucht und verpuppen sich an Stamm oder Ästen. Die Entwicklung vom Ei bis zum Falter dauert unter günstigen Bedingungen etwa sechs Wochen.
Strategien zur Beobachtung: Der Flugverlauf des Pflaumenwicklers kann gut mithilfe von Pheromonfallen kontrolliert werden. Zur gezielten Bekämpfung der schlüpfenden Räupchen sind zusätzliche Eiablagekontrollen zur Bestimmung des optimalen Bekämpfungszeitpunktes unbedingt erforderlich.
Bekämpfung:

- Vorbeugend zu Beginn der Eiablage mit oviziden (eiabtötenden) Produkten.
- Gezielt mit Mitteln mit Kontakt- oder Fraßwirkung gegen die schlüpfenden Räupchen; je nach Gebiet, Befallsdruck und Reifezeitpunkt bis zu drei Behandlungen.

12.4 Krankheiten und Schädlinge an Süß- und Sauerkirsche

12.4.1 Krankheiten

Auch wenn bei Süß- und Sauerkirschen einige **Virosen** vorkommen können, spielen sie im modernen Erwerbsanbau wirtschaftlich kaum noch eine Rolle. Früher durchaus schädigende Virosen, wie die Pfeffinger und die Stecklenberger Krankheit sowie das Nekrotische und das Chlorotische Ringfleckenvirus, haben durch Virusfreimachung und sorgfältige Kontrolle des Vermehrungsmaterials ihre Bedeutung fast völlig verloren.

***Gnomonia*-Blattbräune (*Gnomonia erythrostoma*)**
Die Blattbräune ist eine der gefährlichsten Pilzkrankheiten der Süßkirsche, sie wurde jedoch nur in größeren Zeitabständen zu einem wirtschaftlichen Problem. Erstes bedeutendes Auftreten der *Gnomonia*-Blattbräune etwa 1880 im Alten Land; bis 1910 Ausbreitung der Krankheit in Mitteleuropa; bis 1920 wieder nahezu erloschen; seit 1990 erneute massive Ausbreitung von Südbaden aus, die noch anhält.
Schadbild:

- Ein Großteil des Laubes bleibt im Herbst dürr und braun am Baum hängen.
- Neubefall erfolgt in Form gelblicher, verwaschener Flecken ab Mitte Mai. Diese Flecken dehnen sich aus, werden rötlich braun und nekrotisch.
- Schließlich werden die Blätter dürr, rollen sich ein, fallen jedoch nicht ab (der Pilz verhindert die Bildung einer Trennschicht und verankert die Blätter regelrecht mit fädigen Hyphen).
- Infizierte Früchte sind anfangs fleckig, verkrüppeln später, werden teilweise rissig und trocknen schließlich ein oder faulen. Der gesamte Ertrag kann vernichtet werden.
- Mehrjährig starker Befall wirkt sich auch nachteilig auf Blütenansatz und Wachstum aus. Im Extrem können Bäume partiell oder ganz absterben.

Lebensweise: Auf den dürren Blättern bilden sich im zeitigen Frühjahr schwarze, stecknadel-

kopfgroße Fruchtkörper (Perithecien), die im April/Mai bis Juni bei Niederschlägen viele Ascosporen ausstoßen. Diese Wintersporen keimen auf jungem Laub bei ausreichend langer Blattnässe aus und dringen in das Blattgewebe ein. Auch junge Früchte können infiziert werden. Der Pilz durchwuchert mehr oder weniger große Partien des Blattes, dringt schließlich in den Blattstiel ein und tötet das Gewebe an seiner Basis ab. Auf den teilweise bereits nekrotisierenden Flecken bilden sich im Sommer auf der Blattunterseite flache Sporenlager (Acervuli), aus denen in Nässeperioden gallertartige, hyaline Fäden mit Sommersporen (Konidien) herausgepresst werden. Bei nassem Spätsommerwetter kann es dadurch noch einmal zu massiven Neuinfektionen kommen.

Bekämpfung:

- Eine Bekämpfung der Blattbräune ist unbedingt erforderlich, wenn im Winter befallenes Laub auf den Bäumen festzustellen ist.
- Spritzungen mit Kontaktfungiziden erfolgen wie beim Kernobstschorf ab dem Entfalten der ersten Blättchen vorbeugend unmittelbar vor oder nach Eintritt von Infektionsbedingungen.
- Behandlungen mit Tiefenfungiziden sollten gezielt spätestens 48 Stunden nach Eintritt von Infektionsbedingungen begonnen und unter Ausnutzung der Wartezeiten möglichst bis dicht an die Ernte weitergeführt werden.

Schrotschusskrankheit (*Clasterosporium carpophilum*)

Niederschlagsreiche, kühle Witterung im Frühjahr kann massive Infektionen hervorrufen. Vor allem Fruchtinfektionen wirken sich äußerst negativ auf den Ertrag aus.

Schadbild:

- Laub: rotbraune Flecken, die nekrotisch werden, ausbrechen, das Laub durchlöchern; stark befallene Blätter werden gelb und vorzeitig abgestoßen
- Rinde von Zweigen und Trieben: runde bis längliche dunkle Nekrosen.
- Früchte: schwärzliche, leicht eingesunkene Punkte oder Flecken; diese Früchte verkrüppeln, reißen zum Teil auf und werden häufig abgestoßen

Lebensweise: Der Erregerpilz *Clasterosporium carpophilum* überwintert auf der Rinde, in Zweigwunden und auf Fruchtmumien. Bei feuchter Frühjahrswitterung produziert er viele Sporen. Diese werden durch Regen auf Laub, junge Früchte und junge Rinde gespült und infizieren direkt durch Epidermis oder Spaltöffnungen.

Bekämpfung:

- Eine ein- bis zweimalige Bekämpfung ist in Befallslagen, besonders nach Vorjahresbefall, unbedingt anzuraten, die erste bei feuchter Witterung beim Austrieb, eine weitere nach 10 bis 14 Tagen.
- Älteres Laub und ältere Früchte werden nicht mehr infiziert, d. h., ab Anfang Juni nehmen die Infektionen deutlich ab.

Sprühfleckenkrankheit (*Cylindrosporium padi*)

> Sprühfleckenkrankheit ist vor allem ein Problem von Baumschulen und Junganlagen. Nach stärkeren Infektionen stehen die Bäume oft schon im Hochsommer kahl da; Wachstum und Holzausreife sind erheblich beeinträchtigt.

Schadbild:

- Auf der Blattoberseite treten zahlreiche kleine, violettrote Flecken auf, die ineinander übergehen können, auf der Blattunterseite kleine weißlich gelbe Sporenlager.
- Befallene Blätter vergilben sehr rasch, rollen sich ein, werden vorzeitig abgestoßen; die Bäume verkahlen früh.

Lebensweise: Der Pilz überwintert auf dem abgefallenen Laub. Primärinfektionen durch die auf dem Falllaub gebildeten Ascosporen, zum Teil auch durch Konidien („Winterkonidien" und Makrokonidien). Die keimenden Sporen dringen mit ihrem Keimschlauch durch Spaltöffnungen in das junge Blatt ein und durchwachsen es mit einem lockeren Myzelgeflecht. Anfänglich werden nur wenige violettrote Flecken gebildet. In ihrem Bereich entstehen auf der Blattunterseite flache Sporenlager (Acervuli), die große Konidienmengen produzieren. Erst diese führen zu den oft massiven Blattinfektionen mit beträchtlichen

Schäden. Feuchtwarmes Wetter begünstigt die Konidienbildung und Infektionen.

Bekämpfung:

- Sie empfiehlt sich besonders in Junganlagen mit starkem Befall im Vorjahr.
- Besonders bei feuchtwarmer Witterung zwei bis drei vorbeugende Spritzungen nach dem Entfalten der Blätter. Auch zwei Behandlungen nach Sichtbarwerden erster Symptome können noch helfen, den Blattbestand zu erhalten.
- Bei frühen und mittelfrühen Sorten empfiehlt sich in Jahren mit hohem Infektionsdruck eventuell noch eine Nacherntespritzung.

Blüten- und Zweig-*Monilia*, *Monilia*-Fruchtfäule (*Monilinia laxa*)

Die Blütenfäule oder Spitzendürre durch den Pilz *Monilinia laxa* kann in feuchten Frühjahren bei Kirschen, ganz besonders bei Sauerkirschen, erhebliche Triebschäden verursachen. Auch die Ertragsausfälle durch die vom selben Erreger verursachte Fruchtfäule können bedeutend sein.

Schadbild:

- Erste Anzeichen: braun werdende Blüten mit schwärzlichen Blütenstielen.
- Über diese dringt der Pilz in die Zweige ein, lässt Blüten- und Blattbüschel ganzer Zweigpartien absterben.
- Fruchtinfektionen können bei Regenperioden während der Reife über Platzwunden und Risse in der Fruchthaut erfolgen: Graue Pilzpolster durchbrechen die Fruchthaut, bedecken rasch die ganze Frucht; durch Übergreifen auf benachbarte Früchte klumpen ganze Fruchtbüschel zusammen, trocknen ein, verbleiben als Fruchtmumien bis zum Frühjahr auf den Bäumen.

Lebensweise: Der Pilz überwintert auf Fruchtmumien und abgestorbenen Zweig- und Astpartien. Bei regnerischem Wetter im Frühjahr produziert er große Sporenmengen. Diese infizieren die Blütenorgane, bevorzugt die Narbe. Infektionsgefahr besteht, sobald das Weiß der Blütenknospen sichtbar wird. Über den Blütenstiel dringt der Pilz in den Trieb ein. Erst am stärkeren Holz stoppt sein Wachstum. Auf den abgestorbenen Blüten bilden sich schon bald kleine graue Sporenlager, über die es später zu Fruchtinfektionen kommen kann.

Bekämpfung:

- Wichtigste vorbeugende Maßnahme: frühzeitiges Ausschneiden infizierter Astpartien und das Entfernen der Fruchtmumien im Winter.
- Blüteninfektionen sind beim Weißwerden der Blütenblätter durch Fungizidbehandlungen (bei regnerischem Wetter) gut zu bekämpfen: Je nach Blüteverlauf bis zu drei Spritzungen; vor allem die erste Spritzung muss früh genug erfolgen, sonst können auch spätere Behandlungen stärkere Infektionen nicht mehr verhindern.
- Vorbeugung gegen Fruchtinfektionen durch Fungizidbehandlungen beim Umfärben der Früchte bis kurz vor der Ernte (Wartezeit beachten).

Bitterfäule (*Colletotrichum gloeosporioides*)

Bitterfäule tritt witterungsabhängig immer wieder einmal periodisch auf. Besonders in Jahren mit längeren Niederschlagsperioden im Frühjahr und Frühsommer kann sie erhebliche Ernteverluste verursachen.

Schadbild:

- Auf reifenden Früchten: runde, leicht eingesunkene bräunliche Faulstellen, auf denen sich später konzentrisch angeordnet weißliche bis rosafarbene schleimige Pusteln entwickeln.
- Über den Stiel infizierter Früchte kann der Pilz auch in Triebe eindringen, sie schwächen, eventuell zum Absterben bringen.

Lebensweise: Die Überwinterung erfolgt als Myzel auf Fruchtmumien, an infizierten Trieben oder an Knospen. Durch Regenwasser gelangen die hier im Frühjahr gebildeten Konidien auf junge Früchte. Infektionen verbleiben latent bis zum Beginn der Reife. Von befallenen reifen Früchten abgespülte Sporen können rasch weitere Früchte infizieren. Da die Sporenverbreitung fast aus-

Abb. 208 Bitterfäule.

schließlich über Niederschlag erfolgt, ist der Befall im unteren Kronenbereich stets am höchsten.
Bekämpfung: In Anlagen mit Vorjahresbefall empfehlen sich besonders bei regnerischer Frühjahrswitterung zwei vorbeugende Nachblütespritzungen im Abstand von sieben bis zehn Tagen.

Valsa (*Leucostoma personii*)
Dieser Holz- und Rindenpilz kann auch bei Kirschen erhebliche Schäden verursachen und selbst große Bäume zum Absterben bringen.

12.4.2 Schädlinge

Schwarze Kirschenblattläuse (*Myzus* spec.)
Die Schwarze Süßkirschenblattlaus (*Myzus prunavium*) und die Schwarze Sauerkirschenblattlaus (*Myzus cerasi*) sind bezüglich ihrer Biologie sehr ähnlich. Sie sind glänzend schwarz bis dunkelbraun, mit mittellangen Fühlern und deutlich sichtbaren Siphonen. Ihr Körper ist etwa 2 mm lang.
Schadbild:
- Massive Kräuselung und Einrollung der Blätter an den Triebspitzen (bei der Sauerkirschenblattlaus etwas weniger stark).
- Starke Wachstumshemmung besonders bei Jungbäumen.
- Verkleben und Verschmutzen von Früchten durch starke Honigtauproduktion mit nachfolgender Ansiedlung von Schwärzepilzen.

Lebensweise: Überwinterung als Ei auf den Bäumen. Die beim Austrieb schlüpfenden Larven entwickeln sich rasch zu Stammmüttern; diese gebären Jungläuse und bilden so erste Kolonien. Rasche Ausbreitung im Baum, vorzugsweise an Triebspitzen, die durch Ameisen zum Teil gefördert wird. Im Laufe des Sommers bilden sich immer mehr geflügelte Tiere, die auf krautige Sommerwirte abwandern. Im Herbst Rückwanderung geflügelter geschlechtlicher Tiere und später Ablage überwinternder Eier in Rindenritzen oder an Kurztrieben.
Strategien zur Beobachtung: Erste Kolonien an Trieben im Stammbereich und an der Basis stärkerer Äste kurz nach der Blüte geben Hinweise auf die spätere Befallsstärke. Zwei bis fünf Kolonien auf 100 Triebspitzen bei späteren visuellen Kontrollen zeigen Bekämpfungsbedarf an.
Bekämpfung: Möglichst frühzeitig, sobald die wirtschaftliche Schadensschwelle erreicht wird, vorzugsweise mit einem selektiven Präparat.

Hortensienwollschildlaus (*Eupulvinaria hydrangeae*)
Die bereits um 1960 vermutlich mit Pflanzenimporten aus Ostasien eingeschleppte Hortensienwollschildlaus hat in den Süßkirschen-Anbaugebieten Norddeutschlands und Badens ab Anfang 2000 immer wieder einmal zu erheblichen Schäden durch Besiedlung der Früchte von überwinterten Weibchen, vor allem aber von großen Mengen von Larven geführt, was sie als Tafelware unverkäuflich macht.

Schadbild:

- Besiedlung der jungen Früchte durch auffällige weiße Wachswolle bildende Weibchen und später durch eine große Zahl der etwa 1 mm großen Larven
- Verkleben und Verschmutzen von Früchten durch starke Honigtauproduktion mit nachfolgender Ansiedlung von Schwärzepilzen

Lebensweise: Die Überwinterung erfolgt im dritten Larvenstadium an Trieben und Zweigen, wo sie im Frühjahr ihre Entwicklung vollenden. Nach dem Austrieb wandern die nur 3 bis 4 mm großen Weibchen auf Blätter und zum Teil auch auf die jungen Früchte. Hier bilden sie Ende Mai, Anfang Juni den auffälligen, wachswollartigen, weißlich gefärbten länglichen etwa 8 mm langen Eisack aus, in dem sich mehrere Tausend Eier befinden können. Die Weibchen sterben nach der Eiablage bald ab. Die schon bald schlüpfenden Larven besiedeln Blätter und Früchte. Als Phloemsauger bilden sie größere Mengen von Honigtau, auf dem sich später Schwärzepilze entwickeln und somit zusätzlich zu Verschmutzung der Früchte führen.

Kontrolle: Nach dem Austrieb an der Blattunterseite der Blätter und auf den jungen Früchten nach Weibchen mit den auffälligen wollig-weißen Eisäcken Ausschau halten.

Bekämpfung: Möglichst frühzeitig, sobald an den Blattunterseiten erste Weibchen mit ihren weißen, aus Wachswolle gebildeten Eisäcken festgestellt werden; vorzugsweise mit einem selektiven Präparat.

Frostspanner (*Operophtera brumata*)

> Bei Massenauftreten können die Raupen des Kleinen Frostspanners erhebliche Schäden durch Laubfraß und Befressen/Aushöhlen der jungen Früchte verursachen.

Frostspannereier sind 0,5 mm lang, länglich oval, auf einer Seite leicht abgeplattet, frisch hellgrün, später hell rotorange. Raupen messen ausgewachsen bis 25 mm, sind hellgrün, mit dunkelgrünem Längsstreifen auf dem Rücken und mehreren weißlichen Seitenstreifen. Die Kopfkapsel ist grün bis gelblich. Die Raupe bildet beim Kriechen nach jeder Streckphase einen Katzenbuckel. Weibchen sind 7 bis 9 mm lang, graubraun, hellgrau gesprenkelt und haben zu Stummeln reduzierte Flügel. Männchen geflügelt mit 22 bis 28 mm Spannweite; ihre Flügel sind in Ruhe deltaförmig am Körper angelegt, gelbbraun bis grau mit mehreren, manchmal nur schwach ausgeprägten Binden.

Schadbild:

- Ausgeprägter Blattrand- und Lochfraß, bis hin zu Kahlfraß.
- An Früchten halbseitiger Fraß und ausgehöhlte Samenanlagen (kochlöffelartiges Aussehen); ähnliche Schäden auch durch Raupen einiger anderer Spannerarten und einiger Eulen (Noctuidae); diese Arten treten jedoch selten in bedeutender Zahl auf.

Lebensweise: Überwinterung als Ei. Die Räupchen schlüpfen beim Austrieb und beginnen an Blättchen und Blütenknospen zu fressen. Blätter oder Blüten werden besonders bei kühleren Temperaturen locker zusammengesponnen. In diesem Versteck kann die Raupe weiterfressen. Ab Mitte Mai/Anfang Juni lassen sich die ausgewachsenen Raupen an einem Spinnfaden zu Boden und verpuppen sich in 5 bis 10 cm Tiefe in einem lockeren Gespinst. Vermutlich gesteuert durch die Bodentemperatur, schlüpfen die Falter je nach Gebiet und Höhenlage ab Mitte Oktober bis Ende November. Frost ist als Auslöser für den Schlupfbeginn nicht erforderlich. Die flügellosen Weibchen kriechen an den Baumstämmen hoch, wo sie meist schon am ersten Abend von den Männchen befruchtet werden. Sie legen in der Folge in frostfreien Perioden 200 bis 300 Eier einzeln oder in kleinen Gruppen im Kronenbereich ab. Letzte Weibchen sind noch bis Ende Dezember zu beobachten.

Strategien zur Beobachtung: Der Fang von Weibchen auf Leimringen lässt schon im Spätherbst auf den Befallsdruck im folgenden Frühjahr schließen. Befallskontrollen auf Jungraupen ab Blütebeginn durchführen: wirtschaftliche Schadensschwelle bei Tafelkirschen bei 5 bis 10 Räupchen pro 100 Blütenbüschel.

Bekämpfung:
- Vorbeugend durch Anlegen von Leimringen Anfang Oktober.
- Bei frühem Erreichen der Schadensschwelle schon während der Blüte, sonst danach möglichst mit einem selektiven Präparat.

Kirschblütenmotte (*Argyresthia pruniella*)
In manchen Anbaugebieten zählt dieser Kleinschmetterling zu den bedeutenderen Schädlingen und muss fast alljährlich bekämpft werden. Der Falter ist unauffällig, 6 bis 7 mm lang, hat bräunliche Flügel und weiße, von einem braunen Querband durchzogene Rückenzeichnung. Die Eier messen 0,5 × 0,3 mm, sind flach, olivbraun, mit deutlicher Struktur. Raupen sind ausgewachsen bis 9 mm lang, hellgrün bis gelbgrün mit bräunlichem Kopf.
Schadbild: Ausgehöhlte Blütenknospen, Blüten mit zerfressenem Fruchtknoten.
Lebensweise: Überwinterung als Ei unter Knospenschuppen und an anderen geschützten Stellen. Oft schon beim Knospenschwellen (BBCH 03) schlüpfen die Räupchen und bohren sich in eine Blütenknospe ein, höhlen sie bis zum Austrieb aus. Später befressen sie die Blütenorgane, hauptsächlich den Fruchtknoten. Eine Raupe schädigt nacheinander mehrere Blüten. Mitte bis Ende Mai seilen sich die ausgewachsenen Raupen an einem Spinnfaden zur Verpuppung auf den Boden ab. Ab Ende Juni erscheinen die Falter; sie fliegen in einer Generation bis in den August.
Strategien zur Beobachtung: Empfehlenswert ist die Kontrolle auf Eier im zeitigen Frühjahr, sie ist aber nur mit Übung und Erfahrung möglich. Eine wirtschaftliche Schadensschwelle ist noch nicht ermittelt; die Bekämpfung ist deshalb eine persönliche Erfahrungssache, nach stärkerem Vorjahresbefall auf jeden Fall zu empfehlen. Werden erste Raupen und Schäden bemerkt, ist es für die Bekämpfung bereits zu spät.
Bekämpfung: Nur eine sehr frühe Spritzung mit einem Kontaktinsektizid plus Mineralöl beim Knospenschwellen ist wirksam.

Rindenwickler (*Enarmonia formosana*)

Der häufig unterschätzte Schädling an Kirschen-, jedoch auch an älteren Zwetschen- und Mirabellenbäumen kann bei stärkerem Befall der Stammbasis und der ersten Astetage erhebliche Ertragsausfälle verursachen.

Der Falter ist 8 bis 10 mm lang, hat braune Flügel mit auffallender weißlicher, gelber und orangefarbener Fleckung und Zeichnung; das Ei, 0,7 × 0,6 mm, ist flach, anfangs weißlich, später rötlich. Raupen sind ausgewachsen bis 15 mm lang, grünlich weiß bis rötlich, mit hellbrauner Kopfkapsel.
Schadbild:
- Zahlreiche Fraßgänge in der Rinde mit rötlich bis schwärzlich gefärbtem Kot, rotbraune Säckchen aus Kotkrümeln auf der Rinde, häufig verbunden mit Gummifluss, sind ein eindeutiger Hinweis auf Rindenwicklerbefall.
- Sekundär können Holz- und Rindenpilze über die Fraßgänge infizieren. Stark befallene Bäume sind im Wachstum beeinträchtigt und leiden häufig unter „Röteln".

Lebensweise: Überwinterung als Raupe im Rindengewebe. Im zeitigen Frühjahr beginnen die Raupen wieder zu fressen und verpuppen sich ab Mitte April. Zum Schlupf schieben sich die Puppen durch das mit Spinnfäden ausgekleidete Kotsäckchen am Gangausgang an die Rindenoberfläche. Anfang Mai erscheinen die ersten Falter. Sie fliegen in einer lang gestreckten Generation bis in den August. Die Weibchen legen ihre Eier einzeln oder zu mehreren in Rindenritzen und an alten Befallsstellen ab. Die Räupchen schlüpfen nach etwa zwei Wochen und bohren sich in die Rinde ein. Sie bilden dort unregelmäßig verlaufende Gänge.

Aufgrund der langen Flugperiode sind im Herbst Raupen unterschiedlicher Größe in den Befallsstellen anzutreffen. Die Weibchen legen ihre Eier meist wieder an dem Baum ab, an dem sie ihre Entwicklung durchlaufen haben. Nicht selten steht deshalb ein stark befallener Baum neben einem schwach oder überhaupt nicht befallenen.

Strategien zur Beobachtung: Befall lässt sich am besten Ende April/Anfang Mai feststellen. Deutliche Anzeichen sind frische Kotsäckchen auf der Rinde der Stammbasis, aus denen zum Teil schon Puppen oder leere Puppenhüllen herausragen. Bei zahlreichem Vorkommen sollte an befallenen Bäumen eine Bekämpfung vorgenommen werden.

Bekämpfung:

- Meistens beugt schon das Freihalten der Baumscheiben von Bewuchs einem Befall vor (besonders gefährdet sind Anlagen/Bäume in hohem Gras).
- Ein bis zwei Stammbehandlungen mit 5 % Mineralöl plus einem Kontaktinsektizid Ende Juli/Anfang August bringen einen gewissen Erfolg; wirkungsvoller sind Stammbehandlungen mit einem Insektenwachstumsregulator Anfang Juli.

Kirschfruchtfliege (*Rhagoletis cerasi*)

> Maden dieser Fruchtfliege mindern die Qualität von Tafelware bis zur Unverkäuflichkeit. Bei Brennkirschen kann starker Befall die Qualität des Endproduktes beeinträchtigen.

Die Fliege ist 4 bis 6 mm lang, glänzend schwarz, mit einem gelben dreieckigen Schildchen auf dem Rücken und auffällig schwarz gebänderten, glasklaren Flügeln. Ihre Maden sind weiß, bis 6 mm lang, es sind typische Fliegenmaden.

Abb. 209 Kirschfruchtfliege.

Schadbild: Eine feine, leicht eingesunkene Einstichstelle auf reifen Früchten, im Inneren eine weiße Made.

Lebensweise: Überwinterung als Tönnchenpuppe im Boden. Je nach Frühjahrswitterung erscheinen die ersten Fliegen Mitte Mai bis Anfang Juni. Mit ihrem Legebohrer legen die Weibchen ihre Eier in reifende Kirschen, wenn sie von Grüngelb auf Gelbrot umfärben. Die Larven schlüpfen nach etwa sieben Tagen, fressen einen Gang bis zum Kern und ernähren sich vom Fruchtfleisch. Nach etwa drei Wochen sind sie ausgewachsen, bohren sich aus der reifen Frucht aus und lassen sich zu Boden fallen. Die Verpuppung zur Tönnchenpuppe erfolgt dicht unter der Erdoberfläche.

Strategien zur Beobachtung: Sehr sichere Flugüberwachung der Fliege mithilfe von beleimten Gelbtafeln. Eine Schadensschwelle kann wegen der unterschiedlichen Fängigkeit der käuflichen Fallen nicht genannt werden. Werden keine Fliegen gefangen, so ist zu dieser Zeit keine Bekämpfung erforderlich.

Bekämpfung: Wird Flug festgestellt, erfolgt die Bekämpfung bei gefährdeten Sorten je nach den zur Verfügung stehenden Mitteln gezielt gegen die Fliegen und/oder die schlüpfenden Maden.

Kirschessigfliege (*Drosophila suzukii*)

> Die Maden der Kirschessigfliege können gesunde weichschalige Früchte verschiedenster Obstarten wie Kirsche, Zwetsche, Pfirsich, Himbeere, Brombeere, Johannisbeere, Erdbeere, Heidelbeere und Weintraube innerhalb weniger Tage unverwertbar machen.

Die Kirschessigfliege (***Drosophila suzukii***) wurde vermutlich mit Obstimporten aus Asien in den Mittelmeerraum eingeschleppt. Von dort breitete sie sich schnell weiter aus und wurde erstmals 2011 in Süddeutschland nachgewiesen. Inzwischen ist sie in ganz Deutschland verbreitet. 2014 gab es erstmals erhebliche Schäden durch Massenvermehrung vor allem an Kirsche, Himbeere, Brombeere und rotfarbigen Trauben. Die Kirschessigfliege ähnelt sehr in Größe und Aussehen

unserer einheimischen Essigfliege. Sie lässt sich aber über die Männchen eindeutig unterscheiden. Die Männchen der einheimischen Essigfliege haben vollständig durchsichtige Flügel, die Männchen der Kirschessigfliege dagegen einen gut erkennbaren dunklen Fleck im Bereich der Flügelspitzen. Im Gegensatz zur einheimischen Essigfliege, die nur geschädigte oder bereits faulende Früchte befallen kann, ist das Weibchen der Kirschessigfliege dank eines gezähnten Legeapparates in der Lage, gesunde Früchte mit Eiern zu belegen. Ein Weibchen kann mehrere hundert Eier ablegen.

Schadbild: Sehr schnell kollabierende Früchte mit mehreren kleinen Fliegenmaden im Fruchtfleisch.

Lebensweise: Die Überwinterung der Kirschessigfliege erfolgt als Fliege. Ab Temperaturen um 10° C wird sie aktiv. Ihr Aktivitätsoptimum liegt bei 25° C. Die Paarung erfolgt im Frühjahr. Die Eiablage beginnt, sobald geeignete halbreife Früchte vorhanden sind. Eine Generation entwickelt sich in Abhängigkeit von der Temperatur in 8 bis 28 Tagen, d. h. unter mitteleuropäischen Verhältnissen sind bis zu acht Generationen pro Jahr möglich.

Strategien zur Beobachtung: Auftreten und Flugverlauf kann mit Köderfallen überwacht werden, z. B. kleinen transparenten Plastikflaschen mit Verschluss, in die im oberen Drittel seitlich 15 bis 20 Löcher von ca. 4 mm Durchmesser gebohrt werden. Als Köderflüssigkeit dient eine Mischung aus drei Teilen Rotwein und zwei Teilen Apfelessig plus ein Tropfen duftneutrales Spülmittel, die etwa 4 cm hoch in die Falle gefüllt wird.

Bekämpfung: Da derzeit kaum geeignete Mittel zur Bekämpfung zur Verfügung stehen, ist eine rein chemische Bekämpfung im Erwerbsobstbau nur bedingt möglich. Bei Kirschen ist bei der Bekämpfung der Kirschfruchtfliege eine gewisse Nebenwirkung zu erwarten. Da auch in absehbarer Zeit kaum die Möglichkeit einer nachhaltigen Bekämpfung gegeben sein wird, kommt der Bestandshygiene besondere Bedeutung zu. Befallene oder nicht verwertbare Früchte sind unverzüglich so zu vernichten, dass die darin befindlichen Maden abgetötet werden. Aktuelle Informationen zur Bekämpfung erteilen die zuständigen Pflanzenschutzdienststellen.

Abb. 210 Kirschessigfliege *Drosophila suzukii.*

Kirschblattwespe (*Caliroa cerasi*)

Die glänzend schwarzen, schneckenähnlichen Larven der Schwarzen Kirschblattwespe sind nur bei Massenauftreten schädlich. Pro Jahr werden bis zu drei Generationen gebildet. Die Larven schaden durch flächigen Schabefraß auf der Blattoberseite. Bei sehr starkem Befall rollen sich die Blätter ein und verdorren. Eine erforderliche Bekämpfung erfolgt mit einem möglichst nützlingsschonenden Kontaktinsektizid.

Kirschfruchtstecher (*Rhynchites* spec.)

Verschiedene Rüsselkäferarten wie der **Goldgrüne Kirschfruchtstecher** (*Rhynchites auratus*) und der **Kirschkernstecher** (*Furcipes rectirostris*) verursachen durch ihren Reifungsfraß gelegentlich stärkere Fruchtschäden (Verkrüppelungen). Früchte, in die ein Ei abgelegt wurde und in denen sich eine Larve entwickelte, weisen an der Seite ein Loch auf und fallen vorzeitig ab. Die Bekämpfung erfolgt je nach Auftreten durch Vor- und Nachblütespritzungen.

12.5 Krankheiten und Schädlinge an Pfirsich

12.5.1 Krankheiten

Kräuselkrankheit (*Taphrina deformans*)

Die wichtigste Krankheit des Pfirsichs ist besonders im Hausgarten ein Problem, sie kann jedoch auch in Erwerbsanlagen, wenn die Bekämpfung versäumt wurde oder zu spät erfolgte, erhebliche wirtschaftliche Bedeutung haben.

Schadbild:

- Befallene Blätter sind blasig aufgetrieben, weißgelb bis intensiv rot verfärbt und meist stark verdreht oder gekräuselt; sie sterben Ende Mai/Anfang Juni unter Schwarzfärbung ab und werden abgestoßen. Stark befallene Bäume können dadurch im Frühsommer vorübergehend fast völlig verkahlen.
- Infizierte Triebspitzen sind fleischig verdickt, gestaucht und eingekrümmt.
- Befallene Früchte weisen flächige, gelbgrüne bis rote Wucherungen auf und werden meist vorzeitig abgestoßen.

Lebensweise: Überwinterung des Pilzes als Sprossmyzel auf Rinde und Knospen. Im zeitigen Frühjahr zerfällt dieses Myzel in Sprosszellen, die wie Sporen bei Niederschlag Keimschläuche bilden, in das Gewebe der schwellenden Knospen hineinwachsen und die beschriebenen Schädigungen verursachen.

Die Befallsstellen überziehen sich bereits nach einiger Zeit mit einem weißlichen, samtartigen Myzelbelag, der ab Ende Mai große Mengen an Ascosporen produziert. Gelangen diese auf die Rinde, so keimen sie aus und bilden erneut das überwinternde, saprophytische Sprossmyzel.

Bekämpfung: Infektionsgefahr herrscht bereits beim Lockern der Knospenschuppen. Bei milder Witterung kann das schon im Januar/Februar der Fall sein. Da eine Bekämpfung nur vorbeugend möglich ist, muss bei feuchtem Wetter die erste Spritzung schon zu diesem frühen Zeitpunkt stattfinden. Verzögern Kälterückschläge den Austrieb, so können bei regnerischer Witterung bis zur Blüte bis zu drei Behandlungen erforderlich sein.

Monilia-Fruchtfäule (*Monilinia* spec.)

Vor allem *Monilinia laxa*, seltener auch *Monilinia fructigena*, können bei regnerischem Wetter an reifenden Pfirsichen massive Ausfälle durch Fäulnis verursachen. Infektionspforten sind Wachstumsrisse und sonstige kleinere Verletzungen. Die Schäden durch Blüten- und Zweiginfektionen sind bei Pfirsich im Allgemeinen unbedeutend.

Schrotschusskrankheit (*Clasterosporium carpophilum*)

In regnerischen Frühjahren ist die Pilzkrankheit auch für Pfirsiche durchaus bedeutend.

Pfirsichschorf (*Megacladosporium carpophilum*)

Pfirsichschorf kann nach nasser Frühjahrswitterung stärker in Erscheinung treten. Er infiziert hauptsächlich die Früchte, teilweise auch unverholzte Triebe, aber nie das Laub.

Schadbild: Schwärzliche, schorfige Flecken auf den jungen Früchten, die sich flächig ausdehnen können und bei sehr starkem Befall rissig werden. Auf den Trieben länglich ovale, bis 10 mm lange bräunliche Läsionen.

Lebensweise: Überwinterung als Myzel auf den Triebläsionen; bei feuchter Witterung im Frühjahr Produktion großer Konidienmengen. Auf jungen Früchten oder grünen Trieben keimen die Konidien aus und dringen nach kurzem Oberflächenwachstum in die Kutikula ein. Auf den Früchten werden Infektionen erst 40 bis 70 Tage später sichtbar, auf den Trieben etwas früher.

Bekämpfung:

- Vorbeugende Behandlung mit Schorffungiziden bei regnerischem Wetter in der Hauptinfektionsperiode Ende April und Mai. Die Bekämpfung ist schwierig, da auf der filzigen Oberfläche der jungen Früchte kaum ein lückenloser Spritzbelag zu erzeugen ist.
- Das Entfernen von Fruchtmumien und das Herausschneiden befallener Triebe reduzieren den Infektionsdruck.

Valsa (*Leucostoma personii*)
Auch bei Pfirsich kann die Valsa-Krankheit die Ursache für mit starkem Gummifluss verbundenes Absterben von Knospen, Trieben und ganzen Astpartien sein. Die Krankheit wird ausführlich bei Zwetsche behandelt.

12.5.2 Schädlinge

Pfirsichwickler (*Cydia molesta*)
Rötliche „Maden" in Pfirsichen können Raupen des Pfirsichwicklers sein. Diese mehr in Südeuropa heimische Art kann sich in Deutschland nur in den wärmsten Regionen auf Dauer halten. Die Raupe miniert erst einige Zeit in den Trieben, bevor sie auf die Früchte überwandert. Meist ist es jedoch die Raupe des Pflaumenwicklers (*Cydia funebrana*), der auch Pfirsich und Aprikose befällt. Eine Bekämpfung ist im Allgemeinen nicht erforderlich.

Blattläuse (Schwarzgefleckte Pfirsichblattlaus, Grüne Pfirsichblattlaus, Mehlige Pfirsichblattlaus)
Blattlausbefall ist im Allgemeinen mehr ein Problem von Junganlagen. Besonders die **Schwarzgefleckte Pfirsichblattlaus** (*Brachycaudus schwartzi*), etwa 2 mm groß, schwarzbraun, glänzend, gedrungen, mit grün bis rotbraun gefärbten Larven, kann durch ihre Saugtätigkeit an jungen Blättern und Trieben starke Verkrümmungen, Kräuselungen und Wachstumshemmungen verursachen. Ähnlich schwere Schäden kann auch die **Grüne Pfirsichblattlaus** (*Myzus persicae*) im Frühjahr hervorrufen. Sie ist etwa 2 mm groß, dunkelgrün bis olivgrün; Larven sind etwas heller, leicht glänzend, schlanker als die vorige Art, mit langen Fühlern. Noch größere Bedeutung hat diese Art jedoch als Virusüberträger (z. B. von Scharka). Die **Mehlige Pfirsichblattlaus** (*Hyalopterus amygdali*), etwa 2,5 mm groß, graugrün, mit Wachsausscheidungen mehlig überpudert, ist wirtschaftlich von geringerer Bedeutung. Sie fällt gelegentlich durch Massenvermehrung auf. Die Blätter ganzer Zweig- oder Astpartien sind dann auf der Unterseite dicht von Läusen bedeckt. Die Bekämpfung der beiden erstgenannten, als Ei überwinternden Blattläuse erfolgt, sobald erster Befall festgestellt wird, unmittelbar nach der Blüte, bei der Mehligen Pfirsichblattlaus, sobald eine stärkere Vermehrung beobachtet wird.

Maulbeerschildlaus (*Pseudaulacaspis pentagona*)

Die Maulbeerschildlaus gilt in den Mittelmeerländern als einer der gefährlichsten Schädlinge im Pfirsichanbau. Sie kann bei starkem Befall Pfirsichbäume schwer schädigen und sogar zum Absterben bringen.

Die Maulbeerschildlaus (*Pseudaulacaspis pentagona*) wurde vermutlich mit der Maulbeere für die Seidenraupenzucht nach Norditalien eingeschleppt und ist seit längerem im Mittelmeerraum weit verbreitet. Einen ersten Hinweis auf Befall an Johannisbeere in Deutschland gab es bereits 1964 aus Bayern. Man glaubte jedoch damals, dass sie in unserem Klima nicht überleben kann. 2001 wurde jedoch erstmals schwerer Befall in einer Pfirsichanlage in der Pfalz und 2002 in einer Pfirsichanlage in Südbaden gemeldet. In den folgenden Jahren gab es zahlreiche Meldungen über Auftreten und Schäden in Johannisbeeren und zahlreichen Ziergehölzen. Inzwischen hat sich der Schädling in Deutschland etabliert und es sind mehr als 20 Wirtspflanzen bekannt geworden. Das Wirtspflanzenspektrum dieser Schildlaus ist enorm hoch.

Schadbild:

- Besiedlung der Rinde von Stamm und Ästen durch weibliche und vor allem männliche, weiße Wachsfäden ausscheidende Schildläuse in so großer Zahl, dass die Bäume wie gekalkt aussehen
- Dürrwerden und Absterben ganzer Ast- und Zweigpartien

Lebensweise: Die Maulbeerschildlaus hat in Deutschland zwei Generationen. Die befruchteten weiblichen Schilde der zweiten Generation überwintern auf der Rinde. Ende April, Anfang Mai legen die Weibchen unter dem Schild 150 bis 200 Eier ab und sterben danach bald ab. Die 0,2 mm großen Larven schlüpfen nach zwei bis drei Wochen. Die männlichen Larven setzen sich

sehr rasch noch in der unmittelbaren Nähe des Mutterschildes wieder fest, die weiblichen Larven wandern und besiedeln neue Rindenbereiche oder durch Windverfrachtung auch benachbarte Bäume. Ab Mitte Juni bis Anfang Juli ist die erste Generation ausgewachsen und die geflügelten Männchen beginnen zu schwärmen. Die zweite Generation entwickelt sich dann in Abhängigkeit von der Witterung von Mitte August bis Anfang Oktober.

Strategien zur Beobachtung: Weiße, wie gekalkt wirkende Rinden- oder Astpartien, von denen sich der weiße Belag leicht abwischen lässt und unter dem dann die rundlichen weiblichen Schilde von ca. 2 bis 2,5 mm Durchmesser zu finden sind, sind eindeutiger Beweis für Befall

Bekämpfung: Die Bekämpfung mit chemischen Mitteln ist sehr schwierig. Einen gewissen Erfolg hat lediglich die Bekämpfung der Larven der ersten Generation mit entsprechend zugelassenen Mitteln. Ölbehandlungen im Winter oder Frühjahr haben meist keinen ausreichenden Erfolg. Recht guten Erfolg hatte zum Teil die vorsichtige aber gründliche mechanische Bekämpfung durch Abwaschen der Befallsbereiche mit Wasserhochdruck.

12.6 Krankheiten und Schädlinge an Erdbeere

Erfolgreicher Erdbeeranbau ist nur mit gesunden Jungpflanzen auf Böden mit guter Struktur oder in geeigneten Substraten möglich. Günstige Vor- oder Zwischenkulturen sind z. B. *Tagetes* spp. und Spargel, ungünstig sind z. B. Kartoffel und Sonnenblumen. Im Vergleich zu einjährigem Anbau nehmen die Pflanzenschutzprobleme in mehrjährigen Kulturen häufig stark zu.

12.6.1 Virosen

Bei den derzeit angebauten Erdbeersorten sind nur selten Symptome von Viruserkrankungen im Feld anzutreffen. Neben der **Blattrandvergilbung** (*yellow mild edge virus*) werden beispielhaft noch die **Viröse Kleinblättrigkeit** (*strawberry crinkle virus*) und die **Viröse Blattscheckung** (*strawberry mottle virus*) genannt. Latenter Virusbefall kann vor allem bei mehrjährigem Anbau visuell unbemerkt zu Ertragsverlusten führen.

Schadbild:

- Verschiedene Blattchlorosen und -deformationen
- Zum Teil vorzeitige Herbstfärbung und Kümmerwuchs, je nach Befallsstärke

Bekämpfung:

- Eine direkte Bekämpfung ist nicht möglich.
- Befallene Pflanzen umgehend vernichten und Virusüberträger (Nematoden, Blattläuse) konsequent, vor allem in Vermehrungsbeständen, bekämpfen.

12.6.2 Bakteriosen

Seit 1992 tritt in Süddeutschland die **Eckige Blattfleckenkrankheit** (*Xanthomonas fragariae*) auf. Sie kann in feuchten Jahren und vor allem in wärmeren Regionen zu größeren Ertragsverlusten führen.

Schadbild:

- Anfangs nur kleine, gelblich-eckige Blattflecken, begrenzt durch die feinen Blattadern (am besten im Gegenlicht erkennbar).
- Bei starkem Befall sind größere Teile der Blätter befallen, die Kelchblätter der Beeren verfärben sich braun bis schwarz, eine Vermarktung ist nur bei geringem Befall möglich.
- Bei hoher Luftfeuchte findet sich blattunterseits honigartiger Bakterienschleim (eingetrocknet dunkel), von dem die weitere Verbreitung ausgeht, bei sehr starkem Befall Bakterienschleim sogar im Rhizom.

Bekämpfung:

- Eine heilende Bekämpfung ist nicht möglich. Auch Jungpflanzen befallener Mutterpflanzen sind über die Ausläuferranken häufig infiziert. Latent befallene Jungpflanzen tragen wesentlich zur Ausbreitung bei. Der Pflanzengesundheitsüberwachung von Vermehrungsbeständen kommt große Bedeutung zu.

- Kupferhaltige Präparate können die äußerliche Ausbreitung des Erregers verlangsamen und Ernteverluste mindern.

12.6.3 Pilzkrankheiten

Grauschimmel (*Botrytis cinerea* und weitere *Botrytis*-Arten und Stämme)
Bereits während und nach der Blüte können erhebliche Verluste durch Grauschimmel-Infektionen an grünen, reifen und gelagerten Beeren entstehen.
Schadbild: Weiß- bis mausgrauer Pilzrasen überzieht in kurzer Zeit die Beeren. Durch die Ansteckung von Beere zu Beere (Kontaktfäule) werden ganze Erntegebinde wertlos.
Lebensweise: Überwinterung an befallenen Pflanzenteilen und Hauptinfektion im Frühjahr mit Konidien schon während der Blüte. Nach wenigen Tagen werden bei feuchter Witterung aus infizierten Stellen wieder neue Konidien entlassen. Dichte, mastige Pflanzen, kurze Blütenstände, die unterhalb der Blätter stehen, hohe Unkräuter und schlecht gelüftete verfrühte Bestände schaffen ein günstiges Mikroklima für *Botrytis*-Infektionen.
Bekämpfung:
Vorbeugende Maßnahmen:

- Nur ein- bis maximal zweijährige Bestände kultivieren.
- Nicht zu dicht pflanzen.
- Maßvolle, an die Bodenverhältnisse und die Entwicklung angepasste N-Düngung einhalten.
- Blüten- bzw. Fruchtstände mit Stroh unterlegen.
- Zusatzberegnung nur ganz früh am Morgen, damit die Blattnässedauer nicht über die Zeit natürlicher Blattfeuchte hinaus verlängert wird.
- Dammanbau mit dammabdeckener Folie.
- Verfrühte Bestände, z. B. Tunnel, Vlies, Lochfolie, regelmäßig lüften.

Direkte Bekämpfung:

- Behandlungen zum Blütenschieben, zu Beginn der Blüte, zur Vollblüte und zum Blühende durchführen. Die wichtigsten Behandlungen sind zum Blühbeginn und zur Vollblüte.

Abb. 211 *Botrytis*-Fäule (Grauschimmel) an einer Erdbeerfrucht.

- Die **Applikationstechnik** hat große Bedeutung (Mehrdüsengabel, Wasseraufwand ca. 1000 l/ha).
- Als Resistenzvorsorge einen Wechsel von Wirkstoffen aus verschiedenen Wirkstoffgruppen vornehmen.

***Gnomonia*-Fruchtfäule (*Gnomonia comari*)**
Meist seltener als Grauschimmel kommt die *Gnomonia*-Fruchtfäule vor. Bei einigen Sorten treten unter hohem Infektionsdruck auch *Gnomonia*-Blattflecken auf.
Schadbild:

- An den Blättern halbkreisförmige, braune Läsionen; bei feuchter Witterung blattunterseits Pyknidien, aus denen eine gelbliche Sporenmasse austritt.
- An den Beeren verbräunen kurz nach der Blüte die Kelchblätter, meist wächst der Erreger in den Fruchtstiel und in den Blütenboden. An unreifen Beeren entstehen feste, dunkelbraune Faulstellen, während reife Beeren eher weich werden.

Bekämpfung: Je eine Fungizid-Spritzung zum Schieben der Blütenstände und zum Blühbeginn, weil die Infektionen früh erfolgen können. Nicht alle Sorten sind gleich anfällig.

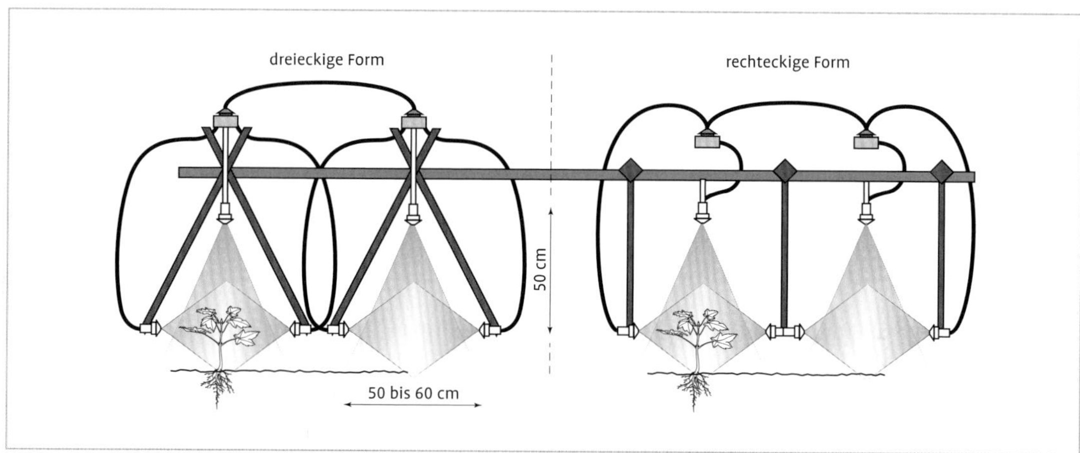

Abb. 212 Beispiele für Dreidüsengabeln im Erdbeeranbau (nach FRIED 2002).

Anthraknose-Fruchtfäule (*Colletotrichum acutatum* und weitere *Colletotrichum*-Arten)
Nachweis der Krankheit in Deutschland zu Beginn der 1990er-Jahre. Mehrere *Colletotrichum*-Arten können Blattstiele, Ausläufer, Rhizome und Früchte schädigen.
Schadbild:
- Beeren: zunächst kreisförmige, hellbraune, später schwarz werdende, leicht eingesunkene Flecken. Die Faulstellen sind relativ trocken und fest, vergrößern sich rasch, mumifizieren zuletzt die ganze Frucht. Auftreten der Symptome zum Teil erst nach der Ernte auf dem Vermarktungsweg. Besonders hohe Infektionsgefahr bei Temperaturen über 24 °C und hoher Luftfeuchte über 96 %.
- Blattstiele und Ausläufer: 1 bis 3 cm große, ovale, dunkle zum Teil nekrotische Brennflecken, die sich zu Einschnürungen entwickeln.
- Blatt: selten, schwarze Flecken mit 0,5 bis 1,5 mm Durchmesser. Befallene Jungpflanzen wachsen unter Stressbedingungen, wie großer Hitze nach der Pflanzung, schlecht oder sterben ab.

Bekämpfung:
- Gesundes Pflanzmaterial verwenden.
- Bei *Botrytis*-Spritzungen Mittel mit Nebenwirkung auf Anthraknose-Erreger einsetzen.
- Fungizidbehandlungen befallener Jungpflanzen eine und drei Wochen nach der Pflanzung.

Lederbeerenfäule (*Phytophthora cactorum*)
Von den *Phytophthora*-Arten kann *P. cactorum* auch die Beeren befallen.
Schadbild: Im Gegensatz zur Grauschimmelfäule werden die zunächst bräunlichen Flecken auf der Frucht nicht weich und nassfaul, sondern ledrig hart ohne auffälligen Pilzrasen. Unreife und reife Beeren und zum Teil ganze Fruchtstände können befallen sein und haben einen Fremdgeschmack.
Bekämpfung: Durch die Anwendung von breit wirksamen Fungiziden zur *Botrytis*-Bekämpfung wird die Lederbeerenfäule nicht erfasst. Stauende Nässe und Spritzwasser vom Boden unbedingt vermeiden.

Erdbeermehltau (*Sphaerotheca macularis*)

> Frühzeitigkeit und Befallsstärke entscheiden darüber, ob Ertragseinbußen eintreten. In Tunnel und Glashauskulturen, bei Frigopflanzungen im Pflanzjahr und in Vermehrungsbeständen besteht ein höheres Infektionsrisiko.

Schadbild:
- Kahnförmiges Nach-oben-Wölben der Blätter, kurze Zeit weißer Myzelbelag blattoberseits in Trockenphasen, noch bevor weißer blattunterseits erkennbar ist.
- Ältere Befallsstellen erscheinen als rötliche Flecken auf Blattunter- und -oberseite.
- Bei anfälligen Sorten, z. B. 'Lambada' ist auch Fruchtbefall im geschlossenen Anbau möglich.

Bekämpfung: Sehr kräftige Bestände sind anfälliger.
- Je nach Anfälligkeit der Sorte sind mehrere Behandlungen erforderlich.
- Neben speziellen Mehltau-Präparaten haben mehrere *Botrytis*-Mittel eine Nebenwirkung auf Erdbeermehltau.
- Zur Vorbeugung gegen eine Resistenzentwicklung zwischen Wirkstoffen mit unterschiedlicher Wirkungsweise wechseln. Im Sommer und Herbst keine Wirkstoffe verwenden, die im Folgejahr zur Fruchtfäule-Bekämpfung zum Einsatz kommen sollen.

Weiß- (*Mycosphaerella fragariae*) und Rotfleckenkrankheit (*Diplocarpon earliana*)
Kleine Blattflecken treten je nach Sortenanfälligkeit, vor allem in feuchten Lagen und bei feuchter Witterung, in größerer Zahl auf den Erdbeerblättern auf. Sie sind nur bei starkem Befall ertragsmindernd.
Schadbild:
- Weißflecken: klein, rund, braun bis dunkelrot, deren Zentrum später grau bis weiß wird Rotflecken: klein, rot bis braunrot (selten)

Bekämpfung: Fungizidspritzungen zwischen Austrieb und Blüte in Ertragsanlagen, vor allem bei anhaltend feuchter Witterung und anfälligen Sorten. In Vermehrungsflächen regelmäßige Kontrollen und Behandlungen durchführen.

Rhizomfäule (*Phytophthora cactorum*)
Hauptinfektionszeit ist im Sommer nach der Pflanzung. Wasserstress begünstigt Infektionen durch Rankenstummel und über Wachstumsrisse im Pflanzengewebe. Gesunde, gut bewurzelte und getopfte Pflanzen werden bei gleichmäßiger Wasserversorgung weniger befallen.
Schadbild:
- Zerstörung des Rhizoms mit typisch dunkelbrauner Verfärbung von der Eindringstelle ausgehend. Die Pflanzen kümmern, welken und sterben bei starkem Befall noch im Pflanzjahr ab.
- Mit dem Einsetzen tieferer Temperaturen erholen sich die Pflanzen nur scheinbar. Sie sterben aber meist ab, wenn sie während der Blüte oder Ernte, aufgrund einer nur noch unzureichenden Versorgung über Wurzeln und Rhizom, erneut in Stress geraten.

Bekämpfung:
- Gesundes Pflanzmaterial verwenden und optimale Kulturbedingungen herstellen.
- Unmittelbar vor dem Pflanzen Wurzeln und Rhizome in Fungizidbad tauchen oder eine Bandbehandlung (ca. 100 ml Wasseraufwand je Laufmeter) der Erdbeerreihen nach dem Pflanzen durchführen, bei zweijährigen Beständen nach dem Abmulchen.

Rote Wurzelfäule (*Phytophthora fragariae* var. *fragariae*)
Wie bei der Rhizomfäule werden Dauersporen gebildet, die mehr als zehn Jahre im Boden überdauern können. Im Gegensatz zur Rhizomfäule infiziert die Rote Wurzelfäule nur bei tieferen Bodentemperaturen unter ca. 8 ° C Bodentemperatur, meist ab Anfang Oktober und während der Wintermonate.
Schadbild:
- Schwacher Austrieb im Frühjahr, Blätter klein, dunkelgrün oder rötlich, Blattstiele kurz.
- Beeren oft klein und ohne Geschmack.
- Wurzelsystem stark verändert, feine Faserwurzeln fehlen; nur die Hauptwurzeln verbleiben wie „Rattenschwänze". Ein Längsschnitt der Hauptwurzeln zeigt im Frühjahr den typisch rot verfärbten Zentralzylinder.

Bekämpfung:
- Vorbeugung durch gesundes Pflanzmaterial und optimale Kulturbedingungen. Wesentlich

sind Flächen ohne Staunässe und Bodenverdichtungen.
- Einige Sorten sollen nach Züchterangaben gegen bestimmte Rassen resistent sein.
- Bandbehandlung beim Eintritt tieferer Bodentemperaturen (ab Anfang Oktober) mit den gleichen Mitteln und den gleichen Brühemengen wie bei der Rhizomfäule.
- Anbau auf Dämmen, um Staunässe zu vermindern.

Verticillium-Welke (_Verticillium_ spp.)

Die Krankheit tritt häufiger auf leichteren und durchlässigen Standorten auf. Frigopflanzen mit Ertrag im Pflanzjahr sind oft anfälliger. Wie bei *Phytophthora* können die Mikrosklerotien von *Verticillium* viele Jahre im Boden überdauern.

Schadbild: Im Sommer welken an heißen Tagen zuerst die älteren Blätter, später auch die jüngeren; einzelne Pflanzen oder kleine Pflanzengruppen sterben ab. Bei einem Rhizomquerschnitt zeigen sich selten zum Teil verbräunte Stellen im Bereich der Leitungsbahnen.

Bekämpfung:
- Eine spezielle Bodenuntersuchung (Siebverfahren im Labor) ermöglicht die Bestimmung der Mikrosklerotien; so können Flächen mit hoher Erregerdichte vom Anbau ausgeschlossen werden. Eine möglichst hohe Anzahl von Probeeinstichstellen, mind. 30 cm tief, ist wegen der nesterweisen Verteilung erforderlich.
- Weniger anfällige Sorten bevorzugen und gesundes Pflanzmaterial verwenden.
- Fruchtfolgepflanzen mit anderen Wirtspflanzen vermeiden, z. B. Kartoffel, Sonnenblumen, Luzerne, Klee. Es sind über 140 Wirtspflanzen bekannt, darunter auch viele Unkrautarten.
- Ausreichend wirksame Präparate sind derzeit nicht verfügbar, eine chemische Bodenentseuchung ist in Deutschland nicht mehr zulässig. Mehrjähriger Spargelanbau ist als Vorkultur gut geeignet.

Schwarze Wurzelfäule (mehrere bodenbürtige pilzliche Erreger, „Komplexkrankheit")

Eine schwarze Wurzelfäule wird in der Regel durch mehrere Pilze hervorgerufen. Teilweise geht der Befall mit erhöhtem Nematodenbefall einher.

Schadbild:
- Kümmernde und welkende Pflanzen.
- Hauptwurzeln am Übergang zum Rhizom verkorkt und ohne Faserwurzeln. Die schwarze Wurzelrinde lässt sich leicht abziehen. Die Zentralzylinder der Wurzeln sind weiß.

Bekämpfung:
- Eine direkte Bekämpfungsmöglichkeit ist unter anderem wegen der Komplexität der Erkrankung nicht möglich.
- Vorbeugung durch sinnvolle Fruchtfolge und mindestens dreijährige Erdbeeranbaupausen.
- In die Fruchtfolge Kulturen einbauen, die den Besatz freilebender Wurzelnematoden reduzieren, beispielsweise sog. Feindpflanzen wie *Tagetes*-Arten (z. B. *T. patula* und *T. erecta* je 3 kg/ha).

12.6.4 Schädlinge

Spinnmilben (_Tetranychus urticae_)

> Besonders bei mehrjähriger Kultur und bei Ernteverfrühung (z. B. Tunnel) können Spinnmilben große Schäden verursachen.

Schadbild:
- Ca. 0,4 mm große Milben blattunterseits, mit kreisrunden, hyalinen Eiern
- Stärker befallene Blätter blattoberseits mit kleinen gelblichen Pünktchen gesprenkelt
- Beeren durch Assimilatverlust der Blätter glanz- und wertlos
- Massenvermehrung bei trocken-warmer Witterung

Bekämpfung:

Befallskontrollen sind vor allem vor der Blüte wichtig. Dazu mindestens 50 Blätter kontrollieren. Die Festlegung einer Schadensschwelle ist schwierig, weil Spinnmilben je nach Witterung in eine Massenvermehrung gehen können und der Nützlingsbesatz jahreszeitlich stark schwankt.
- Raubmilbenansiedlung (*Phytoseiulus persimilis*, 5 Stück/m^2) bei Befallsbeginn (Mitte bis Ende April) kann im geschützten Anbau (Tunnel) gute Erfolge bringen.

- Bei einer Akarizidbehandlung die Blätter möglichst auch von unten benetzen.
- Bestände, die verfrüht werden sollen, bei Befall möglichst schon im Herbst behandeln, da im Frühjahr die Entwicklung der Spinnmilben deutlich früher einsetzt.

Erdbeermilbe (*Tarsonemus pallidus fragariae*, Syn. *T. phytonemus*)

Die sehr kleinen Milben (ca. 0,2 mm) leben versteckt an Rhizom und kleinsten Herzblättern und sind deshalb nur schwer zu finden; ein weit verbreiteter, meist nur bei mehrjährigen Kulturen gefährlicher Schädling.

Schadbild: Jüngste Blätter sind gekräuselt und die Pflanzen und später Beeren wachsen nur kümmerlich. Bei Befallsbeginn sind nur einzelne Pflanzen betroffen, der Befall breitet sich nesterweise aus.
Bekämpfung: Möglichst befallsfreies Jungpflanzenmaterial verwenden. Für die Überwachung ist meistens eine Unterstützung durch Beratungseinrichtungen erforderlich. Für den Bekämpfungserfolg ist die Applikationstechnik von entscheidender Bedeutung. Nur wenige Mittel wirken ausreichend.

Blattläuse (verschiedene Arten)

Vor virusübertragenden Arten, wie der Erdbeerknotenhaarlaus (*Chaetosiphon fragaefolii*) müssen Vermehrungsbestände regelmäßig geschützt werden. Kontrollen sind vor allem im Frühjahr und Herbst wichtig. Schalottenlaus (*Myzus ascalonicus*) und Grüne Pfirsichblattlaus (*Myzus persicae*) sind weitere häufiger anzutreffende Arten.

Schadbild: Bei starkem Befall sind Blattdeformationen und klebrige Früchte möglich.
Bekämpfung: Natürliche Blattlausfeinde, wie Schwebfliegen, Florfliegen, Marienkäfer, erscheinen im Frühjahr teilweise zahlreich. Möglichst nützlingsschonende Insektizide mit gezielter Blattlauswirkung einsetzen.

Thripse (*Thrips* spp., *Franklinella* spp. u. a.)
Die kleinen Fransenflügler (1 bis 2 mm) treten im Sommer, meist ab Juni bis Juli in großer Zahl auf und schädigen vor allem an Terminkulturen, an remontierenden Sorten und im geschlossenen Anbau.

Der Westliche Blütenthrips (*Franklinella occidentalis*) schädigt die Erdbeerblüten besonders stark. Diese Art kommt verbreitet an Zier- und Gemüsepflanzen vor und ist gegen nahezu alle Insektizide resistent.
Schadbild: Durch die Saugtätigkeit der Thripse bleiben die Früchte klein, matt oder werden bronzefarben, reifen nicht vollständig und sind damit wertlos.
Bekämpfung: Die Befallsüberwachung ist am besten mit Kontrollen an den Blüten möglich. Mit blauen Leimtafeln und Leimbändern gibt es unterschiedliche Erfahrungen und Ansätze der Schadensprognose.

Mit Raubmilben, z. B. *Amblyseius* spp., gibt es Möglichkeiten der biologischen Bekämpfung im Anbau in Tunneln und Gewächshäusern. Im Freiland ist die chemische Bekämpfung schwierig, weil nur noch wenige Präparate wirksam sind und die erforderliche Dauerwirkung nicht erreicht wird.

Erdbeerblütenstecher (*Anthonomus rubi*)
Bei mehrjährigen Beständen oder stark blühenden Sorten kann ein geringer Befall toleriert werden. In einjährigen Beständen oder Frigopflanzungen und in spät reifenden Sorten in Wald- oder Heckennähe treten diese Rüsselkäfer öfter auf.
Schadbild: Zur Blühzeit wandern die kleinen Rüsselkäfer in die Erdbeerflächen ein, legen ein Ei in die Blüte und stechen anschließend unterhalb der Blüte in den Blütenstiel. Dieser knickt ein, vertrocknet oder fällt ab.
Bekämpfung: Die Bekämpfung ist schwierig, weil die Wirkung der Insektizide nicht über die gesamte Blütezeit anhält bzw. nur wenige bienenungefährliche Insektizide zur Verfügung stehen.

Wickler- und Eulenfalterlarven (mehrere Arten)
Schadbild: Eingesponnene Larven oder frei fressende Raupen fressen Löcher in die Blätter.

Ernsthafte Schäden sind eher selten. In Tunnelkulturen ist ein Fraß auch an Blüten und Früchten häufiger zu beobachten.
Bekämpfung: Nur bei starkem Befall mit einem Insektizid gegen beißende Insekten erforderlich.

Dickmaulrüssler (*Otiorhynchus*-Arten), Maikäfer (*Melolontha* spp.) und Drahtwürmer (*Agriotes* spp.) und weitere Käferarten
Nach Brachejahren, bei Grünlandumbruch und nach Flugjahren können Larven der genannten Schaderreger erhebliche Pflanzenausfälle verursachen. Mit Probegrabungen kann vor der Bestellung stichprobenartig der Befall abgeschätzt werden. Bei Maikäfer-Engerlingen ist mit einer Larve/m^2 die Schadensschwelle erreicht.
Schadbild: Plötzlich kümmernde und welkende Pflanzen, mit Fraßstellen an den Wurzeln bzw. am oder im Rhizom.
Bekämpfung:
- Es sind keine Insektizide zur direkten Bekämpfung, z. B. für ein Gießverfahren, zugelassen.
- Gegen Dickmaulrüssler sind räuberische Nematoden im Handel, deren Einsatz bestimmte Anwendungsbedingungen bezüglich der Bodentemperatur und -feuchte erfordern. Gegen Maikäferengerlinge wäre eine biologische Bekämpfung mit einem beimpften Pilzgetreide (*Beauveria brongnartii*) möglich, sofern eine Zulassung vorliegt.

Nematoden
Blattälchen (*Aphelenchoides fragariae* und *A. ritzemabosi*) und **Stängelälchen** (*Ditylenchus dipsaci*)
Schadbild: Diese sehr kleinen, nur im Mikroskop erkennbaren Fadenwürmer verursachen an den jüngsten Blättern und Blütenanlagen Verdickungen und Verkürzungen bis hin zum Absterben der Haupttriebe.
Bekämpfung:
- Ausschließlich gesundes Pflanzmaterial verwenden.
- Nicht nach Grünlandumbruch pflanzen und eine abwechslungsreiche Fruchtfolge einhalten.
- Eine chemische Bekämpfung im Ertragsbestand ist zurzeit nicht möglich.

Wurzelnematoden (*Pratylenchus penetrans* u. a.)
Die verschiedenen bodenbürtigen Nematoden können auf folgende Weise schädigen:
- Saugtätigkeit verursacht Veränderungen an den Wurzeln.
- Eintrittspforten für phytopathogene Bodenpilze werden geschaffen.
- Als Vektoren können sie Viren übertragen.

Mittels Bodenuntersuchung kann der Besatz mit Nematoden vorbeugend bestimmt werden. In der Regel sind die Schadensschwellen auf schwereren Böden für die einzelnen Nematodenarten höher als auf leichten Böden.
Schadbild: Je nach Nematodenart entstehen mehr oder weniger starke Veränderungen an den Wurzeln.
Bekämpfung:
- Die Anwendung von Bodenentseuchungsmitteln ist bei Erdbeeren in Deutschland nicht zugelassen.
- Sogenannte **Feindpflanzen,** z. B. *Tagetes erecta und patula,* haben sich gegen mehrere Nematodenarten bewährt. Die Wirkung der *Tagetes*-Vorkultur hielt in Versuchen zum Teil länger an als eine Bodenentseuchung.

Nacktschnecken (verschiedene Arten)
Besonders nach feuchtem Herbst, mildem Wintern und feuchten Frühjahren sind Schäden durch Weg- und Ackerschnecken häufig möglich.
Schadbild: Typischer Lochfraß an Beeren mit Schleimspuren auch auf dem Stroh.
Bekämpfung: Feuchte Lagen in der Nähe von Wiesen sind besonders gefährdet. Schneckenkornpräparate nur zwischen den Pflanzreihen ausbringen, damit sie nicht an den Beeren haften können.

Vereinzelt treten an Erdbeeren folgende Pilze und Schädlinge auf, die nicht näher behandelt werden:
- ***Alternaria*-Blattflecken** (*Alternaria alternata*)
- **Schleimpilz** (*Diachea leucopoda*)
- **Lagerpilze** (*Rhizopus* spec. und *Mucor* spec.)
- **Erdbeersamenlaufkäfer** (*Pseudophonus pubescens*)
- **Wanzen** (*Lygus pabulinus* u. a.)

- **Tausendfüßler** (*Blaniulus guttulatus*)
- **Erdbeerstängelstecher** (*Coenorhinus germanicus*)
- Wildverbissschäden durch **Kaninchen und Rehe**

12.7 Krankheiten und Schädlinge an Johannis- und Stachelbeere

12.7.1 Virosen

Schadbild: Von den zahlreichen Krankheiten an Johannis- und Stachelbeeren, die durch Viren- bzw. Phytoplasmen verursacht werden können, werden nur drei beispielhaft genannt.

- **Brennnesselblättrigkeit** (Syn. Atavismus): An Schwarzen Johannisbeeren treten Blattmissbildungen auf, wie kleinere Blattlappen und gröbere Zahnung des Blattrandes. Mit dem Befall gehen Blütensterilität und Verrieseln der Jungfrüchte einher.
- **Löffelblättrigkeit** (*raspberry ringspot virus*): An Roten und Weißen Johannisbeeren sind an den Blättern hellgrüne bis gelbliche Linien bzw. Bänder und teilweise auch eingerollte Blattränder („Löffel-Blätter") zu finden.
- **Adernbänderung** (*gooseberry veinbanding virus*): An Stachelbeeren sind die Blattadern fahlgelb verbreitert und diese Bänderung breitet sich längs der Adern aus, teilweise sind nur Teile der Blätter betroffen, sodass unsymmetrische Blätter entstehen.

Bekämpfung:
Eine direkte Bekämpfung von Virosen und Phytoplasmen ist nicht möglich, es können nur indirekte Maßnahmen ergriffen werden:

- Gesundes Pflanzmaterial verwenden.
- Befallene Sträucher roden und entfernen.
- Vektoren bekämpfen, z. B. virusübertragende Blattläuse.

12.7.2 Krankheiten

Amerikanischer Stachelbeermehltau (*Sphaerotheca mors-uvae*)

> Im Stachelbeeranbau und bei Schwarzen Johannisbeeren hat der Mehltau große wirtschaftliche Bedeutung, denn die meisten für den Markt interessanten Sorten sind anfällig. An Roten und Weißen Johannisbeeren kommt der Erreger nicht jedes Jahr schädigend vor.

Schadbild:

- An Stachelbeere: Ein schmutzig-weißer Pilzbelag überzieht junge Triebspitzen, Blätter und Früchte. Starker Befall vermindert das Triebwachstum, schon im Sommer kann vorzeitiger Blattfall eintreten, die befallenen Beeren sind nicht vermarktungsfähig.
- An Johannisbeere: Ein weißlicher Pilzbelag greift von der Blattunterseite an den Triebspitzen auf die Blattoberseite und Früchte bei sehr anfälligen Sorten. Meist ergibt sich Ende des Sommers eine Befallszunahme, verbunden mit geringerem Triebwachstum und vorzeitigem Blattfall.

Bekämpfung:

- Widerstandsfähige Sorten im Anbau bevorzugen.
- Befallene Triebspitzen beim Winterschnitt entfernen.
- Bei Stachelbeeren ab dem Austrieb regelmäßig bis zum Triebabschluss mehltauwirksame Präparate einsetzen. Vor allem im Mai besteht bei starkem Zuwachs und warmer Witterung erhöhte Infektionsgefahr. Die Spritzabstände sollten dann auf etwa sieben Tage verkürzt werden.
- Wegen der Resistenzgefahr zwischen verschiedenen Wirkstoffgruppen abwechseln.
- Bei anfälligen Johannisbeersorten reichen nach Befallsbeginn meistens zwei Behandlungen aus.

Blattfallkrankheit (*Drepanopeziza ribis*)

Schadbild: Überwinterung des Pilzes im Falllaub, von dort aus infiziert er im Frühjahr erneut. Zunächst erscheinen blattoberseits gelbliche,

später dunkelbraune bis schwarze, kleine Blattflecken, die teilweise ineinanderfließen. Im Sommer vorzeitiger Blattfall, bei den alten Blättern beginnend, bis zur totalen Entlaubung, verbunden mit starker Schwächung der Sträucher.
Bekämpfung:
- Widerstandsfähige Sorten bevorzugen.
- Abbau des Falllaubes durch Harnstoffspritzungen während und nach dem Blattfall beschleunigen.
- Bei Befallsbeginn, meist schon vor der Ernte, eine Fungizidbehandlung und nach der Ernte eine bis zwei weitere Behandlungen vornehmen.

Rostpilze: Säulchenrost (*Cronartium ribicola*) und Stachelbeerrost (*Puccinia caricana*)

> Vor allem an Schwarzen Johannisbeeren hat der Säulchenrost größere Bedeutung. Ein Wirtswechsel auf fünfnadelige Kiefern erfolgt im Herbst, z. B. auf die Weymouths-Kiefer. Dort wird er „Blasenrost" genannt. Beim Stachelbeerost erfolgt ebenfalls ein Wirtswechsel, z. B. auf Sumpfgras.

Schadbild: Blattunterseits im Frühsommer viele kleine, gelbe Pusteln (Uredosporen), am Vegetationsende säulchenförmige Sporenlager (Teleutosporen), die bei feuchter Witterung orangerot, bei Trockenheit braungrau sind. Vorzeitiger Blattfall schwächt die Pflanzen stark.
Bekämpfung:
- Robuste Sorten bevorzugen.
- Bei Befallsbeginn (meist Mitte Juni) sofort mit Behandlungen beginnen.
- Nach der Ernte sind häufig ein bis zwei weitere Behandlungen erforderlich.

Anthraknose-Fruchtfäule (*Colletotrichum* spec.)
Bei spät reifenden Sorten der Roten Johannisbeere, vor allem an 'Heinemanns Spätlese' und vereinzelt bei 'Rovada', sind in manchen Jahren hohe Ernteverluste möglich.
Schadbild: Einzelne Beerchen werden milchig rosa, beginnen zu schrumpfen. Später fallen die einzelnen Beeren ab oder bleiben hängen und vertrocknen rosinenartig. Eine Verwechslung mit Hitzeschäden ist möglich und führt zu Verwechslungen.
Bekämpfung:
- Lichte Bestände erziehen, feuchte und späte Anbaulagen meiden.
- Rechtzeitiges Überpflücken und Regenschutz sind vorteilhaft.
- Da der Erreger anscheinend auf dem Holz überdauern kann, zeigten eine frühe Fungizidbehandlung zum Schieben der Blütentrauben und weitere Behandlungen während der Blüte und vor der Ernte eine gute Wirkung.

Rinden- und Holzkrankheiten (verschiedene pilzliche Erreger)
Häufig fallen einzelne Triebe, Pflanzen oder mehrere benachbarte Sträucher aus. Durch eine mykologische Untersuchung lassen sich meist einer der folgenden phytophagen Pilze nachweisen: *Botrytis cinerea*, *Verticillium* spp., *Phytophthora* spp. und *Nectria cinnabarina*.

Da eine Heilung der Sträucher mit Pflanzenschutzmitteln in der Regel nicht möglich ist, werden allgemeine Bestandeshygiene und vorbeugende Maßnahmen bedeutend.

12.7.3 Schädlinge

Schildläuse (mehrere Arten von großer Bedeutung)
Seit einigen Jahren tritt verstärkt die **Maulbeerschildlaus**, *Pseudocaulapsis pentagena*, auf, die Pflanzenausfälle verursacht. Der Wirtspflanzenkreis ist groß, darunter auch verschiedene Ziergehölze. Deutlich ist der weißliche Belag am mehrjährigen Holz mit den darunter sitzenden Schilden der befruchteten Weibchen. Wie die **San-José-Schildlaus**, *Diaspidiotus perniciosus*, mit kleinen, flachen und grauen Schilden haben beide Schildlausarten zwei Generationen pro Jahr. Neben diesen Schildlausarten kommen an Strauchbeeren weitere Arten mit nur einer Generation pro Jahr vor, z. B. die **Napfschildlaus**, *Eulecanium corni*, mit großen, kugelförmigen auffälligen Schilden.
Schadbild: Viele kleine Schildläuse befinden sich auf Früchten und Ästen, verursachen geringen Zuwachs bis hin zum Absterben von Trieben bzw. ganzen Sträuchern.

Bekämpfung:

- Eine Ölbehandlung vor dem Austrieb wirkt auch bei guter Benetzung aller Pflanzenteile nicht ausreichend, vor allem nicht gegen die Maulbeerschildlaus.
- Ausreichend wirksame Insektizide gegen die Wanderlarven stehen derzeit nicht zur Verfügung.

Johannisbeerblasenlaus (*Cryptomyzus ribis*)

Schadbild: Blasenförmige Aufwölbungen der Blattoberseiten im Frühjahr. Diese Stellen verfärben sich rötlich oder gelblich. Früher Befall stört die Blatt- und Triebentwicklung erheblich. Im Frühsommer wandern die Läuse auf Unkräuter ab, von denen sie im Herbst auf die Johannisbeeren zurückkehren, um hier ihre Wintereier abzulegen.
Bekämpfung: Bienenungefährliche Insektizide bei Befallsbeginn, meist in die abgehende Blüte einsetzen, dabei vor allem die Blattunterseiten gut benetzen.

Kleine Johannisbeertrieblaus (*Aphis schneideri*) und Kleine Stachelbeertrieblaus (*Aphis grossulariae*)

Regelmäßig treten im Frühjahr beide stark schädigenden Triebläuse in bekämpfungswürdigem Umfang auf.
Schadbild:

- Blattstiele und Blattbasen an den Triebspitzen krümmen sich durch die Saugtätigkeit der Läuse. Es entstehen Blattnester und die Triebe wachsen nicht mehr weiter. Bei starkem Befall Besiedlung des Honigtaues der Läuse mit Rußtaupilzen, die auch die Beeren stark verschmutzen.
- Läuse der Kleinen Johannisbeertrieblaus (Überwinterung als Ei) bleiben ganzjährig auf der Johannisbeere; die Kleine Stachelbeertrieblaus sucht Sommerwirte auf und kehrt erst im Herbst auf die Stachelbeere zurück.

Bekämpfung: Behandlungen gegen die Blasenlaus erfassen bei Johannisbeeren meistens auch die Trieblaus. Bei Stachelbeeren ist eine Blattlausspritzung meist kurz nach der Blüte erforderlich.

Gelbe Stachelbeerblattwespe (*Nematus ribesii*) und Schwarze Stachelbeerblattwespe (*Pristiphora pallipes*)

Extreme Massenvermehrungen sind häufig auf einzelne Stachelbeersträucher beschränkt.
Schadbild: Im Vergleich zu Spanner- und Wicklerraupen haben die Blattwespenlarven neben drei Brustbeinpaaren noch fünf Bauchbeinpaare. Sie verursachen Lochfraß und danach oft einen Kahlfraß. Da mehrere Generationen vorkommen, kann schnell eine große Population aufgebaut werden.
Bekämpfung: Nach der Blüte Kontrollen durchführen und bei Befallsbeginn ein Insektizid einsetzen.

Johannisbeerglasflügler (*Synanthedon tipuliformis*)

Schwarze Johannisbeeren werden häufig befallen. Die Larven des Schmetterlings bohren sich meist in mehrjährige Triebe ein.

Schadbild: Die Triebe zeigen einen verzögerten Austrieb, welken und vertrocknen. Ein Befall ist durch hell- bis dunkelbraune Kotkrümel an der Triebbasis zu erkennen. Im Inneren der Triebe befinden sich im Zentrum schwärzliche Fraßgänge.
Bekämpfung:

- Überwachung des Falterflugs mit Pheromon- oder Saftfallen (90 % Apfelsaft, 5 % Essig, 5 % Rübensirup).
- Befallene Triebe schnellstmöglich entfernen und verbrennen. Beim Schnitt keine Stummel stehen lassen; diese werden bevorzugt befallen.
- Eine chemische Bekämpfung ist schwierig, weil Eiablage und Larvenschlupf während der Ernte erfolgen.

Spinnmilben (*Tetranychus urticae* und *Panonychus ulmi*)

Mit Astproben im Winter kann der Eibesatz der Obstbaumspinnmilbe, *Panonychus ulmi*, ermittelt werden. Befruchtete Weibchen der Gemeinen Spinnmilbe, *Tetranychus urticae*, überwintern auf Unkräutern; stärkerer Befall tritt erst im Sommer

auf. Beide Arten bringen im Jahr mehrere Generationen hervor; vor allem in trockenen, warmen Jahren kann es zu einer Massenvermehrung kommen.
Schadbild: Befallene Blätter sind durch die Saugtätigkeit der Milben zuerst gesprenkelt, später bronzefarben und fallen teilweise vorzeitig ab.
Bekämpfung: Austriebsspritzung mit einem Ölpräparat bei starkem Wintereibesatz der Obstbaumspinnmilbe; für Sommerbehandlungen sind Akarizide ausgewiesen. Möglichst nur nützlingsschonende Präparate verwenden, um Raubmilben und andere Spinnmilbenfeinde zu schonen.

Johannisbeergallmilbe (*Cecidophyopsis ribis*)

> Der Befall kann über mehrere Jahre so stark zunehmen, dass ältere Johannisbeeranlagen völlig zusammenbrechen.

Schadbild:
- Kugelig angeschwollene „Rundknospen“ bei Schwarzen Johannisbeeren, bei Roten und Weißen lockere oder spitze Knospen. Die Knospen treiben nicht oder unvollständig aus. Bei starker Vergrößerung sind in den Knospen viele kleine Gallmilben zu finden.
- Sich entfaltende Blätter oft nur dreilappig, tief eingeschnitten, asymmetrisch und dunkler.
- Blütenanlagen verrieseln stark.

Bekämpfung:
- Tolerante Sorten bevorzugen.
- Stark mit Rundknospen besetzte Triebe entfernen und verbrennen.
- Eine gute Bekämpfung ist mit den derzeit zugelassenen Mitteln nicht möglich. Schwefel-Präparate wirken mit mehreren Behandlungen befallsmindernd.

12.8 Krankheiten und Schädlinge an Himbeere und Brombeere

12.8.1 Virosen und Phytoplasmosen

Von den vielen Virus- bzw. Phytoplasma-Krankheiten an Him- und Brombeeren werden stellvertretend nur einige genannt. Latent befallene Bestände sind in Wüchsigkeit und Ertragsleistung häufig eingeschränkt.

Himbeermosaik (*raspberry common mosaic complex*)
Je nach Virusart und Befallsstärke treten an den Himbeerblättern mehr oder weniger starke Blattchlorosen bis hin zu Nekrosen auf. Durch Mischinfektionen mit verschiedenen Viren wird die Diagnose erschwert.

Verzwergungskrankheit oder Besenwüchsichkeit (*rubus stunt phytoplasma*)
Von dieser Phytoplasmose befallene Himbeeren und Brombeeren bringen oft nur dünne Triebe. An zweijährigen Ruten erscheinen verkürzte Fruchttriebe mit durchgewachsenen Blüten, abnorm langen Kelchblättern und häufig klein und hart bleibenden Früchten.

Die Ursachen der „**Krümelfrüchtigkeit**“ der Himbeeren sind nicht abschließend geklärt. Es sind zwar Viren, die Krümelfrüchtigkeit verursachen, bekannt, jedoch kommen noch weitere Faktoren infrage.
Bekämpfung: Eine direkte Bekämpfung von Viren und Phytoplasmosen ist nicht möglich, daher müssen indirekte Maßnahmen im Vordergrund stehen.
- Verwendung von gesundem Pflanzmaterial.
- Rodung und Vernichtung befallener Pflanzen.
- Bekämpfung von Vektoren, z. B. virusübertragende Läuse. Die Himbeermaskenzikade *Macropsis fuscula* steht im Verdacht ein Überträger der Besenwüchsigkeit zu sein.

12.8.2 Pilzkrankheiten

Wurzelsterben der Himbeere (*Phytophthora fragariae* var. *rubi*)

> Das Wurzelsterben ist vor allem auf schweren, staunassen Böden von existenzieller Bedeutung.

Schadbild:
- Rasch sterben ganze Pflanzen ab oder es vertrocknen zunächst die Altruten schon während der Ernte.
- Einjährige Ruten sterben von der Triebspitze beginnend ab.
- Hauptwurzeln dunkelbraun bis schwarz, feine Faserwurzeln fehlen.
- Rutenbasis unter der Rinde typisch dunkelbraun, erscheint nach Anschnitt wassergetränkt.
- Mit Dauersporen kann der Pilz viele Jahre im Boden überdauern.

Bekämpfung:
- Gesundes Pflanzmaterial verwenden und tolerante Sorten bevorzugen.
- Bandbehandlungen mit *Oomyceten*-Fungiziden waren in Versuchen nicht immer ausreichend wirksam, konnten jedoch die Befallsausbreitung im Bestand verzögern.
- Anbau auf Dämmen oder Substrat kann den Befall vermindern bzw. verhindern.

Rutenkrankheit (*Didymella applanata*), Rutenbrand (*Leptosphaeria coniothyrium*), Botrytis an den Ruten (*Botrytis cinerea*), Brennflecken (*Elsinoe veneta*)

> Verbreitete Rutenkrankheiten führen zum vorzeitigen Vertrocknen der Altruten und damit zu hohen Ertragsverlusten.

Schadbild: Verfärbungen überwiegend an den vorjährigen Ruten, häufig ausgehend von den Knospen, im Sommer und Herbst deutlich größer werdend. Häufig treiben die befallenen Knospen schlecht aus. Durch andere Erreger (z. B. Himbeerrutengallmücke) vorgeschädigte Ruten oder durch abiotische Einflüsse geschwächte Bestände werden stärker befallen. Befallene Stellen verfärben sich violett oder braun; die Stellen werden häufig rau und reißen auf. Jede Verletzung und Rissbildung erleichtert den Pilzen das Eindringen. Während der Blüte und Ernte sterben Tragruten häufig ab, es kommt dann zu hohen Ertragsausfällen.

Bekämpfung:
- Lichte Bestände anstreben, maßvoll düngen, durch gesteuerte Bewässerung ausgeglichene Bodenfeuchte herstellen.
- Nach der Ernte Altruten sofort bodennah ausschneiden und zur Förderung des biologischen Abbaus durch Mulchen zerkleinern.
- *Botrytis*-Behandlungen haben teilweise eine Nebenwirkung auf den Erreger.
- Nach der Ernte bei anhaltender Feuchtigkeit weitere Fungizidspritzungen vornehmen.
- Bei stark wachsenden Sorten erste Jungruten im Frühjahr entfernen; der nächste Rutenaustrieb wird nicht so stark und reißt weniger stark auf.
- Konsequente Bekämpfung der Himbeerrutengallmücke durchführen.
- Lichte Erziehung anstreben, maximal 10 bis 15 Ruten pro laufendem Meter belassen, je nach Anbausystem.

***Fusarium*-Rutenkrankheit (*Fusarium avenaceum*)**

Erster Nachweis im Jahr 2006 in Norddeutschland. Starke Schäden durch schnelles Absterben der Ruten.
Schadbild: Rutenmark ist im Längsschnitt verbräunt, in Rindenritzen orangerote Sporenlager. Eintrittstellen sind wahrscheinlich an den Blattachseln und Lateralknospen an der Rutenbasis.
Bekämpfung: Pflanzenbauliche Maßnahmen wie bei allen Rutenkrankheiten. Die z. Z. zugelassenen Fungizide haben keine Wirkung.

Graufäule (*Botrytis cinerea*)

Wie bei Erdbeeren werden Him- und Brombeerfrüchte während der Blütezeit befallen und können erhebliche Ausfälle verursachen.

Anthraknose (*Colletotrichum gloeosporoides*)
Ist seit einigen Jahren in Süddeutschland verbreitet. Bei Temperaturen über 15 °C und langen Blattnasszeiten über 12 Stunden sind Infektionen wahrscheinlich.
Schadbild: Verkümmernde, eintrocknende Beeren, Reifeverzögerung bei Teilbefall von Einzelbeerchen.
Bekämpfung: Vorbeugende Bekämpfung in die Blüte bei warm-feuchten Witterung.

Himbeerrost (*Phragmidium rubi-idaeii*) und Brombeerrost (*Phragmidium violaceum*)
Nur in wenigen Jahren kommt es zu starkem Befall. Vorzeitiger Blattfall kann die Pflanzen schwächen und mit Winterfrösten zu Ertragseinbußen im Folgejahr führen.
Schadbild:

- Blattoberseits ab Juni bei der Himbeere gelbe bzw. bei Brombeeren violettrote Flecken.
- Auf der Blattunterseite später orangerote und im weiteren Verlauf braune bzw. schwarze Sporenlager.

Bekämpfung:
Robuste Sorten bevorzugen und Tragruten sofort nach der Ernte entfernen. Die chemische Bekämpfung ist schwierig, weil sich der Befall erst während der Ernte entwickelt und kurativ wirksame Fungizide nicht ausgewiesen sind.

Rankenkrankheit der Brombeere (*Rhabdospora ramealis*)
Bei anfälligen Sorten sind hohe Ausfälle möglich.
Schadbild: Im unteren Rankenbereich bilden sich sehr kleine, intensiv dunkelgrüne, später etwa 2 cm lange, violette bis braune Flecken mit rötlichem Rand. Höhere Rankenpartien werden bei fortschreitendem Befall erfasst und die Flecken verschmelzen miteinander. Im zeitigen Frühjahr bilden sich auf den Nekrosen kleine schwarze Fruchtkörper. Bei starkem Befall sterben die Ranken von der Triebspitze her ab bis letztlich die ganze Ranke verdorrt.
Bekämpfung: Stark befallene Ranken ausschneiden und entfernen, lichte Bestände anstreben. Kupferbehandlungen gegen Ende April und Anfang Juni können den Befall mindern.

Falscher Mehltau an Brombeeren (*Peronospora sparsa*)
Bei bestimmten Sorten, z. B. 'Loch Ness', sind sehr starke Schäden an den Ruten und den Beeren vor allem im geschlossenen Anbau zu beobachten; bei überdachten, trockeneren Beständen sind die Schäden geringer.
Schadbild: Zunächst gelbe Aufhellung blattoberseits, die schnell rot-violett werden. Befallene Beeren welken, sind glanzlos und vertrocknen. Durch die systemische Ausbreitung in der Pflanze schnelle Ausbreitung und Absterben von ganzen Ranken.
Bekämpfung: Eine Zulassung von Fungiziden ist in Bearbeitung. Blattdünger mit einem Anteil an Phosphonsäure führen zu einer protektiven Pflanzenstärkung. Mehrere Behandlungen vor und nach der Blüte sind erforderlich. Durch die systemische Wirkung und eine Anreicherung im Holz sind bei Brombeeren in Folgejahren Rückstände von Phosphonaten in Früchten auch ohne Behandlung möglich.

12.8.3 Schädlinge

Himbeerblattmilbe (*Phyllocoptis gracilis*)
Schadbild: Die 0,15 bis 0,17 mm großen Milben, die unter den Knospenschuppen überwintern, treten weit verbreitet an Himbeeren auf. Blattoberseits finden sich mosaikartige, gelbgrüne und blattunterseits haarlose graue Flecken. Bei stärkerem Befall sind die Blätter deformiert, die Wuchsleistung nimmt ab und die Beerenbehaarung kann verändert sein.
Bekämpfung:

- Gesundes Pflanzmaterial verwenden und natürliche Feinde schonen.
- Mit mehreren Netzschwefelbehandlungen im Spätsommer, Herbst und beim Austrieb sind gute Nebenwirkungen auf die Milben möglich.

Brombeermilbe (*Acalitus essigi*)

Die sehr kleinen Milben überwintern hinter Blattachseln, in Knospenschuppen, in vertrockneten Früchten und verursachen durch Fruchtbefall hohe wirtschaftliche Schäden.

Schadbild: Einzelne oder mehrere Einzelbeerchen der Sammelfrucht bleiben gelb oder rot und schmecken sauer. Gegen Ernteende nimmt der Befall häufig zu. Spätreifende Sorten sind stärker gefährdet.
Bekämpfung: Abgetragene Ruten sofort nach der Ernte abschneiden und entfernen. Die chemische Bekämpfung ist schwierig, da keine Mittel zugelassen sind. Mit drei Netzschwefelbehandlungen, die erste bei 10 cm Seitentrieblänge, die zweite rund zehn Tage danach und die dritte kurz vor Blühbeginn, kann der Befall eingeschränkt werden.

Gemeine Spinnmilbe (*Tetranychus urticae*) und Himbeerspinnmilbe (*Neotetranychus rubi*)
Bei starkem Befall können Ertrag und Fruchtqualität negativ beeinflusst werden. Herbsthimbeersorten sind häufig stärker gefährdet.
Schadbild: Blattoberseits finden sich kleine, gelblich-weiße Sprenkelungen, blattunterseits bewegliche Stadien und Eier, zum Teil in feinen Gespinsten. Da mehrere Generationen auftreten, ist eine Massenvermehrung möglich.
Bekämpfung: Schonung bzw. Ansiedlung von natürlichen Feinden, vor allem von Raubmilben. Der Einsatz von Akariziden ist möglich.

Himbeerrutengallmücke (*Resseliella theobaldii*)

Durch ihre Anstiche verletzen die Mücken die Ruten und ermöglichen verschiedenen Pilzen das Eindringen. Dies führt häufig zum vorzeitigen Absterben der Ruten und großen wirtschaftlichen Schäden.

Schadbild: Gegen Ende April schlüpfen die Mücken der 1. Generation aus dem Boden und legen ihre Eier in kleine Risse der Jungruten. Die unter der Rinde schlüpfenden Larven sind orangerot und etwa 3 mm lang.
Bekämpfung: Die Lebensweise und das Auftreten mehrerer Generationen im Jahr machen eine Bekämpfung sehr schwierig. In Versuchen war bei Insektizideinsatz bei 30 bis 40 cm Jungrutenhöhe und zwei Wochen danach eine gewisse Befallsreduktion möglich. Natürliche Feinde, vor allem Schlupfwespen, schonen.

Läuse (verschiedene Arten)
Blattläuse treten lokal, jedoch eher sporadisch auf. Wichtiger als der direkte Schaden ist meist die Gefahr der Virusübertragung: Die **Kleine Himbeerblattlaus** (*Aphis idaei*) und die **Große Himbeerblattlaus** (*Amphorophora idaei*) sind als mögliche Vektoren von Bedeutung. An Brombeeren treten Läuse in größerer Zahl eher selten auf.
Schadbild: Die wirtswechselnde Kleine Himbeerblattlaus saugt vorwiegend im Frühjahr in großer Zahl an den Triebspritzen und schränkt dadurch das Triebwachstum ein. Die Große Himbeerblattlaus kommt ganzjährig auf den Himbeeren vor und ist meist blattunterseits zu finden.
Bekämpfung: Virustolerante Sorten im Anbau bevorzugen. Die Bekämpfung mit Insektiziden muss bei Befallsbeginn im Frühjahr erfolgen und bei Bedarf im Sommer nach der Ernte wiederholt werden.

Blütenstecher (*Anthonomus rubi*)
In der Nähe von Gehölzinseln, in Waldnähe oder in der Nachbarschaft von Erdbeeren sind hohe Ertragsausfälle möglich. Wie bei Erdbeeren erfolgt die Eiablage unterhalb der Blüte; der Blütenstiel wird angestochen, sodass er abknickt und die Frucht verloren ist.

Bei der Himbeerkäfer-Bekämpfung wird der Blütenstecher mit erfasst.

Himbeerkäfer (*Byturus tomentosus*)
Die hellbraunen bis graubraunen Käfer (3,2 bis 4,0 mm lang) fliegen von Ende April bis Juli und können erhebliche Schäden verursachen. Nach dem Reifungsfraß an noch geschlossenen Blüten und jüngsten Blättern legen die Weibchen ihre Eier in offene Blüten ab. Die Larven fressen hauptsächlich am „Zapfen“ und hinterlassen ihren typischen Kot.

Bekämpfung:

- Mit Weißtafeln den Flug vor der Blüte ermitteln; nach Blühbeginn sind die Tafeln scheinbar nicht mehr attraktiv; nur noch mit Klopfproben bzw. visuellen Kontrollen kann man versuchen, die Befallsgefahr abzuschätzen.
- Die Bekämpfung mit Insektiziden ist schwierig – aufgrund der unbefriedigenden Zulassungssituation und weil die Käfer lange Zeit einfliegen.

Seltener vorkommende Krankheiten und Schaderreger werden genannt und nicht näher beschrieben.

- **Krankheiten:** Wurzelkropf (*Agrobacterium tumefaciens*), Rindenkrankheit der Brombeere (*Gnomonia rubi*)
- **Schädlinge:** Himbeerglasflügler (*Synanthedon hylaeiformis*), **Himbeergallmücke** (*Lasioptera rubi*)

12.9 Krankheiten und Schädlinge an Kulturheidelbeere

Obwohl sie in ihrem Herkunftsland den USA als pflanzenschutzintensiv gilt, wurde die Kulturheidelbeere in Deutschland als völlig unproblematische Kultur eingeführt. Es stellte sich jedoch bald heraus, dass auch bei uns verschiedene Krankheiten und Schädlinge so stark auftreten können, dass sie bekämpft werden müssen. Zum Teil handelt es sich dabei um eingeschleppte Krankheiten und Schädlinge, teilweise auch um einheimische, die sich auf die neue Kultur eingestellt haben.

12.9.1 Krankheiten

Die Pilzkrankheiten *Botrytis* spec. und *Monilia vaccinii-corybosi* verursachen Blüten- und Fruchtfäulen, sind jedoch gut durch vorbeugende Fungizidmaßnahmen in die Blüte zu kontrollieren. Gegen die dritte bedeutende Fruchtfäule, verursacht durch den Pilz *Colletotrichum gloeosporioides* und *C. acutatum*, ist in Abhängigkeit von der Witterung eine Folge von Fungizidbehandlungen vom Austrieb bis dicht an die Ernte erforderlich.

Bei Problemen mit dem Godronia-Triebsterben (*Godronia cassandrae*) ist das Ausschneiden aller dürren Triebe und Krebsstellen die wichtigste Bekämpfungsmaßnahme. Hauptinfektionen erfolgen im Herbst an den Blattnarben, während der Vegetation mit Konidien bei sehr feuchter Witterung. Zusätzlich werden in der Zeit des höchsten Infektionsdruckes (vor und während der Blüte) bei feuchtem Wetter Behandlungen, z. B. mit Kupfer-Fungiziden, empfohlen.

12.9.2 Schädlinge

Schäden können von Mai bis Anfang Juni durch die einheimische rotschwarze **Blutzikade** (*Cercopis vulnerata*) verursacht werden. Die von ihr besaugten Triebe und Zweige reißen auf und vernarben nur langsam in Form krebsartiger Wucherungen. Die Bekämpfung ist in blühenden Anlagen nur mit einem bienenungefährlichen Insektizid möglich.

Besonders in Junganlagen ist häufig die aus den USA eingeschleppte **Triebgallmücke** (*Contarinia vaccinii*) problematisch. Von den Larven befallene Triebspitzen sterben ab, unterhalb der Befallsstelle kommt es zur Verzweigung. Da die Gallmücke mehrere Generationen pro Jahr hat, kann stärkerer Befall den Aufbau von Anlagen beeinträchtigen. Die Bekämpfung ist schon beim Schlupf der Mücken im Frühjahr sinnvoll.

Erhebliche Schwierigkeiten verursacht in vielen Anlagen auch die eingeschleppte gelbliche **Heidelbeerblattlaus** (*Fimbiaphis fimbriata*). Ihre Bekämpfung ist nicht nur wegen der langen Blütezeit schwierig. Bei beginnendem Befall sollte sofort bekämpft werden.

Beim Auftreten der **Ovalen Schildlaus** (*Mesolecanium nigrofasciatum*) oder einheimischen **Schildläusen** sollte eine Austriebsspritzung mit Mineralöl gegen die überwinternden Larven erfolgen.

Vor allem in Waldnähe wird in Befallsjahren der **Kleine Frostspanner** (*Oeroptera brumata*) durch Fraß an den Blüten zu einem Problem. Da sich die Jungräupchen überwiegend in den Blüten aufhalten, ist ihre Bekämpfung schwierig. Bei warmem Wetter kann mit einem *Bacillus-thuringiensis*-Präparat eine ausreichende Wirkung erzielt werden. Bei kühlerer Witterung hilft nur der Einsatz eines temperaturunabhängigeren, bienenungefährlichen Kontaktinsektizids.

13 Maschinen und Geräte

13.1 Universalmaschinen für den Obstbau

13.1.1 Sonderkulturschlepper

Der Schlepper hat als mobile Energiequelle zum Fahren, Antreiben, Heben und Tragen von Arbeitsmaschinen und -geräten sowie Transportgütern auch im Obstbau eine Schlüsselfunktion. Mit der zunehmenden Technisierung und Automatisierung in der Bewirtschaftung steigen die Anforderungen hinsichtlich Ausstattung und Leistungsvermögen.

Schlepper für den Sonderkulturbereich sollten einen niedrigen Schwerpunkt haben, trotz Allrad wendig sein und bequemes Befahren der Fahrgassen unter Hagelnetzen ermöglichen.

Die Außenmaße sollten nicht über 1,30 m liegen, um höhere Pflanzdichten bewirtschaften zu können.

Bei extrem schmalspurigen Schleppern sind erhöhte Kippgefahr, Wendeschwierigkeiten und unbequeme Bedienung in Kauf zu nehmen. Zur Schonung der Grasnarbe und des Bodens haben Obstbauschlepper häufig **Niederdruckreifen (Terra-Reifen)** oder Reifen mit großer Aufstandsfläche und niedrigen, breiten Stollen und großer Überlappung, die auch mit geringem Luftdruck zu fahren sind.

Ab der Leistungsklasse von 37 bis 75 kW ist die Abgasnorm Stufe III A verbindlich vorgeschrieben. Damit müssen viele Plantagenschlepper mit neuer Motortechnik ausgerüstet sein.

Schleppermotorleistungen werden weniger von der Zugleistung, sondern von der Drehleistung für Pflanzenschutz- und Bodenpflegemaßnahmen, der Hubleistung für das Heben und Tragen von Arbeitsmaschinen und -geräten sowie von Ernte- und Transportgütern beansprucht. Stärkere Hydraulikpumpen und Klimaanlage fordern zusätzlichen Leistungsbedarf. Ausreichende Leistungsreserven sollten beim Hauptschlepper einkalkuliert sein.

Zur fortgeschrittenen gehobenen Ausstattung des Hauptschleppers gehören:

- Übersichtliche **Fahrer-Informationseinrichtungen**, eventuell **Bordcomputer**
- Ausreichende **Getriebeabstufungen** (Gangzahl und -abstufung) mit **Lastschaltung** oder **stufenlosem Getriebe**
- **Zapfwelle** mit unterschiedlichen Normdrehzahlen 540, 750, 1000 U/min, günstigenfalls unabhängig von der Motordrehzahl an Front und Heck
- Eine leistungsstarke **Hydraulikanlage**, d. h. 40-l-Hydraulikpumpe plus 40-l-Zusatzpumpe und getrennter Kreislauf für die Lenkung sowie Variierung der Ölmenge
- **Front- und Heck-Dreipunktanbau** mit **Kraftheber**, eventuell mit **elektronischer Kraftheber-Regelung** (EHR)
- Genügend **Hydraulikanschlüsse**, **Steuer-** und **Stromventile** im **Heck-**, **Front-** und **Zwischenachsbereich**
- Nasse **Scheibenbremsen**

Es brauchen nicht alle Schlepper eine teure Vollausstattung bzw. es lässt sich auch mit weniger Arbeitskomfort arbeiten. Für weitere Schlepper reichen je nach Verwendungszweck niedrigere Leistungen und einfachere Ausstattungen. Elektronik ist auch störanfällig, Reparaturen erfordern hier immer die Fachwerkstatt. Auch einfache, häufig ältere abgeschriebene Traktoren müssen den sicherheitstechnischen Anforderungen genügen.

Bei ungefähr 500 Arbeitsstunden im Jahr sollte auf dem **Arbeitsplatz Schlepper** im Hinblick auf Fahrerkomfort und Anwenderschutz eine ergonomisch sinnvolle Anordnung von Hebeln und Pedalen, ein schwingungsgedämpfter, auf das Fahrergewicht abstimmbarer **Fahrersitz** sowie eine geräuscharme **Schlepperkabine** mit ausreichender Bewegungsfreiheit, optimalen Sichtverhältnissen, **Klimaanlage** und Schadstofffilter **(Aktivkohlefilter)** Standard sein.

Abb. 213 Arbeitsbühne für mehrere Arbeitskräfte.

13.1.2 Arbeitsbühnen

Für Arbeitsgänge auf höherer Arbeitsebene kommen neben Einzellösungen zunehmend selbstfahrende Arbeitsbühnen zum Einsatz. Ein wesentlicher Vorteil ist deren vielseitige Einsetzbarkeit und Arbeitserleichterung bei den Hauptarbeiten Ernte und Schneiden von Bäumen sowie Formierungsarbeiten, Aufhängen von Dispensern, Öffnen und Schließen von Hagelnetzen und das Erstellen der Hagelnetzanlage. Mit Ultraschallsensoren oder seitlichen **Tastarmen** ausgestattete selbstfahrende Arbeitsbühnen benötigen in der Regel für das Geradeausfahren keinen Fahrer.

Wegen geringer Geschwindigkeit sind sie für einen effektiven Kistenabtransport weniger geeignet. Ist eine Straßenverkehrszulassung mangels sicherheitsrelevanter Details (Beleuchtung etc.) nicht möglich, müssen Arbeitsbühnen auf öffentlichen Straßen mit einem Traktor und Zugdeichsel zum Einsatzort gezogen werden.

Selbstfahrende Arbeitsbühnen mit **Elektroantrieb** zeigen besondere Laufruhe und produzieren keine Abgase. Nachteilig ist die umständlichere Nachladung der Batterien. Die durchschnittliche Akkulaufzeit sollte je nach Verwendung mindestens acht Stunden erreichen. Wegen des hohen Gewichts ist ein Austausch der Akkus außerhalb der Betriebsstätte noch nicht möglich.

Selbstfahrende Arbeitsbühnen mit **Verbrennungsmotor** können dagegen immer wieder vor Ort nachgetankt werden. Sie sind aufgrund ihrer einfacheren Bauart auch weniger störanfällig.

Das Hubgerüst ermöglicht variable Arbeitshöhen von zwei bis drei Metern. Ein Hangausgleich für eine stets waagerechte Position der Plattform erfolgt manuell oder vollautomatisch mittels Lagesensoren entweder über das Fahrwerk oder über das Hubgerüst. Einige Arbeitsbühnen haben

Abb. 214 Arbeitsbühne für ein bis zwei Arbeitskräfte „Piccolo".

eine Warneinrichtung vor dem Umkippen in zu steilem Gelände bzw. greifen selbsttätig in die Fahrzeugsteuerung ein.

Selbstfahrende Arbeitsbühnen haben **Front- und Heckstapler** mit ausreichender Hubkapazität, um Großkisten aufzunehmen. Je nach Maschinengröße finden ein bis vier Kisten auf der Plattform Platz. Bei längeren Reihen müssen kontinuierlich neue leere Kisten mit dem Frontstapler aufgenommen werden. Gefüllte Großkisten werden von Hand über einen Rollenboden zum Heckstapler geschoben und hinter der Maschine abgelassen.

Die meisten selbstfahrenden Arbeitsbühnen haben vier gleichgroße Räder, wovon je nach Modell nur zwei oder alle vier angetrieben werden. Es werden Vorderrad-, Hinterrad-, Allrad- oder Knicklenkung verbaut. Wesentliche Bedeutung hat der Wenderadius. Die Wendigkeit der Maschinen kann durch das Anklappen der Staplerzinken bzw. durch den Abbau beider Stapler außerhalb der Ernte erhöht werden.

Plattformen werden in verschiedenen Abmessungen von ein bis zwei Personen bzw. einer Großkiste bis sechs Personen angeboten. Kleine Arbeitsbühnen sind preiswerter, wendiger und für manche Arbeiten flexibler einsetzbar, wenn Einzelpersonen statt einer Arbeitsgruppe unabhängig effizienter agieren können. Abklappbare Geländer umranden die Plattform zum Schutz vor dem Herabstürzen. Mit Zusatzausrüstungen wie Druckluftanschlüsse und Steckdosen können Schneidgeräte betrieben werden.

13.2 Geräte zur Bodenvorbereitung, Pflanzung und Bodenpflege

13.2.1 Bodenvorbereitung

Das häufige Befahren der Obstanlagen in der gleichen Fahrspur, oftmals bei nassen Bodenverhältnissen, führt zu erheblichen Bodenverdichtungen bis in Tiefen von mehr als 60 cm. Bei sehr tief reichenden Verdichtungen kommen vor Neupflanzungen Tiefen- bzw. Untergrundlockerer mit starren oder schwingend angetriebenen Lockerungswerkzeugen zum Einsatz. Bodenart, Arbeitsbreite (bis 2,80 m), Arbeitstiefe (bis 80 cm) und Arbeitsgeschwindigkeit (ca. 3 km/h), Anzahl der Werkzeuge (bis 4), Schar- bzw. Schwertform bestimmen den Zug- und Drehleistungsbedarf (75 bis 150 kW).

Schwingend angetriebene Hubschwenk- und Wippscharlockerer sind Untergrundlockerern mit starren Werkzeugen aus fahrmechanischen und energetischen Gründen sowie wegen des besseren Lockerungseffektes vorzuziehen. Tiefenlockerer, die nach dem Prinzip der Abbruchlockerung arbeiten, belassen im Gegensatz zu den üblichen Tiefenlockerungsgeräten die Bodenschichten in ihrer ursprünglichen Anordnung. Verdichtungen in mittleren Bodenschichten (20 bis 35 cm Tiefe) können mit Spatenmaschinen beseitigt werden.

Nachfolgende Vorbereitungsarbeiten in Bodenschichten bis 20 cm Tiefe werden meist mit rotierenden Arbeitswerkzeugen (Zinkenrotor, Fräsen) vorgenommen, um die für die Pflanzung notwendige feinkrümelige Bodenstruktur zu schaffen.

Abb. 215 Baumstreifenbehandlung mit beidseitig arbeitendem Ladurner Hackgerät.

13.2.2 Pflanzen

Zur Pflanzung können neben Handarbeitswerkzeugen Pflanzmaschinen mit Spurreißer oder Laser gesteuert als Schlepperanbaugerät verwendet werden. Die Flächenleistungen sind deutlich höher. Mit einer GPS-Steuerung können zusätzlich erhebliche Rüstzeiten für die Vermessung der Fläche eingespart und sehr hohe Präzision erreicht werden. Aufgrund der hohen Anschaffungskosten erfolgt der Einsatz zumeist überbetrieblich. Die Einsaat der Fahrgasse wird mit Sägerät mit Feinsaateinrichtung bis 2,50 m durchgeführt, darauf folgt das Anwalzen. Als Lichtkeimer sollen Grassamen nur 0,5 bis 1,5 cm gesät werden. Statt einem üblichen Sägerät eignet sich auch ein entsprechend eingestellter Handelsdüngerstreuer.

13.2.3 Bodenpflege

Die begrünten Fahrgassen werden mit Sichelmulchgeräten (vertikale Schnittwerkzeugachse) oder Schlegelmulchgeräten (horizontaler Walzenkörper mit Schlegeln) im Schlepperfront- oder Schlepperheckanbau, teilweise in Kombination mit Pflanzenschutzgeräten, gemulcht. Sichelmulchwerkzeuge mit Schwenkarmen zum Umfahren von Baumstämmen und Pfählen verlieren bei zunehmenden Arbeitsgeschwindigkeiten und engeren Pflanzabständen an Bedeutung. Sichelmulchgeräte (Scherenmulchgeräte) mit hydraulisch verstellbaren Arbeitsbreiten können sich den unterschiedlichen Gassenbreiten anpassen. Gewünscht werden flache, kompakte, wendige Geräte, die hohe Arbeitsgeschwindigkeiten erlauben.

Schlegelmulchgeräte leisten bessere Zerkleinerungsarbeit auf Kosten schlechterer Schnittqualität, geringerer Arbeitsgeschwindigkeiten und höherer Leistungsansprüche. Sie sind mit Gegenschneiden auch für die Schnittholzzerkleinerung einsetzbar, während sich Schnittholz mit Sichelmulchgeräten nur mit verstärkter Werkzeug- und Geräteausrüstung zerkleinern lässt.

13.2.4 Baumstreifenpflege

Zur Baumstreifenpflege werden Streifensprühgeräte oder mechanische Geräte eingesetzt. Der Herbizideinsatz kann mechanisch mit Unterschneidegeräten, Rotorkrümlern und Scheibengeräten oder thermisch mit Abflamm-, Infrarot- und Heißwassergeräten oder Bedecken mit organischem Material (Mulch, Kompost etc.) verringert werden. Der verringerten Umweltbelastung stehen höhere Aufwendungen für Kapital-, Arbeits- und Energieeinsatz gegenüber.

Wirkung und Einsatzhäufigkeit der mechanischen Geräte werden durch Bodenverhältnisse und Niederschlagshäufigkeit bestimmt. Ebenso wie Abflamm- und Infrarotgeräte erlauben sie nur geringe Arbeitsgeschwindigkeiten. Die Unkrautregulierung durch Heißwasser und Heißschaum ist tendenziell schneller. Mit der Grundsatzdiskussion zur Verringerung des Herbizideinsatzes wird sich die Innovationstätigkeit in diesem Bereich sicherlich erhöhen.

13.2.5 Geräte zum Ausbringen von Mineraldünger und organischem Dünger

Zur Mineraldüngerausbringung werden wie in der übrigen Landwirtschaft aufgrund ihrer großen Streubreite und der einfachen Konstruktion zapfwellenangetriebene Schleuderstreuer (Scheiben- oder Pendelrohrstreuer) verwendet.

Organische Dünger (Festmist, Kompost) oder Abdeckmaterialien (Stroh, Rinde, Holzschnitzel) werden in den Baumreihen mithilfe von Schmalspurstreuern mit Querförderbändern ausgebracht.

13.3 Pflanzenschutzgeräte

Sprühgeräte im Obstbau gibt es in vielen Größen und Ausstattungsmerkmalen, im Erwerbsobstbau werden meistens schlepperbetriebene Anhängegeräte eingesetzt. Letztere bestehen aus Rahmen oder Fahrgestell, Behälter für Spritzflüssigkeit und Frischwasser, Membranpumpe, Druckregler, Gebläse, Rührwerk und Einspül-, Filter- und Reinigungssystemen sowie mechanischen oder elektrischen Armaturen bzw. Dosiercomputern zur Bedienung.

Für die Sicherheit beim Umgang mit Sprühgeräten haben diese europäische bzw. nationale Normen zu erfüllen. Bei den meisten Pflanzenschutzmitteln müssen produktspezifische Mindestabstände zu Oberflächengewässern und gegebenenfalls Saumstrukturen eingehalten werden. Die Mindestabstände dürfen nur mit im offiziellen Verzeichnis des Julius Kühn-Institutes (JKI) eingetragenen abdriftmindernden Geräten reduziert werden. Um die einwandfreie Funktion der Geräte sicherzustellen, müssen diese alle drei Jahre einer gesetzlich vorgeschriebenen Überprüfung unterzogen werden. Neugeräte müssen innerhalb der ersten sechs Monate nach dem Kauf erstmals überprüft werden.

13.3.1 Gebläse

Für den Tropfentransport werden Gebläse unterschiedlicher Prinzipien (Axial-, Radial- und Tangentiallüfter) angeboten. Die Luftunterstützung ist die Stellgröße, die über Effizienz und Qualität der Belagsbildung, aber auch über Verluste durch Bodensediment, Austrag und Abdrift, Treibstoffverbrauch, Energieeffizienz und Lärmemissionen entscheidet. Abdrift und Lärmemissionen in der Umgebung von Gebäuden sowie Nachbarkulturen bergen ein hohes Konfliktpotenzial. Daher müssen alle zur Verringerung möglichen Komponenten und Verfahren genutzt werden.

Eine optimale Belagsbildung bei Minimierung von Abdrift, Treibstoffverbrauch und Lärmemissionen ist vor allem durch Gebläse mit Querstromcharakteristik und einem Strömungswinkel unter etwa 40° am oberen Ende der Arbeitshöhe realisierbar. Diese vermindern den Austrag des Sprühnebels nach oben aus dem Bestand als Hauptursache der Abdrift. Eine gleichmäßige horizontale Reichweite des Trägerluftstroms über die Arbeitshöhe erlaubt dessen Anpassung an die Kronentiefe über Gebläsedrehzahl und Fahrgeschwindigkeit, sodass der vertikale Austrag weiter abnimmt und auf der abgewandten Seite der Baumkrone kaum Sprühnebel austritt.

Um Bereiche mit ungenügender Reichweite und damit Lücken im Belag zu vermeiden, muss eine über die Arbeitshöhe gleichmäßige horizontale Reichweite des Trägerluftstroms im nutzba-

Abb. 216 Gebläsetypen (von links nach rechts): Axial, Axial mit Querstromaufsatz, Radial mit Schläuchen zur Luftverteilung und Tangential.

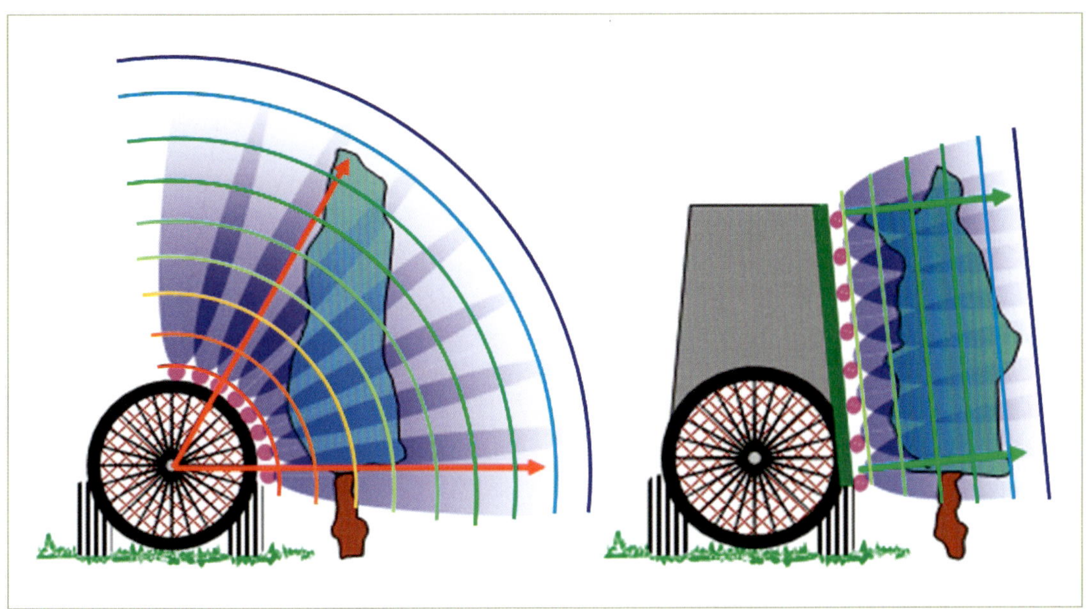

Abb. 217 Prinzipien der Luftverteilung: Axialgebläse (links) und Querstromgebläse mit Linien gleicher Luftgeschwindigkeit (rechts).

Abb. 218 Reichweite des Trägerluftstroms bei überhöhter und baumformangepasster Gebläsedrehzahl.

ren Drehzahlbereich des Gebläses (Zapfwellendrehzahl 300 U/min in Stufe I bis 540 U/min in Stufe II) gewährleistet sein. Bereits geringe Störungen an luftführenden Bauteilen führen zu Schwankungen der Luftverteilung. Die Geräte sind in der Arbeitshöhe auf die Kulturhöhe des Anwenders anzupassen. Daher hat sich eine Einstellung und Überprüfung der Luftverteilung auf Luftprüfständen vor dem Kauf als zweckmäßig herausgestellt.

13.3.2 Zerstäuber

Die Zerstäubung der Behandlungsflüssigkeit erfolgt im Wesentlichen nach drei Verfahren: Hydraulische Zerstäuber, bei denen die Flüssigkeit in einer Wirbelkammer in Rotation versetzt und zu feinen Tropfen zerstäubt oder durch eine Dosierbohrung geleitet und nach dem Venturi-Prinzip mit Luft vermischt wird (Injektordüsen). Als Spritzbilder sind Fächer sowie Hohlkegel gebräuchlich. Die Durchflussmengen bewegen sich zwischen etwa 0,4 und 2,0 l min^{-1}.

Normale **Hohlkegeldüsen** produzieren überwiegend kleine Tropfen mit einem relativ engen Größenspektrum und sind in einem weiten Bereich unempfindlich für Druckschwankungen. Der relativ hohe Anteil feiner Tropfen ergibt ein hohes Abdriftpotenzial, das mit speziellen Maßnahmen reduziert werden kann. Injektordüsen produzieren bei einem weiten Größenspektrum grobe Tropfen und einen geringen Anteil feiner

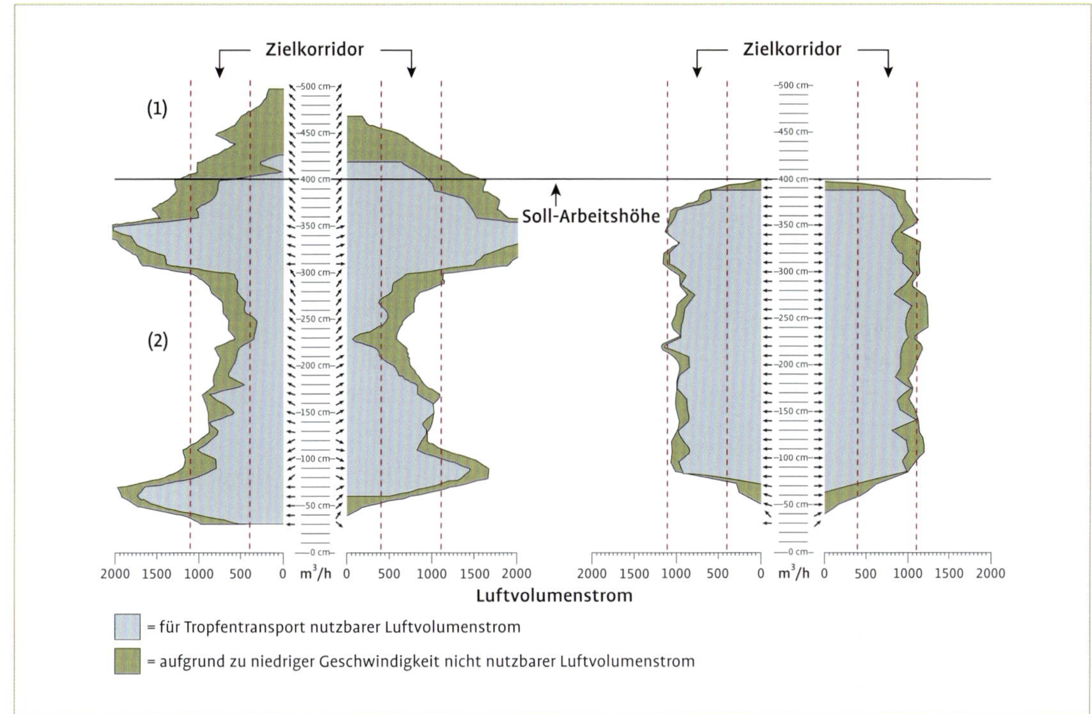

Abb. 219 Vergleich Luftverteilungsbild bei einem schlecht (links) bzw. korrekt (rechts) eingestellten Trägerluftstrom zweier Querstromgebläsesprühgeräte mit erhöhter Abdriftgefahr über 4 m Arbeitshöhe (1) bzw. unzureichender Applikation der Pflanzenschutzmittel (2).

Tropfen, reagieren auf Druckschwankungen aber mit deutlichen Änderungen im Tropfenspektrum. Durch eine feine Eingangsbohrung sind sie anfällig für Verstopfungen. Daher muss auf eine gute Filterung geachtet werden, für die der Druckfilter mit Rückspülung ausgestattet sein sollte.

Pneumatische Zerstäuber nutzen den Trägerluftstrom, um die Spritzflüssigkeit ohne Düsen an speziellen Kanten in Tropfen zu zerteilen. Hierbei ist das Tropfenspektrum stark von der Geschwindigkeit des Trägerluftstroms abhängig. Bei niedrigen Werten entstehen große, rasch sedimentierende, bei hohen Werten sehr feine, stark abdriftgefährdete Tropfen. Durch diese Art der Zerstäubung ist eine Anpassung des Trägerluftstroms an die Kronentiefe ohne Änderung des Tropfenspektrums unmöglich, sodass diese Düsen für eine ressourcen- und umweltschonende Applikation im Obstbau nicht geeignet sind.

Rotationszerstäuber leiten die Behandlungsflüssigkeit auf rotierende konische Scheiben mit feinen Rillen und Zähnen bzw. Drahtkäfige. Damit werden enge Tropfenspektren erzielt. Die Tropfengrößen werden durch die Konstruktion und die Drehzahl der Zerstäuber bestimmt. Diese Verfahren kommen mit Wassermengen bis unter 50 l ha^{-1} aus und würden zu erheblichen Schlagkraftgewinnen führen, insbesondere bei weiten Hof-Feld-Entfernungen. Gegen die Verwendung im Obstbau sprechen derzeit fehlende geeignete elektrische Antriebe für eine Nutzung unabhängig vom Trägerluftstrom und das durch die hohen Zentrifugalkräfte kreisförmige Spritzbild, wodurch bei geringen Luftgeschwindigkeiten ein Teil der Tropfen ungenügend umgelenkt wird und aus dem Luftstrom austritt.

In Sprühgeräten im Obstbau werden derzeit fast ausschließlich hydraulische Düsen eingesetzt. Um eine ausreichende Tropfendichte im Trägerluftstrom zu gewährleisten, sollte etwa je

35 cm angefangener Kronenhöhe der höchsten zu behandelnden Kultur eine Düsenposition pro Seite vorgesehen werden. Für eine Überlappung der Sprühkegel bzw. Sprühfächer möglichst nahe am Gebläse müssen die Düsen außerhalb des Trägerluftstromes angebracht sein.

13.3.3 Dosierung

Die auszubringende Menge eines Pflanzenschutzmittels ist in der Gebrauchsanleitung festgelegt. Für eine Obstanlage wird sie durch Multiplikation des durch die Zulassung vorgegebenen Mittelaufwandes mit der Kronenhöhe in m errechnet.

Der **Wasseraufwand** sollte in Anlehnung an die Gebrauchsanleitung gewählt werden und laut BVL je m Kronenhöhe 500 l/ha nicht über- und 100 l/ha nicht unterschreiten. In der Praxis bewährt hat sich laut LTZ ein **Wasseraufwand**, der an die Kronenhöhe angepasst ist und zwischen 100 und 250 l/ha und m Kronenhöhe liegt. Am Bodensee werden teilweise auch niedrigere Mengen gefahren. Generell aber ist vor allem bei Insektiziden zu beachten, dass nach Bienenschutzverordnung Pflanzenschutzmittel mit über in der Gebrauchsanwendung vorgesehenen Aufwandmengen oder Konzentrationen grundsätzlich als bienengefährlich definiert sind. Ebenfalls können **Tankmischungen** verschiedener Pflanzenschutz- und Düngemittel kritisch hinsichtlich Bienengefährlichkeit werden.

Aus arbeitswirtschaftlicher Sicht ist die Schlagkraft bei niedrigeren Wassermengen höher. Eine hohe Schlagkraft ist insbesondere bei stark terminbezogener Ausbringung hilfreich. Zu geringer Wasseraufwand kann aber auch bei feintropfiger Zerstäubung je nach Gebläseart und -drehzahl zu erhöhter Abdrift führen. Zu hoher Wasseraufwand führt zu Spritzflecken und Abtropfverlusten.

Der gewählte Wasseraufwand wird durch die Wahl von **Düsenzahl, Düsengröße, Spritzdruck** und **Fahrgeschwindigkeit** eingestellt. Der **Gesamtdüsenausstoß** wird aus einer Tabelle (Betriebsanleitung, Einstellanleitung) entnommen oder berechnet. Aus Düsentabellen der Düsenhersteller kann die entsprechende **Düsengröße** und der erforderliche **Spritzdruck** abgelesen werden. Die Überprüfung des Gesamtdüsenausstoßes durch **Auslitern** ist jedoch zu empfehlen. Für einen ressourcen- und umweltschonenden Pflanzenschutz müssen Fahrgeschwindigkeit und Gebläsedrehzahl in die Dosierung einbezogen werden, da erst das Zusammenspiel aller erforderlichen Parameter die Nutzung der daraus resultierenden vielfältigen Vorteile erlaubt.

Seit dem Zulassungsjahr 1997 wird in Deutschland die **Mittelmenge** in kg oder l je ha und 1 m **Kronenhöhe** angegeben. Damit wird der **Mittelaufwand** an die Laubwandhöhe angepasst. Unterschiedliche Reihenabstände werden dabei nicht berücksichtigt.

Dosierung Wasser und Produkt

In Europa gibt es verschiedene **Dosiermodelle**, mit denen Produkt- und Wassermengen für die Kulturform berechnet werden:

Bei der Kronenhöhen-Dosierung wird eine Aufwandmenge von Wasser und Produkt pro ha und Meter Kronenhöhe mit der gemessenen Kronenhöhe multipliziert. Die Kronentiefe wird nicht berücksichtigt, sodass bei gleicher Kronenhöhe schlanke wie tiefe Baumformen die gleichen Produkt- und Wassermengen erhalten. Bei der **Tree-Row-Volume-Dosierung** wird die Produktmenge aus dem Verhältnis des ermittelten Kronenvolumens zum Referenzwert von 10 000 m^3/ha und dem Referenzwert des Produktes errechnet. Der Produktaufwand nimmt mit sinkendem Kronenvolumen ab. Unterschiedliche Reihenabstände werden nicht berücksichtigt.

Die Laubwandflächen-Dosierung geht von zwei gegenüberliegenden, senkrechten Teilflächen aus und errechnet die Produktmenge über das Verhältnis der gemessenen Laubwandfläche zu 10 000 m^2 ha^{-1} und dem Referenzwert des Produktes. Der Produktaufwand nimmt mit sinkendem Reihenabstand und damit bei sinkender Kronentiefe zu.

Bei der MABO-Dosierung werden Fahrgeschwindigkeit, Wasser- und Produktmengen sowie Gebläsedrehzahl an die Baumform bzw. Kultur angepasst. Die erforderliche Anpassung der Gebläsedrehzahl an die Kronentiefe muss bislang noch visuell erfolgen. Mit höheren Fahrgeschwindigkeiten wird zudem eine höhere Schlagkraft erreicht.

Die gezielte Mittelausbringung entsprechend der unterschiedlichen Kulturformen in Höhe, Alter der Kulturen, Erziehungsformen und Kronentiefe ist ein wesentlicher Ansatzpunkt zur Verringerung der nicht auf den Kulturen ankommenden Brühemengen und somit zur Reduzierung des Mittelaufwands. Für weitere Verringerung bzw. exaktere Platzierung von Pflanzenschutzmitteln, wie die automatische Abschaltung des Mittelausstoßes bei Lücken in der Kronenwand, sind weitere technische Entwicklungen erforderlich.

Dosierung Luftunterstützung
Sinkende Reihenabstände und Kronentiefen erlauben bei geeigneten Querstromgebläsen höhere Fahrgeschwindigkeiten, da der Baum näher am Sprühgerät steht und eine geringe Kronentiefe trotz höherer Fahrgeschwindigkeit nur einen schwachen Trägerluftstrom erfordert. Dabei sollten Behandlung über einer Windgeschwindigkeit von 3,00 m s^{-1} vermieden werden. Darunter muss die Gebläsedrehzahl soweit an den Wind angepasst werden, dass die gegen die Windrichtung zu behandelnden Bäume ausreichend durchdrungen werden.

Bei Gebläsen mit Querstrom-Charakteristik, deren Arbeitshöhe und Luftverteilung auf die höchste zu behandelnde Kulturhöhe eingestellt wurde, entspricht die Anpassung der Gebläsedrehzahl an die Kronentiefe der „Dosierung" der Gebläseluft. Diese ist Voraussetzung für eine maximierte Belagsbildung bei gleichzeitiger Minimierung von Abdrift, Treibstoffverbrauch und Lärmemission.

13.3.4 Abdriftminderung

Unter Abdrift wird der Anteil des Sprühnebels verstanden, der nicht auf der Kultur angelagert wird und über Gebläseluft und Wind aus der Kulturfläche hinausgetragen wird. Um Abdrift zu reduzieren, stehen in ihrer Abdriftminderung amtlich anerkannte Geräte und Verfahren in den Abdriftminderungsklassen 50 %, 75 %, 90 %, 95 % und 99 % zur Verfügung. In der Gebrauchsanleitung eines jeden Pflanzenschutzmittels werden die Mindestabstände zu Oberflächengewässern und auch Saumstrukturen für die unterschiedlichen Abdriftminderungsklassen angegeben, die je nach Abdriftminderungsklasse des Gerätes eingehalten werden müssen. Grobtropfige Injektor- und Antidriftdüsen werden in der Regel in die Klasse „50-%-Abdriftminderung" eingestuft, Kombinationen mit abdriftmindernden Gebläsen in eine Klasse ab 75 %.

Auch für die feintropfige Applikation mit niedrigen Wassermengen stehen vom JKI anerkannte Sprühgeräte in der 75-%-Abdriftminderungsklasse zu Verfügung. Dazu werden Gebläse mit einer ausgeprägten Querstromcharakteristik mit kleinkalibrigen Injektordüsen an den beiden obersten Düsenpositionen und feintropfigen Hohlkegeldüsen an allen anderen Positionen bestückt.

13.3.5 Anwenderschutz

Bei der Zubereitung und Applikation der Spritzflüssigkeit ist der Anwender dem Risiko einer Kontamination mit Pflanzenschutzmitteln ausgesetzt. Besonders pulverförmige Produkte, aber auch der Sprühnebel können zu hohen Belastungen durch Inhalation führen. Aufgrund der guten Fettlöslichkeit vieler Wirkstoffe hat auch die Aufnahme über die Haut Bedeutung. Für den Schutz stehen neben geschlossenen Traktorkabinen mit Aktivkohlefiltern, Schutzkleidung und -handschuhen, Hilfen zum risikoarmen Befüllen wie staubarm formulierte Granulate, Adapter für flüssige Produkte und Saugvorrichtungen für Pulver zur Verfügung.

13.3.6 Reinigung des Sprühgerätes

Technische Restmengen der Spritzflüssigkeit bei der Behandlung unterschiedlicher Kulturen können zu unzulässigen Rückständen, zu Ablagerungen und Verstopfungen im hydraulischen System sowie zu Einträgen in Abwassersysteme und Oberflächengewässer führen. Die vorgeschriebene **Innenreinigung** sollte unbedingt als kontinuierliche Innenreinigung ausgeführt sein, da sie eine gründliche Reinigung in wenigen Minuten noch auf der Kulturfläche erlaubt. Die sehr problematischen Punkteinträge in Abwassersysteme bei der Reinigung auf befestigten Hofstellen werden so vermieden.

Bei dieser wird der Brühebehälter meist über eine separate Pumpe und im Behälter angebrach-

Abb. 220 Schnittwerkzeuge für den Obstbau. Von links nach rechts: Elektroschere, pneumatische Schere, Handscheren. Oben: Astschere und -säge.

te Spüldüsen mit mitgeführtem Frischwasser gespült und diese Spülflüssigkeit über die Düsen kontinuierlich in der Anlage ausgebracht. Dadurch kann der Zeitaufwand von etwa 30 auf ca. 5 Minuten reduziert werden. Beim Einsatz des Sprühgerätes in mehreren Kulturen (z. B. Kernobst, Steinobst, Strauchbeeren, Wein) vermindert dies zudem das Verschleppen der Wirkstoffe.

13.4 Schnittwerkzeuge

13.4.1 Einzelschnitt

Schnittarbeiten im Obstbau basieren normalerweise auf dem Prinzip des Einzelschnittes (selektiver Schnitt). Standardgerät ist die **Handschere** aus Leichtmetall oder Stahl mit oder ohne beschichtete Griffe sowie einer aktiven Schneide und einer passiven Gegenschneide (einschneidige Baumschere). Die Schneiden sind meist kreisbogenförmig, teilweise auch gerade ausgebildet (Amboss-Schere). Scheren mit geraden Schneiden verursachen mit ihrem unzureichend ziehenden Schnitt verstärkt Quetschungen um die Schnittstelle mit nachfolgend schlechter Wundheilung und erhöhter Infektionsgefahr. Je nach Scherentyp können die Schneidklingen ausgewechselt werden.

Wenn Schnittarbeiten längere Zeit von Hand ausgeführt werden, sind sie mit einem erheblichen physischen Kraftaufwand verbunden. Ergonomische Verbesserungen einzelner Scherentypen **(Löwe-Schere, Rollgriffschere)** verringern die Belastungen und Ermüdungserscheinungen der Hand und erlauben auch den Schnitt stärkerer Äste bis 18 mm.

Der Schnitt mit der **Handsäge** ergibt grundsätzlich eine bessere Schnittfläche, wenn der Schnittdurchmesser größer als 20 mm ist. Als Handsägen stehen **Bügelsägen** mit schmalen, verstellbaren Sägeblättern oder Schwert- bzw. Aufastsägen mit breiteren Sägeblättern zur Ver-

fügung. Für beide Sägebauarten gibt es extra gehärtete Sägeblätter, die jedoch nicht nachgeschärft werden können. Im Vergleich zu Bügelsägen kann mit **Schwert-** bzw. **Aufastsägen** schneller, aber weniger exakt gearbeitet werden.

Zur Erhöhung der Arbeitsproduktivität und körperlichen Entlastung der Arbeitskräfte beim Schneiden sind maschinelle Einzelschnittverfahren mit **pneumatisch** oder **elektrisch angetriebenen Schnittwerkzeugen** verbreitet. Überwiegend anzutreffen sind **pneumatische Schnittwerkzeuge**, deren Schneidenart und -form mit denen von Handscheren vergleichbar sind und mit denen Äste bis 35 mm Durchmesser geschnitten werden können. Die erforderliche Druckluft liefern fahrbare Kompressoreinheiten mit kleinen Diesel- oder Benzinmotoren oder Kompressoren für den Dreipunktanbau bzw. als Nachläufer, die über die Zapfwelle des Schleppers angetrieben werden und für zwei bis zwölf Scherenanschlüsse ausgelegt sind. Wegen erheblicher Lärmbelästigung und geringer Dauerbelastung des Schleppermotors bevorzugt man Anlagen mit Intervallbetrieb, sodass der Schlepper nicht ständig in Betrieb sein muss. Solche Anlagen besitzen großvolumige Druckluftbehälter und Schlauchtrommeln mit selbsttätiger Rückholung des Druckschlauches.

Elektrisch angetriebene Scheren arbeiten lärm- und umweltfreundlich mit bis zu zehn Stunden pro Akkuladung. Die Akkus werden als Gürtelgurt oder -tasche umgeschnallt oder umgehängt getragen.

Abb. 221 Mechanischer Schnitt zum Zeitpunkt „Rote Knospe".

13.4.2 Mechanischer Schnitt

Mit dem Gesamtschnitt oder mechanischen Schnitt sollen bei zunehmend eingeschränkter Verfügbarkeit von Fachkräften insbesondere beim Winterschnitt Arbeitsstunden eingespart werden. Der Baumdurchmesser wird von ca. 1,50 m auf eine Fruchtwand von 80 bis 100 cm Tiefe reduziert. Damit haben die Arbeitskräfte leichteren Zugang zum Baum bei der Handausdünnung und in der Ernte. Für eine mechanische Ausdünnung mit der Fadenmaschine ist die Fruchtwand optimal geeignet. Ein völliger Verzicht auf Schnittarbeiten von Hand ist nicht erreichbar und wegen mangelnder Erneuerung des Quirlholzes auch nicht erwünscht.

Das mechanische Schnittsystem hat ertragsphysiologisch andere Auswirkungen und erfordert Anpassungen in der Kulturführung, insbesondere in der stärkeren Ausdünnung. Die Erntemenge, die Fruchtgröße, die Fruchtausfärbung und die Inhaltsstoffe sollen nicht hinter manuell geschnittenen Anlagen zurückbleiben.

Baumschnittmaschinen sind als Kreiselrotoren (gezähnte Sägeblätter und Schlagklingen) oder im Messerbalkensystem ausgeführt. Geräte mit rotierenden Messern oder Sägeblättern erlauben eine relativ hohe Arbeitsgeschwindigkeit (4 bis 6 km/h). Sie sind einfach zu warten und insbesondere bei Kreissägeblättern für dickere Äste geeignet. Der Schnitt ist allerdings weniger sauber, die Zweige haben deutlich stärkere Verletzungen mit entsprechend negativen phytosanitären Folgen. Abgetrennte Astteile können in den Baum geschleudert werden und je nach Einsatzzeitpunkt Früchte verletzen.

Anbaugeräte mit Messerbalken haben bei Fahrgeschwindigkeiten von 1,5 bis höchstens 3,0 km/h eine geringere Schlagkraft. Die niedrige Fahrgeschwindigkeit erlaubt eine Anpassung des Messerbalkens an nicht exakt geradestehende Bäume und Bodenunebenheiten in der Fahrgasse. Bei einem Reihenabstand von 3,50 m beträgt der Zeitaufwand für den maschinellen Schnitt der Baumreihen etwa 2 bis 3 h/ha.

Kostengünstig ist ein Messerbalken von 2,00 bis 2,50 m Länge, welcher an der Front des Schleppers angebracht ist. Hiermit können Spindelreihen vertikal und mit Neigung individuell in Form gebracht werden. Die Schnitthöhe entspricht der Länge des Messers. Bei der Anbringung des Messerbalkens an einem Hubgerüst oder Frontlader kann die Höhe variiert werden. Noch variabler ist ein Schnittgerät mit zwei leicht verstellbaren Messerbalken.

Die Distanz zum Stamm bzw. Strauch regelt der Fahrer über den Abstand des Schleppers zum Gehölz. Für die Höhenbegrenzung der Fruchtmauer sollte das horizontale Messer sowohl in seiner Arbeitshöhe verstellbar als auch in seinem Neigungswinkel bis zu 90 Grad drehbar sein.

Problematisch sind das Umfahren der Stützgerüststangen mit dem horizontalen Schnittbalken sowie das Verbleiben von abgeschnittenen Ästen und Zweigen im Kopfbereich der Bäume. Ein Tastarm kann nicht zwischen dicken Ästen und einem Gerüstpfahl unterscheiden. Das Ausweichen durch Ausrücken und Zurückführen des horizontalen Balkens ist Aufgabe des Schlepperfahrers, der dies von seiner Kabine aus manuell steuern muss.

Schnittmaßnahmen mit der Maschine vereinfachen den klassischen Winterschnitt und ermöglichen an Technik (Ausdünnmaschine, Arbeitsbühne, Abdeckungen) adaptierte Erziehungssysteme wie Fruchtwände oder schlanke Reihen. Beide Formen sind wiederum flexibel und können an die jeweiligen Erfordernisse des Betriebes und die Wünsche des Betriebsleiters angepasst werden, sodass eine generell gültige Schnittempfehlung nicht gegeben werden kann.

Um bei Dichtpflanzungen ein zu starkes Wachstum der Bäume zu verhindern oder wieder auf ein normales Maß zurückzuführen, kann eine **Wurzelschnittmaschine** zur Begrenzung der Wurzelkrone eingesetzt werden.

13.4.3 Schnittholzverwertung

Schnittholz wird meistens zerkleinert und zur Humus- und Nährstoffversorgung in der Anlage belassen. Bei der **Schnittholzzerkleinerung** kommen **Sichel-** und **Schlegelmulchgeräte** oder **Holzhäcksler** zum Einsatz. In Obstanlagen mit größeren Reihenabständen kann das Schwaden des Schnittholzes vor dem Zerkleinern sinnvoll sein. Dazu stehen **Ein-** und **Zweikreiselschwader** mit waagerecht rotierenden Gummilappen oder Besenelementen an Auslegerarmen zur Verfügung.

Alternativ zur Zerkleinerung ist auch eine **Schnittholzbergung** zur Kompostierung des Schnittholzes oder zur Verwendung als Brennstoff möglich. Am Schlepper angebaute oder angehängte Geräte nehmen bei der kontinuierlichen Bergung innerhalb der Fahrgassen das Schnittholz aus dem Schwad auf und führen es **Holzhäckslern** zu. Das gehäckselte Gut wird lose in Behältern oder Wagen gesammelt.

13.5 Blütenausdünnmaschine

In vielen europäischen Ländern stehen weniger chemische Ausdünnmittel zur Verfügung, weshalb vermehrt Ausdünnmaschinen eingesetzt werden. Positive Erfahrungen in verschiedenen Anbaugebieten, aber auch die schwankenden Wirkungen der chemischen Mittel haben dazu geführt, dass die mechanische Ausdünnung im Obstbau zunehmende Verbreitung findet.

Die Ausdünnmaschine kann grundsätzlich zwischen dem Stadium „Rote Knospe" bis zur Vollblüte eingesetzt werden. Der optimale Zeitpunkt ist vor der Vollblüte, das heißt, wenn die Mittelblüte und zwei bis drei weitere Blüten geöffnet sind. In diesem Blütenstadium kann die Wirkung am besten beurteilt werden. Bei einem früheren Einsatz vor dem Ballonstadium werden mehr Blütenbüschel vollständig entfernt, was bei starker Alternanz ein Vorteil ist. In der Praxis sind verschiedene Geräte verbreitet.

13.5.1 Ausdünnmaschine „Tree-Darwin"

Das Darwin-Gerät wurde am Bodensee seit 1990 entwickelt. Mit den an einer senkrechten rotierenden Spindel montierten Plastikschnüren werden bei der Vorbeifahrt Blüten oder Blütenbüschel abgeschlagen. Seit 2009 ist die Maschine mit Spritzgussfäden ausgeführt, die eine bessere und schonendere Ausdünnung bis ins Kroneninnere ermöglichen, weniger Holzschäden verursa-

Abb. 222 Darwin-Gerät.

chen und längere Haltbarkeit aufweisen. Mit den 60 cm langen Fäden werden Kronen von 1,20 m Durchmesser bis ins Innere ausgedünnt. Breitere Erziehungsformen mit stärkeren Seitenästen werden nur im äußeren Kronenbereich ausgedünnt und sind für das Verfahren nicht geeignet. Die Maschine ist je nach Arbeitshöhe mit 216 (Darwin 200) bis 324 (Darwin 300) Schnüren ausgerüstet. In der Regel wird aber eine geringere Anzahl Schnüre eingesetzt. Die Drehzahl wird im Vergleich zur Maschine mit den alten Fäden reduziert.

Die Maschine kann weitgehend unabhängig von der Witterung eingesetzt werden. Bei feuchten Bedingungen ist mit einer verstärkten Wirkung zu rechnen.

Voraussetzung für gute Einsatzbedingungen sind schmale Baumreihen, die Fruchtwand bzw. im Steinobstanbau beispielsweise das Drapeau-System. Fahrgeschwindigkeit und Spindeldrehzahl beeinflussen die Ausdünnwirkung. Die Drehzahl muss auf die Fahrgeschwindigkeit abgestimmt sein. Als Optimum werden 8 bis 10 km/h und 220 bis 280 U/Min. empfohlen. Je höher die Drehzahl, desto stärker ist die Wirkung. Wichtig ist auch die richtige Drehrichtung der Spindel, beim Frontanbau rechts im Uhrzeigersinn, d. h. mit der Fahrtrichtung. Fäden sollen nicht schlagen, sondern im Baum „wirbeln“. Die Intensität kann auch durch die Verringerung der Anzahl Schnüre, etwa durch die Verwendung von Schnurleisten mit halber Schnurzahl gesteuert werden.

Mit der hydraulisch verstellbaren Neigung der senkrechten Spindel kann an die Baumform adaptiert und die Ausdünnwirkung im oberen und unteren Kronenbereich beeinflusst werden. Das Spindelrohr ist möglichst nahe am Baum zu führen, damit die Fäden auch im Kroneninnern ausdünnen. Die Spindel kann jederzeit an der Steuereinheit in der Traktorkabine gestoppt werden, um schwach blühende Bäume auszulassen. Für die genauere Berücksichtigung unterschiedli-

cher Blühstärken gibt es Entwicklungen mit vorauslaufender Kamera, die eine baumspezifisch angepasste Drehzahl steuern kann.

13.5.2 Ausdünnmaschine „Typ Bonn"

An der landwirtschaftlichen Fakultät der Universität Bonn wurde ein Gerät mit drei oder vier horizontalen, unabhängig voneinander einstellbaren, in die Baumkrone greifenden Spindeln entwickelt. Vorteilhaft sind die flexiblen Einstellmöglichkeiten (Winkel, Drehzahl) und die Anpassung an den Kronenaufbau. Dieses Gerät eignet sich besser für größere Kronen und damit auch für Steinobst. Die Fahrgeschwindigkeit ist mit 4 bis 7 km/h geringer als mit dem Darwin-Gerät. Die Spindeldrehzahl liegt bei 400 bis 600 U/Min.

13.5.3 Handgeführte Ausdünngeräte

Das batteriebetriebene, handgeführte Gerät „Electro'flor" wurde in Südfrankreich entwickelt. Auf einer Teleskopstange ist eine Spindel mit zehn Fäden montiert. Die Drehzahl ist von 500 bis 2000 Umdrehungen pro Minute regulierbar. Das Gewicht liegt bei nur 2,4 kg. Die Akkus werden auf dem Rücken getragen und können auch für elektrische Scheren verwendet werden. Dieses Gerät wird bei Vollblüte eingesetzt und ist geeignet für größere Baumformen und Hohlkronen im Steinobst, die mit traktorbetriebenen Maschinen nicht ausgedünnt werden können. Mit diesem Gerät können gezielt Stellen mit starkem Blütenansatz ausgedünnt werden.

13.6 Ernte- und Transportgeräte für Obst

13.6.1 Ernte von Beeren

> Alle Beerenarten für den Frischmarkt werden mit der Hand in ein- oder mehrmaligen Erntegängen direkt in marktgerechte Gebinde (Schalen oder Körbe) gepflückt. Bei Verarbeitungsware kommen auch Vollerntemaschinen zum Einsatz.

Bei der Ernte von Erdbeeren ist der Einsatz von leichten Pflückkarren für eine sitzende Arbeitsperson mit Abstellfläche für Gebinde und mit Sonnenschutzdach weit verbreitet. Mehrreihige Erntehilfen sind bekannt, konnten sich aber bisher nicht durchsetzen. Obwohl die sitzende Arbeitshaltung ergonomisch ungünstig ist, werden Erntehilfen mit der günstigeren, liegenden Arbeitshaltung bisher nur zögerlich angenommen. Die übrigen an Sträuchern und Ruten wachsenden Beeren können aufrecht geerntet werden. Mitgeführte Pflückschlitten nehmen Ernte und Leergut auf.

Eine **vollmechanisierte Einmalernte** von Erdbeeren für die Verarbeitung hat in Europa wenig Bedeutung. Schwarze Johannisbeeren und Kulturheidelbeeren werden auch intensiv für die weiterverarbeitende Industrie angebaut. Stand der Technik bei der Ernte ist heute die **vollmechanisierte Ernte** mit selbstfahrenden, Reihen übergrätschenden Erntemaschinen.

Dabei wird die Strauchreihe beim Überfahren mit der Erntemaschine durch einen feststehenden schwertähnlichen Strauchteiler mittig geteilt. Einzelne oder paarweise hintereinander beidseitig angeordnete, schräg oder vertikal stehende Schüttelwalzen mit Sternrädern übertragen Schwingungen auf die Zweige der jeweiligen Strauchhälften, sodass die Beerenfrüchte abgelöst werden. Die Schwingungsfrequenzen sind stufenlos einstellbar, um den jeweiligen Ablösebedingungen vor Ort (Sorte, Strauchhabitus) gerecht zu werden. Frei bewegliche oder angetriebene Auffangflächen oder Auffangteller bzw. Schrägförderbänder umschließen die Beerensträucher und fangen die abgelösten Früchte auf. In einem Gebläseluftstrom wird das Erntegut von Ast- und Blattteilen gereinigt und in Großkisten oder integrierten Sammelbunkern auf der Erntemaschine zwischengelagert.

Alle Aggregate werden hydraulisch angetrieben. Die Motorleistungen liegen um 60 kW, die Arbeitsgeschwindigkeit unter 2 km/h und die reine Ernteleistung zwischen 0,25 und 0,40 ha/h. Die Anschaffungskosten bewegen sich zwischen 90 000 und 110 000 Euro.

13.6.2 Ernte von Tafelobst

Wegen der hohen Qualitätsansprüche hat die Landtechnik trotz intensiver Forschung bei der mechanischen Ernte wenig vorangebracht. Ernteroboter für Tafelobst verharren seit Jahrzehnten im Stadium landtechnischer Versuche. Der für Menschen einfache Arbeitsvorgang „Apfel pflücken, kontrollieren und in eine Kiste legen" scheint für industrielle Automatisierungstechnik zu komplex und teuer. Die mechanische Ernte ist daher bis auf weiteres auf Verarbeitungsobst beschränkt. Die bei Tafelobst erzielten Pflückleistungen hängen sehr stark vom Ertrag, vom Standraum, von der Erziehung und nicht zuletzt vom Ernteverfahren ab.

Abb. 223 Erntezug mit drei Großkistenwagen und seitlich eingehängten Kunststoffpflückkisten mit schonender Entleerung nach unten.

Die Ernte macht die Hauptarbeitszeit im Kernobstanbau aus und ist daher möglichst effizient zu gestalten. Dies heißt zum einen eine hohe Ernteleistung in kg/Erntekraft und Stunde, aber auch eine Beachtung der Erntequalität, da sich Defizite zu späteren Zeitpunkten deutlich im Betriebsergebnis bemerkbar machen. Ein wesentlicher Grundstein ist die Wahl des Anbausystems. Auf früher z. B. im Streuobstbau verwendete **Anstell-** oder **Bockleitern** sollte verzichtet werden. Auch **Pflückböcke** oder **-schlitten** und andere Steighilfen werden zunehmend weniger verwendet, da diese zeitaufwendig mitgezogen und rangiert werden müssen. **Folien-** bzw. **Pflückbeutel**, die mit Haken im Geäst aufgehängt, dort befüllt und anschließend zum Entleeren in Sammelbehälter wieder abgenommen werden, verursachen zusätzliche Arbeitsgänge.

Die früher häufige 20-kg-**Kleinkiste** in Verbindung mit dem Pflückschlitten ermöglicht nur vergleichsweise geringe Pflückleistungen und erfordert weitere Arbeitsgänge beim Aufsammeln und Transport. Sie sollte auf das Ernten von Frühsorten oder Früchten, die zeitnah auf den Markt kommen, beschränkt bleiben. Ihr Vorteil liegt im technikarmen Handling von Kleinmengen.

Bei der Ernte von Lagerobst hat sich als Sammelbehälter die **Großkiste** durchgesetzt. Sie macht den Transport in der Obstanlage sicherer, ist besser stapelbar und ermöglicht wesentliche höhere Pflückleistungen, wenn Pflückregeln konsequent beachtet werden.

> Die Ernte mit Großkisten in unterschiedlichen Transportvarianten ist inzwischen Standard. Leistungssteigerungen beim Pflücken werden erzielt, wenn der Pflückvorgang arbeitspädagogisch unterrichtet wird.

Die Großkisten werden während der Ernte auf schleppergezogenen **Großkistenwagen** in der Anlage periodisch bewegt. Sie können auch zu mehreren als **Erntezug**, der immer um eine Erntezuglänge oder kontinuierlich im Kriechgang weiterfährt, transportiert werden. Innen oder außen an die Großkiste gehängte Pflückgefäße werden so lange benutzt, bis die Großkiste so weit gefüllt ist, dass Fruchtbeschädigungen bei der

Abb. 224 Teilmechanisierte Ernte mit Erntehilfe Pluk-O-Trak.

direkten Fruchtablage in die Großkiste auszuschließen sind. Mit dieser Vorgehensweise wird auch die Körperhaltung des Pflückpersonals weniger belastet. Mostobst wird in separat mitgeführte Kleinkisten geerntet. Der gefüllte Erntezug fährt zum nahen Hoflager oder zur Umladung für den Weitertransport mit schnelleren Transportmitteln, beispielsweise zum weiter entfernten Großmarkt. Die Auf- und Umladearbeiten des Erntegutes erfordern **Anbaustapler**, die meist am Heck des Schleppers angebaut werden, oder einen eigenständigen Radlader.

Für die Ernte in den höheren Baumbereichen werden Arbeitsbühnen verwendet, die Vorrichtungen zur Ablage der gefüllten Großkiste in der Reihe haben. Leergut kann zuvor in der Reihe verteilt worden sein oder aber in eigenen Wagen mitgeführt werden.

Mit dem kontinuierlich im Kriechgang selbständig durch die Obstanlage fahrenden **Pflückwagen (Pluk-O-Trak)** mit seinen verstellbaren Förderbändern sowie mit und ohne höhenverstellbare Arbeitsbühnen kann die Ernteleistung deutlich gesteigert werden. Bei dieser **teilmechanisierten Ernte** legen die Pflücker die abgeernteten Früchte auf die vor sie geschwenkten Förderbänder. Von dort werden sie auf ein zentrales Längsförderband transportiert und einem Kistenfüller zugeführt, der die fruchtschonende Befüllung einer Großkiste gewährleistet. Die volle Kiste wird in der Reihe abgelegt und einzeln oder mit einem Sammelwagen mit einer Aufnahmeeinrichtung abgefahren. Leere Großkisten werden auf einem nachgezogenen Anhänger mitgeführt.

Die verschiedenen Ernteverfahren haben ihre jeweiligen Eigenarten und sind entsprechend zu gestalten. Im Grundsatz gilt es, die Technik, hier die Erntemaschinen, immer auf die Obstkultur, Bäume und Baumform, Behang, Arbeitskräfte und Kulturabdeckung abzustimmen, um ein möglichst gutes Ernteergebnis zu erreichen.

Abb. 225 Auflesegerät für Verarbeitungsware Apfel oder Birne.

Beispielsweise ist es wichtig, dass das Erntepersonal gleichmäßig aufgeteilt arbeiten kann. Ein Überbesatz auf der Arbeitsbühne führt dazu, dass im an sich vom Arbeitgeber gewünschten „Arbeitseifer" unreife Früchte geerntet werden, die eigentlich erst in die nächste Pflücke gehen sollten. Die Plattform bringt für die Erntekräfte einen begrenzten Arbeitsraum, der beim Erntezug weniger limitiert ist, da die Erntekraft die Seite wechseln kann, wenn es dort kurzfristig mehr zu ernten gibt. Daher lassen sich bei überbesetzten Arbeitsbühnen Leerzeiten kaum vermeiden. Eine preiswerte Alternative können die bei Steinobst und anderen Kernobstarbeiten gut einsetzbaren „Ein-Mann"-Arbeitsbühnen sein.

13.6.3 Ernte von Verwertungsobst

Bei Kernobst und Steinobst für die Verarbeitung ist eine mechanische Ernte der Früchte durch Schüttel- und Auflesegeräte üblich. Einfache Schüttelgeräte sind als **Seilschüttler** ausgeführt. Stammschüttler, meist im Dreipunktanbau, sind **Massenkraftschüttler**, die durch zwei hydraulisch angetriebene, umlaufende Massen mit variabel einstellbaren Drehzahlen den Baum gezielt in Schwingungen versetzen. Beim Steinobst werden die Früchte mit **Auffangschirmen** oder **Ausrolltüchern** gesammelt und nach einer Windsichtung in Steigen oder Großkisten gefüllt. Je nach Baumzahl/ha können beim Schüttel-Auffang-Verfahren mit vier Arbeitspersonen 50 bis 70 Bäume/h abgeerntet werden. Kontinuierlich

Abb. 226 Verarbeitungsware wird in größeren Mengen in Containern von der Plantage abgefahren.

arbeitende Auffangmaschinen für Stein- und Kernobst sind bekannt.

Für Kernobst gibt es unterschiedliche absätzige oder kontinuierliche Verfahren. Maschinen mit Gummilamellenwalzen in Verbindung mit verschiedenen Reinigungssystemen sind als **handgeführte Aufsammelmaschinen** für das Sammeln in Kisten und Körben oder zunehmend als **selbstfahrende Aufsammelmaschinen** mit Hochkippbunker (bis 600 kg Inhalt) im Einsatz. Die handgeführten Maschinen leisten mit vier Arbeitskräften bis zu 1,8 t/h. Die selbstfahrenden Maschinen sammeln in Abhängigkeit von der Leistung des Transportsystems bis zu 8 t/h.

13.7 Rodung von Obstbäumen

Im Vordergrund steht die effiziente Räumung des Standorts unter Maßgabe möglichst guter Kulturbedingungen für die Folgefrucht. Wegen hoher Investitionskosten kommen zunehmend kontinuierlich arbeitende **Rodemaschinen** überbetrieblich zum Einsatz. Diese roden den gesamten Baum samt Wurzelstock und verarbeiten ihn vor Ort zu Hackschnitzel. Alternativ können Stämme mit einer **Rodezange** (Greifzange mit Klemmbacken) über dem Boden abgeschnitten werden, um die Messer zu schonen. Der Wurzelstock ist dann getrennt zu behandeln. Dünneres Material wird mit dem Schlegelmulchgerät oder Schnittholzhäcksler zerkleinert und eingearbeitet.

Zur Ernte als Stückholz werden Stamm, Äste und Wurzelstock mit der Motorsäge getrennt und die Stämme abgefahren. Kräftige Wurzelstöcke werden mit **Löffelbagger** mit großer Schaufel oder scharfen, zahnartigen Spezialhaken im Lohnverfahren oder mit **Stockrode-** und **Rüttelpflügen** gerodet. Alternativ zerspant sie eine **Wurzelstockfräse** an Ort und Stelle. Wurzelstöcke können auch vor dem Abtrennen mit dem Stamm mit Plantagenschleppern im Direktzug (Seilwinde etc.) oder mit dem **Frontlader** aus dem Boden gezogen und danach getrennt abgefahren werden. Grundsätzlich ist zu berücksichtigen, dass das in der Anlage verbleibende verholzte Material zur Verrottung einen hohen N-Ausgleichsbedarf hat und die Nachbauproblematik erhöht.

13.8 Obstbau 4.0

Die Begriffe „Obstbau 4.0" und „Smart Farming" stehen für einen zukunftsorientierten Obstbau mit den Zielen, Produktivität, Nachhaltigkeit und Effektivität der Obstproduktion mittels Innovationen zu steigern. Grundlage ist der Einsatz von Sensor- und Informationstechnologien sowie die automatisierte Erfassung und Digitalisierung von Produktions- und Betriebsdaten mit anschließender Vernetzung und Evaluierung sowohl auf betrieblicher als auch auf überbetrieblicher Ebene.

Im Fokus stehen das intelligente bzw. autonome Steuern von Fahrzeugen und Maschinen und deren Vernetzung bzw. Kommunikation untereinander. In der Praxis kommen bereits bei Traktoren und Hebebühnen auf GPS, RTK-GPS und/oder Ultraschallsensor basierende automatische Lenksysteme zum Einsatz. Weiterführende Technologien bieten autonom fahrende Trägerplattformen für die Bereiche Pflanzenschutz, Düngung, Schnitt, Bodenpflege, Ernte und Transport. Steuerungsrechner und Sensoren in Pflanzenschutzgeräten können Lücken erkennen und die exakte Ausbringung von Pflanzenschutzmittel regulieren.

Computergestützte Entscheidungshilfen sollen Arbeitszeit, Pflanzenschutzmittel, Düngemittel etc. effizienter einsetzen und den Betriebsleiter bei Entscheidungen, Kulturführung und Monitoring entlasten. Grundlage ist Erfassung, Verknüpfung, Speicherung und Aufbereitung von internen Datensätzen (Big Data) sowie entscheidungsrelevanter und produktionsbeeinflussender Faktoren. Dazu zählen allgemeine Daten wie Wetterdaten, Bodenanalysen etc. aber auch pflanzenspezifische Daten wie Triebwachstum, Blattfläche, Ertragspotenzial und Stresszustand der Pflanze. Zur Datenerfassung können zukünftig auf LiDAR (Light detection and ranging) basierende und optische Erfassungssysteme (Multispektralkameras) eingesetzt werden, die an unbemannten Luftfahrzeugen (UVA) oder auch direkt am Traktor bzw. der Arbeitsmaschine angebracht sind.

Die meisten Systeme ermöglichen eine automatisierte „Real-time"-Dokumentation mit direkter Einspeisung der Daten in eine Schlagkartei. Dies entlastet den Betriebsleiter bei den umfassend größer werdenden Dokumentationspflichten im Obstbau und vereinfacht die Zertifizierungen.

14 Fruchtqualität, Ernte und Lagerung

14.1 Fruchtentwicklung und Qualitätsbildung

Bei der Fruchtentwicklung vor und nach der Ernte lassen sich verschiedene **Entwicklungsphasen** unterscheiden: In der **Zellteilungsphase**, unmittelbar nach der Blüte und Befruchtung, wird durch die Anzahl der Zellen bereits die Grundlage für die spätere Fruchtgröße geschaffen. In der darauffolgenden **Zellstreckungsphase** vergrößern sich die Fruchtzellen durch Einlagerung von Inhaltsstoffen und Wasser und die Früchte zeigen ihr größtes Wachstum.

Morphologisch lässt sich bei Äpfeln der Übergang von der Zellteilungs- zur Zellstreckungsphase am sogenannten **T-Stadium** der Früchte erkennen. Im T-Stadium ist die Stielansatzstelle an der Frucht weder ausgestülpt, wie in der ersten Entwicklungszeit, noch eingebuchtet, wie bei späteren Entwicklungsstadien. Die Ansatzstelle zwischen Stiel und Frucht bildet mit dem Stiel ein T.

Die Zahl der Tage vom T-Stadium bis zur Reife ist für die einzelnen Sorten und Anbaugebiete bemerkenswert konstant und eignet sich in Jahren mit normalem Witterungsverlauf zur Vorhersage des Erntetermins.

Die **wertgebenden Inhaltsstoffe** in den Früchten werden aus **Assimilaten** (Kohlenhydraten) von der Photosynthese der Blätter sowie aus Mineralstoffen und Wasser aus den Wurzeln aufgebaut. Sind die Wachstumsbedingungen schlecht, z. B. bei Trockenheit oder Überbehang, werden die Früchte nicht ausreichend mit Assimilaten versorgt und es kommt zu unterentwickelten, schlecht schmeckenden Früchten.

Die **Qualität** von Früchten und deren Haltbarkeit werden in starkem Maße durch ihren Gehalt an organischen und mineralischen **Inhaltsstoffen** bestimmt.

Alle fleischigen Früchte haben einen hohen Wassergehalt. Ein reifer Apfel enthält z. B. 80 bis 85 % Wasser, die restliche Trockensubstanz besteht überwiegend aus **Kohlenhydraten** wie Zucker, **Stärke, Pektine** und Faserstoffe sowie organischen **Säuren**. Fette und eiweißhaltige Verbindungen sind in Kern-, Stein- und Beerenobst im Gegensatz zu Nüssen mengenmäßig nur gering vertreten.

Tab. 71 Durchschnittliche Anzahl der Fruchtwachstumstage (Bavendorf)

Sorte	Vollblüte bis Pflückreife	T-Stadium bis Pflückreife
'Klarapfel'	78	46
'James Grieve'	108	80
'Gala'	128	100
'Cox Orange'	128	103
'Elstar'	130	105
'Boskoop'	147	115
'Jonagold'	150	121
'Golden Delicious'	155	121
'Braeburn'	172	150

Obst zeichnet sich durch einen hohen Gehalt an für die menschliche Gesundheit besonders bedeutsamen Stoffen, z. B. Vitaminen, Mineralstoffen, Phenolen, Aroma- und Farbstoffen, aus.

Besonders wichtig für eine gute Haltbarkeit von Früchten ist ihr Mineralstoffgehalt, speziell das Verhältnis zwischen Kalium (K) und Calcium (Ca). Beim Apfel ist nur bei ausreichend hoher Ca- und mäßiger K-Versorgung eine gute Widerstandsfähigkeit gegenüber Stippigkeit, Fleischbräune, Lentizellenflecken, Weichwerden und vorzeitige Reife gegeben. Aus der Gruppe der Vitamine wird bei Obst besonders Vitamin C geschätzt, wobei zwischen den Obstarten und den Sorten beachtliche Unterschiede festgestellt wer-

Tab. 72 Durchschnittlicher Gehalt an Inhaltsstoffen in 100 g Frischsubstanz von verschiedenen Fruchtarten

		Apfel	Birne	Kirsche	Pflaume	Erdbeere	Johannisbeere		Himbeere
							rot	schwarz	
Trockensubstanz	(%)	16	16	21	20	15	16	20	15
Energie	(kJ)	230	240	270	220	160	160	200	170
Kohlenhydrate	(g)	12	12	14	13	7	8	10	8
Fruchtsäuren	(g)	0,7	0,3	0,7	1	1	3	2,5	1,4
Eiweiß	(g)	0,35	0,5	0,8	0,7	0,8	1,1	1,2	1,3
Fett	(g)	0,35	0,4	0,5	0,1	0,4	0,2	0,1	0,3
Vitamin C	(mg)	12	6	10	6	65	30	140	20
Carotin	(mg)	0,05	0,1	0,3	0,2	0,4	0,08	0,15	0,06
Kalium	(mg)	130	120	180	170	160	250	300	170
Calcium	(mg)	6	8	18	14	25	25	18	30
Magnesium	(mg)	6	8	3	12	15	8	10	30
Phosphor	(mg)	12	15	22	20	30	30	30	40

den können. Die Bedeutung von Phenolen (Gerbstoffen) für die menschliche Gesundheit wird seit einigen Jahren verstärkt hervorgehoben. Diese Stoffe wirken stressmindernd und stabilisieren die Gefäßwände.

Die einzelnen **Fruchtinhaltsstoffe** zeigen während der Fruchtentwicklung ein zum Teil recht unterschiedliches Auf- und Abbauverhalten. Die Konzentration von Zuckern erreicht mit der Fruchtreife ihren Höhepunkt, andere Stoffe, wie Stärke, Säuren, Chlorophyll, unlösliches Pektin, nehmen in ihrer Konzentration bereits wieder deutlich ab, während Aromastoffe und rote Farbstoffe erst richtig in Erscheinung treten.

Die Fruchtgröße ist entscheidend für den Mengenertrag und für die Verkaufserlöse. Allerdings haben die einzelnen Obstarten und Sorten eine genetisch vorgegebene optimale Fruchtgröße, bei der sie ihre beste Haltbarkeit und Geschmacksqualität zeigen. Innerhalb des sortentypischen Fruchtgrößenbereichs nimmt beim Apfel mit der Größe der Geschmackswert zu. Untergrößen sind meist geschmacksärmer, Übergrößen dagegen schlechter haltbar. Ein weiteres Merkmal für gute Geschmacksqualität bei Beeren-, Stein- und Kernobst ist das Ausmaß der **Deckfarbenbildung**. Bei gemischtfarbigen Apfelsorten werden mit zunehmender Rotfärbung ein steigender Zuckergehalt und meist auch eine frühere Reife festgestellt. Bei stark rotfärbenden Mutanten (z. B. 'Red Jonaprince') lässt sich dieser Zusammenhang allerdings nicht mehr erkennen.

Die **Grundfarbe** beim Apfel gibt einen Hinweis auf den Entwicklungs- und Reifezustand der Früchte. Schlecht entwickelte Äpfel, beispielsweise Schattenfrüchte von Bäumen mit sehr starkem Behang, behalten oftmals eine fahl-gelbgrüne Grundfarbe mit deutlich geringerem Zucker- und Säuregehalt sowie verminderter Aromabildung.

Nur das, was während der Fruchtentwicklung an biochemischem Inventar in der Frucht aufgebaut wurde, kann später auch zur Ausbildung der sortentypischen Merkmale und für eine gute Haltbarkeit genutzt werden.

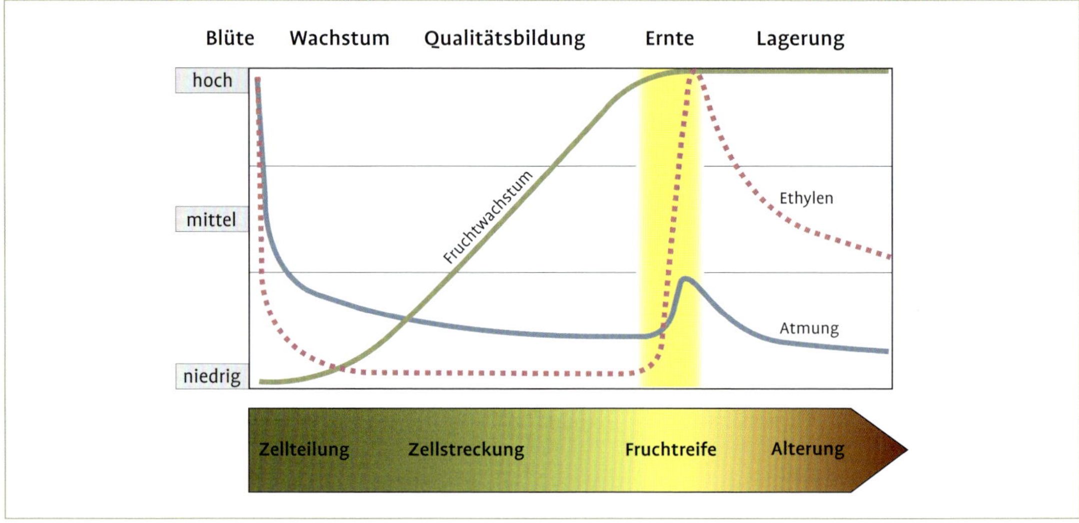

Abb. 227 Entwicklungs- und Reifeprozesse beim Apfel.

14.2 Fruchtreife

Die **Fruchtreife** ist ein Übergangsstadium zwischen Fruchtwachstum und -alterung. Im Stoffwechsel der Früchte erfolgen dabei stärkere Veränderungen beim Auf- und Umbau der Fruchtinhaltsstoffe. Die **Stoffeinlagerung** oder **Qualitätsbildung** schafft die stoffliche Grundlage für eine gute Fruchtqualität, die im Wesentlichen abhängig ist von den Assimilationsbedingungen, dem Fruchtbehang und den Witterungsbedingungen. Diese beeinflussen den Aufbau von Zuckern, Säuren und anderen Inhaltsstoffen in den Früchten. Mit der Ernte wird die Stoffeinlagerung unterbrochen.

Bereits vor der Ernte, aber verstärkt nach der Pflücke der Früchte vom Baum beginnt die **physiologische Fruchtreife**, bei der sich ein Apfel von einer ungenießbaren zu einer genießbaren Frucht entwickelt, z. B. durch Festigkeitsabnahme, Aromaentwicklung und Stärkeabbau.

Beide Vorgänge, die Qualitätsbildung und die Fruchtreife, stehen zwar in enger Beziehung zueinander, sie können sich aber auch unabhängig voneinander entwickeln. Auf jeden Fall sollten zum optimalen Erntetermin beide Prozesse so weit fortgeschritten sein, dass auch nach einer Langzeitlagerung die Äpfel normal ausreifen und gut schmecken. Für die Beurteilung des **optimalen Erntetermins** bei Apfel und Birne muss eine Kombination von Kriterien der Fruchtqualität und der Fruchtreife herangezogen werden. Typische Zeichen der beginnenden Fruchtreife sind der Atmungsanstieg (Atmungsklimakterium) und die verstärkte Ethylenbildung.

14.2.1 Atmung (Respiration)

Die durch die Photosynthese aufgebauten Kohlenhydrate werden im Prozess der Respiration oder Atmung über mehrere Zwischenprodukte unter Energiegewinn zu Kohlendioxid (CO_2) und Wasser (H_2O) abgebaut **(= biologische Oxidation)**. Die frei werdende Energie wird in der Zelle als Adenosintriphosphat (ATP) gespeichert und deckt den für den Stoffwechsel der Früchte notwendigen Energiebedarf. Überschüssige Energie wird als **Atmungswärme** abgegeben, wobei sich die verschiedenen Fruchtarten und Sorten sehr unterscheiden können. Die Atmungswärme tritt bei der Lagerung besonders deutlich in Erscheinung und bestimmt bei der Planung eines Lagers maßgeblich die Leistung der benötigten Kälteanlage.

Für die Atmung ist ausreichend **Sauerstoff** notwendig (= aerobe Atmung). Bei Sauerstoffmangel geht die Atmung den nicht oxidativen Weg über die **Gärung** (= anaerobe Atmung), wo-

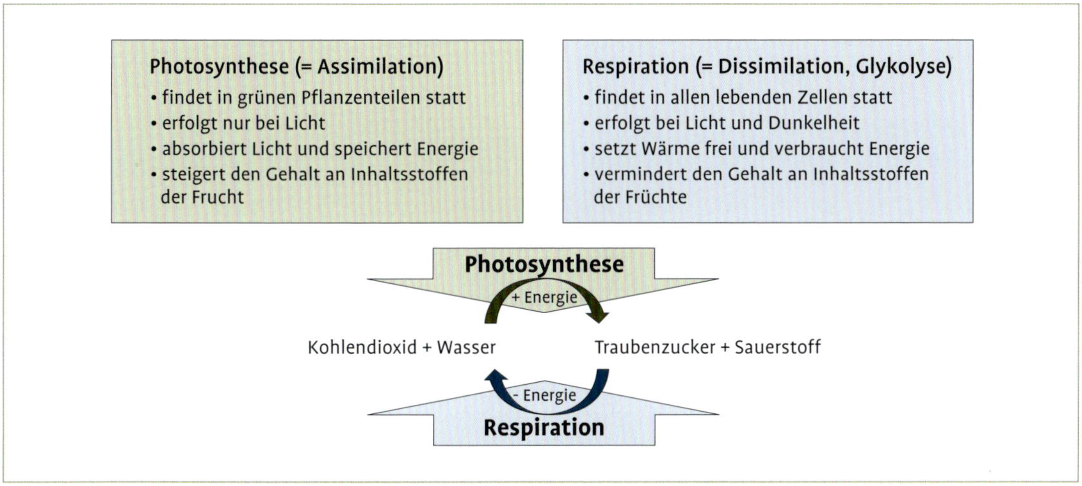
Photosynthese (= Assimilation)
• findet in grünen Pflanzenteilen statt
• erfolgt nur bei Licht
• absorbiert Licht und speichert Energie
• steigert den Gehalt an Inhaltsstoffen der Frucht
Respiration (= Dissimilation, Glykolyse)
• findet in allen lebenden Zellen statt
• erfolgt bei Licht und Dunkelheit
• setzt Wärme frei und verbraucht Energie
• vermindert den Gehalt an Inhaltsstoffen der Früchte
Photosynthese
+ Energie
Kohlendioxid + Wasser
Traubenzucker + Sauerstoff
- Energie
Respiration

Abb. 228 Gegenüberstellung typischer Merkmale von Photosynthese und Respiration.

bei Ethanol, CO_2 und verschiedene Zwischenprodukte entstehen. Neben dem geringeren Energiegewinn führt länger andauernder Sauerstoffmangel zu Zellschädigungen mit nachfolgenden Verbräunungen im Fruchtfleisch sowie zu alkoholischem Fremdgeschmack der Früchte (siehe auch „Sauerstoffmangelschäden“).

Die Höhe der Sauerstoffaufnahme bzw. der Kohlendioxidabgabe einer Frucht **(= Atmungsintensität)** ist ein gutes Merkmal für deren Stoffwechselaktivität und gibt Hinweise auf den Reifezustand, die mögliche Lagereignung oder auf die Güte der Lagerbedingungen. Außerdem lässt sich aus dem Verhältnis von CO_2-Abgabe und O_2-Aufnahme **(Respirationsquotient = RQ)** erkennen, welche Inhaltsstoffe bevorzugt veratmet werden. Bei Kohlenhydraten ist der RQ ~1, bei organischen Säuren ist der Wert > 1, bei Fetten und Proteinen < 1. Äpfel veratmen im Verlauf der Lagerung zuerst bevorzugt Säuren, deren Gehalt sich je nach den Lagerbedingungen bis auf die Hälfte oder noch mehr reduziert. Erst dann dienen auch in stärkerem Maße Zucker als Atmungssubstrat. Der Anstieg des Respirationsquotienten RQ dient auch zur Erkennung von Sauerstoffmangel bei der Überwachung und Steuerung von DCA-Obstlagern (s. „Dynamisch kontrollierte Atmosphäre“ im Kap. 14.6.3, Seite 422).

Die Atmungsintensität und die Haltbarkeit einer Frucht stehen meist in umgekehrt proportionaler Beziehung, d. h., je geringer die Atmung, umso besser die Haltbarkeit.

Früchte werden nach ihrem Atmungsverhalten während der Fruchtreife in zwei Kategorien eingeteilt:

- **Klimakterische Früchte** (z. B. Äpfel, Birnen, Kiwi) unterliegen einer ausgeprägten Reifungsphase, die durch einen deutlichen Anstieg der Atmung und der Ethylenproduktion gekennzeichnet ist.
- **Nichtklimakterische** Früchte (z. B. Kirschen, Erdbeeren) zeigen während der Fruchtreife weder im Atmungsverhalten noch in der Ethylenbildung deutliche Veränderungen.

Der fortschreitende Abbau von **Inhaltsstoffen** mindert vor allem den ernährungsphysiologischen Wert und die Geschmacksqualität (Vitamine, Zucker, Säuren, Aromastoffe) der Früchte.

14.2.2 Ethylenabgabe

Ethylen spielt bei der Reifung von Früchten und bei der Alterung pflanzlicher Gewebe eine entscheidende Rolle. Bereits geringe Mengen Ethylen genügen, um die Atmung von klimakteri-

schen Früchten zu beschleunigen und die Reife in Gang zu setzen. Ethylen wird bei diesen Früchten zu Beginn und während der Fruchtreife in steigenden Mengen gebildet, allerdings bestehen zwischen den Fruchtarten große Unterschiede. Behandlungen mit Ethylen oder Ethylen abspaltenden Mitteln (Ethrel) haben ebenfalls einen reifeinduzierenden Effekt.

Klimakterische und nichtklimakterische Früchte reagieren unterschiedlich auf **Ethylenbehandlungen**. Werden klimakterische Früchte vor ihrem Atmungsanstieg (präklimakterisch) mit Ethylen behandelt, so verlegen sie ihren natürlichen Reifeverlauf und Atmungsanstieg vor und beginnen endogen Ethylen zu bilden. Eine Behandlung nach dem Atmungsanstieg hat dagegen keine Wirkung mehr auf Reife und Atmung. Bei nichtklimakterischen Früchten ist die reifestimulierende Wirkung durch Ethylen viel geringer oder gar nicht erkennbar.

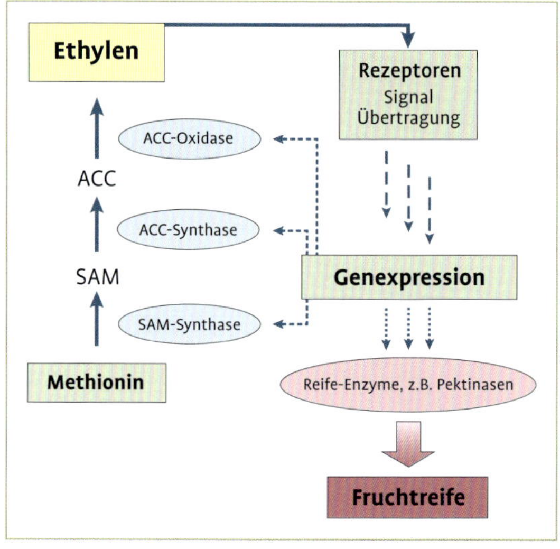

Abb. 229 Schematische Darstellung zur Bildung und Wirkung von Ethylen in Früchten.

> Die Ethylenbildung und besonders die Ethylenwirkung können durch tiefe Temperatur, reduzierten Sauerstoff- und erhöhten Kohlendioxidgehalt in der Lagerluft wirksam vermindert werden, was bei verschiedenen Lagerverfahren genutzt wird.

Zwischen der Höhe der Ethylenbildung und der Haltbarkeit von Früchten besteht keine direkte Beziehung. Dennoch beschleunigt das Zugeben von Ethylen bei den meisten Früchten die Reife und Alterung. Ein Ethylenanstieg erfolgt auch mit einsetzender Fruchtreife, bei mechanischen oder parasitären Beschädigungen und nach Stresseinwirkung aller Art wie Hitze, Kälte und Wassermangel.

Tab. 73 Atmungsverhalten und Ethylenbildung verschiedener Obstarten

<table>
<tr><th>Obstart</th><th>Atmungsintensität bei 5 °C ($mg\ CO_2/kg \times h$)</th><th>Ethylenbildung bei 20 °C ($\mu l\ C_2H_4/kg \times h$)</th></tr>
<tr><td>Nüsse</td><td>< 5 (sehr niedrig)</td><td></td></tr>
<tr><td>Äpfel*)</td><td rowspan="2">5 bis 10 (niedrig)</td><td rowspan="4">10 bis 100 (hoch)</td></tr>
<tr><td>Birnen*)</td></tr>
<tr><td>Pfirsiche*)</td><td rowspan="3">10 bis 20 (mäßig)</td></tr>
<tr><td>Pflaumen*)</td></tr>
<tr><td>Kirschen</td><td rowspan="4">0,1 (sehr niedrig)</td></tr>
<tr><td>Himbeeren</td><td rowspan="3">20 bis 40 (hoch)</td></tr>
<tr><td>Erdbeeren</td></tr>
<tr><td>Brombeeren</td></tr>
</table>

*) = klimakterische Früchte

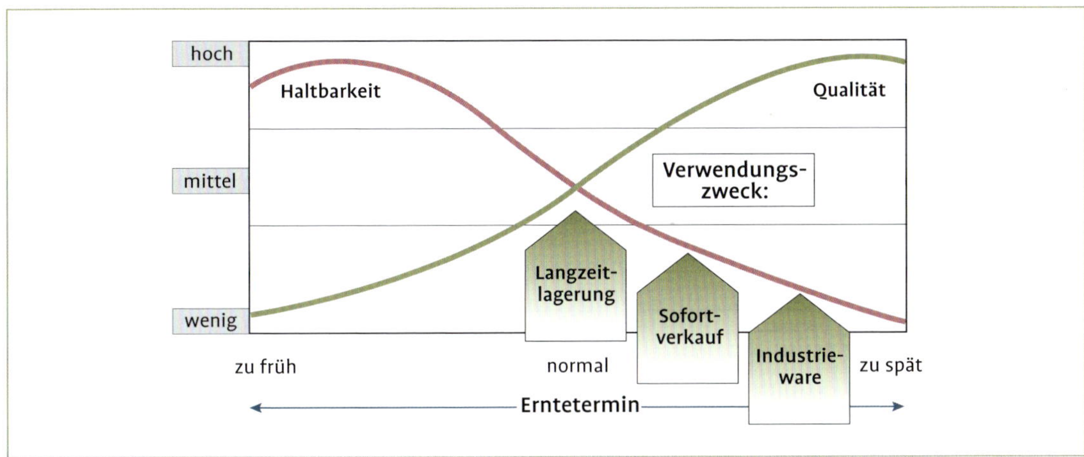

Abb. 230 Zusammenhang zwischen Haltbarkeit und Genussqualität von Äpfeln bei verschiedenen Ernteterminen.

Ethylen ist für die Reifung und Alterung von Früchten entscheidend.

Bei Kernobst beträgt die Höhe der Atmungs- und Transpirationsverluste im Kühllager etwa 1 %, im CA-Lager etwa 0,5 % pro Monat Lagerdauer.

14.2.3 Wasserabgabe (Transpiration)

Wasserverluste der Früchte entstehen durch das Dampfdruckgefälle im Fruchtgewebe gegenüber der trockeneren Umgebungsluft. Der osmotische Sog der Fruchtzellen bewirkt jedoch, dass bereits bei 98 % **relativer Luftfeuchte** (rel. LF) kein Wasser mehr an die Umgebungsluft abgegeben wird. Zu hohe Wasserverluste können die Hauptursache für ein schlechtes Lagerergebnis sein, wobei nicht nur erhebliche Gewichtseinbußen, sondern auch Qualitätsverluste durch geschrumpfte Früchte entstehen. Wasserverluste bei Äpfeln und Birnen von > 5 % bewirken bei den meisten Sorten bereits sichtbares Schrumpfen. Andererseits kann es bei zu geringer Transpiration, also bei Lagerung in hoher Luftfeuchte (> 95 % rel. LF), zu einem stärkeren Befall mit physiologischen Lagerkrankheiten kommen (z. B. Schalenbräune).

Im Vergleich zur Atmung sind die **Gewichtsverluste** der Früchte durch Transpiration etwa drei- bis fünfmal höher. Allerdings besteht ein qualitativer Unterschied zwischen beiden Verlustarten, denn bei der Transpiration wird nur Wasser abgegeben; bei der Atmung schwinden auch wichtige Inhaltsstoffe wie Säuren, Zucker, Vitamin C.

Bei Beeren- und Steinobst liegen die Verluste durch ihre stärkere **Atmung** und **Transpiration** deutlich höher und betragen im Extremfall bis zu 10 % je Woche. Die Höhe der Transpiration ist außer von der relativen Luftfeuchtigkeit auch sehr stark von der Beschaffenheit der Fruchtschale bzw. -haut abhängig. Bei Kernobst bildet die **Kutikula** einen wirksamen Verdunstungsschutz. Dabei ist neben der Dicke besonders der strukturelle Aufbau der Kutinschicht für das Transpirationsverhalten entscheidend. Einen wirksamen Verdunstungsschutz bildet außerdem die Wachs- und Fettschicht auf der Schale. Je nach Dicke und Struktur von Kutikula und Wachsschicht kommt es zu großen Sortenunterschieden im Transpirationsverhalten. Sehr festschalige ('Idared') oder stark wachs- und fetthaltige Sorten ('Jonagold') zeigen deutlich geringere **Transpirationsverluste** als dünnschalige oder stark berostete Sorten ('Golden Delicious', 'Braeburn', 'Elstar'). Die oft beobachtete geringere Schrumpfneigung von Sonnenfrüchten gegenüber Schattenfrüchten beruht ebenfalls auf der Ausbildung einer festeren, dickeren und weniger durchlässigen Fruchtschale.

14.3 Der optimale Erntetermin

Der **Erntezeitpunkt** der Früchte ist für ihre Haltbarkeit und Geschmackseigenschaften von großer Bedeutung. Trotzdem wird dem optimalen Erntetermin nicht immer die notwendige Beachtung geschenkt. Neben arbeits- und marktwirtschaftlichen Zwängen hängt dies sicher auch damit zusammen, dass der Obstbaupraxis zur Beurteilung des Erntetermins keine einfachen und sicheren Bestimmungsmethoden zur Verfügung stehen.

Beeren-, Stein- und Kernobst, das zum baldigen Verzehr bestimmt ist, sollte im knapp **essreifen** Zustand geerntet werden. Dies ist in der Regel am Farbumschlag und am Weichwerden der Früchte relativ leicht zu erkennen. Weit schwieriger ist es, den richtigen Erntetermin für Lagerobst zu bestimmen, da die Früchte im **baumreifen** Zustand noch keine deutlich sichtbaren äußeren Reifesymptome zeigen. Die subjektive Beurteilung von Änderungen in Farbe, Festigkeit und Geschmack der Früchte sind für eine zuverlässige Reifebeurteilung bei Äpfeln oft nicht ausreichend.

Wenn die Ansprüche von Obstproduzenten, Vermarktern und Konsumenten an die Qualität einer Frucht beachtet werden, dann sollte zum **optimalen Erntetermin** ein Apfel in Größe, Form, Farbe und in den inneren Geschmackswerten voll entwickelt sein und die Fähigkeit für eine gute Haltbarkeit sowie eine gewisse Unempfindlichkeit gegenüber mechanischen Einwirkungen bei der Ernte, Lagerung und Vermarktung besitzen.

> Der optimale Erntetermin ist ein Kompromiss zwischen noch guter Haltbarkeit und schon guten Geschmackseigenschaften. Besonders gute Haltbarkeit gepaart mit bester Geschmacksqualität sind bei Lagerobst normalerweise nicht erreichbar.

14.3.1 Bestimmung von Qualitätsmerkmalen

Fruchtgröße: Gemessen wird der maximale Fruchtdurchmesser bei der Qualitätskontrolle stichprobenweise von Hand mit Messring, Lochschablone, Schieblehre, bei modernen Sortiermaschinen durch optische Vermessung oder mittels Gewichtsbestimmung und Umrechnung über die Gewicht-Größen-Beziehung.

Refraktometer- oder **Brix-Wert:** Im Fruchtsaft wird mit einem Handrefraktometer der Gehalt an **löslicher Trockensubstanz** bestimmt, der ungefähr dem Zuckergehalt entspricht. Die Konzentrationsangabe erfolgt in % löslicher Trockensubstanz oder in °Brix. In Weinbaugebieten wird der Zuckergehalt vielfach auch in °Oechsle (°Oe) angegeben. Der Umrechnungsfaktor von % Zucker nach °Oe beträgt 4,25.

Titrierbare Säure: Im Saft wird auch die titrierbare Säure mittels Säure-Laugen-Titration bestimmt und der Gehalt als Äpfelsäure berechnet. Die Angabe erfolgt in Promille oder g/l. Der Umrechnungsfaktor für Äpfelsäure ist 0,67. Er wird bei Apfel, Birne, Kirsche, Pflaume, Aprikose mit der Hauptkomponente Äpfelsäure verwendet. Bei Beeren und Zitrusfrüchten mit Zitronensäure als hauptsächliche Säure wird mit dem Umrechnungsfaktor 0,64 gerechnet.

14.3.2 Bestimmung von Reifemerkmalen

Fruchtfleischfestigkeit: Benützt wird ein Festigkeitsmessgerät (Penetrometer) mit einer speziellen Stempelform und -größe. Für Apfel verwendet man einen Stempel mit 8 mm Eindringtiefe und mit einem Durchmesser von 11 mm = 1 cm^2 Fläche. Wegen der höheren Festigkeit unreifer Birnen beträgt hier die Stempelfläche 0,5 cm^2. Die Fruchtfleischfestigkeit wird in kg/cm^2 oder besser in N/cm^2 angegeben, wobei 1 kg etwa 10 N (Newton) entspricht. Neben Handmessgeräten werden auch mehr oder weniger automatisierte Prüfstände benutzt.

Jod-Stärke-Tests: Die Schnittflächen frisch geernteter Äpfel werden mit einer Lösung aus 3 g Jod und 10 g Kaliumjodid in 1 l Wasser (Lugol'sche Lösung) besprüht oder in die Lösung getaucht und entsprechend einer Bildvorlage bewertet. Stärkehaltige Fruchtfleischpartien färben sich nach kurzer Wartezeit dunkel. Erntereife Äpfel und Birnen zeigen je nach Sorte eine mehr oder weniger starke Aufhellung. Penetrometer für Festigkeitsmessung und Refraktometer zur Bestimmung des Zuckergehalts sind ebenfalls dargestellt (rechts in Abb. 231).

Abb. 231 Für den Reifetest erforderliche Ausrüstung.

Stärkeabbauwert: Die mit Lugol'scher Lösung behandelte Schnittfläche durch das Kernhaus einer Frucht färbt sich an den stärkehaltigen Stellen dunkel, wie in obiger Abbildung gut zu erkennen. Der Aufhellungsgrad wird anhand einer zehnstufigen Skala bewertet. Die verschiedenen Sorten zeigen zur Erntezeit sortentypische Stärkeabbaustufen.

Grundfarbe der Fruchtschale: Die Änderung der Grundfarbe von Grün nach Gelb wird mithilfe von speziellen Farbtafeln festgestellt oder mit Farbmessgeräten erfasst.

Lösbarkeit der Frucht vom Fruchtholz: Hier müssen Sorteneigenschaften beachtet werden. Auch Witterungsbedingungen und Wachstumsregulatoren können das Ablöseverhalten beeinflussen.

Ethylenabgabe der Äpfel: Zur exakten Bestimmung von Ethylen im Kernhaus der Früchte benötigt man einen Gaschromatographen; die Untersuchung ist daher sehr aufwendig und an ein Labor gebunden.

Dunkelfärbung der Samen: Auch sie wird bei Kernobst in der Praxis gern als Reifekriterium gewertet. Dieses Merkmal ist jedoch stärkeren Schwankungen unterworfen, zumal für die Samenreifung auch die Befruchtersorte eine Rolle spielt.

Nicht jeder hier beschriebene Reife- und Qualitätstest ist ohne Weiteres in der Praxis durchführbar, da teilweise teure Geräte und Laborerfahrung benötigt werden. Mit neueren Messverfahren wird außerdem versucht, die bisherigen, die Frucht zerstörenden Untersuchungen durch **nicht destruktive Verfahren** zu ersetzen. Damit könnten an intakten Früchten auf der Sortiermaschine innere Fruchtmerkmale erfasst und die Früchte nach Qualität sortiert und vermarktet werden. Diesbezügliche Verfahren beruhen meist auf der Durchleuchtungstechnik mit Nah-Infrarot

Tab. 74 Qualitätsmerkmale und Reifeindex einiger Apfelsorten (Streif-Index = Festigkeit/(Refraktometerwert × Stärkeabbau)

Sorten-/ Handelsname	Festigkeit (kg/cm^2)	Refraktometerwert ° Brix	Stärkeabbau (1 bis 10)	Streif-Index Erntebeginn	Streif-Index Ernteschluss
'Boskoop'	8 bis 9	11,5 bis 12,5	4 bis 6	0,15	0,08
'Braeburn'	8 bis 9	11,5 bis 12,5	4 bis 5	0,20	0,14
'Cox Orange'	7 bis 8	11,0 bis 12,0	4 bis 6	0,20	0,08
'Elstar'	7 bis 8	11,5 bis 12,5	2 bis 3	0,30	0,15
'Fuji'	8 bis 9	12,5 bis 13,5	7 bis 9	0,08	0,04
'Gala'	8 bis 9	11,5 bis 12,5	4 bis 6	0,16	0,08
'Golden Delicious'	7 bis 8	11,5 bis 12,5	6 bis 8	0,10	0,05
'Idared'	7 bis 8	10,5 bis 11,5	4 bis 6	0,15	0,08
'Jonagold'	7 bis 8	11,5 bis 12,5	7 bis 9	0,07	0,05
Kanzi®	8 bis 9	12,0 bis 14,0	4 bis 5	0,15	0,10
'Pinova'	8 bis 9	11,5 bis 12,5	4 bis 6	0,13	0,08
'Topaz'	7 bis 8	11,5 bis 12,5	4 bis 6	0,15	0,10

(NIR) sowie Reflexions- oder Schallresonanzmessung.

Für Reifetests müssen genügend und repräsentative Früchte aus der Obstanlage entnommen werden, die dem Reife- und dem Entwicklungszustand der Früchte der jeweiligen Anlage entsprechen. Diese Fruchtproben sind in jedem Fall nicht nur auf ein Reifemerkmal zu untersuchen, sondern auf eine Kombination verschiedener Reifekriterien.

14.3.3 Bestimmung des Reifeindexes

Beim „**Reifetest nach Streif**" werden die Merkmale Refraktometerwert zur Beurteilung einer geschmacklich ausreichenden Entwicklung sowie Fruchtfleischfestigkeit und Stärkeabbau zur Beurteilung der Fruchtreife benutzt. Diese sind mit einfachen und kostengünstigen Messgeräten sicher und schnell zu bestimmen.

Die **Fruchtfleischfestigkeit** von Äpfeln nimmt bereits vor der Ernte kontinuierlich ab und erreicht zum optimalen Erntetermin je nach Sorte Werte etwa zwischen 6,5 bis 8 kg/cm^2 (65 bis 80 N/cm^2). Früchte mit geringeren Festigkeitswerten sind für eine Langzeitlagerung bereits als kritisch zu betrachten, da sie nach einigen Monaten Lagerung nicht mehr die vom Handel geforderte Festigkeit von ca. 5 kg/cm^2 aufweisen.

Der **Refraktometerwert** bietet sich beim Apfel ebenso wie bei anderen Obstarten zur Beurteilung der geschmacklichen Wertigkeit einer Frucht an. Mit dem Refraktometerwert wird die im Zellsaft gelöste Trockensubstanz, die überwiegend aus Zucker besteht, gemessen. Aber auch Säuren und andere, den Geschmack und den ernährungsphysiologischen Wert bestimmende Inhaltsstoffe, werden dadurch erfasst. Erfahrungen der vergangenen Jahre besagen, dass ein Refraktometerwert bei der Ernte von etwa 12 % einen guten Geschmack der Äpfel auch nach Langzeitlagerung garantiert. Dieser mittlere Richtwert sollte für die verschiedenen Sorten entsprechend variiert werden.

Zur Beurteilung des Stärkeabbaus anhand des **Jod-Stärke-Tests** ist darauf hinzuweisen, dass die verschiedenen Sorten zum Erntetermin einen unterschiedlichen Stärkeabbau aufweisen. Insbesondere die Sorte 'Elstar' zeigt einen nur geringen Stärkeabbau, was in einer zehnstufigen Skala etwa den Werten 2 bis 3 entspricht. Einen ziem-

lich fortgeschrittenen Abbau (Stufen 7 bis 8) zeigen 'Jonagold' und 'Golden Delicious'. Die meisten übrigen Sorten liegen im mittleren Bereich (Stufen 4 bis 6).

Zur Einhaltung optimaler Erntetermine ist die Bestimmung des Pflücktermins am besten unter Verwendung des „Reifetests nach Streif" durchzuführen. Die für die einzelnen Sorten empfohlenen Indexwerte für Beginn und Ende der Ernte von Lagerware sind dabei zu beachten.

> Für den Reifeindex werden die drei Messwerte – Festigkeit, Refraktometerwert und Stärkeabbauwert – zu einem Wert verrechnet: Indexwert = Festigkeit/(Refraktometerwert × Stärkewert).

Die **Reifeindexwerte** variieren zwischen den verschiedenen Apfelsorten. Die Beachtung der für die einzelnen Sorten vorgegebenen „Erntefenster" ist besonders für den Ernteabschluss einer Sorte wichtig, denn zu spät geerntete Ware ist nur für eine kurzfristige Lagerung oder den Sofortverkauf geeignet.

> Für eine gute Fruchthaltbarkeit gepaart mit guter Geschmacksqualität muss ein sortenspezifisches Erntefenster beachtet werden. Daher nicht zu früh, aber auch nicht zu spät ernten.

14.3.4 Durchführung der Ernte und Einlagerung

Eine gute **Ernteorganisation** und eine schlagkräftige Pflückmannschaft sind erforderlich, um den Erntetermin einhalten und das Lager in kurzer Zeit füllen zu können. Die Pflücke muss sorgfältig und ohne Beschädigung an den Früchten (Druckstellen, ausgerissene Stiele, Verletzungen durch Fingernägel) erfolgen. Sorten, die ungleichmäßig reifen und/oder viel Deckfarbe brauchen, müssen mehrmals durchpflückt werden. Bei mehrmaligem Pflücken ist die erste Ernte von gut behangenen Bäumen zur Langzeitlagerung in das CA-Lager zu bringen. Später gepflückte Ware wird weniger lange gelagert oder gelangt in den Sofortverkauf.

Bei der Forderung nach guter Rotfärbung einzelner Sorten darf die davon unabhängige Fruchtreifung nicht außer Acht gelassen werden. Wenn die Äpfel für eine Langzeitlagerung vorgesehen sind, sollte nicht zu lange auf Farbe gewartet werden. Im Hinblick auf eine gute Haltbarkeit und ausreichende Fruchtfestigkeit sind gewisse Abstriche bei der Farbentwicklung zu tolerieren, damit die Äpfel auf keinen Fall zu reif eingelagert werden. Für Äpfel, die erst im späten Frühjahr oder Sommer vermarktet werden, sind gute Festigkeit und Saftigkeit des Fruchtfleisches wichtiger als eine besonders gute Rotfärbung.

Nach der Ernte muss das Obst schnellstmöglich eingelagert und auf die vorgesehene Lagertemperatur gebracht werden. Bei kühleren Nächten empfiehlt es sich, die geerntete Ware über Nacht im Freien abkühlen zu lassen und am nächsten Morgen einzulagern. Damit kann die Abkühlungsgeschwindigkeit im Lager erhöht und Energie gespart werden. Haltbarkeitsverluste, die durch zu langes Stehenlassen bei ungünstigen Temperaturen eintreten, können auch mit der raffiniertesten Lagertechnik nicht mehr wettgemacht werden. Ein Lager sollte in wenigen Tagen befüllt und die gewünschte Lagertemperatur in einer Woche erreicht sein.

14.4 Obstlagerung

Die verschiedenen Obstarten haben sehr unterschiedliche **Haltbarkeit** und Lagerungseignung. Beeren- und Steinobst sind wegen ihrer hohen Stoffwechselaktivität und weil sie nahezu im Stadium der Genussreife geerntet werden müssen nur wenige Tage, im günstigsten Fall einige Wochen, haltbar. Typische **Lagersorten** von Birnen und besonders von Äpfeln können dagegen über Monate ohne größere Mengen- und Qualitätsverluste gelagert werden. Früchte, die während ihrer Entwicklung Stärke als Reservestoff einlagern, z. B. Apfel, Birne, Tomate, können früher als andere Früchte, meist in einem noch nicht genussfähigen Reifezustand (Pflückreife), geerntet werden. Durch die Umwandlung der Stärke in Zucker und einen fortschreitenden Säureabbau erreichen manche Sorten erst nach einigen Tagen/Wochen Lagerung ihre volle Genussreife.

Tab. 75 Mögliche Haltbarkeit von Früchten heimischer Obstarten bei geeigneten Lagerbedingungen

Obstart	Haltbarkeitsdauer (je nach Sorteneignung)
Äpfel	1 bis 10 Monate
Birnen	1 bis 8 Monate
Johannisbeeren, rot	1 bis 6 Monate
Zwetschen, Pflaumen	1 bis 8 Wochen
Kirschen, süß und sauer	bis 4 Wochen
Johannisbeeren, schwarz	bis 3 Wochen
Erdbeeren	bis 14 Tage
Brombeeren	bis 10 Tage
Himbeeren	bis 7 Tage

Langzeitlagerung wird heute besonders bei Kernobst praktiziert. Durch spezielle Techniken, wie den Einsatz von Schnellabkühlung oder die Anwendung von hohen Kohlendioxidkonzentrationen, hat in den letzten Jahren auch eine kurzfristige Lagerung von Stein- und Beerenobst Eingang in die Praxis gefunden.

14.4.1 Mengen- und Qualitätsverluste während der Lagerung

Das Ziel der Obstlagerung ist neben ökonomisch-marktwirtschaftlichen Gesichtspunkten der gleichmäßigen Marktbelieferung und der Preisstabilisierung die möglichst verlustarme **Qualitäts- und Mengenerhaltung** der gelagerten Früchte.

Nach der Ernte kann das Potenzial zum Aufbau von Inhalts- und Geschmacksstoffen in einer Frucht nicht mehr vermehrt werden, da die Versorgung der Frucht durch die Blätter und Wurzeln beim Pflücken unterbrochen wird. Daher sollten nur gut entwickelte Früchte eingelagert werden, die auch nach Langzeitlagerung noch geschmacklich befriedigen können.

Im Verlauf der Lagerung treten an Früchten unvermeidliche Veränderungen auf, die sich durch bestimmte Lagerverfahren begrenzen lassen. Dazu gehören vor allem die **Mengen- und Qualitätsverluste** infolge von Fruchtatmung, Wasserverlust (Transpiration) und Alterungsprozessen.

Am Gewichtsverlust der Früchte ist die Transpiration mit etwa 80 % gegenüber der Atmung mit 20 % hauptverantwortlich. Verluste durch Lagerfäulen (parasitäre Erkrankungen) oder Stoffwechselstörungen der Früchte (physiologische Erkrankungen) lassen sich durch bestimmte Vor- und Nacherntemaßnahmen weitgehend verhindern. Die Haltbarkeit der Früchte im Lager und ihre Qualität nach der Auslagerung sind in hohem Maße von der Lagerung abhängig.

Standortfaktoren, Sorteneigenschaften, Bewirtschaftungsmaßnahmen, Erntetermin und Lagerbedingungen entscheiden über die Haltbarkeit der Früchte.

Änderung und Abbau von Inhaltsstoffen

Die Reife- und Alterungsprozesse der Früchte nach der Ernte bewirken zum Teil erwünschte, in ihrem Ausmaß jedoch meist unerwünschte Veränderungen in Farbe, Textur, Geschmack und Ernährungswert der Früchte. Eines der auffälligsten Kennzeichen der Fruchtreifung und -alterung ist die Veränderung der **Fruchtfarbe**. Der Wechsel der Grundfarbe bei Kernobst beruht auf dem Abbau des Chlorophylls und dem damit verbundenen Sichtbarwerden von gelben Xanthophyllen und Carotinoiden. Dieser Farbumschlag von Grün nach Gelb verleiht auch der roten Deckfarbe eine stärkere Leuchtkraft.

Die inneren Veränderungen der Früchte betreffen die **Konsistenz** (Festigkeit, Saftigkeit) und den Geschmack des Fruchtfleisches. Durch Übergang des nicht wasserlöslichen Protopektins in lösliches Pektin in den Mittellamellen der Zellen wird das Fruchtfleisch langsam weicher, dann mürbe und später bei Überreife und Auflösung des Zellverbunds mehlig oder auch teigig. Die geschmacklichen Veränderungen der Früchte vom pflückreifen zum genussreifen und schließlich überreifen Zustand beruhen hauptsächlich auf einem Abbau von Gerbstoffen, Zuckern und Säuren. Gleichzeitig findet jedoch auch ein Aufbau von Fruchtinhaltsstoffen, beispielsweise von Aromastoffen und Wachsausscheidungen auf der

Fruchtschale, statt. Bis zur Genussreife der Früchte bewirken diese Ab- und Umbauprozesse ein ausgewogenes Verhältnis der einzelnen Komponenten zueinander, also die volle Entfaltung der art- und sorteneigenen Duft- und Geschmacksnote. Beim Übergang zur Überreife flacht der Geschmack immer mehr ab und wird fade oder auch einseitig süß. Nicht selten kommt nach Überreife ein mehr oder weniger unangenehmer Nebengeschmack hinzu.

Verluste durch Lagerkrankheiten

Lagerkrankheiten sind meist schon vor der Ernte durch ungünstige Wachstumsbedingungen und/ oder falsche Pflegemaßnahmen vorprogrammiert und werden zusätzlich durch falsche Lagerbedingungen im Auftreten gefördert.

Im Gegensatz zu den bisher genannten Mengen- und Qualitätsverlusten treten Verluste durch **physiologische und parasitäre Erkrankungen** nicht immer auf.

Physiologische Erkrankungen sind Stoffwechselstörungen der Früchte, die zum Verbräunen und Absterben von Gewebeteilen sowie zu Geschmacksveränderungen der Früchte führen können. Ihre Ursachen beim Apfel sind vor allem:

- **ungünstige Wachstums- und Witterungsbedingungen.** Folgen: Unharmonische Mineralstoffversorgung, gestörtes Kalium-Calcium-Verhältnis in der Frucht. K-Überversorgung oder relativer Ca-Mangel fördern Stippigkeit, Lentizellenflecken und Fleischbräune; gute Ca-Versorgung senkt die Fruchtatmung und verbessert das Nachlagerverhalten.
- **falscher Erntetermin.** Folgen: Zu frühe Ernte kann Schalenbräune verstärken, zu späte Ernte Fleisch- und Altersschalenbräune begünstigen.
- **falsche Lagerbedingungen.** Folgen: Zu tiefe Temperaturen verursachen Kältefleischbräune, zu viel Kohlendioxid in der Lagerluft CO_2-Schäden, zu wenig Sauerstoff führt zu Fruchtfleischverbräunungen und Gärgeschmack.

Parasitäre Erkrankungen der Früchte werden durch Pilzbefall verursacht. Die Infektionen erfolgen bei Kernobst bereits am Baum, seltener auch über Fruchtverletzungen bei der Ernte oder bei der Aufbereitung des Obstes. Im Lager ist kaum Neuinfektion möglich. Zur Entwicklung von Fäulnis kommt es meist erst nach der Ernte, wenn die Widerstandsfähigkeit der eingelagerten Früchte infolge fortgeschrittener Reife und Alterung abgenommen hat (s. entsprechende Kapitel bei „Pflanzenschutz").

Daher sind alle Lagermaßnahmen, welche die Reife verzögern, zur Verhinderung von parasitären Fruchtschäden wirksam. **Nacherntebehandlungen** mit Fungiziden sind im Gegensatz zu vielen anderen Ländern in Deutschland prinzipiell verboten.

Verlustarm zu lagern sind nur Äpfel mit guter Lagerfähigkeit von Bäumen im Vollertragsalter, mit gutem Behang, ausgeglichenem Triebwachstum und gutem Blattstand.

Die Früchte sollen eine sortenspezifische mittlere Fruchtgröße und festes Fruchtfleisch aufweisen, gut belichtet und gefärbt sein, einen ausreichend hohen Ca- und mäßigen K-Gehalt besitzen.

Gute Lagerfähigkeit von Äpfeln wird erreicht durch eine harmonische Mineralstoffernährung, ausgeglichene Wasserversorgung, Ausdünnung des Fruchtbehangs, angepassten Baumschnitt, fachgerechten Pflanzenschutz und Einhaltung des optimalen Erntetermins.

14.4.2 Lagerfaktoren zur Verlängerung der Haltbarkeit von Obst

Bis Mitte des 20. Jahrhunderts wurde **Obstlagerung** nach uralten Methoden in kühlen, feuchten Kellern, in Fässern oder in Erdmieten durchgeführt. Meist unbewusst nutzte man dabei den reifehemmenden Effekt der **Temperaturerniedrigung**, der **Luftfeuchteerhöhung** und der **veränderten Gaskonzentrationen** in der Lagerluft. Da sich im Naturlager die Lagerfaktoren aber kaum steuern ließen, sondern sich entsprechend den Umweltbedingungen einstellten, war diese Lagerung zeitlich sehr begrenzt und mit hohen Verlusten verbunden. Mit der Entwicklung leistungsfä-

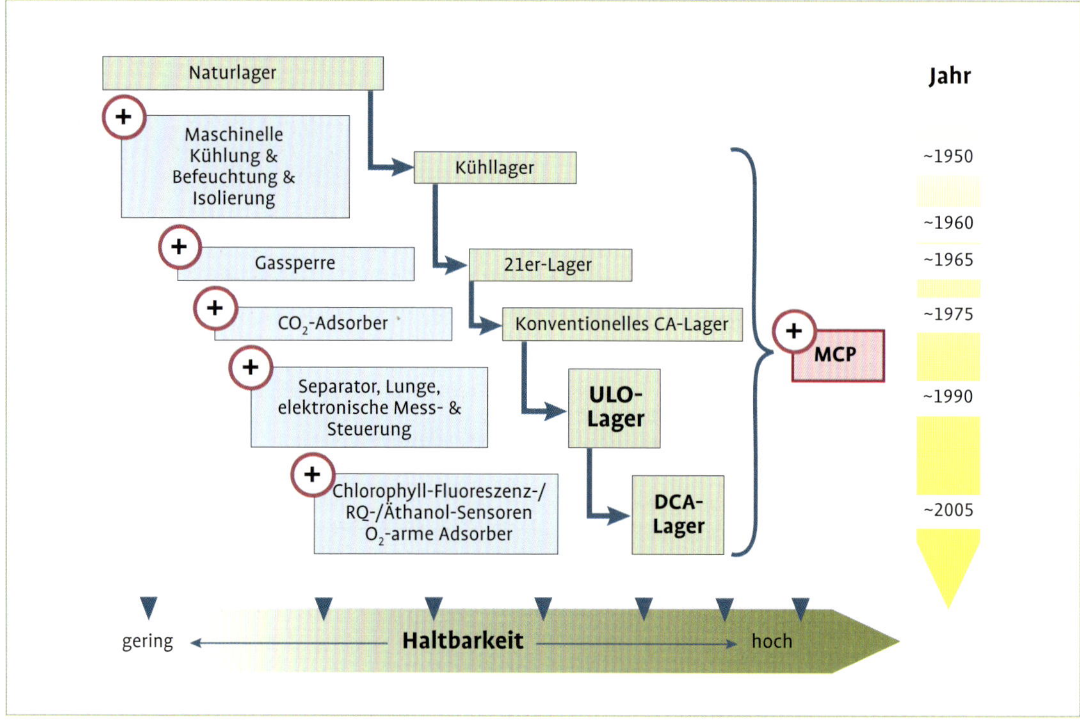

Abb. 232 Entwicklung der heutigen Lagerverfahren durch Nutzung von neuen technischen Entwicklungen.

higer Kältemaschinen, dem Aufkommen neuer Isolierstoffe und Fortschritten in der Mess- und Regeltechnik sowie der wissenschaftlichen Erforschung von Reifevorgängen in Früchten war das Fundament für die heutige moderne Lagertechnik gelegt.

Absenkung der Lagertemperatur

Der Reifeverlauf setzt sich aus vielen **temperaturabhängigen Stoffwechselreaktionen** zusammen. Bei einer Temperaturerniedrigung um 10 °C wird die Aktivität der Enzyme, die Reife und Stoffumsatz steuern, um das Zwei- bis Dreifache verlangsamt (Van't Hoffsche Regel oder Reaktionsgeschwindigkeit-Temperatur-Regel = RGT-Regel). Mit fallenden Temperaturen wird dadurch die Haltbarkeit zunehmend verbessert. Die niedrigste Temperatur, bei der Obst aus dem gemäßigten Klima ohne Schaden gelagert werden kann, liegt knapp über oder unter dem Gefrierpunkt. Tropische und subtropische Früchte sind wesentlich kälteempfindlicher. Auch die Sorten innerhalb einer Fruchtart können unterschiedliche Temperaturansprüche haben. Bekanntlich liegt für die meisten Apfelsorten die **optimale Lagertemperatur** zwischen 2 und 0 °C, 'Cox Orange', 'Boskoop', Rubinette® und andere sollten dagegen nicht unter 3 °C gelagert werden, da sie sonst Kältefleischbräune oder Kernhausbräune entwickeln.

> Die wirksamste Maßnahme, um bei frischem Obst Verluste zu reduzieren und die Alterung zu verzögern, besteht in der Absenkung der Lagertemperatur.

Kälteschäden gehen aus Störungen im Zellstoffwechsel mit einer Anreicherung von Stoffwechselzwischenprodukten hervor, die zellschädigend wirken. In solchen Fällen kann eine **langsamere Temperaturabsenkung** oder **zwischenzeitliches Erwärmen** der Früchte den Krankheitsbefall mindern. Bei Minustemperaturen kann es zu

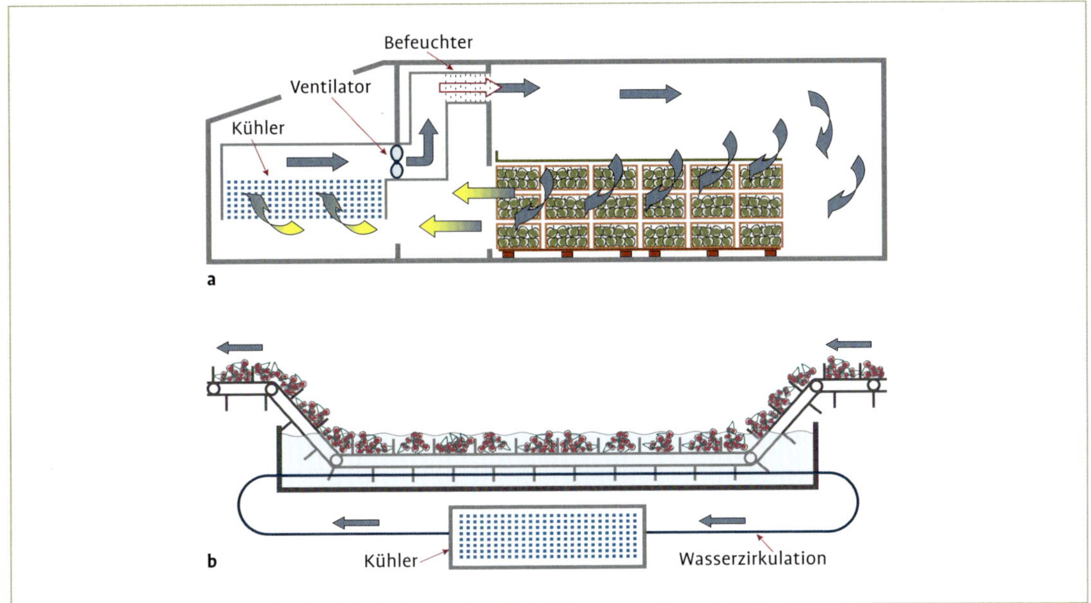

Abb. 233 Schematische Darstellung: a) Durchströmkühlung, b) Eiswasserkühlung.

Gefrierschäden durch Eisbildung im Fruchtgewebe mit nachfolgender Beschädigung der Zellmembranen kommen. Der Gefrierpunkt des Zellsaftes ist von dessen Zuckergehalt abhängig. Birnen verlangen bei der Lagerung allgemein niedrigere Temperaturen als Äpfel und sollten bei 0 bis −1 °C gelagert werden.

Früchte von Beeren- und Steinobst können bis 0 °C gekühlt werden. Für eine nur kurze Zwischenlagerung ist es nicht angebracht, auf so tiefe Temperaturen abzukühlen, da es sonst bei schneller Auslagerung zu starker **Kondenswasserbildung** auf den Früchten kommt.

Bei der Kühlung spielen nicht nur die Tiefe der Lagertemperatur, sondern auch die Abkühlgeschwindigkeit bis zur Endtemperatur eine wesentliche Rolle, besonders bei leicht verderblichem Beeren- und Steinobst.

Zum besonders schnellen Abkühlen können spezielle **Vorkühlverfahren** angewendet werden. Von den technisch möglichen Verfahren Kaltwasser-, Stückeis-, Vakuumkühlung oder Kühlung mit hoher Luftgeschwindigkeit (Durchströmkühlung) sind für Weichobst für den Frischverzehr nur die Eiswasserkühlung (Kirschen) und die Durchströmkühlung (Beerenobst) praktikabel.

In wärmeren Gebieten wird zur schnellen Abkühlung von Äpfeln, Birnen, Pfirsichen und anderen die Kaltwasserkühlung eingesetzt. Am Beispiel der Durchströmkühlung wird deutlich, wie die Abkühlungszeit durch eine Vorkühlung im Vergleich zu normaler Raumkühlung verkürzt werden kann.

Erhöhung der Luftfeuchte im Lager

> Transpirationsverluste von Früchten können durch Erhöhung der relativen Luftfeuchte der Lagerluft auf 92 bis 95 % vermindert werden.

Zu hohe Feuchtewerte in der Lagerluft begünstigen den Befall mit Lagerfäulen und einigen physiologischen Lagerkrankheiten. Bei zu geringer Transpiration reichern sich im Frucht- und Schalengewebe gasförmige Stoffwechselprodukte an, die Schalenbräune oder Fleischbräune verursachen können. Daher sollten für Schalenbräune anfällige Sorten, wie 'Jonagold', 'Topaz', 'Bos-

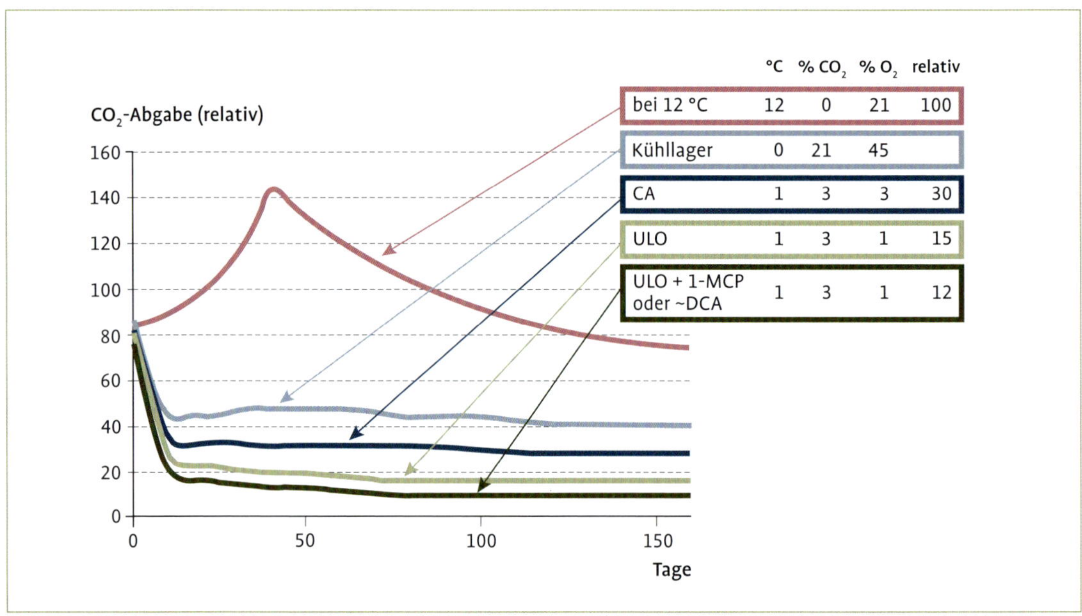

Abb. 234 Atmungsintensität von 'Golden Delicious'.

koop' und 'Berlepsch', bei einer relativen Luftfeuchte von maximal 92 %, weniger anfällige Sorten bei etwa 94 % gelagert werden.

Tolerierbar, ja sogar wünschenswert, sind bei Äpfeln Transpirationsverluste zwischen 0,3 und 0,6 % je Monat Lagerdauer oder etwa 3 % bezogen auf die Gesamtlagerdauer. Dadurch ist das Auftreten von Fruchtschäden durch Anreicherung von toxischen Stoffwechselprodukten stark vermindert.

Das **Dampfdruckgefälle** zwischen Lagerluft und Fruchtgewebe verursacht eine ständige Wasserabgabe der Äpfel an die trockenere Lagerluft. Eine **Entfeuchtung** der Lagerluft erfolgt durch Kondenswasser- und Eisbildung an den kühlen **Verdampferflächen** der Kälteaggregate. Das Kondenswasser fließt meist ohne weiteren Nutzen aus dem Lager ab. Entfeuchtend kann besonders bei Lagerbeginn auch trockenes Kistenmaterial oder ein trockener Fußboden wirken.

Besonders in der Anfangs- und Endphase der Lagerung erleiden die Früchte höhere **Transpirationsverluste**. Um diese in Grenzen zu halten, müssen bei der Dimensionierung und beim Betrieb der **Kälteanlage** einige Regeln beachtet werden. Neben der Luftfeuchte hat auch die Luftbewegung große Bedeutung für das rasche Abführen der Atmungswärme und der Atmungsprodukte der Früchte und für die Verhinderung von Temperatur- und Feuchtegradienten im Lagerraum.

Zusammensetzung der Lageratmosphäre

Früchte bleiben auch nach der Ernte lebende Pflanzenorgane, die auf eine Energiezufuhr durch die Atmung angewiesen sind; dabei nehmen sie ständig Sauerstoff auf und geben Kohlendioxid ab.

Durch Veränderung der Sauerstoff- (O_2) und Kohlendioxidkonzentration (CO_2) in der Lageratmosphäre kann die Höhe der **Fruchtatmung** beeinflusst werden. In den Grundzügen wurde das bereits 1930 in England erkannt, aber erst ab Mitte der 60er-Jahre auch in Deutschland in der Lagerpraxis mit der **CA-Lagerung** eingeführt. Bei gleichzeitiger Anwendung niedriger Temperaturen und CA-Bedingungen kann die Lagerdauer der meisten Apfelsorten im Vergleich zur Kühllagerung etwa verdoppelt werden.

In Abbildung 234 ist dargestellt, wie sich die Lagerfaktoren **Kohlendioxid-** und **Sauerstoffge-**

halt, einzeln oder in Kombination verändert, auf den Verlauf der Fruchtatmung im Lager auswirken. Erst eine Sauerstoffreduktion unter ~7 % und besonders unter ~2 % hemmt die Fruchtatmung deutlich. Andererseits steigt die Gefahr einer Fruchtschädigung durch Sauerstoffmangel bei weiterer Verminderung der O_2-Konzentration unter 1 % stark an. Die Erhöhung von Kohlendioxid ist dagegen bereits im Bereich von 0 auf 4 % CO_2 effektiv, weitere Erhöhungen bringen kaum mehr Wirkung, erhöhen aber die Gefahr von CO_2-Schäden. Daraus folgt für die CA-Lagerung beim Apfel, dass CO_2-Konzentrationen um 3 % und O_2-Konzentrationen zwischen 1 und 2 % besonders empfehlenswert sind. Die CO_2-Toleranz der verschieden Apfel- und Birnensorten ist jedoch zu beachten.

CA-Lagerung wirkt sich vor allem bei Kernobst sehr günstig auf die Lagerdauer aus. Bei Stein- und Beerenobst oder auch bei den meisten tropischen und subtropischen Früchten kann man dagegen nur eine wesentlich geringere Wirkung erwarten.

Der hemmende Effekt von erhöhter CO_2- und niedriger O_2-Konzentrationen auf den Reifeverlauf hat verschiedene Ursachen. Für die Atmung ist genügend Sauerstoff nötig. Geringe O_2-Konzentrationen verlangsamen daher die Atmung und Fruchtreife. Erhöhte CO_2-Gehalte in der Lagerluft können wichtige Enzyme im Atmungsstoffwechsel hemmen. Außerdem werden bei O_2-Mangel und CO_2-Überschuss die Bildung und Wirksamkeit von Ethylen beeinflusst. Zusätzlich verzögern **erhöhte CO_2-Konzentrationen** (etwa ab 10 %) das Pilzwachstum (fungistatischer Effekt). Entsprechende CO_2-Behandlungen setzt man daher bei der kurzfristigen Lagerung oder beim Transport von besonders fäulnisanfälligen, aber wenig CO_2-empfindlichen Obstarten, wie Stein- und Beerenobst, ein.

In der Lageratmosphäre von CA-Räumen ist oft das Reifungshormon **Ethylen** angereichert. Dieses kann allerdings nur bei normaler Luftzusammensetzung seine volle Wirkung entfalten, während im CA-Lager eine Reifestimulierung je nach Fruchtart oder Sorte gar nicht oder in stark abgeschwächter Form erfolgt.

Die Reduzierung der Ethylenkonzentration mit speziellen **Ethylenadsorbern** ist für einige Fruchtarten wie Kiwi von Vorteil. Bei der Lagerung von Äpfeln ist der dadurch erzielte Nutzen gegenüber einer ULO-Lagerung allerdings nur gering.

Eine ganz neue Entwicklung zur Hemmung der reifebeschleunigenden Wirkung von Ethylen im Lager ist der Einsatz von 1-MCP (1-Methyl-Cyclo-Propen). Dieses Gas kann die Ethylen-Rezeptoren in den Zellen blockieren und damit den Reifeverlauf vorübergehend unterbinden. Lagerversuche mit MCP-behandelten Äpfel und Birnen zeigten gute Wirkung über die Kühl- und CA-Lagerung hinaus und verbesserten vor allem das Nachlagerverhalten während der Vermarktung.

CA-Lagerbedingungen verzögern den Abbau der Fruchtfleischfestigkeit, der Grünfärbung und des Säuregehalts.

Besonders wirksam sind niedrigen O_2-Konzentrationen zwischen 1 bis 2 % bei der **ULO-Lagerung.**

Mit besonderer Messtechnik kann bei der DCA-Lagerung der Sauerstoffgehalt auf noch niedrigere Werte abgesenkt werden, die knapp über dem für die Atmung kritischen Wert liegen. Nur bei entsprechender Technik und regelmäßiger Überwachung der Lagerräume kann letzteres empfohlen werden. Durch Lagerung bei sehr niedrigen Sauerstoffwerten können Schalen- und Kernhausbräune wie auch Schalenfleckchen bei 'Elstar', die im konventionellen CA-Lager immer wieder auftreten, weitgehend verhindert werden.

14.5 Technische Einrichtungen zur Lagerung

Die moderne Lagertechnik entwickelte sich in den letzten 60 Jahren vom Natur- und Frischluftlager über das maschinell gekühlte Lager zum CA-Lager mit zahlreichen Modifizierungen, wie der ULO-Lagerung oder in jüngster Vergangenheit der DCA-Lagerung.

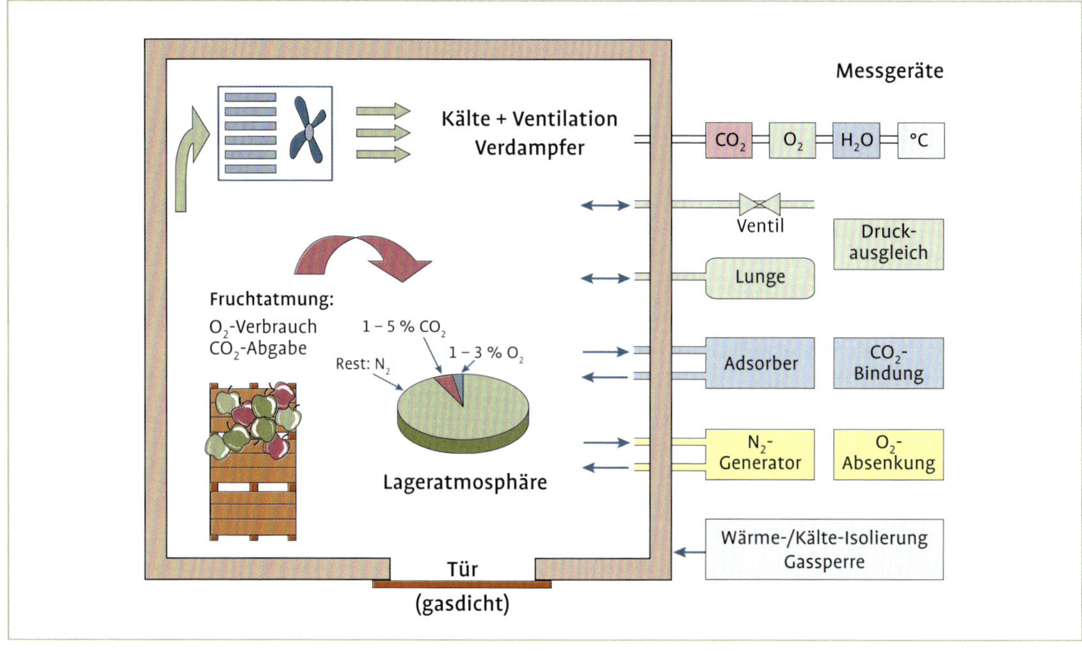

Abb. 235 Schematische Darstellung eines CA-Lagers.

Die ULO-Lagerung stellt heute den Standard für die Langzeitlagerung von Kernobst dar. Das Kühllager ohne Regelung der Gaszusammensetzung wird nach wie vor als Standardverfahren für die **Kurzzeitlagerung** und als Dispositionslager genutzt. Für Stein- und Beerenobst sind die Anforderungen an die Raumgröße, Schnellabkühlung und Gasdichtheit sehr viel spezieller. Die Entscheidung für ein Lagerverfahren hängt von vielen Faktoren ab, wie der durchschnittlichen Lagerdauer, dem zu lagernden Sortenspektrum, dem Auftreten physiologischer Lagerprobleme, der Vermarktungsform sowie den finanziellen Möglichkeiten des jeweiligen Betriebes.

14.5.1 Lagerbau mit Wärmeisolierung und Gassperre

Ob neu geplante Lagerräume in bereits bestehende Bausubstanz eingebaut werden sollen oder ob komplett neu gebaut wird, hängt vor allem von den finanziellen Möglichkeiten sowie den räumlichen Gegebenheiten im Betrieb ab. Der Ausbau bestehender Anlagen lässt sich meist kostengünstiger realisieren, erfordert jedoch in der Regel auch eine gewisse Kompromissbereitschaft. Neubauten werden heute meist als freitragende Stahl- oder Holzkonstruktionen erstellt. Eventuelle spätere Erweiterungen, wie der Umbau der Kühlräume zum CA-Lager oder eine Erweiterung der Lagerkapazitäten, sollten bei der Planung bereits berücksichtigt werden. Beim Neubau eines Kühllagers (ohne Halle) muss mit Kosten von ca. 800 Euro pro Tonne, bei einem CA-Lager, je nach Ausführung der Messtechnik, mit ca. 1000 bis 1200 Euro pro Tonne gerechnet werden.

Die Anzahl der zu planenden Räume sowie die Raumgröße hängen von der Betriebsgröße, den zu erwartenden Erntemengen, der Absatzstruktur des Betriebs sowie der Zusammensetzung des Sortiments ab. Werden die verfügbaren Lagerkapazitäten nicht voll genutzt, steigen die anteilsmäßigen Kosten für die Lagerung deutlich an. Deshalb sollte entsprechend der durchschnittlichen Erntemengen des Betriebs so geplant werden, dass später eine möglichst hohe Lagerauslastung gegeben ist. Grundsätzlich ermöglichen mehrere kleinere Räume eine flexiblere Ein- und Auslagerung sowie mehr Möglichkeiten, die für

die einzelnen Sorten bzw. Obstarten optimalen Lagerbedingungen zu fahren.

Ein Kernobstlager sollte in der Ernteperiode spätestens in einer Woche befüllt und in der Vermarktungszeit in etwa zwei Wochen geräumt sein. Die exakten Maße des Raumes richten sich zum einen nach der Abmessung der Lagerkisten, zum anderen nach der möglichen Hubhöhe des Staplers. Wichtig ist, dass bei eingestapeltem Raum ausreichend Abstände zwischen den Kistenreihen (ca. 10 cm), zu den Wänden (Druckseite ca. 50 cm; Ansaugseite ca. 40 cm; Seitenwandabstand ca. 20 cm) sowie zur Decke (ca. 50 cm) eingehalten werden können, um eine optimale Luftumwälzung zu ermöglichen und somit das Auftreten von Wärmenestern innerhalb bzw. zwischen den Kisten zu vermeiden. Entlang den Außenwänden sollte ein Rammschutz angebracht werden. Dieser vermeidet zum einen eine Beschädigung der Paneele durch den Stapler, zum anderen wird dadurch das Einhalten von Mindestabständen zu den Wänden erzwungen und das Platzieren der Kisten vereinfacht.

> Für eine optimale Luftführung im Raum müssen beim Einstapeln folgende Abstände eingehalten werden: zwischen den Kistenreihen in Luftrichtung ca. 10 cm; zu den Wänden ca. 50 cm (Verdampferseite) bzw. ca. 40 cm (gegenüber) bzw. ca. 20 cm (an den Seiten); zur Decke ca. 50 cm.

Im CA-Lagerbau haben sich vorgefertigte Sandwich-Wand- und Deckenpaneele mit Polyurethan-Kern bewährt. Diese Bauelemente gewährleisten hohe Wärmedämmung, gute Wasserdampfsperre und ausreichende Gasdichtigkeit der Räume. Eine ausreichende Wärmedämmung stellt eine der wichtigsten Voraussetzungen dar, um später erhöhte Laufzeiten der Kälteanlage verbunden mit qualitativen Einbußen sowie einem erhöhten Energieverbrauch zu vermeiden. Standard-Isolierstärken liegen heute im Wandbereich bei einer Paneeldicke von 120 mm, im Deckenbereich bei 140 mm. Eine nachträgliche Isolierung der Räume gestaltet sich in der Regel sehr schwierig.

Eine Bodenisolierung kann den Wasserverlust bodennaher Früchte vermindern und sich reduzierend auf die Laufzeiten der Kälteanlage auswirken, vor allem in Birnenlagerräumen mit Temperaturen unter 0 °C. Ob sich die Mehrinvestition für eine Bodenisolierung lohnt, hängt von mehreren Faktoren ab, wie der durchschnittlichen Lagerdauer oder der Art des Untergrundes (Sand, Lehm usw.) bzw. der Tiefe des Grundwasserstandes unter der Bodenplatte, und ist deshalb im Einzelfall zu klären.

ULO- bzw. DCA-geeignete CA-Räume müssen besonders dicht sein. Eine Dichtheitsprüfung der Räume sollte im Optimalfall einmal jährlich (i. d. R. durch Lagerfirmen) erfolgen. Bei einer Druckprüfung von 25 mm Wassersäule (WS) im Über- und Unterdruck darf der Messwert nach 30 Minuten nicht < 18 mm WS sein. Für normale CA-Lager darf sich ein Über- oder Unterdruck von 10 mm WS in 30 Minuten auf 1 mm abbauen.

Wechselnde **Druckverhältnisse** treten in einem CA-Lager durch die Abkühlung und Erwärmung der Lagerluft während der Arbeits- und Ruhephasen der Kältemaschinen auf. Auch Luftdruckschwankungen führen zu wechselnden Druckverhältnissen zwischen dem Lagerinneren und der Umgebung. Um die Lagerräume vor Schäden durch Über- oder Unterdruck zu schützen, muss jedes Lager ein Druckausgleichsventil (Druckausgleichstopf) haben. Damit werden größere Druckschwankungen aufgefangen, während Druckausgleichssäcke (Lungen) die durch die Kühlanlage verursachten kleinen Druckschwankungen ausgleichen sollen. Der sonst stattfindende Luftein- und -austritt in das Lager und ungewollter Sauerstoffanstieg können dadurch verhindert werden. Das Volumen der Ausgleichssäcke sollte etwa 1 % des Leervolumens des Lagerraums betragen.

14.5.2 Auslegung der Kälteanlage

Die Auslegung der Kälteanlage richtet sich immer nach dem Spitzenbedarf. Dieser tritt zum Zeitpunkt der Einlagerung auf, da die Ware zu diesem Zeitpunkt zum einen eine hohe Eigenwärme (Feldwärme) besitzt, zum anderen aufgrund der Atmungsaktivität nach der Ernte Atmungswärme entsteht. Bei genauer Berechnung des abzuführenden Wärmestroms ist neben der Eigenwärme des Lagergutes und der Atmungswärme auch der Wärmeeintrag durch Wände, Decke und Boden,

durch Begehen der Räume und Frischluftzufuhr, durch elektrische Antriebe (z. B. Ventilatoren) sowie ggf. durch Befeuchtungsanlagen zu berücksichtigen.

Nach einer Faustregel ist mit einer Kälteleistung von 180 bis 200 W pro Tonne Äpfel zu rechnen, also z. B. mit 20 000 W für ein 100-Tonnen-Lager.

In Deutschland wird in der Regel vor allem das Verfahren der direkten Kühlung gewählt, das heißt der Kältemittelverdampfer befindet sich direkt im Lagerraum (ein Kältekreislauf). Die indirekte Kühlung (zwei Kältekreisläufe) erlaubt zwar insgesamt ausgeglichenere Laufzeiten der Kältemaschine, geringere Temperaturschwankungen im Raum und dadurch einen etwas geringeren Wasserverlust der gelagerten Früchte, bringt jedoch, je nach Größe der Anlage, höhere Betriebskosten sowie ca. 20 % höhere Investitionskosten mit sich. Bei Beeren und Steinobst spielt die schnelle Abfuhr der Feldwärme nach der Ernte eine besonders große Rolle. Hier werden Schnellkühlverfahren, wie die Eiswasserkühlung (Kirschen) oder Durchströmkühlung (Beeren) eingesetzt. Bezüglich der verwendeten Kältemittel wird in der Obstlagerung derzeit vor allem R134a oder R407C verwendet, da bei diesen aufgrund der Umweltverträglichkeit (niedriger GWP-Wert = *global warming potential*) auch noch von einer Verfügbarkeit (Zulassung) in naher Zukunft auszugehen ist.

Genügend große **Verdampferoberflächen** (1,5 bis 2 m^2/t) erlauben geringe Temperaturdifferenzen (allg.: Delta t) von 5 bis 6 K zwischen Lagerluft und Verdampferoberfläche, wodurch zu starke Wasserkondensation oder Eisbildung vermieden und damit ein Austrocknen der Lagerluft verhindert wird.

Die **Temperaturmessung** muss mit zuverlässigen Geräten an mehreren Stellen im Lagerraum erfolgen. Die Temperaturfühler sind an der kältesten Stelle, welche sich an der dem Verdampfer gegenüberliegenden Wand befindet, bzw. an der wärmsten Stelle, im Ansaugluftstrom unterhalb des Verdampfers, anzubringen. Die Kälteanlage wird meist durch den wärmeren Temperaturfühler gesteuert. Die beiden extremen Temperaturfühler dürfen maximal einen Temperaturunterschied von 0,5 bis 0,6 K anzeigen. Dies wird vor allem durch eine ausreichende Luftumwälzung (Luftführung + Ventilatorlaufzeit) erreicht.

Die Temperatursonden sollten einmal jährlich in Eiswasser geeicht werden. Ein Analogthermometer hinter dem Kontrollfenster dient der zusätzlichen Sichtkontrolle.

Abtauen der Verdampfer

Durch Kondensation des Wasserdampfes kommt es zum Vereisen der Lamellen am Verdampfer. Dies führt zu einem abnehmenden Wirkungsgrad und damit zu einer Zunahme der Laufzeiten der Kälteanlage. Die größte Gefahr der Vereisung besteht bei Einlagerung der Früchte, da zu diesem Zeitpunkt die größte Temperaturdifferenz zwischen Kühlgut und Verdampferoberfläche vorliegt. Zum Abtauen der Verdampfer mittels Nachlauf der Ventilatoren erfolgt meist eine zusätzliche elektrische Abtauung (Erwärmung) der Lamellen. Vor allem bei Minustemperaturen in der Birnenlagerung ist dies unverzichtbar. Alternative Verfahren zum elektrischen Erwärmen der Lamellen sind die Heißgasabtauung (kurzfristige Umkehr des Kältekreislaufes, wodurch der Verdampfer zum Kondensator wird) oder die Wasserabtauung, bei der mithilfe der Abwärme der Kälteanlage erwärmtes Wasser durch die Lamellen rieselt.

14.5.3 Luftfeuchteregelung und Luftumwälzung

Unerwünscht hohe Transpirationsverluste der Früchte können durch Erhöhung der relativen **Luftfeuchte** im Lager vermindert werden. Das Einbringen von Wasser über spezielle Luftbefeuchter hat sich als weitgehend nutzlos erwiesen, da das zusätzliche Wasser bei ungünstiger Abstimmung der Kälteanlage wieder am Verdampfer kondensiert. In der Praxis wird häufig der Boden im Lager vor Einlagerung bewässert. Neben einer Reduzierung der Entfeuchtung durch den Boden kann dadurch auch hinsichtlich des Wärmeeintrags über den Boden sowie der Gasdichtigkeit des Raumes eine gewisse Verbesserung erreicht werden.

Abb. 236 Anlage zur Erfassung der am Verdampfer kondensierten Wassermenge.

Die relative Luftfeuchte sollte in einem Lagerraum für Kernobst zwischen 92 und 95 % liegen. Eine genaue und gleichzeitig kostengünstige Messung der relativen Luftfeuchte (rel. LF) gestaltet sich bei den Bedingungen im Lager (hohe rel. LF bei gleichzeitig niedriger Temperatur) als schwierig. Da kommerziell eingesetzte Luftfeuchtesensoren eine relativ hohe Ungenauigkeit aufweisen, empfiehlt es sich, zur genaueren Messung zusätzlich einen Psychrometer hinter dem Lagerfenster zu positionieren, der mit einem trockenen und einem befeuchteten Thermometer arbeitet. Die Temperaturdifferenz zwischen beiden dient zur Berechnung der relativen Luftfeuchte.

Eine gute Möglichkeit, um die Entfeuchtung am Verdampfer bei laufendem Lagerbetrieb zu kontrollieren, ist die Installation einer Anlage zur Messung der Kondenswassermengen. Diese lässt sich technisch relativ einfach und kostengünstig umsetzen. Die gemessene Entfeuchtung sollte in einem Apfellager, je nach Sorte, ca. 2 bis 4 Liter pro Tonne und Monat betragen. Bei zu starker Entfeuchtung (> 5 % Gewichtsverlust) zeigen die Früchte Schrumpfungserscheinungen, bei zu geringer Entfeuchtung hingegen können physiologische Schäden, vor allem Schalenbräune, gefördert werden.

Neben einer fachgerechten Dimensionierung der einzelnen Komponenten der Kälteanlage und der Einhaltung einer geringen Temperaturdifferenz kommt der **Luftumwälzung** im Lager eine besondere Bedeutung zu.

Die Luftumwälzung erfolgt immer zusammen mit dem Betrieb der Kältemittelverdampfer (Luftkühler). Darüber hinaus sind weitere Lüfterlaufzeiten notwendig, um Temperaturdifferenzen im Lagergut möglichst auszugleichen und um Vereisungen am Verdampfer abzutauen. Da die Ventilation in den Räumen neben der Kälteanlage den größten Energieverbrauch darstellt, ist von einer Dauerventilation der Räume abzuraten. In der Bodenseeregion haben sich Ventilationszeiten von durchschnittlich acht Stunden pro Tag als ausreichend erwiesen, vorausgesetzt in den Räumen erfolgt eine ausreichende Luftzirkulation (Stapelabstände). Derzeit laufen Untersuchungen zur Drosselung der Ventilatorleistung in Abhängigkeit der Lagerphase bzw. des Zustandes der Lagerware, um den Energieverbrauch weiter zu senken.

> Die Luftumwälzung ist dann optimal, wenn bei weiterer Erhöhung der Luftbewegung die Temperatur an der wärmsten Stelle im Raum nicht weiter gesenkt werden kann. Die **Luftumwälzzahl** sollte etwa das 60-fache des leeren Raumvolumens betragen.

Die theoretische Bewegung der Luftmassen in einem Lagerraum erfolgt walzenförmig, wobei die Luft durch die Kistenstapel zur Verdampferseite hin angesaugt wird. Tatsächlich treten an vielen Ecken und Kanten im Raum turbulente Luftströmungen sowie Luftkurzschlüsse auf, welche letztendlich die Luftführung im Lager und damit die

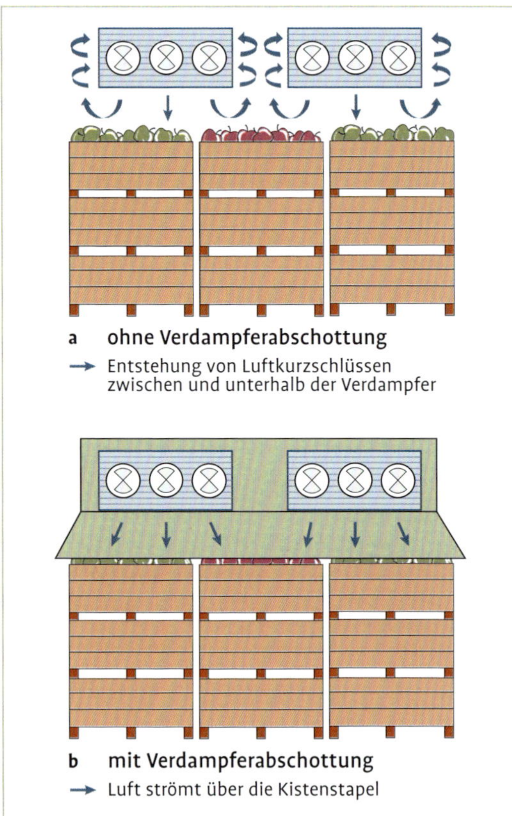

Abb. 237 Frontansicht auf die Verdampfer: a) ohne Abschottung, b) mit Abschottung.

Effizienz der Kälteanlage verschlechtern. Das Anbringen von Luftleitblechen lässt sich einfach und kostengünstig realisieren, jedoch zeigten aktuelle Versuche keine signifikante Verbesserung der Luftführung durch diese Maßnahme. Um Luftkurzschlüsse direkt am Verdampfer zu vermeiden, kann die Fläche zwischen den Verdampfern, vom Verdampfer zur Wand sowie zwischen Verdampfer und oberstem Kistenstapel, z. B. mit Folien, abgeschottet werden. Dadurch wird die Luft gezwungen, über die Kistenstapel zu strömen.

14.5.4 Kohlendioxid-Adsorptionseinrichtung

Der in einem gasdichten Lagerraum durch die Fruchtatmung ansteigende CO_2-Gehalt muss auf für die Frucht tolerierbare Werte geregelt werden. Dies geschieht in der Regel durch sogenannte CO_2-**Adsorber** oder -**Scrubber**. Diese zeichnen sich durch geringe Betriebskosten sowie einen geringen Wartungsaufwand aus. Sie binden das CO_2 der Lagerluft an Aktivkohle (Adsorption) und geben es beim Spülen mit Frischluft wieder ab (Regeneration). Moderne Aktivkohle-Adsorber werden nach der Regeneration mit Lagerluft oder Stickstoff vorgespült, um möglichst wenig Sauerstoff in das Lager einzutragen. Dies ist vor allem bei sehr niedrigen Sauerstoffwerten im Lager, z. B. bei der DCA-Lagerung, von Vorteil. Bei Geräten mit zwei Aktivkohlekammern erfolgen Adsorption und Regeneration in den beiden Kammern im Wechsel, sodass die Geräte im Vergleich zu Einkammer-Adsorbern eine höhere Leistung aufweisen. Aktivkohle-Adsorber können auch zu einem gewissen Anteil Ethylen aus der Lagerluft entfernen.

Eine weitere, kostengünstige Methode zur CO_2-Adsorption besteht darin, das überschüssiges CO_2 an gelöschtem Kalk, der im Baustoffhandel als **Kalkhydrat** in Säcken erhältlich ist, nach folgender chemischer Reaktion zu Calciumkarbonat zu binden:

$$Ca(OH)_2 + CO_2 \rightarrow CaCO_3 + H_2O.$$

Dieses Verfahren wird gebietsweise in kleineren Erzeugerlagern erfolgreich eingesetzt. Der Kalk kann auf Paletten gestapelt zusammen mit dem Obst eingelagert werden. Zur Regelung der CO_2-Absenkung kann die Lagerluft auch mit einem Ventilator durch eine mit Kalksäcken gefüllte Kammer im oder außerhalb des Lagerraums zirkulieren.

Allerdings erschöpft sich die Adsorptionsleistung des Kalkes mit zunehmender Lagerdauer. Der entstandene kohlensaure Kalk kann für Düngungszwecke verwendet werden. Kalk kann auch zusätzlich zu Aktivkohle-Adsorbern genutzt werden, um die Laufzeiten des Adsorbers, vor allem bei sehr CO_2 empfindlichen Sorten, zu reduzieren.

Der Kalkbedarf bei einem Kalk-Adsorber beträgt je Monat Lagerdauer etwa 0,5 % der eingelagerten Obstmenge.

14.5.5 Luftseparator und Sauerstoffabsenkung

In einem relativ gasdichten CA-Lager benötigt die Absenkung des Sauerstoffgehalts durch die Fruchtatmung auf CA-geeignete Werte mindestens zwei bis drei Wochen. Durch den Einsatz von Luftseparatoren (Stickstoffgeneratoren) kann heute das Absenken der Sauerstoffwerte auf die notwendigen Sollwerte innerhalb weniger Tage erreicht werden. Zusätzlich zu diesem „Pulldown" bei Einlagerung kann mithilfe des generierten Stickstoffs bei Sauerstoffeintrag durch undichte Stellen im Lager oder bei Wiederschließung eines CA-Raumes nach Teilauslagerung der Raum schnell wieder auf die gewünschten CA-Bedingungen gebracht werden.

Stickstoffgeneratoren arbeiten als Luftseparatoren, d. h. sie trennen die Luft in Stickstoff und Sauerstoff. Der Stickstoff wird dabei in Tanks gespeichert und bei Bedarf in den Raum eingeblasen. Das Standardverfahren im Bereich der CA-Lagerung ist dabei die Druckwechseladsorption (PSA = *Pressure Swing Adsorption*). Dabei wird abwechselnd in zwei Aktivkohletanks (Adsorption und Regeneration) unter hohem Druck Sauerstoff adsorbiert bzw. Stickstoff angereichert. Bei Sättigung der Aktivkohle wird zwischen den beiden Tanks gewechselt. Wird die Luft statt durch Druckluft unter Vakuum durch die Aktivkohle gesaugt, spricht man von VPSA-Generatoren (Vakuum-PSA). Diese sollen vergleichsweise energiesparender arbeiten. Hohlfasermembran-Separatoren spielen derzeit in der Obstlagerung keine Rolle mehr.

Stickstoff aus Flaschen ist in der Praxis heute nur noch von geringer Bedeutung, da die Kosten und der Aufwand dabei langfristig vergleichsweise hoch sind. Dagegen werden von kleinen Produzenten zum Teil mobile Stickstoffgeneratoren gemeinsam genutzt.

Bei allen Begasungen muss für ausreichenden Druckausgleich im Lager gesorgt werden, damit keine Schäden an der Gassperre des Raumes entstehen.

Grundsätzlich sollte der Sauerstoff im Raum erst dann abgesenkt werden, wenn die Früchte ihre Solltemperatur erreicht haben, um physiologische Schäden zu vermeiden. Ist diese erreicht, wird bei den meisten Sorten der Sauerstoff innerhalb weniger Tage durch Stickstoffzufuhr auf ca. 3 bis 5 % reduziert. Die weitere Absenkung bis zum Sollwert geschieht anschließend über die Atmung der Frucht. Bei einigen Sorten, z. B. 'Braeburn', sollte jedoch eine verzögerte Einstellung der CA-Bedingungen von 20 Tagen erfolgen. Die Temperatur wird dagegen wie bisher rasch gesenkt. Durch eine zu schnelle Sauerstoffabsenkung unmittelbar nach Lagerbeginn könnte es bei noch hoher Atmungsaktivität der Früchte zu Sauerstoffmangel oder Kohlendioxidüberschuss im Fruchtinneren mit nachfolgenden Verbräunungen und Kavernenbildung im Fruchtfleisch kommen.

Erst die Temperatur absenken, dann die CA-Bedingungen einstellen.

14.5.6 Ethylenadsorber

Ethylenadsorber spielen bei heimischen Obstarten in der Lagerung keine Rolle. Diese werden in anderen Ländern bei sehr ethylenempfindlichen Obstarten, z. B. Kiwi, eingesetzt. Ethylenadsorber arbeiten entweder nach chemischem Prinzip durch Oxidation von Ethylen mittels Kaliumpermanganat oder als katalytische Ethylenkonverter (Zerstören des Ethylenmoleküls durch Erhitzen).

14.5.7 Messgeräte zur Überwachung der Lagerbedingungen

Ohne genaue und regelmäßige Kontrolle der Lagerbedingungen mit zuverlässigen **Messgeräten** ist eine erfolgreiche CA-Lagerung und besonders ULO-Lagerung nicht möglich.

Temperatur: Zur Überwachung der Lagertemperatur und zur Steuerung der Kältemaschinen werden elektronische Temperaturregler mit Temperaturfühlern einer Genauigkeit von 0,1 °C eingesetzt. Zur Erfassung der unterschiedlichen Temperaturverhältnisse eines Raumes sollten mindestens drei Temperaturfühler verwendet werden: je einer an der kältesten bzw. an der wärmsten Stelle im Raum und einer im Inneren einer Kiste in der Mitte des Kistenstapels. Die kälteste Stelle eines Raumes befindet sich im Ausblasluftstrom an der den Verdampfern gegen-

überliegenden Wand, die wärmste Stelle im Ansaugluftstrom unterhalb des Verdampfers. Zusätzlich sollte ein geeichtes Thermometer im Kontrollfenster angebracht sein.

Luftfeuchte: Haarhygrometer eignen sich nur bedingt zum Messen der hohen und kaum wechselnden Feuchtigkeitswerte in einem Obstlager. Wesentlich zuverlässiger sind Messgeräte, die nach dem Prinzip der Temperaturdifferenzmessung zwischen trockenem und befeuchtetem Thermometer **(Psychrometer)** arbeiten.

CO_2- und O_2-Messgeräte: Auch für kleinere Lager gibt es preiswerte und ausreichend genaue elektronische Messgeräte. Diese arbeiten zur **CO_2-Bestimmung** meist nach dem Prinzip der Infrarot-Absorption, zur **O_2-Bestimmung** nach dem paramagnetischen Prinzip oder mit einer elektrochemischen Messzelle, die eine Lebensdauer von ein bis drei Jahren hat. Danach muss sie ersetzt werden. Größere Lagereinrichtungen sind überwiegend mit vollautomatisch arbeitenden, computergesteuerten Mess- und Regeleinrichtungen ausgestattet, mit denen die Lagerbedingungen kontinuierlich gemessen, geregelt und protokolliert werden.

Um bei technischen Störungen der CA-Mess- und Steuereinrichtung Schäden im Lager zu vermeiden, sollte die Lageratmosphäre zusätzlich zur automatischen Messung wöchentlich mit einem Handmessgerät direkt an den Räumen überprüft werden. Zudem müssen alle Messgeräte in regelmäßigen Abständen mit Eichgasen kalibriert werden.

14.5.8 Möglichkeiten zur Energieeinsparung in der Obstlagerung

Eine stetige Intensivierung hinsichtlich der Lagertechnik in den vergangenen Jahrzenten hat zwar einerseits zu einer deutlichen Verlängerung der Lagerdauer sowie zu qualitativen Verbesserungen geführt, bringt jedoch gleichzeitig einen höheren Energieverbrauch mit sich. Ein Großteil der aufgewendeten Energie im CA-Lager (ca. 80 %, je nach Ventilationsregime) wird dabei für die Verdichter der Kälteanlage sowie für die Ventilation an den Verdampfern aufgebracht. Der Aufwand für das Abtauen der Lamellen oder den Betrieb von CO_2-Adorber und Stickstoffgenerator ist dagegen vergleichsweise gering. Der Energieverbrauch während der Lagerung kann durch verschiedene technische, aber auch lagerstrategische Maßnahmen reduziert werden. Im Vordergrund muss dabei jedoch immer die optimale Erhaltung der Fruchtqualität stehen.

Technische Maßnahmen

Ein Großteil der Kälteleistung einer Anlage wird zu Beginn der Lagerung benötigt, wenn die Feldwärme der Früchte auf die spätere Lagertemperatur gekühlt werden muss. Die richtige Dimensionierung der Kälteanlage sowie eine ausreichende Wärmedämmung der Räume sind Grundvoraussetzung, um später einen erhöhten Energieverbrauch zu vermeiden. Wer an der Isolierung der Räume spart, senkt zwar die Investitionskosten beim Bau des Lagers, muss dies jedoch später aufgrund der längeren Laufzeiten der Kälteanlage teuer bezahlen. Die Abwärme der Kälteanlage kann z. B. mittels Plattenwärmetauschern sinnvoll genutzt werden, wobei zu beachten ist, dass ein Großteil der Wärme in den Anfangsmonaten der Einlagerung (September bis November) anfällt und das nutzbare Temperaturniveau im Niedrigtemperaturbereich liegt. Der Betrieb einer Fußbodenheizung oder die Vorerwärmung des Wassers bei Heißwasserbehandlung sind mögliche Nutzungsbereiche. Auch eine Heizung von Räumen (z. B. Sortierhallen) durch die direkte Abwärme gebäudeinnenseitiger Kondensatoren ist möglich. Eine Optimierung der Ventilationszeiten (ca. acht Stunden pro Tag) sowie die Verwendung stromsparender Ventilatoren sind weitere Möglichkeiten, um den Energieverbrauch zu reduzieren.

Eine Dauerventilation bringt bei optimaler Luftführung im Raum für Fruchtqualität und Haltbarkeit keine Vorteile und ist daher aufgrund des hohen Energieverbrauches nicht zu empfehlen.

Von großer Bedeutung ist die Luftführung im Lager. Bei zu dichter Stapelung bzw. nicht ausreichender Luftumwälzung können Wärmenester in sowie zwischen den Kisten entstehen (Hot Spots), welche sich hinsichtlich der Fruchtqualität nega-

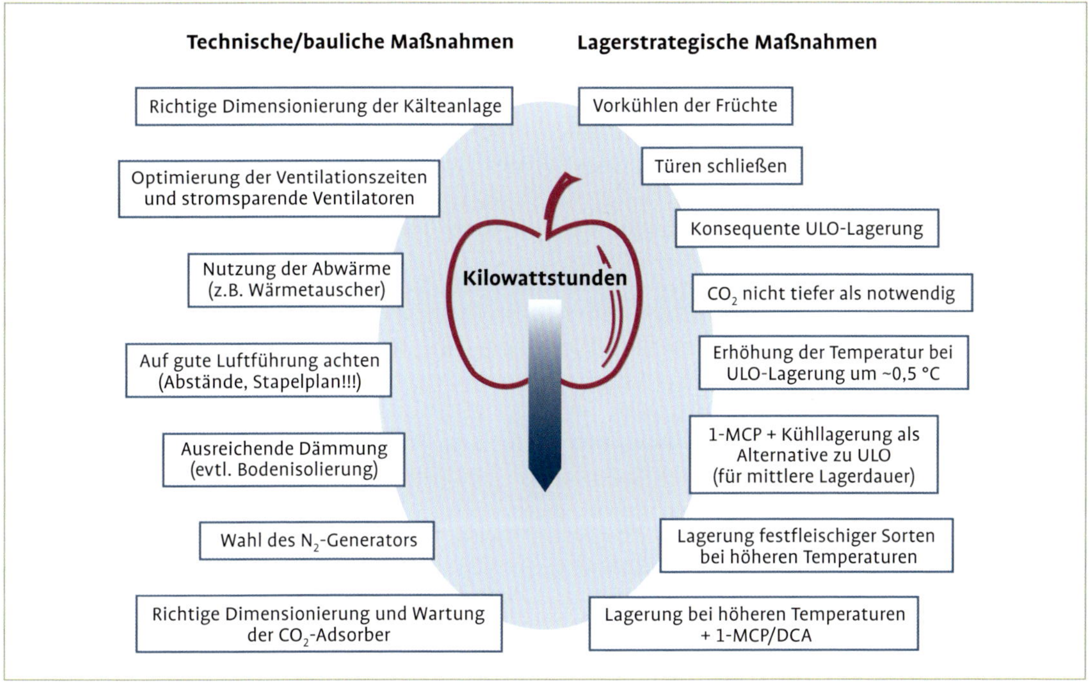

Abb. 238 Zusammenfassung: Möglichkeiten zur Energieeinsparung in der Obstlagerung.

tiv auswirken, vor allem aber auch zu längeren Laufzeiten der Kälteanlage führen. Das Abschotten der Verdampfer kann die Luftführung im Lager verbessern. Bei den Stickstoffgeneratoren sowie CO_2-Adsorbern ist das Energiesparpotenzial begrenzt. Hier ist vor allem auf die richtige Dimensionierung zu achten. VPSA-Generatoren sollen gegenüber PSA-Generatoren einen bis zu 30 % geringeren Energieverbrauch haben. Bei den CO_2-Adsorbern ist zusätzlich auf eine regelmäßige Wartung (z. B. Austausch der gesättigten Aktivkohle) zu achten.

Lagerstrategische Maßnahmen

In kleineren Betrieben kann die Ware nach der Ernte bei niedrigen Nachttemperaturen außerhalb des Lagers vorgekühlt werden. Das regelmäßige Schließen der Türen bei Einlagerung bzw. das Anbringen von Vorhängen an den Toren kann den Wärmeeintrag weiter reduzieren. Eine konsequente ULO-Lagerung (1 % Sauerstoff) verringert nicht nur die Atmungsintensität und somit die Produktwärme und führt zu einer verbesserten Haltbarkeit der Früchte, sondern kann auch eine Erhöhung der Lagertemperaturen um 0,5 bis 1 °C kompensieren. Um die Laufzeiten des CO_2-Adsorbers zu reduzieren, sollten die CO_2-Werte im Lager, je nach Sorte, nicht niedriger als notwendig gefahren werden. Bestimmte Sorten, welche eine gute Lagerstabilität und einen nur geringen Festigkeitsabbau aufweisen, wie 'Fuji' oder 'Pinova', können für kurze bis mittellange Lagerdauer auch bei höheren Temperaturen (2 bis 3 °C) gelagert werden. Moderne Lagerverfahren, wie der Einsatz des Ethylenhemmstoffes 1-MCP oder die dynamische CA-Lagerung (DCA), haben aufgrund ihrer reifehemmenden Wirkung das Potenzial zur Kompensierung höherer Lagertemperaturen. Zahlreiche Versuche in den vergangenen Jahren haben gezeigt, dass bei Einsatz von 1-MCP eine Erhöhung der Temperatur auf 3 bis 4 °C ein Energieeinsparpotenzial von durchschnittlich 30 bis 35 % bringen kann, ohne die Fruchtqualität negativ zu beeinflussen. Auch bei Anwendung der DCA-Lagerung ist eine leichte Erhöhung der Lagertemperatur möglich. Voraussetzung ist jedoch, dass der optimale Erntetermin eingehalten wird und die beiden Lagerverfahren entspre-

chend den Empfehlungen (Applikationstermin, Lagerbedingungen) angewendet werden.

14.6 Lagerung von Kernobst

Ziel der Lagerung ist die bestmögliche Erhaltung der Fruchtqualität nach der Ernte.

Minderwertige und unterentwickelt geerntete Früchte belegen teuren Lagerraum und werden auch durch die modernste Lagertechnik nicht besser. Um das bestmögliche Lagerergebnis zu erzielen, müssen bestimmte Voraussetzungen hinsichtlich der Früchte, der Lagertechnik und der Betreuung durch den Lagerhalter erfüllt sein.

14.6.1 Ernte und Einlagerung

Erntetermin: Das Pflücken der Äpfel zum optimalen Erntetermin ist eine der wichtigsten Maßnahmen für einen guten Lagererfolg.

Die Bestimmung des Erntetermins erfolgt am besten nach dem **„Reifetest nach Streif"** unter Beachtung der für die einzelnen Sorten empfohlenen Indexwerte für den Beginn und das Ende der Ernte von Lagerware. Die Angaben zum Erntetermin beziehen sich auf ein Jahr mit normalem Blüh-, Wachstums- und Reifeverlauf für die Obstregion Bodensee. Die Beachtung der vorgegebenen „Erntefenster" ist besonders für den Ernteabschluss einer Sorte wichtig, denn zu spät geerntete Ware eignet sich nur für eine kurzfristige Lagerung oder für den Sofortverkauf.

Ausbildung der Deckfarbe: Bei der Forderung nach guter **Rotfärbung** ist die davon unabhängig fortschreitende Fruchtreife zu beachten. Bei Äpfeln für die Langzeitlagerung darf nicht zu lange auf Farbe gewartet werden. Damit die Äpfel nicht zu reif eingelagert werden, sind bei der Farbentwicklung gewisse Abstriche zu tolerieren. Sie werden sonst im Lager zu weich und gegenüber physiologischen Fruchterkrankungen anfälliger. Für Äpfel, die erst im späten Frühjahr oder Sommer vermarktet werden sollen, sind gute Festigkeit und Saftigkeit des Fruchtfleisches wichtiger als eine besonders gute Rotfärbung.

Ernte: Eine gute Ernteorganisation und eine schlagkräftige Pflückmannschaft sind erforderlich, um den Erntetermin einhalten und das Lager in kurzer Zeit füllen zu können. Die Pflücke muss sorgfältig und ohne Beschädigung an den Früchten (Druckstellen, ausgerissene Stiele, Verletzungen durch Fingernägel) erfolgen. Bestimmte Sorten, wie 'Golden Delicious', sind vor allem bei feuchter Witterung sehr anfällig für Druckstellen. Sorten, die ungleichmäßig reifen und/oder viel Deckfarbe brauchen, müssen mehrmals überpflückt werden. Die erste Ernte gut behangener Bäume kommt zur langfristigen Lagerung in das CA-Lager, später gepflückte Ware wird weniger lange gelagert oder sofort verkauft.

Einlagerung: Nach der Ernte sollte das Obst möglichst rasch eingelagert und auf die vorgesehene Lagertemperatur gebracht werden. Manche Sorten (z. B. 'Pinova', 'Elstar') zeigen jedoch, vor allem an sehr heißen Erntetagen, eine erhöhte Empfindlichkeit für weiche Schalenbräune bei zu schneller Abkühlung. Hier kann eine stufenweise Absenkung der Lagertemperatur (Stufenkühlung) das Risiko minimieren. In kleineren Betrieben können die Früchte nach der Ernte außerhalb des Lagers durch die tieferen Nachttemperaturen vorgekühlt werden. Dies ermöglicht eine schnellere Abkühlung im Lager und spart dadurch Energie. Ein Lager sollte in wenigen Tagen befüllt und die gewünschte Lagertemperatur in einer Woche erreicht sein.

Bei Einlagerung sollte folgendes beachtet werden:

- Schnelle und einheitliche Abkühlung der Früchte
- Hohe und gleichmäßige Luftumwälzung durch gute Ventilation und sachgemäßes Kistenstapeln
- ULO-Lagerung: zuerst Temperatur, dann Sauerstoff absenken; bei 'Elstar', 'Braeburn' und der Birne 'Conference' beachten, dass die Sauerstoffabsenkung erst nach 10 bis 20 Tagen vorzunehmen ist (Vermeidung innerer Verbräunungen)
- Luftfeuchte von 92 bis 95 % einhalten, zur Kontrolle der Entfeuchtung Abtauwasser messen
- Mögliche, sortenangepasste CA-Bedingungen nutzen

14.6.2 Aktuelle Lagerbedingungen für Kernobst

Tab. 76 Empfohlene Lagerbedingungen für Äpfel

Nr. (Sorte)	Sorte	Lager-art	Erntetermin (A = Anfang, M = Mitte, E = Ende)	Lager-dauer	Lagerbedingungen			CA-Mischlage-rung, z. B. möglich mit	Bemerkungen
					Tempe-ratur (°C)	Kohlen-dioxid (% CO_2)	Sauer-stoff (% O_2)		
1	'Alkmene'	Kühl	E Aug./A Sept.	E Nov.	3 bis 4	–	–		Nur kurze Haltbarkeit, keine Langzeitlagerung
2	'Boskoop'	Kühl	E Sept./A Okt.	E Jan.	3 bis 4	–	–		CO_2-empfindlich
		CA		E März	3 bis 4	< 1,5	1,5 bis 2	3, 4, 7, 15, 18	Stippe, Schalen-, Fleisch-, Kernhausbräune
3	'Braeburn'	Kühl	M Okt.	E Jan.	1	–	–		Sehr CO_2-empfindlich, Stippe, Fleischbräune
		CA		E Mai	1 bis 2	< 1,2	1,2 bis 1,5	2, 4, 7, 15, 18	Für CA früher ernten, CA 3 Wochen verzögern
4	'Cox Orange'	Kühl	A/M Sept.	E Dez.	3 bis 4	–	–		CO_2-empfindlich
		CA		E März	3 bis 4	< 1,5	1,2 bis 1,5	2, 3, 7, 15, 18	Stippe, Schalen-, Fleisch-, Kernhausbräune
5	Cameo®	Kühl	A/M Okt.	E Dez.	1	–	–	9	Unterentwickelte Schattenfrüchte zuerst zwei Monate
		CA		E Juli	1 bis 2	2 bis 3	1 bis 1,5	9, 10, 11, 14, 16, 17	< 1,5 % CO_2 oder mit verzögertem CA lagern
6	'Elstar'	Kühl	A/M Sept.	E Dez.	1	–	–		Schneller Festigkeitsverlust, innere Fleischverbräunung
		CA		E April	1 bis 2	2 bis 2,5	1 bis 1,5	8, 11, 13, 17, 20	Bei Gefährdung CA verzögern und CO_2 < 2 %
7	'Fuji'	Kühl	M/E Okt.	E Jan.	1	–	–		Glasigkeit, daraus Gefahr von Fleischbräune; bei Gefährdung
		CA		M Juni	1 bis 2	< 1,5	1,5 bis 2	2, 3, 4, 15, 18	Zuerst sechs Wochen Kühllager bei 3 bis 4 °C, dann CA bei 1 bis 2 °C
8	'Gala'	Kühl	A/M Sept.	A Jan.	1	–	–		Bei zu langer Lagerung Geschmacksverlust durch Säureabbau
		CA		E Mai	1 bis 2	3 bis 4	1 bis 1,5	6, 11, 14, 17, 20	
9	'Glockenapfel'	Kühl	M Okt.	M April	1	–	–		
		CA		E Juli	1 bis 2	3	1 bis 1,5	10, 11, 14, 16, 17, 20	

10	'Gloster'	Kühl	A/M Okt.	E Jan.	1	–	–		Glasigkeit, Kernhausfäule, Kernhausbräune
		CA		M Juni	1 bis 2	2 bis 3	1 bis 1,5	9, 11, 14, 16, 17, 20	
11	'Golden Delicious'	Kühl	A/M Okt.	E Dez.	1	–	–		Bei nicht optimalen Bedingungen: Altersschalenbräune
		CA		E Juli	1 bis 2	3 bis 4	1 bis 1,5	9, 10, 14, 16, 17, 20	Unterentwickelte Schattenfrüchte CO_2-empfindlich → siehe Cameo®
12	'Gravensteiner'	Kühl	E Aug./A Sept.	E Nov.	3 bis 4	–	–		Nur kurze Haltbarkeit, keine Langzeitlagerung
13	'Idared'	Kühl	A/M Okt.	E März	2	–	–		Etwas kälte- und CO_2-empfindlich
		CA		A Juli	2 bis 3	2	1 bis 1,5	8, 11, 13, 17, 20	
14	'Jonagold'	Kühl	E Sept./M Okt.	E Jan.	1	–	–		Stippe; bei nicht optimalen Bedingungen: fettige Schale, rascher Festigkeitsverlust, Altersschalenbräune
		CA		E Juli	1 bis 2	3 bis 4	1 bis 1,5	9, 10, 11, 16, 17, 20	
15	Kanzi®	Kühl	E Sept./A Okt.	E Feb.	3	–	–		Nicht zu spät ernten
		CA		E Mai	3,5	< 1,5	1 bis 1,5	2, 3, 4, 7, 18	Kälte- und CO_2-empfindlich
16	NATYRA®	Kühl	A/M Okt.	E Febr.					Bei Bio-Ware wird eine niedrige Temperatur empfohlen, um Fäulnisbefall zu reduzieren
		CA		M Mai				9, 10, 11, 14, 17, 20	
17	'Pinova'	Kühl	E Sept./A Okt.	M Jan.	1	–	–		Anfällig gegenüber Lagerfäulen, bei reiferen Partien
		CA		A Juni	1 bis 2	3 bis 4	1 bis 1,5	9, 10, 11, 13, 16, 20	Gefahr von weicher Schalenbräune → Stufenkühlung
18	Rubinette®	Kühl	M/E Okt.	E Dez.	1	–	–		Bei zu später Ernte schneller Festigkeitsverlust und Fleischverbräunungen
		CA		A März	1 bis 2	< 1,5	1,2 bis 1,5	2, 3, 4, 7, 15	
19	'Santana'	Kühl	M/E Okt.	A Dez.	2	–	–		Bei später Ernte stark CO_2-empfindlich, Festigkeitsverlust und Fleischverbräunungen, keine CA-Verzögerung! (negative Wirkung)
		CA		A Febr.	2 bis 3	< 1	1,5 bis 2		
20	'Topaz'	Kühl	E Sept./A Okt.	M Febr.	1	–	–		Bei zu später Ernte schnell weich und fettig, anfällig gegenüber Lagerfäulen und Schalenbräune
		CA		M Juni	1 bis 2	3	1 bis 1,5	8, 11, 14, 16, 17	

Die Werte zur Lagerdauer stellen nur Richtwerte dar, die je nach Kondition der Äpfel sowie der Lagerbedingungen variieren können. Bei der Wahl der Lagertemperatur ist zwischen kälteempfindlichen (z. B. 'Cox Orange', 'Boskoop', Kanzi®) und weniger kälteempfindlichen Sorten (z. B. 'Jonagold', 'Elstar', 'Gala', 'Braeburn') zu unterscheiden.

Besondere Aufmerksamkeit erfordert in den ersten Tagen nach Lagerbeginn das schnelle Einstellen der Lagertemperatur und die verzögerte Sauerstoffabsenkung bei Problemsorten. Für einige CO_2-empfindliche Sorten werden CO_2-Werte unter 1,5 bzw. 1 % empfohlen, um das Auftreten von Fleischbräune zu verhindern. Sorten mit ähnlichem Erntetermin und Lagerverhalten sowie vergleichbaren Ansprüchen an die Lagerbedingungen können zusammen in einem Raum gelagert werden. Grundsätzlich ist bei einer Zusammenlagerung von mehreren Sorten auf die gegenüber Temperatur, CO_2 und O_2 empfindlichste Sorte Rücksicht zu nehmen. Das bedeutet, dass dadurch die Lagerdauer der anderen Sorten verkürzt wird.

Für eine optimale Lagerung

- Auf den **optimalen Erntetermin** achten (nicht zu früh, nicht zu spät).
- Nur gesunde Früchte mit guter **Calcium-Versorgung** längerfristig lagern.
- Das Lager möglichst rasch, zumindest innerhalb einer Woche befüllen.
- Sorgfältig **stapeln, Abstände einhalten** und für gute Belüftung sorgen.
- **Sauerstoff erst absenken**, wenn die Früchte ihre Endtemperatur erreicht haben.
- Spezifische **CA-Lagerbedingungen** für die einzelnen Sorten beachten.
- Die relative **Luftfeuchte** bei 92 bis 95 % halten.
- Bei Zusammenlagerung die Ansprüche der empfindlichsten Sorte berücksichtigen.
- Nur zuverlässige und regelmäßig geeichte Messgeräte verwenden.
- Reifeverlauf und Qualität durch **Schnittproben** kontrollieren.

Durch technische Probleme (z. B. Leckagen in der Messleitung) oder mangelnde Überwachung der Lagerbedingungen können bei zu starkem Absinken der Sauerstoffwerte Gärprozesse im Lager auftreten. Neben Gärgeschmack kann dies zu Verbräunungen im Fruchtfleisch und zum Totalverlust der gelagerten Ware führen. Unter günstigen Bedingungen (falls die Phase des Sauerstoffmangels nicht zu lange war) können die entstandenen Gärprodukte (Ethanol, Acetaldehyd, Ethylacetat) wieder weitgehend abgebaut werden. Versuche haben gezeigt, dass dieser Abbau relativ lange dauert und sowohl nach Anheben des Sauerstoffs auf den CA-Sollwert als auch bei Beenden der CA-Lagerung (Weiterlagerung im Kühllager) erfolgt. Deshalb ist nach aufgetretenem Gärschaden ein Anheben der Sauerstoffwerte aus dem kritischen Bereich (auf ca. 1,5 %) und eine anschließende Weiterlagerung unter CA-Bedingungen zu empfehlen, vorausgesetzt an den Früchten treten noch keine inneren Verbräunungen auf. Ob und nach welchem Zeitraum die Gärprodukte ausreichend abgebaut wurden, muss anhand von Schnittproben überprüft werden.

Birnen sind grundsätzlich schwieriger zu lagern als Äpfel. Sie haben eine niedrigere optimale Lagertemperatur (−1 bis 0 °C) und einige Sorten sind sehr CO_2-empfindlich (Fleischbräune, Kavernen).

Birnen für Lagerzwecke müssen rechtzeitig geerntet und ohne Verzug eingelagert werden, da sie im Lager sonst schnell nachreifen.

14.6.3 Weiterentwicklungen moderner Lagerverfahren

Neben der CA/ULO-Lagerung als Standard für die Langzeitlagerung von Kernobst haben die Anwendung des Ethylenhemmstoffes 1-MCP sowie die Weiterentwicklung der ULO-Lagerung zur dynamisch kontrollierten Atmosphäre (DCA) in den letzten Jahren bedeutende Fortschritte im Bereich der Obstlagerung gebracht.

Ethylenhemmstoff 1-MCP

Bei 1-MCP (Methylcyclopropen) handelt es sich um einen gasförmigen, der Struktur des natürli-

Tab. 77 Empfohlene Lagerbedingungen für Birnen

Nr. (Sorte)	Sorte	Lagerart	Erntetermin (A = Anfang, M = Mitte, E = Ende)	Lagerdauer	Lagerbedingungen			CA-Mischlagerung, z. B. möglich mit	Bemerkungen
					Temperatur (°C)	Kohlendioxid (% CO_2)	Sauerstoff (% O_2)		
1	'Alexander Lucas'	Kühl	M/E Sept.	E März	−1 bis 0	–	–	5	Sehr CO_2-empfindlich, keine CA-Lagerung
2	'Comice'	Kühl	M/E Sept.	E Jan.	−1 bis 0	–	–		
		CA		E Mai	−1 bis 0	3	2,0 bis 3,0	6, 7	
3	'Concorde'	Kühl	M Sept.	E Jan.	−1 bis 0	–	–		CO_2-empfindlich
		CA		E Mai	−1 bis 0	< 1,2	2,0 bis 3,0	4, 9	
4	'Conference'	Kühl	A/M Sept.	E Jan.	−1 bis 0	–	–		CO_2-empfindlich, nicht zu spät ernten
		CA		E Mai	−1 bis 0	< 1,2	2,0 bis 3,0	3	
5	'Gellerts Butterbirne'	Kühl	A Sept.	E Dez.	−1 bis 0	–	–	1	CO_2-empfindlich, keine CA-Lagerung
6	'Gute Luise'	Kühl	A/M Sept.	E Dez.	−1 bis 0	–	–		
		CA		E März	−1 bis 0	3	2,0 bis 3,0	2, 7	
7	'Packhams'	Kühl	M Sept.	E Jan.	−1 bis 0	–	–	2, 6	
		CA		E Mai	−1 bis 0	3	2,0 bis 3,0		
8	'Williams'	Kühl	M/E Aug.	E Nov.	−1 bis 0	–	–		Nur Kurzzeitlagerung
9	Xenia®	Kühl	M/E Sept.	E März	−1 bis 0	–	–		CO_2-empfindlich
		CA		E Juni	−1 bis 0	< 1,2	2,0 bis 3,0	3, 4	

chen Reifehormons Ethylen ähnlichen Wirkstoff. 1-MCP kann die Ethylenrezeptoren in der Zellmembran besetzen, wodurch die reifeinduzierende Wirkung von Ethylen gehemmt wird. Fruchtfleischfestigkeit und Säuregehalte sowie die grüne Grundfarbe der Frucht bleiben länger erhalten. Ein großer Vorteil des Verfahrens liegt in der reifeverzögernden Wirkung auch nach der Lagerung, also während der Vermarktungsphase. Die Anwendung von 1-MCP erfolgt nach Schließen der Räume bei Einlagerung während 24 Stunden. Anschließend werden die Räume gelüftet und mit dem jeweiligen Lagerverfahren weitergelagert. Neben der verzögernden Wirkung von 1-MCP auf den Abbau der Fruchtqualität können zudem eine Reihe physiologischer Schäden, welche durch Ethylen gefördert werden, reduziert werden (Schalenbräune, Kernhausbräune, Fettigkeit usw.). Das Auftreten innerer Verbräunungen hingegen kann verstärkt werden. Die Anwendung von 1-MCP wird bei Fleischbräune empfindlichen Sorten (z. B. 'Braeburn') nicht empfohlen.

Bei der Anwendung von 1-MCP ist darauf zu achten, dass der Erntetermin ca. sieben bis zehn Tage später gewählt wird als für normale CA/ULO-Lagerung, um eine ausreichende geschmackliche Qualität der Früchte zu garantieren.

Bei zu spätem Erntetermin bzw. überreifer Ware hingegen kann die Wirkung deutlich reduziert sein oder ausbleiben. Aus diesem Grund sollte auch die Anwendung im Lager möglichst zügig nach der Ernte erfolgen (sieben bis zehn Tage). Im Vergleich zum Apfel erfolgt die 1-MCP Lagerung von Birnen bei halber Konzentration des Wirkstoffs, um eine „zu starke“ Hemmung der Fruchtreife zu vermeiden.

Dynamisch kontrollierte Atmosphäre (DCA-Lagerung)

Die Lagerung unter dynamisch kontrollierter Atmosphäre (DCA) stellt eine Weiterentwicklung des ULO Lagers dar. Während bei ULO-Bedingungen minimale Sauerstoffkonzentrationen von ca. 1 % gefahren werden, um eine Sicherheitsmarge zur Vermeidung von Gärschäden einzuhalten, wird bei der DCA-Lagerung der Sauerstoff weiter abgesenkt bis zum Erreichen des sogenannten anaeroben Kompensationspunktes. Ab diesem kritischen Wert wechselt die Atmung der Frucht auf Grund des Sauerstoffmangels vom aeroben in den anaeroben Bereich, Gärprozesse setzen ein. Die Lagerung der Früchte erfolgt knapp über diesem kritischen Wert. Zur Erfassung der kritischen Sauerstoffkonzentration werden inzwischen verschiedene Messmethoden eingesetzt:

- DCA-CF: Messung erfolgt mittels Chlorophyll-Fluoreszenz (Fluoreszenz ist Lichtabstrahlung nach Lichtadsorption durch das Chlorophyll)
- DCA-Eth (auch DCS): Messung erfolgt durch Bestimmung der Ethanol-Konzentration (und anderer Gärprodukte)
- DCA-Res (auch DCR): Bestimmung des Respirationsquotienten (Verhältnis zwischen CO_2-Abgabe und O_2-Aufnahme der Früchte)

Die kritischen Sauerstoffwerte liegen bei der DCA in der Regel, je nach Sorte und Reifegrad, zwischen 0,2 und 0,6 %. Durch Lagerung nahe diesen extremen Bedingungen ist eine weitere, leichte Verbesserung der Fruchtqualität und Haltbarkeit möglich. Ein großer Vorteil der DCA liegt aber vor allem in der positiven Wirkung zur Reduzierung von Schalenbräune und alterungsbedingter Kernhausbräune sowie bei der Sorte 'Elstar' von Schalenfleckchen. Für eine erfolgreiche DCA-Lagerung müssen die Räume absolut gasdicht sein.

Da die Lageratmosphäre basierend auf der Messung an wenigen Früchten erfolgt, sollten die Räume möglichst sortenrein und homogen hinsichtlich Reifegrad und Fruchtqualität sein. Daher wird das Verfahren der DCA vor allem in Obstgroßmärkten bzw. bei Erzeugerorganisationen eingesetzt. Die DCA-Lagerung bietet insbesondere bei Problemen mit Schalenbräune, Kernhausbräune oder Schalenfleckchen Vorteile. Bei unproblematischen Sorten mit guter Lagerfähigkeit (z. B. 'Jonagold', 'Golden Delicious', 'Gala', 'Pinova') stellt eine konsequente ULO-Lagerung nach wie vor ein optimales Verfahren zur Langzeitlagerung dar. Beide Verfahren, 1-MCP und DCA, haben aufgrund ihrer reifeinhibierenden Wirkung das Potenzial, erhöhte Lagertemperatu-

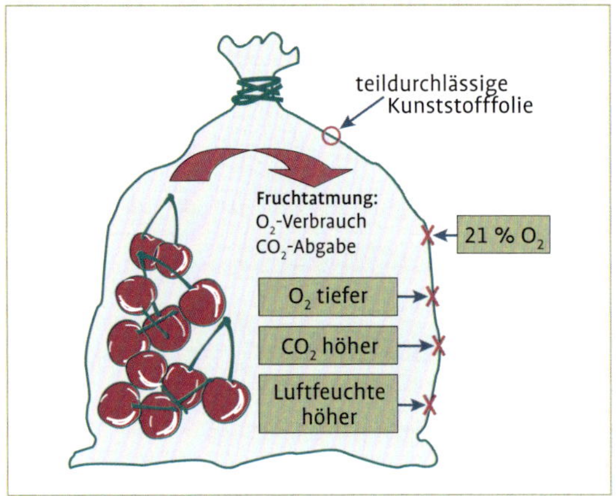

Abb. 239 Schematisches Funktionsprinzip von MAP-Folien.

ren zu kompensieren und dadurch den Energieverbrauch zu reduzieren.

Lagerung in modifizierter Atmosphäre (MAP-Lagerung)
Eine Reifeverzögerung durch veränderte Gaskonzentrationen und erhöhte Luftfeuchte ist auch durch Verwendung spezieller **Kunststofffolien** zu erzielen; man nennt dies Verpackung in modifizierter Atmosphäre oder **MAP** (**M**odified **At**mosphere **P**ackaging).

Die Folienbeutel besitzen, je nach Lagerprodukt, eine definierte Durchlässigkeit (Permeabilität) für Sauerstoff, CO_2 und Wasserdampf. Durch Atmung der Frucht (aktive MAP) kommt es innerhalb der Folien zu einem Anstieg der CO_2- bzw. zu einer Abnahme der O_2-Konzentrationen sowie zu einer Erhöhung der Luftfeuchte. Dabei ist die produktspezifische Durchlässigkeit der Folien so konzipiert, dass sich für das jeweilige Lagerprodukt optimale Bedingungen einstellen. Beim Verpacken können die Folienbeutel zusätzlich mit einer Gasmischung (O_2, CO_2, N_2) gefüllt werden, um schneller die für die Qualitätserhaltung der Produkte geeignete Konzentration zu erreichen (passive MAP).

Grundsätzlich ist bei Lagerung in Folienbeuteln folgendes zu beachten:

- Verwendung produktspezifischer Folien.
- Zur Verminderung der Kondenswasserbildung Folien erst nach Abkühlung der Ware schließen.
- Geschlossene Kühlkette einhalten und Temperaturschwankungen vermeiden.
- Lagertemperatur beeinflusst die Respiration der Frucht und damit die Etablierung der Lageratmosphäre in der Verpackung.
- Nur gesunde und nicht zu reife Ware verpacken.

14.7 Lagerung von Stein- und Beerenobst

Im Obstbau finden in Deutschland MAP-Folien derzeit vor allem bei der Lagerung von Süßkirschen Anwendung, jedoch auch Folien für andere Obstarten (z. B. Heidelbeeren) sind erhältlich. Bei Weichobstarten (z. B. Himbeeren, Erdbeeren) bringt das Verfahren aufgrund der schnellen Vermarktung nur wenig Vorteile. Zur Reduzierung der Transpirationsverluste, jedoch ohne signifikante Veränderung der Atmosphäre innerhalb der Verpackung, werden auch Lochfolien, Schlauchbeutel usw. verwendet (z. B. Flowpack bei Erdbeeren).

Neben Folien für geringe Lagermengen (2,5 bis 5 kg) sind inzwischen auch MAP-Folienhauben erhältlich, welche über die komplette Palette gestülpt und verschlossen werden. Zudem gibt es MAP-Systeme im Großkistenformat, bei denen der Aufbau der modifizierten Atmosphäre innerhalb einer Großkiste mithilfe semipermeabler Membrane im Deckel der Kiste erfolgt (MatTiempo-System). Je nach Lagerprodukt werden dabei mehr oder weniger Membrane geöffnet. Bei vorhandener CA-Technik können auch spezielle Folienhauben einzeln oder im Verbund an die CA-Steuerung angeschlossen und als CA-Lager gesteuert werden (z. B. Palistore-Systeme). Dies bietet die Möglichkeit, größere Kernobsträume außerhalb der Saison auch für die CA-Lagerung geringerer Mengen anderer Obstarten (z. B. Beeren) zu verwenden. Die CO_2-Zufuhr erfolgt dabei meist aus Flaschen.

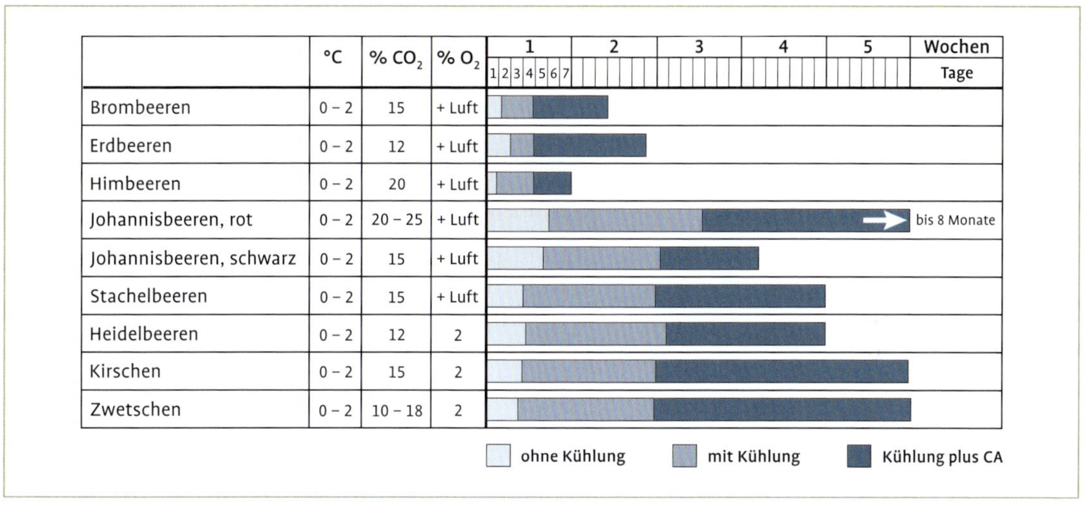

	°C	% CO_2	% O_2
Brombeeren	0 – 2	15	+ Luft
Erdbeeren	0 – 2	12	+ Luft
Himbeeren	0 – 2	20	+ Luft
Johannisbeeren, rot	0 – 2	20 – 25	+ Luft
Johannisbeeren, schwarz	0 – 2	15	+ Luft
Stachelbeeren	0 – 2	15	+ Luft
Heidelbeeren	0 – 2	12	2
Kirschen	0 – 2	15	2
Zwetschen	0 – 2	10 – 18	2

Abb. 240 Lagerbedingungen und mögliche Lagerdauer von Beeren.

Stein- und Beerenobst sind nur wenig CO_2-empfindlich und tolerieren kurzzeitig CO_2-Konzentrationen von etwa 15 %. Eine **CO_2-Erhöhung** auf 12 bis 15 % wirkt sich auf den Erhalt von Farbe und Frische der Früchte günstig aus und hemmt über ihre fungistatische Wirkung auch die Fäulnisbildung. Besonders bei längerer Einwirkung muss aber mit zunehmender CO_2-Konzentration auch mit Geschmacksbeeinträchtigungen gerechnet werden. Für Erdbeeren, Himbeeren und Kirschen wird eine CO_2-Begasung ohne gleichzeitige O_2-Verminderung empfohlen. Bei Pflaumen und Zwetschen wirkt sich dagegen eine O_2-Absenkung deutlich besser auf die Haltbarkeit aus als eine CO_2-Begasung allein.

Die mögliche **Lagerdauer bei Stein- und Beerenobst** beträgt je nach Fruchtart nur einige Tage bis wenige Wochen. Eine Lagerung dient hier nur der Überbrückung von Absatzstockungen in Zeiten von Überangebot oder an Wochenenden.

Kühllagerung ist bei Stein- und Beerenobst generell bis 0 °C möglich. Auf eine schnelle Abkühlung der leichtverderblichen Früchte ist zu achten, bei Bedarf durch Einsatz von **Schnellabkühlverfahren** wie Durchströmkühlung oder Eiswasserkühlung. Für eine nur kurze Zwischenlagerung (ein bis zwei Tage) ist jedoch eine Abkühlung unter 8 °C nicht sinnvoll, da sonst bei Auslagerung starke Kondenswasserbildung an den Früchten auftritt. Neben der normalen Kühllagerung ist eine CA-Lagerung bzw. **CO_2-Begasung** möglich. Allzu große Erwartungen an eine dadurch verbesserte Haltbarkeit sind jedoch nicht gerechtfertigt.

Auch mit modernen Lagerverfahren beträgt die mögliche Lagerdauer für Erdbeeren und Himbeeren nur wenige Tage, für Kirschen und Zwetschen zwei bis fünf Wochen und für Rote Johannisbeeren vier bis acht Monate. Es bestehen jedoch ziemliche Unterschiede in der Haltbarkeit zwischen den verschiedenen Sorten.

14.8 Vermarktung von Obst

Mit modernen Lagerverfahren können Äpfel – geeignete Sorten und richtiger Erntetermin vorausgesetzt – nahezu baumfrisch über mehrere Monate, ja fast bis zur nächsten Ernte gelagert werden.

Wenn die Äpfel in noch frischem Zustand aus dem Lager kommen, werden sie auf dem Weg bis zum Verbraucher jedoch oft nicht produktgerecht behandelt, sodass die vorher sorgsam gehütete Frische schon innerhalb weniger Tage verloren geht. Zu wenig Sorgfalt, aber auch reine Unwissenheit, führen bei den einzelnen Vermarktungsschritten von Obst wie **Sortieren**, **Verpacken**, **Stapeln**, **Transportieren**, **Zwischenlagern** und **Verkauf** sehr schnell zu Qualitätsverlusten durch

Druckstellen, Welkwerden, Schalenverbräunungen, Überreife und Fäulnis.

Zur Einschränkung von Verlusten während der Vermarktung sollte eine durchgehende **Kühlkette** vom Erzeugermarkt über den Verpackungsbetrieb, zum und vom Dispositionslager bis hin zum Lebensmitteleinzelhandel (LEH) mittels Kühlräumen und -transportfahrzeugen sichergestellt werden.

Der größte Schwachpunkt in dieser Kette ist oftmals der LEH, wo das Obst im Verkaufsregal meist ohne jeden Schutz hohen Temperaturen und niedriger Luftfeuchte aussetzt ist. Eine wesentliche Verbesserung könnte mit dem Einsatz von Kühltheken zumindest bei empfindlichem Beerenobst erreicht werden. Generell sollte Obst über Nacht in einen Kühlraum zurückgestellt werden. Auch die Verwendung von **MAP-Verpackungen** könnte die Qualitätserhaltung während der Vermarktung deutlich verbessern.

Je reifer der Apfel und je später in der Lagersaison, umso geringer ist die Haltbarkeit. Daher sollte möglichst schnell und nur gesunde, nicht überlagerte oder überreife Ware vermarktet und nur nach Bedarf ausgelagert werden.

Beim Sortieren wird Obst nach Größe, Farbe, Form und Auftreten von Fehlern sowie Beschädigungen in Qualitätsklassen getrennt. Dies erfolgt heutzutage in größeren Lager- und Vermarktungsorganisationen meist mit leistungsfähigen Sortieranlagen, wobei neben dem Sortieren auch das Abfüllen in verkaufsgerechte Verpackungen sowie das Stapeln und Palettieren weitgehend automatisch erfolgt. Die Anforderungen an die Früchte der einzelnen Klassen sind in den **Qualitätsnormen** einheitlich für die ganze EU festgelegt. Die Einhaltung dieser Normen wird durch die **Qualitätskontrolldienste** überwacht. Die Qualitätsnormen enthalten nur Minimalbestimmungen, die oftmals von Vermarktungseinrichtungen oder Produktionsgebieten durch weiterreichende Anforderungen an äußere und zum Teil auch an innere Merkmale verschärft werden.

Bei Beeren- und Steinobst muss die Sortierung und Aufbereitung der Ware für den Frischmarkt bereits bei der Ernte durch Pflücken der Früchte direkt in die entsprechenden Verpackungsbehälter erfolgen. Jedes zusätzliche Hantieren mit diesen empfindlichen Früchten sollte vermieden werden, um die Frische und Unversehrtheit der Ware bestmöglich zu erhalten.

Aber auch bei Kernobst ist ein gewisses **Vorsortieren** der Ware schon während der Pflücke notwendig, um eine möglichst einheitliche und gesunde Ware für die Lagerung zur Verfügung zu haben. Üblicherweise erfolgt die eigentliche Sortierung beim Kernobst jedoch erst nach der Ernte bzw. nach der Lagerung beim Erzeuger oder beim Erzeugermarkt.

14.9 Physiologische Erkrankungen von Kernobst während der Lagerung

Während der Fruchtentwicklung am Baum, nach der Ernte und während der Lagerungs- und Vermarktungsperiode bis zum Verzehr treten Fruchtschäden auf, die nicht durch Krankheitserreger oder Schädlinge von außen, sondern durch Stoffwechselstörungen der Früchte bedingt sind. Sie werden als **physiologische** oder **nicht parasitäre Erkrankungen** bezeichnet. Ihr Auftreten kann von Jahr zu Jahr, von einer Obstanlage zur anderen sowie von einer Sorte zur anderen sehr unterschiedlich sein.

Generell lässt sich die Haltbarkeit von Äpfeln bei der Ernte und bei Lagerbeginn für den Lagerhalter nur schwer kalkulieren. Als wichtige Ursachen sind zu nennen:

- Ungünstige Wachstums- und Witterungsbedingungen (Klima und Standort)
- Anfällige Sorte und Fehler bei der Bewirtschaftung der Obstanlage
- Zu früher oder zu später Erntetermin
- Falsche Lagerbedingungen

Ungünstige Wachstums- und Witterungsbedingungen ergeben oft eine Störung bei der Mineralstoffaufnahme der Früchte, insbesondere in der Calcium-Versorgung. Ungeeignete Bewirtschaftungsmaßnahmen wie starker Schnitt, einseitige und hohe Düngergaben, schwacher Behang führen zu einem verstärkten Triebwachstum und

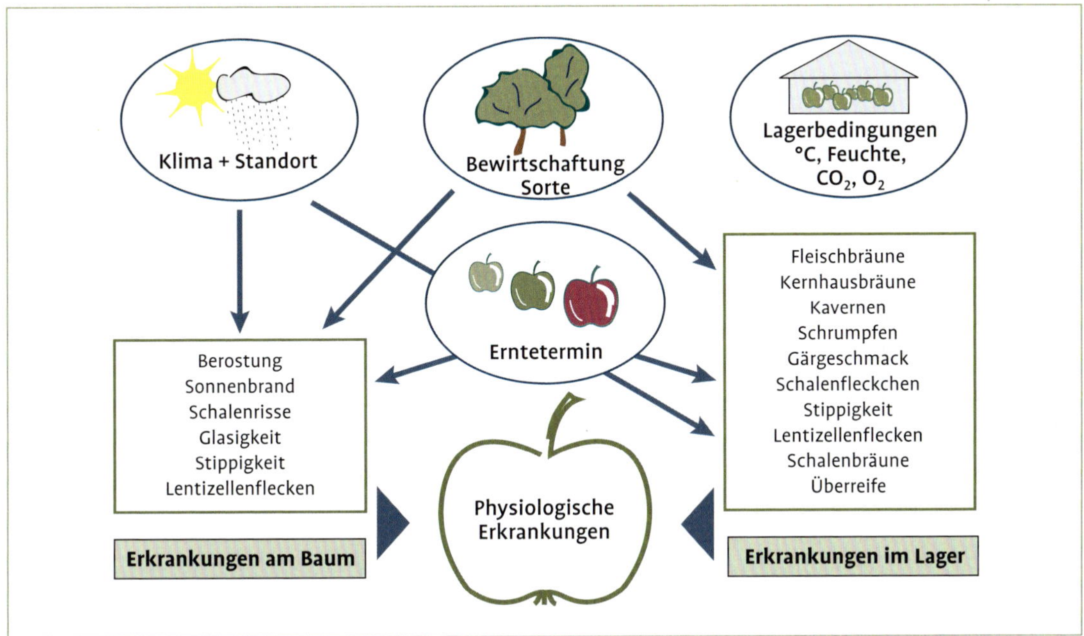

Abb. 241 Einfluss von Vor- und Nacherntefaktoren.

ebenfalls zu einem Ungleichgewicht in der Mineralstoffversorgung. Calcium ist für die Gesundheit von Äpfeln von großer Bedeutung. Es stabilisiert die Zellmembranen und die Zellwände und ist für ein intaktes Fruchtgewebe unerlässlich. Entscheidend ist weniger der absolute Gehalt an Calcium, als vielmehr das Verhältnis zwischen Kalium und Calcium (K : Ca). Dieses sollte möglichst < 30 sein.

Bei zu früher Ernte kann verstärkt Schalenbräune und als Folge einer gestörten Calcium-Versorgung Stippigkeit auftreten. Zu späte Ernte führt oftmals zu Störungen im Zucker-Säure-Stoffwechsel der Früchte und begünstigt das Auftreten von Glasigkeit, Fleischbräune und Altersschalenbräune.

Nicht passende oder ungenügende Überwachung der Lagerbedingungen sowie Fehler im technischen System eines CA-Lagers können zu schwerwiegenden Lagerschäden infolge zu tiefer Temperatur, zu wenig Sauerstoff oder zu viel Kohlendioxid führen. Kurzfristig kleinere Abweichungen von den Sollwerten (< 4 Tage Dauer) bleiben meist ohne größere Folgen. Falsche Einstellungen über längere Zeit können jedoch das gesamte Lagergut verderben, z. B. durch alkoholische Gärung als Folge von zu niedriger Sauerstoffkonzentration in der Lageratmosphäre.

Die Symptome der Erkrankung werden meist als Verbräunungen von Schale und/oder Fruchtfleisch während der Lagerung oder nach der Auslagerung sichtbar. Die eigentliche Schädigung ist oftmals schon früher durch Auflösen von Membranstrukturen in den Zellen erfolgt, was letztlich zum Absterben von Zellen und Verbräunungsreaktionen geführt hat. Auch sind einige Apfelsorten genetisch bedingt für speziellen Fruchterkrankungen besonders anfällig, z. B. 'Fuji' für Glasigkeit, 'Berlepsch' für Schalenbräune oder 'Braeburn' für Stippigkeit.

Im Folgenden werden die wichtigsten physiologischen Fruchtkrankheiten besprochen, die meist erst nach der Ernte oder während und nach der Lagerung sichtbar werden.

14.9.1 Glasigkeit (*water core*)

Krankheitsbild: Bereits kurz vor der Ernte erscheinen im Fruchtgewebe befallener Äpfel glasige Stellen. Die Zellzwischenräume (Interzellularen) sind nicht wie normalerweise mit Luft, son-

Abb. 242 Glasigkeit bei 'Fuji' mit nachfolgend inneren Verbräunungen.

dern mit Flüssigkeit gefüllt, die vermehrt Zuckerstoffe, insbesondere Sorbit enthält. Die Flüssigkeit in den Interzellularen verleiht dem befallenen Gewebe ein glasiges Aussehen und hohe Saftigkeit. Leichter Befall bildet sich nach der Ernte zurück, in schweren Fällen kann sich durch Sauerstoffmangel im befallenen Gewebe Alkohol und Acetaldehyd anreichern, was im Verlauf der Lagerung zu nachfolgender Fleischbräune führen kann. Es können alle Fruchtfleischpartien befallen werden, im Anfangsstadium tritt Glasigkeit jedoch vorwiegend um die Gefäßbündel und das Kernhaus auf. Einige Sorten werden verstärkt unter der Fruchtschale glasig.

Für Glasigkeit empfindlich sind besonders die Sorte 'Fuji' aber auch 'Jonagold' oder einige ältere Sorten wie 'Alkmene', 'Cox Orange', 'Gloster', 'Boskoop'.

Krankheitsursache: Durch günstige Assimilationsbedingungen und raschen Stärkeabbau bei Reifebeginn kommt es zu Störungen im Zuckerstoffwechsel. Dadurch werden in den betroffenen Zellpartien die Zuckerprodukte nur verzögert in die Zellen aufgenommen und vermehrt Wasser in die Zellzwischenräume eingelagert. Glasigkeit tritt verstärkt auf bei

- guten Assimilationsbedingungen (hohe Lichtintensität, ausreichend Wärme und Feuchte; südliche Anbaugebiete sind deshalb stärker betroffen),
- geringem Fruchtbehang,
- später Ernte (lange Assimilatzufuhr).

Zur Befallsminderung tragen bei

- guter Fruchtbehang,
- nicht zu späte Ernte,
- Verzicht auf anfällige Sorten.

Einige Tage Zwischenlagerung bei 6 bis 8 °C beschleunigen den Abbau der Glasigkeit nach der Ernte. CA-Lagerung von befallenen Früchten sollte erst nach vier Wochen Kühllagerung bei 4 bis 6 °C beginnen.

14.9.2 Stippigkeit (*bitter pit*)

Die Anfälligkeit von Äpfeln ist stark sortenabhängig und wird durch eine unharmonische Mineralstoffernährung gefördert.

Krankheitsbild: Die Symptome sind zum Teil bereits an den Äpfeln kurz vor Ernte sichtbar, treten oftmals aber auch erst nach einigen Wochen Lagerung auf. Unter der Schale erscheinen abgestorbene und eingetrocknete Gewebepartien des Fruchtfleisches von 3 bis 6 mm Durchmesser als leicht eingesunkene, dunkelgrün- bis braunge-

Abb. 243 Stippigkeit bei 'Jonagold'. Auch das Fruchtfleisch unter der Schale ist betroffen.

färbte Flecken. Diese treten hauptsächlich auf der Schattenseite und der Kelchhälfte der Äpfel auf. Anfällige Sorten sind besonders ältere Sorten wie 'James Grieve', 'Gravensteiner', 'Cox Orange', 'Boskoop', 'Goldparmäne' oder aktuellere Sorten wie 'Braeburn', 'Jonagold' und Kanzi®.

Krankheitsursache: Stippigkeit entsteht durch Ca-Mangel im Fruchtgewebe und ist oft von einer Anreicherung mit Kalium und Magnesium begleitet. Der Ca-Mangel der Früchte geht nur zum Teil auf ein zu geringes Ca-Angebot im Boden zurück, vielmehr ist die Verteilung der Mineralstoffe gestört. Nur Früchte leiden unter Ca-Mangel, nicht aber Blätter, weil diese – zusammen mit den Triebspitzen – das Calcium leichter an sich ziehen können. Der Ca-Transport in der Pflanze erfolgt im Xylem (Wasserleitungsbahnen) und ist daher besonders zu stärker transpirierenden Organen gerichtet. Das sind junge, intensiv wachsende Triebe, Blätter und Früchte im Anfangsstadium ihrer Entwicklung. Daher werden Äpfel nur in ihrem ersten Entwicklungsabschnitt bis etwa zur Walnussgröße mit Ca ausreichend versorgt. Später kommt es oft zu einer Mangelsituation. Stippigkeit wird durch Faktoren gefördert, die die Ca-Aufnahme der Früchte gegenüber den Blättern reduzieren und dadurch eine unharmonische Mineralstoffversorgung verursachen. Dazu gehören vor allem schwacher Behang, starkes Triebwachstum, sehr feuchte oder sehr trockene Wachstumsbedingungen.

In den Mittellamellen der Zellverbände wird Calcium zum Pektinaufbau und zur Zellwandstabilisierung benötigt. Calcium kann aber herausgelöst und gegen Kalium ausgetauscht werden. Dadurch wird die Gewebestabilität vermindert und es kommt zum Zusammenbruch von Zellen.

Bekämpfung: Sicherung gleichmäßig guter Erträge bei mäßigem Triebwachstum durch mäßigen Schnitt und angepasste Behangsregulierung. Nur langfristig wirksam ist die Erhöhung des Ca-Gehalts im Boden durch Düngung.

Kurzfristig wirksam sind Ca-Spritzungen ab Juli: Sechs bis acht Behandlungen mit Calciumchlorid 0,5 bis 0,8 % oder anderen Ca-Präparaten. Ebenso wirksam ist das Tauchen oder Abduschen der Früchte nach der Ernte mit zwei- bis dreiprozentigem Calciumchlorid.

Ca-Behandlungen vermindern neben Stippigkeit auch Fleischbräune und Lentizellenflecken, reduzieren die Fruchtatmung, verzögern die Alterung und erhalten die Fruchtfleischfestigkeit. Tauchbehandlungen nach der Ernte sind in vielen Ländern Standard, in Deutschland jedoch nicht zugelassen.

14.9.3 Lentizellenflecken (*lenticel blotch pit*)

Kleine, meist kreisförmige, braun bis schwarz gefärbte, leicht eingesunkene Flecken um die Lentizellen werden vor allem in der Kelchhälfte der

Abb. 244 Lentizellenflecken bei 'Braeburn' an Erstlingsfrüchten.

Abb. 245 Schalenbräune an 'Golden Delicious' und 'Berlepsch'. Das Fruchtfleisch unter der Schale ist nicht betroffen.

Früchte oft schon vor der Ernte sichtbar. Die Ursachen der Erkrankung liegen wie bei der Stippigkeit in einem gestörten Mineralstoffverhältnis von Kalium, Magnesium und Calcium. Zur Krankheitsursache und Bekämpfung siehe Kapitel Stippigkeit.

14.9.4 Schalenbräune (*scald*)

Schalenbräune kommt in verschiedenen Formen vor: Die gewöhnliche Schalenbräune (*superficial scald*) tritt bei anfälligen Sorten nach drei bis vier Monaten Lagerdauer auf und verstärkt sich nach der Lagerung noch. Sie ist in wärmeren Anbaugebieten bei den dafür besonders empfindlichen Sorten 'Granny Smith' und 'Red Delicious' gefürchtet. In kühleren Regionen ist sie weniger verbreitet, kann jedoch bei Sorten wie 'Jonagold', 'Idared' und vor allem Sorten wie 'Berlepsch' und 'Melrose' zu einem Problem werden. Altersschalenbräune (*senescence scald*) ist als Überlagerungserscheinung bei fast allen Sorten nach zu langer Lagerdauer möglich. Schalenschäden durch CO_2 (superficial CO_2 injury) treten besonders auf der Schattenseite der Äpfel oder bei hellschaligen Sorten bei zu hohen CO_2-Konzentrationen im Lager auf.

Krankheitsbild: Flächige, meist nur unscharf begrenzte Verbräunung der äußersten Epidermisschicht der Fruchtschale. Darunterliegendes Fruchtfleisch ist nicht betroffen. Die schmutzig erscheinende Verbräunung macht Früchte unverkäuflich, trotz ungeschmälertem Geschmack.

Krankheitsursachen: Flüchtige, von der Frucht gebildete Schadstoffe (vor allem α-Farnesen) verbleiben zu lange auf der Fruchtschale und schädigen diese durch Oxidationsprozesse. Das Auftreten der Krankheit wird gefördert durch zu frühe oder bei der Altersschalenbräune zu späte Ernte sowie trocken-warme Herbstwitterung nach nassem Sommer.

Im Lager ist sie besonders dann vertreten, wenn Äpfel bei zu hoher Luftfeuchte und geringer Luftbewegung wenig transpirieren oder bei zu viel Sauerstoff zu warm gelagert werden und schnell reifen.

Bekämpfung:

- Gute Belichtung der Früchte am Baum durch Schnitt und Ausdünnung.
- Richtiger Erntetermin.
- Lagerung anfälliger Sorten bei maximal 92 % relativer Luftfeuchte und ausreichender Luftbewegung, niedrigen Sauerstoffwerten (1,0 bis 1,5 % O_2, ULO), nicht zu lange lagern.
- Zur Verhütung konsequent ULO lagern, dennoch sind am Lagerende einige Verbräunungen möglich.

- Nacherntebehandlungen (Begasen, Tauchen oder Abduschen der Früchte) mit Antioxidantien, wie Diphenylamin oder Ethoxyquin, können den Befall fast vollständig unterbinden, sind jedoch gesundheitlich nicht unbedenklich und in Deutschland verboten; im Zuge der Harmonisierung des EU-Rechts besteht allgemeines Verbot.

14.9.5 Schalenfleckchen bei 'Elstar' (*skin spots*)

Der Befall mit Schalenfleckchen wurde erstmals in Holland und in Norddeutschland in Küstennähe und in feuchten, sonnenarmen Jahren beim Apfel nach CA-Lagerung beobachtet. Wirtschaftlich von Bedeutung ist die Erkrankung bisher nur bei der Sorte 'Elstar'.

Krankheitsbild: Schalenfleckchen sind graubraune bis schwarze, zuerst punktförmige, später auch flächige Verfärbungen der Fruchthaut des Apfels, speziell bei der Sorte 'Elstar'. Der Befall beginnt meist im Bereich der grüngelben Backe der Stielhälfte, kann sich aber bei stärkerem Befall auch auf den Bereich mit roter Deckfarbe ausdehnen. Das Fruchtfleisch darunter ist nicht beeinträchtigt. Durch erhöhten Wasserverlust schrumpfen die befallenen Stellen der Frucht stärker und können auch etwas einsinken. Schalenfleckchen sind strukturell nicht identisch mit Berostung, da keine Korkzellen gebildet werden.

Abb. 246 Schalenfleckchen bei 'Elstar'. Befallen sind vor allem die Schalenpartien ohne rote Deckfarbe.

Krankheitsursache: Als fördernd für den Krankheitsbefall gelten folgende Anbau- und Lagerbedingungen:

- Schlechte Belichtung von Früchten in dichten Kronen
- Überdurchschnittlich hohe Niederschläge und langsames Abtrocknen in zeitlicher Nähe zur Ernte
- Späte Erntetermine
- CA-Lagerung O_2-Konzentrationen > 0,8 % und CO_2-Konzentrationen > 3 % bei höherer Lagertemperatur
- Längere Lagerdauer (> 5 bis 6 Monate)
- Einsatz von 1-MCP

Bekämpfungsmöglichkeit:

- Für triebruhige, lichte und gleichmäßig tragende Bäume sorgen
- Nur gut ausgefärbte, nicht zu spät gepflückte Äpfel für längerfristige Lagerung verwenden
- Bei Langzeitlagerung DCA-Lagerung einsetzen mit O_2-Komzentrationen < 0,8 %

14.9.6 Weiche Schalenbräune (*soft scald*)

Bei empfindlichen Apfelsorten können bereits nach ein bis zwei Monaten Lagerdauer charakteristische Schalenschäden auftreten, die im Englischen mit *soft scald* bezeichnet werden. Dieses Schalenproblem hat aber mit der bereits beschriebenen Schalenbräune (*scald*) weder vom Aussehen noch von den Schadensursachen her etwas zu tun. Die deutsche Bezeichnung für die Erkrankung ist uneinheitlich, teils wird sie vom Englischen abgeleitet als „weiche" oder „tiefe Schalenbräune", teils nach dem Aussehen des Schadens auch als „Bänderfleischbräune" bezeichnet.

Krankheitsbild: Befallene Früchte zeigen zum Teil bandartige bis oftmals unregelmäßig und bizarr geformte Flecken mit einer scharfen Abtrennung vom gesunden zu befallenen Schalenbereichen. Diese sind anfangs auf die äußersten Zellschichten begrenzt, leicht eingesunken und weisen eine glatte, oft straff gespannte Oberfläche von zunächst hellbrauner Färbung auf. Später

Abb. 247 Weiche Schalenbräune an 'Pinova' und 'Jonagold'. Die Fruchthaut der befallenen Stelle ist straff gespannt. Vereinzelt können auch sehr bizarre Formen von Verbräunungen auftreten.

Abb. 248 Fleischbräune an sehr reifen 'Jonagold'.

erweitern sich die Schadstellen bis einige Millimeter ins Fruchtfleisch, werden dunkelbraun und oftmals durch Sekundärinfektion mit einem Schwächepilz (*Cladosporium* oder *Alternaria*) schwarz verfärbt. Die Schädigung tritt gleichermaßen an Früchten mit oder ohne roter Deckfarbe auf, allerdings weniger häufig in der Kelch- oder Stielregion. Im Gegensatz zur gewöhnlichen Schalenbräune zeigen Äpfel nach Lagerende oder während der Vermarktung keinen neuen Befall oder eine Ausweitung des Schadens.

Krankheitsursachen: Weiche Schalenbräune ist die Folge zu tiefer Temperaturen durch zu schnelle Abkühlung bei Lagerbeginn von meist zu spät (zu reif) geernteten Äpfeln mit einer hohen Atmungsintensität. Geschädigte Äpfel haben oft-

mals einen niedrigen Gehalt an Linolsäure. In Laborversuchen konnte durch Tauchen solcher Früchte in Fettsäuren oder Antioxidantien die Erkrankung verhindert werden. Betroffene Früchte finden sich vor allem in der kältesten Zone des Lagers, wo der kalte Luftstrom aus den Verdampfern zuerst auf die Äpfel trifft. Als besonders anfällig hat sich in den letzten Jahren die Sorte 'Pinova' erwiesen, aber auch bei 'Jonagold', 'Elstar' u. a. sind immer wieder geschädigte Partien zu finden.

Neben dem späten Erntetermin können auch Witterungs- und Wachstumsbedingungen den Befall beeinflussen. So sollen nach einem trüben, kühlen und nassen Sommer, wie auch bei großen Früchten von wüchsigen, schwachbehangenen Bäumen Probleme mit den genannten Schalenschäden stärker auftreten.

Bekämpfungsmöglichkeit: Weiche Schalenbräune kann durch eine termingerechte, nicht zu späte Ernte der Äpfel wirksam verhindert werden. Bei anfälligen, zu reifen Früchten sollte eine verzögerte bzw. verlangsamte Abkühlung (Stufenkühlung) auf zuerst 6 °C und dann innerhalb von ein bis zwei Wochen auf 3 °C bzw. vier bis sechs Wochen auf 1 °C erfolgen. Andere, in der Literatur empfohlenen Maßnahmen, wie eine Begasung mit 20 bis 30 % CO_2 während 48 Stunden oder eine Erwärmung der Äpfel auf 38 bis 42 °C während acht bis zwölf Stunden sind nicht praktikabel und auch für die Erhaltung andere Fruchtqualitätsmerkmale nicht immer zuträglich.

14.9.7 Fleischbräune (*internal breakdown*)

Wichtige Fleischbräunearten sind:

- Kältefleischbräune (*low temperature breakdown*)
- Altersfleischbräune (*senescent breakdown*)
- Fleischbräune als Folge von Glasigkeit oder Druckstellen

Krankheitsbild: Die Symptome aller drei Fleischbräunetypen sind sehr ähnlich: Das Fruchtgewebe ist hell- bis dunkelbraun; die dunkleren Gefäßbündel heben sich als netzartige Strukturen mit fließendem Übergang vom gesunden zum kranken Gewebe hervor. Kernhausbereich und Fruchtschale sind im Anfangsstadium meist gesund; erst später ist die Fleischbräune auch äußerlich an dunkleren, durchscheinenden Verfärbungen zu erkennen.

Krankheitsursachen: Kältefleischbräune tritt nur bei Apfel auf und im Unterschied zur Altersfleischbräune bereits an Früchten, die keine Überreifeerscheinungen zeigen.

Bei der Lagerung und Lagertemperatur ist zwischen kälteempfindlichen ('Boskoop', 'Cox Orange', Kanzi® u. a., nicht unter 3 °C lagern) und kälteunempfindlichen Sorten ('Gala', 'Jonagold' u. a., bei 0 bis 1 °C lagern) zu unterscheiden.

Unterschiedliche Reaktionsgeschwindigkeiten der am Zucker-Säure-Stoffwechsel beteiligten Enzyme führen bei tieferen Lagertemperaturen zur Anreicherung von Stoffwechsel-Zwischenprodukten, die das Fruchtgewebe schädigen. Kurzzeitiges Erwärmen während der kritischen Phase (sechs bis acht Wochen nach der Ernte) verhindert obige Anhäufung. Erstes Anzeichen der Erkrankung ist ein starker Säureabbau.

Altersfleischbräune tritt besonders bei zu reif geernteten Früchten auf, oder wenn Äpfel vor oder während der Lagerung durch verzögerte Einlagerung oder schlechte Lagerbedingungen (z. B. zu viel O_2) stark nachreifen konnten. Diese Früchte entwickeln viel Ethanol und Acetaldehyd mit nachfolgender Fleischbräune. Auch bei Glasigkeit oder größeren Druckschäden reichern sich im Gewebe die besagten Substanzen an und es kann zu Fleischbräune kommen.

Bekämpfung: Wirkungsvolles Vorbeugen durch:

- Ausgewogenes Blatt-Frucht-Verhältnis
- Gute Ca-Versorgung der Früchte
- Rechtzeitige Ernte
- Ausschluss glasiger Früchte beim Einlagern
- Vermeiden von Druckstellen
- Lagerung bei CA-, besser ULO-Bedingungen, bei sortengerechten Lagertemperaturen und nicht zu hoher Luftfeuchte

14.9.8 Kernhausbräune (*core flush, core browning*)

Kernhausbräune tritt meist nach mehrmonatiger Lagerung auf und wurde für manche Sorten ('Boskoop', 'Gloster') zum begrenzenden Lagerfaktor.

Krankheitsbild: Verbräunung des Gewebes zwischen Kernhaus und Leitbündelring, oft nur als

Abb. 249 Kernhausbräune bei 'Braeburn' aus einem CA-Lager mit erhöhten CO_2-Konzentrationen.

leicht bräunlicher Anflug, in starker Form jedoch als schokoladebraunes, trockenes Gewebe. Sie tritt häufig auch als Überlagerungserscheinung auf, besonders bei den anfälligen Sorten 'Boskoop', 'Braeburn', 'Cox Orange', 'Glockenapfel' und 'Idared'. Auch äußerlich völlig gesunde Früchte können befallen sein.

Krankheitsursache:

- Ungünstige Wachstumsbedingungen und Kulturmaßnahmen vor der Ernte sowie Fehler bei der Lagerung.
- Befall kann je nach Sorte, Standort und Jahreswitterung auftreten.
- Fördernd wirken kühle Sommer und warme Herbstwitterung, zu frühe wie auch zu späte Ernte sowie hohe Phosphorversorgung der Früchte.
- Während der Lagerung können zu tiefe Lagertemperatur, hoher CO_2-Gehalt und hohe Luftfeuchte förderlich sein.

Bekämpfung: Zur Verhinderung termingerecht ernten und CO_2-empfindliche Sorten bei niedrigem CO_2- (< 1,5 %) und O_2-Gehalt (ULO) nicht zu lange lagern.

14.9.9 Kälte- und Gefrierschäden

Neben **Erkältungsschäden**, die bereits oberhalb des Gefrierpunktes auftreten (s. in Kap. 14.9.7 „Kältefleischbräune"), kann es bei Temperaturabsenkung unter den Gefrierpunkt des Zellsaftes zu **Erfrierungsschäden** kommen.

Im Fruchtfleisch von Äpfeln liegt der Gefrierpunkt bei ungefähr −1 bis −3 °C; Birnen sind etwas robuster. Allerdings gibt es beachtliche Sor-

Abb. 250 Kälteschaden bei 'Boskoop' bei 1 °C und Gefrierschaden bei Temperaturen unter 0 °C.

Abb. 251 Kohlendioxid-Schaden: innere Fleischbräune mit Kavernen bei 'Elstar' und starke Hautverätzungen bei Cameo®.

tenunterschiede. Zuckerreiche Äpfel ertragen tiefe Temperaturen besser als zuckerarme. Für die Stärke der Schädigung sind die Dauer der Kälteeinwirkung und die Tiefe der Temperatur entscheidend.

Gefrierschäden äußern sich in Verbräunungen der Gefäßbündel und des Fruchtfleisches. Die dunkelbraun gefärbten Leitgefäße sind als netzartige Strukturen im Fruchtfleisch sichtbar. In schweren Fällen sehen die Früchte wie Bratäpfel aus. Während der Gefrier- und Auftauphase sind die Äpfel besonders berührungsempfindlich und reagieren mit Hautverbräunungen und Druckstellen.

14.9.10 Kohlendioxid-Schäden

Zu hohe CO_2-Gehalte der Lagerluft ergeben innere **Verbräunungen** oder äußere **Schalenverätzungen**. Letztere zeigen sich besonders an der Schattenseite der Früchte, wo die Schale gegenüber hohen CO_2-Konzentrationen empfindlicher ist. Geschädigte Stellen sind anfangs kaum verbräunt, jedoch deutlich abgegrenzt, leicht wellenartig eingesunken und sehen wie eingetrocknet aus. Kommen Früchte nass in das Lager, kann sich CO_2 in den Wassertropfen auf den Äpfeln zu Kohlensäure lösen und kreisförmige Verätzungen auf der Schale verursachen. Anfällig sind eher hellschalige und wenig gefärbte Äpfel aus dem Innern dichter Bäume.

Innere CO_2-Schäden äußern sich in leichteren Fällen als **Kernhausbräune** im Bereich der Leitbündel. Bei längerer Einwirkung von zu hohen CO_2-Konzentrationen und je nach Sortenempfindlichkeit breitet sich die Verbräunung über das gesamte Fruchtfleisch aus. Die geschädigten Zellen verlieren Wasser und es bilden sich Hohlräume, sogenannte **Kavernen**. Diese sind den Früchten von außen nicht anzumerken. Die CO_2-Toleranz der Apfelsorten variiert sehr stark.

Besonders empfindlich ist 'Braeburn', aber auch 'Boskoop' und 'Cox Orange' zeigen bereits ab 2 % CO_2 erste Schäden. Birnen sind meist besonders CO_2-empfindlich.

CO_2-Schädigungen sind bei tiefen Temperaturen in der Regel stärker ausgeprägt als bei hohen.

14.9.11 Sauerstoffmangel-Schäden

Zur Aufrechterhaltung der Atmung werden in der Lageratmosphäre je nach Sorte mindestens 0,6 bis 1,0 % O_2 benötigt. Bei geringeren Konzentrationen setzen anaerobe Atmungsvorgänge ein, und es bilden sich verstärkt Ethanol und Acetaldehyd. Ethanol ist normalerweise im Apfelaroma

stets in geringer Konzentration (4 bis 7 mg/100 g Frucht) enthalten, und der Gehalt nimmt bei älteren Früchten noch deutlich zu (bis 30 mg).

Bei **Sauerstoffmangel** erfolgt ein starker Anstieg von Alkohol, die Äpfel schmecken gärig und sind nicht mehr genießbar.

Kurzzeitiger und mäßiger Alkoholanstieg kann durch Belüften der Früchte größtenteils abgebaut werden. Länger anhaltender O_2-Mangel kann zu unregelmäßigen Verbräunungen der Schale und des darunter liegenden Fruchtfleisches (weich und wässrig) führen.

Abb. 252 Sauerstoffmangel-Schaden.

15 Qualitätsmanagement

Qualitätsmanagement umfasst die Gesamtheit aller qualitätsbezogenen Tätigkeiten und Zielsetzungen auf der Grundlage einer eigenen Qualitätspolitik, wobei die Umsetzung betriebsindividuell erfolgt. In einem Qualitätsmanagementsystem sind alle unternehmensspezifischen Regeln in schriftlicher Form gesammelt, die dazu beitragen, die Qualität eines Produktes oder einer Leistung zu sichern und zu verbessern.

Qualitätsmanagement hat nicht unmittelbar mit der Produktqualität zu tun, sondern stellt Mittel und Wege dar, eine bestimmte Qualität zu erzielen.

15.1 Grundgedanken des Qualitätsmanagements

Ein amerikanischer Pionier des Qualitätswesens, Prof. Deming, ist der Auffassung, dass 90 % der Fehler nicht auf individuelle Versehen der Mitarbeiter, sondern auf Mängel innerhalb des Systems der täglichen Abläufe und Tätigkeiten zurückzuführen sind. Daher muss das System verändert werden. Um das System erfolgreich zu ändern, muss die Scheu vor der **Identifizierung von Schwachstellen** aufgegeben werden. Die Verpflichtung zur Qualität ist Aufgabe des Managements; erst dann kann auch von Mitarbeitern der unbedingte Einsatz für Qualität gefordert werden.

Weitere Grundgedanken sind der **kontinuierliche Verbesserungsprozess**, das **Null-Fehler-Prinzip** und die **Vermeidung von Zeit- und Geldverschwendung**. Qualität im Sinne des Qualitätsmanagements gibt an, in welchem Maße ein Produkt (Ware oder Dienstleistung) den bestehenden Anforderungen entspricht und ist als Grad, in dem ein Satz inhärenter Merkmale Anforderungen erfüllt, definiert (Norm DIN EN ISO 9000:2015).

Während früher die konsequente Orientierung am Kunden im Vordergrund stand, erstreckt sich der Qualitätsbegriff mittlerweile über ganze Unternehmen und umfasst neben den Kundenanforderungen auch die Anforderungen von Mitarbeitern, Kapitalgebern und der Öffentlichkeit (rechtliche Anforderungen) und misst an deren Erfüllung die umfassende Qualität eines Unternehmens („Total Quality").

15.2 Qualitätsmanagementmodelle im Gartenbau

15.2.1 Qualitätsmanagement nach DIN EN ISO 9000:2015

Wie umfangreich ein QM-System tatsächlich ist, hängt von der Größe und Komplexität des Unternehmens ab sowie von dessen individuellen Ansprüchen. Die Normenreihe DIN EN ISO 9000:2000 ff. umfasst ein branchen- und produktunabhängiges System von Elementen zum Qualitätsmanagement von Waren und Dienstleistungen im Unternehmen. Der Grundgedanke ist, dass jedes Produkt individuellen Anforderungen unterliegt und daher auch nur unter individuellen Qualitätssicherungsmaßnahmen zu erzeugen ist. Die Normen selbst dienen daher als Leitfaden und geben eine Zertifizierungsgrundlage, die in der EU und weitgehend weltweit anerkannt wird. Mittlerweile gibt es in jedem EU-Land nur noch eine zentrale Akkreditierungsstelle für die Zertifizierung, sodass eine einheitliche Ausführung der Normen gewährleistet ist. In Deutschland ist das die Deutsche Akkreditierungsstelle.

Kennzeichnend für dieses Modell ist der prozessorientierte Ansatz, d. h. jede Tätigkeit im Unternehmen wird als Prozess verstanden, dessen Ergebnisse überwacht werden. Dabei werden die Prozesse permanent verbessert. In dem sich

ständig wiederholenden „Plan, Do, Check, Act-Zyklus“ (PDCA) werden Ziele geplant, die Zielerreichung kontrolliert und bei Abweichungen entsprechend reagiert.

Die Norm DIN EN ISO 9000:2015 ist mit anderen Qualitätsmanagementsystemen wie der ISO 14001 Umweltmanagementsysteme sowie Arbeitssicherheits-, Risiko- und Finanzmanagementsystemen kompatibel. Werden mehrere Managementsysteme miteinander verbunden, so spricht man von einem integrierten Managementsystem.

15.2.2 Qualitätssicherungssysteme nach GlobalGAP

Im Jahre 1997 wurde mit EurepGAP ein QMS entwickelt, das unter anderem im Blumen-, Obst- und Gemüsebau den gesamten Produktionsprozess eines zertifizierten Artikels auf der Erzeugerstufe abdeckt. Die Einhaltung der international anerkannten Qualitätsstandards wird in sogenannten Benchmarketingprozessen erreicht. 2009 wurde EurepGAP durch GlobalGAP ersetzt. Dabei steht die Abkürzung GAP für Good Agricultural Praxis. Hauptziel dieses Qualitätssicherungs- und Zertifizierungssystems ist die Sicherstellung der Guten Agrarpraxis durch die Definition von Minimalstandards, unter anderem in der Produktion von Obst und Gemüse, von der landwirtschaftlichen Produktionsstufe bis zum unverarbeiteten Produkt, sowie die Rückverfolgbarkeit.

15.2.3 Qualitätsmanagement nach QS

Das Unternehmen QS Qualität und Sicherheit GmbH wurde nach der BSE-Krise 2001 ursprünglich für den Bereich Fleisch und Fleischwaren gegründet und 2004 um die Gesellschaft QS Obst-Gemüse-Kartoffeln GmbH erweitert. Getragen wird das Unternehmen von verschiedenen Verbänden aus der Land- und Ernährungswirtschaft.

Hauptziel ist die Sicherstellung der Lebensmittelsicherheit durch Zertifizierung aller Produktions- und Vermarktungsprozesse entlang der gesamten Wertschöpfungskette sowie durch Produktkontrollen, z. B. im Rahmen des QS-Rückstandsmonitorings. Darüber hinaus sind die Rückverfolgbarkeit der Ware und das Krisenmanagement wesentliche Bestandteile des Systems. Sind alle an der Produktion und Vermarktung Beteiligten nach QS-Vorgaben zertifiziert, können die Produkte mit dem QS-Prüfzeichen gegenüber dem Verbraucher kenntlich gemacht werden.

15.2.4 Qualitätsmanagement nach IFS

International Featured Standards (IFS) entstand in einer Zusammenarbeit des deutschen und französischen, später auch des italienischen Einzelhandels. Definiert wurden dabei Qualitäts- und Lebensmittelsicherheitsstandards für die Eigenmarken des Handels inklusive deren Lieferkette. Ziel ist die Einhaltung der mit dem Kunden vereinbarten Produkteigenschaften bzw. Dienstleistungen sowie die ständige Verbesserung des Produktionsprozesses.

15.2.5 Andere Qualitätsmanagementsysteme

Neben den genannten QMS gibt es weitere Systeme, die in der Produktion von Lebensmitteln eingesetzt werden. Dazu gehört das Konzept zur Gefahrenanalyse und Überwachung kritischer Kontrollpunkte, das sogenannte **HACCP (Hazard Analysis and Critical Control Point)**, das vor allem auf präventive Maßnahmen im Zusammenhang mit der Vermeidung von Gefahren durch Lebensmittel ausgerichtet ist.

Ein weiteres Instrument ist das **GMP (Good Manufacturing Practice)**, zu Deutsch gute Herstellungspraxis, das vor allem eine Garantie zur Produktqualität inklusive der Einhaltung der für die Vermarktung verbindlichen Anforderungen der Gesundheitsbehörden liefert.

Bei **BRC (British Retail Consortium)** handelt es sich um einen Verband britischer Einzelhandelsunternehmen. Das Hauptaufgabengebiet liegt in der Lobbyarbeit. Daneben wurden von dem Konsortium Regelwerke für Lieferanten der Lebensmittelindustrie wie den BRC Global Standard, BRC-IoP (Institute of Packaging) sowie BRC Consumer Products definiert.

15.3 Qualitätsmanagementsysteme in der Apfelproduktion

Der Markt für Äpfel unterliegt stetigen Veränderungen. Neue Sorten und wechselnde Präferenzen der Verbraucher sorgen ebenso wie wirtschaftliche und agrarpolitische Rahmenbedingungen sowie die Entwicklung der Apfelproduktion weltweit für neue Herausforderungen im Anbau und in der Vermarktung. Vor allem die steigende Produktion in den europäischen Anbaugebieten führt in erntestarken Jahren zu einem erhöhten Preis- und Qualitätsdruck.

Da die Märkte immer anspruchsvoller werden, umfasst der Qualitätsbegriff heute neben der **äußeren Qualität** (Größe, Form, Färbung, Schalenreinheit) auch **innere Qualitätsmerkmale** (Fruchtfleischfestigkeit, Zuckergehalt, Säurewerte u. a.). Diese bilden besonders in Überschussjahren entscheidende Kriterien für einen gesicherteren Absatz.

Einige fortschrittliche europäische Anbaugebiete haben frühzeitig erkannt, dass nur beste Qualitäten wirtschaftlich erfolgreich abgesetzt werden können und vermarkten bereits nach Qualitätskonzepten, welche mehr als nur die Kriterien für Klasse I berücksichtigen, so beispielsweise das deutsche Produktionsgebiet Bodensee mit der Qualitätsmarke „Obst vom Bodensee" oder die VI.P in Südtirol. Grundvoraussetzung für eine hohe innere Qualität sind die **Vollentwicklung** (Größe, Form, Ausfärbung, Inhaltsstoffe) und **der optimale Reifezustand** der Früchte zum Pflückzeitpunkt. Unreife bzw. überreife Früchte sind qualitativ minderwertig und schlecht lagerfähig, ebenso unterentwickelte Früchte.

Früher wurde eine Apfelsorte vorwiegend nach äußeren Merkmalen (Form, Farbe, Glanz, Berostung u. a.) beurteilt. Darauf basieren auch überwiegend die EU-Qualitätsnormen (EU-Regelung 543/2011). Die Obstqualität hat in den letzten Jahren aufgrund der verbesserten Kenntnisse der biologischen Wertigkeit sowie der gesteigerten Ansprüche der Märkte und der Konsumenten eine zunehmende Bedeutung erhalten. Vermarkter und Verbraucher fordern vor allem Mindeststandards in Bezug auf folgende Fruchteigenschaften:

- Aussehen (Größe, Form, Farbe, Glanz, Glattschaligkeit, Sauberkeit)
- Festigkeit und Frische
- Naturbelassenheit (Integrierte Produktion)
- Möglichst langes Nachlagerungsverhalten (*shelf life*)
- Geschmack
- Markenbezeichnung
- Preis
- Anbaugebiet
- Sorte

Neben dem attraktiven Aussehen werden Festigkeit, Knackigkeit und Saftigkeit einer Frucht zunehmend zu den Hauptmerkmalen gezählt. Eine geringe Fruchtfleischfestigkeit wird von immer mehr Konsumenten negativ bewertet und vor allem von Einzelhandelsketten abgelehnt. Nicht von ungefähr weisen neue Sorten ('Braeburn', 'Fuji', 'Gala', Pink Lady®) eine hohe Fruchtfleischfestigkeit auf.

Daneben wird ein Mindestzuckergehalt verlangt, der je nach Sorte etwas unterschiedlich sein kann. So hat sich beispielsweise bei Apfelverkostungen gezeigt, dass Früchte der Sorte 'Fuji' mit einem Zuckergehalt unter 13,5 °Brix von Konsumenten häufig beanstandet werden. Große deutsche Handelsketten verlangen heute schon als Mindestwerte bei 'Gala' und 'Red Jonaprince' einen Penetrometerwert von 5,5 kg/cm^2 und 10,5 °Brix Zucker, bei 'Braeburn' 5,8 kg/cm^2 und 12 °Brix Zucker und bei 'Elstar' 5,0 kg/cm^2 und 12 °Brix Zucker.

In Zukunft kann nicht mehr all das verkauft werden, was wir produzieren, sondern es muss produziert werden, was man verkaufen kann: Das sind **gefragte Sorten** (daher Sortenumstellung) und bei all diesen Sorten nur **höchste Qualitäten**.

Die Konsumenten interessieren sich heute jedoch über die genannten Fruchteigenschaften hinaus auch für die **Produktionsmethoden**, Pflanzenbehandlungsmittel und Verpackungsmaterialien. In Zukunft wird Obst deshalb vermehrt auch aufgrund der angewandten Produktionsmethoden

(Integrierte bzw. Biologische Produktion) gekauft werden. Diese Art der Qualität kann unter dem Begriff „*extrinsic factors*“ zusammengefasst werden.

Aus den genannten Gründen sind in vielen europäischen Produktionsgebieten **Anbaurichtlinien für den Kontrolliert Integrierten Anbau** formuliert und in die Praxis umgesetzt worden. Einen Schritt weiter geht die ökologische Produktion, die auf europäischer Ebene durch die „Verordnung (EG) Nr. 834/2007 des Rates über die ökologische/biologische Produktion und die entsprechende Kennzeichnung von ökologischen/biologischen Erzeugnissen“ gesetzlich geregelt wird.

> Ziel des Qualitätsmanagements ist die ständige Erhöhung der Qualität bei gleichzeitiger Senkung der Kosten.

Viele Vermarktungsbetriebe haben für die eigenen Marken genaue Qualitätsvorschriften erlassen. Sie sind zurzeit dabei, ein umfangreiches Qualitätskonzept mit relativ strengen Richtlinien vom Anbau über die Ernte bis zu Lagerung und Verkauf auszuarbeiten.

15.3.1 Qualitätsmanagement der Marktgemeinschaft Bodensee (MaBo)

Die MaBo vermarktet die Obstproduktion von einem Drittel der Obstbauern am Bodensee. Mit rund 500 Erzeugern und über 100 000 t vermarktetem Obst gehört sie zu den größten deutschen Erzeugerorganisationen. In der Vermarktung arbeitet die MaBo mit fünf privaten Vermarktungsbetrieben zusammen, deren Vertrieb insbesondere an den Lebensmitteleinzelhandel über zwei Vertriebseinrichtungen weiter gebündelt wird. 95 % der Produktion ist Tafelkernobst, wobei die Äpfel weit überwiegen.

Der Anbau erfolgt nach den Richtlinien der Integrierten und kontrollierten Produktion (IP) Baden-Württemberg. Die Erzeugerbetriebe sind gemäß Vorgaben des Qualitätszeichens Baden-Württemberg (QZBW) für die Integrierte Obstproduktion kontrolliert und nach QS-GAP (inkl. GlobalGAP) zertifiziert. Warenannahme, Aufbereitung und Auslieferung erfolgen nach den Standards der Obsthandelsbranche QS Großhandel, IFS und QZBW. Die Rückverfolgbarkeit ist entlang der gesamten Wertschöpfungskette entsprechend lückenlos gewährleistet.

Die Sortenwahl der Erzeuger wird durch die MaBo gesteuert. Berater der MaBo stehen über die gesamte Anbauperiode und während der gesamten Reifeentwicklung der Kulturen in engem Kontakt mit den Erzeugern. Aufgrund der regionalen Gegebenheiten lässt sich die Bodenseeregion nicht in feste Erntefenster einteilen. Zur Planung der Erntehelfer wird von der MaBo im Juli ein Erntebeginn, berechnet nach T-Stadium und Blüte, ausgegeben. Mitte August erfolgen dann zwei Probennahmen im Abstand von einer Woche an ausgewählten Standorten zur mineralischen Fruchtanalyse in Zusammenarbeit mit dem KOB (Kompetenzzentrum Obstbau-Bodensee, Bavendorf). Danach wird eine Vorhersage zur Qualität und Lagerfähigkeit der Äpfel getroffen.

Ab Ende August erfolgen dann Reifemessungen im gesamten Anbaugebiet über die ganze Erntezeit. In der Regel beträgt das Erntefenster je Sorte ca. drei Wochen. Die Berater der MaBo begleiten die Erzeuger auch individuell durch eigene Durchführung von Reifemessungen und Anleiten der Erzeuger zur selbstständigen Messung der Reifekriterien Zucker, Festigkeit und Stärkeabbau mit Refraktometer, Penetrometer bzw. Jod-Jod-Kalium-Lösung zur Bestimmung der optimalen Pflückreife. Außerdem tragen sie durch Betriebsbesuche und Stichproben an den Erfassungsstellen dazu bei, dass die Qualitätsziele der MaBo bezüglich innerer Werte sowie der Ausfärbung und der weiteren Beschaffenheit der Früchte wie Größe und Form erfüllt werden. Die Anlieferung erfolgt nach Sorte und Mutante getrennt in Großkisten. Für kleinfallende Sorten gilt eine Mindestgröße von 60 mm, bei mittleren und großfallenden Sorten 65 mm.

Das Kernobst wird von automatischen Sortiermaschinen mit Farberkennung, Erkennung von Beschädigungen und physiologischen Qualitätskriterien sortiert und für die Erzeugerabrechnung eingestuft. Abgerechnet wird entsprechend der Qualität der angelieferten Ware.

Die Qualität wird kundenspezifisch abgestimmt. Darüber hinaus gibt es Richtlinien für die

Marke **„Obst vom Bodensee"**, deren Anforderungen bei einzelnen Obstarten über die Vermarktungsnorm gemäß Durchführungsverordnung (EU) Nr. 594/2013 hinausgehen.

Je nach Klasse werden spezifische Qualitätsansprüche gestellt. Eine Hauptrolle spielen dabei die sortentypische Ausfärbung, die maximal erlaubten Schalenfehler und der Grad der Berostung sowie die Beschaffenheit des Fruchtfleisches. Für jede Apfelsorte gilt zudem ein definierter Mindestwert für die Druckfestigkeit. Über die genannten Kriterien hinaus gelten besondere Qualitätsbestimmungen zur Vermarktung von Äpfeln. Diese betreffen unter anderem eine sortenspezifisch festgelegte Homogenität der Fruchtausfärbung, die durch geforderte Mindestanteile an Ausfärbung der Schale erreicht wird und über die gesetzlichen Anforderungen an Klasse I hinausreicht. Die Qualitätskriterien sind in einer Markensatzung verankert, die der Wort-Bild-Marke und der Wortmarke „Obst vom Bodensee" zugrunde liegt.

15.3.2 Qualitätsmanagement des Verbandes der Vinschgauer Produzenten für Obst und Gemüse (VI.P)

Der Südtiroler Apfel wird auf einer Fläche von ca. 18 400 ha angebaut. Davon werden ca. 5100 ha von Mitgliedern der VI.P bewirtschaftet. Die VI.P ist ein Zusammenschluss von sieben Genossenschaften mit 1730 Produzenten (rund 350 000 t Äpfel) zu einem Verband Anfang der 1990er-Jahre. 93 % der Erntemenge werden nach den Richtlinien der Integrierten Produktion geerntet, die restlichen 7 % werden nach den Richtlinien der biologischen Produktion angebaut. Die angeschlossenen Genossenschaften sowie die VI.P als Vermarktungsgesellschaft sind nach verschiedenen Qualitätsstandards zertifiziert, wie GlobalGAP, BRC, IFS und ISO 9001. Für den Bio-Bereich kommen die Anbaurichtlinien nach Bioland und/oder Demeter und ISO 14001 hinzu.

Die Marke Vinschgau/Val Venosta wird ausschließlich für die Kennzeichnung der Ware erster Qualität eingesetzt. Werden Südtiroler Äpfel in Deutschland verkauft, dann werden diese mit der Marke Südtiroler Apfel g.g.A. (geschützte geografische Angabe) gekennzeichnet. Im Juli 2005 hat die Europäische Union den Südtiroler Äpfeln die g.g.A. zugesprochen in Anerkennung der Tradition und der tiefen kulturellen Verwurzelung des Obstanbaus in Südtirol. Sie stellt einen Zusammenhang zwischen Ursprung, Qualitätsanforderungen und Tradition im Anbau für Äpfel in Südtirol her. Zudem schützt sie die Bezeichnung „Südtiroler Apfel" und verhindert, dass Äpfel, die nicht aus Südtirol stammen, als solche vermarktet werden. Die Marke „Amélie" wird für Äpfel zweiter Qualität verwendet.

Die gesamte bewirtschaftete Fläche von ca. 5300 ha im Anbaugebiet der VI.P ist in unterschiedliche Reifezonen unterteilt. Im ganzen Anbaugebiet des Vinschgaues gibt es 36 verschiedene Reifezonen. Je nach Größe der bestimmten **Reifezonen** wird eine Anzahl an Proben gezogen, im Durchschnitt sind das bei der Hauptsorte 'Golden Delicious' ca. fünf bis sechs Proben pro Erntezone. Von jedem Reifeteststandort werden die Druck-, Zucker-, Säure- und Stärkewerte bestimmt und ausgewertet. Die sortenspezifischen Richtwerte zur Bestimmung der Reife werden vom Versuchszentrum Laimburg im Vorfeld mitgeteilt.

Das **Erntefenster** der Hauptsorte 'Golden Delicious' ist unter anderem mit 18 Tagen festgelegt. Je nach Sorte kann das Erntefenster aber auch kürzer oder länger als der genannte Zeitraum sein. Die Öffnung des Erntefensters wird immer Hand in Hand zwischen jeweiliger Genossenschaft und der Qualitätsabteilung VI.P bestimmt. Bei Überschreitung des Erntefensters ist unabhängig von der Sorte eine einheitliche Sanktion festgelegt. Die Sanktion greift nach Überschreiten eines Zusatztages und steigt progressiv mit jedem zusätzlichen Tag.

Mutanten werden in der Regel bei der Anlieferung in Gruppen zusammengefasst. So werden beispielsweise bei der Sorte 'Gala' folgende Gruppen bzw. Mutanten unterschieden und bei der Anlieferung und Verarbeitung getrennt gehalten:

- 'Gala' dunkel (z. B. Gala Schnitzer – Schniga®, Baigent – Brookfield® Gala, Gala Venus Fengal, Gala SchniCo – Schniga®, Gala Decarli – Fendeca, Simmons – Buckeye Gala®)

- 'Gala' (z. B. Tenroy – Royal Gala®, Mitchgla – Mondial Gala®, Red Gala 95, Galaxy – Galaxy Selecta®)
- 'Gala' verwaschen (z. B. Gala 16357 – mema®, Gala Schnico Red – Schniga®)
- 'Gala' Must (Regal Prince – Gala Must)

Bei der **Einlagerung** wird grundsätzlich darauf geachtet, die Früchte in kurz, mittel und lang lagerfähige Ware zu unterteilen. Wichtige Indikatoren sind die Aufhellung der Grundfarbe, der effektive Erntetermin (früh, spät bzw. nach Erntefenster), Risikoware (z. B. Ware mit Schorfrisiko, Fäulnisgefahr, Fleischbräune), äußere Qualität (z. B. Hagelware) usw. Grundsätzlich werden 100 % der eingelagerten Ware sortiert. Die Auszahlung erfolgt auf Basis der Sortierergebnisse.

Die Probenziehung erfolgt jeweils bei Anlieferung der Ware in den Genossenschaften. Ein externes, unabhängiges Unternehmen, die „Südtiroler Qualitätskontrolle" wird mit der Probenziehung beauftragt. Insgesamt werden so jährlich bei ungefähr einem Viertel aller Betriebsleiter Proben für Rückstandsanalysen gezogen.

16 Betriebsmanagement im Obstbau

Obstbaubetriebe werden in der agrarpolitischen Statistik als Dauerkulturbetriebe geführt. Als Sonderkulturbetriebe zeigen sie einige von der allgemeinen Landwirtschaft abweichende Besonderheiten, die im Betriebsmanagement zu berücksichtigen sind. Ein wesentliches Kennzeichen der Obstproduktion ist die Vielfältigkeit in Kulturen, Anbauformen, Vermarktungswegen und daraus resultierend eine große Bandbreite an Möglichkeiten einer erfolgreichen individuellen Betriebsentwicklung.

Die Herausforderung an die zukunftsorientierte Betriebsleitung ist einfach definiert: Dokumentierte Produktion von Früchten in möglichst hohen Erträgen mit hohem Anteil an guten inneren und äußeren Qualitäten zu möglichst geringen Kosten, wobei Umweltbelastungen weitgehendst vermieden und soziale Kriterien sowie gesetzliche Normen eingehalten werden. In der Vielfalt der Produktionsweisen und des Marktumfelds gibt es hierbei weder Königsweg noch allgemein gültige Rezepte, aber strukturierte unternehmerische Vorgehensweisen.

Im weiten Feld an betriebsindividuellen Entwicklungsmöglichkeiten kann der betriebswirtschaftliche Zugang nur grundlegende Zusammenhänge erläutern. Veranschaulichend wird an mehreren Stellen auf einen fiktiven Betrieb „Schuhmacher" Bezug genommen. Dessen Ergebnisse sind nicht als absolute Zielgrößen zu sehen, sie sollen vielmehr das Nachvollziehen der betriebswirtschaftlichen Rechengänge und deren Anwendung auf den individuellen Betrieb erleichtern.

Produktionstechnisches Können sowie Fleiß und Durchhaltevermögen werden immer Grundvoraussetzung für erfolgreichen Obstbau bleiben. Insbesondere in wachsenden Betrieben sind aber zunehmend unternehmerische Qualitäten gefragt. Eine wesentliche persönliche Voraussetzung ist, sich dabei nicht im Detail zu verlieren, sondern die großen Linien zu sehen und das Wichtige vom Nebensächlichen zu trennen.

16.1 Managementbereiche im Obstbaubetrieb

Obstbaubetriebe haben häufig eine geringere Flächenausstattung und sind bezogen auf die Fläche besonders arbeits- und kapitalintensiv mit hohen Erträgen und Aufwendungen. Hohe laufende Produktionskosten und lange Zeiträume bis zu den Zahlungseingängen erfordern erhebliche finanzielle Vorleistungen bis zum Kapitalrückfluss. Das **Finanzmanagement** hat diese Zahlungsströme und den Finanzmittelbedarf zu steuern.

Ausgeprägte saisonale Arbeitsspitzen und bislang nicht mechanisierbare Arbeiten, insbesondere die Ernte, erfordern zeitweilig einen hohen Einsatz an Fremdarbeitskräften. Dementsprechend hat ein gutes **Arbeitsmanagement** mit exakter Personalplanung und geübter Personalführung hohe Bedeutung für den Erfolg.

Obstbauliche Erzeugnisse sind nicht nur Nahrungsmittelrohstoffe, sondern direkt genussfähige Endprodukte. Die Abnehmer stellen hohe Erwartungen an die inneren und äußeren Qualitäten. Die Früchte zeigen deutlich wahrnehmbare äußere Unterschiede in Größe, Reifegrad, Farbe, Festigkeit und makellosem Aussehen. Weiter spielen Forderungen nach Kontrolle, Rückverfolgbarkeit und möglichst geringer Belastung mit Pflanzenschutzmittelrückständen eine zunehmende Rolle. Diesen Anforderungen ist durch dokumentiertes **Qualitätsmanagement** Rechnung zu tragen.

Die in Qualität und Herkunft differenzierbaren Erzeugnisse eignen sich besonders für eine eigenständige Marktpreisgestaltung. Hierzu sind in der Direktvermarktung betriebsindividuelle Absatzstrategien zu entwickeln, aber auch beim

Verkauf über eine Erzeugerorganisation werden von den Erzeugervertretern Kenntnisse in **Marketingmanagement** benötigt. Aufgrund der Vielschichtigkeit der Thematik wird hier auf einschlägige Fachliteratur zum Marketing im Lebensmittelsektor und in der Direktvermarktung verwiesen.

Schlechtes Wetter, Hagel und Blütenfrost aber auch saisonale Preisschwankungen stellen hohe Risiken für die hochwertige Produktion dar, denen mit angemessenen Risikostrategien im Rahmen eines betriebsindividuellen **Risikomanagements** begegnet werden muss.

16.2 Das Produktionsumfeld

Im Zuge der Globalisierung und der EU-Osterweiterung hat sich das Marktumfeld für die Obstwirtschaft und die Obstbaubetriebe stetig verändert. Neue Märkte bergen gleichermaßen Chancen für lukrativen Absatz, aber auch Risiken wegen zusätzlicher Konkurrenz. Mit Polen und Ungarn sind traditionell bedeutende obstproduzierende Länder der EU beigetreten, die ihre Erzeugung kontinuierlich auf EU-Niveau bringen. Der Wettbewerb zwingt die Betriebe zur laufenden Produktionskostensenkung, die aus höherer Produktivität und/oder einzelbetrieblichem Wachstum kommen wird.

Ein alternativer Lösungsansatz geht in Richtung Leistungsführerschaft mit innovativen Produkten: Neue attraktive Kernobstsorten und andere Fruchtarten in hoher Qualität, guter Aufmachung, leistungsfähiger Logistik und ergänzenden Serviceleistungen können sich von der Masse abheben. Diese Strategie der Marktdifferenzierung wird umgesetzt mittels werbewirksamen Hinweisen auf Regionalität und nachhaltige, sichere Produktionsweise. Ziel ist hierbei, innerhalb der EU dem reinen Wettlauf nach Kostenführerschaft und der Eroberung bzw. Sicherung von Marktanteilen über eine letztlich für alle ruinöse Niedrigpreisstrategie auszuweichen und stattdessen auf Teilmärkten mit besonderen Produkten höhere Preise zu erzielen.

Obstanbau ist an besondere klimatische Voraussetzungen gebunden, woraus sich historisch spezialisierte Obstregionen mit entsprechender Infrastruktur entwickelt haben. Diese liegen häufig nicht in den Ballungszentren, sondern eher marktfern. Die Obstregion Bodensee beispielsweise produziert Obst für 15 Mio. Konsumenten; ein Direktabsatz ist keine weit tragende Lösung, auch wenn es immer wieder in ihren Nischen sehr erfolgreiche Eigenvermarktungsunternehmen gibt. Etwas anders ist die Lage in näher am Verbraucher gelegenen Obstregionen wie dem Alten Land, dem Rheinland oder am Mittleren Neckar, wo sich eine eigenständige Vermarktung noch stärker halten kann. Aber auch dort stellen die steigenden Anforderungen des Lebensmitteleinzelhandels hinsichtlich Aufbereitung und Qualitätssicherung einzeln agierende Unternehmen vor große Herausforderungen.

Ein Großteil der Betriebe am Bodensee ist über nach EU-Marktordnung aufgestellte Erzeugerorganisationen (EO) in die Wertschöpfungskette eingebunden, die diese Aufgaben für ihre Mitglieder übernehmen. Mit der Zentralisierung des Verkaufs und der Markttransparenz schaffenden Bavendorfer Kernobstnotierung wurde es möglich, gegenüber dem Lebensmitteleinzelhandel ein preisstabilisierendes Gegengewicht zu etablieren. Weiter können durch die Bündelung des Angebotes neue Märkte mit höheren Qualitäts- und Preisniveaus im Ausland erschlossen werden.

Die Poolpreisbildung innerhalb der EO gleicht die saisonalen Preisschwankungen über die Vermarktungssaison hinweg aus. Die Auszahlungspreise differieren dagegen nach Qualität und Sorte erheblich. Sie bringen einen qualitätsfördernden Wettbewerb mit besseren Einkommenschancen für den einzelnen qualitätsorientierteren Erzeuger. Die jährliche Preistendenz wird von den jeweiligen europäischen Erntemengen vorgezeichnet und kann von der EO nur an die einzelnen Mitglieder weitergegeben werden. In ertragsschwachen Erntejahren ist es einfach, einen gut auskömmlichen Marktpreis für die Produkte zu erzielen. Entscheidend ist auf lange Sicht, auch in schwierigeren Zeiten eine starke Vermarktung zu haben und Partner mit qualitativ guten Produkten zu bedienen, um gemeinsam das Beste aus der Marktsituation zu machen.

16.3 Strategisches Betriebsmanagement

Aus der betriebswirtschaftlichen Unternehmensplanung sind Planungsinstrumente bekannt, die auch in der modernen Obsterzeugung konsequent angewandt werden sollten. Das Vorgehen kann nach Zeithorizonten und Bereichen gegliedert werden. Ausgangspunkt und zentrales Element ist die strategische Planung des Betriebes. Daraus abgeleitet werden Teilstrategien wie Marketingstrategie, Finanzierungsstrategie, Risikostrategie, Arbeitswirtschaft. Von der strategischen Planung wird die operationelle Ebene, die Umsetzung der Planungen, unterschieden.

> Strategisches Management ⇒ Macht das Unternehmen die richtigen Dinge?
> Operationelles Management ⇒ Macht das Unternehmen die Dinge richtig?

16.3.1 Der Managementprozess

Strategisches Management wird definiert als das geplante Vorgehen eines Unternehmens, um die zuvor selbst gesteckten Ziele zu erreichen. Der Vorgang ist dabei kein einmaliger Akt, sondern ein immer wieder zu leistender Managementprozess in einzelnen definierten Schritten: Analyse, Zielsetzung, Planung, Umsetzung, Ergebniskontrolle. Die Ergebniskontrolle mündet in den nächsten Durchgang. Die Analyse der abgelaufenen Ernte ist z. B. Ausgangspunkt für die Ernteplanung des Folgejahres. Voraussetzung für den Vorgang sind ein gedanklicher Abstand zum Tagesgeschäft sowie ein hohes Maß an Selbstreflexion. Es ist sehr zweckmäßig, sich für die Prozesse methodische Unterstützung von außen zu holen.

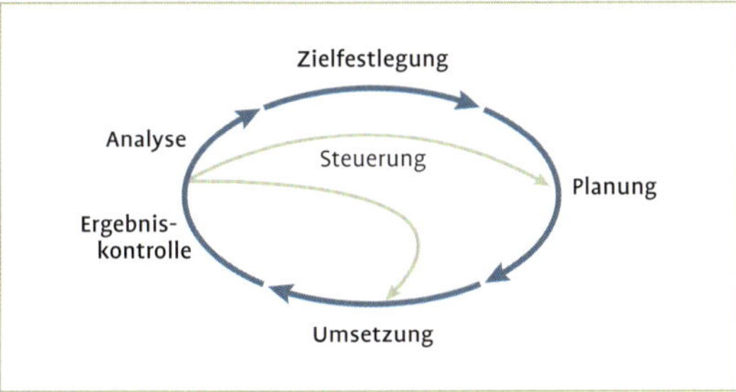

Abb. 253 Managementprozess.

> Erfolgreiches Wirtschaften erfordert „Kopf, Herz und Bauch“. Leidenschaft und Tatendrang für die Sache und Intuition sind wichtige Unternehmereigenschaften, unabdingbar sind aber klare Analyse, detaillierte Planung, kluge Entscheidung und konsequentes Controlling.

Im Obstbaubetrieb haben solche Prozesse je nach Anlass unterschiedliche Zeithorizonte und Tragweiten: Bei einer Betriebsübergabe kann der Übernehmer seine eigenen Ideen im Rahmen eines langfristig angelegten Generalplans umsetzen. Die mittelfristig angelegte Aufnahme eines neuen Betriebszweiges, wie Direktvermarktung oder eine größere Baumaßnahme, aber auch die kurzfristige Entscheidung über größere Zupachtmöglichkeiten, erfordern jeweils strategische Überlegungen.

16.3.2 Unternehmerische Positionierung und Zieldefinition

Ausgangspunkt des Managementprozesses sind die Vorstellungen des Unternehmers von seinen persönlichen Zielen, der persönlichen Definition von Erfolg. Diese Ziele gehen über den rein wirtschaftlichen Erfolg wie Einkommen, Rentabilität, Marktposition etc. weit hinaus. Menschen haben persönliche Wünsche wie Arbeitsfreude, Anerkennung, Freizeit, Selbstverwirklichung. Sie sind soziale Wesen, suchen Partnerschaft, Familie, Freunde, die Gesellschaft. Eine Unternehmensstrategie für einen Familienbetrieb, die diese weichen Faktoren ausklammert, wird kaum erfolgreich sein, da Lebensfreude und Selbstverwirklichung Grundvoraussetzungen für nachhaltigen Erfolg sind. Im Sinne Work-Life-Balance sollte Arbeits- und Privatleben in der Unternehmerfamilie im Einklang sein.

Einzelbetriebliche Voraussetzungen und äußerliche Rahmenbedingungen für Obstbaubetriebe können sehr unterschiedlich sein. Die in den 1960er-Jahren an der Harvard Business School

entwickelte SWOT-Analyse ist eine verbreitete Herangehensweise zur grundsätzlichen Analyse der Situation eines Unternehmens. Dabei werden die betriebseigenen Stärken (**S**trengths) und Schwächen (**W**eaknesses) mit den als Chancen (**O**pportunities) und Gefahren (**T**hreats) bezeichneten Einflüssen von außen in einer Entscheidungsmatrix kombiniert, grundsätzliche Reaktionsmöglichkeiten diskutiert und grundsätzliche Unternehmensziele definiert.

Diese Vorgehensweise kann auch auf den Obstbaubetrieb angewandt werden. Sie erfordert ausreichend gedanklichen Abstand zum alltäglichen Geschäft, am besten im Rahmen von extern geführten Seminaren oder Beratungsangeboten zur Thematik strategische Unternehmensleitung.

Aus der strategischen Linie sind klare Einzelziele abzuleiten. Diese Ziele sind möglichst konkret zu fassen, d. h. sie sollen eindeutig, messbar, realistisch, beeinflussbar und zeitlich möglichst in Zwischenschritten festgelegt sein. Es sind detaillierte, schriftlich fixierte Einzelpläne für einzelne Managementbereiche aufzustellen, um im weiteren Verlauf die Entwicklungsfortschritte überprüfen zu können. Nur wenn die Ziele ausreichend beschrieben sind, kann die operative Umsetzung erfolgversprechend angegangen werden. Hilfreich ist ferner, die Ziele zu visualisieren: Je konkreter die Vision, desto höher ist die Chance auf Erfolg. Im Leistungssport ist die Vorstellung vom Sieg eine allgemein verbreitete, erfolgreiche Technik.

16.4 Aufgaben- und Arbeitsmanagement

In Sonderkulturbetrieben stellen zeitlich enge produktionstechnische Vorgaben und ausgeprägte Arbeitsspitzen besondere Anforderungen an die Koordinationsgabe des Betriebsleiters. In wachsenden Betrieben kann der Betriebsleiter Arbeiten in zunehmendem Maße nicht mehr selbst durchführen, muss aber sicher sein, dass sie in gewünschter Qualität durchgeführt werden. Der Betriebsleiter braucht daher Fähigkeiten zu Selbstmanagement, Arbeitsplanung und Mitarbeiterführung. Schlechte wirtschaftliche Ergebnisse haben häufig ihren Ursprung in Defiziten bei diesen persönlichen und sozialen Kompetenzen.

16.4.1 Selbstmanagement

Gutes Selbstmanagement hilft dem Betriebsleiter, mit der eigenen Arbeitszeit effizient umzugehen und zuvor durchdachte Vorhaben auch tatsächlich von der Theorie in die Praxis umzusetzen. Die besten Ideen nutzen nichts, wenn es bei der Idee bleibt. Kluges Zeitmanagement dient nicht nur der Verbesserung der Wirtschaftlichkeit des Betriebs, sondern schafft auch wertvolle Freiräume für andere Aktivitäten (Familie, Zuerwerb, Hobbys etc.).

Die Fähigkeiten hierzu sind je nach Unternehmerpersönlichkeit unterschiedlich ausgeprägt, sie können angeeignet und ausgebaut werden. In Ratgebern und Seminaren zur Unternehmerfortbildung werden vielfältig strukturierte Arbeitstechniken angeboten, mit denen die Betriebsleitung Büroorganisation oder Kommunikationstechniken zur Personalführung üben und Wichtiges, Dringendes, Beeinflussbares von unwichtigen und nicht zu verändernden Dingen zu unterscheiden lernen kann. Erfolgreiche Unternehmer nehmen sich regelmäßig Zeit zur Verbesserungen dieser Kompetenzen.

16.4.2 Arbeitsplanung und -zuteilung

Eine strukturierte Arbeitsplanung soll sicherstellen, dass die anstehenden Aufgaben nach ihrer Wichtigkeit und Dringlichkeit selbst oder an andere delegiert abgearbeitet werden. In der Übersicht sind für ein einfaches Betriebsbeispiel mit 15 ha Apfelanbau die im Jahresverlauf anstehenden Arbeiten mit Zeitraum, Arbeitszeitbedarf und Grad der Termintreue von 1 = „weitgehend variabel“ bis 5 = „exakte Ausführung“ zusammengestellt. Solche Grunddaten können für betriebsindividuelle Aufstellungen, z. B. aus KTBL-Datensammlungen, entnommen werden. Besser und genauer sind jedoch Daten aus eigenen Aufzeichnungen oder EDV-Schlagkarteien.

Tab. 78 Acht Regeln im Selbstmanagement

Regel	Realisierung
Sammeln und nichts vergessen!	Notizbuch immer bei sich tragen und aufschreiben, was an wichtigen Gedanken, Ideen, Beobachtungen im Laufe des Tages auftaucht. Termine im Büro übertragen.
Info-Eingang durcharbeiten und keine Stapel bilden!	Eingangsorte (Post, Mailkonto, Notizbuch etc.) regelmäßig von oben nach unten durcharbeiten und nichts zurücklegen: Entweder sofort selbst erledigen, an jemand anderen delegieren, in die Aufgabenbereiche verteilen oder in den Papierkorb werfen. Keine Stapel für „Gemischtes" bilden.
Große und drängende Aufgaben zuerst planen – Prioritäten setzen!	Für jeden Tag ein bis drei Hauptaufgaben festlegen. Am Ende des Tages überlegen, welche großen Dinge am kommenden Tag erledigt werden sollen. Hauptaufgaben am Anfang des Tages anpacken, damit sie schnell aus dem Weg sind. Gleiches Vorgehen im Wochenmuster.
Fokussiertes Handeln, kein „Multitasking"!	Möglichst nur eine Aufgabe auf einmal erledigen – ohne Ablenkung. Bei allfälligen Unterbrechungen kurze Dinge gleich erledigen, sonst Notiz und Rückkehr zur Hauptaufgabe.
Aufgaben im simplen Handsystem ordnen!	Möglichst einfache Listen für die Aufgaben führen und diese täglich prüfen. Denkbar sind auch mehrere Listen nach Einsatzgebieten (Telefon, Einkauf, Produktion etc.).
Positionieren und auf Ziele fokussieren!	Am Ende des Monats das Erfüllen der Zwischenziele prüfen und die folgenden Schritte planen. Am Ende des Jahres prüfen, wie es um die Erfüllung der Jahres- sowie Lebensziele steht und was in Zukunft angepackt wird. Falls notwendig auch die Ziele selbst neu ausrichten. Wesentliche Projekte sollen mit den persönlichen Zielen zu tun haben – Projekte, für die das nicht zutrifft, beenden!
Regelmäßige Vorgänge und Aufgaben automatisieren!	Routinen im Tagesablauf (Aufgaben festlegen, Mailbox sichten, Sport treiben, Familienzeit etc.) und im Wochenplan (Putztag, Büronachmittag, Marktvormittag etc.) einbauen. Dies hilft, wiederkehrende Aufgaben ohne Planungsaufwand zu erledigen.
Arbeiten mit Leidenschaft!	Wer an seine Arbeit oder Projekte mit Leidenschaft herangeht, wird diese gut machen und sich darüber freuen. Daher auf Dinge achten, die einen glücklich machen und prüfen, ob sich darauf ein ganzes Arbeitsfeld/Geschäft aufbauen lässt.

Das konsequente Führen einer EDV-Schlagkartei bietet Planungsdaten und erleichtert die obligatorische Dokumentation im Rahmen von Qualitätssicherungssystemen (QS-GAP etc.)

Nachdem der Arbeitsumfang festgestellt wurde, ist festzulegen, welche Arbeitskräfte die Arbeiten erledigen sollen. Grundsätzlich stehen Familienarbeitskräfte (FAK), ein dauerhaft beschäftigter Arbeitnehmer oder Saisonarbeitskräfte (SAK) zur Verfügung. Für eine FAK können hinsichtlich Jahresarbeitsleistung 2000 AKh bis maximal 2300 AKh, für eine feste Lohnarbeitskraft je nach Arbeitsvertrag 1800 AKh angesetzt werden.

Bei der Zuteilung der Arbeiten gelten wirtschaftliche Optimierungsregeln: Grundsätzlich ist die eigene Arbeitskraft bestens zu verwerten; die Betriebsleitung sollte nicht Arbeiten durchführen, die eine SAK billiger erledigen könnte. Es ist daher stets zu prüfen, ob alternativ eine bessere Verwertung der FAK zum jeweiligen Zeitpunkt gegeben ist.

Gibt es keine Alternativen oder sind keine SAK vorhanden, wird die FAK die Arbeit selbst erledigen. Allerdings liegt dann auch die Arbeitskraftverwertung für diese Arbeit auf Saisonarbeiterniveau im Mindestlohnbereich und nicht bei einem selbst gewählten kalkulatorischen Ansatz. Im betrieblichen Rechnungswesen werden diese ge-

Tab. 79 Verteilung der Arbeiten auf Zeiträume und Familien- bzw. Saisonarbeitskräfte bei 15 ha

Arbeiten	Zeitraum	Arbeitsanfall			Erledigung			
		Bedarf AKh/ha	Bedarf AKh insgesamt	Termintreue	Fest-AK		Saison-AK	
Winterschnitt	Jan. bis März	80	1200	2	50 %	600	50 %	600
Bäume ersetzen	Jan. bis März	5	75	1	10 %	8	90 %	68
Formieren	März bis Mai	30	450	2	50 %	225	50 %	225
Pflanzenschutz (20×)	April bis Sept.	10	150	5	100 %	150	0 %	0
Hagelnetz schließen	Mai	3	45	2	10 %	5	90 %	41
Handausdünnung	Juni	60	900	3	10 %	90	90 %	810
Sommerschnitt	Juli	30	450	2	25 %	113	75 %	338
Mulchen (3×)	April bis Sept.	2	30	1	50 %	15	50 %	15
Ernte	Sept. bis Okt.	300	4500	4	5 %	225	95 %	4225
Hagelnetz öffnen	Oktober	3	45	2	10 %	5	90 %	41
Mäuse bekämpfen	Vegetation	10	150	1	25 %	38	25 %	113
Sonstiges	Vegetation	10	150	1	100 %	150	0 %	0
Ansatz für Ersatzpflanzung 1 ha bei 15 Jahre Umtrieb der Kulturen								
Rodung/Stock räumen	Nov. bis Dez.	50	50	2	10 %	5	90 %	45
Pflanzung Hand	Nov. bis April	150	150	4	20 %	30	80 %	120
Gerüstbau	Nov. bis April	150	150	3	20 %	30	80 %	120
Anbinden	Nov. bis April	50	50	2	10 %	5	90 %	45
Maschinenpflege	Winter		150	1	50 %	75	50 %	75
Außenbereichspflege	Vegetation		150	1	10 %	15	90 %	135
Betriebsführung	Jahr		600	2	100 %	600	0 %	0
Insgesamt						2382		6854

genseitigen Vergleichsansätze als Opportunitätskosten bezeichnet:

> Opportunitätskosten oder Schattenpreise sind entgangene Erlöse, die dadurch entstehen, dass Alternativen zur Verwertung von Ressourcen nicht wahrgenommen werden. Es sind keine real zu bezahlenden Kosten, sondern kalkulatorische Kosten.

Alternative Verwertungen der Arbeitskraft können innerhalb, aber auch außerhalb des Betriebes (z. B. Maschinenringtätigkeit) gegeben sein. Wie im Angestelltenverhältnis haben Tätigkeiten mit höherer Verantwortung eine bessere Entlohnung. In der Praxis wird insbesondere in arbeitsarmen Perioden nicht jede Stunde zu einer hohen Verwertung führen, aber der Unternehmer sollte seine eigene Arbeitskraft nicht zu billig taxieren, wenn er insgesamt ein auskömmliches Einkommen erwartet. Im Zweifel kann er sich auch für den Lohn einer SAK preiswert Erholung und Freizeit „kaufen“. Einfluss auf die individuelle Optimierung haben auch persönliche Präferenzen für bestimmte Arbeiten: Wer sich beim Bäume schneiden erholen kann, verdient den SAK-Lohn

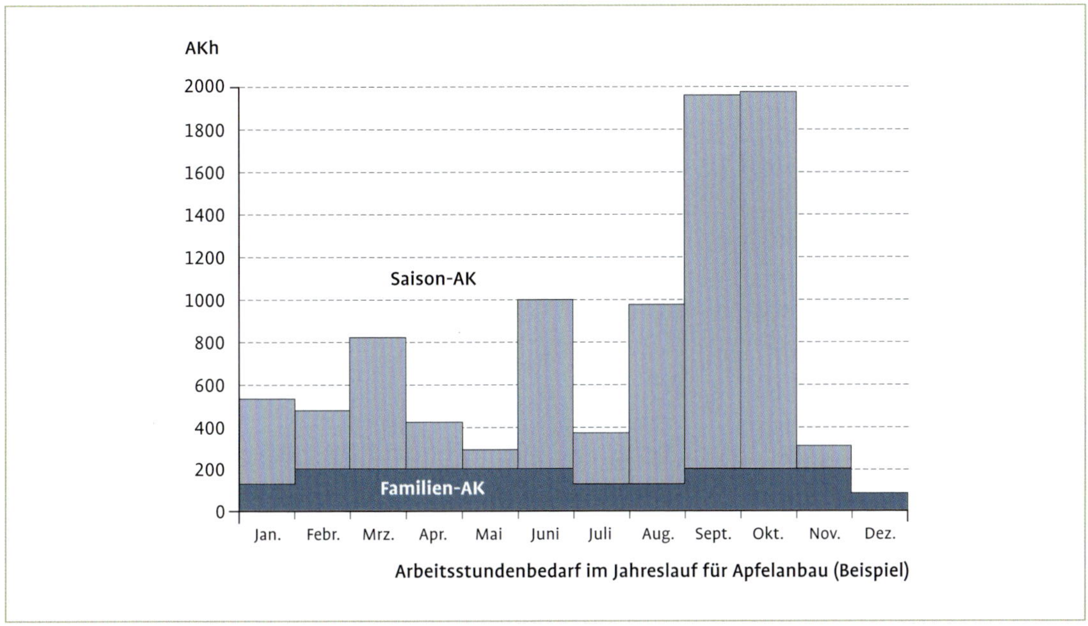

Abb. 254 Arbeitsstundenverteilung Betrieb Schuhmacher.

und spart Geld für anderweitige Freizeitaufwendungen.

> Der richtige Lohnansatz für die Familienarbeitskraft als kalkulatorische Kostengröße ist im Familienbetrieb abhängig von der innerbetrieblichen alternativen Verwertung oder einer möglichen außerbetrieblichen Entlohnung.

Im mittelfristigen Planungshorizont werden regelmäßige Arbeitsabschnitte (Pflanzung, Ernte etc.) oder Zeitabschnitte (Monatsplanung, Wochenplanung) festgelegt und die verfügbaren Ressourcen zugeteilt. Für die FAK sind auch Urlaubszeiten nach eigener Vorstellung einzuplanen. Einen hohen Bedarf an Saison-AKh haben die zeitlich gebundenen Arbeitsspitzen Ernte, Ausdünnen und Winterschnitt.

Wegen möglicher Störungen durch schlechte Witterung ist eine höhere Schlagkraft vorzuhalten, damit die Pflichtaufgaben auf alle Fälle termingerecht durchgeführt werden können. Andernfalls drohen als „Terminkosten" bezeichnete Verluste, beispielsweise Preisabschläge für zu spät geerntete, überreife Früchte oder Auslösung von Alternanz wegen zu spät durchgeführter Handausdünnung. Das Erhöhen der täglichen Arbeitszeit über zehn Stunden hinaus kommt häufig vor, ist aber in der Regel keine angemessene Lösung, da diese Überstunden wegen nachlassender Leistungsfähigkeit weniger produktiv sind. Für die tägliche Auslastung der weit angereisten Saisonarbeitskräfte ist es zweckmäßig, ergänzend zu den Pflichtaufgaben delegierbare und im Gesamtaufwand wenig termingebundene Arbeiten wie Kulturpflege, Reparaturen, Materialien vorbereiten, Aufräumen etc. zu bündeln.

> Terminkosten bezeichnen verringerte Erlöse oder höhere Kosten als Folge einer nicht rechtzeitigen Arbeitserledigung. Sie sind teilweise unvermeidlich, da aus Kostengründen die für beste Ergebnisse erforderliche Schlagkraft nicht jederzeit vorgehalten werden kann. Gute Arbeitsorganisation verringert die Terminkosten. Vermeidbare Terminkosten entstehen durch schlechte Arbeitsplanung.

16.4.3 Personalführung

Die alltägliche Arbeitsplanung betrifft neben klaren Vorstellungen zu Arbeitsanfall und Arbeitsaufteilung auf die Mitarbeiter vor allem Aspekte der Personalführung, die zielführende, klare Kommunikation mit den Mitarbeitern. Mit guter Personalführung werden

- Mitarbeiter motiviert,
- eindeutige, verständliche und möglichst frühzeitige Informationen über Arbeitsweise und -ziele gegeben,
- Zuständigkeiten verteilt und Aufgaben delegiert,
- nach Ergebniskontrolle positive oder negative Rückmeldungen auf sachlicher Ebene gegeben.

Die erzielten Arbeitsleistungen sind für spätere Planungen festzuhalten. Mit guter Personalführung werden kostenträchtige Leerzeiten und ungenügende Arbeitsergebnisse vermieden. Arbeitskosten sind der weit bedeutendste und ein wesentlich beeinflussbarer Kostenfaktor im Obstbaubetrieb. Gute Personalführung ist kein Naturtalent, sondern sollte in Fortbildungsveranstaltungen erlernt und regelmäßig weiterentwickelt werden.

16.4.4 Arbeitsplanung bei Investitionsschritten

Während in der laufenden Arbeitsplanung auf eingeübte und weitgehend optimierte Vorgehensweisen zurückgegriffen werden kann, kommen in Entwicklungsschritten zusätzliche Koordinationsaufgaben auf die Betriebsleitung zu. Auch bei neuen Projekten mit Investitionen sind die einzelnen Aktivitäten mit ihren Arbeitsinhalten, den beteiligten Personen, den erforderlichen Ressourcen, Zeitbedarf und ihren gewünschten Ergebnissen im Zeitablauf aufzulisten. Bei größeren Maßnahmen wie dem Bau eines CA-Lagers sind dies

- Beschaffen von Informationen zu technischen Funktionsdetails,
- Wertung von möglichen Alternativen,
- Einholen von Angeboten,
- Auftragsvergabe mit Aushandlung von Lieferkonditionen,
- Planung von Behördengängen für Genehmigungsverfahren,
- Voranschlag von möglichen Eigenleistungen mit Zeitansätzen und notwendigen Gerätschaften,
- Finanzierungsgespräche mit den Banken sowie Klärung öffentlicher Fördermittel,
- laufende Kontrolle von Fremdarbeiten und Bauplanung.

Die Projektaufgaben stellen eine Zusatzbelastung für Betriebsleiter und seine Familie dar. Die regulären Aufgaben des Unternehmens dürfen nicht vernachlässigt werden und müssen in die Planung einbezogen sein, um mögliche Engpässe zu identifizieren. Rückschläge und Defizite in der Produktion wie eine verpasste Fungizidmaßnahme oder Probleme in der Obsternte bringen finanzielle Verluste und können die Finanzierungsplanung des Betriebes in der ohnehin angespannten Projektphase empfindlich treffen. Eine Aktivitätenplanung mit Einbindung der zusätzlichen Aufgaben in die reguläre Aufgabenliste ist auch bei kleineren Projekten wie dem Erstellen neuer Kulturen eine sinnvolle, Geld und Nerven sparende Vorgehensweise.

16.5 Handlungsbereiche des Finanzmanagements

Kapital hat über den Zinssatz einen Preis, die optimale Steuerung der Finanzmittel beeinflusst daher wesentlich die Rentabilität des Unternehmens. Aufgabe des Finanzmanagements ist die Planung und Kontrolle der vielfältigen Finanzströme eines Unternehmens. Zentrales Ziel ist hierbei, eine ausreichende Kapitalverfügbarkeit zu jedem Zeitpunkt zu niedrigsten Kosten sicherzustellen.

Im Einzelnen sind verschiedene Unterbereiche des Finanzmanagements zu beherrschen:

- Aus den Ausgaben für den Einkauf der Betriebsmittel sowie der Entlohnung von Arbeitskräften einerseits und den Einnahmen aus dem Verkauf der Produkte und Dienstleistungen andererseits ergeben sich die Überschüsse aus der laufenden Produktion. Bei einer Erfolgsanalyse liegen hier die wesentli-

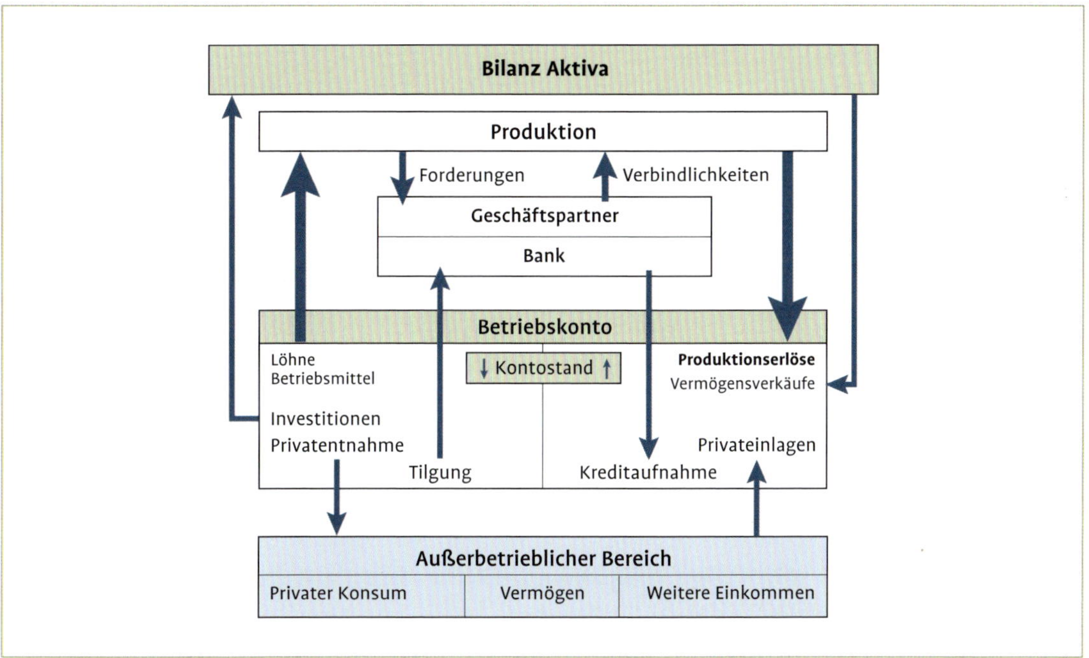

Abb. 255 Finanzströme im Obstbaubetrieb.

chen Ansatzpunkte und Kennzahlen bzgl. der Produktivität eines Unternehmens.

- Im Kontakt mit den Geschäftspartnern ist das Eintreiben von Forderungen und das termingerechte Bezahlen der Verbindlichkeiten ein wichtiger Erfolgsparameter. Ersteres ist zwingende Voraussetzung für die Existenz und Zahlungsfähigkeit, letzteres erhält die Bonität und so einen kostengünstigeren Zugang zu Produktionsmitteln.
- Ausgaben für Investitionen bzw. Einnahmen aus dem Verkauf von Anlagegütern sind in die Bilanzaktiva ein- bzw. auszubuchen.
- Bei größeren Investitionen ist häufig eine Finanzierung über Fremdkapital erforderlich. Neben der Prüfung der Rentabilität einer Investition per se ist die Wahl der geeigneten Finanzierungsmittel und die Steuerung der Rückzahlung inkl. Berechnungen zur Tragbarkeit des Kapitaldienstes (Zins und Tilgung) Aktionsfeld der Investitionsplanung.
- Originärer Zweck des Unternehmens ist letztlich, ein angemessenes Einkommen, d. h. die Finanzmittel für die Entnahme zur privaten Lebenshaltung und für die Vermögensbildung zu erwirtschaften. Andererseits gibt es Situationen, in denen Finanzmittel in den Betrieb eingebracht werden. Insbesondere im Familienbetrieb ist das Unternehmen eng mit dem privaten Bereich verflochten, häufig werden betriebliche und private Ein- bzw. Auszahlungen über dasselbe Girokonto abgewickelt.

16.6 Buchhaltung im Obstbaubetrieb

Zentrales Instrument des Finanzmanagements ist die Buchhaltung, in der alle monetären Vorgänge, nach Erfassung und Bewertung auch Veränderungen der Vorräte und Naturalentnahmen unter Berücksichtigung der Grundsätze ordnungsmäßiger Buchführung in einem definierten Zeitraum abgebildet werden. Grundsätzlich sollten alle Unternehmen ihre Geschäftsvorgänge im eigenen Interesse an Transparenz geordnet festhalten. Das Ergebnis der Buchführung, der Jah-

resabschluss, ist zudem Grundlage für die steuerliche Einkommensermittlung.

16.6.1 Technik der doppelten Buchführung

In Europa wurde die doppelte Buchführung durch den italienischen Franziskaner Luca Pacioli bekannt. Ausgangspunkt des Systems ist die Bilanz: Bei Unternehmensgründungen ist dies zu Beginn der Aufzeichnung die Eröffnungsbilanz. Im laufenden Unternehmen ist die Eröffnungsbilanz jeweils die Abschlussbilanz der Vorperiode zum Bilanzstichtag. Der Begriff Bilanz stammt vom italienischen „bilancia", zu Deutsch „Waage", und unterscheidet Vermögenswerte – Aktiva – einerseits und deren Finanzierung – Passiva – andererseits. Aktiva sind Vermögensformen, die ein Unternehmen „aktiv" einsetzen kann, quasi was an Produktionsvermögen vorhanden ist. Die Passivseite zeigt die Herkunft des Kapitals: Das ist entweder eigenes Geld (Eigenkapital) oder von außen als Fremdkapital (Kredite, Verbindlichkeiten) eingebrachtes. Die Waage muss jederzeit ausgeglichen sein, also Summe Aktiva ist gleich Summe Passiva. Wenn die Vermögenswerte auf der Aktiva-Seite ordnungsgemäß bewertet sind und das Fremdkapital, die Schulden gemäß Kontoauszug bekannt sind, errechnet sich das Eigenkapital als Restgröße.

Eigenkapital = Aktiva – Fremdkapital

Für die Dokumentation des laufenden Geschäfts werden Aktiva und Passiva in verschiedene Einzelkonten aufgeteilt. Hierzu werden nach zweckmäßigen Überlegungen Bestandskonten und Erfolgskonten gebildet.

Bestandskonten

Bestandskonten der Aktiva-Seite sind Güter aus Anlagevermögen (Boden, Gebäude, Maschinen) und Umlaufvermögen (Vorräte, Finanzkonten mit positivem Bestand, Barkasse). Viehhaltende Betriebe haben zusätzlich Viehvermögen, zur zeitraumechten Zuordnung gibt es noch die Position Rechnungsabgrenzung. Bestandskonten der Passiva-Seite sind v. a. bestehende Kredite zu deren Nennwert sowie Verbindlichkeiten, Rückstellungen und wiederum Rechnungsabgrenzung. Rechnungsabgrenzungen dienen in der Buchführung dazu, im Jahresabschluss Werte in der Gewinn- und Verlustrechnung und der Bilanz der richtigen Rechnungsperiode zuzuordnen, etwa wenn eine Lieferung erfolgte, aber erst nach dem Bilanzstichtag bezahlt wurde.

Erfolgskonten

Erfolgskonten nehmen aufgeteilt in Aufwand und Ertrag erfolgswirksame Vorgänge auf und sind Unterkategorien des Eigenkapitals auf der Passiva-Seite. Erfolg kann dabei im weiteren Sinne sowohl Gewinn als auch Misserfolg = Verlust bedeuten. Aufwendungen sind z. B. Einsatz von Material wie Pflanzenschutz, Personalkosten, Gebühren, Zinsen oder Werteverzehr in Form von Abschreibungen; sie verringern bei jeder Ausgabe das Eigenkapital. Erträge sind Wertzuflüsse, in der Regel die Umsatzerlöse; sie erhöhen bei jedem Verkaufsvorgang das Eigenkapital. Aufwand- und Ertragskonten aggregiert bilden die Gewinn- und Verlustrechnung (GuV) innerhalb der Passivseite. Ebenfalls ein Unterkonto der Passivseite ist der Privatbereich mit Einlagen bzw. Entnahmen. Sie beeinflussen die Aktiva beim Umlaufvermögen und somit auch das Eigenkapital auf Passiva, dürfen aber nicht in der GuV gegengebucht werden.

Buchungsvorgänge

Im laufenden Geschäft wird jeder Geschäftsvorgang nach Mittelherkunft und Mittelverwendung in einem Buchungssatz wertgleich auf zwei verschiedenen Konten gebucht. Damit ist jeder Geschäftsvorfall doppelt erfasst. Bis auf wenige Ausnahmen (z. B. Abschreibungen, Veränderungen selbst erzeugter Vorräte) sind jeweils ein Finanzkonto und ein Sachkonto betroffen. Darunter wiederum sind erfolgswirksame Buchungen die Mehrzahl: Eine Einnahme aus Umsatzerlös „Apfelverkauf" erhöht auf der Aktiva-Seite den Finanzmittelbestand und auf der Passiva-Seite in der GuV als Ertrag das Eigenkapital; die Bilanzsumme erhöht sich. Umgekehrt verringern Ausgaben auf Aktiva in einem Finanzkonto den Mittelbestand und verringern auf Passiva in der GuV

Tab. 80 Betriebsspiegel „Schuhmacher“

Produktion	
Landwirtschaftliche Fläche	20 ha
Davon Eigentum	12 ha
Äpfel, diverse Sorten	10 ha
Birnen	1 ha
Erdbeeren	1 ha
Ackerbau	8 ha
Brennerei	
Direktvermarktung ab Hof	
Arbeitskräfte	
Betriebsleiter	1,0 FAK
Ehefrau	0,5 FAK

als Aufwand das Eigenkapital; die Bilanzsumme verringert sich.

Bei gelegentlichen Umbuchungen von einem Finanzkonto auf ein anderes (z. B. Barabhebung Girokonto in Barkasse) sind zwei Finanzkonten auf Aktiva betroffen; es werden wie beim Kauf eines Investitionsguts aus Eigenmitteln nur Gewichte innerhalb der Aktiva verschoben („Aktiva-Tausch“); die Bilanzsumme bleibt gleich. Eine Kreditaufnahme erhöht in Aktiva den Mittelbestand auf einem Finanzkonto, auf Passiva erhöht sich das Fremdkapital. Die Bilanzsumme wird höher, in der GuV verändert sich nichts. Kreditaufnahmen haben daher keinen Einfluss auf den Gewinn, nur auf den Finanzmittelbestand. Nicht monetäre Vorgänge wie Abschreibung Maschinen verringern auf Aktiva im Bestandskonto Maschinen den Buchwert der Maschinen und verringern auf Passiva in der GuV als Aufwand das Eigenkapital; die Bilanzsumme verringert sich.

Kontrollansätze

Die doppelte Buchführung ermöglicht durch die zweifache Erfassung Geldkonto/Sachkonto eine interne Kontrolle auf Additionsfehler. Weiter werden die Geschäftsvorgänge in einzelne Unterkonten transparent aufgegliedert: Bei Erfolgskonten wird aus der GuV der Einfluss der verschiedenen Unterkonten auf das Gesamtergebnis (z. B. Erlöse Kirschen, Pflanzenschutzmittelaufwand etc.) bzw. bei Bestandskonten die Bestandsveränderungen dokumentiert. Im Unterkonto des Eigenkapitals „Privatbereich“ ist der Saldo Privatentnahmen – Privateinlagen festgehalten, um die Abgrenzung bei der Gewinnermittlung sicherzustellen. Privatentnahmen verringern den Finanzmittelbestand, können aber in der GuV nicht gewinnmindernd angesetzt werden. Umgekehrt erhöhen Privateinlagen den Aktivabestand, aber nicht den Gewinn des Unternehmens.

Buchführungsabschluss

Am Ende des Wirtschaftsjahres werden die Einzelbuchungen auf jeder Seite der einzelnen Unterkonten addiert, saldiert und in die Gesamtbilanz zurückgeführt. Daraus ergeben sich die Endwerte der Bestandskonten als Abschlussbilanz, die gleichzeitig entsprechend der Buchführungsregel Bilanzkontinuität die Eröffnungsbilanz des nächsten Wirtschaftsjahres darstellt. Aus der Addition der Buchungen für die einzelnen Erfolgskonten der GuV-Rechnung können die Aufwendungen und Erträge über das gesamte Wirtschaftsjahr hinweg festgestellt werden. Für den Beispielsbetrieb „Schuhmacher“ zeigt der Abschluss einen Betriebsspiegel, eine Veränderungsbilanz und die GuV-Rechnung (Tab. 80, 81).

Buchführende Obstbaubetriebe ermitteln ihren Gewinn nach § 4 Absatz 1 EStG über Betriebsvermögensvergleiche zu Beginn und zum Ende eines jeden Wirtschaftsjahres, im Gartenbau ist dies der Zeitraum 1.7. bis 30.6. (Tab. 82).

Als zweite Möglichkeit errechnet sich der Gewinn aus dem Saldo der Aufwendungen und Erträge des Wirtschaftsjahres in der Gewinn- und Verlustrechnung (Tab. 83).

16.6.2 Analyse des Buchführungsabschlusses

Aufgrund der gesetzlichen Verpflichtung zur Buchführung stehen in der Mehrzahl der Betriebe Jahresabschlüsse zur Verfügung. Neben der Einkommensermittlung dienen die Abschlüsse für Betriebsüberwachung, innerbetriebliche Analysen, überbetriebliche Leistungsvergleiche und sind somit Grundlage für die betriebswirtschaftli-

Tab. 81 Bilanzen zu Beginn bzw. Ende Wirtschaftsjahr (Veränderungsbilanzen)

	Beginn (€)	Zugang (€)	Abgang (€)	Ende (€)
Boden	420 000			420 000
Gebäude	80 000		8 000	72 000
Maschinen	58 000	40 000	13 000	85 000
Kulturen	92 000		18 000	74 000
Vorräte	12 000		6 000	6 000
Forderungen	33 000	176 000	178 000	31 000
Kasse; Giro	7 000	345 600	322 500	30 100
Summe Aktiva	**702 000**	**561 600**	**545 500**	**718 100**
Kredit	196 000		24 000	172 000
GENO Kontokorrent	2 000		2 000	0
Verbindlichkeiten	18 000	67 000	65 000	20 000
Eigenkapital	486 000	40 100		526 100
Summe Passiva	**702 000**	**107 100**	**91 000**	**718 100**

Tab. 82 Ermittlung Gewinn nach Vermögensvergleich in €

Eigenkapital Ende 30.6.	526 100
– Eigenkapital Anfang 1.7.	– 486 000
Veränderung Eigenkapital	**40 100**
Private Entnahmen	51 500
– Private Einlagen	– 15 600
Gewinn Unternehmen	**76 000**

Tab. 83 Ermittlung Gewinn nach Gewinn- und Verlustrechnung in €

Erträge	
Verkäufe	247 000
Beihilfen	3 000
Sonstiges	5 000
Buchgewinn aus Anlagenverkauf	4 000
Summe = Umsatz	**259 000**
Aufwendungen	
Betriebsmittel	– 53 000
Löhne	– 68 000
Sonstiges	– 13 500
Abschreibungen	– 38 000
Pachten	– 5 000
Zinsen	– 5 500
Summe Kosten	**– 183 000**
Gewinn	**76 000**

che Beratung. Weiter ist der Jahresabschluss Voraussetzung für die Gewährung von Fördermitteln aus Agrarinvestitionsprogrammen und bei Banken Nachweis über die Kreditfähigkeit.

Eine aussagekräftige Erfolgsanalyse auf der Basis der Untersuchung des Jahresabschlusses erfordert eine entsprechende Qualität des Datenmaterials. Dies betrifft eine ausreichende Untergliederung mit einem detaillierten Kontenrahmen sowie Sorgfalt bei den Buchungen auf die Einzelkonten durch die kontierende Person. Eine ideale Analysegrundlage bietet ein BMEL-Jahresabschluss, der sämtliche Anforderungen des

Steuerrechts erfüllt. Durch die bundeseinheitliche Definition von Kontenrahmen und Aufbau eignet sich dieser für die EDV-technische Erfassung und Verarbeitung bei Behörden, Banken, Beratung gleichermaßen und erlaubt die Teilnahme am BMELV-Testbetriebsnetz.

Buchführungsanalyse im Horizontal- und Vertikalvergleich

Eine verbreitete Methode zur Beurteilung der aktuellen sowie der sich über mehrere Jahre entwickelnden Unternehmenssituation sind Kennzahlenvergleiche. Dabei wird unterschieden in:

- **Vertikalvergleich** im Vergleich des Unternehmens über mehrere Jahre hinweg: Gerade im Obstbau kommt es witterungs- und marktbedingt zum Wechsel von guten und schlechten Jahren. In der Interpretation der Situation und Entwicklung des Unternehmens sind interne, selbst verursachte und externe, weniger beeinflussbare Faktoren zu unterscheiden.
- **Horizontalvergleich** mit ähnlich strukturierten Betrieben im selben Wirtschaftsjahr: Im Vergleich („Benchmarking") mit dem gesamten Durchschnitt und definierten Gruppen aus einer homogenen Grundgesamtheit, z. B. bestes Viertel der Obstbaubetriebe, werden allgemeine Leistungsfähigkeit und partielle Defizite deutlich.

Vorbereitende Arbeiten in der Buchführungsanalyse

Zur Vorbereitung der Buchführungsdaten für den Betriebsvergleich sind bei außergewöhnlichen („außerordentlichen") oder dem Wirtschaftsjahr nicht zurechenbaren („zeitraumfremden") Erträgen bzw. Aufwendungen sowie bei nach steuerlichen Gesichtspunkten gestalteten Buchungen Korrekturen des Gewinns vorzunehmen, um Sondereffekte auszuschließen. Hierzu zählen Vorgänge wie Bildung und Auflösung von Sonderposten, Sonderabschreibungen, einmalige Investitionszulagen, höhere Vorsteuerzahlung bei übernormaler Investitionstätigkeit, Entschädigungszahlungen, Buchgewinne/-verluste aus der Veräußerung von Investitionsgütern etc. Ergebnis dieser Korrekturrechnungen ist das ordentliche Ergebnis, mit dem der Erfolg aus der eigentlichen Tätigkeit in Landwirtschaft und Gartenbau abgebildet werden soll.

Lohnaufwendungen für angestellte Familienarbeitskräfte bewirken niedrigere Gewinne im Vergleich zu sonst gleichgelagerten Betrieben, in denen Familienarbeitskräfte ihre Einkommensansprüche aus dem Gewinn entnehmen. Solche betriebsindividuellen Gestaltungen sind nicht im ordentlichen Ergebnis berücksichtigt.

Aspekte bei Korrekturarbeiten in der Bilanz

Ein wichtiges Merkmal der Betriebsbewertung ist die Bilanzsumme. Aus der Differenz Aktiva – Fremdkapital ergibt sich das Eigenkapital als Kennzahl der Stabilität, wovon sich weitere Kennzahlen (Eigenkapitalquote, -verzinsung; -veränderung) ableiten. Bei der Bewertung der einzelnen Bilanzpositionen Aktiva können folgende Besonderheiten auftreten:

Bodenwerte variieren in Abhängigkeit vom Anschaffungszeitpunkt erheblich. Flächenwerte unterliegen grundsätzlich nicht der Abschreibung. Flächen, die vor 1970 im Betriebseigentum waren, werden nach einem komplexen Bewertungsverfahren angesetzt. Nach 1970 erworbene Flächen werden mit dem tatsächlichen Kaufpreis aktiviert. Bei Flächenverkäufen können erhebliche einmalige Buchgewinne erzielt werden.

Maschinen werden nach Anschaffungskosten vermindert um die Summe der bisherigen jährlichen **Abschreibung** bewertet (= **Buchwert** oder **Zeitwert**). Die reguläre jährliche Abschreibung errechnet sich aus dem Nettoanschaffungspreis dividiert durch die Nutzungsdauer. Die Umsatzsteuer wird bei für die Regelbesteuerung optierenden Betrieben als Vorsteuer vom Finanzamt rückerstattet. Bei nach § 24 UStG pauschalierenden Betrieben geht die Mehrwertsteuer als Aufwand direkt in die GuV. Bei reger Investitionstätigkeit wird der Gewinn aufgrund der hohen Umsatzsteuerbeträge tendenziell unterschätzt.

Hinsichtlich der Nutzungsdauer sind von der Steuerverwaltung Zeiträume definiert. Bei kürzerer Lebensdauer, z. B. wegen hoher mechanischer Beanspruchung, kann eine leistungsbezogene Abschreibung je ha oder Stunden Arbeitsleistung erfolgen. Dies ist aber im Obstbau selten der Fall, sondern kommt in der Praxis allenfalls bei überbetrieblichem Maschineneinsatz zum Tragen.

In vielen Betrieben werden Maschinen deutlich länger genutzt und es könnte mit niedrigeren Abschreibungssätzen gerechnet werden. Dies ist im Sinne der überbetrieblichen Vergleichbarkeit nicht sinnvoll und bringt keine zusätzlichen Erkenntnisse. Der tatsächliche Verkehrswert bestimmt sich nach dem tatsächlich im gewöhnlichen Geschäftsverkehr erzielbaren Preis (§ 9 BewG). Dieser kann je nach Pflegezustand und technischer Verwendbarkeit der Maschine erheblich vom Buchwert abweichen. Wird eine solche Maschine veräußert, entsteht ein zu versteuernder Veräußerungsgewinn in Höhe der Differenz Verkaufspreis abzüglich des Buchwertes.

Beispiel Buchgewinn Verkauf Altmaschine

Verkaufserlös Altmaschine:	5 000 €
Buchwert = Abgang Anlagevermögen:	1 000 €
Buchgewinn:	4 000 €

Die Summe der Buchwerte im Verhältnis zu den Anschaffungswerten ergibt als prozentuale Kennzahl den Veralterungsgrad; ein niedriger Prozentsatz kann auf einen Investitionsrückstand hinweisen. In den Berechnungen sollten nur die regelmäßig genutzten Maschinen berücksichtigt werden. Andererseits sind viele neue Maschinen zunächst erfreulich und lassen einen prosperierenden Betrieb vermuten. Die Anschaffungen selbst waren aber vielleicht steuerlich motiviert bzw. unter Umständen gar nicht wirtschaftlich.

Gebäude werden ebenfalls nach Anschaffungskosten abzüglich Abschreibung bewertet. Der tatsächliche Verkehrswert, aber auch der Ertragswert können je nach Zustand und Nutzungsmöglichkeiten erheblich vom Buchwert abweichen. Bei landwirtschaftlichen Gebäuden kommt hinsichtlich des Verkehrswertes noch die häufig schwierigere separate Veräußerbarkeit zum Tragen. Der Ertragswert orientiert sich an dem tatsächlichen wirtschaftlichen Nutzen, der aus dem Gebäude gezogen werden kann.

Dauerkulturen werden aus der Summe der Einzelkosten aktiviert und danach abgeschrieben. Die tatsächliche Ertragsfähigkeit und daraus die optimale Nutzungsdauer sind vom physiologischen Zustand der Kultur abhängig und müssen eigenständig beurteilt werden.

Ein weites Feld und Gegenstand der steuerlichen Gestaltungsmöglichkeiten des Jahresabschlusses ist die Bewertung von Vorräten. Grundsätzlich gilt das Prinzip der Einzelbewertung nach Anschaffungs- oder Herstellungswert. Voraussetzung ist eine Inventur aller Vorräte zum Bilanzstichtag.

Aspekte bzw. Korrekturen bei der GuV

Ziel einer unter Produktivitätsgesichtspunkten (z. B. Deckungsbeitragsrechnung) durchgeführten Buchführungsanalyse ist es, die Erträge aus der Produktion (Marktleistungen) mit dem Einsatz an Betriebsmitteln und Arbeitskraft ursachengerecht in Bezug zu setzen. Dies setzt aber eine eindeutige zeitliche Zuordnung voraus, die im Obstbau selten und – hinsichtlich des überbetrieblichen Vergleichs – nicht bei allen Betrieben gleichermaßen gegeben ist. Mit der Abgrenzung der Wirtschaftsjahre zum 1.7. werden Produktionsmittel sowie Arbeitskräfte zu Beginn des Vegetationsjahres (WJ 1) gekauft und eingesetzt. Die Ernte erfolgt im Herbst (WJ 2), der anschließende Verkauf mit der Endabrechnung durch die Erzeugerorganisation kann sich bis in das WJ 3 hineinziehen. Bei Erdbeerkulturen ist der Großteil der Ernte vor dem 1.7., Aufwendungen und Erträge stehen enger in Bezug, insbesondere wenn nach 1.7. eintreffende Zahlungen per Rechnungsabgrenzung im zugehörigen Zeitraum erfolgswirksam gemacht werden.

Korrekturarbeiten in der Buchführungsanalyse erfordern Erfahrung und Fingerspitzengefühl. Letztlich ist auch hinzunehmen, dass es eine vollständige Vergleichbarkeit nicht geben kann. Dazu sind die betrieblichen Gegebenheiten in der Praxis zu unterschiedlich. Auf der anderen Seite entfernt sich die betriebsindividuelle Analyse mit jeder Korrektur von der besonderen Situation des jeweiligen Betriebes. Letztlich muss man sich mit der Tatsache abfinden, dass sich mit den gewonnenen Kennzahlen und Analysenergebnissen jeweils nur Mosaiksteine finden lassen, die erst in der Zusammensicht und mit gewissem Abstand ein Bild ergeben. Weiter ist augenfällig, dass auf Betriebszweig (Obst), die Kultur (Art/Sorte) oder gar den Einzelschlag bezogene Produktivitätsanalysen eine detailliertere Datenerfassung erfordern. Dies kann ein Buchführungsabschluss

in der Regel nicht leisten, da dieser primär auf die Steuererklärung ausgerichtet ist.

Analyse einzelner Positionen der GuV

Bei der Analyse zur Höhe und Entstehung des Gewinns, absolut und im Vergleich zu anderen Obstbaubetrieben, werden die einzelnen Positionen der GuV betrachtet. Maßgebliche Größen sind beispielsweise die Höhe der Erträge aus den verschiedenen Betriebszweigen oder Aufwendungen für Pflanzenschutz, Arbeitserledigung, Abschreibungen usw. Als Bezugsgröße ist zumeist die Fläche zweckmäßig, wobei unterschiedliche Betriebsorganisationen zu beachten sind. Auch hier hat die Detailtiefe des Buchführungsabschlusses Bedeutung.

Die verursachergerechte Zuordnung stellt in reinen Obstbaubetrieben – idealerweise mit nur einer Kultur Apfel – kein Problem dar. In Gemischtbetrieben, eventuell mit Viehhaltung, ergeben sich je nach Anteil der vergleichsweise kostenintensiven Obstbauflächen an der gesamten landwirtschaftlichen Fläche (LF) erhebliche Unterschiede im flächenbezogenen Aufwand (z. B. Pflanzenschutzmittel, Dünger, Maschinenkosten in €/ha). Gleiches gilt für Erträge aus pflanzlicher Produktion, wenn keine Unterscheidung und Zuordnung auf die verschiedenen Kulturen stattfindet. Erlöse aus verschiedenen Obstarten werden häufig unter einem einzigen Erfolgskonto Sonderkulturen summiert. Prinzipiell erlauben EDV-Buchführungsprogramme eine Zuordnung von Aufwendungen auf verschiedene Kulturen oder Produkte (Kostenstellen) in selbst gewählter Differenzierung, was aber dann entsprechende Disziplin bei den Einzelbuchungsvorgängen voraussetzt.

Die Betriebsanalyse mit Kennzahlen im Horizontalvergleich erfordert Erfahrung und Augenmaß. Aufgrund der vielen möglichen besonderen Gegebenheiten ist es sehr hilfreich, die Zusammensetzung der statistischen Grundgesamtheit der Vergleichsgruppen zu kennen. In jedem Falle können die Kennzahlen nur Ausgangspunkt tiefer gehender betriebsindividueller Analysen sein.

Neben den Bilanzdaten Aktiva und Passiva sowie den Unterkonten der GuV untersucht die Buchführungsanalyse die Erfüllung der Unternehmensziele Liquidität, Rentabilität und Stabilität anhand charakteristischer Kennzahlen.

Liquidität, Rentabilität und Stabilität bilden das „magische Dreieck" der Unternehmensziele; sie ergänzen und bedingen sich gegenseitig.

16.6.3 Unternehmensziel Liquidität

Liquidität ist die Fähigkeit eines Unternehmens seine Zahlungsverpflichtungen jederzeit erfüllen zu können. Ist die Liquidität nicht mehr gegeben, droht die Insolvenz und somit das Ende des Unternehmens, der Konkurs. Die ständige Zahlungsfähigkeit ist somit oberstes Ziel der Unternehmensführung. Das Liquiditätsmanagement als Teil des Finanzmanagements plant und steuert den Zahlungsmittelverkehr und -bestand.

Eine gute Liquidität hat wesentliche unternehmerische Vorteile: Unternehmen mit guter Zahlungsmoral und Bonität sind gern gesehene Kunden; sie haben Verhandlungsspielraum, bekommen eher Sonderkonditionen zugestanden und können Skonti wahrnehmen. Eine gute Finanzierungskraft ermöglicht flexibles Handeln und das Wahrnehmen von sich spontan bietenden günstigen Gelegenheiten, z. B. im Investitionsbereich oder bei Betriebserweiterungen.

Auch die Situation „zu hohe Liquidität" in guten Ertragsjahren ist eine Managementaufgabe: Die Ressource Kapital muss optimal gesteuert werden, sei es innerhalb des Unternehmens durch Sondertilgungen von Fremdkapital oder durch das Vorziehen von Investitionen. Solche Investitionstätigkeiten sollten einem längerfristig definierten Investitionsprogramm folgen, per se wirtschaftlich sinnvoll sein und nicht dem reinen Bestreben erwachsen, Steuern zu sparen. Die steuerlichen Effekte werden wegen der Verteilung des zusätzlichen Aufwands über die Abschreibungen auf die zukünftigen, ungewissen Jahre sowie die hälftige Aufteilung eines außergewöhnlich hohen Gewinns eines Wirtschaftsjahres auf zwei Einkommensjahre zumeist deutlich überschätzt. Eine wichtige Verwendung überschüssiger Liquidität ist die Bildung von Rücklagen für ungünstige Ertragsjahre. Die Finanzmittel sind möglichst produktiv zu parken oder im Privatbereich zur dauerhaften Vermögensbildung zu verwenden.

Tab. 84 Rückbericht der Finanzkonten über das Wirtschaftsjahr in €

	Beginn WJ		Umsätze		Ende WJ	
Finanzkonto	**Guthaben**	**Verbindlichkeit**	**Gutschrift**	**Lastschrift**	**Guthaben**	**Verbindlichkeit**
Beteiligungen						
Anteile Genossenschaft (GENO)	100				100	
Anteile Erzeugerorganisation (EO)	500				500	
Anteile RaiBa	200				200	
Summe	800				800	
Saldo	800				800	
Langfristige Finanzkonten						
Darlehen 1		196 000	24 000			172 000
Darlehen 2			20 000	20 000		
Summe		196 000	44 000	20 000		172 000
Saldo			24 000			
Kurzfristige Finanzkonten						
GENO Kontokorrent		2 000	28 000	26 000		0
Forderungen	33 000		176 000	178 000	31 000	
Verbindlichkeiten		18 000	65 000	67 000		20 000
RaiBa	2 000		260 000	238 000	24 000	
Sparkasse	4 000		50 600	51 500	3 100	
Barkasse	1 000		35 000	33 000	3 000	
Summe	40 000	20 000	614 600	593 500	57 100	20 000
Saldo	20 000		21 100		41 100	

Rechnungsgrößen zur Zeitraumliquidität (dynamische Liquidität)

Im Buchführungsabschluss gibt die Analyse des Rückberichts der Finanzkonten einen Überblick über die Liquiditätssituation bezogen auf einen zurückliegenden Zeitraum, in der Regel die Quartale, Halbjahre oder das Wirtschaftsjahr. Da die Liquiditätslage saisonal schwankt, sich aber von Jahr zu Jahr in ähnlicher Weise entwickelt, kann die geübte Betriebsleitung mögliche Entwicklungen aus dem Vergleich der entsprechenden Daten aus den Perioden der Vorjahre abschätzen.

Die Kennzahlen charakterisieren die Eigenfinanzierungskraft des Unternehmens. Der Geldüberschuss als Liquiditätsmaßstab stellt die Vorgänge in den Erfolgs- und Sachkonten den Veränderungen bei den Finanzkonten gegenüber, die Herkunft und Verwendungen der Finanzmittel werden hervorgehoben.

Weitere wichtige Kenngrößen für die zurückblickende Beurteilung der Liquidität in leicht veränderter Herangehensweise sind **Cashflow 1, 2 und 3** als Nettozufluss liquider Mittel während einer Periode. Cashflow 1, 2 und 3 werden je nach Fragestellung in verschiedenen Stufen be-

Tab. 85 Auswirkungen auf Erfolgskonten und Finanzkonten in €

Unternehmensausgaben	− 139 000	
Unternehmenseinnahmen	255 000	
Geldrohüberschuss		**116 100**
Anlageinvestitionen	− 40 000	
Erlöse Anlageverkäufe	5 000	
Geldüberschuss nach Finanzierung Anlagen		**81 000**
Private Geldentnahmen	− 51 500	
Private Geldeinlagen	15 600	
Geldüberschuss insgesamt		**45 100**
Auswirkungen auf den Finanzkonten		
Saldo langfristige Finanzkonten		24 000
Saldo kurzfristige Finanzkonten		21 100

Tab. 86 Cashflow Stufen 1, 2 und 3 in €

Unternehmensgewinn	76 000	
Abschreibungen	38 000	
Saldo Veränderung Vorräte	6 000	
Cashflow 1		**120 000**
Private Geldentnahmen	− 51 500	
Private Geldeinlagen	15 600	
Cashflow 2		**84 100**
Tilgung	− 24 000	
Kreditaufnahme	0	
Cashflow 3		**60 100**

rechnet und stellen Mittelherkunft und Mittelverwendung gegenüber.

Cashflow 1 ist der Geldzufluss, der dem Unternehmer insgesamt zur Finanzierung des Privatbereichs, für die Tilgung von Krediten und für Investitionen zur Verfügung steht. **Cashflow 2** berücksichtigt den Saldo Privatbereich und reicht für Kredittilgungen und Investitionen, während **Cashflow 3** den für Investitionen verbleibenden Betrag ausweist.

Die Kenngröße **dynamischer Verschuldungsgrad** zeigt, wie viele Jahre unter sonst konstanten Bedingungen und ohne weitere Investitionen allein für die Rückzahlung der Nettoverbindlichkeiten notwendig sind.

Dynamischer Verschuldungsgrad

$$\frac{\text{Verbindlichkeiten} - (\text{Forderungen} + \text{Guthaben})}{\text{Cashflow 2}}$$

$$= \frac{192\,000\,€ - (31\,000\,€ + 30\,100\,€)}{84\,100\,€} = 1{,}6\,\text{Jahre}$$

Rechnungsgrößen zur Zeitpunktliquidität

Neben der zurückblickenden Analyse der Finanzmittelentwicklung erfordert die Liquiditätskontrolle Aussagen zur aktuellen Situation. Hierzu werden Liquiditätsgrade 1 bis 3 definiert, sie zeigen, wie weit eigene Liquidität zur Bezahlung von Verbindlichkeiten bereitsteht oder in den Bestand Umlaufvermögen eingegriffen werden muss.

Idealerweise reichen die flüssigen Mittel, um allfällige Verbindlichkeiten jederzeit erfüllen zu können. Damit ist das Unternehmen unabhängig von der Zahlungsmoral seiner Kunden. Bei einem hohen Bestand an sicheren Forderungen kann der Liquiditätsgrad 2 herangezogen werden, zumindest dieser Wert sollte 100 % erreichen. Bei Liquiditätsgrad 3 muss schon in das Umlaufvermögen inkl. Vorräte eingegriffen werden, was unter Umständen negative Auswirkungen auf die eigene Produktion und damit wiederum auf die Eigenfinanzierungskraft hat. Dieser Liquiditätsgrad 3 wird in Konsolidierungsfällen herangezogen. Betrieb „Schuhmacher" ist damit zum skizzierten Zeitpunkt in einer gut auskömmlichen Situation.

Liquiditätsgrad 1

$$\frac{\text{Flüssige Mittel (Kasse + Giro)}}{\text{Kurzfristige Verbindlichkeiten}}$$

$$= \frac{24\,000 + 3\,100\,€ + 3\,000\,€}{20\,000\,€} = 150{,}5\,\%$$

Liquiditätsgrad 2

$$\frac{\text{Flüssige Mittel} + \text{Forderungen}}{\text{Kurzfristige Verbindlichkeiten}}$$

$$= \frac{30\,100\text{ €} + 31\,000\text{ €}}{20\,000\text{ €}} = 305{,}5\,\%$$

Liquiditätsgrad 3

$$\frac{\text{Umlaufvermögen insgesamt}}{\text{Kurzfristige Verbindlichkeiten}}$$

$$= \frac{30\,100\text{ €} + 31\,000\text{ €} + 6\,000\text{ €}}{20\,000\text{ €}} = 335{,}5\,\%$$

Kurz- und mittelfristige Liquiditätsplanungen
Die Forderung, jederzeit ausreichend liquide zu sein, erfordert eine in die Zukunft gerichtete Finanzplanung. Obstbaubetriebe haben im Produktionsablauf, ausgehend von den Ausgaben in Pflanzenschutzmittel, Pflegekräfte etc. bis hin zur letzten Einzahlung nach Endabrechnung der Ernte, einen langen Zeitraum zu überbrücken. Dies gilt im Besonderen, wenn neben dem laufenden Betrieb in Wachstumsphasen Investitionen anstehen. Außerdem sind Risiken, z. B. aufgrund geringerer Erlöse bis hin zu Zahlungsausfällen, zu berücksichtigen.

Die Liquiditätsplanung hat je nach Fragestellung unterschiedliche Zeithorizonte zu erfassen. Kurz- bis mittelfristige Planungen prognostizieren die laufenden Zahlungsströme während eines Monats bis hin zu einem Jahr. Für den jeweiligen Zeitraum werden die zu erwartenden Einnahmen und Ausgaben inkl. Privatbereich und Tilgungsverpflichtungen geschätzt und mit den Kontoständen an liquiden Mitteln saldiert. Eine wesentliche Grundregel ist dabei, die Einnahmen vorsichtig zu kalkulieren, insbesondere wenn Forderungen unsicher sind oder erst zeitlich verzögert kommen können. Ein EDV-gestütztes Forderungsmanagement kann hierbei helfen, Außenstände regelmäßig einzutreiben und so die eigene Liquidität zu sichern.
Ebenso ist auf der Ausgabenseite das eigene Zahlungsverhalten zu hinterfragen. Grundsätzlich ist es sinnvoll, Forderungen zügig zu begleichen, um Skonti und Bonität zu sichern. Verschiedene Gläubiger wie Behörden oder Banken, aber auch Fremdarbeiter bestehen ohnehin auf fristgerechte Zahlungen. Bei knapper Liquidität können für Betriebsmittelkäufe Zahlungsziele mit den Lieferanten vereinbart, betriebliche Investitionen geschoben, aber auch private Konsumausgaben gekürzt werden. Sinnvoller ist in der Regel das Gespräch mit der Hausbank über Konditionen eines Zwischenkredits.

Im Jahresverlauf wird es im Obstbaubetrieb immer Monate geben, in denen mehr ausgegeben als eingenommen wird. Entscheidend ist, dass die Linie Finanzmittelbestand nicht unter null bzw. unter das von den Partnern zugestandene Kreditlimit zurückgeht. Für diese Planungen eignen sich einfache Excel-Anwendungen, die die Zahlen um grafische Visualisierungen ergänzen und so mögliche Finanzierungslücken und Überschüsse deutlich machen.

Konsolidierung verschuldeter Betriebe
Ohne Controlling werden Schieflagen häufig zu spät erkannt bzw. entgegengetreten. Bei geringem Gewinn kann die Lebenshaltung eine Zeit aus der Liquidität von nicht reinvestierten Abschreibungen bestritten werden. Regelmäßig auftretende **Liquiditätsprobleme** in bereits verschuldeten Betrieben sind häufig Resultat von strukturellen Defiziten. Negative Ereignisse wie Produktionsausfälle sind dann nicht Ursache, sondern lediglich Auslöser für überfällige Reaktionen. Diese erfordern zunächst eine eingehendere Unternehmensanalyse im Rahmen eines strukturierten, von außen begleiteten Konsolidierungsprozesses. Ansatzpunkte solcher Prozesse sind

- Aufgabe unwirtschaftlicher, häufig arbeitsintensiver Betriebszweige,
- Verbesserung der Erlöse durch höhere Erträge und bessere Qualitäten,
- Beseitigung von unwirtschaftlichen Finanzierungsformen mit Umschuldung von dauerhaft bestehenden kurzfristig, d. h. teuer finanzierten Schulden,
- Verringerung der Privatentnahmen durch Konsumverzicht oder Aufnahme einer zusätzlichen Erwerbstätigkeit zur Finanzierung des Lebensunterhalts,
- Veräußerung von betrieblichen und privaten Vermögenswerten; Abbau von Übermechanisierung.

Tab. 87 Liquiditätsplanung Betrieb Schuhmacher über ein Wirtschaftsjahr in €

	Juli	Aug.	Sept.	Okt.	Nov.	Dez.	Jan.	Febr.	Mrz.	Apr.	Mai	Juni	Summen
Betrieb													
Einnahmen													
Verkäufe	30 000	20 000	12 000	2 000	1 000	35 000	5 000	40 000	10 000	35 000	5 000	25 000	247 000
Beihilfen					3 000								3 000
Sonstiges					3 000				2 000				5 000
Anlagen-abgang										5 000			5 000
.....													
Ausgaben													
Betriebsmittel		− 20 000				− 7 000			− 20 000				− 47 000
Löhne	− 8 000	− 1 000	− 10 000	− 10 000	− 10 000	− 1 000	− 1 000	− 1 000	− 8 000	− 1 000	− 5 000	− 12 000	− 68 000
Sonstiges	− 2 000	− 2 000	− 2 000	− 2 000	− 2 000	− 2 000	− 2 000	− 2 000	− 2 000	− 2 000	− 2 000	− 2 000	− 24 000
Investitionen	− 40 000												− 40 000
.....													
Saldo Betrieb	**− 20 000**	**− 3 000**	**0**	**8 000**	**4 000**	**25 000**	**2 000**	**37 000**	**− 18 000**	**37 000**	**− 2 000**	**11 000**	**81 000**
Langfristige Kredite													
Tilgung	− 2 000	− 2 000	− 2 000	− 2 000	− 2 000	− 2 000	− 2 000	− 2 000	− 2 000	− 2 000	− 2 000	− 2 000	− 24 000
Kreditaufnahme	0	0	0	0	0	0	0	0	0	0	0	0	0
Saldo Kredite	**− 2 000**	**− 2 000**	**− 2 000**	**− 2 000**	**− 2 000**	**− 2 000**	**− 2 000**	**− 2 000**	**− 2 000**	**− 2 000**	**− 2 000**	**− 2 000**	**− 24 000**
Privater Bereich													
Einnahmen													
Einkommen	800	800	800	800	800	800	800	800	800	800	800	800	9 600
Mieten	500	500	500	500	500	500	500	500	500	500	500	500	6 000
.....													

Ausgaben													
Private Steuern			– 2 000			– 2 000			– 2 000			– 2 000	– 8 000
Private Versicherungen	– 2 500	– 1 000	– 1 000	– 1 000	– 1 000	– 1 000	– 1 000	– 1 000	– 1 000	– 1 000	– 1 000	– 1 000	– 13 500
Lebenshaltung	– 2 500	– 2 500	– 2 500	– 2 500	– 2 500	– 2 500	– 2 500	– 2 500	– 2 500	– 2 500	– 2 500	– 2 500	– 30 000
....													
Saldo privat	**– 3 700**	**– 2 200**	**– 4 200**	**– 2 200**	**– 2 200**	**– 4 200**	**– 2 200**	**– 2 200**	**– 4 200**	**– 2 200**	**– 2 200**	**– 4 200**	**– 35 900**
Saldo insgesamt	**–25 700**	**– 7 200**	**– 6 200**	**3 800**	**– 200**	**18 800**	**– 2 200**	**32 800**	**–24 200**	**32 800**	**– 6 200**	**– 4 800**	**21 100**

16.6.4 Unternehmensziel Rentabilität

Die Kennzahlen der Rentabilität zeigen, wie wirtschaftlich erfolgreich im Sinne einer „Gewinnmaximierung" die Produktionsfaktoren Arbeit, Boden und Kapital eingesetzt wurden. Wichtigste Kennzahl ist der **Gewinn/Verlust** eines Wirtschaftsjahres. Dieser sollte mindestens so hoch sein, dass

- die Lebenshaltungskosten der Familie inkl. privaten Versicherungen, Steuern, Altenteilverpflichtungen etc. gedeckt sind,
- Rücklagen zur privaten Vermögensbildung (Alterssicherung, Erbabfindungen, private Risiken) möglich sind und
- Tilgungsverpflichtungen fristgerecht erfüllt werden.

Sollte der Gewinn für die Bedienung der Kredite nicht ausreichen, müssen private Rücklagenbildung aufgeschoben bzw. vorhandene Rücklagen aufgebraucht und die Lebenshaltung eingeschränkt werden. Tilgungsverpflichtungen gegenüber Dritten können nicht ohne Weiteres ausgesetzt werden.

Der Gewinn eines Betriebes ist Ausgangspunkt für **Vergleichsdaten**, die jeweils Facetten der Rentabilität aufzeigen. Im Betriebsvergleich ist zu berücksichtigen, welche eigenen, „kostenlosen" Ressourcen in der Produktion zur Verfügung stehen. So sollten Betriebe mit höherer Flächenausstattung auch höhere Gewinne erwarten lassen, flächenknappe Betriebe können dieses Defizit aber unter Umständen mit eigener Arbeitskraft oder hohem Kapitaleinsatz ausgleichen. Ein Pachtbetrieb hat bei sonst gleichen Erfolgsdaten einen um die Pachtaufwendungen geringeren Gewinn und wäre in einem diesbezüglichen Leistungsvergleich benachteiligt. Die im Betriebseigentum stehenden Faktoren Arbeit, Boden und Kapital müssen daher einen Wert erhalten, um Betriebe mit unterschiedlicher Ressourcenausstattung hinsichtlich tatsächlicher Leistungsfähigkeit vergleichen zu können. Diesen Faktoreinsätzen stehen keine buchhalterischen Ausgaben gegenüber, sie werden deshalb als kalkulatorische Kosten bzw. im Einzelnen als Lohnansatz, Pachtansatz und Zinsansatz für Eigenkapital bezeichnet.

Tab. 88 Berechnung Faktoransätze für Betrieb Schuhmacher

Ressource	Berechnung	Schuhmacher
Betriebsleitung	38 794 €/FAK	38 794 €
Zuschlag Betriebsleitung nach Umsatz	115 €/5000 € Umsatz	5 980 €
Mitarbeitende FAK	28 525 €/FAK × 0,5	14 263 €
Summe		59 037 €
Pachtansatz	12 ha × 625 €/ha	7 500 €
Zinsansatz Eigenkapital ohne Boden	3,5 % v. 106 000 €	3 714 €

Lohnansatz
Für den kalkulatorischen Lohnansatz einer nichtentlohnten Familienarbeitskraft im Bereich Gartenbau werden vom BMEL in Anlehnung an die für fremde Arbeitskräfte im Gartenbau gezahlten Löhne einschließlich Arbeitgeberanteil zur Sozialversicherung jährlich fortgeschriebene Richtsätze veröffentlicht. Der Ansatz für nichtentlohnte Arbeitskräfte wird je nach Alter und Beschäftigungsgrad maximal 1,0 FAK/Person festgelegt, wobei die tatsächliche Zahl geleisteter Arbeitsstunden bei gleichem FAK-Wert unterschiedlich sein kann. Dieser Wert wird in steuerlichen Buchführungen mangels steuerlicher Relevanz häufig nicht fortgeschrieben und sollte vor Vergleichen überprüft werden.

Pachtansatz
Betriebseigene Flächen werden mit „ortsüblicher Pacht" bewertet; dieser Wert hat daher eine betriebsindividuelle Variationsbreite. Zweckmäßig ist der Ansatz des Durchschnittswertes für Pachtflächen im eigenen Betrieb.

Zinsansatz
In den meisten statistischen Datenwerken zu Betriebsvergleichen wird das Eigenkapital zum Ende des Geschäftsjahres ohne Berücksichtigung des Bodenwertes mit 3,5 % verzinst.

Zur Beurteilung des tatsächlichen Unternehmenserfolgs einer Periode, seiner Ursachen und der daraus möglichen Entwicklungen ist festzustellen, ob es sich um ein durchschnittliches oder um ein eher außergewöhnliches Jahr handelte. Der absolute Gewinn wird deshalb um dem Zeitraum nicht zuzuordnende und/oder **außergewöhnliche Erträge und Aufwendungen** bereinigt und so das **Ordentliche Ergebnis** errechnet. Zweckmäßig ist im Vertikalvergleich zudem der Blick auf die Entwicklung der Unternehmenskennzahlen des Unternehmens über mehrere Wirtschaftsjahre hinweg.

Im Kennzahlenvergleich zu anderen Betrieben werden häufig Vergleichsgruppen wie „Durchschnitt aller Betriebe", „Durchschnitt bestes Viertel", „Durchschnitt letztes Viertel" gebildet. Maßstab für die Zuordnung in eine Randgruppe ist die **Nettorentabilität**. Diese setzt das Ordentliche Ergebnis prozentual ins Verhältnis zur Summe der Ansätze der betriebseigenen Ressourcen. Bei einem Wert von 100 % sind alle Faktoren entlohnt.

16.6.5 Unternehmensziel Stabilität

Eine hohe Rentabilität eines Unternehmens ist gute Voraussetzung, aber keine Garantie für seine sichere Existenz. Auch gut wirtschaftende Betriebe können durch zu hohe Entnahmen Probleme bekommen. Obstbaubetriebe sind verschiedenen finanziellen Risiken bedingt durch schlechte Marktgegebenheiten, Ertragsschwankungen oder familiäre Verhältnisse ausgesetzt. Weiter sollte ein Unternehmen sein betriebliches Wachstum zumindest teilweise aus eigenen Mitteln finanzieren können und ausreichende Dispositionsfreiheit und Spielraum bei Kreditaufnahmen haben.

Die Stabilität eines Unternehmens wird anhand der Vermögensstruktur und -veränderung im Bezugszeitraum beurteilt. Im Mittelpunkt stehen dabei Höhe und Verhältnis von Eigenkapital und Fremdkapital in Bezug zu den realen Vermögenswerten der Aktiva, die zweckmäßige Strukturierung des Fremdkapitals und die jährliche **Zunahme an Eigenkapital** im Betrieb.

Ein stetig zunehmender Kapitaleinsatz ist eine zwingende Notwendigkeit für wachsende Betriebe. Die Triebkräfte hierfür sind:

- Finanzierung der **Ersatzinvestitionen**: Beim Ersatz eines Anlagegutes ist wegen Inflation

Tab. 89 Kennzahlen der Rentabilitätsanalyse Betrieb Schuhmacher

Kennzahl	Berechnung	Schuhmacher
Gewinn je ha	Gewinn/Fläche	76 000 €/20 ha = 3 800 €/ha
Gewinn je FAK	Gewinn/FAK	76 000 €/1,5 FAK = 50 667 €/FAK
Ordentliches Ergebnis	Gewinn − zeitraumfremde Erträge + zeitraumfremde Aufwendungen − außerordentliche Erträge + außerordentliche Aufwendungen = Ordentliches Ergebnis	76 000 € − 0 € + 0 € − 4 000 € + 0 € = 72 000 €
Flächenproduktivität	= Umsatz/Fläche insgesamt	260 000 €/20 ha = 13 000 €/ha
Gewinnrate in %	= Gewinn/Umsatz	76 000 €/260 000 € = 29 %
Arbeitsertrag	Ordentliches Ergebnis − Pachtansatz Eigentumsflächen − Zinsansatz Eigenkapital = Arbeitsertrag	72 000 € − 7 500 € − 3 714 € = 60 786 €/1,5 FAK
Dito je Familienarbeitskraft	= Arbeitsertrag je FAK	= 40 524 €/FAK
Zinsertrag Eigenkapital (ohne Boden)	Ordentliches Ergebnis − Pachtansatz Eigentumsflächen − Lohnansatz FAK = Zinsertrag Eigenkapital	72 000 € − 7 500 € − 59 037 € = 5 463 €
Eigenkapitalrentabilität	/ Eigenkapital (ohne Boden) = Eigenkapitalrentabilität	/ 106 100 € = 5,1 %
Nettorentabilität in %	Ordentliches Ergebnis/kalk. Ansätze = Nettorentabilität	72 000 €/70 251 € = 102 %

Weitere rentabilitätsbezogene Kennzahlen für weitergehende Analysen sind: Unternehmergewinn, Betriebseinkommen, Gesamtarbeitsertrag, Roheinkommen, Reinertrag, Reinertragsdifferenz

schon die gleichwertige Ersatzinvestition teurer als der vormalige Anschaffungspreis des ersetzten Gutes. Diese Differenz wird nicht aus den angesparten Abschreibungen gedeckt.

- Finanzierung der **Nettoinvestitionen**: Neue Anlagegüter, insbesondere Maschinen, haben eine höhere Leistungsfähigkeit und sind daher teurer. Bessere Leistungsparameter sind in modernen Volkswirtschaften zur Verbesserung der Arbeitseffizienz unabdingbar.
- Finanzierung des **betrieblichen Wachstums** als Voraussetzung für höhere Gewinne bzw. Einkommen, um die steigenden Lebenshaltungskosten ausgleichen und mit der allgemeinen Einkommensentwicklung mithalten zu können.

Der Einsatz von Fremdkapital ist in wachsenden Betrieben üblich und wirtschaftlich sinnvoll. Nachhaltig wirtschaftende Betriebe sollten den Kapitalbedarf für Investitionen aber nicht allein aus Fremdkapital decken. Die Höhe der alljährlichen Eigenkapitalbildung gilt als eine wichtige Kennzahl, sie ist die „Vermögensbildung des Betriebes“. Ohne **Eigenkapitalbildung** gibt es kein betriebliches Wachstum.

Gewinn	=	76 000 €
+ Einlagen	=	15 600 €
– Entnahmen	=	– 51 500 €
= Eigenkapitalbildung	=	40 100 €

Quellen zur Generierung von Eigenkapital sind der Gewinn aus dem Unternehmen selbst sowie Einlagen aus dem nicht unternehmerischen Bereich, z. B. Privatvermögen oder anderen Einkommensarten. Verringert wird das Eigenkapital durch Entnahmen für den Privatbereich, hier insbesondere für die Lebenshaltungskosten.

Bei unzureichenden Gewinnen kann von außen Kapital in den Obstbaubetrieb eingebracht werden. Dies ist als Dauerlösung ökonomisch nicht sinnvoll, da unternehmerische Tätigkeiten eigentlich das Privatvermögen vermehren sollen und ein Betrieb nicht zum Selbstzweck finanziert wird. Im Prinzip kann in solchen Fällen von „Hobby“ gesprochen werden, wenn beispielsweise ein neuer Obstbauschlepper aus nichtlandwirtschaftlichen Nebeneinkünften finanziert wird. Das ist ökonomisch nicht zweckmäßig, aber dem individuellen Betriebsleiter gibt dieses Vorgehen vielleicht mehr persönliche Erfüllung als anderen Menschen Urlaubsreisen oder teure Repräsentationsgüter.

Vor großen Investitionsschritten kann der Einsatz von Privatvermögen notwendig sein, insbesondere wenn das Kapital in den Jahren zuvor zu diesem Zweck über Entnahmen in private Rücklagen angespart wurde.

Die notwendige Höhe an jährlicher Eigenkapitalbildung ist abhängig von Ausstattung und Zustand der gegenwärtigen Anlagegüter sowie dem bereits vorhandenen Anteil an Fremdfinanzierung. **Wachstumsinvestitionen** in riskante Unternehmensbereiche sollten mehr Eigenkapital beinhalten. Obstbaubetriebe mit neuen Pflanzungen bzw. ohne Investitionsrückstände im Anlagebereich können mit geringeren Beträgen auskommen und Gewinne in das Privatvermögen leiten. Als Richtwert für das langjährige Mittel gelten 3,5 bis 5 % des vorhandenen Eigenkapitals oder 15 000 € jährlich.

Situationen negativer Eigenkapitalbildung

In Betrieben mit zu geringen Gewinnen oder zu gehobenem Lebensstil ist häufig eine anhaltend negative Eigenkapitalentwicklung zu beobachten. Dies muss in der Lebenshaltung zunächst nicht sichtbar sein. Für den Konsum stehen neben dem bescheidenen Gewinn als weitere liquide Mittel die Abschreibungen zur Verfügung. Dies ist möglich, so lange noch nicht abgeschriebene Anlagegüter in den Büchern stehen und die ausbleibenden Investitionen keine negativen Auswirkungen auf die Erträge haben. In der Regel wird sich jedoch der Investitionsstau zunehmend negativ bemerkbar machen, ein Betrieb mit veralteten Anlagegütern ist nicht zukunftsfähig.

Für einen Betrieb, der z. B. mangels Nachfolge mittelfristig nicht fortgeführt werden soll, ist dieses Vorgehen dagegen ökonomisch sinnvoll. Bei einer Betriebsaufgabe mit anschließender Verpachtung oder im Verkaufsfall erzielen relativ neue Anlagegüter kaum den Buchwert. Sinnvoll ist hier, zu desinvestieren und die erwirtschafteten Erträge in das Privatvermögen zu überführen. In der Praxis wird dieses Vorgehen als „Ab-

Tab. 90 Kennzahlen der Stabilitätsanalyse

Kennzahl	Berechnung	Schuhmacher
Eigenkapitalbildung	Absolut Prozentual zum Eigenkapital	40 100 € 40 100 €/486 000 € = 8,3 %
Eigenkapitalquote in %	Eigenkapital/Bilanzsumme = Eigenkapitalquote	486 000 €/702 000 € = 69,2 %
Fremdkapitaldeckung (inkl. bzw. exkl. Boden)	Wert Anlagegüter/Fremdkapital = Eigenkapitalquoten	651 000 €/172 000 € = 378 % 231 000 €/172 000 € = 134 %

melken“ bezeichnet. Es ist im Einzelfall zu entscheiden, zu welchem Zeitpunkt vor Betriebsaufgabe mit dem Prozess begonnen wird. Die Wirtschaftlichkeit der Produktion, insbesondere die Arbeitszeitverwertung, sollte nicht zu sehr leiden.

16.7 Leistungs-Kostenrechnungen

Die ständige Optimierung der Produktion ist eine der grundlegenden Aufgaben der Betriebsleitung. Neben der Analyse der ökonomischen Situation des Unternehmens bieten gut aufbereitete Buchführungsdaten Ansatzpunkte für betriebliche Planung und Kontrolle im Rahmen von Leistungs-Kostenrechnungen.

16.7.1 Kostenbegriffe

Leistungs-Kostenrechnungen sind rein objektbezogen, betriebsindividuell, unabhängig von der Dauer der Produktionsperiode und nicht an gesetzliche Vorgaben gebunden. Häufige Anwendungen sind beispielsweise:

- Überprüfung der Wirtschaftlichkeit einzelner Produktionsvorgänge oder Betriebszweige
- Planung und Auswahl konkurrierender Produktionsverfahren
- Wirtschaftlichkeit von Investitionen
- Ermittlung von kurz- und langfristigen Preisgrenzen
- Kurzfristige Entscheidungssituationen

Es werden nur die Kosten und Erträge berücksichtigt, die für eine konkrete Planungsentscheidung relevant und zuordenbar sind.

> Ertrag – Aufwand = Gewinn als zeitraumbezogener Erfolg
> Leistungen – Kosten = z. B. Deckungsbeitrag oder zusätzlicher Gewinn als produktbezogener Erfolg

Leistungen sind der Geldwert für die obstbaulichen Produkte. Dies können neben der Hauptleistung aus dem Verkauf (Marktleistung) auch innerbetrieblich verwertbare Nebenleistungen sein, die mit einem kalkulatorischen Wert entsprechend dem innerbetrieblichen Nutzen versehen werden.

Kosten sind produkt- bzw. leistungsbezogen der Geldwert für den jeweiligen Verbrauch an den Ressourcen Arbeit, Boden und Kapital. Da auch die betriebseigenen Ressourcen Eigenfläche, Familien-AK und Kapital knapp sind, müssen sie in Kostenrechnungen als **kalkulatorische Kosten** einen Wert erhalten. Im Gegensatz zu den kalkulatorischen Werten der Rentabilitätsanalyse im Betriebsvergleich ist hier stärker die betriebsindividuelle Situation zu berücksichtigen, d. h. welche alternative Verwertung der Ressource im Betrieb tatsächlich gegeben ist.

Einen wertmäßigen Ansatz erfordern auch Produktionsmittel, die zur innerbetrieblichen Weiterverwendung erzeugt worden sind. Ansatzpunkt sind dabei die innerbetrieblichen Erzeugungskosten, die jedoch nicht höher liegen dürfen als der Einkaufspreis für das gleichwertige Produkt am Markt („relativer Zukaufspreis“).

Voraussetzung für die Interpretation der Kosten ist deren Zuordenbarkeit auf Verursacher sowie Teilbarkeit und Veränderbarkeit. Eine wesentliche Unterscheidung sind dabei Fixkosten und variable Kosten. **Fixkosten** sind dadurch gekennzeichnet, dass sie sich zumindest mittelfristig nicht verändern lassen, wie z. B. Abschreibungen für Maschinen und Gebäude. Die oft synonym verwendeten, da gleichfalls kaum veränderbaren **Gemeinkosten**, bezeichnen dagegen den einzelnen Produktionszweigen kaum zuordenbare Kosten wie Bürokosten, Versicherungen, Fortbildung etc. Sie sind in gewissem Rahmen unabhängig vom Produktionsumfang konstant und fallen auch an, wenn nicht produziert wird.

Variable Kosten sind dagegen vom Produktionsumfang abhängig. Sie sind einem Produkt zuordenbar und steigen in der Regel mit Zunahme des Produktionsumfangs proportional an, z. B. Pflanzenschutzaufwand/ha, Erntearbeitskosten/ha. Schwieriger ist häufig die Zuteilung der Maschinenkosten, die teils zuordenbar sind, teils aber auch Fixkostencharakter haben. Für Planungsrechnungen finden sich in KTBL-Datensammlungen hinreichend gute Ausgangswerte, besser sind grundsätzlich betriebsindividuelle Daten.

Tab. 91 Deckungsbeiträge für zwei Ertragsniveaus im Apfelanbau

Ertragsniveau	Niedrig		Hoch	
Tafelobst (dt; €/dt)	270	25 €	500	50 €
Mostobst (dt; €/dt)	80	8 €	50	15 €
Summe Marktleistungen (€/ha)		7 390 €		25 750 €
Dünger		100 €		200 €
Pflanzenschutz		1 000 €		1 500 €
Sonstiges		300 €		400 €
Zinsansatz (2 %; 9 Monate)		40 €		50 €
Variable Maschinenkosten		800 €		1 000 €
Saisonarbeitskräfte (AKh/ha; 8,50 €/AKh)	350	2 975 €	450	3 825 €
Variable Kosten insgesamt (€/ha)		5 215 €		6 975 €
Deckungsbeitrag (€/ha)		**2 175 €**		**18 775 €**
Faktorverwertungen				
Familienarbeit (AKh bzw. €/AKh)	100	22 €	100	188 €
Fläche (ha bzw. €/ha)	1	2 175 €	1	18 775 €

16.7.2 Deckungsbeitragsrechnung

Die Deckungsbeitragsrechnung ist die häufigste Teilkostenrechnung und in ihrer Ansatzweise weitgehend definiert, da sie auch für überbetriebliche Vergleiche, in der Bewertungslehre bei Gutachten und für statistische Zwecke bei der Betriebsklassifizierung herangezogen wird. Der Deckungsbeitrag wird in Bezug auf ein in der Produktionsweise definiertes Produktionsverfahren in seiner möglichst kleinsten Produktionseinheit (1 ha oder 1 Kuh etc.) berechnet. Ergänzend zu den monetären Daten für Leistungen und Kosten werden die Ansprüche an begrenzt verfügbaren Produktionsfaktoren Boden und Familienarbeitskraft – **Faktoransprüche** – sowie unverkäufliche, aber betriebliche verwertete **Faktorlieferungen** (z. B. Brennobst, Brennholz) aufgeführt. Der Deckungsbeitrag ist die zentrale Kennzahl für die Produktionsgüte und innerbetriebliche Wettbewerbskraft eines Produktionsverfahrens.

> Deckungsbeitrag ist der Beitrag, den eine Einheit eines Produktionsverfahrens zur Deckung der Fix- und Gemeinkosten sowie als Gewinnanteil liefert.

Der Deckungsbeitrag errechnet sich aus den **Marktleistungen** (= Naturalerträge × Produktpreise) abzüglich der **variablen Kosten**. Diese werden gelegentlich noch untergliedert in **Direktkosten** und **Arbeitserledigungskosten**. Die unterschiedliche Inanspruchnahme von Kapital wird über einen **kalkulatorischen Zinsansatz** auf das Umlaufvermögen berücksichtigt. Dieser bezieht sich auf die unterschiedlichen Kapitalbindungszeiten zwischen dem Einkauf von Betriebsmitteln bis zur Kapitalwiedergewinnung durch den Verkauf der Produkte. Der resultierende Deckungsbeitrag, in Bezug gesetzt auf die nicht entlohnten Produktionsfaktoren Familienarbeit und Fläche, ergibt die **Faktorverwertungen**.

Die beispielhafte Deckungsbeitragsrechnung zeigt Werte für ein Produktionsverfahren Apfelanbau für zwei Ertragsniveaus. Je nach Fragestel-

lung oder Planungszweck kann es sinnvoll sein, weiter nach Sorten und unterschiedlichen Anbauweisen zu differenzieren. Da Buchführungsdaten selten in der erforderlichen Detailliertheit aufbereitet vorliegen, muss auf ergänzende Aufschriebe zurückgegriffen werden. Auch hier leisten EDV-Schlagkarteiprogramme sehr gute Dienste. Sie dokumentieren die für das QS-Betriebsheft relevanten Daten. Die Betriebsleitung kann ergänzend ökonomische Ansätze mitführen bzw. auswerten.

Das Beispiel zeigt die für alle obstbaulichen Produktionsverfahren kennzeichnende weite Bandbreite in den Deckungsbeiträgen. Entscheidend für hohe Deckungsbeiträge sind die Marktleistungen aus dem Produkt Ertrag × Preis. Hier sind folglich die wesentlichen Verbesserungspotenziale zu suchen. Unterschiede bei den variablen Kosten sind vor allem bei den Arbeitskosten gegeben, sie fallen aber insgesamt anteilig deutlich weniger ins Gewicht als die Marktleistung. Einsparungen bei weiteren variablen Kosten wie Pflanzenschutz sind produktionstechnisch zumeist nicht zielführend.

Innerbetrieblicher Leistungsaustausch

Für innerhalb des Betriebes weiterverwendete Erzeugnisse sind mangels aus der Buchführung ableitbarer Preise eigene Werte für den innerbetrieblichen Leistungsaustausch zu ermitteln. Beispiele hierfür sind im reinen Obstbaubetrieb die gezielte Produktion von Rohstoffen für die eigene Brennerei wie Williamsbirnen oder der Verkauf über Direktvermarktung. Orientierungspunkt ist der **relative Verkaufspreis**, d. h. der Preis, der gewöhnlich am Markt auf Großabsatzebene zu erzielen wäre.

Auf diese Weise können die Produktionsverfahren unabhängig in ihrer Wirtschaftlichkeit betrachtet werden. Dabei ist auf realistische Ansätze zu achten: Ein über Großmarktniveau liegender Wertansatz für die in der Direktvermarktung abgesetzten Produkte wäre nicht sachgerecht. Dies ließe die eigene Erzeugung über Gebühr lukrativ erscheinen und die Direktvermarktung unwirtschaftlicher, obwohl dort der eigentliche Mehrwert erzielt wird. Der „Kauf" vom eigenen Betrieb sollte nicht teurer sein als der Zukauf von qualitativ gleichwertigen Fremderzeugnissen.

16.7.3 Vom Deckungsbeitrag zum Gewinn

Aus den Deckungsbeiträgen der einzelnen Produktionsverfahren, multipliziert mit dem Umfang und addiert, errechnet sich der Gesamtdeckungsbeitrag als eine die Leistungsfähigkeit der Produktion bzw. das produktionstechnische Können im Betrieb insgesamt kennzeichnende Größe. Aus dem parallelen **Arbeitsaufriss** mit den Arbeitszeitansprüchen für Familienarbeitskräfte und deren Faktorverwertung ergeben sich Rückschlüsse zur **Arbeitszeitbelastung** und Ansatzpunkte für Optimierungsmaßnahmen, etwa wenn eine Arbeitszeitverwertung als zu gering eingestuft wird.

Für die kalkulatorische Berechnung des Gewinns sind zum Gesamtdeckungsbeitrag die in den einzelnen Produktionsverfahren nicht berücksichtigten Erträge und Aufwendungen einzubeziehen. Gewinnerhöhend bei den Erträgen wirken unter anderem Investitionsförderungen, Betriebsprämien, die kalkulatorischen Zinsansätze aus den Deckungsbeiträgen sowie etwaige Einnahmen aus Lohnarbeiten, Verpachtungen und Zinseinnahmen aus Betriebskapital. Andererseits sind die nicht zuteilbaren Aufwendungen, Pachten und tatsächlich gezahlten Zinsen abzuziehen.

In gleicher Weise sind im Arbeitsaufriss Arbeitsstunden für Lohnarbeiten für andere Betriebe sowie die allgemeine Betriebsführung zu berücksichtigen. Aus dem Gesamtwert resultiert die notwendige Anzahl Familienarbeitskräfte, wobei je voll beschäftigte FAK etwa 2000 AKh/Jahr angesetzt werden können. Der Ansatz von 1,5 FAK im Betrieb Schuhmacher erscheint somit angemessen.

In der Praxis werden häufig höhere Arbeitszeiten geleistet. Dies sollte Anlass zur Überprüfung der individuellen Arbeitssituation sein, insbesondere da die Jahresarbeitszeit noch keine Aussage zur Belastungssituation in Arbeitsspitzen gibt. Die Gesundheit der Familienarbeitskräfte ist neben dem persönlichen Aspekt Arbeitsfreude eine entscheidende Voraussetzung für einen langfristig erfolgreichen Familienbetrieb.

Tab. 92 Betriebsorganisation mit Deckungsbeiträgen und Aufstellung Familienarbeit

Produktionsverfahren	Einheit		DB/Einheit	DB insgesamt	Familienarbeit		
		ha			FAKh/Einheit	FAKh	€/FAKh
'Gala'		2	10 000 €	20 000 €	90	180	111
'Elstar'		2	12 000 €	24 000 €	120	240	100
'Jonagold'		3	6 000 €	18 000 €	100	300	60
'Braeburn'		3	10 000 €	30 000 €	100	300	100
Birnen		1	6 000 €	6 000 €	70	70	86
Erdbeeren		1	18 000 €	18 000 €	250	250	72
Ackerbau		8	1 200 €	9 600 €	5	40	240
Brennerei	1		15 000 €	15 000 €	300	300	50
Direktvermarktung	1		25 000 €	25 000 €	800	800	31
Gesamtdeckungsbeitrag		**20**		**165 600 €**		**2 480**	
+ Förderungen, Ausgleichszahlungen etc.				3 000 €			
+ Kalkulatorische Zinsansätze				1 000 €			
+ Pachteinnahmen und betriebliche Zinserträge				500 €			
+ Erträge Lohnarbeit, Maschinenvermietung				1 500 €		50	
– Fest- und Gemeinkosten				– 71 100 €			
– Nicht zugeteilte Fremdarbeitskräfte, Lohnarbeit				– 12 000 €			
– Verringerung Vorräte				– 6 000 €			
– Pachten				– 5 000 €			
– Zinsen				– 5 500 €			
Betriebsführung allgemein						400	
= Gewinn				**76 000 €**		**2 880**	

16.7.4 Anwendungsbeispiele für die Deckungsbeitragsrechnung

Leistungsfähigkeit im Betriebsvergleich
Der Deckungsbeitrag ist Ausdruck der Leistungsfähigkeit eines Produktionsverfahrens bzw. des produktionstechnischen Könnens und wird häufig bei Betriebsvergleichen herangezogen. Bei Dauerkulturen ist zu berücksichtigen, dass im Pflanzjahr sowie in der mehrjährigen Aufbauphase die Marktleistungen naturgemäß unter dem Wert der Vollertragsjahre liegen. Bei überbetrieblichen Vergleichen sind daher die relativen Anteile der Junganlagen an der Anbaufläche zu berücksichtigen oder Leistungsdaten nur aus den Vollertragsanlagen zu ziehen. Unterschiedliche Verfahrenstechniken wie verschiedene Verfrühungstechniken bei Erdbeeren und Anteile an Fremd-AK beeinflussen ebenfalls das Ergebnis.

Tab. 93 Betriebsoptimierung im Betriebsvoranschlagsverfahren

Produktionsverfahren	Einheit	Familienarbeit		Deckungsbeitrag	
	ha	FAKh/Einheit	FAKh	DB/Einheit	DB insgesamt
Direktvermarktung	– 1	800	– 800	25 000 €	– 25 000 €
Erdbeeren	2	250	500	18 000 €	36 000 €
Ackerbau	– 5	5	– 25	1 200 €	– 6 000 €
'Gala'	1	90	90	10 000 €	10 000 €
'Elstar'	2	120	240	12 000 €	24 000 €
Differenz			5		39 000 €
Restriktion Fruchtfolge Erdbeeren maximal 50 % der Ackerfläche					
Erdbeeren	3				
Ackerbau	3				

Betriebsplanung und relative Wettbewerbskraft von Produktionsverfahren
Bei der Auswahl der Produktionsverfahren orientiert sich der Betriebsleiter neben persönlichen Präferenzen und Standortvoraussetzungen v. a. am Prinzip der Gewinnmaximierung. Unterschiedliche Marktgegebenheiten, Anbaumöglichkeiten und persönliches Können lassen bestimmte Kulturen und Sorten besonders lukrativ erscheinen. Bei einer begrenzten Ausstattung mit Flächen und Familienarbeitskräften sowie produktionsunabhängig gegebenen Fixkosten wird zur Betriebsoptimierung aus den möglichen Produktionsverfahren diejenige Kombination gesucht, die den größten Gesamtdeckungsbeitrag erbringt.

Ausgangspunkt sind die Faktorverwertungen mit der Frage, wie die begrenzt verfügbaren Produktionsfaktoren optimal verwertet werden können. Die Optimierung erfolgt betriebsindividuell entsprechend der verfügbaren Ressourcen: Ist die Fläche tendenziell knapp, werden Produktionsverfahren bevorzugt, die einen möglichst hohen Deckungsbeitrag je ha bringen. Ist die Arbeitskraft begrenzt, steht eine hohe Arbeitsverwertung im Vordergrund.

In der Produktionstheorie wird die optimale Betriebsorganisation über EDV-gestützte **lineare Optimierungsmodelle** ermittelt, die unter der Maßgabe Deckungsbeitragsmaximierung die Produktionsverfahren zusammenstellen. Für den Praktiker ist der intuitiv optimierte **Betriebsvoranschlag** nachvollziehbarer und im Optimierungsgrad hinreichend. Meist werden bei anstehenden Veränderungen, wie die Aufgabe von Betriebszweigen oder Erweiterungen, ohnehin Alternativen auf der Basis des vorhandenen Produktionsprogramms entwickelt.
Im vorliegenden Beispiel soll bei der oben skizzierten Betriebsorganisation die Direktvermarktung aufgegeben werden. Dadurch bleiben 800 FAKh übrig, die auf dem Betrieb anderweitig gewinnmaximierend eingesetzt werden können. Dabei müssen die Restriktionen „keine Flächenausdehnung" und „maximaler Fruchtfolgeanteil Erdbeeren = 50 %" eingehalten werden. Es sollen keine Änderungen bei der Maschinenausstattung erforderlich sein.

Mit der Umorganisation kann der Gesamtdeckungsbeitrag um 39 000 € verbessert werden, was bei sonst gleichen Gegebenheiten bis zum Gewinn durchschlägt. Der Betrieb war somit zuvor nicht optimal organisiert. Im Wesentlichen werden die freigesetzten Arbeitsstunden dazu verwendet, dass Ackerflächen zunehmend mit arbeitsintensiveren Sonderkulturen belegt werden. Vor der praktischen Umsetzung ist zu prüfen, ob die bisher in der Direktvermarktung eingesetzte Familienarbeitskraft die veränderten Aufgaben in der Obsterzeugung wahrnehmen

Tab. 94 Berechnung maximaler Pachtpreis bei 1 ha Erdbeerkultur/Ackerbau

Zusätzlicher Ertrag	Bezugsgröße	Ansatz	Ertrag
Erdbeeren	0,5 ha	18 000 €/ha	9 000 €
DB Ackerbau	0,5 ha	1 200 €/ha	600 €
Durchschnitt			9 300 €
Zusätzliche Kosten			
Arbeit	127,5 FAKh	30 €	– 3 825 €
Zusätzliche Gemeinkosten	1 ha	20 €	– 20 €
Zusätzliche Fixkosten	10 Maschinenstunden	20 €	– 200 €
Insgesamt			– 4 045 €
Zusätzlicher Gewinn	= maximaler Pachtpreis		5 255 €
Verteilung		30 %	1 577 €

kann. Andernfalls wären weitere Restriktionen zu setzen, die zu einer anderen, geringeren Ergebnisverbesserung führen.

Maximaler Pachtpreis bei Zupacht
Der maximal zahlbare Pachtpreis orientiert sich an der betriebsindividuell erzielbaren Bodenrente. Bei der Berechnung wird vom Deckungsbeitrag der auf der zukünftigen Pachtfläche vorgesehenen Nutzung bzw. bei Ackerflächen vom Durchschnitt des Deckungsbeitrags der Fruchtfolge ein kalkulatorischer Ansatz für die zusätzlichen, zur Bewirtschaftung erforderlichen Familienarbeitskraftstunden abgezogen. Zum Deckungsbeitrag hinzugezählt werden Flächenprämien abzüglich etwaiger flächenbezogener Fixkosten wie Verbandsbeiträge etc.

Aufgrund des hohen Deckungsbeitrags errechnet sich eine hohe Bodenrente. Diese stellt den maximalen Pachtpreis dar. In der Aufteilung sollte die Bodenrente jedoch überwiegend dem Bewirtschafter zugutekommen, der auch das Risiko trägt. Dem Verpächter sollen 30 % zugestanden werden. Gleichwohl reflektieren die hohen erzielbaren Bodenrenten die starke Wettbewerbskraft des Obstbaus am Pachtmarkt.

Bei größeren Veränderungen des Produktionsprogrammes, z. B. die Aufgabe einer Tierhaltung mit Umnutzung der Futterflächen oder bei erheblichen Betriebsvergrößerungen, ergeben sich zumeist auch deutliche Änderungen bei den festen Kosten. Investitionen in zusätzliche und leistungsstärkere Maschinen haben höhere Abschreibungen und Zinsansätze zur Folge. Freiwerdende Investitionsgüter können nur gegengerechnet werden, wenn diese veräußert werden oder anderweitig einen eigenen Deckungsbeitrag erzielen, bei Gebäuden beispielsweise durch ein Produktionsverfahren „Vermietung von Lagerräumen". Soll eine Flächenzupacht nicht nur kurzfristig zu einer Einkommensverbesserung führen, müssen die Zupachtflächen auch anteilige Festkosten der Betriebsführung abdecken.

16.7.5 Teilkostenrechnungen in Entscheidungssituationen

Bei etlichen Fragen der alltäglichen Betriebsführung können die einzubeziehenden Parameter weiter verringert und nach dem **Grenzwertprinzip** entschieden werden. Das Grenzwertprinzip besagt, dass eine Maßnahme dann wirtschaftlich ist, wenn der zusätzliche Erlös, der **Grenznutzen**, höher ist als die zusätzlichen Kosten, die **Grenzkosten**. Ein Beispiel für die Anwendung ist das Schadschwellenprinzip im Pflanzenschutz der Integrierten Produktion: Den zusätzlichen Kosten für Mittel und deren Ausbringung wird der zusätzliche Nutzen, d. h. der abgewendete Schaden, gegenübergestellt. Allerdings ist im Obstbau

Tab. 95 Anwendung des Grenzwertprinzips am Beispiel Streuobsternte

Streuobst 30 Bäume 140 kg/Baum	Arbeit		Kosten		
	Std.	Std.-Satz	Bestand	je Baum	je dt
Schütteln von Hand	0,3	9,00 €	81,00 €	2,70 €	1,93 €
Auflesen von Hand	0,7	9,00 €	189,00 €	6,30 €	4,50 €
Fahrer	2	9,00 €	18,00 €	0,60 €	0,43 €
Schlepper/Hänger	2	15,00 €	30,00 €	1,00 €	0,71 €
Summe			318,00 €	10,60 €	7,57 €

bei ungünstigen Umständen der Schaden schnell recht hoch, da der Markt mit Makel behaftete Früchte nur mit deutlichem Preisabschlag akzeptiert. In der Obstbaupraxis ist daher die Entscheidung zur Pflanzenschutzmaßnahme häufig die naheliegende Option.

Bei solchen Grenzkostenbetrachtungen werden nur die noch beeinflussbaren Kosten in die überschlägigen Wirtschaftlichkeitsrechnungen einbezogen. Bereits getätigte, nicht rückgängig zu machende Aufwendungen sind als **irreversible Kosten** nicht zu berücksichtigen. Ein wesentlicher Kostenfaktor im Obstbau sind Arbeitslöhne. Daher ist insbesondere bei arbeitsintensiven Maßnahmen zu prüfen, ob sich Arbeitsgänge im Einzelfall rechnen. Im vorliegenden Beispiel „Ernte von Mostobst aus Streuobstanbau" zeigt die Entscheidungssituation einen erntereifen Bestand, der mit Fremdarbeitskräften geerntet werden soll. Unter den gegebenen Voraussetzungen liegen die Grenzkosten je dt geernteten Mostobstes bei 7,57 €/dt, was somit den für eine Wirtschaftlichkeit allein der Ernte erforderlichen Mindestpreis beim Verkauf oder in der innerbetrieblichen Verwertung darstellt. Liegt der Marktpreis niedriger oder werden Fremdarbeitskräfte zu über 9,00 €/h eingesetzt, erhöht die Ernte zusätzlich den ohnehin durch die zuvor angefallenen irreversiblen Kosten bereits gegebenen Verlust, die Situation verschlimmert sich.

Im Hinblick auf die kalkulatorischen Ansätze bei Einsatz von Familienarbeitskräften ist zu differenzieren, ob es im Sinne der **Opportunitätskosten** eine alternative Verwendung für deren Arbeitsstunden gibt. Bei einer höheren Verwertung der Arbeitskraft an anderer Stelle des Betriebes wäre ein solcher Wert in der Kalkulation einzusetzen. Falls keine andere Tätigkeit verdrängt wird, ist es eine Frage der persönlichen Motivation, für eine geringe Arbeitsverwertung zu arbeiten; schließlich ist die Familienarbeitskraft „eh da". Gelegentlich werden tendenziell wenig rentable Maßnahmen mit solchen „Eh-da-Kosten" begründet. Dies verkennt, dass die persönliche Leistungsfähigkeit beschränkt ist und weitere Folgekosten durch das an sich schon unwirtschaftliche Handeln ausgelöst werden können. Alternativ kann eine solche Tätigkeit als durchaus erfüllende Freizeitgestaltung gesehen und die Kosten in den Privatbereich verschoben werden.

Das Grenznutzen-Prinzip ist keinesfalls als grundsätzliches oder langfristiges Betriebsplanungsinstrument geeignet, sondern nur auf Entscheidungen in der laufenden Produktion anzuwenden. Der Grenznutzen kann in einer gegebenen Situation zwar einen zusätzlichen Ertrag bringen, die Gesamtsituation kann dennoch unbefriedigend sein, da unter Umständen der betreffende Betriebszweig per se unrentabel ist oder es bessere Produktionsalternativen gibt.

16.7.6 Vollkostenrechnung

Die Vollkostenrechnung legt sämtliche betrieblichen Kosten inklusive kalkulatorischer Ansätze auf den oder die Kostenträger, die Erzeugnisse um. Bei mehreren Produkten wird ein Verteilungsschlüssel für die nicht zuteilbaren Kosten (z. B. Bürokosten, Versicherung etc.) verwendet. Im wiederum vereinfachenden Beispiel sind die

Tab. 96 Vollkostenrechnung für zwei Produktionsniveaus im Apfelanbau

Produktionsniveau (dt/ha)	Niedrig = 350 dt/ha			Hoch = 550 dt/ha		
Kostenblöcke	**€/ha**	**Cent/kg**		**€/ha**	**Cent/kg**	
Vermarktung (Lager/Sortierung)			**15,0**			**15,0**
Saison-AK Ernte (280/350 AKh/ha)	2380 €	6,8		2975 €	5,4	
Variable Maschinenkosten Ernte	400 €	1,1		450 €	0,8	
Erntekosten			**7,9**			**6,2**
Saison-AK Pflege (70/100 AKh/ha)	595 €	1,7		850 €	1,6	
Dünger	100 €	0,3		200 €	0,4	
Pflanzenschutz	1000 €	2,9		1500 €	2,7	
Sonstiges	300 €	0,9		400 €	0,7	
Variable Maschinenkosten Pflege	400 €	1,1		550 €	1,0	
Zinsansatz (2 %; 9 Monate)	40 €	0,1		50 €	0,1	
Variable Kosten insgesamt (€/ha)			**7,0**			**6,5**
Gebäude	300 €	0,9		300 €	0,5	
Maschinen	600 €	1,7		600 €	1,1	
Kulturen	1400 €	4,0		1400 €	2,5	
Gemeinkosten sonstige	1200 €	3,4		1200 €	2,2	
Fix- und Gemeinkosten			**10,0**			**6,5**
Familienarbeitskraft (20 €/AKh)	2000 €	5,7		2000 €	3,6	
Fläche (ha)	500 €	1,4		500 €	0,9	
Zinsansatz Kulturen (3 %)	315 €	0,9		315 €	0,6	
Zinsansatz Maschinen (3 %)	90 €	0,3		90 €	0,2	
Zinsansatz Gebäude (3 %)	180 €	0,5		180 €	0,3	
Kalkulatorische Kosten			**8,8**			**5,6**
Summe insgesamt			**48,7**			**39,8**

Staatliche Ausgleichszahlungen sind nicht berücksichtigt.

Produktionskosten für Apfelanbau auf zwei Ertragsniveaus 350 dt/ha bzw. 550 dt/ha verteilt. Die Kosten für die Ernte liegen ohne kalkulatorischen Ansatz für die Betriebsleitung bei 7,9 bzw. 6,2 Eurocent/kg. Liegt der zu erwartende Verkaufspreis unter diesen Werten, ist die Ernte unwirtschaftlich. Die Vermarktungskosten für Tafelware aus dem Lager von etwa 0,15 €/kg sind unabhängig vom Ertragsniveau. Der durchschnittliche Verkaufspreis für Tafelware muss mindestens um diesen Wert über dem Preis für Verarbeitungsware liegen. Dies gilt auch für schlechter bezahlte Randgrößen oder Handelsklasse II, andernfalls müssen diese schlechter bezahlten Teilmengen von den besser bezahlten Größenanteilen mitgetragen werden. Die Erntekräfte sind dementsprechend anzuweisen, diese voraussichtlich zu billigen Früchte ins Mostobst zu legen. Diese Situation ist besonders vor Saisonverläufen mit niedrigen Preiserwartungen zu berücksichtigen.

Auf der nächsten Stufe werden mit der Berücksichtigung der variablen Kosten die Stufen

Tab. 97 Situation Gewinn bei Entlohnung aller kalkulatorischen Ansätze

Produktionsfaktoren	Umfang	Ansatz	Betrag
Pachtansatz Fläche (ha)	20	500 €	10 000 €
Familienarbeitskraft (20 €/AKh)	2 480	20 €	49 600 €
Zinsansatz (2 %; 9 Monate)	20	50 €	1 000 €
Zinsansatz Kulturen (3 %)	20	315 €	6 300 €
Zinsansatz Maschinen (3 %)	20	90 €	1 800 €
Zinsansatz Gebäude (3 %)	20	180 €	3 600 €
Summe kalkulatorische Ansätze			**72 300 €**
Pachten real	8	625 €	– 5 000 €
Zinsen real			– 5 500 €
Ausgleichsleistungen	20	300 €	6 000 €
Gewinn vor Steuern			67 800 €
(Fläche 20 ha; 1,5 FAK = 2880 FAKh – 400 h Betriebsführung)			

der Deckungsbeiträge ermittelt. Die Umrechnung auf das Produkt ergibt den Mindestpreis für die **kurzfristige Produktionsschwelle**. Ist der Deckungsbeitrag negativ, lohnen sich die variablen Aufwendungen über das Jahr hinweg betrachtet nicht. Diese Betrachtung ist bei den Dauerkulturen aber eher theoretischer Natur, da bei längeren Produktionsperioden das Preisniveau zur Ernte nicht absehbar ist. Ein Verzicht auf Pflegemaßnahmen über eine ganze Vegetationsperiode hinweg brächte zudem weitere Folgekosten. Für kurzfristige Produktionsperioden, z. B. bei einjährigen Kulturen, birgt dieser Kostenansatz die Entscheidung, die Produktion aufzunehmen oder auszusetzen und eventuell eine andere Kultur ins Auge zu fassen.

Die **Gewinnschwelle** wird erst erreicht, wenn zusätzlich die anteiligen Fix- und Gemeinkosten abgedeckt sind. Falls es sich um einen Mehrproduktbetrieb handelt, sind diese Kosten soweit als möglich sachgerecht zuzuordnen und die verbleibenden Kosten nach einem Verhältnisschlüssel, beispielsweise nach Umsatzanteilen, aufzuteilen.

Im Mittel der Jahre sollte ein Gewinn erzielt werden, der für die Entlohnung der kalkulatorischen Kostengrößen ausreicht. Andernfalls stünde die strategische Entscheidung an, mittel- bis langfristig die Produktion aufzugeben und die eigenen Ressourcen anderweitig zu verwerten. Für die Preisgestaltung entspricht die Kostensumme inkl. der kalkulatorischen Kosten dem langfristig zu erzielenden **Durchschnittspreis**.

Vollkostenrechnung als Entwicklungshemmnis

Mit der Vollkostenrechnung kann die Betriebsleitung ihre strategische Marktposition hinsichtlich Kostenführerschaft einschätzen und entsprechende Entscheidungen einleiten. Allerdings kann sich die Erwartung, jederzeit eine Vollkostendeckung zu erreichen, auch als Entwicklungshemmnis darstellen. In der Obstproduktion können Preise saisonal und von Jahr zu Jahr stark schwanken. In schlechten Jahren ist für viele Betriebe zu erwarten, dass sie die **Vollkostendeckung** nicht erreichen. Eine daraus abgeleitete Betriebsstagnation verkennt aber, dass bei Deckung aller kalkulatorischen Kosten, also einer 100 % Nettorentabilität, bereits ein gut auskömmliches Einkommen erzielt wird. Entscheidend ist, die eigene Kostenstruktur zu kennen und diese in Bezug auf das langfristige Marktpreisniveau zu setzen. In besseren Jahren sind konsequent Rücklagen zu bilden, um schlechtere Jahre durchstehen zu können.

16.8 Erfolgspfade im Obstbaubetrieb

Im Wettbewerb stehende Obstbaubetriebe sollten ihre Rentabilität beständig verbessern. Hierzu stehen grundsätzlich mehrere Wege offen:

- Optimierung bzw. Intensivierung der gegebenen Produktionsweise
- Erweiterung der Produktion über Flächenzuwachs und Investitionen
- Änderung des Produktionsprogramms auf lukrativere Betriebszweige, z. B. Umstellung auf ökologischen Obstbau, Anbau zusätzlicher Kulturen oder Aufnahme einer Direktvermarktung

> Bei unzureichenden Betriebsergebnissen geht Optimierung der Produktion und Kostenstruktur vor Investitionen in Betriebsvergrößerungen oder -änderungen.

Buchführungsauswertungen zeigen für erfolgreiche Betriebe höhere Aufwendungen, mit denen sie dann überproportional bessere Umsätze erzielen. Eine Kostenminimierungsstrategie unter Verzicht auf gute Produktionsmittel oder qualitätsfördernde Arbeitsgänge ist in der Regel kontraproduktiv. Der Fokus der Analysen und Überlegungen ist auf die Einnahmenseite zu legen. Häufig haben kulturoptimierende Aufwendungen einen hohen Grenznutzen, da die Höhe der Marktleistungen entscheidenden Einfluss auf den Deckungsbeitrag hat.

Hohe Umsätze/ha resultieren aus dem Produkt Ertragsleistung × Marktpreis. Gut geführte, „ruhige" Kulturen liefern regelmäßig hohe Erträge, während alternierende, stark wüchsige Kulturen konsequenter gerodet werden sollten. Mit hochwertigem Pflanzgut in dichter Pflanzung und angepasster Kulturführung lassen sich frühzeitig hohe Erträge in guten Qualitäten erzielen. Idealweise wird das Baumwachstum durch anhaltend hohe Fruchtbarkeit gebremst. Gleichzeitig sind die Arbeitsaufwendungen für Pflege und Ernte geringer. Diese positiven Effekte überwiegen zumeist deutlich die zusätzlichen Kosten wegen höherer Aufwendungen für das Pflanzgut. Dies gilt auch für eine möglicherweise etwas früher notwendig werdende Rodung.

Ein Vergleich der in den letzten Jahren in der Obstregion Bodensee erzielten Preise mit den zur Kostendeckung exklusive sowie inklusive der kalkulatorischen Ansätze erforderlichen Vollkosten zeigt den entscheidenden Einfluss des Ertrags. Betriebe mit hohem Ertragsniveau hatten im Zeitraum 2002/03 bis 2015/16 nur zwei Jahre mit leicht negativem Gewinn. Schwächere Betriebe mussten dagegen sechs teilweise erhebliche Verlustjahre aushalten. Hohe Naturalerträge kommen in guten Jahren besonders zum Tragen, wenn die Gelegenheit zur Bildung von Rücklagen genutzt werden muss. Der Durchschnittspreis über den Betrachtungszeitraum in Höhe von 0,43 €/kg reicht für ertragsstarke Betriebe für eine Nettorentabilität wesentlich über 100 %. Bei 35 t/ha Durchschnittsertrag liegt der Durchschnittspreis nur 0,04 €/kg über der Gewinnschwelle.

Erzeugerorganisationen am Bodensee zeigen in der Qualitätsbezahlung erhebliche Unterschiede im **Auszahlungspreis** von bis zu 0,10 €/kg. Kulturmaßnahmen wie Ausdünnung und junge Bäume bringen einen merklich höheren Anteil an Früchten in den gut bezahlten Kalibern mit besserer Ausfärbung. Ebenso hebt sich das Preisniveau von modernen Sorten und Mutanten wesentlich vom Standardprogramm ab.

> Investitionen, Produktionstechnik und Arbeitswirtschaft sind im Obstbau konsequent auf das Ziel „hohe Erträge in besten Qualitäten mit hochpreisigen Sorten" auszurichten. Eine Low-Input-Strategie ist in der Regel unwirtschaftlich.

Betriebsvergrößerungen ermöglichen eine Verringerung der Durchschnittskosten, da sich die Fix- und Gemeinkosten auf eine höhere Produktmenge verteilen bzw. sich der Gewinn um den zusätzlichen Deckungsbeitrag erhöht. Buchführungsvergleiche zeigen allerdings keinen statistisch gesicherten Einfluss der Betriebsgröße auf den Gewinn. Wesentlichere Betriebsvergrößerungen haben unweigerlich Auswirkungen auf Fix- und Gemeinkosten sowie die Arbeitswirtschaft. Ohne kostenträchtige Investitionen sind

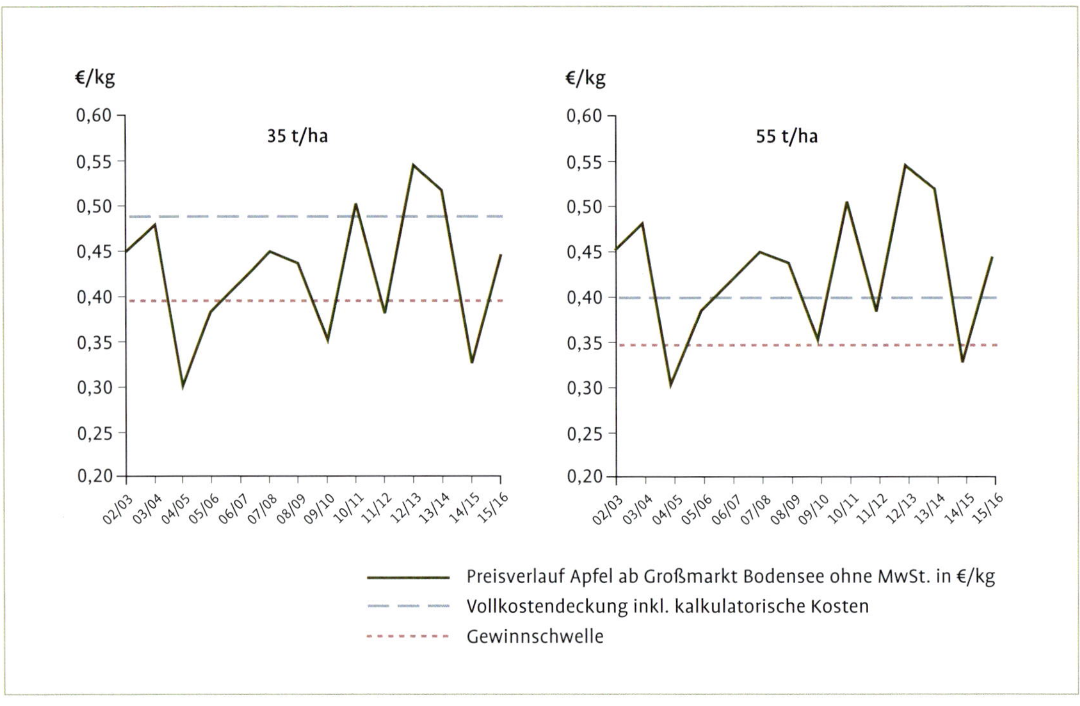

Abb. 256 Vergleich Marktpreis und Mindesterlöse zur Kostendeckung bei unterschiedlichen Ertragsniveaus im Apfelanbau.

Wachstumsschritte kaum durchführbar. Zudem ist das Betriebsmanagement anzupassen und bisher von der Betriebsleitung erledigte Arbeiten an Fremdarbeitskräfte zu delegieren. Gute Produktionstechniker können bei Betriebsvergrößerungen gerade an der Notwendigkeit scheitern, mehr zu steuern als selbst zu machen.

Änderungen des Produktionsprogrammes wie eine Umstellung auf Ökologischen Obstbau, Anbau von Spezialkulturen abseits der Hauptsaison oder Aufnahme einer Direktvermarktung ermöglichen es, auf lukrativen, gestaltungsfähigen Märkten höhere Preise für die Produkte und eine bessere Wertschöpfung zu erzielen. Hierbei bewegen sich Unternehmen in Nischenmärkten, auch wenn z. B. der Ökologische Obstbau in den letzten Jahren ansehnliche Zuwächse erfahren hat oder Konsumenten zunehmend auf regionalen Bezug Wert legen.

In allen Fällen bewegt sich das Unternehmen auf produktionstechnisches Neuland. Rückschläge bleiben dabei selten aus. Daher sind die Rahmenbedingungen und die eigenen Fähigkeiten zu prüfen sowie die Betriebsentwicklung mit Arbeitswirtschaft, Finanzierung und Risikobetrachtung detailliert zu planen.

16.9 Investition und Finanzierung im Obstbaubetrieb

Obstbaubetriebe haben Finanzmittelbedarf für den laufenden Betrieb und für größere Investitionen. Der Bereich Finanzierungsmanagement umfasst alle betrieblichen Prozesse zur Bereitstellung und Rückzahlung der Finanzmittel. Primäres Ziel ist eine dem Bedarf in Höhe und Bereitstellungsdauer angemessene Finanzierungsform zu möglichst geringen Finanzierungskosten. Grundsätzlich kann nach **Innenfinanzierung** und **Außenfinanzierung** unterschieden werden.

16.9.1 Aspekte der Innenfinanzierung

Zur Innenfinanzierung zählen alle verfügbaren Finanzmittel, die aus dem Unternehmen selbst generiert werden. Dazu gehören:

- Aus der Produktion erwirtschaftete, nicht entnommene Gewinne
- Reinvestition der Abschreibungen und Abbau von Vorräten
- Verwendung von steuerlichen Ansparabschreibungen bzw. Rücklagen

Investitionen mit selbst erwirtschaftetem Kapital erhöhen das Eigenkapital des Betriebes und verringern das Finanzierungsrisiko. Vorteile eigener Finanzmittel sind freie Disponibilität und schnelle Reaktionsmöglichkeit. Es fallen keine echten Finanzierungskosten an, lediglich ein kalkulatorischer Ansatz für den entgangenen Zins aus einer alternativen Anlageform sollte in Leistungs-Kostenrechnungen berücksichtigt werden. Die Eigenfinanzierung aus dem laufenden Geschäft birgt die Gefahr, dass bei einer zeitweilig guten Liquidität die tatsächliche Finanzierungskraft überschätzt wird und später aus einem dann womöglich negativen Girokonto teuer nachfinanziert werden muss.

Die Einlage von **Privatvermögen** ist eine häufige Innenfinanzierung. Kapital aus dem Unternehmen wurde zuvor im Privatvermögen lediglich geparkt, auch um für Zinserträge steuerliche Freibeträge nutzen zu können. Als grundsätzliche Finanzierungsform ist das Vorgehen wirtschaftlich nicht sinnvoll.

Eine Umschichtung von Betriebsvermögen mit **Verkauf von Anlagegütern** kann bei einer Neuausrichtung des Unternehmens sinnvoll sein. Beispielsweise kann ein eher unwirtschaftlicher oder arbeitstechnisch belastender Betriebszweig mit Investitionsstau aufgegeben werden. Aus dem Verkauf von nicht mehr benötigten Anlagegütern wie Maschinen oder Viehvermögen kann der Ausbau der bleibenden Betriebszweige mitfinanziert werden.

Agrarförderung

Eine besondere Form der Innenfinanzierung sind die staatlichen Agrarförderprogramme im Zusammenhang mit Investitionsmaßnahmen. Die Fördermittel gehen als Eigenkapital in die Kalkulation ein. Die Förderbedingungen sind im Rahmen der EU-Vorgaben in den einzelnen Bundesländern hinsichtlich Höhe und Schwerpunktsetzung unterschiedlich. Eine rechtzeitige Planung erleichtert die Abwicklung und den Zugang zu den Fördermitteln. Eine Kombination mit anderweitigen Fördermöglichkeiten auf dasselbe Investitionsgut ist wegen Doppelförderung ausgeschlossen.

16.9.2 Aspekte der Außenfinanzierung

Außenfinanzierung bezeichnet alle Formen der Fremdfinanzierung. Richtig und wirtschaftlich eingesetzt ermöglicht Fremdkapital Wachstumsschritte, die das Potenzial eines Unternehmens mit seinen übrigen Ressourcen ausreizen lassen. Entscheidend ist, dass die Kapitalverzinsung aus der Investition über dem Zinssatz für das Fremdkapital liegt und bei der Finanzierungsplanung ausreichend Risikoreserven berücksichtigt wurden.

Bei der Aufnahme von Fremdkapital sind einige Grundregeln zu beachten:

- Die Laufzeit des Darlehens für das Investitionsgut soll dessen Nutzungsdauer nicht überschreiten.
- Das Fremdkapital im Betrieb soll den Wert des Anlagevermögens nicht überschreiten.
- Zukünftig erwartete Erträge sollen nicht zu optimistisch, Kosten nicht zu niedrig angesetzt werden. Für Unvorhergesehenes sind ausreichend Risikoreserven einzuplanen.
- Langfristige zinsgünstige Kredite sollen nicht zulasten des teureren Girokontos getilgt werden.
- Kreditangebote zu vergleichen lohnt sich: Ein Zinsunterschied von 0,1 % über 10 Jahre hinweg bedeuten bezogen auf die Investitionssumme ca. 0,5 %, über 20 Jahre 1,2 % unterschiedliche Zinsaufwendungen.

Finanzierungen bei unterschiedlichen Zeithorizonten

Kurzfristige Finanzierungen sind grundsätzlich deutlich teurer und dienen zur flexiblen Finanzierung des Umlaufvermögens und der laufenden Ausgaben des Unternehmens. Diese sollten größtenteils aus eigenen Mitteln finanziert sein

und der kurzfristige Kredit die Ausnahme darstellen. Ist es häufig notwendig, kurzfristige Fremdfinanzierung in Anspruch zu nehmen, weist dies auf grundsätzliche Finanzierungsprobleme hin. Ungünstig, weil teuer, ist eine längere Zwischenfinanzierung von Investitionsgütern über das Girokonto.

Übliche Formen für kurzfristiges Fremdkapital sind der Kontokorrent der Hausbank, Lieferantenkredite mit Zahlungsziel und das Skonto. Lieferantenkredite sind teure Finanzierungen, weil Rabatte nicht eingefordert werden können und sich eine einseitige Bindung an einen Lieferanten festigt. Ein Verzicht auf Skonto von 2 % über 10 Tage entspricht einem Jahreszins von 72 %; es lohnt sich, hier Zahlungsdisziplin zu beweisen.

Langfristige Darlehen werden zur Finanzierung von Anlagevermögen eingesetzt. Die Zinssätze variieren im Rahmen des allgemeinen Zinsniveaus an den Kapitalmärkten, in Abhängigkeit von der Qualität der Besicherung und nach der Laufzeit für die Zinsbindung. Beim Vergleich der Angebote verschiedener Institute ist weniger auf den Nominalzinssatz, der die laufenden Zinszahlungen berechnet, sondern auf den Effektivzins und gleiche Zinsbindungsdauer zu achten. Im Effektivzins sind weitere Kostenbestandteile wie Auszahlungskurs, Gebühren und Zahlungsmodalitäten einbezogen.

Bei der Suche nach günstigen Kreditangeboten kann die Zusammenarbeit mit seriösen Kreditvermittlern sinnvoll sein. Diese Dienstleister haben einen allgemeinen Überblick zum Kapitalmarkt, finden bessere Konditionen und sind in der Abwicklung behilflich. Ihre Entlohnung erhalten sie aus der Kreditvermittlung vom Kreditgeber.

16.9.3 Kreditformen

Je nach Tilgungsweise werden Annuitätendarlehen, Tilgungsdarlehen und endfällige Darlehen unterschieden, die sich für unterschiedliche Situation anbieten.

Annuitätendarlehen haben einen über die Laufzeit hinweg gleichbleibenden **Kapitaldienst** (= Zins + Tilgungsanteil). Sie eignen sich für Finanzierungen, wenn gleichbleibende Rückzahlungen gewünscht sind und die Anfangsbelastung nicht zu hoch sein sollte. Es ist das klassische Darlehen für den selbst- oder fremdgenutzten Wohnungsbau. Charakteristisch sind anfänglich niedrige Tilgungsanteile, die erst mit geringer werdender Restschuld allmählich größer werden. Hierin liegt das wesentliche Risiko dieser Darlehensform, wenn nach Ablauf einer eher kurzfristigen Zinsbindung eine hohe Restschuld bleibt und das allgemeine Zinsniveau dann höher liegt.

Tilgungsdarlehen sind das klassische Darlehen für landwirtschaftliche Investitionen. Die Tilgung bleibt über die Kreditlaufzeit hinweg konstant; die Restschuld sinkt kongruent zur Abwertung des Investitionsgutes. Durch die anfänglich höhere Tilgung ist der Kapitaldienst bei gleicher Kreditsumme zu Beginn höher. Die Zinsbelastung sinkt schneller, damit erhält das Unternehmen wieder Spielraum für weitere Investitionen. Die Zinszahlungen sind nominal geringer, da über die Laufzeit hinweg insgesamt weniger Fremdkapital geschuldet wird.

Endfällige Darlehen tilgen den gesamten Kreditbetrag zum Ende der Laufzeit, es werden nur die Zinsen belastet. Die Darlehensform bewirkt nominal die höchsten Zinszahlungen und kann verwendet werden, wenn zu Laufzeitende gesicherte Zahlungen, beispielsweise aus einer kapitalbildenden Lebensversicherung, anfallen, die das Darlehen komplett auslösen. Bei rückläufigem Zinsniveau kommt es zur Nachfinanzierung, da die zu Beginn erwarteten Zinserträge aus dieser Ansparform nicht eintreten.

Leasing ist die Miete eines Investitionsgutes. Das Investitionsgut geht nach Ende der Leasingzeit in das Eigentum des Leasinggebers zurück. Neben den monatlichen Leasingraten können zu Beginn eine Einmalzahlung sowie Abschlusszahlungen je nach Zustand des Investitionsgutes (Laufleistung, Beschädigungen etc.) fällig werden. Das Risiko des Verlustes oder einer Beschädigung hat der Leasingnehmer zu tragen. Im Grunde handelt es sich um eine Sonderform einer 100-Prozent-Fremdfinanzierung. Die Vorteile für den Leasingnehmer sind steuerliche Gestaltungsmöglichkeiten sowie keine Kapitalbindung bzw. keine Notwendigkeit, Sicherheiten für einen Kredit stellen zu müssen. Durch die Arbeit mit technisch neuesten Geräten können arbeitswirt-

schaftliche Vorteile entstehen, Reparaturkosten sollten kaum auftreten. Hinsichtlich der Kosten ist Leasing eher teurer, da diese Vorteile zu bezahlen sind. Leasingangebote von Firmen sind bisweilen ebenso wie objektgebundene Hausfinanzierungen absatzfördernde Elemente, bei denen der Käufer auf die Alternative einer Verhandlung über Rabatte verzichtet.

16.9.4 Investitionsplanung

In der strategischen Planung wird die betriebliche Entwicklung von unternehmerischen Ideen, persönlichen Fähigkeiten und Präferenzen, den betrieblichen und natürlichen Gegebenheiten etc. beflügelt. Entscheidend sind dann die finanzielle Durchführbarkeit und Wirtschaftlichkeit des Vorhabens. Entsprechende Planungsrechnungen werden bei Fremdfinanzierung vom Kreditgeber oder auch bei der Agrarförderung im Rahmen eines Betriebsentwicklungsplanes gefordert. Bestandteile des Finanzierungsplanes sind:

- Kapitalbedarf bzw. Investitionssumme
- Kapitalbeschaffung (Eigen- und Fremdfinanzierung)
- Liquiditätsplanung und Kapitaldienstgrenze
- Wirtschaftlichkeit der Investition bzw. Verbesserung der Situation

Kapitalbedarf und Kapitalbeschaffung

Zunächst sind Angebote einzuholen, um den Finanzierungsbedarf zu kalkulieren. Ein häufiger Fehler ist dabei, einen zu niedrigen Kapitalbedarf anzusetzen, was dann zu Entwicklungsverzögerungen, teuren Nachfinanzierungen, Abbruch des Vorhabens oder schlimmstenfalls zur Insolvenz führt. Bei der Kapitalbeschaffung werden die aus Eigen- und Fremdfinanzierung aufzubringenden Beträge festgelegt und der Kontakt zu den Kreditinstituten gesucht. Ein der betrieblichen Situation und dem Investitionsobjekt sowie der Investitionssumme angemessener Anteil an Eigenkapital verringert das Finanzierungsrisiko und wird in der Regel vom Kreditgeber erwartet.

Berechnung der Beleihungsgrenze und Kapitaldienstgrenze

Vor der Vergabe eines langfristigen Kredites prüft der Kreditgeber, ob und wie er sein Geld vom Kreditnehmer wieder zurückbekommt. Abhängig vom individuellen Kreditrisiko wird er den Zinssatz kalkulieren. Der Kreditnehmer hat daher mit aussagekräftigen Unterlagen zu belegen, dass er ein sicherer Kunde ist, und sich folgenden Fragen zu stellen:

- Wie wird der Kredit zurückbezahlt, wenn etwas schief geht? Welche Sicherheiten kann der Kreditnehmer bieten?
- Kann den laufenden Zahlungsverpflichtungen nachgekommen werden?
- Ist das Vorhaben wirtschaftlich sinnvoll?

Grundsätzlich haben Banken großes Interesse daran, dass eine Kreditvergabe nicht in Not gerät. Die Konsequenzen bis hin zu einer Zwangsverwertung der Sicherheit sind auch für die Bank unangenehm. Sie verursachen Kosten und stellen einen Unsicherheitsfaktor dar, weshalb der Kreditgeber die Sicherheiten vorsichtig taxieren wird. Eine hochwertige Sicherheit sind Immobilien, die mit Grundschuld oder Hypothek besichert werden können. Bei Hypothekendarlehen wird ausgehend vom geschätzten Verkehrswert der Immobilie ein Beleihungswert von z. B. 90 % errechnet.

Mit zunehmender Inanspruchnahme des Beleihungswertes steigt für die Bank das Risiko eines teilweisen Kreditausfalls, etwa wenn eine Immobilie nicht zum geschätzten Wert zu verwerten ist. Entsprechend wird die Bank den Zins höher ansetzen. Da Pachtbetriebe mangels Eigenfläche wenig eigene Sicherheiten bieten können, haben sie besondere Schwierigkeiten, zinsgünstige Kredite zu bekommen.

Im Hinblick auf die Fragestellung, ob ein Kreditnehmer seinen Zahlungsverpflichtungen dauerhaft nachkommen kann, werden vom Kreditgeber verschiedene Kapitaldienstgrenzen ermittelt. Sie geben Aufschluss, ob der Schuldner den Kapitaldienst, also Zins und Tilgung für bestehende und zusätzliche Kredite, erwirtschaften kann. Ausgangspunkt ist eine Jahresabschlussanalyse, in der Regel werden Abschlüsse von mehreren Jahren in die Überlegungen einbezogen. Der Gewinn wird dabei um außerordentliche Erträge und Aufwendungen bereinigt.

Im Beispiel steht in der Ausgangsposition (Fall 1) langfristig die nachhaltige Eigenkapital-

Tab. 98 Berechnung der Kapitaldienstgrenze Betrieb Schuhmacher

Situation	Fall 1	Fall 2
Gewinn	76 000 €	76 000 €
Zusätzlicher Gewinn		40 000 €
– private Entnahmen	– 51 500 €	– 51 500 €
+ private Einlagen	15 600 €	15 600 €
= Eigenkapitalbildung	**40 100 €**	**80 100 €**
+ gezahlte Zinsen langfristige Kredite	5 500 €	5 500 €
– Tilgung bestehender Kredit	– 24 000 €	– 24 000 €
– Zinsen bestehender Kredit	– 5 500 €	– 5 500 €
– Tilgung zusätzlicher Kredit		– 6 000 €
– Zinsen zusätzlicher Kredit		– 2 520 €
= Nachhaltige Kapitaldienstgrenze	**16 100 €**	**47 580 €**
+ Abschreibungen Gebäude	8 000 €	8 000 €
= Mittelfristige Kapitaldienstgrenze	**24 100 €**	**55 580 €**
+ Abschreibungen Maschinen und Kulturen	30 000 €	30 000 €
+ Zusätzliche Abschreibung		10 000 €
= Kurzfristige Kapitaldienstgrenze	**54 100 €**	**95 580 €**

bildung zuzüglich der im Gewinn bereits als Aufwand berücksichtigten Zinsen zur Kapitaldienstleistung bereit. Auf diese Kapitaldienstgrenzen sind bereits bestehende Kapitaldienstverpflichtungen anzurechnen. Daraus ergibt sich der Spielraum für zusätzlichen Kapitaldienstverpflichtungen und somit zusätzliche Kreditaufnahmen. Im vorliegenden Fall resultiert eine nachhaltige Kapitaldienstgrenze von 16 100 €. Bei einem Kreditangebot von 3 % Zins und 5 % Tilgung wäre der maximal mögliche zusätzliche Kreditbetrag 201 250 €. Dieser zusätzliche Kreditbetrag errechnet sich aus der Kapitaldienstgrenze dividiert durch Zinssatz + Tilgungssatz (jeweils in %) aus den Kreditkonditionen. Das heißt: 16 100 €/(3 % + 5 %) = 201 250 €.

Grundsätzlich können bei Liquiditätsengpässen auch die Abschreibungen zur Bedienung des Kapitaldienstes verwendet werden. Bei Einbezug der Abschreibungen für Gebäude errechnet sich hier mit 24 100 € die mittelfristige Kapitaldienstgrenze, während der zusätzliche Einbezug der Abschreibungen für Maschinen die kurzfristige Kapitaldienstgrenze (54 100 €) ergibt. Diese ist als absolut rote Linie zu sehen und sollte möglichst nicht vollständig ausgeschöpft werden, da ansonsten aus der laufenden Produktion keinerlei Liquiditätsreserven mehr für Unvorhergesehenes bereitstehen.

Kreditaufnahme für Investition in Kulturen:

- Investition: 120 000 €
- Zusätzlicher Gewinn: 40 000 €
- AfA (12 Jahre): 10 000 €
- Kreditanteil (60 %): 72 000 €
- Zins 1. Jahr: 2 520 €
- Tilgung (12 Jahre): 6 000 €
- Zusätzlicher Kapitaldienst: 8 520 €

Günstigenfalls sollen Investitionen, insbesondere wenn sie mit einer Kreditaufnahme verbunden sind, zur Verbesserung der wirtschaftlichen Ergebnisse führen. Für diesen Fall 2 wird der vorsichtig geschätzte zusätzliche Gewinn in die Berechnung einbezogen, da er die Liquiditätssitua-

tion um diesen zusätzlichen Betrag verbessert. Die positiven Effekte einer Investition, beispielsweise zusätzliche Erlöse aus einer wesentlichen Betriebsweiterung, werden häufig erst zeitversetzt eintreten. Bei umfangreichen Investitionsmaßnahmen ist der Ansatz der mittelfristigen Kapitaldienstgrenze inklusive der Abschreibungen für die neuen erlössteigernden Investitionsgüter angemessen.

16.9.5 Rentabilität der Investition

Ob ein konkretes Vorhaben wirtschaftlich sinnvoll ist bzw. welches Vorhaben bei verschiedenen Alternativen das sinnvollste ist, wird durch verschiedene Verfahren der Investitionsrechnung festgestellt. Dabei können statische und dynamische Verfahren verwendet werden. Allen Verfahren ist gemeinsam, dass sie die Zukunft betreffen und wesentliche Grundannahmen ungewiss sind. Gute Prognosefähigkeiten zu den wesentlichen Einflussfaktoren sind daher eine ausgesprochen hilfreiche Unternehmereigenschaft.

Zinsansatz bzw. Kalkulationszinsfuß: Dieser dient zur Bewertung des eingesetzten Kapitals sowie bei dynamischen Verfahren zur Abzinsung der laufenden Ein- und Auszahlungen. Für Fremdkapital ist dies der tatsächliche Darlehenszinssatz, für das Eigenkapital der kalkulatorische Zinssatz einer alternativen langfristigen Kapitalanlage. Daraus ergibt sich der gewogene Durchschnittszinssatz. Der Zinssatz variiert am Kapitalmarkt und kann vor allem bei dynamischen Verfahren erheblichen Einfluss auf das Ergebnis und die Entscheidungsfindung haben.

Nutzungsdauer und möglicher Restwert der Investition: Häufig wird aus systematischen Gründen die steuerliche Abschreibungszeit angesetzt. Die wirtschaftlich sinnvolle Nutzungsdauer kann aber deutlich höher liegen bzw. es bleibt nach der festgelegten Nutzungsdauer ein Restwert in Höhe des objektiv erzielbaren Verkaufspreises des Investitionsgutes. Ebenso kann die Nutzungsdauer kürzer sein, wenn etwa Kulturen oder Maschinen beschädigt oder nicht mehr wirtschaftlich sind, ohne dass eine Ausgleichszahlung erfolgt.

Erlöserwartungen: Die Entwicklung von Naturalertrag und Preis sind stark von externen Faktoren abhängig.

Kostenerwartungen: Die variablen Kosten zu den Investitionen, wie Erntekosten, Kraftstoff, Pflanzenschutz, werden weitgehend von den Preisen und weniger vom Naturalaufwand bestimmt.

Zukünftige Erlöse und laufende Produktionskosten stellen mit Abstand die größten Unsicherheitsfaktoren dar. Sie sollten nicht zu optimistisch angesetzt werden, insbesondere wenn die Kapitaldienstgrenzen eng liegen.

Grundprinzip aller Investitionsrechnungen ist, zusätzliche Erträge und die dazu erforderlichen Aufwendungen gegenüberzustellen. Auf der Ertragsseite können monetäre Mehrerlöse wie z. B. Verkäufe aus höherer Obstproduktion, aber auch kalkulatorisch zu bewertende Erträge wie innerbetrieblich weiter verwertetes Obst etc. stehen. Eingesparte monetäre (z. B. Energie, Fremd-AK) oder kalkulatorische Kosten (z. B. Familienarbeitskraft) sind als Erlös zu interpretieren.

In gleicher Weise sind sämtliche durch die Investition ausgelösten Kosten wie Abschreibung und Zinsen, die Unterhaltungskosten und die zusätzlichen produktionsbedingten Kosten (z. B. Pflanzenschutz bei zusätzlichen Flächen) zu listen. Bei Inanspruchnahme der betriebseigenen Ressourcen Familienarbeitskraft und Fläche sind deren Opportunitätskosten anzusetzen.

Statische Investitionsrechnung

Einfache statische Verfahren sollen den Datenerhebungs- und Rechenaufwand minimieren. Dabei werden unterschiedliche Zahlungszeitpunkte und Zinseszinseffekte nicht berücksichtigt, sondern nur Durchschnittswerte gebildet. Für eine erste überschlägige Rentabilitätsprüfung ist dieses Vorgehen völlig ausreichend. Bekannte statische Verfahren sind Kostenvergleichsrechnungen, Gewinnvergleichsrechnungen, Rentabilitätsrechnungen und Amortisationsrechnungen. Diese zeigen am Beispiel des Vergleichs einer Investition in eine arbeitssparende Pflanzmaschine gegenüber der Alternative einer Handpflanzung bei einem jährlichen Einsatz für 2 ha Neukulturen verschiedene Entscheidungskriterien.

Tab. 99 Statische Investitionsrechnung Pflanzmaschine vs. Handpflanzung (2 ha/Jahr)

	Anzahl	Ansatz	Betrag insgesamt
Alternative Pflanzmaschine			
Anschaffung Pflanzmaschine (0,5 ha/h)			8000 €
AfA (10 Jahre)		10 %	800 €
Zinsfuß (50 % Investition)		3 %	120 €
Unterhalt		2 %	160 €
Summe Fixkosten			1080 €
Schlepper + Anhänger	4 h	20 €/h	80 €
Fremd-AK (3)	12 h	9 €/h	108 €
FAK (1)	4 h	20 €/h	80 €
Variable Kosten insgesamt			268 €
Summe Kosten „Pflanzmaschine“ insgesamt			**1348 €**
Alternative Handpflanzung			
Schlepper + Anhänger	10 h	20 €/h	200 €
Fremd-AK (6)	180 h	9 €/h	1620 €
FAK (1)	30 h	20 €/h	600 €
Summe Kosten „Handpflanzung“ insgesamt			**2420 €**
Differenz = Gewinn			**1072 €**
Durchschnittlich gebundenes Kapital			4000 €
Gewinn			1072 €
+ Zinsansatz			120 €
= Summe			1192 €
Rentabilität = Verzinsung			**29,8 %**
Investitionssumme			8000 €
Gewinn			1072 €
+ AfA (10 Jahre)			800 €
= Summe			1872 €
Amortisationszeit = Kapitalrückgewinnung			**4,3 Jahre**

Aus Abschreibung, Zins und Unterhalt für die Investition errechnen sich die Fixkosten. Der kalkulatorische Zinssatz bezieht sich dabei auf die mittlere Kapitalbindung. Jährliche Unterhaltungskosten werden nach pauschalem Prozentsatz berechnet. An variablen Kosten entstehen Maschinenkosten und Löhne für Fremdarbeiter bzw. Lohnansatz für FAK. Demgegenüber sind bei Hanfpflanzung höhere Arbeitszeiten mit entsprechend höheren variablen Kosten zu kalkulieren. Der Kostenvergleich zeigt einen Unterschied von 1072 €/Jahr, was per se für einen Kauf spricht.

Tab. 100 Dynamische Investitionsrechnung für eine Apfelkultur

Jahr	Faktor bei 3 %	Investition bzw. Rodung (€)	Variable Kosten (€)	Ansatz FAK + Pacht (€)	Erlöse (€)	Saldo (€)	Abgezinst 3 %	Kumuliert Payoff (€)
0	1,0000	- 30 000		- 750		- 30 750	- 30 750	- 30 750
1	0,9709		- 1 000	- 2 000		- 3 000	- 2 913	- 33 663
2	0,9426		- 3 500	- 2 500	3 600	- 2 400	- 2 262	- 35 925
3	0,9151		- 4 500	- 3 000	7 200	300	- 275	- 36 199
4	0,8885		- 5 500	- 3 000	12 000	3 500	3 110	- 33 090
5	0,8626		- 6 500	- 3 000	18 000	8 500	7 332	- 25 758
6	0,8375		- 7 100	- 3 000	25 750	15 650	13 107	- 12 651
7	0,8131		- 7 100	- 3 000	25 750	15 650	12 725	74
8	0,7894		- 7 100	- 3 000	25 750	15 650	12 354	12 428
9	0,7664		- 7 100	- 3 000	25 750	15 650	11 994	24 423
10	0,7441		- 7 100	- 3 000	25 750	15 650	11 645	36 068
11	0,7224		- 7 100	- 3 000	25 750	15 650	11 306	47 374
12	0,7014		- 7 100	- 3 000	24 463	14 363	10 074	57 447
13	0,6810		- 7 100	- 3 000	23 239	13 139	8 947	66 394
14	0,6611		- 7 100	- 3 000	22 077	11 977	7 918	74 313
15	0,6419	- 2 000	- 7 100	- 3 500	20 974	8 374	5 375	79 688
Saldo							**79 688**	

Diese Kosteneinsparung kann auch als Gewinn interpretiert werden. Diesen Gewinn zuzüglich Zinsansatz, in Bezug gesetzt auf das durchschnittlich gebundene Kapital, gibt als Rentabilitätskriterium die **Verzinsung**. Diese Kennzahl der besseren Verzinsung kann bei der Auswahl zwischen mehreren Anlage- oder Handlungsoptionen verwendet werden, falls die Kapitalverfügbarkeit knapp sein sollte.

Aus der Investitionssumme dividiert durch Summe Gewinn und jährliche Abschreibung errechnet sich die Amortisationszeit, der Zeitraum bis zur Wiedergewinnung des eingesetzten Kapitals. Diese Kennzahl fließt häufig bei Risikobetrachtungen mit ein. Lange Amortisationszeiten haben den Nachteil, dass die Eintrittswahrscheinlichkeit der Grundannahmen zunehmend unsicherer wird und das Kapital lange gebunden ist.

Dynamische Investitionsrechnung
Bei stark schwankenden Zahlungsläufen, längeren Kapitalbindungszeiten, höheren Zinssätzen bzw. fehlender Zinseszinsbetrachtung, z. B. Investition in eine Dauerkultur, liefern statische Investitionsrechnungen nur Näherungswerte. Methodisch exakter sind dann dynamische Betrachtungen wie **Kapitalwert-Methode**, **Annuitäts-Methode**, **Interner Zinsfuß** oder **Payoff-Methode**. Alle Methoden berücksichtigen die Zeitpunkte der Ein- und Auszahlungen einer Investition. Die zukünftig erwarteten Zahlungen sowie kalkulatorischen Kosten für FAK bzw. Fläche werden per Abzinsungsfaktor [$1/(1 + q)^n$; q = (1 + Zins), n = Anzahl der Jahre] auf den Gegenwartswert abgezinst („diskontiert“), saldiert und die Differenzen addiert.

Das Ergebnis ist der **Kapitalwert** der Investition. Ist dieser positiv, ist die Investition lohnend.

Ist er höher als der Kapitalwert einer Alternative, ist die Investition lohnender als die Alternative. Dieser Kapitalwert kann per **Annuitätenfaktor** $q^n \times (q - 1)/(q^n - 1)$ als gleichmäßige jährliche Zahlung („Annuität") auf die Jahre verteilt werden. Mit dieser Annuitätsmethode erhält man einen Vergleichswert zu anderen jährlich gleichbleibenden Zahlungen.

Die diskontierten Salden aufsummiert ergeben den Stand der Wiedergewinnung des Kapitals im Laufe der Jahre. Dieser **Payoff**, also die vollständige Kapitalrückgewinnung, ist hier im 7. Jahr gegeben. Ab diesem Zeitpunkt ist die Investition im rentablen Bereich. Im 15. Jahr ergibt sich wieder der Kapitalwert. Der **interne Zinsfuß** sucht nach dem Zins, bei dem am Ende der Nutzungszeit der Kapitalwert Null ist. Dies ist mit EXCEL iterativ möglich. Die Apfelkultur hat hier eine interne Verzinsung von 17,845 %.

Auch dynamische Investitionsrechnungen haben grundsätzliche Schwächen: Wie zuvor aufgeführt, bedeuten lange Laufzeiten hohe Unsicherheiten im Hinblick auf die Grundannahmen und demzufolge eine breite mögliche Ergebnisstreuung. Weiter unterstellen die dynamischen Modelle eine über den gesamten Zeitraum konstante Zinssituation und die jederzeit gegebene Möglichkeit einer Wiederanlage der Überschüsse. Eine weitere methodische Ungenauigkeit resultiert aus den im Jahresverlauf ungleich verteilten Zahlungsvorgängen. Das finanzmathematische Modell unterstellt eine Rechnungsstellung jeweils zum Jahresende. Auch der Ansatz der Nutzungskosten für Familienarbeitskraft und Fläche ist methodisch angreifbar.

Bei allen Unsicherheiten und Ungenauigkeiten bieten dynamische Verfahren gleichwohl wertvolle Grundlagen bei der Entscheidungshilfe. Sie werden regelmäßig in der **Taxonomie** im Rahmen gutachterlichen Tätigkeit verwendet.

Mittels Tabellenkalkulationsprogrammen können einzelne, besonders kritische Parameter wie Preis oder Arbeitskosten variiert werden, um die Auswirkungen auf das Gesamtergebnis zu berechnen. Solche Überlegungen sind Ausgangspunkt für **Sensitivitätsanalysen**. Diese zeigen, wie sehr die Wirtschaftlichkeit von den verschiedenen Einflussfaktoren beeinflusst wird. Die übrigen Parameter sowie das Produktionsprogramm werden dabei als konstant gesehen, was im Einzelfall nicht stimmig sein muss, da beispielsweise bei hohen Arbeitskosten zusätzliche Anpassungen erfolgen werden. Eine Investition hat ein hohes Risiko, wenn das Ergebnis bei relativ geringen Veränderungen überproportional reagiert bzw. gar ins Negative abfällt.

16.10 Risikomanagement im Obstbaubetrieb

Wirtschaftliche Chancen und ihre Risiken sind zwei Seiten einer Medaille: An den Finanzmärkten können mit risikoreicheren Anlageformen höhere Verzinsungen erzielt werden als mit dem klassischen Sparbuch. Gartenbauliches Unternehmertum an sich ist ein Risiko, weshalb hier höhere Einkommen erwartet werden dürfen, wenn nicht andere Gründe der persönlichen Lebensführung, wie Unabhängigkeit oder Wunsch nach Arbeit an der frischen Luft, im Vordergrund stehen. Jede Investition oder Produktion birgt Risiken, gerade auch im von Witterung und saisonalem Preisniveau abhängigen Obstbau.

Das Abwägen von Risiken ist häufig ein psychisches und kein analytisches Problem. Menschen mit hohem Sicherheitsbedürfnis scheuen Risiken aus Angst vor Verlusten, selbst wenn die Chance auf einen Gewinn größer ist als die Wahrscheinlichkeit, einen Verlust zu erleiden. Solche risikoaverse Betriebsleiter müssen nicht schlechtere Ergebnisse haben, wenn sie an anderer Stelle besondere Fähigkeiten ausspielen können, wie sehr gute Produktionstechnik und Gewissenhaftigkeit. In jedem Fall verlangt moderne Betriebsführung eine Auseinandersetzung mit den individuellen Betriebsrisiken und entsprechende strategische Überlegungen, wie mit diesen Risiken umzugehen ist.

Risikomanagement umfasst sämtliche Maßnahmen, bei denen die Risiken eines Unternehmens oder einer Investition erkannt, analysiert und bewertet werden. Die für Investitionen geltenden Sachverhalte, wie Finanzierungsrisiken oder Wirtschaftlichkeitsfragen, können auf den Betrieb insgesamt angewandt werden. Daneben gibt es weitere, nicht in der engeren Produktion liegende Risiken, die ebenfalls in der Betriebsfüh-

Tab. 101 Beispiel Risikomanagement im Betrieb Schuhmacher

Risiko	Wahrscheinlichkeit	Schaden	Maßnahmen im Betrieb
Produktion			
Hagel	XX	XX	Hagelnetze
Blütenfrost	X	XXX	Rücklagen
Trockenheit	X	XX	Bewässerung
Schorf	XXX	X	Pflanzenschutzstrategie
.....			
Betrieb			
Fehlinvestitionen	X	XXX	Intensive Planung
Arbeitslöhne	XX	X	Gutes Arbeitsmanagement
Preise	XX	XX	Qualität, Neue Sorten
.....			
Persönliche Risiken			
Tod, Berufsunfähigkeit	X	XXX	Versicherung, Rücklagen
Krankheit, Ausfall	X	XXX	Versicherung, Vertretungsregelung
.....			
X = gering; XX = mittel; XXX = hoch			

rung zu berücksichtigen sind und in einem Risikomanagement-Prozess bearbeitet werden müssen.

Ein Risikomanagement-Prozess gliedert sich in mehrere Schritte:

- Erkennen der Gefahren und Risiken, Beschreibung ihrer Art, der Ursachen und konkreten Auswirkungen
- Beurteilen der identifizierten Gefahren hinsichtlich ihrer Eintrittswahrscheinlichkeiten und möglicher Schadenswirkungen auf den Betrieb
- Risikobeherrschung durch Definition von Maßnahmen, die Eintrittswahrscheinlichkeit reduzieren oder deren Folgen beherrschbar machen
- Risikoüberwachung mithilfe von Parametern, die Aufschluss über die aktuellen Risiken geben (Risikoindikatoren)
- Erarbeiten von Notfallplänen für verschiedene Risikosituationen

Die Identifizierung, Analyse und Beherrschung werden entsprechend der betriebsindividuellen Situation in einer einfachen Entscheidungsmatrix zusammengestellt. Die Übersicht ist Ausgangspunkt für Strukturierung der Risikolage und detailliertere Planungen zu Gegenmaßnahmen. Risiken lassen sich dadurch nicht ausräumen, aber sie werden beherrschbarer.

17 Der Obstmarkt

Der Obstmarkt besteht aus einem mehr oder weniger stark zusammenhängenden System von Einzelmärkten. Im Preismechanismus verfügt das marktwirtschaftliche System über ein inneres Ordnungssystem. Der **Preismechanismus** koordiniert die Handlungen von Millionen von Wirtschaftssubjekten. Wird von einem Gut mehr gebraucht, steigt der Preis und bewirkt, dass mehr produziert wird. Ist von einer Ware mehr verfügbar als zu dem zuletzt notierten Preis nachgefragt wurde, wird der Preis gedrückt, und die Konsumenten fangen an, von dieser Ware wieder mehr zu kaufen. Auf diese Weise stellt sich ein neues **Gleichgewicht** zwischen Angebot und Nachfrage ein.

Im Zusammenspiel von Angebot und Nachfrage, Preisen und Kosten wird „automatisch" bestimmt, was, wie und für wen in einer Volkswirtschaft produziert wird.

17.1 Die Nachfrage und ihre Bestimmungsfaktoren

Nach der Theorie der Nachfrage der Haushalte kauft jeder Haushalt unter den für ihn gegebenen Umständen (Einkommen, Preise, Bedarfsstruktur) diejenigen Güter, die ihm ein Maximum an subjektiver **Bedürfnisbefriedigung** bringen. Die Theorie versucht auch zu erklären, wie Änderungen im Einkommen und im Preisgefüge die Dispositionen des Haushalts beeinflussen. Sie basiert auf einigen vereinfachenden Annahmen. So wird rationales Verhalten unterstellt, während das tatsächliche Verhalten komplexer ist. Es wird ferner unterstellt, der Konsument verfüge über vollkommene Markttransparenz. Er kennt aber nur die Preise einer begrenzten Zahl von Produkten bei einer noch geringeren Zahl von Anbietern. Schließlich wird unterstellt, dass der Verbraucher die qualitativen Eigenschaften der in den Auswahlprozess einbezogenen Produkte kennt. Sie sind aber häufig nicht erkennbar und als Folge davon wird in manchen Fällen der Preis als Qualitätsmaßstab herangezogen.

Obwohl die Modellbedingungen in der Realität nur teilweise erfüllt werden, lassen sich aus dem Erklärungsansatz der Haushaltstheorie wichtige Erkenntnisse ableiten. Sie stellt ein Hilfsmittel dar, wenn es darum geht, abzuschätzen, wie sich die Nachfrage nach einem Gut verändert, wenn sich

- das Einkommen verändert,
- dessen Preis verändert oder
- der Preis eines engen Substituts oder komplementär nachgefragten Guts verändert.

17.1.1 Einkommen und Nachfrage

Die **Einkommenselastizität** gibt an, um wie viel Prozent sich die mengenmäßige Nachfrage bzw. die Ausgaben für ein Produkt ändern, wenn sich unter sonst gleichen Bedingungen das Einkommen um 1 % ändert. Bei einer Einkommenselastizität > 1 spricht man von einer elastischen Nachfrage, < 1 von einer unelastischen Nachfrage in Bezug auf das Einkommen. Die Einkommenselastizität variiert im Allgemeinen mit der Höhe des Einkommens. Daher ist die Einteilung in elastisch/unelastisch nachgefragte Güter fließend und von dessen Höhe abhängig.

Die Ausgaben der privaten Haushalte für Nahrungsmittel, Getränke und Tabakwaren sind seit dem Jahr 2012 stabil.

Im Jahr 2012 verwendeten die privaten Haushalte in Deutschland durchschnittlich 13,9 % ihrer Konsumausgaben für den Kauf von Nahrungsmitteln, Getränken und Tabakwaren. Dieser Wert

war in den nachfolgenden Jahren mit einer geringen Schwankungsbreite von bis zu 0,5 % relativ stabil. In den Jahrzehnten davor zeigte sich ein kontinuierlicher Rückgang, wobei das Statistische Bundesamt für 1993 noch einen Wert von 16,9 % registrierte. Ein Vergleich der Ergebnisse in der Bundesrepublik vor der Wiedervereinigung zeigt, dass der Ausgabenanteil in früheren Jahren seit der ersten Erhebung in 1962/63, damals betrug der Anteil noch 36,7 %, massiv rückläufig war. In 2012 gaben die Haushalte durchschnittlich pro Monat 321 € für den Nahrungsmittelsektor und Tabak aus.

17.1.2 Preis und Nachfrage

Die Nachfrage nach einem Gut sinkt in der Regel, wenn sein Preis steigt und umgekehrt. Die Preiselastizität gibt an, um wie viel Prozent sich die mengenmäßige Nachfrage ändert, wenn sich der Preis um 1 % ändert. Eine Preiselastizität, die dem Betrag nach ohne Berücksichtigung des negativen Vorzeichens > 1 ist, bezeichnet man als elastisch, < 1 als unelastisch.

17.1.3 Einfluss von Bevölkerungsentwicklung und demografischen Merkmalen

In einigen Perioden der Nachkriegszeit hat das Bevölkerungswachstum kräftig zum Anstieg der Gesamtnachfrage beigetragen. Auch in den 90er-Jahren war der Zuwachs mit 0,4 % pro Jahr infolge von Wanderungen beachtlich. Im nachfolgenden Jahrzehnt zeigt sich insgesamt ein Rückgang von 0,1 %, der sich dann im weiteren Zeitraum beschleunigte. So ist die deutsche Bevölkerung im Zeitraum 2000 bis 2013 um 1,85 Mio. Menschen zurückgegangen. Der Anteil der ausländischen Mitbürger nahm kontinuierlich zu und hatte in den letzten Jahren einen stabilisierenden Faktor. In einer Bevölkerungsvorausberechnung dürften in Deutschland in 2060 nur noch 67,6 Mio. Menschen leben, bei einer stärkeren Zuwanderung vielleicht noch 73 Mio. Menschen.

Wie Querschnittsanalysen zeigen, haben bestimmte **soziodemografische Merkmale**, wie Alter, Geschlecht, Familienstand, Beruf, Gartenbesitz oder Größe des Wohnorts, erhebliche Auswirkungen auf die Höhe der Nachfrage nach Nahrungsmitteln allgemein und auch nach Obst. Soweit sich die Struktur der Bevölkerung in Bezug auf diese Merkmale mit der Zeit verändert, sind auch unabhängig von Preis und Einkommen Veränderungen der Nachfrage zu erwarten.

So lassen sich Unterschiede bei der Nachfrage bzw. dem Verbrauch von Obst in Abhängigkeit von folgenden Merkmalen feststellen (GfK-Haushaltspanel):

- Frauen essen mehr Obst als Männer.
- Die zusätzlichen Ausgaben für Obst in Haushalten mit Kindern liegen weit unter denen Erwachsener. Dabei gibt es Unterschiede je nach Obstart; Bananen werden von Haushalten mit Kindern noch relativ stark nachgefragt.
- Mit dem Alter nehmen die Obstkäufe zu. Alleinstehende Senioren kaufen wesentlich mehr Obst als junge Singles.
- Mit wachsender Ortsgröße nimmt die Nachfrage in der Tendenz zu. Hinter diesem Zusammenhang dürfte als eigentliche Ursache ein geringerer Nutzgartenbesitz in größeren Orten stehen.

Nach der erwähnten Bevölkerungsprognose wird sich die Altersstruktur beträchtlich verändern. Die Zahl der Personen in den Altersgruppen unter 40 nimmt ab, in den höheren Altersgruppen zu. Nach einer AMI-Analyse auf Basis des GfK-Panels wurde das Obst im Jahr 2013 zu 24,3 % von der Altersgruppe ab 70 Jahre aufwärts gekauft, 60 bis 69 Jahre 21,2 %, 50 bis 59 Jahre 18,3 %, 40 bis 49 Jahre 18,1 %, 30 bis 39 Jahre 12,6 %, 29 Jahre und jünger 5,5 %. Bemessungsgrundlage ist dabei das Alter der haushaltsführenden Person. Besonders alt ist die Käuferschicht bei Pflaumen und Zwetschen mit fast 36 % ab 70 Jahren aufwärts.

Unter dieser Entwicklung wird die Nachfrage nach Produkten, die überdurchschnittlich von Kindern, Jugendlichen oder jüngeren Erwachsenen konsumiert werden, leiden, während Produkte, die überdurchschnittlich von Älteren konsumiert werden, dazu gehört auch Obst, davon profitieren.

In diesem Zusammenhang stellt sich die Frage, ob eine Altersgruppe ihr Ernährungsverhalten im Zeitablauf beibehält – bei dieser Annahme würden die jungen Erwachsenen von heute auch im Alter wenig Obst essen – oder ob es altersgruppenspezifische Verhaltensweisen gibt, die dazu führen, dass die heute jungen Leute im Alter ein ähnliches Ernährungsverhalten zeigen wie die heutigen Älteren. Wahrscheinlich enthalten beide Hypothesen einen Teil Wahrheit.

Die verschiedenen Altersgruppen sind durch eine unterschiedliche Umwelt geprägt worden (z. B. bezüglich Fastfood) und haben andere Verhaltensweisen entwickelt. Andererseits ist gerade für den Verbrauch von Obst die Gesundheitsorientierung eine wichtige Einstellungsdimension, die erst in den Altersgruppen stärker ausgeprägt ist, in denen vermehrt gesundheitliche Probleme auftreten.

17.1.4 Nachfrage und Verbraucherverhalten

Nach einer Nestle-Studie (2009) stellt die Ernährung ein Spiegelbild der sich wandelnden Gesellschaft und der sozialen Unterschiede dar. Neben dem Strukturwandel mit der bereits erwähnten Alterung der Gesellschaft, dem wachsenden Anteil berufstätiger Frauen, der Zunahme der Single- und Zweipersonenhaushalte ist die Alltagskultur von Bedeutung: Hier wirken unter anderem die Fülle von Optionen für Informationen, Freizeitgestaltung und Konsum oder die Individualisierung der Lebensstile. Auch die Mentalität und die Wertevorstellungen der Gesellschaft wandeln sich. Hier sind die wachsende Gesundheitsorientierung der Bevölkerung, die zunehmende Ausrichtung auf eine Work-Life-Balance oder die ideelle Bewegung „Zurück zur Natur“ hervorzuheben.

Einstellungsuntersuchungen sind ein Schwerpunkt der empirischen Verhaltensforschung geworden. Interessante Hinweise zum Verbraucherverhalten liefert die TNS-Emnid-Umfrage des BMEL aus dem Jahr 2014. Danach halten über 90 % der befragten Personen eine gesunde und ausgewogene Ernährung für wichtig, für fast die Hälfte sogar sehr wichtig. 35 % der Befragten essen täglich frisches Obst und Gemüse, 82 % sogar mehrmals die Woche. Zwei Drittel der Befragten kochen mehrmals in der Woche. Dabei kommen Fertigprodukte bei 41 % der Befragten wöchentlich oder häufiger auf den Tisch. Zumeist werden die Lebensmittel im Supermarkt (97 %), im Fachgeschäft (92 %) oder beim Discounter (90 %) gekauft. Auffällig ist, dass Verbraucher unter 30 Jahre eher zum Einkauf beim Discounter neigen. Knapp 60 % der Befragten legen beim Einkauf zumindest häufig Wert auf die Herkunft der Ware. Damit ist Regionalität das wichtigste Merkmal beim Lebensmitteleinkauf. Demgegenüber geben nur 41 % der Konsumenten an, häufig bewusst besonders preiswerte Lebensmittel einzukaufen. Allerdings ist preisbewusstes Einkaufen in niedrigen Einkommens- sowie Bildungsschichten wesentlich häufiger vertreten. Bei Thema „Bio“ lassen sich deutliche Bildungsunterschiede ausmachen. Befragte mit mindestens Abitur kaufen häufig (58 %) Bioprodukte, in der untersten Bildungsgruppe nur 18 %.

Die Regionalität ist das wichtigste Merkmal für den Lebensmitteleinkauf und löst damit die über Jahre wichtigsten Trendsetter nachhaltige Produktion und Bioproduktion ab.

17.2 Das Angebot und seine Bestimmungsfaktoren

In der Landwirtschaft produzieren viele Betriebe weitgehend gleichartige Produkte. Jeder Betrieb hat einen so geringen Marktanteil, dass er den Preis nicht bestimmen kann. Das Unternehmen kann lediglich entscheiden, was und wie viel es produziert. Dieses Verhalten bezeichnet man als **Mengenanpasser**.

Direktvermarkter haben einen begrenzten preispolitischen Spielraum, müssen aber die Reaktionen von Kunden und Konkurrenten berücksichtigen.

Tab. 102 Durchschnittserlöse für Obst der deutschen Erzeugermärkte*) (nach AMI 2015)

	1994	1999	2004	2009	2014
Erdbeeren	189,64	138,77	183,73	191,21	187,46
Himbeeren	348,28	330,19	425,27	467,10	554,44
Brombeeren	19,45	263,60	382,67	429,6	523,52
Rote Johannisbeeren	159,86	118,37	168,21	144,85	197,26
Schwarze Johannisbeeren	76,08	134,06	68,90	76,13	57,01
Stachelbeeren	247,12	182,59	196,58	281,26	254,01
Süßkirschen	139,43	149,46	174,35	216,09	254,01
Sauerkirschen	48,05	73,22	35,73	33,07	48,04
Pflaumen und Zwetschen	56,25	41,10	33,44	38,64	43,87
Tafeläpfel	35,08	32,79	40,00	38,74	46,35
Mostäpfel	8,92	11,42	7,92	7,43	7,50
Tafelbirnen	45,34	47,33	33,34	40,02	45,76
Obst insgesamt	34,98	35,18	42,87	42,53	54,15

*) €/100 kg Nettoware

Ein Betrieb ermittelt seinen maximalen Gewinn, indem er die Produktion so lange erhöht, bis im Bereich steigender Grenzkosten die Grenzkosten dem Preis entsprechen. Dabei stellt das Minimum der Durchschnittskosten die langfristige, das Minimum der variablen Durchschnittskosten die kurzfristige **Preisuntergrenze** dar. Der steigende Teil der Grenzkostenkurve ab der Preisuntergrenze stellt damit die individuelle Angebotskurve des Betriebes dar.

Die potenziellen Anbieter bestehen aus einer großen Zahl von Unternehmen mit unterschiedlichen Kostenstrukturen. Ordnet man die individuellen Absatzkurven nach steigender Höhe der Minima der Durchschnittskosten, so erhält man die Gesamtangebotskurve dieser Unternehmen. Steigt der Preis, dann erhöhen nicht nur die bisherigen Anbieter ihre Produktion, es treten auch neue auf, deren Durchschnittskosten von dem höheren Preis überschritten werden.

Der Begriff der Elastizität wird auch auf die **Angebotskurve** angewandt. Die Höhe der Elastizität hängt von verschiedenen Voraussetzungen ab:

- Der Bedeutung des Produkts an der gesamten Produktion: Das Angebot von Agrarprodukten insgesamt ist relativ preisunelastisch, das Angebot eines einzelnen Produkts, etwa Kirschen, relativ elastisch, da Kirschen nur einen Bruchteil der für ihre Erzeugung potenziell geeigneten Fläche beanspruchen.
- Vom betrachteten Zeitraum: Bei einem bereits geernteten, marktfertig gemachten, verderblichen Produkt ist die Elastizität null (senkrechter Kurvenverlauf). Ist der Planungshorizont kürzer als die Zeitspanne zwischen Produktionseinleitung und Produktionsbeginn, so ist das Angebot unelastisch. Mit zunehmender Länge des Planungshorizonts nimmt die Elastizität zu.

17.2.1 Produktpreise

Produktpreise sind für die Planung von Interesse, wenn Handlungsalternativen bestehen. Kurzfristig ist dies nur bei lagerfähigen Produkten der Fall. Je nachdem, ob zwischen dem aktuellen Preis und den innerhalb der möglichen Lagerperiode erwarteten Preisen (abzüglich Lagerkosten) eine Differenz besteht, wird der Anbieter jetzt oder später verkaufen.

Bei unsicheren Annahmen über die künftigen Preise spielen Kriterien wie Risikoeinschätzung, begrenzt verfügbare Aufbereitungskapazität, Vorhandensein eigener Lager oder Möglichkeit der Miete von Lagerraum zusätzlich eine Rolle.

Bei längerfristigen Planungen sind als dauerhaft angesehene saisonale Preisunterschiede (außer bei Lagerbauten) bei Pflanzungen unterschiedlicher Reifegruppen einer Obstart von Bedeutung.

Für Entscheidungen über Neupflanzungen stellen die erwarteten Preise einen entscheidenden Einflussfaktor dar. Sie gehen in die Berechnung des Kapitalwerts ein, dessen Höhe darüber entscheidet, welche der alternativen Investitionen realisiert wird. Veränderungen der Preisrelationen gegenüber der Planungsperiode können beispielsweise eine Umveredlung oder vorzeitige Rodung vorteilhaft werden lassen.

Die in vorherigen Jahren erzielten Preise bieten vielfach den höchsten Erklärungsbeitrag zur Veränderung der Neupflanzungen. Neben dem Preis sind die altersbedingten Rodungen ein wichtiger Bestimmungsfaktor. In traditionellen Anbaugebieten erfolgt ein hoher Teil der Pflanzungen als Ersatzpflanzungen. Eine enge Korrelation besteht zwischen dem relativen Sortenpreis und dem Anteil der Sorte an den Neupflanzungen eines Jahres.

Die Sortenwahl wird oft kurzfristig unter Beachtung der aktuellsten Preisentwicklung getroffen. Rodungen hängen nicht nur von Preisen und Altersstruktur ab, sondern wurden in der Vergangenheit auch durch Rodeprämien, Zuschüsse für Neupflanzungen (GMO-Mittel) und gelegentlich durch Naturereignisse wie Holzfrostschäden beeinflusst.

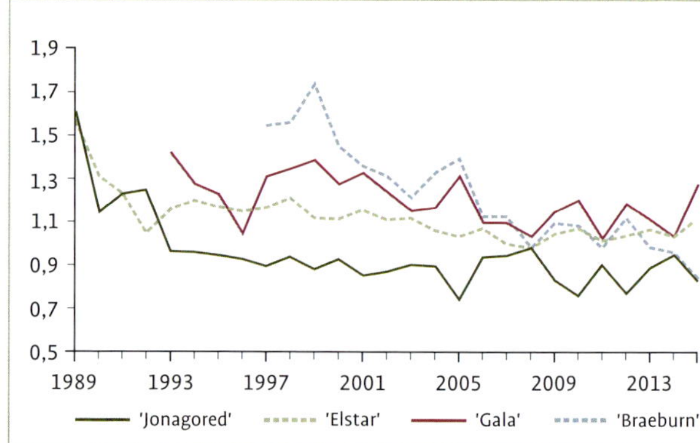

Abb. 257 Preisverlauf von Apfelsorten (Sortendurchschnitt = 1).

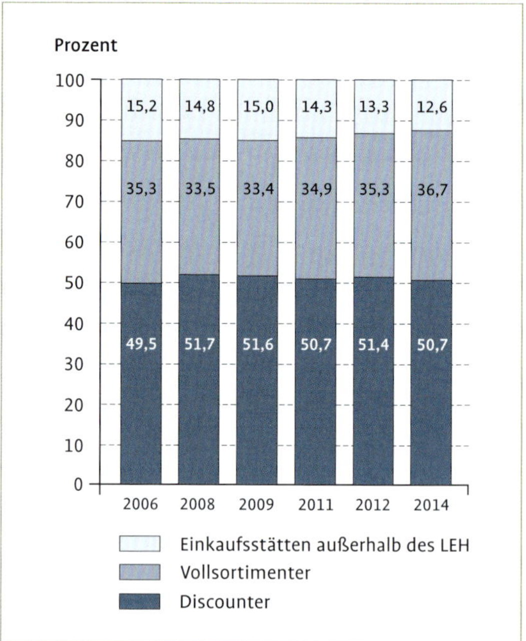

Abb. 258 Deutschland: Einkaufsstätten für Frischobst (nach AMI 2015 auf Basis der GfK-Haushaltspanels).

17.2.2 Faktorpreise und Produktivität

Bei gleichbleibenden sonstigen Bedingungen sinkt das Angebot, wenn die Faktorpreise steigen. Im Zeitraum 1985 bis 2011 lag der Anstieg der landwirtschaftlichen Betriebsmittelpreise etwas über 2 % pro Jahr. Der Anstieg der Tariflöhne verteuert die Ware zusätzlich. Die veränderte **Faktorpreisrelation** zwischen Arbeit und Kapital führt zu einer wachsenden Mechanisierung und der Verringerung des Anbaus arbeitsintensiver Kulturen, wenn deren Preise nicht relativ stärker zunehmen. Dass die Obstproduktion nicht zurückgegangen ist, obwohl die Obstpreise schwächer zugenommen haben als die Faktorpreise, ist auf die gestiegene **Produktivität** zurückzuführen.

Tab. 103 Betriebe mit Baumobst nach Größenklassen (nach Statistisches Bundesamt 1992–2012)

Baumobstfläche (ha)	1992	1997	2002	2007	2012
0,3 bis 0,5	12 849	8 606	3 481	2 766	nicht erhoben
0,5 bis 1	5 717	4 807	3 486	2 787	2 189
1 bis 2	3 544	3 307	2 533	2 079	1 668
2 bis 3	1 320	1 340	1 037	872	782
3 bis 5	1 225	1 238	1 040	866	781
5 bis 10	1 151	1 164	1 032	936	854
10 und mehr	1 004	1 149	1 062	1 148	1 181
Insgesamt	**26 810**	**21 611**	**13 671**	**11 454**	**7 455**

17.2.3 Betriebsstruktur

Unter Betriebsstruktur versteht man die Betriebsgrößenverteilung sowie das Verhältnis von Arbeitskräftebestand zu Fläche der Betriebe. Die meisten Obstbaubetriebe in Deutschland sind Familienbetriebe, bei denen die Flächenausstattung je Familienarbeitskraft sehr unterschiedlich ist. Wegen des Vorhandenseins begrenzt teilbarer Produktionsmittel produzieren Betriebe mit unzureichender Flächenausstattung zu höheren Kosten als andere. Skaleneffekte, die Kostenersparnisse bei Verwendung größerer Maschinen bewirken, oder günstigere Einkaufsmöglichkeiten führen zu einer Kostendegression bei größeren Einheiten, die sich auf Höhe und Verlauf der Angebotskurve auswirken.

In den letzten Jahren war in Deutschland, aber auch in anderen Ländern ein starker Strukturwandel zu beobachten. Die Zahl der Betriebe mit Baumobstflächen von unter 10 ha gingen deutlich zurück.

17.3 Preisbildung und Marktgleichgewicht

Die Nachfragekurve gibt die Mengen an, welche Verbraucher bei unterschiedlichen Preisen zu kaufen bereit sind. Die Angebotskurve kennzeichnet jene Mengen, welche Produzenten bereit sind, bei unterschiedlichen Preisen zu verkaufen. Im Schnittpunkt beider Kurven besteht eine Übereinstimmung der Dispositionen von Anbietern und Nachfragern. Der Markt befindet sich im **Gleichgewichtszustand**.

Ein gegebenes Gleichgewicht entspricht einer bestimmten Datenkonstellation. Diese unterliegt jedoch im Zeitverlauf Änderungen und jede Änderung führt zu einem neuen Gleichgewichtszustand. In der Realität ändern sich mehrere Daten, die in den vorhergehenden Abschnitten als Bestimmungsfaktoren des Angebots bzw. der Nachfrage bezeichnet wurden, gleichzeitig. Dennoch hat sich in der Wirtschaftstheorie die vergleichend-statische Analyse als wichtiges Instrument bewährt. Hierbei wird jeweils nur ein Wert variiert, um dessen Einfluss auf den Gleichgewichtszustand zu erfassen.

17.4 Das Ergebnis der Marktkräfte

Was die Statistik als Ankaufs- oder Verkaufsmenge und als Preis aufzeichnet, ergibt sich aus dem Wirken der Marktkräfte. Bei einer witterungsabhängigen Kultur wie Obst entspricht das tatsächliche Angebot einer Saison kaum jemals der eigentlichen Produktionskapazität, sondern weicht meist mehr oder weniger stark davon ab.

Bei den Schwankungen der Produktion ist oft schwer zu erkennen, was die Produzenten eigentlich geplant hatten. Zudem stellen die Produktionszahlen nicht die Realität, sondern Schätzungen dar. Deshalb sagen Daten über die Flächenentwicklung mehr über die Tendenz der geplanten Produktion aus.

Auf der Nachfrageseite ist es ähnlich: Von Saison zu Saison stark schwankende Käufe, die überwiegend das Ergebnis von Angebotsschwankungen sind, verdecken die längerfristigen Tendenzen der Nachfrage. Überhaupt ist es schwierig, die Nachfrage mengen- oder wertmäßig zuverlässig zu ermitteln. Das aus Versorgungsbilanzen abgeleitete Aggregat Marktverbrauch setzt sich aus Teilmärkten (Frischobst, Fruchtsaft, Konserven, Konfitüren u. a.) mit sehr unterschiedlichen Tendenzen der Nachfrage zusammen. Auf der Mikroebene erhobene Daten sind entweder nicht repräsentativ (Wirtschaftsrechnungen des Statistischen Bundesamtes) oder nicht frei verfügbar (GfK-Haushaltspanel).

17.4.1 Flächen- und Produktionsentwicklung

In den 60er- bis 70er-Jahren hatte sich in der EU durch eine kontinuierliche Flächenausdehnung speziell beim Apfel eine **strukturelle Überproduktion** aufgebaut, die man in der Folge durch **Rodeprämien** zu beseitigen versuchte. Daraufhin setzte ein Flächenrückgang ein, der erst in der zweiten Hälfte der 80er-Jahre zum Stillstand kam. Die zu dieser Zeit noch gut bezahlten Sorten 'Elstar' und 'Jonagold' weckten ein verstärktes Interesse an Apfelpflanzungen, aber auch bei Pflaumen, Süßkirschen und Birnen versprachen sich die Obstbauern gute Absatzchancen und erweiterten den Anbau. Der aus der anliegenden Tabelle erkennbare starke Rückgang der Baumobstfläche im Zeitraum 1992 bis 2002 resultiert insbesondere aus Rodungen in den neuen Bundesländern. Hier reduzierte sich die Fläche innerhalb von 10 Jahren um rund 35 %. Nach 2002 hat sich der bundesweite Flächenrückgang deutlich verlangsamt, wobei sich der Apfel mit einem starken Inlandsmarkt als tragende Säule darstellt. Zur Stabilisierung der Anbaufläche bei Äpfeln hat der Klimawandel mit der Möglichkeit zum Sortenwechsel auf die vom Konsumenten bevorzugten 'Braeburn'/'Gala' beigetragen. Die Anbaufläche bei Birnen ist auf einem niedrigen Niveau relativ konstant. Es gibt aber in Deutschland Bemühungen, diese Obstart zu forcieren. Der Bedarf im deutschen Markt wird vorrangig durch Importware gedeckt. Ähnliche Tendenzen gibt es bei Süßkirschen. Mit der Produktion unter Folie besteht eine bessere Angebotskontinuität, die in den Lieferungen an die Supermärkte unbedingt erforderlich ist. Bei Sauerkirschen geht die

Tab. 104 Obstflächen in Deutschland (ha) (nach Statistisches Bundesamt 1992–2012)

	1992	1997	2002	2007	2012
Baumobst insgesamt	**59 184**	**55 018**	**48 093**	**47 913**	**45 593**
Darunter					
Äpfel	39 223	35 793	31 219	31 762	31 738
Birnen	2 399	2 372	2 090	2 101	1 933
Süßkirschen	5 874	6 069	5 366	5 482	5 258
Sauerkirschen	6 479	5 030	4 197	3 444	2 291
Pflaumen	4 499	5 005	4 519	4 564	3 870
Mirabellen/Renekloden	385	430	474	561	502
Erdbeeren[*)]	5 856	8 528	9 887	13 013	19 122

[*)] in Ertrag lt. Gemüseanbauerhebung

Anbaufläche anhaltend zurück, weil man der wachsenden Konkurrenz aus Osteuropa bei der Handpflücke nicht standhalten kann. Erdbeeren verzeichneten nach einem Rückgang in den 60er-Jahren über zwei Jahrzehnte eine stetige Ausweitung der Anbaufläche. Seit den 90er-Jahren nimmt die Fläche sprunghaft zu. Mit knapp 20 000 ha scheint bei Erdbeeren aber eine Höchstgrenze erreicht zu sein.

In den Produktionszahlen schlägt sich der Flächenrückgang der letzten Jahre kaum nieder, er wird also durch einen Anstieg der Produktivität kompensiert worden sein. Die jährlich schwankenden Produktionsmengen resultieren aus witterungsbedingten Einflüssen.

> Die deutsche Obsterzeugung (Marktobstanbau) steht in starker Abhängigkeit zur Höhe der Apfelernte. Diese lag in den Jahren 2010 bis 2013 deutlich unter 1 Mio. t (Vorjahre bis zu 1,15 Mio. t). Von den rückläufigen Einfuhren sind fast alle Obstarten betroffen.

17.4.2 Das konkurrierende Angebot

Nach dem GfK-Haushaltspanel liegt der Anteil der Frischobstkäufe, dessen Herkunft mit Deutschland angegeben wurde, unter 25 %. Das konkurrierende ausländische Angebot lässt sich unterteilen in:

- Obstarten, deren Produktion generell in Deutschland nicht möglich oder in größerem Stil nicht sinnvoll ist (z. B. Südfrüchte, Kiwis, Tafeltrauben, Pfirsiche/Nektarinen)
- Obstarten der gemäßigten Klimazone, die in Perioden angeboten werden, in denen eine Inlandsproduktion nicht oder nur eingeschränkt möglich ist (z. B. Erdbeeren von September bis Ende April)
- Obstarten, die auch in Deutschland produziert und im gleichen Zeitraum angeboten werden (z. B. Äpfel ganzjährig, Erdbeeren im Mai bis August)

Zur ersten Kategorie zählen etwa drei Viertel aller Einfuhren, zur zweiten etwa 5 %. Somit stellen nur etwa 20 % aller Einfuhren eine unmittelbare Konkurrenz dar. Bei den Einfuhren wechseln immer wieder Phasen der Stagnation oder langsamen Wachstums mit solchen eines beschleunigten Anstiegs. Eine starke Zunahme erfolgte in der zweiten Hälfte der 80er-Jahre. Ursache war ein massiver Impuls von der **Mehrnachfrage durch** die zusätzlichen 16 Mio. Ostdeutschen nach der **Wiedervereinigung**, wodurch die Zahl der Konsumenten um ein Viertel und die Einfuhren von 3,6 Mio. t in 1989 auf 5,0 Mio. t in 1992 zunahmen.

Seit der Verwirklichung des **EU-Binnenmarkts** 1993 und der kontinuierlichen Ausdehnung auf aktuell 28 Mitgliedsstaaten sind die Einfuhrstatistiken lückenhaft. Die AMI und in der Vergangenheit die ZMP versuchen diese Lücken durch Zuschätzungen auf der Basis von Exportstatistiken von Lieferländern zu schließen. Diesen Schätzungen zufolge erreichten die Einfuhren 1995, einem Jahr mit einer kleinen Inlandsernte, mit 5,3 Mio. t ihren bisherigen Höchststand. Im Zeitraum 2000 bis 2013 zeigt sich lediglich eine jährliche Veränderungsrate von – 0,2 %. Allerdings hat sich das Sortiment verändert, wobei jährlich 2,2 % weniger Äpfel importiert werden. Hier wirken der generell schwächere Apfelkonsum und die gleichzeitig stärkere Eigenversorgung. Im Gegensatz dazu steigen die Zufuhren bei Melonen durch die zunehmend attraktive Sortenvielfalt (+ 2,4 %) und bei Bananen (+ 1,1 %).

> Die Obsteinfuhren haben sich in den letzten Jahren im Bereich von 5 Mio. t eingependelt. Gewinner sind Melonen und Bananen, zu den Verlierern zählen insbesondere Äpfel.

Ein steigender Bedarf zeigt sich beim Strauchbeerenobst außerhalb der deutschen Saison. So importierte Deutschland mit Schwerpunkt aus Südamerika und Südeuropa im Jahr 2013 knapp 10 000 t Heidelbeeren, was innerhalb von nur 5 Jahren einer Verdoppelung der Mengen entspricht.

Tab. 105 Marktversorgung mit Obst frisch und verarbeitet (1000 t) *) (nach AMI 2015)

Bilanzposten	2007/08	2008/09	2009/10	2010/11	2011/12	2012/13	2013/14
Erzeugung	1 432	1 332	1 461	1 159	1 245	1 262	1 114
Schwund (5 %)	101	83	111	76	82	83	67
Verwendbar	1 331	1 249	1 350	1 083	1 163	1 179	1 047
Bestandsveränderung	7	– 24	– 20	43	– 43	5	21
Einfuhr	12 803	12 323	12 708	11 775	11 253	10 940	10 493
Ausfuhr	3 916	3 744	3 838	3 678	3 353	3 338	3 103
Inlandsverwendung	10 226	9 804	10 200	9 223	9 020	8 786	8 458
Marktverluste**)	351	352	558	344	338	344	351
Verbrauch***)	9 875	9 453	9 842	8 879	8 682	8 442	8 107
– je Kopf in kg	120,0	117,4	122,6	110,7	108,1	104,8	100,4
Selbstversorgungsgrad in %	13,0	12,7	13,2	11,7	12,9	13,4	12,4

*) Ohne Hausgarten- und Streuobstproduktion im sogenannten „übrigen Anbau". Frischobst inklusive Obsterzeugnisse in Frischgewicht. Ab Einfuhr unter Berechnung von Zitrusfrüchten, ohne Schalen- und Trockenfrüchte. Außenhandel inklusive Zitrusfrüchte, auf Basis SSE (Single Strength Equivalent) nach Verband der deutschen Fruchtsaft-Industrie e. V. berechnet. Periode April/März.
**) 4 bis 10 % nach Obstarten verschieden
***) Nahrungsverbrauch, Verarbeitung, Futter und nicht verwertete Mengen

17.4.3 Der Marktverbrauch

Methodisch kann man zwei Vorgehensweisen zur Ermittlung des Verbrauchs unterscheiden: Die gebräuchlichste ist die Ableitung aus gesamtwirtschaftlichen Daten. Dabei wird aus der inländischen Produktion und den Einfuhren nach Abzug der Ausfuhren der Verbrauch errechnet, wobei noch pauschal Ernte- und Marktverluste berücksichtigt werden (Versorgungsbilanzen). Nach diesem Schema wurde die Tabelle „Marktversorgung" erstellt.

Die andere Vorgehensweise setzt bei den privaten Haushalten an. Durch das Erfassen der Kaufakte (meist Scannen der EAN-Codes) werden die Einkaufsmengen und Ausgaben bestimmter Gruppen von privaten Haushalten ermittelt. Diese Methode verwendet das Statistische Bundesamt für seine **„Laufenden Wirtschaftsrechnungen"** und bei der alle fünf Jahre stattfindenden **Einkommens- und Verbrauchsstichprobe** (EVS). Eine weitere Quelle ist das **GfK-Haushaltspanel**.

Schwachstellen der Bilanzierungsrechnung sind Schätzfehler bei der Produktion und seit dem Inkrafttreten des Binnenmarktes 1993 lückenhafte Angaben über den Intra-Handel. Eine Aufteilung in frische und verarbeitete Produkte ist bei den Bilanzierungsrechnungen nicht möglich. Nur bei Frischprodukten, bei denen eine industrielle Verarbeitung im Inland bedeutungslos ist (Bananen, Pfirsiche/Nektarinen, Tafeltrauben, Kiwis, Zitrusfrüchte u. a.) entsprechen die Angaben dem Frischverbrauch.

Die Entwicklung der Einkaufsmenge an Frischobst insgesamt lässt sich nur anhand der Paneldaten darstellen. Dabei wird nicht der Gesamtmarkt, sondern nur der wichtigste Teilmarkt, die Käufe der privaten deutschen Haushalte, abgedeckt.

Nach der Versorgungsbilanz hat der Marktverbrauch in den letzten Jahren stark abgenommen. Den Ausschlag geben hier die Jahr für Jahr kleineren Einfuhren (inkl. Verarbeitungserzeugnisse

Tab. 106 Einkaufsmenge der privaten deutschen Haushalte (nach AMI 2015 auf Basis der GfK-Haushaltspanels)

Menge (1000 t)	2006	2007	2008	2009	2010	2011	2012	2013	2014
Gesamt	**4020,3**	**3854,9**	**3801,1**	**3752,6**	**3731,2**	**3511,5**	**3486,3**	**3456,6**	**3421,9**
Darunter									
Bananen	731,9	734,8	725,8	664,5	655,1	637,2	602,3	622,1	625,1
Äpfel	982,3	944,6	918,3	884,9	904,9	810,4	794,8	744,3	741,4
Apfelsinen	452,8	439,5	412,9	401,2	412,9	381,5	388,8	410,1	263,6
Mandarinengruppe	295,0	273,3	246,9	256,6	267,9	264,7	276,1	257,1	67,8
Tafeltrauben	225,3	214,2	248,1	211,9	197,9	191,2	202,6	211,2	192,6
Pfirsiche	67,6	56,4	59,2	60,9	60,9	58,8	69,0	71,5	75,1
Nektarinen	141,9	128,9	128,8	145,4	139,1	135,3	132,1	123,8	118,3
Birnen	155,7	151,8	141,0	135,6	129,7	135,1	118,0	114,1	128,0
Melonen	183,0	156,7	171,9	174,5	188,0	158,1	175,9	182,9	174,8
Kiwis	87,4	92,4	80,6	91,5	86,9	76,9	76,1	67,0	59,3
Erdbeeren	158,9	149,2	153,3	177,8	161,5	169,6	180,0	176,7	177,5
Zitronen	90,7	87,2	78,2	79,2	77,2	75,9	73,0	72,5	67,8
Grapefruits	37,3	38,5	35,0	31,3	33,9	28,5	23,6	22,5	20,8
Pflaumen/Zwetschen	75,4	73,5	65,9	81,6	74,4	63,9	62,0	68,5	64,1
Aprikosen	42,3	26,2	28,1	37,7	37,7	32,5	41,8	37,9	39,0
Süßkirschen	33,2	27,7	27,8	29,9	30,5	33,9	27,7	30,0	33,2
Ananas	124,2	116,6	128,3	134,6	119,4	108,6	94,0	82,9	84,7
Mangos	26,6	26,5	32,9	22,6	27,4	29,3	20,9	25,0	27,9
Johannisbeeren	6,2	5,3	5,4	7,1	5,8	5,8	5,2	5,9	5,0
Himbeeren	3,5	3,7	4,7	4,9	4,9	4,9	5,7	6,4	8,5
Heidelbeeren	6,1	6,1	5,4	12,5	11,0	11,5	12,8	13,9	16,6

in Frischgewicht), die in 2013/14 nur noch bei 10,5 Mio. t Obst lagen und damit in nur sieben Jahren ein Rückgang von 2,3 Mio. t aufweisen. Die Schwankungen sind tatsächlich geringer als die Bilanz angibt: Lagerbestandsveränderungen bei Verarbeitungserzeugnissen werden nicht berücksichtigt, weiter ist der Rückgang nach 1992 durch anfänglich große Lücken in der Außenhandelsstatistik bedingt, die nach und nach kleiner geworden sind. Der Anteil der Netto-Einfuhren von **Verarbeitungserzeugnissen** (in Frischgewicht) am Marktverbrauch ist im Laufe der Jahre gestiegen und liegt inzwischen bei rund 50 %. Dazu haben vor allem die steigenden Importe von tiefgefrorenem Obst für Fruchtzubereitungen beigetragen.

Auch nach dem Haushaltspanel weisen die **Frischobstkäufe** einen rückläufigen Trend auf. Dieser liegt im Zeitraum 2006 bis 2014 mit −15 % aber ein paar Prozente kleiner als bei der Versorgungsbilanz. Die Veränderungen im Einkaufskorb lassen sich zu einem guten Teil mit der unterschiedlichen Preisentwicklung der verschiedenen Obstarten erklären. So ist der starke

Rückgang bei Äpfeln (kleinere deutsche Produktion) oder Ananas in den Jahren 2010 bis 2014 durch einen überdurchschnittlichen Preisanstieg bedingt. Erdbeeren verdanken ihren Verbrauchszuwachs den rückläufigen Preisen. Es gibt aber auch Ausnahmen: Heidelbeeren und Süßkirschen verteuerten sich und zählten dennoch zu den Produkten mit dem stärksten Zuwachs.

Der Apfel bleibt die beim Konsumenten beliebteste Frucht, allerdings hat sich der Vorsprung zu der Banane deutlich verringert. Zu den Gewinnern der letzten Jahre zählen das Beerenobst, besonders Heidelbeeren und Himbeeren außerhalb des deutschen Erntezeitraums. Der steigende Konsum bei Pfirsichen ist durch die innovative Neuzüchtung Paraguayo geprägt.

17.5 Absatzwege und Vermarktungsstrukturen bei Obst

Produzenten haben in der Regel unterschiedliche Möglichkeiten, ihre Ware zum Endabnehmer gelangen zu lassen. Die Vorteile der Arbeitsteilung haben dazu geführt, dass sie die Distribution mehrheitlich nicht allein wahrnehmen, sondern spezialisierte Unternehmen in die Verteilung eingeschaltet werden. Grundsätzlich werden **direkte und indirekte** Absatzwege unterschieden.

Bei direktem Absatz übernimmt der Produzent alle Aufgaben der Distribution bis zum Verwender, der ein privater Haushalt, ein Großverbraucher oder Verarbeiter sein kann. Beim indirekten Absatz verkauft der Produzent an Groß- oder Einzelhandelsunternehmen.

Großhandelsunternehmen haben sich oft auf bestimmte Teilfunktionen spezialisiert. In Abhängigkeit davon, welchen Typ von Großhandelsunternehmen der Produzent beim indirekten Absatz beliefert, hat er einen mehr oder weniger großen Teil der Distributionsfunktionen selbst zu erbringen.

Zu diesen **Distributionsfunktionen** gehören:

- Überbrückung der räumlichen Distanz zwischen Produzent und Endnachfrager
- Überbrückung der zeitlichen Distanz zwischen Produktion und Verbrauch durch Lagerung
- Wegen des Bestehens einer zeitlichen Distanz notwendige Finanzierung des Güteraustausches
- Qualitative Anpassung an die Kundenwünsche (Sortieren, Verpacken, Kennzeichnen)
- Bildung großhandelsfähiger Partien auf der einen und Aufteilung in einzelhandelsfähige Partien auf der anderen Seite
- Zusammenstellen unterschiedlicher Waren zu verbrauchergerechten Sortimenten
- Kundenbeeinflussung durch Beratung, Information und Werbung
- Informationsaustausch zwischen den Handelskettengliedern

17.5.1 Direktvermarktung an Endverbraucher

Der in der Regel starke Preisdruck auf den indirekten Absatzwegen veranlasst viele Betriebe, die Direktvermarktung an Endverbraucher als Alternative in Erwägung zu ziehen. Während beim indirekten Absatz Marketingaktionsmöglichkeiten weitgehend aufgegeben werden, bestehen bei der Direktvermarktung Handlungsspielräume, die jedoch bestimmte Fähigkeiten und Kapazitäten erfordern, wenn sie erfolgreich sein sollen.

Der Landwirt genießt als Garant für Frische und Qualität im Vergleich zu anderen Einkaufsstätten einen Vertrauensbonus.

Das geschärfte Umweltbewusstsein eines Teils der Verbraucher lässt sich für die Gestaltung des Direktabsatzes ebenso nutzen wie Präferenzen für die regionale Herkunft bzw. aus eigener Produktion. Spezialitäten lassen sich verkaufen, für die beim indirekten Absatz mangels Regalfläche keine Nachfrage besteht. Ab-Hof-Verkauf und Bauernmärkte vermögen durch entsprechende Gestaltung und soziale Kontakte den „Erlebniskauf" zu vermitteln. Die **Spielräume bei der**

Tab. 107 Absatzwege der Gartenbaubetriebe mit Schwerpunkt Obstbau – Vergleich 1994 (alte Bundesländer) und 2004 (Statistisches Bundesamt 2005)

Betriebe mit 50 und mehr % Absatz über	1994		2004	
	Anzahl	%	Anzahl	%
Erzeugermärkte/Genossenschaften	5 700	53,9	3 586	48,7
Großmarkt (Selbstvermarkter)	359	3,4	387	5,3
Groß- oder Einzelhandel	1 238	11,7	1 654	22,5
Sonstige Großabnehmer	771	7,3	1 311	17,8
Endverbraucher	2 714	25,7	3 378	45,9
Insgesamt*)	**10 569**	**100,0**	**7 354**	**100,0**

*) Die Summe der Einzelpositionen ist größer als die Werte in der Zeile insgesamt – bedingt durch Fälle, in denen Betriebe 50 % über Absatzweg A und 50 % über Absatzweg B angegeben haben.

Preisgestaltung hängen von den örtlichen Wettbewerbsverhältnissen, der Kaufkraft der Kunden, aber auch vom Gesamtkonzept aus Produktqualität, Beratung und Einkaufsatmosphäre ab, dass der Direktvermarkter bietet.

Die verschiedenen **Formen der Direktvermarktung** stellen sehr unterschiedliche Ansprüche an den Standort des Produzenten, an Arbeitskräfte, Kapital und an die Sortimentsbreite. Sie unterscheiden sich nach den rechtlichen Auflagen, dem Schwierigkeitsgrad der Kundengewinnung und den Möglichkeiten der Kundenbindung.

In welchem Umfang Betriebe von der Direktvermarktung Gebrauch machen, weist die letztmalig in 2005 durchgeführte **Gartenbauerhebung** (GE) aus. Von den rund 7400 ermittelten Betrieben der Sparte Obstbau (mindestens 50 % der Betriebseinnahmen aus Obstbau) verkauften 45,9 % an Endverbraucher. Im Jahr 1994 lag der Anteil noch bei knapp 26 %. Für einen großen Teil dieser Betriebe (8,9 %) ist die Direktvermarktung jedoch nur ein zweites oder drittes Standbein. Der Anteil der Betriebe, die den überwiegenden Teil ihrer Erlöse aus der Direktvermarktung beziehen, betrug 27 %. Die Spezialisten unter den Direktvermarktern sind flächenmäßig eher kleinere Betriebe mit durchschnittlich nur der halben Flächenausstattung aller Obstbaubetriebe und 40 % höherem Arbeitskräftebesatz pro ha.

Aktuelle Anhaltspunkte über die **quantitative Bedeutung des Direktabsatzes** liefert das GfK-Haushaltspanel. Über Jahre wurde immer weniger Frischobst direkt beim Erzeuger gekauft und der Direktabsatz erreichte im Jahr 2011 mit rund 80 000 t seinen Tiefpunkt. Da der Konsument seinen Fokus zunehmend auf den Einkauf regionaler Produkte legt, steigerte sich die Einkaufsmenge bis 2014 wieder auf knapp 100 000 t.

Äpfel (45 %) und Erdbeeren (22 %) sind die wichtigsten direkt abgesetzten Obstarten. Auf Birnen, Kirschen und Pflaumen entfallen jeweils 3 bis 4 %, auf Strauchbeeren gut 2 %.

2014 betrug der Anteil der Käufe beim Erzeuger an den gesamten Frischobstkäufen 2,9 %. Von den Einkäufen deutscher Ware werden 11,1 % direkt beim Erzeuger bezogen.

Die Bedeutung der **Direktvermarktung** ist **nach Obstarten** sehr unterschiedlich und lässt sich am besten aus der AMI-Analyse auf Basis des GfK-Haushaltspanels ablesen. Zwei Obstarten heben sich besonders ab: Bei Kirschen und Erdbeeren lag der Anteil an den Käufen inländischer Ware im Zeitraum 2010 bis 2014 bei 20 bis 25 % (exkl. Wochenmarkthandel). Der geringe Distributionsgrad deutscher Ware im Lebensmitteleinzelhandel dürfte die Ursache bei Kirschen sein, die weite Verbreitung der Selbstpflücke bei Erd-

beeren. Bei anderen Obstarten liegt der Anteil weit darunter, für Äpfel und Birnen nur 9 bis 12 %.

Nur etwa 13 % aller Haushalte kaufen mindestens einmal im Jahr Obst beim Erzeuger ein. Den meisten Verbrauchern ist der Weg dorthin zu weit, Priorität hat das bequeme Einkaufen unter einem Dach. Bei zunehmender Erwerbsquote der Frauen wird der Gesichtspunkt Zeitmangel noch an Bedeutung gewinnen.

17.5.2 Vermarktung über Erzeugerorganisationen

2004 setzten nach der Gartenbauerhebung knapp 49 % der Obstbaubetriebe ihre Produkte über die Erzeugerorganisationen (EO) ab. Durch den Strukturwandel haben die EO Mitglieder bzw. Lieferanten verloren. Die in der AMI-Marktstatistik berücksichtigten Erzeugermärkte mit Obstumsätzen (2014 = 27 EO) erzielten in 2014 einen Absatz ohne Zukäufe von gut 670 000 t Obst. Über die Jahre gibt es natürlich witterungsbedingt starke Schwankungen von 620 000 t (2013) bis knapp 800 000 t (2007). Der Vermarkungsanteil an der Netto-Marktproduktion liegt mittlerweile bei rund 55 %.

Die EO verstehen sich mit einem steigenden Marktanteil als kompetente Partner der **Einkaufszentralen des Lebensmitteleinzelhandels** (LEH), tätigen aber weiterhin einen nicht unbedeutenden Anteil ihres Umsatzes mit dem **Fachgroßhandel**. Dies liegt insbesondere an der Einbindung von Fachgroßhändlern als kooperierende Vermarkter der EO. Der Absatz an die Zentralen des LEH erreicht in den verschiedenen Größenklassen sehr unterschiedliche Anteile und variiert zwischen 25 bis 90 %. Andere Kunden, wie Verarbeitung oder Großverbraucher, haben nur bei den EO unter 10 Mio. € Umsatz einen nennenswerten Anteil.

> Durch die Förderung der EO versuchte die Agrarpolitik von Anfang an, die Marktstellung der Erzeuger zu verbessern und zur konzentrierten Nachfrage mit einem stärker konzentrierten Angebot ein Gleichgewicht zu bilden.

17.5.3 Großmärkte

Aufgrund der Konzentration im LEH, der Zentralisierung des Einkaufs in diesen Organisationen und ihrer Bemühungen um direkten Einkauf unter Ausschaltung des Fachgroßhandels geht man allgemein von einer rückläufigen Bedeutung der Großmärkte aus, ohne dass dies durch Zahlen untermauert wird. Damit verlieren die Großmärkte die über Jahrzehnte wichtige Leitfunktion für die Preisbildung.

Schätzungen beziffern den Versorgungsanteil der Großmärkte auf 10 bis 15 %. Ein hoher Anteil der Ware wird zwar von den an den Großmärkten ansässigen Betrieben aktiv gehandelt, erreicht aber nicht das Großmarktgelände. Des Weiteren beziehen die Großmärkte vielfach auch das Umland in ihre Umsätze mit ein. Daher ist keine eindeutige Bezifferung des Versorgungsanteils der Großmärkte möglich. Eindeutig ist aber, dass die Großmärkte durch den Strukturwandel über eine rückläufige Anzahl der Kunden klagen und auch die Konzentrationen des LEH nur noch in einer extrem engen Versorgungslage hier zukaufen. Vielmehr nutzt der LEH die Großmärkte über den dort ansässigen Fachgroßhandel als Ventil für die Bereinigung überschüssiger Mengen.

In dem Anpassungsprozess, der durch die Veränderungen in der Einzelhandelslandschaft ausgelöst wurde, haben sich die überlebenden Großhandelsunternehmen an den Großmärkten in zwei Richtungen entwickelt:

- Eine kleine Anzahl von umsatzstarken Unternehmungen stellte sich auf das Geschäft mit den Großformen des LEH ein, indem sie das **Streckengeschäft** forcierten und sich durch **Serviceleistungen** profilierten.
- Kleinere Unternehmen konzentrierten sich auf die Belieferung des ambulanten Handels, des Facheinzelhandels und von Großverbrauchern. Durch die wachsende ausländische Bevölkerung, die bevorzugt in den Fachgeschäften ihrer Landsleute einkauft, hat sich die Absatzbasis für diese Gruppe von Großhändlern stabilisiert. Mit Serviceleistungen für Großverbraucher, wie Schälen oder Entsteinen, versucht man, eine zusätzliche Wertschöpfung zu erreichen.

Nicht zuletzt ist für die meisten Großmärkte auch ein mehr oder weniger stark ausgeprägter Erzeugermarkt charakteristisch. Viele der Großmarkt-Beschicker treten nicht nur als Anbieter, sondern auch als Käufer auf, indem sie ihr Sortiment für die Direktvermarktung komplettieren.

Die Umsatzbedeutung der Verteilergroßmärkte ist schwer zu ermitteln. Die Konzentration im Einzelhandel zwingt den Fachgroßhandel zu Überlebensstrategien.

17.5.4 Die Einzelhandelsstufe

Der Verbraucher hat die Wahl, frisches Obst in den verschiedenen Betriebsformen des organisierten Lebensmittelsortimentshandels, im Fachgeschäft, beim ambulanten Handel auf Märkten oder Verkaufsständen an sonstigen Standorten oder auch beim Erzeuger direkt zu kaufen. Die Ergebnisse des GfK-Haushaltspanels zeigen, dass der Anteil, der im Sortimentshandel gekauft wird, immer mehr zulasten anderer Einkaufsstätten zunimmt. Inzwischen liegt dieser Anteil bei rund 87 %, die jährliche Steigerungsrate liegt im Zeitraum 2006 bis 2014 bei 0,4 %. Durch die Niedrigpreise und ein begrenztes Sortiment legten die Discounter in den letzten 20 Jahren bis auf 51 % stark zu, müssen jetzt aber wieder Verluste hinnehmen. Großflächige Vollsortimenter bieten mehr Vielfalt und agieren ebenfalls deutlich aggressiver in der Preisbildung. So ist es nicht verwunderlich, dass diese seit 2006 eine jährliche Zuwachsrate von 1,5 % aufweisen und damit einen Marktanteil von gut 36 % besitzen. Die kleineren Geschäfte mit Verkaufsflächen unter 800 m^2 (Supermärkte, SB-Läden) verzeichnen Verluste.

Für die Lieferanten ist die Konzentration der Umsätze auf immer weniger Unternehmen bzw. Einkaufskooperationen entscheidend und besorgniserregend. Auf die fünf größten Unternehmen im deutschen Lebensmittelhandel entfielen 2014 mehr als 85 % des Gesamtumsatzes des Lebensmittelhandels. Dieser Anteil ist in den letzten 15 Jahren um 23 % angestiegen und dürfte sich in abgeschwächter Form fortsetzen.

Die Zahl der **Einkaufsentscheider** verringert sich auch dadurch, dass die Zentralisierung des Einkaufs von Obst und Gemüse innerhalb dieser Organisationen voranschreitet. So kaufen Metro und Rewe für alle ihre Vertriebslinien zentral ein. Bei der Edeka steuern sieben Regionalgesellschaften das Großhandelsgeschäft und üben damit einen starken Einfluss auf die Wahl der Obst- und Gemüseprodukte aus. Die Koordination der Edeka-Strategie und auch die Steuerung des nationalen Warengeschäftes erfolgt in der Hamburger Edeka-Zentrale. Die mittelgroßen und kleineren Unternehmen/Gruppen in Einzelhandel mit weniger als 5 Mrd. € Umsatz haben sich zwar Verrechnungskontoren angeschlossen, der Einkauf von frischem Obst und Gemüse erfolgt jedoch nicht über die Kontore. Je kleiner die Unternehmen sind, desto häufiger wird statt der direkten Beschaffung der Komplettservice eines Importeurs/Großhändlers in Anspruch genommen. Insgesamt ist die Zahl der Einkaufsentscheider des LEH bei der Beschaffung von Obst und Gemüse deutlich rückläufig und es erhöht sich damit auch die Abhängigkeit des Lieferanten mit einem wachsenden Risiko einer zu engen Abnehmerstruktur.

17.6 Die Konsequenzen des verschärften Wettbewerbs

Der anhaltende Wettbewerbsdruck zwingt den LEH zu einer konsequenten Kundenorientierung. So versucht man sich natürlich über günstige Preise zu profilieren, die Qualität der Ware hält aber zunehmend auch in Deutschland Einzug. Im Gegensatz dazu stand in den Nachbarländern England, Frankreich oder den Niederlanden immer die Qualität im Vordergrund. Mit der steigenden Präsenz der Discounter nimmt aber auch hier der Druck auf die Preisbildung zu. Neben **Frische** erlangen **Convenience** und insbesondere **Produktsicherheit** eine wachsende Bedeutung.

17.6.1 Ketten-Management

Das Ketten-Management spielt im Markt eine große Rolle. Es beinhaltet die intelligente Steuerung des Warenflusses mithilfe der Informatik von der Rohware bis zum Endverbraucher und

schließt Beschaffung, Produktionsplanung, Bestandsmanagement, Transport, Kommissionierung und Regalpflege zu einem nahtlosen Prozess zusammen. Es bindet alle Partner in der Warenkette ein und setzt längerfristige Beziehungen voraus. Ware wird nicht mehr in den Markt hineingedrückt, sondern der Mengenfluss durch die aktuelle Verbrauchernachfrage gesteuert. Durch Ketten-Management ließen sich die Transaktionskosten bei erfolgreichen Anwendern deutlich senken.

17.6.2 Fusionen und Allianzen

Auf Seiten der Vermarkter von Obst und Gemüse sind verschiedene Strategien entwickelt worden, um den Absatz langfristig zu sichern. Teilweise geschieht dies durch Fusionen oder durch die Bildung von Kooperationen auf derselben Stufe **(horizontale Integration)**.

Bemerkenswert ist der Konzentrationsprozess in Südtirol. Bereits 1945 schlossen sich mehrere Obstgenossenschaften zu einem neuen Dachverband, dem VOG – Verband der Südtiroler Obstgenossenschaften Ge. Land. Ges., zusammen.

Nach mehreren Fusionen, unter anderem mit der ESO, zählt der VOG im Jahr 2011 16 Mitgliedsgenossenschaften. Darin vereint, finden sich 5200 Produzenten, die auf 10 600 ha Anbaufläche Äpfel produzieren und damit die größte Erzeugerorganisation für Obst in Europa darstellt. Im August 2010 erfolgte der Startschuss für die Vertriebsstrategie „VOG 2010“, welche auf der Gruppierung der 16 Mitgliedsobstgenossenschaften in vier „Pools“ (Pool Meran, Pool Bozen West, Pool Bozen Süd und Pool Unterland) basiert. Das Bioprodukt wird durch die Genossenschaft „Bio – Südtirol” vermarktet.

Ziele sind die einwandfreie und effiziente Abwicklung der verschiedenen Dienste, Senkung der Kosten sowie Vereinheitlichung der Qualitätsstandards. Die Geschäftsführer der einzelnen Mitgliedsgenossenschaften sind aktiv in den Verkauf eingebunden, übernehmen die Verantwortung für bestimmte Märkte und Kunden sowie bleiben die direkten Ansprechpartner für die Produzenten.

Beispiele für Kooperationen in Deutschland sind die Gründung der OvB GmbH durch BayWa AG und VEBO-Frucht (vier Obstgroßmärkte am Bodensee), über die etwa 60 % der Obstproduktion des Bodenseegebiets vertrieben werden, oder der VEOS, einer Vertriebsgesellschaft von fünf größeren Obsterzeugerorganisationen in Ostdeutschland. An der Niederelbe wurde neben der Elbe-Obst r. V. im Jahr 1994 die M.AL. Marktgemeinschaft Altes Land GmbH gegründet. Damit sind an der Niederelbe ca. 90 % der Apfelproduzenten Mitglied in einer Erzeugerorganisation.

Das gewagteste Projekt der letzten 20 Jahre war der Plan, die 21 Obst- und Gemüseversteigerungen in den Niederlanden im Jahr 1995 zu einem Unternehmen (Veilinge) zu verschmelzen. Der Plan scheiterte in dieser Form. Neun Veilingen fusionierten Ende 1996 zur VTN/The Greenery, die 1998 gut 70 % des Veilingumsatzes auf sich vereinigte. Selbstständig blieben Veiling ZON und Zaltbommel, während drei reine Obstversteigerungen unter Führung von Geldermalsen zu Fruitmasters fusionierten.

Durch den mit der Fusion verbundenen hohen Kostenfaktor haben viele Erzeuger die Veilinge verlassen und sich vielfach direkt an den Groß-/Exporthandel angeschlossen. Heute sind in den Niederlanden lediglich geschätzte 60 % der Obstbauern Mitglied bei einer Erzeugerorganisation.

Eine weitere Alternative zur Sicherung des Absatzes wird in der Kooperation von Unternehmen der ersten Vermarktungsstufe mit Unternehmen der Distribution gesehen **(vertikale Integration)**. So verfolgt unter anderem die BayWa AG mit einem Umsatz von über 15 Mrd. € eine Internationalisierungsstrategie, die auch den Obstsektor betrifft. Die Basis stellt die Obstproduktion in der Region Bodensee/Neckar sowie Rheinland-Pfalz dar. Dazu hat die Sparte Obst in 2010 die Firma Frucom mit Äpfel und Birnen aus Südamerika übernommen. In 2012 folgte dann mit der Übernahme von rund 73 % an Turners & Growers ein weiterer Meilenstein im internationalen Obstgeschäft mit einer direkten Lieferbeziehung zwischen Produktion und Handel. Im Zuge der Beteiligung an Turners & Growers besitzt die BayWa bei Äpfeln auch die Vermarktungsrechte für bedeutende Clubsorten (Jazz® und Envy®) und kann auf das internationale Vermarktungsnetz von ENZA (Tochtergesellschaft von Turner & Growers) zurückgreifen.

Die genannten Beispiele in Deutschland, den Niederlanden und Südtirol zielen darauf ab, Großabnehmer des LEH beliefern zu können, ohne von einzelnen abhängig zu werden und ohne sich innerhalb der Region Konkurrenz zu machen. Die deutschen Erzeugerorganisationen vermarkten pro Jahr ca. 400 000 t Tafeläpfel, davon entfallen 85 % auf die Niederelbe, den Bodensee und die Elbe-Saale-Region. Die beiden größten Erzeugerorganisationen überschreiten bei einer guten Ernte die Marke von 100 000 t, danach klafft eine große Lücke zu drei weiteren Vermarktungseinrichtungen in der Größenordnung von 50 000 bis 60 000 t. Im Vergleich dazu ordern nach einer AMI-Analyse auf Basis des GfK-Haushaltspanels die Discounter und Vollsortimenter in Summe 600 000 t Tafeläpfel, wobei sich die wichtigsten Einkaufsstätten im Bereich 60 000 bis 80 000 t bewegen. Nur durch die zunehmende Konzentration konnten sich die Erzeugerorganisationen als starker Partner etablieren und die Importware zurückdrängen.

17.6.3 Qualitätspolitik

In der Regel geben sich alle großen Einzelhandelsunternehmen in Deutschland mit Standardqualität zufrieden, wie sie durch gesetzliche Qualitätsnormen definiert wird. Eine Ausnahme stellen jedoch die höheren Anforderungen an Pflanzenschutzmittelrückstände dar. Der deutsche Konsument ist in puncto Lebensmittelskandale sehr sensibel, zusätzlich gab es unter anderem nach Lebensmittelkontrollen Veröffentlichungen von „schwarzen Schafen“ im LEH mit einem hohen Anteil belasteter Früchte. So führte der LEH verschärfte Lieferbedingungen ein, wobei im Extremfall der Nachweis von maximal vier Pflanzenschutzwirkstoffen erbracht werden muss oder ein Drittel der gesetzlichen Rückstandshöchstgehalte nicht überschritten werden dürfen. Diese Vorgaben erfordern eine sehr enge Zusammenarbeit von Pflanzenschutzberatern und der Vermarktung.

Um den Mehrwert von Qualitätsprodukten zu kommunizieren, benötigt der Einzelhandel Marken. Die Obst- und Gemüseabteilung gilt als die Visitenkarte eines Supermarktes. Breite, Tiefe, Qualität und Frische des Angebots, attraktive Optik und natürlich der Preis spielen für den Gesamteindruck des Marktes und sein Kundenimage eine entscheidende Rolle.

Gerade weil es hier mit wenigen Ausnahmen an profilierten Marken mangelt, wird der Händler selbst, die Händlermarke, zum Vertrauensabsender. Konsequenterweise streben viele Handelsgruppen danach, einen relevanten und für die Profilierung wichtigen Teil des Sortiments unter ihren Eigengewächsen zu führen. Zudem definiert und kontrolliert der Handel hierbei das Konzept vom Anbau bis in den Markt, gibt also konkrete Standards vor, wie Rückverfolgbarkeit, Herkunft, Nachhaltigkeit, Sozialstandards, Zertifizierung und Qualität.

Um den speziellen Anforderungen der Qualitätssicherung in Anbau und Vermarktung von Obst, Gemüse und Kartoffeln gerecht zu werden, wurde 2004 die QS Fachgesellschaft Obst-Gemüse-Kartoffeln GmbH gegründet. Neben deutschen Gesellschaftern sind hier auch berufsständische Vertreter aus den Niederlanden und Belgien vertreten. Mit der AMAG.A.P. in Österreich, Vegaplan in Belgien und GlobalG.P.A. wird eng kooperiert, wobei die Organisationen ihre Standards gegenseitig anerkennen. Darüber hinaus erkennt QS die Audits von IFS Logistics an.

Die Qualitätsmanagement-Systeme in Anbau und Vermarktung werden unter „Qualitätsmanagement“ beschrieben. Zusätzlich werden spezielle Qualitätssysteme verschiedener Apfelanbaugebiete aufgeführt.

> Neue Techniken ermöglichen auch die Feststellung der inneren Fruchtqualität durch nicht destruktive Methoden. Daher wird der Qualitätsbegriff künftig umfassender definiert werden.

17.6.4 Regionalität

Das Thema Regionalität hat sich in den letzten Jahren zu einem Trendthema in den Lebensmittelmärkten entwickelt. In den Regalen der Supermärkte findet man heute zahlreiche Marken und Produkte, die regional sind oder dies zumindest suggerieren wollen. Regionalität erzeugt Vertrauen beim Konsumenten. Produkte aus der Heimat vermitteln Produktsicherheit und helfen, die Ware aus der Anonymität zu führen.

Die Händler selbst haben Regionalität als Profilierungsthema für sich entdeckt und wollen mit eigenen regionalen Angeboten ihre Kunden stärker an ihre Märkte binden und den Einkauf emotionalisieren. Die Produzenten sehen hier eine Chance, sich im Inlandsmarkt besser zu positionieren und neben einem steigenden Marktanteil auch höhere Preise zu erzielen. Die Regionalität wird auch als Instrument gesehen, den über Jahre rückläufigen Obstkonsum wieder anzukurbeln.

Doch mit der wachsenden Popularität des Themas entsteht gleichzeitig ein diffuses Bild dessen, was Regionalität ist. Durch die Vielzahl von unterschiedlichsten Maßnahmen und Botschaften im Kontext der Regionalität entsteht auf Verbraucherseite ein „Wahrnehmungs-Flimmern": Das Thema ist inhaltlich nicht eindeutig definiert, sodass es an Vertrauen und Relevanz einzubüßen droht.

Unterstützt durch das BMEL wurde unter anderem der Trägerverein „Regionalfenster e. V." mit Mitgliedern aus den Bereichen Lebensmittelerzeugung und -verarbeitung, dem Ökologischen Landbau, dem Lebensmittelhandel, dem Lebensmittelmarketing und der Qualitätssicherung gegründet. Zur Nutzung der Marke „Regionalfenster" wurden klare Richtlinien erarbeitet. So muss die Region eindeutig und nachprüfbar benannt werden (z. B. Landkreis, Bundesland oder Angabe eines Radius in Kilometern).

17.6.5 Exklusivvermarktung geschützter Sorten

Die Lebenszyklen von 'Golden Delicious', 'Jonagold' oder 'Elstar' sind Musterbeispiele für den Aufstieg und Niedergang erfolgreicher Sorten:

- Typisch ist eine lange Phase, bis sich eine Sorte am Markt durchgesetzt hat, weil keinerlei Aufwendungen betrieben werden, die schnell einen hohen Bekanntheitsgrad schaffen.
- Wegen der Zeitverschiebung zwischen Pflanzung und Vollertragsphase werden die Pflanzungen auch dann noch fortgesetzt, wenn eine Überproduktion absehbar ist.
- Das Image der Sorte leidet unter der schlechter werdenden Qualität aus älteren Anlagen und aus Anlagen auf ungeeigneten Standorten. Die Sorte wird zum Problemfall.

Diese Nachteile versucht ein Konzept zu vermeiden, das die **kontrollierte Verbreitung** einer neuen Sorte innerhalb eines ausgewählten Kreises von Baumschulen, Obstbauern und Vermarktern vorsieht. Pionier dieses Konzepts ist die kalifornische Sun World, ein Unternehmen, das in der Züchtung, Produktion und Vermarktung einer breiten Palette von Obst und Gemüse tätig ist.

In Europa ist dieses System der Vergabe von Exklusivrechten erst mit der Apfelsorte 'Cripps Pink' bekannt geworden, die unter der Marke Pink Lady® vermarktet wird.

Das Prinzip der „Clubsorten" soll am Beispiel 'Cripps Pink'/Pink Lady® veranschaulicht werden. Besondere Eigenschaften dieser Apfelsorte ermöglichen es, sie als Premium-Sorte zu positionieren. Dazu gehören:

- Das ausgefallene Rosé der Deckfarbe
- Ein hoher Zuckergehalt bei harmonischem Zucker-Säure-Verhältnis
- Eine hohe Fruchtfleischfestigkeit
- Eine sehr gute Lagerfähigkeit

Die Sorte wurde 1973 vom Western Australian Department of Agriculture (Agriculture WA) gezüchtet und Mitte der 80er-Jahre an australische Erzeuger herausgegeben. Unter dem Namen 'Cripps Pink' ist die Sorte, d. h. der Baum, in den meisten Ländern der Welt geschützt.

Mittlerweile wird Cripps Pink/Pink Lady® auf einer Fläche von 17 000 ha angebaut, erst mit weitem Abstand folgen Kanzi® (3100 ha) und Jazz® (2800 ha). Um die Märkte ganzjährig mit Ware zu versorgen, werden die Clubsorten weltweit auf den dafür geeigneten Standorten angebaut. So entfallen bei Cripps Pink/Pink Lady® knapp 50 % der Produktion auf die Nordhalbkugel mit Schwerpunkt USA (4000 ha). In Europa dominiert Frankreich mit einer Anbaufläche von über 2000 ha.

Der australische Sorteninhaber vergibt für Cripps Pink/Pink Lady® exklusive Vermehrungsrechte unter der internationalen PBR-Gesetzgebung an Lizenznehmer in der ganzen Welt. Die Vermehrungsgebühren (Royaltys) aus den Lizenzrechten gehen an Agriculture WA und werden in dessen Züchtungsprogramm reinvestiert. Der Markenname Pink Lady® für die Frucht ist als

Schutzmarke in 22 Ländern registriert. Generallizenznehmer sowohl für die Vermehrungsrechte als auch für die Lizenzvergabe der Vermarktungsrechte der Frucht und der Nutzung der Marke Pink Lady® für Europa/Nordafrika ist die französische Baumschule Starfruits. Die Generallizenznehmer weltweit bilden die „International Pink Lady Alliance".

So hat Starfruits Vermehrungsrechte an Baumschulen vergeben, die pro verkauften Baum eine Gebühr bezahlen, und Vermarktungsrechte an einige französische, spanische und italienische Vermarkter, die einen Betrag pro kg verkaufter Pink Lady® bezahlen.

Nur die Früchte, die der besten Qualität und dem festgelegten Standard entsprechen, dürfen als Pink Lady® vermarktet werden, die übrigen gelangen unter dem Sortennamen 'Cripps Pink' auf den Markt. Zwischenzeitlich ist es auch möglich, zwei Mutationen von 'Cripps Pink', namentlich 'Rosy Glow' und 'Lady in Red', unter Berücksichtigung der Qualitätskriterien als Pink Lady® zu vermarkten.

Gemeinsame, von den Vermarktern finanzierte Marketingaktivitäten bauen den Bekanntheitsgrad von Pink Lady® auf. Ziel ist es, das Produkt durch Werbung bei den Konsumenten bekannt zu machen und als Premiumprodukt im Verkaufsregal zu positionieren.

Für den Züchter einer durch PBR geschützten Sorte ist es Ziel, über das Lizenzsystem und die Lizenzgebühren seine Investition in Forschung und Entwicklung zu amortisieren.

Für den Erzeuger dürfte die Rechnung nur aufgehen, wenn der angestrebte Mehrpreis über lange Zeit tatsächlich erzielt wird. Der Mehrpreis wird auch nur zu erzielen sein, wenn sich die neue Sorte für den Verbraucher erkennbar positiv vom normalen Angebot abhebt.

Exklusivvermarktung ist für viele das Konzept der Zukunft. Aber noch fehlen die überragenden Sorten, mit denen allein es funktionieren kann.

Mittlerweile werden viele neue Sorten nur noch über Club-Konzepte angeboten. Wichtig ist es nun für Erzeugung und Vermarktung aus der Vielfalt der Sorten die Cash-Cow herauszufinden und dann im Anbau zu forcieren. Hierbei sind nicht nur europäische, sondern vielmehr globale Konzepte gefragt, da eine Region im raschen Aufbau einer für den LEH geforderten Angebotsbasis überfordert ist. Außerdem können die aufwendigen Werbemaßnahmen in Gemeinschaft besser erbracht werden. Zukünftig stehen Sorten mit einer süßlichen Geschmacksrichtung im Fokus, die nicht nur in Nord-/Südeuropa, sondern auch weltweit angebaut und vermarktet werden können.

Die deutschen Erzeugerorganisationen gründeten in 2003 das Deutsche Obstsortenkonsortium (DOSK), das mittlerweile neun Mitgliedsbetriebe mit einem Absatzvolumen von 500 000 t Obst umfasst. Zu den Aufgaben zählen der Erwerb der Anbau- und Vermarktungslizenzen sowie die Einführung und Etablierung der Produktinnovationen im deutschen Obstmarkt inklusive gemeinsamer Marketingkonzepte. Da die Regalplätze im Lebensmitteleinzelhandel beschränkt sind, wird sich nur eine begrenzte Anzahl von Clubsorten im Markt durchsetzen.

17.7 Das Öko-Segment

Seit Mitte der 80er-Jahre wächst die Nachfrage nach Bioprodukten weltweit zum Teil mit zweistelligen Wachstumsraten. In Deutschland kauften die Konsumenten im Jahr 2014 für knapp 8 Mrd. € Öko-Lebensmittel ein. Nach der durch verschiedene Lebensmittelskandale beschleunigten Entwicklung haben sich die Zuwachsraten in den letzten fünf Jahren zwar verlangsamt, zeigen aber immer noch ein jährliches Plus von bis zu 5 %.

In vielen Ländern sind Bioprodukte in frischer und verarbeiteter Form in allen Arten und Stufen des Lebensmittelhandels fest etabliert.

In Ländern mit einem hohen Bio-Lebensmittelumsatz je Einwohner wird dieser besonders darüber erreicht, dass Bioprodukte flächendeckend in allen Verkaufsstätten des LEH zu finden sind. Der Bundesbürger gibt jährlich 94 € für Öko-Lebensmittel aus, Spitzenreiter sind die Schweiz (206 €/Kopf) und Dänemark (163 €/Kopf).

Umfangreichere Sortimente und Produkte, die längere Zeit oder ganzjährig verfügbar sind, wie beispielsweise Bioäpfel, tragen ebenfalls zu konstant steigendem Biokonsum der Verbraucher bei. Die Nr. 1 beim Bioobstkonsum in Deutsch-

land ist die Banane mit 46 %, mit weitem Abstand folgen dann die Äpfel mit knapp 15 %.

Selbst in Jahren mit sehr niedrigen Aktionspreisen für konventionell erzeugte Früchte und trotz überdurchschnittlicher Preisdifferenzen bei den Verbraucherpreisen ist kaum ein Nachfragerückgang für Bioobst festzustellen. Die angebotenen Qualitäten entsprechen zumeist dem Qualitätsniveau vergleichbarer Früchte aus Integrierter Produktion. Die Vermarktungsstrukturen der Erzeugergemeinschaften sind auf dem Stand moderner Technik, verfügen meist über gute Logistik und sind sehr flexibel.

In Deutschland gibt es bei Bioprodukten nach wie vor eine große Markenvielfalt. Die Bio-Markenlogos des Lebensmittelhandels und die Markenzeichen der Anbauverbände Bioland, Demeter und Naturland haben durch das obligatorische EU-Bio-Logo ein verbindendes Element erhalten, das für einen klaren Wiedererkennungseffekt sorgt.

2015 liegt der Flächenanteil des Bioobstbaus (Äpfel) in Deutschland fast bei 10 %. Insbesondere in den großen Anbaugebieten am Bodensee und an der Niederelbe haben sich die Flächenanteile kontinuierlich auf mehr als 12 % weiterentwickelt.

Das Preisniveau für Bioäpfel ist seit vielen Jahren relativ konstant und hat sich aus der Abhängigkeit der Preisentwicklung für Äpfel aus Integrierter Produktion befreien können. Im Gegensatz zur integrierten Produktion ist außer bei der Industrieware kaum ein Markteinfluss durch eine steigende Apfelproduktion in Polen oder den südosteuropäischen Ländern spürbar.

Das Ertragsniveau im Bioobstbau wird im Hinblick auf Menge und Qualität auch zukünftig deutlich stärker schwanken. Bei erheblich geringerem Arbeitsaufwand liegen die Mehrerträge der integrierten Produktion im Durchschnitt ca. 30 % über der Bioproduktion. Der Biotafelapfelanbau in Deutschland hat 2015 einen Umfang von ca. 3000 ha, der Biomostapfelanbau ca. 1200 ha und der Anbau von Biostreuobst nimmt ca. 14 000 ha ein.

Der steigende „Bio-Umsatz“ im LEH bietet Produzenten Chancen für eine Umstellung: Bio stellt kein Nischenprodukt mehr dar und ist ein fester Bestandteil im Einzelhandel. Die Bioapfelproduktion/ha fällt um ca. 30 % geringer als bei IP-Ware aus, wird aber durch höhere Preise kompensiert.

17.8 Gemeinschaftsmarketing für Obst

Deutschland ist im Nahrungsbereich der am stärksten umkämpfte Markt in der EU. Die Lieferländer investieren in diesem Sektor jährlich mehrstellige Millionenbeträge in die Werbung. Im Jahr 2009 wurde das Absatzfondgesetz vom Bundesverfassungsgericht für verfassungswidrig erklärt. Damit endeten nach über 40 Jahren die zentrale Absatzförderung deutscher Produkte und damit auch die Arbeit der Durchführungsgesellschaft CMA. Ein ähnliches Schicksal erlitt die Niederlande, die Ende 2014 die Productschap voor Groenten en Fruit auflöste. Einen Bruchteil der bisherigen Aufgaben übernimmt das von DPA und Fruiventa gegründete GroentenFruit Huis.

Für den deutschen Gartenbau entstand in puncto Werbung und auch Öffentlichkeitsarbeit ein Defizit, das nur unter großen Mühen langsam gefüllt werden kann. Hervorzuheben ist hier unter anderem die Arbeit der Bundesvereinigung der Erzeugerorganisationen Obst und Gemüse e. V. (BVEO) die mit ihren 40 Mitgliedsbetrieben die Kampagne „Deutschland – Mein Garten“ ins Leben gerufen hat.

17.9 Markttransparenz

Wo liegt der Preis? Welche Mengen sind am Markt? Welche Entwicklung ist in den nächsten Tagen oder Wochen zu erwarten? Das sind Fragen, die sich jeder Verkäufer und Käufer stellt und für die er ausreichend Informationen benötigt. Die außergewöhnliche Marktstruktur in der Agrarwirtschaft, die kleinbetriebliche Produktionsstruktur, ist jedoch eine wesentliche Ursache für die nach wie vor unzureichende Markttrans-

parenz der Produzenten. Die Beschaffung der notwendigen Informationen ist aufwendig. Dies führt zu Informationsasymmetrien zulasten der kleineren und mittleren Anbieter/Nachfrager.

Gesamtwirtschaftlich gesehen führt mangelnde Markttransparenz zu unnötigen Angebots- und Preisschwankungen. Das bekannteste Beispiel ist der sogenannte Schweinezyklus. Aber auch auf Obst- und Gemüsemärkten zeigen sich Beispiele für solche Reaktionen, die zeigen, dass es gesamtwirtschaftliche Wohlfahrtsverluste sowohl bei zu niedrigen als auch bei überhöhten Preiserwartungen gibt.

Der **Bedarf an Marktinformationen** ist bei Obst und Gemüse wegen des breiten Sortiments, der Witterungsabhängigkeit des Angebots und dem kaum noch vorhandenen preisstabilisierenden Einfluss der Marktordnung besonders hoch. Als Teilbereiche der Markttransparenz lassen sich Qualitäts-, Mengen- und Preistransparenz unterscheiden.

Qualitätstransparenz: Eine Preisinformation ist nur nützlich, wenn sie sich auf eine definierte Warenqualität bezieht. Durch EU-Qualitätsnormen und Handelsklassen für frisches Obst, Gemüse und Zitrusfrüchte wird die Qualitätsbeurteilung erleichtert. Die Normen lassen aber noch eine beträchtliche Schwankungsbreite von Qualitätsmerkmalen zu, die Ursache von Preisunterschieden sein können.

Mengentransparenz: Angaben über Umfang und künftige Entwicklung von Angebot und Nachfrage sind zur Einschätzung der Marktlage notwendig. Dazu gehören: Prognosen der Inlandsproduktion, aktuelle und zu erwartende Anlieferungen, Vorräte bei lagerfähigen Produkten, Prognosen der Produktion in Lieferländern, Außenhandelszahlen und Angaben zur künftigen Versorgungslage. Veränderungen der Nachfrage lassen sich schwer voraus schätzen.

Preistransparenz: Für das aktuelle Geschehen sind Preisinformationen das wichtigste Element, denn Veränderungen der preisbestimmenden Faktoren schlagen sich in ihnen gebündelt nieder. Die wichtigsten Preisinformationen sind die Verkaufspreise der ersten Vermarktungsstufe. Die Großhandelsmärkte haben zwar an Bedeutung verloren, übernehmen für die Preisbildung aber immer noch eine Signalfunktion, insbesondere bei extremen Marktlagen. Da sie Mangel bzw. Überschuss ausgleichen müssen, werden Marktveränderungen hier wie in einem Vergrößerungsglas sichtbar.

In der Vergangenheit sahen viele europäische Länder die Schaffung von Markttransparenz als staatliche Aufgabe an. Davon hat man sich zunehmend distanziert und bietet damit privatwirtschaftliche Unternehmen eine Plattform. In Deutschland wurde diese Aufgabe von der Zentralen Markt- und Preisberichtstelle GmbH (ZMP) wahrgenommen, dann aber 2009 durch das Bundesverfassungsgericht gekippt. In der Folge übernahm die Agrarmarkt Informations-GmbH (AMI) diese Funktion, deren Gesellschafter aus den Bereichen der Agrarwirtschaft und dem Verbands-/Verlagswesen stammen.

Mangelnde Markttransparenz ist gesamtwirtschaftlich von Nachteil. Ein breites Sortiment und witterungsbedingte Schwankungen bedingen einen hohen Bedarf an Marktinformationen.

17.10 EU-Marktordnung

Die gemeinsame Marktorganisation für landwirtschaftliche Erzeugnisse, Verordnung Nr. 1308/2013 (GMO), ist ein grundlegendes Element der Gemeinsamen Agrarpolitik (GAP) und beschreibt die einheitlichen Regelungen für die einzelnen Agrarmärkte. Der Grundstein für die gemeinsame Marktorganisation für Obst und Gemüse wurde 1962 mit der VO 23/62/EWG gelegt.

Seit dieser Zeit hat sich die Marktordnung für Obst und Gemüse erheblich verändert. Die früher für Interventionen ausgegebenen Fördermittel wurden im Wesentlichen in die finanzielle Unterstützung der Erzeugerorganisationen mit jährlich rund 700 Mio. € und in das EU-Schulobst- und Gemüseprogramm mit jährlich 150 Mio. € transferiert.

Im Jahr 1994 wurden wesentliche Veränderungen der Einfuhrregelungen notwendig, um die im GATT getroffenen Beschlüsse über eine Liberalisierung des Welthandels umzusetzen. Das dort vereinbarte Einfuhrpreissystem hat bis heute Gültigkeit.

Zum 1. Juli 2009 wurden die **Vermarktungsnormen** für Obst und Gemüse grundsätzlich novelliert. Es gibt spezifische Vermarktungsnormen für Äpfel, Birnen, Erdbeeren, Kiwis, Pfirsiche und Nektarinen, Tafeltrauben und Zitrusfrüchte. Sie gelten unmittelbar in jedem Mitgliedsstaat auf allen Handelsstufen sowie im Handel mit Drittländern. Ausnahmen gelten für den Verkauf ab Hof direkt an den Endverbraucher und für den Verkauf an Verarbeitungsbetriebe in der Europäischen Union. Für alle übrigen Erzeugnisse, die der Verordnung (EU) Nr. 1308/2013 über die gemeinsame Marktorganisation unterliegen, gilt die allgemeine Vermarktungsnorm oder es gelten alternativ dazu die produktspezifischen UNECE-Normen.

Erzeugerorganisationen sind ein wesentlicher Bestandteil der Marktorganisation. Die Mitgliedsstaaten können auf Antrag Erzeugerorganisationen anerkennen. 2015 waren in Deutschland 31 Erzeugerorganisationen anerkannt, davon 8 für Obst, 4 für Gemüse, 16 für Obst und Gemüse, 2 für Pilze und 1 für Obst, Gemüse und Pilze. Die deutschen Erzeugerorganisationen erhalten jährlich rund 35 Mio. € finanzielle Unterstützung seitens der EU für die Betriebsfonds.

Die Anerkennung einer Erzeugerorganisation ist an Mindestkriterien gebunden. Für Deutschland gelten als Mindestschwellen eine Mitgliederzahl von 15 und ein Umsatz von 5 Mio. € oder 10 000 t. Bei der ausschließlichen Vermarktung von ökologischen/biologischen Produkten ist ein Mindestumsatz von 1,25 Mio. € erforderlich. Eine Andienungspflicht dient der stärkeren Bündelung des Angebots. Die Mitglieder dürfen maximal 25 % der Erzeugung ab Hof oder außerhalb der Hofstelle direkt an Endverbraucher verkaufen.

Ein Instrument zur Stärkung der Erzeugerorganisationen ist der Betriebsfonds. Er wird je zur Hälfte aus Mitteln der Mitglieder der EO und der EU gespeist. Die Beihilfen sind seit dem 1. Januar 2001 auf 4,1 % des Referenzumsatzes (Wert der vermarkteten Erzeugung) der vergangenen drei Jahre beschränkt: Im Referenzumsatz wird der Direktabsatz der Mitglieder nicht berücksichtigt.

Aus dem Betriebsfonds werden „operationelle Programme“ finanziert. Mit den operationellen Programmen werden folgende spezifische Ziele verfolgt:

1. Planung der Produktion
2. Verbesserung der Qualität der Erzeugnisse
3. Steigerung des Vermarktungswerts
4. Förderung des Absatzes der Erzeugnisse
5. Umweltmaßnahmen
6. Krisenprävention und Krisenmanagement

Im **Handel mit Drittländern** genießt Obst und Gemüse aufgrund der dortigen niedrigeren Produktionskosten einen Wettbewerbsvorteil, der bei Einfuhr dieser Erzeugnisse in die Gemeinschaft durch Einfuhrzölle ausgeglichen wird. Bei den bedeutenden Obst- und Gemüsesorten gibt es darüber hinaus noch das Einfuhr- bzw. Eintrittspreissystem, das auch als Entrypreisverfahren bezeichnet wird. Bei einigen sensiblen Obst- und Gemüsearten darf die Einfuhr einen bestimmten Preis (Entrypreis) nicht unterschreiten. Dieser Entrypreis wurde in den GATT-Verhandlungen vereinbart und festgelegt. Bei Unterschreitung des Entrypreises bei der Einfuhr wird neben dem normalen Einfuhrzoll ein – je nach Grad der Unterschreitung proportional angepasster – zusätzlicher spezifischer Zoll (Strafzoll) erhoben.

Ein Bestandteil der Marktorganisation ist die Förderung des Verbrauchs von Obst und Gemüse in Kindergärten und Schulen im Rahmen des Schulobst- und Gemüseprogramms. Damit soll der Anteil der Obst- und Gemüseerzeugnisse an der Ernährung von Kindern in der Phase, in der die Essgewohnheiten geprägt werden, angehoben werden. Dafür stehen für die EU jedes Jahr 150 Mio. € EU-Finanzmittel zur Verfügung. Nach Deutschland gehen davon jährlich rund 25 Mio. € an die teilnehmenden Bundesländer.

Neu eingeführt wurden in der Marktorganisation 2013 die Krisenmaßnahmen. Danach kann die EU bei bestimmten Marktstörungen oder Krisen durch Vertrauensverluste der Verbraucher finanzielle Beihilfen gewähren.

18 Der „LUCAS“ in der Obstbaulehre des 19. und 20. Jahrhunderts

Als Ahnen unserer europäischen Kultursorten *Malus domestica* werden *Malus orientalis*, der Kaukasusapfel, und *Malus sieversii*, der Altai-Apfel, vermutet. Kaiser Karl der Große befahl in seiner Landgüterverordnung „Capitulare Villis“ das Pflanzen von Apfelbäumen. In dieser Verordnung wurden Apfelsorten namentlich aufgeführt und zur Vermehrung empfohlen. Wertvolle Beiträge zur Apfelkultur kamen von der Kirche über ihre Klöster und Geistlichen. Die Benediktiner und Zisterzienser waren große Liebhaber und Kenner des Obstbaus. Auch die Verarbeitung zu Most wurde in den Klöstern gepflegt.

Im 11. Jahrhundert verfasste die Äbtissin Hildegard von Bingen ihre Schriften zur Heilwirkung des Obstes und der Regensburger Bischof Albert Magnus schrieb als ausgezeichneter Kenner heimischer Obstarten seine Erfahrungen nieder. Im Rahmen der Kolonisierung von Mitteleuropa brachten die Mönche Pfropfreiser aus ihren Mutterklöstern in Italien und Frankreich nach Deutschland mit. Ebenfalls gefördert wurde die Obstkultur durch Kreuzzüge und Pilgerzüge in den Vorderen Orient. Im späten Mittelalter bemühten sich zunehmend auch Gärtner und Gartenliebhaber aus dem Bürgerstand um die Obstkultur.

Die große Leidenschaft für Obst erwachte in der Renaissance. Seit Ende des 16. Jahrhunderts wurde in Sachsen und Württemberg Obstbau gezielt gefördert. Kurfürst August von Sachsen schrieb ein Buch über das Pfropfen der Obstbäume unter dem Titel „Das künstliche Obstgartenbüchlein“. In Württemberg ließ Herzog Christoph größere Obstgärten in Göppingen, Kirchheim und Stuttgart anlegen und importierte Bäume aus Frankreich. Die ersten Streuobstwiesen entstanden, die gleichzeitig als Weide für Kühe, Schafe und Pferde dienten und Obst für den Eigenbedarf lieferten. Im 18. Jahrhundert entstanden auch zahlreiche Obstbaum-Alleen entlang der Straßen.

Die Königlich Württembergische Gartenbauschule wurde 1780 von Herzog Carl Eugen im Exotischen Garten des Hohenheimer Schlosses gegründet. Als Bestandteil der Gartenbauschule wurde eine Obstbaumschule mit ausgedehnten Obstanlagen eingerichtet.

Wesentliches Ziel der frühen Obstbauforschung war die Suche nach anbauwürdigen Sorten. Der Begriff Pomologie geht zurück auf das Werk „Pomologia“ von 1758 des Niederländers J. H. Knoop (1706–1769). Es enthält Beschreibungen und farbige Abbildungen in natürlicher Größe der besten Apfel- und Birnensorten aus Holland, Deutschland, Frankreich und England. Die Zahl der bekannten Sorten stieg in einem großen Tempo an. Hatte Knoop noch 100 Apfelsorten aufgeführt, so beschrieb F. W. Hinkert 1836 schon 1000 Apfelsorten. Obstsorten entstanden damals entweder durch Zufallssämlinge, Mutationen oder durch Zufallskreuzungen. Eine gezielte Pflanzenzüchtung erfolgte im Obstbau erst ab dem Ende des 19. Jahrhunderts auf Basis der Studien von Gregor Mendel.

Den steigenden Sortenreichtum führen manche auf den Sammeleifer der Hobby-Pomologen zurück. Vermutlich entstanden viele Sorten aber auch durch Neubenennung, indem eine Baumschule für ihre Bäume neue Namen erfand, weil der Namen des zur Vermehrung eingesetzten Edelreises unbekannt war.

18.1 Leben und Wirken von Eduard Lucas

Karl Friedrich Eduard Lucas (1816–1882) war im deutschsprachigen Raum einer der ersten bedeutenderen Pomologen. Lucas wurde als Botaniker, Lehrer und bald als Vorstand an die neu gegründete Gartenbauschule in Hohenheim berufen. Seine Hauptaufgabe sah er darin, die Obstbaumbesitzer in den ländlichen Regionen in der Aus-

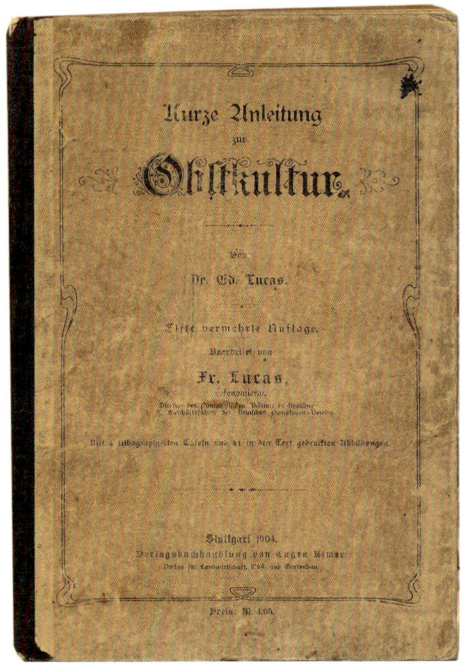

Abb. 259 Die 2. Auflage des Obstbaulehrbuches mit dem Titel „Kurze Anleitung zur Obstkultur" war 1868 das erste Buch im Verlag Eugen Ulmer – hier ein Titelbild der 11. Auflage.

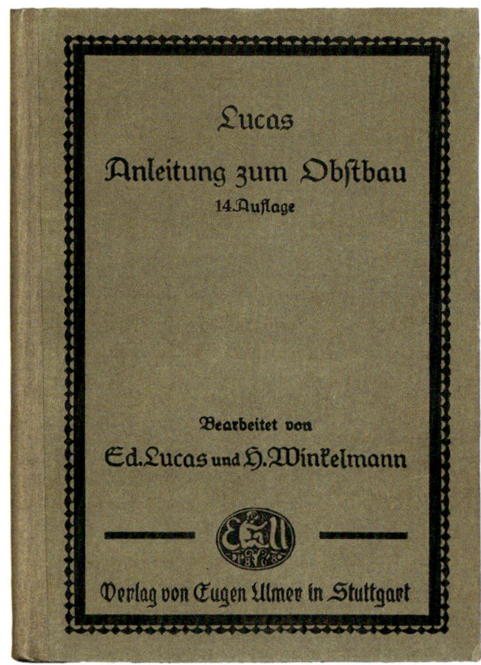

Abb. 260 Ab der 14. Auflage bis heute – „Lucas' Anleitung zum Obstbau".

wahl geeigneter Obstsorten und der richtigen Behandlung zu beraten. Eine anerkannte Lehre über Auswahl, Klassifizierung, Schnitt und Pflege der Obstbäume gab es zu dieser Zeit noch nicht.

Seine ersten praktischen Erfahrungen fasste Lucas in dem schmalen Buch „Die Lehre von der Obstbaumzucht auf einfache Gesetze zurückgeführt" zusammen, das 1844 bei J. B. Metzler in Stuttgart erschien. Bereits von diesem Werk wurden Lizenzausgaben in Russisch, Polnisch und Ungarisch veröffentlicht.

Der enge Kontakt zu Johann Oberdieck aus Jeinsen bei Hannover führte ab 1854 zur Herausgabe der „Monatsschrift für Pomologie und praktischen Obstbau". Mit der Gründung des Deutschen Pomologenvereins mit Sitz in Reutlingen im Herbst 1860 wurde die Zeitschrift Vereinsorgan und kam auf 800 Abonnenten.

Als Gemeinschaftswerk von Lucas, Oberdieck und Franz Jahn entstand der erste Band des Titels „Illustriertes Handbuch der Obstkunde", der in aufwendiger Ausstattung in mehreren Bänden erschien.

In 1864 wurden Rechte und Bestände an elf Werken von Eduard Lucas zusammen mit vier weiteren Titeln zum Obst- bzw. Weinbau an Karl Maier bzw. die Dorn'sche Buchhandlung in Ravensburg verkauft. Zusätzlich erwarb Karl Maier noch die beiden Jahrgänge 1863 und 1864 des Taschenbuchs für Pomologen. Maier hat in den folgenden drei Jahren vor seinem Tod neun weitere Werke zum Obstbau verlegt, woraus man schließen kann, dass er in dem Programmsegment eine besondere Chance sah.

1866 erschien erstmals die „Kurze Anleitung zur Obstkultur". Eugen Ulmer übernahm die 2. Auflage dieses Werkes 1868 in seinen neu gegründeten Verlag. Ab der 14. Auflage wurde daraus „Lucas' Anleitung zum Obstbau". Dieser Titel wurde zum Standard-Fachbuch – in den weiteren Auflagen ständig nach den neuesten Erkenntnissen überarbeitet – und liegt nun in der 33. Aufla-

ge vor. Es gibt nur wenige Fachbücher, die über 150 Jahre für sich beanspruchen können, die Aus- und Fortbildung in diesem Maß geprägt zu haben. Das Buch steht am Anfang des Verlages von Eugen Ulmer und begleitet ihn bis heute als Herausforderung, jeweils die angemessene Form für die nächste Generation von Obstbauern und Pomologen zu finden.

Nach gründlichen Vorbereitungen verließ Lucas 1860 den Staatsdienst in Hohenheim und machte sich an den Aufbau des Pomologischen Instituts in Reutlingen. Das von Eduard Lucas gegründete Pomologische Institut in Reutlingen wurde nach seinem Tod 1882 von seinem Sohn Friedrich Lucas übernommen. Das Institut erweiterte er um Schaugärten und Ziergärten. Nach dem Tod von Friedrich Lucas im April 1921 übernahm Eduard Lucas jun. das Institut, das er mit Beginn der Inflation 1922 auflösen musste. Mit der Landesgartenschau 1984 wurde es vom Eigentümer, der Stadt Reutlingen, als städtische Grün-, Erholungs- und Fortbildungsanlage wieder dem Obstbau gewidmet.

> Das Programmsegment Obstbau hat für den Verlag Eugen Ulmer eine besondere Bedeutung. Es bildete bei der Gründung des Verlages die Grundlage und hat diese besondere Rolle bis heute.

18.2 Der Übergang zum Erwerbsobstbau

Mit der Industrialisierung und dem Anwachsen der Städte sowie mit den verbesserten Transportmöglichkeiten durch die Eisenbahn begann das Zeitalter des Erwerbsobstbaus. Der Obstbau erhielt eine wissenschaftliche Grundlage, entsprechende Ausbildungseinrichtungen wurden im ganzen Deutschen Reich eröffnet. Statt der Betrachtung des Einzelbaums wurde in größeren Maßstäben gedacht, es wurden Plantagen eingerichtet und nach rationalen Anbau- und Erntegesichtspunkten gestaltet.

Das Interesse der Pomologen verlegte sich nun auf die Physiologie und den Schnitt. Man propagierte die aus Frankreich kommenden Zwergformen, die Erziehung am Spalier oder in den verschiedenen dekorativen Formen von der Palmette bis zu Laubenformen. Auch wenn die Erweiterung der Kenntnisse im Obstbau erheblich waren, konnte noch nicht von einer ökonomischen Bedeutung des Obstbaus gesprochen werden.

Von Nicolas Gaucher ausgehend entwickelte sich der Zwergobstbau zur dominanten Schnittform im Erwerbsobstbau. Gaucher gründete 1879 in Stuttgart eine eigene Obst- und Gartenbauschule und 1885 die Zeitschrift „Gauchers praktischer Obstbaumzüchter“. Der von Gaucher ausgehende „klassische Fruchtholzschnitt“ begründete mit exakten Schnittregeln ein neues Verständnis der Physiologie eines Baumes.

In den 20er-Jahren begann die Arbeit mit Zwergwuchsformen. Bei einem von Otto Schmitz-Hübsch 1932 erstmals angebauten System wurden Hochbuschbäume im Wechsel mit niedrigen Spindeln als Füller gepflanzt, woraus sich 1935 die erste reine Füller-Pflanzung ohne Standbäume entwickelte. Im dritten Reich stand wie im gesamten Reichsnährstand die Verbesserung der Selbstversorgung im Vordergrund mit intensiver Verlagstätigkeit. Hugo Winkelmann veröffentlichte ab 1935 praktische Lehrbücher zu verschiedenen Obstarten und bearbeitete als Herausgeber mehrere Auflagen des LUCAS „zum Gebrauch an Obst- und Gartenbauschulen, an landwirtschaftlichen und ähnlichen Lehranstalten sowie zum Selbstunterricht“. Wilhelm Fey und Wirth veröffentlichten 1935 den „Spindelbusch, eine Idealform für den Garten des Selbstversorgers und für Erwerbsobstpflanzungen“. Auch der Pflanzenschutz rückte zunehmend in den Vordergrund.

18.3 Der Generalobstbauplan und seine Folgen

Der Wiederaufbau in der Nachkriegszeit war vom Zwang zur Intensivierung und Industrialisierung des Agrarsektors geprägt. Nach dem Verlust der Ostgebiete und Teilung Deutschlands mit den besten Agrarregionen bestand Sorge, die durch Flucht und Vertreibung gewachsene Bevölkerung zu ernähren. Dies betraf auch die Versorgung mit Obst und Gemüse.

Die Sortenvielfalt wurde als „der schwerwiegendste Nachteil des traditionsgebundenen, weil

aus dem Selbstversorgerobstbau heraus entwickelten Erwerbstätigen Obstbaus" betrachtet. 1951 erstellte ein Kreis von Fachleuten auf Initiative des Landwirtschaftsministeriums eine sehr enge Sortenliste für den Apfelanbau, die aber auch die unterschiedlichen regionalen Bedingungen berücksichtigen sollte. 1952 wurden auf einer Arbeitstagung des Bundesernährungsministeriums Reformmaßnahmen für den Obstbau beschlossen.

Der Obsthochstamm wurde als für den deutschen Erwerbsobstbau untauglich abgelehnt, den Obstbauern und Baumschulen wurde nahegelegt, künftig nur noch Niederstämme bzw. Mittelstämme heranzuziehen. Der Landtag von Baden-Württemberg beauftragte die Staatsregierung mit der Abfassung eines Generalplans für die Neuordnung des Obstbaus. 1957 wurde der Generalplan vorgelegt und 20 Mio. DM zu seiner Umsetzung bereitgestellt. Dieser sah die „Grundsatzwandlung" vom Streuobstbau zum Plantagenobstbau vor. Von 130 000 ha Obstbaumfläche sollten 40 000 ha in Obstplantagen für den Erwerbsobstbau umgewandelt werden, 30 000 ha in Flächen für den Liebhaber- und Selbstversorgerobstbau und 60 000 ha sollten durch Rodung freigemacht werden und als Ackerland an die Landwirtschaft gehen.

Als Konsequenz der stärkeren Ausrichtung auf eine wirtschaftliche Produktion entwickelte sich der Obstbau in die Bereiche Erwerbsobstbau einerseits und den Anbau im Hausgartenbereich andererseits. Für diesen Obst- und Gartenbauliebhaber wurde ein ständig wachsender Anteil am Umfang der Zeitschrift „Obst + Garten" reserviert. 1978 erschien das Buch „Obstbaumschnitt" von Heiner Schmid. Das Buch wurde zu einem der erfolgreichsten Fachbücher über Obstbaumschnitt und hat bis heute in zahlreichen Auflagen eine Verbreitung von über 160 000 Exemplaren gefunden. Dagegen verringerte sich mit dem Strukturwandel das Interesse an erwerbsobstbaulicher Literatur auf die Leser in Wissenschaft, Beratung und professionellem Anbau, die an den neuesten Erkenntnissen der Obstbauforschung interessiert waren.

Zum Ende des Jahrhunderts begann eine neue Pomologische Ära. Alte Obstsorten wurden – genau wie alte Gemüsesorten, Tomaten- und Paprika-Vielfalt oder Wildobstsorten – als bedrohte Kostbarkeiten wiederentdeckt. Die große Bedeutung im Erhalt der Vielfalt der Obstsorten sieht man heute in ihrem kulturgeschichtlichen Wert per se sowie in der Hoffnung, mit dem großen Sortenspektrum ein Reservoir zu haben, aus dem spezielle Resistenzen oder besondere Eigenschaften herausgefiltert werden können. Baden-Württemberg hat hierzu eine Sortenerhaltungszentrale zunächst an der Universität Hohenheim, dann ab 2005 in Bavendorf eingerichtet.

Die Wiederentdeckung der alten Obstsorten ging Hand in Hand mit dem Bedeutungsanstieg der Streuobstwiesen, der vor allem aus Kreisen des Naturschutzes kam. Staatliche und private Initiativen zum Erhalt der Streuobstwiesen fanden ihren Niederschlag ab 1980 in einer Vielzahl von Publikationen, größtenteils in der so genannten „grauen Literatur", die nicht über den Buchhandel zu beziehen ist.

18.4 Der 33. LUCAS

Der LUCAS kann seine Funktion als Brücke zwischen Theorie und Praxis, als Anleitungsbuch für Liebhaber, Eigenversorger, Erwerbsobstbauern und Lehrende sowie Studierende an Hoch- und Fachschulen gleichermaßen nicht mehr allumfassend ausfüllen, sondern ist an die Veränderung der Zielgruppe anzupassen. Mit dem Auseinanderdriften in die Anbauformen Hausgarten für Liebhaber oder mit im öffentlichen Interesse stehenden Umweltschutzaspekten gegenüber Erwerbsobstbau unterscheiden sich in zunehmendem Maße auch die Inhalte eines Fachbuchs. Ein umfänglich den Themen des Streuobstbaus gewidmetes Lehrbuch mit eigenständigen Inhalten zu den Bereichen Sorten, Anbautechnik, Pflanzenschutz, aber auch Ökonomie, Markt und nicht zuletzt Umwelt wäre aller Anstrengungen wert.

In der Gewichtung der Inhalte und ihrer Aufbereitung richtet sich der LUCAS in der 33. Auflage an einen kleineren, gleichwohl hinsichtlich moderner Obsterzeugung durchaus bedeutenden Kreis von Fachleuten. Das Ziel der Autoren – eine vollständige und aktuelle Darstellung des Wissenstandes im erwerbsorientierten Obstbau.

19 Service

19.1 Literaturverzeichnis

Ackermann, K., Müller, S. und Radtke, J. (2009): Einfluss der Bestäubung durch die Honigbiene (*Apis mellifera*) auf Ertragsparameter der Kulturheidelbeere (*Vaccinium corymbosum*). Erwerbsobstbau 51, 1–9.

Aichner, M. (2002): Methoden zur Ermittlung des Düngerbedarfs. In: Link, H. (Hrsg., 2002): Lucas' Anleitung zum Obstbau. 32. Aufl., Verlag Eugen Ulmer, Stuttgart.

AMI – Agrarmarkt Informations-Gesellschaft mbH (2015): AMI-Analyse auf Basis des GfK Haushaltspanels.

AMI – Agrarmarkt Informations-Gesellschaft mbH (verschiedene Jahrgänge): Markt Bilanz, Bonn.

AMI – Agrarmarkt Informations-Gesellschaft mbH und GfK – Gesellschaft für Konsumforschung (verschiedene Jahrgänge).

Atwell, B., Kriedemann, P. and Turnbull, C. (1999): Plants in Action: adaptation in nature, performance in cultivation. Macmillan education Australia Pty. Ltd.

Baab, G. (2011): Elstar – Mit neuen Mutanten nach wie vor ein Star. European Fruit Magazine 8, Anhang 1–10.

Baab, G. und Mayr, U. (2008a): Die Mutanten von 'Gala' – Teil 1. Rheinische Monatsschrift 9, 498–499.

Baab, G. und Mayr, U. (2008b): Die Mutanten von 'Gala' – Teil 2. Rheinische Monatsschrift 10, 562–565.

Bahnmüller, H., Schürmer, E. und Rhein, P. (1991): Gartenbauliche Betriebslehre. 4. Aufl., Verlag Eugen Ulmer, Stuttgart 1991.

Bärtels, A. (1995): Der Baumschulbetrieb. 4., völlig neubearb. Aufl., Verlag Eugen Ulmer, Stuttgart.

Belfanti, E., Silfverberg-Dilworth, E., Tartarini, S., Patocchi, A., Barbieri, M., Zhu, J., Vinatzer, BA., Gianfranceschi, L., Gessler, C. and Sansavini, S. (2004): The HcrVf2 gene from a wild apple confers scab resistance to a transgenic cultivated variety. Proceedings of the National Academy of Sciences of the United States of America 101, 886–890.

Bläsing, D. (1989): Performance of highbush blueberry on sites previously used for agricultural crops. Acta Horticulturae 241, 213–220.

Borejsza-Wysocka, E., Norelli, J.L., Aldwinckle, H.S. and Malnoy, M. (2010): Stable expression and phenotypic impact of attacin E transgene in orchard grown apple trees over a 12 year period. BMC Biotechnology 10, 41.

Börner, H. (2009): Pflanzenkrankheiten und Pflanzenschutz. 8., neubearb. Aufl. unter Mitarbeit von Schlüter, K. und Aumann, J., Springer-Verlag, Berlin – Heidelberg.

Broggini, G.A.L., Wöhner, T., Fahrentrapp, J., Kost, T.D., Flachowsky, H., Peil, A., Hanke, M.V., Richter, K., Patocchi, A. and Gessler, C. (2014): Engineering fire blight resistance into the apple cultivar 'Gala' using the FB_MR5 CC-NBS-LRR resistance gene of *Malus* × *robusta* 5. Plant Biotechnology Journal 12 (6), 728–733.

Brumm, F. und Mehlisch, K. (1964): Der Baumschulbetrieb. 2. Aufl., Verlag Eugen Ulmer, Stuttgart.

Bundesamt für Verbraucherschutz und Lebensmittelsicherheit (2015): Pflanzenschutzmittel-Verzeichnis – Teil 2: Gemüsebau – Obstbau – Zierpflanzenbau. 63. Aufl., Braunschweig.

Bundesamt für Verbraucherschutz und Lebensmittelsicherheit (BVL): Online Datenbank zugelassener Pflanzenschutzmittel. Februar 2017; www.bvl.bund.de/infopsm.

Bundesausschuss Obst und Gemüse, Fachgruppe Obstbau (2006): II. überarbeitete und erweiterte Richtlinie für die kontrollierte Integrierte Produktion von Obst und Gemüse in der Bundesrepublik Deutschland, Berlin.

Bundesministerium für Ernähung und Landwirtschaft – BMEL (2014): Einkaufs- und Ernährungsverhalten in Deutschland, TNS-Emnid-Umfrage des BMEL.

Canli, F.A. (2004): Development of a second generation genetic linkage map for sour cherry using SSR markers. Pakistan J. Biol. Sci. 7: 1676–1683.

Cross, J.V. and Walklate, P.J. (2003): Pesticide Dose Adjustment to the Crop Environment (PACE): Adjusting the Dose to Suit the Crop. Proceedings: VIIth Workshop on Spray Applica-

tion Techniques in Fruit Growing, Cuneo (Italy), 315–330.

Dierend, W. und Bier-Kamotzke, A. (1999): Ertragsleistung von Kulturheidelbeersorten. Erwerbsobstbau 41, 18–25.

Dierend, W. und Bier-Kamotzke, A. (2000): Einfluss der Pflanzweite auf den Ertrag von Kulturheidelbeeren. Erwerbsobstbau 42, 61–66.

Dierend, W. und Bier-Kamotzke, A. (2006): Einfluss der Schnittintensität auf Ertrag, Fruchtgröße und Pflückleistung bei Kulturheidelbeeren. Erwerbsobstbau 48, 1–8.

Dierend, W. und Bier-Kamotzke, A. (2007a): Der Schnitt von Kulturheidelbeeren: Einfluss auf Ertrag, Fruchtgröße und Pflückleistung – Teil 1: Versuchsaufbau und Einfluss auf den Ertrag. Obstbau 32, 12–14.

Dierend, W. und Bier-Kamotzke, A. (2007b): Der Schnitt von Kulturheidelbeeren: Einfluss auf Ertrag, Fruchtgröße und Pflückleistung – Teil 2: Einfluss auf Fruchtgröße und Pflückleistung, Schlussfolgerungen. Obstbau 32, 70–73.

DIN EN ISO 9000 (2015-11): Qualitätsmanagementsysteme – Grundlagen und Begriffe (ISO 9000:2015); Deutsche und Englische Fassung EN ISO 9000:2015.

Ebert, G. (2005): Anbau von Heidelbeeren und Cranberries. Verlag Eugen Ulmer, Stuttgart.

Erhardt, W., Götz, E., Bödeker, N. und Seybold, S. (2014): Zander – Handwörterbuch der Pflanzennamen. 19. Aufl., Verlag Eugen Ulmer, Stuttgart.

EU-Kommission (2009): Verordnung (EG) Nr. 889/2008 der Kommission vom 5. September 2008 mit Durchführungsvorschriften zur Verordnung (EG) Nr. 834/2007 des Rates über die ökologische/biologische Produktion und die Kennzeichnung von ökologischen/biologischen Erzeugnissen hinsichtlich der ökologischen/biologischen Produktion, Kennzeichnung und Kontrolle, Brüssel.

Faby, R. (2002): Himbeere und Brombeere. In: Link, H. (Hrsg., 2002): Lucas' Anleitung zum Obstbau. 32. Aufl., Verlag Eugen Ulmer, Stuttgart.

Faby, R. (2013): Einfluss der Schnittstärke bei neuen Heidelbeersorten. Mitteilungen des Obstbauversuchsringes des Alten Landes 68, 348–352.

Fachgruppe Obstbau/Fachgruppe Gemüsebau im Bundesausschuss Obst und Gemüse (Hrsg., 2006): Richtlinien für den kontrollierten Integrierten Anbau von Obst und Gemüse in der Bundesrepublik Deutschland. Überarbeitete und erweiterte Aufl.

Fahrentrapp, J., Broggini, G.A.L., Kellerhals, M., Peil, A., Richter, K., Zini, E. and Gessler, C. (2013): A candidate gene for fire blight resistance in *Malus* × *robusta* 5 is coding for a CC-NBS-LRR. Tree Genetics & Genomes 9, 237–251.

FAO (2013): Statistical Databases; www.fao.org.

Fischer, M. (1995, 2010): Farbatlas Obstsorten. Verlag Eugen Ulmer, Stuttgart.

Flachowsky, H., Le Roux, P.M., Peil, A., Patocchi, A., Richter, K. and Hanke, M.V. (2011): Application of a high-speed breeding technology to apple (*Malus* × *domestica*) based on transgenic early flowering plants and marker-assisted selection. New Phytologist 192, 364–377.

Fleckinger, J. (1948): Les stades vegetatifs des arbres frutiers, en rapport avec les traitements. Pomology Francaise 1948, Supplement 81–93.

Fortmann, M. (2000): Das große Kosmosbuch der Nützlinge – Neue Wege der biologischen Schädlingsbekämpfung. Kosmos-Verlag, Stuttgart.

Freiher, B., Gottwald, R., Baufeld, P., Karg, W. und Stephan, S. (1992): Integrierter Pflanzenschutz im Apfelanbau. Mitt. Biol. Bundesanstalt f. Land- und Forstwirtschaft, Berlin, Heft 278.

Fried, A. (2002): Pilzkrankheiten. In: Link, H. (Hrsg., 2002): Lucas' Anleitung zum Obstbau. 32. Aufl., Verlag Eugen Ulmer, Stuttgart.

Friedrich, G. (1993): Handbuch des Obstbaus. Neumann Verlag, Radebeul.

Friedrich, G. und Fischer, M. (2000): Physiologische Grundlagen des Obstbaues. 3. Aufl., Verlag Eugen Ulmer, Stuttgart.

Friedrich, G. und Rode, H. (1996): Pflanzenschutz im integrierten Obstbau, 3., völlig neubearb. Aufl., Verlag Eugen Ulmer, Stuttgart.

Gessler, C. (2011): Cisgenic disease resistant apples: a product with benefits for the environment, producer and consumer. Outlooks on Pest Management 22 (5), 216–219.

Hallmann, J., Quadt-Hallmann, A. und von Tiedemann, A. (2007): Phytomedizin. Verlag Eugen Ulmer, Stuttgart.

IOBC/WPRS (Hrsg.): Einführung in den integrierten Pflanzenschutz; Heft 2: Visuelle Kontrollen im Apfelanbau. 4., neubearb. u. erw. Auflage 1992; Heft 3: Nützlinge in Apfelanlagen, Wageningen 1976; Heft 4: Die Klopfmethode. Mit einem Anhang über Licht- und Pheromonfallen. 2. Aufl. 1980.

Jackson, J.E. (1980): Light interception and utilization by orchard systems. Hortic. Rev. 2, 208–267.

JERIE, P.H., MITCHELL, P.D. and GOODWIN, I. (1989): Growth of 'Williams Bon Chretien' pear fruit under regulated deficit irrigation (RDI). Acta Horticulturae 240, 271–274.

JONES, A.L. and ALDWINCKLE, H.S. (eds., 1990): Compendium of apple and pear diseases. APS Press, St. Paul, Minnesota.

KELLERHALS, M., SCHÜTZ, S., CHRISTEN, D. und MÜHLENZ, I. (2014): Befruchtung der Obstsorten. Pflanzen Agroscope Tranfer Nr. 41.

KENNEL, W.: In: LINK, H. (Hrsg., 2002): Lucas' Anleitung zum Obstbau. 32. Aufl., Verlag Eugen Ulmer, Stuttgart, S. 274.

KÖHNE, M. (2000): Landwirtschaftliche Taxationslehre. 3. Aufl. Parey-Verlag, Berlin.

KRENS, F.A., SCHAART, J.G., VAN DER BURGH, A.M., TINNENBROEK-CAPEL, I.E.M., GROENWOLD, R., KODDE, L.P., BROGGINI, G.A.L., GESSLER, C. and SCHOUTEN, H.J. (2015): Cisgenic apple trees; development, characterization, and performance. Front. Plant Sci. 6, 286; doi: 10.3389/fpls.2015.00286.

Kuratorium für Technik und Bauwesen in der Landwirtschaft e. V. (2010): Datensammlung Obstbau. 4. Aufl. KTBL, Darmstadt.

LAKSO, A.N. (1994): Apple. In: SCHAFFER, B. and ANDERSEN, P.C. (eds.): Environmental Physiology of Fruit Crops, Vol. I, Temperate Fruits. CRC Press, Boca Raton, Fla., p. 3–42.

LAKSO, A.N., ROBINSON, T.L. and POOL, R.M. (1989): Canopy microclimate effects on patterns of fruiting and fruit development in apples and grapes. In: WRIGHT, C.J. (ed.): Manipulation of Fruiting. Butterworths, London, p. 263–274.

Landwirtschaftliches Technologiezentrum Augustenberg (2017): Integrierter Pflanzenschutz 2017. Erwerbsobstbau, Karlsruhe.

LEVINE, A. (1999): Oxidative Stress as a Regulator of Environmental Responses in Plants. In: LERNER, H.R. (1999): Plant responses to environmental stresses: from phytohormones to genome reorganisation. Marcel Dekker, Inc., New York, Basel.

LICHTENTHALER, H.R. (1996): Vegetation Stress: An Introduction to the Stress Concept in Plants. Journal of Plant Physiology 148 (s 1–2), 4–14.

LINK, H. (2011): Ertragssteigerung im Obstbau. Verlag Eugen Ulmer, Stuttgart.

LVWO Weinsberg (2005): Düngung im Obstbau – ein Leitfaden.

MAYR, U. (2011): Das Sortenkarussell dreht sich weiter – eine Auswahl interessanter neuer schorfresistenter Apfelsorten. Rheinische Monatsschrift 11, 628.

MEGGENDORFER, L. (2012): Controlling im Gartenbau und GaLaBau. Verlag Eugen Ulmer, Stuttgart.

MÖHLER, M. (2014): 10 Jahre Sortenprüfung bei Holunder. Obstbau 10, 544–547.

MOHR, H. und SCHOPFER, P. (1992): Pflanzenphysiologie. 4. Aufl., Springer-Verlag, Berlin, Heidelberg, New York, London, Paris, Tokyo, Hongkong, Barcelona, Budapest.

MONTEITH, J.L. (1977): Climate and the efficiency of crop production in Britain. Phil. Trans. Roy. Soc. Lond. B., 281, 277–294.

Nestlé Deutschland AG (2009): Nestlé Studie – So is(s)t Deutschland.

O'ROURKE, D. (2014): World Apple Review 2014 Edition. Belrose, Inc., Creston Lane.

ODENING, M. und BOKELMANN, W. (2001): Agrarmanagement Landwirtschaft Gartenbau. 3. Aufl., Verlag Eugen Ulmer, Stuttgart.

OLDEN, E.J. and NYBOM, N. (1968): On the origin of *Prunus cerasus* L. Hereditas 59, 327–345.

OLLIG, W. (2002): Hagelabwehr. In: LINK, H. (Hrsg., 2002): Lucas' Anleitung zum Obstbau. 32. Aufl., Verlag Eugen Ulmer, Stuttgart.

PALMER, J.W.: Unveröffentlicht.

PEIL, A. (2008): Molekulare Marker – die neuzeitlichen Helfer des Obstzüchters. Obstbau 33 (8), 416–419.

PflSchG (Pflanzenschutzgesetz) – Gesetz zum Schutz der Kulturpflanzen vom 06.02.2012, bekanntgegeben vom Bundesministerium für Ernährung und Landwirtschaft.

POEHLING, H.-M. und VERREET, J.-A. (2013): Lehrbuch der Phytomedizin. 4. Aufl., Verlag Eugen Ulmer, Stuttgart.

ROSYARA, U.R., BRINK, M.C.A.M., WEG VAN DE, E., ZHANG, G., WANG, D., SEBOLD, A., DIRLEWANGER, E., QUERO-GARCIA, J., SCHUSTER, M., IEZZONI, A.F. (2013): Fruit size QTL identification and the predivtion of parental QTL genotypes and breeding values in multiple pedigreed populations of sweet cherry. Molecular Breeding 32 (4), 875–887.

SCHERR, F. (2002): Vermehrung und Anzucht der Obstgewächse. In: LINK, H. (Hrsg., 2002): Lucas' Anleitung zum Obstbau. 32. Aufl., Verlag Eugen Ulmer, Stuttgart.

SCHMID, H. (1994): Veredeln. 5. Aufl., Verlag Eugen Ulmer, Stuttgart.

SCHMIDT, H. (1996): Befruchtungsfragen eines modernen Süßkirschensortimentes. Tagungsband 22. Bundes-Steinobstseminar 1006, SLVA Ahrweiler/Mayen, 39–45.

SCHOUTEN, H.J., BRINKHUIS, J., VAN DER BURGH, A., SCHAART, J.G., GROENWOLD, R., BROGGINI, G.A.L., GESSLER, C. (2014): Cloning and func-

tional characterization of the Rvi15 (Vr2) gene for apple scab resistance. Tree Genetics & Genomes 10, 251–260.

Schuster, M. and Schreiber, H. (2000): Genome investigation in sour cherry, *P. cerasus* L. Acta Hort. 538, 375–379.

Scurlock, J.M.O., Long, S.P., Hall, D.O. and Coombs, J. (1985): Introduction. In: Coombs, J., Hall, D.O., Long, S.P. and Scurlock, J.M.O. (eds.): Techniques in Bioproductivity and Photosynthesis. Pergamon Press, Oxford, p. XXI-XXIV.

Sonneveld, T., Tobutt, K.R. and Robbins, T.P. (2003): Allele-specific PCR detection of sweet cherry self-incompatibility (S) alleles S1 to S6 using consensus and allele-specific primers. Theor. Appl. Genet. 107, 1059–1070.

Sonneveld, T., Robbins, T.P., Bošković, R. and Tobutt, K.R. (2001): Cloning of six cherry self-incompatibility alleles and development of allele-specific PCR detection. Theor. Appl. Genet. 102, 1046–1055.

Sonneveld, T., Tobutt, K.R., Vaughan, S.P. and Robbins, T.P.(2005): Loss of pollen-S function in two self-compatible selections of Prunus avium is associated with deletion/mutation of an S haplotype-specifi c F-box gene. The Plant Cell 17, 37–51.

Stainer, R. (2002): Mutanten. In: Link, H. (Hrsg., 2002): Lucas' Anleitung zum Obstbau. 32. Aufl., Verlag Eugen Ulmer, Stuttgart.

Statistisches Bundesamt (2005): Gartenbauerhebung. Fachserie 3.

Statistisches Bundesamt (verschiedene Jahrgänge): Landwirtschaftliche Bodennutzung – Baumobstflächen. Fachserie 3, Reihe 3.1.4.

Steiner, H. (1994): Nützlinge im Garten. 2. Aufl., neubearb. von Albert, R., Galli, P. und El Titi, A., Verlag Eugen Ulmer, Stuttgart.

Stockinger, E.J., Mulinix, C.A., Long, C.M., Brettin, T.S. and Iezonni, A.F. (1996): A linkage map of sweet cherry based on RAPD analysis of a microspore-derived callus culture population. J. Hered. 87, 214–218.

Stösser, R. (2002): Von der Blüte zur Frucht. In: Link, H. (Hrsg., 2002): Lucas' Anleitung zum Obstbau. 32. Aufl., Verlag Eugen Ulmer, Stuttgart.

Strasburger, E. (1991): Lehrbuch der Botanik. Hrsg.: Sitte, E., Ziegler, H., Ehrendorfer, F. und A. Bresinsky. 33. Aufl., Gustav Fischer Verlag, Stuttgart, Jena, New York.

Tao, R., Yamane, H., Sugiura, A., Murayama, H., Sassa, H. and Mori, H. (1999): Molecular typing of S-alleles through identifi cation, characterization and cDNA cloning for S-RNases in sweet cherry. J. Am. Soc. Hort. Sci. 124, 224–233.

Trautmann, M. (2006): Der Ohrwurm hat die Blutlaus zum Fressen gern. Obstbau 31, 410–412.

Trautmann, M. (2007): Einfluss von Nützlingen auf die Blutlaus. Obstbau 32, 288–291.

Trautmann, M. (2009): Der Bodenseewickler (*Pammene rhediella*). Obstbau 34, 492–494.

Trautmann, M. (2013): Der Fruchtschalenwickler, ein aufkommendes Problem in Süßkirschanlagen der Bodenseeregion. Obstbau 38, 228–231.

Trautmann, M. (2015): Der Fruchtschalenwickler *Adoxophyes orana*. Obstbau 40, 141–144.

Trautmann, M. und Beuschlein, H.D. (2012): Sind die Schildlausprobleme im Strauchbeerenobst lösbar? Obstbau 37, 112–116.

Trautmann, M. und Wetzler, H. (2011): Auf der Mauer auf der Lauer saß 'ne kleine Wanze. Obstbau 36, 225–227.

Triloff, P. (2011): Verlustreduzierter Pflanzenschutz im Baumobstbau – Abdriftminimierung und Effizienzsteigerung durch baumformabhängige Dosierung und optimierte Luftführung. Dissertation, Universität Hohenheim, Verlag Grauer, Beuren – Stuttgart.

Tsukamoto, T., Hauck, N.R., Tao, R., Jiang, N. and Iezzoni, A.F. (2010): Molecular and Genetic Analyses of Four Nonfunctional S Haplotype Variants Derived from a Common Ancestral S Haplotype Identifi ed in Sour Cherry (*Prunus cerasus* L.). Genetics 184, 411–427.

Tsukamoto, T., Potter, D., Tao, R., Vieira, C.P., Vieira, J. and Iezzoni, A.F. (2008): Genetic and molecular characterization of three novel S-haplotypes in sour cherry (*Prunus cerasus* L.). Journal of Experimental Botany 59, 3169–3185.

Turner, N.L. (1999): Drought stress and adaptive responses. In: Plant responses to environmental stresses; from phytohormones to genome reorganization. Editor H.R. Lerner. II. Series: Books in soils, plants, and the environment. Marcel Dekker, New York.

Vanblaere, T., Szankowski, I., Schaart, J., Schouten, H., Flachowsky, H., Broggini, G.A.L. and Gessler, C. (2011): The development of a cisgenic apple plant. Journal of Biotechnology 157, 304–311.

von Heynitz, K. und Merckens, G. (1980): Das biologische Gartenbuch. Verlag Eugen Ulmer, Stuttgart.

Wang, D., Karle, R., Brettin, T.S. and Lezzoni, A.F. (1998): Genetic linkage map in sour cherry using RFLP markers. Theor. Appl. Genet. 97, 1217–1224.

WARDLAW, I.F. (1990): The control of carbon partitioning in plants. New Phytologist, 116, 341–381.

WILLERT, D.J., MATYSSEK, R. und HERPPRISCH, W. (1995): Experimentelle Pflanzenökologie, Energieumsatz. Georg-Thieme-Verlag, Stuttgart.

WINTER, F.: In: Link, H. (Hrsg., 2002): Lucas' Anleitung zum Obstbau. 32. Aufl., Verlag Eugen Ulmer, Stuttgart, S. 81 und 85.

WÜNSCHE, J.N. and LAKSO, A.N. (2000a): Apple tree physiology – implications for orchard and tree management. IDFTA Proceedings. Compact Fruit Tree, 82–88.

WÜNSCHE, J.N. and LAKSO, A.N. (2000b): The relationship between leaf area and light interception by spur and extension shoot leaves and apple orchard productivity. Hort. Science 35 (7), 1202–1206.

XUAN, H. (2003): Fruchtfleischverbräunungen bei 'Conference' Birne und 'Braeburn' Apfel. Einfluss von Vor- und Nacherntemaßnahmen auf Merkmale der Nachernte-Fruchtphysiologie und des Stress-Abwehrsystems unter besonderer Berücksichtigung der Wirkung von Bor. Verlag Grauer, Stuttgart.

ZWINTZSCHER, M. (1961): Kirschen. In: RUDOLF, H. und KAPPERT, W.: Handbuch der Pflanzenzüchtung. Band V. Züchtung der Sonderkulturpflanzen. 2. Aufl., S. 573–602.

19.2 Bildnachweis

Fotos

akg-images/De Agostini Picture Lib./A. De Gregorio: Umschlag
Martin Balmer: Abb. 68, 69, 70
Manfred Büchele: Abb. 63, 66, 71, 72, 74, 77, 78, 82, 83, 84, 85, 87, 89, 98, 99, 114, 117, 118, 120, 121, 122, 123, 124, 125, 126, 127, 128, 129, 130, 131, 132, 133, 135, 136, 137, 138, 165, 167, 169, 170, 172, 173, 174, 176, 177, 178, 179, 206, 213, 214, 215, 220, 223, 224, 225, 226
Bundessortenamt Wurzen: Abb. 53
Werner Dierend: Abb. 102, 146, 147
Manfred Fischer: Abb. 52, 54, 56, 79, 80, 81, 91
Arno Fried: Abb. 211
Peter Galli: Abb. 180
Gerd Götz: Abb. 103, 104
Walter Hartmann: Abb. 59, 60, 61, 62, 64, 65
Wolfgang Jäger: Abb. 86, 88, 90, 93, 139, 140, 175
Markus Kellerhals: Abb. 31
Julius Kühn-Institut, Ute Sonntag: Abb. 113
Gottfried Lafer: Abb. 76
Hermann Link: Abb. 17, 18, 19, 20, 21, 134, 152, 153, 155, 159, 160
Ulrich Mayr: Abb. 32, 33, 34, 35, 36, 37, 38, 39, 40, 41, 42, 43, 44, 45, 46, 47, 48, 49, 51, 55
Monika Möhler: Abb. 75, 108, 109, 110, 111
Gunhild Muster: Abb. 96, 97, 100, 142, 143, 144
Franz Rueß: Abb. 106, 107
Christian Scheer: Abb. 183, 184, 185, 186, 187, 188, 189, 190, 191, 193, 200, 204, 207, 208, 209, 210
Burkhard Spellerberg: Abb. 92, 101
Rudolf Stösser: Abb. 4
Josef Streif: Abb. 231, 236, 242, 243, 244, 245, 246, 247, 248, 249, 250, 251, 252
Martin Trautmann: Abb. 194, 195, 196, 197, 198, 199, 201, 202, 203
Peter Triloff: Abb. 216
Verlag Eugen Ulmer: Abb. 259, 260
Hans-Josef Weber: Abb. 57, 58
Jens Wünsche: Abb. 10
Lothar Wurm (HBLA und Bundesamt für Obst- und Weinbau Klosterneuburg): Abb. 73
Michael Zoth: Abb. 221, 222

Grafische Darstellungen

Die nachfolgend aufgeführten Abbildungen wurden zum Teil aus der vorherigen Auflage des Werkes übernommen, zum Teil aber auch nach den Angaben der Autoren der jeweiligen Kapitel bzw. der in den Abbildungsunterschriften angegebenen Quellen neu angefertigt (Vorlagen für Abb. mit * stammen von Josef Streif und Vorlagen für Abb. mit ** stammen von Hermann Link).

Helmuth Flubacher: Abb. 1, 5, 6, 9, 14, 16, 22, 23, 24, 27, 28, 29, 30, 50, 115, 116, 141, 145, 161**, 166, 171, 192, 212
Hermann Link: Abb. 156
Siegfried Lokau: Abb. 2**, 3**, 7, 8, 11, 12, 13, 15, 25**, 26, 67, 94, 95, 105, 112, 119, 148, 149**, 150**, 151**, 154**, 157**, 158**, 162**, 163**, 164, 168, 181, 182, 205, 219, 227*, 228*, 229*, 230*, 232*, 233*, 234*, 235*, 237*, 238*, 239*, 240*, 241*, 253, 254, 255, 256, 257, 258
Peter Triloff: Abb. 217, 218

Die Farbzeichnung auf Seite 2 stammt von O. Wilde aus Magdeburg und wurde aus der 1913 im Verlag Eugen Ulmer erschienenen Deutschen Obstbauzeitung, der Vereinsschrift des Deutschen Pomologen-Vereins, Heft 1, entnommen.

19.3 Register

G

H

I

J

N

O

P

Q

Die in diesem Buch enthaltenen Empfehlungen und Angaben sind von der Autorin/vom Autor mit größter Sorgfalt zusammengestellt und geprüft worden. Eine Garantie für die Richtigkeit der Angaben kann aber nicht gegeben werden. Autorin/Autor und Verlag übernehmen keine Haftung für Schäden und Unfälle. Bitte setzen Sie bei der Anwendung der in diesem Buch enthaltenen Empfehlungen Ihr persönliches Urteilsvermögen ein.
Der Verlag Eugen Ulmer ist nicht verantwortlich für die Inhalte der im Buch genannten Websites.

Bibliografische Information der Deutschen Nationalbibliothek
Die Deutsche Nationalbibliothek verzeichnet diese Publikation in der Deutschen Nationalbibliografie; detaillierte bibliografische Daten sind im Internet über http://dnb.d-nb.de abrufbar.

Wollgrasweg 41, 70599 Stuttgart (Hohenheim)
E-Mail: info@ulmer.de
Internet: www.ulmer.de
Lektorat: Dr. Angelika Jansen, Alessandra Kreibaum, Birgit Schüller
Herstellung: Silke Reuter
Umschlag-Konzeption: Ruska, Martín, Associates GmbH, Berlin
Umschlag-Gestaltung: Verlag Eugen Ulmer, Stuttgart
Satz: primustype Hurler, GmbH, Notzingen
Reproduktion: timeRay visualisierungen, Jettingen
Druck und Bindung: Neografia a. s., Martin
Printed in Slovakia

ISBN 978-3-8186-1868-1

Hier können Sie weiterlesen:

Anbau von Heidelbeeren und Cranberries.

Georg Ebert.

2., erweiterte Auflage 2017.

144 Seiten, 84 Farbfotos, geb.

ISBN 978-3-8001-0850-3

In diesem Buch erfahren Sie alles über den erwerbsmäßigen Anbau von Heidelbeeren und Cranberries. Neben der Beschreibung für den Anbau lohnender Sorten erhalten Sie praxisnahe Tipps zu Anbau, Ernte und zur Verwendung der Kulturheidelbeeren und Cranberries. Sie finden außerdem Informationen über die Herkunft und Botanik sowie zur richtigen Standortwahl. Außerdem erhalten Sie Hinweise zu Pflanzenschutzmaßnahmen, betriebswirtschaftlichen Aspekten sowie zu Lagerung und Verarbeitung.

150 Obstsorten im Porträt

Taschenatlas resistente und robuste Obstsorten.

Franz Rueß. 2016. 192 Seiten, 152 Farbfotos, 14 Zeichnungen, geb. ISBN 978-3-8001-0342-3.

Vorgestellt werden Ihnen 150 Obstarten und -sorten mit hoher Widerstandskraft gegenüber Pflanzenkrankheiten und Schaderregern, die sich speziell für den Anbau im Haus- und Kleingarten eignen, aber auch für den Streuobstbau. Das Sortenspektrum umfasst alle in Deutschland anbauwürdigen Obstarten im Kern-, Stein-, Beeren- und Schalenobstbereich. Eingangs jeder Kultur werden Ihnen die bedeutendsten Anbauprobleme und deren Symptome bei der jeweiligen Obstart nahegebracht. Diese Sortenbeschreibungen sollen Ihnen als Entscheidungshilfe für die Pflanzplanung dienen und helfen, gesundheitlich wertvolles Obst problemlos anzubauen.